2023注册电气工程师执业资格考试公共基础辅导教材

主　编　王晓辉
副主编　陈志新

中国电力出版社
CHINA ELECTRIC POWER PRESS

内 容 提 要

本书是根据注册电气工程师执业资格公共基础考试大纲，结合考试特点，组织曾多次参与注册电气工程师执业资格考试培训，具有丰富专业基础知识和教学经验的专家、教授编写的。

本书涵盖了注册电气工程师执业资格考试所要求的公共基础内容，结合历年考题，重点讲述了考生需要掌握的核心内容，帮助考生全面了解考试的内容和要求。每章的例题和复习题都来自 2005～2022 年（2015 年未考）的考试真题，便于考生检验自己的复习效果。

本书内容全面，精炼实用，难度适宜，特别适合参加 2023 年注册电气工程师执业资格考试的考生考前复习使用。

图书在版编目（CIP）数据

2023 注册电气工程师执业资格考试公共基础辅导教材 / 王晓辉主编. —北京：中国电力出版社，2023.4
ISBN 978-7-5198-7674-6

Ⅰ. ①2… Ⅱ. ①王… Ⅲ. ①电气工程－资格考试－自学参考资料 Ⅳ. ①TM

中国国家版本馆 CIP 数据核字（2023）第 050617 号

出版发行：中国电力出版社
地　　址：北京市东城区北京站西街 19 号（邮政编码 100005）
网　　址：http://www.cepp.sgcc.com.cn
责任编辑：杨淑玲（010-63412602）
责任校对：黄　蓓　王海南　朱丽芳
装帧设计：张俊霞
责任印制：杨晓东

印　　刷：北京雁林吉兆印刷有限公司
版　　次：2023 年 4 月第一版
印　　次：2023 年 4 月北京第一次印刷
开　　本：787 毫米×1092 毫米　16 开本
印　　张：32.75
字　　数：817 千字
定　　价：108.00 元

本书编委会

主　编　王晓辉

副主编　陈志新

参　编　（以编写章节为序）

刘长河　宫瑞婷　汪长征　任艳荣

石　萍　牛润萍　王　佳　刘辛国

姜　军　王建宾　张　宏

各章编写分工：

第1章　数学　刘长河

第2章　物理学　宫瑞婷

第3章　化学　汪长征

第4章　理论力学　任艳荣

第5章　材料力学　石　萍

第6章　流体力学　牛润萍

第7章　电气与信息　王晓辉　王　佳　刘辛国　陈志新

第8章　法律法规　姜　军　王建宾

第9章　工程经济　张　宏

前 言

注册工程师执业资格考试是从2005年开始组织实施的，它对加强工程设计人员的从业管理、保证工程质量、维护社会公共利益和人民生命财产安全提供了重要保障。注册电气工程师执业资格考试由基础考试和专业考试两个部分组成，基础考试又分为公共基础（上午卷）和专业基础（下午卷）。本书是针对公共基础（上午卷）部分编写的复习参考辅导教程。

本书主编自2005年开始，一直从事注册电气工程师的培训工作，积累了丰富的教学经验，得到了历届培训学生的认可，具有较高的知名度和威望。参编人员也都是历年参加考试培训的骨干教师，经验丰富，年富力强。本书严格遵循注册电气工程师执业资格公共基础考试大纲，涵盖了考试大纲所要求的全部内容，但根据2005～2022年（2015年未考）考试的重点和难点，本着抓重点、讲精髓的理念，突出讲述了考生需要掌握的核心内容，同时以2005～2022年考试真题作为例题，帮助考生全面了解考试的内容和要求，准确地把握考试的重点和难点，有效直击考试命题精髓。

本书分为三大部分，共9章，完全按照最新考试大纲的考核点要求设置，各章的例题都是近十几年的考试真题，通过详细的讲解使读者更明确地理解考试大纲的要求，更清楚地掌握考试的重点和难点，便于考生理清解题的思路，找到解题的实用方法。每章后面都附有一定数量的复习题和答案及提示。复习题大多来自历年的考试真题，非常适合考生考前练习，以检验考生对于考试内容及要求的掌握情况。

有计划地复习和有重点地准备是考生从容应对考试的法宝。考生要牢牢地抓住考试的核心知识点，并用真题来训练自己的考试能力，同时根据自己的特点，合理地分配好时间、精力和体力，为实战做好全方位的准备。本书是广大考生应试必备的辅导教材，相信各位考生通过认真复习一定能顺利通过考试。

本书在编写过程中，得到了北京建筑大学的专家、教授们的支持，以及中国电力出版社编辑周娟、杨淑玲的帮助，在此一并表示感谢！

由于时间仓促，在编写过程中难免有疏漏之处，恳请读者指正，有关本书的任何疑问、意见和建议，请加QQ（549525114）进行讨论，扫描封底二维码可获得更多考试资讯。

预祝大家考试成功！

主　编

2023年3月

目　　录

第一部分　工程科学基础

第1章　数　　学

1.1　空间解析几何

考试大纲

向量的线性运算；向量的数量积、向量积及混合积；两向量垂直、平行的条件；直线方程；平面方程；平面与平面、直线与直线、平面与直线之间的位置关系；点到平面、直线的距离；球面、母线平行于坐标轴的柱面、旋转轴为坐标轴的旋转曲面方程；常用的二次曲面方程；空间曲线在坐标面上的投影曲线方程。

1.1.1　向量代数

1. 向量的概念

向量$\boldsymbol{\alpha}$的模记为$|\boldsymbol{\alpha}|$，向量$\boldsymbol{\alpha}$的单位向量记为$\boldsymbol{\alpha}^0$。

设$\boldsymbol{\alpha}=x\boldsymbol{i}+y\boldsymbol{j}+z\boldsymbol{k}=(x,y,z)$，则$|\boldsymbol{\alpha}|=\sqrt{x^2+y^2+z^2}$，$\boldsymbol{\alpha}^0=\dfrac{\boldsymbol{\alpha}}{|\boldsymbol{\alpha}|}$。

方向余弦$(\cos\alpha,\cos\beta,\cos\gamma)$，其中，$\alpha,\beta,\gamma$为向量$\boldsymbol{\alpha}$的三个方向角。

$$\boldsymbol{\alpha}^0=(\cos\alpha,\cos\beta,\cos\gamma)$$

$$\cos^2\alpha+\cos^2\beta+\cos^2\gamma=1$$

$$\cos\alpha=\frac{x}{\sqrt{x^2+y^2+z^2}}，\cos\beta=\frac{y}{\sqrt{x^2+y^2+z^2}}，\cos\gamma=\frac{z}{\sqrt{x^2+y^2+z^2}}$$

设$A(x_1,y_1,z_1)$，$B(x_2,y_2,z_2)$是空间两点，则$\overrightarrow{AB}=(x_2-x_1,y_2-y_1,z_2-z_1)$。

2. 向量的运算

设向量$\boldsymbol{\alpha}=(x_1,y_1,z_1)$，$\boldsymbol{\beta}=(x_2,y_2,z_2)$，$\boldsymbol{\gamma}=(x_3,y_3,z_3)$，$\lambda\in R$。

（1）向量的线性运算。

$$\boldsymbol{\alpha}\pm\boldsymbol{\beta}=(x_1\pm x_2,y_1\pm y_2,z_1\pm z_2)$$

$$\lambda\boldsymbol{\alpha}=(\lambda x_1,\lambda y_1,\lambda z_1)$$

（2）数量积。

$$\boldsymbol{\alpha}\cdot\boldsymbol{\beta}=|\boldsymbol{\alpha}|\cdot|\boldsymbol{\beta}|\cos\varphi\quad（其中\varphi为\boldsymbol{\alpha}与\boldsymbol{\beta}的夹角）$$

$$\boldsymbol{\alpha}\cdot\boldsymbol{\beta}=x_1x_2+y_1y_2+z_1z_2$$

$$\cos\varphi=\frac{x_1x_2+y_1y_2+z_1z_2}{\sqrt{x_1^2+y_1^2+z_1^2}\cdot\sqrt{x_2^2+y_2^2+z_2^2}}$$

运算律：

1）交换律

$$\boldsymbol{\alpha}\cdot\boldsymbol{\beta}=\boldsymbol{\beta}\cdot\boldsymbol{\alpha}$$

2）分配律

$$\boldsymbol{\alpha}\cdot(\boldsymbol{\beta}+\boldsymbol{\gamma})=\boldsymbol{\alpha}\cdot\boldsymbol{\beta}+\boldsymbol{\alpha}\cdot\boldsymbol{\gamma}$$

3）结合律

$$\lambda(\boldsymbol{\alpha}\cdot\boldsymbol{\beta})=(\lambda\boldsymbol{\alpha})\cdot\boldsymbol{\beta}=\boldsymbol{\alpha}\cdot(\lambda\boldsymbol{\beta})$$

（3）向量积。向量积$\boldsymbol{\alpha}\times\boldsymbol{\beta}$是一个向量，满足：

1）$|\boldsymbol{\alpha}\times\boldsymbol{\beta}|=|\boldsymbol{\alpha}|\cdot|\boldsymbol{\beta}|\sin\varphi$，其中$\varphi$为$\boldsymbol{\alpha}$与$\boldsymbol{\beta}$的夹角。

2）$(\boldsymbol{\alpha}\times\boldsymbol{\beta})\perp\boldsymbol{\alpha}$，$(\boldsymbol{\alpha}\times\boldsymbol{\beta})\perp\boldsymbol{\beta}$，且$\boldsymbol{\alpha},\boldsymbol{\beta},\boldsymbol{\alpha}\times\boldsymbol{\beta}$构成右手系。

$$\boldsymbol{\alpha}\times\boldsymbol{\beta}=\begin{vmatrix}\boldsymbol{i} & \boldsymbol{j} & \boldsymbol{k}\\ x_1 & y_1 & z_1\\ x_2 & y_2 & z_2\end{vmatrix}=\begin{vmatrix}y_1 & z_1\\ y_2 & z_2\end{vmatrix}\boldsymbol{i}-\begin{vmatrix}x_1 & z_1\\ x_2 & z_2\end{vmatrix}\boldsymbol{j}+\begin{vmatrix}x_1 & y_1\\ x_2 & y_2\end{vmatrix}\boldsymbol{k}$$

运算律：

1）反交换律

$$\boldsymbol{\alpha}\times\boldsymbol{\beta}=-\boldsymbol{\beta}\times\boldsymbol{\alpha}$$

2）与数乘运算的结合律

$$\lambda(\boldsymbol{\alpha}\times\boldsymbol{\beta})=(\lambda\boldsymbol{\alpha})\times\boldsymbol{\beta}=\boldsymbol{\alpha}\times(\lambda\boldsymbol{\beta})$$

3）分配律

$$\boldsymbol{\alpha}\times(\boldsymbol{\beta}+\boldsymbol{\gamma})=\boldsymbol{\alpha}\times\boldsymbol{\beta}+\boldsymbol{\alpha}\times\boldsymbol{\gamma}$$

（4）混合积

$$(\boldsymbol{\alpha},\boldsymbol{\beta},\boldsymbol{\gamma})=(\boldsymbol{\alpha}\times\boldsymbol{\beta})\cdot\boldsymbol{\gamma}=\begin{vmatrix}x_1 & y_1 & z_1\\ x_2 & y_2 & z_2\\ x_3 & y_3 & z_3\end{vmatrix}$$

几何意义：$|(\boldsymbol{\alpha},\boldsymbol{\beta},\boldsymbol{\gamma})|$表示以$\boldsymbol{\alpha},\boldsymbol{\beta},\boldsymbol{\gamma}$为棱的平行六面体体积。

运算律：

1）$(\boldsymbol{\alpha},\boldsymbol{\beta},\boldsymbol{\gamma})=(\boldsymbol{\beta},\boldsymbol{\gamma},\boldsymbol{\alpha})=(\boldsymbol{\gamma},\boldsymbol{\alpha},\boldsymbol{\beta})$。

2）$(\boldsymbol{\alpha},\boldsymbol{\beta},\boldsymbol{\gamma})=-(\boldsymbol{\alpha},\boldsymbol{\gamma},\boldsymbol{\beta})=-(\boldsymbol{\gamma},\boldsymbol{\beta},\boldsymbol{\alpha})=-(\boldsymbol{\beta},\boldsymbol{\alpha},\boldsymbol{\gamma})$。

3. 向量间相互关系的判定

（1）$\boldsymbol{\alpha}\perp\boldsymbol{\beta}\Leftrightarrow\boldsymbol{\alpha}\cdot\boldsymbol{\beta}=0\Leftrightarrow x_1x_2+y_1y_2+z_1z_2=0$。

（2）$\boldsymbol{\alpha}/\!/\boldsymbol{\beta}\Leftrightarrow\boldsymbol{\alpha}\times\boldsymbol{\beta}=0\Leftrightarrow\frac{x_1}{x_2}=\frac{y_1}{y_2}=\frac{z_1}{z_2}$。

（3）$\boldsymbol{\alpha},\boldsymbol{\beta},\boldsymbol{\gamma}$共面$\Leftrightarrow(\boldsymbol{\alpha},\boldsymbol{\beta},\boldsymbol{\gamma})=0$。

【例 1-1】（2020）设向量$\boldsymbol{\alpha}=(5,1,8)$，$\boldsymbol{\beta}=(3,2,7)$，若$\lambda\boldsymbol{\alpha}+\boldsymbol{\beta}$与$Oz$轴垂直，则常数$\lambda=$（　　）。

A. $\frac{7}{8}$　　B. $-\frac{7}{8}$　　C. $\frac{8}{7}$　　D. $-\frac{8}{7}$

【解】 Oz 轴的方向向量为 $(0,0,1)$， $\lambda\boldsymbol{\alpha}+\boldsymbol{\beta}=(5\lambda+3,\lambda+2,8\lambda+7)$，因为 $(\lambda\boldsymbol{\alpha}+\boldsymbol{\beta})\cdot(0,0,1)=8\lambda+7=0$，所以，$\lambda=-\frac{7}{8}$。

【答案】B

【例 1-2】(2022) 设向量的模$|\boldsymbol{\alpha}|=\sqrt{2}$，$|\boldsymbol{\beta}|=2\sqrt{2}$，且$|\boldsymbol{\alpha}\times\boldsymbol{\beta}|=2\sqrt{3}$，则$\boldsymbol{\alpha}\cdot\boldsymbol{\beta}$等于（　　）。

A. 8或−8　　B. 6或−6　　C. 4或−4　　D. 2或−2

【解】设两向量的夹角为θ，由$|\boldsymbol{\alpha}\times\boldsymbol{\beta}|=|\boldsymbol{\alpha}||\boldsymbol{\beta}|\sin\theta=4\sin\theta=2\sqrt{3}$，可得$\sin\theta=\frac{\sqrt{3}}{2}$，所以$\cos\theta=\pm\frac{1}{2}$，则$\boldsymbol{\alpha}\cdot\boldsymbol{\beta}=|\boldsymbol{\alpha}||\boldsymbol{\beta}|\cos\theta=\pm2$。

【答案】D

1.1.2 平面与直线

1. 平面

(1) 平面的方程。

1) 点法式方程：设平面π过点$M(x_0,y_0,z_0)$，法向量$\boldsymbol{n}=(A,B,C)$，则平面π的点法式方程为

$$A(x-x_0)+B(y-y_0)+C(z-z_0)=0$$

2) 截距式方程：设平面π在三个坐标轴上的截距分别是a,b,c（全不为0），则其方程为

$$\frac{x}{a}+\frac{y}{b}+\frac{z}{c}=1$$

3) 一般方程

$$Ax+By+Cz+D=0 \text{（}A,B,C\text{ 不全为零）}$$

平面一般方程的特殊情形见表 1-1。

表 1-1　　平面一般方程的特殊情形

情形		方程	特点
常数项为0	$D=0$	$Ax+By+Cz=0$	平面过原点
一个系数为0	$A=0$	$By+Cz+D=0$	平面 // x 轴
	$B=0$	$Ax+Cz+D=0$	平面 // y 轴
	$C=0$	$Ax+By+D=0$	平面 // z 轴
两个系数为0	$B=C=0$	$Ax+D=0$	平面 // yOz 平面
	$A=C=0$	$By+D=0$	平面 // zOx 平面
	$A=B=0$	$Cz+D=0$	平面 // xOy 平面

(2) 两个平面的位置关系。

两个平面$\pi_1: A_1x+B_1y+C_1z+D_1=0$，$\pi_2: A_2x+B_2y+C_2z+D_2=0$的夹角余弦

$$\cos\theta=\frac{A_1A_2+B_1B_2+C_1C_2}{\sqrt{A_1^2+B_1^2+C_1^2}\cdot\sqrt{A_2^2+B_2^2+C_2^2}}$$

两个平面的位置关系见表 1-2。

表 1-2 **两个平面的位置关系**

关　系	条　件	条件的坐标表示
$\pi_1\perp\pi_2$	$\boldsymbol{n}_1\cdot\boldsymbol{n}_2=0$	$A_1A_2+B_1B_2+C_1C_2=0$
$\pi_1 \parallel \pi_2$	$\boldsymbol{n}_1\times\boldsymbol{n}_2=0$ 无公共点	$\frac{A_1}{A_2}=\frac{B_1}{B_2}=\frac{C_1}{C_2}\left(\neq\frac{D_1}{D_2}\right)$
π_1，π_2 重合	$\boldsymbol{n}_1\times\boldsymbol{n}_2=0$ 有公共点	$\frac{A_1}{A_2}=\frac{B_1}{B_2}=\frac{C_1}{C_2}=\frac{D_1}{D_2}$

（3）点到平面的距离。点$M(x_0,y_0,z_0)$到平面π：$Ax+By+Cz+D=0$的距离为

$$d=\frac{|Ax_0+By_0+Cz_0+D|}{\sqrt{A^2+B^2+C^2}}$$

2. 空间直线

（1）空间直线的方程。

1）一般方程：将直线L看作两个平面π_1：$A_1x+B_1y+C_1z+D_1=0$，π_2：$A_2x+B_2y+C_2z+D_2=0$的交线，其一般方程为

$$\begin{cases}A_1x+B_1y+C_1z+D_1=0\\A_2x+B_2y+C_2z+D_2=0\end{cases}$$

L的方向向量为

$$\boldsymbol{s}=\boldsymbol{n}_1\times\boldsymbol{n}_2=\begin{vmatrix}\boldsymbol{i}&\boldsymbol{j}&\boldsymbol{k}\\A_1&B_1&C_1\\A_2&B_2&C_2\end{vmatrix}$$

2）对称式方程：已知直线L过点$M(x_0,y_0,z_0)$，方向向量$\boldsymbol{s}=(m,n,p)$，其对称式方程为

$$\frac{x-x_0}{m}=\frac{y-y_0}{n}=\frac{z-z_0}{p}$$

3）参数方程：已知直线L过点$M(x_0,y_0,z_0)$，方向向量$\boldsymbol{s}=(m,n,p)$，其参数方程为

$$\begin{cases}x=x_0+mt\\y=y_0+nt\quad(-\infty<t<+\infty)\\z=z_0+pt\end{cases}$$

（2）两条直线的位置关系。

直线$L_1:\frac{x-x_1}{m_1}=\frac{y-y_1}{n_1}=\frac{z-z_1}{p_1}$和$L_2:\frac{x-x_2}{m_2}=\frac{y-y_2}{n_2}=\frac{z-z_2}{p_2}$的夹角的余弦

$$\cos\theta=\frac{m_1m_2+n_1n_2+p_1p_2}{\sqrt{m_1^2+n_1^2+p_1^2}\cdot\sqrt{m_2^2+n_2^2+p_2^2}}$$

两条直线的位置关系见表 1-3。

表 1-3 两条直线的位置关系

关　系	条　件	条件的坐标表示
$L_1\perp L_2$	$\boldsymbol{s}_1\cdot\boldsymbol{s}_2=0$	$m_1m_2+n_1n_2+p_1p_2=0$
$L_1//L_2$	$\boldsymbol{s}_1\times\boldsymbol{s}_2=0$	$\frac{m_1}{m_2}=\frac{n_1}{n_2}=\frac{p_1}{p_2}$

（3）点到直线的距离。求 $M_1(x_1,y_1,z_1)$ 到直线 L：$\frac{x-x_0}{m}=\frac{y-y_0}{n}=\frac{z-z_0}{p}$ 的距离可采用如下步骤：

1）求出过 M_1 和法向量 $\boldsymbol{n}=(m,n,p)$ 的平面 π 的方程。

2）求出平面 π 与直线 L 的交点 $M_2(x_2,y_2,z_2)$。

3）所求距离 $d=|M_1M_2|$。

3. 直线与平面的位置关系

直线 L：$\frac{x-x_0}{m}=\frac{y-y_0}{n}=\frac{z-z_0}{p}$ 和平面 π：$Ax+By+Cz+D=0$ 的夹角正弦

$$\sin\theta=\frac{Am+Bn+Cp}{\sqrt{A^2+B^2+C^2}\cdot\sqrt{m^2+n^2+p^2}}$$

直线与平面的位置关系见表 1-4。

表 1-4 直线与平面的位置关系

关　系	条　件	条件的坐标表示
$L // \pi$	$\boldsymbol{s}\cdot\boldsymbol{n}=0$	$Am+Bn+Cp=0$
$L\perp\pi$	$\boldsymbol{s}\times\boldsymbol{n}=0$	$\frac{m}{A}=\frac{n}{B}=\frac{p}{C}$

【例 1-3】（2022）　设平面方程为 $Ax+Cz+D=0$，其中 A、B、D 均为不为 0 的常数，则该平面（　　）。

A. 经过 Ox 轴　　　　B. 不经过 Ox 轴，但平行于 Ox 轴

C. 经过 Oy 轴　　　　D. 不经过 Oy 轴，但平行于 Oy 轴

【解】平面方程的一般式为 $Ax+By+Cz+D=0$。这里 $B=0$，说明该平面平行于 Oy 轴；$D\neq0$，说明它不经过原点。

【答案】D

【例 1-4】（2021）　设有直线 L: $\begin{cases}x+3y+2z+1=0\\2x-y-10z+3=0\end{cases}$ 及平面 π：$4x-2y+z-2=0$，则直线

L（　　）。

A. 平行于平面π　　B. 垂直于平面π　　C. 在平面π上　　D. 与平面π斜交

【解】直线 L 的方向向量 $\boldsymbol{s}=\{1,3,2\}\times\{2,-1,-10\}=\begin{vmatrix} \boldsymbol{i} & \boldsymbol{j} & \boldsymbol{k} \\ 1 & 3 & 2 \\ 2 & -1 & -10 \end{vmatrix}=-7\{4,-2,1\}$；平面$\pi$的法向量 $\boldsymbol{n}=\{4,-2,1\}$。两者平行，所以平面$\pi$与直线 L 垂直。

【答案】B

【例 1-5】（2019）　过点 $(2,0,-1)$ 且垂直于 xOy 坐标平面的直线方程是（　　）。

A. $\dfrac{x-2}{1}=\dfrac{y}{0}=\dfrac{z+1}{0}$　　B. $\dfrac{x-2}{0}=\dfrac{y}{1}=\dfrac{z+1}{0}$

C. $\dfrac{x-2}{0}=\dfrac{y}{0}=\dfrac{z+1}{1}$　　D. $\begin{cases} x=2 \\ z=-1 \end{cases}$

【解】直线平行于 xOy 坐标平面的法向量 $\boldsymbol{n}=(0,0,1)$。所以，直线的对称式方程为（　　）。$\dfrac{x-2}{0}=\dfrac{y}{0}=\dfrac{z+1}{1}$。

【答案】C

【例 1-6】（2020）　过点 $M_1(0,-1,2)$ 和 $M_2(1,0,1)$ 且平行于 z 轴的平面方程是（　　）。

A. $x-y=0$　　B. $\dfrac{x}{1}=\dfrac{y+1}{-1}=\dfrac{z-2}{0}$　　C. $x+y-1=0$　　D. $x-y-1=0$

【解】本题考查平面方程的求法。

法向量 $\boldsymbol{n}=\overline{M_1M_2}\times(0,0,1)=(1,1,-1)\times(0,0,1)=\begin{vmatrix} \boldsymbol{i} & \boldsymbol{j} & \boldsymbol{k} \\ 1 & 1 & -1 \\ 0 & 0 & 1 \end{vmatrix}=(1,-1,0)$。

过点 M_1 且 $\boldsymbol{n}=(1,-1,0)$ 为法线的平面方程 $x-(y+1)=0$，即 $x-y-1=0$。

【答案】D

1.1.3　曲面

在空间直角坐标系中，三元方程 $F(x,y,z)=0$ 表示空间曲面。

1. 球面方程

球心在 $M(x_0,y_0,z_0)$、半径为 R 的球面方程为 $(x-x_0)^2+(y-y_0)^2+(z-z_0)^2=R^2$。特别地，球心在 $O(0,0,0)$、半径为 R 的球面方程为 $x^2+y^2+z^2=R^2$。

2. 柱面方程

沿定曲线 C 并平行于定直线移动的直线 L 形成的曲面叫作柱面，曲线 C 叫作柱面的准线，直线 L 叫作柱面的母线。

$F(x,y)=0$：准线为 $\begin{cases} F(x,y)=0 \\ z=0 \end{cases}$，母线平行于 z 轴的柱面。

类似可给出柱面 $G(y,z)=0$ 及 $H(x,z)=0$ 的准线方程和母线方向。常见的柱面及其方程见表 1-5。

表 1-5　　常见的柱面及其方程

名　称	方　程
圆柱面	$x^2+y^2=R^2$
椭圆柱面	$\frac{x^2}{a^2}+\frac{y^2}{b^2}=1$
双曲柱面	$\frac{x^2}{a^2}-\frac{y^2}{b^2}=1$
抛物柱面	$x^2=2py\ (p>0)$

3. 旋转曲面

一条平面曲线，绕该平面内一条定直线旋转一周而形成的曲面叫作旋转曲面，这条定直线叫作旋转曲面的旋转轴。

yOz 平面内的曲线 $\begin{cases}f(y,z)=0\\x=0\end{cases}$ 绕 y 轴旋转一周所得的旋转曲面的方程为 $f\left(y,\pm\sqrt{x^2+z^2}\right)=0$，绕 z 轴旋转一周所得的旋转曲面的方程为 $f\left(\pm\sqrt{x^2+y^2},z\right)=0$。

类似地可给出 xOy，zOx 平面内的曲线绕相应的坐标轴旋转所得的旋转曲面的方程。

4. 二次曲面

由三元二次方程表示的曲面，统称为二次曲面，常见的二次曲面见表 1-6。

表 1-6　　常见的二次曲面

名　称	方　程
椭球面	$\frac{x^2}{a^2}+\frac{y^2}{b^2}+\frac{z^2}{c^2}=1$
单叶双曲面	$\frac{x^2}{a^2}+\frac{y^2}{b^2}-\frac{z^2}{c^2}=1$
双叶双曲面	$-\frac{x^2}{a^2}-\frac{y^2}{b^2}+\frac{z^2}{c^2}=1$
椭圆抛物面	$\frac{x^2}{a^2}+\frac{y^2}{b^2}=2pz\ (p>0)$
双曲抛物面（马鞍面）	$\frac{x^2}{a^2}-\frac{y^2}{b^2}=2pz\ (p>0)$
二次锥面	$\frac{x^2}{a^2}+\frac{y^2}{b^2}-\frac{z^2}{c^2}=0$

【例 1-7】（2016） yOz 坐标面上的曲线 $\begin{cases}y^2+z=1\\x=0\end{cases}$ 绕 Oz 轴旋转一周所生成的旋转曲面方程是（　　）。

A. $x^2+y^2+z=1$　　B. $x^2-y^2+z=1$

C. $y^2+\sqrt{x^2+z^2}=1$　　D. $y^2-\sqrt{x^2+z^2}=1$

【解】在方程 $y^2+z=1$ 中，z 保持不变，将 y 变成 $\pm\sqrt{x^2+y^2}$，可得出所求旋转曲面的方程为 $x^2+y^2+z=1$。

【答案】A

【例 1-8】（2011）　曲面 $x^2+y^2+z^2=a^2$ 与 $x^2+y^2=2az\ (a>0)$ 的交线是（　　）。

A. 双曲线　　B. 抛物线　　C. 圆　　D. 不存在

【解】交线的方程 $\begin{cases}x^2+y^2+z^2=a^2\\x^2+y^2=2az\end{cases}$，可化为 $\begin{cases}x^2+y^2=2(\sqrt{2}-1)a^2\\z=(\sqrt{2}-1)a\end{cases}$，它表示平面 $z=(\sqrt{2}-1)a$ 上的圆。

【答案】C

1.1.4　空间曲线

1. 空间曲线方程的一般方程

$$\begin{cases}F_1(x,y,z)=0\\F_2(x,y,z)=0\end{cases}\tag{1-1}$$

2. 空间曲线在坐标面上的投影

曲线（1-1）在 xOy 平面的投影方程求法：

（1）从曲线方程组（1-1）中消去 z，得到一个母线平行于 z 轴的柱面 $\varphi(x,y)=0$。

（2）将 $\varphi(x,y)=0$ 与 $z=0$ 联立，即得曲线 C 在 xOy 平面的投影方程 $\begin{cases}\varphi(x,y)=0\\z=0\end{cases}$。

类似地，可求出曲线（1-1）在 xOz 平面的投影方程 $\begin{cases}\psi(x,z)=0\\y=0\end{cases}$ 和它在 yOz 平面的投影方程 $\begin{cases}w(y,z)=0\\x=0\end{cases}$。

【例 1-9】（2006）　球面 $x^2+y^2+z^2=9$ 与平面 $x+z=1$ 的交线在 xOy 坐标面上的投影的方程是（　　）。

A. $x^2+y^2+(1-x)^2=9$　　B. $\begin{cases}x^2+y^2+(1-x)^2=9\\z=0\end{cases}$

C. $(1-z)^2+y^2+z^2=9$　　D. $\begin{cases}(1-z)^2+y^2+z^2=9\\x=0\end{cases}$

【解】从方程组 $\begin{cases}x^2+y^2+z^2=9\\x+z=1\end{cases}$ 中消去 z，得 $x^2+y^2+(1-x)^2=9$，从而交线在 xOy 坐标面上的投影的方程是 $\begin{cases}x^2+y^2+(1-x)^2=9\\z=0\end{cases}$。

【答案】B

1.2 微分学

考试大纲

函数的有界性、单调性、周期性和奇偶性；数列极限与函数极限的定义及其性质；无穷小和无穷大的概念及其关系；无穷小的性质及无穷小的比较；极限的四则运算；函数连续的概念；函数的间断点及其类型；导数与微分的概念；导数的物理意义和几何意义；平面曲线的切线和法线；导数和微分的四则运算；高阶导数；微分中值定理；洛必达法则；函数的切线及法平面和法平面及法线；函数单调性的判别；函数的极值；函数的凹凸性、拐点；多元函数；偏导数与全微分的概念；二阶偏导数；多元函数的极值和条件极值；多元函数的最大、最小值及其简单应用。

1.2.1 极限

1. 数列的极限

$$\lim_{n\to\infty} x_n = a \text{ 或 } x_n \to a(n\to\infty)$$

数列$\{x_n\}$可以看作是定义域为自然数集的函数$x_n = f(n)$ $(n=1,2,3,\cdots)$。因此，数列的极限是函数极限的特殊情形。

（1）数列收敛的必要条件。收敛数列必有界（无界数列必发散）。

（2）数列收敛的充分条件。单调有界数列必收敛（单调增加且有上界的数列必收敛；单调减少且有下界的数列必收敛）。

（3）收敛数列的性质（保号性）。若$\lim\limits_{n\to\infty} x_n = a$，且$a>0$（或$a<0$），则存在正整数$N$，只要$n>N$，就有$x_n>0$（或$x_n<0$）。

（4）数列极限的四则运算法则。设有数列$\{x_n\}$，$\{y_n\}$，若$\lim\limits_{n\to\infty} x_n = a$，$\lim\limits_{n\to\infty} y_n = b$，则

1）$\lim\limits_{n\to\infty}(x_n \pm y_n) = \lim\limits_{n\to\infty} x_n \pm \lim\limits_{n\to\infty} y_n = a \pm b$。

2）$\lim\limits_{n\to\infty}(x_n y_n) = \lim\limits_{n\to\infty} x_n \cdot \lim\limits_{n\to\infty} y_n = ab$。

3）$\lim\limits_{n\to\infty}\dfrac{x_n}{y_n} = \dfrac{\lim\limits_{n\to\infty} x_n}{\lim\limits_{n\to\infty} y_n} = \dfrac{a}{b}(b\neq 0)$。

2. 函数的极限

（1）$x\to\infty$时函数的极限。

$$\lim_{x\to\infty} f(x) = A \Leftrightarrow \lim_{x\to-\infty} f(x) = \lim_{x\to+\infty} f(x) = A$$

（2）$x\to x_0$时函数的极限。

$$\lim_{x\to x_0} f(x) = A \text{ 或 } f(x)\to A(x\to x_0)$$

左极限：$$\lim_{x\to x_0^-} f(x) = A \text{ 或 } f(x_0-0) = A$$

右极限：$$\lim_{x\to x_0^+} f(x) = A \text{ 或 } f(x_0+0) = A$$

$$\lim_{x\to x_0} f(x) \text{ 存在} \Leftrightarrow \lim_{x\to x_0^-} f(x)\text{，}\lim_{x\to x_0^+} f(x) \text{ 都存在，且 } \lim_{x\to x_0^-} f(x) = \lim_{x\to x_0^+} f(x)$$

（3）函数极限的性质。

1）唯一性：若 $\lim\limits_{x \to x_0} f(x)$ 存在，则其值必唯一。

2）局部保号性：设 $\lim\limits_{\substack{x \to x_0 \\ (或x \to \infty)}} f(x) = A(\neq 0)$，则在 x_0 的足够小的邻域内（但 $x \neq x_0$）（或在 $|x|$ 足够大时），$f(x)$ 与 A 同号。

（4）函数极限的四则运算法则。设有函数 $f(x)$，$g(x)$，若 $\lim f(x) = A$，$\lim g(x) = B$（自变量 x 的趋近方式相同），则

1） $\lim[f(x) \pm g(x)] = \lim f(x) \pm \lim g(x) = A \pm B$。

2） $\lim[f(x)g(x)] = \lim f(x) \cdot \lim g(x) = AB$。

3） $\lim \dfrac{f(x)}{g(x)} = \dfrac{\lim f(x)}{\lim g(x)} = \dfrac{A}{B}(B \neq 0)$。

（5）两个重要极限。

1） $\lim\limits_{x \to \infty}\left(1 + \dfrac{1}{x}\right)^x = \mathrm{e}$ 或 $\lim\limits_{x \to 0}(1 + x)^{\frac{1}{x}} = \mathrm{e}$。

2） $\lim\limits_{x \to 0} \dfrac{\sin x}{x} = 1$。

3. 无穷大与无穷小

（1）定义。

无穷大量（无穷大）：如果 $\lim\limits_{\substack{x \to x_0 \\ (或x \to \infty)}} f(x) = \infty$，则称当 $x \to x_0$（或 $x \to \infty$）时，函数 $y = f(x)$ 为无穷大量。

无穷小量（无穷小）：如果 $\lim\limits_{\substack{x \to x_0 \\ (或x \to \infty)}} f(x) = 0$，则称当 $x \to x_0$（或 $x \to \infty$）时，函数 $y = f(x)$ 为无穷小量。

0 是唯一可以看作无穷小的常数。有限个无穷小的和或乘积仍是无穷小；无穷小与有界量的乘积仍是无穷小。

（2）无穷小与无穷大的关系。在自变量 x 的某一变化过程中，如果 $f(x)$ 为无穷大量，则 $1/f(x)$ 为无穷小量；如果 $f(x)$ $[f(x) \neq 0]$ 为无穷小量，则 $\dfrac{1}{f(x)}$ 为无穷大量。

（3）无穷小与函数极限的关系。

$$\lim f(x) = A \Leftrightarrow f(x) = A + \alpha(x)，其中 \lim \alpha(x) = 0。$$

（4）无穷小的比较。设在自变量 x 的某一变化过程中，α, β 都是无穷小量。

1）如果 $\lim \dfrac{\alpha}{\beta} = 0$，则称 α 是比 β 高阶的无穷小量，记作 $\alpha = o(\beta)$。

2）如果 $\lim \dfrac{\alpha}{\beta} = \infty$，则称 α 是比 β 低阶的无穷小量。

3）如果 $\lim \dfrac{\alpha}{\beta} = A \neq 0$，则称 α 与 β 是同阶的无穷小量，记作 $\alpha = O(\beta)$；特别地，

当 $A=1$ 时，则称 α 与 β 是等价无穷小量，记作 $\alpha \sim \beta$。

（5）等价无穷小代换定理。

若无穷小量 $\alpha, \alpha', \beta, \beta'$ 满足 $\alpha \sim \alpha'$，$\beta \sim \beta'$，则 $\lim \dfrac{\alpha}{\beta} = \lim \dfrac{\alpha'}{\beta'}$。

有理分式求极限的常用公式

$$\lim_{x \to \infty} \frac{a_0 x^n + a_1 x^{n-1} + \cdots + a_{n-1} x + a_n}{b_0 x^m + b_1 x^{m-1} + \cdots + b_{m-1} x + b_m} = \begin{cases} \dfrac{a_0}{b_0}, & m=n \\ 0, & m>n \\ \infty, & m<n \end{cases} \tag{1-2}$$

【例 1-10】（2021） 设 $x \to 0$ 时，与 x^2 为同阶无穷小的是（　　）。

A. $1-\cos 2x$　　B. $x^2 \sin x$　　C. $\sqrt{1+x}-1$　　D. $1-\cos x^2$

【解】 当 $x \to 0$ 时，由 $1-\cos x \sim \dfrac{x^2}{2}$，可得 $1-\cos 2x \sim \dfrac{(2x)^2}{2} = 2x^2$；当 $x \to 0$ 时，$1-\cos x^2 \sim \dfrac{(x^2)^2}{2} = \dfrac{x^4}{2}$；当 $x \to 0$ 时，由 $\sin x \sim x$，可得 $x^2 \sin x \sim x^3$；当 $x \to 0$ 时，由 $\sqrt[n]{1+x} \sim \dfrac{1}{n} x$，可得 $\sqrt{1+x}-1 \sim \dfrac{1}{2} x$。由同阶无穷小定义可知，答案应选 A。

【答案】 A

【例 1-11】（2022） 下列极限中，正确的是（　　）。

A. $\lim\limits_{x \to 0} 2^{\frac{1}{x}} = \infty$　　B. $\lim\limits_{x \to 0} 2^{\frac{1}{x}} = 0$　　C. $\lim\limits_{x \to 0} \sin \dfrac{1}{x} = 0$　　D. $\lim\limits_{x \to \infty} \dfrac{\sin x}{x} = 0$

【解】 因为 $\lim\limits_{x \to 0^+} \dfrac{1}{x} = +\infty$，$\lim\limits_{x \to 0^-} \dfrac{1}{x} = -\infty$，所以选项 A、B 都不正确；当 $x \to 0$ 时，$\sin \dfrac{1}{x}$ 在区间 $[-1,1]$ 中振荡，没有极限，选项 C 错误。由于 $|\sin x| \leqslant 1$，$\lim\limits_{x \to \infty} \dfrac{1}{x} = 0$，所以选项 D 正确。

【答案】 D

【例 1-12】（2022） 若当 $x \to \infty$ 时，$\dfrac{x^2+1}{x+1} - ax - b$ 为无穷大量，则常数 a、b 应为（　　）。

A. $a=1, b=1$　　B. $a=1, b=0$

C. $a=0, b=1$　　D. $a \neq 1$, b 为任意实数

【解】 $\lim\limits_{x \to \infty} \left(\dfrac{x^2+1}{x+1} - ax - b \right) = \lim\limits_{x \to \infty} \dfrac{(1-a)x^2 - (a+b)x + 1 - b}{x+1} = \infty$，说明分子次数高，即 $a \neq 1$，b 为任意实数即可。

【答案】 D

1.2.2 函数的连续性

1. 函数的连续性的概念

（1）函数在一点连续的定义。

$f(x)$ 在点 x_0 连续：$f(x)$ 在点 x_0 的某一邻域内有定义，且

$$\lim_{\Delta x\to 0}\Delta y=\lim_{\Delta x\to 0}[f(x_0+\Delta x)-f(x_0)]=0 \quad 或 \quad \lim_{x\to x_0}f(x)=f(x_0)$$

函数 $f(x)$ 在点 x_0 处左连续：$\lim\limits_{x\to x_0^-}f(x)=f(x_0)$。

函数 $f(x)$ 在点 x_0 处右连续：$\lim\limits_{x\to x_0^+}f(x)=f(x_0)$。

函数 $f(x)$ 在点 x_0 连续：$\lim\limits_{x\to x_0^+}f(x)=\lim\limits_{x\to x_0^-}f(x)=f(x_0)$。

（2）函数在区间内（上）连续的定义。

$f(x)$ 在区间 (a,b) 内连续：$f(x)$ 在区间 (a,b) 内每一点都连续。

$f(x)$ 在区间 $[a,b]$ 上连续：$f(x)$ 在区间 (a,b) 内连续，且在 $x=a$ 处右连续，在 $x=b$ 处左连续。

2. 初等函数的连续性

（1）如果函数 $f(x)$ 和 $g(x)$ 都在点 x_0 处连续，则 $f(x)\pm g(x)$，$f(x)g(x)$，$\dfrac{f(x)}{g(x)}$ $[g(x_0)\neq 0]$ 也都在点 x_0 处连续。

（2）设 $u=\varphi(x)$ 在点 x_0 处连续，$y=f(u)$ 在点 $u_0=\varphi(x_0)$ 处连续，则复合函数 $y=f[\varphi(x)]$ 在点 x_0 处连续。

（3）如果函数 $y=f(x)$ 在某区间上是单值、单调增加（或减少）且连续，那么它的反函数 $y=f^{-1}(x)$ 也在相应的区间上是单值、单调增加（或减少）且连续。

（4）基本初等函数在其定义域内连续。

（5）一切初等函数在其定义域内连续。

3. 函数的间断点

（1）间断点的定义。如果函数 $y=f(x)$ 在点 x_0 处不连续，则称函数 $y=f(x)$ 在点 x_0 处间断，称 x_0 是函数 $y=f(x)$ 的间断点。

（2）间断点的分类。第一类间断点：$f(x_0-0)$，$f(x_0+0)$ 都存在。包括：① 跳跃间断点：$f(x_0-0)$，$f(x_0+0)$ 都存在但不相等。② 可去间断点：$\lim\limits_{x\to x_0}f(x)$ 存在但不等于 $f(x_0)$ 或者 $f(x_0)$ 不存在。此时，补充或修改 $f(x)$ 在 x_0 处的函数值，可使 $f(x)$ 在 x_0 处连续。

第二类间断点：$f(x_0-0)$，$f(x_0+0)$ 至少有一个不存在。通常有：① 无穷间断点：$f(x_0-0)$，$f(x_0+0)$ 至少有一个为无穷大。② 振荡间断点：当 $x\to x_0$ 时，$f(x)$ 的值无限次震荡，而不趋于某一确定的值。

4. 闭区间上连续函数的性质

定理 1-1（最大值、最小值定理） 若函数 $f(x)$ 在区间 $[a,b]$ 上连续，则 $f(x)$ 在 $[a,b]$ 上必有最大值和最小值。

定理 1-2（介值定理） 若函数 $f(x)$ 在区间 $[a,b]$ 上连续，且 $f(a)=A$，$f(b)=B$，$A\neq B$，C 是介于 A、B 之间的任一值，则存在 $\xi\in(a,b)$，使 $f(\xi)=C$。

推论 1（零点定理） 若函数 $f(x)$ 在区间 $[a,b]$ 上连续，且 $f(a)f(b)<0$，则存在

$\xi \in (a,b)$，使 $f(\xi)=0$。

推论 2 在闭区间上连续的函数必取得介于最大值和最小值之间的任何值。

【例 1-13】（2014） 点 $x=0$ 是函数 $y=\arctan\frac{1}{x}$ 的（　　）。

A. 可去间断点　　B. 跳跃间断点
C. 连续点　　D. 第二类间断点

【解】 函数 $y=\arctan\frac{1}{x}$ 在点 $x=0$ 处无定义，所以 $x=0$ 是其间断点。又因为 $\lim\limits_{x\to 0^+} f(x)=\frac{\pi}{2}$，$\lim\limits_{x\to 0^-} f(x)=-\frac{\pi}{2}$，所以 $x=0$ 是该函数的跳跃间断点。

【答案】 B

【例 1-14】（2016） $f(x)$ 在点 x_0 处的左右极限存在且相等是 $f(x)$ 在点 x_0 处连续的（　　）。

A. 必要非充分条件　　B. 充分非必要条件
C. 充分且必要条件　　D. 既非充分又非必要条件

【解】 $f(x)$ 在点 x_0 处的左右极限存在且相等等价于 $\lim\limits_{x\to x_0} f(x)$ 存在，这只是 $f(x)$ 在点 x_0 处连续的必要条件。

【答案】 A

【例 1-15】（2017） 要使函数 $f(x)=\begin{cases}\dfrac{x\ln x}{1-x}, x>1 \\ \alpha,\ x\leqslant 1\end{cases}$ 在 $(0,+\infty)$ 上连续，则常数 α 等于（　　）。

A. 0　　B. 1　　C. −1　　D. 2

【解】 要使 $f(x)$ 在 $(0,+\infty)$ 上连续，只需其在 $x=1$ 处连续。因为

$$\lim_{x\to 1^+} f(x)=\lim_{x\to 1^+}\frac{x\ln x}{1-x}=\lim_{x\to 1^+}\frac{\ln x+1}{-1}=-1,\quad \lim_{x\to 1^-} f(x)=\alpha=f(1)$$

所以当 $\alpha=-1$ 时，$\lim\limits_{x\to 1^+} f(x)=\lim\limits_{x\to 1^-} f(x)=f(1)=-1$。

【答案】 C

1.2.3 导数的概念

1. $f(x)$ 在点 x_0 处的导数

$$f'(x_0)=\lim_{\Delta x\to 0}\frac{\Delta y}{\Delta x}=\lim_{\Delta x\to 0}\frac{f(x_0+\Delta x)-f(x_0)}{\Delta x}=\lim_{x\to x_0}\frac{f(x)-f(x_0)}{x-x_0}$$

（1） $f(x)$ 在点 x_0 处的左导数、右导数

$$f'_-(x_0)=\lim_{\Delta x\to 0^-}\frac{\Delta y}{\Delta x}=\lim_{\Delta x\to 0^-}\frac{f(x_0+\Delta x)-f(x_0)}{\Delta x}=\lim_{x\to x_0^-}\frac{f(x)-f(x_0)}{x-x_0}$$

$$f'_+(x_0)=\lim_{\Delta x\to 0^+}\frac{\Delta y}{\Delta x}=\lim_{\Delta x\to 0^+}\frac{f(x_0+\Delta x)-f(x_0)}{\Delta x}=\lim_{x\to x_0^+}\frac{f(x)-f(x_0)}{x-x_0}$$

（2）$f'(x_0)$ 存在 $\Leftrightarrow$ $f'_-(x_0)$ 和 $f'_+(x_0)$ 都存在，且 $f'_-(x_0)=f'_+(x_0)$。

2. 导函数

如果函数 $f(x)$ 在区间 (a,b) 内的每一点都可导，则称此函数在区间 (a,b) 内可导。定义函数 $f(x)$ 在 (a,b) 内的导函数（简称导数）为

$$f'(x)=\lim_{\Delta x\to 0}\frac{f(x+\Delta x)-f(x)}{\Delta x}$$

3. 可导与连续的关系

函数 $f(x)$ 在 x_0 可导 $\Rightarrow$ $f(x)$ 在 x_0 处连续；反之不一定成立。

4. 导数的意义

（1）物理意义。设物体做变速直线运动，其位移是时间的函数，即 $s=s(t)$，则 $s'(t_0)$ 是物体在 t_0 时刻的瞬时速度，速度的表达式为 $v(t)=\frac{\mathrm{d}s}{\mathrm{d}t}$。

（2）几何意义。$f'(x_0)$ 为曲线 $y=f(x)$ 在点 $(x_0,f(x_0))$ 的切线斜率。据此可求出曲线 $y=f(x)$ 在点 $(x_0,f(x_0))$ 处的切线方程和法线方程。

【例 1-16】（2018） 设 $f'(x_0)$ 存在，则 $\lim_{x\to x_0}\frac{xf(x_0)-x_0f(x)}{x-x_0}=$（　　）。

A. $f'(x_0)$　　B. $-x_0f'(x_0)$　　C. $f(x_0)-x_0f'(x_0)$　　D. $x_0f'(x_0)$

【解】$\lim_{x\to x_0}\frac{xf(x_0)-x_0f(x)}{x-x_0}=\lim_{x\to x_0}\frac{(x-x_0)f(x_0)-x_0[f(x)-f(x_0)]}{x-x_0}=f(x_0)-x_0\lim_{x\to x_0}\frac{f(x)-f(x_0)}{x-x_0}=$ $f(x_0)-x_0f'(x_0)$。

【答案】C

【例 1-17】（2013） 设 $f(x)=\begin{cases}3x^2, & x\leqslant 1\\ 4x-1, & x>1\end{cases}$，则 $f(x)$ 在 $x=1$ 处（　　）。

A. 不连续　　B. 连续但左、右导数不存在

C. 连续但不可导　　D. 可导

【解】$\lim_{x\to 1^-}f(x)=\lim_{x\to 1^-}3x^2=3$，$\lim_{x\to 1^+}f(x)=\lim_{x\to 1^+}(4x-1)=3$，$f(1)=3$，所以 $f(x)$ 在 $x=1$ 处连续。

$f'_-(1)=\lim_{x\to 1^-}\frac{f(x)-f(1)}{x-1}=\lim_{x\to 1^-}\frac{3x^2-3}{x-1}=\lim_{x\to 1^-}3(x+1)=6$，$f'_+(1)=\lim_{x\to 1^+}\frac{f(x)-f(1)}{x-1}=\lim_{x\to 1^-}\frac{4x-4}{x-1}=4$，$f'_-(1)\neq f'_+(1)$，所以 $f(x)$ 在 $x=1$ 处不可导。

【答案】C

【例 1-18】（2011） 如果 $f(x)$ 在点 x_0 处可导，$g(x)$ 在点 x_0 处不可导，则 $f(x)g(x)$ 在点 x_0 处（　　）。

A. 可能可导也可能不可导　　B. 不可导

C. 可导　　D. 连续

【解】可导的例子：$g(x)=|x|$ 在 $x=0$ 处不可导，$f(x)\equiv 0$ 在 $x=0$ 处可导，$f(x)g(x)\equiv 0$ 在

$x=0$ 处可导。

不可导的例子：$g(x)=|x|$ 在 $x=0$ 处不可导，$f(x)\equiv 1$ 在 $x=0$ 处可导，$f(x)g(x)=g(x)$ 在 $x=0$ 处不可导。

不连续的例子：$g(x)=\operatorname{sgn} x=\begin{cases}1, x>0\\ 0, x=0\\ -1, x<0\end{cases}$ 在 $x=0$ 处不连续，从而不可导；$f(x)\equiv 1$ 在 $x=0$ 处可导，$f(x)g(x)=g(x)$ 在 $x=0$ 处不连续。

以上例子说明，选项 B、C、D 错误，只有选项 A 是正确的。

【答案】A

1.2.4 函数的求导方法

1. 基本初等函数的求导公式

$(C)'=0$　　$(x^\mu)'=\mu x^{\mu-1}$　　$(a^x)'=a^x\ln a$

$(\mathrm{e}^x)'=\mathrm{e}^x$　　$(\log_a x)'=\dfrac{1}{x\ln a}$　　$(\ln x)'=\dfrac{1}{x}$

$(\sin x)'=\cos x$　　$(\cos x)'=-\sin x$　　$(\tan x)'=\sec^2 x$

$(\cot x)'=-\csc^2 x$　　$(\sec x)'=\tan x\sec x$　　$(\csc x)'=-\cot x\csc x$

$(\arcsin x)'=\dfrac{1}{\sqrt{1-x^2}}$　　$(\arccos x)'=-\dfrac{1}{\sqrt{1-x^2}}$　　$(\arctan x)'=\dfrac{1}{1+x^2}$

$(\operatorname{arccot} x)'=-\dfrac{1}{1+x^2}$

2. 函数的和、差、积、商的求导法则

$(u\pm v)'=u'\pm v'$　　$(uv)'=u'v+uv'$

$(Cu)'=Cu'$　　$\left(\dfrac{u}{v}\right)'=\dfrac{u'v-uv'}{v^2}\ (v\neq 0)$

3. 复合函数的求导法则

设 $u=\varphi(x)$ 在点 x 处可导，$y=f(u)$ 在对应点 $u=\varphi(x)$ 处可导，则复合函数 $y=f(\varphi(x))$ 在点 x 处可导，且 $\dfrac{\mathrm{d}y}{\mathrm{d}x}=\dfrac{\mathrm{d}y}{\mathrm{d}u}\cdot\dfrac{\mathrm{d}u}{\mathrm{d}x}=f'(u)\varphi'(x)$。

4. 反函数的导数公式

设 $x=\varphi(y)$ 是直接函数，$y=f(x)$ 是它的反函数。如果 $x=\varphi(y)$ 在某区间上单调可导，且 $\varphi'(y)\neq 0$，则其反函数 $y=f(x)$ 在对应的区间上可导，且

$$f'(x)=\frac{1}{\varphi'(y)}，\ 即\ \frac{\mathrm{d}y}{\mathrm{d}x}=\frac{1}{\frac{\mathrm{d}x}{\mathrm{d}y}}$$

5. 隐函数求导法

设方程 $F(x,y)=0$ 确定了隐函数 $y=f(x)$，将 $y=f(x)$ 代入原方程，则得到恒等式

$$F(x,y(x))\equiv 0$$

将上式两边对 x 求导，注意求导时将 y 看成中间变量，应用复合函数的求导法则，便可求出所求隐函数的导数。

6. 对数求导法

对于复杂的积、商、幂的函数及幂指函数，在求导时可先在函数两边取自然对数，然后应用复合函数的求导法则，将等式两边对自变量求导，从而得出函数的导数，这种方法叫作对数求导法。

7. 由参数方程所确定的函数的导数

设由参数方程 $\begin{cases}x=\varphi(t)\\ y=\psi(t)\end{cases}$ 确定 y 是 x 的函数，$\varphi(t)$，$\psi(t)$ 可导，且 $\psi'(t)\neq 0$，则

$$\frac{\mathrm{d}y}{\mathrm{d}x}=\frac{\frac{\mathrm{d}y}{\mathrm{d}t}}{\frac{\mathrm{d}x}{\mathrm{d}t}}=\frac{\psi'(t)}{\varphi'(t)}$$

如果 $\varphi(t)$，$\psi(t)$ 二阶可导，则

$$\frac{\mathrm{d}^2y}{\mathrm{d}x^2}=\frac{\mathrm{d}\left(\frac{\mathrm{d}y}{\mathrm{d}x}\right)}{\mathrm{d}x}=\frac{\frac{\mathrm{d}}{\mathrm{d}t}\left(\frac{\mathrm{d}y}{\mathrm{d}x}\right)}{\frac{\mathrm{d}x}{\mathrm{d}t}}=\frac{\left[\frac{\psi'(t)}{\varphi'(t)}\right]'}{\varphi'(t)}$$

【例 1-19】（2017） $y=g(x)$ 是由方程 $\mathrm{e}^y+xy=\mathrm{e}$ 所确定，则 $y'(0)$ 等于（　　）。

A. $-\frac{y}{\mathrm{e}^y}$　　B. $-\frac{y}{x+\mathrm{e}^y}$　　C. 0　　D. $-\frac{1}{\mathrm{e}}$

【解】方程两边对 x 求导，得 $\mathrm{e}^y y'+y+xy'=0$，$y'=-\frac{y}{\mathrm{e}^y+x}$。又因为当 $x=0$ 时，$y=1$。所以，$y'(0)=-\frac{1}{\mathrm{e}}$。

【答案】D

【例 1-20】（2022） 抛物线 $y=x^2$ 上点 $\left(-\frac{1}{2},\frac{1}{4}\right)$ 处的切线（　　）。

A. 垂直于 Ox 轴　　B. 平行于 Ox 轴

C. 与 Ox 轴正向夹角为 $\frac{3\pi}{4}$　　D. 与 Ox 轴正向夹角为 $\frac{\pi}{4}$

【解】 $y'=2x$。当 $x=-\frac{1}{2}$ 时，切线斜率为 $y'=-1$。

【答案】C

【例 1-21】（2021） 若 $f\left(\frac{1}{x}\right)=\frac{x}{1+x}$，则 $f'(x)$ 等于（　　）。

A. $\frac{1}{1+x}$　　B. $-\frac{1}{1+x}$　　C. $-\frac{1}{(1+x)^2}$　　D. $\frac{1}{(1+x)^2}$

【解】此题考查函数基本知识、函数求导两个知识点。

令 $t=\frac{1}{x}$，则 $x=\frac{1}{t}$，代入 $f\left(\frac{1}{x}\right)=\frac{x}{1+x}$，可得 $f(t)=\frac{1}{t}\Big/\left(1+\frac{1}{t}\right)=\frac{1}{1+t}$，所以 $f(x)=\frac{1}{1+x}$，则 $f'(x)=-\frac{1}{(1+x)^2}$。

【答案】C

【例 1-22】(2022) 设 $y=\ln(1+x^2)$，则二阶导数 y'' 等于（　　）。

A. $\frac{1}{(1+x^2)^2}$　　B. $\frac{2(1-x^2)}{(1+x^2)^2}$　　C. $\frac{x}{1+x^2}$　　D. $\frac{1-x}{1+x^2}$

【解】$y'=\frac{2x}{1+x^2}$，$y''=\frac{2(1+x^2)-2x\cdot 2x}{(1+x^2)^2}=\frac{2(1-x^2)}{(1+x^2)^2}$

【答案】B

【例 1-23】(2016) 设 $\begin{cases}x=t-\arctan t\\ y=\ln(1+t^2)\end{cases}$，则 $\left.\frac{\mathrm{d}y}{\mathrm{d}x}\right|_{t=1}$ 等于（　　）。

A. 1　　B. −1　　C. 2　　D. $\frac{1}{2}$

【解】利用参数方程求导公式进行计算，$\frac{\mathrm{d}y}{\mathrm{d}x}=\frac{\frac{\mathrm{d}y}{\mathrm{d}t}}{\frac{\mathrm{d}x}{\mathrm{d}t}}=\frac{\frac{2t}{1+t^2}}{\left(1-\frac{1}{1+t^2}\right)}=\frac{2}{t}$，所以 $\left.\frac{\mathrm{d}y}{\mathrm{d}x}\right|_{t=1}=2$。

【答案】C

1.2.5 函数的微分

1. 微分的概念

（1）微分的定义。设函数 $y=f(x)$ 在点 x_0 的某邻域内有定义，$x_0+\Delta x$ 在该邻域内，如果函数值的增量

$$\Delta y=f(x_0+\Delta x)-f(x_0)=A\Delta x+o(\Delta x)$$

其中，A 是不依赖于 Δx 的常数，则称函数 $y=f(x)$ 在点 x_0 处是可微的，$A\Delta x$ 叫作函数 $y=f(x)$ 在点 x_0 处（关于 Δx）的微分，记作 $\mathrm{d}y$，即 $\mathrm{d}y=A\Delta x$。

（2）可微分和可导的关系。对于一元函数 $y=f(x)$ 来说，在一点可微分和可导是等价的。如果函数 $y=f(x)$ 在点 x_0 处可微分，则它在点 x_0 处的微分 $\mathrm{d}y=f'(x_0)\Delta x$。特别的，$\mathrm{d}x=\Delta x$。

（3）函数微分和增量的关系

$$\Delta y=\mathrm{d}y+o(\Delta x)$$

（4）微分的几何意义。$\mathrm{d}y=f'(x_0)\Delta x$ 表示曲线 $y=f(x)$ 在点 $(x_0,f(x_0))$ 处的切线当自变量 x 有增量 Δx 时的纵坐标的增量。

2. 基本微分公式

$\mathrm{d}(C)=0$　　$\mathrm{d}(x^\mu)=\mu x^{\mu-1}\mathrm{d}x$　　$\mathrm{d}(a^x)=a^x\ln a\mathrm{d}x$

$\mathrm{d}(\mathrm{e}^x)=\mathrm{e}^x\mathrm{d}x$　　$\mathrm{d}(\log_a x)=\frac{1}{x\ln a}\mathrm{d}x$　　$\mathrm{d}(\ln x)=\frac{1}{x}\mathrm{d}x$

$d(\sin x) = \cos x dx$　　$d(\cos x) = -\sin x dx$　　$d(\tan x) = \sec^2 x dx$

$d(\cot x) = -\csc^2 x dx$　　$d(\sec x) = \tan x \sec x dx$　　$d(\csc x) = -\cot x \csc x dx$

$d(\arcsin x) = \dfrac{1}{\sqrt{1-x^2}} dx$　　$d(\arccos x) = -\dfrac{1}{\sqrt{1-x^2}} dx$　　$d(\arctan x) = \dfrac{1}{1+x^2} dx$

$d(\text{arccot}\, x) = -\dfrac{1}{1+x^2} dx$

3. 函数的微分法则

（1）函数的和、差、积、商的微分法则。

$d(u \pm v) = du \pm dv$　　$d(uv) = v du + u dv$

$d(Cu) = C du$　　$d\left(\dfrac{u}{v}\right) = \dfrac{v du - u dv}{v^2}$，$(v \neq 0)$

（2）复合函数的微分法则、微分形式不变性。

无论 u 是自变量还是中间变量，$y = f(u)$ 的微分总是 $dy = f'(u)du$，这一性质叫作微分形式的不变性。

【例 1-24】（2020）　设可微函数 $y = f(x)$ 由方程 $\sin y + e^x - xy^2 = 0$ 所确定，则微分 $dy =$（　　）。

A. $\dfrac{-y^2 + e^x}{\cos y - 2xy} dx$　B. $\dfrac{y^2 + e^x}{\cos y - 2xy} dx$　C. $\dfrac{y^2 + e^x}{\cos y + 2xy} dx$　D. $\dfrac{y^2 - e^x}{\cos y - 2xy} dx$

【解】本题考查隐函数求导。

解法 1：令 $F(x, y) = \sin y + e^x - xy^2$，则 $F_x = e^x - y^2$，$F_y = \cos y - 2xy$。

$y' = -\dfrac{F_x}{F_y} = \dfrac{y^2 - e^x}{\cos y - 2xy}$，所以，$dy = \dfrac{y^2 - e^x}{\cos y - 2xy} dx$。

解法 2：对方程 $\sin y + e^x - xy^2 = 0$ 两边求微分，$\cos y dy + e^x dx - y^2 dx - 2xy dy = 0$，也能得出同样的结果。

【答案】D

【例 1-25】（2019）函数 $f(x)$ 在 $x = x_0$ 处连续是 $f(x)$ 在 $x = x_0$ 处可微的（　　）。

A. 充分条件　B. 充要条件　C. 必要条件　D. 无关条件

【解】对于一元函数，可导 $\Leftrightarrow$ 可微 $\Rightarrow$ 连续；但连续不一定可导。反例：函数 $y = |x|$ 在 $x = 0$ 处连续，但在此点不可导。

【答案】C

1.2.6 微分中值定理

1. 中值定理

定理 1-3（罗尔定理）　如果函数 $y = f(x)$ 满足：① 在闭区间 $[a,b]$ 上连续；② 在开区间 (a,b) 内可导；③ $f(a) = f(b)$。则存在 $\xi \in (a,b)$，使得 $f'(\xi) = 0$。

定理 1-4（拉格朗日中值定理）　如果函数 $y = f(x)$ 满足：① 在闭区间 $[a,b]$ 上连续；② 在开区间 (a,b) 内可导。则存在 $\xi \in (a,b)$，使得 $f'(\xi) = \dfrac{f(b) - f(a)}{b - a}$ 或 $f(b) - f(a) =$

$f'(\xi)(b-a)$。

推论　如果 $f(x)$ 在区间 (a,b) 内的导数恒为零，即 $f'(x)\equiv 0$，则在 (a,b) 内 $f(x)\equiv \mathrm{C}$。

2. 洛必达法则

（1）$\dfrac{0}{0}$ 型未定式。如果 $f(x)$，$g(x)$ 满足：

1）$\lim\limits_{\substack{x\to a\\(x\to\infty)}} f(x)=0$，$\lim\limits_{\substack{x\to a\\(x\to\infty)}} g(x)=0$。

2）在点 a 的某一去心邻域内（或当 $|x|>M$ 时），$f(x)$，$g(x)$ 均可导，且 $g'(x)\neq 0$。

3）极限 $\lim\limits_{\substack{x\to a\\(x\to\infty)}}\dfrac{f'(x)}{g'(x)}$ 存在（或为 ∞），则极限 $\lim\limits_{\substack{x\to a\\(x\to\infty)}}\dfrac{f(x)}{g(x)}$ 存在（或为 ∞），且

$$\lim_{\substack{x\to a\\(x\to\infty)}}\frac{f(x)}{g(x)}=\lim_{\substack{x\to a\\(x\to\infty)}}\frac{f'(x)}{g'(x)}$$

（2）$\dfrac{\infty}{\infty}$ 型未定式。如果 $f(x)$，$g(x)$ 满足：

1）$\lim\limits_{\substack{x\to a\\(x\to\infty)}} f(x)=\infty$，$\lim\limits_{\substack{x\to a\\(x\to\infty)}} g(x)=\infty$。

2）在点 a 的某一去心邻域内（或当 $|x|>M$ 时），$f(x)$，$g(x)$ 均可导，且 $g'(x)\neq 0$。

3）极限 $\lim\limits_{\substack{x\to a\\(x\to\infty)}}\dfrac{f'(x)}{g'(x)}$ 存在（或为 ∞），则极限 $\lim\limits_{\substack{x\to a\\(x\to\infty)}}\dfrac{f(x)}{g(x)}$ 存在（或为 ∞），且

$$\lim_{\substack{x\to a\\(x\to\infty)}}\frac{f(x)}{g(x)}=\lim_{\substack{x\to a\\(x\to\infty)}}\frac{f'(x)}{g'(x)}$$

对于“$0\cdot\infty$”“$\infty-\infty$”“1^{∞}”“0^{0}”“∞^{0}”等多种类型未定式，可把它们化为“$\dfrac{0}{0}$ 型”或“$\dfrac{\infty}{\infty}$ 型”未定式进行计算。

【例 1-26】（2022）　在区间 $[1, 2]$ 上满足拉格朗日中值定理条件的函数是（　　）。

A. $y=\ln x$　　　B. $y=\dfrac{1}{\ln x}$　　　C. $y=\ln(\ln x)$　　　D. $y=\ln(2-x)$

【解】 拉格朗日中值定理条件：（1）在闭区间 $[1, 2]$ 上连续；（2）在开区间 $(1, 2)$ 内可导。

【答案】 A

【例 1-27】（2016）　下列极限式中，能够使用洛必达法则求极限的是（　　）。

A. $\lim\limits_{x\to 0}\dfrac{1+\cos x}{\mathrm{e}^{x}-1}$　　　B. $\lim\limits_{x\to 0}\dfrac{x-\sin x}{\sin x}$

C. $\lim\limits_{x\to 0}\dfrac{x^{2}\sin\frac{1}{x}}{\sin x}$　　　D. $\lim\limits_{x\to \infty}\dfrac{x+\sin x}{x-\sin x}$

【解】 选项 A 中，分母极限为零，而分子极限为 2，不是未定式；将选项 C 的分子和分母分别求导，得 $\lim\limits_{x\to 0}\dfrac{2x\sin\frac{1}{x}-\cos\frac{1}{x}}{\cos x}$，分母极限为 1，而分子极限不存在，所以不能用洛必达

法则。选项 D 与选项 C 类同。只有选项 B 满足要求。

【答案】B

【例 1-28】（2021） 方程 $x^3+x-1=0$（　　）。

A. 无实根　　B. 只有一个实根　　C. 有两个实根　　D. 有三个实根

【解】记 $f(x)=x^3+x-1$，它在其定义域为 $(-\infty,+\infty)$ 内连续。$f(0)=-1$，$f(1)=1$；由零点定理，在闭区间 $[0,1]$ 内 $f(x)$ 至少有一个零点。又因为 $f'(x)=3x^2+1>0$ 可知，$f(x)$ 是单调增加的，从而只有一个零点，即方程 $f(x)=0$ 只有一个根。

【答案】B

1.2.7 导数的应用

1. 函数单调性的判别法

设函数 $f(x)$ 在 $[a,b]$ 上连续，在 (a,b) 内可导。

（1）如果在 (a,b) 内 $f'(x)>0$，则函数 $f(x)$ 在 $[a,b]$ 上单调增加。

（2）如果在 (a,b) 内 $f'(x)<0$，则函数 $f(x)$ 在 $[a,b]$ 上单调减少。

此结论对开区间、半开区间、无穷区间仍适应。

2. 函数的极值

（1）函数极值的定义。如果 $f(x)$ 在点 x_0 处的某邻域内恒有

$$f(x)\leqslant f(x_0) \text{ 或 } f(x)\geqslant f(x_0)$$

则称 $f(x_0)$ 为 $f(x)$ 的一个极大值或极小值，点 x_0 为 $f(x)$ 的极大值点或极小值点。极大值和极小值统称为极值，极大值点和极小值点统称为极值点。

（2）函数取得极值的条件。

1）必要条件。如果 $f(x)$ 在点 x_0 处可导，且点 x_0 为 $f(x)$ 的极值点，则 $f'(x_0)=0$。

注意，函数在不可导点处也可取得极值。

2）充分条件。

第一充分条件：设函数 $f(x)$ 在点 x_0 的某邻域内可导且 $f'(x_0)=0$ [或 $f(x)$ 在点 x_0 处连续，但 $f'(x_0)$ 不存在]。

a）当 $x<x_0$ 时，$f'(x)>0$；当 $x>x_0$ 时，$f'(x)<0$。则 $f(x_0)$ 为 $f(x)$ 的极大值。

b）当 $x<x_0$ 时，$f'(x)<0$；当 $x>x_0$ 时，$f'(x)>0$。则 $f(x_0)$ 为 $f(x)$ 的极小值。

c）若 $f'(x)$ 在 x_0 两侧同号，则 $f(x_0)$ 不是 $f(x)$ 的极值。

第二充分条件：设函数 $f(x)$ 在点 x_0 处具有二阶导数，且 $f'(x_0)=0$，$f''(x_0)\neq 0$，则：

a）当 $f''(x_0)<0$ 时，$f(x_0)$ 为 $f(x)$ 的极大值。

b）当 $f''(x_0)>0$ 时，$f(x_0)$ 为 $f(x)$ 的极小值。

如果 $f''(x_0)=0$，$f(x)$ 在点 x_0 处可能取得极值，也可能不取得极值，需要利用第一充分条件判断。

3. 函数的最大值与最小值

（1）函数 $f(x)$ 在区间 $[a,b]$ 上的最大值与最小值。

1）若 $f(x)$ 在区间 $[a,b]$ 上连续，则 $f(x)$ 在 $[a,b]$ 上一定取得最大值和最小值。

2） $f(x)$ 在 $[a,b]$ 上的最大值和最小值可能在驻点、不可导点及区间断点处取得。

求 $f(x)$ 在区间 $[a,b]$ 上的最大值与最小值的步骤：

1）求 $f'(x)$，找出不可导点。

2）令 $f'(x)=0$，求出所有驻点。

3）求 $f(a)$， $f(b)$ 及所有驻点和不可导点处的函数值。

4）比较这些函数值，其中最大者为最大值，最小者为最小值。

（2）求实际问题的最值。此类问题首先是要建立函数关系，即数学模型或目标函数。如果实际问题表明函数的最大值或最小值的确存在，而目标函数的驻点（或不可导点）唯一，则可断定此驻点（或不可导点）即为所求问题的最大值或最小值点。

4. 曲线的凹凸性和拐点

（1）曲线凹凸性的定义。设函数 $y=f(x)$ 在区间 I 上连续，如果对于任意的 $x_1,x_2\in I$，并且 $x_1\neq x_2$ 恒有

$$f\left(\frac{x_1+x_2}{2}\right)<\frac{f(x_1)+f(x_2)}{2} \text{或} f\left(\frac{x_1+x_2}{2}\right)>\frac{f(x_1)+f(x_2)}{2}$$

则称函数 $f(x)$ 在区间 I 上是凹（或凸）的。

（2）函数凹凸性的判断。设函数 $f(x)$ 在区间 $[a,b]$ 上连续，在 (a,b) 内具有二阶导数。则：

1）若在 (a,b) 内 $f''(x)>0$，则曲线 $y=f(x)$ 在 $[a,b]$ 上是凹的。

2）若在 (a,b) 内 $f''(x)<0$，则曲线 $y=f(x)$ 在 $[a,b]$ 上是凸的。

（3）曲线的拐点。连续曲线 $y=f(x)$ 的凸弧和凹弧的分界点称为该曲线的拐点。

1）曲线有拐点的必要条件。设函数 $f(x)$ 在 (a,b) 内具有二阶导数，若 $(x_0,f(x_0))$ 是曲线 $y=f(x)$ 的拐点，则 $f''(x_0)=0$。若二阶导数 $f''(x_0)$ 不存在，点 $(x_0,f(x_0))$ 也可能是曲线 $y=f(x)$ 的拐点。

2）曲线有拐点的充分条件。设函数 $y=f(x)$ 在点 x_0 处连续，在 x_0 的某一去心邻域内二阶连续可导，且 $f''(x_0)=0$ [或 $f''(x_0)$ 不存在]，若在此邻域内：

a）当 $x<x_0$ 与 $x>x_0$ 时， $f''(x)$ 异号，则 $(x_0,f(x_0))$ 是曲线 $y=f(x)$ 的拐点。

b）当 $x<x_0$ 与 $x>x_0$ 时， $f''(x)$ 同号，则 $(x_0,f(x_0))$ 不是曲线 $y=f(x)$ 的拐点。

5. 曲线的渐近线

若 $\lim\limits_{x\to\infty}f(x)=A$，则曲线 $y=f(x)$ 有水平渐进线 $y=A$；若 $\lim\limits_{x\to x_0}f(x)=\infty$，则曲线 $y=f(x)$ 有铅直渐进线 $x=x_0$。

【例 1-29】（2020） 曲线 $f(x)=x^4+4x^3+x+1$ 在区间 $(-\infty,+\infty)$ 内的拐点个数为（　　）。

A. 0　　B. 1　　C. 2　　D. 3

【解】 $f'(x)=4x^3+12x^2+1$， $f''(x)=12x^2+24x$。令 $f''(x)=0$，得 $x_1=0$， $x_2=-2$。分别验证 $f''(x)$ 在 $x=0,-2$ 两侧的符号，可知它们都是拐点。

【答案】 C

【例 1-30】（2021） 若函数 $f(x)$ 在 $x=x_0$ 处取得极值，则下列结论成立的是（　　）。

A. $f'(x_0)=0$　　B. $f'(x_0)$ 不存在

C. $f'(x_0)=0$ 或 $f'(x_0)$ 不存在　　　　　　　　D. $f''(x_0)=0$

【解】函数在驻点和不可导点处都可能取得极值。

【答案】C

【例 1-31】（2022） 设函数 $f(x)=\dfrac{x^2-2x-2}{x+1}$，则 $f(0)=-2$ 是 $f(x)$ 的（　　）。

A. 极大值，但不是最大值　　　　　　　　B. 最大值

C. 极小值，但不是最小值　　　　　　　　D. 极小值

【解】 $f'(x)=\dfrac{x(x+2)}{(x+1)^2}$，令 $f'(x)=0$，得 $x=-2$ 或 $x=0$。

$f''(x)=\dfrac{2}{(x+1)^3}$，由 $f''(0)=2>0$ 可知 $f(0)$ 为极小值。又因为 $f(0)>f(-2)$，所以 $f(-2)$ 不是最小值。

【答案】C

1.2.8　多元函数的极限与连续性

1. 多元函数的定义

设有变量 x，y 和 z，D 为平面区域。如果对 $\forall(x,y)\in D$，按照一定的法则，z 总有确定的数值与之对应，则称 z 为 x，y 的二元函数，记作 $z=f(x,y)$。x，y 叫作自变量，z 叫作因变量。类似地可定义三元函数 $u=f(x,y,z)$ 以及更多元的函数。

在空间直角坐标系中，二元函数 $z=f(x,y)$ 表示一个空间曲面。

2. 多元函数的极限

设函数 $z=f(x,y)$ 在点 $P_0(x_0,y_0)$ 的某去心邻域内有定义，如果当 $P(x,y)$ 以任何方式趋于 $P_0(x_0,y_0)$ 时，对应的函数值无限趋近于一个确定的常数 A，则称 A 是当 $x\to x_0$，$y\to y_0$ 时函数 $z=f(x,y)$ 的极限，记作 $\lim\limits_{P\to P_0} f(x,y)=A$ 或 $\lim\limits_{\substack{x\to x_0\\ y\to y_0}} f(x,y)=A$。

3. 多元函数的连续性

设函数 $z=f(x,y)$ 在点 $P_0(x_0,y_0)$ 的某邻域内有定义，若 $\lim\limits_{P\to P_0} f(x,y)=f(x_0,y_0)$，则称函数 $z=f(x,y)$ 在点 P_0 处连续。

与一元函数类似，二元连续函数的和、差、积、商(分母不为零处)、复合函数均连续；一切多元初等函数在其定义域内都是连续的。

4. 闭区域上的多元连续函数的性质

（1）（最大值、最小值定理）有界闭区域上的多元连续函数必有最大值和最小值。

（2）（介值定理）有界闭区域上的多元连续函数必取得介于最大值和最小值之间的任何值。

1.2.9　多元函数的微分

1. 偏导数的定义

设函数 $z=f(x,y)$ 在点 (x_0,y_0) 的某邻域内有定义，如果极限

$$\lim_{\Delta x\to 0}\frac{f(x_0+\Delta x,y_0)-f(x_0,y_0)}{\Delta x}$$

存在，则称此极限为函数 $z=f(x,y)$ 在点 (x_0,y_0) 处对 x 的偏导数，记作

$$\left.\frac{\partial z}{\partial x}\right|_{\substack{x=x_0\\y=y_0}},\quad \left.\frac{\partial f}{\partial x}\right|_{\substack{x=x_0\\y=y_0}},\quad \left.z'_x\right|_{\substack{x=x_0\\y=y_0}} \text{或} f'_x(x_0,y_0)$$

即
$$f'_x(x_0,y_0)=\lim_{\Delta x\to 0}\frac{f(x_0+\Delta x,y_0)-f(x_0,y_0)}{\Delta x}$$

类似地，可定义函数 $z=f(x,y)$ 在点 (x_0,y_0) 处对 y 的偏导数，记作

$$\left.\frac{\partial z}{\partial y}\right|_{\substack{x=x_0\\y=y_0}},\quad \left.\frac{\partial f}{\partial y}\right|_{\substack{x=x_0\\y=y_0}},\quad \left.z'_y\right|_{\substack{x=x_0\\y=y_0}} \text{或} f'_y(x_0,y_0)$$

由定义可知

$$f'_x(x_0,y_0)=\left.\frac{\mathrm{d}}{\mathrm{d}x}f(x,y_0)\right|_{x=x_0},\quad f'_y(x_0,y_0)=\left.\frac{\mathrm{d}}{\mathrm{d}y}f(x_0,y)\right|_{x=y_0}$$

如果在区域 D 内的每一点 $P(x,y)$ 处，函数 $z=f(x,y)$ 对 x 的偏导数都存在，可定义 $z=f(x,y)$ 对自变量 x 的偏导函数(简称偏导数)，记作 $\frac{\partial z}{\partial x}$，$\frac{\partial f}{\partial x}$，$z'_x$ 或 $f'_x(x,y)$，即

$$f'_x(x,y)=\lim_{\Delta x\to 0}\frac{f(x+\Delta x,y)-f(x,y)}{\Delta x}$$

类似地，可定义函数 $z=f(x,y)$ 对 y 的偏导函数 $\frac{\partial z}{\partial y}$，$\frac{\partial f}{\partial y}$，$z'_y$ 或 $f'_y(x,y)$。

2. 偏导数的求法

对函数 $z=f(x,y)$，求 $f'_x(x,y)$ [或 $f'_y(x,y)$]时，将 y (或 x)看作常数，对 x (或 y)求导。一元函数求导的公式、法则都能应用。

函数 $z=f(x,y)$ 的二阶偏导数定义为

$$\frac{\partial^2 z}{\partial x^2}=\frac{\partial}{\partial x}\left(\frac{\partial z}{\partial x}\right)=f''_{xx}(x,y)；\qquad \frac{\partial^2 z}{\partial x\partial y}=\frac{\partial}{\partial y}\left(\frac{\partial z}{\partial x}\right)=f''_{xy}(x,y)$$

$$\frac{\partial^2 z}{\partial y\partial x}=\frac{\partial}{\partial x}\left(\frac{\partial z}{\partial y}\right)=f''_{yx}(x,y)；\qquad \frac{\partial^2 z}{\partial y^2}=\frac{\partial}{\partial y}\left(\frac{\partial z}{\partial y}\right)=f''_{yy}(x,y)$$

类似地可定义更高阶的偏导数。

3. 全微分

设 $z=f(x,y)$，如果全增量 Δz 可以表示为

$$\Delta z=f(x+\Delta x,y+\Delta y)-f(x,y)=A\Delta x+B\Delta y+o(\sqrt{\Delta x^2+\Delta y^2})$$

则称函数 $z=f(x,y)$ 在点 (x,y) 处可微分，全微分 $\mathrm{d}z=A\Delta x+B\Delta y$。

全微分和偏导数的关系：① 若函数 $z=f(x,y)$ 在点 (x,y) 处可微分，则两个偏导数 $\frac{\partial z}{\partial x}$、$\frac{\partial z}{\partial y}$ 都存在，且 $\frac{\partial z}{\partial x}=A$，$\frac{\partial z}{\partial y}=B$，即 $\mathrm{d}z=\frac{\partial z}{\partial x}\mathrm{d}x+\frac{\partial z}{\partial y}\mathrm{d}y$。② 若函数 $z=f(x,y)$ 在点 (x,y) 处的两个偏导数 $\frac{\partial z}{\partial x}$、$\frac{\partial z}{\partial y}$ 都连续，则函数在该点的全微分存在。

4. 多元函数的微分法

（1）多元复合函数的求导方法。如果函数 $u=\varphi(x,y)$， $v=\psi(x,y)$ 在点 (x,y) 有偏导数，函数 $z=f(u,v)$ 在对应点 (u,v) 处有全微分，则复合函数 $z=f(\varphi(x,y),\psi(x,y))$ 在点 (x,y) 处对 x、y 的偏导数都存在，且

$$\frac{\partial z}{\partial x}=\frac{\partial z}{\partial u}\cdot\frac{\partial u}{\partial x}+\frac{\partial z}{\partial v}\cdot\frac{\partial v}{\partial x},\quad \frac{\partial z}{\partial y}=\frac{\partial z}{\partial u}\cdot\frac{\partial u}{\partial y}+\frac{\partial z}{\partial v}\cdot\frac{\partial v}{\partial y}$$

推广：

1）有三个或更多中间变量的情形，如 $z=f(u,v,w)$，$u=\varphi(x,y)$，$v=\psi(x,y)$，$w=\omega(x,y)$，则

$$\frac{\partial z}{\partial x}=\frac{\partial z}{\partial u}\cdot\frac{\partial u}{\partial x}+\frac{\partial z}{\partial v}\cdot\frac{\partial v}{\partial x}+\frac{\partial z}{\partial w}\cdot\frac{\partial w}{\partial x},\quad \frac{\partial z}{\partial y}=\frac{\partial z}{\partial u}\cdot\frac{\partial u}{\partial y}+\frac{\partial z}{\partial v}\cdot\frac{\partial v}{\partial y}+\frac{\partial z}{\partial w}\cdot\frac{\partial w}{\partial y}$$

2）外层函数既含中间变量又含自变量情形，如 $z=f(u,x,y)$，而 $u=\varphi(x,y)$，则

$$\frac{\partial z}{\partial x}=\frac{\partial f}{\partial u}\cdot\frac{\partial u}{\partial x}+\frac{\partial f}{\partial x},\quad \frac{\partial z}{\partial y}=\frac{\partial f}{\partial u}\cdot\frac{\partial u}{\partial y}+\frac{\partial f}{\partial y}$$

这里 $\frac{\partial f}{\partial x}$ 表示将 $z=f(u,x,y)$ 看成 u,x,y 的三元函数对 x 求偏导； $\frac{\partial z}{\partial x}$ 将 z 看成 x,y 的二元函数 $z=f(\varphi(x,y),x,y)$ 对 x 求偏导。

3）全导数情形，如 $z=f(u,v)$，而 $u=\varphi(t)$， $v=\psi(t)$，则

$$\frac{\mathrm{d}z}{\mathrm{d}t}=\frac{\partial z}{\partial u}\cdot\frac{\mathrm{d}u}{\mathrm{d}t}+\frac{\partial z}{\partial v}\cdot\frac{\mathrm{d}v}{\mathrm{d}t}$$

（2）隐函数求偏导的方法。由三元方程 $F(x,y,z)=0$ 所确定的函数 $z=f(x,y)$ 叫作二元隐函数。

如果 $F(x,y,z)$ 在点 (x_0,y_0,z_0) 的某一邻域内有连续偏导数 $F_x'(x,y,z)$， $F_y'(x,y,z)$，$F_z'(x,y,z)$，且 $F(x_0,y_0,z_0)=0$， $F_z'(x_0,y_0,z_0)\neq 0$，则由方程 $F(x,y,z)=0$ 在点 (x_0,y_0,z_0) 的某一邻域内可唯一确定具有连续偏导数的隐函数 $z=f(x,y)$，且 $\frac{\partial z}{\partial x}=-\frac{F_x'}{F_z'}$， $\frac{\partial z}{\partial y}=-\frac{F_y'}{F_z'}$。

【例 1-32】（2022） 设 $z=\frac{1}{x}f(xy)$，其中 $f(u)$ 具有连续的二阶导数，则 $\frac{\partial^2 z}{\partial x\partial y}$ 等于（　　）。

A. $xf'(xy)+yf''(xy)$　　B. $\frac{1}{x}f'(xy)+f''(xy)$

C. $xf''(xy)$　　D. $yf''(xy)$

【解】 $\frac{\partial z}{\partial y}=\frac{1}{x}f'(xy)\cdot x=f'(xy)$， $\frac{\partial^2 z}{\partial x\partial y}=\frac{\partial}{\partial x}\left(\frac{\partial z}{\partial y}\right)=yf''(xy)$。

【答案】 D

【例 1-33】（2021） 设函数 $f(x,y)=\begin{cases}\frac{1}{xy}\sin(x^2y), & xy\neq 0\\ 0, & xy=0\end{cases}$，则 $f_x'(0,1)$ 等于（　　）。

A. 0　　B. 1　　C. 2　　D. -1

【解】 $f'_x(0,1)=\lim\limits_{x\to 0}\dfrac{f(x,1)-f(0,1)}{x}=\lim\limits_{x\to 0}\dfrac{\sin x^2}{x^2}=1$。

【答案】B

5. 多元函数的极值

（1）二元函数的极值。设函数 $z=f(x,y)$ 在点 (x_0,y_0) 的某邻域内有定义，如果在该邻域内任何点 (x,y)[非(x_0,y_0)]处，都有 $f(x,y)<f(x_0,y_0)$ [或 $f(x,y)>f(x_0,y_0)$]，则称 $f(x_0,y_0)$ 为 $f(x,y)$ 的极大(小)值，点 (x_0,y_0) 为函数 $f(x,y)$ 的极大(小)值点。极大值(点)和极小值（点）统称为极值（点）。

1）极值存在的必要条件。若函数 $z=f(x,y)$ 在点 (x_0,y_0) 处取得极值，且在该点处的两个偏导数都存在，则该点一定是驻点，即满足 $f'_x(x_0,y_0)=0$， $f'_y(x_0,y_0)=0$。

2）极值存在的充分条件。设函数 $z=f(x,y)$ 在其驻点 (x_0,y_0) 的某个邻域内有二阶连续的偏导函数。令 $A=f''_{xx}(x_0,y_0)$， $B=f''_{xy}(x_0,y_0)$， $C=f''_{yy}(x_0,y_0)$， $\Delta=B^2-AC$，则：

a）如果 $\Delta<0$，则 (x_0,y_0) 是函数的极值点；当 $A<0$ 时， $f(x_0,y_0)$ 是 $f(x,y)$ 的极大值；当 $A>0$ 时， $f(x_0,y_0)$ 是 $f(x,y)$ 的极小值。

b）如果 $\Delta>0$，则 (x_0,y_0) 不是函数的极值点。

c）如果 $\Delta=0$，则 $f(x,y)$ 在 (x_0,y_0) 处是否取得极值不能确定，需用其他方法判断。

3）求二元函数 $z=f(x,y)$ 的极值的步骤。

a）解方程组 $\begin{cases}f'_x(x,y)=0\\ f'_y(x,y)=0\end{cases}$，求出 $f(x,y)$ 的全部驻点。

b）每个驻点 (x_0,y_0) 处计算 $A=f''_{xx}(x_0,y_0)$，$B=f''_{xy}(x_0,y_0)$，$C=f''_{yy}(x_0,y_0)$，$\Delta=B^2-AC$。

c）判断 $f(x,y)$ 在 (x_0,y_0) 处是否取得极值，取得何种极值。

（2）条件极值。求二元函数 $z=f(x,y)$ 在条件 $\varphi(x,y)=0$ 之下的条件极值的常用方法：拉格朗日乘数法。

1）构造辅助函数 $L(x,y,\lambda)=f(x,y)+\lambda\varphi(x,y)$。

2）解方程组 $\begin{cases}L'_x=f'_x(x,y)+\lambda\varphi'_x(x,y)=0\\ L'_y=f'_y(x,y)+\lambda\varphi'_y(x,y)=0\\ L'_\lambda=\varphi(x,y)=0\end{cases}$，求出可能的极值点坐标。

拉格朗日乘数法也可推广到二元以上的函数或条件多于一个的情形。

【例 1-34】（2019）对于函数 $f(x,y)=xy$，原点 $(0,0)$（　　）。

A. 不是驻点　　B. 是驻点但不是极值点

C. 是驻点且是极值点　　D. 是驻点且是极大值点

【解】 $f'_x(x,y)=y$， $f'_y(x,y)=x$，在原点 $(0,0)$ 处， $f'_x=f'_y=0$，原点是驻点。$f''_{x^2}(x,y)=f''_{y^2}(x,y)\equiv 0$，$f''_{xy}(x,y)\equiv 1$，在原点 $(0,0)$ 处，$A=C=0$，$B=1$，$AC-B^2<0$，原点不是极值点。

【答案】B

【例 1-35】（2011） 若函数 $f(x,y)$ 在闭区域 D 上连续，下列关于极值点的陈述中正确的是（　　）。

A. $f(x,y)$ 的极值点一定是 $f(x,y)$ 的驻点

B. 如果 P_0 是 $f(x,y)$ 的极值点，则在 P_0 点处 $B^2-AC<0$（其中：$A=\frac{\partial^2 f}{\partial^2 x}$，$B=\frac{\partial^2 f}{\partial x\partial y}$，$C=\frac{\partial^2 f}{\partial^2 y}$）

C. 如果 P_0 是可微函数 $f(x,y)$ 的极值点，则在 P_0 点处 $\mathrm{d}f=0$

D. $f(x,y)$ 的最大值点一定是 $f(x,y)$ 的极大值点

【解】 $f(x,y)$ 在偏导数不存在的点处也可取得极值，所以选项 A、B 不正确；$f(x,y)$ 的最大值也可能在区域 D 的边界上取得，所以选项 D 不成立。如果 P_0 是可微函数 $f(x,y)$ 的极值点，则在 P_0 点处 $\frac{\partial f}{\partial x}=\frac{\partial f}{\partial y}=0$，从而 $\mathrm{d}f=\frac{\partial f}{\partial x}\mathrm{d}x+\frac{\partial f}{\partial y}\mathrm{d}y=0$。

【答案】 C

6. 偏导数的几何应用

（1）空间曲线的切线与法平面。设空间曲线 Γ 的方程为 $x=x(t)$，$y=y(t)$，$z=z(t)$；$x(t)$，$y(t)$，$z(t)$ 在 $t=t_0$ 的导数都存在且不同时为零；Γ 上一点 $M_0\ (x_0,y_0,z_0)$ 所对应的参数 $t=t_0$。则曲线 Γ 在点 M_0 处的切线方程为

$$\frac{x-x_0}{x'(t_0)}=\frac{y-y_0}{y'(t_0)}=\frac{z-z_0}{z'(t_0)}$$

法平面方程为

$$x'(t_0)(x-x_0)+y'(t_0)(y-y_0)+z'(t_0)(z-z_0)=0$$

（2）曲面的切平面与法线。设曲面 Σ 的方程为 $F(x,y,z)=0$，$M_0\ (x_0,y_0,z_0)$ 为其上一点，则曲面在 M_0 的切平面方程为

$$F_x'(x_0,y_0,z_0)(x-x_0)+F_y'(x_0,y_0,z_0)(y-y_0)+F_z'(x_0,y_0,z_0)(z-z_0)=0$$

法线方程为

$$\frac{x-x_0}{F_x'(x_0,y_0,z_0)}=\frac{y-y_0}{F_y'(x_0,y_0,z_0)}=\frac{z-z_0}{F_z'(x_0,y_0,z_0)}$$

【例 1-36】（2005） 曲面 $z=x^2-y^2$ 在点 $(\sqrt{2},-1,1)$ 处的法线方程是（　　）。

A. $\frac{x-\sqrt{2}}{2\sqrt{2}}=\frac{y+1}{-2}=\frac{z-1}{-1}$　　B. $\frac{x-\sqrt{2}}{2\sqrt{2}}=\frac{y+1}{-2}=\frac{z-1}{1}$

C. $\frac{x-\sqrt{2}}{2\sqrt{2}}=\frac{y+1}{2}=\frac{z-1}{-1}$　　D. $\frac{x-\sqrt{2}}{2\sqrt{2}}=\frac{y+1}{2}=\frac{z-1}{1}$

【解】 记 $F(x,y,z)=x^2-y^2-z$，法向量

$$\boldsymbol{n}=(F_x,F_y,F_z)\big|_{(\sqrt{2},-1,1)}=(2x,-2y,-1)\big|_{(\sqrt{2},-1,1)}=(2\sqrt{2},2,-1)$$

所以，曲面在所求点处的法线方程为 $\frac{x-\sqrt{2}}{2\sqrt{2}}=\frac{y+1}{2}=\frac{z-1}{-1}$。

【答案】 C

1.3 积分学

考试大纲

原函数与不定积分的概念；不定积分的基本性质；基本积分公式；定积分的基本概念和性质（包括积分中值定理）；积分上限的函数及其导数；牛顿-莱布尼茨公式；不定积分和定积分的换元积分法与分部积分法；有理函数、三角函数的有理式和简单有理函数的积分；广义积分；二重积分和三重积分的概念、性质、计算和应用；两类曲线积分的概念、性质和计算；计算平面图形的面积、平面曲线的弧长和旋转体的体积。

1.3.1 不定积分的概念和性质

1. 原函数与不定积分

设 $f(x)$ 是定义在区间 I 上的函数，如果 $F(x)$ 是区间 I 上的可导函数，使对任意的 $x \in I$，均有 $F'(x)=f(x)$ 或 $\mathrm{d}F(x)=f(x)\mathrm{d}x$，则称 $F(x)$ 是 $f(x)$ 在区间 I 上的一个原函数。

$f(x)$ 在区间 I 上的全体原函数的集合，称为函数 $f(x)$ 的原函数族，即 $f(x)$ 的不定积分，记作 $\int f(x)\mathrm{d}x$，其中 $f(x)$ 叫作被积函数，$f(x)\mathrm{d}x$ 叫作被积分式，x 叫作积分变量。

设 $F(x)$ 是 $f(x)$ 的一个原函数，则 $\int f(x)\mathrm{d}x = F(x)+C$。

2. 不定积分的性质

（1）$\left[\int f(x)\mathrm{d}x\right]' = f(x)$ 或 $\mathrm{d}\left[\int f(x)\mathrm{d}x\right] = f(x)\mathrm{d}x$

（2）$\int F'(x)\mathrm{d}x = F(x)+C$ 或 $\int \mathrm{d}F(x) = F(x)+C$

（3）$\int kf(x)\mathrm{d}x = k\int f(x)\mathrm{d}x$

（4）$\int [f(x)\pm g(x)]\mathrm{d}x = \int f(x)\mathrm{d}x \pm \int g(x)\mathrm{d}x$

3. 基本积分公式表

$\int x^{\mu}\mathrm{d}x = \dfrac{x^{\mu+1}}{\mu+1}+C \ (\mu \neq -1)$　　$\int \dfrac{1}{x}\mathrm{d}x = \ln|x|+C$

$\int a^{x}\mathrm{d}x = \dfrac{a^{x}}{\ln a}+C$　　$\int \mathrm{e}^{x}\mathrm{d}x = \mathrm{e}^{x}+C$

$\int \cos x\mathrm{d}x = \sin x + C$　　$\int \sin x\mathrm{d}x = -\cos x + C$

$\int \tan x \sec x\mathrm{d}x = \sec x + C$　　$\int \cot x \csc x\mathrm{d}x = -\csc x + C$

$\int \dfrac{1}{\sqrt{1-x^{2}}}\mathrm{d}x = \arcsin x + C$　　$\int \dfrac{1}{1+x^{2}}\mathrm{d}x = \arctan x + C$

直接利用基本积分公式和不定积分的性质求积分，或将被积函数做简单的代数、三角恒等变形，化为基本积分公式表中诸被积函数的线性组合，然后再利用基本积分公式和不定积分的性质求积分的方法，叫作直接积分法。

【例 1-37】（2020） 已知函数 $f(x)$ 的一个原函数是 $1+\sin x$，则不定积分 $\int xf'(x)\mathrm{d}x=$（ ）。

A. $(1+\sin x)(x-1)+C$　　　B. $x\cos x-(1+\sin x)+C$

C. $-x\cos x+(1+\sin x)+C$　　　D. $1+\sin x+C$

【解】本题考查原函数与不定积分的概念及不定积分的分部积分法。

$$f(x)=(1+\sin x)'=\cos x$$

$$\int xf'(x)\mathrm{d}x=xf(x)-\int f(x)\mathrm{d}x=x\cos x-(1+\sin x)+C$$

【答案】B

【例 1-38】（2022） 设 $f(x)$、$g(x)$ 可微，并且满足 $f'(x)=g'(x)$，则下列各式中正确的是（ ）。

A. $f(x)=g(x)$　　　B. $\int f(x)\,\mathrm{d}x=\int g(x)\,\mathrm{d}x$

C. $\left[\int f(x)\,\mathrm{d}x\right]'=\left[\int g(x)\,\mathrm{d}x\right]'$　　　D. $\int f'(x)\,\mathrm{d}x=\int g'(x)\,\mathrm{d}x$

【解】导数相等，原函数不一定相等。例如，$f(x)=x^2$，$g(x)=x^2+1$，虽然 $f'(x)=g'(x)$，但两者不相等。

【答案】D

1.3.2 换元积分法

1. 积分形式不变性

如果
$$\int f(x)\mathrm{d}x=F(x)+C$$
则
$$\int f(u)\mathrm{d}u=F(u)+C$$
式中，$u=\varphi(x)$ 是 x 的任一可微函数。

2. 第一类换元法

求积分 $\int g(x)\mathrm{d}x$，如果能找到可微函数 $u=\varphi(x)$，使得 $g(x)=f(\varphi(x))\varphi'(x)$，则

$$\int g(x)\mathrm{d}x=\int f(\varphi(x))\varphi'(x)\,\mathrm{d}x=\int f(u)\mathrm{d}u$$

若积分 $\int f(u)\mathrm{d}u$，容易求出，$\int f(u)\mathrm{d}u=F(u)+C$。

将 $u=\varphi(x)$ 代回 $F(u)$ 可得

$$\int g(x)\mathrm{d}x=\int f(u)\mathrm{d}u=F(u)+C=F(\varphi(x))+C$$

第一类换元法又称“凑微分法”。其关键是将 $g(x)$ 变成 $f(\varphi(x))\varphi'(x)$，必要时可以添加系数。在选择变量 $u=\varphi(x)$ 时，熟记下面的“反微分”公式是有益的。

$\mathrm{d}x=\dfrac{1}{a}\mathrm{d}(ax+b)$　　　$x^{n-1}\mathrm{d}x=\dfrac{1}{an}\mathrm{d}(ax^n+b)$（$n$ 为正整数）

$\dfrac{1}{x^2}\mathrm{d}x=-\mathrm{d}\left(\dfrac{1}{x}\right)$　　　$\dfrac{1}{\sqrt{x}}\mathrm{d}x=2\mathrm{d}(\sqrt{x})$

$\frac{1}{x}\mathrm{d}x=\mathrm{d}(\ln|x|)$　　　　　$\mathrm{e}^x\mathrm{d}x=\mathrm{d}(\mathrm{e}^x)$

$\sin x\mathrm{d}x=-\mathrm{d}(\cos x)$　　　　　$\cos x\mathrm{d}x=\mathrm{d}(\sin x)$

3. 第二类换元法

对于积分$\int g(x)\mathrm{d}x$，若设$x=\psi(t)$，则有

$$\int g(x)\mathrm{d}x=\int g(\psi(t))\psi'(t)\mathrm{d}t\triangleq\int f(t)\mathrm{d}t$$

若能求出$\int f(t)\mathrm{d}t$，则

$$\int f(t)\mathrm{d}u=F(t)+C$$

$$\int g(x)\mathrm{d}x=\int f(t)\mathrm{d}u=F(t)+C=F(\psi^{-1}(x))+C$$

式中，$t=\psi^{-1}(x)$是$x=\psi(t)$的反函数。

常用代换：

$f\left(\sqrt[k]{ax+b}\right)$，可做代换$t=\sqrt[k]{ax+b}$，即$x=\frac{1}{a}(t^k-b)$；

$f\left(\sqrt{a^2-x^2}\right)$，可做代换$x=a\sin t$ $(0<t<\pi/2)$；

$f\left(\sqrt{a^2+x^2}\right)$，可做代换$x=a\tan t$ $(0<t<\pi/2)$；

$f\left(\sqrt{x^2-a^2}\right)$，可做代换$x=a\sec t$ $(0<t<\pi/2)$。

通常将后三种变换叫作三角代换。

【例 1-39】（2017）$\int f(x)\mathrm{d}x=\ln x+C$，则$\int\cos xf(\sin x)\mathrm{d}x$等于（　　）。

A. $\cos x+C$　　B. $x+C$　　C. $\sin x+C$　　D. $\ln\sin x+C$

【解】$\int\cos xf(\sin x)\mathrm{d}x=\int f(\sin x)\mathrm{d}(\sin x)=\ln\sin x+C$。

【答案】D

【例 1-40】（2014）不定积分$\int\frac{x^2}{\sqrt[3]{1+x^3}}\mathrm{d}x$等于（　　）。

A. $\frac{1}{4}(1+x^3)^{\frac{4}{3}}$　　B. $(1+x^3)^{\frac{1}{3}}+C$　　C. $\frac{3}{2}(1+x^3)^{\frac{2}{3}}+C$　　D. $\frac{1}{2}(1+x^3)^{\frac{2}{3}}+C$

【解】利用凑微分法，$\int\frac{x^2}{\sqrt[3]{1+x^3}}\mathrm{d}x=\frac{1}{3}\int\frac{\mathrm{d}(1+x^3)}{\sqrt[3]{1+x^3}}=\frac{1}{2}(1+x^3)^{\frac{2}{3}}+C$

【答案】D

【例 1-41】（2019）不定积分$\int\frac{x}{\sin^2(x^2+1)}\mathrm{d}x$等于（　　）。

A. $-\frac{1}{2}\cot^2(x^2+1)+C$　　B. $\frac{1}{\sin^2(x^2+1)}+C$

C. $-\frac{1}{2}\tan^2(x^2+1)+C$　　D. $-\frac{1}{2}\cot x+C$

【解】直利用第一类积分换元法（凑微分法）

$$\int \frac{x}{\sin^2(x^2+1)}\mathrm{d}x = \frac{1}{2}\int \frac{x}{\sin^2(x^2+1)}\mathrm{d}(x^2+1) = -\frac{1}{2}\cot^2(x^2+1)+C\text{。}$$

【答案】A

1.3.3 分部积分法、简单有理函数的不定积分

1. 分部积分公式

$$\int uv'\mathrm{d}x = uv - \int u'v\mathrm{d}x \quad 或 \quad \int u\mathrm{d}v = uv - \int v\mathrm{d}u$$

在选择 u 和 v' 时，应考虑以下两点：

（1）v 容易求出。

（2）$\int u'v\mathrm{d}x$ 比 $\int uv'\mathrm{d}x$ 容易计算。

常用技巧：

1）被积函数=正整次幂函数×正、余弦函数（或指数函数），取 u=正整次幂函数。

2）被积函数=幂函数×反三角函数（或对数函数），取 v'=幂函数。

2. 简单有理函数的不定积分

简单有理函数可以直接写成两个分式之和，或通过分子整合写成一个整式与一个分式之和，再进行积分就比较容易，如

$$\frac{1}{x^2+x-2} = \frac{1}{(x-1)(x+2)} = \frac{1}{3}\left(\frac{1}{x-1} - \frac{1}{x+2}\right)$$

【例 1-42】（2016） 若 $\sec^2 x$ 是 $f(x)$ 的一个原函数，则 $\int xf(x)\mathrm{d}x$ 等于（　　）。

A. $\tan x + C$

B. $x\tan x - \ln|\cos x| + C$

C. $x\sec^2 x + \tan x + C$

D. $x\sec^2 x - \tan x + C$

【解】由题意可知，$f(x) = (\sec^2 x)'$，再利用分部积分法可得

$$\int xf(x)\mathrm{d}x = \int x(\sec^2 x)'\mathrm{d}x = x\sec^2 x - \int \sec^2 x\mathrm{d}x = x\sec^2 x - \tan x + C$$

【答案】D

1.3.4 定积分的概念与性质

1. 定义式

$$\int_a^b f(x)\mathrm{d}x = \lim_{\lambda\to 0}\sum_{i=1}^{n} f(\xi_i)\Delta x_i$$

在上式中，当 $a=b$ 时，$\int_a^b f(x)\mathrm{d}x$=0；当 $a>b$ 时，$\int_a^b f(x)\mathrm{d}x = -\int_b^a f(x)\mathrm{d}x$。

注意：定积分与积分变量的记号无关，即 $\int_a^b f(x)\mathrm{d}x = \int_a^b f(t)\mathrm{d}t$。

2. 定积分的几何意义

$\int_a^b f(x)\mathrm{d}x$ 表示介于 x 轴、曲线 $y=f(x)$ 及直线 $x=a$，$x=b$ 之间的各部分面积的代数和。

3. 定积分存在的充分条件

（1）若函数 $f(x)$ 在区间 $[a,b]$ 上连续，则 $f(x)$ 在区间 $[a,b]$ 上可积。

（2）若函数 $f(x)$ 在区间 $[a,b]$ 上只有有限个第一类间断点，则 $f(x)$ 在区间 $[a,b]$ 上可积。

4. 定积分的性质

设函数 $f(x)$，$g(x)$ 在区间 $[a,b]$ 上可积，则有下列性质：

（1）$\int_a^b [f(x) \pm g(x)]\,dx = \int_a^b f(x)\,dx \pm \int_a^b g(x)dx$

（2）$\int_a^b kf(x)\,dx = k\int_a^b f(x)\,dx$

（3）（区间可加性）无论 a,b,c 大小顺序如何，只要下面各积分可积，都有

$$\int_a^b f(x)\,dx = \int_a^c f(x)\,dx + \int_c^b f(x)\,dx$$

（4）$\int_a^b dx = \int_a^b 1dx = b-a$。

（5）若在区间 $[a,b]$ 上，$f(x) \leqslant g(x)$，则 $\int_a^b f(x)dx \leqslant \int_a^b g(x)dx$。

（6）设 M 和 m 分别是函数 $f(x)$ 在区间 $[a,b]$ 上的最大值和最小值，则

$$m(b-a) \leqslant \int_a^b f(x)dx \leqslant M(b-a)$$

（7）（积分中值定理）如果函数 $f(x)$ 在区间 $[a,b]$ 上连续，则存在 $\xi \in [a,b]$，使得

$$\int_a^b f(x)dx = f(\xi)(b-a)$$

5. 微积分基本公式

（1）变上限积分函数。设函数 $f(t)$ 在区间 $[a,b]$ 上连续，则 $\Phi(x) = \int_a^x f(t)dt$，$x \in [a,b]$，称为积分上限函数或变上限积分。它在 $[a,b]$ 上可导，并且 $\Phi'(x) = \frac{d}{dx}\int_a^x f(t)dt = f(x)$，$x \in [a,b]$。

一般地，设 $u(x)$，$v(x)$ 可微，则

$$\frac{d}{dx}\int_{v(x)}^{u(x)} f(t)dt = f[u(x)]u'(x) - f[v(x)]v'(x)$$

定理 1-5（原函数存在定理） 若函数 $f(x)$ 在区间 $[a,b]$ 上连续，它在 $[a,b]$ 上一定有原函数 $\Phi(x) = \int_a^x f(t)dt$。

（2）牛顿–莱布尼茨公式。设函数 $f(x)$ 在区间 $[a,b]$ 上连续，$F(x)$ 是 $f(x)$ 在区间 $[a,b]$ 上的一个原函数，则

$$\int_a^b f(x)dx = F(b) - F(a) = F(x)\Big|_a^b$$

【例 1-43】（2017） 函数 $f(x) = \int_x^2 \sqrt{5+t^2}\,dt$，则 $f'(1)$ 等于（　　）。

A. $2-\sqrt{6}$　　B. $2+\sqrt{6}$　　C. $\sqrt{6}$　　D. $-\sqrt{6}$

【解】 $f(x)=-\int_2^x\sqrt{5+t^2}\mathrm{d}t$，利用变上限积分函数的求导公式得 $f'(x)=-\sqrt{5+x^2}$，所以 $f'(1)=-\sqrt{6}$。

【答案】D

【例 1-44】（2018） 已知 $\varphi(x)$ 可导，则 $\frac{\mathrm{d}}{\mathrm{d}x}\int_{\varphi(x^2)}^{\varphi(x)}\mathrm{e}^{t^2}\mathrm{d}t$ 等于（　　）。

A. $\varphi'(x)\mathrm{e}^{[\varphi(x)]^2}-2x\varphi'(x^2)\mathrm{e}^{[\varphi(x^2)]^2}$　　B. $\mathrm{e}^{[\varphi(x)]^2}-\mathrm{e}^{[\varphi(x^2)]^2}$

C. $\varphi'(x)\mathrm{e}^{[\varphi(x)]^2}-\varphi'(x^2)\mathrm{e}^{[\varphi(x^2)]^2}$　　D. $\varphi'(x)\mathrm{e}^{\varphi(x)}-2x\varphi'(x^2)\mathrm{e}^{\varphi(x^2)}$

【解】利用变限积分函数求导公式 $\frac{\mathrm{d}}{\mathrm{d}x}\int_{u(x)}^{v(x)}f(t)\mathrm{d}t=f(v(x))\cdot v'(x)-f(u(x))\cdot u'(x)$ 可知，$\frac{\mathrm{d}}{\mathrm{d}x}\int_{\varphi(x^2)}^{\varphi(x)}\mathrm{e}^{t^2}\mathrm{d}t=\varphi'(x)\mathrm{e}^{[\varphi(x)]^2}-2x\varphi'(x^2)\mathrm{e}^{[\varphi(x^2)]^2}$。

【答案】A

【例 1-45】（2011） $\int_{-2}^{2}\sqrt{4-x^2}\mathrm{d}x$ 等于（　　）。

A. π　　B. 2π　　C. 3π　　D. π/2

【解】根据定积分的几何意义可知 $\int_{-2}^{2}\sqrt{4-x^2}\mathrm{d}x$，即圆 $x^2+y^2=4$ 在 x 轴上方半圆的面积，所以 $\int_{-2}^{2}\sqrt{4-x^2}\mathrm{d}x=2\pi$。

【答案】B

1.3.5 定积分的计算

1. 定积分的换元法公式

设函数 $f(x)$ 在区间 $[a,b]$ 上连续，函数 $x=\varphi(t)$ 满足：

（1） $\varphi(t)$ 在 $[\alpha,\beta]$ 上具有连续的导数，并且函数 $\varphi(t)$ 的值域不超出 $[a,b]$。

（2） $\varphi(\alpha)=a$，$\varphi(\beta)=b$，则

$$\int_a^b f(x)\mathrm{d}x=\int_\alpha^\beta f(\varphi(t))\varphi'(t)\mathrm{d}t$$

2. 定积分的分部积分法

$$\int_a^b uv'\mathrm{d}x=[uv]_a^b-\int_a^b u'v\mathrm{d}x \quad \text{或} \quad \int_a^b u\mathrm{d}v=[uv]_a^b-\int_a^b v\mathrm{d}u$$

3. 两个常用结论

结论 1 设 $f(x)$ 在区间 $[-a,a]$ 上连续，则

$$\int_{-a}^{a}f(x)\mathrm{d}x=\begin{cases}0, & f(x)\text{为奇函数}\\ 2\int_0^a f(x)\mathrm{d}x, & f(x)\text{为偶函数}\end{cases}$$

结论 2 若连续函数 $f(x)$ 以 T 为周期，则

$$\int_a^{a+T}f(x)\mathrm{d}x=\int_0^T f(x)\mathrm{d}x$$

其中，a 为任意常数。

【例 1-46】（2021） 定积分$\int_{-1}^{1}\left(x^{3}+|x|\right)\mathrm{e}^{x^{2}}\mathrm{d}x$的值等于（　　）。

A. 0　　B. e　　C. e−1　　D. 不存在

【解】原式$=\int_{-1}^{1}x^{3}\mathrm{e}^{x^{2}}\mathrm{d}x+\int_{-1}^{1}|x|\mathrm{e}^{x^{2}}\mathrm{d}x=2\int_{0}^{1}x\mathrm{e}^{x^{2}}\mathrm{d}x=\int_{0}^{1}\mathrm{e}^{x^{2}}\mathrm{d}x^{2}=\left[\mathrm{e}^{x^{2}}\right]_{0}^{1}=\mathrm{e}-1$。

提示：$\int_{-a}^{a}f(x)\mathrm{d}x=\begin{cases}0, f(-x)=-f(x)\\ 2\int_{0}^{a}f(x)\mathrm{d}x, f(-x)=f(x)\end{cases}$。

【答案】C

【例 1-47】（2022） 定积分$\int_{0}^{1}\frac{x^{3}}{\sqrt{1+x^{2}}}\mathrm{d}x$的值等于（　　）。

A. $\frac{1}{3}(\sqrt{2}-2)$　　B. $\frac{1}{3}(2-\sqrt{2})$　　C. $\frac{2}{3}(1-2\sqrt{2})$　　D. $\frac{1}{\sqrt{2}}-1$

【解】利用分部积分法，则

$$\int_{0}^{1}\frac{x^{3}}{\sqrt{1+x^{2}}}\mathrm{d}x=\int_{0}^{1}x^{2}(\sqrt{1+x^{2}})'\mathrm{d}x=\left[x^{2}(\sqrt{1+x^{2}})\right]_{0}^{1}-\int_{0}^{1}2x\sqrt{1+x^{2}}\mathrm{d}x$$

$$=\sqrt{2}-\frac{2}{3}\left[(1+x^{2})^{\frac{3}{2}}\right]_{0}^{1}=\frac{1}{3}(2-\sqrt{2})$$

【答案】B

1.3.6 定积分的应用

1. 平面图形的面积

（1）直角坐标情形。

如果函数$f_1(x)$，$f_2(x)$在区间$[a,b]$上连续，且$f_1(x)\leqslant f_2(x)$，$x\in[a,b]$，则由曲线$y=f_1(x)$，$y=f_2(x)$及直线$x=a,x=b$所围成的平面图形的面积为

$$A=\int_{a}^{b}[f_2(x)-f_1(x)]\mathrm{d}x$$

如果函数$\varphi_1(y)$，$\varphi_2(y)$在区间$[c,d]$上连续且$\varphi_1(y)\leqslant\varphi_2(y)$，$y\in[c,d]$，则由曲线$x=\varphi_1(y)$，$x=\varphi_2(y)$及直线$y=c,y=d$所围成的平面图形的面积为

$$A=\int_{c}^{d}[\varphi_2(y)-\varphi_1(y)]\mathrm{d}y$$

（2）极坐标情形。设$r=r(\theta)$在区间$[\alpha,\beta]$上连续，且$r(\theta)\geqslant 0$，则由曲线$r=r(\theta)$及射线$\theta=\alpha$、$\theta=\beta$所围成的平面图形的面积为

$$A=\frac{1}{2}\int_{\alpha}^{\beta}r^{2}(\theta)\,\mathrm{d}\theta$$

2. 体积

（1）旋转体的体积。

由连续曲线$y=f(x)$与直线$x=a$，$x=b$以及x轴所围成的曲边梯形绕x轴旋转一周而成

的旋转体的体积为

$$V=\pi\int_{a}^{b}[f(x)]^{2}\,\mathrm{d}x$$

由连续曲线 $x=\varphi(y)$ 与直线 $y=c$， $y=d$ 以及 y 轴所围成的曲边梯形绕 y 轴旋转一周而成的旋转体的体积为

$$V=\pi\int_{a}^{b}[\varphi(y)]^{2}\,\mathrm{d}y$$

（2）平行截面面积为已知的立体体积。设立体与 x 轴垂直的截面面积是 x 的连续函数 $A(x)$ $(a\leqslant x\leqslant b)$，则其体积为

$$V=\int_{a}^{b}A(x)\mathrm{d}x$$

3. 平面曲线的弧长

设 $y=f(x)$ 在 $[a,b]$ 上具有一阶连续的导数，则曲线 $y=f(x)$ 上相应于 x 从 a 到 b 的一段弧的长度为

$$s=\int_{a}^{b}\sqrt{1+y'^{2}}\,\mathrm{d}x$$

4. 变力沿直线做功

设物体在变力 $F=F(x)$ 的作用下，沿 x 轴从 a 移动到 b，则在此过程中变力所做的功为

$$W=\int_{a}^{b}F(x)\mathrm{d}x$$

【例 1-48】（2020） 由曲线 $y=x^{3}$，直线 $x=1$ 和 Ox 轴所围成的平面图形绕 Ox 轴旋转一周所形成的旋转体的体积是（　　）。

A. $\dfrac{\pi}{7}$　　B. 7π　　C. $\dfrac{\pi}{6}$　　D. 6π

【解】利用旋转体的体积公式

$$V=\int_{0}^{1}f^{2}(x)\mathrm{d}x=\int_{0}^{1}(x^{3})^{2}\,\mathrm{d}x=\frac{\pi}{7}$$

【答案】A

【例 1-49】（2018） 由曲线 $y=\ln x$，y 轴与直线 $y=\ln a$，$y=\ln b$ $(b>a>0)$ 所围成的平面图形的面积等于（　　）。

A. $\ln b-\ln a$　　B. $b-a$　　C. $\mathrm{e}^{b}-\mathrm{e}^{a}$　　D. $\mathrm{e}^{b}+\mathrm{e}^{a}$

【解】选 y 为积分变量，则

$$A=\int_{\ln a}^{\ln b}\mathrm{e}^{y}\mathrm{d}y=\mathrm{e}^{y}\Big|_{\ln a}^{\ln b}=\mathrm{e}^{\ln b}-\mathrm{e}^{\ln a}=b-a$$

【答案】B

1.3.7 广义积分

1. 无穷区间上的广义积分

定义

$$\int_{a}^{+\infty}f(x)\mathrm{d}x=\lim_{b\to+\infty}\int_{a}^{b}f(x)\mathrm{d}x$$

如果上式右端的极限存在，则称广义积分 $\int_{a}^{+\infty}f(x)\mathrm{d}x$ 收敛，否则，就说广义积分

$\int_{a}^{+\infty} f(x)\mathrm{d}x$ 发散。

类似地，可定义广义积分

$$\int_{-\infty}^{b} f(x)\mathrm{d}x = \lim_{a\to-\infty}\int_{a}^{b} f(x)\mathrm{d}x$$

$$\int_{-\infty}^{+\infty} f(x)\mathrm{d}x = \int_{-\infty}^{c} f(x)\mathrm{d}x + \int_{c}^{+\infty} f(x)\mathrm{d}x$$

$\int_{-\infty}^{+\infty} f(x)\mathrm{d}x$ 收敛 $\Leftrightarrow \int_{-\infty}^{c} f(x)\mathrm{d}x$ 和 $\int_{c}^{+\infty} f(x)\mathrm{d}x$ 都收敛。其中，c 为任一常数。

常用结论：设 $a>0$，则广义积分

$$\int_{a}^{+\infty}\frac{1}{x^p}\mathrm{d}x = \begin{cases}\dfrac{1}{p-1}, p>1\\ +\infty, p\leqslant 1\end{cases} \tag{1-3}$$

2. 被积函数有无穷间断点的广义积分

设 $f(x)$ 在区间 $(a,b]$ 上连续，且 $\lim\limits_{x\to a^+} f(x)=\infty$。函数 $f(x)$ 在区间 $(a,b]$ 上的广义积分定义为

$$\int_{a}^{b} f(x)\mathrm{d}x = \lim_{\varepsilon\to 0^+}\int_{a+\varepsilon}^{b} f(x)\mathrm{d}x$$

上式右端的极限存在，则称广义积分 $\int_{a}^{b} f(x)\mathrm{d}x$ 收敛；否则，就说广义积分 $\int_{a}^{b} f(x)\mathrm{d}x$ 发散。

类似地，如果 $\lim\limits_{x\to b^-} f(x)=\infty$，定义广义积分

$$\int_{a}^{b} f(x)\mathrm{d}x = \lim_{\varepsilon\to 0^+}\int_{a}^{b-\varepsilon} f(x)\mathrm{d}x$$

如果函数 $f(x)$ 在 $[a,b]$ 上除点 $c\,(a<c<b)$ 外处处连续，且 $\lim\limits_{x\to c} f(x)=\infty$，定义广义积分

$$\int_{a}^{b} f(x)\mathrm{d}x = \lim_{\varepsilon_1\to 0^+}\int_{a}^{c-\varepsilon_1} f(x)\mathrm{d}x + \lim_{\varepsilon_2\to 0^+}\int_{c+\varepsilon_2}^{b} f(x)\mathrm{d}x$$

广义积分 $\int_{a}^{b} f(x)\mathrm{d}x$ 收敛 $\Leftrightarrow \int_{a}^{c} f(x)\mathrm{d}x$ 和 $\int_{c}^{b} f(x)\mathrm{d}x$ 都收敛。

常用结论：广义积分

$$\int_{0}^{1}\frac{1}{x^q}\mathrm{d}x = \begin{cases}\dfrac{1}{1-q}, 0<q<1\\ \text{发散}, q\geqslant 1\end{cases} \tag{1-4}$$

【例 1-50】（2019） 广义积分 $\int_{-2}^{2}\frac{1}{(1+x)^2}\mathrm{d}x$（　　）。

A. 值为 $\frac{4}{3}$　　B. 值为 $-\frac{4}{3}$　　C. 值为 $\frac{2}{3}$　　D. 发散

【解】 -1 是被积函数的无穷间断点，则 $\int_{-2}^{2}\frac{1}{(1+x)^2}\mathrm{d}x = \int_{-2}^{-1}\frac{1}{(1+x)^2}\mathrm{d}x + \int_{-1}^{2}\frac{1}{(1+x)^2}\mathrm{d}x$，而

$\int_{-2}^{-1}\frac{1}{(1+x)^2}\mathrm{d}x=\left[-\frac{1}{1+x}\right]_{-2}^{-1}=\infty$，所以此广义积分发散。

【答案】 D

【例 1-51】（2016） 若$\int_{-\infty}^{+\infty}\frac{A}{1+x^2}\mathrm{d}x=1$，则常数$A$等于（　　）。

A. $\frac{1}{\pi}$　　B. $\frac{2}{\pi}$　　C. $\frac{\pi}{2}$　　D. π

【解】 $\int_{-\infty}^{+\infty}\frac{A}{1+x^2}\mathrm{d}x=A\arctan x\Big|_{-\infty}^{+\infty}=\pi A$，所以$A=\frac{1}{\pi}$。

【答案】 A

1.3.8 二重积分

1. 二重积分的概念、性质

（1）定义式

$$\iint_D f(x,y)\mathrm{d}\sigma=\lim_{\lambda\to 0}\sum_{i=1}^{n}f(\xi_i,\eta_i)\Delta\sigma_i$$

在直角坐标系中，常用平行于坐标轴的直线来分割D。此时，$\mathrm{d}\sigma=\mathrm{d}x\mathrm{d}y$，则

$$\iint_D f(x,y)\mathrm{d}\sigma=\iint_D f(x,y)\mathrm{d}x\mathrm{d}y$$

（2）二重积分存在的充分条件。若函数$f(x,y)$在有界闭区域D上连续，则$\iint_D f(x,y)\mathrm{d}\sigma$存在。

（3）二重积分的几何意义。

1）若$f(x,y)\geqslant 0$，$\iint_D f(x,y)\mathrm{d}\sigma$表示以$D$为底，以曲面$z=f(x,y)$为顶的曲顶柱体的体积。

2）若$f(x,y)<0$，$\iint_D f(x,y)\mathrm{d}\sigma$表示以$D$为底，以曲面$z=f(x,y)$为顶的曲顶柱体的体积的负值。

3）若$f(x,y)$在区域D的一部分区域上是正值，在另一部分区域为负值，则把位于xOy平面上方的曲顶柱体体积配上正号，把位于xOy平面下方的曲顶柱体体积配上负号，$\iint_D f(x,y)\mathrm{d}\sigma$表示这些部分区域上的曲顶柱体体积的代数和。

（4）二重积分的性质。设$f(x,y)$，$g(x,y)$在有界区域D都可积，则有下列性质：

1）$\iint_D kf(x,y)\mathrm{d}\sigma=k\iint_D f(x,y)\mathrm{d}\sigma$（$k$为常数）。

2）$\iint_D[f(x,y)\pm g(x,y)]\mathrm{d}\sigma=\iint_D f(x,y)\mathrm{d}\sigma\pm\iint_D g(x,y)\mathrm{d}\sigma$。

3）（区域可加性）若$D=D_1\cup D_2$，且$D_1\cap D_2=\varnothing$，则

$$\iint_D f(x,y)\mathrm{d}\sigma=\iint_{D_1} f(x,y)\mathrm{d}\sigma+\iint_{D_2} f(x,y)\mathrm{d}\sigma$$

4）若在区域D上，$f(x,y)\equiv 1$，用σ表示区域D的面积，则

$$\sigma=\iint_D 1\mathrm{d}\sigma=\iint_D \mathrm{d}\sigma$$

5）若在区域D上，$f(x,y)\leqslant g(x,y)$，则

$$\iint_D f(x,y)\mathrm{d}\sigma\leqslant\iint_D g(x,y)\mathrm{d}\sigma$$

6）设m，M分别是$f(x,y)$在区域D上的最小值和最大值，则

$$m\sigma\leqslant\iint_D f(x,y)\mathrm{d}\sigma\leqslant M\sigma$$

7）（二重积分中值定理）设$f(x,y)$在有界闭区域D上连续，则在D上至少有一点(ξ,η)，使得

$$\iint_D f(x,y)\mathrm{d}\sigma=f(\xi,\eta)\sigma \quad （\sigma\text{表示区域}D\text{的面积}）$$

2. 二重积分的计算方法

（1）直角坐标方法。基本方法是化为二次定积分。选择积分顺序的依据：① 根据积分区域；② 根据被积函数。

1）矩形区域D：$a\leqslant x\leqslant b$，$c\leqslant y\leqslant d$，则

$$\iint_D f(x,y)\mathrm{d}x\mathrm{d}y=\int_a^b\mathrm{d}x\int_c^d f(x,y)\mathrm{d}y \quad 或 \quad \iint_D f(x,y)\mathrm{d}x\mathrm{d}y=\int_c^d\mathrm{d}y\int_a^b f(x,y)\mathrm{d}x$$

特别地，当$f(x,y)=f_1(x)\ f_2(y)$时，有

$$\iint_D f(x,y)\mathrm{d}x\mathrm{d}y=\int_a^b f_1(x)\mathrm{d}x\int_c^d f_2(y)\mathrm{d}y$$

2）$X-$型区域D：$a\leqslant x\leqslant b$，$\varphi_1(x)\leqslant y\leqslant\varphi_2(x)$，则

$$\iint_D f(x,y)\mathrm{d}x\mathrm{d}y=\int_a^b\mathrm{d}x\int_{\varphi_1(x)}^{\varphi_2(x)} f(x,y)\mathrm{d}y$$

3）$Y-$型区域D：$c\leqslant y\leqslant d$，$\psi_1(y)\leqslant x\leqslant\psi_2(y)$，则

$$\iint_D f(x,y)\mathrm{d}x\mathrm{d}y=\int_c^d\mathrm{d}y\int_{\psi_1(y)}^{\psi_2(y)} f(x,y)\mathrm{d}x$$

（2）极坐标方法。当积分区域D是圆域、环形区域、扇形区域或D的边界用极坐标表示比较简单，或者被积函数是$f\left(\sqrt{x^2+y^2}\right)$类型的函数时，常把$\iint_D f(x,y)\mathrm{d}x\mathrm{d}y$化为极坐标下的二重积分，即

$$\iint_D f(x,y)\mathrm{d}x\mathrm{d}y=\iint_D f(\rho\cos\theta,\rho\sin\theta)\rho\mathrm{d}\rho\mathrm{d}\theta$$

极坐标下的二重积分仍然是化为二次积分进行计算。具体算法如下：

设积分区域D可用极坐标表示为$D:\alpha\leqslant\theta\leqslant\beta$，$\varphi_1(\theta)\leqslant\rho\leqslant\varphi_2(\theta)$，则

$$\iint_D f(\rho\cos\theta,\rho\sin\theta)\rho\mathrm{d}\rho\mathrm{d}\theta=\int_\alpha^\beta\mathrm{d}\theta\int_{\varphi_1(\theta)}^{\varphi_2(\theta)}f(\rho\cos\theta,\rho\sin\theta)\rho\mathrm{d}\rho$$

3. 二重积分的应用

（1）几何应用。

1）空间区域的体积。

当$f(x,y)\geqslant 0$时，以曲面$z=f(x,y)$为顶，以xOy面内的区域D为底的曲顶柱体的体积为 $V=\iint_D f(x,y)\mathrm{d}x\mathrm{d}y$。

若 $f(x,y)\geqslant g(x,y)$，以曲面 $z=f(x,y)$ 为顶，$z=g(x,y)$ 为底的柱体的体积为 $V=\iint_D[f(x,y)-g(x,y)]\mathrm{d}x\mathrm{d}y$。

2）曲面面积。设曲面S的方程为$z=f(x,y)$，S在xOy面内的投影区域记为D，偏导数$f_x'(x,y)$，$f_y'(x,y)$在D上连续，则曲面S的面积为$A=\iint_D\sqrt{1+[f_x'(x,y)]^2+[f_y'(x,y)]^2}$。

（2）物理应用。面密度为$\rho(x,y)$，占xOy面内的区域D的平面薄板的质量为$M=\iint_D\rho(x,y)\mathrm{d}x\mathrm{d}y$。

【例 1-52】（2019） 若D是由x轴、y轴及直线$2x+y-2=0$所围成的闭区域，则二重积分$\iint_D\mathrm{d}x\mathrm{d}y$的值等于（　　）。

A. 1　　B. 2　　C. $\dfrac{1}{2}$　　D. -1

【解】 直接利用二重积分的几何意义，$\iint_D\mathrm{d}x\mathrm{d}y=S_D=1$，或者将区域$D$表示为$D:0<x<1,\ 0<y<2-2x$。则$\iint_D\mathrm{d}x\mathrm{d}y=\int_0^1\mathrm{d}x\int_0^{2-2x}\mathrm{d}y=\int_0^1[y]_0^{2-2x}\mathrm{d}x=\int_0^1(2-2x)\mathrm{d}x=1$。

【答案】 A

【例 1-53】（2022） 设D是圆域：$x^2+y^2\leqslant 1$，则二重积分$\iint_D x\mathrm{d}x\mathrm{d}y$等于（　　）。

A. $2\int_0^\pi\mathrm{d}\theta\int_0^1 r^2\sin\theta\mathrm{d}r$　　B. $\int_0^{2\pi}\mathrm{d}\theta\int_0^1 r^2\cos\theta\mathrm{d}r$

C. $4\int_0^{\frac{\pi}{2}}\mathrm{d}\theta\int_0^1 r\cos\theta\mathrm{d}r$　　D. $4\int_0^{\frac{\pi}{4}}\mathrm{d}\theta\int_0^1 r^3\cos\theta\mathrm{d}r$

【解】 将区域D用极坐标表示为$0\leqslant\theta\leqslant 2\pi$，$0\leqslant r\leqslant 1$。

$$\iint_D x\mathrm{d}x\mathrm{d}y=\iint_D r\cos\theta\cdot r\mathrm{d}r\mathrm{d}\theta=\int_0^{2\pi}\mathrm{d}\theta\int_0^1 r^2\cos\theta\mathrm{d}r$$

【答案】 B

1.3.9 三重积分

1. 三重积分的概念、性质

定义式 $$\iiint_\Omega f(x,y,z)\,\mathrm{d}v=\lim_{\lambda\to 0}\sum_{i=1}^n f(\xi_i,\eta_i,\zeta_i)\Delta v_i$$

当 $f(x,y,z)$ 在有界闭区域 Ω 上连续时，$\iiint\limits_{\Omega} f(x,y,z)\,\mathrm{d}v$ 一定存在。

在直角坐标系中，如果用平行于坐标轴的直线来分割 Ω。在这样的分割下，$\mathrm{d}v=\mathrm{d}x\mathrm{d}y\mathrm{d}z$，$\iiint\limits_{\Omega} f(x,y,z)\,\mathrm{d}v=\iiint\limits_{\Omega} f(x,y,z)\,\mathrm{d}x\mathrm{d}y\mathrm{d}z$。

特别地，若 $f(x,y,z)\equiv 1$，则 $\iiint\limits_{\Omega} 1\,\mathrm{d}v=\iiint\limits_{\Omega}\mathrm{d}v=|\Omega|$，其中 $|\Omega|$ 表示 Ω 的体积。

2. 三重积分的计算方法

（1）直角坐标方法。基本方法：化为三次积分进行计算。

设积分区域 Ω 可以表示为 $\begin{cases} a\leqslant x\leqslant b \\ y_1(x)\leqslant y\leqslant y_2(x) \\ z_1(x,y)\leqslant z\leqslant z_2(x,y)\end{cases}$，则

$$\iiint\limits_{\Omega} f(x,y,z)\,\mathrm{d}x\mathrm{d}y\mathrm{d}z=\int_a^b \mathrm{d}x\int_{y_1(x)}^{y_2(x)}\mathrm{d}y\int_{z_1(x,y)}^{z_2(x,y)} f(x,y,z)\mathrm{d}z$$

（2）柱面坐标方法。在计算三重积分时，如果积分区域 Ω 为圆柱，或 Ω 在坐标平面的投影为圆域、圆环域及扇形域，且被积函数为 $f(\sqrt{x^2+y^2},z)$ 时，应选取柱面坐标计算。具体化法，则

$$\iiint\limits_{\Omega} f(x,y,z)\,\mathrm{d}x\mathrm{d}y\mathrm{d}z=\iiint\limits_{\Omega} f(r\cos\theta,r\sin\theta,z)r\mathrm{d}r\mathrm{d}\theta\mathrm{d}z$$

计算方法：化为累次积分。

设积分区域 Ω 可用柱面坐标表示为 $\alpha\leqslant\theta\leqslant\beta$，$r_1(\theta)\leqslant r\leqslant r_2(\theta)$，$z_1(r\cos\theta,r\sin\theta)\leqslant z\leqslant z_2(r\cos\theta,r\sin\theta)$，则

$$\iiint\limits_{\Omega} f(r\cos\theta,r\sin\theta,z)\,r\mathrm{d}r\mathrm{d}\theta\mathrm{d}z=\int_{\alpha}^{\beta}\mathrm{d}\theta\int_{r_1(\theta)}^{r_2(\theta)} r\mathrm{d}r\int_{z_1(r\cos\theta,r\sin\theta)}^{z_2(r\cos\theta,r\sin\theta)} f(r\cos\theta,r\sin\theta,z)\,\mathrm{d}z$$

【例 1-54】（2009） 曲面 $x^2+y^2+z^2=2z$ 之内以及曲面 $z=x^2+y^2$ 之外所围成的立体的体积 V 等于（　　）。

A. $\int_0^{2\pi}\mathrm{d}\theta\int_0^1 r\mathrm{d}r\int_r^{\sqrt{1-r^2}}\mathrm{d}z$　　　B. $\int_0^{2\pi}\mathrm{d}\theta\int_0^r r\mathrm{d}r\int_{r^2}^{1-\sqrt{1-r^2}}\mathrm{d}z$

C. $\int_0^{2\pi}\mathrm{d}\theta\int_0^r r\mathrm{d}r\int_r^{1-r}\mathrm{d}z$　　　D. $\int_0^{2\pi}\mathrm{d}\theta\int_0^1 r\mathrm{d}r\int_{1-\sqrt{1-r^2}}^{r^2}\mathrm{d}z$

【解】 区域 Ω 可以用柱面坐标表示为 Ω：$0\leqslant\theta\leqslant 2\pi,\ 0\leqslant r\leqslant 1,\ 1-\sqrt{1-r^2}\leqslant z\leqslant r^2$。

所以 $$V=\iiint\limits_{\Omega}\mathrm{d}v=\int_0^{2\pi}\mathrm{d}\theta\int_0^1 r\mathrm{d}r\int_{1-\sqrt{1-r^2}}^{r^2}\mathrm{d}z$$

【答案】 D

【例 1-55】（2010） 计算 $I=\iiint\limits_{\Omega} z\mathrm{d}v$，其中 Ω 为 $z^2=x^2+y^2$，$z=1$ 围成的立体，则正确的解法是（　　）。

A. $I=\int_0^{2\pi}\mathrm{d}\theta\int_0^1 r\mathrm{d}r\int_0^1 z\mathrm{d}z$　　　B. $I=\int_0^{2\pi}\mathrm{d}\theta\int_0^1 r\mathrm{d}r\int_r^1 z\mathrm{d}z$

C. $I=\int_0^{2\pi}\mathrm{d}\theta\int_0^1\mathrm{d}z\int_r^1 r\mathrm{d}r$　　　　D. $I=\int_0^1\mathrm{d}z\int_0^{\pi}\mathrm{d}\theta\int_0^z zr\mathrm{d}r$

【解】区域Ω用柱面坐标表示为Ω：$0\leqslant\theta\leqslant 2\pi$，$0\leqslant r\leqslant 1$，$r\leqslant z\leqslant 1$，则

$$I=\iiint_{\Omega} z\mathrm{d}v=\iiint_{\Omega} zr\mathrm{d}r\mathrm{d}\theta\mathrm{d}z=\int_0^{2\pi}\mathrm{d}\theta\int_0^1 r\mathrm{d}r\int_r^1 z\mathrm{d}z$$

【答案】B

1.3.10 曲线积分

1. 第一型曲线积分（对弧长的曲线积分）

（1）第一型曲线积分概念、性质。

定义式
$$\int_L f(x,y)\,\mathrm{d}s=\lim_{\lambda\to 0}\sum_{i=1}^{n} f(\xi_i,\eta_i)\Delta s_i$$

式中，$f(x,y)$ 叫作被积函数，L 叫作积分路径。如果 L 是闭曲线，则曲线积分记为 $\oint_L f(x,y)\,\mathrm{d}s$。

注意，第一型曲线积分与积分路径的方向无关，即

$$\int_{\widehat{AB}} f(x,y)\,\mathrm{d}s=\int_{\widehat{BA}} f(x,y)\,\mathrm{d}s$$

几何意义：$\int_L \mathrm{d}s=|L|$，其中$|L|$表示曲线L的弧长。

物理意义：线密度为$\rho(x,y)$的平面曲线L的质量为$\int_L f(x,y)\,\mathrm{d}s$。

第一型曲线积分的性质与二重积分类似。

（2）第一型曲线积分的计算。方法：化为定积分计算。

1）若曲线L的参数方程为$\begin{cases}x=\varphi(t)\\ y=\psi(t)\end{cases}$，$(\alpha\leqslant t\leqslant\beta)$，其中$\varphi(t)$，$\psi(t)$在$[\alpha,\beta]$上有一阶连续的导数，$\alpha,\beta$分别对应于曲线的两个端点，则

$$\int_L f(x,y)\,\mathrm{d}s=\int_{\alpha}^{\beta} f[\varphi(t),\psi(t)]\sqrt{[\varphi'(t)]^2+[\psi'(t)]^2}\,\mathrm{d}t$$

2）若曲线L的方程为$y=y(x)$ $(a\leqslant t\leqslant b)$，则

$$\int_L f(x,y)\,\mathrm{d}s=\int_a^b f[x,y(x)]\sqrt{1+[y'(x)]^2}\,\mathrm{d}x$$

2. 第二类曲线积分（对坐标的曲线积分）

（1）第二型曲线积分概念、性质。

函数$P(x,y)$在有向弧段L上对坐标x的曲线积分

$$\int_L P(x,y)\,\mathrm{d}x=\lim_{\lambda\to 0}\sum_{i=1}^{n} P(\xi_i,\eta_i)\Delta x_i$$

函数$Q(x,y)$在有向弧段L上对坐标y的曲线积分

$$\int_L Q(x,y)\,\mathrm{d}y=\lim_{\lambda\to 0}\sum_{i=1}^{n} Q(\xi_i,\eta_i)\Delta y_i$$

式中，$P(x,y)$，$Q(x,y)$ 叫作被积函数，L 叫作积分弧段。

将它们组合起来记为

$$\int_L P(x,y)\,dx + Q(x,y)dy$$

注意：第二型的曲线积分与积分路径的方向有关。记积分路径 L 的反方向为 L^-，则

$$\int_L P(x,y)\,dx + Q(x,y)dy = -\int_{L^-} P(x,y)\,dx + Q(x,y)dy$$

第二型曲线积分的性质与定积分类似。

（2）第二型曲线积分的计算。方法：化为定积分计算。

1）设曲线 L 的参数方程为 $\begin{cases} x=\varphi(t) \\ y=\psi(t) \end{cases}$，$t=\alpha$ 对应起点 A，$t=\beta$ 对应终点 B。当 t 从 α 变到 β 时，点 (x,y) 从起点 A 沿曲线 L 移动到终点 B。又 $\varphi(t)$ 与 $\psi(t)$ 在以 α 和 β 为端点的闭区间上具有一阶连续的导数，且 $\varphi'^2(t)+\psi'^2(t)\neq 0$。函数 $P(x,y)$，$Q(x,y)$ 在 L 上连续，则

$$\int_L P(x,y)\,dx + Q(x,y)dy = \int_\alpha^\beta \left\{P\left[\varphi(t),\psi(t)\right]\varphi'(t) + Q\left[\varphi(t),\psi(t)\right]\psi'(t)\right\}dt$$

注意：积分下限 α 对应于起点 A，积分上限 β 对应于终点 B，不要求 $\alpha<\beta$。

2）如果曲线 L 的方程为 $y=y(x)$，$x=a$ 对应于 L 的起点，$x=b$ 对应于 L 的终点，则

$$\int_L P(x,y)\,dx + Q(x,y)dy = \int_a^b \{P[x,y(x)] + Q[x,y(x)]y'(x)\}\,dx$$

【例 1-56】（2021） 设 L 是圆 $x^2+y^2=-2x$，取逆时针方向，则对坐标的曲线积分 $\int_L (x-y)dx+(x+y)dy=$（　　）。

A. -4π　　B. -2π　　C. 0　　D. 2π

【解】利用格林公式，有 $P(x,y)=x-y, Q(x,y)=x+y$，所以

$$\int_L (x-y)dx+(x+y)dy = \iint_D \left(\frac{\partial Q}{\partial x}-\frac{\partial P}{\partial y}\right)dxdy = 2\iint_D dxdy = 2\pi$$

【答案】D

1.4 无穷级数

考试大纲

数项级数的敛散性概念；收敛级数的和；级数的基本性质与级数收敛的必要条件；几何级数与 p 级数及其收敛性；正项级数敛散性的判别法；交错级数敛散性的判别；任意项级数的绝对收敛与条件收敛；幂级数及其收敛半径、收敛区间和收敛域；幂级数的和函数；函数的泰勒级数展开；函数的傅里叶系数与傅里叶级数。

1.4.1 数项级数

1. 数项级数的基本概念

（1）数项级数的定义。如果级数 $\sum_{n=1}^{\infty} u_n = u_1+u_2+\cdots+u_n+\cdots$ 中的每一项都是常数，则称其

为数项级数。

称 $s_n = u_1 + u_2 + \cdots + u_n$ 为级数的前 n 项的部分和。如果 $\lim\limits_{n\to\infty} s_n = s$，则称级数 $\sum\limits_{n=1}^{\infty} u_n$ 收敛，并称 s 为该级数的和，记作 $\sum\limits_{n=1}^{\infty} u_n = s$。如果 $\lim\limits_{n\to\infty} s_n$ 不存在，则称级数 $\sum\limits_{n=1}^{\infty} u_n$ 发散。

$r_n = s - s_n$ 称为级数的余项。$\lim\limits_{n\to\infty} s_n = s \Leftrightarrow \lim\limits_{n\to\infty} r_n = 0$。

（2）收敛级数的基本性质。

1）设 $k \neq 0$ 的常数，则级数 $\sum\limits_{n=1}^{\infty} u_n$ 和 $\sum\limits_{n=1}^{\infty} ku_n$ 同时敛散，且当收敛时，$\sum\limits_{n=1}^{\infty} ku_n = k\sum\limits_{n=1}^{\infty} u_n$。

2）若 $\sum\limits_{n=1}^{\infty} u_n = s$，$\sum\limits_{n=1}^{\infty} v_n = \sigma$，则 $\sum\limits_{n=1}^{\infty} (u_n + v_n) = s + \sigma$。

3）在级数中去掉、增加或改变其有限项，其敛散性不变。

4）收敛级数加括号后所得的新级数收敛，且其和不变。

5）（级数收敛的必要条件）若级数 $\sum\limits_{n=1}^{\infty} u_n$ 收敛，则 $\lim\limits_{n\to\infty} u_n = 0$。逆否命题：若 $\lim\limits_{n\to\infty} u_n \neq 0$，则 $\sum\limits_{n=1}^{\infty} u_n$ 发散。

2. 正项级数

若 $u_n \geqslant 0$ $(n = 1, 2, 3, \cdots)$，则称 $\sum\limits_{n=1}^{\infty} u_n$ 为正项级数。

（1）正项级数收敛的充要条件：正项级数 $\sum\limits_{n=1}^{\infty} u_n$ 收敛 $\Leftrightarrow$ 部分和数列 $\{s_n\}$ 有界。

（2）正项级数的审敛法。

1）比较审敛法。对于正项级数 $\sum\limits_{n=1}^{\infty} u_n$ 与 $\sum\limits_{n=1}^{\infty} v_n$，如果从某一项开始有 $u_n \leqslant v_n$，则：

a）若级数 $\sum\limits_{n=1}^{\infty} v_n$ 收敛，则级数 $\sum\limits_{n=1}^{\infty} u_n$ 也收敛。

b）若级数 $\sum\limits_{n=1}^{\infty} u_n$ 发散，则级数 $\sum\limits_{n=1}^{\infty} v_n$ 也发散。

2）比较审敛法的极限形式。若正项级数 $\sum\limits_{n=1}^{\infty} u_n$ 与 $\sum\limits_{n=1}^{\infty} v_n$ 满足 $\lim\limits_{n\to\infty} \dfrac{u_n}{v_n} = a$ (>0)，则这两个级数同时敛散。

3）比值审敛法（达朗贝尔审敛法）。设 $\sum\limits_{n=1}^{\infty} u_n$ 为正项级数，且 $\lim\limits_{n\to\infty} \dfrac{u_{n+1}}{u_n} = \rho$，则当 $\rho < 1$ 时，此级数收敛；当 $\rho > 1$ 时，此级数发散；当 $\rho = 1$ 时，此级数可能收敛，也可能发散。

3. 交错级数

级数 $\sum\limits_{n=1}^{\infty} (-1)^{n-1} u_n$，其中 $u_n > 0$，称为交错级数。

莱布尼茨审敛法：如果交错级数 $\sum_{n=1}^{\infty}(-1)^{n-1}u_n$ 满足：① 数列 $\{u_n\}$ 单调递减，即 $u_n > u_{n+1}\ (n=1,2,3,\cdots)$。② $\lim_{n\to\infty}u_n=0$，则级数 $\sum_{n=1}^{\infty}(-1)^{n-1}u_n$ 收敛，且其和 $s < u_1$。

4. 任意项级数

若级数 $\sum_{n=1}^{\infty}|u_n|$ 收敛，则称级数 $\sum_{n=1}^{\infty}u_n$ 绝对收敛；若 $\sum_{n=1}^{\infty}u_n$ 收敛，但 $\sum_{n=1}^{\infty}|u_n|$ 发散，则称级数 $\sum_{n=1}^{\infty}u_n$ 条件收敛。

级数绝对收敛与收敛的关系：$\sum_{n=1}^{\infty}|u_n|$ 收敛 $\Rightarrow$ $\sum_{n=1}^{\infty}u_n$ 收敛；反之不成立。

5. 常用级数

（1）几何级数（等比级数）。

$$\sum_{n=0}^{\infty}aq^n=\begin{cases}\dfrac{a}{1-q}, & |q|<1\\ \text{发散}, & |q|\geqslant 1\end{cases} \tag{1-5}$$

（2）$p-$级数 $\sum_{n=1}^{\infty}\frac{1}{n^p}$。当 $p>1$ 时，收敛；当 $p\leqslant 1$ 时，发散（当 $p=1$ 时，即调和级数）。

（3）莱布尼茨级数（条件收敛）$\sum_{n=1}^{\infty}(-1)^{n-1}\frac{1}{n}$。

【例 1-57】（2019） 关于级数 $\sum_{n=1}^{\infty}(-1)^{n-1}\frac{1}{n^p}$ 收敛性正确的结论是（　　）。

A. $0<p\leqslant 1$ 时，发散　　　　B. $p>1$ 时，条件收敛

C. $0<p\leqslant 1$ 时，绝对收敛　　　　D. $0<p\leqslant 1$ 时，条件收敛

【解】 $p>1$ 时，绝对值级数 $\sum_{n=1}^{\infty}\left|(-1)^{n-1}\frac{1}{n^p}\right|=\sum_{n=1}^{\infty}\frac{1}{n^p}$ 收敛；$0<p\leqslant 1$ 时，根据莱布尼茨判别法，级数 $\sum_{n=1}^{\infty}(-1)^{n-1}\frac{1}{n^p}$ 收敛，但绝对值级数发散。

【答案】 D

【例 1-58】（2022） 下列级数中，条件收敛的是（　　）。

A. $\sum_{n=2}^{\infty}(-1)^n\frac{1}{\ln n}$　　　　B. $\sum_{n=1}^{\infty}(-1)^n\frac{1}{n^{\frac{3}{2}}}$

C. $\sum_{n=1}^{\infty}(-1)^n\frac{n}{n+2}$　　　　D. $\sum_{n=1}^{\infty}\frac{\sin\left(\frac{4n\pi}{3}\right)}{n^3}$

【解】 利用莱布尼茨判别法，选项 A 收敛，而其绝对值级数发散。选项 B、D 绝对收敛。选项 C 中，级数的通项不收敛于 0，发散。

【答案】 A

【例 1-59】(2017)　级数 $\sum_{n=1}^{\infty}\frac{(-1)^n}{a_n}\ (a_n \neq 0)$ 满足下列什么条件时收敛？（　　）

A. $\lim_{n\to\infty} a_n = \infty$　　　　B. $\lim_{n\to\infty}\frac{1}{a_n}=0$

C. $\sum_{n=1}^{\infty} a_n$ 发散　　　　D. a_n 单调增加且 $\lim_{n\to\infty} a_n = +\infty$

【解】选项 D 条件能够保证当 n 充分大时，$a_n > 0$；$\left\{\frac{1}{a_n}\right\}$ 单调减少且 $\lim_{n\to\infty}\frac{1}{a_n}=0$，根据莱布尼茨定理，级数 $\sum_{n=1}^{\infty}\frac{(-1)^n}{a_n}$ 收敛。若取 $a_n=(-1)^n n$，满足条件 A、B、C，但原级数成为 $\sum_{n=1}^{\infty}\frac{1}{n}$，调和级数，发散。

【答案】D

1.4.2　幂级数

1. 幂级数的概念

若 $\{u_n(x)\}\ (n=1,2,\cdots)$ 是定义在区间 I 上的函数序列，称表达式

$$\sum_{n=1}^{\infty} u_n(x) = u_1(x)+u_2(x)+u_3(x)+\cdots+u_n(x)+\cdots$$

为定义在区间 I 上的函数项级数。函数项级数的所有收敛点组成的集合叫作收敛域。

特别地，定义在区间 $(-\infty,+\infty)$ 上的函数项级数

$$a_0+a_1x+a_2x^2+\cdots+a_nx^n+\cdots$$

叫作幂级数，记作 $\sum_{n=0}^{\infty} a_n x^n$，其中，$a_0,a_1,\cdots,a_n,\cdots$ 称为幂级数的系数。

幂级数的一般形式

$$a_0+a_1(x-x_0)+a_2(x-x_0)^2+\cdots+a_n(x-x_0)^n+\cdots=\sum_{n=0}^{\infty}a_n(x-x_0)^n$$

2. 幂级数的收敛半径与收敛区间

（1）不缺项情形。对于幂级数 $\sum_{n=0}^{\infty} a_n x^n$，若 $\lim_{n\to\infty}\frac{a_{n+1}}{a_n}=\rho$，则：① 当 $\rho > 0$ 时，幂级数的收敛半径为 $R=1/\rho$。② 当 $\rho=0$ 时，幂级数的收敛半径为 $R=+\infty$。③ 当 $\rho=+\infty$ 时，幂级数的收敛半径为 $R=0$。

（2）缺项情形。根据达朗贝尔审敛法求其收敛半径。例如，级数 $\sum_{n=0}^{\infty} a_n x^{2n}$。

令 $u_n=a_nx^{2n}$，$u_{n+1}=a_nx^{2(n+1)}$，则

$$\lim_{n\to\infty}\left|\frac{u_{n+1}}{u_n}\right|=\lim_{n\to\infty}\left|\frac{a_{n+1}x^{2(n+1)}}{a_nx^{2n}}\right|=\lim_{n\to\infty}\left|\frac{a_{n+1}}{a_n}\right|x^2=\rho x^2$$

1）若 $\rho > 0$，当 $\rho x^2 < 1$，即 $|x| < \sqrt{1/\rho}$ 时，幂级数收敛，$R=\sqrt{1/\rho}$。

2）若 $\rho=0$ ，$R=+\infty$ 。

3）若 $\rho=+\infty$ ，$R=0$ 。

3. 幂级数的性质

对于幂级数 $\sum_{n=0}^{\infty}a_n x^n=s(x)$ ，设其收敛半径为 $R(R>0)$ ，则有如下性质:

（1）（和函数的连续性）$s(x)$ 在收敛域内连续。

（2）（逐项求积）$s(x)$ 在 $(-R,R)$ 内可积；对一切 $x\in(-R,R)$ ，有逐项积分公式

$$\int_0^x s(t)\,\mathrm{d}t=\int_0^x\left(\sum_{n=0}^{\infty}a_n t^n\right)\mathrm{d}t=\sum_{n=0}^{\infty}\int_0^x a_n t^n \mathrm{d}t=\sum_{n=0}^{\infty}\frac{a_n}{n+1}x^{n+1}$$

且逐项积分后所得的幂级数与原级数有相同的收敛半径。

（3）（逐项求导）$s(x)$ 在 $(-R,R)$ 内可导；对一切 $x\in(-R,R)$ ，有逐项求导公式

$$s'(x)=\left(\sum_{n=0}^{\infty}a_n x^n\right)'=\sum_{n=0}^{\infty}(a_n x^n)'=\sum_{n=0}^{\infty}n a_n x^{n-1}$$

且逐项求导后所得的幂级数与原级数有相同的收敛半径。

4. 函数的幂级数展开

（1）泰勒级数。若函数 $f(x)$ 在 x_0 的某邻域内具有任意阶导数，且 $\lim_{n\to\infty}r_n(x)=0$ ，则 $f(x)$ 在该邻域内可以展开成泰勒级数

$$f(x)=f(x_0)+f'(x_0)(x-x_0)+\frac{1}{2!}f''(x_0)(x-x_0)^2+\cdots+\frac{1}{n!}f^{(n)}(x_0)(x-x_0)^n+\cdots$$

$$=\sum_{n=0}^{\infty}\frac{1}{n!}f^{(n)}(x_0)(x-x_0)^n$$

特别地，当 $x_0=0$ 时，上式可写成

$$f(x)=f(0)+f'(0)x+\frac{1}{2!}f''(0)x^2+\cdots+\frac{1}{n!}f^{(n)}(0)x^n+\cdots=\sum_{n=0}^{\infty}\frac{1}{n!}f^{(n)}(0)x^n$$

称为麦克劳林级数。

（2）函数展开成幂级数。直接将函数展开成幂级数比较麻烦，可利用一些已知的展开式，得到一些比较简单的函数的幂级数展开式，这种方法叫作间接展开法。常用的展开式如下：

1）$\mathrm{e}^x=1+x+\frac{1}{2!}x^2+\frac{1}{3!}x^3+\cdots+\frac{1}{n!}x^n+\cdots=\sum_{n=0}^{\infty}\frac{1}{n!}x^n \quad (-\infty<x<+\infty)$ （1-6）

2）$\sin x=x-\frac{1}{3!}x^3+\frac{1}{5!}x^5-\frac{1}{7!}x^7+\cdots+\frac{(-1)^n}{(2n+1)!}x^{2n+1}+\cdots$

$=\sum_{n=0}^{\infty}\frac{(-1)^n}{(2n+1)!}x^{2n+1} \quad (-\infty<x<+\infty)$ （1-7）

3）$\cos x=1-\frac{1}{2!}x^2+\frac{1}{4!}x^4-\cdots+\frac{(-1)^n}{(2n)!}x^{2n}+\cdots$

$$=\sum_{n=0}^{\infty}\frac{(-1)^n}{(2n)!}x^{2n} \quad (-\infty < x < +\infty) \tag{1-8}$$

4） $$\frac{1}{1+x}=1-x+x^2-x^3+\cdots+(-1)^n x^n+\cdots=\sum_{n=0}^{\infty}(-1)^n x^n \quad (-1 < x < 1) \tag{1-9}$$

5） $$\ln(1+x)=x-\frac{1}{2}x^2+\frac{1}{3}x^3-\cdots+\frac{(-1)^n}{n+1}x^n+\cdots \quad (-1 < x < 1) \tag{1-10}$$

【例 1-60】（2016） 幂级数$\sum_{n=0}^{\infty}\frac{(-1)^n}{2^n}x^n$在$|x|<2$的和函数是（　　）。

A. $\frac{2}{2+x}$　　B. $\frac{2}{2-x}$　　C. $\frac{1}{1-2x}$　　D. $\frac{1}{1+2x}$

【解】部分和$S_n(x)=\sum_{k=0}^{n}\frac{(-1)^k}{2^k}x^k=\frac{1-\left(-\frac{x}{2}\right)^{n+1}}{1-\left(-\frac{x}{2}\right)}$，$S(x)=\lim_{n\to\infty}S_n(x)=\frac{1}{1+\frac{x}{2}}=\frac{2}{x+2}$。

【答案】A

【例 1-61】（2009） 函数$1/(3-x)$展成$x-1$的幂级数是（　　）。

A. $\sum_{n=0}^{\infty}\frac{x^n}{2^n}$　　B. $\sum_{n=0}^{\infty}\left(\frac{1-x}{2}\right)^n$　　C. $\sum_{n=0}^{\infty}\frac{(x-1)^n}{2^{n+1}}$　　D. $\sum_{n=0}^{\infty}(-1)^n\frac{x^n}{4^{n+1}}$

【解】利用式（1-9）可得

$$\frac{1}{3-x}=\frac{1}{2-(x-1)}=\frac{\frac{1}{2}\times 1}{1-\frac{x-1}{2}}=\frac{1}{2}\sum_{n=0}^{\infty}\left(\frac{x-1}{2}\right)^n=\sum_{n=0}^{\infty}\frac{(x-1)^n}{2^{n+1}} \quad (-1 < x < 3)$$

【答案】C

【例 1-62】（2022） 若幂级数$\sum_{n=1}^{\infty}a_n x^n$的收敛半径为 3，则幂级数$\sum_{n=1}^{\infty}na_n(x-1)^{n+1}$的收敛区间是（　　）。

A. (−3, 3)　　B. (−2, 4)　　C. (−1, 5)　　D. (0, 6)

【解】$\lim_{n\to\infty}\frac{a_n}{a_{n+1}}=3$，$R=\lim_{n\to\infty}\frac{na_n}{(n+1)a_{n+1}}=3$，所以，$|x-1|<3$，即$x\in(-2, 4)$。

【答案】B

【例 1-63】（2021） 级数$\sum_{n=1}^{\infty}n\left(\frac{1}{2}\right)^{n-1}$的和是（　　）。

A. 1　　B. 2　　C. 3　　D. 4

【解】考虑幂级数$S(x)=\sum_{n=1}^{\infty}x^n=\frac{x}{1-x}$，$x\in(-1,1)$。

逐项求导，得$S'(x)=\sum_{n=1}^{\infty}nx^{n-1}=\frac{1}{(1-x)^2}$, $x\in(-1,1)$。

所以$\sum_{n=1}^{\infty}n\left(\frac{1}{2}\right)^{n-1}=S'\left(\frac{1}{2}\right)=4$。

【答案】D

1.4.3 傅里叶级数

1. 三角函数组的正交性

1，$\cos x$，$\sin x$，$\cos 2x$，$\sin 2x$，…，$\cos nx$，$\sin nx$，…之中任意两个不同函数的乘积在$[-\pi,\pi]$或$[0,2\pi]$的积分为零，即对于$n=1,2,3,\cdots$时，$\int_{-\pi}^{\pi}\cos nx\mathrm{d}x=0$，$\int_{-\pi}^{\pi}\sin nx\mathrm{d}x=0$；对于$k,n=1,2,3,\cdots\ (k\neq n)$时，$\int_{-\pi}^{\pi}\sin kx\cos nx\mathrm{d}x=0$，$\int_{-\pi}^{\pi}\sin kx\sin nx\mathrm{d}x=0$，$\int_{-\pi}^{\pi}\cos kx\cos nx\mathrm{d}x=0$；$\int_{-\pi}^{\pi}1^2\mathrm{d}x=2\pi$，$\int_{-\pi}^{\pi}\cos^2 nx\mathrm{d}x=\pi$，$\int_{-\pi}^{\pi}\sin^2 nx\mathrm{d}x=\pi\ (n=1,2,3,\cdots)$。

设函数$f(x)$是以2π为周期的函数，且在$[-\pi,\pi]$上可积，则

$$a_n=\frac{1}{\pi}\int_{-\pi}^{\pi}f(x)\cos nx\mathrm{d}x\ (n=0,1,2,\cdots)\tag{1-11}$$

$$b_n=\frac{1}{\pi}\int_{-\pi}^{\pi}f(x)\sin nx\mathrm{d}x\ (n=1,2,\cdots)\tag{1-12}$$

称为函数$f(x)$的傅里叶系数。

2. 以2π为周期的函数的傅里叶级数

（1）$f(x)$为一般函数。以式（1-11）、式（1-12）为系数的三角级数$\frac{1}{2}a_0+\sum_{n=1}^{\infty}(a_n\cos nx+b_n\sin nx)$，称为函数$f(x)$的傅里叶级数，记为

$$f(x)\sim\frac{1}{2}a_0+\sum_{n=1}^{\infty}(a_n\cos nx+b_n\sin nx)\tag{1-13}$$

定理 1-6（狄利克雷收敛准则） 设函数$f(x)$是以2π为周期的函数，如果它满足：① 在一个周期内连续或只有有限多个第一类间断点。② 在一个周期内至多有有限多个极值点，则$f(x)$的傅里叶级数在$(-\infty,+\infty)$内收敛。且：① 当x是$f(x)$的连续点时，傅里叶级数收敛于$f(x)$；② 当x是$f(x)$的间断点时，傅里叶级数收敛于$\frac{1}{2}[f(x-0)+f(x+0)]$。

（2）$f(x)$为奇函数或偶函数。若$f(x)$是以2π为周期的奇函数，则其傅里叶级数是正弦级数，其傅里叶系数为

$$\begin{cases}a_n=0,\ n=0,1,2,\cdots\\ b_n=\dfrac{2}{\pi}\int_0^{\pi}f(x)\sin nx\mathrm{d}x,\quad n=1,2,3,\cdots\end{cases}$$

若$f(x)$是以2π为周期的偶函数，则其傅里叶级数是余弦级数，其傅里叶系数为

$$\begin{cases}b_n=0,\ n=1,2,3,\cdots\\ a_n=\dfrac{2}{\pi}\int_0^{\pi}f(x)\cos nx\mathrm{d}x,\quad n=0,1,2,\cdots\end{cases}$$

3. *以 2l 为周期的函数的傅里叶级数*

设 $f(x)$ 是以 $2l$ 为周期的函数，则其傅里叶级数为

$$f(x)=\frac{1}{2}a_0+\sum_{n=1}^{\infty}\left(a_n\cos\frac{n\pi x}{l}+b_n\sin\frac{n\pi x}{l}\right) \tag{1-14}$$

其中，

$$a_n=\frac{1}{l}\int_{-l}^{l}f(x)\cos\frac{n\pi x}{l}\mathrm{d}x \qquad (n=0,1,2,\cdots) \tag{1-15}$$

$$b_n=\frac{1}{l}\int_{-l}^{l}f(x)\sin\frac{n\pi x}{l}\mathrm{d}x \qquad (n=1,2,\cdots) \tag{1-16}$$

若 $f(x)$ 是奇函数，则其傅里叶级数是正弦级数，其傅里叶系数为

$$\begin{cases}a_n=0, n=0,1,2,\cdots\\ b_n=\dfrac{2}{l}\displaystyle\int_0^l f(x)\sin\frac{n\pi x}{l}\mathrm{d}x, n=1,2,3,\cdots\end{cases}$$

若 $f(x)$ 是偶函数，则其傅里叶级数是余弦级数，其傅里叶系数为

$$\begin{cases}b_n=0, n=1,2,3,\cdots\\ a_n=\dfrac{2}{l}\displaystyle\int_0^l f(x)\cos\frac{n\pi x}{l}\mathrm{d}x, n=0,1,2,\cdots\end{cases}$$

【例 1-64】(2005) 设 $f(x)=\begin{cases}x, & 0\leqslant x\leqslant\dfrac{\pi}{2}\\ \pi, & \dfrac{\pi}{2}\leqslant x\leqslant\pi\end{cases}$，$S(x)=\sum\limits_{n=1}^{\infty}b_n\sin nx$，其中 $b_n=\dfrac{2}{\pi}\displaystyle\int_0^{\pi}f(x)\sin nx\mathrm{d}x$，则 $S(-\pi/2)$ 的值是（　　）。

A. $\dfrac{\pi}{2}$　　B. $\dfrac{3\pi}{4}$　　C. $-\dfrac{3\pi}{4}$　　D. 0

【解】由于 $f(x)$ 的傅里叶级数只含正弦项，所以为奇函数，$S\left(-\dfrac{\pi}{2}\right)=-S\left(\dfrac{\pi}{2}\right)$。$x=\dfrac{\pi}{2}$ 是 $f(x)$ 的间断点，根据狄里克雷收敛准则，$S\left(\dfrac{\pi}{2}\right)=\dfrac{1}{2}\left[f\left(\dfrac{\pi}{2}-0\right)+f\left(\dfrac{\pi}{2}+0\right)\right]=\left(\dfrac{\pi}{2}+\pi\right)\Big/2=\dfrac{3\pi}{4}$，所以 $S\left(-\dfrac{\pi}{2}\right)=-\dfrac{3\pi}{4}$。

【答案】C

1.5 常微分方程

考试大纲

常微分方程的基本概念；变量可分离的微分方程；齐次微分方程；一阶线性微分方程；全微分方程；可降阶的高阶微分方程；线性微分方程解的性质及解的结构定理；二阶常系数齐次线性微分方程。

1.5.1 微分方程的基本概念

常微分方程的一般形式：　　$F(x,y,y',y'',\cdots,y^{(n)})=0$

初始条件： $y|_{x=x_0}=y_0$，$y'|_{x=x_0}=y_0'$，…，$y^{(n-1)}|_{x=x_0}=y_0^{(n-1)}$

微分方程的阶：微分方程中未知函数的导数（或微分）的最高阶数。

微分方程的解（或积分）：代入微分方程能使其成为恒等式的函数（显式或隐式）。

通解（或一般积分）：含有任意常数的个数等于微分方程的阶数的解。

特解：满足一定的初始条件，从而确定了通解中的任意常数的解。

1.5.2 一阶常微分方程

1. 可分离变量的一阶微分方程

$$\frac{dy}{dx}=f(x)g(y) \quad 或 \quad M_1(x)N_1(y)dx+M_2(x)N_2(y)dy=0$$

解法：分离变量，得

$$\frac{dy}{g(y)}=f(x)dx\ [g(y)\neq 0]$$

将上式两边积分，得

$$\int\frac{dy}{g(y)}=\int f(x)dx+C \quad （C为任意常数）$$

即为原方程的通解。

2. 齐次方程

$$y'=f\left(\frac{y}{x}\right)$$

解法：令 $u=\dfrac{y}{x}$，则 $y=ux$，$y'=u'x+u$，代入原方程得

$$u'x+u=f(u)$$

分离变量，得

$$\frac{du}{f(u)-u}=\frac{dx}{x}$$

求出积分后，再以 $\dfrac{y}{x}$ 代替 u，即得原方程的通解。

3. 一阶线性方程

（1）一阶线性齐次方程：

$$y'+P(x)y=0$$

通解：

$$y=Ce^{-\int P(x)dx}$$

（2）一阶线性非齐次方程：

$$y'+P(x)y=Q(x)\ [Q(x)\neq 0]$$

通解：

$$y=e^{-\int P(x)dx}\left[\int Q(x)e^{\int P(x)dx}dx+C\right]$$

求解一阶线性非齐次方程也可用常数变易法：

1）先求出对应的齐次方程 $y'+P(x)y=0$ 的通解，$y=Ce^{-\int P(x)dx}$。

2）设方程 $y'+P(x)y=Q(x)$ 的通解为 $y=C(x)\mathrm{e}^{-\int P(x)\mathrm{d}x}$，其中 $C(x)$ 待定。代入方程 $y'+P(x)y=Q(x)$ 中确定出 $C(x)$ 即可。

4. 全微分方程

若 $P(x,y)$，$Q(x,y)$ 在单连通区域 G 内具有一阶连续的偏导数，且 $\dfrac{\partial P}{\partial y}=\dfrac{\partial Q}{\partial x}$，则

$$P(x,y)\mathrm{d}x+Q(x,y)\mathrm{d}y=0$$

称为全微分方程，其通解为 $u(x,y)=\int_{(x_0,y_0)}^{(x,y)}P(x,y)\mathrm{d}x+Q(x,y)\mathrm{d}y=0$，其中 (x_0,y_0) 是区域 G 内适当选定的点。

【例 1-65】（2022） 微分方程 $y'=2x$ 的一条积分曲线与直线 $y=2x-1$ 相切，则微分方程的解是（　　）。

A. $y=x^2+2$　　B. $y=x^2-1$　　C. $y=x^2$　　D. $y=x^2+1$

【解】直线的斜率为 2。由 $y'=2x=2$，可得 $x=1$，$y=1$，即积分曲线过点 $(1,1)$。

由 $y'=2x$，可得 $y=x^2+C$。将点 $(1,1)$ 的坐标代入，得 $C=0$。

【答案】C

【例 1-66】（2021） 已知函数 $f(x)$ 在 $(-\infty,+\infty)$ 内连续，并满足 $f(x)=\int_0^x f(t)\mathrm{d}t$，则 $f(x)=$（　　）。

A. e^x　　B. $-\mathrm{e}^x$　　C. 0　　D. e^{-x}

【解】上式两边求导得 $f(x)=f'(x)$。$\dfrac{f'(x)}{f(x)}=1$，积分得 $\ln|f(x)|=x+\ln|C|$，$f(x)=C\mathrm{e}^x$。由于 $f(0)=0$，可得 $C=0$。所以 $f(x)=0$。

【答案】C

【例 1-67】（2014） 微分方程 $xy'-y=x^2\mathrm{e}^{2x}$ 的通解 y 等于（　　）。

A. $x\left(\dfrac{1}{2}\mathrm{e}^{2x}+C\right)$　　B. $x(\mathrm{e}^{2x}+C)$　　C. $x\left(\dfrac{1}{2}x^2\mathrm{e}^{2x}+C\right)$　　D. $x\mathrm{e}^{2x}+C$

【解】原方程化为 $y'-\dfrac{1}{x}y=x\mathrm{e}^{2x}$。利用一阶线性常微分方程 $y'+P(x)y=Q(x)$ 的通解公式 $y=\mathrm{e}^{-\int P(x)\mathrm{d}x}\left\{\int Q(x)\mathrm{e}^{\int P(x)\mathrm{d}x}\mathrm{d}x+C\right\}$ 可得，原方程的通解为

$$y=\mathrm{e}^{\int\frac{1}{x}\mathrm{d}x}\left\{\int x\mathrm{e}^{2x}\mathrm{e}^{-\int\frac{1}{x}\mathrm{d}x}\mathrm{d}x+C\right\}=x\left(\frac{1}{2}\mathrm{e}^{2x}+C\right)$$

【答案】A

1.5.3 可降阶的高阶方程

1. $y^{(n)}=f(x)$ 型微分方程

方程两边积分，得 $y^{(n-1)}=\int f(x)\,\mathrm{d}x+C_1$，依此方法继续进行，连续积分 n 次，即可得到原方程的通解。

2. $y''=f(x,y')$ 型微分方程

方程中不显含未知函数 y。令 $y'=p$，则 $y''=\dfrac{\mathrm{d}p}{\mathrm{d}x}=p'$。原方程可化为一阶方程 $p'=f(x,p)$。若其通解为 $p=\varphi(x,C_1)$，于是 $\dfrac{\mathrm{d}y}{\mathrm{d}x}=\varphi(x,C_1)$，再积分即可求得原方程的通解。

3. $y''=f(y,y')$ 型微分方程

方程中不显含自变量 x。令 $y'=p(y)$，则 $y''=\dfrac{\mathrm{d}p}{\mathrm{d}y}\cdot\dfrac{\mathrm{d}y}{\mathrm{d}x}=p\dfrac{\mathrm{d}p}{\mathrm{d}y}$。代入原方程，有 $p\dfrac{\mathrm{d}p}{\mathrm{d}y}=f(y,p)$，这是一个以 y 为自变量的一阶方程。若它的通解为 $p=\varphi(y,C_1)$，即 $\dfrac{\mathrm{d}y}{\mathrm{d}x}=\varphi(y,C_1)$，这是变量可分离的一阶方程。分离变量并积分，即得原方程的通解 $\displaystyle\int\frac{\mathrm{d}y}{\varphi(y,C_1)}=x+C_2$。

【例 1-68】（2008） 微分方程 $y''=y'^2$ 的通解是（　　）。

A. $\ln x+C$　　　　B. $\ln(x+C)$

C. $C_2+\ln|x+C_1|$　　　　D. $C_2-\ln|x+C_1|$

（以上各式中，C_1,C_2 为任意常数）

【解】这是不显含 y 的二阶方程。令 $y'=p$，则 $y''=p'$。原方程可化为 $\dfrac{\mathrm{d}p}{\mathrm{d}x}=p^2$，分离变量，得 $\dfrac{\mathrm{d}p}{p^2}=\mathrm{d}x$，两边积分，得 $-\dfrac{1}{p}=x+C_1$，所以 $p=-\dfrac{1}{x+C_1}$，即 $\dfrac{\mathrm{d}y}{\mathrm{d}x}=-\dfrac{1}{x+C_1}$，通解为 $y=-\ln|x+C_1|+C_2$。

【答案】D

1.5.4　线性微分方程解的结构

1. 线性微分方程解的概念

（1）线性微分方程的定义。二阶线性微分方程的一般形式

$$y''+p(x)y'+q(x)y=f(x) \tag{1-17}$$

式中，$p(x)$，$q(x)$，$f(x)$ 均为 x 的已知连续函数。

当 $f(x)=0$ 时，方程（1-17）变为

$$y''+p(x)y'+q(x)y=0 \tag{1-18}$$

叫作二阶齐次线性方程。

当 $f(x)\neq 0$ 时，方程（1-17）叫作二阶非齐次线性方程。

（2）两个函数的线性相关性。设 $y_1(x)$，$y_2(x)$ 是定义在区间 I 上的两个函数，y_1，y_2 线性无关 $\Leftrightarrow \dfrac{y_2}{y_1}\neq$ 常数。

2. 齐次线性方程组解的结构

（1）设 y_1，y_2 都是齐次方程（1-18）的解，则 $y=C_1y_1+C_2y_2$ 也是方程（1-18）的解，其中，C_1，C_2 为任意常数。

（2）设 y_1，y_2 是齐次方程（1-18）的两个线性无关解，则 $Y=C_1y_1+C_2y_2$ 是方程（1-18）的通解，其中，C_1，C_2 为任意常数。

3. 非齐次线性方程组解的结构

（1）如果 y_1，y_2 都是非齐次方程（1-17）的解，则 y_1-y_2 是其对应的齐次方程（1-18）的解。

（2）设 $y*$ 是非齐次方程（1-17）的特解，$Y=C_1y_1+C_2y_2$ 为其对应的齐次方程（1-18）的通解，则 $y=Y+y*$ 为非齐次方程（1-17）的通解。

（3）如果 y_1 是方程 $y''+p(x)y'+q(x)y=f_1(x)$ 的解，y_2 是方程 $y''+p(x)y'+q(x)y=f_2(x)$ 的解，则 y_1+y_2 是方程 $y''+p(x)y'+q(x)y=f_1(x)+f_2(x)$ 的解。

1.5.5　二阶常系数齐次线性微分方程

方程 $y''+py'+qy=0$（p,q 为常数），称为二阶常系数齐次微分方程。

其特征方程为 $r^2+pr+q=0$

（1）若特征方程的两个实根 $r_1\neq r_2$，通解为 $y=C_1\mathrm{e}^{r_1x}+C_2\mathrm{e}^{r_2x}$。

（2）若特征方程有两个相等实根 $r_1=r_2(\triangleq r)$，通解为 $y=(C_1+C_2x)\mathrm{e}^{rx}$。

（3）若特征方程有两个共轭复根 $r_{1,2}=\alpha\pm\mathrm{i}\beta$，通解为 $y=\mathrm{e}^{\alpha x}(C_1\cos\beta x+C_2\sin\beta x)$。

【例 1-69】（2021）　在下列函数中，（　　）为微分方程 $y''-y'-2y=6\mathrm{e}^x$ 的特解。

A. $y=3\mathrm{e}^{-x}$　　B. $y=-3\mathrm{e}^{-x}$　　C. $y=3\mathrm{e}^x$　　D. $y=-3\mathrm{e}^x$

【解】特征方程 $\lambda^2-\lambda-2=0$，有两个互异实根。$\lambda_1=-1,\ \lambda_2=2$。因为 1 不是特征方程的根，所以原方程具有形如 $y^*=A\mathrm{e}^x$ 的特解。代入原方程，可得 $A=-3$，即 $y^*=-3\mathrm{e}^x$。

【答案】D

【例 1-70】（2020）　已知 y_0 是 $y''+py'+qy=0$ 的解，y_1 是 $y''+py'+qy=f(x)\ [f(x)\neq 0]$ 的解，则下列函数中微分方程 $y''+py'+qy=f(x)$ 的解是（　　）。

A. $y=y_0+C_1y_1$（C_1 是任意常数）　　B. $y=C_1y_1+C_2y_0$（C_1，C_2 是任意常数）

C. $y=y_0+y_1$　　D. $y=2y_1+y_0$

【解】本题考查线性微分方程解的结构。

【答案】C

1.6　线性代数

考试大纲

行列式的性质及计算；行列式按行展开定理的应用；矩阵的运算；逆矩阵的概念、性质及求法；矩阵的初等变换和初等矩阵；矩阵的秩；等价矩阵的概念和性质；向量的线性表示；向量组的线性相关和线性无关；线性方程组有解的判定；线性方程组求解；矩阵的特征值和特征向量的概念与性质；相似矩阵的概念和性质；矩阵的相似对角化；二次型及其矩阵表示；合同矩阵的概念和性质；二次型的秩；惯性定理；二次型及其矩阵的正定性。

1.6.1 行列式

1. 行列式的概念

（1）二阶行列式

$$\begin{vmatrix} a_{11} & a_{12} \\ a_{21} & a_{22} \end{vmatrix} = a_{11}a_{22} - a_{12}a_{21}$$

（2）三阶行列

$$\begin{vmatrix} a_{11} & a_{12} & a_{13} \\ a_{21} & a_{22} & a_{23} \\ a_{31} & a_{32} & a_{33} \end{vmatrix} = a_{11}a_{22}a_{33} + a_{12}a_{23}a_{31} + a_{13}a_{21}a_{32} - a_{11}a_{23}a_{32} - a_{12}a_{21}a_{33} - a_{13}a_{22}a_{31}$$

（3）n阶行列式

$$D \triangleq \det(a_{ij}) = \begin{vmatrix} a_{11} & a_{12} & \cdots & a_{1n} \\ a_{21} & a_{22} & \cdots & a_{2n} \\ \vdots & \vdots & & \vdots \\ a_{n1} & a_{n2} & \cdots & a_{nn} \end{vmatrix} = \sum (-1)^t a_{1p_1}a_{2p_2}\cdots a_{np_n} = \sum (-1)^t a_{p_1 1}a_{p_2 2}\cdots a_{p_n n}$$

式中：$\sum$ 表示对由 $1,2,\cdots,n$ 所组成的所有 $n!$ 个全排列求和；t 表示排列 $p_1p_2\cdots p_n$ 的逆序数。

2. 行列式的性质

性质 1 $D = D^{\mathrm{T}}$，式中 D^{T} 为行列式 D 的转置行列式。

性质 2 互换行列式的两行（列），行列式的值变号。

推论 如果 D 中两行（列）完全相同，则 $D = 0$。

性质 3 行列式的某一行（列）中的所有元素都乘以同一个数 k，等于用 k 乘此行列式。

推论 行列式的某一行（列）中的所有元素的公因子可以提到行列式符号的外面。

性质 4 如果 D 中有两行（列）元素成比例，则 $D = 0$。

性质 5
$$\begin{vmatrix} a_{11} & a_{12} & \cdots & (a_{1i}+a'_{1i}) & \cdots & a_{1n} \\ a_{21} & a_{22} & \cdots & (a_{2i}+a'_{2i}) & \cdots & a_{2n} \\ \vdots & \vdots & & \vdots & & \vdots \\ a_{n1} & a_{n2} & \cdots & (a_{ni}+a'_{ni}) & \cdots & a_{nn} \end{vmatrix}$$

$$= \begin{vmatrix} a_{11} & a_{12} & \cdots & a_{1i} & \cdots & a_{1n} \\ a_{21} & a_{22} & \cdots & a_{2i} & \cdots & a_{2n} \\ \vdots & \vdots & & \vdots & & \vdots \\ a_{n1} & a_{n2} & \cdots & a_{ni} & \cdots & a_{nn} \end{vmatrix} + \begin{vmatrix} a_{11} & a_{12} & \cdots & a'_{1i} & \cdots & a_{1n} \\ a_{21} & a_{22} & \cdots & a'_{2i} & \cdots & a_{2n} \\ \vdots & \vdots & & \vdots & & \vdots \\ a_{n1} & a_{n2} & \cdots & a'_{ni} & \cdots & a_{nn} \end{vmatrix}$$

性质 6 把行列式的某一列（行）的各元素乘以同一数然后加到另一列（行）对应的元素上去，行列式不变。

3. 行列式按行（列）展开

（1）代数余子式的概念。在 n 阶行列式 $D = \det(a_{ij})$ 中，将元素 a_{ij} 所在的第 i 行和第 j 列划去后，留下来的 $n-1$ 阶行列式叫作元素 a_{ij} 的余子式，记作 M_{ij}。称 $A_{ij}=(-1)^{i+j}M_{ij}$ 为元素 a_{ij} 的代数余子式。

（2）行列式按行（列）展开。行列式等于它的任一行（列）的各元素与其对应的代数余子式乘积之和；行列式的某一行（列）的各元素与另一行（列）的对应元素的代数余子式乘积之和等于 0，即

$$a_{i1}A_{j1}+a_{i2}A_{j2}+\cdots+a_{in}A_{jn}=\begin{cases}D,i=j\\0,i\neq j\end{cases}$$

$$a_{1i}A_{1j}+a_{2i}A_{2j}+\cdots+a_{ni}A_{nj}=\begin{cases}D,i=j\\0,i\neq j\end{cases}$$

式中，$i,j=1,2,\cdots,n$。

4. 行列式的计算

（1）二阶、三阶行列式：对角线法则。

（2）$n\ (n\geqslant 3)$ 阶行列式：方法 1，利用行列式的性质，化为上（下）三角行列式进行计算；方法 2，按某行或列展开，进行降阶。通常将两种方法综合使用。

5. 克拉默法则

设线性方程的方程组

$$\begin{cases}a_{11}x_1+a_{12}x_2+\cdots+a_{1n}x_n=b_1\\a_{21}x_1+a_{22}x_2+\cdots+a_{2n}x_n=b_2\\\vdots\\a_{n1}x_1+a_{n2}x_2+\cdots+a_{nn}x_n=b_n\end{cases}\tag{1-19}$$

当 $b_1,b_2,\cdots,b_n$ 全为 0 时，叫作齐次线性方程组。否则，称为非齐次线性方程组。

克拉默法则 如果线性方程组（1-19）的系数行列式不等于 0，即 $D=\det(a_{ij})\neq 0$，则方程组（1-19）有唯一解：$x_1=\dfrac{D_1}{D}$，$x_2=\dfrac{D_2}{D}$，…，$x_n=\dfrac{D_n}{D}$。

式中

$$D_j=\begin{vmatrix}a_{11}&\cdots&a_{1,j-1}&b_1&a_{1,j+1}&\cdots&a_{1n}\\\vdots&&\vdots&\vdots&\vdots&&\vdots\\a_{n1}&\cdots&a_{n,j-1}&b_n&a_{n,j+1}&\cdots&a_{nn}\end{vmatrix}\quad (j=1,2,\cdots,n)$$

结论 1 如果线性方程组（1-19）的系数行列式 $D\neq 0$，则方程组（1-19）有唯一解。

逆否命题：如果线性方程组（1-19）无解或有两个不同的解，则其系数行列式 $D=0$。

对于齐次线性方程组

$$\begin{cases}a_{11}x_1+a_{12}x_2+\cdots+a_{1n}x_n=0\\a_{12}x_1+a_{21}x_2+\cdots+a_{2n}x_n=0\\\vdots\\a_{n1}x_1+a_{n2}x_2+\cdots+a_{nn}x_n=0\end{cases}\tag{1-20}$$

它一定有零解，即 $x_1=x_2=\cdots=x_n=0$。

结论 2 线性方程组（1-20）有非零解的充要条件是它的系数行列式 $D=0$。

6. 常用公式

（1）对角行列式

$$\begin{vmatrix} \lambda_1 & & & \\ & \lambda_2 & & \\ & & \ddots & \\ & & & \lambda_n \end{vmatrix} = \lambda_1\lambda_2\cdots\lambda_n$$

（2）上、下三角行列式

$$\begin{vmatrix} a_{11} & a_{12} & \cdots & a_{1n} \\ 0 & a_{22} & \cdots & a_{2n} \\ \vdots & \vdots & & \vdots \\ 0 & 0 & \cdots & a_{nn} \end{vmatrix} = a_{11}a_{22}\cdots a_{nn}，\quad \begin{vmatrix} a_{11} & 0 & \cdots & 0 \\ a_{21} & a_{22} & \cdots & 0 \\ \vdots & \vdots & & \vdots \\ a_{n1} & a_{n2} & \cdots & a_{nn} \end{vmatrix} = a_{11}a_{22}\cdots a_{nn}$$

（3）范德蒙（Vandermonde）行列式

$$D = \begin{vmatrix} 1 & 1 & \cdots & 1 \\ x_1 & x_2 & \cdots & x_n \\ x_1^2 & x_2^2 & \cdots & x_n^2 \\ \vdots & \vdots & & \vdots \\ x_1^{n-1} & x_2^{n-1} & \cdots & x_n^{n-1} \end{vmatrix} = \prod_{1 \leqslant i < j \leqslant n} (x_j - x_i)$$

（4）设$|\boldsymbol{A}|$为n阶行列式，则$|k\boldsymbol{A}| = k^n|\boldsymbol{A}|$。

（5）设$\boldsymbol{A}$是m阶矩阵，$\boldsymbol{B}$是n阶矩阵，则

$$\begin{vmatrix} \boldsymbol{A} & \boldsymbol{C} \\ \boldsymbol{O} & \boldsymbol{B} \end{vmatrix} = |\boldsymbol{A}||\boldsymbol{B}|，\quad \begin{vmatrix} \boldsymbol{A} & \boldsymbol{O} \\ \boldsymbol{C} & \boldsymbol{B} \end{vmatrix} = |\boldsymbol{A}||\boldsymbol{B}|，\quad \begin{vmatrix} \boldsymbol{O} & \boldsymbol{A} \\ \boldsymbol{B} & \boldsymbol{O} \end{vmatrix} = (-1)^{mn}|\boldsymbol{A}||\boldsymbol{B}| \qquad (1\text{-}21)$$

【例 1-71】（2018） 要使齐次线性方程组$\begin{cases} ax_1 + x_2 + x_3 = 0 \\ x_1 + ax_2 + x_3 = 0 \\ x_1 + x_2 + ax_3 = 0 \end{cases}$有非零解，则$a$应满足（　　）。

A. $-2 < a < 1$　　　　B. $a = 1$或$a = -2$

C. $a \neq -1$ 且 $a \neq -2$　　　　D. $a > 1$

【解】齐次线性方程组$\boldsymbol{Ax} = \boldsymbol{0}$有非零解的充要条件是$|\boldsymbol{A}| = 0$。

这里，$\begin{vmatrix} a & 1 & 1 \\ 1 & a & 1 \\ 1 & 1 & a \end{vmatrix} = (a+2)(a-1)^2$。

【答案】B

1.6.2　矩阵

1. 矩阵的基本概念

由$m \times n$个数$a_{ij}\ (i = 1, 2, \cdots, m；\ j = 1, 2, \cdots, n)$排成的数表

$$\boldsymbol{A}_{m\times n} = \begin{pmatrix} a_{11} & a_{12} & \cdots & a_{1n} \\ a_{21} & a_{22} & \cdots & a_{2n} \\ \vdots & \vdots & & \vdots \\ a_{m1} & a_{m2} & \cdots & a_{mn} \end{pmatrix}$$

叫作 m 行 n 列的矩阵，简称 $m\times n$ 矩阵，记为 $(a_{ij})_{m\times n}$。

当 $m=n$ 时，$\boldsymbol{A}_{m\times n}$ 称为 n 阶方阵，记为 $\boldsymbol{A}_n$。

行矩阵（行向量）：只有一行的矩阵 $\boldsymbol{A}=(a_1,a_2,\cdots,a_n)$。

列矩阵（列向量）：只有一列的矩阵 $\boldsymbol{B}=(b_1,b_2,\cdots,b_m)^{\mathrm{T}}$。

同型矩阵：行数和列数分别相等的两个矩阵。

矩阵相等（$\boldsymbol{A}=\boldsymbol{B}$）：两个同型矩阵 $\boldsymbol{A}=(a_{ij})$ 与 $\boldsymbol{B}=(b_{ij})$ 满足 $a_{ij}=b_{ij}$（$i=1,2,\cdots,m$; $j=1,2,\cdots,n$）。

零矩阵：所有元素都是 0 的矩阵，记为 $\boldsymbol{O}$ 或 $\boldsymbol{O}_{m\times n}$。

对角矩阵

$$\boldsymbol{A}_n=\begin{pmatrix}\lambda_1 & & & 0\\ & \lambda_2 & & \\ & & \ddots & \\ 0 & & & \lambda_n\end{pmatrix}\triangleq \mathrm{diag}(\lambda_1,\lambda_2,\cdots,\lambda_n)$$

单位矩阵

$$\boldsymbol{E}_n=\mathrm{diag}(1,1,\cdots,1)$$

上、下三角矩阵

$$\begin{pmatrix}a_{11} & a_{12} & \cdots & a_{1n}\\ 0 & a_{22} & \cdots & a_{2n}\\ \vdots & \vdots & & \vdots\\ 0 & 0 & \cdots & a_{nn}\end{pmatrix},\quad \begin{pmatrix}a_{11} & 0 & \cdots & 0\\ a_{21} & a_{22} & \cdots & 0\\ \vdots & \vdots & & \vdots\\ a_{n1} & a_{n2} & \cdots & a_{nn}\end{pmatrix}$$

2. 矩阵的运算

（1）矩阵的加、减法。设矩阵 $\boldsymbol{A}=(a_{ij})_{m\times n}$，$\boldsymbol{B}=(b_{ij})_{m\times n}$。则两个矩阵的和 $\boldsymbol{A}\pm\boldsymbol{B}=(a_{ij}\pm b_{ij})_{m\times n}$。

运算律（假设 $\boldsymbol{A}$，$\boldsymbol{B}$，$\boldsymbol{C}$ 为同型矩阵）：

1）$\boldsymbol{A}+\boldsymbol{B}=\boldsymbol{B}+\boldsymbol{A}$。

2）$(\boldsymbol{A}+\boldsymbol{B})+\boldsymbol{C}=\boldsymbol{A}+(\boldsymbol{B}+\boldsymbol{C})$。

矩阵 $-\boldsymbol{A}=(-a_{ij})_{m\times n}$ 称为矩阵 $\boldsymbol{A}=(a_{ij})_{m\times n}$ 的负矩阵。显然，$\boldsymbol{A}+(-\boldsymbol{A})=\boldsymbol{O}$。

（2）数与矩阵的乘法。数 λ 与矩阵 $\boldsymbol{A}$ 的乘积 $\lambda\boldsymbol{A}=\boldsymbol{A}\lambda=(\lambda a_{ij})_{m\times n}$。

运算律（假设 $\boldsymbol{A}$，$\boldsymbol{B}$ 为同型矩阵）：

1）$(\lambda\mu)\boldsymbol{A}=\lambda(\mu\boldsymbol{A})$。

2）$(\lambda+\mu)\boldsymbol{A}=\lambda\boldsymbol{A}+\mu\boldsymbol{A}$。

3）$\lambda(\boldsymbol{A}+\boldsymbol{B})=\lambda\boldsymbol{A}+\lambda\boldsymbol{B}$。

矩阵的加法和数与矩阵的乘法，统称为矩阵的线性运算。

（3）矩阵与矩阵的乘法。设矩阵 $\boldsymbol{A}=(a_{ij})_{m\times s}$，$\boldsymbol{B}=(b_{ij})_{s\times n}$。矩阵 $\boldsymbol{A}$ 与 $\boldsymbol{B}$ 的乘积是一个 $m\times n$ 矩阵 $\boldsymbol{AB}=(c_{ij})_{m\times n}$，其中，$c_{ij}=\sum_{k=1}^{s}a_{ik}b_{kj}$（$i=1,2,\cdots,m$；$j=1,2,\cdots,n$）。

注意：① 不是任意两个矩阵都可以相乘；② 矩阵与矩阵的乘法不满足交换律；③ 由

$\boldsymbol{AB}=\boldsymbol{O}$，不能推出 $\boldsymbol{A}=\boldsymbol{O}$ 或 $\boldsymbol{B}=\boldsymbol{O}$；从而，若 $\boldsymbol{A}\neq\boldsymbol{O}$ 而 $AX=AY$，也不能推出 $X=Y$ 的结论。

矩阵乘法的性质（假如运算都是可行的）：

1）$(\boldsymbol{AB})\boldsymbol{C}=\boldsymbol{A}(\boldsymbol{BC})$。

2）$\boldsymbol{A}(\boldsymbol{B}+\boldsymbol{C})=\boldsymbol{AB}+\boldsymbol{AC}$；$(\boldsymbol{A}+\boldsymbol{B})\boldsymbol{C}=\boldsymbol{AC}+\boldsymbol{BC}$。

3）$\lambda(\boldsymbol{AB})=(\lambda\boldsymbol{A})\boldsymbol{B}=\boldsymbol{A}(\lambda\boldsymbol{B})$，$\lambda$ 是数。

4）$\boldsymbol{E}_m\boldsymbol{A}_{m\times n}=\boldsymbol{A}$，$\boldsymbol{A}_{m\times n}\boldsymbol{E}_n=\boldsymbol{A}$，简记为 $\boldsymbol{EA}=\boldsymbol{AE}=\boldsymbol{A}$。

（4）矩阵的转置。矩阵 $\boldsymbol{A}=(a_{ij})_{m\times n}$ 的转置矩阵为

$$\boldsymbol{A}^{\mathrm{T}}=\begin{pmatrix} a_{11} & a_{21} & \cdots & a_{m1} \\ a_{12} & a_{22} & \cdots & a_{m2} \\ \vdots & \vdots & & \vdots \\ a_{1n} & a_{2n} & \cdots & a_{mn} \end{pmatrix}_{n\times m}$$

矩阵转置的运算规律：

1）$(\boldsymbol{A}^{\mathrm{T}})^{\mathrm{T}}=\boldsymbol{A}$。

2）$(\boldsymbol{A}+\boldsymbol{B})^{\mathrm{T}}=\boldsymbol{A}^{\mathrm{T}}+\boldsymbol{B}^{\mathrm{T}}$。

3）$(\lambda\boldsymbol{A})^{\mathrm{T}}=\lambda\boldsymbol{A}^{\mathrm{T}}$。

4）$(\boldsymbol{AB})^{\mathrm{T}}=\boldsymbol{B}^{\mathrm{T}}\boldsymbol{A}^{\mathrm{T}}$；$(\boldsymbol{ABC})^{\mathrm{T}}=\boldsymbol{C}^{\mathrm{T}}\boldsymbol{B}^{\mathrm{T}}\boldsymbol{A}^{\mathrm{T}}$；$(\boldsymbol{A}_1\boldsymbol{A}_2\cdots\boldsymbol{A}_k)^{\mathrm{T}}=\boldsymbol{A}_k{}^{\mathrm{T}}\cdots\boldsymbol{A}_2{}^{\mathrm{T}}\boldsymbol{A}_1{}^{\mathrm{T}}$。

对称矩阵：指 $\boldsymbol{A}_{n\times n}$ 满足 $\boldsymbol{A}^{\mathrm{T}}=\boldsymbol{A}$，即 $a_{ij}=a_{ji}\ (i,j=1,2,\cdots,n)$。

反对称矩阵：指 $\boldsymbol{A}_{n\times n}$ 满足 $\boldsymbol{A}^{\mathrm{T}}=-\boldsymbol{A}$，即 $a_{ij}=-a_{ji}\ (i,j=1,2,\cdots,n)$。

（5）方阵的行列式。由 $\boldsymbol{A}=(a_{ij})_{n\times n}$ 的元素按照原来的相对位置构成的行列式，记作 $|\boldsymbol{A}|$，或 $\det\boldsymbol{A}$。它满足：

1）$|\boldsymbol{A}^{\mathrm{T}}|=|\boldsymbol{A}|$。

2）$|\lambda\boldsymbol{A}|=\lambda^n|\boldsymbol{A}|$。

3）$|\boldsymbol{AB}|=|\boldsymbol{BA}|=|\boldsymbol{A}||\boldsymbol{B}|$（注意：一般情况下，$\boldsymbol{AB}\neq\boldsymbol{BA}$）。

（6）矩阵的共轭。设 $\boldsymbol{A}=(a_{ij})$ 为复矩阵，称矩阵 $\overline{\boldsymbol{A}}=(\overline{a}_{ij})$ 为 $\boldsymbol{A}$ 的共轭矩阵。

运算规律：

1）$\overline{\boldsymbol{A}+\boldsymbol{B}}=\overline{\boldsymbol{A}}+\overline{\boldsymbol{B}}$。

2）$\overline{\lambda\boldsymbol{A}}=\overline{\lambda}\ \overline{\boldsymbol{A}}$。

3）$\overline{\boldsymbol{AB}}=\overline{\boldsymbol{A}}\ \overline{\boldsymbol{B}}$。

3. 逆矩阵

（1）方阵的伴随矩阵。设 $\boldsymbol{A}=(a_{ij})_{n\times n}$，$A_{ij}$ 为元素 a_{ij} 的代数余子式，则 $\boldsymbol{A}$ 的伴随矩阵

$$\boldsymbol{A}^{*}=\begin{pmatrix} A_{11} & A_{21} & \cdots & A_{n1} \\ A_{12} & A_{22} & \cdots & A_{n2} \\ \vdots & \vdots & & \vdots \\ A_{1n} & A_{2n} & \cdots & A_{nn} \end{pmatrix}$$

重要性质：$\boldsymbol{AA}^*=\boldsymbol{A}^*\boldsymbol{A}=|\boldsymbol{A}|\boldsymbol{E}$，$|\boldsymbol{A}^*|=|\boldsymbol{A}|^{n-1}$。

（2）逆矩阵。

逆矩阵的定义和求法。对于 $\boldsymbol{A}_{n\times n}$，若有 $\boldsymbol{B}_{n\times n}$ 满足 $\boldsymbol{AB}=\boldsymbol{BA}=\boldsymbol{E}$，则称 $\boldsymbol{A}$ 为可逆矩阵，且称 $\boldsymbol{B}$ 为 $\boldsymbol{A}$ 的逆矩阵，记作 $\boldsymbol{A}^{-1}=\boldsymbol{B}$。

若 $\boldsymbol{A}_{n\times n}$ 为可逆矩阵，则 $\boldsymbol{A}$ 的逆矩阵唯一。

定理 1-7 $\boldsymbol{A}_{n\times n}$ 为可逆矩阵 $\Leftrightarrow|\boldsymbol{A}|\neq 0$，且 $\boldsymbol{A}^{-1}=\dfrac{1}{|\boldsymbol{A}|}\boldsymbol{A}^*$。

$|\boldsymbol{A}|\neq 0$ 时，亦称 $\boldsymbol{A}$ 为非奇异矩阵；$|\boldsymbol{A}|=0$ 时，亦称 $\boldsymbol{A}$ 为奇异矩阵。若 $\boldsymbol{A}$ 为非奇异矩阵，则 $|\boldsymbol{A}^{-1}|=1/|\boldsymbol{A}|$。

推论 若 $\boldsymbol{AB}=\boldsymbol{E}$（或 $\boldsymbol{BA}=\boldsymbol{E}$），则 $\boldsymbol{A}$ 可逆，且 $\boldsymbol{A}^{-1}=\boldsymbol{B}$。

方阵的逆矩阵满足下述运算规律：

1）$\boldsymbol{A}$ 可逆 $\Rightarrow\boldsymbol{A}^{-1}$ 可逆，且 $(\boldsymbol{A}^{-1})^{-1}=\boldsymbol{A}$。

2）$\boldsymbol{A}$ 可逆，$\lambda\neq 0\Rightarrow\lambda\boldsymbol{A}$ 可逆，且 $(\lambda\boldsymbol{A})^{-1}=\lambda^{-1}\boldsymbol{A}^{-1}$。

3）$\boldsymbol{A}$ 与 $\boldsymbol{B}$ 都可逆 $\Rightarrow\boldsymbol{AB}$ 可逆，且 $(\boldsymbol{AB})^{-1}=\boldsymbol{B}^{-1}\boldsymbol{A}^{-1}$。

推广 $(\boldsymbol{ABC})^{-1}=\boldsymbol{C}^{-1}\boldsymbol{B}^{-1}\boldsymbol{A}^{-1}$；$(\boldsymbol{A}_1\boldsymbol{A}_2\cdots\boldsymbol{A}_k)^{-1}=\boldsymbol{A}_k^{-1}\cdots\boldsymbol{A}_2^{-1}\boldsymbol{A}_1^{-1}$。

4）$\boldsymbol{A}$ 可逆 $\Rightarrow\boldsymbol{A}^{\mathrm{T}}$ 可逆，且 $(\boldsymbol{A}^{\mathrm{T}})^{-1}=(\boldsymbol{A}^{-1})^{\mathrm{T}}$。

4. 方阵的幂

对于任意 n 阶方阵 $\boldsymbol{A}$，可定义正整数次幂

$$\boldsymbol{A}^1=\boldsymbol{A},\quad \boldsymbol{A}^{k+1}=\boldsymbol{A}^k\boldsymbol{A}\ (k=1,2,\cdots)$$

若 $\boldsymbol{A}$ 可逆，还可定义零次幂和负次幂

$$\boldsymbol{A}^0=\boldsymbol{E},\quad \boldsymbol{A}^{-k}=(\boldsymbol{A}^{-1})^k(k=1,2,\cdots)$$

运算律：

（1）$\boldsymbol{A}^k\boldsymbol{A}^l=\boldsymbol{A}^{k+l}$。

（2）$(\boldsymbol{A}^k)^l=\boldsymbol{A}^{kl}$（$k$、$l$ 为整数）。

注意：一般情况下，$(\boldsymbol{AB})^k\neq\boldsymbol{A}^k\boldsymbol{B}^k$，$(\boldsymbol{A}+\boldsymbol{B})^2\neq\boldsymbol{A}^2+2\boldsymbol{AB}+\boldsymbol{B}^2$，$(\boldsymbol{A}+\boldsymbol{B})(\boldsymbol{A}-\boldsymbol{B})\neq\boldsymbol{A}^2-\boldsymbol{B}^2$。这些公式只有当 $\boldsymbol{AB}=\boldsymbol{BA}$ 时才成立。

【例 1-72】（2020）设 $\boldsymbol{A}$ 为 n 阶方阵，$\boldsymbol{B}$ 是只对调 $\boldsymbol{A}$ 的一、二列所得的矩阵。若 $|\boldsymbol{A}|\neq|\boldsymbol{B}|$，则下面结论一定成立的是（　　）。

A. $|\boldsymbol{A}|$ 可能为 0　　B. $|\boldsymbol{A}|\neq 0$　　C. $|\boldsymbol{A}+\boldsymbol{B}|\neq 0$　　D. $|\boldsymbol{A}-\boldsymbol{B}|\neq 0$

【解】 对调行列式的两行，行列式改变符号，而绝对值不变，则 $|\boldsymbol{B}|=-|\boldsymbol{A}|$。由题意，$-|\boldsymbol{A}|\neq|\boldsymbol{A}|$，则 $|\boldsymbol{A}|\neq 0$。

【答案】 B

【例 1-73】（2021）已知矩阵 $\boldsymbol{A}=\begin{pmatrix}1&0&0\\0&-1&-1\\0&0&1\end{pmatrix}$，$\boldsymbol{I}=\begin{pmatrix}1&0&0\\0&1&0\\0&0&1\end{pmatrix}$，则矩阵 $(\boldsymbol{A}-2\boldsymbol{I})^{-1}(\boldsymbol{A}^2-4\boldsymbol{I})$ 为（　　）。

A. $\begin{pmatrix}3&0&0\\0&1&-1\\0&0&3\end{pmatrix}$　　B. $\begin{pmatrix}3&0&0\\0&1&0\\0&0&3\end{pmatrix}$

C. $\begin{pmatrix}3&0&0\\0&1&1\\0&0&3\end{pmatrix}$　　D. $\begin{pmatrix}2&0&0\\0&-2&-2\\0&0&2\end{pmatrix}$

【解】$(\boldsymbol{A}-2\boldsymbol{I})^{-1}(\boldsymbol{A}^2-4\boldsymbol{I})=(\boldsymbol{A}-2\boldsymbol{I})^{-1}(\boldsymbol{A}-2\boldsymbol{I})(\boldsymbol{A}+2\boldsymbol{I})=(\boldsymbol{A}+2\boldsymbol{I})=\begin{pmatrix}3&0&0\\0&1&-1\\0&0&3\end{pmatrix}$。

【答案】A

1.6.3 矩阵的初等变换与线性方程组

1. 矩阵的初等变换

（1）矩阵的初等变换的概念。

1）初等变换的定义。下列三种变换称为矩阵的初等行变换：

a）对调两行（对调第i，j两行，记作$r_i \leftrightarrow r_j$）。

b）以数$k \neq 0$乘某一行中的所有元素（以数k乘第i行，记作$r_i \times k$）。

c）把某一行中的所有元素的k倍加到另一行对应的元素上去（第j行的k倍加到第i行上，记作$r_i + k r_j$）。

把定义中的“行”换成“列”，即得矩阵的初等列变换的定义（所用记号是把“r”换成“c”）。

矩阵的初等行变换和初等列变换统称为初等变换。

2）初等变换的可逆性。三种初等变换都是可逆的，其逆变换仍是初等变换。初等行变换的逆变换见表 1-7。

表 1-7　初等行变换的逆变换

序号	初等变换	逆变换
a）	$r_i \leftrightarrow r_j$	$r_i \leftrightarrow r_j$
b）	$r_i \times k$	$r_i \times (1/k)$
c）	$r_i + k r_j$	$r_i - k r_j$

初等列变换的逆变换与此类似。

3）等价矩阵。若矩阵$\boldsymbol{A}$经有限次初等变换变成矩阵$\boldsymbol{B}$，称$\boldsymbol{A}$与$\boldsymbol{B}$等价，记作$\boldsymbol{A} \sim \boldsymbol{B}$。

矩阵的等价关系的性质：

a）自反性：$\boldsymbol{A} \sim \boldsymbol{A}$。

b）对称性：$\boldsymbol{A} \sim \boldsymbol{B} \Rightarrow \boldsymbol{B} \sim \boldsymbol{A}$。

c）传递性：$\boldsymbol{A} \sim \boldsymbol{B}$，$\boldsymbol{B} \sim \boldsymbol{C} \Rightarrow \boldsymbol{A} \sim \boldsymbol{C}$。

（2）矩阵的初等行变换在解线性方程组过程中的应用。线性方程组和其增广矩阵一一对应。如果对增广矩阵$\boldsymbol{B}$进行初等行变换，得到矩阵$\boldsymbol{B}'$，则以$\boldsymbol{B}'$为增广矩阵的线性方程组与原方程组同解。

任何矩阵 $A_{m\times n}$ 经过有限次初等行变换可化为行阶梯形矩阵（不唯一），再经过有限次初等行变换可化行最简形矩阵（唯一）。对行最简形矩阵再施以初等列变换，可化为标准形（唯一）

$$F=\begin{pmatrix} E_r & O \\ O & O \end{pmatrix}_{m\times n}$$

2. 初等矩阵

（1）初等矩阵的概念和性质。由单位矩阵 E 经一次初等变换得到的矩阵，叫作初等矩阵。三种初等变换对应着三种初等矩阵。

$E(i,j)$：对调 E 的 i，j 两行 $(r_i\leftrightarrow r_j)$，或对调 E 的 i，j 两列 $(c_i\leftrightarrow c_j)$。

$E[i(k)]$（$k\neq 0$）：以数 $k\neq 0$ 乘单位矩阵 E 的第 i 行（列）。

$E\{i[j(k)]\}$：以数 k 乘 E 的第 j 行加到第 i 行上，或以数 k 乘 E 的第 i 列加到第 j 列上。

定理 1-8 对 $A_{m\times n}$ 施行一次初等行变换，相当于对它左乘一个相应的 m 阶初等矩阵；对 $A_{m\times n}$ 施行一次初等列变换，相当于对它右乘一个相应的 n 阶初等矩阵。

初等矩阵都是可逆的，其逆矩阵仍是初等矩阵：

$$E(i,j)^{-1}=E(i,j)\text{；}\ E[i(k)]^{-1}=E[i(1/k)]\ (k\neq 0)\text{；}\ E[ij(k)]^{-1}=E[ij(-k)]$$

（2）矩阵的初等变换的应用。

定理 1-9 $A_{n\times n}$ 可逆 $\Leftrightarrow$ A 可以表示为有限个初等矩阵的乘积，即存在有限多个初等矩阵 $P_1,P_2,\cdots,P_l$，使 $A=P_1P_2\cdots P_l$。

推论 1 方阵 A 可逆 $\Leftrightarrow$ $A\xrightarrow{r}E$。

推论 2 设 $A_{m\times n}$，$B_{m\times n}$，则 $A\sim B$ $\Leftrightarrow$ 存在可逆矩阵 $P_{m\times m}$ 和 $Q_{n\times n}$，使得 $PAQ=B$。

用初等变换方法解矩阵方程 $AX=B$：

对矩阵 $(A\mid B)$ 作初等行变换，如果 A_n 可逆，则 $(A\mid B)\sim(E\mid A^{-1}B)$。可得此矩阵方程的解，$X=A^{-1}B$。

特别地，取 $B=b$，得线性方程组 $Ax=b$ 的解，$x=A^{-1}b$。

取 $B=E$，得矩阵方程 $AX=E$ 之解，$X=A^{-1}$（用初等变换法求逆矩阵的方法）。

3. 矩阵的秩

（1）矩阵的秩。

在 $A_{m\times n}$ 中，选取 k 行与 k 列，位于交叉处的 k^2 个数按照原来的相对位置构成的 k 阶行列式，称为 A 的一个 k 阶子式。

在 $A_{m\times n}$ 中，若：i）有某个 r 阶子式 $D_r\neq 0$；ii）所有的 $r+1$ 阶子式 $D_{r+1}=0$（如果有 $r+1$ 阶子式的话），则称 A 的秩为 r，记作 $R(A)=r$。

规定：$R(O)=0$。

对 $A_{m\times n}$，若 $R(A)=m$，称 A 为行满秩矩阵；若 $R(A)=n$，称 A 为列满秩矩阵。

对 $A_{n\times n}$，若 $R(A)=n$，称 A 为满秩矩阵（可逆矩阵，非奇异矩阵）；若 $R(A)<n$，称 A 为降秩矩阵（不可逆矩阵，奇异矩阵）。

（2）矩阵秩的性质。

1）$R(A_{m\times n})\leqslant\min\{m,n\}$。

2）$R(\boldsymbol{A})=R(\boldsymbol{A}^{\mathrm{T}})=R(\boldsymbol{A}^{\mathrm{T}}\boldsymbol{A})$。

3）$k\neq 0$时，$R(k\boldsymbol{A})=R(\boldsymbol{A})$，$R(\boldsymbol{A}\pm\boldsymbol{B})\leqslant R(\boldsymbol{A})+R(\boldsymbol{B})$。

4）若$\boldsymbol{A}$为$m\times n$矩阵，$\boldsymbol{B}$为$n\times s$矩阵，则$R(\boldsymbol{A})+R(\boldsymbol{B})-n\leqslant R(\boldsymbol{AB})\leqslant \min\{R(\boldsymbol{A}),R(\boldsymbol{B})\}$；若$\boldsymbol{AB}=\boldsymbol{O}$，则$R(\boldsymbol{A})+R(\boldsymbol{B})\leqslant n$。

5）若$\boldsymbol{A}$可逆，则$R(\boldsymbol{AB})=R(\boldsymbol{B})$；若$\boldsymbol{B}$可逆，则$R(\boldsymbol{AB})=R(\boldsymbol{A})$。

6）$R(\boldsymbol{A}^*)=\begin{cases}n, & R(\boldsymbol{A})=n\\ 1, & R(\boldsymbol{A})=n-1\\ 0, & R(\boldsymbol{A})<n-1\end{cases}$。

定理 1-10 若$\boldsymbol{A}\sim\boldsymbol{B}$，则$R(\boldsymbol{A})=R(\boldsymbol{B})$。

求矩阵的秩的方法：利用初等行变换将其化为行阶梯形矩阵，行阶梯形矩阵中非零行的行数即所求矩阵的秩。

4. 线性方程组的解

（1）线性方程组可解性判定定理。对于方程组

$$\boldsymbol{Ax}=\boldsymbol{b}$$

其系数矩阵为$\boldsymbol{A}=(a_{ij})_{m\times n}$；增广矩阵为$\boldsymbol{B}=(\boldsymbol{A},\boldsymbol{b})$。

定理 1-11

1）$\boldsymbol{Ax}=\boldsymbol{b}$有解$\Leftrightarrow R(\boldsymbol{A})=R(\boldsymbol{B})$。

2）$\boldsymbol{Ax}=\boldsymbol{b}$有解时，若$R(\boldsymbol{A})=n$，则有唯一解；若$R(\boldsymbol{A})<n$，则有无穷多组解。

推论

1）$\boldsymbol{A}_{m\times n}\boldsymbol{x}=\boldsymbol{0}$只有零解$\Leftrightarrow R(\boldsymbol{A})=n$。

2）$\boldsymbol{A}_{m\times n}\boldsymbol{x}=\boldsymbol{0}$有非零解$\Leftrightarrow R(\boldsymbol{A})<n$。

（2）线性方程组的解法。

1）齐次线性方程组$\boldsymbol{Ax}=\boldsymbol{0}$的解法。

a）把系数矩阵$\boldsymbol{A}$施行初等行变换化为最简形，可得$R(\boldsymbol{A})=r$。

b）把行最简形中r个非零行的非 0 首元所对应的未知数用其余$n-r$个未知数（自由未知数）表示，并令自由未知数分别等于c_1，c_2，…，c_{n-r}，即可写出含$n-r$个参数的通解。

2）非齐次线性方程组$\boldsymbol{Ax}=\boldsymbol{b}$的解法。

a）对增广矩阵$\boldsymbol{B}$施行初等行变换化为行阶梯形。若$R(\boldsymbol{A})<R(\boldsymbol{B})$，则方程组无解。

b）若$R(\boldsymbol{A})=R(\boldsymbol{B})$，则进一步将$\boldsymbol{B}$化为行最简形。

c）设$R(\boldsymbol{A})=R(\boldsymbol{B})=r$，把行最简形中$r$个非零行的非零首元所对应的未知数用其余$n-r$个未知数（自由未知数）表示，并令自由未知数分别等于c_1，c_2，…，c_{n-r}，即可写出含$n-r$个参数的通解。

【例 1-74】（2016） 下列结论正确的是（　　）。

A. 矩阵$\boldsymbol{A}$的行秩和列秩可以不等

B. 秩为r的矩阵中，所有r阶子式均不为零

C. 若n阶方阵$\boldsymbol{A}$的秩小于n，则该矩阵$\boldsymbol{A}$的行列式必等于零

D. 秩为r的矩阵中，不存在等于零的r–1 阶子式

【解】此题考查矩阵的秩的定义和性质。

【答案】C

【例 1-75】(2017) 矩阵 $\boldsymbol{A}=\begin{pmatrix}0&0&-2\\0&3&0\\1&0&0\end{pmatrix}$ 的逆矩阵 $\boldsymbol{A}^{-1}$ 是（　）。

A. $\begin{pmatrix}-\frac{1}{2}&0&0\\0&\frac{1}{3}&0\\0&0&1\end{pmatrix}$　B. $\begin{pmatrix}0&0&-\frac{1}{2}\\0&\frac{1}{3}&0\\1&0&0\end{pmatrix}$　C. $\begin{pmatrix}0&0&1\\0&\frac{1}{3}&0\\-\frac{1}{2}&0&0\end{pmatrix}$　D. $\begin{pmatrix}0&0&6\\0&3&0\\2&0&0\end{pmatrix}$

【解】利用矩阵的初等行变换,可求出 $\boldsymbol{A}^{-1}$。

$$(\boldsymbol{A}|\boldsymbol{E})=\left(\begin{array}{ccc|ccc}0&0&-2&1&0&0\\0&3&0&0&1&0\\1&0&0&0&0&1\end{array}\right)\sim\left(\begin{array}{ccc|ccc}1&0&0&0&0&1\\0&1&0&0&\frac{1}{3}&0\\0&0&1&-\frac{1}{2}&0&1\end{array}\right)，\boldsymbol{A}^{-1}=\begin{pmatrix}0&0&1\\0&\frac{1}{3}&0\\-\frac{1}{2}&0&0\end{pmatrix}$$

直接利用 $\boldsymbol{A}^{-1}\boldsymbol{A}=\boldsymbol{E}$ 进行验证，也可得出正确答案。

【答案】C

【例 1-76】(2021) 设 n 维向量组 $\boldsymbol{a}_1,\boldsymbol{a}_2,\boldsymbol{a}_3$ 是线性方程组 $\boldsymbol{Ax}=\boldsymbol{0}$ 的一个基础解系，则下列向量组也是 $\boldsymbol{Ax}=\boldsymbol{0}$ 的基础解系的是（　）。

A. $\boldsymbol{a}_1$，$\boldsymbol{a}_2-\boldsymbol{a}_3$　B. $\boldsymbol{a}_1+\boldsymbol{a}_2$，$\boldsymbol{a}_2+\boldsymbol{a}_3$，$\boldsymbol{a}_3+\boldsymbol{a}_1$

C. $\boldsymbol{a}_1+\boldsymbol{a}_2$，$\boldsymbol{a}_2+\boldsymbol{a}_3$，$\boldsymbol{a}_1-\boldsymbol{a}_3$　D. $\boldsymbol{a}_1$，$\boldsymbol{a}_1+\boldsymbol{a}_2$，$\boldsymbol{a}_2+\boldsymbol{a}_3$，$\boldsymbol{a}_1+\boldsymbol{a}_2+\boldsymbol{a}_3$

【解】线性方程组 $\boldsymbol{Ax}=\boldsymbol{0}$ 的基础解系含有 3 个线性无关的向量，选项 A、D 显然不正确。选项 C 中向量组线性相关. 事实上，$(\boldsymbol{a}_1+\boldsymbol{a}_2)-(\boldsymbol{a}_2+\boldsymbol{a}_3)-(\boldsymbol{a}_1-\boldsymbol{a}_3)=\boldsymbol{0}$。

【答案】B

【例 1-77】(2020) 设 $\boldsymbol{A}=\begin{pmatrix}1&x&1\\x&1&y\\1&y&1\end{pmatrix}$，$\boldsymbol{B}=\begin{pmatrix}0&0&0\\0&1&0\\0&0&2\end{pmatrix}$，且 $\boldsymbol{A}$ 与 $\boldsymbol{B}$ 相似。下列结论成立的是（　）。

A. $x=y=0$　B. $x=0$，$y=1$　C. $x=1$，$y=0$　D. $x=y=1$

【解】本题考查相似矩阵的性质。相似矩阵的行列式相等，$|\boldsymbol{A}|=-(x-y)^2$，$|\boldsymbol{B}|=0$，所以 $x=y$，选项 B、C 被排除。

相似矩阵的秩相等，若 $x=y=1$，则 $r(\boldsymbol{A})=1\neq 2=r(\boldsymbol{B})$。

【答案】A

1.6.4 向量组的线性相关性

1. 向量的线性表示

(1) 向量组的基本概念。

n 维列向量：$\boldsymbol{\alpha}=(a_1,a_2,\cdots,a_n)^{\mathrm{T}}$。

n维行向量：$\boldsymbol{\alpha}^{\mathrm{T}}=(a_1,a_2,\cdots,a_n)$。

零向量：各个分量全为0的向量。

向量组：若干个同维的列向量（或若干个同维的行向量）所组成的集合。含有有限个向量的有序向量组可以与矩阵一一对应。

m个n维列向量所组成的向量组$\boldsymbol{A}$：$\boldsymbol{\alpha}_1,\boldsymbol{\alpha}_2,\cdots,\boldsymbol{\alpha}_m$构成一个$n\times m$矩阵$\boldsymbol{A}=(\boldsymbol{\alpha}_1,\boldsymbol{\alpha}_2,\cdots,\boldsymbol{\alpha}_m)$。

（2）向量的线性表示。给定向量 $\boldsymbol{b}$ 和向量组 $\boldsymbol{A}$：$\boldsymbol{\alpha}_1,\cdots,\boldsymbol{\alpha}_m$，如果存在一组实数$\lambda_1,\cdots,\lambda_m$，使

$$\boldsymbol{b}=\lambda_1\boldsymbol{\alpha}_1+\lambda_2\boldsymbol{\alpha}_2+\cdots+\lambda_m\boldsymbol{\alpha}_m$$

称向量$\boldsymbol{b}$是向量组$\boldsymbol{A}$的线性组合，称向量$\boldsymbol{b}$能由向量组$\boldsymbol{A}$线性表示。

向量$\boldsymbol{b}$能由向量组$\boldsymbol{A}$：$\boldsymbol{\alpha}_1,\cdots,\boldsymbol{\alpha}_m$线性表示，等价于方程组

$$x_1\boldsymbol{\alpha}_1+x_2\boldsymbol{\alpha}_2+\cdots+x_m\boldsymbol{\alpha}_m=\boldsymbol{b}\text{，即 }\boldsymbol{Ax}=\boldsymbol{b}$$

有解。

定理 1-12 向量$\boldsymbol{b}$能由向量组$\boldsymbol{A}$：$\boldsymbol{\alpha}_1,\cdots,\boldsymbol{\alpha}_m$线性表示$\Leftrightarrow$矩阵$\boldsymbol{A}=(\boldsymbol{\alpha}_1,\cdots,\boldsymbol{\alpha}_m)$的秩等于矩阵$\boldsymbol{B}=(\boldsymbol{\alpha}_1,\cdots,\boldsymbol{\alpha}_m,\boldsymbol{b})$的秩。

2. 向量组的线性相关性

（1）线性相关的定义。给定向量组$\boldsymbol{A}$：$\boldsymbol{\alpha}_1,\boldsymbol{\alpha}_2,\cdots,\boldsymbol{\alpha}_m$，若存在不全为0的数$k_1,k_2,\cdots,k_m$，使得

$$k_1\boldsymbol{\alpha}_1+k_2\boldsymbol{\alpha}_2+\cdots+k_m\boldsymbol{\alpha}_m=\boldsymbol{0}$$

称向量组$\boldsymbol{\alpha}_1,\boldsymbol{\alpha}_2,\cdots,\boldsymbol{\alpha}_m$线性相关，否则称为线性无关。

向量组A：$\boldsymbol{\alpha}_1,\boldsymbol{\alpha}_2,\cdots,\boldsymbol{\alpha}_m$线性无关$\Leftrightarrow$若$k_1\boldsymbol{\alpha}_1+k_2\boldsymbol{\alpha}_2+\cdots+k_m\boldsymbol{\alpha}_m=\boldsymbol{0}$，必有$k_1=\cdots=k_m=0$。

单个向量$\boldsymbol{\alpha}$线性相关$\Leftrightarrow$ $\boldsymbol{\alpha}=\boldsymbol{0}$。

（2）向量组的线性相关性的判定。设向量组A：$\boldsymbol{\alpha}_1,\boldsymbol{\alpha}_2,\cdots,\boldsymbol{\alpha}_m$构成的矩阵$\boldsymbol{A}=$（$\boldsymbol{\alpha}_1,\boldsymbol{\alpha}_2,\cdots,\boldsymbol{\alpha}_m$），向量组$A$线性相关$\Leftrightarrow$齐次方程组$x_1\boldsymbol{\alpha}_1+x_2\boldsymbol{\alpha}_2+\cdots+x_m\boldsymbol{\alpha}_m=\boldsymbol{0}$，即$\boldsymbol{Ax}=\boldsymbol{0}$有非零解。

定理 1-13 向量组$\boldsymbol{\alpha}_1,\boldsymbol{\alpha}_2,\cdots,\boldsymbol{\alpha}_m$线性相关$\Leftrightarrow$矩阵$\boldsymbol{A}=(\boldsymbol{\alpha}_1,\boldsymbol{\alpha}_2,\cdots,\boldsymbol{\alpha}_m)$的秩小于$m$；向量组$\boldsymbol{\alpha}_1,\boldsymbol{\alpha}_2,\cdots,\boldsymbol{\alpha}_m$线性无关$\Leftrightarrow$矩阵$\boldsymbol{A}=(\boldsymbol{\alpha}_1,\boldsymbol{\alpha}_2,\cdots,\boldsymbol{\alpha}_m)$的秩等于$m$。

（3）线性相关的重要结论。

1）向量组$\boldsymbol{\alpha}_1,\boldsymbol{\alpha}_2,\cdots,\boldsymbol{\alpha}_m$ $(m\geqslant 2)$线性相关$\Leftrightarrow$其中至少有一个向量可由其余$m-1$个向量线性表示。

2）两个非零向量线性相关$\Leftrightarrow$其对应分量成比例。

3）若向量组$\boldsymbol{\alpha}_1,\boldsymbol{\alpha}_2,\cdots,\boldsymbol{\alpha}_m$线性无关，$\boldsymbol{\alpha}_1,\boldsymbol{\alpha}_2,\cdots,\boldsymbol{\alpha}_m,\boldsymbol{b}$线性相关$\Rightarrow\boldsymbol{b}$可由$\boldsymbol{\alpha}_1,\boldsymbol{\alpha}_2,\cdots,\boldsymbol{\alpha}_m$线性表示，且表示式唯一。

4）$\boldsymbol{\alpha}_1,\cdots,\boldsymbol{\alpha}_r$线性相关$\Rightarrow\boldsymbol{\alpha}_1,\cdots,\boldsymbol{\alpha}_r,\boldsymbol{\alpha}_{r+1},\cdots,\boldsymbol{\alpha}_m$ $(m>r)$线性相关（即部分组相关$\Rightarrow$整体组相关）。

推论 1 含零向量的向量组线性相关。

推论 2 向量组线性无关$\Rightarrow$任意的部分组线性无关。

5）设$\boldsymbol{\alpha}_1,\boldsymbol{\alpha}_2,\cdots,\boldsymbol{\alpha}_m$是$n$维向量组，则$m>n\Rightarrow$向量组$\boldsymbol{\alpha}_1,\boldsymbol{\alpha}_2,\cdots,\boldsymbol{\alpha}_m$线性相关。

推论 3 $n+1$个n维向量一定线性相关。

3. 线性方程组解的结构

（1）齐次线性方程组$\boldsymbol{Ax}=\boldsymbol{0}$解的结构。

1）$\boldsymbol{Ax}=\boldsymbol{0}$的解集。集合$S=\{\boldsymbol{x}\mid\boldsymbol{Ax}=\boldsymbol{0},\boldsymbol{x}\in R^n\}$称为方程组$\boldsymbol{Ax}=\boldsymbol{0}$的解集合，简称解集。

解集的性质：

a）$\forall \boldsymbol{x},\boldsymbol{y}\in S \Rightarrow \boldsymbol{x}+\boldsymbol{y}\in S$。

b）$\forall \boldsymbol{x}\in S,\ \ k\in R \Rightarrow k\boldsymbol{x}\in S$。

2）$\boldsymbol{Ax}=\boldsymbol{0}$ 的基础解系。若把 $\boldsymbol{Ax}=\boldsymbol{0}$ 的解集 $\boldsymbol{S}$ 看成一个（无穷）向量组，$\boldsymbol{S}$ 的最大无关组 $\boldsymbol{\xi}_1,\boldsymbol{\xi}_2,\cdots,\boldsymbol{\xi}_{n-r}$ 称为 $\boldsymbol{Ax}=\boldsymbol{0}$ 的基础解系（不唯一）。

设 $\boldsymbol{\xi}_1,\boldsymbol{\xi}_2,\cdots,\boldsymbol{\xi}_{n-r}$ 为齐次线性方程组 $\boldsymbol{Ax}=\boldsymbol{0}$ 的基础解系，则 $\boldsymbol{Ax}=\boldsymbol{0}$ 的通解为

$$\boldsymbol{x}=c_1\boldsymbol{\xi}_1+c_2\boldsymbol{\xi}_2+\cdots+c_{n-r}\boldsymbol{\xi}_{n-r},\quad c_i\in\mathbf{R}\ (i=1,2,\cdots,n-r)$$

（2）非齐次线性方程组 $\boldsymbol{Ax}=\boldsymbol{b}$ 解的结构。

1）$\boldsymbol{Ax}=\boldsymbol{b}$ 解的性质。

a）$A\eta_1=\boldsymbol{b}$，$\boldsymbol{A\eta}_2=\boldsymbol{b}\Rightarrow \boldsymbol{A}(\boldsymbol{\eta}_1-\boldsymbol{\eta}_2)=\boldsymbol{0}\Rightarrow\ \ \boldsymbol{\eta}_1-\boldsymbol{\eta}_2\in S$。

b）$A\eta_1=\boldsymbol{b}$，$\boldsymbol{A\xi}=0\Rightarrow \boldsymbol{A}(\boldsymbol{\eta}_1+\boldsymbol{\xi})=\boldsymbol{b}\Rightarrow\ \ \boldsymbol{\eta}_1+\boldsymbol{\xi}$ 是 $\boldsymbol{Ax}=\boldsymbol{b}$ 的解。

2）$\boldsymbol{Ax}=\boldsymbol{b}$ 解的结构。设 $\boldsymbol{Ax}=0$ 的一个基础解系为 $\boldsymbol{\xi}_1,\boldsymbol{\xi}_2,\cdots,\boldsymbol{\xi}_{n-r}$，$\boldsymbol{Ax}=\boldsymbol{b}$ 有一个特解为 $\boldsymbol{\eta}^*$，则 $\boldsymbol{Ax}=\boldsymbol{b}$ 的通解为 $\boldsymbol{x}=\boldsymbol{\eta}^*+c_1\boldsymbol{\xi}_1+c_2\boldsymbol{\xi}_2+\cdots+c_{n-r}\boldsymbol{\xi}_{n-r}$（$\forall c_i\in\mathbf{R}$）。

【例 1-78】（2022） 设 $r(\boldsymbol{A})$ 表示矩阵 $\boldsymbol{A}$ 的秩，n 元齐次线性方程组 $\boldsymbol{Ax}=\boldsymbol{b}$ 有非零解时，它的每一个基础解系中所含的解向量的个数都等于（　　）。

A. $r(\boldsymbol{A})$　　B. $r(\boldsymbol{A})-n$　　C. $n-r(\boldsymbol{A})$　　D. $r(\boldsymbol{A})+n$

【解】 若 n 元齐次线性方程组 $\boldsymbol{Ax}=\boldsymbol{b}$ 有非零解，它一定有基础解系。

【答案】 C

【例 1-79】（2020） 若向量组 $\boldsymbol{\alpha}_1=(a,1,1)^{\mathrm{T}}$，$\boldsymbol{\alpha}_2=(1,a,-1)^{\mathrm{T}}$，$\boldsymbol{\alpha}_3=(1,-1,a)^{\mathrm{T}}$ 线性相关，则 a 的值为（　　）。

A. $a=1$ 或 $a=-2$　　B. $a=-1$ 或 $a=2$

C. $a>2$　　D. $a>-1$

【解】 本题考查向量组的线性相关性。

以向量组中的三个向量组成三阶行列式 $|\boldsymbol{\alpha}_1,\boldsymbol{\alpha}_2,\boldsymbol{\alpha}_3|=\begin{vmatrix}a&1&1\\1&a&-1\\1&-1&a\end{vmatrix}=(a+1)^2(a-2)$。

由 $|\boldsymbol{\alpha}_1,\boldsymbol{\alpha}_2,\boldsymbol{\alpha}_3|=0$，得 $a=-1$ 或 $a=2$。

【答案】 B

1.6.5 特征值与特征向量

1. 特征值与特征向量的定义

设 $\boldsymbol{A}$ 是一个 n 阶方阵，若数 λ 和非零向量 $\boldsymbol{x}$ 使得关系式

$$\boldsymbol{Ax}=\lambda\boldsymbol{x} \tag{1-22}$$

成立，则称 λ 是矩阵 $\boldsymbol{A}$ 的特征值，$\boldsymbol{x}$ 称为属于特征值 λ 的特征向量。

式（1-22）等价于

$$(\boldsymbol{A}-\lambda\boldsymbol{E})\boldsymbol{x}=\boldsymbol{0} \tag{1-23}$$

这是一个含有 n 个未知数、n 个方程的齐次线性方程组，式（1-23）有非零解等价于

$$|\boldsymbol{A}-\lambda\boldsymbol{E}|=0 \tag{1-24}$$

式（1-24）称为方阵 $\boldsymbol{A}$ 的特征方程，$f(\lambda)=|\boldsymbol{A}-\lambda\boldsymbol{E}|$ 称为方阵 $\boldsymbol{A}$ 的特征多项式。λ 是矩阵 $\boldsymbol{A}$ 的特征值 $\Leftrightarrow$ λ 是方程 $|\boldsymbol{A}-\lambda\boldsymbol{E}|=0$ 的根。

设 n 阶方阵 $\boldsymbol{A}$ 的 n 个复特征值为 $\lambda_1,\lambda_2,\cdots,\lambda_n$，则：

（1）$\lambda_1+\lambda_2+\cdots+\lambda_n=a_{11}+a_{22}+\cdots+a_{nn}$。

（2）$\lambda_1\lambda_2\cdots\lambda_n=|\boldsymbol{A}|$。

设 $\lambda=\lambda_i$ 是方阵 $\boldsymbol{A}$ 的一个特征值，则方程组 $(\boldsymbol{A}-\lambda_i\boldsymbol{E})\boldsymbol{x}=0$ 的所有非零解是方阵 $\boldsymbol{A}$ 的属于特征值 $\lambda=\lambda_i$ 的全部特征向量。

定理 1-14 设 $\boldsymbol{A}_{n\times n}$ 的互异特征值为 $\lambda_1,\lambda_2,\cdots,\lambda_m$，对应的特征向量依次为 $\boldsymbol{p}_1,\boldsymbol{p}_2,\cdots,\boldsymbol{p}_m$，则向量组 $\boldsymbol{p}_1,\boldsymbol{p}_2,\cdots,\boldsymbol{p}_m$ 线性无关。

2. 特征值与特征向量的求法

求 n 阶方阵 $\boldsymbol{A}$ 的特征值与特征向量的步骤：

（1）计算 $\boldsymbol{A}$ 的特征多项式 $f(\lambda)=|\boldsymbol{A}-\lambda\boldsymbol{E}|$。

（2）解特征方程 $|\boldsymbol{A}-\lambda\boldsymbol{E}|=0$，其所有根即为方阵 $\boldsymbol{A}$ 的全部特征值。

（3）对于各个特征值 $\lambda=\lambda_i$，分别解方程组 $(\boldsymbol{A}-\lambda_i\boldsymbol{E})\boldsymbol{x}=0$。其所有非零解是方阵 $\boldsymbol{A}$ 的属于特征值 $\lambda=\lambda_i$ 的全部特征向量。

3. 相似矩阵

（1）相似矩阵的定义。对于 n 阶方阵 $\boldsymbol{A}$ 和 $\boldsymbol{B}$，若有可逆矩阵 $\boldsymbol{P}$ 使得 $\boldsymbol{P}^{-1}\boldsymbol{AP}=\boldsymbol{B}$，称 $\boldsymbol{A}$ 相似于 $\boldsymbol{B}$。

（2）相似矩阵的性质：

1）反身性：$\boldsymbol{A}$ 相似于 $\boldsymbol{A}$。

2）对称性：$\boldsymbol{A}$ 相似于 $\boldsymbol{B}\Rightarrow\boldsymbol{B}$ 相似于 $\boldsymbol{A}$。

3）传递性：$\boldsymbol{A}$ 相似于 $\boldsymbol{B}$，$\boldsymbol{B}$ 相似于 $\boldsymbol{C}\Rightarrow\boldsymbol{A}$ 相似于 $\boldsymbol{C}$。

定理 1-15 $\boldsymbol{A}$ 相似于 $\boldsymbol{B}\Rightarrow|\boldsymbol{A}-\lambda\boldsymbol{E}|=|\boldsymbol{B}-\lambda\boldsymbol{E}|\Rightarrow\boldsymbol{A}$ 与 $\boldsymbol{B}$ 的特征值相同。

若两矩阵的特征值相同，不能保证它们一定相似。另外，相似矩阵的特征向量不一定相同。

【例 1-80】（2021） 已知矩阵 $\boldsymbol{A}=\begin{pmatrix}0&0&1\\x&1&y\\1&0&0\end{pmatrix}$ 有三个线性无关的特征向量，则下列关系式正确的是（　　）。

A. $x+y=0$　　　　B. $x+y\neq0$

C. $x+y=1$　　　　D. $x=y=1$

【解】 矩阵 $\boldsymbol{A}$ 的特征多项式为 $|\lambda\boldsymbol{I}-\boldsymbol{A}|=\begin{vmatrix}\lambda&0&-1\\-x&\lambda-1&-y\\-1&0&\lambda\end{vmatrix}=(\lambda-1)^2(\lambda+1)$，其特征值为 $\lambda_1=1(2\text{ 重})$，$\lambda_2=-1$。

因为矩阵 $\boldsymbol{A}$ 有三个线性无关的特征向量，所以 $\lambda_1=1$ 对应于两个线性无关的特征向量,即 $r(\boldsymbol{I}-\boldsymbol{A})=1$。

$$I-A=\begin{pmatrix}1 & 0 & -1\\ -x & 0 & -y\\ -1 & 0 & 1\end{pmatrix}\sim\begin{pmatrix}0 & 0 & -1\\ -(x+y) & 0 & -y\\ 0 & 0 & 0\end{pmatrix}$$

当 $x+y=0$ 时，$r(I-A)=1$。

【答案】A

【例 1-81】(2019) 已知二阶实对称矩阵 A 的一个特征值 1，而 A 的对应于特征值 1 的特征向量为 $\begin{pmatrix}1\\ -1\end{pmatrix}$。若 $|A|=-1$，则 A 的一个特征值及其对应的特征向量是（　　）。

A. $\begin{cases}\lambda=1\\ x=(1,1)^{\mathrm{T}}\end{cases}$　　B. $\begin{cases}\lambda=-1\\ x=(1,1)^{\mathrm{T}}\end{cases}$　　C. $\begin{cases}\lambda=-1\\ x=(-1,1)^{\mathrm{T}}\end{cases}$　　D. $\begin{cases}\lambda=1\\ x=(1,-1)^{\mathrm{T}}\end{cases}$

【解】矩阵 A 的两个特征值之积等于 $|A|=-1$，可知另一特征值为 -1。另外，实对称矩阵对应于不同特征值的特征向量正交。

【答案】B

【例 1-82】(2010) 已知三维列向量 $\boldsymbol{\alpha},\boldsymbol{\beta}$ 满足 $\boldsymbol{\alpha}^{\mathrm{T}}\boldsymbol{\beta}=3$。设 3 阶矩阵 $\boldsymbol{A}=\boldsymbol{\beta}\boldsymbol{\alpha}^{\mathrm{T}}$，则（　　）。

A. $\boldsymbol{\beta}$ 是 A 的属于特征值 0 的特征向量　　B. $\boldsymbol{\alpha}$ 是 A 的属于特征值 0 的特征向量

C. $\boldsymbol{\beta}$ 是 A 的属于特征值 3 的特征向量　　D. $\boldsymbol{\alpha}$ 是 A 的属于特征值 3 的特征向量

【解】$A\boldsymbol{\beta}=(\boldsymbol{\beta}\boldsymbol{\alpha}^{\mathrm{T}})\boldsymbol{\beta}=\boldsymbol{\beta}(\boldsymbol{\alpha}^{\mathrm{T}}\boldsymbol{\beta})=3\boldsymbol{\beta}$。

【答案】C

【例 1-83】(2022) 设 A、B、C 为同阶可逆矩阵，则矩阵方程 $ABXC=D$ 的解 X 为（　　）。

A. $A^{-1}B^{-1}DC^{-1}$　　B. $B^{-1}A^{-1}DC^{-1}$　　C. $C^{-1}DA^{-1}B^{-1}$　　D. $C^{-1}DB^{-1}A^{-1}$

【解】在矩阵方程 $ABXC=D$ 两侧依次左乘 A^{-1}、B^{-1}，得 $XC=B^{-1}A^{-1}D$，再右乘 C^{-1}，得 $X=B^{-1}A^{-1}DC^{-1}$。

【答案】B

1.6.6 二次型

1. 二次型及其标准形

(1) 二次型及其矩阵表示。变量 $x_1,x_2,\cdots,x_n$ 的二次齐次多项式

$$f(x_1,x_2,\cdots,x_n)=a_{11}x_1^2+2a_{12}x_1x_2+2a_{13}x_1x_3+\cdots+2a_{1n}x_1x_n+$$
$$a_{22}x_2^2+2a_{23}x_2x_3+\cdots+2a_{2n}x_2x_n+\cdots+a_{nn}x_n^2$$

称为 n 元二次型，简称为二次型。若令 $a_{ji}=a_{ij}\ (j>i)$，则 $f=\boldsymbol{x}^{\mathrm{T}}A\boldsymbol{x}$。其中，$A=(a_{ij})_{n\times n}$，$\boldsymbol{x}=(x_1,x_2,\cdots,x_n)^{\mathrm{T}}$，称 A 为 f 的矩阵，称 f 为 A 对应的二次型，A 的秩为 f 的秩。$f(x_1,x_2,\cdots,x_n)$ 与实对称矩阵 A 是一一对应的关系。

(2) 二次型的标准形。只含平方项的二次型

$$f(y_1,y_2,\cdots,y_n)=d_1y_1^2+d_2y_2^2+\cdots+d_ny_n^2$$

称为标准形。其中正（负）项的个数称为正（负）惯性指数。任何一个二次型 $f(x_1,x_2,\cdots,x_n)$ 都可经过适当的线性变换 $\boldsymbol{x}=C\boldsymbol{y}$ 化为标准形。

（3）规范形。如果标准形的系数 $d_1, d_2, \cdots, d_n$，只在三个数 $1, -1, 0$ 中取值，即

$$f = y_1^2 + \cdots + y_p^2 - \cdots - y_r^2$$

称此式为二次型的规范形。

任给 n 元二次型 $f(x) = \boldsymbol{x}^{\mathrm{T}}\boldsymbol{A}\boldsymbol{x}(\boldsymbol{A}^{\mathrm{T}} = \boldsymbol{A})$，总有可逆变换 $\boldsymbol{x} = \boldsymbol{C}\boldsymbol{z}$，使 $f(\boldsymbol{C}\boldsymbol{z})$ 为规范形。

（4）合同矩阵。对于 $\boldsymbol{A}_{n\times n}, \boldsymbol{B}_{n\times n}$，若有可逆矩阵 $\boldsymbol{C}_{n\times n}$ 使得 $\boldsymbol{C}^{\mathrm{T}}\boldsymbol{A}\boldsymbol{C} = \boldsymbol{B}$，称 $\boldsymbol{A}$ 合同于 $\boldsymbol{B}$。

任一实对称矩阵合同于一个对角矩阵；实对称矩阵 $\boldsymbol{A}$ 与 $\boldsymbol{B}$ 合同的充要条件是二次型 $\boldsymbol{x}^{\mathrm{T}}\boldsymbol{A}\boldsymbol{x}$ 与 $\boldsymbol{x}^{\mathrm{T}}\boldsymbol{B}\boldsymbol{x}$ 有相同的正、负惯性指数。

矩阵合同的性质：

1）$\boldsymbol{A}$ 合同于 $\boldsymbol{A}$：$\boldsymbol{E}^{\mathrm{T}}\boldsymbol{A}\boldsymbol{E} = \boldsymbol{A}$。

2）$\boldsymbol{A}$ 合同于 $\boldsymbol{B} \Rightarrow \boldsymbol{B}$ 合同于 $\boldsymbol{A}$：$(\boldsymbol{C}^{-1})^{\mathrm{T}}\boldsymbol{B}(\boldsymbol{C}^{-1}) = \boldsymbol{A}$。

3）$\boldsymbol{A}$ 合同于 $\boldsymbol{B}$，$\boldsymbol{B}$ 合同于 $\boldsymbol{S} \Rightarrow \boldsymbol{A}$ 合同于 $\boldsymbol{S}$。

4）$\boldsymbol{A}$ 合同于 $\boldsymbol{B} \Rightarrow r(\boldsymbol{A}) = r(\boldsymbol{B})$。

2. 正定二次型

（1）惯性定理。设可逆变换 $\boldsymbol{x} = \boldsymbol{C}\boldsymbol{y}$ 使得

$$f = \boldsymbol{x}^{\mathrm{T}}\boldsymbol{A}\boldsymbol{x} = \boldsymbol{y}^{\mathrm{T}}(\boldsymbol{C}^{\mathrm{T}}\boldsymbol{A}\boldsymbol{C})\boldsymbol{y} = d_1y_1^2 + d_2y_2^2 + \cdots + d_ny_n^2$$

如果限定变换是实变换，则有下述定理：

定理 1-16（惯性定理） 设 $f = \boldsymbol{x}^{\mathrm{T}}\boldsymbol{A}\boldsymbol{x}$ 的秩为 r，则在 f 的标准形中：

1）系数不为 0 的平方项的个数一定是 r。

2）正项个数 p 一定，称为 f 的正惯性指数。

3）负项个数 $r-p$ 一定，称为 f 的负惯性指数。

（2）正定二次型。若对 $\forall \boldsymbol{x} \neq \boldsymbol{0}, f = \boldsymbol{x}^{\mathrm{T}}\boldsymbol{A}\boldsymbol{x} > 0$（$< 0$），称 f 为正（负）定二次型，$\boldsymbol{A}$ 为正（负）定矩阵。

定理 1-17 $f = \boldsymbol{x}^{\mathrm{T}}\boldsymbol{A}\boldsymbol{x}$ 为正定二次型 $\Leftrightarrow f$ 的标准形中 $d_i > 0\ (i = 1, 2, \cdots, n) \Leftrightarrow$ 正惯性指数$=n$。

推论 1 设 $\boldsymbol{A}_{n\times n}$ 为实对称矩阵，则 $\boldsymbol{A}$ 为正定矩阵 $\Leftrightarrow \boldsymbol{A}$ 的特征值全为正数。

推论 2 设 $\boldsymbol{A}_{n\times n}$ 为实对称正定矩阵，则 $|\boldsymbol{A}| > 0$。

定理 1-18 设 $\boldsymbol{A}_{n\times n}$ 是实对称矩阵，则 $\boldsymbol{A}$ 为正定矩阵 $\Leftrightarrow \boldsymbol{A}$ 的顺序主子式全为正数，即

$$a_{11} > 0,\ \begin{vmatrix} a_{11} & a_{12} \\ a_{21} & a_{22} \end{vmatrix} > 0, \cdots,\ \begin{vmatrix} a_{11} & \cdots & a_{1n} \\ \vdots & & \vdots \\ a_{n1} & \cdots & a_{nn} \end{vmatrix} > 0。$$

定理 1-19 设 $\boldsymbol{A}_{n\times n}$ 是实对称矩阵，则 $f = \boldsymbol{x}^{\mathrm{T}}A\boldsymbol{x}$ 为负定二次型 $\Leftrightarrow -f = \boldsymbol{x}^{\mathrm{T}}(-\boldsymbol{A})\boldsymbol{x}$ 为正定二次型 $\Leftrightarrow f$ 的负惯性指数为 $n \Leftrightarrow \boldsymbol{A}$ 的特征值全为负数 $\Leftrightarrow (-1)^r\begin{vmatrix} a_{11} & \cdots & a_{1r} \\ \vdots & & \vdots \\ a_{r1} & \cdots & a_{rr} \end{vmatrix} > 0$，（$r = 1, 2, \cdots, n$）。

【例 1-84】(2022) 若对称矩阵 $\boldsymbol{A}$ 与矩阵 $\boldsymbol{B}=\begin{pmatrix}1&0&0\\0&0&2\\0&2&0\end{pmatrix}$ 合同，则二次型 $f(x_1,x_2,x_3)=\boldsymbol{x}^{\mathrm{T}}\boldsymbol{A}\boldsymbol{x}$ 的标准型是（　　）。

A. $f=y_1^2+2y_2^2-2y_3^2$　　B. $f=2y_1^2-2y_2^2-y_3^2$

C. $f=y_1^2-y_2^2-2y_3^2$　　D. $f=-y_1^2+2y_2^2-2y_3^2$

【解】先求出矩阵 $\boldsymbol{B}$ 的特征值，即

$$|\boldsymbol{B}-\lambda\boldsymbol{E}|=\begin{vmatrix}1-\lambda&0&0\\0&-\lambda&2\\0&2&-\lambda\end{vmatrix}=(1-\lambda)(2-\lambda)(\lambda+2)=0$$

解得 $\lambda=1,2,-2$。所以，二次型的标准型是 $f=y_1^2+2y_2^2-2y_3^2$。

【答案】A

1.7　概率与数理统计

考试大纲

随机事件与样本空间；事件的关系与运算；概率的基本性质；古典型概率；条件概率；概率的基本公式；事件的独立性；独立重复试验；随机变量；随机变量的分布函数；离散型随机变量的概率分布；连续型随机变量的概率密度；常见随机变量的分布；随机变量的数学期望、方差、标准差及其性质；随机变量函数的数学期望；矩、协方差、相关系数及其性质；总体；个体；简单随机样本；统计量；样本均值；样本方差和样本矩；χ^2 分布；t 分布；F 分布；点估计的概念；估计量与估计值；矩估计法；最大似然估计法；估计量的评选标准；区间估计的概念；单个正态总体的均值和方差的区间估计；两个正态总体的均值差和方差比的区间估计；显著性检验；单个正态总体的均值和方差的假设检验。

1.7.1　概率的基本概念

1. 随机试验、样本空间和随机事件

随机试验（E）：满足以下三个条件的试验，即：

（1）可以在相同条件下重复地进行。

（2）每次试验的可能结果不止一个，并且能事先明确试验的所有可能结果。

（3）进行试验之前不能确定哪一个结果会出现。

样本空间：随机试验 E 的所有可能结果组成的集合，记作 Ω。

样本点：样本空间的元素，即 E 的每个结果。

随机事件：试验 E 的样本空间 Ω 的子集，称为 E 的随机事件，简称事件。

基本事件：由一个样本点组成的单点集。

必然事件：样本空间 Ω。

不可能事件：空集 $\varnothing$。

在每次试验中，一事件发生当且仅当这一子集中的一个样本点出现。

2. 事件的关系与事件的运算

设试验E的样本空间为Ω；A，B，$A_k(k=1,2,\cdots)$是Ω的子集。

（1）事件的包含。

若$A\subset B$，称事件B包含事件A，或称事件A是事件B的子事件。此时，事件A发生$\Rightarrow$事件B发生。

若$A\subset B$且$B\subset A$，则称事件A与事件B相等，记作$A=B$。

（2）事件的和。

事件A与事件B的和事件：$A\cup B=\{x|x\in A或x\in B\}$；$A\cup B$发生$\Leftrightarrow$事件$A$与事件$B$至少一个发生。

n个事件的和事件：$\bigcup\limits_{k=1}^{n}A_k$。

可数多事件的和事件：$\bigcup\limits_{k=1}^{\infty}A_k$。

（3）事件的积。

事件A与事件B的积事件：$A\cap B=\{x|x\in A且x\in B\}$；$A\cap B$发生$\Leftrightarrow$事件$A$与事件$B$同时发生。

n个事件的积事件：$\bigcap\limits_{k=1}^{n}A_k$。

可数多事件的积事件：$\bigcap\limits_{k=1}^{\infty}A_k$。

（4）事件的差。

事件A与事件B的差事件：$A-B=\{x|x\in A且x\notin B\}$；$A-B$发生$\Leftrightarrow$事件$A$发生且事件$B$不发生。

（5）互不相容事件。

事件A与事件B互不相容：$A\cap B=\varnothing$；事件A与B互不相容$\Leftrightarrow$事件A与B不同时发生。

（6）对立事件。$A\cap B=\varnothing$且$A\cup B=\Omega$。

事件A的对立事件记为$\overline{A}$，$\overline{A}=\Omega-A$。

（7）事件的运算律。

1）交换律：$A\cup B=B\cup A$，$A\cap B=B\cap A$。

2）结合律：$A\cup(B\cup C)=(A\cup B)\cup C$，$A\cap(B\cap C)=(A\cap B)\cap C$。

3）分配律：$A\cup(B\cap C)=(A\cup B)\cap(A\cup C)$，$A\cap(B\cup C)=(A\cap B)\cup(A\cap C)$。

4）德·摩根律：$\overline{A\cup B}=\overline{A}\cap\overline{B}$，$\overline{A\cap B}=\overline{A}\cup\overline{B}$。

3. 概率

（1）概率的定义。设E为随机试验，Ω是它的样本空间。对于E的每一事件A赋予一个实数，记为$P(A)$，称为事件A的概率，如果集合函数$P(\bullet)$满足下列条件：

1）非负性：对于每一事件A，$P(A)\geqslant 0$。

2）规范性：对于必然事件$P(\Omega)=1$。

3）可列可加性：设$A_1,A_2,\cdots$是两两互不相容的事件，即对于$i\neq j$，$A_iA_j=\varnothing$，$i,j=1,2,\cdots$，则有$P(A_1\cup A_2\cup\cdots)=P(A_1)+P(A_2)+\cdots$。

（2）概率的性质。

1） $P(\varnothing)=0$。

2）（有限可加性） $A_1, A_2, \cdots, A_n$ 是两两互不相容的事件，则有

$$P(A_1 \cup A_2 \cup \cdots \cup A_n)=P(A_1)+P(A_2)+\cdots+P(A_n)$$

3）设 A、B 是两个事件，若 $A \subset B$，则有

$$P(B-A)=P(B)-P(A), \quad P(B) \geqslant P(A)$$

4）对于任一事件 A，有

$$P(A) \leqslant 1$$

5）（逆事件的概率）对于任一事件 A，有

$$P(\overline{A})=1-P(A)$$

6）（加法公式）对于任意两个事件 A， B 有

$$P(A \cup B)=P(A)+P(B)-P(AB)$$

4. 古典概型

满足下列两个条件的试验称为古典概型（等可能概型）：

（1）试验的样本空间只包含有限个元素。

（2）试验中每个基本事件发生的可能性相同。

若事件 A 包含 k 个基本事件，则

$$P(A)=\frac{k}{n}=\frac{A\text{包含的基本事件数}}{\Omega\text{中基本事件的总数}}$$

5. 条件概率

设 A、B 是两个事件，且 $P(A)>0$，则在事件 A 发生的条件下事件 B 发生的概率

$$P(B|A)=\frac{P(AB)}{P(A)}$$

6. 乘法公式

设 $P(A)>0$，则有

$$P(AB)=P(A)P(B|A)$$

7. 全概率公式与贝叶斯公式

设 Ω 是试验 E 的样本空间， $B_1, B_2, \cdots, B_n$ 为 E 的一组事件。若 $B_iB_j=\varnothing$ （$i \neq j$，$i, j=1,2,\cdots,n$）且 $B_1 \cup B_2 \cup \cdots \cup B_n=\Omega$，则称 $B_1, B_2, \cdots, B_n$ 为样本空间 Ω 的一个划分。

（1）全概率公式。设 Ω 是试验 E 的样本空间， A 为 E 的事件， $B_1, B_2, \cdots, B_n$ 为 Ω 的一个划分，且 $P(B_i)>0\ (i=1,2,\cdots,n)$，则

$$P(A)=P(A|B_1)P(B_1)+P(A|B_2)P(B_2)+\cdots+P(A|B_n)P(B_n)$$

（2）贝叶斯公式。设 Ω 是试验 E 的样本空间， A 为 E 的事件， $B_1, B_2, \cdots, B_n$ 为 Ω 的一个划分，且 $P(A)>0$， $P(B_i)>0\ (i=1,2,\cdots,n)$，则

$$P(B_i|A)=\frac{P(A|B_i)P(B_i)}{\sum_{j=1}^{n}P(A|B_j)P(B_j)}\ (i=1,2,\cdots,n)$$

8. 事件的独立性

（1）两个事件的独立性。设 A，B 是两个事件，若 $P(AB)=P(A)P(B)$，则称事件 A，B 相互独立，简称 A，B 独立。

设 A 与 B 独立，则：① 若 $P(A)>0$，$P(B|A)=P(B)$；② A 与 $\overline{B}$，$\overline{A}$ 与 B，$\overline{A}$ 与 $\overline{B}$ 相互独立。

（2）$n\ (n\geqslant 2)$ 个事件的独立性。设 A_1，A_2，…，A_n 是 $n\ (n\geqslant 2)$ 个事件，如果其中任意 2 个，任意 3 个，…，任意 n 个事件的积事件的概率，等于各事件概率之积，则称事件 A_1，A_2，…，A_n 是相互独立的。

9. 伯努利概型

如果试验 E 的结果只有两个：A 与 $\overline{A}$，则称此试验为伯努利试验。若将伯努利试验独立重复 n 次，则称为 n 重伯努利概型。设 $P(A)=p$，则 n 次伯努利试验中事件 A 发生的概率为 $P_n(k)=C_n^k p^k(1-p)^{n-k}$（$k=0,1,2,\cdots,n$）。

【例 1-85】（2021） 袋中有 5 个白球，3 个黄球，4 个黑球，从中随机抽取 1 只，已知它不是黑球，则它是黄球的概率是（　　）。

A. $\dfrac{1}{8}$　　B. $\dfrac{3}{8}$　　C. $\dfrac{5}{8}$　　D. $\dfrac{7}{8}$

【解】在不是黑球的前提下，从袋中任取一球的取法有 $C_8^1=8$ 种，取到黄球的取法有 $C_3^1=3$ 种。所求的概率 $P=\dfrac{C_3^1}{C_8^1}=\dfrac{3}{8}$。

【答案】B

【例 1-86】（2022） 设 A、B 为两个事件，且 $P(A)=\dfrac{1}{2}$，$P(B|A)=\dfrac{1}{10}$，$P(B|\overline{A})=\dfrac{1}{20}$，则概率 $P(B)$ 等于（　　）。

A. $\dfrac{1}{40}$　　B. $\dfrac{3}{40}$　　C. $\dfrac{7}{40}$　　D. $\dfrac{9}{40}$

【解】因为 $P(A)=\dfrac{1}{2}$，所以 $P(\overline{A})=\dfrac{1}{2}$。$P(BA)=P(AB)=P(A)P(B|A)=\dfrac{1}{2}\times\dfrac{1}{10}=\dfrac{1}{20}$，$P(B\overline{A})=P(\overline{A})P(B|\overline{A})=\dfrac{1}{2}\times\dfrac{1}{20}=\dfrac{1}{40}$，$P(B)=P(BA)+P(B\overline{A})=\dfrac{1}{20}+\dfrac{1}{40}=\dfrac{3}{40}$。

【答案】B

【例 1-87】（2017） 设 A,B,C 为三个事件，与事件 A 互斥的事件是（　　）。

A. $\overline{B\cup C}$　　B. $\overline{A\cup B\cup C}$

C. $\overline{A}B+A\overline{C}$　　D. $A(B+C)$

【解】$\overline{A\cup B\cup C}\subset\overline{A}$，所以 $A\cap\overline{A\cup B\cup C}\subset A\cap\overline{A}=\varnothing$。

【答案】B

【例 1-88】（2020）设 A,B 是两个事件，$P(A)=\dfrac{1}{4}$，$P(B|A)=\dfrac{1}{3}$，$P(A|B)=\dfrac{1}{2}$，则 $P(A\cup B)=$（　　）。

A. $\frac{3}{4}$　　B. $\frac{3}{5}$　　C. $\frac{1}{2}$　　D. $\frac{1}{3}$

【解】$P(AB)=P(A)P(B|A)=\frac{1}{12}$，$P(AB)=P(BA)=P(B)P(A|B)=\frac{1}{2}P(B)$。所以$P(B)=\frac{1}{6}$，$P(A\cup B)=P(A)+P(B)-P(AB)=\frac{1}{3}$。

【答案】D

【例 1-89】（2019） 设A,B是两个事件，且$P(A)=\frac{1}{3}$，$P(B)=\frac{1}{4}$，$P(B|A)=\frac{1}{6}$，则$P(A|B)$等于（　　）。

A. $\frac{1}{9}$　　B. $\frac{2}{9}$　　C. $\frac{1}{3}$　　D. $\frac{4}{9}$

【解】 $P(A|B)=\frac{P(AB)}{P(B)}=\frac{P(A)\mathrm{P}(B|A)}{P(B)}=\frac{2}{9}$。

【答案】B

【例 1-90】（2018） 已知事件A,B相互独立，且$P(\overline{A})=0.4,P(\overline{B})=0.5$，则$P(A\cup B)$等于（　　）。

A. 0.6　　B. 0.7　　C. 0.8　　D. 0.9

【解】$P(A)=1-P(\overline{A})=0.6$，$P(B)=1-P(\overline{B})=0.5$。因为事件$A,B$相互独立，所以$P(AB)=P(A)P(B)=0.3$，$P(A\cup B)=P(A)+P(B)-P(AB)=0.8$。

【答案】C

1.7.2 一维随机变量及其分布

设随机试验的样本空间$\Omega=\{e\}$。称定义在样本空间Ω上的单值实值函数$X=X(e)$为随机变量。

随机变量有两类：离散型和非离散型（其中最常见的是连续型）。

1. 离散型随机变量及其分布律

离散型随机变量：随机变量全部可能取到的不同的值是有限个或无数多个。

（1）分布律。设离散型随机变量X所有可能取值为x_k $(k=1,2,\cdots)$，事件$\{X=x_k\}$的概率为p_k，称

$$P\{X=x_k\}=p_k\quad(k=1,2,\cdots)$$

为离散型随机变量X的分布律，其分布律见表1-8。

表 1-8　　**分 布 律（一）**

X	x_1	x_2	$\cdots$	x_n	$\cdots$
p_k	p_1	p_2	$\cdots$	p_n	$\cdots$

p_k满足如下条件：

1） $p_k\geqslant 0\,(k=1,2,\cdots)$。

2） $\sum\limits_{k=1}^{\infty}p_k=1$。

（2）常用离散型随机变量的分布律。

1）$(0-1)$分布。随机变量X只可能取两个值0与1，又称两点分布，其分布律见表1-9。

表1-9　　分 布 律（二）

X	0	1
p_k	$1-p$	p

2）二项分布。参数为n,p的二项分布记为$X\sim b(n,p)$，其分布律为$P\{x=k\}=C_n^k p^k q^{n-k}$（$k=0,1,2,\cdots,n$），其中，$q=1-p$。

3）参数为$\lambda(>0)$的泊松分布记为$X\sim\pi(\lambda)$，其分布律为$P\{x=k\}=\dfrac{\lambda^k e^{-\lambda}}{k!}$（$k=0,1,2,\cdots$）。

2. 随机变量的分布函数

（1）分布函数的定义。设X为随机变量，x是任意实数，函数$F(x)=P\{X\leqslant x\}$ 称为X的分布函数。

X落在区间$(x_1,x_2]$上的概率

$$P\{x_1<X\leqslant x_2\}=P\{X\leqslant x_2\}-P\{X\leqslant x_1\}=F(x_2)-F(x_1)$$

（2）分布函数的性质。

1）$F(x)$是一个不减函数。

2）$0\leqslant F(x)\leqslant 1$。

3）$F(-\infty)=\lim\limits_{x\to-\infty}F(x)=0$，$F(+\infty)=\lim\limits_{x\to+\infty}F(x)=1$。

4）$F(x+0)=F(x)$，即$F(x)$是右连续的。

3. 连续型随机变量及其概率密度

（1）概率密度函数的定义。设X为随机变量，其分布函数为$F(x)$。如果存在$f(x)\geqslant 0$，使对任意实数x有$F(x)=\int_{-\infty}^{x}f(t)\mathrm{d}t$,则称$X$为连续型随机变量，$f(x)$称为概率密度函数，简称概率密度。

（2）概率密度函数的性质。

1）$f(x)\geqslant 0$。

2）$\int_{-\infty}^{+\infty}f(x)\mathrm{d}x=1$。

3）定义任意的实数x_1，x_2 $(x_1\leqslant x_2)$，则

$$P\{x_1<X\leqslant x_2\}=F(x_2)-F(x_1)=\int_{x_1}^{x_1}f(x)\mathrm{d}x$$

4）若$f(x)$在点x处连续，则有$F'(x)=f(x)$。

若X为连续型随机变量，它取任一指定实数a的概率为0，即$P\{X=a\}=0$，从而

$$P\{a<X\leqslant b\}=P\{a\leqslant X\leqslant b\}=P\{a<X<b\}=p\{a\leqslant X<b\}$$

（3）常见的连续型随机变量。

1）均匀分布。若X的概率密度为

$$f(x)=\begin{cases}1/(b-a), & a<x<b\\ 0, & 其他\end{cases}$$

则称 X 在区间 (a,b) 上服从均匀分布，记为 $X\sim U(a,b)$ 。

2）指数分布。若 X 的概率密度为

$$f(x)=\begin{cases}\dfrac{1}{\theta}\mathrm{e}^{-x/\theta}, & x>0\\ 0, & 其他\end{cases}$$

其中 $\theta>0$ 为常数，称 X 服从参数为 θ 的指数分布，记为 $X\sim E(\theta)$ 。

3）正态分布。若 X 的概率密度为

$$f(x)=\frac{1}{\sqrt{2\pi}\sigma}\mathrm{e}^{-\frac{(x-\mu)^2}{2\sigma^2}}\ (-\infty<x<+\infty)$$

其中 $\mu,\sigma(\sigma>0)$ 为常数，称 X 服从参数为 μ,σ 的正态分布，记为 $X\sim N(\mu,\sigma^2)$ 。

特别地，当 $\mu=0$ ，$\sigma=1$ 时，称 X 服从标准正态分布，记为 $X\sim N(0,1)$ ，其分布密度和分布函数分别为

$$\varphi(x)=\frac{1}{\sqrt{2\pi}\sigma}\mathrm{e}^{-\frac{x^2}{2}}，\ \Phi(x)=\frac{1}{\sqrt{2\pi}}\int_{-\infty}^{x}\mathrm{e}^{-\frac{t^2}{2}}\mathrm{d}t\ (-\infty<x<+\infty)$$

易知

$$\Phi(-x)=1-\Phi(x)$$

正态分布与标准正态分布的关系：若 $X\sim N(\mu,\sigma^2)$ ，则 $Z=\dfrac{X-\mu}{\sigma}\sim N(0,1)$ 。

α 分位点：设 $X\sim N(0,1)$ ，若 z_α 满足 $P\{X>z_\alpha\}=\alpha$（$0<\alpha<1$），则称点 z_α 为标准正态分布的 α 分位点。

（4）随机变量的函数的分布。设随机变量 X 的概率密度为 $f_X(x)$（$-\infty<x<+\infty$），又设 $g(x)$ 处处可导且恒有 $g'(x)>0$ [或 $g'(x)<0$]，则 $Y=g(X)$ 是连续型随机变量，其概率密度为

$$f_Y(y)=\begin{cases}f_X[h(y)]|h'(y)|, & \alpha<x<\beta\\ 0, & 其他\end{cases}$$

其中，$\alpha=\min\{g(-\infty),g(+\infty)\}$ ，$\beta=\max\{g(-\infty),g(+\infty)\}$ ，$h(y)$ 是 $g(x)$ 的反函数。

【例 1-91】（2010） 设随机变量 X 的概率密度 $f(x)=\begin{cases}1/x^2, & x\geqslant 1\\ 0, & 其他\end{cases}$ ，则 $P(0\leqslant X\leqslant 3)=$（　　）。

A. 1/3　　B. 2/3　　C. 1/2　　D. 1/2

【解】 $P(0\leqslant X\leqslant 3)=\int_0^3 f(x)\mathrm{d}x=\int_1^3\frac{1}{x^2}\mathrm{d}x=[-1/x]_1^3=\frac{2}{3}$ 。

【答案】 B

【例 1-92】（2022） 设 G 是由抛物线 $y=x^2$ 和直线 $y=x$ 所围成的平面区域，而随机变量 (X,Y) 服从 G 上的均匀分布，则 (X,Y) 的联合密度 $f(x,y)$ 是（　　）。

A. $f(x,y)=\begin{cases}6, & (x,y)\in G\\ 0, & 其他\end{cases}$　　B. $f(x,y)=\begin{cases}\dfrac{1}{6}, & (x,y)\in G\\ 0, & 其他\end{cases}$

C. $f(x,y)=\begin{cases}4, (x,y)\in G\\0, 其他\end{cases}$　　D. $f(x,y)=\begin{cases}\frac{1}{4}, (x,y)\in G\\0, 其他\end{cases}$

【解】区域G的面积：$A=\int_0^1 \mathrm{d}x\int_{x^2}^{x}\mathrm{d}y=\frac{1}{6}$，则$f(x, y)=\begin{cases}6, (x,y)\in G\\0, 其他\end{cases}$。

【答案】A

1.7.3　随机变量的数字特征

1. 数学期望与方差

（1）数学期望。

1）定义。

若X为离散型随机变量，其分布律为$P\{X=x_k\}=p_k$（$k=1,2,\cdots$）。若级数$\sum_{k=1}^{\infty}x_k p_k$绝对收敛，则$E(X)=\sum_{k=1}^{\infty}x_k p_k$。

若X连续型随机变量,其概率密度为$f(x)$，若积分$\int_{-\infty}^{+\infty}xf(x)\mathrm{d}x$绝对收敛，则$E(X)=\int_{-\infty}^{+\infty}xf(x)\mathrm{d}x$。

2）性质。

a）设C是常数，则$E(C)=C$，$E(CX)=CE(X)$。

b）设X，Y为两个随机变量，则$E(X+Y)=E(X)+E(Y)$。

c）设X，Y是相互独立的两个随机变量，则$E(XY)=E(X)E(Y)$。

3）随机变量函数的数学期望。设Y是随机变量X的函数，$Y=g(X)$（g是连续函数）。

a）X是离散型随机变量，其分布律为$P\{X=x_k\}=p_k$（$k=1,2,\cdots$），若级数$\sum_{k=1}^{\infty}g(x_k)p_k$绝对收敛，则$E(Y)=E(g(X))=\sum_{k=1}^{\infty}g(x_k)p_k$。

b）X是连续型随机变量，其概率密度为$f(x)$。若$\int_{-\infty}^{+\infty}g(x)f(x)\mathrm{d}x$绝对收敛，则$E(Y)=E(g(X))=\int_{-\infty}^{+\infty}g(x)f(x)\mathrm{d}x$。

（2）方差。

1）定义。设X为随机变量，若$E\{[X-E(X)]^2\}$存在，则称其为X的方差，记为$D(X)$，即$D(X)=E\{[X-E(X)]^2\}$。

a）若X是离散型随机变量，其分布律为$P\{X=x_k\}=p_k$（$k=1,2,\cdots$），则$D(X)=\sum_{k=1}^{\infty}[x_k-E(X)]^2 p_k$。

b）若X是连续型随机变量，其概率密度为$f(x)$，则$D(X)=\int_{-\infty}^{+\infty}[x-E(X)]^2 f(x)\mathrm{d}x$。

方差的常用计算公式：$D(X)=E(X^2)-[E(X)]^2$。

称$\sqrt{D(X)}$为标准差或均方差，记为$\sigma(X)$。

2）性质。

a）设C是常数，则$D(C)=0, D(CX)=C^2D(X)$。

b）设X, Y为两个随机变量，则$D(X+Y)=D(X)+D(Y)-2E\{[X-E(X)][Y-E(Y)]\}$；特别的，若$X, Y$相互独立，则有$D(X+Y)=D(X)+D(Y)$。

c）$D(X)=0 \Leftrightarrow P\{X=C\}=1$，其中，$C=E(X)$。

（3）常见分布的数学期望和方差，见表1-10。

表1-10　　常见分布的数学期望和方差

X的分布		$E(X)$	$D(X)$
(0−1)分布	$X\sim b(1,p)$	p	$p(1-p)$
二项分布	$X\sim b(n,p)$	np	$np(1-p)$
泊松分布	$X\sim \pi(\lambda)$	λ	λ
均匀分布	$X\sim U(a,b)$	$(a+b)/2$	$(b-a)^2/12$
指数分布	$X\sim E(\theta)$	θ	θ^2
正态分布	$X\sim N(\mu,\sigma^2)$	μ	σ^2

（4）重要公式。若$X_i \sim N(\mu_i,\sigma_i^2)$，$i=1,2,\cdots,n$，且它们相互独立，$C_1,C_2,\cdots,C_n$不全为零，则

$$C_1X_1+C_2X_2+\cdots+C_nX_n \sim N\left(\sum_{i=1}^{n}C_i\mu_i, \sum_{i=1}^{n}C_i^2\sigma_i^2\right)$$

2. 协方差及相关系数

（1）协方差。

1）定义：$\mathrm{COV}(X,Y)=D(X+Y)=E\{[X-E(X)][Y-E(Y)]\}$

显然

$$D(X+Y)=D(X)+D(Y)+2\mathrm{COV}(X,Y)$$

$$\mathrm{COV}(X,Y)=E(XY)-E(X)E(Y)$$

2）性质。

a）$\mathrm{COV}(aX,bY)=ab\mathrm{COV}(X,Y)$（$a, b$是常数）。

b）$\mathrm{COV}(X_1+X_2,Y)=\mathrm{COV}(X_1,Y)+\mathrm{COV}(X_2,Y)$。

（2）相关系数。

1）定义：$\rho_{XY}=\dfrac{\mathrm{COV}(X,Y)}{\sqrt{D(X)}\sqrt{D(Y)}}$。

2）有关结论：

a）$|\rho_{XY}|\leqslant 1$。

b）$|\rho_{XY}|=1 \Leftrightarrow$存在常数$a$，$b$使$P\{Y=a+bX\}=1$。

当$|\rho_{XY}|$较大时，X，Y线性相关的程度较好；当$|\rho_{XY}|$较小时，X、Y线性相关的程度较差；当$\rho_{XY}=0$时，称X和Y不相关。

当 X 和 Y 相互独立时，$\mathrm{COV}(X,Y)=0$（X 和 Y 不相关）；反之，为假命题。

特别地，对于二维正态变量 (X,Y)，X 和 Y 相互独立 $\Leftrightarrow$ X 和 Y 不相关 $\Leftrightarrow$ $\rho_{XY}=0$。

3. 矩

设 X，Y 是随机变量，若 $E(X^k)$（$k=1,2,\cdots$）存在，称它为 X 的 k 阶原点矩，简称 k 阶矩。若 $E\{[X-E(X)]^k\}$（$k=2,3,\cdots$）存在，称它为 X 的 k 阶中心矩。若 $E(X^kY^l)$（$k,l=1,2,\cdots$）存在，称它为 X 和 Y 的 $k+l$ 阶混合矩。若 $E\{[X-E(X)]^k[Y-E(Y)]^l\}(k,l=1,2,\cdots)$ 存在，称它为 X 和 Y 的 $k+l$ 阶混合中心矩。

$E(X)$ 为 X 的 1 阶原点矩；$D(X)$ 为 X 的 2 阶中心矩；$\mathrm{COV}(X,Y)$ 为 X 和 Y 的 2 阶混合中心矩。

【例 1-93】（2018） 设随机变量 X 的分布函数为 $F(x)=\begin{cases}0, x\leqslant 0\\ x^3, 0<x\leqslant 1\\ 1, x>0\end{cases}$，则数学期望 $E(X)=$（　　）。

A. $\int_0^1 3x^2\mathrm{d}x$　　B. $\int_0^1 3x^3\mathrm{d}x$　　C. $\int_0^1 \frac{x^2}{4}\mathrm{d}x+\int_1^{+\infty} x\mathrm{d}x$　　D. $\int_0^{+\infty} 3x^3\mathrm{d}x$

【解】随机变量 X 的分布密度为 $f(x)=\begin{cases}3x^2, 0<x\leqslant 1\\ 0, 其他\end{cases}$，则 $E(X)=\int_{-\infty}^{+\infty} f(x)\mathrm{d}x=\int_0^1 3x^3\mathrm{d}x$。

【答案】B

【例 1-94】（2022） 设随机变量 X 与 Y 相互独立，且 $E(X)=E(Y)=0$，$D(X)=D(Y)=1$，则数学期望 $E[(X+Y)^2]$ 的值等于（　　）。

A. 4　　B. 3　　C. 2　　D. 1

【解】 $E(X^2)=D(X)+[E(X)]^2=1$，$E(Y^2)=D(Y)+[E(Y)]^2=1$，则

$$E[(X+Y)^2]=E(X^2+2XY+Y^2)=E(X^2)+2E(X)E(Y)+E(Y^2)=2$$

【答案】C

1.7.4 样本及抽样分布

1. 基本概念

总体：试验的全部可能观测值。

个体：总体中的每一个可能的观测值。

容量：总体中包含的个体数量。

样本：从总体中抽出的一部分个体。

总体通常用随机变量 X 表示，容量为 n 的样本通常用 n 维随机变量 $(X_1,X_2,\cdots,X_n)$ 表示。若 $X_1,X_2,\cdots,X_n$ 相互独立，且与总体 X 有相同的分布，则称 $(X_1,X_2,\cdots,X_n)$ 为简单随机样本（简称样本）。

若总体 X 的分布函数为 $F(x)$，概率密度为 $f(x)$，则样本 $(X_1,X_2,\cdots,X_n)$ 的分布函数为

$F^*(x_1,x_2,\cdots,x_n)=\prod_{i=1}^{n}F(x_i)$，概率密度为$f^*(x_1,x_2,\cdots,x_n)=\prod_{i=1}^{n}f(x_i)$。

2. 统计量

不含总体分布中任何未知参数的样本的函数，称为统计量。几个常用的统计量如下：

（1）样本均值：$\overline{X}=\frac{1}{n}\sum_{i=1}^{n}X_i$。

（2）样本方差：$S^2=\frac{1}{n-1}\sum_{i=1}^{n}(X_i-\overline{X})^2=\frac{1}{n-1}\sum_{i=1}^{n}(X_i^2-n\overline{X}^2)$。

（3）样本标准差：$S=\sqrt{\frac{1}{n-1}\sum_{i=1}^{n}(X_i-\overline{X})^2}$。

（4）样本k阶（原点）矩：$A_k=\frac{1}{n}\sum_{i=1}^{n}X_i^k\ (k=1,2,\cdots)$。

（5）样本k阶中心矩：$B_k=\frac{1}{n}\sum_{i=1}^{n}(X_i-\overline{X})^k\ (k=1,2,\cdots)$。

3. 几个常用统计量的分布

（1）χ^2分布。设$X_1,X_2,\cdots,X_n$是来自总体$N(0,1)$的样本，则称统计量$\chi^2=X_1^2+X_2^2+\cdots+X_n^2$服从自由度为$n$的$\chi^2$分布，记为$\chi^2\sim\chi^2(n)$。

1）χ^2分布具有可加性：若$X\sim\chi^2(n_1)$，$Y\sim\chi^2(n_2)$，则有$X+Y\sim\chi^2(n_1+n_2)$。

2）χ^2分布的数学期望和方差：$E(\chi^2)=n$，$D(\chi^2)=2n$。

（2）t分布。设$X\sim N(0,1)$，$Y\sim\chi^2(n)$，且X,Y相互独立，则称$t=\frac{X}{\sqrt{Y/n}}$服从自由度为n的t分布，记为$t\sim t(n)$。

（3）F分布。若$U\sim\chi^2(n_1)$，$V\sim\chi^2(n_2)$，且U，V相互独立，则称$F=\frac{U/n_1}{V/n_2}$服从自由度为(n_1,n_2)的F分布，记为$F\sim F(n_1,n_2)$。

4. 样本均值、样本方差的几个结果

（1）无论总体服从什么分布，若$E(X)=\mu$，$D(X)=\sigma^2$，则$E(\overline{X})=\mu$，$D(X)=\sigma^2/n$。

（2）设总体$X\sim N(\mu,\sigma^2)$，$X_1,X_2,\cdots,X_n$是来自X的样本，则：① $\overline{X}\sim N(\mu,\sigma^2/n)$；② $\frac{(n-1)S^2}{\sigma^2}\sim\chi^2(n-1)$；③ $\overline{X}$与S^2相互独立；④ $\frac{\overline{X}-\mu}{S/\sqrt{n}}\sim t(n-1)$。

【例1-95】（2018） 设二维随机变量(X,Y)的分布律见表1-11。

表1-11 分 布 律

X	Y		
	1	2	3
1	1/6	1/9	1/18
2	1/3	β	α

且 X 与 Y 相互独立，则 α,β 取值为（　　）。

A. $\alpha=\frac{1}{6},\beta=\frac{1}{6}$　　B. $\alpha=0,\beta=\frac{1}{3}$　　C. $\alpha=\frac{2}{9},\beta=\frac{1}{9}$　　D. $\alpha=\frac{1}{9},\beta=\frac{2}{9}$

【解】边缘分布律见表 1-12。

表 1-12　　边缘分布律

X	Y			
	1	2	3	$P_{i\cdot}$
1	1/6	1/9	1/18	1/3
2	1/3	β	α	$\alpha+\beta+1/3$
$P_{\cdot j}$	1/2	$1/9+\beta$	$1/18+\alpha$	1

根据二维随机变量 (X,Y) 的分布律的性质，有 $\alpha+\beta+1/3+1/3=1$。

又因为 X 与 Y 相互独立，有 $\frac{1}{3}\left(\frac{1}{9}+\beta\right)=\frac{1}{9}$。

由上面两式，可得 $\alpha=\frac{1}{9},\beta=\frac{2}{9}$。

【答案】D

【例 1-96】(2021) 设 $X_1,X_2,\cdots,X_n$ 是来自总体 $X\sim N(0,\sigma^2)$ 的样本，$\bar{X}$ 是 $X_1,X_2,\cdots,X_n$ 的样本均值，则 $\sum_{i=1}^{n}\frac{(X_i-\bar{X})^2}{\sigma^2}$ 服从的分布是（　　）。

A. $F(n)$　　B. $t(n)$　　C. $\chi^2(n)$　　D. $\chi^2(n-1)$

【解】因为 $X_i\sim N(0,\sigma^2)$，所以 $\bar{X}\sim N\left(0,\frac{\sigma^2}{n}\right)$。

$$\sum_{i=1}^{n}\frac{(X_i-\bar{X})^2}{\sigma^2}=\frac{1}{\sigma^2}\sum_{i=1}^{n}(X_i^2-2X_i\bar{X}+\bar{X}^2)^2=\frac{1}{\sigma^2}\left(\sum_{i=1}^{n}X_i^2-2\bar{X}\sum_{i=1}^{n}X_i+n\bar{X}^2\right)$$

$$=\frac{1}{\sigma^2}\left(\sum_{i=1}^{n}X_i^2-2\bar{X}\bullet n\bar{X}+n\bar{X}^2\right)=\sum_{i=1}^{n}\left(\frac{X_i}{\sigma}\right)^2-n\frac{\bar{X}^2}{\sigma^2}=\sum_{i=1}^{n}\left(\frac{X_i}{\sigma}\right)^2-\left(\frac{\bar{X}}{\sigma/\sqrt{n}}\right)^2$$

因为 $X_i\sim N(0,\sigma^2)$，所以 $\frac{X_i}{\sigma}\sim N(0,1)$，$\bar{X}\sim N\left(0,\frac{\sigma^2}{n}\right)$，$\frac{\bar{X}}{\sigma/\sqrt{n}}\sim N(0,1)$。

则
$$\sum_{i=1}^{n}\frac{(X_i-\bar{X})^2}{\sigma^2}=\sum_{i=1}^{n}\left(\frac{X_i}{\sigma}\right)^2-\left(\frac{\bar{X}}{\sigma/\sqrt{n}}\right)^2=\sum_{i=1}^{n}Y^2-Y^2$$

所以
$$\sum_{i=1}^{n}\frac{(X_i-\bar{X})^2}{\sigma^2}\sim\chi^2(n-1)$$

【答案】D

1.7.5 参数估计

1. 点估计

（1）点估计的概念。设总体 X 的分布函数 $F(x,\theta)$ 的形式为已知，θ 是待估参数，

$X_1, X_2, \cdots, X_n$ 是 X 的一个样本，$x_1, x_2, \cdots, x_n$ 是相应的一个样本值。

点估计：构造一个适当的统计量 $\hat{\theta}(X_1, X_2, \cdots, X_n)$，用它的观察值 $\hat{\theta}(x_1, x_2, \cdots, x_n)$ 作为未知参数 θ 的近似值。$\hat{\theta}(X_1, X_2, \cdots, X_n)$ 称为估计量，$\hat{\theta}(x_1, x_2, \cdots, x_n)$ 称为估计值。

（2）两种常用的构造估计量的方法。

1）矩估计法。设总体 X 有 k 个未知参数，$\theta_1, \theta_2, \cdots, \theta_k$，其前 k 阶矩 $\mu_l = E(X^l)$ $(l = 1, 2, \cdots, k)$ 都是 $\theta_1, \theta_2, \cdots, \theta_k$ 的函数。从方程组

$$\begin{cases} \mu_1 = \mu_1(\theta_1, \theta_2, \cdots, \theta_k) \\ \mu_2 = \mu_2(\theta_1, \theta_2, \cdots, \theta_k) \\ \qquad \vdots \\ \mu_k = \mu_k(\theta_1, \theta_2, \cdots, \theta_k) \end{cases} \text{中解出} \begin{cases} \theta_1 = \theta_1(\mu_1, \mu_2, \cdots, \mu_k) \\ \theta_2 = \theta_2(\mu_1, \mu_2, \cdots, \mu_k) \\ \qquad \vdots \\ \theta_k = \theta_k(\mu_1, \mu_2, \cdots, \mu_k) \end{cases}$$

以样本矩 $A_l\left(= \dfrac{1}{n}\sum_{i=1}^{n} X_i^l\right)$ 代替上式中的 μ_l $(l = 1, 2, \cdots, k)$，分别作为 $\theta_1, \theta_2, \cdots, \theta_k$ 的估计量。

2）最大似然估计。若总体 X 为离散型，其分布律 $P\{X = x\} = p(x;\theta)$ $(\theta \in \Theta)$，则

$$L(\theta) = L(x_1, x_2, \cdots, x_n; \theta) = \prod_{i=1}^{n} p(x_i; \theta)$$

若总体 X 为连续型，其概率密度为 $f(x;\theta)$ $(\theta \in \Theta)$，则

$$L(\theta) = L(x_1, x_2, \cdots, x_n; \theta) = \prod_{i=1}^{n} f(x_i; \theta)$$

这里，$L(\theta)$ 称为样本的似然函数。

若 $L(x_1, x_2, \cdots, x_n; \hat{\theta}) = \max\limits_{\theta \in \Theta} L(x_1, x_2, \cdots, x_n; \theta)$，则称 $\hat{\theta}(x_1, x_2, \cdots, x_n)$ 为 θ 的最大似然估计值，称 $\hat{\theta}(X_1, X_2, \cdots, X_n)$ 为 θ 的最大似然估计量。

$\hat{\theta}$ 常可从方程 $\dfrac{\mathrm{d}}{\mathrm{d}\theta} L(\theta) = 0$ 或 $\dfrac{\mathrm{d}}{\mathrm{d}\theta} \ln L(\theta) = 0$ 得出。

（3）估计量的评选标准。

1）无偏性。设 $\hat{\theta}(X_1, X_2, \cdots, X_n)$ 为 θ 的估计量。若 $E(\hat{\theta}) = \theta$，称 $\hat{\theta}$ 为 θ 的无偏估计量。

2）有效性。设 $\hat{\theta}_1(X_1, X_2, \cdots, X_n)$ 与 $\hat{\theta}_2(X_1, X_2, \cdots, X_n)$ 都是 θ 的无偏估计量。若对任意的 $\theta \in \Theta$，有 $D(\hat{\theta}_1) \leqslant D(\hat{\theta}_2)$，且至少对某一个 $\theta \in \Theta$ 使此式中的不等号成立，则称 $\hat{\theta}_1$ 较有效。

3）相和性。设 $\hat{\theta}(X_1, X_2, \cdots, X_n)$ 为 θ 的估计量，若对任意的 $\theta \in \Theta$ 都满足 $\lim\limits_{n \to \infty} P\left\{\left|\hat{\theta} - \theta\right| < \varepsilon\right\} = 1$，则称 $\hat{\theta}$ 为 θ 的相和估计量。

2. 区间估计

（1）区间估计的概念。设总体 X 的分布函数 $F(x,\theta)$ 中含有未知参数 θ $(\theta \in \Theta)$，$X_1, X_2, \cdots, X_n$ 是 X 的样本。对于给定的 $\alpha(0 < \alpha < 1)$，若有两个统计量 $\underline{\theta}(X_1, X_2, \cdots, X_n)$ 和 $\overline{\theta}(X_1, X_2, \cdots, X_n)$ $(\underline{\theta} < \overline{\theta})$，满足

$$P[\underline{\theta}(X_1, X_2, \cdots, X_n) < \theta < \overline{\theta}(X_1, X_2, \cdots, X_n)] \geqslant 1 - \alpha$$

则称随机区间$(\underline{\theta},\overline{\theta})$是$\theta$的置信水平为$1-\alpha$的置信区间，$\underline{\theta}$和$\overline{\theta}$分别称为置信下限和置信上限。

（2）正态总体均值与方差的区间估计。

1）单个总体$X\sim N(\mu,\sigma^2)$的情况见表 1-13。

表 1-13　　单个总体 $X\sim N(\mu,\sigma^2)$ 均值与方差的区间估计

待估参数	其他参数情况	统计量	置信水平为$1-\alpha$的置信区间
μ	σ^2 已知	$U=\dfrac{\overline{X}-\mu}{\sigma/\sqrt{n}}\sim N(0,1)$	$\left(\overline{X}-\dfrac{\sigma}{\sqrt{n}}z_{\alpha/2},\overline{X}+\dfrac{\sigma}{\sqrt{n}}z_{\alpha/2}\right)$
μ	σ^2 未知	$T=\dfrac{\overline{X}-\mu}{S/\sqrt{n}}\sim t(n-1)$	$\left(\overline{X}-\dfrac{S}{\sqrt{n}}t_{\alpha/2}(n-1),\overline{X}+\dfrac{S}{\sqrt{n}}t_{\alpha/2}(n-1)\right)$
σ^2	μ 已知	$W'=\dfrac{1}{\sigma^2}\sum\limits_{i=1}^{n}(X_i-\mu)^2\sim\chi^2(n)$	$\left(\dfrac{\sum\limits_{i=1}^{n}(X_i-\mu)^2}{\chi^2_{\alpha/2}(n)},\dfrac{\sum\limits_{i=1}^{n}(X_i-\mu)^2}{\chi^2_{1-\alpha/2}(n)}\right)$
	μ 未知	$W=\dfrac{\sum\limits_{i=1}^{n}(X_i-\overline{X})^2}{\sigma^2}\sim\chi^2(n-1)$	$\left(\dfrac{(n-1)S^2}{\chi^2_{\alpha/2}(n-1)},\dfrac{(n-1)S^2}{\chi^2_{1-\alpha/2}(n-1)}\right)$

2）两个总体$X_1\sim N(\mu_1,\sigma_1^2)$，$X_2\sim N(\mu_2,\sigma_2^2)$的情况，见表 1-14。

表 1-14　　两个总体 $X_1\sim N(\mu_1,\sigma_1^2)$，$X_2\sim N(\mu_2,\sigma_2^2)$ 均值差与方差比的区间估计

待估参数	其他参数情况	统计量	置信水平为$1-\alpha$的置信区间
$\mu_1-\mu_2$	σ_1^2，σ_2^2 已知	$\dfrac{(\overline{X_1}-\overline{X_2})-(\mu_1-\mu_2)}{\sqrt{\dfrac{\sigma_1^2}{n_1}+\dfrac{\sigma_2^2}{n_2}}}\sim N(0,1)$	$\left(\overline{X_1}-\overline{X_2}\pm z_{\alpha/2}\sqrt{\dfrac{\sigma_1^2}{n_1}+\dfrac{\sigma_2^2}{n_2}}\right)$
	已知 $\sigma_1^2=\sigma_2^2=\sigma^2$ 但 σ^2 未知	$\dfrac{(\overline{X_1}-\overline{X_2})-(\mu_1-\mu_2)}{S_w\sqrt{\dfrac{1}{n_1}+\dfrac{1}{n_2}}}\sim t(n_1+n_2-2)$ $S_w^2=\dfrac{(n_1-1)S_1^2+(n_2-1)S_2^2}{n_1+n_2-2}$	$\left(\overline{X_1}-\overline{X_2}\pm t_{\alpha/2}(n_1+n_2-2)S_w\sqrt{\dfrac{1}{n_1}+\dfrac{1}{n_2}}\right)$
$\dfrac{\sigma_1^2}{\sigma_2^2}$	μ_1,μ_2 均未知	$\dfrac{S_1^2/\sigma_1^2}{S_2^2/\sigma_2^2}\sim F(n_1-1,n_2-1)$	$\left(\dfrac{S_1^2}{S_2^2}\cdot\dfrac{1}{F_{\alpha/2}(n_1-1,n_2-1)},\dfrac{S_1^2}{S_2^2}\cdot\dfrac{1}{F_{1-\alpha/2}(n_1-1,n_2-1)}\right)$

【例 1-97】（2017）　设$\hat{\theta}$是参数θ的一个无偏估计量，又方差$D(\hat{\theta})>0$，则下面结论正确的是（　　）。

A. $\hat{\theta}^2$是θ^2的无偏估计量

B. $\hat{\theta}^2$不是θ^2的无偏估计量

C. 不能确定$\hat{\theta}^2$是不是θ^2的无偏估计量

D. $\hat{\theta}^2$不是θ^2的估计量

【解】由题意，$E(\hat{\theta})=\theta$，$D(\hat{\theta})>0$。$E(\hat{\theta}^2)=[E(\hat{\theta})]^2+D(\hat{\theta})=\theta^2+D(\hat{\theta})>\theta^2$。所以$\hat{\theta}^2$不是$\theta^2$的无偏估计量。

【答案】B

【例 1-98】(2019) 设总体 X 服从均匀分布 $U(1,\theta)$，$\overline{X}=\frac{1}{n}\sum_{i=1}^{n}X_i$，则 θ 的矩估计为（　　）。

A. $\overline{X}$　　　B. $2\overline{X}$　　　C. $2\overline{X}-1$　　　D. $2\overline{X}+1$

【解】$EX=\frac{1+\theta}{2}$。由 $EX=\frac{1+\theta}{2}=\overline{X}$，可得 $\theta=2\overline{X}-1$。

【答案】C

1.7.6 假设检验

基本思想：为推断总体的某些未知特性，首先提出一个假设 H_0，然后在 H_0 为真的条件下，通过选取恰当的统计量来构造一个小概率事件，若在一次试验中，小概率试验居然发生了，就完全有理由拒绝 H_0 的正确性，否则就接受 H_0，这就是显著性检验的基本思想。

1. 单个正态总体的假设检验

设总体 $X\sim N(\mu,\sigma^2)$。

（1）均值 μ 的假设检验，见表 1-15。

表 1-15　　　单个正态总体均值的假设检验

条件	原假设 H_0	备选假设 H_1	检验统计量	拒绝域
σ^2 已知	$\mu=\mu_0$	$\mu\neq\mu_0$	$Z=\frac{\overline{X}-\mu_0}{\sigma/\sqrt{n}}\sim N(0,1)$	$\lvert z\rvert\geqslant z_{\alpha/2}$
	$\mu\leqslant\mu_0$	$\mu>\mu_0$		$z\geqslant z_{\alpha}$
	$\mu\geqslant\mu_0$	$\mu<\mu_0$		$z\leqslant -z_{\alpha}$
σ^2 未知	$\mu=\mu_0$	$\mu\neq\mu_0$	$t=\frac{\overline{X}-\mu_0}{S/\sqrt{n}}\sim t(n-1)$	$\lvert t\rvert\geqslant t_{\alpha/2}(n-1)$
	$\mu\leqslant\mu_0$	$\mu>\mu_0$		$t\geqslant t_{\alpha}(n-1)$
	$\mu\geqslant\mu_0$	$\mu<\mu_0$		$t\leqslant -t_{\alpha}(n-1)$

（2）方差 σ^2 的假设检验，见表 1-16。

表 1-16　　　单个正态总体方差的假设检验

条件	原假设 H_0	备选假设 H_1	检验统计量	拒绝域
	$\sigma^2=\sigma_0^2$	$\sigma^2\neq\sigma_0^2$	$\chi^2=\frac{\sum_{i=1}^{n}(X_i-\mu)^2}{\sigma_0^2}\sim\chi^2(n)$	$\chi^2\leqslant\chi^2_{1-\alpha/2}(n)$ 或 $\chi^2\geqslant\chi^2_{\alpha/2}(n)$
	$\sigma^2\leqslant\sigma_0^2$	$\sigma^2>\sigma_0^2$		$\chi^2\geqslant\chi^2_{\alpha}(n)$
μ 已知	$\sigma^2\geqslant\sigma_0^2$	$\sigma^2<\sigma_0^2$	$\chi^2=\frac{\sum_{i=1}^{n}(X_i-\mu)^2}{\sigma_0^2}\sim\chi^2(n)$	$\chi^2\leqslant\chi^2_{1-\alpha}(n)$
	$\sigma^2=\sigma_0^2$	$\sigma^2\neq\sigma_0^2$	$\chi^2=\frac{(n-1)S^2}{\sigma_0^2}\sim\chi^2(n-1)$	$\chi^2\leqslant\chi^2_{1-\alpha/2}(n-1)$ 或 $\chi^2\geqslant\chi^2_{\alpha/2}(n-1)$
	$\sigma^2\leqslant\sigma_0^2$	$\sigma^2>\sigma_0^2$		$\chi^2\geqslant\chi^2_{\alpha}(n-1)$
	$\sigma^2\geqslant\sigma_0^2$	$\sigma^2<\sigma_0^2$		$\chi^2\leqslant\chi^2_{1-\alpha}(n-1)$

2. 两个正态总体的假设检验

（1）均值差 $\mu_1-\mu_2$ 的假设检验，见表 1-17。

表 1-17　　两个正态总体均值差 $\mu_1-\mu_2$ 的假设检验

条件	原假设 H_0	备选假设 H_1	检验统计量	拒绝域
σ_1^2，σ_2^2 已知	$\mu_1=\mu_2$	$\mu_1\neq\mu_2$	$Z=\dfrac{\overline{X}-\overline{Y}}{\sqrt{\dfrac{\sigma_1^2}{n_1}+\dfrac{\sigma_2^2}{n_2}}}$	$\lvert z\rvert>z_{\alpha/2}$
	$\mu_1\leqslant\mu_2$	$\mu_1>\mu_2$		$z>z_{\alpha}$
	$\mu_1\geqslant\mu_2$	$\mu_1<\mu_2$		$z>z_{\alpha}$
σ_1^2，$\sigma_2^2=\sigma^2$ 未知	$\mu_1=\mu_2$	$\mu_1\neq\mu_2$	$t=\dfrac{\overline{X}-\overline{Y}}{S_{\mathrm{w}}\sqrt{\dfrac{1}{n_1}+\dfrac{1}{n_2}}}$	$\lvert t\rvert>t_{\alpha/2}(n_1+n_2-2)$
	$\mu_1\leqslant\mu_2$	$\mu_1>\mu_2$		$t>t_{\alpha}(n_1+n_2-2)$
	$\mu_1\geqslant\mu_2$	$\mu_1<\mu_2$		$t<-t_{\alpha}(n_1+n_2-2)$

注：$S_{\mathrm{w}}=\sqrt{\dfrac{(n_1-1)S_1^2+(n_2-1)S_2^2}{n_1+n_2-2}}$。

（2）方差比 σ_1^2/σ_2^2 的假设检验，见表 1-18。

表 1-18　　两个总体方差比 σ_1^2/σ_2^2 的假设检验

条件	原假设 H_0	备选假设 H_1	检验统计量	拒绝域
μ_1,μ_2 已知	$\sigma_1^2=\sigma_2^2$	$\sigma_1^2\neq\sigma_2^2$	$F=\dfrac{n_1\sum\limits_{i=1}^{n_1}(X_i-\mu_1)^2}{n_2\sum\limits_{i=1}^{n_2}(Y_i-\mu_2)^2}$	$F>F_{\alpha/2}(n_1,n_2)$ 或 $F<F_{1-\alpha/2}(n_1,n_2)$
	$\sigma_1^2\leqslant\sigma_2^2$	$\sigma_1^2>\sigma_2^2$		$F>F_{\alpha}(n_1,n_2)$
	$\sigma_1^2\geqslant\sigma_2^2$	$\sigma_1^2<\sigma_2^2$		$F<F_{1-\alpha}(n_1,n_2)$
μ_1,μ_2 未知	$\sigma_1^2=\sigma_2^2$	$\sigma_1^2\neq\sigma_2^2$	$F=\dfrac{S_1^2}{S_2^2}$	$F>F_{\alpha/2}(n_1-1,n_2-1)$ 或 $F<F_{1-\alpha/2}(n_1-1,n_2-1)$
	$\sigma_1^2\leqslant\sigma_2^2$	$\sigma_1^2>\sigma_2^2$		$F>F_{\alpha}(n_1-1,n_2-1)$
	$\sigma_1^2\geqslant\sigma_2^2$	$\sigma_1^2<\sigma_2^2$		$F<F_{1-\alpha}(n_1-1,n_2-1)$

数 学 复 习 题

1.1　空间解析几何

1-1（2016）　若向量 $\boldsymbol{\alpha},\boldsymbol{\beta}$ 满足 $\lvert\boldsymbol{\alpha}\rvert=2$，$\lvert\boldsymbol{\beta}\rvert=\sqrt{2}$，且 $\boldsymbol{\alpha}\cdot\boldsymbol{\beta}=2$，则 $\lvert\boldsymbol{\alpha}\times\boldsymbol{\beta}\rvert=$（　　）。

A. 2　　B. $2\sqrt{2}$　　C. $2+\sqrt{2}$　　D. 不能确定

1-2（2019）　已知向量 $\boldsymbol{\alpha}=\{2,1,-1\}$，若向量 $\boldsymbol{\beta}$ 与 $\boldsymbol{\alpha}$ 平行，且 $\boldsymbol{\alpha}\cdot\boldsymbol{\beta}=3$，则 $\boldsymbol{\beta}$ 为（　　）。

A. $\{2,1,-1\}$　　B. $\left\{\dfrac{3}{2},\dfrac{3}{4},-\dfrac{3}{4}\right\}$　　C. $\left\{1,\dfrac{1}{2},-\dfrac{1}{2}\right\}$　　D. $\left\{1,-\dfrac{1}{2},\dfrac{1}{2}\right\}$

1-3（2018） 设向量$\boldsymbol{\alpha}$与向量$\boldsymbol{\beta}$的夹角$\theta=\dfrac{\pi}{3}$，模$|\boldsymbol{\alpha}|=1$，$|\boldsymbol{\beta}|=2$，则模$|\boldsymbol{\alpha}+\boldsymbol{\beta}|$等于（　　）。

A. $\sqrt{8}$　　B. $\sqrt{7}$　　C. $\sqrt{6}$　　D. $\sqrt{5}$

1-4（2018） 下列平面中，平行于且非重合于yOz坐标面的平面方程是（　　）。

A. $y+z+1=0$　　B. $y+z+1=0$　　C. $y+1=0$　　D. $x+1=0$

1-5（2014） 设有直线L_1：$\dfrac{x-1}{1}=\dfrac{y-3}{-2}=\dfrac{z+5}{1}$与$L_2$：$\begin{cases}x=3-t\\y=1-t\\z=1+2t\end{cases}$，则$L_1$与$L_2$的夹角$\theta$等于（　　）。

A. $\dfrac{\pi}{2}$　　B. $\dfrac{\pi}{3}$　　C. $\dfrac{\pi}{4}$　　D. $\dfrac{\pi}{6}$

1-6（2013） 已知直线$L:\dfrac{x}{3}=\dfrac{y+1}{-1}=\dfrac{z-3}{2}$，平面$\pi:-2x+2y+z-1=0$，则（　　）。

A. L与π垂直相交　　B. L平行与π但L不在π上

C. L与π非垂直相交　　D. L在π上

1-7（2017） 设$\boldsymbol{\alpha}$，$\boldsymbol{\beta}$均为非零向量，则下列结论正确的是（　　）。

A. $\boldsymbol{\alpha}\times\boldsymbol{\beta}=0$是$\boldsymbol{\alpha}$与$\boldsymbol{\beta}$垂直的充要条件

B. $\boldsymbol{\alpha}\cdot\boldsymbol{\beta}=0$是$\boldsymbol{\alpha}$与$\boldsymbol{\beta}$平行的充要条件

C. $\boldsymbol{\alpha}\times\boldsymbol{\beta}=0$是$\boldsymbol{\alpha}$与$\boldsymbol{\beta}$平行的充要条件

D. 若$\boldsymbol{\alpha}=\lambda\boldsymbol{\beta}$（$\lambda$是常数），则$\boldsymbol{\alpha}\cdot\boldsymbol{\beta}=0$

1-8（2017） 过点（1，−2，3）且平行于z轴的直线的对称式方程是（　　）。

A. $\begin{cases}x=1\\y=-2\\z=3t\end{cases}$　　B. $\dfrac{x-1}{0}=\dfrac{y+2}{0}=\dfrac{z-3}{1}$

C. $z=3$　　D. $\dfrac{x+1}{0}=\dfrac{y-2}{0}=\dfrac{z+3}{1}$

1-9 （2008） 下列方程中代表锥面的是（　　）。

A. $\dfrac{x^2}{3}+\dfrac{y^2}{2}-z^2=0$　　B. $\dfrac{x^2}{3}+\dfrac{y^2}{2}-z^2=1$

C. $\dfrac{x^2}{3}-\dfrac{y^2}{2}-z^2=1$　　D. $\dfrac{x^2}{3}+\dfrac{y^2}{2}+z^2=1$

1-10（2011） 在三维空间中，方程$y^2-z^2=1$所代表的图形是（　　）。

A. 母线平行x轴的双曲柱面　　B. 母线平行y轴的双曲柱面

C. 母线平行z轴的双曲柱面　　D. 双曲线

1.2 微分学

1-11（2020） 设$z=\dfrac{1}{x}\mathrm{e}^{xy}$，则全微分$\mathrm{d}z\big|_{(1,-1)}=$（　　）。

A. $e^{-1}(dx+dy)$

B. $e^{-1}(-2dx+dy)$

C. $e^{-1}(dx-dy)$

D. $e^{-1}(dx+2dy)$

1-12（2020） 设函数 $y=f(x)$ 满足 $\lim\limits_{x\to x_0} f'(x)=\infty$，且曲线 $y=f(x)$ 在 $x=x_0$ 处有切线，则此切线（ ）。

A. 与 Ox 轴平行

B. 与 Oy 轴平行

C. 与直线 $y=-x$ 平行

D. 与直线 $y=x$ 平行

1-13（2022） 函数 $z=f(x,y)$ 在点 (x_0,y_0) 处连续是它在该点偏导数存在的（ ）。

A. 必要而非充分条件

B. 充分而非必要条件

C. 充分必要条件

D. 即非充分又非必要条件

1-14（2019） 当 $x\to 0$ 时，$\sqrt{1-x^2}-\sqrt{1+x^2}$ 与 x^k 是同阶无穷小，则常数 $k=$（ ）。

A. 1　　B. 2　　C. 3　　D. $\frac{1}{2}$

1-15（2017） 函数 $f(x)=\sin\left(x+\frac{\pi}{2}+\pi\right)$ 在区间 $[-\pi,\pi]$ 上的最小值点 $x_0=$（ ）。

A. $-\pi$　　B. 0　　C. $\frac{\pi}{2}$　　D. π

1-16（2014） $\frac{d(\ln x)}{d\sqrt{x}}=$（ ）。

A. $\frac{1}{2x^{3/2}}$　　B. $\frac{2}{\sqrt{x}}$　　C. $\frac{1}{\sqrt{x}}$　　D. $\frac{2}{x}$

1-17（2021） 下列结论正确的是（ ）。

A. $\lim\limits_{x\to 0} e^{\frac{1}{x}}$ 存在

B. $\lim\limits_{x\to 0^-} e^{\frac{1}{x}}$ 存在

C. $\lim\limits_{x\to 0^+} e^{\frac{1}{x}}$ 存在

D. $\lim\limits_{x\to 0} e^{\frac{1}{x}}$ 存在，$\lim\limits_{x\to 0^-} e^{\frac{1}{x}}$ 不存在，从而 $\lim\limits_{x\to 0^+} e^{\frac{1}{x}}$ 不存在

1-18（2020） 设 $f(x)$ 的二阶导数存在，$y=f(e^x)$，则 $\frac{d^2y}{dx^2}=$（ ）。

A. $f''(e^x)e^x$

B. $[f''(e^x)+f'(e^x)]e^x$

C. $f''(e^x)e^{2x}+f'(e^x)e^x$

D. $f''(e^x)e^x+f'(e^x)e^{2x}$

1-19（2018） 若 $x=1$ 是函数 $y=2x^2+ax+1$ 的驻点，则常数 $a=$（ ）。

A. 2　　B. -2　　C. 4　　D. -4

1.3 积分学

1-20（2021） 若 $\int f(x)dx=\int dg(x)$，则下列各式中正确的是（ ）。

A. $f(x)=g(x)$

B. $f(x)=g'(x)$

C. $f'(x)=g(x)$　　D. $f'(x)=g'(x)$

1-21（2018） 若$\int f(x)\mathrm{d}x=F(x)+C$，则$\int xf(1-x^2)\mathrm{d}x=$（　　）。

A. $F(1-x^2)+C$　　B. $-\frac{1}{2}F(1-x^2)+C$

C. $\frac{1}{2}F(1-x^2)+C$　　D. $-\frac{1}{2}F(x)+C$

1-22（2011） $\int\frac{\mathrm{d}x}{\sqrt{x}(1+x)}=$（　）。

A. $\arctan\sqrt{x}+C$　B. $2\arctan\sqrt{x}+C$　C. $\tan(1+x)$　D. $\frac{1}{2}\arctan x+C$

1-23（2010） $\int x\mathrm{e}^{-2x}\mathrm{d}x=$（　　）。

A. $-\frac{1}{4}\mathrm{e}^{-2x}(2x+1)+C$　　B. $\frac{1}{4}\mathrm{e}^{-2x}(2x-1)+C$

C. $-\frac{1}{4}\mathrm{e}^{-2x}(2x-1)+C$　　D. $-\frac{1}{2}\mathrm{e}^{-2x}(x+1)+C$

1-24（2016） 设$\int_0^x f(t)\mathrm{d}t=\frac{\cos x}{x}$，则$f\left(\frac{\pi}{2}\right)=$（　　）。

A. $\frac{\pi}{2}$　B. $-\frac{2}{\pi}$　C. $\frac{2}{\pi}$　D. 0

1-25（2010） 圆周$\rho=\cos\theta$，$\rho=2\cos\theta$及射线$\theta=0$，$\theta=\pi/4$所围成的图形的面积$S=$（　　）。

A. $3(\pi+2)/8$　B. $(\pi+2)/16$　C. $3(\pi+2)/16$　D. $7\pi/8$

1-26（2011） 设$f(x)$是连续函数，且$f(x)=x^2+2\int_0^2 f(t)\mathrm{d}t$，则$f(x)=$（　　）。

A. x^2　B. x^2-2　C. $2x$　D. $x^2-\frac{16}{9}$

1-27（2019） 设圆周曲线$L:x^2+y^2=1$取逆时针方向，则对坐标的曲线积分$\int_L\frac{y\mathrm{d}x-x\mathrm{d}y}{x^2+y^2}=$（　　）。

A. 2π　B. -2π　C. π　D. 0

1-28（2014） 抛物线$y^2=4x$与直线$x=3$所围成的平面图形绕x轴旋转一周所形成的旋转体的体积是（　　）。

A. $\int_0^3 4x\mathrm{d}x$　B. $\pi\int_0^3(4x)^2\mathrm{d}x$　C. $\pi\int_0^3 4x\mathrm{d}x$　D. $\int_0^3\sqrt{4x}\mathrm{d}x$

1-29（2022） 设L是从点$A(a,0)$到点$B(0,a)$的有向直线段$(a>0)$，则曲线积分$\int_L x\mathrm{d}y$的值等于（　　）。

A. a^2　B. $-a^2$　C. $\frac{a^2}{2}$　D. $-\frac{a^2}{2}$

1-30（2021） 设函数 $f(u)$ 连续，而区域 D：$x^2+y^2\leqslant 1$，且 $x>0$，则二重积分 $\iint\limits_D f(\sqrt{x^2+y^2})\mathrm{d}x\mathrm{d}y$ 等于（　　）。

A. $\pi\int_0^1 f(r)\mathrm{d}r$　　B. $\pi\int_0^1 rf(r)\mathrm{d}r$　　C. $\frac{\pi}{2}\int_0^1 f(r)\mathrm{d}r$　　D. $\frac{\pi}{2}\int_0^1 rf(r)\mathrm{d}r$

1-31（2020） 设 D 是由直线 $y=x$ 和圆 $x^2+(y-1)^2=1$ 所围成且在直线 $y=x$ 下方的平面区域，则二重积分 $\iint\limits_D x\mathrm{d}x\mathrm{d}y=$（　　）。

A. $\int_0^{\frac{\pi}{2}}\cos\theta\mathrm{d}\theta\int_0^{2\cos\theta}\rho^2\mathrm{d}\rho$　　B. $\int_0^{\frac{\pi}{2}}\sin\theta\mathrm{d}\theta\int_0^{2\sin\theta}\rho^2\mathrm{d}\rho$

C. $\int_0^{\frac{\pi}{4}}\sin\theta\mathrm{d}\theta\int_0^{2\sin\theta}\rho^2\mathrm{d}\rho$　　D. $\int_0^{\frac{\pi}{4}}\cos\theta\mathrm{d}\theta\int_0^{2\sin\theta}\rho^2\mathrm{d}\rho$

1-32（2018） 若正方形区域 $D:|x|\leqslant 1,|y|\leqslant 1$，则二重积分 $\iint\limits_D (x^2+y^2)\mathrm{d}x\mathrm{d}y=$（　　）。

A. 4　　B. $\frac{8}{3}$　　C. 2　　D. $\frac{2}{3}$

1-33（2013） 二次积分 $\int_0^1\mathrm{d}x\int_{x^2}^1 f(x,y)\mathrm{d}y$ 交换积分次序后的二次积分是（　　）。

A. $\int_{x^2}^1\mathrm{d}y\int_0^1 f(x,y)\mathrm{d}x$　　B. $\int_0^1\mathrm{d}y\int_{y^2}^{y} f(x,y)\mathrm{d}x$

C. $\int_y^{\sqrt{y}}\mathrm{d}y\int_0^1 f(x,y)\mathrm{d}x$　　D. $\int_0^1\mathrm{d}y\int_0^{\sqrt{y}} f(x,y)\mathrm{d}x$

1-34（2013） 下列广义积分中发散的是（　　）。

A. $\int_0^{+\infty}\mathrm{e}^{-x}\mathrm{d}x$　　B. $\int_0^{+\infty}\frac{1}{1+x^2}\mathrm{d}x$　　C. $\int_0^{+\infty}\frac{\ln x}{x}\mathrm{d}x$　　D. $\int_0^1\frac{1}{\sqrt{1-x^2}}\mathrm{d}x$

1-35（2020） 设 L 是从原点 O（0，0）到点 A（1，2）的有向直线段，则对坐标的曲线积分 $\int_L -y\mathrm{d}x+x\mathrm{d}y=$（　　）。

A. 0　　B. 1　　C. 2　　D. 3

1.4　无穷级数

1-36（2009） 已知级数 $\sum_{n=1}^{\infty}(u_{2n}-u_{2n+1})$ 是收敛的，则下列结论成立的是（　　）。

A. $\sum_{n=1}^{\infty}u_n$ 必收敛　　B. $\sum_{n=1}^{\infty}u_n$ 未必收敛　　C. $\lim_{n\to\infty}u_n=0$　　D. $\sum_{n=1}^{\infty}u_n$ 发散

1-37（2011） 若级数 $\sum_{n=1}^{\infty}u_n$ 收敛，则下列级数中不收敛的是（　　）。

A. $\sum_{n=1}^{\infty}ku_n(k\neq 0)$　　B. $\sum_{n=1}^{\infty}u_{n+100}$　　C. $\sum_{n=1}^{\infty}(u_{2n}+1/2^n)$　　D. $\sum_{n=1}^{\infty}\frac{50}{u_n}$

1-38（2014） 级数$\sum_{n=1}^{\infty}(-1)^n\frac{1}{n^{p-1}}$（　　）。

A. 当$1<p\leqslant 2$时，条件收敛　　B. 当$p>2$时，条件收敛

C. 当$p<1$时，条件收敛　　D. 当$p>1$时，条件收敛

1-39（2016） 下列级数中，绝对收敛的级数是（　　）。

A. $\sum_{n=1}^{\infty}(-1)^{n-1}\frac{1}{n}$　　B. $\sum_{n=1}^{\infty}(-1)^{n-1}\frac{1}{\sqrt{n}}$　　C. $\sum_{n=1}^{\infty}\frac{n^2}{1+n^2}$　　D. $\sum_{n=1}^{\infty}\frac{\sin\frac{3}{2}n}{n^2}$

1-40（2020） 下列级数发散的是（　　）。

A. $\sum_{n=1}^{\infty}\frac{n^2}{3n^4+1}$　　B. $\sum_{n=2}^{\infty}\frac{1}{\sqrt[3]{n(n-1)}}$　　C. $\sum_{n=1}^{\infty}\frac{(-1)^n}{\sqrt{n}}$　　D. $\sum_{n=1}^{\infty}\frac{5}{3^n}$

1-41（2018） 函数$f(x)=a^x(a>0,a\neq 1)$的麦克劳林展开式的前三项是（　　）。

A. $1+x\ln a+\frac{x^2}{2}$　　B. $1+x\ln a+\frac{\ln a}{2}x^2$

C. $1+x\ln a+\frac{(\ln a)^2}{2}x^2$　　D. $1+\frac{x}{\ln a}+\frac{x^2}{2\ln a}$

1-42（2019） 幂级数$\sum_{n=1}^{\infty}(-1)^{n-1}\frac{x^{2n-1}}{2n-1}$的收敛域是（　　）。

A. $[-1,1]$　　B. $(-1,1]$　　C. $[-1,1)$　　D. $(-1,1)$

1-43（2017） 幂级数$\sum_{n=1}^{\infty}\frac{x^n}{n!}$的和函数$s(x)=$（　　）。

A. e^x　　B. e^x+1　　C. e^x-1　　D. $\cos x$

1.5 常微分方程

1-44（2017） 微分方程$y''+y'+y=\mathrm{e}^x$的特解是（　　）。

A. $y=\mathrm{e}^x$　　B. $y=\frac{1}{2}\mathrm{e}^x$　　C. $y=\frac{1}{3}\mathrm{e}^x$　　D. $y=\frac{1}{4}\mathrm{e}^x$

1-45（2011） 微分方程$xy\mathrm{d}x=\sqrt{2-x^2}\mathrm{d}y$的通解是（　　）。

A. $y=\mathrm{e}^{-C\sqrt{2-x^2}}$　　B. $y=\mathrm{e}^{-\sqrt{2-x^2}}+C$　　C. $y=C\mathrm{e}^{-\sqrt{2-x^2}}$　　D. $y=C-\mathrm{e}^{\sqrt{2-x^2}}$

1-46（2016） 微分方程$\frac{\mathrm{d}y}{\mathrm{d}x}=\frac{1}{xy+y^3}$是（　　）。

A. 齐次微分方程　　B. 可分离变量的微分方程

C. 一阶线性微分方程　　D. 二阶微分方程

1-47（2019） 微分方程$y\ln x\mathrm{d}x-x\ln y\mathrm{d}y=0$满足条件$y(1)=1$的特解是（　　）。

A. $\ln^2 x+\ln^2 y=1$　　B. $\ln^2 x-\ln^2 y=1$

C. $\ln^2 x+\ln^2 y=0$　　D. $\ln^2 x-\ln^2 y=0$

1-48（2018） 微分方程$y''=\sin x$的通解$y=$（　　）。

A. $-\sin x+C_1+C_2$　　B. $-\sin x+C_1x+C_2$

C. $-\cos x+C_1x+C_2$　　D. $\sin x+C_1x+C_2$

1-49（2018） 下列微分方程中，以函数 $y=C_1\mathrm{e}^{-x}+C_2\mathrm{e}^{4x}$（$C_1,C_2$ 为任意常数）为通解的微分方程是（　　）。

A. $y''+3y'-4y=0$　　B. $y''-3y'-4y=0$

C. $y''+3y'+4y=0$　　D. $y''+y'-4y=0$

1-50（2011） 微分方程 $\frac{\mathrm{d}y}{\mathrm{d}x}-\frac{y}{x}=\tan\frac{y}{x}$ 的通解是（　　）。

A. $\sin\frac{y}{x}=Cx$　　B. $\cos\frac{y}{x}=Cx$　　C. $\sin\frac{y}{x}=x+C$　　D. $Cx\sin\frac{y}{x}=1$

1-51（2009） 微分方程 $y''+ay'^2=0$ 满足条件 $y|_{x=0}=0$，$y'|_{x=0}=-1$ 的特解是（　　）。

A. $\frac{1}{a}\ln|1-ax|$　　B. $\frac{1}{a}\ln|ax|+1$　　C. $ax-1$　　D. $x/a+1$

1-52（2022） 在下列函数中，为微分方程 $y''-2y'+2y=0$ 的特解的是（　　）。

A. $y=\mathrm{e}^{-x}\cos x$　　B. $y=\mathrm{e}^{-x}\sin x$　　C. $y=\mathrm{e}^{x}\sin x$　　D. $y=\mathrm{e}^{x}\cos 2x$

1-53（2020） 过点 $(1,2)$ 且切线斜率为 $2x$ 的曲线 $y=y(x)$ 应满足的关系式是（　　）。

A. $y'=2x$　　B. $y''=2x$

C. $y'=2x, y(1)=2$　　D. $y''=2x, y(1)=2$

1.6 线性代数

1-54（2018） 设 $\boldsymbol{A},\boldsymbol{B}$ 均为三阶方阵，且行列式 $|\boldsymbol{A}|=1,|\boldsymbol{B}|=-2$，$\boldsymbol{A}^{\mathrm{T}}$ 为 $\boldsymbol{A}$ 的转置矩阵，则行列式 $|-2\boldsymbol{A}^{\mathrm{T}}\boldsymbol{B}^{-1}|=$（　　）。

A. -1　　B. 1　　C. -4　　D. 4

1-55（2019） 若 n 解方阵 $\boldsymbol{A}$ 满足 $|\boldsymbol{A}|=b(b\neq 0,n\geqslant 2)$，而 $\boldsymbol{A}^*$ 是 $\boldsymbol{A}$ 的伴随矩阵，则行列式 $|\boldsymbol{A}^*|=$（　　）。

A. b^n　　B. b^{n-1}　　C. b^{n-2}　　D. b^{n-3}

1-56（2013） 已知矩阵 $\boldsymbol{A}=\begin{pmatrix}1&-1&1\\2&4&-2\\-3&-3&5\end{pmatrix}$ 与 $\boldsymbol{B}=\begin{pmatrix}\lambda&0&0\\0&2&0\\0&0&2\end{pmatrix}$ 相似，则 $\lambda=$（　　）。

A. 6　　B. 5　　C.4　　D. 14

1-57（2017） 设 $\boldsymbol{A}$ 是 $m\times n$ 矩阵，则齐次线性方程组 $\boldsymbol{Ax}=\boldsymbol{0}$ 有非零解的充要条件是（　　）。

A. 矩阵 $\boldsymbol{A}$ 的任意两个列向量线性相关

B. 矩阵 $\boldsymbol{A}$ 的任意两个列向量线性无关

C. 矩阵 $\boldsymbol{A}$ 的任一列向量是其余列向量的线性组合

D. 矩阵 $\boldsymbol{A}$ 必有一个列向量是其余列向量的线性组合

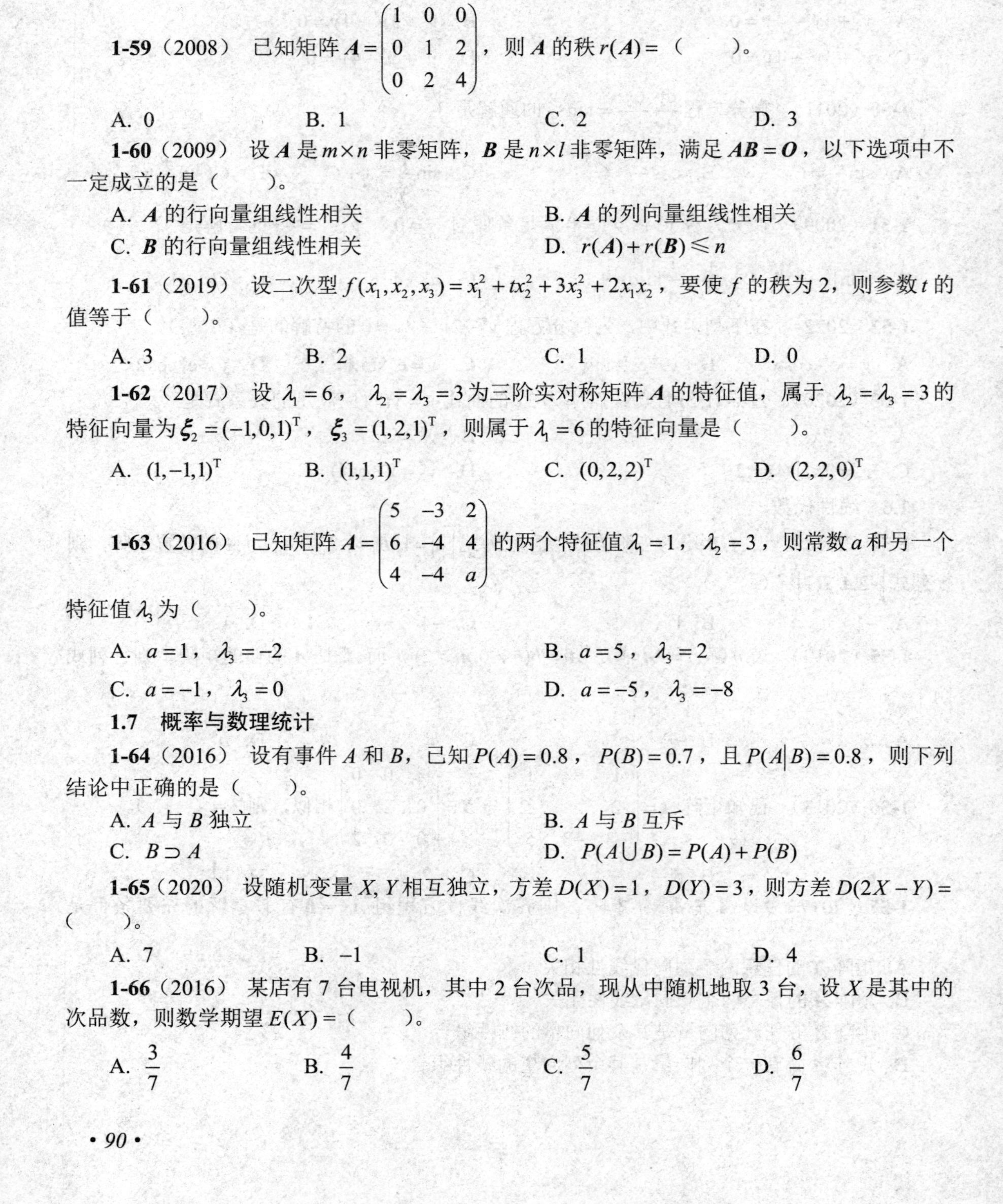

1-58（2014） 设 $\boldsymbol{A},\boldsymbol{B}$ 为三阶方阵，且行列式 $|\boldsymbol{A}|=-\frac{1}{2}$, $|\boldsymbol{B}|=2$，$\boldsymbol{A}^*$ 为 $\boldsymbol{A}$ 的伴随矩阵，则行列式 $|2\boldsymbol{A}^*\boldsymbol{B}^{-1}|=$（　　）。

A. 1　　B. −1　　C. 2　　D. −2

1-59（2008） 已知矩阵 $\boldsymbol{A}=\begin{pmatrix}1&0&0\\0&1&2\\0&2&4\end{pmatrix}$，则 $\boldsymbol{A}$ 的秩 $r(\boldsymbol{A})=$（　　）。

A. 0　　B. 1　　C. 2　　D. 3

1-60（2009） 设 $\boldsymbol{A}$ 是 $m\times n$ 非零矩阵，$\boldsymbol{B}$ 是 $n\times l$ 非零矩阵，满足 $\boldsymbol{AB}=\boldsymbol{O}$，以下选项中不一定成立的是（　　）。

A. $\boldsymbol{A}$ 的行向量组线性相关　　B. $\boldsymbol{A}$ 的列向量组线性相关

C. $\boldsymbol{B}$ 的行向量组线性相关　　D. $r(\boldsymbol{A})+r(\boldsymbol{B})\leqslant n$

1-61（2019） 设二次型 $f(x_1,x_2,x_3)=x_1^2+tx_2^2+3x_3^2+2x_1x_2$，要使 f 的秩为 2，则参数 t 的值等于（　　）。

A. 3　　B. 2　　C. 1　　D. 0

1-62（2017） 设 $\lambda_1=6$，$\lambda_2=\lambda_3=3$ 为三阶实对称矩阵 $\boldsymbol{A}$ 的特征值，属于 $\lambda_2=\lambda_3=3$ 的特征向量为 $\boldsymbol{\xi}_2=(-1,0,1)^{\mathrm{T}}$，$\boldsymbol{\xi}_3=(1,2,1)^{\mathrm{T}}$，则属于 $\lambda_1=6$ 的特征向量是（　　）。

A. $(1,-1,1)^{\mathrm{T}}$　　B. $(1,1,1)^{\mathrm{T}}$　　C. $(0,2,2)^{\mathrm{T}}$　　D. $(2,2,0)^{\mathrm{T}}$

1-63（2016） 已知矩阵 $\boldsymbol{A}=\begin{pmatrix}5&-3&2\\6&-4&4\\4&-4&a\end{pmatrix}$ 的两个特征值 $\lambda_1=1$，$\lambda_2=3$，则常数 a 和另一个特征值 λ_3 为（　　）。

A. $a=1$，$\lambda_3=-2$　　B. $a=5$，$\lambda_3=2$

C. $a=-1$，$\lambda_3=0$　　D. $a=-5$，$\lambda_3=-8$

1.7 概率与数理统计

1-64（2016） 设有事件 A 和 B，已知 $P(A)=0.8$，$P(B)=0.7$，且 $P(A|B)=0.8$，则下列结论中正确的是（　　）。

A. A 与 B 独立　　B. A 与 B 互斥

C. $B\supset A$　　D. $P(A\cup B)=P(A)+P(B)$

1-65（2020） 设随机变量 X,Y 相互独立，方差 $D(X)=1$，$D(Y)=3$，则方差 $D(2X-Y)=$（　　）。

A. 7　　B. −1　　C. 1　　D. 4

1-66（2016） 某店有 7 台电视机，其中 2 台次品，现从中随机地取 3 台，设 X 是其中的次品数，则数学期望 $E(X)=$（　　）。

A. $\frac{3}{7}$　　B. $\frac{4}{7}$　　C. $\frac{5}{7}$　　D. $\frac{6}{7}$

1-67（2011） 设随机变量 X 的概率密度为 $f(x)=\begin{cases}2x, 0<x<1\\0, 其他\end{cases}$，用 Y 表示对 X 的 3 次独立重复观察中事件 $\{X\leqslant 1/2\}$ 出现的次数，则 $P\{Y=2\}=$（ ）。

A. 3/64　　B. 9/64　　C. 3/16　　D. 9/16

1-68（2014） 设 (X,Y) 的联合概率密度为 $f(x,y)=\begin{cases}k, 0<x<1, 0<y<x\\0, 其他\end{cases}$，则数学期望 $E(XY)=$（ ）。

A. $\frac{1}{4}$　　B. $\frac{1}{3}$　　C. $\frac{1}{6}$　　D. $\frac{1}{2}$

1-69（2017） 设二维随机变量 (X, Y) 的概率密度为 $f(x,y)=\begin{cases}e^{-2ax+by}, x>0, y>0\\0, 其他\end{cases}$，则常数 a,b 应满足的条件是（ ）。

A. $ab=-\frac{1}{2}$，且 $a>0, b<0$　　B. $ab=\frac{1}{2}$，且 $a>0, b>0$

C. $ab=-\frac{1}{2}$，且 $a>0, b>0$　　D. $ab=\frac{1}{2}$，且 $a<0, b<0$

1-70（2014） 设 $X_1, X_2, \cdots, X_n$ 与 $Y_1, Y_2, \cdots, Y_n$ 都是来自正态总体 $X: N(\mu, \sigma^2)$ 的样本，并且相互独立，$\overline{X}$ 与 $\overline{Y}$ 分别是其样本均值，则 $\frac{\sum_{i=1}^{n}(X_i-\overline{X})^2}{\sum_{i=1}^{n}(Y_i-\overline{Y})^2}$ 服从的分布是（ ）。

A. $t(n-1)$　　B. $F(n-1, n-1)$　　C. $\chi^2(n-1)$　　D. $N(\mu, \sigma^2)$

1-71（2009） 设随机变量 X 的概率密度 $f(x)=\begin{cases}\frac{3}{8}x^2, 0<x<2\\0, 其他\end{cases}$，则 $Y=\frac{1}{X}$ 的数学期望是（ ）。

A. $\frac{3}{4}$　　B. $\frac{1}{2}$　　C. $\frac{2}{3}$　　D. $\frac{1}{4}$

1-72（2013） 设总体 $X\sim N(0, \sigma^2)$，$X_1, X_2, \cdots, X_n$ 是来自总体的样本，则 σ^2 的矩估计是（ ）。

A. $\frac{1}{n}\sum_{i=1}^{n}X_i$　　B. $n\sum_{i=1}^{n}X_i$　　C. $\frac{1}{n^2}\sum_{i=1}^{n}X_i^2$　　D. $\frac{1}{n}\sum_{i=1}^{n}X_i^2$

1-73（2010） 设随机变量 (X,Y) 服从二维正态分布，其概率密度为 $f(x,y)=\frac{1}{2\pi}e^{-\frac{1}{2}(x^2+y^2)}$，则 $E(X^2+Y^2)=$（ ）。

A. 2　　B. 1　　C. 1/2　　D. 1/4

数学复习题答案及提示

1.1　空间解析几何

1-1 A　提示：先计算两向量的夹角θ。因为$\cos\theta=\frac{\boldsymbol{\alpha}\cdot\boldsymbol{\beta}}{|\boldsymbol{\alpha}||\boldsymbol{\beta}|}=\frac{\sqrt{2}}{2}$，所以$\theta=\frac{\pi}{4}$；则$|\boldsymbol{\alpha}\times\boldsymbol{\beta}|=|\boldsymbol{\alpha}||\boldsymbol{\beta}|\sin\theta=2$。

1-2 C　提示：因为向量$\boldsymbol{\beta}$与$\boldsymbol{\alpha}$平行，可设$\boldsymbol{\beta}=\lambda\{2,1,-1\}$。由$\boldsymbol{\alpha}\cdot\boldsymbol{\beta}=\lambda\boldsymbol{\alpha}\cdot\boldsymbol{\alpha}=\lambda|\boldsymbol{\alpha}|^2=6\lambda=3$，可得$\lambda=\frac{1}{2}$。所以$\boldsymbol{\beta}=\left\{1,\frac{1}{2},-\frac{1}{2}\right\}$。

1-3 B　提示：$(\boldsymbol{\alpha},\boldsymbol{\beta})=|\boldsymbol{\alpha}|\cdot|\boldsymbol{\beta}|\cos\frac{\pi}{3}=1$，$|\boldsymbol{\alpha}+\boldsymbol{\beta}|^2=(\boldsymbol{\alpha}+\boldsymbol{\beta},\boldsymbol{\alpha}+\boldsymbol{\beta})=|\boldsymbol{\alpha}|^2+2(\boldsymbol{\alpha},\boldsymbol{\beta})+|\boldsymbol{\beta}|^2=7$，所以$|\boldsymbol{\alpha}+\boldsymbol{\beta}|=\sqrt{7}$。

1-4 D　提示：平面方程$Ax+By+Cz+D=0$中，缺少哪个变量，就平行于相应的坐标轴。选项D同时平行于y轴和z轴，所以，平行于yOz坐标面。

1-5 B　提示：直线L_1，L_2的方向向量分别为$\boldsymbol{s}_1=(1,-2,1)$，$\boldsymbol{s}_2=(-1,-1,2)$，则

$$\cos\theta=\frac{\boldsymbol{s}_1\cdot\boldsymbol{s}_2}{|\boldsymbol{s}_1||\boldsymbol{s}_2|}=\frac{1\times(-1)+(-2)\times(-1)+1\times2}{\sqrt{1^2+(-2)^2+1^2}\sqrt{(-1)^2+(-1)^2+2^2}}=\frac{1}{2}$$

1-6 C　提示：直线L的方向向量$\boldsymbol{s}=(3,-1,2)$；平面π的法向量$\boldsymbol{n}=(-2,2,1)$。$\boldsymbol{s}\cdot\boldsymbol{n}\neq0$，所以直线$L$和平面$\pi$不平行；因为$\boldsymbol{s}$和$\boldsymbol{n}$的分量不成比例，所以直线$L$和平面$\pi$不垂直。

1-7 C　提示：$\boldsymbol{\alpha}\cdot\boldsymbol{\beta}$是数，$\boldsymbol{\alpha}\cdot\boldsymbol{\beta}=|\boldsymbol{\alpha}|\cdot|\boldsymbol{\beta}|\cos(\dot{\boldsymbol{\alpha}},\boldsymbol{\beta})$，$\boldsymbol{\alpha}\cdot\boldsymbol{\beta}=0\Leftrightarrow\boldsymbol{\alpha}\perp\boldsymbol{\beta}$；$\boldsymbol{\alpha}\times\boldsymbol{\beta}$是向量，$|\boldsymbol{\alpha}\times\boldsymbol{\beta}|=|\boldsymbol{\alpha}|\cdot|\boldsymbol{\beta}|\sin(\boldsymbol{\alpha},\boldsymbol{\beta})$，$\boldsymbol{\alpha}\times\boldsymbol{\beta}=\boldsymbol{0}\Leftrightarrow\boldsymbol{\alpha}/\!/\boldsymbol{\beta}$。

1-8 B　提示：过点$P_0(x_0,y_0,z_0)$且方向向量为$\boldsymbol{s}=\{l,m,n\}$的直线的对称式方程是$\frac{x-x_0}{l}=\frac{y-y_0}{m}=\frac{z-z_0}{n}$。这里，$z$轴的方向向量为$\boldsymbol{s}=\{0,0,1\}$。

1-9 A　提示：二次锥面的方程为$\frac{x^2}{a^2}+\frac{y^2}{b^2}-\frac{z^2}{c^2}=0$。

1-10 A　提示：由母线平行z轴的双曲柱面方程$\frac{x^2}{a^2}-\frac{y^2}{b^2}=1$，可以推出方程$y^2-z^2=1$所代表的图形是母线平行$x$轴的双曲柱面。

1.2　微分学

1-11 B　提示：本题考查全微分的计算。$\frac{\partial z}{\partial x}=-\frac{1}{x^2}\mathrm{e}^{xy}+\frac{y}{x}\mathrm{e}^{xy}$，$\left.\frac{\partial z}{\partial x}\right|_{(1,-1)}=-2\mathrm{e}^{-1}$；$\frac{\partial z}{\partial x}=\mathrm{e}^{xy}$，$\left.\frac{\partial z}{\partial x}\right|_{(1,-1)}=\mathrm{e}^{-1}$。所以$\left.\mathrm{d}z\right|_{(1,-1)}=\mathrm{e}^{-1}(-2\mathrm{d}x+\mathrm{d}y)$。

1-12 B　提示：$\lim\limits_{x\to x_0}f'(x)=\infty$，说明切线的斜率为$\infty$。

1-13 D　提示：二元函数在一点处可微分、偏导数存在、连续之间的关系如图1-1所示。

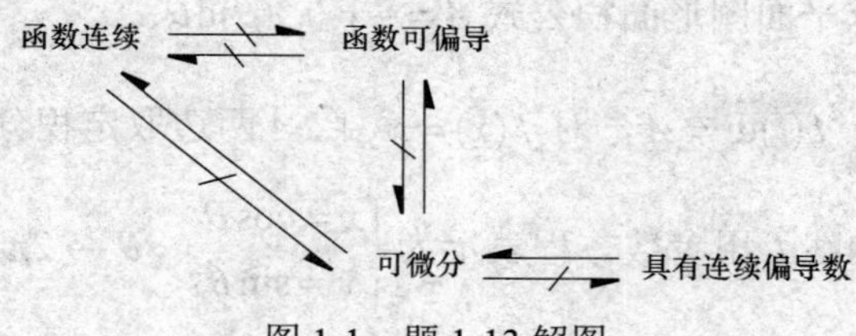

图 1-1　题 1-13 解图

1-14 B　提示：因为

$$\lim_{x\to 0}\frac{\sqrt{1-x^2}-\sqrt{1+x^2}}{x^k}=\lim_{x\to 0}\frac{\left(\sqrt{1-x^2}-\sqrt{1+x^2}\right)\left(\sqrt{1-x^2}+\sqrt{1+x^2}\right)}{x^k\left(\sqrt{1-x^2}+\sqrt{1+x^2}\right)}=\lim_{x\to 0}\frac{-2x^2}{x^k\times 2}=C$$

根据同阶无穷小的定义，$k=2$。

1-15　B　提示：根据诱导公式 $f(x)=-\cos x$，求导 $f'(x)=\sin x$。令 $f'(x)=0$，得驻点 $x=0$。因为 $f(\pm\pi)=1$，$f(0)=-1$，经比较可知，最小点为 $x=0$。

1-16 B　提示：$\mathrm{d}(\ln x)=\frac{1}{x}\mathrm{d}x$，$\mathrm{d}(\sqrt{x})=\frac{1}{2\sqrt{x}}\mathrm{d}x$，所以 $\frac{\mathrm{d}(\ln x)}{\mathrm{d}\sqrt{x}}=\frac{\frac{1}{x}\mathrm{d}x}{\frac{1}{2\sqrt{x}}\mathrm{d}x}=\frac{2}{\sqrt{x}}$。

1-17 B　提示：$\lim\limits_{x\to 0^+}\frac{1}{x}=+\infty$，$\lim\limits_{x\to 0^-}\frac{1}{x}=-\infty$。

1-18 C　提示：$\frac{\mathrm{d}y}{\mathrm{d}x}=f'(\mathrm{e}^x)\mathrm{e}^x$，$\frac{\mathrm{d}^2y}{\mathrm{d}x^2}=f'(\mathrm{e}^x)\mathrm{e}^x=f'(\mathrm{e}^x)\mathrm{e}^x+f''(\mathrm{e}^x)\mathrm{e}^x\mathrm{e}^x=f'(\mathrm{e}^x)\mathrm{e}^x+f''(\mathrm{e}^x)\mathrm{e}^{2x}$。

1-19 D　提示：根据驻点的定义，$y'(1)=(4x+a)\big|_{x=1}=4+a=0$，所以 $a=-4$。

1.3　积分学

1-20 B　提示：由题意可知，$\int f(x)\mathrm{d}x=\int \mathrm{d}g(x)=g(x)+C$，两边同时对 x 求导，得 $f(x)=g'(x)$。

1-21 B　提示：凑微分，$\int xf(1-x^2)\mathrm{d}x=-\frac{1}{2}\int f(1-x^2)\mathrm{d}(1-x^2)=-\frac{1}{2}F(1-x^2)+C$。

1-22 B　提示：$\int\frac{\mathrm{d}x}{\sqrt{x}(1+x)}=2\int\frac{\mathrm{d}(\sqrt{x})}{(1+x)}=2\int 1/[1+(\sqrt{x})^2]\mathrm{d}(\sqrt{x})=2\arctan\sqrt{x}+C$。

1-23 A　提示：利用分部积分法。

1-24 B　提示：利用变上限积分函数的求导法可得 $f(x)=-\frac{x\sin x+\cos x}{x^2}$，所以 $f\left(\frac{\pi}{2}\right)=-\frac{2}{\pi}$。

1-25 C　提示：本题也可利用极坐标下的二重积分计算，这里我们采用定积分方法。

$$S=\frac{1}{2}\int_0^{\frac{\pi}{4}}[(2\cos\theta)^2-\cos^2\theta]\,\mathrm{d}\theta=\frac{1}{2}\int_0^{\frac{\pi}{4}}3\cos^2\theta\mathrm{d}\theta=\frac{3}{2}\int_0^{\frac{\pi}{4}}\cos^2\theta\mathrm{d}\theta=\frac{3}{4}\left[\theta+\frac{1}{2}\sin 2\theta\right]_0^{\frac{\pi}{4}}=\frac{3}{16}(\pi+2)$$

也可以利用极坐标求平面图形面积公式 $A=\frac{1}{2}\int_{\alpha}^{\beta}r^2(\theta)\mathrm{d}\theta$ 。

1-26 D　提示：记 $\int_0^2 f(t)\mathrm{d}t=A$，对 $f(x)=x^2+2A$ 两边取定积分。

1-27 B　提示：将曲线 L 用参数方程表示为 $\begin{cases}x=\cos\theta\\ y=\sin\theta\end{cases}$，$\theta\to 2\pi$，则

$$\int_L \frac{y\mathrm{d}x-x\mathrm{d}y}{x^2+y^2}=\int_0^{2\pi}\sin\theta\ \mathrm{d}\cos\theta-\cos\theta\mathrm{d}\sin\theta=-2\pi$$

1-28 C　提示：由 x 轴、直线 $x=a$ 、 $x=b$ 及曲线 $y=f(x)$ 所围成的平面图形绕 x 轴旋转一周所形成的旋转体的体积为 $V=\pi\int_a^b f^2(x)\mathrm{d}x$ 。

1-29 C　提示：有向直线段 L 的方程 $y'=-x+a$，$x:a\to 0$。则 $\int_L x\mathrm{d}y=-\int_a^0 x\mathrm{d}x=-\left.\frac{x^2}{2}\right|_a^0=\frac{a^2}{2}$ 。

1-30 B　提示：区域 D 用极坐标表示为 $D=\{(r,\theta)|r\leqslant 1,\ 0\leqslant\theta\leqslant\pi\}$ 。

$$\iint_D f(\sqrt{x^2+y^2})\mathrm{d}x\mathrm{d}y=\iint_D f(r)r\mathrm{d}r\mathrm{d}\theta=\int_0^{\pi}\mathrm{d}\theta\int_0^1 rf(r)\mathrm{d}r=\pi\int_0^1 rf(r)\mathrm{d}r\text{。}$$

1-31 D　提示：将区域 D 用极坐标表示：$0\leqslant\theta\leqslant\frac{\pi}{4}$，$0\leqslant\rho\leqslant 2\sin\theta$ 。

$$\iint_D x\mathrm{d}x\mathrm{d}y=\iint_D \rho\cos\theta\bullet\rho\mathrm{d}\rho\mathrm{d}\theta=\int_0^{\frac{\pi}{4}}\mathrm{d}\theta\int_0^{2\sin\theta}\cos\theta\rho^2\ \mathrm{d}\rho=\int_0^{\frac{\pi}{4}}\cos\theta\mathrm{d}\theta\int_0^{2\sin\theta}\rho^2\ \mathrm{d}\rho$$

1-32 B

1-33 D　提示：将积分区域 $D:\begin{cases}0\leqslant x\leqslant 1\\ x^2\leqslant y\leqslant 1\end{cases}$，表示为 Y-型区域 $D:\begin{cases}0\leqslant y\leqslant 1\\ 0\leqslant x\leqslant\sqrt{y}\end{cases}$。

1-34 C　提示：$\int_0^{+\infty}\frac{\ln x}{x}\mathrm{d}x=\int_0^1\frac{\ln x}{x}\mathrm{d}x+\int_1^{+\infty}\frac{\ln x}{x}\mathrm{d}x$，右端两个广义积分均发散。

1-35 A　提示：注意积分上下限。

1.4　无穷级数

1-36 B

1-37 D　提示：因为级数 $\sum_{n=1}^{\infty}u_n$ 收敛，所以 $\lim_{n\to\infty}u_n=0$，则 $\lim_{n\to\infty}u_n=\lim_{n\to\infty}\frac{50}{u_n}=\infty$。由级数收敛的必要条件可知，级数 $\sum_{n=1}^{\infty}\frac{50}{u_n}$ 发散，选项 D 正确。根据收敛级数的性质易知，级数 $\sum_{n=1}^{\infty}ku_n(k\neq 0)$ 收敛；$\sum_{n=1}^{\infty}u_{n+100}$ 即级数 $\sum_{n=1}^{\infty}u_n$ 去掉前 100 项，所以选项 A 是收敛的。选项 C 可能收敛，也可能发散级数。

如 $\sum_{n=1}^{\infty}u_n=\sum_{n=1}^{\infty}\frac{(-1)^n}{n}$，$\sum_{n=1}^{\infty}u_{2n}=\sum_{n=1}^{\infty}\frac{1}{2n}$ 发散，所以 $\sum_{n=1}^{\infty}\left(u_{2n}+\frac{1}{2^n}\right)=\sum_{n=1}^{\infty}u_{2n}+\sum_{n=1}^{\infty}\frac{1}{2^n}$ 发散；而若 $\sum_{n=1}^{\infty}u_n=\sum_{n=1}^{\infty}\frac{1}{n^2}$，$\sum_{n=1}^{\infty}u_{2n}=\sum_{n=1}^{\infty}\frac{1}{4n^2}$ 收敛，所以 $\sum_{n=1}^{\infty}\left(u_{2n}+\frac{1}{2^n}\right)=\sum_{n=1}^{\infty}u_{2n}+\sum_{n=1}^{\infty}\frac{1}{2^n}$ 收敛。

1-38 A　提示：令 $t=p-1$，则 $\sum_{n=1}^{\infty}(-1)^p \frac{1}{n^{p-1}}=-\sum_{n=1}^{\infty}(-1)^t \frac{1}{n^t}$。当 $0<t\leqslant 1$，即 $1<p\leqslant 2$ 时，交错级数 $\sum_{n=1}^{\infty}(-1)^t \frac{1}{n^t}$ 条件收敛。所以原级数条件收敛。

1-39 D　提示：选项 A 的绝对值级数是调和级数，选项 B 的绝对值级数是 p 级数 $\left(p=\frac{1}{2}\right)$，发散；选项 C 是发散的，其通项不收敛到零；选项 D 的通项 $|u_n|=\left|\frac{\sin\frac{3}{2}n}{n^2}\right|<\frac{1}{n^2}$，根据比较判别法，级数 D 绝对收敛。

1-40 B　提示：选项 A，$\frac{n^2}{3n^4+1}\Big/\frac{1}{n^2}\to\frac{1}{3}$，$(n\to\infty)$，由比较判别法的极限形式，此级数收敛。选项 C 是交错级数，满足莱布尼茨条件，所以此级数收敛。选项 D 是几何级数，其公比 $q=\frac{1}{3}<1$，它是收敛的。而选项 B，由 $\frac{1}{\sqrt[3]{n(n-1)}}\Big/\frac{1}{n^{\frac{2}{3}}}\to 1$ 可知，它是发散的。

1-41 C　提示：函数 $f(x)$ 的麦克劳林展开式

$$f(x)=f(0)+f'(0)x+\frac{f''(0)}{2!}x^2+\cdots+\frac{f^{(n)}(0)}{n!}x^n+\cdots$$

计算 $f(0),f'(0),f''(0)$ 即可。

1-42 A　提示：先求出收敛半径，$R=1$。又显然在 $x=\pm 1$ 时，幂级数收敛。

1-43 C　提示：e^x 的麦克劳林级数展开式为 $\mathrm{e}^x=\sum_{n=0}^{\infty}\frac{x^n}{n!}=1+\sum_{n=1}^{\infty}\frac{x^n}{n!}$。

1.5　常微分方程

1-44 C　提示：特征方程 $r^2+r+1=0$，特征根 $r_{1,2}=\frac{-1\pm\sqrt{3}i}{2}$。1 不是特征方程的根，所以，原方程有形如 $y=A\mathrm{e}^x$ 的特解。将其代入原方程，化简得 $3A\mathrm{e}^x=\mathrm{e}^x$，$A=\frac{1}{3}$。

1-45 C

1-46 C

1-47 D　提示：这是变量可分离方程，分离变量得 $\frac{\ln x}{x}\mathrm{d}x=\frac{\ln y}{y}\mathrm{d}y$，两边分别积分得 $\ln^2 x=\ln^2 y+C$。代入初始条件，得 $C=0$。

1-48 B

1-49 B　提示：直接验证，可得答案。也可求解各选项的二阶线性常系数常微分方程。

1-50 A　提示：齐次方程。令 $u=\frac{y}{x}$，则 $y=ux,\ \frac{\mathrm{d}y}{\mathrm{d}x}=u+x\frac{\mathrm{d}u}{\mathrm{d}x}$。代入原方程，化简得 $x\frac{\mathrm{d}u}{\mathrm{d}x}=\tan u$。分离变量得 $\frac{\cos u}{\sin u}\mathrm{d}u=\frac{\mathrm{d}x}{x}$，两边积分得 $\ln\sin u=\ln x+\ln C$，即 $\sin u=Cx$。原方

程的通解为$\sin\frac{y}{x}=Cx$。

1-51 A

1-52 C　提示：特征方程$r^2-2r+2=0$有一对共轭复根，$r_{1,2}=1\pm i$。微分方程的通解为$y=e^x(A\cos x+B\sin x)$。选项C即通解中$A=0,B=1$的情形。

1-53 C

1.6　线性代数

1-54 D　提示：$\left|-2\boldsymbol{A}^{\mathrm{T}}\boldsymbol{B}^{-1}\right|=(-2)^3\left|\boldsymbol{A}^{\mathrm{T}}\right|\left|\boldsymbol{B}^{-1}\right|=-8\frac{|\boldsymbol{A}|}{|\boldsymbol{B}|}=4$。

1-55 B　提示：根据伴随矩阵的性质$\left|\boldsymbol{A}^*\right|=|\boldsymbol{A}|^{n-1}$，易得结论。

1-56 A　提示：因为矩阵$\boldsymbol{A}$，$\boldsymbol{B}$相似，所以$|\boldsymbol{A}|=|\boldsymbol{B}|$。而$|\boldsymbol{A}|=24$，$|\boldsymbol{B}|=4\lambda$，所以$\lambda=6$。

1-57 D　提示：齐次线性方程组$\boldsymbol{Ax}=\boldsymbol{0}$有非零解$\Leftrightarrow r(\boldsymbol{A})<n \Leftrightarrow \boldsymbol{A}$的列向量组线性相关$\Leftrightarrow \boldsymbol{A}$必有一个列向量是其余列向量的线性组合。

1-58 A　提示：因为$\boldsymbol{A}^*\boldsymbol{A}=|\boldsymbol{A}|\boldsymbol{E}$，所以$\left|\boldsymbol{A}^*\boldsymbol{A}\right|=\left|\boldsymbol{A}^*\right|\cdot|\boldsymbol{A}|=|\boldsymbol{A}|^3$，从而$\left|\boldsymbol{A}^*\right|=|\boldsymbol{A}|^2=\frac{1}{4}$，而$\left|\boldsymbol{B}^{-1}\right|=|\boldsymbol{B}|^{-1}=\frac{1}{2}$，故$\left|2\boldsymbol{A}^*\boldsymbol{B}^{-1}\right|=2^3\times\left|\boldsymbol{A}^*\right|\cdot\left|\boldsymbol{B}^{-1}\right|=1$。

1-59 C

1-60 A　提示：由于$\boldsymbol{A}$，$\boldsymbol{B}$都是非零矩阵，则$r(\boldsymbol{A})>0$，$r(\boldsymbol{B})>0$。同时，$\boldsymbol{AB}=\boldsymbol{O}$，所以$r(\boldsymbol{A})+r(\boldsymbol{B})\leqslant n$，选项D成立。因而，$r(\boldsymbol{A})<n$，$r(\boldsymbol{B})<n$。$\boldsymbol{A}$的列向量组线性相关，$\boldsymbol{B}$的行向量组线性相关。这说明选项B，C都成立。

1-61 C　提示：$f=(x_1,x_2,x_3)\begin{pmatrix}1&1&0\\1&t&0\\0&0&3\end{pmatrix}\begin{pmatrix}x_1\\x_2\\x_3\end{pmatrix}=\boldsymbol{x}^{\mathrm{T}}\boldsymbol{Ax}$。因为$f$的秩为2，所以$|\boldsymbol{A}|=3(t-1)=0$，从而，$t=1$。

1-62 A　提示：矩阵$\boldsymbol{A}$的属于不同特征值的特征向量相互正交。根据这一性质，可以验证，与$\boldsymbol{\xi}_2$，$\boldsymbol{\xi}_3$都正交的向量只有$(1,-1,1)^{\mathrm{T}}$。

1-63 B　提示：计算得$|\boldsymbol{A}|=-2a+16$，再利用矩阵特征值的性质，$\lambda_1\lambda_2\lambda_3=|\boldsymbol{A}|$，$\lambda_1+\lambda_2+\lambda_3=a_{11}+a_{22}+a_{33}$，可解得$a=5$，$\lambda_3=2$。

1.7　概率与数理统计

1-64 A　提示：$P(AB)=P(B)P(A|B)=0.56=P(A)P(B)$。

1-65 A　提示：本题考查方差的性质，$D(2X-Y)=4D(X)+D(Y)=7$。

1-66 D　提示：X的取值为0，1，2；各取值的概率分别为$P\{X=0\}=\frac{C_5^3}{C_7^3}=\frac{2}{7}$，$P\{X=1\}=\frac{C_2^1C_5^2}{C_7^3}=\frac{4}{7}$，$P\{X=2\}=\frac{C_2^2C_5^1}{C_7^3}=\frac{1}{7}$。根据离散型随机变量的数学期望公式求得

$E(X)=\frac{6}{7}$。

1-67 B 提示：$Y\sim b(3,p)$。其中，

$$p=P\{X\leqslant 1/2\}=\int_0^{\frac{1}{2}}f(x)\mathrm{d}x=\int_0^{\frac{1}{2}}2x\mathrm{d}x=[x^2]_0^{\frac{1}{2}}=1/4$$

则 $$P\{Y=2\}=C_3^2p^2(1-p)=9/64$$

1-68 A 提示：由 $\int_{-\infty}^{+\infty}\int_{-\infty}^{+\infty}f(x,y)\mathrm{d}x\mathrm{d}y=1$，推出 $k=2$。

$$E(XY)=\int_{-\infty}^{+\infty}\int_{-\infty}^{+\infty}xyf(x,y)\mathrm{d}x\mathrm{d}y=\frac{1}{4}$$

1-69 A 提示：$\iint_{R^2}f(x,y)\mathrm{d}x\mathrm{d}y=\iint\limits_{x>0,y>0}\mathrm{e}^{-2ax+by}\mathrm{d}x\mathrm{d}y=\int_0^{+\infty}\mathrm{e}^{-2ax}\mathrm{d}x\int_0^{+\infty}\mathrm{e}^{by}\mathrm{d}y=\left[-\frac{1}{2a}\mathrm{e}^{-2ax}\right]_0^{+\infty}\cdot$ $\left[\frac{1}{b}\mathrm{e}^{by}\right]_0^{+\infty}=-\frac{1}{2ab}$，只有 $ab=-\frac{1}{2}$，且 $a>0,b<0$ 时，才能满足概率密度的性质 $\iint_{R^2}f(x,y)$ $\mathrm{d}x\mathrm{d}y=1$。

1-70 B 提示：令 $S_1^2=\frac{1}{n-1}\sum_{i=1}^{n}(X_i-\overline{X})^2,S_2^2=\frac{1}{n-1}\sum_{i=1}^{n}(Y_i-\overline{Y})^2$，则 $\frac{(n-1)S_1^2}{\sigma^2}\sim\chi^2(n-1)$，$\frac{(n-1)S_2^2}{\sigma^2}\sim\chi^2(n-1)$。所以

$$\frac{\sum_{i=1}^{n}(X_i-\overline{X})^2}{\sum_{i=1}^{n}(Y_i-\overline{Y})^2}=\left[\frac{(n-1)S_1^2}{\sigma^2}\Big/(n-1)\right]\Big/\left[\frac{(n-1)S_2^2}{\sigma^2}\Big/(n-1)\right]\sim F(n-1,n-1)$$

1-71 A

1-72 D 提示：$E(X^2)=D(X)+E(X)^2=\sigma^2$，$E(X^2)$ 的矩估计是 $\frac{1}{n}\sum_{i=1}^{n}X_i^2$，从而 σ^2 的矩估计是 $\frac{1}{n}\sum_{i=1}^{n}X_i^2$。

1-73 A 提示：由题意可知，$X\sim N(0,1)$，$Y\sim N(0,1)$，则 $E(X^2)=D(X)+E(X)^2=1+0=1$。同样，$E(Y^2)=1$，于是，$E(X^2+Y^2)=E(X^2)+E(Y^2)=2$。

第2章 物 理 学

2.1 热学

考试大纲

气体状态参量；平衡态；理想气体状态方程；理想气体的压强和温度的统计解释；自由度；能量按自由度均分原理；理想气体内能；平均碰撞频率和平均自由程；麦克斯韦速率分布律；方均根速率；平均速率；最概然速率；功；热量；内能；热力学第一定律及其对理想气体等值过程的应用；绝热过程；气体的摩尔热容；循环过程；卡诺循环；热机效率；净功；制冷系数；热力学第二定律及其统计意义；可逆过程和不可逆过程。

2.1.1 气体状态参量

对于一定量气体，其宏观状态可用气体的体积 V、压强 p 和热力学温度 T 来描述，叫作气体的状态参量。

（1）体积 V 是指气体所占的体积，即气体所能达到的空间。在密闭容器中，气体的体积就是容器的容积。体积的单位为米^3（m^3），有时也用升（L），$1L=10^{-3}m^3$。

（2）压强 p 是指气体作用在容器壁单位面积上的正压力，是大量气体分子不断碰撞器壁的宏观表现。压强的单位为帕斯卡（Pa），即牛顿/米^2（N/m^2）。

（3）温度 T 是指表征物体冷热程度的物理量。温度的数值表示法叫温标，常用的有热力学温标和摄氏温标两种。热力学温标的单位为开尔文（K）；摄氏温标的单位为摄氏度（℃）。两种温标确定的热力学温度 T 与摄氏温度 t 的关系为

$$T=273.15+t \text{ 或 } T\approx 273+t$$

2.1.2 平衡态

平衡态是指系统在不受外界影响的情况下，对于孤立系统，即系统与外界没有物质和能量的交换时，无论初始状态如何，其宏观性质经足够长时间后不再发生变化的状态。平衡态是一种理想状态，当气体系统处于平衡态时，其状态参量如气体的体积 V、压强 p 和热力学温度 T 不随时间变化。

2.1.3 理想气体状态方程

严格遵守玻意耳-马略特定律、盖·吕萨克定律、查理定律和阿伏加德罗定律的气体称为理想气体。理想气体的三个状态参量 p、V、T 之间的关系即为理想气体状态方程，它有以下三种表达形式

$$① \ \frac{pV}{T}=\text{恒量} \quad ② \ pV=\frac{m}{M}RT \quad ③ \ p=nkT \tag{2-1}$$

式中：m 为气体的质量；M 为气体的摩尔质量；R 为普适气体恒量，且 $R=8.31\ J/(mol\cdot K)$；n 为单位体积内的分子数，称为分子数密度，$n=\dfrac{N}{V}$，其中，N 为气体的总分子数；k 为玻耳兹

曼常数，$k=1.38\times10^{-23}\ \text{J/K}$，$k=\dfrac{R}{N_\text{A}}$，其中，$N_\text{A}$ 为阿伏加德罗常数，$N_\text{A}=6.022\times10^{23}$ 个/mol。

2.1.4 理想气体的压强和温度的统计解释

（1）压强的统计解释。理想气体对容器壁产生的压强是大量分子不断撞击容器壁的结果。其计算公式为

$$p=\frac{2}{3}n\bar{\varepsilon}_\text{k} \tag{2-2}$$

式中，$\bar{\varepsilon}_\text{k}$ 为分子的平均平动动能。它等于全体分子的平动动能之和除以全体分子总数，即

$$\bar{\varepsilon}_\text{k}=\left(\frac{1}{2}mv_1^2+\frac{1}{2}mv_2^2+\cdots+\frac{1}{2}mv_N^2\right)\Big/N=\frac{1}{2}m\overline{v^2} \tag{2-3}$$

（2）温度的统计解释。理想气体分子的平均平动动能与温度的关系式为

$$\bar{\varepsilon}_\text{k}=\frac{3}{2}kT \tag{2-4}$$

这就表明，气体的温度越高，分子的平均平动动能越大，分子的热运动的程度越激烈。也可以说，温度是表征大量分子热运动激烈程度的宏观物理量。

2.1.5 能量按自由度均分原理

（1）气体分子的自由度。决定某一物体在空间的位置所需的独立坐标数称为该物体的自由度。通常把构成气体分子的每一个原子看成一质点，且各原子之间的距离固定不变（称刚性分子，即视为刚体）。

1）单原子分子可视为自由质点，只有平动，其自由度 $i=3$。

2）刚性双原子分子具有 3 个平动自由度，2 个转动自由度，总自由度 $i=5$。

3）刚性三原子以上分子通常有 3 个平动自由度，3 个转动自由度，总自由度 $i=6$。

（2）能量按自由度均分原理。气体处于平衡态时，分子任何一个自由度的平均能量都相等，均为 $\dfrac{1}{2}kT$，这就是能量按自由度均分原理。

据此，单原子分子的平均动能（平均平动动能+平均转动动能）

$$\bar{\varepsilon}=3\times\frac{1}{2}kT=\frac{3}{2}kT$$

刚性双原子分子的平均动能

$$\bar{\varepsilon}=\frac{3}{2}kT+kT=\frac{5}{2}kT$$

刚性三原子分子的平均动能

$$\bar{\varepsilon}=\frac{3}{2}kT+\frac{3}{2}kT=3kT$$

若分子的自由度为 i，则其平均动能为

$$\bar{\varepsilon}=\frac{i}{2}kT \tag{2-5}$$

2.1.6 理想气体内能

理想气体内能是指气体内所有分子的动能之和。

1mol 理想气体的内能为

$$E = \frac{i}{2}kTN_{\mathrm{A}} = \frac{i}{2}RT$$

式中，$kN_{\mathrm{A}} = R$，N_{A} 为阿伏伽德罗常数。

质量为 m（kg）的理想气体的内能为

$$E = \frac{m}{M} \cdot \frac{i}{2}RT \tag{2-6}$$

式（2-6）表明：对于给定的理想气体，其内能取决于气体的热力学温度 T，即理想气体的内能仅是温度的单值函数。

2.1.7 平均碰撞频率和平均自由程

一个气体分子在连续两次碰撞间可能经历的各段自由程的平均值叫作平均自由程，用 $\overline{\lambda}$ 表示；单位时间内分子通过的平均路程叫作平均速率，用 $\overline{v}$ 表示；单位时间内分子所受的平均碰撞次数叫作平均碰撞频率，用 $\overline{Z}$ 表示。

对于平均碰撞频率和平均自由程，有

$$\overline{v} = \overline{Z}\,\overline{\lambda} \tag{2-7}$$

$$\overline{Z} = \sqrt{2}\pi d^2 n\overline{v} \tag{2-8}$$

$$\overline{\lambda} = \frac{\overline{v}}{\overline{Z}} = \frac{1}{\sqrt{2}\pi d^2 n} = \frac{kT}{\sqrt{2}\pi d^2 p} \tag{2-9}$$

式中：n 为单位体积中的分子数；d 为分子的有效直径。

2.1.8 麦克斯韦速率分布律

（1）处于平衡状态下的气体，个别分子的运动完全是偶然的；然而对大量分子的整体，在平衡态下，分子的速率分布服从确定的统计规律——麦克斯韦速率分布律，其数学表达式为

$$f(v) = \frac{\mathrm{d}N}{N\mathrm{d}v} = 4\pi\left(\frac{m}{2\pi kT}\right)^{3/2} \mathrm{e}^{-\frac{mv^2}{2kT}} v^2 \tag{2-10}$$

式中：N 为气体的总分子数；$\mathrm{d}N$ 为在速率区间 $v \sim v+\mathrm{d}v$ 内的分子数，则 $\frac{\mathrm{d}N}{N}$ 就是在这一区间内的分子数占总分子数的百分率，$\frac{\mathrm{d}N}{N\mathrm{d}v}$ 为在某单位速率区间（指速率在 v 值附近的单位区间）内的分子数占总分子数的百分率。

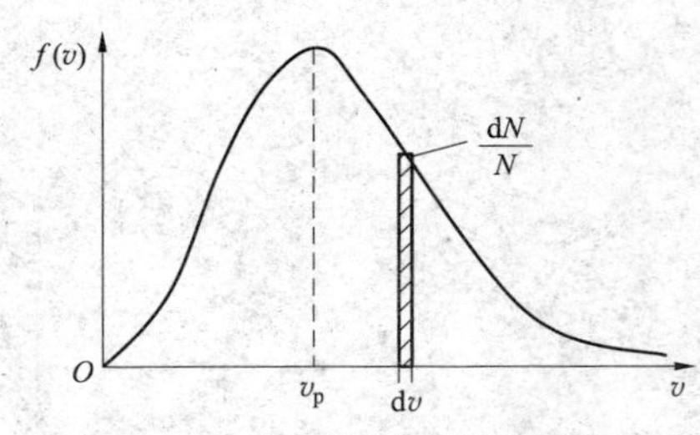

图 2-1 麦克斯韦速率分布曲线

（2）麦克斯韦速率分布曲线。图 2-1 中小矩形面积（以斜线表示）为 $f(v)\mathrm{d}v = \frac{\mathrm{d}N}{N\mathrm{d}v}\mathrm{d}v = \frac{\mathrm{d}N}{N}$，表示分布在 $v \to v+\mathrm{d}v$ 区间内分子数占总分子数的百分率。

整个曲线下面积的意义：$\int_0^\infty f(v)\mathrm{d}v = \int_0^N \frac{\mathrm{d}N}{N} = \frac{1}{N}\int_0^N \mathrm{d}N = \frac{N}{N} = 1$。

速率在 0→∞之间气体的分子总数与总分子数之比为 1，称为归一化条件。

2.1.9 速率的三个统计平均值

（1）最概然速率。它是指麦克斯韦速率分布曲线极大值处相对应的速率值，v_p 称为最概然速率，它说明在一定温度下，速率与 v_p 相近的气体分子的百分率最大。所以，v_p 表示在相同的速率区间内，气体分子速率在 v_p 附近的概率最大，其计算公式为

$$v_p = \sqrt{\frac{2kT}{\mu}} \approx 1.41\sqrt{\frac{RT}{M}} \tag{2-11}$$

式中：μ 为气体分子的质量；M 为气体的摩尔质量。

（2）平均速率。它是指一定量气体的分子数为 N，是所有分子速率的算术平均值。

$$\bar{v} = \sqrt{\frac{8kT}{\pi\mu}} \approx 1.60\sqrt{\frac{RT}{M}} \tag{2-12}$$

（3）方均根速率。它是指一定量气体的分子速率二次方的平均值的平方根。

$$\sqrt{\overline{v^2}} = \sqrt{\frac{3kT}{\mu}} \approx 1.73\sqrt{\frac{RT}{M}} \tag{2-13}$$

★注意：最概然速率、平均速率、方均根速率都与 $\sqrt{T}$ 成正比，与 $\sqrt{M}$ 成反比。

2.1.10 内能

内能是指热力学系统在一定状态下具有一定的能量。对于理想气体，其内能只是系统中所有分子热运动的各种动能之和，内能完全决定于气体的热力学温度 T。其计算公式为

$$E = \frac{m}{M} \cdot \frac{i}{2} RT$$

当它的温度从 T_1 变到 T_2 时，其内能的增量为

$$\Delta E = \frac{m}{M} \cdot \frac{i}{2} R(T_2 - T_1) = \frac{m}{M} \cdot \frac{i}{2} R\Delta T \tag{2-14}$$

上式表明：对于给定的理想气体，内能的增量只与系统的起始和终了状态有关，与系统所经历的过程无关。

2.1.11 功

在热力学系统中，功与理想气体的体积变化有关，若体积变化微元为 dV，所做元功 dW=pdV，则理想气体功的定义为

$$W = \int_{V_1}^{V_2} p\mathrm{d}V \tag{2-15}$$

当过程用 p–V 图上一条曲线表示时（图 2-2），功 W 即表示曲边梯形的面积。可见，若以不同的曲线（代表不同的变化过程）连接相同的初态（V_1）和终态（V_2），功 W 不同。这就是说，功与所经历的过程有关。若 $V_2 > V_1$，气体体积随过程膨胀，气体对外做正功 $W>0$；反之，若 $V_2 < V_1$，气体被压缩，气体对外做负功，$W<0$；若 $\Delta V=0$，气体不做功。

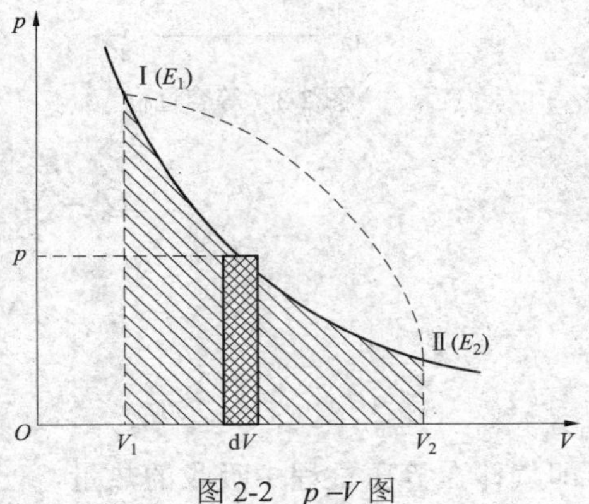

图 2-2 p–V 图

★注意：功 W 的表达式只对准静态过程成立，对

非准静态过程不成立，如气体向真空膨胀，对外不做功，$W=0$。

2.1.12 热量

热量是指当热力学系统与外界接触时，将通过分子间的相互作用来传递的能量。传热过程中传递能量的多少称为热量。系统吸入或放出的热量一般也因过程的不同而异，即热量与所经历的过程有关。

2.1.13 热力学第一定律

热力学第一定律是包括热现象在内的能量守恒和转换定律。热力学第一定律说明：外界对系统传递的热量，一部分使系统的内能增加，一部分用于系统对外做功。

其数学表达式为

$$Q=(E_2-E_1)+W=\Delta E+W \tag{2-16}$$

系统从外界吸收热量时，Q 为正，向外界放出热量时，Q 为负；系统对外界做功时，W 为正，外界对系统做功时，W 为负；系统内能增加时，E_2-E_1 为正，内能减少时，E_2-E_1 为负。

对于状态微小变化过程，热力学第一定律的数学表达式为

$$\mathrm{d}Q=\mathrm{d}E+\mathrm{d}W$$

2.1.14 热力学第一定律对理想气体等值过程和绝热过程的应用

设系统从状态Ⅰ（p_1，V_1，T_1）变到状态Ⅱ（p_2，V_2，T_2），应用热力学第一定律，分别讨论等容过程、等压过程、等温过程以及绝热过程中的功、热量和内能。

（1）等容过程。等容过程（图 2-3）的特征是气体的容积保持不变，即 V 为恒量，$\mathrm{d}V=0$。气体对外不做功，$W=0$。根据热力学第一定律，气体吸收的热量全部用于改变系统的内能，即

$$Q_{\mathrm{V}}=\Delta E=\frac{m}{M}\cdot\frac{i}{2}R(T_2-T_1) \tag{2-17}$$

（2）等压过程。等压过程（图 2-4）的特征是气体压强保持不变，即 p 为恒量，$\mathrm{d}p=0$。根据热力学第一定律，有

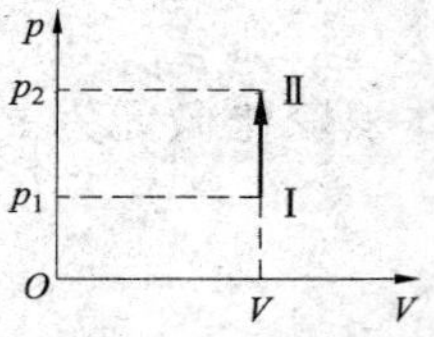

图 2-3　等容过程

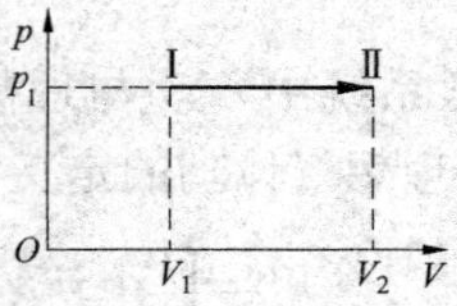

图 2-4　等压过程

$$Q_{\mathrm{p}}=\Delta E+W=\frac{m}{M}\left(\frac{i}{2}+1\right)R(T_2-T_1) \tag{2-18}$$

$$\Delta E=\frac{m}{M}\cdot\frac{i}{2}R(T_2-T_1)$$

$$W=\frac{m}{M}R(T_2-T_1)$$

即气体在等压过程中吸收的热量，一部分转化为内能的增量 ΔE，一部分转为对外做的功

$\frac{m}{M}R(T_2-T_1)$。

（3）等温过程。等温过程（图 2-5）的特征是系统保持温度不变，即 T 为恒量，$\mathrm{d}T=0$，系统内能不变，$\Delta E=0$。根据热力学第一定律，系统吸收的热量全部用于对外界做功，即

$$Q_{\mathrm{T}}=W=\frac{m}{M}RT\ln\frac{V_2}{V_1} \tag{2-19}$$

（4）绝热过程。绝热过程的特征是系统在整个过程中与外界无热量交换，即 $\mathrm{d}Q=0$。由热力学第一律可得

$$W=-\Delta E=-\frac{i}{2}\cdot\frac{m}{M}R(T_2-T_1)$$

根据热力学第一定律和理想气体状态方程，可推导出以下绝热过程方程

$$\begin{cases} pV^{\gamma}=\text{恒量} \\ V^{\gamma-1}T=\text{恒量} \\ p^{\gamma-1}T^{-\gamma}=\text{恒量} \end{cases} \tag{2-20}$$

式中，γ 为比热［容］比。

绝热过程在 p–V 图上的过程曲线为绝热线，它比等温线更陡，如图 2-6 所示。

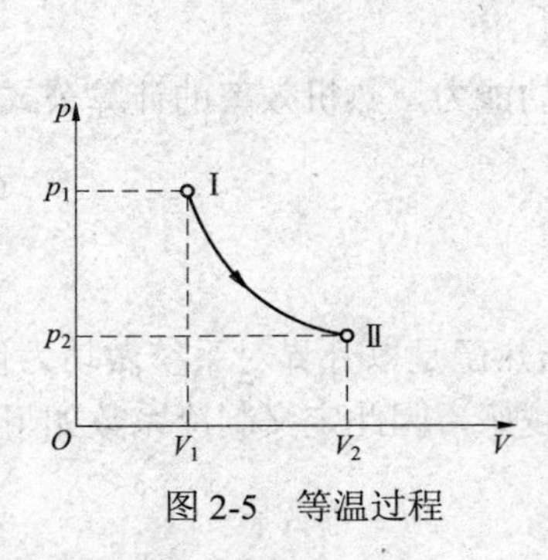

图 2-5　等温过程

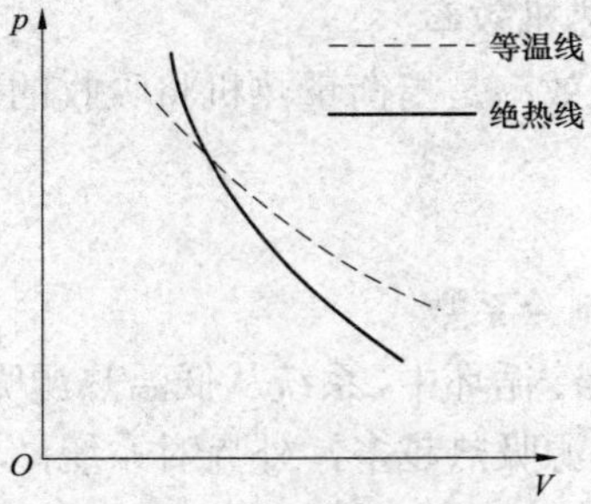

图 2-6　绝热过程

2.1.15　气体的摩尔热容

（1）热容定义。系统每升高单位温度所吸收的热量，称为系统的热容，即

$$C=\frac{\mathrm{d}Q}{\mathrm{d}T}$$

当系统为 1mol 时，它的热容称摩尔热容，单位为 J/（mol·K）。

（2）摩尔定容热容 $C_{V,\mathrm{m}}$ 与摩尔定压热容 $C_{p,\mathrm{m}}$。1mol 系统在等容过程中，每升高单位温度所吸收的热量，称摩尔定容热容 $C_{V,\mathrm{m}}$。1mol 系统在等压过程中，每升高单位温度所吸收的热量，称摩尔定压热容 $C_{p,\mathrm{m}}$，即

$$C_{V,\mathrm{m}}=\left.\frac{\mathrm{d}Q}{\mathrm{d}T}\right|_{V=\text{恒量}},\ C_{p,\mathrm{m}}=\left.\frac{\mathrm{d}Q}{\mathrm{d}T}\right|_{p=\text{恒量}}$$

对于 1mol 理想气体，由式（2-17）和式（2-18）可得

$$C_{V,\mathrm{m}}=\frac{i}{2}R,\ C_{p,\mathrm{m}}=\left(\frac{i}{2}+1\right)R \tag{2-21}$$

由此可知 $$C_{p,\mathrm{m}}=C_{V,\mathrm{m}}+R \tag{2-22}$$

（3）比热［容］比。摩尔定压热容 $C_{p,\mathrm{m}}$ 与摩尔定容热容 $C_{V,\mathrm{m}}$ 的比值称为比热［容］比，记为 γ，有

$$\gamma=\frac{C_{p,\mathrm{m}}}{C_{V,\mathrm{m}}}=\frac{i+2}{i} \tag{2-23}$$

2.1.16 循环过程

物质系统经历一系列的变化过程又回到初始状态，这样周而复始的变化过程称为循环过程，简称循环。循环过程在图中可用一条闭合曲线来表示。循环的重要特征是：经历一个循环后，系统内能不变。系统变化依闭合曲线顺时针方向进行的循环称为正循环，沿逆时针方向进行的循环称为逆循环。热机循环都是正循环，制冷机是逆循环。

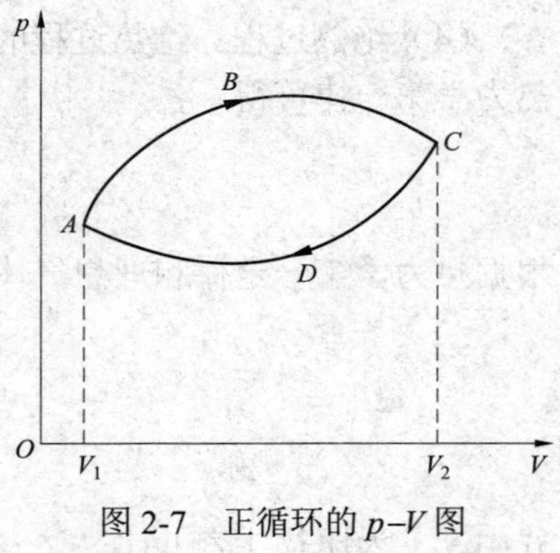

图 2-7 正循环的 p–V 图

如图 2-7 所示的正循环，可以看作为由 ABC 过程与 CDA 过程组成。在 ABC 过程中，系统对外做正功 W_1；在 CDA 过程中，系统对外做负功 W_2。整个循环过程的净功为 $W=W_1-W_2$，即闭合环曲线所围的面积。

2.1.17 热机效率

热机效率是指衡量热机将吸收的热量转化为有用功的能力。热机效率的计算公式为

$$\eta=\frac{W}{Q_1}=1-\frac{Q_2}{Q_1} \tag{2-24}$$

2.1.18 制冷系数

在制冷循环中，系统从低温热源吸收热量传递到高温热源是以外界对系统做功为代价的，从低温热源吸热越多，外界对系统做功越少，制冷效果越好，因此定义制冷系数如下

$$\varepsilon=\frac{Q_2}{W}=\frac{Q_2}{Q_1-Q_2} \tag{2-25}$$

2.1.19 卡诺循环

卡诺循环是在两个温度恒定的热源（一个高温热源 T_1 和一个低温热源 T_2）之间工作的循环过程，由两个等温过程和两个绝热过程组成，如图 2-8 所示。

可以证明卡诺循环的热机效率为

$$\eta=1-\frac{Q_2}{Q_1}=1-\frac{T_2}{T_1} \tag{2-26}$$

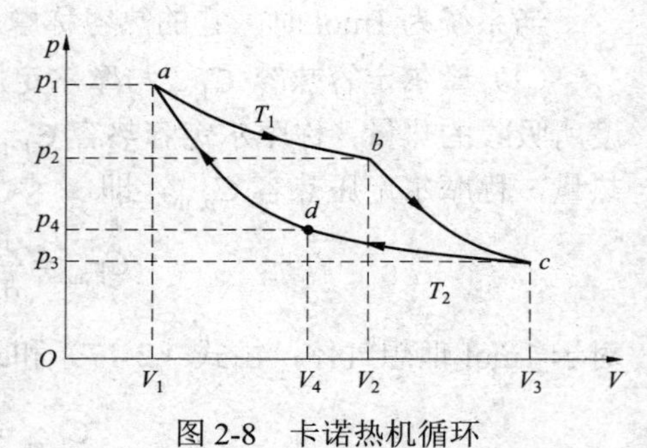

图 2-8 卡诺热机循环

式（2-26）表示，以理想气体为工质的卡诺循环的效率只由两热源的温度 T_1 和 T_2 决定。

2.1.20 热力学第二定律及其统计意义

热力学第二定律有以下两种典型表述：

（1）开尔文表述。不可能制成一种循环动作的热机，只从一个热源吸取热量，使之完全变为有用功，

而其他物体不发生任何变化。

（2）克劳修斯表述。热量不能自动地从低温物体传向高温物体。

仅从一个热源吸热并使之全部变成功的热机，叫作第二类永动机。这种永动机，不违背热力学第一定律，但违背热力学第二定律，故终不能制成。

应当指出，热力学第二定律的开尔文表述中指的是“循环工作的热机”，如果工作物质进行的不是循环过程，而是像等温过程一样的单一过程，即把从一个热源吸收的热量全部用来做功。同样的，克劳修斯表述中指的是“不能自动的”，依靠外界做功是可以使热量由低温物体传递到高温物体的，如制冷机。

开尔文表述的是关于热功转换过程中的不可逆性，克劳修斯表述则指出热传导过程中的不可逆性。热力学第二定律指出自然界中的过程是有方向性的。

热力学第二定律的统计意义在于：它揭示了孤立系统中发生的过程总是由包含微观状态数目少的宏观态向包含微观状态数目多的宏观态进行，由概率小的宏观态向概率大的宏观态进行。一切实际过程总是向无序性增大的方向进行。

2.1.21　可逆过程和不可逆过程

在系统状态变化过程中，如果逆过程能重复正过程的每一状态，而且不引起其他变化，这样的过程叫作可逆过程；反之，在不引起其他变化的条件下，不能使逆过程重复正过程的每一状态，或者虽然能重复正过程的每一状态但必然引起其他变化，这样的过程叫作不可逆过程。

热功转换过程是不可逆的：功可以完全变成热；但在不引起其他任何变化和不产生其他影响的条件下，热不能完全变成功。热传递过程是不可逆的：热量可以自动地从高温物体传到低温物体；但在不引起其他任何变化和不产生其他任何影响的条件下，热量是不可以自动地从低温物体传到高温物体的。

在热力学中，过程的可逆与否和系统所经历的中间状态是否平衡密切相关。只有过程进行无限缓慢、没有摩擦等引起的机械能耗散、由一系列无限接近平衡态的中间状态所组成的准静态过程，才是可逆过程。

2.1.22　熵

系统从状态 A 出发经某变化过程到状态 B，则由热力学第一、第二定律可得：

（1）若过程是可逆的，则 $\int_{A\,(\text{可逆过程})}^{B}\frac{\mathrm{d}Q}{T}$ 与过程无关，仅与状态 A 和终态 B 有关，故可引进一仅与状态有关的量 S，称为熵，它的定义为

$$S_{\mathrm{B}}-S_{\mathrm{A}}=\int_{A\,(\text{可逆过程})}^{B}\frac{\mathrm{d}Q}{T} \tag{2-27}$$

式中：S_{A} 为系统处于初态时的熵；S_{B} 为系统处于终态时的熵；$S_{\mathrm{B}}-S_{\mathrm{A}}$ 为系统经此可逆过程后，系统的熵变或熵增量。对一段微小的可逆过程熵的增量为 $\mathrm{d}S=\left(\frac{\mathrm{d}Q}{T}\right)_{\text{可逆}}$。

（2）若过程是不可逆的，则 $S_{\mathrm{B}}-S_{\mathrm{A}}>\int_{A\,(\text{可逆过程})}^{B}\frac{\mathrm{d}Q}{T}$。

（3）熵增加原理。若系统经历的变化过程为可逆绝热过程，则 $S_{\mathrm{A}}=S_{\mathrm{B}}$，即可逆绝热过程

为等熵过程。若系统经历的变化过程为不可逆绝热过程，则 $S_A > S_B$，即不可逆绝热过程为增熵过程。不求助于外界的自发过程，必为绝热过程。此时的系统称为孤立系统。孤立系统内所发生的任何变化过程，永远朝熵增加方向进行，这就是熵增加原理。

【例 2-1】（2021） 在标准状态下，即压强 p_0=1atm，温度 T=273.15K，1mol 任何理想气体的体积均为（　　）。

A. 22.4L　　B. 2.24L　　C. 224L　　D. 0.224L

【解】 此题考核知识点为理想气体状态方程。将标准状态下的压强（p_0=1atm）、温度（T=273.15K）、摩尔数（$\frac{m}{M}=1\text{mol}$）及普适气体恒量［R=8.31J/（mol·K）］，代入理想气体状态方程 $pV=\frac{m}{M}RT$，注意将压强单位转换成帕斯卡（Pa），1atm=101 325Pa，即可以得到1mol 任何理想气体的标准体积（摩尔体积）22.4L。

【答案】 A

【例 2-2】（2022） 两容器内分别盛有氢气和氦气，若它们的温度和质量分别相等，则（　　）。

A. 两种气体分子的平均平动动能相等　　B. 两种气体分子的平均动能相等

C. 两种气体分子的平均速率相等　　D. 两种气体的内能相等

【解】 此题考核知识点为 3 个微观量（分子的平均平动动能、平均动能、平均速率）和 1 个宏观量（气体内能）。对于选项 A，气体分子的平均平动动能 $\overline{\varepsilon}_k=\frac{3}{2}kT$，其中，$k$ 是玻尔兹曼常数，因此气体分子的平均平动动能只与温度有关，与气体的种类无关。而氢气和氦气的温度 T 相等，则两种气体分子的平均平动动能相等。选项 B，分子平均动能 $\overline{\varepsilon}=\frac{i}{2}kT$，是平均平动动能和平均转动动能之和。其中，$i$ 为平动自由度和转动自由度之和。本题中，氢气分子为双原子分子，i=5；氦气分子为单原子分子，没有转动动能，i=3。故氢气分子和氦气分子的平均动能不同。选项 C，气体的平均速率 $\overline{v}=\sqrt{\frac{8RT}{\pi M}}$，两种气体的温度 T 相等，而气体的摩尔质量 M 不同，故平均速率不相等。选项 D，内能 $E=\frac{m}{M}\cdot\frac{i}{2}RT$，两种气体的质量 m 和温度 T 分别相等，但摩尔质量 M 不同，自由度 i 也不同，故不能确定两种气体的内能相等。

【答案】 A

【例 2-3】（2014） 在标准状态下，当氢气和氦气的压强和体积都相等时，氢气和氦气的内能之比为（　　）。

A. $\frac{5}{3}$　　B. $\frac{3}{5}$　　C. $\frac{1}{2}$　　D. $\frac{3}{2}$

【解】 由理想气体的内能公式 $E=\frac{m}{M}\cdot\frac{i}{2}RT$ 和理想气体状态方程 $pV=\frac{m}{M}RT$，可得 $E=\frac{i}{2}pV$，其中 i 为自由度。氢气 (H_2) 为刚性双原子分子，自由度为 5；氦气 (He) 为单原子分子，

自由度为3。当氢气和氦气的压强和体积都相等时，内能之比即为自由度之比。

【答案】 A

【例 2-4】（2009、2013、2018） 1mol 刚性双原子理想气体，当温度为 T 时，每个分子的平均平动动能为（　　）。

A. $\frac{3}{2}RT$　　B. $\frac{5}{2}RT$　　C. $\frac{3}{2}kT$　　D. $\frac{5}{2}kT$

【解】 注意题目问的是每个分子的平均平动动能。不管是双原子分子，还是多原子分子，任何种类的理想气体分子的平均平动动能均为 $\bar{\varepsilon}_k = \frac{3}{2}kT$。

【答案】 C

【例 2-5】（2011、2013） 一瓶氦气和一瓶氮气它们每个分子的平均平动动能相同，而且都处于平衡态，则它们的（　　）。

A. 温度相同，氦分子和氮分子的平均动能相同

B. 温度相同，氦分子和氮分子的平均动能不同

C. 温度不同，氦分子和氮分子的平均动能相同

D. 温度不同，氦分子和氮分子的平均动能不同

【解】 由理想气体分子的平均平动动能 $\bar{\varepsilon}_k$ 与温度 T 的关系 $\bar{\varepsilon}_k = \frac{3}{2}kT$ 可知，温度相同；自由度为 i 的理想气体分子的平均动能为 $\bar{\varepsilon} = \frac{i}{2}kT$，氦分子为单原子分子，$i=3$，而氮分子为刚性双原子分子，$i=5$，自由度不同，因此分子的平均动能不同。

【答案】 B

【例 2-6】（2014） 在麦克斯韦速率分布律中，速率分布函数 $f(v)$ 的意义可理解为（　　）。

A. 速率大小等于 v 的分子数

B. 速率大小等于在 v 附近的单位速率区间内的分子数

C. 速率大小等于 v 的分子数占总分子数的百分比

D. 速率大小等于在 v 附近的单位速率区间内的分子数占总分子数的百分比

【解】 麦克斯韦速率分布律定义式为 $f(v) = \frac{\mathrm{d}N}{N\mathrm{d}v}$，表示速率大小等于在 v 附近的单位速率区间内的分子数占总分子数的百分比。

【答案】 D

【例 2-7】（2020） 具有相同温度的氧气和氢气的分子平均速率之比 $\bar{v}_{O_2} / \bar{v}_{H_2} =$（　　）。

A. 1　　B. 1/2　　C. 1/3　　D. 1/4

【解】 此题考核知识点为分子平均速率与气体种类的关系。由平均速率公式 $\bar{v} = \sqrt{\frac{8RT}{\pi M}} \approx 1.60\sqrt{\frac{RT}{M}}$ 可知，平均速率 $\bar{v}$ 与气体的温度 T 和摩尔质量 M 有关。此题温度相同，则分子平

均速率之比$\dfrac{\overline{v}_{O_2}}{\overline{v}_{H_2}}=\sqrt{\dfrac{M_{H_2}}{M_{O_2}}}=\dfrac{1}{4}$（氧气的摩尔质量为32g/mol，氢气的摩尔质量为2g/mol）。

【答案】D

【例 2-8】（2021） 理想气体经过等温膨胀过程，其平均自由程$\overline{\lambda}$和平均碰撞次数$\overline{Z}$的变化是（　　）。

A. $\overline{\lambda}$变大，$\overline{Z}$变大　　B. $\overline{\lambda}$变大，$\overline{Z}$变小

C. $\overline{\lambda}$变小，$\overline{Z}$变大　　D. $\overline{\lambda}$变小，$\overline{Z}$变小

【解】分子的平均自由程$\overline{\lambda}=\dfrac{\overline{v}}{\overline{Z}}=\dfrac{1}{\sqrt{2}\pi d^2 n}=\dfrac{kT}{\sqrt{2}\pi d^2 p}$，在等温膨胀过程中，温度$T$不变，体积$V$增大，由理想气体状态方程$pV=\dfrac{m}{M}RT$知，压强$p$降低，故分子的平均自由程$\overline{\lambda}$变大；平均速率$\overline{v}$=1.60$\sqrt{\dfrac{RT}{M}}$，其中温度$T$不变，则$\overline{v}$不变，故平均碰撞次数$\overline{Z}$变小。

【答案】B

【例 2-9】（2016） 容积恒定的容器内盛有一定量的某种理想气体，分子的平均自由程$\overline{\lambda}_0$，平均碰撞频率为$\overline{Z}_0$，若气体的温度降低为原来的$\dfrac{1}{4}$倍时，此时分子的平均自由程$\overline{\lambda}$和平均碰撞频率$\overline{Z}$为（　　）。

A. $\overline{\lambda}=\overline{\lambda}_0$，$\overline{Z}=\overline{Z}_0$　　B. $\overline{\lambda}=\overline{\lambda}_0$，$\overline{Z}=\dfrac{1}{2}\overline{Z}_0$

C. $\overline{\lambda}=2\overline{\lambda}_0$，$\overline{Z}=2\overline{Z}_0$　　D. $\overline{\lambda}=\sqrt{2}\overline{\lambda}_0$，$\overline{Z}=4\overline{Z}_0$

【解】分子的平均自由程$\overline{\lambda}=\dfrac{\overline{v}}{\overline{Z}}=\dfrac{1}{\sqrt{2}\pi d^2 n}$，而单位体积内分子数$n=\dfrac{N}{V}$（$N$为容器内理想气体总分子数），已知容积$V$不变，则$n$不变，因此分子的平均自由程$\overline{\lambda}$不变，$\overline{\lambda}=\overline{\lambda}_0$；平均碰撞频率$\overline{Z}=\sqrt{2}\pi d^2 n\overline{v}$，平均速率$\overline{v}=1.60\sqrt{\dfrac{RT}{M}}$，当温度$T$降低为原来的$\dfrac{1}{4}$倍时，$\overline{v}$降低为原来的$\dfrac{1}{2}$倍，而$n$不变，则平均碰撞频率$\overline{Z}$也降低为原来的$\dfrac{1}{2}$倍，即$\overline{Z}=\dfrac{1}{2}\overline{Z}_0$。

【答案】B

【例 2-10】（2014） 有1mol刚性双原子分子理想气体，在等压过程中对外做功为W，则其温度变化ΔT为（　　）。

A. $\dfrac{R}{W}$　　B. $\dfrac{W}{R}$　　C. $\dfrac{2R}{W}$　　D. $\dfrac{2W}{R}$

【解】在等压过程时，对外做功$W=\dfrac{m}{M}R(T_2-T_1)=\dfrac{m}{M}R\Delta T$。由题意，摩尔数$\dfrac{m}{M}$为1mol，则$\Delta T=\dfrac{W}{R}$。

【答案】B

【例 2-11】（2021） 在一热力学过程中，系统内能的减少量全部成为传给外界的热量，此

过程一定是（　　）。

A. 等体升温过程　　B. 等体降温过程

C. 等压膨胀过程　　D. 等压压缩过程

【解】由热力学第一定律$Q=\Delta E+W$，当系统内能的减少量$\Delta E=Q$时，则$W=0$，即做功为零，为等体过程；当系统内能减少时，$\Delta E<0$，而ΔE又与系统温度增量ΔT成正比，则$\Delta T<0$，因此系统温度降低，该热力学过程为等体降温过程。

【答案】B

【例 2-12】（2012）　一定量的理想气体由a状态经过一过程到达b状态，吸热为335 J，系统对外做功为126J；若系统经过另一过程由a状态到达b状态，系统对外做功为42 J，则过程中传入系统的热量为（　　）。

A. 530J　　B. 167J　　C. 251J　　D. 335J

【解】两过程都是由a状态到达b状态，内能是状态量，内能增量$\Delta E=\frac{m}{M}\cdot\frac{i}{2}R(T_b-T_a)$相同。由热力学第一定律$Q=\Delta E+W$，有$Q_1-W_1=Q_2-W_2$，即$335-126=Q_2-42$，可得$Q_2=251\text{J}$。

【答案】C

【例 2-13】（2012）　一定量的理想气体经过等体过程，温度增量ΔT，内能变化ΔE_1，吸收热量Q_1，若经过等压过程，温度增量也为ΔT，内能变化ΔE_2，吸收热量Q_2，则一定是（　　）。

A. $\Delta E_2=\Delta E_1$，$Q_2>Q_1$　　B. $\Delta E_2=\Delta E_1$，$Q_2<Q_1$

C. $\Delta E_2>\Delta E_1$，$Q_2>Q_1$　　D. $\Delta E_2<\Delta E_1$，$Q_2<Q_1$

【解】两过程温度增量均为ΔT，内能增量$\Delta E=\frac{m}{M}\cdot\frac{i}{2}R\Delta T$相同，$\Delta E_2=\Delta E_1$。对于等体过程，可知$Q_1=\Delta E_1+W_1$，等体过程不做功，即$W_1=0$，$Q_1=\Delta E_1=\frac{m}{M}\cdot\frac{i}{2}R\Delta T$；对于等压过程，可知$Q_2=\Delta E_2+W_2=\frac{m}{M}\left(\frac{i}{2}+1\right)R\Delta T$，所以$Q_2>Q_1$。

【答案】A

【例 2-14】（2016）　在卡诺循环过程中，理想气体在一个绝热过程中所做的功为W_1，内能变化为ΔE_1，则在另一个绝热过程中所做的功为W_2，内能变化为ΔE_2，则W_1、W_2及ΔE_1、ΔE_2间关系为（　　）。

A. $W_2=W_1$，$\Delta E_2=\Delta E_1$　　B. $W_2=-W_1$，$\Delta E_2=\Delta E_1$

C. $W_2=-W_1$，$\Delta E_2=-\Delta E_1$　　D. $W_2=W_1$，$\Delta E_2=-\Delta E_1$

【解】在绝热过程中$Q=0$，由热力学第一定律$Q=\Delta E+W$，有$\Delta E_1+W_1=0$，$\Delta E_2+W_2=0$。循环过程中的内能增量为零，而卡诺循环由两个绝热过程和两个等温过程构成，其中等温过程中内能不变，则循环过程中总的内能增量由两个绝热过程中的内能增量相加构成，有$\Delta E_1+\Delta E_2=0$。由上述三个等式可得$\Delta E_2=-\Delta E_1$，$W_2=-\Delta E_2=\Delta E_1=-W_1$。

【答案】C

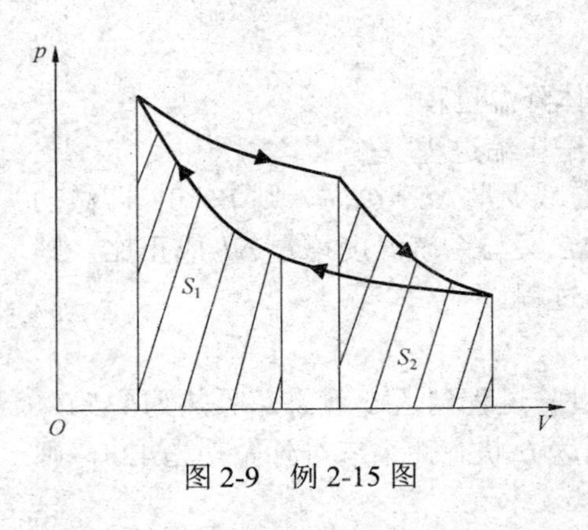

图 2-9　例 2-15 图

【例 2-15】（2021）　理想气体卡诺循环过程的两条绝热线下的面积大小（图 2-9 中阴影部分）分别为 S_1 和 S_2，则二者的大小关系是（　　）。

A. $S_1 > S_2$

B. $S_1 = S_2$

C. $S_1 < S_2$

D. 无法确定

【解】卡诺循环由两个等温过程和两个绝热过程组成。在 p–V 图中，过程曲线下的面积是该过程中系统做功的绝对值，所以 $S_1=|W_1|$，W_1 为阴影面积 S_1 对应的绝热过程中系统所做的功；同样，阴影面积 $S_2=|W_2|$，W_2 为 S_2 对应的绝热过程中系统所做的功。

在绝热过程中，吸收或放出的热量 $Q=0$，由热力学第一定律 $Q=\Delta E+W$，则系统所做的功 $W=-\Delta E$。而理想气体内能的增量为 $\Delta E=\frac{m}{M}\bullet\frac{i}{2}R\Delta T$，$\Delta E$ 由温度增量 ΔT 决定。设卡诺循环中两个等温过程的温度分别为 T_1 和 T_2，且 $T_1 > T_2$。在阴影面积 S_1 对应的绝热压缩过程中，温度升高，由 T_2 变为 T_1；而阴影面积 S_2 对应的绝热膨胀过程中，温度由 T_1 降低到 T_2。两个绝热过程的温度增量 ΔT 互为相反数，所以内能增量 $\Delta E_2=-\Delta E_1$，即 $-W_2=W_1, |W_2|=|W_1|$，故阴影部分面积 $S_1=S_2$。

【答案】B

【例 2-16】（2022）　设高温热源的热力学温度是低温热源的热力学温度的 n 倍，则理想气体在一次卡诺循环中，传给低温热源的热量是从高温热源吸取的热量的（　　）。

A. n 倍　　　　B. $n-1$ 倍

C. $1/n$ 倍　　　　D.（$n+1$）/n 倍

【解】此题考核知识点为卡诺循环的热机效率。卡诺循环是工作在两个恒定的高温（T_1）热源和低温（T_2）热源之间的特殊循环过程，卡诺循环的热机效率为 $\eta=1-\frac{Q_2}{Q_1}=1-\frac{T_2}{T_1}$。由已知，$T_1=nT_2$，则 $1-\frac{Q_2}{Q_1}=1-\frac{1}{n}$，可得传给低温热源的热量 $Q_2=\frac{1}{n}Q_1$。

【答案】C

【例 2-17】（2017）　热力学第二定律的开尔文表述和克劳修斯表述中（　　）。

A. 开尔文表述指出了功热转换的过程是不可逆的

B. 开尔文表述指出了热量由高温物体传向低温物体的过程是不可逆的

C. 克劳修斯表述指出通过摩擦而使功变成热的过程是不可逆的

D. 克劳修斯表述指出气体的自由膨胀过程是不可逆的

【解】此题考核对热力学第二定律的两种表述与可逆过程概念的理解。热力学第二定律指出自然界中的过程是有方向性的。其中，开尔文表述的是关于热功转换过程中的不可逆性，克劳修斯表述指出了热传导过程中的不可逆性。

【答案】A

【例 2-18】（2019）　理想气体向真空做绝热膨胀，则（　　）。

A. 膨胀后，温度不变，压强减小　　B. 膨胀后，温度降低，压强减小

C. 膨胀后，温度升高，压强减小　　D. 膨胀后，温度不变，压强增加

【解】理想气体向真空做绝热膨胀不做功、不吸热，由热力学第一定律得内能不变，故温度不变；因体积增大，单位体积分子数减少，故压强减小。

【答案】A

2.2 波动学

考试大纲

机械波的产生和传播；一维简谐波表达式；描述波的特征量；波面，波前，波线；波的能量、能流、能流密度；波的衍射；波的干涉；驻波：自由端反射与固定端反射；声波；声强级；多普勒效应。

2.2.1 机械波的产生与传播

机械振动在介质中的传播过程称为机械波。产生机械波有如下两个条件：① 做机械振动的波源（振源），振动的波源带动其他质点振动；② 传播机械振动的弹性介质，介质中的各个质点将是波动过程中振动的物体。

波动传播的是运动状态，介质中的各个质点并不随着波的传播方向移动。

按质点的振动方向与波的传播方向之间的关系，在弹性介质中的波可以分为横波和纵波。质点的振动方向与波的传播方向垂直的波称为横波，质点的振动方向与波的传播方向在一条直线上的波称为纵波。

2.2.2 描述波的特征量及其相互联系

波长（λ）：波线上振动状态（相位）完全相同的相邻两点之间的距离。

周期（T）：一个完整波形通过波线上一点所需的时间。显然，也就是该点完成一次全振动的时间，所以波的周期等于振动周期。

频率(ν)：单位时间通过波线上一点的完整波形的数目，即$\nu=1/T$，所以波的频率等于振动的频率。也就是说，波的频率由波源决定，与介质无关。

波速（u）：振动状态在介质中的传播速度，或者说，波形在介质中的移动速度。波速取决于介质的性质。

波速、波长、周期、频率满足下式

$$u=\frac{\lambda}{T}=\lambda\nu \tag{2-28}$$

2.2.3 波面、波前、波线

在波的传播中，各质元间的相位关系以及波的传播方向，可以用几何图形表示。波的传播方向用有箭头的直线表示，称为波线。在某一时刻波到达的点组成的曲面，称为波面。根据波面形状，波面为平面的称为平面波，波面为球面的称为球面波。

波在各向同性介质中传播时，波线始终垂直波面，平面波的波线为平行直线如图 2-10 所示；球面波的波线为由球心发出的射线，如图 2-11 所示。

波前是指某一时刻波动所到达的最前面的一个波面。

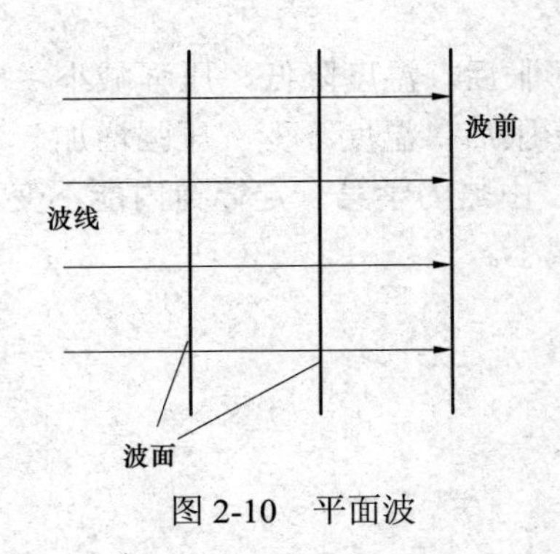

图 2-10　平面波

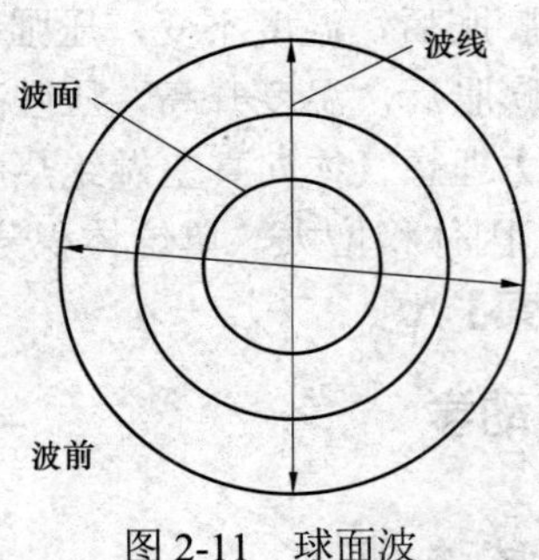

图 2-11　球面波

2.2.4　一维简谐波表达式

简谐振动在弹性介质中的传播形成简谐波。若坐标原点处的质点的振动方程为

$$y_0 = A\cos(\omega t + \varphi_0)$$

则其波沿 x 轴正向传播的波动方程表达式为

$$y = A\cos\left[\omega\left(t - \frac{x}{u}\right) + \varphi_0\right] \tag{2-29}$$

式中：A 为振幅；u 为波速；ω 为角频率；φ_0 为波源初相位。

由于 $\omega = 2\pi\nu$，$\nu = \dfrac{1}{T}$，$u = \dfrac{\lambda}{T}$，上述波动方程也可写成下面的形式

$$y = A\cos\left[2\pi\left(\nu t - \frac{x}{\lambda}\right) + \varphi_0\right]$$

$$y = A\cos\left[2\pi\left(\frac{t}{T} - \frac{x}{\lambda}\right) + \varphi_0\right]$$

$$y = A\cos\left(\omega t - \frac{2\pi x}{\lambda} + \varphi_0\right)$$

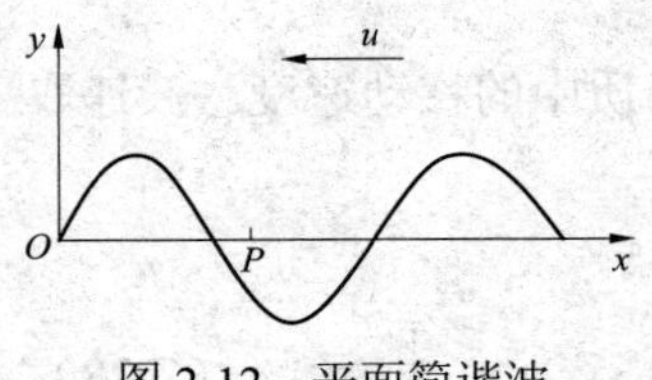

图 2-12　平面简谐波

若平面简谐波（图 2-12）沿 x 轴负向以波速 u 传播，则波动方程为

$$y = A\cos\left[\omega\left(t + \frac{x}{u}\right) + \varphi_0\right] \tag{2-30}$$

横波有峰、有谷，$y = A$ 对应波峰位置，$y = -A$ 对应波谷位置。波程差与相位差关系为

$$\Delta\varphi = \varphi_{02} - \varphi_{01} - \frac{2\pi}{\lambda}(x_2 - x_1)$$

2.2.5　波动能量、能流、能流密度

波动能量是指波动传播时，介质由近及远的一层接着一层地振动，即能量是逐层地传播出来的。波动的传播过程就是能量的传播过程，这是波动的一个重要特征。

波线上体积为ΔV 的质元Δm 的动能 W_{k} 为

$$W_k=\frac{1}{2}\Delta m v^2=\frac{1}{2}\rho\Delta V\left(\frac{\partial y}{\partial t}\right)^2=\frac{1}{2}\rho A^2\omega^2\sin^2\left[\omega\left(t-\frac{x}{u}\right)\right]\Delta V$$

该质元的弹性形变势能 $W_p=W_k$，所以在质元Δm（体积为ΔV）内总机械能 W 为

$$W=W_k+W_p=\rho A^2\omega^2\sin^2\left[\omega\left(t-\frac{x}{u}\right)\right]\Delta V$$

需要注意的是：

（1）由于$\sin^2\left[\omega\left(t-\frac{x}{u}\right)\right]=\sin^2\left[\frac{2\pi}{T}\left(t-\frac{x}{u}\right)\right]$随时间 t 在 0～1 之间变化。当ΔV 中机械能增加时，说明上一个邻近质元传给它能量；当ΔV 中机械能减少时，说明它的能量传给下一个邻近质元，这正符合能量传播图。

（2）当质元处在平衡位置时（$y=0$），体积元ΔV 中动能与势能同时达到最大值；当体积元处在最大位移时（$y=A$），体积元ΔV 中动能与势能同时达到最小值。

（3）波的能量变化周期为波动周期的一半。

总之，波动的能量与简谐振动的能量有显著的不同，在简谐振动系统中，动能和势能互相转化，系统的总机械能守恒，但在波动中，动能和势能是同相位的，同时达到最大值，又同时达到最小值，对任意体积元来说，机械能不守恒，沿着波传播方向，该体积元不断地从后面的介质获得能量，又不断地把能量传给前面的介质，能量随着波动行进，从介质的这一部分传向另一部分。所以，波动是能量传递的一种形式。

能量密度是介质中单位体积的波动能量，称为波的能量密度 w，有

$$w=\frac{W}{\Delta V}=\rho A^2\omega^2\sin^2\omega\left(t-\frac{x}{u}\right)$$

平均能量密度是能量密度在一个周期内的平均值，称为波的平均能量密度$\overline{w}$，有

$$\overline{w}=\frac{1}{2}\rho A^2\omega^2$$

平均能流是单位时间内通过介质中某面积的能量，称为通过该面积的能流。设在介质中垂直于波速 u 取截面积 S，则平均能流为$\overline{P}=\overline{w}uS$。

能流密度是通过垂直于波动传播方向的单位面积的平均能流，称为能流密度或波的强度，记为 I，则

$$I=\frac{1}{2}\rho u A^2\omega^2 \tag{2-31}$$

2.2.6　波的衍射

波在传播过程中，遇到障碍物后，可以偏离直线传播而绕到障碍物后面去，这种现象称为波的衍射。

衍射现象是波动特有的现象。孔隙越小，波长越长，衍射现象越显著。如水波的波长约几厘米到几十米，很容易绕到障碍物的边缘到达物体后面；声波的波长为几厘米到几米，很容易绕过门窗传到屋外；光波的波长不到 1μm，比通常的孔隙小得多，光的衍射现象一般不易看到，只有当孔隙小到 1mm 以下，才能观察到光的衍射现象。

利用惠更斯原理，可以解释波的衍射现象。介质中波动传播到的各点都可以看成是发射子波的波源，而在其后的任意时刻，这些子波的包络就是新的波前。

2.2.7 波的干涉

两列频率相同、振动方向相同、相位差恒定的波称为相干波，满足上述条件的波源称为相干波源。在相干波相遇叠加的区域内，有些点振动始终加强，有些点振动始终减弱或完全抵消。这种现象，称为波的干涉现象。

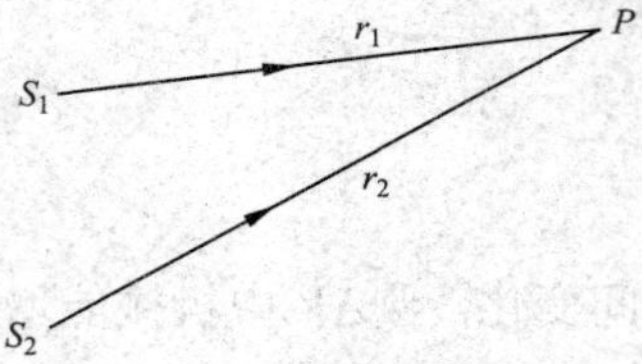

图 2-13 波的干涉

设两相干波源 S_1 及 S_2 的振动方程为

$$y_1 = A_1\cos(\omega t+\varphi_{01})$$

$$y_2 = A_2\cos(\omega t+\varphi_{02})$$

由两波源发出的两列平面简谐波在介质中经 r_1、r_2 的波程分别传到 P 点相遇（图 2-13）。在 P 点引起的分振动分别为

$$y_{1\mathrm{P}} = A_1\cos\left(\omega t-\frac{2\pi r_1}{\lambda}+\varphi_{01}\right)$$

$$y_{2\mathrm{P}} = A_2\cos\left(\omega t-\frac{2\pi r_2}{\lambda}+\varphi_{02}\right)$$

P 点的合振动方程为

$$y_{\mathrm{P}} = y_{1\mathrm{P}}+y_{2\mathrm{P}} = A\cos(\omega t+\varphi)$$

其中

$$A=\sqrt{A_1^2+A_2^2+2A_1A_2\cos\Delta\varphi} \tag{2-32}$$

$$\Delta\varphi=(\varphi_{02}-\varphi_{01})-\frac{2\pi}{\lambda}(r_2-r_1) \tag{2-33}$$

由上式可知，当两分振动在 P 点的相位差 $\Delta\varphi$ 为 2π 的整数倍时，合振幅最大，即 $A=A_1+A_2$；当 $\Delta\varphi$ 为 π 的奇数倍时，合振幅最小，即 $A=\left|A_1-A_2\right|$。因此，$\Delta\varphi=\pm2k\pi(k=0,1,2,\cdots)$ 为干涉加强条件；$\Delta\varphi=\pm(2k+1)\pi(k=0,1,2,\cdots)$ 为干涉减弱条件。

2.2.8 驻波

两列振幅相同的相干波，在同一直线上沿相反方向传播，叠加的结果即为驻波。叠加后形成驻波的波动方程为

$$y=y_1+y_2=\left(2A\cos2\pi\frac{x}{\lambda}\right)\cos2\pi\nu t \tag{2-34}$$

在 $x=k\dfrac{\lambda}{2}$（k 为整数）处的各质点，有最大振幅 $2A$，这些点称为驻波的波腹；在 $x=(2k+1)\dfrac{\lambda}{4}$（$k$ 为整数）处的各质点，振幅为零，即始终静止不动，这些点称为驻波的波节。

驻波被波节分成若干长度为 $\lambda/2$ 的小段，每小段上的各质点的相位相同，相邻两段上的各质点的相位相反，即各质点的振动状态（相位）不是逐点传播的，所以这种波称为驻波。相邻两波节（波腹）之间的距离为半个波长 $\lambda/2$。

2.2.9 声波、声强级

在弹性介质中，如果波源所激起的纵波频率，在 20～20 000Hz 之间，就能引起人的听觉。在这一频率范围内的振动称为声振动，由声振动所激起的纵波称为声波。频率高于 20 000Hz 的机械波称为超声波，频率低于 20Hz 的机械波称为次声波。

声波的能流密度叫作声强。但是能够引起人们听觉的声强变化范围太大（10^{-12}～$1\mathrm{W/m^2}$），

为了比较介质中各种声波的强弱，通常使用声强级，即以 $I_0 = 10^{-12}\ \mathrm{W/m^2}$ 为测定基准，若声波的声强为 I，则声强级为

$$L_\mathrm{I} = \lg \frac{I}{I_0}$$

声强级 L_I 的单位为贝尔（B），也可使用贝尔的 1/10，即分贝（dB）为单位，则声强级（dB）变为

$$L_\mathrm{I} = 10 \lg \frac{I}{I_0}$$

2.2.10 多普勒效应

如果声源或观察者相对传播的介质运动，或两者均相对介质运动时，观察者接收到的频率和声源的频率就不同了，这种现象称为多普勒效应。

设声源和观察者在同一直线上运动，声源的频率为 ν，声源相对于介质的运动速度为 v_S，观察者相对于介质的运动速度为 v_0，声在介质中的传播速度为 u，则观察者接收到的频率 ν' 为

$$\nu' = \frac{u \pm v_0}{u \mp v_\mathrm{S}} \nu \tag{2-35}$$

式中：观察者向着波源运动时，v_0 取正号，远离时取负号；波源向着观察者运动时，v_S 取负号，远离时取正号。

总之，不论是波源运动，还是观察者运动，或者两者同时运动，只要两者互相接近，接收到的频率就高于原来波源的频率；两者互相远离，接收到的频率就低于原来波源的频率。

【例 2-19】（2021） 若一平面简谐波的波动方程为 $y = A\cos(Bt - Cx)$，式中 A、B、C 为正值恒量，则（　　）。

A. 波速为 C　　B. 周期为 $\frac{1}{B}$　　C. 波长为 $\frac{2\pi}{C}$　　D. 角频率为 $\frac{2\pi}{B}$

【解】 此题考核知识点为波动方程基本关系。将平面简谐波的波动方程变形为 $y = A\cos(Bt - Cx) = A\cos B\left(t - \frac{x}{B/C}\right)$，与沿 x 轴正向传播的标准波动方程 $y = A\cos\left[\omega\left(t - \frac{x}{u}\right) + \varphi_0\right]$ 对比，可得振幅为 A，圆频率 $\omega = B$，波速 $u = \frac{B}{C}$，又 $u = \frac{\lambda}{T}$，角频率 $\omega = \frac{2\pi}{T}$，得波长 $\lambda = uT = \frac{B}{C} \cdot \frac{2\pi}{B} = \frac{2\pi}{C}$。

【答案】 C

【例 2-20】（2019） 一横波沿绳子传播时，波的表达式为 $y = 0.05\cos(4\pi x - 10\pi t)$（SI），则（　　）。

A. 其波长为 0.5m　B. 波速为 5m/s　　C. 波速为 25m/s　　D. 频率为 2Hz

【解】 此题考核知识点为波动方程基本关系。将该波动方程转化为标准形式 $y = 0.05\cos(4\pi x - 10\pi t) = 0.05\cos(10\pi t - 4\pi x)$，与沿 x 轴正向传播的波动方程表达式 $y = A\cos\left[\omega\left(t - \frac{x}{u}\right) + \varphi_0\right] = A\cos\left(\omega t - \frac{2\pi}{\lambda}x + \varphi_0\right)$ 对比，可得角频率 $\omega = 10\pi$，$\frac{2\pi}{\lambda} = 4\pi$，则波长为 $\lambda = 0.5\mathrm{m}$；又由 $\omega = 2\pi f$，可得频率 $f = 5\mathrm{Hz}$；而波速 $u = \lambda f$，则 $u = 0.5\mathrm{m} \times 5\mathrm{Hz} = 2.5\mathrm{m/s}$。

【答案】 A

【例 2-21】（2011、2017）　一平面简谐波的波动方程为 $y = 0.01\cos 10\pi(25t - x)$（SI），则在 $t = 0.1\text{s}$ 时刻，$x = 2\text{m}$ 处质元的振动位移是（　　）。

A. 0.01cm　　B. 0.01m　　C. –0.01m　　D. 0.01mm

【解】 一维简谐波的波动方程 $y = A\cos\left[\omega\left(t - \dfrac{x}{u}\right) + \varphi_0\right]$ 的物理含义为 x 位置处质点在 t 时刻的位移，因此将 $t = 0.1\,\text{s}$ 和 $x = 2\,\text{m}$ 代入波动方程，有

$$y = 0.01\cos 10\pi(25\times 0.1 - 2)\text{m} = -0.01\text{m}$$

【答案】 C

【例 2-22】（2012）　一平面简谐波的波动方程为 $y = 2\times 10^{-2}\cos 2\pi\left(10t - \dfrac{x}{5}\right)$（SI），则在 $t = 0.25\text{s}$ 时刻，处于平衡位置，且与坐标原点 $x = 0$ 最近的质元的位置是（　　）。

A. $x = \pm 5\text{m}$　　B. $x = 5\text{m}$　　C. $x = \pm 1.25\text{m}$　　D. $x = 1.25\text{m}$

【解】 在 $t = 0.25\,\text{s}$ 时刻，质元处于平衡位置，则 $y = 0$，由简谐波的波动方程 $y = 2\times 10^{-2}\times\cos 2\pi\left(10\times 0.25 - \dfrac{x}{5}\right) = 0$ 可知，$\cos 2\pi\left(10\times 0.25 - \dfrac{x}{5}\right) = 0$，所以有 $2\pi\left(10\times 0.25 - \dfrac{x}{5}\right) = \left(k + \dfrac{1}{2}\right)\pi$，$k = 0, \pm 1, \pm 2, \cdots$，由此可得 $x = \dfrac{5}{2}\left(\dfrac{q}{2} - k\right)$。当 $x = 0$ 时，$k = \dfrac{q}{2}$，所以 $k = 4$，$x = 1.25$ 或 $k = 5$，$x = -1.25$ 时，与坐标原点 $x = 0$ 最近。

【答案】 C

【例 2-23】（2011、2017）　在波的传播方向上，有相距为 3m 的两质元，两者的相位差为 $\dfrac{\pi}{6}$，若波的周期为 4s，则此波的波长和波速分别为（　　）。

A. 36m 和 6m/s　　B. 36m 和 9m/s　　C. 12m 和 6m/s　　D. 12m 和 9m/s

【解】 对于一列机械波，相位差 $\Delta\varphi = \dfrac{2\pi}{\lambda}\Delta x$，其中，$\Delta x$ 为波的传播方向上两点之间的距离，代入上式，$\dfrac{\pi}{6} = \dfrac{2\pi}{\lambda}\times 3$，则 $\lambda = 36\text{m}$，$u = \dfrac{\lambda}{T} = \dfrac{36}{4}\text{m/s} = 9\text{m/s}$。

【答案】 B

【例 2-24】（2020）　图 2-14 所示为一平面简谐机械波在 t 时刻的波形曲线。若此时 A 点处媒质质元的弹性势能在减小，则（　　）。

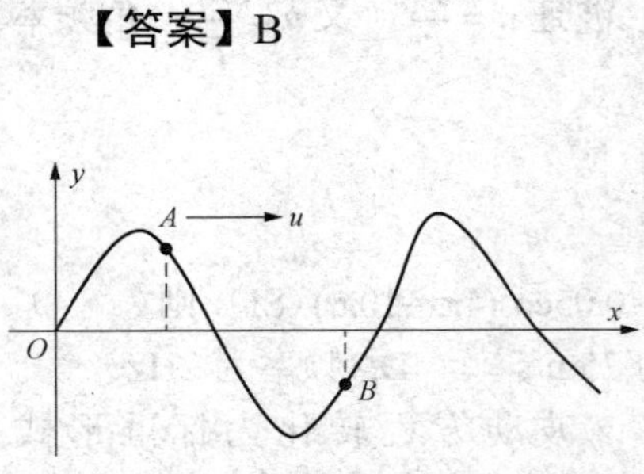

A. A 点处质元的振动动能在减小

B. A 点处质元的振动动能在增加

C. B 点处质元的振动动能在增加

D. B 点处质元正向平衡位置处运动

图 2-14　例 2-24 图

【解】 此题考核知识点为机械波媒质质元的能量关系。在机械波传播的路径上，任意位置处的质元都具有弹性势能 W_P 和振动动能 W_K，而且两者在任意时刻都相等，即 $W_P = W_K$。在 t 时刻的波形曲线图上，A 处媒质质元的弹性势能和它的

振动动能相等。依题意，此时 A 点处媒质质元的弹性势能在减小，则此处质元的振动动能也在减小。

【答案】A

【例 2-25】（2016） 一平面简谐波的波动方程为 $y=2\times10^{-2}\cos2\pi\left(10t-\dfrac{x}{5}\right)$(SI)，对 $x=2.5\text{m}$ 处的质元，在 $t=0.25\text{s}$ 时，它的（　　）。

A. 动能最大，势能最大　　B. 动能最大，势能最小

C. 动能最小，势能最大　　D. 动能最小，势能最小

【解】将 $x=2.5\text{m}$，$t=0.25\text{s}$ 代入波动方程，可以得到 $y=2\times10^{-2}\text{m}$，质元处于正的最大位移处，此时质元速度为零，动能最小且为零。而对于机械波，在传播方向上任意质元的动能和势能是同相位的，同时达到最大值，又同时达到最小值，因此该质元的势能也最小且为零。

【答案】D

【例 2-26】（2016） 两个相干波源，频率为 100Hz，相位差为π，两者相距 20m，若两波源发出的简谐波的振幅均为 A，则在两波源连线的中垂线上各点合振动的振幅为（　　）。

A. $-A$　　B. 0　　C. A　　D. $2A$

【解】在波的干涉中，合振动的振幅 $A=\sqrt{A_1^2+A_2^2+2A_1A_2\cos\Delta\varphi}$，其中 A_1、A_2 分别为两个相干波源振幅，相位差 $\Delta\varphi=(\varphi_{02}-\varphi_{01})-\dfrac{2\pi}{\lambda}(r_2-r_1)$，其中 $(\varphi_{02}-\varphi_{01})$ 为两个相干波源相位差，r_2-r_1 为两个相干波源发出的简谐波传到某点的几何路程差值。根据题意，简谐波传到中垂线上各点，几何路程差值 $r_2-r_1=0$，$\varphi_{02}-\varphi_{01}=\pi$，因此 $\cos\Delta\varphi=-1$，合振动的振幅最小 $A=|A_1-A_2|$，而两相干波源振幅相同，则合振动的振幅为零。

【答案】B

【例 2-27】（2021） 两个相同的喇叭接在同一播音器上，它们是相干波源，二者到 P 点的距离之差 $\dfrac{\lambda}{2}$（λ 是声波波长），则 P 点处为（　　）。

A. 波的相干加强点　　B. 波的相干减弱点

C. 合振幅随时间变化的点　　D. 合振幅无法确定的点

【解】满足相干条件的两个喇叭，发出的声波同时传到 P 点，产生干涉。两列波传到 P 点的相位差 $\Delta\varphi=(\varphi_{02}-\varphi_{01})-\dfrac{2\pi}{\lambda}(r_2-r_1)$，其中 $(\varphi_{02}-\varphi_{01})$ 是两个喇叭声源的初相位之差，它们来自同一播音器，则初相位相等，故初相差 $(\varphi_{02}-\varphi_{01})=0$；$(r_2-r_1)$ 为两个声源到 P 点的距离之差，依题意 $(r_2-r_1)=\pm\dfrac{\lambda}{2}$。代入相位差公式，得到 $\Delta\varphi=0-\dfrac{2\pi}{\lambda}\bullet\pm\dfrac{\lambda}{2}=\mp\pi$。该相位差为π的奇数倍，满足干涉减弱条件，则 P 点是波的干涉减弱点。

【答案】B

【例 2-28】（2010、2013） 在波长为 λ 的驻波中，两个相邻波腹之间的距离为（　　）。

A. $\dfrac{\lambda}{2}$　　B. $\dfrac{\lambda}{4}$　　C. $\dfrac{3\lambda}{4}$　　D. λ

【解】驻波中，相邻两波节（波腹）之间的距离为半个波长$\dfrac{\lambda}{2}$。

【答案】A

【例 2-29】（2012） 两人轻声谈话的声强级为40dB，热闹市场上噪声的声强级为80dB，市场上声强与轻声谈话的声强之比为（　　）。

A. 2　　B. 20　　C. 10^2　　D. 10^4

【解】声强级为$L_1=\lg\dfrac{I}{I_0}$，其中$I_0=10^{-12}\,\text{W/m}^2$为测定基准，$L_1$的单位为B（贝尔）。轻声谈话的声强级为40dB（分贝），dB为B（贝尔）的1/10，即为4B，$4=\lg\dfrac{I_1}{I_0}$，得$I_1=I_0\times10^4\,\text{W/m}^2$，同理可得热闹市市场上声强$I_2=I_0\times10^8\,\text{W/m}^2$，可知市场上声强与轻声谈话的声强之比$\dfrac{I_2}{I_1}=\dfrac{I_0\times10^8}{I_0\times10^4}=10^4$。

【答案】D

【例 2-30】（2010、2013） 一声波波源相对媒质不动，发出的声波频率是ν_0。设一观察者的运动速度为波速的1/2，当观察者迎着波源运动时，他接收到的声波频率是（　　）。

A. $2\nu_0$　　B. $\dfrac{1}{2}\nu_0$　　C. ν_0　　D. $\dfrac{3}{2}\nu_0$

【解】当声源相对于观察者运动时，会产生多普勒效应，观察者接收到的频率ν'与声源的频率ν_0不同，由公式$\nu'=\dfrac{u\pm v_0}{u\mp v_S}\nu_0$，其中$v_S$为声源相对于介质的运动速度，波源向着观察者运动时，v_S取负号，远离观察者时取正号；v_0为观察者相对于介质的运动速度，观察者向着波源运动时，v_0取正号，远离波源时取负号；u为声波在介质中的传播速度。由此得$\nu'=\dfrac{u+\dfrac{1}{2}u}{u}\nu_0=\dfrac{3}{2}\nu_0$。

【答案】D

2.3 光学

考试大纲

相干光的获得；光程和光程差；杨氏双缝干涉；薄膜干涉；光疏介质；光密介质；迈克尔逊干涉仪；惠更斯-菲涅尔原理；单缝衍射；光学仪器分辨本领；衍射光栅与光谱分析；X射线衍射；布拉格公式；自然光和偏振光；布儒斯特定律；马吕斯定律；双折射现象。

2.3.1 相干光的获得

相干光是指频率相同、光振动的方向相同、相遇点相位差恒定的两束光。获得相干光的基本思想：将一束光分成两束光，让它们经过不同路径相遇，这样分出的两束光频率相同、振动方向相同、相位差恒定，满足相干光的条件。

（1）分波阵面干涉。分波阵面干涉是获得相干光的一种方法。在同一光源发出的光的同一波面上，取不同位置的子波源作为新的光源，这样的两个光源满足相干条件，是相干光源。

它们发出的光在空间相遇，就会出现干涉现象。许多传统的观察光的干涉的装置，如杨氏双缝、菲涅耳双面镜、洛埃镜，都是这样设计的。

（2）分振幅干涉。分振幅干涉是一种利用普通光源发出的光进行相干的方法。它获得相干光源的方法是从单一光源发出的同一个光的波列中，分解出两列相干的光波，由于这样的两列光波的振幅均小于原来光波的振幅，只是分出一部分能量，所以称为分振幅干涉。薄膜干涉就是它的典型事例。

2.3.2 光程和光程差

光程 l 是指光波在介质中所经历的几何路程 r 与介质的折射率 n 的乘积，即

$$l = nr \tag{2-36}$$

光程差 δ 为两相干光分别在折射率为 n_1、n_2 的介质中传播几何路程为 r_1、r_2 的光程之差，其计算公式为 $\delta = n_1 r_1 - n_2 r_2$，光程差 δ 与相位差 $\Delta\varphi = \varphi_1 - \varphi_2$ 有如下关系

$$\Delta\varphi = \frac{2\pi(n_1 r_1 - n_2 r_2)}{\lambda} = \frac{2\pi\delta}{\lambda} \tag{2-37}$$

2.3.3 杨氏双缝干涉（分波阵面法）

杨氏双缝干涉实验是最早利用单一光源形成两束相干光，从而获得干涉现象的典型实验，如图 2-15 所示。

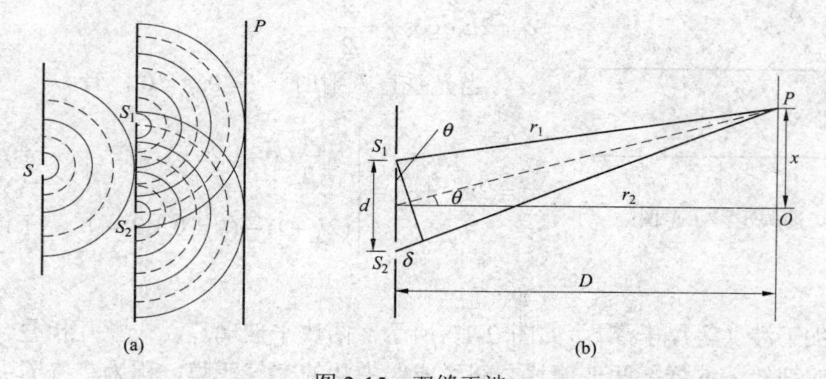

图 2-15 双缝干涉

（a）双缝干涉装置；（b）双缝干涉条纹的计算

图 2-15（b）为双缝干涉条纹计算示意图，设从双缝 S_1 和 S_2 发出的两列波分别经 r_1 和 r_2 传到前方屏幕上 P 点相遇，则 P 点产生干涉条纹的明暗条件由光程差决定。

$$\delta = r_1 - r_2 = \begin{cases} k\lambda\ (k = 0, \pm 1, \pm 2, \cdots) & \text{明纹} \\ (2k+1)\dfrac{\lambda}{2}\ (k = 0, \pm 1, \pm 2, \cdots) & \text{暗纹} \end{cases} \tag{2-38}$$

双缝 S_1、S_2 之间的距离为 d，双缝至前方屏幕的距离为 D，因 $d \ll D$，所以有

$$\delta = r_1 - r_2 \approx d\sin\theta \quad \text{又} \quad \sin\theta \approx \tan\theta = \frac{x}{D}$$

根据光程差决定的条纹明暗条件，可得到：

明纹中心位置：
$$x = k\lambda\frac{D}{d}\ (k = 0, \pm 1, \pm 2, \cdots) \tag{2-39}$$

暗纹中心位置： $$x=(2k+1)\frac{\lambda}{2}\frac{D}{d}\quad(k=0,\pm1,\pm2,\cdots)\tag{2-40}$$

明纹中 $k=0$ 对应于 O 点处的为中央明纹，相邻明纹（暗纹）的间距为

$$\Delta x=\frac{D}{d}\lambda\tag{2-41}$$

2.3.4 薄膜干涉（分振幅法）

（1）半波损失：光从光疏介质（折射率小的介质）射向光密介质（折射率大的介质）且在界面上反射时，反射光存在着相位的突变，这相当于增加（或减少）半个波长的附加光程差，称为半波损失。

（2）厚度均匀的薄膜干涉（等倾干涉）：扩展光源照射到肥皂膜、油膜上，薄膜表面呈现彩色条纹。这就是扩展光源（如阳光）所产生的干涉现象。

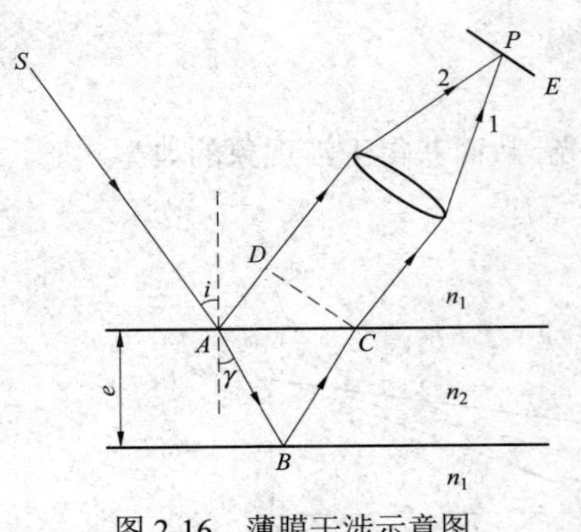

图 2-16　薄膜干涉示意图

图 2-16 为厚度均匀、折射率为 n_2 的薄膜，置于折射率 n_1 的介质中，一单色光经薄膜上下表面反射后得到 1 和 2 两条光线，它们相互平行，并且是相干的。由反射、折射定律和半波损失理论可得到两光束的光程差为 $\delta=2n_2e\cos\gamma+\frac{\lambda}{2}$。

当光垂直入射时，$i=0,\gamma=0$，有

$$\delta=2n_2e+\frac{\lambda}{2}=\begin{cases}2k\frac{\lambda}{2}(k=1,2,\cdots) & \text{干涉相长(明纹)}\\(2k+1)\frac{\lambda}{2}(k=0,1,2,\cdots) & \text{干涉相消(暗纹)}\end{cases}\tag{2-42}$$

（3）劈尖干涉（等厚干涉）。如图 2-17 所示，两块平玻璃片，一端互相叠合，另一端夹一直径很小的细丝。这样，两玻璃片之间形成劈尖状的空气薄膜，称为空气劈尖。两玻璃的交线称为棱边。单色光源发出的光经透镜折射后形成平行光束垂直入射到空气劈尖上，自劈尖上、下表面反射的光相互干涉，其光程差为 $\delta=2ne+\frac{\lambda}{2}$。

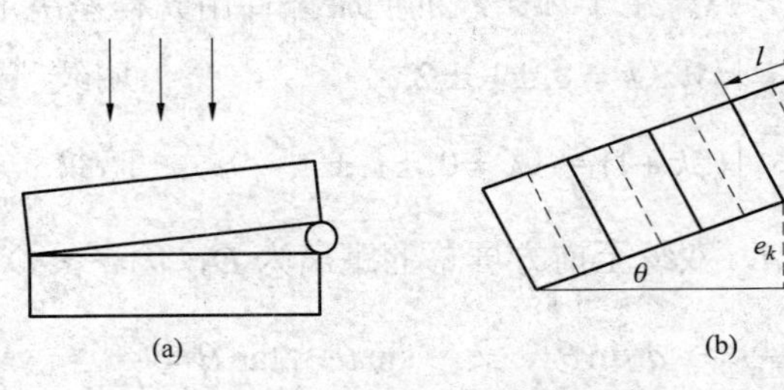

图 2-17　劈尖干涉

（a）劈尖干涉装置图；（b）劈尖干涉示意图

相邻两明（暗）纹对应的空气层厚度为

$$e_{k+1}-e_k=\frac{\lambda}{2} \tag{2-43}$$

设劈尖的夹角为θ，则相邻两明（暗）纹之间距l应满足关系式为

$$l=\frac{\lambda}{2\sin\theta}\approx\frac{\lambda}{2\theta} \tag{2-44}$$

2.3.5 迈克尔逊干涉仪

迈克尔逊干涉仪是根据干涉原理制成的近代精密仪器，可用来测量谱线的波长和其他微小的长度，其构造略图如图 2-18 所示。其中，S为光源，E为人眼观测位置，M_1和M_2为两块平面反射镜，G_1和G_2为两块平板玻璃，G_1朝着E的一面镀有一层半透明膜。

当M_1和M_2垂直时，产生等倾干涉纹，当M_1和M_2不垂直时，产生等厚干涉纹。

当移动M_2时，光程差改变，干涉条纹也移动。若M_2移动$\frac{\lambda}{2}$的距离，则会看到干涉条纹移动 1 条；若条纹移动ΔN条，则M_2移动的距离为

$$\Delta d=\Delta N\frac{\lambda}{2} \tag{2-45}$$

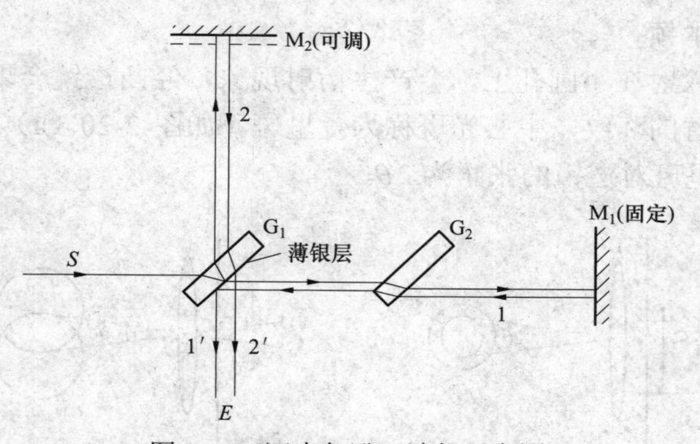

图 2-18　迈克尔逊干涉仪示意图

2.3.6 惠更斯–菲涅耳原理

惠更斯–菲涅耳原理指出：从同一波阵面上各点所发出的子波是相干波，在传播到空间某一点时，各子波进行相干叠加的结果，决定了该处的波振幅。

2.3.7 单缝衍射

当一束平行光线垂直照射宽度可与光的波长相比拟的狭缝时，会绕过缝的边缘向阴影处衍射的现象称为夫琅禾费单缝衍射。采用菲涅耳“半波带法”可以说明衍射图样的形成。

图 2-19（a）为单缝衍射示意图，其中 L 为透镜，E 为光屏，a为缝宽，φ为衍射角。由图 2-19（b）所示，可知从单缝边缘A、B沿角方向发出的波长为λ的两条光线的光程差为BC。

$$\delta=BC=a\sin\varphi$$

若BC为半波长的偶数倍，即对应于某给定角度φ的一系列平行光，单缝处波阵面可分成偶数个半波带时，所有波带的作用成对地相互抵消，则P点处是暗点；若BC为半波长的奇数倍，即单缝处波阵面可分成奇数个半波带时，相互抵消的结果，只留下一个半波带的作用，则P处为亮点。上述诸结论可用数学方式表述如下

$$
a\sin\varphi = \begin{cases} \pm k\lambda\ (k=1,2,3,\cdots) & \text{暗纹} \\ \pm(2k+1)\dfrac{\lambda}{2}\ (k=1,2,3,\cdots) & \text{明纹} \end{cases} \tag{2-46}
$$

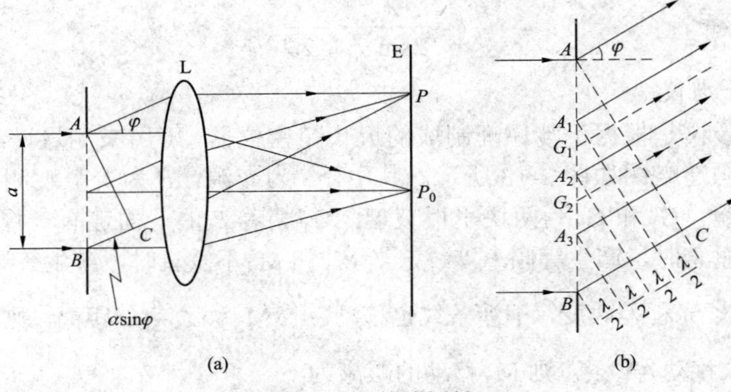

图 2-19　单缝衍射

（a）单缝衍射装置图；（b）半波带法分析图

2.3.8　光学仪器分辨本领

单色平行光垂直入射在小圆孔上，会产生衍射现象，经凸透镜会聚，在位于透镜焦平面的屏幕上出现明暗交替的环纹，中心光斑称为爱里斑。如图 2-20（a）所示，其中 D 为圆孔直径，L 为透镜，爱里斑对透镜的张角为 2θ。

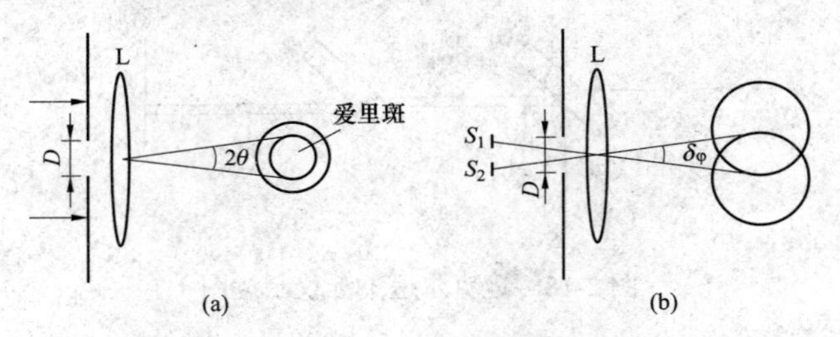

图 2-20　光学仪器分辨率

（a）爱里斑示意图；（b）最小分辨角

对一个光学仪器来说，如果一个点光源的衍射图样的中央最亮处（爱里斑中心）恰好与另一个点光源的衍射图样的第一个最暗处相重合，如图 2-20（b）所示，这时两个点光源 S_1、S_2 恰好能被仪器分辨（该条件称瑞利准则）。此时，两个点光源的衍射图样的中央最亮处（两个爱里斑的中心）之间的距离为爱里斑的半径，两个点光源对透镜光心的张角为

$$
\delta_\varphi = 1.22\frac{\lambda}{D} \tag{2-47}
$$

式中，δ_φ 为最小分辨角。

分辨角 δ_φ 越小，说明光学仪器的分辨率起高，常取分辨角的倒数 $1/\delta_\varphi$，表示光学仪器的分辨本领 R，且

$$
R = \frac{D}{1.22\lambda} \tag{2-48}
$$

2.3.9 X 射线衍射

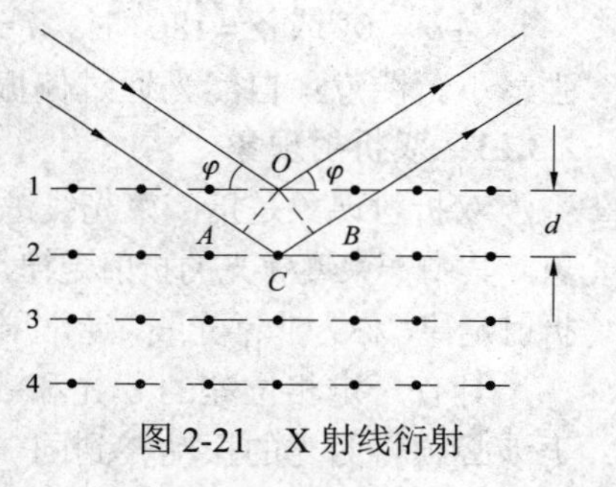

图 2-21 X 射线衍射

X 射线衍射是指一束平行单色 X 射线，以掠射角 φ 射向晶体，晶体中各原子都成为向各方向散射子波的波源，各层间的散射线相互叠加产生干涉现象，如图 2-21 所示。

计算公式为（布拉格公式）

$$2d\sin\varphi = k\lambda \ (k = 0,1,2,3,\cdots) \tag{2-49}$$

式中，d 称为晶格常数。满足式（2-49）时，各原子层的反射线都相互加强，光强极大。

2.3.10 自然光和偏振光

（1）自然光是指光矢量 $\boldsymbol{E}$ 在与传播方向垂直的平面上，没有一个方向较其他方向更占优势。

（2）偏振光是指光矢量 $\boldsymbol{E}$ 在一固定平面内只沿一固定方向振动的光。亦称为线偏振光或平面偏振光，完全偏振光。

部分偏振光是指光矢量 $\boldsymbol{E}$ 可取任意方向，但在各方向上的振幅不同。

2.3.11 布儒斯特定律

当自然光入射到折射率分别为 n_1 和 n_2 的两种介质的分界面上时，反射光和折射光都是部分偏振光。如图 2-22（a）所示，i 为入射角，γ 为折射角。在分界面上反射的反射光为垂直于入射面的光振动较强的部分偏振光，折射光为平行于入射面的光振动较强的部分偏振光。入射角 i 改变时，反射光的偏振化程度也随之改变，当入射角增大至某一特定 i_0 值时，反射光为垂直入射面振动的线偏振光，折射光仍为部分偏振光，如图 2-22（b）所示。i_0 称为布儒斯特角。

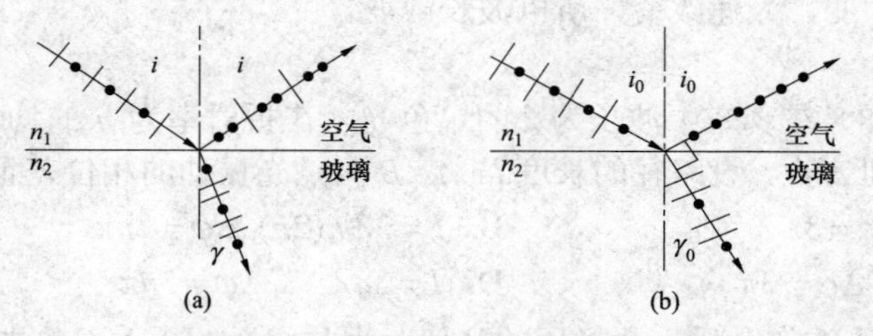

图 2-22 反射和折射时的偏振现象

（a）自然光经反射和折射后产生部分偏振光；（b）入射角为布儒斯特角时反射光为线偏振光

布儒斯特定律的数学表达式为

$$i_0 = \arctan\frac{n_2}{n_1} \tag{2-50}$$

根据折射定律，入射角 i_0 与折射角 γ_0 的关系为

$$i_0 + \gamma_0 = \pi/2$$

2.3.12 马吕斯定律

若入射线偏振光的光强为 I_0，线偏振光的光振动方向与检偏器的偏振化方向之间的夹角为 α，透过检偏器后，透射光强（不计检偏器对光的吸收）为 I，满足马吕斯定律。

$$I = I_0\cos^2\alpha \tag{2-51}$$

当$\alpha=0°$或$\alpha=180°$时，$I=I_0$，透射光强最大；当$\alpha=90°$或$\alpha=270°$时，$I=0$，透射光强最小。注意：自然光通过偏振片后光强减小为原来的一半。

2.3.13 双折射现象

双折射现象是指一束光线进入各向异性的晶体后，沿不同方向折射而分裂成两束光线的现象。其中一束遵守光的折射定律，称为寻常光线，通常用o表示，简称o光，另一束不遵守光的折射定律，称为非常光线，通常用e表示，简称e光。o光和e光为振动方向相互垂直的线偏振光。

具有一定相位差的o光和e光由于振动方向相互正交，故只能合成而不能干涉，要产生干涉必须将两光的振动转到同一平面内，如采用在晶片后插入偏振片的方法。

材料自身无双折射现象，但在外界（包括力、电场、磁场等）的作用下，它们能变成各向异性的双折射材料。在外界作用下产生的双折射现象称为人工双折射，如光弹性效应、电光效应等。在工业上，可以制造各种零件的透明模型，然后在外力的作用下，观测和分析双折射光线的干涉色彩和条纹形状，从而判断模型内部的受力情况。

【例 2-31】（2021） 当一束单色光通过折射率不同的两种媒质时，光的（　　）。

A. 频率不变，波长不变　　B. 频率不变，波长改变

C. 频率改变，波长不变　　D. 频率改变，波长改变

【解】光波波长$\lambda=uT=\dfrac{u}{\nu}$，其中$\nu$为光波的频率，由光源本身决定，与传播媒质无关；$u$为光波传播的速度，与传播媒质有关。传播媒质（或介质）中光传播的速度$u=\dfrac{c}{n}$，其中c为真空中的光速，n为传播媒质（或介质）的折射率。当一束单色光通过折射率不同的两种媒质时，光的频率不变，光速改变，所以波长改变。

【答案】B

【例 2-32】（2018）在真空中波长为λ的单色光，在折射率为n的均匀透明媒质中，从A点沿某一路径传播到B点，设路径的长度l。A、B两点光振动的相位差记为$\Delta\varphi$，则（　　）。

A. $l=3\lambda/2, \Delta\varphi=3\pi$　　B. $l=3\lambda/(2n), \Delta\varphi=3n\pi$

C. $l=3\lambda/(2n), \Delta\varphi=3\pi$　　D. $l=3n\lambda/2, \Delta\varphi=3n\pi$

【解】光程是指光波在介质中所经历的几何路程与介质的折射率的乘积，在此题中，A、B两点之间的光程为$\delta=nl$，又由光程与位相差公式$\Delta\varphi=2\pi\delta/\lambda$，可得：若$l=3\lambda/(2n)$，则$\delta=3\lambda/2$，相位差$\Delta\varphi=3\pi$；若$l=3\lambda/2$，则$\delta=3n\lambda/2$，相位差$\Delta\varphi=3n\pi$。

【答案】C

【例 2-33】（2011、2017） 在双缝干涉实验中，入射光的波长为λ，用透明玻璃纸遮住双缝中的一条缝（靠近屏的一侧），若玻璃纸中光程比相同厚度的空气的光程大 2.5λ，则屏上原来的明纹处（　　）。

A. 仍为明条纹　　B. 变为暗条纹

C. 既非明条纹也非暗条纹　　D. 无法确定时明纹还是暗纹

【解】根据双缝干涉明暗纹条件，屏上原来明纹处光程差δ应满足

$$\delta=r_1-r_2=k\lambda\ （k=1,\pm1,\pm2,\cdots） \tag{2-52}$$

用透明玻璃纸遮住双缝中的一条缝时，屏上原来明纹处光程差变为δ'

$$\delta' = (r_1 - d + nd) - r_2 \tag{2-53}$$

式中：d 为玻璃纸厚度；n 为玻璃折射率。已知玻璃纸中光程 nd 比相同厚度的空气的光程 d 大 2.5λ，即

$$nd - d = 2.5\lambda \tag{2-54}$$

将式（2-52）、式（2-54）代入式（2-53），可得

$$\delta' = (r_1 - d + nd) - r_2 = (k + 2.5)\lambda = (2k + 5)\frac{\lambda}{2}$$

由此可知，此时光程差满足暗纹条件。

【答案】B

【例 2-34】（2010、2017） 在双缝干涉实验中，光的波长 600nm，双缝间距 2mm，双缝与屏的间距为 300cm，则屏上形成的干涉图样的相邻明条纹间距为（　　）mm。

A. 0.45　　B. 0.9　　C. 9　　D. 4.5

【解】由双缝干涉相邻明纹（暗纹）的间距公式 $\Delta x = \frac{D}{d}\lambda$ 可知

$$\Delta x = \frac{300 \times 10^{-2}}{2 \times 10^{-3}} \times 600 \times 10^{-9}\,\text{m} = 9 \times 10^{-4}\,\text{m} = 0.9\text{mm}$$

【答案】B

【例 2-35】（2012） 在双缝干涉实验中，波长为 λ 的单色光垂直入射到缝间距为 a 的双缝上，屏到双缝的距离为 D，则某一条明纹与其相邻的暗纹的间距为（　　）。

A. $\frac{D}{a}\lambda$　　B. $\frac{D\lambda}{2a}$　　C. $\frac{2D}{a}\lambda$　　D. $\frac{D}{4a}\lambda$

【解】由双缝干涉相邻明纹（暗纹）的间距公式 $\Delta x = \frac{D}{a}\lambda$ 可知，明纹与其相邻的暗纹的间距为 $\frac{D\lambda}{2a}$。

【答案】B

【例 2-36】（2019） 在双缝干涉实验中，用单色自然光，在屏上形成干涉条纹。若在两缝后放一个偏振片，则（　　）。

A. 干涉条纹的间距不变，但明纹的亮度加强

B. 干涉条纹的间距不变，但明纹的亮度减弱

C. 干涉条纹的间距变窄，且明纹的亮度减弱

D. 无干涉条纹

【解】本题主要考察偏振片的有关知识和影响干涉条纹间距的因素。自然光经过偏振片后变为线偏振光，且光的强度会减弱。单色自然光经过偏振片后仍然能产生干涉现象，相邻的干涉条纹间距 $\Delta x = \frac{D}{d}\lambda$，由于缝与接收屏之间的距离 D、双缝间距 d 和波长 λ 均不变，则干涉条纹的间距不变。

【答案】B

【例 2-37】（2018）空气中用白光垂直照射一块折射率为 1.50，厚度为 0.4×10^{-6}m 的薄玻

璃片，在可见光范围内，光在反射中被加强的光波波长是（　　）（$1\text{nm}=1\times10^{-9}\text{m}$）。

A. 480nm　　B. 600nm　　C. 2400nm　　D. 800nm

【解】白光垂直照射薄玻璃片，而且玻璃片上下表面都是空气，按照半波损失定义，上表面的反射光存在半波损失。当反射光被加强时，其光程差满足

$$2ne+\lambda/2=k\lambda$$

式中 n 为薄玻璃片的折射率，e 为厚度，$k=1,2,3,\cdots$。

由此式可得 $\lambda=4ne/(2k-1)$，则：当 $k=1$ 时，$\lambda=2400\text{nm}$；当 $k=2$ 时，$\lambda=800\text{nm}$；当 $k=3$ 时，$\lambda=480\text{nm}$；当 $k=4$ 时，$\lambda=343\text{nm}$。

而可见光波长范围为 400～760nm，则在反射中只有波长 $\lambda=480\text{nm}$ 的光被加强。

【答案】A

【例 2-38】（2009） 波长为 λ 的单色光垂直照射到置于空气中的玻璃劈尖上，玻璃的折射率为 n，观察反射光的干涉，则第三级暗条纹处的玻璃厚度为（　　）。

A. $\dfrac{3\lambda}{2n}$　　B. $\dfrac{\lambda}{2n}$　　C. $\dfrac{3\lambda}{2}$　　D. $\dfrac{2n}{3\lambda}$

【解】玻璃劈尖置于空气中，其反射光暗纹对应光程差为

$$\delta=2ne+\frac{\lambda}{2}=(2k+1)\frac{\lambda}{2}$$

第三级暗条纹，将 $k=3$ 带入，则得厚度 $e=\dfrac{3\lambda}{2n}$。

【答案】A

【例 2-39】（2022） 两块平板玻璃构成的空气劈尖，左边为棱边，用单色平行光垂直入射。若上面的平板玻璃慢慢地向上平移，则干涉条纹（　　）。

A. 向棱边方向平移，条纹间隔变小　　B. 向棱边方向平移，条纹间隔变大

C. 向棱边方向平移，条纹间隔不变　　D. 向远离棱边的方向平移，条纹间隔不变

【解】此题考核知识点为劈尖干涉。劈尖干涉是等厚干涉，厚度相同的地方，具有相同亮暗程度的干涉条纹。如图 2-23 所示，上面的平板玻璃慢慢地向上平移时，干涉条纹对应的厚度向棱边平移，则各级干涉条纹也相应向棱边方向平移。在劈尖干涉中，相邻两明（暗）纹之间的间距公式为 $l=\lambda/(2n\sin\theta)\approx\lambda/(2n\theta)$。在平板玻璃向上平移的过程中，劈尖角 θ 保持不变，所以条纹间隔不变。

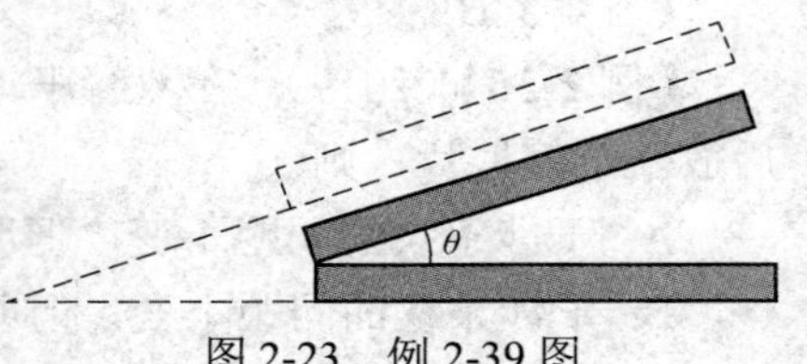

图 2-23　例 2-39 图

【答案】C

【例 2-40】（2010、2018） 在空气中做牛顿环实验（图 2-24），当平凸透镜垂直向上缓慢平移而远离平面玻璃时，可以观察到这些环状干涉条纹（　　）。

A. 向右平移　　B. 静止不动

C. 向外扩张　　D. 向中心收缩

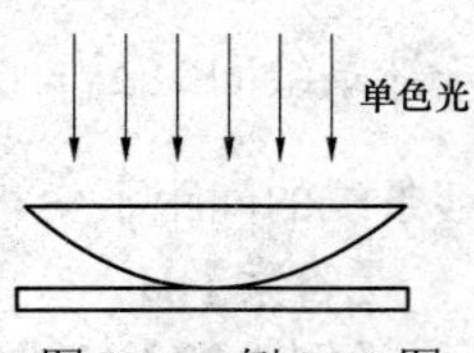

图 2-24　例 2-40 图

【解】牛顿环实验中，单色光垂直入射时，反射光明暗纹条件为

$$\delta = 2n_2 e + \frac{\lambda}{2} = \begin{cases} 2k\dfrac{\lambda}{2}(k=1,2,\cdots) & \text{干涉相长(明纹)} \\ (2k+1)\dfrac{\lambda}{2}(k=0,1,2,\cdots) & \text{干涉相消(暗纹)} \end{cases}$$

牛顿环干涉属于等厚干涉，同一条条纹对应同一个厚度。当平凸透镜垂直向上缓慢平移而远离平面玻璃时，第 k 级条纹所对应厚度 e_k 将向中心移动，则第 k 级条纹也向中心收缩。

【答案】D

【例 2-41】(2013) 在单缝夫琅禾费衍射实验中，屏上第三级暗纹对应的单缝处波面可分成的半波带数目为（　　）。

A. 3　　B. 4　　C. 5　　D. 6

【解】由单缝夫琅和费衍射–菲涅尔“半波带法”，可知

$$a\sin\varphi = \begin{cases} \pm k\lambda\ (k=1,2,3,\cdots) & \text{暗纹} \\ \pm(2k+1)\dfrac{\lambda}{2}\ (k=1,2,3,\cdots) & \text{明纹} \end{cases}$$

第三级暗纹，$a\sin\varphi = 3\cdot\lambda = 6\cdot\dfrac{\lambda}{2}$，为 6 个半波带。

【答案】D

【例 2-42】(2022) 在单缝衍射中，对于第二级暗条纹，每个半波带面积为 S_2，对于第三级暗条纹，每个半波带的面积 S_3 等于（　　）。

A. $\dfrac{2}{3}S_2$　　B. $\dfrac{3}{2}S_2$　　C. S_2　　D. $\dfrac{1}{2}S_2$

【解】在单缝衍射中，暗条纹满足 $a\sin\varphi = \pm k\lambda$。第二级暗条纹 $k=2$，即 $a\sin\varphi = \pm 2\lambda = \pm 4\times\dfrac{\lambda}{2}$，由此可知，此时单缝被分成 4 个半波带，即 $a=4S_2$。同理，对于第三级暗条纹，单缝被分成 6 个半波带，即 $a=6S_3$。则有 $4S_2=6S_3$，可得 $S_3=\dfrac{2}{3}S_2$。

【答案】A

【例 2-43】(2016) 通常亮度下，人眼睛瞳孔的直径约为 3mm，视觉感受到最灵敏的光波波长为 550nm（$1\text{nm}=1\times10^{-9}\text{m}$），则人眼睛的最小分辨角约为（　　）。

A. 2.24×10^{-3}rad　　B. 1.12×10^{-4}rad

C. 2.24×10^{-4}rad　　D. 1.12×10^{-3}rad

【解】由光学仪器最小分辨角公式 $\delta_\varphi = 1.22\dfrac{\lambda}{D}$，其中 λ 为入射光波长，D 为圆孔直径，代入数据即可得。

【答案】C

【例 2-44】(2016) 在光栅光谱中，假如所有偶数级次的主极大都恰好在每个透光缝衍射的暗纹方向上，因而实际上不出现，那么此光栅每个透光缝宽度 a 和相邻两缝间不透光部分宽度 b 的关系为（　　）。

A. $a=2b$　　B. $b=3a$　　C. $a=b$　　D. $b=2a$

【解】光栅是由 N 个相同宽度的透光缝等距平行排列组成，透光缝宽度 a 和相邻两缝间不透光部分宽度 b 相加为光栅常数 $d=a+b$。光栅光谱中主极大所对应的衍射角方向θ，应满足光栅公式

$$d\sin\theta=(a+b)\sin\theta=\pm k\lambda\ (k=0,1,2,3,\cdots)$$

但若该θ恰好又在单缝衍射的暗纹方向上，即

$$a\sin\theta=\pm k'\lambda\ (k'=1,2,3,\cdots)$$

那结果只会是暗纹了，不可见，在此方向上，就会发生缺级现象。将光栅公式和单缝衍射的暗纹条件相除，可得

$$k=\frac{a+b}{a}k'$$

由题意，k 为偶数级次，k' 为整数，则 $\frac{a+b}{a}=2$，所以 $b=a$。

【答案】C

【例 2-45】（2014）　一单色平行光垂直入射到光栅上，衍射光谱中出现了五条明纹，若已知此光栅的缝宽 a 与不透光部分 b 相等，那么在中央明纹一侧的两条明纹级次分别是（　　）。

A. 1 和 3　　B. 1 和 2　　C. 2 和 3　　D. 2 和 4

【解】对于一个光栅常数为 $d=a+b$ 的光栅来说，衍射条纹是由 N 个狭缝的衍射光相互干涉形成的。即在某个衍射角方向 θ 上，首先必须存在有每条缝的衍射光，然后 N 条衍射光才能产生干涉效应。换言之，即使 θ 满足了光栅公式

$$d\sin\theta=(a+b)\sin\theta=\pm k\lambda\ (k=0,1,2,3,\cdots)$$

使干涉结果为明纹，但若该 θ 恰又符合单缝衍射的暗纹条件

$$a\sin\theta=\pm k'\lambda\ (k'=1,2,3,\cdots)$$

那结果只会是暗纹了，在此方向上，就会发生缺级现象。将光栅公式和单缝衍射的暗纹条件相除，有

$$\frac{a+b}{a}=\frac{k}{k'}$$

由此式可知，如果光栅常数 $a+b$ 与缝宽 a 构成整数比，就会发生缺级现象。

本题中 $a=b$，代入缺级公式，则有 $k=2k'$，即 $k=2,4,6,\cdots$，这些明纹应该出现的地方，实际都观察不到。

【答案】A

【例 2-46】（2012）　波长为 $\lambda=550\text{nm}$（$1\text{nm}=10^{-9}\text{m}$）的单色光垂直入射到光栅常数 $d=2\times10^{-4}\text{cm}$ 的平面衍射光栅上，可观察到的光谱线的最大级次为（　　）。

A. 2　　B. 3　　C. 4　　D. 5

【解】由光栅公式

$$d\sin\theta=\pm k\lambda\ (k=1,2,3,\cdots)$$

当波长、光栅常数不变的情况下，要使 k 最大，$\sin\theta$ 必最大，取 $\sin\theta=1$，对此，$d=\pm k\lambda$，$k=\pm\dfrac{d}{\lambda}=\pm\dfrac{2\times10^{-4}\times10^{-2}}{550\times10^{-9}}=3.636$，取整后可得最大级次为 3。

【答案】B

【例 2-47】（2010、2017） 若用衍射光栅准确测定一单色可见光的波长，在下列各种光栅常数的光栅中，选用（　　）mm 最好。

A. 1.0×10^{-1}　　B. 5.0×10^{-1}　　C. 1.0×10^{-2}　　D. 1.0×10^{-3}

【解】由光栅公式

$$d\sin\theta=\pm k\lambda\ (k=1,2,3,\cdots)$$

对同一 k 级条纹，光栅常数 d 越小，衍射角 θ 越大，越容易观测，因此选光栅常数小的衍射光栅。

【答案】D

【例 2-48】（2021） 一束平行单色光垂直入射在光栅上，当光栅常数 $a+b$ 为下列哪种情况时（a 代表每条缝的宽度），$k=3,6,9$，…级次的主极大均不出现？（　　）

A. $a+b=2a$　　B. $a+b=3a$　　C. $a+b=4a$　　D. $a+b=6a$

【解】光栅衍射是单缝衍射和多缝干涉的综合效果，当多缝干涉明纹正好与单缝衍射暗纹重合时，将出现缺级现象。光栅衍射明纹（主极大）满足光栅公式 $(a+b)\sin\theta=\pm k\lambda$，当 k=3，6，9，…主极大不出现时，说明这些明纹正好与单缝衍射中暗纹位置重合。而单缝衍射暗纹条件为 $a\sin\theta=\pm k'\lambda$，即光栅衍射主极大级次 k=3 时，对应单缝衍射 $k'=1$ 的暗纹位置；光栅级次 k=6 时，对应单缝衍射 $k'=2$ 的暗纹位置，依此类推。则有 $\dfrac{(a+b)\sin\theta}{a\sin\theta}=\dfrac{\pm k\lambda}{\pm k'\lambda}=\dfrac{3}{1}=\dfrac{6}{2}=\dfrac{9}{3}$，简化后可得 $a+b=3a$。

【答案】B

【例 2-49】（2014） 一束自然光垂直穿过两个偏振片，两个偏振片的偏振化方向之间夹角为 45°，已知透过此两偏振片后的光强为 I，则入射至第二个偏振片的线偏振光强度为（　　）。

A. I　　B. $2I$　　C. $3I$　　D. $I/2$

【解】此题考核知识点为马吕斯定律。

假设入射自然光的光强为 I_0，通过第一个偏振片后，出射光线变为线偏振光，其光振动方向为第一片偏振片的偏振化方向，而且此线偏振光的光强为自然光光强的一半 $\dfrac{I_0}{2}$，通过第二个偏振片时，由马吕斯定律，出射光强为 $I=\dfrac{I_0}{2}\cos^2\dfrac{\pi}{4}=\dfrac{I_0}{4}$。由此可知，入射的自然光的光强为 $4I$，则入射至第二个偏振片的线偏振光强度为 $2I$。

【答案】B

【例 2-50】（2013） 两个偏振片叠放在一起，欲使一束垂直入射的线偏振光经过这两个偏振片后振动方向转过 90°，且使出射光强尽可能大，则入射光的振动方向与前后二偏振片的偏振化方向的夹角分别为（　　）。

A. 45°和 90°　　B. 0°和 90°　　C. 30°和 90°　　D. 60°和 30°

【解】由马吕斯定律 $I = I_0 \cos^2 \alpha$。光强为 I_0 的线偏振光通过第一个偏振片时，光强变为 $I_1 = I_0 \cos^2 \alpha$，通过第二个偏振片时，光强变为 $I_2 = I_1 \cos^2(90° - \alpha) = I_0 \cos^2 \alpha \cos^2(90° - \alpha) = I_0 \cos^2 \alpha \sin^2 \alpha = \dfrac{1}{4} I_0 \sin^2(2\alpha)$。当 $\alpha = 45°$ 时，出射光强 I_2 最大。

【答案】A

【例 2-51】（2020） 三个偏振片 P_1、P_2 与 P_3 堆叠在一起，P_1 与 P_3 的偏振化方向相互垂直，P_2 与 P_1 的偏振化方向间的夹角为 30°，光强为 I_0 的自然光垂直入射于偏振片 P_1，并依次透过偏振片 P_1、P_2 与 P_3，则通过三个偏振片后的光强为（ ）。

A. $I_0/4$　　B. $I_0/8$　　C. $3I_0/32$　　D. $3I_0/8$

【解】强度为 I_0 的自然光垂直入射于偏振片 P_1，出射的光线为光强 $I_1 = \dfrac{I_0}{2}$ 的线偏振光，它的光振动方向为 P_1 的偏振化方向。

再透过偏振片 P_2 时，出射光线依然是线偏振光，它的光振动方向变为 P_2 的偏振化方向，又由马吕斯定律 $I_{出射光} = I_{入射光} \cos^2 \alpha$，$\alpha$ 为入射线偏振光的光振动方向与偏振片的偏振化方向的夹角，即为 P_1 与 P_2 的偏振化方向间的夹角 30°，可得，出射光光强为 $I_2 = I_1 \cos^2 30° = \dfrac{I_0}{2} \cos^2 30°$。

再透过偏振片 P_3 时，此时马吕斯定律中的 α 变为 P_2 的偏振化方向与 P_3 的偏振化方向的夹角。因为 P_1 与 P_3 的偏振化方向相互垂直，P_2 与 P_1 的偏振化方向间的夹角为 30°，所以 P_2 与 P_3 的偏振化方向的夹角为 60°，由此可得，出射的线偏振光光强为 $I_3 = I_2 \cos^2 60° = \dfrac{I_0}{2} \cos^2 30° \cos^2 60° = \dfrac{3I_0}{32}$。

【答案】C

【例 2-52】（2009、2017） 一束自然光从空气射到玻璃板表面上，当折射角为 30° 的反射光为完全偏振光，则此玻璃的折射率为（ ）。

A. $\dfrac{\sqrt{3}}{2}$　　B. $\dfrac{1}{2}$　　C. $\dfrac{\sqrt{3}}{3}$　　D. $\sqrt{3}$

【解】当反射光为完全偏振光时，满足布儒斯特定律为 $\tan i_0 = \dfrac{n_2}{n_1}$，此时，入射角 i_0 与折射角 γ_0 的关系为 $i_0 + \gamma_0 = \pi/2$。由 $\gamma_0 = 30°$，则 $i_0 = 60°$，有 $\tan 60° = \dfrac{n_2}{1}$，可得 $n_2 = \sqrt{3}$。

【答案】D

物理学复习题

2-1（2017） 有两种理想气体，第一种的压强为 p_1，体积为 V_1，温度为 T_1，总质量为 M_1，摩尔质量为 μ_1；第二种的压强为 p_2，体积为 V_2，温度为 T_2，总质量为 M_2，摩尔质量为 μ_1；当 $V_1=V_2$，$T_1=T_2$，$M_1=M_2$ 时，则 $\dfrac{\mu_1}{\mu_2}$（ ）。

A. $\frac{\mu_1}{\mu_2}=\sqrt{\frac{p_1}{p_2}}$　　B. $\frac{\mu_1}{\mu_2}=\frac{p_1}{p_2}$

C. $\frac{\mu_1}{\mu_2}=\sqrt{\frac{p_2}{p_1}}$　　D. $\frac{\mu_1}{\mu_2}=\frac{p_2}{p_1}$

2-2（2017） 一定量的理想气体对外做了500J的功，如果过程是绝热的，气体内能的增量为（　　）。

A. 0　　B. 500J　　C. −500J　　D. 250J

2-3（2022） 相同质量的氢气和氧气分别装在两个容积相同的封闭容器内，温度相同，氢气与氧气压强之比为（　　）。

A. 1/16　　B. 16/1　　C. 1/8　　D. 8/1

2-4（2019） 关于温度的意义，有下列几种说法：

（1）气体的温度是分子平均平动功能的量度；

（2）气体的温度是大量气体分子热运动的集体表现，具有统计意义；

（3）温度的高低反映物质内部分子运动剧烈程度的不同；

（4）从微观上看，气体的温度表示每个气体分子的冷热程度。

这些说法中正确的是（　　）。

A.（1）（2）（4）　　B.（1）（2）（3）

C.（2）（3）（4）　　D.（1）（3）（4）

2-5（2022） 对于室温下的双原子分子理想气体，在等压膨胀的情况下，系统对外所做的功与从外界吸收的热量之比 W/Q 等于（　　）。

A. 2/3　　B. 1/2　　C. 2/5　　D. 2/7

2-6（2011、2013） 最概然速率 v_p 的物理意义是（　　）。

A. v_p 是速率分布中最大速率

B. v_p 是大多数分子的速率

C. 在一定的温度下，速率与 v_p 相近的气体分子所占的百分率最大

D. v_p 是所有分子速率的平均值

2-7（2013） 一定量的理想气体由初态（p_1，V_1，T_1）经等温膨胀到达终态（p_2，V_2，T_1），则气体吸收的热量 Q 为（　　）。

A. $Q=p_1V_1\ln\frac{V_2}{V_1}$　　B. $Q=p_1V_2\ln\frac{V_2}{V_1}$　　C. $Q=p_1V_1\ln\frac{V_1}{V_2}$　　D. $Q=p_2V_1\ln\frac{p_2}{p_1}$

2-8（2009、2017） 在恒定不变的压强下，气体分子的平均碰撞频率 $\bar{Z}$ 与温度 T 的关系是（　　）

A. $\bar{Z}$ 与 T 无关　　B. $\bar{Z}$ 与 $\sqrt{T}$ 成正比

C. $\bar{Z}$ 与 $\sqrt{T}$ 成反比　　D. $\bar{Z}$ 与 T 成正比

2-9（2020） 一定量的理想气体从初态经过一热力学过程到达末态，如初、末态均处于同一温度线上，此过程中的内能变化 ΔE 和气体做功 W 为（　　）。

A. $\Delta E=0$，W 可正可负　　B. $\Delta E=0$，W 一定为正

C. $\Delta E=0$，W一定为负　　　　D. $\Delta E>0$，W一定为正

2-10（2009）　气缸内有一定量的理想气体，先使气体做等压膨胀，直至体积加倍，然后做绝热膨胀，直至降到初始温度，在整个过程中，气体的内能变化ΔE和对外做功W为（　　）。

A. $\Delta E=0$，$W>0$　　　　B. $\Delta E=0$，$W<0$

C. $\Delta E>0$，$W>0$　　　　D. $\Delta E<0$，$W<0$

2-11（2010、2018）　一定量的理想气体，从一平衡态p_1、V_1、T_1变化到另一平衡态p_2、V_2、T_2，若$V_2>V_1$，但$T_2=T_1$，无论气体经历的过程为（　　）。

A. 气体对外做的功一定为正值　　　　B. 气体对外做的功一定为负值

C. 气体的内能一定增加　　　　D. 气体的内能保持不变

2-12（2016）　一定量的某种理想气体由初始态经等温膨胀变化到末态时，压强为p_1；若由相同的初始态经绝热膨胀到另一末态时，压强为p_2，若二过程末态体积相同，则（　　）。

A. $p_1=p_2$　　B. $p_1>p_2$　　C. $p_1<p_2$　　D. $p_1=2p_2$

2-13（2011）　1mol 理想气体从平衡态$2p_1$、V_1沿直线变化到另一平衡态p_1、$2V_1$，则此过程中系统的功和内能的变化时，有（　　）。

A. $W>0$，$\Delta E>0$　　　　B. $W<0$，$\Delta E<0$

C. $W>0$，$\Delta E=0$　　　　D. $W<0$，$\Delta E>0$

2-14（2019）　两个卡诺热机的循环曲线如图 2-25 所示，一个工作在温度为T_1与T_3的两个热源之间，另一个工作在温度为T_2与T_3的两个热源之间，已知这两个循环曲线所包围的面积相等，由此可知（　　）。

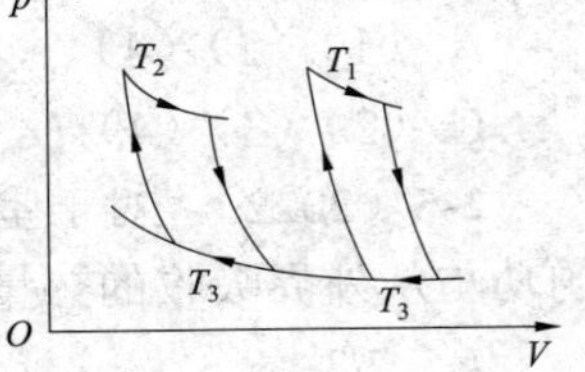

图 2-25　题 2-14 图

A. 两个热机的效率一定相等

B. 两个热机从高温热源所吸收的热量一定相等

C. 两个热机向低温热源所放出的热量一定相等

D. 两个热机吸收的热量与放出的热量（绝对值）的差值一定相等

2-15（2013、2020）　一定量的理想气体经等压膨胀后，气体的（　　）。

A. 温度下降，做正功　　　　B. 温度下降，做负功

C. 温度升高，做正功　　　　D. 温度升高，做负功

2-16（2014）　理想气体在等温膨胀过程中（　　）。

A. 气体做负功，向外界放出热量　　　　B. 气体做负功，从外界吸收热量

C. 气体做正功，向外界放出热量　　　　D. 气体做正功，从外界吸收热量

2-17（2021）　一热机在一次循环中吸热1.68×10^2 J，向冷源放热1.26×10^2 J，该热机效率为（　　）。

A. 25%　　B. 40%　　C. 60%　　D. 75%

2-18（2010、2018）　“理想气体和单一热源接触做等温膨胀时，吸收的热量全部用来对外做功”对此说法，有如下几种讨论，（　　）是正确的。

A. 不违反热力学第一定律，但违反热力学第二定律

B. 不违反热力学第二定律，但违反热力学第一定律

C. 不违反热力学第一定律，也不违反热力学第二定律

D. 违反热力学第一定律，也违反热力学第二定律

2-19（2017） 对平面简谐波而言，波长λ反映（ ）。

A. 波在时间上的周期性　　B. 波在空间上的周期性

C. 波中质元振动位移的周期性　　D. 波中质元振动速度的周期性

2-20（2022）一平面简谐波的表达式为$y=-0.05\sin\pi(t-2x)$（SI），则该波的频率ν（Hz），波速u（m/s）及波线上各点振动的振幅A（m）依次为（ ）。

A. 1/2，1/2，−0.05　　B. 1/2，1，−0.05

C. 1/2，1/2，0.05　　D. 2，2，0.05

2-21（2012） 一平面简谐波沿x轴正向传播，振幅为$A=0.02\text{m}$，周期$T=0.5\text{s}$，波长$\lambda=100\text{m}$，原点处质元初相位$\varphi=0$，则波动方程的表达式为（ ）。

A. $y=0.02\cos 2\pi\left(\dfrac{t}{2}-0.01x\right)(\text{SI})$　　B. $y=0.02\cos 2\pi(2t-0.01x)(\text{SI})$

C. $y=0.02\cos 2\pi\left(\dfrac{t}{2}-100x\right)(\text{SI})$　　D. $y=0.02\cos 2\pi(2t-100x)(\text{SI})$

2-22（2013） 一列机械横波在t时刻的波形曲线如图2-26所示，则该时刻能量处于最大值的媒质质元的位置是（ ）。

A. a　　B. b　　C. c　　D. d

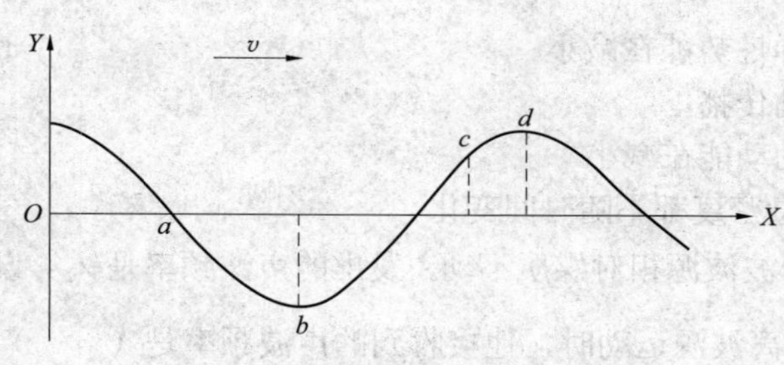

图2-26　题2-22图

2-23（2020） 一平面简谐波，波动方程为$y=0.02\sin(\pi t+x)(\text{SI})$，波动方程的余弦形式为（ ）。

A. $y=0.02\cos\left(\pi t+x+\dfrac{\pi}{2}\right)(\text{SI})$　　B. $y=0.02\cos\left(\pi t+x-\dfrac{\pi}{2}\right)(\text{SI})$

C. $y=0.02\cos(\pi t+x+\pi)(\text{SI})$　　D. $y=0.02\cos\left(\pi t+x+\dfrac{\pi}{4}\right)(\text{SI})$

2-24（2014） 一横波的波动方程为$y=2\times10^{-2}\cos 2\pi\left(10t-\dfrac{x}{5}\right)$（SI），则在$t=0.25\text{s}$时刻，距离原点（$x=0$）最近的波峰位置为（ ）。

A. $x=\pm2.5\text{m}$　　B. $x=\pm7.5\text{m}$　　C. $x=\pm4.5\text{m}$　　D. $x=\pm5\text{m}$

2-25（2009、2014） 一平面简谐波在弹性媒质中传播，在某一瞬时某质元正处于其平衡位置，则它的（ ）。

A. 动能为零，势能最大　　B. 动能为零，势能为零

C. 动能最大，势能最大　　D. 动能最大，势能为零

2-26（2022） 横波以波速 u 沿 x 轴负方向传播，t 时刻波形曲线如图 2-27 所示，则该时刻（　　）。

A. A 点振动速度大于零

B. B 点静止不动

C. C 点向下运动

D. D 点振动速度小于零

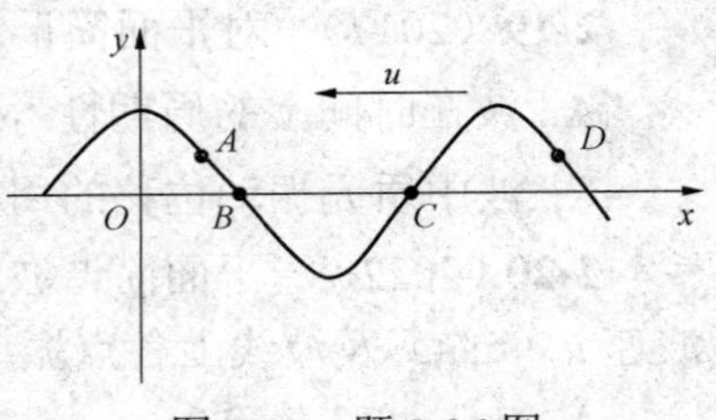

图 2-27　题 2-26 图

2-27（2018） 当机械波在媒质中传播时，一媒质质元的最大形变量发生在（　　）。

A. 媒质质元离开其平衡位置的最大位移处

B. 媒质质元离开其平衡位置的 $\frac{\sqrt{2}}{2}A$ 处（A 为振幅）

C. 媒质质元离开其平衡位置的 $\frac{A}{2}$ 处

D. 媒质质元在其平衡位置处

2-28（2021） 图 2-28 所示为一平面简谐机械波在 t 时刻的波形曲线，若此时 A 点处媒质质元的振动动能在增大，则（　　）。

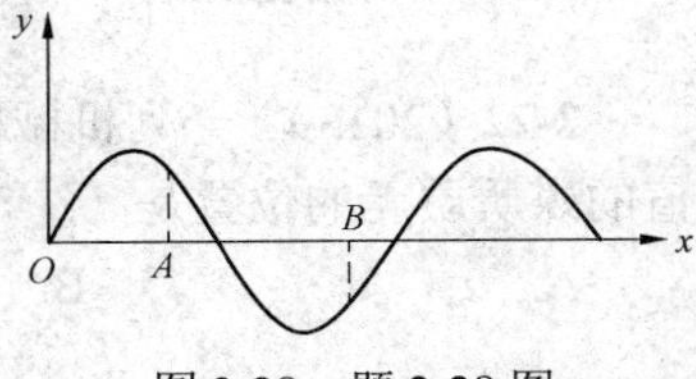

图 2-28　题 2-28 图

A. A 点处质元的弹性势能在减小

B. 波沿 x 轴负方向传播

C. B 点处质元振动动能在减小

D. 各点的波的能量密度都不随时间变化

2-29（2021） 一声波波源相对媒质不动，发出的声波频率是 ν_0。设观察者的运动速度为波速的 $\frac{1}{2}$，当观察者远离波源运动时，他接收到的声波频率是（　　）。

A. ν_0　　　B. $2\nu_0$　　　C. $\frac{1}{2}\nu_0$　　　D. $\frac{3}{2}\nu_0$

2-30（2019） 火车疾驰而来时，人们听到的汽笛音调，与火车远离而去时人们听到的汽笛音调比较，音调（　　）。

A. 由高变低　　　B. 由低变高

C. 不变　　　D. 变高，还是变低不能确定

2-31（2019） 在波的传播过程中，若保持其他条件不变，仅使振幅增加一倍，则波的强度增加到（　　）。

A. 1 倍　　　B. 2 倍　　　C. 3 倍　　　D. 4 倍

2-32（2019） 两列相干波，其表达式 $y_1 = A\cos 2\pi\left(\nu t - \frac{x}{\lambda}\right)$ 和 $y_2 = A\cos 2\pi\left(\nu t + \frac{x}{\lambda}\right)$，在叠加后形成的驻波中，波腹处质元振幅为（　　）。

A. A　　　B. $-A$　　　C. $2A$　　　D. $-2A$

2-33（2019） 在玻璃（折射率 $n_3 = 1.60$）表面镀一层 MgF_2（折射率 $n_2 = 1.38$）薄膜作为增透膜，为了使波长为 500nm（$1\text{nm} = 10^{-9}\text{m}$）的光从空气（$n_1 = 1.00$）正入射时尽可能少反

射，MgF_2 薄膜的最少厚度应是（　　）。

A. 78.1nm　　B. 90.6nm　　C. 125nm　　D. 181nm

2-34（2019）在单缝衍射实验中，若单缝处波面恰好被分成奇数个半波带，在相邻半波带上，任何两个对应点所发出的光在明条纹处的光程差为（　　）。

A. λ　　B. 2λ　　C. $\lambda/2$　　D. $\lambda/4$

2-35（2021）在单缝衍射中，若单缝处的波面恰好被分成偶数个半波带，在相邻半波带上任何两个对应点所发出的光，在暗条纹处的相位差为（　　）。

A. π　　B. 2π　　C. $\frac{1}{2}\pi$　　D. $\frac{3}{2}\pi$

2-36（2013）波长为λ的单色光垂直照射到折射率为 n 的劈尖薄膜上，在由反射光形成的干涉条纹中，第五级明条纹与第三级明条纹所对应的薄膜厚度差为（　　）。

A. $\frac{\lambda}{2n}$　　B. $\frac{\lambda}{n}$　　C. $\frac{\lambda}{5n}$　　D. $\frac{\lambda}{3n}$

2-37（2016）在单缝夫琅禾费衍射实验中，单缝宽度为 a，所用单色光波长为λ，透镜焦距为f，则中央明条纹的半宽度为（　　）。

A. $\frac{f\lambda}{a}$　　B. $\frac{2f\lambda}{a}$　　C. $\frac{a}{f\lambda}$　　D. $\frac{2a}{f\lambda}$

2-38（2010、2018）在双缝干涉实验中，若在两缝后(靠近屏一侧)各覆盖一块厚度为d，但折射率分别为n_1和n_2 ($n_2 > n_1$)的透明薄片，从两缝发出的光在原来中央明纹处相遇时，光程差为（　　）。

A. $d(n_2-n_1)$　　B. $2d(n_2-n_1)$　　C. $d(n_2-1)$　　D. $d(n_1-1)$

2-39（2009、2014）在空气中用波长为λ的单色光进行双缝干涉实验，观察到相邻明条纹间的间距为 1.33mm，当把实验装置放入水中（水的折射率为 $n=1.33$）时，则相邻明条纹的间距变为（　　）。

A. 1.33mm　　B. 2.66mm　　C. 1mm　　D. 2mm

2-40（2011、2014）在真空中，可见光的波长范围是（　　）。

A. 400～760nm　　B. 400～760mm

C. 400～760cm　　D. 400～760m

2-41（2009、2013）若在迈克尔逊干涉仪的可动反射镜 M 移动 0.620mm 过程中，观察到干涉条纹移动了 2300 条，则所用光的波长为（　　）。

A. 269nm　　B. 539nm　　C. 2690nm　　D. 5390nm

2-42（2020）在空气中有一肥皂膜，厚度为 0.32μm（$1\mu m=10^{-6}m$），折射率为 1.33，若用白光垂直照射，通过反射，此膜呈现的颜色大体是（　　）。

A. 紫光（430nm）　B. 蓝光（470nm）　C. 绿光（566nm）　D. 红光（730nm）

2-43（2012）在单缝夫琅禾费衍射实验中，波长为λ的单色光垂直入射到单缝上，对应衍射角为30°的方向上，若单缝处波面可分成 3 个半波带，则缝宽 a 等于（　　）。

A. λ　　B. 1.5λ　　C. 2λ　　D. 3λ

2-44（2009）波长分别为λ_1=450nm 和λ_2=750nm 的单色平行光，垂直入射到光栅上，

在光栅光谱中，这两种波长的谱线有重叠现象，重叠处波长为λ_2谱线的级数为（　　）。

A. 2, 3, 4, 5, … B. 5, 10, 15, 20, …

C. 2, 4, 6, 8, … D. 3, 6, 9, 12, …

2-45（2020） 在双缝干涉实验中，设缝是水平的，若双缝所在的平板稍微向上平移，其他条件不变，则屏上的干涉条纹（　　）。

A. 向下平移，且间距不变 B. 向上平移，且间距不变

C. 不移动，但间距改变 D. 向上平移，且间距改变

2-46（2022） 使一发光强度为I_0的平面偏振光，先后通过两个偏振片P_1和P_2。P_1和P_2的偏振化方向与原入射光光矢量振动方向的夹角分别是α 和 90°，则通过这两个偏振片后的发光强度I是（　　）。

A. $\frac{1}{2}I_0\cos^2\alpha$ B. 0 C. $\frac{1}{4}I_0\sin^2 2\alpha$ D. $\frac{1}{4}I_0\sin^2\alpha$

2-47（2013） 光的干涉和衍射现象反映了光的（　　）。

A. 偏振性质 B. 波动性质 C. 横波性质 D. 纵波性质

2-48（2010、2017） 一束自然光通过两块叠放在一起的偏振片，若两个偏振片的偏振化方向夹角由α_1转到α_2，则转动前后透射光强度之比为（　　）。

A. $\frac{\cos^2\alpha_2}{\cos^2\alpha_1}$ B. $\frac{\cos\alpha_2}{\cos\alpha_1}$ C. $\frac{\cos^2\alpha_1}{\cos^2\alpha_2}$ D. $\frac{\cos\alpha_1}{\cos\alpha_2}$

2-49（2016） 一束自然光自空气射向一块玻璃，设入射角等于布儒斯特角i_0，则光的折射角为（　　）。

A. $\pi+i_0$ B. $\pi-i_0$ C. $\frac{\pi}{2}+i_0$ D. $\frac{\pi}{2}-i_0$

2-50（2016） 两个偏振片平行放置，光强为I_0的自然光垂直入射到第一块上，若两偏振片的偏振化方向夹角成45°角，则从第二块偏振片透出的光强为（　　）。

A. $\frac{I_0}{2}$ B. $\frac{I_0}{4}$ C. $\frac{I_0}{8}$ D. $\frac{\sqrt{2}I_0}{4}$

物理学复习题答案及提示

2-1 D 提示：按照本题的记号，理想气体状态方程为$pV=\frac{M}{\mu}RT$，因为$V_1=V_2$，$T_1=T_2$，$M_1=M_2$，代入方程可得$\frac{p_1}{p_2}=\frac{\mu_2}{\mu_1}$，所以$\frac{\mu_1}{\mu_2}=\frac{p_2}{p_1}$。

2-2 C 提示：由热力学第一定律 $Q=\Delta E+W$，绝热过程中 $Q=0$，则$\Delta E+W=0$；其中理想气体对外做了 500J 的功，$W=500\text{J}$，代入可得气体内能的增量$\Delta E=-500\text{J}$。

2-3 B 提示：理想气体状态方程为$pV=\frac{m}{M}RT$。式中，R 为普适气体常量。氢气和氧气的质量 m 相同，温度 T 相同，体积 V 相同，则压强之比为氢气与氧气的摩尔质量 M 的反

比，即 $P_{H_2}/P_{O_2}=M_{O_2}/M_{H_2}=\dfrac{32(\mathrm{g/mol})}{2(\mathrm{g/mol})}=16/1$。

2-4 B　提示：由 $\bar{\varepsilon}_k=\dfrac{3}{2}kT$ 可知，处于平衡态时的理想气体，其分子的平均平动动能 $\bar{\varepsilon}_k$ 与气体的温度 T 成正比。气体的温度越高，分子的平均平动动能越大，则分子热运动的程度越激烈。因此，可以说温度是表征大量分子热运动激烈程度的宏观物理量，它是大量分子热运动的集体表现。如同压强一样，温度也是一个统计量。对个别分子来说，说它冷热或有多少温度是没有意义的。

2-5 D　提示：在等压膨胀的情况下，系统对外所做的功为 $W=P(V_2-V_1)=\dfrac{m}{M}R(T_2-T_1)$，系统从外界吸收的热量 $Q=\Delta E+W=\dfrac{m}{M}\left(\dfrac{i}{2}+1\right)R(T_2-T_1)$。对于双原子分子，$i$=5，所以可得 $W/Q=1/\left(\dfrac{i}{2}+1\right)=2/7$。

2-6 C　提示：最概然速率是指麦克斯韦速率分布曲线极大值处相对应的速率值。v_p 表示在一定温度下，气体分子速率在 v_p 附近的概率最大。

2-7 A　提示：对于等温过程，内能增量为零，系统吸收的热量全部用于对外做功，$Q_T=W=\dfrac{m}{M}RT\ln\dfrac{V_2}{V_1}$ 式中，V_1、V_2 分别为起始态和终态体积。又由理想气体状态方程 $pV=\dfrac{m}{M}RT$，则 $Q_T=\dfrac{m}{M}RT\ln\dfrac{V_2}{V_1}=pV\ln\dfrac{V_2}{V_1}=p_1V_1\ln\dfrac{V_2}{V_1}=p_2V_2\ln\dfrac{V_2}{V_1}$。

2-8 C　提示：把平均速率 $\bar{v}=1.60\sqrt{\dfrac{RT}{M}}$ 和理想气体状态方程 $p=nkT$ 带入分子的平均碰撞频率 $\bar{Z}=\sqrt{2}\pi d^2n\bar{v}$，可得 $\bar{Z}=\sqrt{2}\pi d^2\times\dfrac{p}{kT}\times1.60\sqrt{\dfrac{RT}{M}}=\sqrt{2}\pi d^2\times\dfrac{p}{k\sqrt{T}}\times1.60\sqrt{\dfrac{R}{M}}$，压强恒定不变，$\bar{Z}$ 与 $\sqrt{T}$ 成反比。

2-9 A　提示：内能增量 $\Delta E=\dfrac{m}{M}\dfrac{i}{2}R\Delta T$，因初、末态均处于同一温度线上，即初态温度与末态温度相同，$\Delta T=0$，则 $\Delta E=0$。又由热力学第一定律 $Q=\Delta E+W$，则有 $Q=W$。因理想气体吸放热未知，所以 W 正负也未知。也可以由理想气体做功公式 $W=\int_{V_1}^{V_2}p\mathrm{d}V$，因体积膨胀或压缩未知，推出 W 可正可负。

2-10 A　提示：理想气体的内能变化 ΔE 只与温度增量 ΔT 相关，在整个过程中，温度回到起始温度，$\Delta T=0$，则 $\Delta E=0$；在等压膨胀中，对外做功 $W_P=\dfrac{m}{M}R(T_2-T_1)=p(V_2-V_1)>0$，温度由 T_1 增加为 T_2，在绝热膨胀过程中温度由 T_2 降低为 T_1，对外做功 $W_a=-\Delta E=\dfrac{i}{2}\dfrac{m}{M}R(T_2-T_1)>0$，所以整个过程中对外做功 $W=W_P+W_a>0$。

2-11 D　提示：内能是状态量，温度相等，内能不变，内能增量 $\Delta E=\dfrac{m}{M}\cdot\dfrac{i}{2}R(T_2-T_1)=0$。

功为过程量，做功正负与具体过程有关。

2-12 B　提示：设初始态温度为 T_0，经等温膨胀变化到末态时，压强为 p_1，体积为 V_1，由理想气体状态方程有 $p_1V_1=\dfrac{m}{M}RT_0$；由相同的初始态经绝热膨胀到另一末态时，压强为 p_2，两过程末态体积相同，为 V_1，温度设为 T_1，有 $p_2V_1=\dfrac{m}{M}RT_2$。由热力学第一定律 $Q=\Delta E+W$，绝热过程中 $Q=0$，体积膨胀，气体对外界做功 $W>0$，所以 $\Delta E<0$，$\Delta T<0$，$T_2<T_0$，由此得 $p_2<p_1$。

2-13 C　提示：在热力学系统中，功与理想气体的体积变化有关，$W=\int_{V_1}^{V_2}p\mathrm{d}V$，体积单向增大，对外做功 $W>0$。从初始平衡态 $2p_1$、V_1 沿直线变化到终了平衡态 p_1、$2V_1$，对于始末状态有 $2p_1V_1=p_1\times 2V_1$，所以温度不变，内能不变，$\Delta E=0$。

2-14 D　提示：p-v 图中，循环过程为闭合曲线，而闭合曲线包围的面积为整个循环过程所做的净功。在热机循环过程中，净功 $W=Q_1-Q_2$，其中 Q_1 为整个循环过程吸收的热量，Q_2 为整个循环过程放出的热量（绝对值）。题图中两个循环曲线所包围的面积相等，即两个循环过程所做的净功相等，也就是两个热机吸收的热量与放出的热量（绝对值）的差值相等。

2-15 C　提示：在等压膨胀过程中，理想气体压强 p 不变，体积 V 增大，由理想气体状态方程 $pV=\dfrac{m}{M}RT$ 可知，温度会随着体积的增大而升高。由理想气体做功公式 $W=\int_{V_1}^{V_2}p\mathrm{d}V$ 可知，等压过程中功 $W=p(V_2-V_1)$，而体积膨胀，即 $V_2>V_1$，则 $W>0$，做正功。

2-16 D　提示：对于理想气体，内能增量 $\Delta E=\dfrac{m}{M}\cdot\dfrac{i}{2}R(T_2-T_1)$。等温膨胀过程中，温度不变，内能增量 $\Delta E=0$；体积增加，气体对外界做正功，即 $W>0$。因此，由热力学第一定律 $Q=(E_2-E_1)+W=\Delta E+W$，可得 $Q>0$，系统从外界吸收热量。

2-17 A　提示：热机效率为 $\eta=\dfrac{W}{Q_1}=1-\dfrac{Q_2}{Q_1}$，其中 W 为整个循环过程中系统所做净功，Q_1 为整个循环过程中系统吸收的热量，Q_2 为整个循环过程中系统放出的热量。本题中，$Q_1=1.68\times10^2$ J，$Q_2=1.26\times10^2$ J，代入公式，得 $\eta=1-\dfrac{1.26\times10^2}{1.68\times10^2}=25\%$。

2-18 C　提示：理想气体和单一热源接触做等温膨胀时，吸收的热量全部用来对外做功不违反热力学第一定律，同时它是一个膨胀过程而不是循环，并体积增大，是不违反热力学第二定律的。

2-19 B　提示：波长 λ 是同一波线上两个相邻的振动状态相同（相位差为 2π）的质元之间的距离，反映波在空间上的周期性。

2-20 C　提示：波动方程的标准形式为 $y=A\cos\left[\omega\left(t-\dfrac{x}{u}\right)+\varphi_0\right]$。将该波动方程化为标准形式 $y=-0.05\sin[\pi(t-2x)]=-0.05\cos\left[\dfrac{\pi}{2}-\pi(t-2x)\right]=0.05\cos\left\{\pi-\left[\dfrac{\pi}{2}-\pi(t-2x)\right]\right\}=0.05\times$

$\cos\left[\pi(t-2x)+\frac{\pi}{2}\right]=0.05\cos\left[\pi\left(t-\frac{x}{1/2}\right)+\frac{\pi}{2}\right]$，则可得振幅 $A=0.05\text{ m}$，角频率 $\omega=\pi(\text{rad/s})$，波速 $u=\frac{1}{2}\text{m/s}$，故波的频率 $\nu=\frac{\omega}{2\pi}=\frac{\pi}{2\pi}=\frac{1}{2}\text{Hz}$。

2-21 B　提示：沿 x 轴正向传播的波动方程表达式为 $y=A\cos\left[\omega\left(t-\frac{x}{u}\right)+\varphi_0\right]$，由 $u=\frac{\lambda}{T}$，$\omega=\frac{2\pi}{T}$，波动方程可写为 $y=A\cos\left[2\pi\left(\frac{t}{T}-\frac{x}{\lambda}\right)+\varphi_0\right]$，将已知条件代入公式，则得 $y=0.02\cos 2\pi(2t-0.01x)(\text{SI})$。

2-22 A　提示：在波动中，任意质元的动能和势能是同相位的，同时达到最大值，又同时达到最小值。当质元 a 处于平衡位置时，位移为零，质元速度最大，动能最大，势能最大，总能量最大。

2-23 B　提示：沿 x 轴负向传播的平面简谐波的标准波动方程为 $y=A\cos\left[\omega\left(t+\frac{x}{u}\right)+\varphi_0\right]$，对比已知 $y=0.02\sin(\pi t+x)$，只需将 sin 转换成 cos 即可。可以推出，$y=0.02\sin(\pi t+x)=0.02\cos\left[\frac{\pi}{2}-(\pi t+x)\right]=0.02\cos\left(\pi t+x-\frac{\pi}{2}\right)$。

2-24 A　提示：在 $t=0.25\text{s}$ 时刻，处于波峰位置，y 最大，由波动方程可知，$\cos 2\pi\left(10\times0.25-\frac{x}{5}\right)=1$，则 $2\pi\left(10\times0.25-\frac{x}{5}\right)=2k\pi\ (k=0,\pm1,\pm2,\cdots)$，由此可得 $x=5\times\left(\frac{5}{2}-k\right)$，所以与坐标原点 $x=0$ 最近的点对应 $k=2$，$k=3$。当 $k=2$ 时，$x=\frac{5}{2}=2.5$；当 $k=3$ 时，$x=-\frac{5}{2}=-2.5$。

2-25 C　提示：对于机械波，任意质元的动能和势能是同相位的，同时达到最大值，又同时达到最小值。当质元处于平衡位置时，位移为零，质元速度最大，动能最大，势能最大。

2-26 D　提示：由波沿 x 轴负方向传播，则可以判断下一时刻的波形图如图 2-29 中虚线所示，则可得到各点在 t 时刻的振动方向，因此可判断选项 B、C 错误。A、D 两点均向下振动，与波形图中各质点位移的正方向（即 y 轴正向）方向相反，所以振动速度为负，即 A、D 两点振动速度均小于零，故只有选项 D 正确。

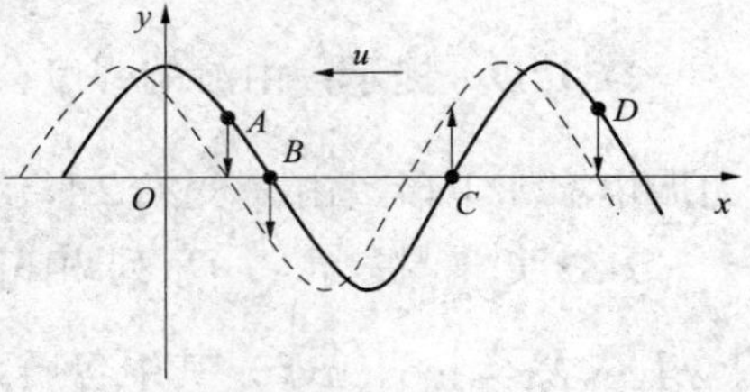

图 2-29　题 2-26 解图

2-27 D　提示：一媒质质元的最大变形量发生在弹性势能最大的地方。平面简谐波传播时，在某点处的媒质质元，其振动动能和势能时刻相等，即 $W_p=W_k$，动能最大时，弹性势能也达到最大。而在平衡位置处，媒质质元的动能最大，所以其弹性势能最大，弹性形变量也最大。

2-28 B　提示：由波动的能量特征可知，波的传播路径上各个媒质质元的动能与势能是同相的。已知 A 点处媒质质元的振动动能在增大，则 A 点处媒质质元的弹性势能也在增大，故选项 A 不正确。由于 A 点媒质质元的振动动能增大，由此判定 A 点质元在向平衡位置运动，即竖直向下运动。波是振动状态的传播，A 点向下运动，A 点位移即将变小。而图中 A 点右边的质元位移比 A 点的位移小，这说明 A 点下一时刻的振动状态，是 A 点右边质元在 t 时刻的振动状态，振动状态是从右边质元传给 A 点的，故机械波沿 x 轴负向传播，选项 B 正确。波沿 x 轴负向传播，B 点下一时刻，即将重复 B 点右边质元在 t 时刻的振动状态，而波形图中 B 点右边质元位移比 B 点的位移小，下一时刻，B 点位移即将变小，所以将要做竖直向上运动，向着平衡位置运动，因此 B 点质元振动动能在增加，选项 C 错误。波的能量密度为 $w=\dfrac{W}{\Delta V}=\rho A^2\omega^2\sin^2\omega\left(t-\dfrac{x}{u}\right)$，是随时间做周期性变化的，故选项 D 不正确。

2-29 C　提示：当观察者相对于波源运动时，会产生多普勒效应，此时观察者接收到的声波频率 ν' 与声源的频率 ν_0 不同，$\nu'=\dfrac{u\pm v_0}{u\mp v_s}\nu_0$，其中，$v_s$ 为声源相对于媒质的运动速度，波源向着观察者运动时，v_s 前取负号，远离观察者时取正号；v_0 为观察者相对于媒质的运动速度，观察者向着波源运动时，v_0 取正号，远离波源时取负号；u 为声波在媒质中的传播速度。题目中声源相对媒质不动，即 $v_s=0$；观察者远离波源运动，$v_0=\dfrac{1}{2}u$，且取负号，由此得

$\nu'=\dfrac{u-\dfrac{1}{2}u}{u}\nu_0=\dfrac{1}{2}\nu_0$。

2-30 A　提示：人耳对声音高低的感觉称为音调。音调主要与声波的频率 ν 有关，声波的频率高，则音调也高。因多普勒效应，人作为观察者接收到的汽笛声频率 $\nu'=\dfrac{u\pm v_0}{u\mp v_s}\nu$，由题意，人相对于介质的运动速度为 $v_0=0$；且波源远离观察者，则火车汽笛相对于介质的运动速度为 v_s 前取正号，上述公式变为 $\nu'=\dfrac{u}{u+v_s}\nu$，则有 $\nu'<\nu$，因此，火车远离时，听到的汽笛音调由高变低。

2-31 D　提示：由波的强度公式 $I=\dfrac{1}{2}\rho uA^2\omega^2$，可知，波强 I 与振幅 A 的二次方成正比。当振幅增加 1 倍，由 A 变为 $2A$，其他条件保持不变时，则波的强度 I 变为原来的 4 倍。

2-32 C　提示：两列相干波叠加后形成的驻波的波动方程为 $y=y_1+y_2=\left(2A\cos2\pi\dfrac{x}{\lambda}\right)\cos2\pi\nu t$，其中各质元振幅为 $2A\cos2\pi\dfrac{x}{\lambda}$，在波腹处振幅最大，即为 $2A$。

2-33 B　提示：由于 $n_1<n_2<n_3$，则反射光薄膜干涉的光程差没有半波损失，为 $2n_2e$，其中 e 为薄膜厚度；由题意，尽可能少反射即反射光干涉相消，光程差 $2n_2e=(2k+1)\dfrac{\lambda}{2}$。最小厚度对应 $k=0$，则 $2n_2e_{\min}=\dfrac{\lambda}{2}$，代入可得，最小厚度 $e_{\min}=90.6\text{nm}$。

2-34 C　提示：在单缝衍射实验中，相邻半波带上，任何两个对应点所发出的光的光程

差均为$\dfrac{\lambda}{2}$，不管对应的是明纹还是暗纹。

2-35 A　提示：在单缝衍射中，若单缝处的波面恰好被分成偶数个半波带，屏上出现暗条纹。相邻半波带上任何两个对应点所发出的光，在暗条纹处的光程差为$\dfrac{\lambda}{2}$，相位差为π。

2-36 B　提示：劈尖薄膜的折射率为n时，相邻两明（或暗）条纹对应的劈尖薄膜厚度为$e_{k+1}-e_k=\dfrac{\lambda}{2n}$。

第五级明条纹和第三级明条纹所对应的厚度差为相邻两明条纹对应的劈尖薄膜厚度的2倍，即为$2(e_{k+1}-e_k)=2\cdot\dfrac{\lambda}{2n}=\dfrac{\lambda}{n}$。

2-37 A　提示：单缝衍射中央明纹宽度$L_0=\dfrac{2f\lambda}{a}$，半宽度为$\dfrac{f\lambda}{a}$。

2-38 A　提示：如图2-30所示，光程差$\varDelta=r-d+n_2d-(r-d+n_1d)=d(n_2-n_1)$。

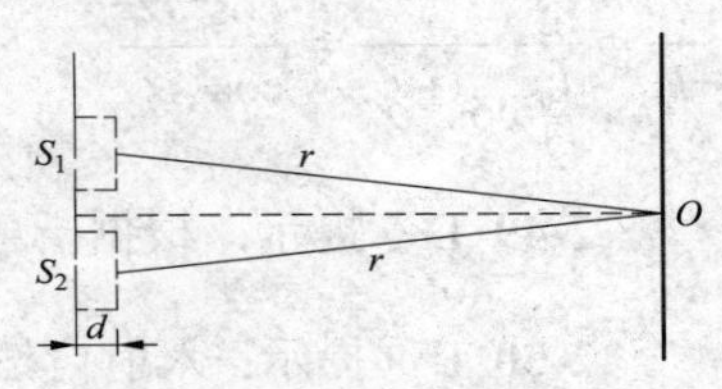

图2-30　题2-38解图

2-39 C　提示：双缝干涉相邻明纹（暗纹）的间距为$\Delta x=\dfrac{D}{d}\lambda'$，此时光在水中的波长为$\lambda'=\dfrac{\lambda}{n}=\dfrac{\lambda}{1.33}$，则条纹间距变为1mm。

2-40 A　提示：可见光波长范围400～760nm。

2-41 B　提示：$\Delta d=\Delta N\dfrac{\lambda}{2}$，由$0.620\times10^6=2300\times\dfrac{\lambda}{2}$，得$\lambda=539\text{nm}$。

2-42 C　提示：白光照射到空气中的肥皂膜上，其反射光呈现出的颜色，应为发生相长干涉的光，即反射光干涉为明条纹的光线，其对应光程差$\delta=2ne+\dfrac{\lambda}{2}=k\lambda$，可得$\lambda=\dfrac{4ne}{2k-1}$，$(k=1,2,3,\cdots)$。将$k$依次代入，只有当$k=2$时，$\lambda=567\text{nm}$（$1\text{nm}=10^{-9}\text{m}$），在可见光区域内。

2-43 D　提示：由单缝夫琅禾费衍射明暗纹条件

$$a\sin\varphi=\begin{cases}\pm k\lambda\ (k=1,2,3,\cdots) & \text{暗纹}\\ \pm(2k+1)\dfrac{\lambda}{2}\ (k=1,2,3,\cdots) & \text{明纹}\end{cases}$$

对应衍射角为30°的方向上，单缝处波面可分成3个半波带，即$\delta=a\sin30^\circ=\pm3\times\dfrac{\lambda}{2}$可得$a=3\lambda$。

2-44 D　提示：由光栅公式$d\sin\theta=k\lambda$，谱线重叠满足：$k_1\lambda_1=k_2\lambda_2$，即$k_1\times450=k_2\times750$，$\dfrac{k_2}{k_1}=\dfrac{3}{5}=\dfrac{6}{10}=\dfrac{9}{15}=\cdots$所以重叠处波长为$\lambda_2$谱线的级数为3，6，9，12，…重叠处波长为$\lambda_1$谱线的级数为5，10，15，20，…。

2-45 B　提示：双缝干涉图样关于零级明纹对称，零级明纹的位置移动决定条纹是否平移。而零级明纹位于双缝的中垂线与干涉图样所在的接收屏的交点处，如果双缝向上平移，零级明纹也会向上平移，整个干涉图样就会一起向上平移。而相邻明条纹或暗条纹间距为

$\Delta x = \dfrac{D}{d}\lambda$，其他条件不变，则间距不变。

2-46 C　提示：由马吕斯定律，发光强度为I_0的平面偏振光通过第一个偏振片，发光强度变为$I_1 = I_0\cos^2\alpha$，其中，α为P_1的偏振化方向与入射平面偏振光的光矢量振动方向的夹角。通过第二个偏振片后，发光强度$I = I_1\cos^2(90° - \alpha)$，其中，$(90° - \alpha)$为穿过$P_1$后的平面偏振光的光矢量振动方向（即$P_1$的偏振化方向）与$P_2$的偏振化方向的夹角。则

$$I_2 = I_1\cos^2(90° - \alpha) = I_0\cos^2\alpha\cos^2(90° - \alpha) = I_0\cos^2\alpha\sin^2\alpha = \frac{1}{4}I_0\sin^2 2\alpha \text{。}$$

2-47 B

2-48 C　提示：由马吕斯定律$I = I_0\cos^2\alpha$。光强为I_0的自然光通过第一个偏振片，光强为入射光强的一半$\dfrac{I_0}{2}$，通过第二个偏振片光强$I = \dfrac{I_0}{2}\cos^2\alpha$。夹角变化前后透射光强之比为

$$\frac{I_1}{I_2} = \frac{\dfrac{I_0}{2}\cos^2\alpha_1}{\dfrac{I_0}{2}\cos^2\alpha_2} = \frac{\cos^2\alpha_1}{\cos^2\alpha_2} \text{。}$$

2-49 D　提示：根据折射定律，入射角i_0与折射角γ_0的关系为$i_0 + \gamma_0 = \pi/2$。

2-50 B　提示：入射自然光的光强为I_0，通过第一个偏振片后，出射光线变为线偏振光，其光振动方向为第一片偏振片的偏振化方向，而且此线偏振光的光强为自然光光强的一半$\dfrac{I_0}{2}$，通过第二个偏振片时，由马吕斯定律，出射光强为$I = \dfrac{I_0}{2}\cos^2\dfrac{\pi}{4} = \dfrac{I_0}{4}$。

第 3 章　化　　学

3.1　物质结构与物质状态

考试大纲

原子结构的近代概念；原子轨道和电子云；原子核外电子分布；原子和离子的电子结构；原子结构和元素周期律；元素周期表；周期族；元素性质及氧化物及其酸碱性。

3.1.1　核外电子的运动状态

1. 玻尔的氢原子理论

（1）卢瑟福（E.Rutherford）有核原子模型。1911 年卢瑟福通过粒子散射实验，确认原子内存在一个小而重的、带正电荷的原子核，建立了卢瑟福的有核原子模型：原子是由带正电荷的原子核和核周围的带负电荷的电子组成。卢瑟福的核模型与经典电动力学是相矛盾的。

（2）玻尔的氢原子理论。玻尔（N.Bohr）在 1913 年综合了卢瑟福的核式模型、普朗克的量子论和爱因斯坦的光子学说，对氢原子光谱的形成和氢原子的结构提出了一个有名的模型——玻尔氢原子模型。

玻尔氢原子模型包含以下基本假设：

1）定态假设。原子系统只能具有一系列的不连续的能量状态，在这些状态中，电子绕核做圆形轨道运动，不辐射也不吸收能量。在这些轨道上运动的电子所处的状态称为原子的定态。能量最低的定态称为基态，能量较高的定态称为激发态。

2）频率假设。原子由某一定态跃迁到另一定态时，就要吸收或者放出一定频率的光。光的能量 $h\nu$ 等于这两个定态的能量差，即

$$h\nu = E_2 - E_1$$

3）量子化条件假设。电子运动的角动量 L（$L=mvr$）是不能任意连续变化的，必须等于 $h/2\pi$的整数倍，即

$$mvr = nh/2\pi \ (n = 1, 2, 3, \cdots)$$

式中：m 为电子的质量；v 是电子运动速度；r 是电子运动轨道的半径；h 是普朗克常数；n 为量子数。

玻尔理论虽然对氢原子光谱得到相当满意的解释，但不能说明多电子原子的光谱，也不能说明氢原子光谱的精细结构。这是因为它没有摆脱经典力学的束缚。虽然引入了量子化条件，但仍将电子视为有固定轨道运动的宏观粒子，而没有认识到电子运动的波动性，因此不能全面反映微观粒子的运动规律。

2. 微观粒子的波粒二象性

波粒二象性（或二重性）是量子力学的基础，是理解核外电子运动状态的关键。电子既有粒子性也有波动性，经典力学无法理解，但在微观世界，波粒二象性是普遍的现象。

（1）德布罗意物质波。20 世纪初，物理学确立了光具有波粒二象性，在这个认识的启发之下，法国物理学家德布罗意（L. de Broglie）在 1924 年提出了“物质波”假设。他认为二象性并非光所有，一切运动着的实物粒子也都具有波粒二象性，他将反映光的二象性的公式应用到电子等微粒上，提出了物质波公式或称为德布罗意关系式

$$\lambda = \frac{h}{p} = \frac{h}{mv}$$

式中：p 代表微粒的动量；m 代表微粒的质量；v 代表微粒的运动速度，这些都是粒子性的物理量。λ 代表微粒波的波长，它是波动性的物理量。两者通过普朗克常数 h（6.626×10^{-34}J•s）联系起来。如果实物粒子的 mv 值远大于 h 值时（如宏观物体），则实物波的波长很短，通常可以忽略，因而不显示波动性；如果实物粒子的 mv 值等于或小于 h 值时，其波长不能忽略，即显示波动性。

德布罗意波是微观粒子的运动属性，是具有统计性的概率波。

（2）海森堡测不准原理。海森堡（W.Heisenberg）测不准原理是指同时准确地知道微观粒子的位置和动量是不可能的。即说明具有波动性的粒子没有确定的轨道原理。

经典力学认为宏观物体运动时，它的位置（坐标）和动量（或速度）可以同时准确地测定，对于具有波动性的微观粒子却完全不同，我们无法同时准确地测定它的运动坐标和动量。微观粒子的位置和动量之间存在着下列不确定的关系式

$$\Delta x\Delta p \geqslant \frac{h}{4\pi} \quad 或 \quad \Delta x \geqslant \frac{h}{4\pi m\Delta v}$$

式中：Δp 是粒子动量的不准确量；Δx 是粒子位置的不准确量；Δv 是粒子速度的不准确量；m 是粒子的质量；h 为普朗克常数。此式称之为海森堡测不准关系式。

3. 波函数与原子轨道

（1）电子运动的波动方程。在经典物理学中，宏观物体的运动状态，可根据经典力学的方法，用坐标和动量来描述其运动轨迹。测不准原理表明，用坐标和动量来描述微观粒子的运动状态是不可能的。但对于微观粒子的运动状态是可以用波的概念来描述。

1926 年薛定谔（E.Schrödinger）根据德布罗意关于物质波的观点，将物质波的关系式代入经典的波动方程中，去描述微观粒子的概率波，建立了著名的描述微观粒子运动状态的量子力学波动方程。

$$\frac{\partial^2\varphi}{\partial x^2}+\frac{\partial^2\varphi}{\partial y^2}+\frac{\partial^2\varphi}{\partial z^2}+\frac{8\pi^2 m}{h^2}(E-V)\varphi=0$$

式中：φ 称为波函数；E 是体系中电子的总能量；V 是体系电子的总势能；m 是电子的质量；$E-V$ 是电子的动能。可以看出，在这个方程中，既有 m、E、V 等粒子性的物理量，又有波动性的物理量 φ，它们被联系在薛定谔方程中。据薛定谔方程可以得到下面几点重要结论：

1）φ 是薛定谔方程的解。φ 是空间坐标的函数解，即 $\varphi=\varphi(x, y, z)$，φ 又是球坐标的解，因而又可表示为 $\varphi(r, \theta, \varphi)$。

2）薛定谔的解为系列解，每个解都有一定的能量 E 和其对应。且每个解 φ 都要受到三个常数 n，l，m 的规定。n，l，m 称为量子数。

3）每个解的球坐标 φ 可表示成两部分函数的乘积

$$\varphi(r,\theta,\varphi)=R_{n,l}(r)Y_{l,m}(\theta,\varphi)$$

式中：$R_{n,l}(r)$仅与r有关，由n，l规定，称为波函数的径向部分或简称径向波函数；$Y_{l,m}(\theta,\varphi)$仅与θ，φ有关，由l，m规定，称为波函数的角向部分或简称角向波函数。

（2）波函数与原子轨道。薛定谔方程为量子力学中描述核外电子在空间运动状态的方程，则它的解波函数φ是描述核外电子运动状态的函数。在量子力学中常把波函数称为原子轨道函数，简称原子轨道。因此，波函数φ和原子轨道是同义词。

薛定谔方程的解为系列解，每个解对应于一个运动状态，因而原子中电子有一系列可能的运动状态。由于每个解受到三个常数n，l，m的规定，因而一个波函数（一个运动状态或一个原子轨道）可以简化用一组量子数（n，l，m）来表示，写为$\varphi_{n,l,m}(x, y, z)$，即表示原子中核外电子的一种运动状态。

到目前为止，还不能明确波函数φ的物理意义，只能理解它是描述核外电子运动状态的函数。它的物理意义可以通过$|\varphi|^2$来理解，$|\varphi|^2$代表微粒在空间某点出现的概率密度。按照光的传播理论，波函数φ描写电场或磁场的大小，$|\varphi|^2$与光的强度即光子密度成正比。由于实物粒子，如电子能产生与光相似的衍射图像，因此，可以认为电子波的$|\varphi|^2$代表电子出现的概率密度。

（3）概率密度和电子云。电子在核外某处单位体积内出现的概率称为该处的概率密度。常把电子在核外出现的概率密度$|\varphi|^2$大小用点的疏密来表示。电子出现概率密度大的区域用密集的小点来表示，概率密度小的区域用稀疏的小点来表示，这样得到的图像好像带负电荷的电子云一样，故称为电子云图。它是电子在核外空间各处出现概率密度的大小的形象化描绘。电子的概率密度又称为电子云密度。

4. 四个量子数

由三个确定的量子数n，l，m组成一套参数可描述出波函数的特征，即核外电子的一种运动状态。除了这三个量子数外，还有一个描述电子自旋运动特征的量子数m_s，称为自旋量子数。这些量子数对描述核外电子的运动状态，确定原子中电子的能量、原子轨道或电子云的形状和伸展方向，以及多电子原子核外的排布是非常重要的。

（1）主量子数n。n称为主量子数，表示电子出现最大概率区域离核的远近和轨道能量的高低。n的值从1到∞的任何正整数，在光谱学上也常用字母来表示n值，对应关系为：

1）n值：1，2，3，4，5，6，7，…。

2）光谱学符号：K，L，M，N，O，P，Q，…。

对n的物理意义理解，要注意以下三点：① n越小，表示电子出现概率最大的区域离核近。n越大，表示电子出现概率最大的区域离核远；② n越小，轨道的能量越低；n越大，轨道能量越高；③ 对于同一n，有时会有几个原子轨道，在这些轨道上运动的电子在同样的空间范围运动，可认为属同一电子层，用光谱学号符K，L，M，N，…表示电子层。

（2）角量子数l。l称为角量子数，又称副量子数，代表了原子轨道的形状，是影响轨道能量的次要因素。取值受n的限制。对给出的n，l取0到$n-1$的整数，即$l=0$，1，2，…，$n-1$（当$n=1$，$l=0$；$n=2$，$l=0$，1；$n=3$，$l=0$，1，2；…）按照光谱学习惯可用s，p，d，f，g，…表示，对应关系：

1）l值：0，1，2，3，4，…，$n-1$。

2）光谱学符号：s，p，d，f，g，…（电子亚层）。

对l的物理意义理解要注意的是：

1）多电子原子轨道的能量与n、l有关。① 能级由n、l共同定义，一组（n，l）对应于一个能级（氢原子的能级由n定义）；② 对给定n、l越大，轨道能量越高，$E_{ns}<E_{np}<E_{nd}<E_{nf}$。

2）给定n讨论l，就是在同一电子层内讨论l，习惯称l（s，p，d，f，g，…）为电子亚层。

（3）磁量子数m。m称为磁量子数，表示轨道在空间的伸展方向。取值受l的限制，对给定的l值，m=0，±1，±2，±3，…，±l，共计（$2l+1$）个值。

对m的物理意义理解，要注意的是：① l值相同，m不同的轨道在形状上完全相同，只是轨道的伸展方向不同；② m也可用光谱符号表示。l=0时，m=0，只有一个取值，用s表示；l=1时，m=0，±1，有三种取向，光谱学符号为（p_z，p_x，p_y）；l=2时，m=0，±1，±2有五种取向，光谱学符号为（d_{z^2}，d_{xz}，d_{yz}，d_{xy}，$d_{x^2-y^2}$）。因此，可以用两种方式表示波函数（原子轨道），例如n=2，l=0，m=0时，波函数为$\varphi_{2,0,0}$或φ_{2s}；n=2，l=1，m=0，±1时，波函数$\varphi_{2,1,0}$，$\varphi_{2,1,-1}$，$\varphi_{2,1,+1}$或φ_{2px}，φ_{2py}，φ_{2pz}。l相同，m不同的几个原子轨道称为等价轨道或简并轨道。如l相同的3个p轨道、5个d轨道或7个f轨道，都是等价轨道。

（4）自旋量子数m_s。m_s表示电子在空间的自旋方向。它是在研究原子光谱时发现的。因在高分辨率的光谱仪下，看到每一条光谱都是由两条非常接近的光谱线组成。为了解释这一现象，有人根据“大宇宙与小宇宙的相似性”，提出电子除绕核运动外，还绕自身的轴旋转，其方向只可能有两个：顺时针方向和逆时针方向。用自旋量子数m_s=+1/2和m_s=−1/2表示。对于这种自旋方向，也常用向上和向下的箭头“↑”和“↓”形象地表示。

综上所述，描述一个原子轨道要用三个量子数（n，l，m）；描述一个原子轨道上运动的电子，要用四个量子数（n，l，m，m_s），而描述一个原子轨道的能量高低要由两个量子数（n，l）。

【例3-1】（2020）主量子数$n=3$的原子轨道最多可容纳的电子总数是（　　）。

A. 10　　B. 8　　C. 18　　D. 32

【解】第n个电子层可容纳最多电子的数量为$2n^2$。

【答案】C

5. 波函数和电子云的有关图形表示

波函数$\varphi_{n,l,m}(r,\theta,\varphi)$中包含$\varphi$，$r$，$\theta$，$\varphi$四个变量。在三维空间无法表示四维空间的图像。前已述及，球坐标波函数可以分离成两部分的乘积，$\varphi(r,\theta,\varphi)=R_{n,l}(r)\cdot Y_{l,m}(\theta,\varphi)$，其中$R_{n,l}(r)$，仅与$r$有关，由$n$，$l$规定，称为径向波函数；$Y_{l,m}(\theta,\varphi)$仅与$\theta$、$\varphi$有关，由$l$，$m$规定，称为角度波函数。因此，可以利用$R_{n,l}(r)$和$Y_{l,m}(\theta,\varphi)$的图像从径向（$r$）和角度（$\theta$，$\varphi$）两个侧面来研究波函数。

（1）波函数（原子轨道）角度分布图。将原子轨道角度分布函数$Y(\theta,\varphi)$随角度（θ，φ）的变化作图，就可以得到波函数的角度分布图。

对波函数的角度分布图应注意如下几点：① 角度坐标(θ，φ)是三维空间角度坐标，因而角度分布图为一曲面。例如p_y是xy平面上的剖面图。② l=0（s轨道）的$Y(\theta,\varphi)$是常数，与（θ，φ）无关，所以s轨道的角度分布图为一球。③ 由于$Y(\theta,\varphi)$与量子数n无关，只与l、m有关，因此，n不同，l、m相同时，它们的角度分布图形状和伸展方向相同，例如：$2p_z$、$3p_z$、$4p_z$轨道的角度分布图都是xz平面上方和下方两个相切的球（呈哑铃型），伸展方向在z轴上，统称为p_z轨道的角度分布图。④ 图上的正负号丝毫没有“电性”的意义，表示的是曲面各部分上Y的正负号，这种正、负号在讨论原子间成键时有一定的用途。

（2）电子云的角度分布图。电子云是电子在核外空间出现的概率密度分布的形象化描述，

而概率密度的大小可用$|\varphi|^2$来表示，因此以$|\varphi|^2$作图，可以得到电子云的图像。将$|\varphi|^2$的角度部分$|Y|^2$随（θ，φ）变化的情况作图，就得到电子云的角度分布图。

需要注意：电子云的角度分布图和相应的原子轨道的角度分布图是相似的，它们之间主要区别有两点：① 由于 $Y<1$，因此 Y^2 一定小于 Y，因而电子云的角度分布图要比原子轨道角度分布图“瘦”些；② 原子轨道角度分布图有正、负之分，而电子云角度分布图全部为正，这是由于 Y 平方后，总是正值。

（3）电子云的径向分布图。下面来考虑电子出现的概率与离核远近的关系。假若考虑电子出现在半径为 r，厚度为 d_r 的薄球壳的概率，这个球壳的相应球面积是 $4\pi r^2$，因此这个球壳内电子出现的概率应该等于概率密度的径向部分$|R|^2$乘以球壳的体积 $4\pi r^2d_r$，即 $R^2\times4\pi r^2d_r=4\pi r^2R^2d_r$。将 $4\pi r^2R^2d_r$ 称为径向分布函数（D）。利用 D 对 r 作图，得到径向分布函数，又称电子云的径向分布图。此图形象地显示出电子出现的概率大小和离核远近的关系。

由电子云的径向分布图可以发现：

1）曲线的极大值数为 $n-l$，比如 3s 轨道，$n=3$，$l=0$，即有三个极大值，$D-r$ 曲线上有三个峰。

2）n 相同，l 不同，极大值峰数目不同，但 l 越小，最小峰离核越近，主峰（最大峰）离核越远。

3）n 越大，主峰高核越远。

4）不同 n 的电子，其活动区域不同，n 相同的电子，其活动区域相近，所以核外电子是可以分层，n 值表示电子层，l 值表示同一电子层内部的亚层。

【例 3-2】（2005） p_z 波函数角度分布的形状是（　　）。

A. 双球形　　　　B. 球形

C. 四瓣梅花形　　　　D. 橄榄形

【解】本题主要考查波函数的形状，$2p_z$，$3p_z$，$4p_z$ 轨道的角度分布图都是 xz 平面上方和下方两个相切的球（呈哑铃型或双球形），伸展方向在 z 轴上，统称为 p_z 轨道的角度分布图。

【答案】A

3.1.2 核外电子的排布

1. 多电子原子的能级

氢原子基态和激发态的能量都决定于主量子数，与角量子数无关。多电子原子中各轨道的能量不仅决定于主量子数，还和角量子数有关。

（1）鲍林近似能级图。鲍林（Pauling）根据光谱实验结果总结出多电子原子中各轨道能级相对高低的情况，并用图近似地表示出来，如图 3-1（a）所示。图中圆圈表示原子轨道，其位置的高低表示了各轨道能级的相对高低。图 3-1 称为鲍林近似能级图，反映了核外电子填充的一般顺序。

由图可以看出，多电子原子的能级不仅与主量子数 n 有关，还和角量子数 l 有关：

1）当 l 相同时，n 越大，则能级越高。因此 $E_{1s}<E_{2s}<E_{3s}<\cdots$。

2）当 n 相同，l 不同时，l 越大，能级越高。因此 $E_{ns}<E_{np}<E_{nd}<E_{nf}<\cdots$。

3）对于 n 和 l 值都不同的原子轨道，能级变化比较复杂。例如，$E_{4s}<E_{3d}$，$E_{5s}<E_{4d}$，$E_{6s}<E_{4f}<E_{5d}$。从图可以看出 ns 能级均低于（$n-1$）d，这种 n 值大的亚层的能量反而比 n 值小的能量为低的现象称为能级交错。

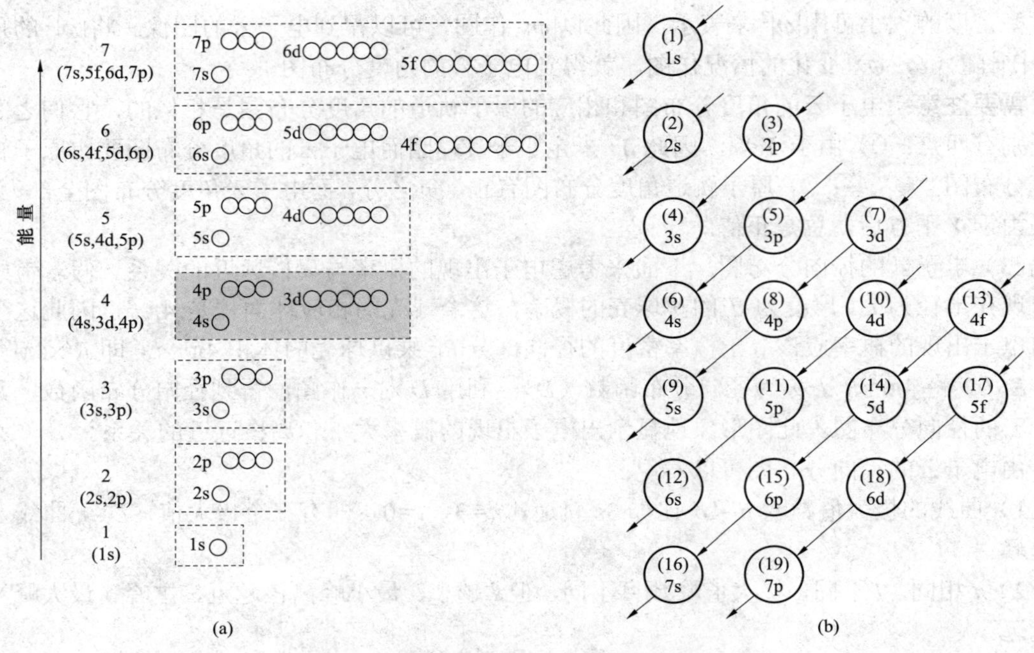

图 3-1　鲍林近似能级图

（a）近似能级图；（b）电子填充顺序

4）能级组。我国化学家徐光宪归纳出这样的规律，即用该轨道的（n+0.71）值来判断：n+0.71 值越小，能级越低。例如：4s 和 3d 两个状态，它们的 n+0.71 值分别为 4.0 和 4.4，因此，$E_{4s}<E_{3d}$。徐光宪把 n+0.71 值的第一位数字相同的能级并为一个能级组。据此原子轨道划分为七个能级组，与鲍林近似能级图一致。相邻两个能级组之间的能量差比较大，而同一能级组中各轨道的能量差较小或很接近。

（2）屏蔽效应。在多电子原子中，电子不仅受到原子核的吸引，而且电子和电子之间存在着排斥作用。斯莱脱（Slater）认为，在多电子原子中，某一电子受其余电子排斥作用的结果，与原子核对该电子的吸引作用正好相反。因此，可以认为其余电子屏蔽了或削弱了原子核对该电子的吸引作用。即该电子实际上所受到核的引力要比相应的原子序数 Z 的核电荷的引力为小，因此，要从 Z 中减去一个 σ 值，σ 称为屏蔽常数。通常把电子实际上所受到的核电荷称为有效核电荷，用 Z^* 表示。这种将其他电子对某个电子的排斥作用，归结为抵消一部分核电荷的作用，为屏蔽效应。

$$Z^*=Z-\sigma$$

屏蔽效应的结果使电子能量升高。因为在原子中，如果屏蔽效应大，就会使得电子受到的有效核电荷减少，因而电子具有的能量就增大。

（3）钻穿效应。从量子力学观点来看，电子可以出现在原子内任何位置上，因此，最外层电子也可能出现在离核很近处。这就是说，外层电子可钻入内电子壳层而更靠近原子核，这种电子渗入原子内部空间而更靠近核的本领称为钻穿。钻穿结果降低了其他电子对它的屏蔽作用，起到了增加有效核电荷，降低轨道能量的作用。电子钻穿得越靠近核，电子的能量越低。这种由于电子钻穿而引起能量发生变化的现象称为钻穿效应或穿透效应。钻穿效应的存在不仅引起轨道能级的分裂，而且还导致能级的交错。

电子钻穿的大小可从核外电子的径向分布函数图看出。除 1s，2p，3d，4f 电子外，其他电子的电子的径向分布函数图都有一些小峰。径向分布函数图的特点是具有 $n-1$ 个峰。

对相同主量子数的电子，角量子数每小一个单位，峰的数值就多一个，也就是多一个离核较近的峰，因而钻入程度大，轨道能量低。

对主量子数相同的电子，它们的钻穿效应 $ns > np > nd > nf$，则能量 $ns < np < nd < nf$。

钻穿效应可以用来说明 ns 与 $(n-1)$d 轨道的能级交错。把 4s 和 3d 的径向分布函数图进行比较就可以看出（图 3-2），4s 最大峰虽然比 3d 离核要远，但是它有小峰很靠近核；因此，4s 比 3d 穿透能力要大，4s 的能量比 3d 要低，能级产生交错。

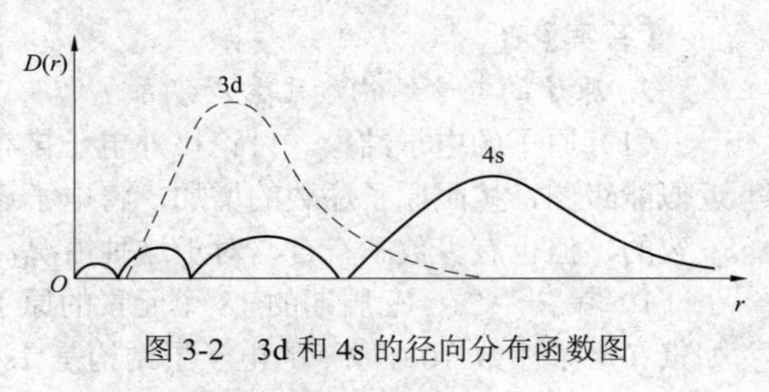

图 3-2　3d 和 4s 的径向分布函数图

【例 3-3】（2022）多电子原子在无外场作用下，描述原子轨道能量高低的量子数是（　　）。

A. n　　B. n，l　　C. n，l，m　　D. n，l，m，m_s

【解】多电子原子中各轨道的能量不仅决定于主量子数 n，还与角量子数 l 有关。

【答案】B

2. 核外电子排布的规则

核外电子排布要遵循的三个原则：能量最低原理、泡利不相容原理和洪特规则。

（1）能量最低原理。自然界任何体系的能量越低，则所处的状态越稳定，对电子进入原子轨道而言也是如此。因此，核外电子在原子轨道上的排布，应使整个原子的能量处于最低状态。即填充电子时，是按照近似能级图中各能级的顺序由低到高填充的，如图 3-1（b）所示。这一原则，称为能量最低原理。

（2）泡利不相容原理。能量最低原理把电子进入轨道的次序确定了，但每一轨道上的电子数是有一定限制的。关于这一点，1925 年泡利（W.Pauli）根据原子的光谱现象和考虑到周期系中每一周期的元素的数目，提出一个原则，称为泡利不相容原理：在同一原子或分子中，不可能有两个电子具有完全相同的四个量子数。如果原子中电子的 n，l，m 三个量子数都相同，则第四个量子数 m_s 一定不同，即同一轨道最多能容纳 2 个自旋方向相反的电子。

应用泡利不相容原理，可以推算出某一电子层或亚层中的最大容量。每层电子最大容量为 $2n^2$。

（3）洪特规则。洪特（F.Hund）根据大量光谱实验结果，总结出一个普遍规则：在同一亚层的各个轨道（等价轨道）上，电子的排布将尽可能分占不同的轨道，并且自旋方向相同。这个规则称为洪特规则，也称为最多等价轨道规则。用量子力学理论推算，也证明这样的排布可以使体系能量最低。因为当一个轨道中已占有一个电子时，另一个电子要继续填入同前一个电子成对，就必须克服它们之间的相互排斥作用，其所需能量叫电子成对能。因此，电子分占不同的等价轨道，有利于体系的能量降低。

作为洪特规则的特例，等价轨道（简并轨道）全充满（p^6 或 d^{10} 或 f^{14}），半充满（p^3 或 d^5 或 f^7），或全空（p^0 或 d^0 或 f^0）状态是比较稳定的。

【例 3-4】（2005） 24 号元素 Cr 的基态原子价层电子分布正确的是（　　）。

A. $3d^6 4s^0$　　B. $3d^5 4s^1$　　C. $3d^4 4s^2$　　D. $3d^3 4^2 s 4p^1$

【解】本题主要考查核外电子排布要遵循的三个原则：能量最低原理、泡利不相容原理和洪特规则。作为洪特规则的特例，等价轨道（简并轨道）全充满（p^6 或 d^{10} 或 f^{14}），半充满（p^3 或 d^5 或 f^7）或全空（p^0 或 d^0 或 f^0）状态是比较稳定的。

【答案】B

3. 原子的电子结构和元素周期系

（1）原子的电子结构。讨论核外电子排布，主要是根据核外电子排布原则，并结合鲍林近似能级图，按照原子序数的增加，将电子逐个填入。对大多数元素来说与光谱实验结果是一致的，但也有少数不符合，对于这种情况，首先要尊重实验事实。

1）第一、二、三周期的 18 个元素的原子轨道没有能级交错，只需按顺序填充电子。例如氖（原子序数 10）原子的电子层结构是 $1s^2 2s^2 2p^6$。从铝开始排 3p 电子，到氩（原子序数 18）排满 $3p^6$。到第四周期开始，钾的第 19 个电子不是 3d 而是 4s，因为 $E_{3d} > E_{4s}$。钪的第 21 个电子是 3d 而不是 4p，因为 $E_{4p} > E_{3d}$。从钪到锌逐个元素增加一个 d 电子。其中除已经填满的内层之外，有两个特殊情况，即

Cr 不是 $4s^2 3d^4$，而是 $4s^1 3d^5$

Cu 不是 $4s^2 3d^9$，而是 $4s^1 3d^{10}$

这是因半充满的 d^5 和全充满的 d^{10} 结构比较稳定的缘故。

2）第四、五、六周期元素原子电子排布的例外情况更多一些。一方面因填充时假定所有元素的原子能级高低次序是一样的，是一成不变的。实际上，随原子序数增加，电子受到的有效核电荷数增加，所有原子轨道的能量一般都将逐渐下降，但不同轨道，能量下降的多少各不相同。因此，各能级的相对位置将随之改变。另一方面因较重元素原子的 ns。轨道和（n−1）d 轨道之间的能量差要小一些。ns 电子激发到（n−1）d 轨道上只要很少的能量。如果激发后能增加轨道中自旋平行的单电子数，其所降低的能量超过激发能，或激发后形成全降低的能量超过激发能时，就将造成特殊排布。例如，铌不是 $5s^2 4d^3$，而是 $5s^1 4d^4$。钯不是 $5s^2 4d^8$，而是 $5s^0 4d^{10}$。

【例 3-5】（2017） 某原子序数为 15 的元素，其基态原子的核外电子分布中，未成对电子数是（　　）。

A. 0　　B. 1　　C. 2　　D. 3

【解】原子序数为 15 的元素为磷元素，其基态原子核外电子排布为 $1s^2 2s^2 sp^6 3s^2 3p^3$，根据洪特规则，电子尽可能分占不同轨道，而且自旋方向相同，这样能量更低，即更稳定。因此有三个未成对电子，其最外层电子排布为 [↑↓] [↑|↑|↑]。

【答案】D

（2）周期表。把元素按原子序数递增的顺序排列时，就会发现元素的化学性质呈现出周期性变化，这一规律称为周期律。元素周期表是周期律的表达形式。

1）周期。周期表中共有七个周期。第一、二、三周期为短周期，从第四周期起以后称为长周期。第七周期是未完全的周期。每个周期的最外电子层的结构都是从 $n s^1$ 开始到 $n p^6$（稀有气体）结束（第一周期除外）。元素所在的周期数与该元素的原子所具有的电子层数一致，也与该元素所处的按原子轨道能量高低顺序划分出的能级组的组数一致。能级组的划分是造

成元素周期表中元素被分为周期的根本原因，所以一个能级组就对应着一个周期。由于有能级交错，使一个能级组内包含的能级数目不同，故周期有长短之分。在长周期中，包含了过渡元素和内过渡元素。过渡元素是指最后一个电子填充在 $n-1$ 层的 d 轨道上的原子或阳离子的元素。具体是指周期表中从ⅢB 到ⅠB 的 d，ds 区为过渡元素。习惯上把 $Z=57$ 的镧到 $Z=71$ 的镥共 15 个元素称为镧系元素。把 $Z=89$ 的锕到 $Z=103$ 的铹共 15 个元素称为锕系元素。

由于元素的性质主要决定于最外电子层上的电子数，所以过渡元素的性质递变比较缓慢。一个能级组最多容纳的电子数就是该周期中元素的数目，即第一周期二个元素；第二、三周期各八个元素；第四、五周期各十八个元素；第六周期三十二个元素。

2）族。周期表中，把原子结构相似的元素排成一竖行称为族。电子最后填充在最外层的 s 和 p 轨道上的元素称为主族（A 族）元素。共有八个主族。通常把惰性气体称为零族元素。主族元素最外电子层上的电子数与所属的族数相同，也与它的最高氧化数相同，所以同主族元素的化学性质非常相似。

电子最后填充在 d，f 轨道上的元素称为副族（B 族）元素。共有八个副族，但第Ⅷ副族有三个竖列。副族元素原子的最外电子层是 s^1 或 s^2，次外层是 $d^1 \sim d^{10}$，外数第三层是 $f^1 \sim f^{14}$（镧系和锕系）。因此，副族元素的氧化数由这三种电子的数目决定。

（3）元素在周期表中的分类。化学反应一般只涉及原子的外层电子。因此，熟悉各族元素原子的外层电子结构类型是十分必要的。按原子的外层电子结构可把周期表中的元素分成如下五个区域：

1）s 区：最后一个电子填充在 s 能级上的元素称为 s 区元素，包括ⅠA 和ⅡA 族元素，其价层电子组态为 ns^{1-2} 型。它们容易失去 1 个或 2 个电子形成+1 或+2 价离子。它们都是活泼的金属元素。

2）p 区：最后一个电子填充在 p 能级上的元素称为 p 区元素， 包括ⅢA 至ⅦA 和零族元素。除了氦无 p 电子外，所有元素的价电子组态为 ns^2np^{1-6}。它们都是非金属元素。

3）d 区：最后一个电子填充在 d 能级上的元素称为 d 区元素，包括ⅢB 至ⅦB 和第Ⅷ族元素。其价电子组态为 $(n-1)d^{1-9}ns^{1-2}$，只有 Pd 例外，Pd 为 $(n-1)d^{10}ns^0$。d 轨道上的电子结构对 d 区元素的性质关系较大。由于最外电子层上的电子数少，而且结构的差别发生在次外层，因此它们都是金属元素，而且性质比较相似。

4）ds 区：最后一个电子填充在 d 能级或 s 能级，使其价层电子组态达到 $(n-1)d^{10}ns^{1-2}$ 的元素称为 ds 区元素。包括ⅠB 和ⅡB 族元素。d 区和 ds 区的元素合称为过渡元素，其电子层结构的差别大都在次外层的 d 轨道上，因此性质比较相似，并且都是金属。

5）f 区：最后一个电子填充在 f 能级上的元素称为 f 区元素，包括镧系和锕系元素，其价层电子组态为 $(n-2)f^{1-14}(n-1)d^{0-1}ns^2$，钍例外，钍的价电子组态为 $(n-2)f^0(n-1)d^2ns^2$。由于电子结构差别是在 $n-2$ 层的 f 轨道上的电子数不同，所以它们的化学性质非常相似。

综上所述，原子的电子构型与它在周期表中的位置有密切的关系。一般地讲，可以根据元素的原子序数和电子填充顺序，写出该原子的电子构型并推断它在周期表中的位置，或者根据它在周期表中的位置，推知它的原子序数和电子构型。

4. 元素基本性质的周期性

（1）有效核电荷 Z^*。元素原子序数增加时，原子的核电荷 Z 呈线性关系依次增加，但有效核电荷 Z^* 却呈周期性的变化。这是因为屏蔽常数 σ 的大小与电子层结构有关，而电子层构型呈周期性的变化。

在短周期中元素从左到右，电子依次填充到最外层，即加在同一电子层中。由于同层电子间屏蔽作用弱，因此，有效核电荷显著增加。在长周期中，从第三个元素开始，电子加到次外层，增加的电子进入次外层，所产生的屏蔽作用比这个电子进入最外层要增大一些，因此有效核电荷增大不多；当次外层电子半充满或全充满时，由于屏蔽作用较大，因此有效核电荷略有下降；但在长周期的后半部，电子又填充到最外层，因而有效核电荷又显著增大。

同一族中元素由上到下，虽然核电荷增加较多，但相邻两元素之间依次增加一个电子内层，因而屏蔽作用也较大，结果有效核电荷增加不显著。

（2）原子半径。从量子力学理论的观点看，一个孤立的自由原子的核外电子，从原子核附近到距核无穷远处都有出现的概率。所以严格地说，原子（及离子）没有固定的半径。通常所说的“原子半径”是指原子处于某种特定的环境中，如在晶体、液体或与其他原子结合成分子时所表现的大小。共价半径的周期性变化如下：

1）周期表中各周期元素原子的共价半径。

a）对于主族元素，同一周期从左到右，原子半径以较大幅度逐渐缩小。这是由于随着核电荷的增加，电子层数不变，新增加的电子填入最外层的 s 亚层或 p 亚层，对屏蔽系数的贡献较小。因此，从左到右有效核电荷显著增加，外层电子被拉得更紧，从而使原子半径以较大幅度逐渐缩小。

b）对于副族元素的原子半径，其总趋势是：由左向右较缓慢地逐渐缩小，但变化情况不太规律。这是因为新增加的电子是进入次外层的 d 亚层，对屏蔽的贡献较大。此外，d 电子间又相互排斥使半径增大，导致原子半径缓慢缩小。d 电子的屏蔽作用和相互排斥作用与 d 电子的数目和空间分布对称有关，因而造成原子半径变化不太规律。

c）对于镧系元素的原子半径，因为它们新增加的电子是进入外数第三层的 f 亚层，对屏蔽的贡献更大些，但毕竟并没有大到一个 f 电子“抵消”一份核电荷的程度，所以镧系元素随着原子序数增加，原子半径在总趋势上逐渐缩小，这种现象称为镧系收缩。由于镧系收缩的影响使镧系之后第六周期副族元素的原子半径都变得较小，以致和第五周期副族中的相应元素的原子半径很相近，化学性质也极相似。

2）周期表中各族元素原子的共价半径。

a）对于主族，同一族元素从上到下原于半径增加。同一族从上到下核电荷数是增加的，但电子层数也在增加，而且后者的影响超过了前者的作用，所以原子半径递增。

b）副族元素因有镧系收缩的影响，第五、六周期元素的原子半径相差极少，有些则基本一样。

【例 3-6】（2021）既能衡量元素金属性、又能衡量元素非金属性强弱的物理量是（　　）。

A. 电负性　　　　B. 电离能

C. 电子亲和能　　　　D. 极化力

【解】电负性又称为相对电负性，简称电负性。电负性综合考虑了电离能和电子亲和能，用来表示两个不同原子形成化学键时吸引电子能力的相对强弱。元素电负性数值越大，表示其原子在化合物中吸引电子的能力越强；反之，电负性数值越小，相应原子在化合物中吸引电子的能力越弱（稀有气体原子除外）。

【答案】A

（3）原子的电离能。原子失去电子的难易，可以用电离能来衡量。电离能是指气态原子在基态时失去电子所需的能量。常用使 1mol 气态原子（或阳离子）都失去某一个电子所需的能量（kJ•mol/L）表示。

原子失去第一个电子所需的能量称为第一电离能，用 I_1 表示；失去第二个电子所需的能量称为第二电离能，用 I_2 表示；余类推。各级电离能的大小顺序是

$$I_1<I_2<I_3<I_4<I_5<\cdots$$

因为离子的电荷正值越来越大，离子半径越来越小，所以失去这些电子逐渐变难，需要能量越高。

同一周期的元素具有相同的电子层数，从左到右核电荷越多，原子半径越小，核对外层电子的引力越大。因此，每一周期电离能最低的是碱金属，越往右电离能越大。

同一族元素，原子半径增大起主要作用，半径越大，核对电子引力越小，越易失去电子，电离能越小，从图中看到ⅠA 族中按 Li，Na，K，…顺序，电离能越来越小。还可注意到，在每一周期的最后元素稀有气体原子具有最高的电离能，因为它们有 ns^2np^6 的稳定电子层结构。此外，图中曲线中有小的起伏，如 N，P，As 元素的电离能分别比 O，S，Se 元素的电离能高，这是因前者具有 ns^2np^3 组态，p 亚层半满，失去一个 p 电子破坏了半满状态，需较高能量。

过渡元素，由于电子是填充入内层，引起屏蔽效应大，它抵消了核电荷增加所产生的影响，因此它们的第一电离能变化不大。元素原子的第一电离能在周期和族中都呈现周期性的变化。

【例 3-7】（2008） 下列各系列中，按电离能增加的顺序排列的是（　　）。

A. Li，Na，K　　B. B，Be，Li

C. N，O，F　　D. C，P，As

【解】知识点如下：

原子失去电子的难易，可以用电离能来衡量。电离能是指气态原子在基态时失去电子所需的能量。同一周期的元素具有相同的电子层数，从左到右核电荷越多，原子半径越小，核对外层电子的引力越大。因此，每一周期电离能最低的是碱金属，越往右电离能越大。同一族元素，原子半径增大起主要作用，半径越大，核对电子引力越小，越易失去电子，电离能越小，从图中看到ⅠA 族中按 Li，Na，K，…顺序，电离能越来越小。

【答案】C

（4）原子的电子亲和能。在基态的气态原子上加合电子所引起的能量变化叫作原子的电子亲和能。和电离能相似，依次加入一个电子，则称为第一电子亲和能，第二电子亲和能……分别用 A_1，A_2，…表示。当负一价离子获得电子时，要克服负电荷之间的排斥力，因此需要吸收能量。电子亲和能的单位，是指一摩尔气态原子（或离子）的电子亲和能。

活泼非金属的第一电子亲和能一般为负值（放能），但第二电子亲和能却是较高的正值（吸能），如

$$O(g)+e = O^-(g),\ A_1= -141.8kJ/mol$$

$$O^-(g)+e = O^{2-}(g),\ A_2= +780kJ/mol$$

而金属原子的电子的电子亲和能一般为较小负值或正值。

电子亲和能的大小反映了原子得到电子的难易程度。在元素周期表中，电子亲和能的变化规律类似电离能的变化规律。

同周期元素，从左到右，原子的有效核电荷增大，原子半径逐渐减小，同时由于最外层电子数逐渐增多，易与电子结合形成 8 电子稳定结构。因此，元素的电子亲和能（代数值）逐渐减小。同一周期中以卤素的电子亲和能最小。碱土金属电子亲和能因它们半径大且具有 ns^2 电子层结构不易与电子结合，稀有气体，其原子具有 ns^2np^6 的稳定电子层结构，更不易结合电子，因而元素的电子亲和能均为正值。

同一主族中，元素的电子亲和能要根据有效核电荷、原子半径和电子层结构具体分析，大部分逐渐增大；部分逐渐减小。

（5）电负性。1932 年鲍林定义元素的电负性是原子在分子中吸引电子的能力。他指定氟的电负性为 4.0，并根据热化学数据比较各元素原子吸引电子的能力，得出其他元素的电负性 X_p。元素的电负性数值越大，表示原子在分子中吸引电子的能力越强。

电负性也呈现出周期性变化。同一周期内，元素的电负性随原子序数的增加而增大；同一族内，自上而下，电负性一般减小。一般金属元素的电负性小于 2.0，而非金属元素则大于 2.0。

3.2 分子结构

考试大纲

离子键的特征；共价键的特征和类型；杂化轨道与分子空间构型；分子结构式；键的极性和分子的极性；分子间力与氢键；晶体与非晶体；晶体类型与物质性质。

3.2.1 离子键理论

1. 离子键的形成与特点

（1）离子键的形成：当电负性小的金属原子和电负性大的非金属原子在一定条件下相遇时，原子间首先发生电子转移，形成正离子和负离子，然后正负离子间靠静电作用形成的化学键称为离子键。由离子键形成的化合物称为离子型化合物。

（2）离子键的本质：静电作用力。

（3）离子键的特点：没有方向性和饱和性。

（4）形成离子键的重要条件：两成键原子的电负性差值较大。在周期表中，活泼金属如Ⅰ、Ⅱ主族元素与活泼非金属如卤素、氧等电负性相差较大，它们之间所形成的化合物中均存在着离子键。相互作用的元素电负性差值越大，它们之间键的离子性也就越大。一般地说，两元素电负性相差 1.7 以上时，往往形成离子键。因此若两个原子电负性差值大于 1.7 时，可判断它们之间形成离子键。反之，则可判断它们之间主要形成共价键，但也有少数例外。

2. 离子性质的三个重要特征

（1）离子的电荷。

（2）离子的电子组态。

1）2 电子型：最外层是 s^2 结构，是稳定的氦型结构，如 Li^+、Be^{2+}。

2）8 电子型：最外层是 s^2p^6 结构，是稳定的惰气型结构，如 Na^+、Ca^{2+}、Cl^-、O^{2-}。

3）18 电子型：最外层是 $s^2p^6d^{10}$ 结构，也是较稳定的，如 Zn^{2+}、Ag^+、Cu^+。

4）18+2 电子型：最外层是 $s^2p^6d^{10}s^2$ 结构，如 Ti^+、Pb^{2+}、Sn^{2+}、Bi^{3+}。

5）不规则结构：最外层是 $s^2p^6d^x$（x 为 1～9）结构，如 Fe^{2+}（$3s^23p^63d^6$）、Fe^{3+}（$3s^23p^63d^5$）、Cr^{3+}（$3s^23p^63d^3$）等。

（3）离子半径。所谓离子半径是指在离子晶体中，把正、负离子中心之间的距离（称为核间距）当作两种离子半径之和。正、负离子的核间距可以通过 X 射线衍射实验测得，其规律如下：

1）周期表中同一周期正离子的半径随正价的增加而减小。例如，$Na^+ > Mg^{2+} > Al^{3+}$。

2）同一主族元素离子半径自上而下递增。例如，$Li^+ < Na^+ < K^+ < Rb^+ < Cs^+$；$F^- < Cl^- < Br^- < I^-$。

3）相邻两主族左上方和右下方两元素的正离子半径相近。例如，Li^+和 Mg^{2+}，Na^+和 Ca^{2+}。

4）同一元素正离子的正价增加则半径减小。例如，$Fe^{2+} > Fe^{3+}$。

5）正离子的半径较小，在 10～170pm 之间；负离子半径较大，在 130～250pm 之间。

3.2.2 共价键理论

1. 现代价键理论

（1）氢分子的形成。现代价键理论是从研究氢分子 H_2 发展起来的。

当两个 H 原子的电子自旋方向相反而相互接近时，体系的能量 E 随着核间距 r 减小而逐渐降低，当核间距离 r 达到 74pm 时，体系能量降到最低点，说明两个 H 原子结合形成稳定的共价键，此时便形成了稳定的 H_2 分子，这种状态称为 H_2 分子的基态。

共价键的本质也是电性的，但不同于经典的静电作用。因为共价键的结合力是两核对共用电子对形成的负电区域的吸引力，而不是正负离子间的库仑引力。

（2）现代价键理论的要点。

1）自旋相反的未成对电子相互接近时，可互相配对形成稳定的共价键。

2）原子所形成共价键的数目取决于原子中未成对电子的数目。如果 A、B 两个原子各有一个单电子，且自旋方向相反，当它们接近时，就可以互相配对，形成稳定的共价单键；如果 A 原子有两个单电子，B 原子只有一个单电子，则 A 可以和两个 B 形成 AB_2 型分子。

3）共价键有饱和性。自旋方向相反的两个电子配对形成共价键后，就不能与其他原子中的单电子配对。

4）共价键有方向性——原子轨道最大重叠原理。成键时要实现原子轨道间最大限度地重叠。原子轨道中，除了 s 轨道无方向性外，其他如 p、d 等轨道都有一定的空间取向。它们在成键时只有沿一定的方向靠近，才能达到最大程度的重叠，所以共价键有方向性。

（3）共价键的类型：σ 键、π键、配位键。

按照原子轨道的重叠方式不同，共价键可分为σ 键、π键两种类型。

1）σ 键。成键两原子轨道沿键轴（x 轴）接近时，以“头碰头”方式重叠形成的共价键称为σ 键。

2）π键。成键两原子轨道沿键轴（x 轴）接近时，相互平行的 p_y–p_y、p_z–p_z 轨道，则只能以“肩并肩”方式进行重叠形成的共价键称为π键。例如，当两个 N 原子结合成 N_2 分子时，两个 N 原子的 $2p_x$ 轨道沿 x 轴方向“头碰头”重叠形成一个σ 键，而两个 N 原子的 $2p_y$–$2p_y$，$2p_z$–$2p_z$ 只能以“肩并肩”的方式重叠，形成两个π键，所以 N_2 分子中有一个σ 键，两个π键，其分子结构式可用 N≡N 表示。

综上所述：① σ 键的特点是：两个成键原子轨道沿键轴方向以“头碰头”方式重叠；原子轨道重叠部分沿键轴呈圆柱形对称；由于成键轨道在轴向上最大程度重叠，故σ 键稳定。

② π键的特点是：两个原子轨道以“肩并肩”方式重叠；轨道重叠部分对一个通过键轴的平面呈镜面反对称；π键轨道重叠程度较σ键的小，故π键不如σ键稳定。一般π键是与σ键共存于具有双键或叁键的分子中。

3）配位键。此外还有一类共价键，是由成键的两个原子中的一个原子单独提供一对电子进入另一个原子的空轨道共用而成键，这种共价键称为配位共价键，简称配位键。配位键通常以一个指向接受电子对的原子的箭头“→”表示，如在 CO 分子中，O 原子除了以两个成单的 2p 电子与 C 原子的两个成单的 2p 电子形成一个σ键和一个π键外，还单独提供一对已成对的 2p 电子进入 C 原子的一个 2p 空轨道，形成一个配位键，其结构式可用 C≡O 表示。由此可见，形成配位键必须同时具备两个条件：其中一个原子的价电子层有孤对电子，另一个原子的价电子层有空轨道，二者缺一不可。配位键更多见于配位化合物中。

（4）键参数。能表征共价键性质的物理量称为键参数。主要有键能、键长、键角和键的极性等。

1）键能。键能是从能量因素来度量共价键强弱的物理量。在 101.3kPa 和 298.15K 时，将 1mol 理想气态分子 A–B 拆开成为理想气态的 A 原子和 B 原子所需的能量称为 AB 的离解能，单位是 kJ/mol。显然双原子分子的离解能就等于它的键能，用 E（A–B）表示。

一般地说，键能越大，键越牢固，含有该键的分子就越稳定。

2）键长。分子中两个原子核间的平衡距离称为键长，其数据可以通过光谱或衍射实验方法测定。单键键长＞双键键长＞叁键键长，即相同原子间形成的键数越多，则键长越短。而且两原子间形成的共价键的键长越短，表示键越牢固。

3）键角。分子中键与键的夹角称为键角。键角说明键的方向，它是反映分子空间构型的一个重要参数。如 CO_2 分子中的键角是 180°，就可断定 CO_2 分子是直线型。一般结合键长和键角两方面的数据可以确定分子的空间构型。

4）键的极性。键的极性是由于成键原子的电负性不同而引起的。当两个相同的原子形成共价键时，电子云密集的区域恰好在两个原子核的正中，原子核的正电荷重心和成键电子对的负电荷重心正好重合，这种共价键称为非极性共价键。当不同原子间形成共价键时，电子云密集的区域偏向电负性较大的原子一端，使之带上部分负电荷，电负性较小的原子一端则带上部分正电荷，分子的正电荷重心和负电荷重心不重合，这种共价键称为极性共价键。在极性共价键中，成键原子间电负性差值越大，键的极性越大。

【例 3-8】（2008） 下列分子中属于极性分子的是（　　）。

A. O_3　　B. CO_2　　C. BF_3　　D. C_2H_3F

【解】这个是常考题，常见的极性分子和非极性分子见表 3-1，需记忆。

表 3-1　一些物质分子的极性和分子的空间构型

分子式	键的极性	分子的极性	分子的空间构型
N_2	非极性	非极性	直线型
H_2	非极性	非极性	直线型
CO	极性	极性	直线型
HCl	极性	极性	直线型
HCN	极性	极性	直线型

续表

分子式	键的极性	分子的极性	分子的空间构型
CS_2	极性	非极性	直线型
CO_2	极性	非极性	直线型
H_2O	极性	极性	V 字形
SO_2	极性	极性	V 字形
BF_3	极性	非极性	平面三角形
NH_3	极性	极性	三角锥形
CH_4	极性	非极性	正四面体型
$CHCl_3$	极性	极性	四面体型

【答案】D

【例 3-9】（2022）下列化学键中，主要以原子轨道重叠成键的是（　　）。

A. 共价键　　B. 离子键　　C. 金属键　　D. 氢键

【解】两个原子之间成键的类型可以分为离子键和共价键，离子键依靠带电引力成键，共价键是原子轨道重叠成键。

【答案】A

2. 杂化轨道理论

（1）杂化轨道理论的要点。

1）形成分子时，由于原子间的相互影响，同一个原子中几个不同类型的能量相近的原子轨道，重新分配能量和空间方向，组合成数目相等的一组新轨道，这种轨道重新组合的过程称为轨道杂化，所形成的新轨道称为杂化轨道。

2）有几个原子轨道参加杂化，就能组合成几个杂化轨道，即杂化轨道的数目等于参与杂化的原子轨道的数目。

3）杂化轨道成键时要满足原子轨道最大重叠原理，即原子轨道重叠越多，形成的化学键越稳定。由于杂化轨道的角度波函数在某个方向的值比杂化前大得多，更有利于原子轨道间最大限度地重叠；因而杂化轨道的成键能力比杂化前强，其成键能力的大小顺序如下

$$s < p < sp < sp^2 < sp^3 < dsp^2 < sp^3d < sp^3d^2$$

4）杂化轨道成键时要满足化学键间最小排斥原理，即杂化轨道间在空间尽可能地采取最大键角，使相互间斥力最小，从而使分子具有较小的内能，体系更趋稳定。不同类型的杂化轨道间夹角不同，成键后分子的空间构型也不同。

5）同种类型的杂化轨道又可分为等性杂化和不等性杂化两种。杂化后形成的杂化轨道能量、成分完全相同，这种杂化称为等性杂化；形成的杂化轨道能量不完全相同的称为不等性杂化。凡由含单电子的轨道或不含电子的空轨道间形成的杂化属于等性杂化；凡原子中有孤对电子占据的轨道参加杂化时，一定是不等性杂化。

（2）杂化轨道类型与分子的空间构型。

1）sp 杂化。由一个 *n*s 轨道和一个 *n*p 轨道组合成两个 sp 杂化轨道的过程称为 sp 杂化。每个杂化轨道都含有 1/2 的 s 和 1/2 的 p 成分，sp 杂化轨道间的夹角为 180°，呈直线形，例如 $BeCl_2$。

杂化轨道理论认为，在形成分子时，通常存在激发、杂化、轨道重叠等过程。但应注意，原子轨道的杂化只有在形成分子时才会发生，而孤立的原子是不可能发生杂化的。

2）sp^2杂化。由一个ns轨道和两个np轨道组合形成三个sp^2杂化轨道的过程称为sp^2杂化。其中每个sp^2杂化轨道都含有1/3的s和2/3的p成分，杂化轨道间的夹角为120°，呈平面三角形。如BF_3分子。

3）sp^3杂化。由一个ns轨道和三个np轨道组合成四个sp^3杂化轨道的过程称为sp^3杂化。每个sp^3杂化轨道都含有1/4的s和3/4的p成分，四个杂化轨道分别指向正四面体的四个顶点。杂化轨道间的夹角为109°28′，其空间构型为正四面体形。如CH_4分子、SiH_4分子。

现将以上三种sp类型的杂化轨道与空间构型之间的关系归纳于表3-2中。

表3-2　三种sp类型的杂化轨道与空间构型对照表

杂化类型	sp	sp^2	sp^3
参与杂化的原子轨道	1个s+1个p	1个s+2个p	1个s+3个p
杂化轨道数	2个sp杂化轨道	3个sp^2杂化轨道	4个sp^3杂化轨道
杂化轨道间夹角	180°	120°	109°28′
空间构型	直线型	正三角形	正四面体
实例	$BeCl_2$	BF_3	CH_4

上述三种sp类型的杂化，它们各自形成的杂化轨道的能量完全相同，都属于等性杂化。当杂化所形成的杂化轨道的能量不完全相同时，就是不等性杂化。下面以H_2O分子和NH_3分子的形成为例予以说明。

【例3-10】试说明H_2O分子的空间构型。

【解】O原子的电子层结构为$1s^22s^22p_x^22p_y^12p_z^1$，形成$H_2O$分子时，O原子只能以含单电子的$2p_y$和$2p_z$两轨道分别与两个H原子的1s轨道重叠形成两个O—H键，键角应为90°。但实验测得H_2O分子中两个O—H键间的夹角为104°45′，显然是价键理论无法解释的。杂化轨道理论认为，在形成H_2O分子的过程中，O原子采用sp^3不等性杂化，其中两个含单电子的sp^3杂化轨道各与一个H原子的1s轨道重叠形成两个σ_{sp^3-1s}键，而余下的两个sp^3杂化轨道分别被一对孤电子对占据，由于它们不参与成键，电子云密集于O原子周围，对成键电子对有排斥作用，结果使O—H键间的夹角压缩至104°45′，所以H_2O分子的空间构型为V形。

【答案】V形

【例3-11】试解释NH_3分子的空间构型。

【解】N原子的价电子层结构为$2s^22p_x^12p_y^12p_z^1$，在形成NH_3分子时，N原子的2s轨道和三个2p轨道先进行sp^3不等性杂化，其中三个含单电子的sp^3杂化轨道分别与三个H原子的1s轨道重叠形成三个σ_{sp^3-1s}键，余下一个sp^3杂化轨道被一对孤对电子占据，由于它不参与成键，电子云密集于N原子周围，对三个N—H键虽有排斥作用，但较H_2O分子中的小，结果使得N—H间的夹角为107°，与实验测定结果相符，所以NH_3分子的空间构型为三角锥形。

【答案】三角锥形

3.3　溶液

考试大纲

溶液的浓度；非电解质稀溶液通性；渗透压；弱电解质溶液的解离平衡：分压定律；解

离常数；同离子效应；缓冲溶液；水的离子积及溶液的pH值；盐类的水解及溶液的酸碱性；溶度积常数；溶度积规则。

3.3.1 非电解质稀溶液的依数性

难挥发性非电解质稀溶液的某些性质，如蒸汽压下降、沸点升高、凝固点下降和渗透压等具有特殊性——只取决于溶液中所含溶质离子的数目（或浓度）而与溶质本身的性质无关，这些性质被称为“依数性”。

1. 蒸汽压下降——拉乌尔（Raoult）定律

（1）蒸汽压的概念。在一个密闭容器中，一定温度下，单位时间内由液面蒸发出的分子数目和由气相回到液体内的分子数目相等时，气液两相处于平衡状态，此时蒸汽的压强称为该液体的饱和蒸汽压，简称为蒸汽压。

蒸汽压的大小仅与液体的本质和温度有关系，与液体的数量以及液面上方空间的体积无关。

（2）溶液的蒸汽压下降。在相同温度下，将难挥发的非电解质溶于溶剂形成溶液后，因为溶剂的部分表面被溶质占据，在单位时间内逸出液面的溶剂分子数就相应地减少，结果达到平衡时，溶液的蒸汽压必然低于纯溶剂的蒸汽压。这种现象即称为溶液（相对于溶剂）的蒸汽压下降。

（3）拉乌尔定律。19世纪80年代，法国物理学家拉乌尔提出：在一定温度下，难挥发性非电解质稀溶液的蒸汽压等于纯溶剂的蒸汽压与溶剂摩尔分数的乘积，即

$$p = p^0 x_A$$

设 x_B 为溶质的摩尔分数，由于 $x_A + x_B = 1$，所以 $p = p^0(1 - x_B)$，$p^0 - p = p^0 x_B$，$\Delta p = p^0 x_B$。上式表明，在一定温度下，难挥发非电解质稀溶液的蒸汽压下降值 Δp 和溶质的摩尔分数成正比，而与溶质的本性无关。这一结论称为拉乌尔定律。

2. 沸点升高

（1）沸点升高的概念。液体的蒸汽压随温度升高而增加，当蒸汽压等于外界压力时，液体就处于沸腾状态，此时的温度称为液体的沸点（T_b^0）。例如，在标准压力下水的沸点为373K。因溶液的蒸汽压低于纯溶剂的蒸汽压，所以在 T_b^0 时，溶液的蒸汽压小于外压而不会沸腾。当温度继续升高到 T_b 时，溶液的蒸汽压等于外压，溶液才会沸腾，此时溶液的沸点要高于纯溶剂的沸点。这一现象称为溶液的沸点升高。溶液越浓，其蒸汽压下降越多，则沸点升高越多。

（2）沸点升高的计算。溶液的沸点升高与溶液的蒸汽压下降成正比，即

$$\Delta T_b = T_b - T_b^0 = K' \Delta p$$

式中，K' 为比例常数。将计算蒸汽压下降应用公式代入上式，得

$$\Delta T_b = K' K \Delta p = K_b m$$

K_b 为溶剂的摩尔沸点升高常数，它是一个特性常数，只与溶剂的摩尔质量、沸点、汽化热等有关，其值可由理论计算，也可由实验测定。上式说明：难挥发非电解质稀溶液的沸点升高只与溶液的质量摩尔浓度成正比，而与溶质的本性无关。

3. 凝固点下降

（1）凝固点下降的概念。凝固点是物质的固相与其液相平衡共存的温度，此时，纯溶剂液相的蒸汽压与固相的蒸汽压相等。一定温度下，由于溶液的蒸汽压低于纯溶剂的蒸汽压，所以在此温度时固液两相的蒸汽压并不相等，溶液不凝固，即溶液的凝固点 T_f 低于纯溶剂的

凝固点 T_f^0 。

溶剂凝固点与溶液凝固点之差ΔT_f（$T_f^0-T_f$）称为溶液的凝固点下降。

（2）凝固点下降的计算。实验证明，难挥发非电解质稀溶液的凝固点降低和溶液的质量摩尔浓度成正比，与溶质的本性无关，即

$$\Delta T_f=K_f m$$

比例常数 K_f 叫作溶剂的摩尔凝固点降低常数，与溶剂的凝固点、摩尔质量以及熔化热有关，因此只取决于溶剂的本性。应用凝固点下降方法可以精确地测定许多化合物的摩尔质量。

4. 渗透压

（1）渗透现象和渗透压。溶剂分子通过半透膜从纯溶剂或从稀溶液相较浓溶液的净迁移叫作渗透现象。对于一定温度和浓度的溶液，为阻止纯溶剂向溶液渗透所需的压力叫作渗透压。

（2）产生渗透现象的必要条件。

1）存在半透膜。

2）半透膜两侧单位体积内溶剂分子数目不同。

（3）渗透压的计算。1886 年荷兰物理学家范特荷甫（Van't Hoff）指出：“理想稀溶液的渗透压与溶液的浓度和温度的关系同理想气体状态方程式一致”，即

$$\Pi V=nRT \quad 或 \quad \Pi=cRT$$

式中：Π 是液体的渗透压（kPa）；T 是热力学温度（K）；V 是溶液的体积（L）；c 是溶质的物质的量浓度（mol/L）；R 是气体常数，用 8.31kPa L/（mol•K）表示。上式说明：在一定条件下，难挥发非电解质稀溶液的渗透压与溶液中溶质的浓度成正比，而与溶质的本性无关。

【例 3-12】（2005） 分别在四杯 100cm^3 水中加入 5g 乙二酸、甘油、季戊四醇、蔗糖形成四种溶液，则这四种溶液的凝固点（　　）。

A. 都相同　　B. 加蔗糖的低　　C. 加乙二酸的低　　D. 无法判断

【解】拉乌尔定律：溶液的沸点上升值（凝固点下降值）=溶剂的摩尔沸点上升常数（摩尔凝固点下降常数）与溶液的质量摩尔浓度（mol/kg）成正比，题中乙二酸相对分子质量 90 为最小，蔗糖的为 342，甘油的为 92，则已知乙二酸质量摩尔浓度最大，且溶剂的摩尔凝固点下降常数相同，即加乙二酸的凝固点下降最大。

【答案】C

3.3.2　酸碱的概念

1. 酸碱质子理论

酸碱质子理论认为：在反应过程中凡能给出质子（H^+）的分子或离子都是酸；凡能接受质子的分子或离子都是碱。酸是质子的给予体，碱是质子的接受体。例如，HCl、HCO_3^-、$NH_4{}^+$都能给出质子是酸，OH^-、H_2O、$Al(OH)_2^+$、NH_3都能接受质子是碱。

质子理论认为酸和碱不是完全孤立的，是统一在对质子的关系。酸给出质子后所剩余的部分就是碱；碱接受质子后即变成酸。这种酸与碱的相互依存关系，叫作共轭关系。这种共轭关系可用反应式表示：

$$酸 \rightleftharpoons H^+ + 碱$$

$$HCl \longrightarrow H^+ + Cl^-$$

$$HAc \rightleftharpoons H^+ + Ac^-$$

$$H_2O \rightleftharpoons H^+ + OH^-$$
$$H_3O^+ \rightleftharpoons H^+ + H_2O$$

左边酸给出质子（H^+）后就变成右侧的碱，右侧的碱接受质子后就变成左边的酸。因此在同一个方程式中，左边的酸是右侧碱的共轭酸，如 HCl 是 Cl^-的共轭酸；右侧碱是左边酸的共轭碱，如 Cl^-是 HCl 的共轭碱。Cl^-和 HCl 称为共轭酸碱对。

同一种物质在一个反应中可以是酸，而在另一个反应中却可以是碱，如 $H_2PO_4^-$。判断一个物质是酸还是碱，要依据该物质在反应中发挥的具体作用，若失去质子为酸，若得到质子为碱。例如，反应 $HCO_3^- + H^+ \rightleftharpoons H_2CO_3$，$HCO_3^-$ 是碱，其共轭酸是 H_2CO_3，而在反应 $HCO_3^- \rightleftharpoons H^+ + CO_3^{2-}$ 中，HCO_3^- 是酸，其共轭碱是 CO_3^{2-}。

酸碱质子理论定义的酸碱特点可总结如下：

（1）酸碱的共轭关系：有酸必有碱，有碱必有酸；酸中含碱，碱可变酸，共轭酸碱相互依存，又通过得失质子而相互转化。

$$酸 \rightleftharpoons 质子 + 共轭碱$$
$$碱 + 质子 \rightleftharpoons 共轭酸$$

（2）酸和碱可以是分子、正离子、负离子，还可以是两性离子。

（3）有的物质在某个共轭酸碱对中是酸，但在另一个共轭酸碱对中可以是碱。例如，HCO_3^-、H_2O、$H_2PO_4^-$、$^+NH_3CH_2COO^-$等物质又称为两性物质。

（4）酸碱质子理论中没有盐的概念。如 NH_4Cl 中的 NH_4^+是离子酸，Cl^-是离子碱。

2. 酸碱电子理论

酸碱电子理论认为：凡是能够接受电子对的物质称为酸，凡是能够给出电子对的物质称为碱。碱是电子对的给予体，酸是电子对的接受体。按照该理论定义的酸碱也称为路易斯酸碱。酸碱反应的实质是形成配位键生成酸碱配合物的过程。例如：

酸		碱		酸碱配合物
H^+	+	OH^-	$\rightleftharpoons$	$HO \rightarrow H$（水）
$2Ag^+$	+	$2(NH_3)$	$\rightleftharpoons$	$[H_3N \rightarrow Ag \leftarrow NH_3]^+$（二氨合银离子）
BF_3	+	F^-	$\rightleftharpoons$	$[F \rightarrow BF_3]^-$（四氟合硼离子）
SO_3	+	CaO	$\rightleftharpoons$	$CaO \rightarrow SO_3$（硫酸钙）

因此路易斯酸或碱可以是分子、离子或原子团。由于含有配位键的化合物是普遍存在的，故酸碱电子理论较电离理论、质子理论更为广泛全面。但缺点是过于笼统，酸碱的特征不易掌握。

3. 酸、弱碱的电离平衡

（1）一元弱酸、弱碱的电离平衡。弱电解质在水溶液中的电离是可逆的。例如，醋酸的电离过程为

$$HAc \rightleftharpoons H^+ + Ac^-$$

HAc 溶于水后，有一部分分子首先电离为 H^+和 Ac^-，而 H^+和 Ac^-又会结合成 HAc 分子；最后，当离子化速度和分子化速度相等时，体系达到动态平衡。弱电解质溶液在一定条件下存在的未电离的分子和离子之间的平衡称为弱电解质的电离平衡。

根据化学平衡原理，HAc 溶液中有关组分的平衡浓度的关系，即未电离的 HAc 分子的平衡浓度和 H^+、Ac^-离子的平衡浓度之间的关系可用下式表明

$$K_a^\ominus = \frac{[H^+][Ac^-]}{[HAc]}$$

式中，$K_i^\ominus$称为电离平衡常数，弱酸的电离平衡常数常用$K_a^\ominus$表示，弱碱的电离常数用$K_b^\ominus$表示。式中各有关物质的浓度都是平衡浓度（mol/L）。

一元弱碱氨水的电离过程为

$$NH_3+H_2O \rightleftharpoons NH_4^+ +OH^-$$

其平衡关系式为

$$K_b^\ominus = \frac{[NH_4^+][OH^-]}{[NH_3]}$$

电离平衡常数$K_i^\ominus$表示电离达到平衡时，弱电解质电离成离子趋势的大小。$K_i^\ominus$越大则电离程度越大，弱酸溶液中的$[H^+]$（弱碱溶液中的$[OH^-]$）越大，溶液的酸性（碱性）就越强。因此，由电离平衡常数的大小，可比较弱电解质电离能力的强弱。

在一定温度下，电离平衡常数是弱电解质的一个特性常数，其数值的大小只与弱电解质的本性及温度有关而与浓度无关。相同温度下不同弱电解质的电离平衡常数不同；同一弱电解质溶液，不同温度下的电离平衡常数也不同；但温度变化对电离平衡常数的影响不大，一般不影响数量级。

（2）$[H^+]$的计算。一元弱酸、弱碱$[H^+]$的计算是以其在水溶液中的电离平衡为基础的。根据一元弱酸（HA）溶液中存在的弱电解质的电离平衡、水的电离平衡、物料平衡和电荷平衡，通过联立方程推导出$[H^+]$的精确计算公式如下

$$[H^+]=[K_a^\ominus(HA)+K_w^\ominus]^{1/2}$$

因为该公式在测定和计算酸碱的常数时有意义，在一般工作中通常根据计算H^+浓度的允许误差及$K_a^\ominus$和$c(HA)$值的大小，推导出$[H^+]$的近似计算公式

$$[H^+]=[(K_a^\ominus c(HA)]^{1/2}$$

式中，$c(HA)$代表弱酸的总浓度。

近似计算一元如弱碱 BOH 溶液中$[OH^-]$的近似公式

$$[OH^-]=(K_b^\ominus c)^{1/2}$$

利用$K_a^\ominus$或$K_b^\ominus$就可以计算一定浓度的弱酸或弱碱中的$[H^+]$或$[OH^-]$。

近似计算公式是在计算弱酸（弱碱）电离的$[H^+]$（$[OH^-]$）时，忽略水的电离，而只考虑弱酸弱碱的电离平衡。所以只有当$c/K_i^\ominus \geqslant 500$时，才可以应用上述两近似公式进行计算。

【例 3-13】（2021） 在$BaSO_4$饱和溶液中，加入Na_2SO_4，溶液中$c(Ba^{2+})$的变化是（　　）。

A. 增大　　B. 减小　　C. 不变　　D. 不能确定

【解】$BaSO_4$饱和溶液中存在沉淀的溶解平衡$BaSO_4 \rightleftharpoons Ba^{2+}+SO_4^{2-}$，根据平衡移动原理，$SO_4^{2-}$增加，平衡逆向移动，$Ba^{2+}$浓度减小。

【答案】B

（3）同离子效应和盐效应。

1）同离子效应。在弱电解质溶液中加入一种有与弱电解质相同离子的强电解质时，弱电解质的电离平衡会受到影响而改变其电离度。例如，在醋酸溶液中加入一定量的醋酸钠时，

由于 NaAc 是强电解质，在溶液中完全电离，使溶液中 Ac^-浓度大大增加，使 HAc 的电离平衡向左移动，从而降低了 HAc 分子的电离度，结果使溶液的酸性减弱。

$$HAc \rightleftharpoons H^+ + Ac^- \qquad NH_3 + H_2O \rightleftharpoons NH_4^+ + OH^-$$

$$NaAc \longrightarrow Na^+ + Ac^- \qquad NH_4Cl \longrightarrow NH_4^+ + Cl^-$$

同理，在氨的水溶液中加入 NH_4Cl 时，溶液中 NH_4^+浓度相应增加，使电离平衡向左移动，降低了氨的电离度，结果使溶液的碱性减弱。

在弱电解质溶液中，加入与该弱电解质有相同离子的强电解质时，使弱电解质的电离度减小，这种现象叫作同离子效应。

【例 3-14】（2022）向 $NH_3 \cdot H_2O$ 溶液中加入下列少许固体，使 $NH_3 \cdot H_2O$ 解离度减小的是（　　）。

A. $NaNO_3$　　B. NaCl　　C. NaOH　　D. Na_2SO_4

【解】化学平衡移动中的同离子效应，氨水在水中存在电离平衡为 $NH_3 \cdot H_2O \rightleftharpoons NH_4^+ + OH^-$，加入 OH^-和 NH_4^+均能使平衡向左移动，从而使氨水的解离度减小。

【答案】C

2）盐效应。在弱电解质溶液中，加入不含共同离子的可溶性强电解质时，则该弱电解质的电离度将会稍微增大，这种影响叫作盐效应。

盐效应的产生，是由于强电解质的加入，增大了溶液中的离子浓度，使溶液中离子间的相互牵制作用增强，即离子的活度降低，使离子结合成分子的机会减少，降低了分子化速度，因此，当体系重新达到平衡时，HAc 的电离度要比加 NaCl 之前时大。

应该指出的是在同离子效应发生的同时，必然伴随着盐效应的发生。盐效应虽然可使弱碱或弱酸电离度增加一些，但是数量级一般不会改变，即影响较小。而同离子效应的影响要大得多。所以，在有同离子效应时，可以忽略盐效应。

（4）多元弱酸（弱碱）的电离。凡一个分子只电离产生一个 H^+的物质，称为一元酸，例如 HAc。凡一个分子电离能产生两个 H^+，称为二元酸。通常二元以上的酸统称为多元酸。

多元酸在水溶液中的电离是分步进行的，并且每一步电离都有其相应的电离常数，体系中多级电离平衡共存。如氢硫酸的电离情况可表示为

$$H_2S \rightleftharpoons H^+ + HS^-，\ K_{a1}^{\ominus} = 9.1\times10^{-8}$$

$$HS^- \rightleftharpoons H^+ + S^{2-}，\ K_{a2}^{\ominus} = 1.1\times10^{-12}$$

第二级电离比第一级电离困难得多。其原因有两个：① 带两个负电荷的 S^{2-}对 H^+的吸引比 HS^-要强得多；② 第一步电离出来的 H^+，对第二级电离平衡产生同离子效应，抑制了第二级电离的进行。所以多元弱酸的逐级电离平衡常数是依次减小。多元弱酸溶液中的 H^+，主要考虑第一步电离。

通过计算可以说明：

1）多元弱酸因为 $K_{a1}^{\ominus} \gg K_{a2}^{\ominus} \gg K_{a3}^{\ominus}$，因此 H^+浓度主要决定与第一步电离。计算多元弱酸溶液的$[H^+]$时，可以当作一元弱酸来处理。当 $c/K_{a1}^{\ominus} \geqslant 400$ 时，也可做近似计算。

2）多元弱酸根浓度很小，工作中需要浓度较高的多元弱酸酸根离子时，应该使用该酸的可溶性盐类。例如，需用较高浓度的 S^{2-}时，可选用 Na_2S、$(NH_4)_2S$ 或 K_2S 等。

3）当二元弱酸 $K_{a1}^{\ominus} \gg K_{a2}^{\ominus}$时，酸根离子浓度近似等于第二级解离的电离平衡常数。

4. 缓冲溶液

（1）缓冲溶液的概念。一般溶液的 pH 值不易恒定，可以随加入物质的酸碱性而急剧变化，甚至会因为溶解空气中的某些成分而改变 pH 值。然而，有一些具有特殊组分的溶液，它们的 pH 值不易改变，即使加入少量强酸或强碱或者稀释，其 pH 值也没有明显的变化。

能抵抗外加小量强酸、强碱和稀释，而保持 pH 值基本不变的溶液称为缓冲溶液。缓冲溶液对强酸、强碱和稀释的抵抗作用称为缓冲作用。

（2）缓冲作用原理。下面以 HAc-NaAc 缓冲溶液为例，在 HAc 和 NaAc 的混合溶液中，NaAc 为强电解质，在水溶液中完全电离为 Na^+和 Ac^-。大量的 Ac^-对 HAc 的电离产生同离子效应，使 HAc 的电离度更小，HAc 几乎全部以分子的形式存在。因此溶液中存在大量的 Ac^-和大量的 HAc 分子。

$$NaAc \longrightarrow Na^+ + Ac^-$$

$$HAc \rightleftharpoons H^+ + Ac^-$$

大量　　少量　大量

当向混合溶液中加入少量强酸时，Ac^-能接受 H^+，转变成 HAc，使平衡向左移动。达到平衡时，Ac^-的浓度略有降低，HAc 分子的浓度略有升高，而 H^+的浓度几乎不变，所以溶液的 pH 值基本保持不变。因此 Ac^-是抗酸成分。

当向溶液中加入少量强碱时，OH^-立即与 H^+反应生成 H_2O，因而使 H^+浓度减少，平衡向右移动，促使 HAc 离解生成 H^+，补充与 OH^-反应所消耗的 H^+。达到平衡时，HAc 的浓度略有降低，Ac^-的浓度略有升高，而 H^+的浓度几乎没有改变，所以溶液的 pH 基本保持不变。因此 HAc 是抗碱成分。

同理，每个缓冲溶液都含有一个抗酸成分和一个抗碱成分，即一个共轭酸碱对。可用通式表示为

$$A + H_2O \rightleftharpoons H_3O^+ + B$$

式中：A 表示共轭酸；B 表示共轭碱。抗酸时，消耗共轭碱 B，平衡向左移动，同时产生共轭酸 A；抗碱时，消耗共轭酸 A，平衡向右移动，同时产生共轭碱 B。使溶液的 pH 值基本保持不变。其中 A 为抗碱成分，B 为抗酸成分，这两种成分合称为缓冲对。

（3）缓冲溶液的 pH 计算。缓冲溶液的 pH 计算公式可以根据缓冲溶液体系中的弱电解质的电离平衡和其电离平衡常数来计算。在由弱酸 A 和其共轭碱 B 所组成的缓冲系中，共轭酸碱的质子转移平衡用通式表示如下

$$A + H_2O \rightleftharpoons H_3O^+ + B$$

$$K_a^{\ominus} = \frac{[H_3O^+][B]}{[A]}$$

$$[H_3O^+] = \frac{K_a^{\ominus}[A]}{[B]}$$

等式两侧分别取对数得 $pH = pK_a^{\ominus} + \lg[B]/[A]$，即 $pH = pK_a^{\ominus} + \lg$[共轭碱]/[共轭酸]。

根据上式可进行缓冲溶液的 pH 计算。

注意：公式中的[共轭酸]和[共轭碱]表示的是平衡浓度。由于共轭酸为弱酸，电离度很小，而共轭碱的浓度较大，同离子效应使共轭酸的电离度更小，故共轭酸、共轭碱的平衡浓度基

本上等于它们的配制浓度，即[共轭酸]=$c_{共轭酸}$，[共轭碱]=$c_{共轭碱}$，因此计算式可表示为

$$pH = pK_a^{\ominus} + \lg c_{共轭碱}/c_{共轭酸}$$

由 pH 计算公式可知：

1）缓冲溶液的 pH 值取决于共轭酸的电离常数和缓冲对的浓度比值。$c_{共轭碱}/c_{共轭酸}$称为缓冲比。

2）同一缓冲对的溶液，当温度一定时，$pK_a^{\ominus}$一定，pH 值就取决于缓冲比，只要改变缓冲比，就可以在一定范围内配制出不同 pH 值的缓冲溶液。

3）当缓冲比等于 1，即 $c_{共轭酸}=c_{共轭碱}$时，缓冲溶液的 $pH=pK_a$。

4）稀释缓冲溶液时，若只考虑体积的变化，由于缓冲比不变，所以溶液的 pH 值也不变。实际上溶液的稀释可改变弱酸的电离度等因素，缓冲比也会随着改变，必然引起 pH 值的改变。只是当体积变化不大时，pH 值的变化是很小的。

（4）缓冲溶液的选择与配制。配制一定 pH 值的缓冲溶液，可按下列方法进行。

1）选择合适的缓冲对，使所配制的缓冲溶液的 pH 值尽量接近于共轭酸的 $pK_a^{\ominus}$，这样可以保证溶液具有较强的缓冲能力。例如，配制 pH=5 的缓冲溶液，在 HAc−NaAc（$pK_a^{\ominus}=4.75$）和 $H_2PO_4^- - HPO_4^{2-}$（$pK_{a2}^{\ominus}=7.2$）两个缓冲对之间，应选择前者。

2）确定适当的总浓度。为使溶液有较大的缓冲能力，总浓度一般在 0.05～0.2mol/L 之间。

3）选择药用缓冲对时，还要考虑是否与主药发生配伍禁忌，缓冲对在高压灭菌和储存期内是否稳定，以及是否有毒性等因素。例如，硼酸盐缓冲液，因为有毒，不能用作口服液或注射用药液的缓冲剂。

4）若所要求的 pH 不等于 $pK_a^{\ominus}$，要根据要求的 pH，利用缓冲溶液公式计算出各缓冲成分所需要的实际量。

【例 3-15】（2021） 已知 $K^{\ominus}(NH_3 \cdot H_2O)=1.8\times10^{-4}$，浓度均为 0.2mol/L 的 $NH_3 \cdot H_2O$ 和 NH_4Cl 混合溶液的 pH 为（ ）。

A. 4.74　　B. 9.26　　C. 5.12　　D. 8.26

【解】 $pOH = pK_b^{\ominus} - \lg\dfrac{c_{碱}}{c_{盐}} = -\lg(1.8\times10^{-4}) - \lg\left(\dfrac{0.2}{0.2}\right) = 8.88$，$pH = 14 - pOH = 14 - 8.88 = 5.12$。

【答案】 C

3.4 化学反应方程式、化学反应速率与化学平衡

考试大纲

反应热与热化学方程式；化学反应速率；温度和反应物浓度对反应速率的影响；活化能的物理意义；催化剂；化学反应方向的判断；化学平衡的特征；化学平衡移动原理。

3.4.1 热力学第一定律

1. 热和功

热是由于体系与环境之间存在着温差，而在体系与环境之间进行交换和传递的能量，以符号 Q 表示。

功除热以外的其他能量交换形式统称为功，如电功、膨胀功、表面功等。以符号 W 表示，在化学反应体系中如果有气体物质参与，体系常反抗外压做膨胀功（体积功），$W=p\Delta V$。除

膨胀功以外的所有其他形式的功都叫作有用功。

热和功的单位常用 J 或 kJ。由于热和功是体系在变化过程中的一种能量交换形式，因而它们不是体系的性质，也就不是体系的状态函数。例如，不能说体系含多少热量而只能说体系在某一过程中放出或吸收多少热量。

以热和功的方式交换和传递的能量不仅有大小，还有方向问题。在热力学中，热和功的能量传递方向用正、负号表示。规定：如果体系从环境吸收热量 Q 为正值；体系向环境放出热量 Q 为负值。如果体系对环境做功 W 为正值，环境对体系做功 W 为负值。

因为正、负号在热和功的描述中具有特殊的物理意义，所以在进行热和功的书写和计算时不能省略。

2. 热力学第一定律

热力学第一定律就是能量守恒定律。即自然界的一切物质都有能量，能量具有不同的形式，能量可以从一种形式转化成另一种形式，从一个物体传递到另一个物体，但在能量的转化和传递过程中，能量的总值保持不变。

因为体系与环境之间进行的能量交换或传递只有热和功两种形式。当一个封闭体系由内能 U_1 的始态经过一个变化过程到内能为 U_2 的终态时，体系的内能的变化值为

$$\Delta U = U_2 - U_1$$

设在此过程中，体系从环境吸收了热量为 Q，同时体系对环境做的功为 W，根据热力学第一定律，体系的内能变化值为

$$\Delta U = Q - W$$

该式是热力学第一定律的数学表达式。其物理意义是：封闭体系从一个状态变化到另一个状态时，其内能的变化值等于体系从环境吸收的热量减去体系对环境所做的功。

【例 3-16】已知体系在一变化过程中吸收了 600J 的热量，同时体系对环境做了 450J 的功，求体系的内能变化。

【解】$Q=+600\text{J}$，$W=+450\text{J}$，则

$$\Delta U = Q - W = (+600)\text{J} - (+450)\text{J} = +150\text{J}$$

【答案】体系的内能的变化值是 +150J，即体系在变化过程中，从环境获得能量使体系的内能增加。

在体系内能发生变化的同时，环境的能量也发生了相应的变化。体系吸收了热量，意味着环境失去同等的热量，当体系做功时，环境相当于做了负功。因此体系的内能变化等于环境的内能变化，但符号相反。

$$\Delta U_{体系} = \Delta U_{环境}$$

$$\Delta U_{体系} + \Delta U_{环境} = 0$$

所以，热力学第一定律即在宇宙中的总能量是恒定不变的。

3.4.2 化学反应的热效应

1. 等容反应和等压反应热

（1）等容热效应。如果体系在变化过程中只做膨胀功不做其他功，热力学第一定律可写成

$$\Delta U = Q - p\Delta V$$

当化学反应是在一个恒容条件下进行（反应是在密闭的钢瓶中进行），在反应过程中体系

的体积恒定不变$\Delta V=0$，即体系不做膨胀功。则上式可写成

$$\Delta U=Q_V$$

式中，Q_V表示恒容条件下的反应热效应。上式的意义是：在恒容条件下进行的化学反应，反应热效应在数值上等于体系内能的变化值。

如果反应放热 Q_V 是负值，说明反应使体系的内能降低；如果反应吸热 Q_V 是正值，说明反应使体系的内能升高。

（2）等压热效应。如果一个化学反应是在恒压条件下进行，该反应的热效应叫作恒压热效应。

恒压条件下进行的反应如果伴随有体积的变化，（特别是在有气体物质参与反应的情况下）体系就要做膨胀功，即 $W=p\Delta V$。根据热力学定律，恒压条件下反应体系内能的变化量用数学式表示为

$$\Delta U=Q_{\rm p}-p\Delta V$$

式中：$Q_{\rm p}$ 表示恒压条件下反应的热效应。该式说明：恒压反应过程体系内能的变化量等于体系恒压热效应与体系所做膨胀功的差值。

根据状态函数的特点，将$\Delta U=Q_{\rm p}-p\Delta V$ 进行整理

$$Q_{\rm p}=(U_2-U_1)+p(V_2-V_1)$$

$$=(U_2+pV_2)-(U_1+pV_1)$$

因为 U、p、V 都是体系的状态函数，所以它们的组合也是状态函数。热力学就将（$U+pV$）定义成新的状态函数，叫作焓，是具有加合性的物理量，用符号 H 表示。

$$H=U+pV$$

因此，恒压条件下反应的热效应可表示成

$$Q_{\rm p}=H_2-H_1=\Delta H$$

该式说明：封闭体系中进行的化学反应，在只做膨胀功的条件下，体系的状态函数焓的变化值在数值上等于反应的恒压热效应 $Q_{\rm p}$。其意义在于使反应的热效应在特定条件下只与反应的始态和终态有关，与变化的途径无关，从而使反应热效应的计算变得简单方便。

如果体系的焓值增加（$\Delta H>0$），则化学反应表现为吸热过程（$Q_{\rm p}>0$）；如果体系的焓值减小（$\Delta H<0$），则说明化学反应是一个放热的过程（$Q_{\rm p}<0$）。

因为化学反应通常是在恒压条件下进行的，所以恒压热效应更具有实际意义。常用焓变ΔH 表示反应的恒压热效应，单位是 kJ/mol 或 J/mol。

（3）等容热效应与等压热效应的关系。实验证明，同一种反应，分别在恒容或恒压条件下进行时，它与环境交换的热量常常是不一样的。根据热力学推导，恒容热效应与恒压热效应的关系为

$$Q_{\rm p}=Q_{\rm V}+p\Delta V$$

如果体系中有气体参与，假设所有气体均为理想气体，$p\Delta V=\Delta nRT$，即

$$Q_{\rm p}=Q_{\rm V}+\Delta nRT$$

Δn 表示反应前后气态物质的摩尔数的差值。

$$\Delta n=\sum n_{产物}-\sum n_{反应物}$$

当化学反应的反应物和生成物都是液态或固态物质时，反应过程中体积的变化很小，膨胀功可以忽略不计，即恒压热效应约等于恒容热效应。

2. 热化学方程式

（1）热化学反应方程式。化学反应热效应与许多条件因素有关，一般利用热化学方程式就可以把它们之间的关系正确地表达出来。表示化学反应热效应关系的方程式叫作热化学方程式。例如，碳与氧之间的化学反应的热化学方程式写成

$$C(石墨) + O_2(g) = CO_2(g)，\Delta H^{\ominus} = -393.5kJ/mol$$

热化学方程式所提供的信息是：

1）化学反应的热效应用体系的焓变值$\Delta H^{\ominus}$表示，单独写在方程式右侧。$\Delta H^{\ominus}$的负号表示反应是放热过程，$\Delta H^{\ominus}$的正号表示反应是吸热过程。

2）$\Delta H^{\ominus}$叫作标准摩尔焓变，单位是 kJ/mol，mol 表示某反应的反应进度。

对任一反应当各物质的物质的量改变与反应方程式中其计量系数的数值相等时，则反应进度为 1 摩尔（ξ=1mol），即进行了 1 摩尔反应。例如反应

$$aA + bB = dD + eE$$

每摩尔反应是指 a mol A 与 b mol B 完全作用，生成 d mol D 和 e mol E 的反应产物的反应。因此不能离开具体的反应式来讨论反应热效应。

3）$\Delta H^{\ominus}$中的上标“$\ominus$”表示标准态，是热力学规定的体系的标准状态。标准状态是指：气态物质的标准压力为 101.3kPa，溶液中的物质其标准态溶质浓度为 1mol/L，固体和纯液体的标准态是处于标准压力下的纯物质。在热力学标准态的规定中温度没有限定，通常采用 298K 温度条件下的有关数据。

（2）热化学反应方程式的书写要求及意义。化学反应的热效应不仅与反应进行时的条件有关，而且与反应物和生成物的物态、数量有关，在书写热化学方程式时应注意：

1）化学反应的热效应与反应条件有关，不同反应条件下的反应热效应有所不同，所以应注明反应的温度、压力条件。但 298K、101.3kPa 的反应条件可以省略。

2）因为化学反应的热效应与物质的形态有关，同一化学反应物质的形态不同反应热效应有明显差别。在热化学方程式中要求用右下标的方式注明物质的形态。习惯以 s、l、g 来分别表示固态、液态、气态。如果某物质有几种晶型，也应注明其参与反应的具体形式。水溶液中的组分以 aq 表示，通常可省略。

$$Na(s) + H_2O(l) = NaOH(aq) + 1/2H_2(g)，\Delta H^{\ominus} = -184kJ/mol$$

$$Ag^+(aq) + Cl^-(aq) = AgCl(s)，\Delta H^{\ominus} = -92.3kJ/mol$$

$$H_2(g) + 1/2O_2(g) = H_2O(l)，\Delta H^{\ominus} = -285.8kJ/mol$$

$$H_2(g) + 1/2O_2(g) = H_2O(g)，\Delta H^{\ominus} = -241.8kJ/mol$$

3）热化学方程式中化学式前的系数只表示参加反应物质的摩尔数，不表示分子数，所以可以用分数。因为焓是与体系中物质的量有关的状态函数，所以同一反应如果物质化学式前的计量系数不同时，反应热效应也不一样。

$$H_2(g) + Cl_2(g) = 2HCl(g)，\Delta H^{\ominus} = -184.6kJ/mol$$

$$1/2H_2(g) + 1/2Cl_2(g) = HCl(g)，\Delta H^{\ominus} = -92.3kJ/mol$$

4）在相同条件下，正反应和逆反应的反应热效应数值相等，但符号相反。

$$2HCl(g) = H_2(g) + Cl_2(g)，\Delta H^{\ominus} = +184.6kJ/mol$$

$$H_2(g) + Cl_2(g) = 2HCl(g)，\Delta H^{\ominus} = -184.6kJ/mol$$

3. 反应热效应的计算

（1）盖斯定律。盖斯定律基本内容：化学反应的热效应只与反应的始态和终态有关，而与反应的途径无关。或者说，无论给定的化学反应是一步完成的还是分几步完成，只要始态和终态一定，则一步完成的反应热效应与各分步反应的反应热效应的代数和相等。盖斯定律只适用于恒压过程和恒容过程。

根据盖斯定律的原理可以利用已知的反应热效应进行始终态相同的一步完成的反应的热效应与各分步反应热效应之间的求算。

【例 3-17】 已知

$$CH_4(g)+2O_2(g) = CO_2(g)+2H_2O(l),\ \Delta H_1^{\ominus}=-890.3kJ/mol \quad (3\text{-}1)$$

$$C(石墨)+O_2(g) = CO_2(g),\ \Delta H_2^{\ominus}=-393.5kJ/mol \quad (3\text{-}2)$$

$$H_2(g)+1/2O_2(g) = H_2O(l),\ \Delta H_3^{\ominus}=-285.8kJ/mol \quad (3\text{-}3)$$

求反应 $C(石墨)+2H_2(g)=CH_4(g)$的热效应$\Delta H^{\ominus}$。

【解】根据已知热效应的反应方程式中物质项与所求反应方程中物质项的关系，可以将已知反应方程式进行相应加减，以消除在所求反应方程式中没有的物质项，从而得到待求热效应的反应方程式，然后将已知方程的热效应（ΔH）也进行相应一致的代数运算，求得要求的反应热效应。

将式（3-2）+2×式（3-3）−式（3-1）得

$$\begin{array}{rl} & C(石墨)+O_2(g) = CO_2(g) \\ & 2H_2(g)+O_2(g) = 2H_2O(l) \\ + & CO_2(g)+2H_2O(l) = CH_4(g)+2O_2(g) \\ \hline & C(石墨)+2H_2(g) = CH_4(g) \end{array}$$

$$\begin{aligned}\Delta H^{\ominus} &= \Delta H_2^{\ominus}+2\Delta H_3^{\ominus}-\Delta H_1^{\ominus} \\ &= (-393.5)+2\times(-285.8)-(-890.3)=-74.8\ (kJ/mol)\end{aligned}$$

故所求反应的热效应是−74.8kJ/mol。

（2）标准生成焓。热力学规定，在标准状态，由各元素的最稳定单质生成 1mol 某物质时的反应热效应叫作该物质的标准生成焓或标准生成热。以符号$\Delta H_f^{\ominus}$表示。

热力学规定在标准状态下，稳定单质的标准生成焓等于零。

物质的标准生成焓的数据可以通过实验测得并列表写入手册，使用时可以查表。

根据单质与反应物及生成物的关系和盖斯定律，利用生成物和反应物的标准生成焓，可以计算反应的热效应。

$$\Delta H^{\ominus}=\sum \Delta H^{\ominus}_{f(产物)}-\sum \Delta H^{\ominus}_{f(反应物)}$$

【例 3-18】（2018）下列各反应的热效应等于 $CO_2(g)$的$\Delta_f H_m^{\ominus}$的是（　　）。

A. $C(金刚石)+O_2(g) \longrightarrow CO_2(g)$　　B. $CO(g)+1/2O_2(g) \longrightarrow CO_2(g)$

C. $C(金刚石)+O_2(g) \longrightarrow CO_2(g)$　　D. $2C(石墨)+2O_2(g) \longrightarrow 2CO_2(g)$

【解】标准状态时由指定单质生成单位物质的量的纯物质时反应的焓便称为标准摩尔生成焓，记作$\Delta_f H_m^{\ominus}$。C 的稳定单质是金刚石。

【答案】C

【例 3-19】（2021）已知 HCl(g)的$\Delta_f H_m^{\ominus}=-92kJ/mol$，则反映 $H_2(g)+Cl_2(g) \rightarrow 2HCl(g)$的$\Delta_r H_m^{\ominus}$是（　　）

A. 92kJ/mol　　B. −92kJ/mol　　C. −184kJ/mol　　D. 46kJ/mol

【解】$\Delta_r H_m^\ominus = \sum n \Delta_f H_m^\ominus$（产物）$- \sum m \Delta_f H_m^\ominus$（反应物）$=2\times\Delta_f H_m^\ominus(HCl) - \Delta_f H_m^\ominus(H_2) - \Delta_f H_m^\ominus(Cl_2)$ $=2\times(-92)$kJ/mol − 0kJ/mol−0kJ/mol= −184kJ/mol。

【答案】C

3.4.3　吉布斯能和化学反应的方向

1. 自发过程

对化学反应来说，在一定条件下能够自动进行的反应叫作自发反应，反应的这种特性叫作反应的自发性。能够自发进行的反应，其反应物放在一起就可以发生反应。对不能自发进行的反应，其反应物放在一起则不会发生反应。但是，应该注意到自发反应不等于一定能进行的反应，例如

$$H_2(g)+1/2O_2(g) \longrightarrow H_2O(l),\ \Delta H^\ominus = -285.8\text{kJ/mol}$$

热力学计算证明该反应是一个自发进行的反应，但在室温条件下该反应可以认为是不能发生的。原因是在室温条件下该反应的反应速率极慢，接近于零。所以反应的自发性只是说反应进行的可能性，并不等于反应一定能够发生，还要考虑到反应的条件对反应速率产生的影响。而不自发的反应过程，也不是说不能发生，只是需要环境对体系做功。例如，水的分解反应是一个非自发的，但在电解条件下即可实现。

2. 熵和熵变

熵是与体系的混乱程度有关的一个状态函数，是体系的广度性质，其变量ΔS只取决于体系的始终态，而与体系变化的途径无关。

0K 温度条件下，任何纯物质完整晶体的熵值等于零。因为在此温度条件下，任何纯物质完整晶体均处于完全有序的状态，体系的混乱度最小。在标准状态下，1mol 纯物质的熵叫作标准熵，用符号$S^\ominus$表示，单位是 J/（K•mol）。

纯物质的标准熵的绝对值是可以测得的。物质的混乱度越大，其对应的熵值也越大。这与物质的质点（分子、原子、离子）在空间的排列方式和运动方式有关。对于同一种物质 $S_{(g)} > S_{(l)} > S_{(s)}$。相同物质形态的不同物质，其分子中的原子数目或电子数目越多，熵值一般也越大。例如

	$H_2O(l)$	$H_2O(g)$	$HCl(g)$	$HBr(g)$	$HI(g)$	$NH_3(g)$
$S^\ominus$［J/（K•mol）］	69.9	188.72	186.8	198.6	206.5	192.3

体系的温度升高，物质的熵值相应增大。对气体物质，压力增大，其熵值减小，对固态、液态物质，其熵值受压力的影响较小。在反应中气体分子数增大时，体系的熵值增大；当气体分子数减少时，体系的熵值变小。

化学反应过程的标准熵变为

$$\Delta S^\ominus = \sum{}^{\ominus}_{产物} - \sum{}^{\ominus}_{反应物}$$

3. 吉布斯能

（1）吉布斯能与自发过程。在热力学中用吉布斯能来表示恒温恒压条件下体系做最大有用功的本领。吉布斯能符号为 G，定义为

$$G = H - TS$$

因为焓、温度、熵都是状态函数，由它们组合而成的吉布斯能也是一个状态函数。当体

系的始终态一定时，吉布斯能的变化值就是确定的。在恒温恒压条件下反应化学反应吉布斯能的变化量（ΔG）的符号与反应自发性有关：

1）$\Delta G<0$，反应有可能自发进行。

2）$\Delta G=0$，体系处于平衡状态。

3）$\Delta G>0$，反应不可能进行。

ΔG 可以作为反应自发性的判据。

根据热力学推导等温过程的吉布斯能的变化量与体系其他状态函数的关系是

$$\Delta G=\Delta H-T\Delta S$$

该关系式叫作吉布斯-赫姆霍兹（Gibbs-Helmholtz）方程式，它说明化学反应的热效应只有一部分能量用于做有用功，而另一部分的能量用于维持体系的温度和增加体系的熵值，即恒温恒压条件下的反应热效应不能全部用来做有用功。

吉布斯-赫姆霍兹方程说明了影响反应自发性的因素。

如果一个反应是放热的$\Delta H<0$，体系的熵值增加$\Delta S>0$，则$\Delta G<0$，这种反应在任何温度条件下都能自发进行。

如果一个反应是吸热的$\Delta H>0$，体系的熵值减小$\Delta S<0$，则$\Delta G>0$，这种反应在任何温度条件下ΔG 都是正值，反应不能自发进行。

如果一个反应是放热的$\Delta H<0$，体系的熵值减小$\Delta S<0$，或者ΔH、ΔS 均为正值，这时反应ΔG 的正负取决于ΔH 和 $T\Delta S$ 的相对大小，改变体系的温度可以影响到反应的自发性。因为ΔH 与ΔS 相比ΔH 的值要大得多，当ΔH、ΔS 均为负值时，低温条件下可以使反应的$\Delta G<0$ 反应自发进行；如果当ΔH、ΔS 均为正值时，高温条件下可以使反应的$\Delta G<0$ 反应自发进行。

（2）标准生成吉布斯能。吉布斯能的绝对值是无法获得的，热力学采取定义标准生成吉布斯能的方法计算反应的ΔG。

标准生成吉布斯能：在标准状态和指定温度下，由稳定单质生成 1mol 化合物时反应的吉布斯能变化为标准生成吉布斯能，用符号$\Delta G_f^{\ominus}$表示。规定标准状态下稳定单质的$\Delta G_f^{\ominus}$等于零。因为盖斯定律适用于$\Delta G^{\ominus}$的计算，则反应的吉布斯能变化值

$$\Delta G^{\ominus}=\sum \Delta G_{f产物}^{\ominus}-\sum \Delta G_{f反应物}^{\ominus}$$

$\Delta G^{\ominus}$与反应中物质的量成正比。逆反应的$\Delta G^{\ominus}$与正反应的$\Delta G^{\ominus}$数值相等符号相反。

【例 3-20】（2017） 金属钠在氯气中燃烧生成氯化钠晶体，其反应的熵变是（　　）。

A. 增大　　B. 减小　　C. 不变　　D. 无法判断

【解】熵变只与体系的始终态有关，与体系变化的途径无关；化学反应过程的标准熵变为$\Delta S^{\ominus}=\sum_{产物}^{\ominus}-\sum_{反应物}^{\ominus}$。对于同一种物质 $S_{(g)}>S_{(l)}>S_{(s)}$，因此金属钠在氯气中燃烧生成氯化钠，其熵变减小。

【答案】B

【例 3-21】（2022） 化学反应 $Zn(s)+O_2(g) \longrightarrow ZnO(s)$，其熵变 $\Delta_r S_m^{\ominus}$ 为（　　）。

A. 大于零　　B. 小于零　　C. 等于零　　D. 无法确定

【解】化学反应的熵变：反应产物的总熵与反应物总熵之差。① 物质由固态到液态、由液态到气态或由固态到气态的过程，熵变为正值。② 气体体积增大的反应，熵变通常都是正

值。③ 气体体积减小的反应，熵变通常都是负值。

【答案】B

3.4.4 化学平衡

1. 平衡常数

（1）化学反应的可逆性和化学平衡。在同一条件下，既能向一个方向又能向相反方向进行的化学反应，叫作可逆反应。大多数化学反应都是可逆的。例如，在一定温度下，将氢气和碘蒸气按一定体积比装入密闭容器中，它们将发生反应，生成气态的碘化氢

$$H_2(g)+I_2(g)\longrightarrow 2HI(g)$$

实验表明，在反应“完成”后，反应体系中同时存在 $H_2(g)$、$I_2(g)$和 HI(g)三种物质，即反应物并没有完全转化为生成物。这是因为在 $H_2(g)$和 $I_2(g)$生成 HI(g)的同时，一部分 HI(g)又分解为 $H_2(g)$和 $I_2(g)$

$$2HI(g)\longrightarrow H_2(g)+I_2(g)$$

上述两个反应同时发生且方向相反，可以用下列形式表示

$$H_2(g)+I_2(g)\rightleftharpoons 2HI(g)$$

通常将从左向右进行的反应叫作正反应；从右向左进行的反应叫作逆反应。

对于任一可逆反应，例如，在密闭容器中 $N_2(g)$和 $H_2(g)$合成 $NH_3(g)$的反应

$$N_2(g)+3H_2(g)\longrightarrow 2NH_3(g)$$

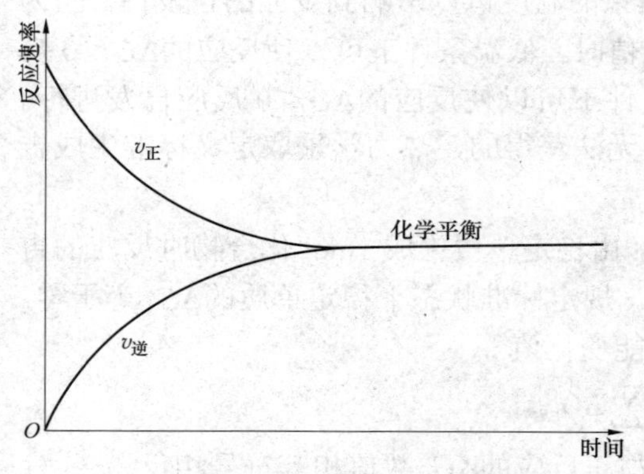

图 3-3 正逆反应速率变化示意图

当反应开始时，$N_2(g)$和 $H_2(g)$的浓度较大，而 $NH_3(g)$的浓度为零。因此，反应刚刚开始时，正反应速率大，逆反应速率为零。但随着反应的进行，$N_2(g)$和 $H_2(g)$的浓度逐渐减小，正反应速率逐渐降低。与此同时，生成物 $NH_3(g)$的浓度逐渐增大，逆反应速率逐渐升高。当反应进行到一定程度后，正反应速率等于逆反应速率，即 $v_{正}=v_{逆}$，如图 3-3 所示。此时的反应物 $N_2(g)$、$H_2(g)$和生成物 NH_3 的浓度不再发生变化，反应达到了最大限度。这种正、逆反应速率相等时，反应体系所处的状态叫作化学平衡。

反应体系处于平衡状态时，反应并未停止，只不过是正、逆反应速率相等、方向相反而已。因此，化学平衡是动态平衡。

（2）平衡常数。对于任一可逆反应，如

$$aA+bB\rightleftharpoons dD+eE$$

实验结果表明，在一定温度下达到平衡时，各反应物和产物的浓度间有如下关系

$$\frac{[D]^d[E]^e}{[A]^a[B]^b}=K$$

即在一定温度下，可逆反应达到平衡时，产物的浓度以反应式中该物质化学式前的系数为乘幂的乘积与反应物的浓度以反应式中该物质化学式前的系数为乘幂的乘积之比是一个常数。这种关系叫作化学平衡定律。

前已述及，质量作用定律仅适用于基元反应，而化学平衡定律不仅适用于基元反应，而且也适用于复杂反应，它只决定于反应的始态和终态，与反应所经历的途径无关。

1）平衡常数的物理意义如下：

a）平衡常数是反应的特性常数。仅取决于反应的本性，它不随物质的初始浓度（或分压）而改变，但随温度的变化而有所改变。

b）平衡常数值的大小是反应进行限度的标志。因为平衡状态是反应进行的最大限度，而平衡常数表达式是以产物浓度系数次方的乘积为分子，而以反应物浓度系数次方的乘积为分母。故它能很好地表示出反应进行的完全程度。一个反应的平衡常数 K 值越大，说明平衡时生成物的浓度越大，剩余的反应物浓度越小。由平衡常数决定的反应物的转化率也越大，也就是正反应的趋势越强，逆反应的趋势越弱。相反，平衡常数越小，说明逆反应的趋势强，正反应趋势弱，反应物的平衡转化率小。

c）平衡常数表达式表明在一定温度下体系达成平衡的条件。一个化学反应是否达到平衡状态的标志就是正反应速度等于逆反应速度，此时，各物质的浓度将不随时间改变，而且，其产物浓度系数次方的乘积与反应物浓度系数次方的乘积之比是一个常数。

2）书写和应用平衡常数时应注意的几点：

a）在平衡常数表达式中，各物质的浓度或分压力都是指平衡时的浓度或分压力，并且反应物的浓度或分压力要写成分母，反应产物的浓度或分压力则写作分子，例如醋酸的电离平衡

$$HAc(aq) \rightleftharpoons H^+(aq) + Ac^-(aq)$$

$$K_c = \frac{[H^+]\,[Ac^-]}{[HAc]}$$

b）反应中有固体或纯液体参加，其浓度可认为是常数，它们的浓度不应写在平衡常数表达式中。

c）稀溶液中进行的反应，如反应有水参加，其浓度几乎维持不变，可近似视为一个常数，所以也不必写在平衡常数表达式中。

$$Cr_2O_7^{2-}(aq) + H_2O(l) \rightleftharpoons 2CrO_4^{2-}(aq) + 2H^+(aq)$$

$$K_c = \frac{[CrO_4^{2-}]^2[H^+]^2}{[Cr_2O_7^{2-}]}$$

d）平衡常数表达式必须与反应方程式相对应。同一化学反应的化学方程式写法不同，平衡常数 K 值就不同。例如，下列反应方程式写成

$$2CO(g) + O_2(g) \rightleftharpoons 2CO_2(g)$$

平衡常数表达式为

$$K_p = \frac{p_{CO_2}^2}{p_{CO}^2 \cdot p_{O_2}}$$

若把反应式写作　$CO(g) + 1/2O_2(g) \rightleftharpoons CO_2(g)$

则平衡常数表达式则为

$$K_p' = \frac{p_{CO_2}}{p_{CO} \cdot p_{O_2}^{1/2}}$$

如果表示的是同一条件下的同一反应，则

$$K_p = (K_p')^2$$

e）正逆反应的平衡常数值互为倒数，如反应

$$2SO_2(g) + O_2(g) \rightleftharpoons 2SO_3(g)\ (K_p)$$

在相同条件下的逆反应为 $2SO_3(g) \rightleftharpoons 2SO_2(g) + O_2(g) \quad (K_p')$

则

$$K_p = 1/K_p'$$

2. 化学平衡的移动

因环境条件改变，使反应从一个平衡状态向另一个平衡状态过渡的过程称为化学平衡移动。平衡移动的结果是系统中各物质的浓度或分压发生了变化。

（1）浓度对化学平衡的影响。在其他条件不变时，增加反应物浓度或者降低生成物浓度，可使平衡向着正反应方向移动；相反，降低反应物浓度或增加生成物浓度，可使平衡向着逆反应方向移动。

（2）压力对化学平衡的影响。对于有气体参加的反应，压力改变可能使平衡发生移动。压力改变有两种情况：一是改变某气体的分压，二是改变体系的总压力。

改变某气体的分压与改变某物质浓度的情况相同。如增大反应物的分压或减小生成物的分压，这时，$Q_p < K_p$，平衡将向正反应方向移动，使反应物的分压减小和生成物的分压增大。如减小反应物的分压或增大生成物的分压，这时，$Q_p > K_p$，平衡将向逆反应方向移动，使反应物的分压增大和生成物的分压减小。总之，平衡移动的结果将是削弱体系改变的影响。

如果改变的是体系的总压力，只对那些反应前后气体分子数目有变化的反应有影响，增大体系的总压力，平衡向气体分子数目减少的方向移动，减小体系的总压力，平衡向气体分子数目增多的方向移动。

（3）温度对化学平衡的影响。浓度和压力对化学平衡的影响是通过改变体系的 Q_c 和 Q_p，使之不再等于 K_c 和 K_p 来实现的，这时，K_c 和 K_p 不变。温度的影响则不同，它是通过改变 K_c 和 K_p，导致平衡发生移动的。

表述平衡常数与温度关系的重要方程式，称为范特霍夫（van't Hoff）方程式。

$$\lg \frac{K_{p2}}{K_{p1}} = \frac{\Delta H^\ominus}{2.303R}\left(\frac{T_2 - T_1}{T_1 T_2}\right)$$

$$\lg K_{p2} - \lg K_{p1} = \frac{\Delta_r H^\ominus}{2.303R}\left(\frac{1}{T_1} - \frac{1}{T_2}\right)$$

当已知化学反应的$\Delta H^\ominus$值时，只要测定某一温度 T_1 的平衡常数 K_{p1}，即可用来求另一温度 T_2 的 K_{p2}。当已知在不同温度的 K_p 值时，则可求反应的$\Delta H^\ominus$。

van't Hoff 方程式还表明，当反应为放热时，$\Delta H^\ominus < 0$，升高温度 $T_2 > T_1$，会使 $K_{p2} < K_{p1}$，反应相对 K_{p1} 进行得不完全；降低温度，平衡向生成物方向移动。与此相反，若为吸热反应，$\Delta H^\ominus > 0$，升高温度 $T_2 > T_1$，会使 $K_{p2} > K_{p1}$，平衡向生成物方向移动，即向吸热方向移动。

总之，升高温度，使吸热反应的反应速度变得大于放热反应的反应速度，平衡向吸热反应方向移动；降低温度，使吸热反应的反应速度变得小于放热反应的反应速度，平衡向放热反应方向移动。

【例 3-22】（2021） 反应 $A(s)+B(g) \rightleftharpoons 2C(g)$在体系中达到平衡，如果保持温度不变，升高体系的总压力（减小体积），平衡向左移动，则 $K^{\ominus}$ 的变化是（　　）。

A. 增大　　B. 减小　　C. 不变　　D. 无法判断

【解】平衡常数与温度、计量系数有关，不随浓度和压力而改变。

【答案】C

【例 3-23】（2022） 反应 $A(g)+B(g) \rightleftharpoons 2C(g)$达平衡后，如果升高总压，则平衡移动的方向是（　　）。

A. 向右　　B. 向左　　C. 不移动　　D. 无法判断

【解】反应方程式两边气体的分子数相等，改变压强不能使平衡移动。

【答案】C

3.4.5　化学反应速率和反应机理

1. 化学反应速率的表示法

通常，化学反应速率的定义为：单位体积的反应体系中，反应进度随时间的变化率即常用单位时间内反应物浓度减少的量或生成物浓度增加的量。浓度的单位以 mol/L 表示。时间则根据反应的快慢可用秒（s）、分（min）或小时（h）等表示。反应速度的单位可以是 mol/(L•s)、mol/(L•min) 或 mol/(L•h)。

$$反应速率 \upsilon = \pm\frac{\Delta c}{\Delta t}$$

式中：Δc 为浓度的变化量；Δt 为时间间隔。为了使反应速率 υ为正值，分式前应加±号。其原则是：如以反应物浓度变化量表示反应速率，由于反应物浓度随时间而减少，Δc 必为负值，分式前取负号，υ就成为正值。若以生成物浓度变化量表示反应速率，由于生成物浓度随时间而增加，Δc 为正值，故分式前取正号。

2. 化学反应机理概念

化学反应式仅表示反应物和产物及其计量关系，它不涉及反应过程。一个化学反应所经历的途径或具体步骤，称为反应机理或反应历程。化学动力学的基本任务就是研究反应的机理。

（1）元反应和非元反应。反应物分子一步直接转化为产物分子的反应称为元反应。由两个或两个以上的元反应组成的化学反应叫作非元反应，也叫作总反应。元反应很少，绝大多数的反应是非元反应。例如氢气与碘蒸气生成碘化氢的反应

$$H_2(g) + I_2(g) \rightleftharpoons 2HI(g)$$

第一步：$I_2(g) \rightleftharpoons 2I(g)$(快反应)。

第二步：$H_2(g) + 2I(g) \rightleftharpoons 2HI(g)$(慢反应)。

过去，曾认为这是一个双分子的元反应。近年来研究确定，它是一个非元反应。该反应是由两个元反应组成的。

如果在一个非元反应中，有一步反应的速率最慢，它能控制总反应的速率，总反应的速率基本上等于这最慢一步的速率，则这最慢的一步反应就叫作速控步骤。上述第二个元反应就是这个非元反应的速控步骤。

（2）反应分子数。元反应中，反应物系数之和（即同时直接参加反应的粒子的数目）称为反应分子数。根据反应分子数的不同，可将元反应分为单分子反应、双分子反应和三分子反应。三分子反应极少。

应该注意的是：反应分子数是人们为了说明反应机理而提出的概念，仅适用于元反应，它是通过实验确定的，绝不能按化学方程式中的计量系数来确定反应分子数。

3. 反应速率理论简介

有关化学反应速率的理论，主要有两个：① 于 21 世纪初以气体分子运动论为基础而建立起的碰撞理论；② 在统计力学和量子力学发展中形成的过渡状态理论。

（1）碰撞理论。碰撞理论主要适用于气体双分子反应。该理论认为：化学反应发生的先决条件是反应物分子之间的相互碰撞。反应物分子碰撞的频率越高，反应速率越快；如果反应物分子互不接触，那就不可能发生反应。但并不是反应物每一次碰撞都能发生反应，瑞典物理化学家阿仑尼乌斯（Arrhenius）提出了化学反应的有效碰撞理论，其理论要点是：

1）反应物之间要发生反应，分子间必须碰撞。

2）不是每次碰撞都能发生反应，只有极少数分子的碰撞才能发生反应。能发生反应的碰撞称为有效碰撞。显然有效碰撞次数越多，反应速度越快。

3）要能发生有效碰撞，反应物的分子必须具有足够能量，能发生有效碰撞的分子叫活化分子。活化分子占分子总数的百分数称之活化分子百分数。活化分子百分数越大， 有效碰撞次数越多，反应速度越快。

4）活化分子具有的最低能量 E_1 与分子平均能量 $E_{平均}$ 的差值叫作活化能，表示活化分子具有的最低能量，用 E_a 表示，则

$$E_a=E_1-E_{平均}$$

活化能常用 kJ/mol 作单位，即表示 1mol 活化分子的活化能总量。不同的化学反应，具有不同的活化能，一般化学反应的活化能在 40～400kJ/mol 之间。活化能小于 40kJ/mol 的化学反应非常快，活化能大于 120kJ/mol 的反应就很慢了。

（2）过渡态理论。过渡态理论又称活化络合物理论。该理论认为，化学反应不只是通过反应物分子间的简单碰撞就生成产物，而是要经过一个中间的过渡状态，并且经过这个过渡状态需要一定的活化能。

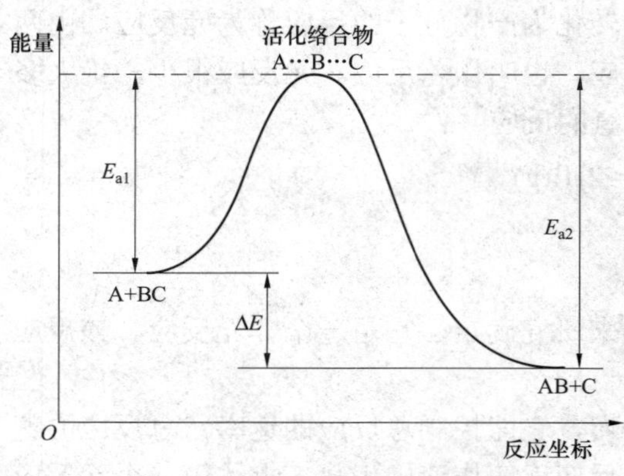

图 3-4　反应过程中能量的变化

对于下列反应

$$\underset{（反应物）}{A + BC} \rightleftharpoons \underset{（活化络合物）}{[A\cdots B\cdots C]} \longrightarrow \underset{（产物）}{AB + C}$$

由稳定的反应物分子过渡到活化络合物的过程叫作活化过程。活化过程中，所吸收的能量就是活化能。活化能就是基态反应物所具有的平均能量与活化络合物所具有的能量之差。

图 3-4 表示以上反应中的能量变化，由图可见，反应物要形成活化络合物，它的能量必须比反应物的平均能量高出 E_{a1}，E_{a1} 就是反应的活化能。由于产物的平均能量比反应物低，因此，这

个反应是放热反应。

如果反应逆向进行，即 $AB+C \longrightarrow A+BC$，也是要先形成 A…B…C 活化络合物，然后，再分解为产物 A 和 BC。不过，逆反应的活化能为 E_{a2}，它是一个吸热反应。由于 $E_{a2}>E_{a1}$，所以，吸热反应的活化能总是大于放热反应的活化能。

该反应的热效应（热力学能的变化）等于正逆反应活化能之差，即

$$\Delta E = E_{a2} - E_{a1}$$

由以上讨论可知，反应物分子必须具有足够的能量，才能越过反应坐标中的能峰而变为产物分子。反应的活化能越大，能峰越高，能越过能峰的反应物分子比例越少，反应速率就越小。如果反应的活化能越小，能峰就越低，则反应速率就越大。

（3）实验活化能。活化能的概念是由瑞典物理化学家阿仑尼乌斯提出来的，因为可以通过实验测得，故称为实验活化能。反应的活化能大，说明反应进行时所必须越过的能垒大，反应进行的速率就慢；反应的活化能小，反应进行所必须越过的能垒小，反应进行的速率就快。因此，如果实际应用中能够降低反应的活化能，就能大大提高反应的速率。

4. 影响反应速率的因素

（1）浓度对反应速率的影响。

1）质量作用定律。大量实验证明，在一定温度下，增大反应物的浓度，大都使反应速率加快。这个事实可以用碰撞理论进行解释。一定温度下，对某一反应，反应物中活化分子的百分数是一定的。但当增大反应物浓度时，会使单位体积内活化分子的总数增多，这样，使单位时间内反应物分子发生有效碰撞的机会增多，从而使反应速率加快。

反应速率和反应物浓度间的定量关系为：化学反应速率与反应物的物质的量浓度成正比。这个规律称为质量作用定律。注意：质量作用定律仅适合于元反应。

对于元反应

$$aA + bB \rightleftharpoons dD + eE$$

$$v \propto c^a(A) \cdot c^b(B)$$

$$v = k\, c^a(A) \cdot c^b(B)$$

质量作用定律可表述为：在一定温度下，元反应的化学反应速率与反应物浓度幂次方（以化学反应式中相应的系数作指数）的乘积成正比。

质量作用定律数学表达式又叫作反应速率方程。式中的比例常数 k 叫作速率常数。

k 的物理意义是：① 在数值上相当于各反应物浓度都是 1mol/L 时的反应速率；② 在相同条件下，k 越大，反应的速率越快；对于不同的化学反应，k 值也不相同；③ 对同一个化学反应，k 值与反应物的本性及温度等有关，而与反应物的浓度无关。k 值一般通过实验测定。

书写反应速率方程式时应注意以下几点：

a）质量作用定律仅适用于基元反应。如果不知道某个反应是否为基元反应，那就只能由实验来确定反应速率方程式，而不能由通常的总反应式直接书写速率方程式。

b）纯固态或纯液态反应物的浓度不写入速率方程式。

2）反应级数。所谓反应级数，即是反应速率方程中各反应物浓度方次之和。

书写质量作用定律数学表达式时，只有元反应的质量作用定律表示式中反应物浓度的指数与反应方程式中计量系数一致，而对许多反应，两者并不一致，对一般的化学反应

$$aA+bB \rightleftharpoons cC+dD$$

a、b 表示 A、B 在反应方程式中的计量系数，其速率方程可表示为

$$v = kc^m(\mathrm{A}) \cdot c^n(\mathrm{B})$$

式中：c(A)、c(B)分别表示 A、B 的浓度；m、n 分别表示速率方程中 c(A)和 c(B)的指数。由速率方程可见，其指数不一定是化学方程式中的计量系数。m、n 分别称为反应物 A 和 B 的反应级数，两者之和 $m+n$ 称为该反应的总级数。反应级数一般都是指反应总级数而言。

反应级数的确定，与质量作用定律表示式的书写一样，不能由配平的方程式直接书写，而应通过实验确定。

（2）温度对反应速率的影响。速率常数 k 与温度 T 的关系的经验方程式称为阿仑尼乌斯方程

$$\ln k=-E_a/(RT)+\ln A$$

$$\lg k=-E_a/(2.303RT)+\lg A$$

或

$$k=A\,\mathrm{e}^{-E_a/(RT)}$$

式中：k 是速率常数；E_a 为活化能；R 是气体常数；T 是热力学温度；A 为频率因子，是反应特有的常数。阿仑尼乌斯方程式把速率常数 k、活化能 E_a 和温度 T 三者联系起来，由此关系式可以说明：

1）对某一反应，E_a 基本不变，温度升高，$\mathrm{e}^{-E_a/(RT)}$ 增大，则 k 值也增大，反应速率加快，这说明了温度对反应速率的影响。

2）当温度一定时，活化能 E_a 值越小，则 $\mathrm{e}^{-E_a/(RT)}$ 越大，k 值越大，反应速率越快；反之，E_a 越大，反应速率越慢，说明了活化能与反应速率之间的关系。

由阿仑尼乌斯公式，可求反应的活化能及速率常数。

$$\ln k_1 = -\frac{E_a}{RT_1} + \ln A$$

$$\ln k_2 = -\frac{E_a}{RT_a} + \ln A$$

两式相减，得

$$\ln\frac{k_2}{k_1} = -\frac{E_a}{R}\left(\frac{1}{T_1}-\frac{1}{T_2}\right) = \frac{E_a}{R}\left(\frac{T_2-T_1}{T_2T_1}\right)$$

$$\lg\frac{k_2}{k_1} = \frac{E_a}{2.303R}\left(\frac{T_2-T_1}{T_2T_1}\right)$$

或

$$E_a = 2.303R\left(\frac{T_1T_2}{T_2-T_1}\right)\lg\frac{k_2}{k_1}$$

若反应在 T_1 及 T_2 时速率常数分别为 k_1、k_2，因 E_a 随 T 变化改变很小，可把 E_a 看成与 T 基本无关的常数。

如果已知两个温度下的速率常数，就能求出反应的活化能；如已知反应的活化能和某一温度下的速率常数就能求得另一温度下的速率常数。

（3）催化剂对反应速率的影响。凡能改变化学反应速率，但本身的组成和质量在反应前后保持不变的物质称为催化剂。有催化剂存在的化学反应叫作催化反应。催化剂改变反应速率的作用称为催化作用，能增加反应速率的催化剂称为正催化剂，而减慢反应速率的催化剂

称为负催化剂，一般提到的催化剂都是正催化剂。有些反应的产物可做其反应的催化剂，从而使反应自动加速，称为自动催化反应。

催化剂具有以下几个特点：

1）催化剂在化学反应前后的质量和化学组成不变。

2）催化剂具有选择性。

3）在可逆反应中，催化剂能加速正反应，则也能加速逆反应，所以催化剂能加快平衡状态的到达，或者说缩短到达平衡的时间，但不会改变平衡常数。因为催化剂不改变反应的始态和终态，即不能改变反应的ΔG，因此，催化剂也不能使非自发反应变成自发反应。

4）催化剂用量小，但对反应速率影响大。

5）催化剂对化学反应的催化能力一般叫作催化剂的活性，简称为催化活性。催化活性的表示方法常用在指定条件下，单位时间、单位质量（或单位体积）的催化剂能生成产物的重量来表示。

催化剂之所以能加快反应速率，公认的说法是，它改变了原来的反应历程，降低了反应的活化能。在没有催化剂时，反应的活化能为E_a，E_{ac}是加催化剂后反应的活化能。有催化剂参加的新的反应历程和无催化剂时的原反应历程相比，活化能降低了，$E_{ac}<E_a$。由于加催化剂使活化能降低，活化分子百分数相应增多，故反应速率加快。

3.5 氧化还原反应与电化学

考试大纲

氧化还原的概念；氧化剂与还原剂；氧化还原电对；氧化还原反应方程式的配平；原电池的组成和符号；电极反应与电池反应；标准电极电势；电极电势的影响因素及应用；金属腐蚀与防护。

3.5.1 氧化还原反应的基本概念

1. 氧化还原反应的实质

（1）氧化还原反应。无机化学反应一般分为两大类：一类是在反应过程中，反应物之间没有电子的转移或得失，如酸碱反应、沉淀反应，它们只是离子或原子间的相互交换；另一类则是在反应过程中，反应物之间发生了电子的得失或转移，这类反应被称之为氧化还原反应。

氧化还原反应的实质是电子的得失和转移，元素氧化数的变化是电子得失的结果。元素氧化数的改变也是定义氧化剂、还原剂和配平氧化还原反应方程式的依据。

（2）氧化数。1970 年国际纯化学和应用化学学会（IUPAC）定义氧化数的概念为：氧化数（又称氧化值）是某元素一个原子的荷电数，这种荷电数是将成键电子指定给电负性较大的原子而求得。

确定元素原子氧化数有下列原则：

1）单质的氧化数为零。因为同一元素的电负性相同，在形成化学键时，不发生电子的转移或偏离。例如 S_8 中的 S，Cl_2 中的 Cl，H_2 中的 H，金属 Cu、Al 等，氧化数均为零。

2）氢在化合物中的氧化数一般为 1，但在活泼金属的氢化物中，氢的氧化数为 −1，如 NaH。

3）氧在化合物中的氧化数一般为–2，但在过氧化物中，氧的氧化数为–1，如$H_2O_2^-$、BaO_2^-；在超氧化物中，氧的氧化数为–1/2，如$KO_2^{-1/2}$；在氟的氧化物中，氧的氧化数为2，如OF_2。

4）单原子离子元素的氧化数等于它所带的电荷数。如碱金属的氧化数为1，碱土金属的氧化数为2。

5）在多原子的分子中，所有元素的原子氧化数的代数和等于零；在多原子的离子中，所有元素的原子氧化数的代数和等于离子所带的电荷数。

根据以上规则，我们既可以计算化合物分子中各种组成元素原子的氧化数，也可以计算多原子离子中各组成元素原子的氧化数。例如：

MnO_4^-中Mn的氧化数：$x + 4\times(-2) = -1$，$x = 7$

$Cr_2O_7^{2-}$中Cr的氧化数：$2x + 7\times(-2) = -2$，$x = 6$

由于氧化数是在指定条件下的计算结果，所以，氧化数不一定是整数。如在连四硫酸根离子（$S_4O_6^{2-}$）中，S的氧化数为5/2。这是由于分子中同一元素的硫原子处于不同的氧化态，而按上法计算的是S元素氧化数的平均值，所以氧化数有非整数出现。

（3）氧化剂与还原剂。根据氧化数的概念，凡是物质氧化数发生变化的反应，称为氧化还原反应。氧化数升高的过程称为氧化，氧化数降低的过程称为还原。在反应过程中，氧化数升高的物质称为还原剂，氧化数降低的物质称为氧化剂。氧化剂起氧化作用，它氧化还原剂，自身被还原；还原剂起还原作用，它还原氧化剂，自身被氧化。

在氧化还原反应中，若氧化数的升高和降低都发生在同一种化合物中，即氧化剂和还原剂为同一种物质，称自身氧化还原反应。自身氧化还原反应又称为歧化反应。

（4）氧化还原电对。每个氧化还原反应方程式可以拆成两个半反应式，即失电子的氧化半反应式和得电子的还原半反应式。例如：

氧化还原离子反应式：　$Ce^{4+} + Fe^{2+} = Ce^{3+} + Fe^{3+}$

氧化半反应式：　$Fe^{2+} - e^- = Fe^{3+}$

还原半反应式：　$Ce^{4+} + e^- = Ce^{3+}$

氧化型与还原型构成了如下两对氧化还原电对：Ce^{4+}/Ce^{3+}和 Fe^{3+}/Fe^{2+}。因此，氧化还原反应是两个（或两个以上）氧化还原电对共同作用的结果。

半反应式可用通式表示：氧化型$+e^-$=还原型

氧化还原电对书写时，氧化型写在斜线左侧，还原型写在斜线右侧。

2. 氧化还原方程式的配平

氧化还原反应有两种常用配平方法：氧化数法和离子电子法。

离子电子法是根据在氧化还原反应中与氧化剂和还原剂有关的氧化还原电对，先分别配平两个半反应方程式，然后按得失电子数相等的原则将两个半反应方程式相加得到配平的反应方程式。

（1）离子电子法配平方程式的基本步骤为：

1）写出反应过程中氧化值起变化的离子写成一个没有配平的离子方程式

$$MnO_4^{2-} + SO_3^{2-} \longrightarrow Mn^{2+} + SO_4^{2-}$$

2）将上面未配平的离子方程式分写为两个半反应式，一个代表氧化剂的还原反应；另一个代表还原剂的氧化反应：

$$MnO_4^{2-} \longrightarrow Mn^{2+}，\ SO_3^{2-} \longrightarrow SO_4^{2-}$$

3）分别配平两个半反应式。配平时首先配平原子数，然后在半反应的左边或右边加上适当电子数来配平电荷数。以使半反应式两侧各种原子的总数及净电荷数相等相等。

MnO_4^{2-}还原为Mn^{2+}时，要减少4个氧原子，在酸性介质中，要与8个H^+离于结合生成4个H_2O分子

$$MnO_4^{2-}+8H^+ \longrightarrow Mn^{2+}+4H_2O$$

上式中左边的净电荷数为+7，右边的净电荷数为+2，所以需在左边加 5 个电子，使两边的电荷数相等

$$MnO_4^{2-}+8H^+ +5e = Mn^{2+} +4H_2O$$

SO_3^{2-}氧化为SO_4^{2-}时，增加的1个氧原子可由溶液中的H_2O分子提供，同时生成2个H^+离子

$$SO_3^{2-}+H_2O = SO_4^{2-}+2H^+$$

上式中，左边的净电荷数为−2，右边的净电荷数为0，所以右边应加上2个电子

$$SO_3^{2-}+H_2O = SO_4^{2-}+2H^++2e$$

4）根据氧化剂和还原剂得失电子数必须相等的原则，在两个半反应式中乘上相应的系数（由得失电子的最小公倍数确定），然后两式相加得到配平的离子反应方程式

$$2MnO_4^{2-}+6H^++5SO_3^{2-} = 2Mn^{2+}+5SO_4^{2-}+3H_2O$$

氧化值法和离子电子法各有优缺点。氧化值法能较迅速地配平简单的氧化还原反应。它的适用范围较广，不只限于水溶液中的反应，特别对高温反应及熔融态物质间的反应更为适用。而离子电子法能反映出水溶液中反应的实质，特别对有介质参加的复杂反应配平比较方便。但是，离子电子法仅适用于配平水溶液中的反应。

（2）氧化还原反应配平应掌握以下基本要求：

1）氧化剂和还原剂的氧化数变化必须相等。

2）方程式两边的各种元素的原子数必须相等。

3）配平方法的难点是未发生氧化数变化的原子数的配平，特别是氢和氧原子的配平。

一般情况下，如反应物氧原子数多了，在酸性介质中的反应以加H^+生成水的方式配平；若为碱性介质中的反应，应加H_2O使之与氧反应生成OH^-。

【例 3-24】（2022） $KMnO_4$中Mn的氧化数是（　　）。

A. +4　　B. +5　　C. +6　　D. +7

【解】$KMnO_4$中Mn的氧化数是+7价。K是+1价，O是−2价。

【答案】D

3.5.2 电池电动势和电极电势

1. 原电池

（1）原电池的组成。利用氧化还原反应，将化学能转变为电能的装置叫作原电池。电池的设计证明了氧化还原反应确实发生了电子的转移。

一个原电池包括两个半电池，每个半电池又称为一个电极。其中放出电子的一极称为负

极，是电子流出极，发生氧化反应；另一极是接受电子的一极称为正极，正极上发生还原反应。电极上分别发生的氧化还原反应，称为电极反应。一般说来，由两种金属电极构成的原电池，较活泼的金属做负极，另一金属做正极。负极金属失去电子成为离子而进入溶液，所以它总是逐渐溶解。

原电池的两个电极的溶液通过盐桥沟通，盐桥有两方面的作用，一方面它可以消除因溶液直接接触而形成的液接电势，另一方面它可使连接的两溶液保持电中性。

【例 3-25】（2017） 两个电极组成原电池，下列叙述正确的是（　　）。

A. 做正极的电极的 $E_{(+)}$值必须大于零

B. 做负极的电极的 $E_{(-)}$值必须小于零

C. 必须是 $E^0_{(+)} > E^0_{(-)}$

D. 电极电势 E 值大的是正极，E 值小的是负极

【解】由两种金属电极构成的原电池，较活泼的金属做负极，另一金属做正极；从电极电势的数值来看，当氧化剂电对的电势大于还原剂电对的电势时，反应才可以进行，因此电极电势 E 值大的是正极，E 值小的是负极。

【答案】D

（2）原电池的符号。为表达方便，通常将原电池的组成以规定的方式书写，称为电池符号表示式。其书写原则规定：

1）把负极写在电池符号表示式的左边，以“(－)”表示；正极写在电池符号表示式的右边，并以“(＋)”表示。

2）以化学式表示电池中各物质的组成，溶液要标上浓度或活度（mol/L），若为气体物质，应注明其分压（Pa）。如不特殊指明，则温度为 298 K，气体分压为 101.325kPa，溶液浓度为 1mol/L。

3）以符号“|”表示不同物相之间的接界，用“‖”表示盐桥。同一相中的不同物质之间用“,”表示。

4）非金属或气体不导电，因此，非金属元素在不同价态时构成的氧化还原电对做半电池时，需外加惰性金属（如铂和石墨等）做电极导体。其中，惰性金属不参与反应，只起导电的作用。

例如 Cu－Zn 原电池的电池符号为

$$(-)\mathrm{Zn(s)}|\mathrm{Zn^{2+}}(c_1)\parallel \mathrm{Cu^{2+}}(c_2)|\mathrm{Cu(s)}(+)$$

（3）电池电动势。电池正、负电极之间没有电流通过时的电势差称为电池的电动势（用符号 $E_{池}$表示）。电池电动势是衡量氧化还原反应推动力大小的判据，这与热力学上使用反应体系的吉布斯自由能变化ΔG 作为反应自发倾向的判据是一致的。

$$E_{池} = E(+) - E(-)$$

2. 电极电势

（1）标准电极电势。为了获得各种电极的电极电势数值，通常以某种电极的电极电势做标准与其他各待测电极组成电池，通过测定电池的电动势确定各种不同电极的相对电极电势 E 值。1953 年，国际纯粹化学与应用化学联合会（IUPAC）的建议，采用标准氢电极作为标准电极，并人为地规定标准氢电极的电极电势为零。

1）标准氢电极。

电极符号： $Pt|H_2(101.3kPa)|H^+(1mol/L)$

电极反应： $$2H^+ + 2e \longrightarrow H_2(g)$$

$$E^{\ominus}(H^+/H_2) = 0V$$

右上角的符号“⊖”代表标准态。

标准态要求电极处于标准压力（101.325kPa）下，组成电极的固体或液体物质都是纯净物质；气体物质其分压为 101.325kPa；组成电对的有关离子（包括参与反应的介质）的浓度为 1mol/L（严格的概念是活度）。通常测定的温度为 298K。

2）标准电极电势。用标准氢电极和待测电极在标准状态下组成电池，测得该电池的电动势值，并通过直流电压表确定电池的正负极，即可根据 $E_{池} = E(+) - E(-)$计算各种电极的标准电极电势的相对数值。

电极的$E^{\ominus}$为正值表示组成电极的氧化型物质，得电子的倾向大于标准氢电极中的 H^+，如铜电极中的 Cu^{2+}；如电极的为负值，则组成电极的氧化型物质得电子的倾向小于标准氢电极中的 H^+，如锌电极中的 Zn^{2+}。

（2）标准电极电势表。将不同氧化还原电对的标准电极电势数值按照由小到大的顺序排列，得到电极反应的标准电极电势表。其特点有：

1）一般采用电极反应的还原电势，每一电极的电极反应均写成还原反应形式，即

$$氧化型 + ne^- = 还原型$$

2）标准电极电势是平衡电势，每个电对$E^{\ominus}$值的正负号，不随电极反应进行的方向而改变。

3）$E^{\ominus}$值的大小可用以判断在标准状态下电对中氧化型物质的氧化能力和还原型物质的还原能力的相对强弱，而与参与电极反应物质的数量无关。例如：

$$I_2 + 2e^- \longrightarrow 2I^-，E^{\ominus} = +0.535\ 5V$$

$$\frac{1}{2}I_2 + e^- \longrightarrow I^-，E^{\ominus} = +0.535\ 5V$$

4）$E^{\ominus}$值仅适合于标准态时的水溶液时的电极反应。对于非水、高温、固相反应，则不适合。

3. 电极电势的应用

（1）判断氧化剂和还原剂的相对强弱。在标准状态下，氧化剂和还原剂的相对强弱，可直接比较$E^{\ominus}$值的大小。

$E^{\ominus}$值较小的电极，其还原型物质越易失去电子，是越强的还原剂，对应的氧化型物质则越难得到电子，是越弱的氧化剂。$E^{\ominus}$值越大的电极，其氧化型物质越易得到电子，是较强的氧化剂，对应的还原型物质则越难失去电子，是越弱的还原剂。

在标准电极电势表中， 还原型的还原能力自上而下依次减弱，氧化型的氧化能力自上而下依次增强。

（2）判断氧化还原反应的方向。

1）根据$E^{\ominus}$值，判断标准状况下氧化还原反应进行的方向。

通常条件下，氧化还原反应总是由较强的氧化剂与还原剂向着生成较弱的氧化剂和还原剂方向进行。从电极电势的数值来看，当氧化剂电对的电势大于还原剂电对的电势时，反应才可以进行。反应以“高电势的氧化型氧化低电势的还原型”的方向进行。在判断氧化还原反应能否自发进行时，通常指的是正向反应。

2）根据电池电动势$E^{\ominus}_{池}$值，判断氧化还原反应进行方向。

电池电动势是电池反应进行的推动力。当由氧化还原反应构成的电池的电动势$E^\ominus_{池}$大于零时，则此氧化还原反应就能自发进行。因此，电池电动势也是判断氧化还原反应能否自发进行的判据。

电池通过氧化还原反应产生电能，体系的自由能降低。在恒温恒压下，自由能的降低值（$-\Delta G$）等于电池可能做出的最大有用电功（$W_{电}$）

$$-\Delta G = W_{电} = QE = nFE_{池}$$

即

$$\Delta G = -nFE_{池}$$

在标准状态下，上式可写成

$$\Delta G^\ominus = -nFE^\ominus_{池}$$

当$E^\ominus_{池}$为正值时，$\Delta G^\ominus$为负值，在标准状态下氧化还原反应正向自发进行；当$E^\ominus_{池}$为负值时，$\Delta G^\ominus$为正值，在标准状态下反应正向非自发进行，逆向反应自发进行。E或$E^\ominus$越是较大的正值，氧化还原反应正向自发进行的倾向越大。$E_{池}$或$E^\ominus_{池}$越是较大的负值，逆向反应自发进行的倾向越大。

（3）判断反应进行的限度——计算平衡常数。可以把标准平衡常数$K^\ominus$和热力学吉布斯自由能联系起来。

$$\Delta G^\ominus = -2.303RT\lg K^\ominus$$

$$\Delta G^\ominus = -nFK^\ominus$$

则

$$-nFE^\ominus = 2.303RT\lg K^\ominus$$

标准平衡常数$K^\ominus$和标准电动势$E^\ominus$之间的关系式为

$$\lg K^\ominus = \frac{-nFK^\ominus}{2.303RT}$$

式中：R 为气体常数；T 为热力学温度；n 为氧化还原反应方程中电子转移数目；F 为法拉第常数。

该式表明，在一定温度下，氧化还原反应的平衡常数与标准电池电动势有关，与反应物的浓度无关。$E^\ominus$越大，平衡常数就越大，反应进行越完全。因此，可以用$E^\ominus$值的大小来估计反应进行的程度。一般来说，$E^\ominus \geqslant 0.2 \sim 0.4$V 的氧化还原反应，其平衡常数均大于$10^6$（$K > 10^6$），表明反应进行的程度已相当完全了。$K^\ominus$值大小可以说明反应进行的程度，但不能决定反应速率。

【例 3-26】（2022） 已知$K^\ominus$(HOAc)=1.8×10^{-5}，$K^\ominus$(HCN)=6.2×10^{-10}，下列电对标准电极电势最小的是（　　）。

A. $E^\ominus_{H^+/H_2}$　　B. $E^\ominus_{H_2O/H_2}$　　C. $E^\ominus_{HOAc/H_2}$　　D. $E^\ominus_{HCN/H_2}$

【解】能够解离产生 H^+的物质的解离常数越小，其相应电对的标准电极电势值越小。

【答案】B

【例 3-27】（2021）已知$E^\ominus(Fe^{3+}/Fe^{2+})=0.771$V，$E^\ominus(Fe^{2+}/Fe)=-0.44$V，$K^\ominus_{sp}[Fe(OH)_3]=2.79\times10^{-39}$，$K^\ominus_{sp}[Fe(OH)_2]=4.87\times10^{-17}$，有如下原电池（－）Fe | Fe^{2+}(1.0mol/L)|| Fe^{3+}(1.0mol/L)，Fe^{2+}(1.0mol/L)| Pt(+)，如向两个半电池中均加入 NaOH，最终均使 $c(OH^-)$=1.0mol/L，则原电池电动势的变化是（　　）。

A. 变大　　B. 变小　　C. 不变　　D. 无法确定

【解】负极反应为 $Fe-2e \rightarrow Fe^{2+}$，发生氧化反应，化合价升高。正极反应为 $2Fe^{3+}+2e \rightarrow 2Fe^{2+}$，发生还原反应，化合价降低。原电池电动势 $E_1=E_+-E_-=E^{\ominus}(Fe^{3+}/Fe^{2+})+(0.059/2)\lg([Fe^{3+}]^2/[Fe^{2+}]^2)-E^{\ominus}(Fe^{2+}/Fe)-(0.059/2)\lg(Fe^{2+})^2$。未加入 NaOH 之前［$Fe^{3+}$］、［$Fe^{2+}$］=1，$E_1=E_+-E_-=E^{\ominus}(Fe^{3+}/Fe^{2+})-E^{\ominus}(Fe^{2+}/Fe)$。加入 NaOH 后，离子浓度发生改变，根据 $Fe(OH)_3$、$Fe(OH)_2$ 的沉淀溶解平衡，此时 $K_{sp}^{\ominus}[Fe(OH)_3]=2.79\times10^{-39}$，$K_{sp}^{\ominus}[Fe(OH)_2]=4.87\times10^{-17}$，将其代入，计算可知电动势减小。

【答案】B

3.6 有机化学

考试大纲

有机物特点、分类及命名；官能团及分子构造式；同分异构；有机物的重要反应：加成、取代、消除、氧化、催化加氢、聚合反应、加聚与缩聚；基本有机物的结构、基本性质及用途：烷烃、烯烃、炔烃、芳香烃、卤代烃、醇、苯酚、醛和酮、羧酸、酯；合成材料：高分子化合物、塑料、合成橡胶、合成纤维、工程塑料。

3.6.1 官能团

一种是根据分子中碳原子的连接方式（即按碳的骨架）可分成开链化合物和环状化合物。开链化合物，是指碳原子相互结合成链状化合物，由于脂肪类化合物具有这种开链的骨架，因此，开链化合物习惯称为脂肪族化合物。

另一种分类方法是按官能团分类。在有机化合物分子中，能体现一类化合物性质的原子或原子团通常称为官能团或功能基。例如 CH_3OH、C_2H_5OH、$CH_3CH_2CH_2OH$ 等醇类化合物中都含有羟基（—OH），羟基就是醇类化合物的官能团。由于它们含有相同的官能团，因此，醇类化合物有雷同的理化性质。有机化合物按官能团分类，便于认识含相同官能团的一类化合物的共性，可以起到举一反三的作用。

3.6.2 有机化合物反应类型

有机反应不同于无机的正负离子反应，能在瞬间即可将反应物转化成产物。大多数有机反应时间比较长，往往要经过好几步中间过程，形成不稳定的中间体或过渡态。

有机反应涉及反应物的旧键的断裂和新键的形成。键的断裂主要有均裂和异裂。均裂是指在有机反应中，键均等地分裂成两个中性碎片过程。原来成键的两个原子，均裂之后各带有一个未配对的电子。异裂是指在有机反应中键非均等地分裂成两个带相反电荷的碎片过程。即原来成键的两个原子，异裂之后，一个带正电荷，另一个带负电荷。

3.6.3 饱和烃

由碳氢两种元素组成的有机化合物叫作碳氢化合物，简称为烃。分子中碳原子连接成链状的烃，称为链烃。

根据分子中所含碳和氢两种原子比例的不同，链烃可分为烷烃、烯烃和炔烃。其中，烷烃是饱和烃，烯烃和炔烃为不饱和烃。

1. 同分异构体

甲烷、乙烷和丙烷没有同分异构体，从丁烷开始产生同分异构体。

碳链异构体：因为碳原子的连接顺序不同而产生的同分异构体。

随着分子中碳原子数目的增加，碳链异构体的数目迅速增多。

2. 烷烃的结构

碳原子最外层有 4 个电子，电子排布为 $1s^22s^22p^2$，碳原子通过 sp^3 杂化形成四个完全相同的 sp^3 杂化轨道，所谓杂化就是由若干个不同类型的原子轨道混合起来，重新组合成数目相等的能量相同的新轨道的过程。由 1 个 s 轨道与 3 个 p 轨道通过杂化后形成的 4 个能量相等的新轨道叫作 sp^3 杂化轨道，这种杂化方式叫作 sp^3 杂化。

在形成甲烷分子时，4 个氢原子的 s 轨道分别沿着碳原子的 sp^3 杂化轨道的对称轴靠近，当它们之间的吸引力与斥力达到平衡时，形成了 4 个等同的碳氢 σ 键。

实验证明，甲烷分子是正四面体型的。4 个氢原子占据正四面体的四个顶点，碳原子核处在正四面体的中心，四个碳氢键的键长完全相等，所有键角均为 109.5。

σ 键的特点：① 重叠程度大，不容易断裂，性质不活泼。② 能围绕其对称轴进行自由旋转。

3. 烷烃的命名

碳原子的类型：

伯碳原子：（一级）跟另外一个碳原子相连接的碳原子。

仲碳原子：（二级）跟另外二个碳原子相连接的碳原子。

叔碳原子：（三级）跟另外三个碳原子相连接的碳原子。

季碳原子：（四级）跟另外四个碳原子相连接的碳原子。

（1）普通命名法。基本原则如下：

1）含有 10 个或 10 个以下碳原子的直链烷烃，用天干顺序甲、乙、丙、丁、戊、己、庚、辛、壬、癸 10 个字分别表示碳原子的数目，后面加烷字。

例如：$CH_3CH_2CH_2CH_3$ 命名为正丁烷。

2）含有 10 个以上碳原子的直链烷烃，用小写中文数字表示碳原子的数目。

如 $CH_3(CH_2)_{10}CH_3$ 命名为正十二烷。

3）对于含有支链的烷烃，则必须在某烷前面加上一个汉字来区别。在链端第 2 位碳原子上连有 1 个甲基时，称为异某烷，在链端第二位碳原子上连有 2 个甲基时，称为新某烷。

如：正戊烷　　异戊烷　　新戊烷

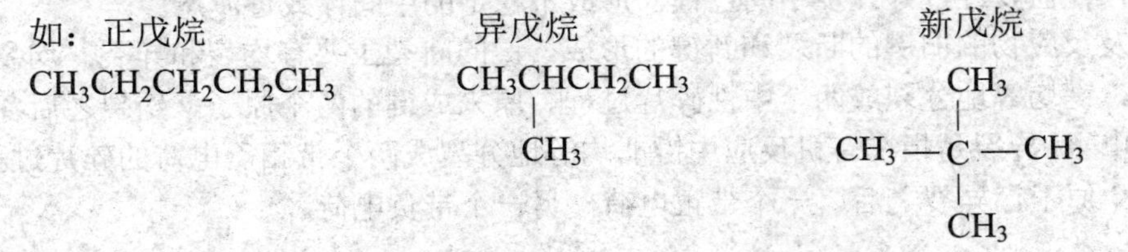

（2）系统命名法。

烷基：烷烃分子去掉一个氢原子后余下部分。其通式为 C_nH_{2n+1}—，常用 R—表示。

常见的烷基有：

甲基：	CH_3—	（Me）
乙基：	CH_3CH_2—	（Et）
正丙基：	$CH_3CH_2CH_2$—	（n−Pr）
异丙基：	$(CH_3)_2CH$—	（iso−Pr）

正丁基：　　$CH_3CH_2CH_2CH_2$—　　（n－Bu）

异丁基：　　$(CH_3)_2CHCH_2$—　　（iso－Bu）

仲丁基：　　$CH_3CH_2CH(CH_3)$—　　（sec－Bu）

叔丁基：　　$(CH_3)_3C$—　　（ter－Bu）

在系统命名法中，对于无支链的烷烃，省去正字。对于结构复杂的烷烃，则按以下步骤命名：

1）选择分子中最长的碳链作为主链，若有几条等长碳链时，选择支链较多的一条为主链。根据主链所含碳原子的数目定为某烷，再将支链作为取代基。

2）从距支链较近的一端开始，给主链上的碳原子编号。若主链上有 2 个或者 2 个以上的取代基时，则主链的编号顺序应使支链位次尽可能低。

3）将支链的位次及名称加在主链名称之前。若主链上连有多个相同的支链时，用小写中文数字表示支链的个数，再在前面用阿拉伯数字表示各个支链的位次，每个位次之间用逗号隔开，最后一个阿拉伯数字与汉字之间用半字线隔开。

4）如果支链上还有取代基时，则必须从与主链相连接的碳原子开始，给支链上的碳原子编号。然后补充支链上烷基的位次、名称及数目。

4. 烷烃的性质

（1）物理性质。

1）状态：在常温常压下，1～4 个碳原子的直链烷烃是气体，5～16 个碳原子的是液体，17 个以上碳原子的是固体。

2）沸点：直链烷烃的沸点随分子量的增加而有规律地升高。而低级烷烃的沸点相差较大，随着碳原子的增加，沸点升高的幅度逐渐变小。沸点的高低取决于分子间作用力的大小。烷烃是非极性分子，分子间的作用力（即范德华力）主要是色散力，这种力是很微弱的。色散力与分子中原子数目及分子的大小成正比，这是由于分子量大的分子运动需要的能量也大。

3）熔点：直链烷烃的熔点，基本上随分子量的增加而逐渐升高。

4）溶解度：烷烃是非极性分子，又不具备形成氢键的结构条件，所以不溶于水，易溶于非极性的或弱极性的有机溶剂中。

5）密度：烷烃是在所有有机化合物中密度最小的一类化合物。无论是液体还是固体，烷烃的密度均比水小。随着分子量的增大，烷烃的密度也逐渐增大。

（2）化学性质。烷烃是非极性分子，分子中的碳碳键或碳氢键是非极性或弱极性的σ 键，因此，在常温下，烷烃是不活泼的，它们与强酸、强碱、强氧化剂、强还原剂及活泼金属都不发生反应。

1）氧化反应：烷烃很易燃烧，燃烧时发出光并放出大量的热，生成 CO_2 和 H_2O。

$$CH_4+2O_2 \xrightarrow{点燃} CO_2+2H_2O+热量$$

在控制条件时，烷烃可以部分氧化，生成烃的含氧衍生物。

$$RCH_2CH_2R+O_2 \xrightarrow{点燃} RCOOH+RCOOH$$

2）裂化：烷烃在隔绝空气的条件下加强热，分子中的碳碳键或碳氢键发生断裂，生成较小的分子，这种反应叫作热裂化，例如：

$$CH_3CH_2CH_2CH_3 \xrightarrow{500℃} CH_4 + CH_2{=}CHCH_3$$
$$CH_3CH_3 + CH_2{=}CH_2$$
$$CH_2{=}CHCH_2CH_3 + H_2$$

3）取代反应：卤代反应是烷烃分子中的氢原子被卤素原子取代。

将甲烷与氯气混合，在漫射光或适当加热的条件下，甲烷分子中的氢原子能逐个被氯原子取代，得到多种氯代甲烷和氯化氢的混合物。

$$CH_4 + Cl_2 \xrightarrow{h\nu} CH_3Cl + HCl$$
$$CH_3Cl + Cl_2 \xrightarrow{h\nu} CH_2Cl_2 + HCl$$
$$CH_2Cl_2 + Cl_2 \xrightarrow{h\nu} CHCl_3 + HCl$$
$$CHCl_3 + Cl_2 \xrightarrow{h\nu} CCl_4 + HCl$$

卤素反应的活性次序为 $F_2 > Cl_2 > Br_2 > I_2$。

对于同一烷烃，不同级别的氢原子被取代的难易程度也不是相同的。大量的实验证明，叔氢原子最容易被取代，伯氢原子最难被取代。

3.6.4 不饱和烃

1. 烯烃

（1）定义、通式和同分异构体。

定义：分子中含有碳碳双键的不饱和烃。

通式：C_nH_{2n}

同分异构体：

1）碳链异构体。$CH_2{=}CHCH_2CH_3$　　$CH_2{=}C(CH_3){-}CH_3$

2）位置异构体。$CH_2{=}CHCH_2CH_3$　　$CH_3CH{=}CHCH_3$

（2）结构。乙烯分子中的碳碳双键的键能为610kJ/mol，键长为134pm，而乙烷分子中碳碳单键的键能为345kJ/mol，键长为154pm。比较可知，双键长并不是单键的加合。乙烯分子中的碳原子，在形成乙烯分子时，采用 sp^2 杂化，即以 1 个 2s 轨道与 2 个 2p 轨道进行杂化，组成 3 个能量完全相等、性质相同的 sp^2 杂化轨道。在形成乙烯分子时，每个碳原子各以 2 个 sp^2 杂化轨道形成 2 个碳氢σ键，再以 1 个 sp^2 杂化轨道形成碳碳σ键。5 个σ键都在同一个平面上，2 个碳原子未参加杂化的 2p 轨道，垂直于 5 个σ键所在的平面而互相平行。这两个平行的 p 轨道，侧面重叠，形成一个π键。乙烯分子中的所有原子都在同一个平面上，乙烯分子为平面分子。

π键的特点：① 重叠程度小，容易断裂，性质活泼。② 受到限制，不能自由旋转，否则π键断裂。

（3）烯烃的命名。

1）选择含有双键的最长碳链为主链，命名为某烯。

2）从靠近双键的一端开始，给主链上的碳原子编号。

3）以双键原子中编号较小的数字表示双键的位号，写在烯的名称前面，再在前面写出取代基的名称和所连主链碳原子的位次。

（4）物理性质。

1）在常温常压下，2～4 个碳原子的烯烃为气体，5～15 个碳原子的为液体，高级烯烃为固体。

2）熔点、沸点和相对密度都随分子量的增加而升高。

（5）化学性质。

1）加成反应。

定义：碳碳双键中的π键断裂，两个一价原子或原子团分别加到π键两端的碳原子上，形成两个新的σ 键，生成饱和的化合物。

a）催化加氢。在催化剂作用下，烯烃与氢发生加成反应生成相应的烷烃。

$$CH_2=CH_2 + H_2 \xrightarrow{Ni} CH_3CH_3$$

b）加卤素。

$$CH_2=CH_2 + Br_2 \xrightarrow{CCl_4} CH_2BrCH_2Br$$

将乙烯通入溴的四氯化碳溶液中，溴颜色很快褪去，常用这个反应来检验烯烃。

c）加卤化氢。

$$CH_2=CH_2 + HI \longrightarrow CH_3CH_2I$$

同一烯烃与不同的卤化氢加成时，加碘化氢最容易，加溴化氢次之，加氯化氢最难。

d）加硫酸（加水）。烯烃能与浓硫酸反应，生成硫酸氢烷酯。硫酸氢烷酯易溶于硫酸，用水稀释后水解生成醇。工业上用这种方法合成醇，称为烯烃间接水合法。

$$CH_3CH=CH_2 + H_2SO_4 \longrightarrow CH_3CH(OSO_3H)CH_3 \xrightarrow{\triangle} CH_3CH(OH)CH_3 + H_2SO_4$$

e）加次卤酸。烯烃与次卤酸加成，生成β-卤代醇。由于次卤酸不稳定，常用烯烃与卤素的水溶液反应，例如：

$$CH_2=CH_2+HOCl \longrightarrow CH_2(OH)CH_2Cl$$

2）氧化反应。烯烃很容易发生氧化反应，随氧化剂和反应条件的不同，氧化产物也不同。氧化反应发生时，首先是碳碳双键中的π键打开；当反应条件强烈时，σ 键也可断裂。这些氧化反应在合成和定烯烃分子结构中是很有价值的。

a）被高锰酸钾氧化。用碱性冷高锰酸钾稀溶液作氧化剂，反应结果使双键碳原子上各引入一个羟基，生成邻二醇。

$$CH_2=CH_2+KMnO_4+H_2O \xrightarrow{碱性} CH_2(OH)CH_2(OH) + MnO_2+KOH$$

若用酸性高锰酸钾溶液氧化烯烃，则反应迅速发生，此时，不仅π键打开，σ 键也可断裂。双键断裂时，由于双键碳原子连接的烃基不同，氧化产物也不同。

$$CH_2=CH_2+KMnO_4+H_2SO_4 \longrightarrow 2CO_2+MnO_2$$

$$CH_3CH=CH_2+KMnO_4+H_2SO_4 \longrightarrow CH_3COOH+CO_2$$

$$CH_3CH=CHCH_3+KMnO_4+H_2SO_4 \longrightarrow 2CH_3COOH$$

$$CH_3C(CH_3)=CHCH_3+KMnO_4+H_2SO_4 \longrightarrow CH_3COOH+CH_3COCH_3$$

b）臭氧化。在低温时，将含有臭氧的氧气流通入液体烯烃或烯烃的四氯化碳溶液中，臭氧迅速与烯烃作用，生成黏稠状的臭氧化物，此反应称为臭氧化反应。

烯烃经臭氧化再水解，分子中的 CH_2═部分变为甲醛，RCH═部分变成醛，R_2C═部分变成酮。这样，可通过测定反应后的生成物来推测原来烯烃的结构。

3）聚合反应。在一定的条件下，烯烃分子中的π键断裂，发生同类分子间的加成反应，生成高分子化合物（聚合物），这种类型的聚合反应称为加成聚合反应，简称加聚反应。

$$nCH_2{=}CH_2 \longrightarrow {[}CH_2CH_2{]}_n$$

4）α-H 的活性反应。双键是烯烃的官能，与双键碳原子直接相连的碳原子上的氢，因受双键的影响，表现出一定的活泼性，可以发生取代反应和氧化反应。例如，丙烯与氯气混合，在常温下是发生加成反应，生成 1,2-二氯丙烷。而在 500℃的高温下，主要是烯丙碳上的氢被取代，生成 3-氯丙烯。

$$CH_3CH{=}CH_2+Cl_2 \xrightarrow{\text{常温}} CH_3CHClCH_2Cl$$
$$CH_3CH{=}CH_2+Cl_2 \xrightarrow{500℃} CH_2ClCH{=}CH_2$$

2. 炔烃

（1）定义、通式和同分异构体。

定义：分子中含有碳碳叁键的不饱和烃。

通式：C_nH_{2n-2}

同分异构体：与烯烃相同。

（2）结构。在乙炔分子中，两个碳原子采用 sp 杂化方式，即一个 2s 轨道与一个 2p 轨道杂化，组成两个等同的 sp 杂化轨道，sp 杂化轨道的形状与 sp^2、sp^3 杂化轨道相似，两个 sp 杂化轨道的对称轴在一条直线上。两个以 sp 杂化的碳原子，各以一个杂化轨道相互结合形成碳碳σ 键，另一个杂化轨道各与一个氢原子结合，形成碳氢σ 键，三个σ 键的键轴在一条直线上，即乙炔分子为直线型分子。

每个碳原子还有两个未参加杂化的 p 轨道，它们的轴互相垂直。当两个碳原子的两 p 轨道分别平行时，两两侧面重叠，形成两个相互垂直的π键。

（3）命名。炔烃的命名原则与烯烃相同，即选择包含叁键的最长碳链为主链，碳原子的编号从距叁键最近的一端开始。

若分子中既含有双键又含有叁键时，则应选择含有双键和叁键的最长碳链为主链，并将其命名为烯炔（烯在前、炔在后）。编号时，应使烯、炔所在位次的和为最小，例如：

$$\underset{\displaystyle\quad\quad\quad\quad\quad\quad\quad | \atop \quad\quad\quad\quad\quad\quad\quad CH_3}{CH_3CH_2CH{=}CHCHC{\equiv}CH} \qquad \text{3-甲基-4-庚烯-1-炔}$$

但是，当双键和叁键处在相同的位次时，即烯、炔两碳原子编号之和相等时，则从靠近双键一端开始编号，例如：

$$CH_2{=}CHC{\equiv}CH \qquad \text{1-丁烯-3-炔}$$

（4）物理性质。与烯烃相似，乙炔、丙炔和丁炔为气体，戊炔以上的低级炔烃为液体，高级炔烃为固体。简单炔烃的沸点、熔点和相对密度比相应的烯烃要高。炔烃难溶于水而易溶于有机溶剂。

（5）化学性质。

1）加成反应。

a）催化加氢。炔烃的催化加氢分两步进行，第一步加一个氢分子，生成烯烃；第二步再与一个氢分加成，生成烷烃。

$$HC\equiv CH+H_2 \xrightarrow{催化剂} CH_2=CH_2 \xrightarrow[H_2]{催化剂} CH_3CH_3$$

b）加卤素。炔烃与卤素的加成也是分两步进行的。先加一分子氯或溴，生成二卤代烯，在过量的氯或溴的存在下，再进一步与一分子卤素加成，生成四卤代烷。

$$HC\equiv CH+Br_2 \longrightarrow CHBr=CHBr \xrightarrow{Br_2} CHBr_2CHBr_2$$

虽然炔烃比烯烃更不饱和，但炔烃进行亲电加成却比烯烃难。这是由于 sp 杂化碳原子的电负性比 sp^2 杂化碳原子的电负性强，因而，电子与 sp 杂化碳原子结合更为紧密，不容易提供电子与亲电试剂结合，所以叁键的亲电加成反应比双键慢。例如，烯烃可使溴的四氯化碳溶液很快褪色，而炔烃却需要一两分钟才能使之褪色。故当分子中同时存在双键和叁键时，与溴的加成首先发生在双键上。

$$CH_2=CHC\equiv CH+Br_2 \longrightarrow CH_2BrCHBrC\equiv CH$$

c）加卤化氢。炔烃与卤化氢的加成，加碘化氢容易进行，加氯化氢则难进行，一般要在催化剂存在下才能进行。不对称炔烃加卤化氢时，服从马氏规则。例如：

$$CH_3C\equiv CH+HI \longrightarrow CH_3CI=CH_2 \xrightarrow{HI} CH_3CI_2CH_3$$

在汞盐的催化作用下，乙炔与氯化氢在气相发生加成反应，生成氯乙烯。

$$HC\equiv CH+HCl \xrightarrow{HgCl_2} CH_2=CHCl$$

d）加水。在稀酸（10%H_2SO_4）中，炔烃比烯烃容易发生加成反应。例如，在 10%H_2SO_4 和 5%$HgSO_4$ 溶液中，乙炔与水加成生成乙醛，此反应称为乙炔的水化反应或库切洛夫反应。汞盐是催化剂。

$$HC\equiv CH+H_2O \xrightarrow{HgSO_4} CH_3CHO$$

e）加醇。在碱性条件下，乙炔与乙醇发生加成反应，生成乙烯基乙醚。

$$CH\equiv CH+CH_3CH_2OH \xrightarrow{碱} CH_2=CHOCH_2CH_3$$

2）氧化反应。炔烃被高锰酸钾或臭氧化时，生成羧酸或二氧化碳，例如：

$$RC\equiv CH+KMnO_4 \xrightarrow{酸性} RCOOH+CO_2$$

$$RC\equiv CR+KMnO_4 \xrightarrow{酸性} RCOOH+RCOOH$$

3）聚合反应。在不同的催化剂作用下，乙炔可以分别聚合成链状或环状化合物。与烯烃的聚合不同的是，炔烃一般不聚合成高分子化合物。例如，将乙炔通入氯化亚铜和氯化铵的强酸溶液时，可发生二聚或三聚作用。

$$HC\equiv CH+HC\equiv CH \xrightarrow{Cu_2Cl_2} \text{乙烯基乙炔}$$

$$CH_2=CHC\equiv CH+HC\equiv CH \xrightarrow{Cu_2Cl_2} CH_2=CHC\equiv CCH=CH_2 \quad \text{二乙烯基乙炔}$$

在高温下，三个乙炔分子聚合成一个苯分子。

$$3HC\equiv CH \xrightarrow{300℃} C_6H_6$$

4）炔化物的生成。与叁键碳原子直接相连的氢原子活泼性较大。因 sp 杂化的碳原子表现出较大的电负性，使与叁键碳原子直接相连的氢原子较之一般的碳氢键，显示出弱酸性，可与强碱、碱金属或某些重金属离子反应生成金属炔化物。

乙炔与熔融的钠反应，可生成乙炔钠和乙炔二钠：

$$CH \equiv CH + Na \longrightarrow HC \equiv CNa + Na \longrightarrow NaC \equiv CNa$$

末端炔烃与某些重金属离子反应，生成重金属炔化物。例如，将乙炔通入硝酸银的氨溶液或氯化亚铜的氨溶液时，则分别生成白色的乙炔银沉淀和红棕色的乙炔亚铜沉淀：

$$HC \equiv CH + Ag(NH_3)_2NO_3 \longrightarrow AgC \equiv CAg + NH_4NO_3 + NH_3$$

$$HC \equiv CH + Cu(NH_3)_2Cl \longrightarrow CuC \equiv CCu + NH_4Cl + NH_3$$

上述反应很灵敏，现象也很明显，常用来鉴别分子中的末端炔烃。

利用此反应，也可鉴别末端炔烃和叁键在其他位号的炔烃。

$$RC \equiv CH + Ag(NH_3)_2NO_3 \longrightarrow RC \equiv CAg$$

$$RC \equiv CR + Ag(NH_3)_2NO_3 \longrightarrow \text{不反应}$$

3. 二烯烃

分子中含有两个或两个以上碳碳双键的不饱和烃为多烯烃。二烯烃的通式为 C_nH_{2n-2}。

（1）二烯烃的分类和命名。根据二烯烃中两个双键的相对位置的不同，可将二烯烃分为三类：

1）累积二烯烃。两个双键与同一个碳原子相连接，即分子中含有 $C=C=C$ 结构的二烯烃称为累积二烯烃。例如：丙二烯 $CH_2=C=CH_2$。

2）隔离二烯烃。两个双键被两个或两个以上的单键隔开，骨架为 $C=C-(C)_n-C=C$ 的二烯烃称为隔离二烯烃。例如：1,4-戊二烯 $CH_2=CH-CH_2-CH=CH_2$。

3）共轭二烯烃。两个双键被一个单键隔开，即分子骨架为 $C=C-C=C$ 的二烯烃为共轭二烯烃。例如：1,3-丁二烯 $CH_2=CH-CH=CH_2$。

二烯烃的命名与烯烃相似，选择含有两个双键的最长的碳链为主链，从距离双键最近的一端经主链上的碳原子编号，词尾为“某二烯”，两个双键的位置用阿拉伯数字标明在前，中间用短线隔开。若有取代基时，则将取代基的位次和名称加在前面，例如：

$CH_2=C(CH_3)CH=CH_2$　　2-甲基-1,3-丁二烯

$CH_3CH_2CH=CHCH_2CH=CH(CH_2)_4CH_3$　　3,6-十二碳二烯

（2）共轭二烯烃的结构。1,3-丁二烯分子中，4 个碳原子都是以 sp^2 杂化，它们彼此各以 1 个 sp^2 杂化轨道结合形成碳碳σ键，其余的 sp^2 杂化轨道分别与氢原子的 s 轨道重叠形成 6 个碳氢σ键。分子中所有σ键和全部碳原子、氢原子都在一个平面上。此外，每个碳原子还有 1 个未参加杂化的与分子平面垂直的 p 轨道，在形成碳碳σ键的同时，对称轴相互平行的 4 个 p 轨道可以侧面重叠形成 2 个π键，即 C_1 与 C_2 和 C_3 与 C_4 之间各形成一个π键。而此时 C_2 与 C_3 两个碳原子的 p 轨道平行，也可侧面重叠，把两个π键连接起来，形成一个包含 4 个碳原子的大π键。但 C_2-C_3 键所具有的π键性质要比 C_1-C_2 和 C_3-C_4 键所具有的π键性质小一些。像这种π电子不是局限于 2 个碳原子之间，而是分布于 4 个（2 个以上）碳原子的分子轨道，称为离域轨道，这样形成的键叫离域键，也称大π键。具有离域键的体系称为共轭体系。在共轭体系中，由于原子间的相互影响，使整个分子电子云的分布趋于平均化的倾向称为共轭效应。由π电子离域而体现的共轭效应称为π-π共轭效应。

共轭效应不仅表现在使 1,3-丁二烯分子中的碳碳双键键长增加，碳碳单键键长缩短，单

双键趋向于平均化。由于电子离域的结果，使化合物的能量降低，稳定性增加，在参加化学反应时，也体现出与一般烯烃不同的性质。

（3）1,3－丁二烯的性质。

1）稳定性。物质的稳定性取决于分子内能的高低，分子的内能越低，分子越稳定。分子内能的高低，通常可通过测定其氢化热来进行比较。例如：

$$CH_2{=}CHCH_2CH{=}CH_2 + 2H_2 \longrightarrow CH_3CH_2CH_2CH_2CH_3,\ \Delta H = -255\text{kJ/mol}$$

$$CH_2{=}CHCH{=}CHCH_3 + 2H_2 \longrightarrow CH_3CH_2CH_2CH_2CH_3,\ \Delta H = -227\text{kJ/mol}$$

从以上两反应式可以看出，虽然 1,4－戊二烯与 1,3－戊二烯氢化后都得到相同的产物，但其氢化热不同，1,3－戊二烯的氢化热比 1,4－戊二烯的氢化热低，即 1,3－戊二烯的内能比 1,4－戊二烯的内能低，1,3－戊二烯较为稳定。

2）亲电加成。与烯烃相似，1,3－丁二烯能与卤素、卤化氢和氢气发生加成反应。但由于其结构的特殊性，加成产物通常有两种。例如，1,3－丁二烯与溴化氢的加成反应：

$$CH_2{=}CHCH{=}CH_2 + HBr \longrightarrow CH_3CHBrCH{=}CH_2 \quad \text{3－溴－1－丁烯}$$

$$\longrightarrow CH_3CH{=}CHCH_2Br \quad \text{1－溴－2－丁烯}$$

这说明共轭二烯烃与亲电试剂加成时，有两种不同的加成方式。一种是发生在一个双键上的加成，称为 1,2－加成另一种加成方式是试剂的两部分分别加到共轭体系的两端，即加到 C_1 和 C_4 两个碳原子上，分子中原来的两个双键消失，而在 C_2 与 C_3 之间，形成一个新的双键，称为 1,4－加成。

共轭二烯烃能够发生 1,4－加成的原因，是由于共轭体系中π电子离域的结果。当 1,3－丁二烯与溴化氢反应时，由于溴化氢极性的影响，不仅使一个双键极化，而且使分子整体产生交替极化。按照不饱和烃亲电加成反应机理，进攻试剂首先进攻交替极化后电子云密度；较大的部位 C_1 和 C_3，但因进攻 C_1 后生成的碳正离子比较稳定，所以 H^+ 先进攻 C_1。

$$CH_2{=}CHCH{=}CH_2 + H^+ \longrightarrow CH_2{=}CHC^+HCH_3 \qquad (3\text{-}4)$$

$$\longrightarrow C^+H_2CH_2CH{=}CH_2 \qquad (3\text{-}5)$$

当 H^+ 进攻 C_1 时，生成的碳正离子［见式（3-4）］中 C_2 的 p 轨道与双键可发生共轭，称为 p-π共轭。电子离域的结果使 C_2 上的正电荷分散，这种烯丙基正碳离子是比较稳定的。而碳正离子（3-5）不能形成共轭体系，所以不如碳正离子（3-4）稳定。

3）双烯合成。共轭二烯烃与某些具有碳碳双键的不饱和化合物发生 1,4－加成反应生成环状化合物的反应称为双烯合成，也叫作第尔斯-阿尔德（Diels-Alder）反应。这是共轭二烯烃特有的反应，它将链状化合物转变成环状化合物，因此又叫作环合反应。

$$\text{(1,3-丁二烯)} + CH_2{=}CH_2 \xrightarrow{200℃} \text{(环己烯)}$$

4）聚合反应。共轭二烯烃在聚合时，既可发生 1,2－加成聚合，也可发生 1,4–加成聚合。

【例 3-28】（2021）下列各组化合物中能用溴水区别的是（　　）。

A. 1–己烯和己烷　　　　B. 1–己烯和 1–己炔

C. 2–己烯和 1–己烷　　　　D. 己烷和苯

【解】能使溴水褪色的本质是由于不饱和键（即双键和三键）与溴发生加成反应。1–己烯、2–己烯、1–己炔均含有不饱和键，可以使溴水褪色。己烷和苯不能使溴水褪色。值得注意的是苯虽然存在不饱和键，但是其大π结构使其难以发生加成反应。

【答案】 A

【例 3-29】（2021）尼泊金酯是国家允许使用的食品防腐剂，它是对羟基苯甲酸与醇形成的脂类化合物。尼泊金丁酯的结构简式是（　　）。

A. 邻羟基苯基—C(=O)—$CH_2CH_2CH_2CH_3$（苯环邻位 OH）

B. $CH_3CH_2CH_2O$—C_6H_4—C(=O)—OH

C. HO—C_6H_4—C(=O)—$OCH_2CH_2CH_2CH_3$

D. $CH_3CH_2CH_2$C(=O)—O—C_6H_4—OH

【解】 对羟基苯甲酸与醇形成的酯类只能是其羧基与另一个分子的醇羟基反应，脱去一个分子水，形成酯，故答案应选 C。

【答案】 C

【例 3-30】（2017）　下列物质中与乙醇互为同系物的是（　　）。

A. $CH_2=CHCH_2OH$　　B. 甘油

C. C_6H_5—CH_2OH　　D. $CH_3CH_2CH_2CH_2OH$

【解】 同系物是指结构相似、分子组成相差若干个 CH_2 原子团的有机化合物，则与乙醇互为同系物的是丁醇。

【答案】 D

【例 3-31】（2022）下列有机物中只有 2 种一氯代物的是（　　）。

A. 丙烷　　B. 异戊烷　　C. 新戊烷　　D. 2，3–二甲基戊烷

【解】 选项 A，丙烷的结构简式为 $CH_3CH_2CH_3$，有 2 种氢，所以有 2 种一氯代物。选项 B，异戊烷的结构简式为 $CH_3CH_2CH(CH_3)_2$，有 4 种氢，所以有 4 种一氯代物。选项 C，新戊烷的结构简式为 $C(CH_3)_4$，有 1 种氢，所以有 1 种一氯代物。选项 D，2，3–二甲基戊烷的结构简式为 $(CH_3)_2CHCH(CH_3)CH_2CH_3$，有 6 种氢，所以有 6 种一氯代物。

【答案】 A

【例 3-32】（2021）　某高分子化合物的结构为

$$\cdots-CH_2-\underset{Cl}{\underset{|}{CH}}-CH_2-\underset{Cl}{\underset{|}{CH}}-CH_2-\underset{Cl}{\underset{|}{CH}}-\cdots$$

在下列叙述中，不正确的是（　　）。

A. 它是线型高分子化合物

B. 合成该高分子化合物的反应为缩聚反应

C. 链节为 $-\underset{H}{\overset{H}{C}}-\underset{Cl}{\overset{H}{C}}-$

D. 它的单体为 $CH_2=CHCl$

【解】 合成该高分子化合物的反应为加聚反应。加聚反应：含有碳碳重键的有机化合物中的π键打开，通过加成结合在一起。缩聚反应：一种或多种单体结合，通常会失去小分子（如

水、氨、卤化氢等）。

【答案】B

【例 3-33】（2018）下列物质在一定条件下不能发生银镜反应的是（　　）。

A. 甲醛　　B. 丁醛　　C. 甲酸甲酯　　D. 乙酸乙酯

【解】凡含醛基的物质均能发生银镜反应，包括：甲醛、乙醛、乙二醛等各种醛类；甲酸及其盐、甲酸酯、葡萄糖等分子中含醛基的糖。乙酸乙酯没有醛基，故不能发生银镜反应。

【答案】D

【例 3-34】（2018）下列物质一定不是天然高分子的是（　　）。

A. 蔗糖　　B. 塑料　　C. 橡胶　　D. 纤维素

【解】天然高分子是指以由重复单元连接成的线型长链为基本结构的高分子量化合物，是存在于动物、植物及生物体内的高分子物质。塑料、橡胶、纤维素等均为天然高分子化合物。

【答案】A

【例 3-35】（2022）下列各反应中属于加成反应的是（　　）。

A. $CH_2{=}CH_2 + 3O_2 \xrightarrow{点燃} 2CO_2 + 2H_2O$

B. $2\,C_6H_6 + Br_2 \longrightarrow 2\,C_6H_5{-}Br$

C. $CH_2{=}CH_2 + Br_2 \longrightarrow BrCH_2{-}CH_2Br$

D. $CH_3{-}CH_3 + 2Cl_2 \xrightarrow{催化剂} ClCH_2{-}CH_2Cl + 2HCl$

【解】有机物分子中的不饱和键断裂，断键原子与其他原子或原子团相结合，生成新的化合物的反应是加成反应。

【答案】C

【例 3-36】（2018）某不饱和烃催化加氢反应后，得到$(CH_3)_2CHCH_2CH_3$，该不饱和烃是（　　）。

A. 1-戊炔　　B. 3-甲基-1-丁炔　　C. 2-戊炔　　D. 1,2-戊二烯

【解】A、C、D 选项烃催化加氢反应后都是戊烷，B 选项合题意。

【答案】B

【例 3-37】（2022） 某卤代烷烃 $C_5H_{11}Cl$ 发生消去反应时，可以得到两种烯烃，该卤代烷的结构简式可能为（ ）。

A. $CH_3{-}CH(CH_2Cl){-}CH_2CH_3$　　B. $CH_3CH_2CH_2CH(Cl)CH_3$

C. $CH_3CH_2CH(Cl)CH_2CH_3$　　D. $CH_3CH_2CH_2CH_2CH_2Cl$

【解】卤代烃发生消去反应的结构特点：与—X 所连碳相邻碳上有氢原子的才能发生消去反应，形成不饱和键；能发生消去反应生成 2 种烯烃，说明生成生成两种位置的 C═C。$CH_3CH(CH_3){-}CH_2{-}CH_2Cl$发生消去反应只得到一种烯烃$CH_3CH(CH_3){-}CH{=}CH_2$，故选项 A 错误。

$CH_3CH_2—\underset{\displaystyle Cl}{\underset{|}{CH}}—CH_2CH_3$发生消去反应也只能得到一种烯烃 $CH_3CH=CHCH_2CH_3$，故选项 C 错误。$CH_3CH_2CH_2CH_2CH_2Cl$ 发生消去反应只得到一种烯烃 $CH_3CH_2CH_2CH=CH_2$，故选项 D 错误。

【答案】 B

化学复习题

3-1（2016） 多电子原子中同一电子层原子轨道能级（量）最高的亚层是（　　）。

A. S 亚层　　B. p 亚层　　C. d 亚层　　D. f 亚层

3-2（2018） 某元素正二价离子（M^{2+}）的电子构型是 $3s^2 3p^6$，该元素在元素周期表中的位置是（　　）。

A. 第三周期，第Ⅷ族　　B. 第三周期，第ⅥA 族

C. 第四周期，第ⅡA 族　　D. 第四周期，第Ⅷ族

3-3（2020） 下列物质中，同种分子间不存在氢键的是（　　）。

A. HI　　B. HF　　C. NH_3　　D. C_2H_5OH

3-4（2021） 下列各组物质中，两种分子之间存在的分子间力只含有色散力的是（　　）。

A. 氢气和氦气　　B. 二氧化碳和二氧化硫气体

C. 氢气和溴化氢气体　　D. 一氧化碳和氧气

3-5（2018） 酸性介质中，$E^{\ominus}(ClO_4^-/Cl^-)=1.39V$，$E^{\ominus}(ClO_3^-/Cl^-)=1.45V$，$E^{\ominus}(HClO/Cl^-)=1.49V$，$E^{\ominus}(Cl_2/Cl^-)=1.36V$，以上各电对中氧化性物质氧化能力最强的是（　　）。

A. ClO_4^-　　B. ClO_3^-　　C. HClO　　D. Cl_2

3-6（2020） 在 298K，100kPa 下，反应 $2H_2(g)+O_2(g) \rightleftharpoons 2H_2O(1)$的 $\Delta_r H^{\ominus} m=-572kJ/mol$，则 $H_2O(l)$的 $\Delta_f H^{\ominus} m$ 是（　　）。

A. 572kJ/mol　　B. －572kJ/mol　　C. 286kJ/mol　　D. －286kJ/mol

3-7（2016） 按系统命名法，下列有机化合物命名正确的是（　　）。

A. 3－甲基丁烷　　B. 2－乙基丁烷　　C. 2,2－二甲基戊烷　　D. 1,1,3－三甲基戊烷

3-8（2020） 已知铁的相对原子质量是 56，测得 100mL 某溶液中含有 112mg 铁，则溶液中铁的浓度为（　　）。

A. 2mol/L　　B. 0.2mol/L　　C. 0.02mol/L　　D. 0.002mol/L

3-9（2018） 在某温度下，在密闭容器中进行如下反应 $2A(g)+B(g) \rightleftharpoons 2C(g)$，开始时 $p(A)=p(B)=300kPa$，$p(C)=0kPa$，平衡时，$p(C)=100kPa$，在此温度反应的标准平衡常数 $K^{\ominus}$是（　　）。

A. 0.1　　B. 0.4　　C. 0.001　　D. 0.002

3-10（2018） 在酸性介质中，反应 $MnO_4^- + SO_3^{2-} + H^+ \longrightarrow Mn^{2+} + SO_4^{2-}$，配平后，$H^+$的系数是（　　）。

A. 8　　B. 6　　C. 0　　D. 5

3-11（2020） 已知 298K 时，反应 $N_2O_4(g) \rightleftharpoons 2NO_2(g)$的 $K^{\ominus}=0.113\,2$，在 298K 时，如 $p(N_2O_4)=p(NO_2)=100kPa$，则上述反应进行的方向是（　　）。

A. 反应向正向进行　　　　B. 反应向逆向进行

C. 反应达平衡状态　　　　D. 无法判断

3-12（2013）　催化剂可加快反应速率的原因，下列叙述正确的是（　　）。

A. 降低了反应的$\Delta_r H_m^\ominus$　　　　B. 降低了反应的$\Delta_r G_m^\ominus$

C. 降低了反应的活化能　　　　D. 使反应的平衡常数$K^\ominus$减小

3-13（2020）　已知$K^\ominus(HOAc)=1.8\times10^{-5}$，0.1mol/L NaOAc 溶液的 pH 值为（　　）。

A. 2.87　　B. 11.13　　C. 5.13　　D. 8.88

3-14（2019）　在 NaCl，$MgCl_2$，$AlCl_3$，$SiCl_4$四种物质的晶体中，离子极化作用最强的是（　　）。

A. NaCl　　B. $MgCl_2$　　C. $AlCl_3$　　D. $SiCl_4$

3-15（2019）　某反应在 298K 及标准状态下不能自发进行，当温度升高到一定值时，反应能自发进行，符合此条件的是（　　）。

A. $\Delta_r H^\ominus m>0$，$\Delta_r S^\ominus m>0$　　　　B. $\Delta_r H^\ominus m<0$，$\Delta_r S^\ominus m<0$

C. $\Delta_r H^\ominus m<0$，$\Delta_r S^\ominus m>0$　　　　D. $\Delta_r H^\ominus m>0$，$\Delta_r S^\ominus m<0$

3-16（2019）　下列物质水溶液的 pH＞7 的是（　　）。

A. NaCl　　B. Na_2CO_3　　C. $Al_2(SO_4)_3$　　D. $(NH_4)_2SO_4$

3-17（2020）　有原电池$(-)Zn|ZnSO_4(c_1)||CuSO_4(c_2)|Cu(+)$，如提高 $ZnSO_4$ 浓度 c_1 数值，则原电池电动势变化是（　　）。

A. 变大　　B. 变小　　C. 不变　　D. 无法判断

3-18（2019）　$H_2C=HC-CH=CH_2$ 分子中所含有的化学键共有（　　）。

A. 4 个 σ 键，2 个 π 键　　　　B. 9 个 σ 键，2 个 π 键

C. 7 个 σ 键，4 个 π 键　　　　D. 5 个 σ 键，4 个 π 键

3-19（2016）　电解 Na_2SO_4 水溶液时，阳极上放电的离子是（　　）。

A. H^+　　B. OH^-　　C. Na^+　　D. SO_4^{2-}

3-20（2019）　已知$E^\ominus(Fe^{3+}/Fe^{2+})=0.77V$，$E^\ominus(MnO_4^-/Mn^{2+})=1.51V$，当提高两电对电酸度时，两电对电极电势数值的变化是（　　）。

A. $E^\ominus(Fe^{3+}/Fe^{2+})$变小，$E^\ominus(MnO_4^-/Mn^{2+})$变大

B. $E^\ominus(Fe^{3+}/Fe^{2+})$变大，$E^\ominus(MnO_4^-/Mn^{2+})$变大

C. $E^\ominus(Fe^{3+}/Fe^{2+})$不变，$E^\ominus(MnO_4^-/Mn^{2+})$变大

D. $E^\ominus(Fe^{3+}/Fe^{2+})$不变，$E^\ominus(MnO_4^-/Mn^{2+})$不变

3-21（2019）　下列元素中第一电离能最小的是（　　）。

A. H　　B. Li　　C. Na　　D. K

3-22（2019）　pH=2 的溶液中的 $c(OH^-)$是 pH=4 的溶液中 $c(OH^-)$的倍数是（　　）。

A. 2　　B. 0.5　　C. 0.01　　D. 100

3-23（2013）　向原电池（－）Ag，AgCl｜Cl^-‖Ag^+｜Ag（＋）的负极中加入 NaCl，则原电池电动势的变化是（　　）。

A. 变大　　B. 变小　　C. 不变　　D. 不能确定

3-24（2020）　结构简式为$(CH_3)_2CHCH(CH_3)CH_2CH_3$ 的有机物的正确命名是（　　）。

A. 2–甲基–3–乙基戊烷　　　　B. 2，3–二甲基戊烷

C. 3，4–二甲基戊烷　　　　D. 1，2–二甲基戊烷

3-25（2019）　在下列有机物中，经催化加氢反应后不能生成 2–甲基戊烷的是（　　）。

A. $CH_2{=}CCH_2CH_2CH_3$
　　$|$
　　CH_3

B. $(CH_3)_2CHCH_2CH{=}CH_2$

C. $CH_3C{=}CHCH_2CH_3$
　　$|$
　　CH_3

D. $CH_3CH_2CHCH{=}CH_2$
　　$|$
　　CH_3

3-26（2020）　某高聚物分子的一部分为

$$\cdots-CH_2-\underset{COOCH_3}{\overset{CH}{C}}-CH_2-\underset{COOCH_3}{\overset{CH}{C}}-CH_2-\underset{COOCH_3}{\overset{CH}{C}}-\cdots$$

在下列叙述中，正确的是（　　）。

A. 它是缩聚反应的产物

B. 它的链节为$-\underset{H}{\overset{CH_3}{C}}-\underset{COOCH_3}{\overset{H}{C}}$

C. 它的单体为 $CH_2{=}CHCOOCH_3$ 和 $CH_2{=}CH_2$

D. 它的单体为 $CH_2{=}CHCOOCH_3$

3-27（2019）　分子式为 C_5H_{12} 的各种异构体中，所含甲基数和它的一氯代物的数目与下列情况相符的是（　　）。

A. 2 个甲基，能生成 4 种一氯代物　　　　B. 3 个甲基，能生成 5 种一氯代物

C. 3 个甲基，能生成 4 种一氯代物　　　　D. 4 个甲基，能生成 4 种一氯代物

3-28（2019）　以下是分子式为 $C_5H_{12}O$ 的有机物，其中能被氧化为含相同碳原子数的醛的化合物是（　　）。

① $\underset{OH}{CH_2}CH_2CH_2CH_2CH_3$　② $CH_3\underset{OH}{CH}CH_2CH_2CH_3$　③ $CH_3CH_2\underset{OH}{CH}CH_2CH_3$　④ $CH_3\underset{CH_2OH}{CH}CH_2CH_3$

A. ①②　　　　B. ③④　　　　C. ①④　　　　D. 只有①

3-29（2020）　化合物对羟基苯甲酸乙酯，其结构简式为HO—⟨苯环⟩—$COOC_2H_5$，它是一种常用的化妆品防霉剂，下列叙述正确的是（　　）。

A. 它属于醇类化合物

B. 它既属于醇类化合物，又属于酯类化合物

C. 它属于醚类化合物

D. 它属于酚类化合物，同时还属于酯类化合物

化学复习题答案及提示

3-1 D　提示：在多电子原子中，原子的能级除受主量子数（n）影响外，还与角量子数（l）有关；①n 相同，l 不同，则 l 越大，E 越高，如：$E_{ns}<E_{np}<E_{nd}<E_{nf}$；②$l$ 相同，n 不同，

则 n 越大，E 越高，如 $E_{1s}<E_{2s}<E_{3s}<\cdots<E_{2p}<E_{3p}<E_{4p}<\cdots<E_{3d}<E_{4d}<E_{5d}<\cdots$

3-2 C　提示：由题知，该元素原子核外电子排布应为 $4s^2$，故为 Ca 元素，在元素周期表中的位置为第四周期，第 IIA 族。

3-3 A　提示：只有 N、O、F 三种元素与氢原子直接相连才会产生氢键。

3-4 A　只有非极性分子之间只存在色散力。氢气、氦气、氧气是非极性分子，一氧化碳、二氧化硫、溴化氢是极性分子，故答案应选 A。

3-5 C　提示：酸性介质中，在还原电极相同的情况下，电极电势越大，氧化性电极的氧化能力越强。$HClO/Cl^-=1.49V$ 最大，故其电对中氧化性物质氧化能力最强。

3-6 D　提示：$H_2O(l)$的 $\Delta_f H^\ominus m=-572/2kJ/mol=-286kJ/mol$。

3-7 C　提示：按系统命名法 A 应为 2−甲基丁烷，B 为 3−甲基戊烷，D 为 2,4−二甲基己烷。

3-8 C　提示：物质的量浓度＝物质的量/体积，则铁的浓度＝$\dfrac{112/56}{100}$mol/L=0.02mol/L。

3-9 A　提示：由反应式可得，反应后 $p(A)=200kPa$，$p(B)=250kPa$，由平衡常数计算公式可得此温度反应的标准平衡常数 $K^\ominus$ 是 0.1。

3-10 B　提示：配平后，该反应方程式为 $2MnO_4^-+5SO_3^{2-}+6H^+\rightarrow2Mn^{2+}+5SO_4^{2-}+3H_2O$。

3-11 B　提示：298K 时，标准摩尔吉布斯函数变 $\Delta_f G^\ominus m=-RT\ln K^\ominus>0$，故反应向逆向进行。

3-12 C　提示：催化剂加快反应速率的原因是因为其降低了反应的活化能，增加了活化分子数。

3-13 D　提示：$pOH=-\lg c(OH^-)=-0.5\lg[c(NaOAc)\times K^\ominus(OAc^-)]=5.12$，则 $pH=14-5.12=8.88$。

3-14 D　提示：同一周期的元素，正离子电荷越高，半径越小，离子势 ϕ 越大，则极化作用越强，故选 $SiCl_4$。

3-15 A　提示：在室温及标况下不能自发进行，但升温后可以自发进行，则此反应为吸热、熵增反应，故答案应选 A。

3-16 B　提示：选项 A 为强酸强碱盐，显中性，pH=7；选项 B 为强碱弱酸盐，显碱性，pH>7；选项 C、D 为强酸弱碱盐，显酸性，pH<7。

3-17 B　提示：原电池电动势＝正极电极电势－负极电极电势。根据能斯特方程，提高硫酸锌的浓度，即提高 Zn^{2+} 的浓度，将导致负极电极电势增大，则电池电动势减小。

3-18 B　提示：结构中单键为 σ 键，双键中分别为一个 σ 键和一个 π 键，由化学式可知共有 7 个单键，2 个双键，故共有 9 个 σ 键，2 个 π 键。

3-19 B　提示：电解 Na_2SO_4 溶液，其实是电解水。H^+ 在阴极得电子，电极反应式为 $2H^++2e^-=H_2\uparrow$；OH^- 在阳极得电子，电极反应式为 $4OH^--4e^-=O_2\uparrow+2H_2O$。故阳极上放电离子为 OH^-。

3-20 C　提示：Fe^{3+}/Fe^{2+} 对应的半反应无 H^+ 参与，故不受 pH 影响。由 MnO_4^-/Mn^{2+} 对应的半反应方程式 $MnO_4^-+8H^++7e^-=Mn^{2+}+4H_2O$，氢离子浓度越大即 pH 越低，电对的电极电势越大，故答案应选 C。

3-21 D　提示：同一主族元素从上到下，原子半径增加，有效核电荷增加不多，则原子半径增大的影响起主要作用，第一电离能由大变小，元素的金属性逐渐增强。

3-22 C　提示：对于 pH＝2 的溶液，$pOH=-\lg c(OH^-)=14-pH=12$，即 $c(OH^-)=10^{-12}mol/L$，同理可得，pH＝4 的溶液 $c(OH^-)=10^{-10}mol/L$，计算可知，选 C。

3-23 C　提示：本题考查原电池的能斯特方程，NaCl 的加入对原电池电动势没有影响。

3-24 B　提示：可知该化合物的结构式为

$$\begin{array}{ccccccc} & & H & & H & & H \\ & & | & & | & & | \\ CH_3 & - & C & - & C & - & C & - & CH_3 \\ & & | & & | & & | \\ & & CH_3 & & CH_3 & & H \end{array}$$

，根据有机化合物的命名准则，该化合物的名称为 2,3－二甲基戊烷。

3-25 D　提示：此题可观察式中双键与甲基的位置，可知 D 选项中加氢后甲基在 3 号位，应为 3-甲基戊烷，故选 D。

3-26 D　提示：由该高聚物分子的结构可以看出，该高聚物的重复单元为$-CH_2-\underset{\substack{|\\ COOCH_3}}{CH}-$，则生成该高聚物的单体为 $CH_2=CHCOOCH_3$。

3-27 C　提示：戊烷共有 3 种同分异构体，分别含有 2，3，4 个甲基，一氯代物的数目可通过判断等效氢数目来确定，2 个甲基的情况下有三个不同的取代位置，故有 3 种一氯代物；3 个甲基的情况下有 4 个不同的取代位置，故有 4 种一氯代物；4 个甲基的情况下仅有一个取代位置，故只有 1 种一氯代物。

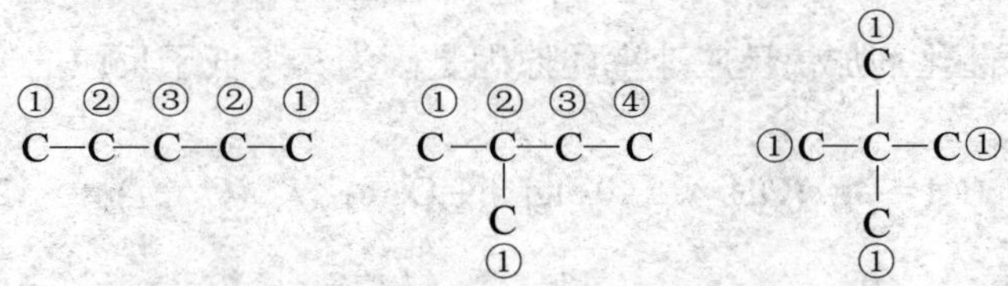

3-28 C　提示：若将羟基氧化成醛基，则羟基必须与端基 C 原子直接相连，故只有 C 符合条件。

3-29 D　提示：醇类化合物需含有 R—C—OH 基团，酚类化合物含有$\overset{OH}{\bigcirc}$基团，脂类化合物含有 R—C—O—O—R’基团。

第4章 理 论 力 学

4.1 静力学

考试大纲

平衡；刚体；力；约束及约束力；受力图；力矩；力偶及力偶矩；力系的等效和简化；力的平移定理；平面力系的简化；主矢；主矩；平面力系的平衡条件和平衡方程式；物体系统（含平面静定桁架）的平衡；摩擦力；摩擦定律；摩擦角；摩擦自锁。

要求：熟悉并理解刚体、平衡、力、静力学公理等基本概念，掌握受力分析，正确绘制受力图。掌握力的投影、力的合成与分解、力偶及力偶的性质；能熟练计算力对点之矩、力对轴之矩、力偶矩。熟悉平面力系和空间力系简化的方法、结果和主矢、主矩的概念及进一步简化的方法；对单个物体和物体系统平衡问题，能够正确建立平衡方程式求解约束反力，对较简单的空间力系平衡问题能熟练选择矩轴并用平衡方程求解。能熟练计算平面静定桁架杆件内力（节点法、截面法）。掌握摩擦的概念，如滑动摩擦、摩擦角、自锁等。

4.1.1 静力学基本概念

（1）刚体：指物体在力的作用下，其内部两点之间的距离始终保持不变。

（2）力：力是物体之间相互的机械作用，力是矢量，符合矢量运算法则。

（3）静力学公理：

公理1（二力平衡公理） 作用在同一刚体上的两个力，使刚体保持平衡的充要条件：这两个力满足等值、反向、共线。仅适用于刚体。

公理2（力的平行四边形法则） 作用在物体上同一点的两个力，可以合成为一个合力。合力的作用点在该点，合力的大小和方向，由这两个力为邻边构成的平行四边形的对角线确定。

公理3（加减平衡力系原理） 在已知力系上加上或减去任意的平衡力系，并不改变原力系对刚体的作用。仅适用于刚体。

推论1 作用于刚体的力可沿其作用线移动而不改变其对刚体的运动效应。**力的这种性质称为力的可传性，所以力是滑动矢量。**

推论2 三力平衡汇交定理。

公理4（作用力与反作用力定律） 作用力和反作用力总是同时存在，两力的大小相等、方向相反，沿着同一直线，分别作用在两个相互作用的物体上。

公理5（刚化原理） 变形体在某一力学作用下处于平衡，如将此变形体刚化为刚体，其平衡状态保持不变。

（4）约束与约束反力。对非自由体的某些位移起限制作用的周围物体，称为约束。表4-1列出了常见的约束类型、简图及其对应约束反力的表示方法。

表 4-1　　常见的约束类型、简图及其对应约束反力表示方法

约束类型		力学简图	约束力确定原则	约束力符号	约束力画法
柔索约束			作用点：连接点 方向：沿绳索背离物体	F_T（下标 T：表示拉力）	F_T
光滑接触面约束			作用点：接触点 方向：沿接触面公法线指向物体	F_N（下标 N：表示约束反力沿接触面的公法线）	F_N
光滑铰链约束	固定铰支座		作用点：接触点 方向：由于约束力的方向不能确定，通常分解成过接触点的两个正交分量	F_A（F_{Ax}、F_{Ay}）（下标 A：表示接触点）	F_{Ax} F_{Ay}
	中间铰		作用点：接触点 方向：由于约束力的方向不能确定，通常分解成过接触点的两个正交分量	F_A（F_{Ax}、F_{Ay}）（下标 A：表示接触点）	F_{Ax} F_{Ay}
	活动铰支座		作用点：接触点 方向：垂直支承面	F_A（下标 A：表示接触点）	F_A
固定端约束			作用点：接触点 方向：分解成两个正交分量和一个力偶	F_A（F_{Ax}、F_{Ay}），M_A（下标 A：表示接触点）	M_A F_{Ax} F_{Ay}

（5）受力图。受力图是分析研究对象全部受力情况的简图。对于方向不能确定的约束反力（如铰链约束），可进行假设。

画受力图时，应注意中间铰处的约束反力、作用力和反作用力的画法。

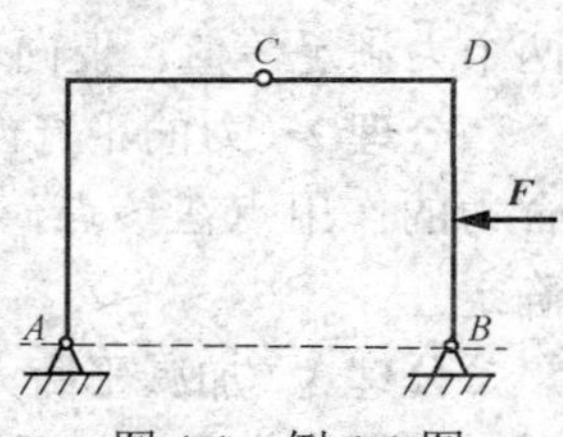

图 4-1　例 4-1 图

【例 4-1】（2019）　如图 4-1 所示三铰刚架中，若将作用于构件 BC 上的力 $\boldsymbol{F}$ 沿其作用线移至构件 AC 上，则 A、B、C 处约束力的大小（　　）。

A. 都不变　　B. 都改变　　C. 只有 C 处改变　　D. 只有 C 处不改变

【解】力 $\boldsymbol{F}$ 没有移动之前，AC 杆为二力杆，A、C 两处约束力的方向沿着 AC 连线；而当力 $\boldsymbol{F}$ 从 BC 移动到 AC 上，则 BC 杆为二力杆，B、C 两处约束反力的方向沿着 BC 连线，因此正确答案为 B。

【答案】B

4.1.2　力的分解、投影、力对点的矩与力对轴的矩

1. 力沿直角坐标轴分解和力在直角坐标轴上的投影

$$\boldsymbol{F}=\boldsymbol{F}_x+\boldsymbol{F}_y=F_x\boldsymbol{i}+F_y\boldsymbol{j}\text{（平面问题）}\tag{4-1}$$

$$\boldsymbol{F}=\boldsymbol{F}_x+\boldsymbol{F}_y+\boldsymbol{F}_z=F_x\boldsymbol{i}+F_y\boldsymbol{j}+F_z\boldsymbol{k}\text{（空间问题）}\tag{4-2}$$

2. 力对点的矩（简称力矩）

在平面问题中，有

$$M_O(\boldsymbol{F}) = \pm Fh \tag{4-3}$$

式中：h 为力臂，逆时针转向为正，反之为负。

在空间问题中，力对点的矩是一个矢量，如图 4-2 所示，其表达式是

$$\left|\boldsymbol{M}_O(\boldsymbol{F})\right| = \left|\boldsymbol{r}\times\boldsymbol{F}\right| = \begin{vmatrix} \boldsymbol{i} & \boldsymbol{j} & \boldsymbol{k} \\ x & y & z \\ F_x & F_y & F_z \end{vmatrix}$$

$$= (yF_z - zF_y)\boldsymbol{i} + (zF_x - xF_z)\boldsymbol{j} + (xF_y - yF_x)\boldsymbol{k} \tag{4-4}$$

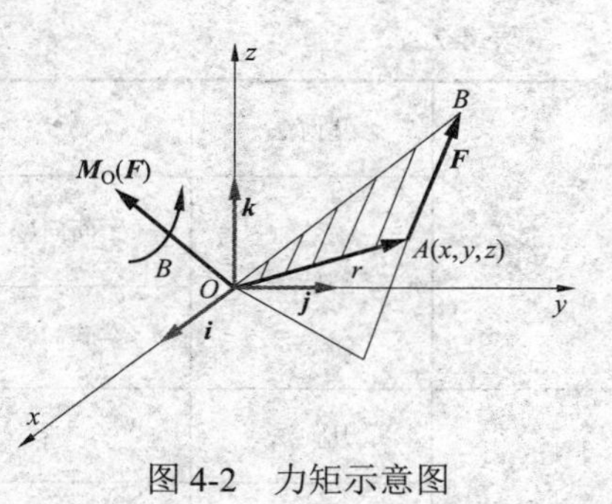

图 4-2　力矩示意图

式中，力矩的单位为 N•m 或 kN•m。

3. 力对轴的矩

（1）定义：力 $\boldsymbol{F}$ 对任一 z 轴的矩为力 F 在垂直 z 轴的平面上的投影对该平面与 z 轴交点 O 的矩，即

$$M_z(F) = M_O(F_{xy}) = \pm F_{xy}h \tag{4-5}$$

正负号按右手螺旋定则确定。

（2）解析表达式

$$\begin{aligned} M_x(F) &= yF_z - zF_y \\ M_y(F) &= zF_x - xF_z \\ M_z(F) &= xF_y - yF_x \end{aligned} \tag{4-6}$$

（3）在计算力对轴之矩时，也可根据合力矩定理，可先将原力沿坐标轴分解为三个力（图 4-3），然后计算各力对坐标轴之矩。

注意：当力与某轴相交或平行时（即力与坐标轴共面时），则力对该轴的矩为零。

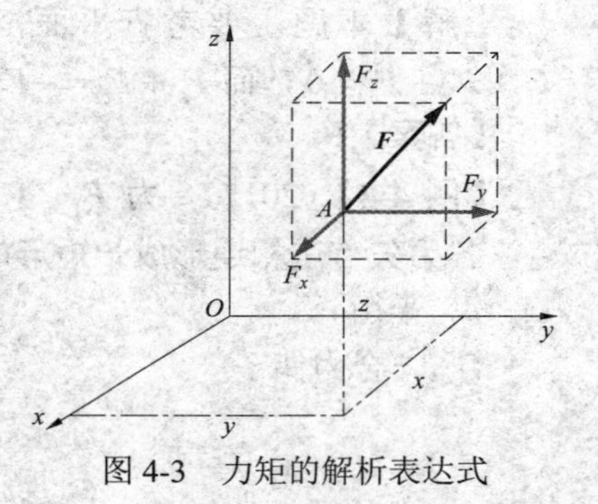

图 4-3　力矩的解析表达式

【例 4-2】（2005）　图 4-4 所示力 $\boldsymbol{F}$，已知 $\boldsymbol{F}$=2kN，力 $\boldsymbol{F}$ 对 x 轴之矩为（　　）。

A. $3\sqrt{2}$ kN•m　　B. $\sqrt{2}$ kN•m

C. 8kN•m　　D. $4\sqrt{2}$ kN•m

【解】本题主要考查力对轴之矩的求法。

（1）定义：力 $\boldsymbol{F}$ 对任一轴 z 的矩为力 $\boldsymbol{F}$ 在垂直 z 轴的平面上的投影对该平面 z 轴交点 O 的矩，即

$$M_z(F) = M_O(F_{xy}) = \pm F_{xy}a$$

（2）合力矩定理

$$\boldsymbol{M}_x(\boldsymbol{F}) = \boldsymbol{M}_x(\boldsymbol{F}_x) + \boldsymbol{M}_x(\boldsymbol{F}_y) + \boldsymbol{M}_x(\boldsymbol{F}_z)$$

$$\boldsymbol{M}_x(\boldsymbol{F}_z) = 2\times\frac{5}{5\sqrt{2}}\times 4\text{kN}\cdot\text{m} = 4\sqrt{2}\text{kN}\cdot\text{m}$$

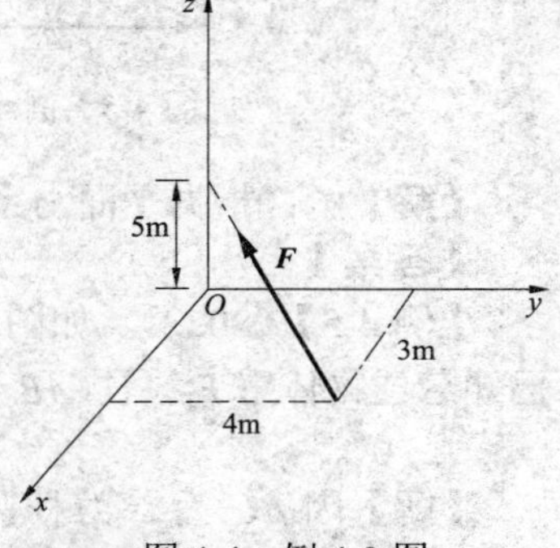

图 4-4　例 4-2 图

【答案】D

4.1.3 汇交力系的合成与平衡

求解汇交力系合成结果与平衡条件有两种方法，即几何法与解析法，见表 4-2。

表 4-2　　　　　　　　　　　　平面汇交力系的合成与平衡

<table>
<tr><td rowspan="3">合成结果</td><td>几何法</td><td colspan="2">$\boldsymbol{F}_{\mathrm{R}}=\sum \boldsymbol{F}_i$（力多边形法则）</td><td rowspan="3">合力即为力多边形的封闭边</td></tr>
<tr><td rowspan="2">解析法</td><td>平面问题</td><td>大小：$F_{\mathrm{R}}=\sqrt{\left(\sum F_{xi}\right)^2+\left(\sum F_{yi}\right)^2}$</td></tr>
<tr><td>空间问题</td><td>$F_{\mathrm{R}}=\sqrt{\left(\sum F_{xi}\right)^2+\left(\sum F_{yi}\right)^2+\left(\sum F_{zi}\right)^2}$</td></tr>
<tr><td rowspan="3">平衡条件</td><td>几何法</td><td colspan="2">$\boldsymbol{F}_{\mathrm{R}}=\sum \boldsymbol{F}_i=\boldsymbol{0}$</td><td rowspan="3">力多边形首尾相接，自行封闭</td></tr>
<tr><td rowspan="2">解析法</td><td>平面问题</td><td>$\sum \boldsymbol{F}_x=0$，$\sum \boldsymbol{F}_y=0$</td></tr>
<tr><td>空间问题</td><td>$\sum \boldsymbol{F}_x=0$，$\sum \boldsymbol{F}_y=0$，$\sum \boldsymbol{F}_z=0$</td></tr>
</table>

【例 4-3】(2005)　平面汇交力系（$\boldsymbol{F}_1$、$\boldsymbol{F}_2$、$\boldsymbol{F}_3$、$\boldsymbol{F}_4$、$\boldsymbol{F}_5$）的力多边形如图 4-5 所示，该力系的合力 $\boldsymbol{F}_{\mathrm{R}}$ 等于（　　）。

A. $\boldsymbol{F}_3$　　B. $-\boldsymbol{F}_3$　　C. $\boldsymbol{F}_2$　　D. $\boldsymbol{F}_5$

【解】本题主要考查平面汇交力系合成的几何法。由力的多边形法则可以知道，$\boldsymbol{F}_1+\boldsymbol{F}_2+\boldsymbol{F}_3=0$，而 $\boldsymbol{F}_4+\boldsymbol{F}_5=-\boldsymbol{F}_3$。

【答案】B

【例 4-4】(2017)　力 $\boldsymbol{F}_1$、$\boldsymbol{F}_2$、$\boldsymbol{F}_3$、$\boldsymbol{F}_4$ 分别作用在刚体上同一平面内的 A、B、C、D 四点，各力矢首尾相连形成一矩形如图 4-6 所示。该力系的简化结果为（　　）。

A. 平衡　　B. 一合力

C. 一合力偶　　D. 一力和一力偶

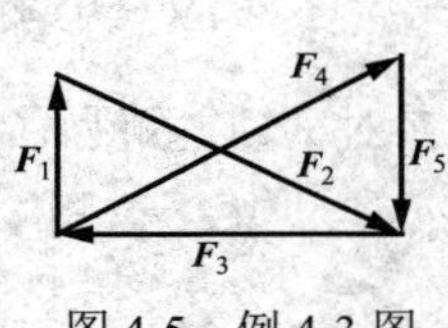

图 4-5　例 4-3 图

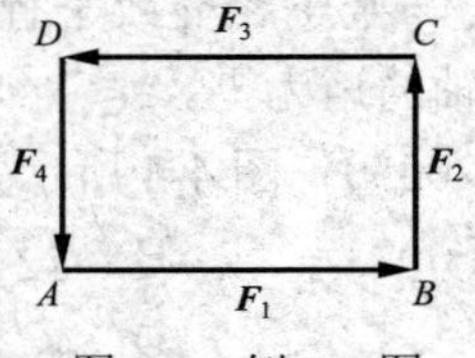

图 4-6　例 4-4 图

【解】解：根据平面力系的特点，从而得知这四个力可以形成力偶。

【答案】C

【例 4-5】(2022)　如图 4－7 示构架，G、B、C、D 处为光滑铰链，杆及滑轮自重不计。已知悬挂物体重 F_{P}，且 $AB=AC$。则 B 处约束力的作用线与 x 轴正向所成的夹角为（　　）。

A. 0°　　B. 90°　　C. 60°　　D. 150°

【解】因 BC 为二力杆，则 B 处约束力的作用线如图 4－8 所示。且 $AB=AC$，可知 $\angle ABC=60°$，则 B 处约束力的作用线与 x 轴正向所成的夹角为 150°。

【答案】D

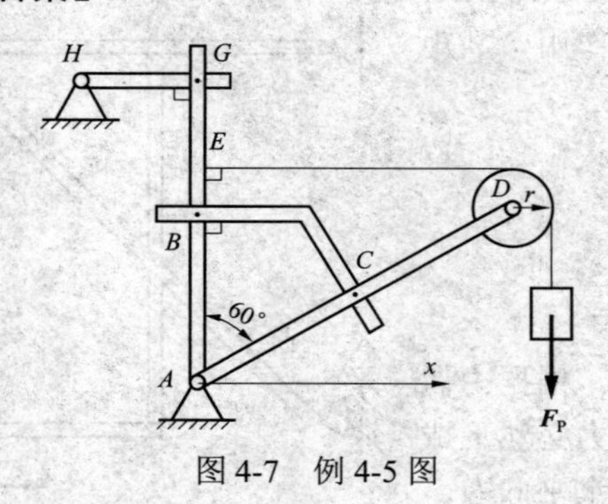

图 4-7　例 4-5 图

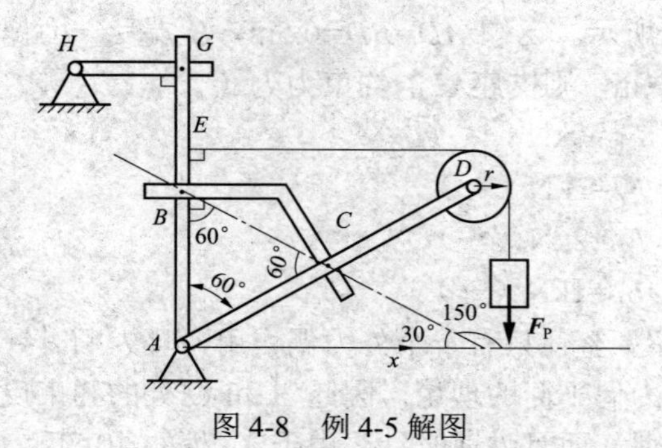

图 4-8　例 4-5 解图

4.1.4　力偶理论

1. 力偶与力偶矩

由两个大小相等、方向相反且不共线的平行力组成的力系，称为力偶。力偶不能合成为一个合力，既不能用一个力代替，也不能用一个力平衡。力偶的转动效应决定于力偶矩，其计算公式见表 4-3。

表 4-3　　力偶的特点

平面问题	空间问题
$M=\pm Fd$ 逆时针为正，顺时针为负	$\boldsymbol{M}$ 大小：$M=Fd$；方向：垂直于力偶作用面，指向由右手定则确定
代数量	自由矢量

注：F 为力偶中力的大小，d 为力偶中两力之间的垂直距离，称为力偶臂，其单位与力矩的单位相同。

应当注意，力偶矩与矩心位置无关，无论对哪一点取矩，都是力偶矩本身，这与力对点之矩是不同的。

2. 力偶等效定理

在同平面内的两个力偶，如果力偶矩相等，则两力偶彼此等效。

3. 力偶系的合成与平衡

力偶系的合成结果有两种，为一个合力偶或平衡，见表 4-4。

表 4-4　　力偶系的合成与平衡

		平面力偶系	空间力偶系
合成结果	合力偶	$M=\sum_{i=1}^{n}M_i$	$\boldsymbol{M}=\sum_{i=1}^{n}\boldsymbol{M}_i=\sum M_{xi}\boldsymbol{i}+\sum M_{yi}\boldsymbol{j}+\sum M_{zi}\boldsymbol{k}$
	平衡	$M=\sum_{i=1}^{n}M_i=0$	$\boldsymbol{M}=\sum_{i=1}^{n}\boldsymbol{M}_i=0$
平衡方程		$\sum_{i=1}^{n}M_i=0$	$\sum M_{xi}=0$，$\sum M_{yi}=0$，$\sum M_{zi}=0$

注：M_{xi}、M_{yi}、M_{zi} 分别为力偶矩矢在相应坐标轴上的投影。

【例 4-6】(2021) 三杆 AB、AC 及 DEH 用铰链连接如图 4-9 所示。已知 $AD=BD=0.5\text{m}$，E 端受一力偶作用，其矩 $M=1\text{kN·m}$，则支座 C 的约束力为（　　）。

A. $F_C=0\text{kN}$

B. $F_C=2\text{kN}$（→）

C. $F_C=2\text{kN}$（←）

D. $F_C=1\text{kN}$（→）

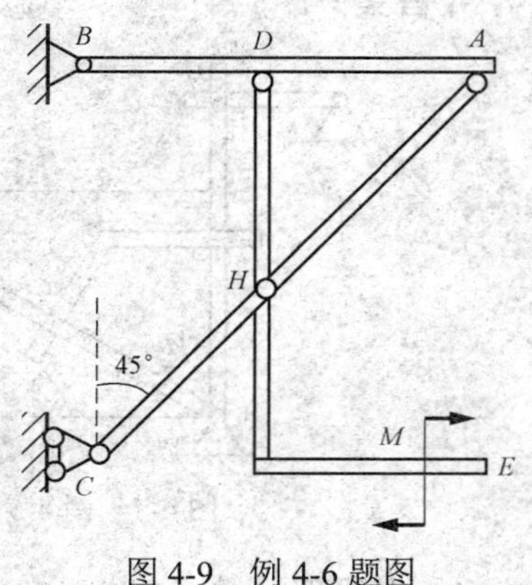

图 4-9　例 4-6 题图

【解】整体只有一个外力偶作用，且为顺时针。根据力偶只能用力偶平衡的理论，因此 B 和 C 处的约束反力必然形成一个力偶，而且为逆时针。由于 C 处的约束反力水平向右，因此 B 处的约束反力一定和 C 处的约束反力反向平行，水平向左。因此 $F_C=\dfrac{M}{BC}=\dfrac{1}{1}\text{kN}=1\text{kN}$。

【答案】D

4.1.5　任意力系的简化与平衡

1. 任意力系的简化（包括平面和空间）

（1）简化结果。

1）一个力　　$\boldsymbol{F}'_R=\sum\boldsymbol{F}_i$　　作用线过 O 点

2）一个力偶
- 空间：$\boldsymbol{M}_O=\sum\boldsymbol{M}_O(\boldsymbol{F}_i)$　　——矢量
- 平面：$\boldsymbol{M}_O=\sum\boldsymbol{M}_O(\boldsymbol{F}_i)$　　——代数量

式中：$\boldsymbol{F}'_R$ 称为原力系的主矢，其大小和方向与简化中心的位置无关；$\boldsymbol{M}_O$ 称为原力系对简化中心的主矩，一般地说，与简化中心的位置有关，故必须指明力系是对于哪一点的主矩。

（2）合成的最后结果。任意力系（包括空间和平面）向一点简化后，其最后合成结果见表 4-5。

表 4-5　　任意力系的合成结果

$\boldsymbol{F}'_R$（主矢）	$\boldsymbol{M}_O$（主矩）		简化结果
$\boldsymbol{F}'_R\neq0$	$\boldsymbol{M}_O\neq0$	$\boldsymbol{F}'_R /\!/ \boldsymbol{M}_O$	力螺旋通过简化中心 O
		$\boldsymbol{F}'_R$ 与 $\boldsymbol{M}_O$ 成 α 角	力螺旋中心轴离简化中心 O 的距离 $d=\left\lvert\dfrac{\boldsymbol{M}_O\sin\alpha}{\boldsymbol{F}'_R}\right\rvert$
	$\boldsymbol{M}_O\neq0$	$\boldsymbol{F}'_R\perp\boldsymbol{M}_O$	合力作用线离简化中心的距离 $d=\left\lvert\dfrac{\boldsymbol{M}_O}{\boldsymbol{F}'_R}\right\rvert$
	$\boldsymbol{M}_O=0$		合力，$\boldsymbol{F}_R=\boldsymbol{F}'_R$，且过简化中心 O
$\boldsymbol{F}'_R=0$	$\boldsymbol{M}_O\neq0$		合力偶，其矩为 $\boldsymbol{M}_O$，而且大小、转向与简化中心 O 的位置无关
	$\boldsymbol{M}_O=0$		力系平衡

【例 4-7】(2018) 如图 4-10 所示平面结构，各杆自重不计，已知 $q=10\text{kN/m}$，$F_p=20\text{kN}$，$F=30\text{kN}$，$L_1=2\text{m}$，$L_2=5\text{m}$，B、C 处为铰链连接，则 BC 杆的内力为（　　）。

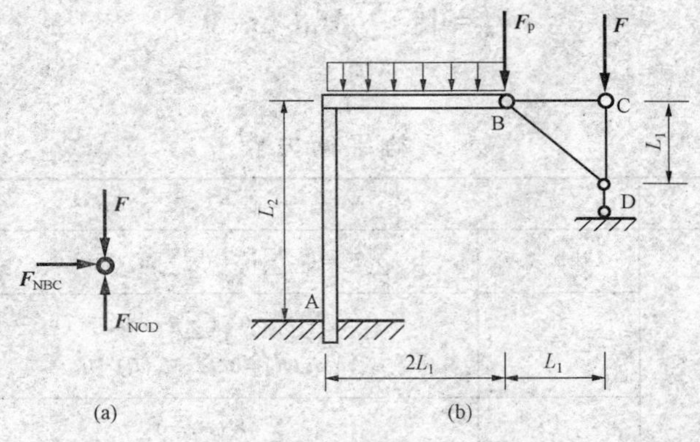

图 4-10　例 4-7 图

A. $F_{BC}=-30\text{kN}$　　B. $F_{BC}=30\text{kN}$　　C. $F_{BC}=0\text{kN}$　　D. $F_{BC}=0$

【解】取节点 C 为研究对象，如图 4-10（a）所示。

根据平衡方程 $\sum F_{xi}=0$，所以 $F_{BC}=0$。

【答案】D

【例 4-8】(2019) 平面力系如图 4-11 所示，已知：$\boldsymbol{F}_1=160\text{N}$，$M=4\text{N·m}$，该力系向 A 点简化后的主矩大小应为（　　）。

A. $M_A=4\text{N·m}$　　B. $M_A=1.2\text{N·m}$

C. $M_A=1.6\text{N·m}$　　D. $M_A=0.8\text{N·m}$

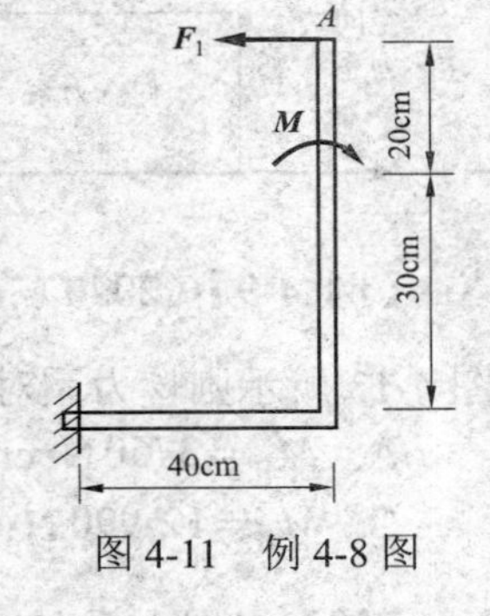

图 4-11　例 4-8 图

【解】主矩是平面任意力系中所有力和力偶对简化中心力矩的代数和，由于力 F_1 通过 A 点，所以对 A 点无力矩；而力偶 M 对 A 的力矩就是力偶矩本身，因此该力系向 A 点简化后的主矩大小即为 $M=4\text{N·m}$。

【答案】A

（3）分布载荷的合成。沿物体中心线分布的平行力，称为平行分布线载荷，简称分布载荷。

其合力的三要素为：① 方向与分布力相同。② 大小等于分布载荷组成的几何图形的面积。③ 作用点通过分布载荷组成的几何图形的形心。

均布载荷和线性载荷的合成结果如图 4-12 所示。

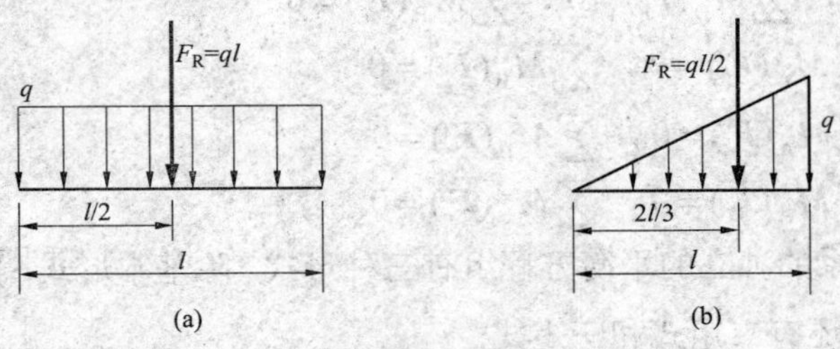

图 4-12　均布载荷和线性载荷的合成结果

2. 任意力系的平衡条件和平衡方程

任意力系平衡的充分和必要条件是：力系的主矢与力系对任一点的主矩都等于零，即

$$\boldsymbol{F}'_{\mathrm{R}}=0\,,\quad \sum \boldsymbol{M}_{\mathrm{O}}(F_i)=0$$

力系的平衡方程见表 4-6。

表 4-6　　力系的平衡方程

力系名称		平衡方程		独立方程数目
平面力系	平面任意力系	基本式	$\sum F_x=0,\ \sum F_y=0,\ \sum M_{\mathrm{O}}(\boldsymbol{F})=0$	3
		二矩式	$\sum F_x=0$ 或 $\sum F_y=0$ $\sum M_{\mathrm{A}}(\boldsymbol{F})=0,\ \sum M_{\mathrm{B}}(\boldsymbol{F})=0$	3
		三矩式	$\sum M_{\mathrm{A}}(\boldsymbol{F})=0$ $\sum M_{\mathrm{B}}(\boldsymbol{F})=0$ $\sum M_{\mathrm{C}}(\boldsymbol{F})=0$	3
	平行力系	基本式	$\sum F_y=0\,,\ \sum M_{\mathrm{O}}(\boldsymbol{F})=0$	2
		二矩式	$\sum M_{\mathrm{A}}(\boldsymbol{F})=0\,,\ \sum M_{\mathrm{B}}(\boldsymbol{F})=0$	2
空间力系	平行力系	$\sum F_{zi}=0\,,\ \sum M_x(F_i)=0\,,\ \sum M_y(F_i)=0$		3
	任意力系	$\sum F_{xi}=0\,,\ \sum F_{yi}=0\,,\ \sum F_{zi}=0$ $\sum M_x(F_i)=0\,,\ \sum M_y(F_i)=0\,,\ \sum M_z(F_i)=0$		6

【例 4-9】（2020）　直角构件受 $F=150\mathrm{N}$，力偶 $M=\dfrac{1}{2}Fa$ 作用，$a=50\mathrm{cm}$，$\theta=30°$，如图 4-13 所示则该力系对 B 点的合力矩为（　　）。

A. $M_{\mathrm{B}}=3750\,\mathrm{N{\cdot}cm}$（顺时针）　　B. $M_{\mathrm{B}}=3750\,\mathrm{N{\cdot}cm}$（逆时针）

C. $M_{\mathrm{B}}=12\ 990\,\mathrm{N{\cdot}cm}$（顺时针）　　D. $M_{\mathrm{B}}=12\ 990\,\mathrm{N{\cdot}cm}$（逆时针）

【解】根据力系向一点简化的理论。$M_{\mathrm{B}}=M=\dfrac{1}{2}Fa=\dfrac{1}{2}\times150\mathrm{N}\times500\mathrm{cm}=3750\,\mathrm{N{\cdot}cm}$。

【答案】A

【例 4-10】（2021）　三角板 ABC 受平面力系作用如图 4-14 所示。欲求未知力 F_{NA}、F_{NB} 和 F_{NC}，独立的平衡方程组是（　　）。

A. $\sum M_{\mathrm{C}}(\boldsymbol{F}_i)=0\,,\ \sum M_{\mathrm{D}}(\boldsymbol{F}_i)=0\,,\ \sum M_{\mathrm{B}}(\boldsymbol{F}_i)=0$

B. $\sum F_y=0\,,\ \sum M_{\mathrm{A}}(\boldsymbol{F}_i)=0\,,\ \sum M_{\mathrm{B}}(\boldsymbol{F}_i)=0$

C. $\sum F_x=0\,,\ \sum M_{\mathrm{A}}(\boldsymbol{F}_i)=0\,,\ \sum M_{\mathrm{B}}(\boldsymbol{F}_i)=0$

D. $\sum F_x=0\,,\ \sum M_{\mathrm{A}}(\boldsymbol{F}_i)=0\,,\ \sum M_{\mathrm{C}}(\boldsymbol{F}_i)=0$

【解】平面任意力系的独立的平衡方程组有三种形式。除基本形式$\left[\sum F_{xi}=0\,,\ \sum F_{yi}=0\,,\ \sum M_{\mathrm{O}}(F_i)=0\right]$之外，还有二矩式和三矩式。

三矩式的平衡方程

$$\sum M_A(F_i)=0,\ \sum M_B(F_i)=0,\ \sum M_C(F_i)=0$$

其中 A、B、C 三点不共线，显然选项 A 不对。

二矩式的平衡方程

$$\sum F_{xi}=0,\ \sum M_A(F_i)=0,\ \sum M_B(F_i)=0$$

其中投影轴 x 轴不得垂直于矩心 A、B 的连线，显然选项 B 和 D 不对，故答案应选 C。

【答案】 C

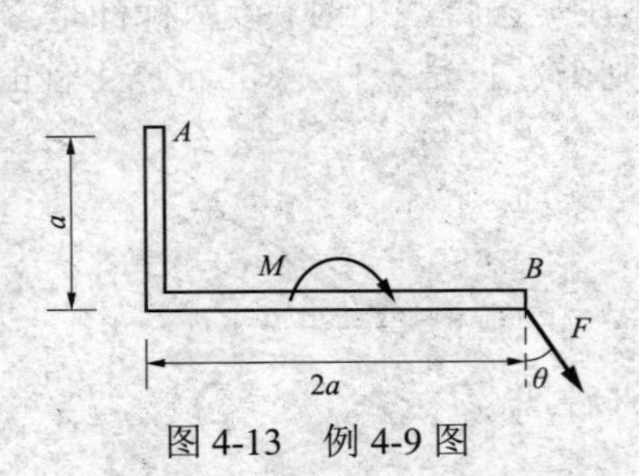

图 4-13　例 4-9 图

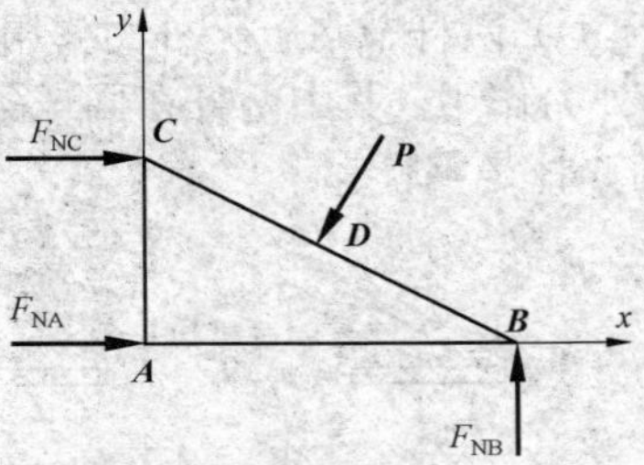

图 4-14　例 4-10 图

【例 4-11】（2020） 图 4-15 所示多跨梁由 AC 和 CB 铰接而成，自重不计。已知：$q=10\text{kN/m}$，$M=40\text{kN}\cdot\text{m}$。$F=2\text{kN}$，作用在 AB 中点，且 $\theta=45°$，$L=2\text{m}$。则支座 D 的约束力为（　　）。

A. $F_D=10\text{kN}$（↑）　　B. $F_D=15\text{kN}$（↑）

C. $F_D=40.7\text{kN}$（↑）　　D. $F_D=14.3\text{kN}$（↑）

【解】 以 CD 为研究对象，其受力如图 4-16 所示

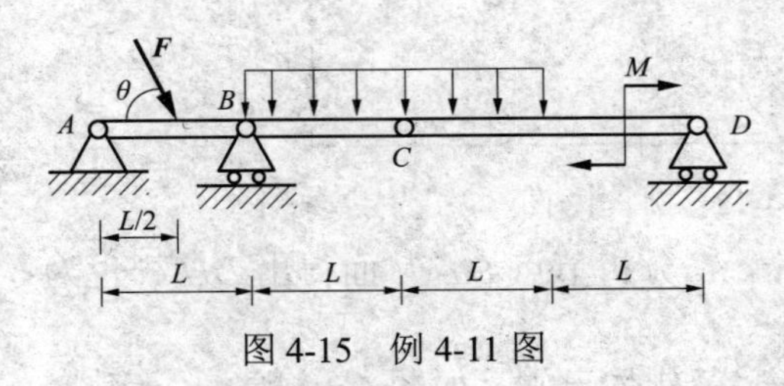

图 4-15　例 4-11 图

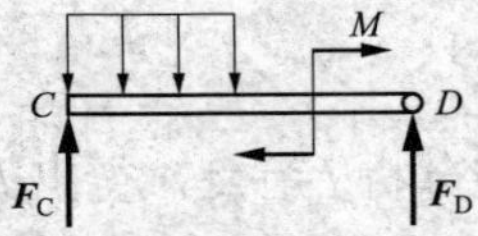

图 4-16　例 4-11 解图

$$\sum M_C(F_i)=0,\quad F_D\times 2L-M-q\times L\times\frac{L}{2}=0\text{，解得 } F_D=15\text{kN（↑）}$$

【答案】 B

4.1.6　平面桁架

1. 定义

由多根杆件在其两端以适当方式连接而成的几何形状不变的结构，称为桁架。桁架中几根直杆的连接处，称为节点。

2. 平面桁架内力的计算方法

有节点法和截面法两种计算方法，见表 4-7。

表 4-7　　　　　　　　　　**平面桁架内力的计算方法**

研究对象	节点法	截面法
特点	取节点为研究对象	将桁架沿某个面（不限于平面）截出一部分为研究对象一般被截的杆件数不能超过 3 个
	每个节点都受一平面汇交力系的作用	
平衡方程	2 个平衡方程	3 个平衡方程

为简化计算，一般要先判断桁架中的零杆（内力为零的杆），零杆的判断方法（熟记）如图 4-17 所示。① 两杆节点上无外力作用，且两杆不在一条直线上时，该两杆都是零杆。② 三杆节点上无外力作用，其中两杆在同一条直线上，则另一杆是零杆。③ 若在 1 杆的反向就加上力 F_P，则 2 杆是零杆。

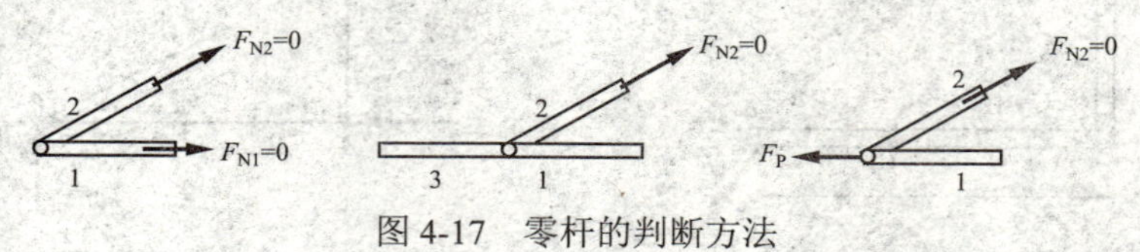

图 4-17　零杆的判断方法

【例 4-12】（2021）　图 4-18 所示桁架结构中，DH 杆的内力大小为（　　）。

A. F　　　　B. $-F$　　　　C.0.5　F　　　　D.0

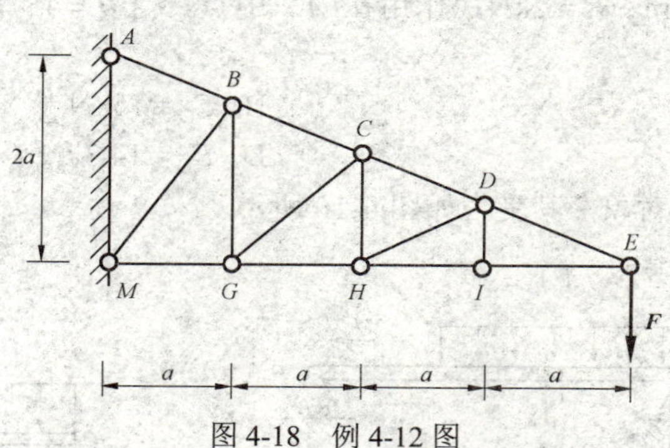

图 4-18　例 4-12 图

【解】先分析 I 节点，得出 DI 为零杆。在分析节点 D，从而得出 DH 杆也为零杆。

【答案】D

【例 4-13】（2007）　桁架结构形式与载荷 F_P 均已知，如图 4-19 所示。结构中杆件内力为零的杆件数为（　　）。

A. 0 根　　　　B. 2 根

C. 4 根　　　　D. 6 根

【解】本题主要考查桁架中零杆的判断方法。必须要熟记。

【答案】C

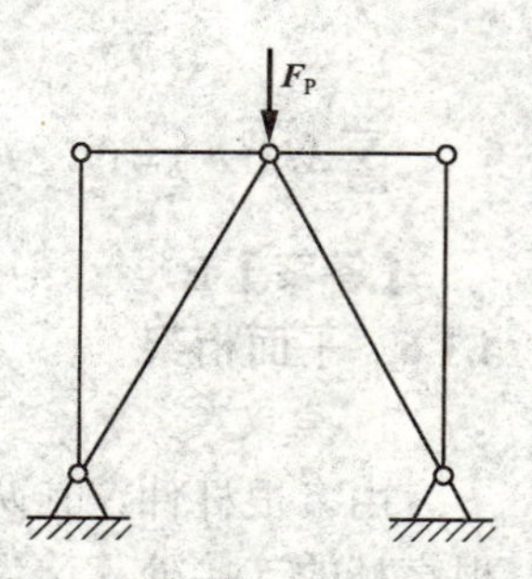

图 4-19　例 4-13 图

4.1.7　摩擦

1. 摩擦现象

两个表面粗糙的物体，当其接触表面之间有相对滑动趋势或相对滑动时，彼此作用有阻碍相对滑动的阻力，即滑动摩擦力，简称摩擦力。摩擦力作用于相互接触处，其方向与相对滑动的趋势或相对滑动的方向相反，它的大小可以分为三种情况：即静滑动摩擦力、最大静滑动摩擦力和动滑动摩擦力。静滑动摩擦力根据平衡条件确定，并随主动力发生变化。当主动力增大到某值时，物体处于要滑动还未动的临界状态，静摩擦力达到最大值，即为最大静滑动摩擦力，简称最大静摩擦力。物体滑动后的摩擦力则称为动摩擦力。工程中，最需要知道的是最大静摩擦力。根据试验方法得出，即库仑摩擦定律。

$$F_{max} = f_s F_N \tag{4-7}$$

式中，f_s为静摩擦系数。

若两物体已经产生相对滑动，此时阻碍相对滑动的阻力，称为动摩擦力，以 $\boldsymbol{F}$ 表示。

$$F_d = f_d F_N \tag{4-8}$$

式中，f_d为动摩擦系数，一般情况下，动摩擦系数小于静摩擦系数。

2. 摩擦角和自锁现象

当有摩擦时，支承面对平衡物体的约束力包含法向约束力 F_N 和切向约束力 F_s。这两个力合成一个力（$F_R = F_N + F_s$），称为支承面的全约束力，其作用线与接触面的公法线成一偏角 φ，如图 4-20 所示。当物块处于平衡的临界状态时，静摩擦力达到最大静摩擦力，偏角 φ 也达到最大值 φ_f。全约束力与法线间的夹角的最大值 φ_f，称为摩擦角。

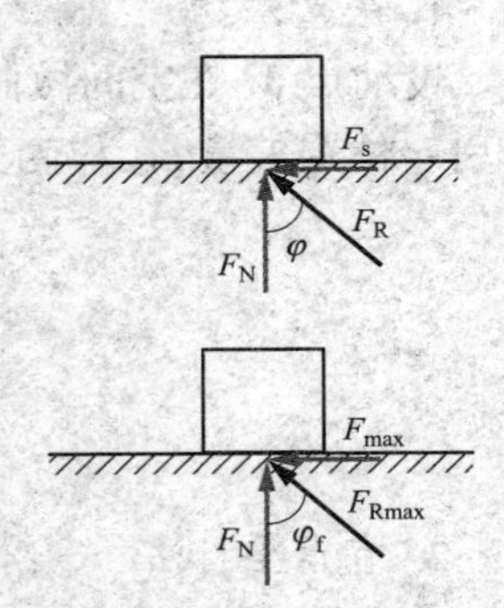

图 4-20 支承面对平衡物体的约束力分析

【例 4-14】（2022）重 W=60kN 的物块自由地放在倾角为 α=30° 的斜面上，如图 4－21 示。已知摩擦角 $\varphi_m < \alpha$，则物块受到摩擦力的大小是（　　）。

A. $60\tan\varphi_m\cos\alpha$　　B. $60\sin\alpha$　　C. $60\cos\alpha$　　D. $60\tan\varphi_m\sin\alpha$

【解】对物块进行受力分析，如图 4－22 所示，则 $F_N = W\cos\alpha$，$F_f = fF_N = \tan\varphi_m \cdot 60\cos\alpha = 60\tan\varphi_m\cos\alpha$。

【答案】A

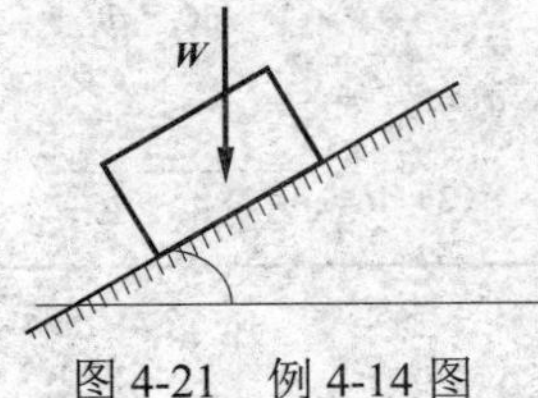

图 4-21　例 4-14 图

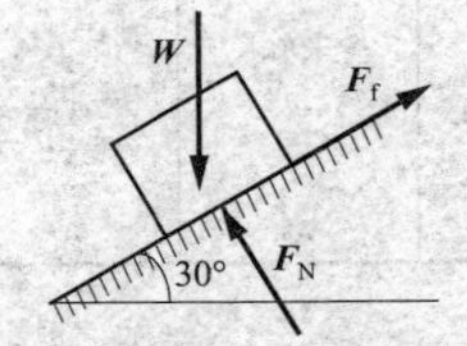

图 4-22　例 4-14 解图

【例 4-15】（2020）　图 4-23 所示物块重 F_P=100N 处于静止状，态接触面处的摩擦角 φ_m = 45°，在水平力 F=100N 的作用下，物块将（　　）。

A. 向右加速滑动　　B. 向右减速滑动

C. 向左加速滑动　　D. 处于临界平衡状态

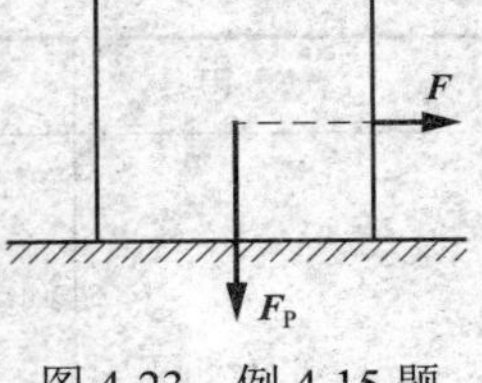

图 4-23　例 4-15 题

【解】根据自锁现象进行判断，两个主动力合力与法线间的夹角是 45°，与摩擦角相等，因此处于临界平衡状态。

【答案】D

4.2 运动学

考试大纲

点的运动方程；轨迹；速度；加速度；切向加速度和法向加速度；平动和定轴转动；角

速度；角加速度；刚体内任一点的速度和加速度。

要求：熟悉并理解点的运动方程、轨迹、速度和加速度的矢量法、直角坐标法和自然法等三种表示方法。掌握刚体做平动、定轴转动的特征，能熟练计算刚体运动的角速度、角加速度和刚体内任一点的速度和加速度。

运动学是研究物体运动的几何性质的科学，即研究物体在空间的位置随着时间的变化，而不涉及影响物体运动的物理因素。

4.2.1　点的运动

1. 矢量法

设动点 M 在空间做曲线运动，选取参考系上某确定点 O 为坐标原点，由定点 O 向动点 M 引一位置矢量 $\boldsymbol{r}$，称为矢径，则动点的运动方程、速度和加速度分别为

$$\boldsymbol{r}=r(t) \tag{4-9a}$$

$$v=\frac{\mathrm{d}\boldsymbol{r}}{\mathrm{d}t}=\boldsymbol{r}' \tag{4-9b}$$

$$\boldsymbol{a}=\frac{\mathrm{d}v}{\mathrm{d}t}=\boldsymbol{r}'' \tag{4-9c}$$

2. 直角坐标法

动点的运动方程、速度和加速度见表 4-8。

表 4-8　　动点的运动方程、速度和加速度

运动方程	轨迹	速　　度	加　速　度
$\boldsymbol{r}=x\boldsymbol{i}+y\boldsymbol{j}+z\boldsymbol{k}$ 其中，$x=f_1(t)$，$y=f_2(t)$，$z=f_3(t)$	未知	$v=v_x\boldsymbol{i}+v_y\boldsymbol{j}+v_z\boldsymbol{k}$ 其中，$v_x=\frac{\mathrm{d}x}{\mathrm{d}t}$，$v_y=\frac{\mathrm{d}y}{\mathrm{d}t}$，$v_z=\frac{\mathrm{d}z}{\mathrm{d}t}$， $v=\sqrt{v_x^2+v_y^2+v_z^2}$	（1）$\boldsymbol{a}=a_x\boldsymbol{i}+a_y\boldsymbol{j}+a_z\boldsymbol{k}$ 其中，$a_x=\frac{\mathrm{d}v_x}{\mathrm{d}t}=\frac{\mathrm{d}^2x}{\mathrm{d}t^2}$，$a_y=\frac{\mathrm{d}v_x}{\mathrm{d}t}=\frac{\mathrm{d}^2y}{\mathrm{d}t^2}$，$a_z=\frac{\mathrm{d}v_z}{\mathrm{d}t}=\frac{\mathrm{d}^2z}{\mathrm{d}t^2}$ （2）$a=\sqrt{a_x^2+a_y^2+a_z^2}$

3. 自然法

自然法表示动点的运动方程、速度和加速度见表 4-9。

表 4-9　　自然法表示动点的运动方程、速度和加速度

运动方程	轨迹	速　　度	加　速　度
$s=f(t)$	已知	$v=\frac{\mathrm{d}s}{\mathrm{d}t}$ 或 $\boldsymbol{v}=s'\boldsymbol{\tau}$	（1）$\boldsymbol{a}=a_\mathrm{t}\boldsymbol{\tau}+a_\mathrm{n}\boldsymbol{n}$，其中，$a_\mathrm{t}=\frac{\mathrm{d}v}{\mathrm{d}t}=\frac{\mathrm{d}^2s}{\mathrm{d}t^2}$，$a_\mathrm{n}=\frac{v^2}{\rho}$，$a=\sqrt{a_\mathrm{t}^2+a_\mathrm{n}^2}$ （2）$\tan\beta=\frac{\lvert a_\mathrm{t}\rvert}{a_\mathrm{n}}$，其中 β 为 $\boldsymbol{a}$ 与法线轴 $\boldsymbol{n}$ 正向间的夹角

若 $s'>0$，即点沿着 s+的方向运动；反之，点沿着 s–的方向运动。动点的加速度位于密切面内。当 $\boldsymbol{v}$ 与 $\boldsymbol{a}_\mathrm{t}$ 的符号相同时，点做加速运动；反之，做减速运动。

【例 4-16】（2018） 质点以常速度 15m/s 绕直径为 10m 的圆周运动，则其法向加速度为（　　）。

A. 22.5m/s^2　　B. 45m/s^2　　C. 0　　D. 75m/s^2

【解】根据法向加速度的计算公式 $a_n = \frac{v^2}{\rho} = \frac{15^2}{\frac{10}{2}} \text{m/s}^2 = 45\text{m/s}^2$。

【答案】B

【例 4-17】（2019） 汽车做匀加速运动，在 10s 内，速度由 0m/s 增加到 5m/s，则汽车在此时间内行驶距离为（　　）。

A. 25m　　B. 50m　　C. 75m　　D. 100m

【解】 $v_t = v_0 + at = 10a = 5\text{m/s}$，得 $a = 0.5\text{m/s}^2$，则

$$s = \frac{1}{2}at^2 = \frac{1}{2} \times 0.5 \times 10^2 \text{m} = 25\text{m}$$

【答案】A

【例 4-18】点沿直线运动，其速度 $v=20t+5$，已知当 $t=0$ 时，$x=5$，则点的运动方程为（　　）。

A. $x=10t^2+5t+5$　　B. $x=20t+5$

C. $x=10t^2+5t$　　D. $x=20t^2+5t+5$

【解】本题主要考查已知速度求位移。根据 $v = \frac{ds}{dt} = 20t + 5$，得到 $s = 10t^2 + 5t + c$，当 $t=0$ 时，$c=5$。

【答案】A

4.2.2 刚体的平行移动与定轴转动

1. 刚体的平动

刚体在运动过程中，刚体上任一条直线始终与它的初始位置保持平行，这种运动称为平行移动，简称平移。

刚体做平动时，其上各点的轨迹形状相同；在每一瞬时，各点的速度相同、加速度也相同。因此，研究刚体的平动，可以归结为研究刚体内任一点（如质心）的运动。

2. 刚体的定轴转动

刚体运动时，其上或其扩展部分有一条直线始终保持不动，这种运动为刚体的定轴转动。保持不动的直线称为转轴。表 4-10 列出了定轴转动刚体的运动学公式。

表 4-10　　刚体定轴转动的运动学公式

项目	表示方法	
	角坐标表示	矢量表示
转动方程	$\varphi = f(t)$	
角速度	$\omega = \frac{d\varphi}{dt}$	$\boldsymbol{\omega} = \omega \boldsymbol{k}$
角加速度	$\alpha = \frac{d\omega}{dt} = \frac{d^2\varphi}{dt^2}$	$\boldsymbol{\alpha} = \alpha \boldsymbol{k}$

工程中，常用转速 n 表示刚体转动快慢，其单位为 r/min（转/分）。转速 n 和角速度 ω 之间的关系为

$$\omega = \frac{2n\pi}{60} = \frac{n\pi}{30} \tag{4-10}$$

角速度 ω 对时间的一阶导数，称为角加速度，用 α 表示，表示角速度变化的快慢，其单位是 rad/s^2（弧度/秒 ^{2}）。若 ω 与 α 同号，刚体做加速转动；反之，则做减速转动。

3. 转动刚体上各点的速度和加速度（要熟记）

刚体做定轴转动，每一点的速度和加速度见表 4-11。

表 4-11　　定轴转动刚体上各点的速度和加速度（该表要熟记）

项目	方法	
	自然法	矢量法
速度	$\boldsymbol{v} = v\boldsymbol{\tau}$ $v = R\omega$ 沿点运动轨迹的切线方向	$\boldsymbol{v} = \boldsymbol{\omega} \times \boldsymbol{r}$
加速度	（1）$\boldsymbol{a} = a_t\boldsymbol{\tau} + a_n\boldsymbol{n}$ 其中，$a_t = R\alpha$，$a_n = R\omega^2 = \frac{v^2}{R}$ （2）$a = \sqrt{a_t^2 + a_n^2} = R\sqrt{\alpha^2 + \omega^4}$ （3）$\tan(\boldsymbol{a}, \boldsymbol{n}) = \frac{\lvert\alpha\rvert}{\omega^2}$	$\boldsymbol{a} = \boldsymbol{\alpha} \times \boldsymbol{r} + \boldsymbol{\omega} \times \boldsymbol{v}$

由表中公式知道，在每一瞬时，转动刚体内任一点的速度和加速度的大小都与转动半径 R 成正比，且各点的加速度与转动半径成相同的夹角。

【例 4-19】（2020）滑轮半径为 50mm，安装在发动机上旋转，其传动带运动的速度为 20m/s，切向加速度为 $6m/s^2$。扇叶半径 $R=75mm$，安装在滑轮轴上，如图 4-24 所示，则扇叶 B 点处的线速度和切向加速度为（　　）。

A. 30m/s，$9m/s^2$　　B. 60m/s，$9m/s^2$

C. 30m/s，$6m/s^2$　　D. 60m/s，$18m/s^2$

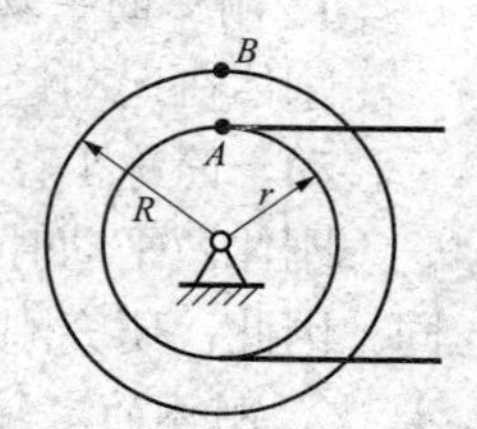

图 4-24　例 4-19 图

【解】 转动角速度：$\omega = \frac{v}{r} = \frac{20}{0.05} rad/s = 400rad/s$，转动角加速度 $\alpha = \frac{a_t}{r} = \frac{6}{0.05} rad/s^2 = 120rad/s^2$。

B 点线速度：$v = R\omega = 0.075 \times 400m/s = 30m/s$。

B 点切向加速度：$a_t = R\alpha = 0.075 \times 120m/s^2 = 9m/s^2$。

【答案】 A

【例 4-20】（2019）物体做定轴转动的运动方程为 $\varphi = 4t - 3t^2$（φ 以 rad 计，t 以 s 计），则此物体内转动半径 $r=0.5m$ 的一点。在 $t=1s$ 时的速度和切向加速度为（　　）。

A. 2m/s，$20m/s^2$　　B. −1m/s，$-3m/s^2$

C. 2m/s，$8.54m/s^2$　　D. 0m/s，$20.2m/s^2$

【解】由于 $\varphi = 4t - 3t^2$，当 $t = 1\text{s}$ 时，$\omega = \varphi' = 4 - 6t = -2\ \text{rad/s}$，$\alpha = \varphi'' = -6\ \text{rad/s}^2$，所以，$v = R\omega = -0.5 \times 2\text{m/s} = -1\ \text{m/s}$，$a_t = R\alpha = -0.5 \times 6\text{m/s}^2 = -3\ \text{m/s}^2$。

【答案】B

【例 4-21】(2017) 一绳绕在半径为 r 的鼓轮上，绳端系一重物 M，重物 M 以速度 v 和加速度 a 向下运动（图 4-25）。则绳上两点 A、D 和轮缘上两点 B、C 的加速度是（ ）。

A. A、B 两点的加速度相同，C、A 两点的加速度相同

B. A、B 两点的加速度不相同，C、D 两点的加速度不相同

C. A、B 两点的加速度相同，C、D 两点的加速度不相同

D. A、B 两点的加速度相同，C、D 两点的加速度相同

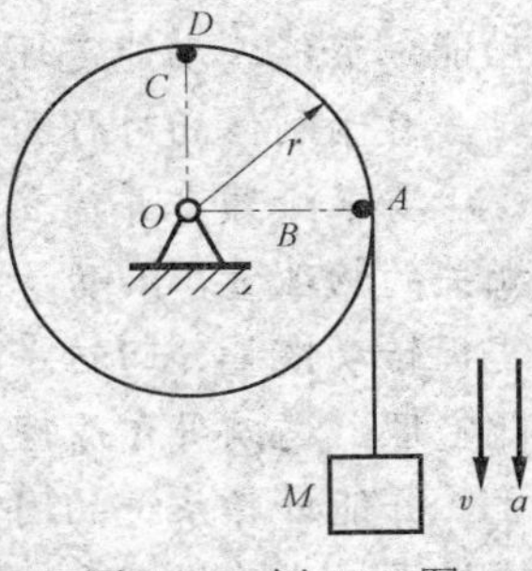

图 4-25 例 4-21 图

【解】根据刚体做定轴转动的速度和加速度来确定。

【答案】B

【例 4-22】(2021) 四连杆机构如图 4-26 所示。已知曲柄 O_1A 长为 r，AM 长为 l，角速度为 ω，角加速度为 α，则固连在 AB 杆上的物块 M 的速度和法向加速度的大小为（ ）。

A. $v_M = l\omega$，$a_{Mn} = l\omega^2$

B. $v_M = l\omega$，$a_{Mn} = r\omega^2$

C. $v_M = r\omega$，$a_{Mn} = r\omega^2$

D. $v_M = r\omega$，$a_{Mn} = l\omega^2$

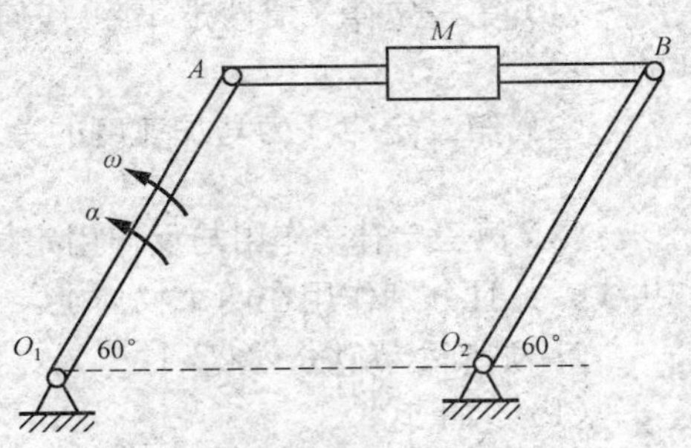

图 4-26 例 4-22 图

【解】由于 O_1A 和 O_2B 做定轴转动，M 点和 AB 杆一起做平动，因此 M 点的速度和加速度与 A 点的一样。

【答案】C

【例 4-23】(2013) 二摩擦轮如图 4-27 所示，则两轮的角速度与半径关系的表达式为（ ）。

A. $\dfrac{\omega_1}{\omega_2} = \dfrac{R_1}{R_2}$ B. $\dfrac{\omega_1}{\omega_2} = \dfrac{R_2}{R_1^2}$

C. $\dfrac{\omega_1}{\omega_2} = \dfrac{R_1}{R_2^2}$ D. $\dfrac{\omega_1}{\omega_2} = \dfrac{R_2}{R_1}$

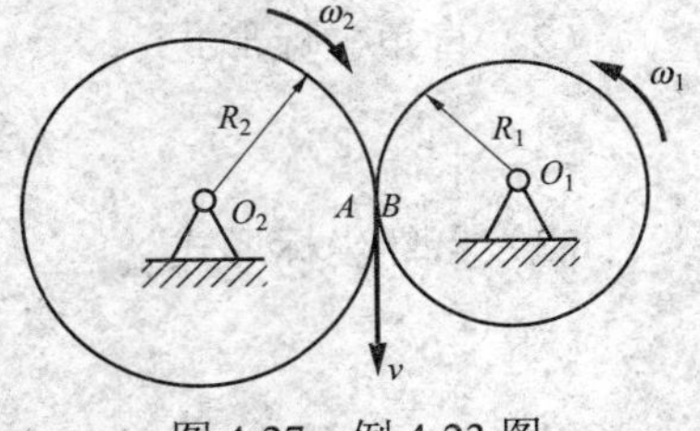

图 4-27 例 4-23 图

【解】本题主要考查两个齿轮啮合时，啮合点速度之间的关系。

两齿轮之间无相对滑动，所以啮合点处满足速度相等 $v_A = v_B$，$\omega_1 R_1 = \omega_2 R_2$，所以 $\dfrac{\omega_1}{\omega_2} = \dfrac{R_2}{R_1}$。

【答案】D

4.3 动力学

考试大纲

牛顿定律；质点的直线振动；自由振动微分方程；固有频率；周期；振幅；衰减振动；

阻尼对自由振动振幅的影响——振幅衰减曲线；受迫振动；受迫振动频率；幅频特性；共振；动力学普遍定理；动量；质心；动量定理及质心运动定理；动量及质心运动守恒；动量矩；动量矩定理；动量矩守恒；刚体定轴转动微分方程；转动惯量；回转半径；平行轴定理；功；动能；势能；动能定理及机械能守恒；达朗贝原理；惯性力；刚体做平动和绕定轴转动（转轴垂直于刚体的对称面）时惯性力系的简化；动静法。

要求：熟悉并建立动力学基本定律、质点运动微分方程及其两类问题。能熟练计算运动相关的物理量，如动量、动量矩、动能和与力相关的物理量，如力的冲量、力矩、力的功等。掌握转动惯量、回转半径、转动惯量平行移轴定理等。熟练应用动量定理、动量矩定理、动能定理、达朗贝尔原理求解较简单的动力学问题。掌握单自由度系统自由振动微分方程的建立，并能计算系统的固有频率、周期、振幅等物理量。了解阻尼对自由振动的影响。掌握受线性干扰力作用下系统的受迫振动规律，尤其要理解幅频特性曲线中阻尼、频率比对其振幅的影响以及共振与临界转速的物理概念。

4.3.1 动力学基本定律和质点运动微分方程

1. 动力学基本定律

（1）第一定律（惯性定律）：任何物体，如不受外力作用，将保持静止或做匀速直线运动的状态。

（2）第二定律（力与加速度的关系定律）：其数学表达式可表示为

$$\boldsymbol{F}=m\boldsymbol{a} \tag{4-11}$$

（3）第三定律（作用与反作用定律）：两物体之间的相互作用力同时存在，且等值、反向、共线、并且分别作用在两个物体上。

2. 质点运动微分方程

（1）矢量式

$$m\frac{\mathrm{d}\boldsymbol{v}}{\mathrm{d}t}=\boldsymbol{F}\text{ 或 }m\frac{\mathrm{d}^2\boldsymbol{r}}{\mathrm{d}t}=\boldsymbol{F} \tag{4-12}$$

（2）直角坐标形式

$$m\frac{\mathrm{d}^2x}{\mathrm{d}t}=F_x;\quad m\frac{\mathrm{d}^2y}{\mathrm{d}t}=F_y;\quad m\frac{\mathrm{d}^2z}{\mathrm{d}t}=F_z \tag{4-13}$$

（3）自然坐标形式

$$m\frac{\mathrm{d}^2s}{\mathrm{d}t}=F_\tau;\quad m\frac{v^2}{\rho}=F_\mathrm{n};\quad F_\mathrm{b}=0 \tag{4-14}$$

【例 4-24】（2017） 汽车重 2800W，并以匀速 10m/s 的行驶速度，撞入刚性洼地，此路的曲率半径是 5m，取 $g=10\mathrm{m/s^2}$，则在此处地面给汽车约束力大小为（　　）。

A. 5600N　　B. 2800N　　C. 3360N　　D. 8400N

【解】本题主要考查质点的动力学方程的求法。根据牛顿第二定律 $F_N-mg=ma$，从而得出 $F_\mathrm{N}=ma+mg=m\left(\frac{100}{5}+10\right)=8400\mathrm{N}$。

【答案】D

4.3.2 动量定理

1. 基本概念

（1）质心。质心是表征质点系质量分布的一种特征。

定义：$\boldsymbol{r}_{\mathrm{C}}=\dfrac{\sum m_i\boldsymbol{r}_i}{\sum m_i}$。式中，$m_i$、$\boldsymbol{r}_i$ 分别为每个质点的质量和矢径。质心的速度 $\boldsymbol{v}_{\mathrm{C}}=\dfrac{\sum m_i\boldsymbol{v}_i}{\sum m_i}$。

（2）动量。

1）质点的动量 $\boldsymbol{p}=m\boldsymbol{v}$，是矢量。

2）质点系的动量 $\boldsymbol{p}=\sum\limits_{i=1}^{n}m_i\boldsymbol{v}_i=M\boldsymbol{v}_{\mathrm{C}}$，称为动量主矢。

3）刚体系统的动量 $\boldsymbol{p}=\sum\limits_{i=1}^{n}M_i\boldsymbol{v}_{\mathrm{C}i}$，为每个刚体动量的矢量和。

（3）冲量是衡量力在某段时间内积累的作用。

常力冲量 $\boldsymbol{I}=\boldsymbol{F}t$。变力冲量 $\boldsymbol{I}=\int_0^t\boldsymbol{F}\mathrm{d}t$。冲量的量纲是 N•s。

2. 动量定理和质心运动定理（表 4-12）

表 4-12　　动量定理和质心运动定理

定理	表达式		守恒情况	说明
动量定理	质点	$\dfrac{\mathrm{d}}{\mathrm{d}t}(m\boldsymbol{v})=\boldsymbol{F}$		动量定理建立了动量与外力主矢之间的关系，涉及力、速度和时间的动力学问题
	质系	$\dfrac{\mathrm{d}\boldsymbol{p}}{\mathrm{d}t}=\sum\boldsymbol{F}^{(\mathrm{e})}$	若 $\sum\boldsymbol{F}^{(\mathrm{e})}=0$；则 $\boldsymbol{p}$=恒矢量 若 $\sum F_x^{(\mathrm{e})}=0$；则 p_x=恒量	
动量定理	质心运动定理	$m\boldsymbol{a}_{\mathrm{C}}=\sum\boldsymbol{F}^{(\mathrm{e})}$ 质点系的质量与质心速度的乘积等于作用于质点系外力的矢量和	若 $\sum\boldsymbol{F}^{(\mathrm{e})}=0$　则 v_{C}=恒量；当 $v_{\mathrm{C}0}=0$ 时，$\boldsymbol{r}_{\mathrm{C}}$=恒量，即质心位置不变 若 $\sum F_x^{(\mathrm{e})}=0$，则 $v_{\mathrm{C}x}$=恒量；当 $v_{\mathrm{C}x0}=0$ 时，x_{C}=恒量，即质心 x 坐标不变	主要阐明了刚体做平动或质系随质心平动部分的运动规律。常用于研究平动部分、质心的运动及约束力的求解

【例 4-25】（2021）图 4-28 所示均质细杆 OA 的质量为 m，长为 l，绕定轴 O_z 以匀角速度 ω 转动，设杆与 O_z 轴夹角为 α，则当杆运动到 Oyz 平面内的瞬时，细杆 OA 的动量大小为（　　）。

A. $\dfrac{1}{2}ml\omega$　　　　B. $\dfrac{1}{2}ml\omega\sin\alpha$

C. $ml\omega\sin\alpha$　　　　D. $\dfrac{1}{2}ml\omega\cos\alpha$

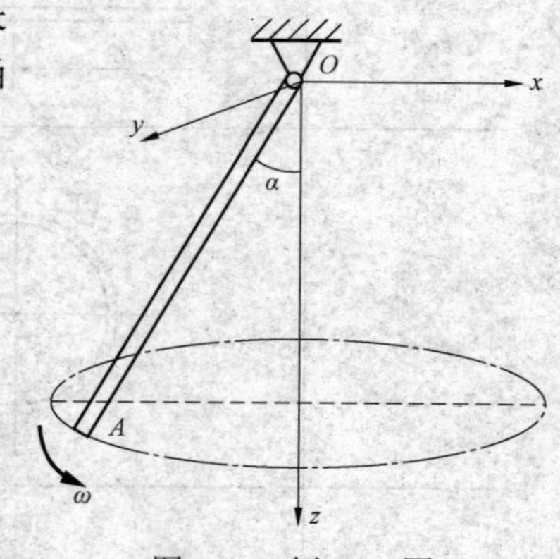

图 4-28　例 4-25 图

【解】根据动量的计算公式

$$P=mv_{\mathrm{C}}=m\frac{l}{2}\sin a\omega=\frac{1}{2}ml\omega\sin\alpha$$

【答案】B

4.3.3　动量矩定理

1. 基本概念

（1）质点对固定点 O 的动量矩 $\boldsymbol{M}_{\mathrm{O}}=\boldsymbol{r}\times m\boldsymbol{v}$，$\boldsymbol{M}_{\mathrm{O}}$ 为矢量，方向由右手法则确定，单位为 kg•m²/s。

（2）质点系对固定点 O 的动量矩

$$L_O = \sum_{i=1}^{n} r_i \times m_i v_i \tag{4-15}$$

（3）对点“O”的动量矩与对坐标轴的动量矩之间的关系为

$$[L_O]_x = L_x，[L_O]_y = L_y，[L_O]_z = L_z \tag{4-16}$$

$$L_O = L_x i + L_y j + L_z k \tag{4-17}$$

（4）刚体的动量矩（表 4-13）。

表 4-13　　刚体的动量矩（该表要熟记）

运动形式	概念	表达形式
平动刚体	刚体的动量对于任选固定点 O 之矩	$L_O = M_O(mv_C) = r_C \times mv_C$
转动刚体	刚体的转动惯量与角速度的乘积	$L_z = J_z\omega$
平面运动	随质心平动的动量矩与绕质心转动的动量矩之矢量和	$L_O = r_C \times mv_C + J_C\omega$

2. 转动惯量

（1）定义：质点系对转轴的转动惯量 J_z 等于各质点的质量与质点到转轴距离的二次方乘积之和，即 $J_z = \sum m_i r_i^2$ 或者为刚体的质量与回转半径二次方的乘积，即 $J_z = m\rho_z^2$。

（2）简单形体转动惯量的计算（表 4-14）。

表 4-14　　简单形体转动惯量（该表要熟记）

物体形状	简图	转动惯量	回转半径
细直杆	z　z_C　$l/2$　$l/2$	$J_{zC} = \frac{1}{12}ml^2$ $J_z = \frac{1}{3}ml^2$	$\rho_{zC} = \frac{1}{\sqrt{12}}l$
细圆环	y　x　O　r	$J_x = J_y = \frac{1}{2}mr^2$ $J_z = J_O = mr^2$	$\rho_x = \rho_y = \frac{1}{\sqrt{2}}r$ $\rho_z = r$
薄圆盘	y　x　O　r	$J_x = J_y = \frac{1}{4}mr^2$ $J_z = J_O = \frac{1}{2}mr^2$	$\rho_x = \rho_y = \frac{1}{2}r$ $\rho_z = \frac{1}{\sqrt{2}}r$

（3）转动惯量的平行移轴公式。当转轴不同时，刚体对不同轴的转动惯量是不同的，满足以下的关系式

$$J_z = J_{zC} + md^2 \tag{4-18}$$

3. 动量矩定理（表 4-15）

表 4-15　　动量矩定理的表达形式

定理		表达式	守恒情况	说明
动量矩定理	质点	$\frac{d}{dt}\boldsymbol{M}_O(m\boldsymbol{v}) = \boldsymbol{M}_O(\boldsymbol{F})$ $\frac{d}{dt}M_z(mv) = M_z(F)$	若 $\boldsymbol{M}_O(\boldsymbol{F})=0$，则 $\boldsymbol{M}_O(m\boldsymbol{v})$ = 恒量 若 $M_z(F)=0$，则 $M_z(mv)$ = 恒量	主要阐明了刚体做定轴转动或质系绕质心转动部分的运动与受力之间的规律。常用于研究定轴转动及绕质心的转动部分的运动
	质点系	$\frac{d\boldsymbol{L}_O}{dt} = \boldsymbol{M}_O^{(e)} = \sum \boldsymbol{M}_O(\boldsymbol{F}^{(e)})$ $\frac{dL_z}{dt} = M_z^{(e)} = \sum M_z(\boldsymbol{F}^{(e)})$ 注：矩心 O 可以是任意固定点，亦可是质心，也可以是瞬心；矩轴 z 可以是任意轴也可以是通过质心、瞬心的轴	若 $\sum \boldsymbol{M}_O(\boldsymbol{F}^{(e)})=0$，则 $\boldsymbol{L}_O$ = 恒量 若 $\sum M_z(\boldsymbol{F}^{(e)})=0$，则 L_z = 恒量	
	定轴转动刚体	$J_z\alpha = \sum M_z(\boldsymbol{F}^{(e)})$	若 $\sum M_z(\boldsymbol{F}^{(e)})=0$，则 $\alpha=0$；ω = 恒量，刚体绕 z 轴做匀角速度转动。 若 $\sum M_z(\boldsymbol{F}^{(e)})$ = 恒量，则 α = 恒量，刚体绕 z 轴做匀变速度转动	
	平面运动刚体	$m\boldsymbol{a}_C = \sum \boldsymbol{F}^{(e)}$ $J_C\alpha = \sum M_C(\boldsymbol{F}^{(e)})$		

【例 4-26】（2008）　匀质杆 AB 长为 l，质量为 m，质心为 C。点 D 距点 A 为 $\frac{l}{4}$，如图 4-29 所示，则杆对通过点 D 且垂直于 AB 的轴 z 转动惯量为（　　）。

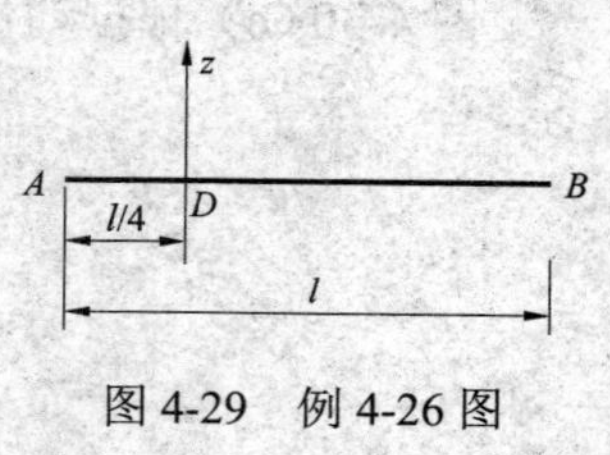

图 4-29　例 4-26 图

A. $J_z = \frac{1}{12}ml^2 + m\left(\frac{l}{4}\right)^2$　　B. $J_z = \frac{1}{3}ml^2 + m\left(\frac{l}{4}\right)^2$

C. $J_z = \frac{1}{3}ml^2 + m\left(\frac{3l}{4}\right)^2$　　D. $J_z = m\left(\frac{l}{4}\right)^2$

【解】本题主要考查转动惯量的平行移轴公式。概念题，熟记转动惯量的平行移轴公式，$J_z = J_{zC} + md^2 = \frac{1}{12}ml^2 + m\left(\frac{l}{4}\right)^2$。

【答案】A

【例 4-27】（2018）　质量 m_1 与半径 r 均相同的三个均质滑轮，在绳端作用有力或挂有重物，如图 4-30 所示。已知均质滑轮的质量为 $m_1 = 2\text{kN}\cdot\text{s}^2/\text{m}$，重物的质量分别为 $m_2 = 2\text{kN}\cdot\text{s}^2/\text{m}$，$m_3 = 1\text{kN}\cdot\text{s}^2/\text{m}$，重力加速度按 $g = 10\text{m/s}^2$，则各轮转动的角加速度 α 间的关系是（　　）。

A. $\alpha_1 = \alpha_3 > \alpha_2$　　B. $\alpha_1 < \alpha_2 < \alpha_3$

C. $\alpha_1 > \alpha_3 > \alpha_2$　　D. $\alpha_1 \neq \alpha_2 \neq \alpha_3$

【解】根据动量矩定理和刚体做定轴转动的微分方程进求解。

图 4-30（a）根据刚体做定轴转动的微分方程得到

$$J_O\alpha_1 = 1 \cdot r,\ \alpha_1 = \frac{1}{\frac{1}{2}m_1 r}$$

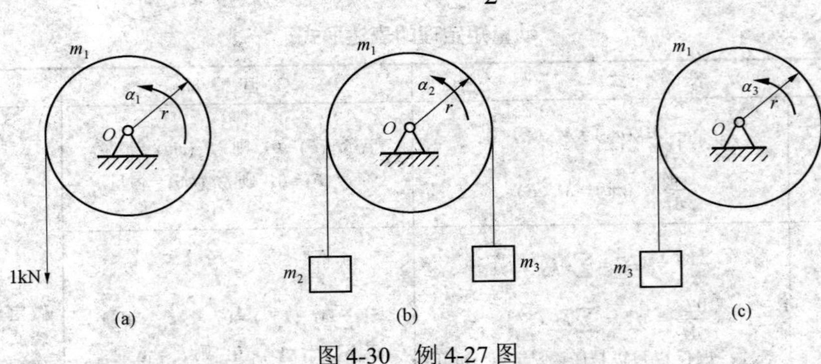

图 4-30　例 4-27 图

图 4-30（b）根据动量矩定理

$$L_O = J_O\omega_2 + m_2\omega_2 r^2 + m_3\omega_2 r^2,\quad \frac{\mathrm{d}L_O}{\mathrm{d}t} = J_O\alpha_2 + m_2 r^2\alpha_2 + m_3 r^2\alpha_2 = (m_2 g - m_3 g)r$$

$$\alpha_2 = \frac{10}{\frac{1}{2}m_1 r + m_2 r + m_3 r}$$

图 4-30（c）根据动量矩定理

$$L_O = J_O\omega_3 + m_3\omega_3 r^2,\quad \frac{\mathrm{d}L_O}{\mathrm{d}t} = J_O\alpha_3 + m_3 r^2\alpha_3 = m_3 g r$$

$$\alpha_3 = \frac{10}{\frac{1}{2}m_1 r + m_3 r}$$

【答案】B

【例 4-28】（2016）　图 4-31 所示圆环以角速度 ω 绕铅直轴 AC 自由转动。圆环的半径为 R，对转轴的转动惯量为 I，在圆环中的 A 点放一质量为 m 的小球，设由于微小的干扰，小球离开 A 点，忽略一切摩擦，则当小球到达 B 点时，圆环的角速度是（　　）。

A. $\frac{mR^2\omega}{I+mR^2}$　　B. $\frac{I\omega}{I+mR^2}$

C. ω　　D. $\frac{2I\omega}{I+mR^2}$

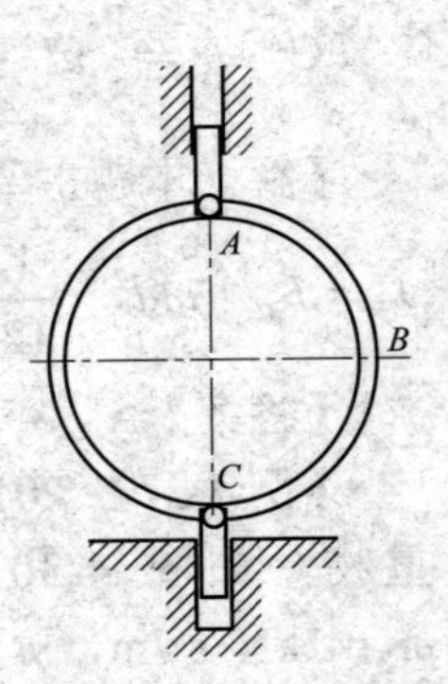

图 4-31　例 4-28 图

【解】本题主要考查定轴转动刚体动量矩守恒定理的计算。

根据动量矩守恒定律，初始时刻小球的速度为零，圆环角速度为 ω，设小球在 B 处的速度为 v_B，圆环的角速度为 ω_B。

$$L_{zA} = J\omega$$

$$\begin{aligned} L_{zB} &= J\omega_B + m_z(mv_B) \\ &= J\omega_B + m_z(mv_e) + m_z(mv_r) \\ &= J\omega_B + mR^2\omega_B \end{aligned}$$

所以 $L_{zA} = L_{zB}$，可以得出角速度。

【答案】B

4.3.4 动能定理

1. 功

力所做的功是在某段路程内所累积的效应，单位是 N•m 或 J，是代数量，见表 4-16。

表 4-16　　力做的功

物理量	概念	表达式	量纲
常力的功	力在某段路程内所累积的效应	$W = F\cos\theta \cdot s$	ML^2T^{-2} J 或 N•m 或 kg•m²/s²
变力的功	力在其作用点的运动路程中对物体作用的累积效应。功是能量变化的度量	$W_{12} = \int_{M_1}^{M_2} \boldsymbol{F} \cdot \mathrm{d}\boldsymbol{r}$ $= \int_{M_1}^{M_2} (F_x \mathrm{d}x + F_y \mathrm{d}y + F_z \mathrm{d}z)$	
常见力的功	（1）重力的功。只与质点起、止位置有关而与质点运动轨迹的形状无关	$W_{12} = mg(z_1 - z_2)$	ML^2T^{-2} J 或 N•m 或 kg•m²/s²
	（2）弹性力的功。只与质点起、止位置的变形量有关，而与质点运动轨迹的形状无关	$W_{12} = \frac{k}{2}(\delta_1^2 - \delta_2^2)$	
	（3）定轴转动刚体上作用力的功。若 $m_z(\boldsymbol{F})$ = 常量（如力偶），则力偶的功等于力偶乘以刚体转过的角度	$W_{12} = \int_{\varphi_1}^{\varphi_2} m_z(\boldsymbol{F})\mathrm{d}\varphi$ $W_{12} = m_z(\boldsymbol{F})(\varphi_2 - \varphi_1)$	
	（4）平面运动刚体上作用力的功。即力系的功等于力系向质心简化所得的力的功和力偶做功之和	$W_{12} = \int_{C_1}^{C_2} F_R' \cdot \mathrm{d}r_C + \int_{\varphi_1}^{\varphi_2} M_C \cdot \mathrm{d}\varphi$	
	（5）质点系内力的功。主要分两种情况： ① 一般质点系，内力所做功的和并不为零。 ② 刚体所有内力做功之和为零，即 $\sum W_i = 0$		
常见力的功	（6）摩擦力的功	（1）动滑动摩擦力的功为 $W = -f_d F_N S \neq 0$ （2）物体沿固定面做纯滚动时，滑动摩擦力的功为 $W_{摩} = 0$	ML^2T^{-2} $[M][L]^2[T]^{-2}$ J 或 N•m 或 kg•m²/s²
	（7）理想约束力的功	$W=0$	

2. 动能

动能是物体机械运动的另一种量度，恒为正值，与功的单位相同，其表达形式见表 4-17。

表 4-17 **动能的表达形式**（该表要熟记）

对象	概念	表达式	量纲
平动刚体	刚体的质量与质心速度的二次方之半	$T=\frac{1}{2}mv_C^2$	
转动刚体	刚体对转轴的转动惯量与角速度的平方之半	$T=\frac{1}{2}J_z\omega^2$	
平面运动刚体	随质心平动的动能与绕质心转动的动能之和	$T=\frac{1}{2}mv_C^2+\frac{1}{2}J_C\omega^2$ 式中，J_C 为刚体对于通过质心且垂直于运动平面的轴的转动惯量	

3. 动能定理

对于具有理想约束的刚体系统，在应用动能定理解题时，只需要分析主动力的功，即在某一段时间内，刚体系统动能的改变量等于作用在刚体系统上所有主动力做功之和。动能定理的表达形式见表 4-18。

表 4-18 **动能定理**

	分类	微分形式	积分形式	机械能守恒	
动能定理	质点	$d\left(\frac{1}{2}mv^2\right)=\delta W$	$\frac{1}{2}mv_2^2-\frac{1}{2}mv_1^2=W_{12}$	若质点或质系只在有势力作用下运动，则有 机械能 $E=T+V=$常数	动能定理常用于解与物体有关的运动量（v、$\boldsymbol{a}$、ω、α）
	质系	$dT=\sum\delta W_i$	$T_2-T_1=\sum W_{12i}$		

【例 4-29】（2020） 质量为 5kg 的物体受力拉动，沿与水平面 30° 夹角的光滑斜平面向上移动 6m，其拉动物体的力为 70N，且与斜面平行，如图 4-32 所示。则所有力做功之和是（　　）。

A. 420N·m　　B. −147N·m　　C. 273N·m　　D. 567N·m

【解】 力 F 做功：$W(F)=6\times70\text{N}\cdot\text{m}=420\text{N}\cdot\text{m}$。

重力 mg 在斜面方向分力做功：$W(mg\sin30^\circ)=-6\times5\times9.8\times0.5\text{N}\cdot\text{m}=-147\text{N}\cdot\text{m}$。

故总功：$W=420\text{N}\cdot\text{m}-147\text{N}\cdot\text{m}=273\text{N}\cdot\text{m}$。

【答案】 C

【例 4-30】（2017） 图 4-33 所示均质圆轮，质量为 m，半径 R 由挂在绳上的重为 W 的物块使其绕 O 运动。设重物速度为 v，不计绳重，则系统动量、动能大小是（　　）。

A. $\frac{W}{g}v$；$\frac{1}{2}\cdot\frac{v^2}{g}\left(\frac{1}{2}mg+W\right)$　　B. mv；$\frac{1}{2}\cdot\frac{R^2v^2}{g}\left(\frac{1}{2}mg+W\right)$

C. $\frac{W}{g}v$；$\frac{1}{2}\cdot\frac{R^2v^2}{g}\left(\frac{1}{2}mg-W\right)$　　D. $\frac{W}{g}v-mv$；$\frac{W}{g}v+mv$

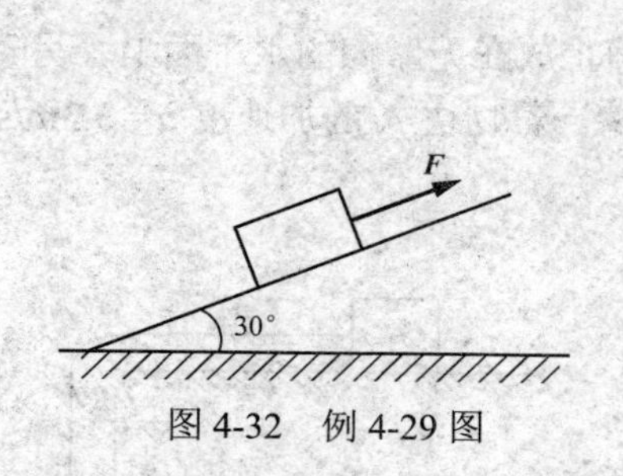

图 4-32　例 4-29 图

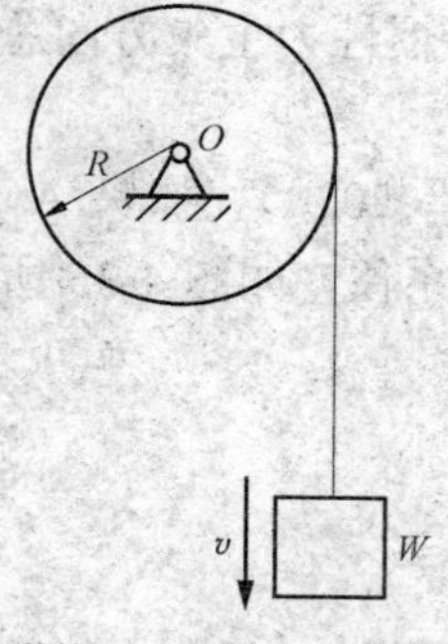

图 4-33　例 4-30 图

【解】本题主要考查平动刚体和定轴转动刚体动能以及动量的求法。

（1）根据动量的定义，由于圆轮在做定轴转动，其轮心速度为零，因此动量为零，因此只有重物的动量。

（2）$T=T_{物块}+T_{圆盘}=\left[\dfrac{1}{2}\cdot\dfrac{W}{g}v^2+\dfrac{1}{2}\cdot\dfrac{1}{2}mR^2\left(\dfrac{v}{R}\right)^2\right]=\dfrac{1}{2}\cdot\dfrac{v^2}{g}\left(\dfrac{1}{2}mg+W\right)$

【答案】A

4.3.5　达朗贝尔原理

1. 惯性力

惯性力是物体运动状态发生改变时，因其惯性引起运动物体对施力物体的动态反作用力大小为 ma，方向与 a 相反，作用点在施力物体上。用 $\boldsymbol{F}_{\mathrm{I}}$ 表示，即

$$\boldsymbol{F}_{\mathrm{I}}=-m\boldsymbol{a}\tag{4-19}$$

2. 刚体惯性力系的简化

按照刚体不同的运动形式（平动、定轴转动、平面运动），其简化结果见表 4-19。

表 4-19　刚体惯性力系的简化（该表必须要熟记）

刚体运动形式	惯性力系的简化结果	简化中心	
平动刚体	$\boldsymbol{F}_{\mathrm{I}}=-m\boldsymbol{a}_{\mathrm{C}}$ $M_{\mathrm{IC}}=0$	惯性力合力的作用点在质心。适用于任意形状的刚体	
定轴转动刚体	$\boldsymbol{F}_{\mathrm{I}}=-m\boldsymbol{a}_{\mathrm{C}}$ $M_{\mathrm{IO}}=-J_{\mathrm{O}}\alpha$	惯性力的作用点在转动轴 O 处	只适用于转动轴垂直于质量对称平面的刚体
	$\boldsymbol{F}_{\mathrm{I}}=-m\boldsymbol{a}_{\mathrm{C}}$ $M_{\mathrm{IC}}=-J_{\mathrm{C}}\alpha$	惯性力的作用点在质心 C 处	
平面运动刚体	$\boldsymbol{F}_{\mathrm{I}}=-m\boldsymbol{a}_{\mathrm{C}}$ $M_{\mathrm{IC}}=-J_{\mathrm{C}}\alpha$	惯性力的作用点在质心 C 处。适用于有对称平面的刚体	

【例 4-31】（2019）　质量为 m 的物块 A，置于水平成 θ 角的截面 B 上，如图 4-34 所示。A 与 B 间的摩擦系数为 f，当保持 A 与 B 一起以加速度 a 水平向右运动时，物块 A 的惯性力是（　　）。

A. ma（←）　　B. ma（→）　　C. ma（↗）　　D. ma（↙）

【解】由于惯性力主矢方向总是于加速度方向相反。

【答案】A

【例 4-32】（2020） 物块 A 质量为 8kg，静止放在无摩擦的水平面上。另一质量为 4kg 的物块 B 被绳系住，如图 4-35 所示，滑轮无摩擦。若物块 A 的加速度 $a=3.3\text{m/s}^2$，则物块 B 的惯性力是（　　）。

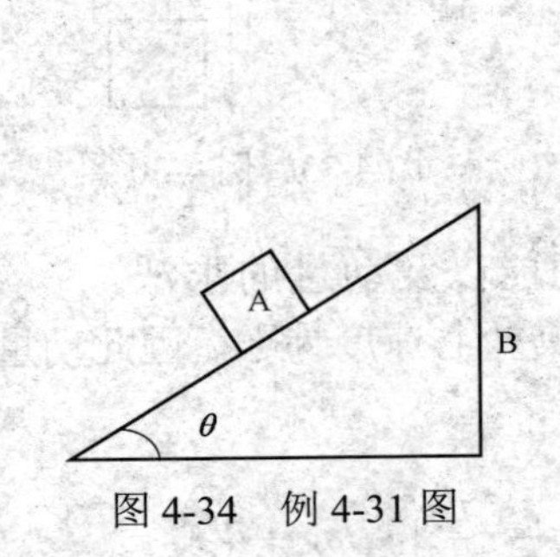

图 4-34　例 4-31 图

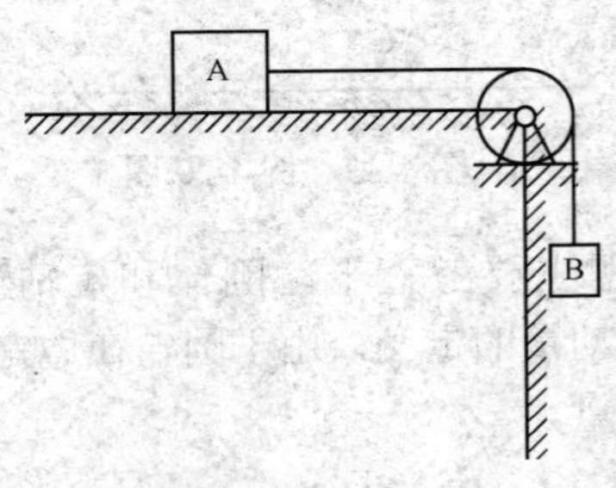

图 4-35　例 4-32 图

A. 13.2N（↑）　　B. 13.2N（↓）　　C. 26.4N（↑）　　D. 26.4N（↓）

【解】$F_R=-ma=-4\times3.3\text{N}=-13.2\text{N}$（惯性力方向与加速度方向相反，故向上）。

【答案】A

4.3.6 单自由度系统的振动

1. 自由振动

仅受恢复力（或恢复力矩）作用而产生的振动，称为自由振动。

（1）振动特性。图 4-36 所示为一悬挂质量弹簧系统，物体（可视为质点）重 $W=mg$，弹簧原长为 l_0，其刚性系数为 k，静变形为 δ_{st}。现取系统静平衡位置为坐标原点 O，平衡时重力和弹性力相等，建立坐标轴 x，以 x 为独立参数的振体自由振动的运动微分方程、振动方程、特性参数等见表 4-20。

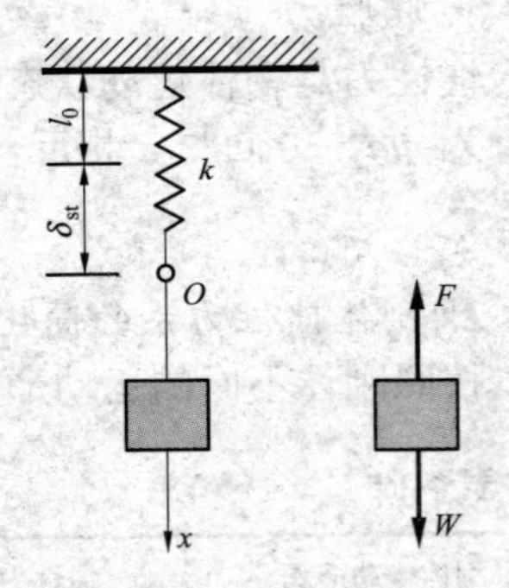

图 4-36　悬挂质量弹簧系统

表 4-20　　　　振 动 特 性

项目	类别	
	自 由 振 动	衰 减 振 动
运动微分方程	$x''+\omega_n^2x=0$	$x^2+2nx+\omega_n^2x=0$
振动方程	$x=A\sin(\omega_nt+\theta)$	$x=Ae^{-nt}\sin\left(\sqrt{\omega_n^2-n^2t}+\theta\right)$
振幅	$A=\sqrt{x_0{}^2+\dfrac{v_0^2}{\omega_n^2}}$	$A=\sqrt{x_0^2+\dfrac{(nx_0+v_0)^2}{\omega_n^2-n^2}}$
初位相	$\theta=\arctan\dfrac{\omega_nx_0}{v_0}$	$\theta=\arctan\dfrac{x_0\sqrt{\omega_n^2-n^2}}{nx_0+v_0}$

续表

项目	类别	
	自 由 振 动	衰 减 振 动
周期	$T=\frac{2\pi}{\omega_n}$	$T_1=\frac{2\pi}{\sqrt{\omega_n^2-n^2}}=\frac{T}{\sqrt{1-\gamma^2}}=T$
频率	$f=\frac{1}{T}$	$f_1=\frac{1}{T_1}$
圆频率	$\omega_0=2\pi f$	$\omega_d=\sqrt{\omega_n^2-n^2}$

（2）振动系统固有频率的计算。

1）直接法。质量–弹簧系统，设已知质量 m 和弹簧刚性系数 k，直接代入公式 $\omega_n=\sqrt{\frac{k}{m}}$ 即可。

2）平衡法。质量–弹簧系统，在平衡时 $k\delta_{st}=W=mg$，即 $k=\frac{W}{\delta_{st}}=\frac{mg}{\delta_{st}}$，所以

$$\omega_n=\sqrt{\frac{k}{m}}=\sqrt{\frac{g}{\delta_{st}}} \tag{4-20}$$

3）能量法为

$$T+V=C \text{ 或 } T_{max}=V_{max} \tag{4-21}$$

（3）串联或并联弹簧的等效弹簧刚度

并联：
$$k=k_1+k_2+\cdots+k_n=\sum_{i=1}^{n}k_i$$

并联系统的固有圆频率：
$$\omega_n=\sqrt{\frac{k_1+k_2}{m}} \tag{4-22}$$

串联：
$$\frac{1}{k}=\frac{1}{k_1}+\frac{1}{k_2}+\cdots+\frac{1}{k_n}=\sum_{i=1}^{n}\frac{1}{k_i}$$

串联系统的固有圆频率：
$$\omega_n=\sqrt{\frac{k_1k_2}{m(k_1+k_2)}} \tag{4-23}$$

2. 衰减振动

除受恢复力（或恢复力矩外），尚受到阻尼作用而产生的振动，称为衰减振动，也称为有阻尼的自由振动。

如图 4-37 所示的振动系统，在任一瞬时的物体受有重力 $\boldsymbol{W}$、弹性力 $\boldsymbol{F}$ 和线性阻尼力 $\boldsymbol{F}_C=-cv$。现取静平衡位置 O 为坐标原点，建立坐标轴 x，则可得到有阻尼自由振动的运动微分方程

$$x^2+2nx+\omega_n^2x=0 \tag{4-24}$$

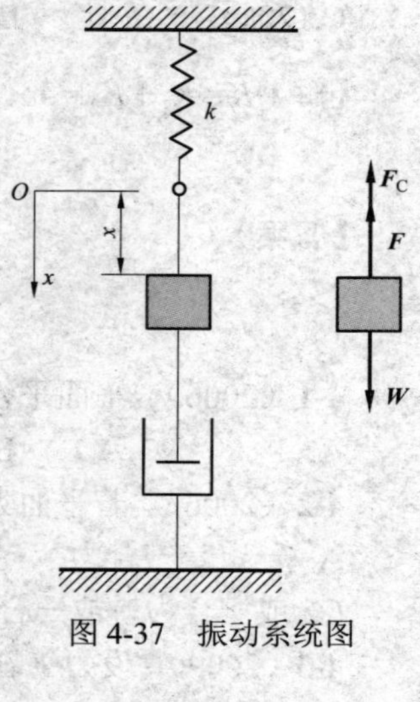

图 4-37　振动系统图

3. 强迫振动

由干扰力引起的振动，称为强迫振动。若干扰力随时间而简谐变化，则称为简谐力，表

示为 $F=H\sin\omega t$，强迫振动的主要内容列于表 4-21 中。

表 4-21　　强迫振动的振动特性

项目		$n=0$	$n<\omega_n$
运动微分方程		$x''+\omega_n x=h\sin\omega t$	$x^2+2nx+\omega_n^2 x=h\sin\omega t$
振动方程		（a）$\omega\neq\omega_n$ $x=x_1+x_2$ $=A\sin(\omega_n t+\theta)+\dfrac{h}{\omega_n^2-\omega^2}\sin(\omega t+\varphi)$ （自由振动）　（强迫振动） （b）$\omega=\omega_n$ $x_2=-\dfrac{h}{2\omega_n}t\sin(\omega_n t+\varphi)$（共振方程）	$x=x_1+x_2$ $=Ae^{-nt}\sin(\sqrt{\omega_n^2-n^2}t+\theta)+B\sin(\omega t-\varepsilon)$ （衰减振动）　（强迫振动）
强迫振动	振幅	$B=\dfrac{h}{\omega_n^2-\omega^2}$	$B=\dfrac{h}{\sqrt{(\omega_n^2-\omega^2)^2+4n^2\omega^2}}$
	频率	ω	ω
	位相差	$\dfrac{\omega}{\omega_n}$：<1，=1，>1 ε：0，$\dfrac{\pi}{2}$，π	$\varepsilon=\arctan\dfrac{2n\omega}{\omega_n^2-\omega^2}$
放大系数		$\lambda=\left\lvert\dfrac{1}{1-z^2}\right\rvert$	$\lambda_n=\dfrac{1}{\sqrt{(1-z^2)+4\gamma^2z^2}}$

【例 4-33】（2020）　如图 4-38 所示，$k_1=2\times10^5$N/m，$k_2=1\times10^5$N/m。激振力 $F=200\sin50t$，当系统发生共振时，质量 m 是（　　）。

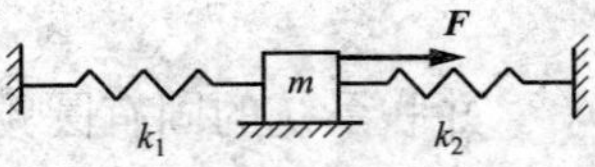

A. 80kg　　B. 40kg

C.120kg　　D. 100kg

图 4-38　例 4-33 图

【解】 $K=K_1+K_2=3\times10^5$N/m，$\lambda=\dfrac{\omega}{\omega_0}=\dfrac{50}{\sqrt{\dfrac{K}{m}}}=\dfrac{50}{\sqrt{\dfrac{3\times10^5}{m}}}=1$，得 $m=120$kg。

【答案】 C

理论力学复习题

4-1（2006）　平面平行力系平衡时，应有独立的平衡方程个数为（　　）个。

A. 1　　B. 2　　C. 3　　D. 4

4-2（2006）　若平面力系不平衡，则其最后简化结果（　　）。

A. 一定是一合力　　B. 一定是一合力偶

C. 或一合力，或一合力偶　　D. 一定是一合力和一合力偶

4-3（2009）　设力 $\boldsymbol{F}$ 在 x 轴上的投影为 F，则该力在与 x 轴共面的任一轴上的投影（　　）。

A. 一定不等于零　　B. 不一定等于零

C. 一定等于零　　　　　　　　　　　　D. 等于 F

4-4（2010）　将大小为 100N 的力 $\boldsymbol{F}$ 沿 x、y 方向分解，若 $\boldsymbol{F}$ 在 x 轴上的投影为 50N，而沿 x 方向的分力的大小为 200N，如图 4-39 所示，则 $\boldsymbol{F}$ 在 y 轴上的投影（　　）。

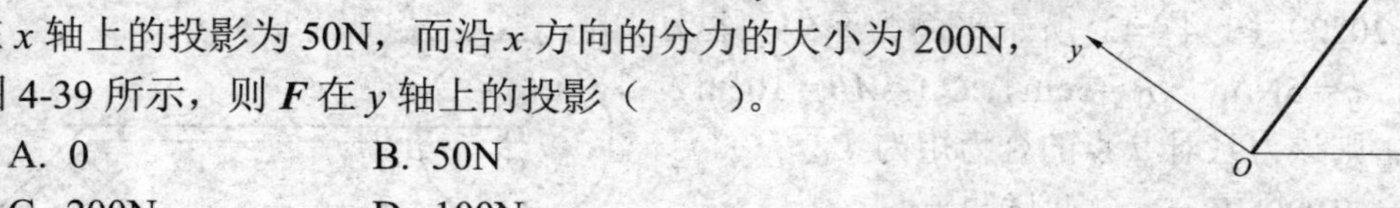

A. 0　　　　　　B. 50N

C. 200N　　　　D. 100N

图 4-39　题 4-4 图

4-5（2011）　下面四个力三角形中，表示 $\boldsymbol{F}_R=\boldsymbol{F}_1+\boldsymbol{F}_2$ 图是（　　）。

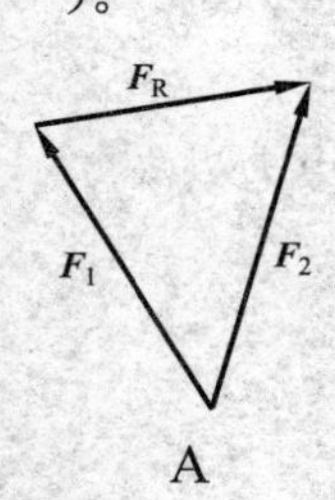

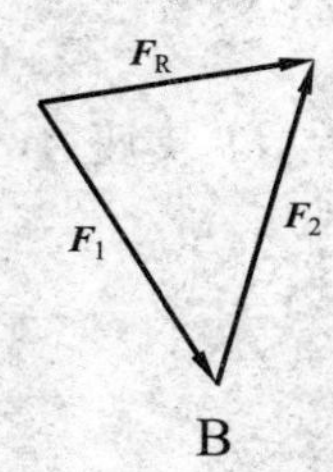

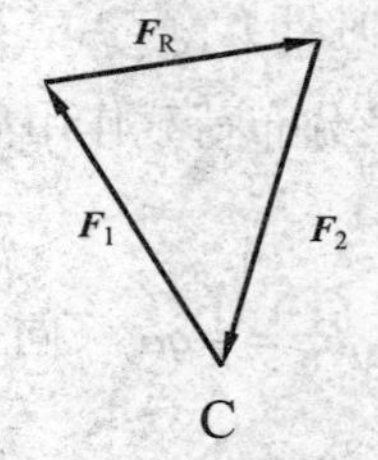

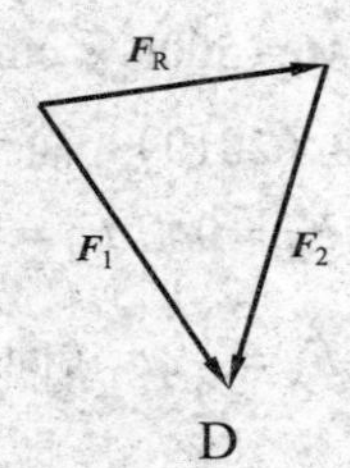

4-6（2006）　若将图 4-40 所示三铰刚架中 AC 杆上的力偶移至 BC 杆上，则 A、B、C 处的约束反力（　　）。

A. 都改变　　　　　　　　　　　　　B. 都不改变

C. 仅 C 处改变　　　　　　　　　　D. 仅 C 处不变

4-7（2014）在图 4-41 所示边长为 a 的正方形块 $OABC$。已知：力 $F_1=F_2=F_3=F_4=F$，力偶矩 $M_1=M_2=Fa$。该力系向 O 点简化的主矢及主矩应为（　　）。

A. $F_R=0\text{N}$，$M_O=4Fa$（顺时针）　　B. $F_R=0\text{N}$，$M_O=3Fa$（逆时针）

C. $F_R=0\text{N}$，$M_O=2Fa$（逆时针）　　D. $F_R=0\text{N}$，$M_O=2Fa$（顺时针）

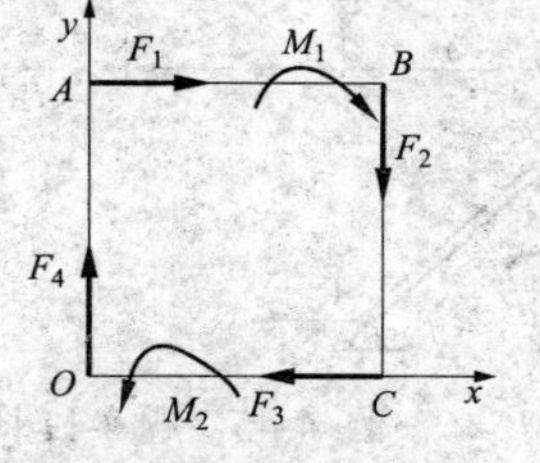

图 4-40　题 4-6 图

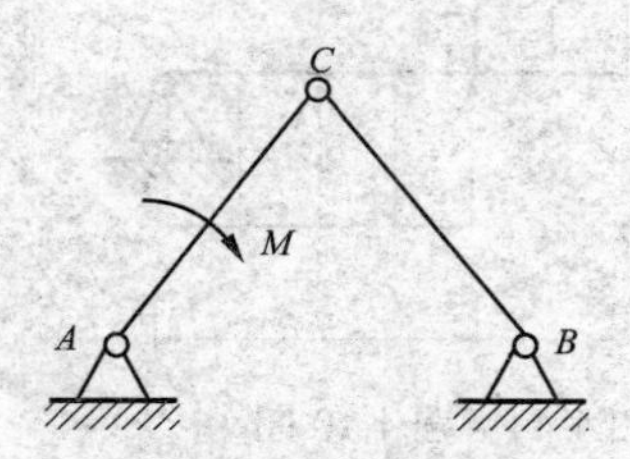

图 4-41　题 4-7 图

4-8（2022）三铰拱上作用有大小相等，转向相反的二力偶，其力偶矩大小为 M，如图 4－42 所示。不计自重，则支座 A 的约束力大小为（　　）。

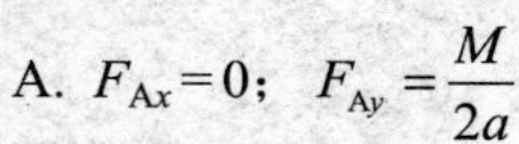

A. $F_{Ax}=0$；$F_{Ay}=\dfrac{M}{2a}$

B. $F_{Ax}=\dfrac{M}{2a}$；$F_{Ay}=0$

C. $F_{Ax}=\dfrac{M}{a}$；$F_{Ay}=0$

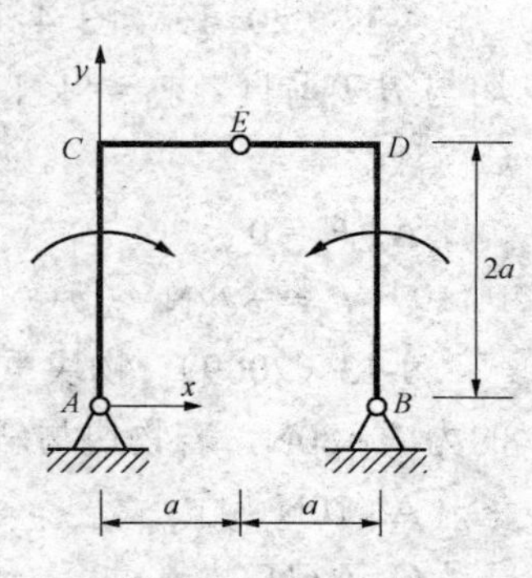

图 4-42　题 4-8 图

D. $F_{Ax}=\dfrac{M}{2a}$；$F_{Ay}=M$

4-9（2022）图 4－43 所示平面力系中，已知 $F=100\text{N}$，$q=5\text{N/m}$，$R=5\text{cm}$，$OA=AB=10\text{cm}$，$BC=5\text{cm}$。则该力系对 I 点的合力矩为（　　）。

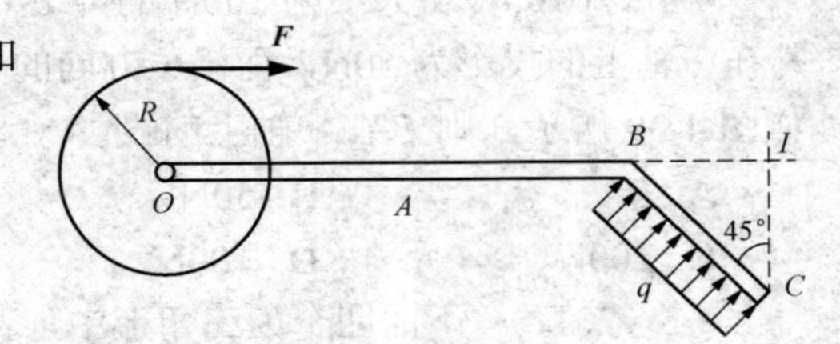

图 4-43　题 4-9 图

A. $M_I=1000\text{N}\cdot\text{cm}$（顺时针）

B. $M_I=1000\text{N}\cdot\text{cm}$（逆时针）

C. $M_I=500\text{N}\cdot\text{cm}$（逆时针）

D. $M_I=500\text{N}\cdot\text{cm}$（顺时针）

4-10（2010）　简支梁受分布荷载作用如图 4-44 所示。支座 A、B 的约束力为（　　）。

A. $F_A=0$，$F_B=0$

B. $F_A=\dfrac{1}{2}qa$（向上），$F_B=\dfrac{1}{2}qa$（向上）

C. $F_A=\dfrac{1}{2}qa$（向上），$F_B=\dfrac{1}{2}qa$（向下）

D. $F_A=\dfrac{1}{2}qa$（向下），$F_B=\dfrac{1}{2}qa$（向上）

4-11（2016）　图 4-45 所示结构由直杆 AC、DE 和直角弯杆 BCD 所组成，自重不计，受载荷 F 与 $M=Fa$ 作用，则 A 处约束力作用线与 x 轴正向所成的夹角为（　　）。

A. 135°　　B. 90°　　C. 0°　　D. 45°

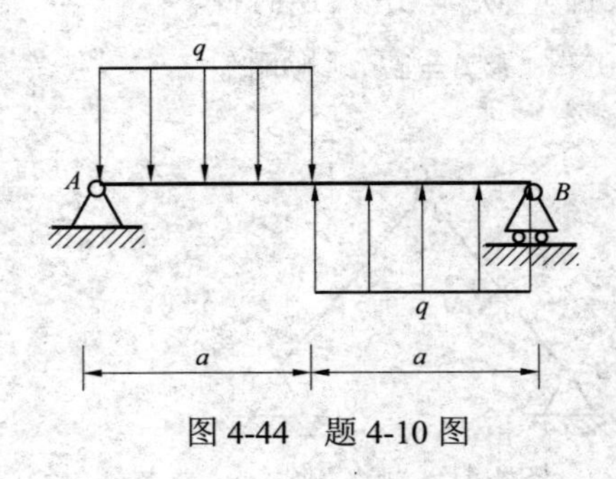

图 4-44　题 4-10 图

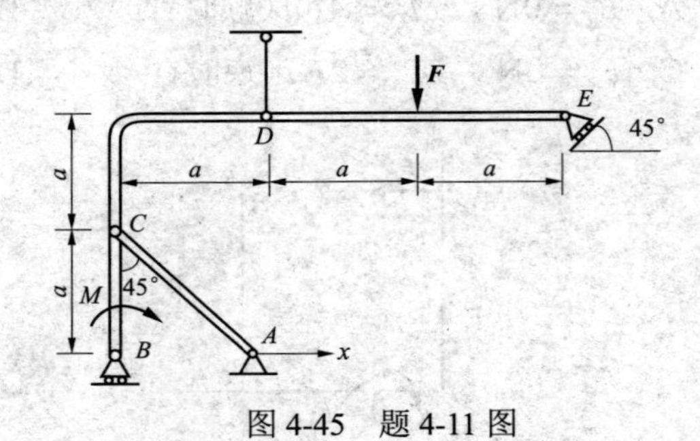

图 4-45　题 4-11 图

4-12（2014）　图 4-46 所示不计自重的水平梁与桁架在 B 点铰接。已知载荷 F_1、F 均与 BH 垂直，$F_1=8\text{kN}$，$F=4\text{kN}$，$M=6\text{kN}\cdot\text{m}$，$q=1\text{kN/m}$，$L=2\text{m}$，则杆件 1 的内力为（　　）。

A. $F_1=0$　　B. $F_1=8\text{kN}$

C. $F_1=-8\text{kN}$　　D. $F_1=-4\text{kN}$

4-13（2009）　物块重 W=100N，置于倾角为60°的斜面上，如图 4-47 所示，与斜面平行的力 $P=80\text{N}$，若物块与斜面间的静摩擦系数 $f_s=0.2$，则物块所受的摩擦力为（　　）。

A. 10N　　B. 20N

C. 6.6N　　D. 100N

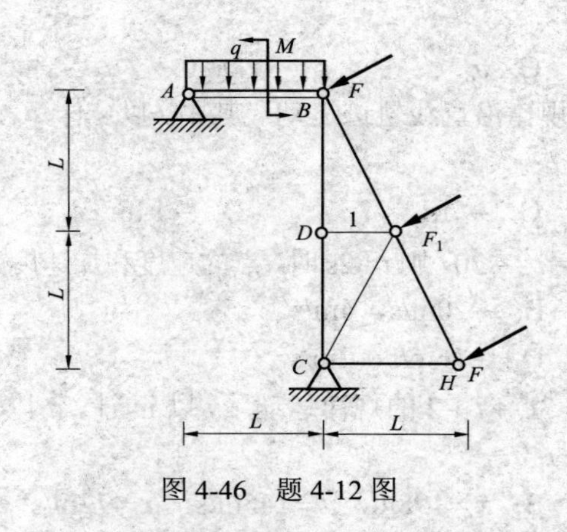

图 4-46　题 4-12 图

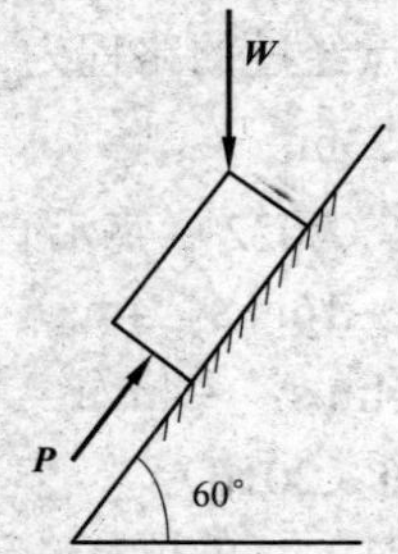

W
P
60°

图 4-47　题 4-13 图

4-14（2011）　重W的物块自由地放在倾角为α的斜面上，若物块与斜面间的静摩擦系数为$f_s = 0.4$，W=60kN，$\alpha = 30°$，如图 4-48 所示，则该物块的状态为（　　）。

A. 静止状态　　　　B. 临界平衡状态

C. 滑动状态　　　　D. 条件不足，不能确定

4-15（2008）　重W的物块能在倾角为α的粗糙斜面上滑下，为了保持滑块在斜面上的平衡，在物块上作用向左的水平力F_Q，如图 4-49 所示，在求解F_Q的大小时，物块与斜面间的摩擦力F方向为（　　）。

A. F只能沿斜面向上

B. F只能沿斜面向下

C. F既能沿斜面向上，也可能沿斜面向下

D. F=0

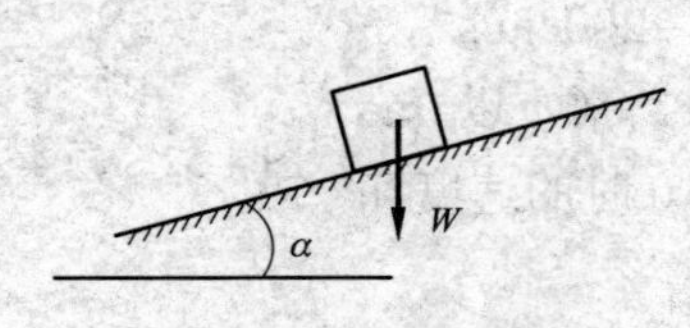

图 4-48　题 4-14 图

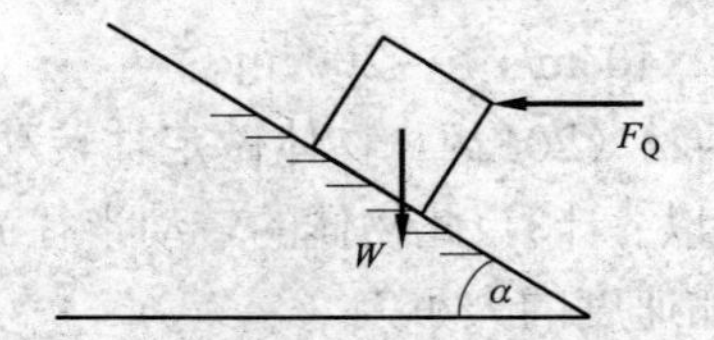

图 4-49　题 4-15 图

4-16（2005）　重为W的物块置于倾角为$\alpha = 30°$的斜面上，如图 4-50 所示。若物块与斜面间的静摩擦系数$f_s = 0.6$，则该物块（　　）。

A. 向下滑动　　　　B. 处于临界下滑状态

C. 静止　　　　D. 加速下滑

4-17（2020）　一炮弹以初速度v_0和仰角α射出。对于图 4-51 所示直角坐标的运动方程为$x = v_0 \cos\alpha t$，$y = v_0 \sin\alpha t - \frac{1}{2}gt^2$，则当$t$=0 时，炮弹的速度的大小为（　　）。

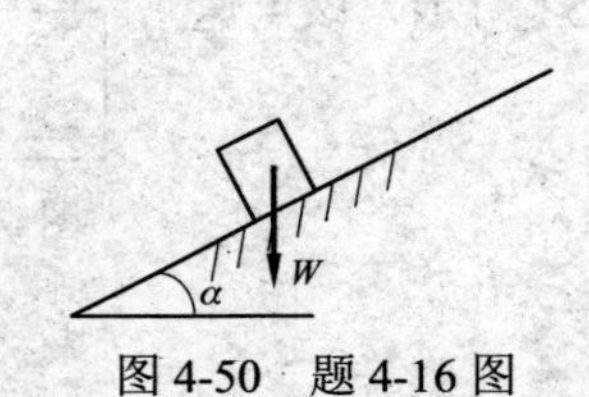

图 4-50　题 4-16 图

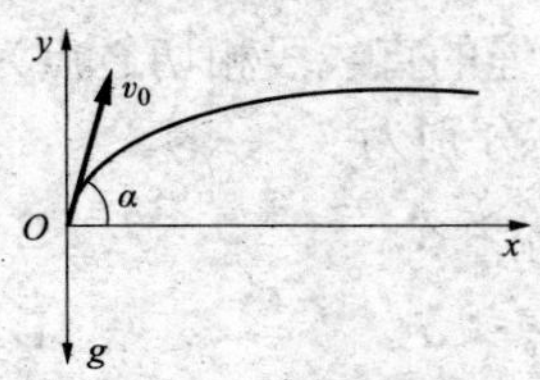

图 4-51　题 4-17 图

A. $v_0\cos\alpha$　　B. $v_0\sin\alpha$　　C. v_0　　D. 0

4-18（2021）某点按 $x=t^3-12t+2$ 的规律沿直线轨迹运动（其中 t 以 s 计，x 以 m 计），则 t=3s 点经过的路程为（　）。

A. 23m　　B. 21m　　C. −7m　　D. −14m

4-19（2022）点沿直线运动，其速度 $v=t^2-20$，则 t=2s 时，点的速度和加速度为（　）。

A. −16m/s，4m/s^2　　B. −20m/s，4m/s^2

C. 4m/s，-4m/s^2　　D. −16m/s，2m/s^2

4-20（2016）一车沿直线轨道按照 $x=3t^3+t+2$ 的规律运动（s 以 m 计，t 以 s 计），则当 t=4s 时，点的位移、速度和加速度分别为（　）。

A. $x=54\text{m}$，$v=145\text{m/s}$，$a=18\text{m/s}^2$　　B. $x=198\text{m}$，$v=145\text{m/s}$，$a=72\text{m/s}^2$

C. $x=198\text{m}$，$v=49\text{m/s}$，$a=72\text{m/s}^2$　　D. $x=192\text{m}$，$v=145\text{m/s}$，$a=12\text{m/s}^2$

4-21（2022）点沿圆周轨迹以 80m/s 的常速度运动，法向加速度是 120m/s^2，则此圆周轨迹的半径为（　）。

A. 0.67m　　B. 53.3m　　C. 1.50m　　D. 0.02m

4-22（2011）当点运动时，若位置矢大小保持不变，方向可变，则其运动轨迹是（　）。

A. 直线　　B. 圆周

C. 任意曲线　　D. 不能确定

4-23（2022）直角刚杆 OAB 可绕固定轴 O 在图示 4−52 平面内转动，已知 $OA=40\text{cm}$，$AB=30\text{cm}$，$\omega=2\text{rad/s}$，$\alpha=1\text{rad/s}^2$。则图示瞬时，B 点的加速度在 x 方向的投影及在 y 方向的投影分别为（　）。

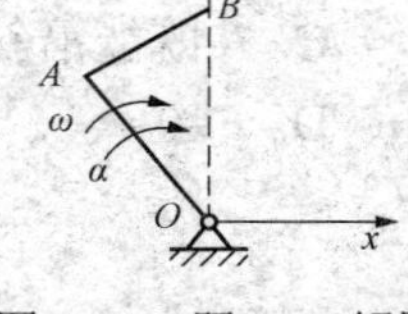

图 4-52　题 4-23 解图

A. -50cm/s^2，200cm/s^2　　B. 50cm/s^2，200cm/s^2

C. 40cm/s^2，-200cm/s^2　　D. 50cm/s^2，-200cm/s^2

4-24（2012）物体做定轴转动的运动方程为 $\varphi=4t-3t^2$（φ 以 rad 计，t 以 s 计），此物体的转动半径 $r=0.5\text{m}$ 的一点，在 $t_0=0$ 时的速度和法向加速度的大小为（　）。

A. 2m/s，8m/s^2　　B. 3m/s，3m/s^2

C. 2m/s，8.54m/s^2　　D. 0m/s，8m/s^2

4-25（2022）在均匀的静液体中，质量为 m 的物体 M 从液面处无初速度下沉，假设液体阻力 $F_R=-\mu v$，其中 μ 为阻尼系数，v 为物体的速度，该物体所能达到的最大速度为（　）。

A. $v_{极限}=mg\mu$　　B. $v_{极限}=mg/\mu$

C. $v_{极限}=g/\mu$　　D. $v_{极限}=g\mu$

4-26（2007）圆轮上绕一细绳，细绳悬挂物块，物块的速度 v、加速度 a。圆轮与绳的直线段相切之点为 P，如图 4-53 所示，该点速度与加速度的大小分别为（　）。

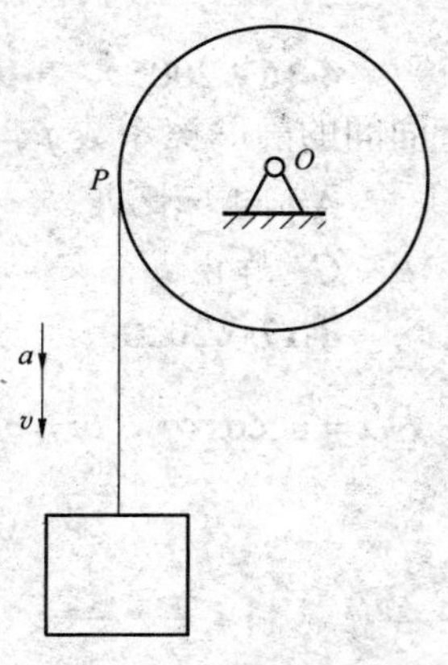

图 4-53　题 4-26 图

A. $v_P=v$，$a_P>a$　　B. $v_P>v$，$a_P<a$

C. $v_P=v$，$a_P<a$　　D. $v_P>v$，$a_P>a$

4-27（2014） 杆 OA 绕固定轴 O 转动，长为 l。某瞬时杆端 A 点的加速度 a，如图 4-54 所示，则该瞬时 OA 杆的角速度及角加速度为（　　）。

图 4-54　题 4-27 图

A. 0，$\dfrac{a}{l}$　　B. $\sqrt{\dfrac{a\cos\alpha}{l}}$，$\dfrac{a\sin\alpha}{l}$

C. $\sqrt{\dfrac{a}{l}}$，0　　D. 0，$\sqrt{\dfrac{a}{l}}$

4-28（2021） 设物块 A 为质点，其重为 10N，静止在一个可以绕 y 轴转动的平面上，如图 4-55 所示。绳长 l=2，取 g=10m/s²。当平面与物块以常角速度 2rad/s 转动时，则绳中的张力是（　　）。

A. 10.98N　　B. 8.66N　　C. 5.00N　　D. 9.51N

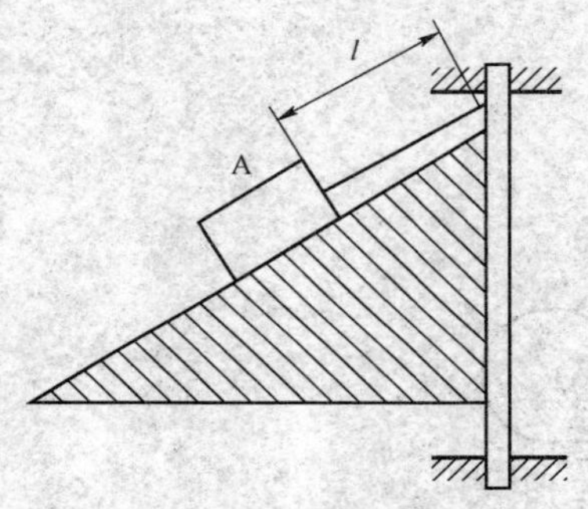

图 4-55　题 4-28 图

4-29（2014） 在图 4-56 所示圆锥摆中，球 M 的质量为 m，绳长为 l，α 角保持不变，则小球的法向加速度为（　　）。

A. $g\sin\alpha$　　B. $g\cos\alpha$　　C. $g\tan\alpha$　　D. $g\cot\alpha$

4-30（2022） 弹簧原长 $l_0=10$cm，弹簧常量 $k=4.9$kN/m，一端固定在 O 点，此点在半径为 $R=10$cm 的圆周上，已知 $AC\perp BC$，OA 为直径，如图 4－57 所示。当弹簧的另一端由 B 点沿圆弧运动至 A 点时，弹性力所做的功是（　　）。

A. 24.5N•m　　B. －24.5N•m　　C. －20.3N•m　　D. 20.3N•m

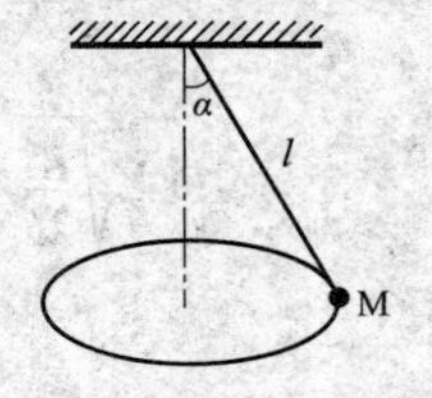

图 4-56　题 4-29 图

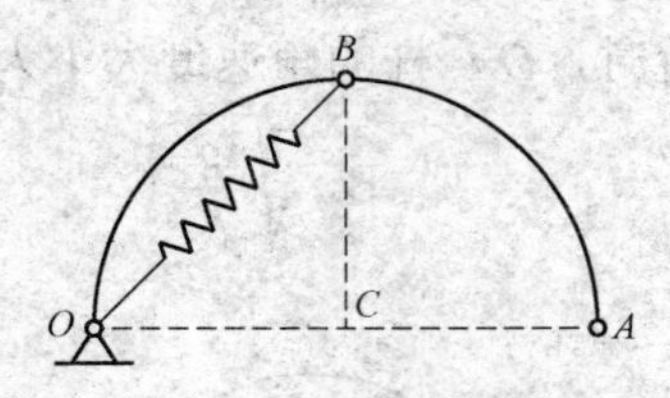

图 4-57　题 4-30 图

4-31（2018） 重 10N 的物块沿水平面滑行 4m，如果摩擦系数是 0.3，则重力和摩擦力各做的功是（　　）。

A. 40N•m，40N•m　　B. 0N•m，40N•m

C. 0N•m，12N•m　　D. 40N•m，12N•m

4-32（2014）图 4-58 所示均质链条传动机构的大齿轮以角速度 ω 转动。已知大齿轮半径为 R，质量为 m_1，小齿轮半径为 r，质量为 m_2，链条质量不计，则此系统的动量为（　　）。

A. $(m_1+2m_2)v$　　　　B. $(m_1+m_2)v$

C. $(2m_2-m_1)v$　　　　D. 0

4-33（2011） 如图 4-59 所示，两重物 M_1 和 M_2 的质量分别为 m_1 和 m_2，二重物系在不计重量的软绳上，绳绕过均质定滑轮，滑轮半径为 r，质量为 M，则此滑轮系统的动量为（　　）。

A. $\left(m_1-m_2+\frac{1}{2}M\right)rv$（竖直向下）　　B. $(m_1-m_2)rv$（竖直向下）

C. $\left(m_1+m_2+\frac{1}{2}M\right)rv$（竖直向上）　　D. $(m_1-m_2)rv$（竖直向上）

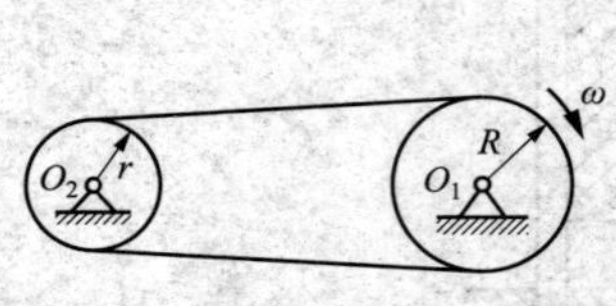

图 4-58　题 4-32 图

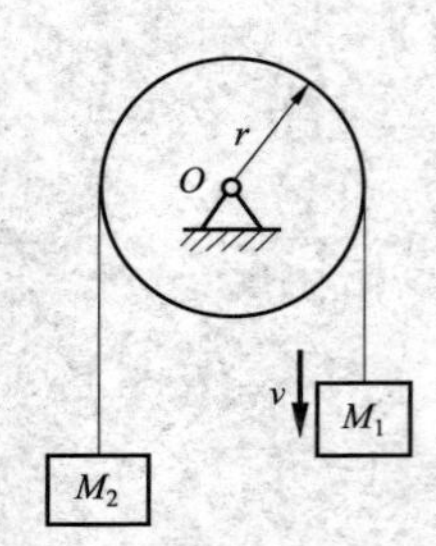

图 4-59　题 4-33 图

4-34（2011） 图 4-60 所示均质圆轮，质量为 m，半径为 r，在铅垂图面内绕通过圆盘中心 O 的水平轴以匀角速度 ω 转动。则系统动量、对中心 O 的动量矩、动能的大小为（　　）。

A. 0；$\frac{1}{2}mr^2\omega$，$\frac{1}{4}mr^2\omega$　　B. $mr\omega$，$\frac{1}{2}mr^2\omega$，$\frac{1}{4}mr^2\omega$

C. 0；$\frac{1}{2}mr^2\omega$，$\frac{1}{2}mr^2\omega$　　D. 0，$\frac{1}{4}mr^2\omega^2$，$\frac{1}{4}mr^2\omega$

4-35（2021） 均质细杆 OA，质量为 m，长为 l。在如图 4-61 所示静止位置释放，当运动到铅直位置时，OA 杆的角速度大小为（　　）。

A. 0　　B. $\sqrt{\frac{3g}{l}}$　　C. $\sqrt{\frac{3g}{2l}}$　　D. $\sqrt{\frac{g}{2l}}$

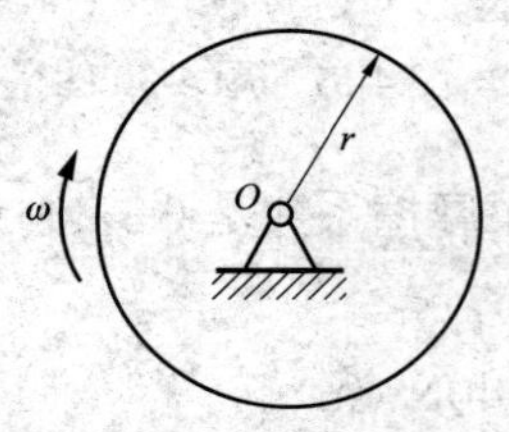

图 4-60　题 4-34 图

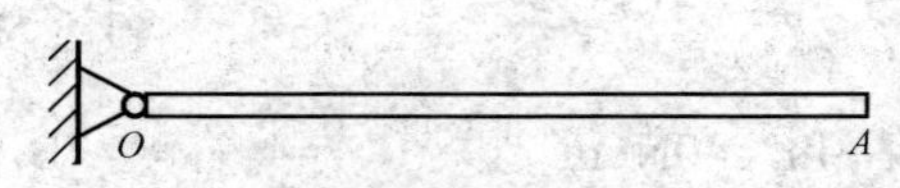

图 4-61　题 4-35 图

4-36（2022） 均质细杆 OA，质量为 m，长为 l。在如图 4－62 位置静止释放，当运动到铅垂位置时，角速度 $\omega=\sqrt{\dfrac{3g}{l}}$，角加速度 $\alpha=0$，轴承施加于杆 OA 的附加动反力为（　　）。

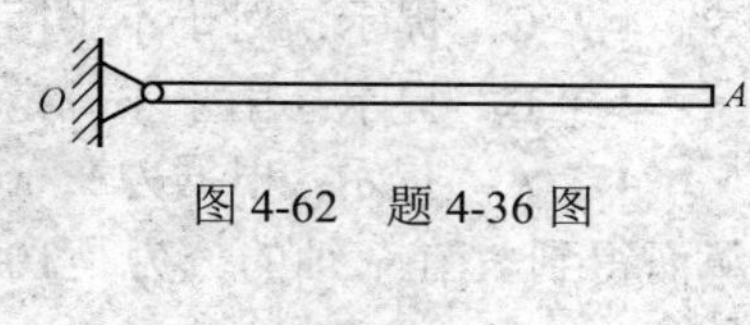

图 4-62　题 4-36 图

A. $\dfrac{3}{2}mg$（向上）　B. $6mg$（向下）　C. $6mg$（向上）　D. $\dfrac{3}{2}mg$（向下）

4-37（2021） 质量为 m，半径为 R 的均质圆轮绕垂直于图面的水平轴 O 转动，在力偶的作用下，其常角速度为 ω。在图 4-63 所示瞬时，轮心 C 在最低位置，这时轴承 O 施加于轮的附加动反力为（　　）。

A. $\dfrac{mR\omega}{2}$（↑）　B. $\dfrac{mR\omega}{2}$（↓）

C. $\dfrac{mR\omega^2}{2}$（↑）　D. $\dfrac{mR\omega^2}{2}$（↓）

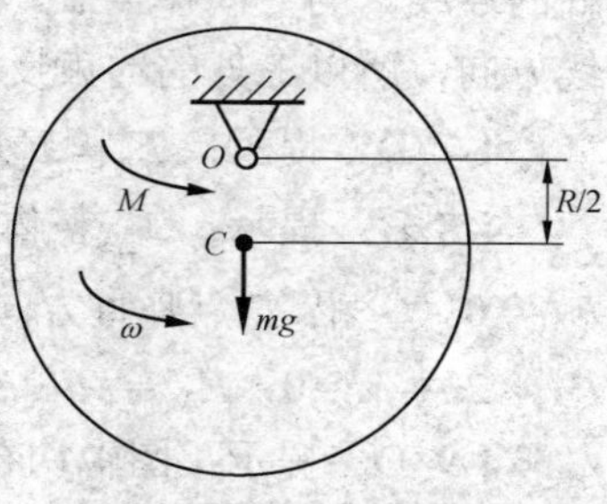

图 4-63　题 4-37 图

4-38（2022） 将一刚度系数为 k，长为 L 的弹簧截成等长（均为 $L/2$）的两段，则截断后每根弹簧的刚度系数均为（　　）。

A. k　B. $2k$　C. $k/2$　D. $1/(2k)$

4-39（2014） 如图 4-64 所示系统中，当物块振动的频率比为 1.27 时，k 的值是（　　）。（忽略摩擦）

A. 1×10^5 N/m　B. 2×10^5 N/m　C. 1×10^4 N/m　D. 1.5×10^5 N/m

4-40（2021） 图 4-65 所示系统中，四个弹簧均未受力。已知 m=50kg，k_1=9800N/m，k_2=k_3=4900N/m，k_4=19 600N/m。则此系统的固有频率为（　　）。

A. 19.8rad/s　B. 22.1rad/s　C. 14.1rad/s　D. 9.9rad/s

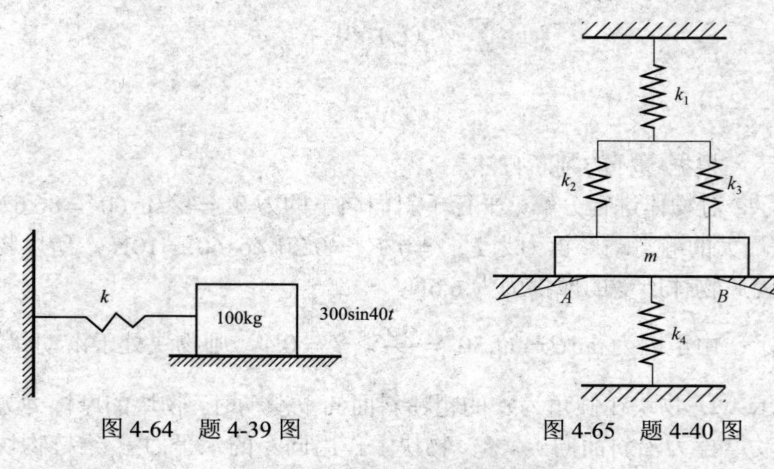

图 4-64　题 4-39 图　　图 4-65　题 4-40 图

理论力学复习题答案及提示

4-1 B　提示：概念题，熟记平面力系各种力系平衡方程的个数。空间一般力系：6。空间平行力系：3。平面任意力系：3。平面平行力系：2。平面汇交力系：2。平面力偶系：1。

4-2 C　提示：对于不平衡的平面任意力系，总可以合成为一个合力或一个力偶。

4-3 B　提示：由于不确定，可容易排除其他三个选项都是错误的。

4-4 A　提示：根据力在 x 轴上的投影是 50N，可以得到 $\boldsymbol{F}$ 与 x 轴正向间的夹角是 60°，从而得到 $\boldsymbol{F}$ 在 y 轴的分力是 $100\sqrt{3}$ N。因此，$\boldsymbol{F}$ 与 y 轴的夹角是 90°，力 $\boldsymbol{F}$ 在 y 轴上的投影是 0。

4-5 B　提示：根据力的平行四边形法则进行判断。

4-6 A　提示：当力偶在 AC 杆上，则 BC 杆是二力杆，所以 B、C 处的约束反力沿着 BC 杆的连线。当力偶移至 BC 杆上，则 AC 杆是二力杆，A、C 两处的约束反力沿着 AC 杆的连线方向，所以三处的约束反力都会改变。

4-7 D　提示：$\boldsymbol{F}_R=\boldsymbol{F}_1+\boldsymbol{F}_2+\boldsymbol{F}_3+\boldsymbol{F}_4=0$，$M_O=\Sigma \boldsymbol{F}_i=\ -F_1a-F_2a=-2F_a$。

4-8 B　提示：① 整体分析，所有外力对 B 点列力矩平衡方程，$\sum M_B(F_i)=0$，得到 $F_{Ay}=0$。② 沿 E 点竖直方向将结构截开，取左边一半分析。根据力矩平衡可得 $\sum M_E(F_i)=0$，$F_{Ax}\times 2a-M=0$，$F_{Ax}=M/(2a)$，因此正确答案为 B。

4-9 D　提示：图中均布荷载合力交于 I 点，故没有力臂。则该力系对 I 点的合力矩只有 F 产生，因此，$\sum M_I(F)=-F\cdot R=-100\times 5\text{N•cm}=-500\text{N•cm}$，方向为顺时针。

4-10 C　提示：根据平衡方程

$$\sum M_A(F_i)=0,\quad F_B\times 2a-qa\frac{a}{2}+qa\times\frac{3}{2}a=0,\quad F_B=-\frac{1}{2}qa\ （向下）$$

$$\sum M_B(F_i)=0,\quad -F_A\times 2a-qa\frac{a}{2}+qa\times\frac{3}{2}a=0,\quad F_A=\frac{1}{2}qa\ （向上）$$

4-11 A　提示：提示：（1）由于 AC 杆为二力杆，二力杆的受力是沿着两个铰链的中心连线。

（2）"DE"为研究对象，$\sum M_D(F_i)=0$，可以得出 $F_E=\frac{\sqrt{2}}{2}F$（垂直斜面向上）。

（3）"整体"，假设 A 处约束力沿着 AC 杆斜向上。

$$\sum M_B(F_i)=0$$

可得到 $F_A=\frac{\sqrt{2}}{2}F$。

4-12 A　提示：根据零杆的判断方法。

4-13 C　提示：对物体进行分解，平行于斜面向下的力 $W_1=W\sin 60°=86.6\text{N}$，沿斜面方向的力为 6.6N。最大的静滑动摩擦力为 $F_{max}=f_sF_N=0.2W\cos 60°=10\text{N}$，所以物体在斜面上能够保持静止，因此物体所受的摩擦力为 6.6N。

4-14 C　提示：由于因为 $\tan\theta=\tan 30°=\frac{\sqrt{3}}{3}>f_s=0.4$，则物块处于滑动状态。

4-15 C　提示：① 物块在倾角为 α 的粗糙斜面向下滑动时，物块的摩擦力方向与相对滑动方向相反，即动摩擦力沿斜面向上。② 物块上作用向左的水平力 F_Q 维持物块在斜面上平衡时，物块受静摩擦力作用，摩擦力方向与相对滑动趋势方向相反，因为无法判定物块的滑动趋势，所以此时是无法判定静摩擦力方向，既可能沿斜面向上也可能向下，实际计算可先假定一个方向。如果计算结果为正，则实际方向与假定的方向相同，否则相反。

4-16 C　提示：因为 $\tan\theta=\tan30^\circ=\dfrac{\sqrt{3}}{3}<f_s=0.6$，则物块保持静止。

4-17 C　提示：根据题目条件进行判断。

4-18 C　提示：根据运动方程可知，$x=t^3-12t+2=27\text{m}-36\text{m}+2\text{m}=-7\text{m}$。

4-19 D　提示：当 $t=2\text{s}$ 时，点的速度 $v=2^2\text{ m/s}-20\text{m/s}=-16\text{m/s}$。速度对时间求一阶导数得加速度，解得 $a=2t$，则当 $t=2\text{s}$ 时，$a=2\times2\text{m/s}^2=4\text{m/s}^2$。

4-20 B　提示：根据公式 $x=3t^3+t+2$，将 $t=4\text{s}$ 代入到该公式中，得到位移是 $x=198\text{m}$。$v=\dfrac{\mathrm{d}x}{\mathrm{d}t}=9t^2+1$，将 $t=4\text{s}$ 代入可以得到速度。$a=\dfrac{\mathrm{d}v}{\mathrm{d}t}=18t$，将 $t=4\text{s}$ 代入可以得到加速度。

4-21 B　提示：法向加速度 $a_n=\dfrac{v^2}{r}$，则可得 $r=\dfrac{v^2}{a_n}=\dfrac{80^2}{120}\text{m}=53.3\text{m}$。

4-22 B　提示：根据点做圆周运动的定义。

4-23 D　提示：根据定轴转动刚体上一点加速度与转动角速度、角加速度的关系。

B 点的加速度在 x 方向的投影为 $a_{\tau B}=OB\times\alpha^2=50\times1\text{cm/s}^2=50\text{ cm/s}^2$。

B 点的加速度在 y 方向的投影为 $a_{nB}=OB\times\omega^2=50\times4\text{cm/s}^2=-200\text{ cm/s}^2$。

4-24 A　提示：根据刚体做定轴转动时 $\omega=\dfrac{\mathrm{d}\varphi}{\mathrm{d}t}=4-6t$，当 $t_0=0$ 时，$\omega=4\text{rad/s}$。所以 $v=\omega r=4\times0.5\text{m/s}=2\text{m/s}$，法向加速度 $a_n=\dfrac{v^2}{r}=8\text{m/s}^2$。

4-25 B　提示：在下沉过程中，物体首先做加速度逐渐减小的加速运动；当液体阻力等于重力时，加速度为零，之后开始做匀速直线运动。故液体阻力等于重力时，速度即为最大速度，则 $mg=\mu v$，解得 $v_{极限}=mg/\mu$。

4-26 A　提示：速度肯定是和物块速度保持一致，加速度的大小是大于物块的。

4-27 A　提示：(1) 刚体做定轴转动时 $a_n=r\omega^2=0$，所以 $\omega=0$，$a_t=r\alpha=l\alpha=a\sin\alpha$，所以 $\alpha=\dfrac{a}{l}$。

4-28 A　提示"物块"为研究对象，其受力如图 4-66 所示，其中 $a=r\omega^2=l\cos30^\circ\omega^2$，$\sum F_{xi}=ma\cos30^\circ$，$F_T-G\sin30^\circ=ma\cos30^\circ$，$F_T=11\text{N}$，故答案应选 A。

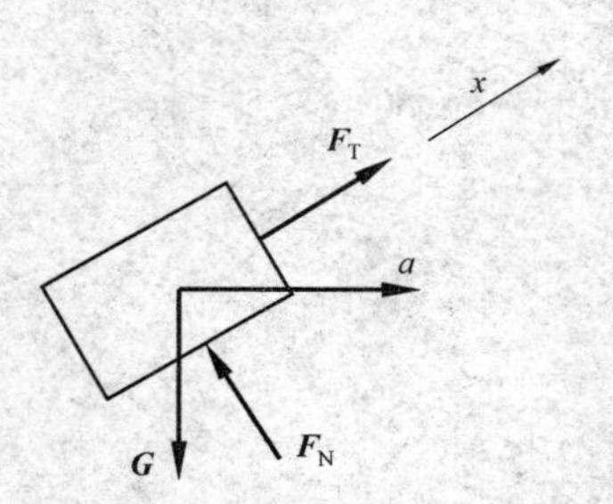

图 4-66　题 4-28 解图

4-29 C　提示：对小球 M 进行受力分析，即可得出答案。

4-30 C　提示：$W=\dfrac{1}{2}k(\delta_1^2-\delta_2^2)$，$\delta_1=\sqrt{2}R-R=0.1(\sqrt{2}-1)\text{ m}$，$\delta_2=2R-R=0.1\text{m}$，所以 $W=\dfrac{1}{2}k(\delta_1^2-\delta_2^2)=-20.3\text{ N·m}$。

4-31 C　提示：根据功的定义即可求出。

4-32 D　提示：由于大齿轮和小齿轮均做定轴转动，其动量均为零，因此系统的动量为零。

4-33 B　提示：根据动量的计算公式 $p=mv_C$，由于滑轮的质心为圆轴 O，所以质心无速度，其动量为零，只计算两个重物的动量即可。

4-34 A　提示：分别根据动量、动量矩、动能的计算公式，这些公式须熟记。动量 $p = mv_C$，动量矩 $L_O = J_O\omega$，动能 $T = \frac{1}{2}J_O\omega^2$。

4-35 B　提示：根据动能定理，T_1=0。设 OA 杆运动到铅直位置时，其角速度为 ω，则 $T_2 = \frac{1}{2}J_O\omega^2 = \frac{1}{6}ml^2\omega^2$，$T_2 - T_1 = \sum W_i = \frac{1}{2}mgl$，$\omega = \sqrt{\frac{3g}{l}}$。

4-36 A　提示：当均质细杆运动到铅垂位置时，其质心加速度 $a_n = \frac{1}{2}l\omega^2$，则惯性力为 $F = ma_n = m\frac{l}{2}\omega^2 = \frac{3}{2}mg$，方向向下。因此，轴承施加于杆 OA 的附加动反力为 $\frac{3}{2}mg$，方向向上。

4-37 C　提示：附加动反力的大小就是惯性力的主矢，$F_I = -ma_C = -m\frac{1}{2}r\omega^2 = -\frac{1}{2}mr\omega^2$，$F_I$ 方向与 a_C 方向相反，而附加动反力的方向与 a_C 一致，因此方向是向上的。

4-38 B　提示：根据题意，未截断的弹簧相当于两个弹簧串联，设这两个弹簧的刚度分别为 k_1 和 k_2，则串联弹簧的刚度为 $k = \frac{k_1k_2}{k_1 + k_2}$，由截断后两段弹簧等长可知 $k_1 = k_2$。因此，$k = \frac{k_1k_2}{k_1 + k_2} = \frac{k_1}{2}$，解得 $k_1 = 2k$。

4-39 A　提示：根据频率比的定义 $s = \frac{\omega}{\omega_n}$，$\omega_n = \sqrt{\frac{k}{m}}$，$\omega$=40，得到 $k = 1.0\times10^5$ N/m。

4-40 B　提示：k_2、k_3 是并联，相当于等效刚度 k_{23}，k_{23}=k_2+k_3=9800N/m。

k_{23} 与 k_1 是串联，等效刚度是 k_{123}，则有 $\frac{1}{k_{123}} = \frac{1}{k_1} + \frac{1}{k_{23}} = \frac{1}{9800} + \frac{1}{9800} = \frac{1}{4900}$，则 k_{123}=k_{123}+k_4=4900N/m+19 600N/m=24 500N/m。固有频率 $\omega_0 = \sqrt{\frac{k}{m}} = \sqrt{\frac{24\,500}{50}}$ rad/s=$\sqrt{490}$ rad/s=22.135 rad/s。

第5章　材　料　力　学

5.1　材料在拉伸、压缩时的力学性能

考试大纲

低碳钢、铸铁拉伸、压缩试验的应力—应变曲线（σ—ε曲线）；力学性能指标。

5.1.1　低碳钢、铸铁拉伸、压缩试验的应力—应变曲线

1. 低碳钢拉伸试验的应力—应变曲线

（1）明显的四个阶段（图5-1）。

① 弹性阶段OA；② 屈服阶段AC；③ 强化阶段CD；④ 局部颈缩阶段DE。

（2）四个特征值（图5-1）。

1）σ_e：弹性极限。

2）σ_p：比例极限。线弹性区域内（$\sigma \leqslant \sigma_p$时），应力与应变满足胡克定律，即

$$\sigma = E\varepsilon \tag{5-1}$$

其中，E为线弹性区直线的斜率，即弹性模量。

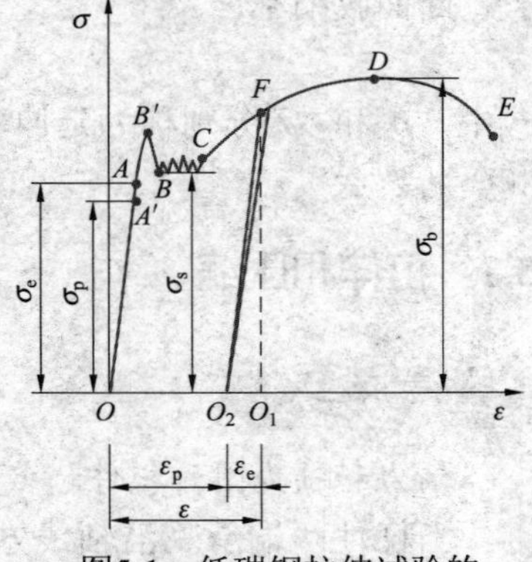

图5-1　低碳钢拉伸试验的应力—应变曲线图

3）σ_s：屈服极限。

4）σ_b：强度极限。

2. 低碳钢压缩试验的应力—应变曲线

低碳钢拉压曲线在屈服阶段以前完全相同，压缩时的极限应力σ_s、弹性模量E均与拉伸时相同，得不到强度极限，如图5-2所示。

3. 铸铁拉伸、压缩试验的应力—应变曲线力学性能指标（图5-3）

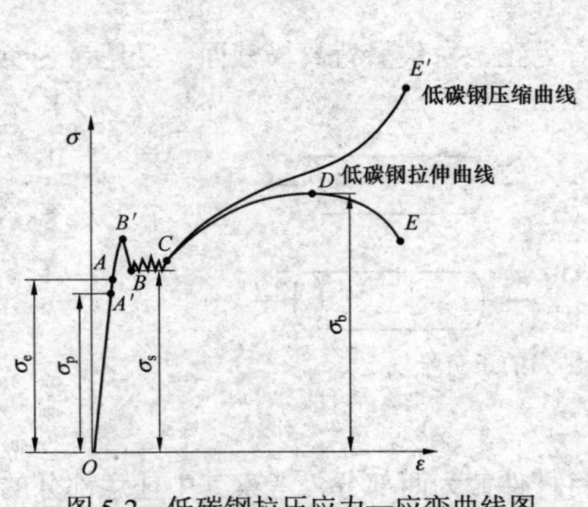

图5-2　低碳钢拉压应力—应变曲线图

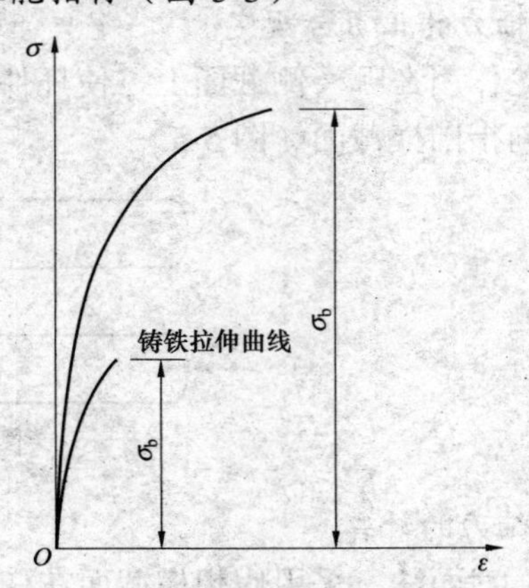

图5-3　铸铁拉压应力—应变曲线图

（1）拉伸与压缩时，其 $\sigma—\varepsilon$ 曲线相似，$\sigma—\varepsilon$ 曲线无明显的直线部分，且 $\sigma\approx E\varepsilon$。

（2）无屈服、颈缩现象，突然破坏，压缩时破坏断面与轴线成 45°～55° 角。

（3）抗压强度（约为 800MPa）比抗拉强度高 4～5 倍，延伸率极小。

（4）强度极限 σ_b 是衡量脆性材料强度的唯一指标。

5.1.2 力学性能指标

比例极限 σ_p（或弹性极限 σ_e）、屈服极限 σ_s、强度极限 σ_b、弹性模量 E、泊松比 μ、延长率 δ 和断面收缩率 ψ 等。

延长率：
$$\delta=\frac{l_b-l_0}{l_0}\times100\% \tag{5-2}$$

断面收缩率：
$$\psi=\frac{A_0-A_b}{A_0}\times100\% \tag{5-3}$$

式中，δ 和 ψ 分别称为延伸率和截面收缩率。其中，下标“0”和“b”分别表示“加载前”和“断裂后”。

5.2 拉伸和压缩

考试大纲

轴力和轴力图；杆件横截面和斜截面上的应力；强度条件；胡克定律；变形计算。

当杆件两端承受沿轴线方向的拉力或压力载荷时，杆件将产生轴向伸长或压缩变形，分别如图 5-4（a）（b）所示。图中实线为变形前的位置；虚线为变形后的位置。

（1）杆件受力特点：外力或其合力的作用线沿杆件轴线。

（2）杆件变形特点：轴向伸长或缩短。

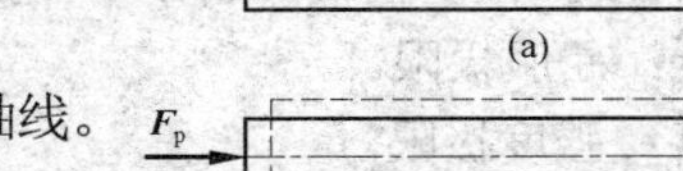

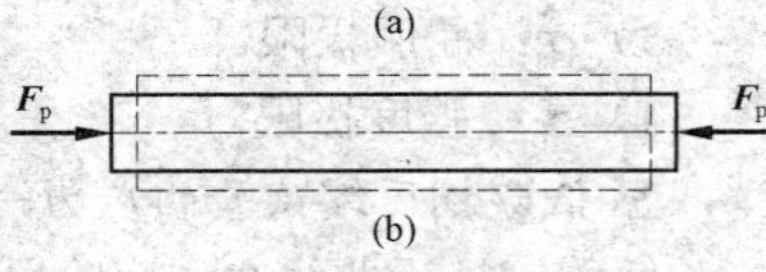

图 5-4 轴向拉伸和压缩变形

5.2.1 轴力和轴力图

当所有外力均沿杆的轴线方向作用时，杆的横截面上只有沿轴线的一种内力分量，称为轴力 $\boldsymbol{F}_N$。

1. 轴力的正负号规定

无论作用在哪一侧截面上，使杆件受拉者为正，拉矢量背离横截面；受压者为负，压矢量的方向指向横截面（图 5-5）。

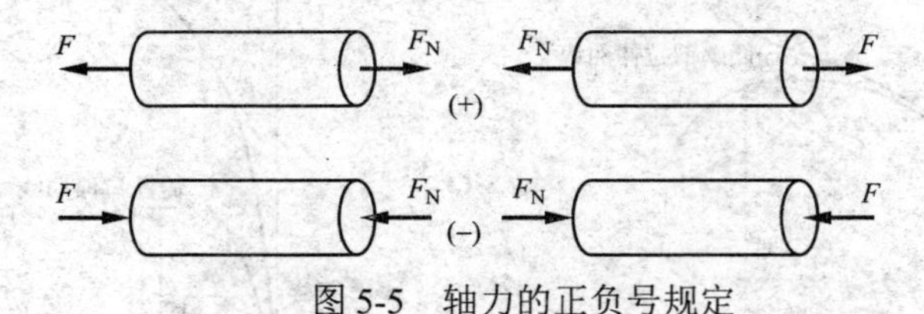

图 5-5 轴力的正负号规定

2. 轴力的计算

（1）截面法。采用假想横截面在任意处将杆件截为两部分，考察其中任意部分的受力，由平衡条件即可得到该截面上的内力分量，这一方法称为截面法。

截面法的步骤：截开、代替、平衡求解。

（2）简便法

$$F_{\mathrm{N}}=\sum F_{(\text{截面一侧所有外力})} \tag{5-4}$$

外力产生内力的符号规定：背离截面的所有外力均产生正值的轴力，指向截面的矢量均产生负值的轴力。

3. 轴力图

表示轴力沿杆轴线方向变化的图形，称为轴力图。

在一根杆上，可能需要分为几段画轴力图，每一段杆的内力按某一种函数规律变化，一段杆的两个端截面称为控制面。下列截面均可为控制面：集中力作用点左、右两侧所在截面；均布载荷（集度相同）起点和终点处的截面。

【例 5-1】（2016） 等截面直杆，轴向受力如图 5-6 所示。杆的最大拉伸轴力是（　　）。

A. 10kN　　B. 25kN　　C. 35kN　　D. 20kN

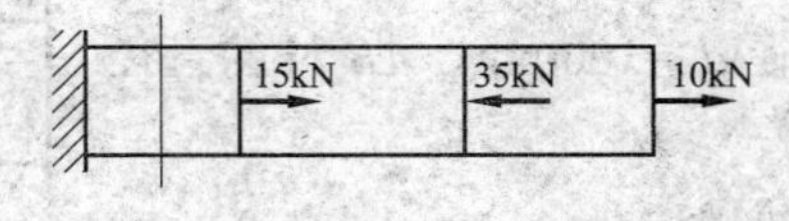

图 5-6　例 5-1 图

【解】本题主要考查轴力的求解。简便法，如图 5-7 所示，注意是求最大拉伸轴力

$$F_{\mathrm{N1}}=10\mathrm{kN}+15\mathrm{kN}-35\mathrm{kN}=-10\mathrm{kN}$$
$$F_{\mathrm{N2}}=10\mathrm{kN}-35\mathrm{kN}=-25\mathrm{kN}$$
$$F_{\mathrm{N3}}=10\mathrm{kN}$$

【答案】A

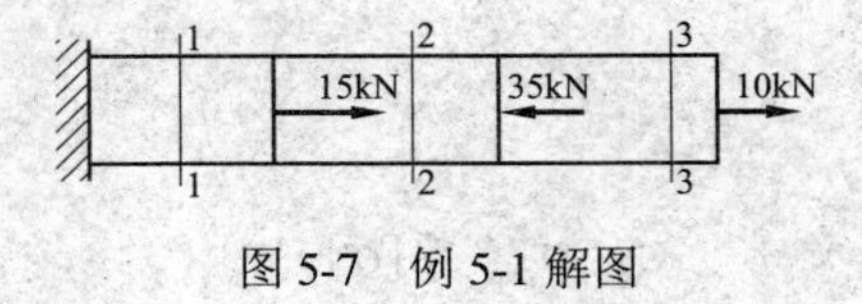

图 5-7　例 5-1 解图

5.2.2 杆件横截面斜截面上的应力

1. 杆件横截面的应力

杆件在轴向拉压变形时，横截面上各点变形是均匀的，所以横截面上的正应力是均匀分布的，如图 5-8 所示，横截面上的正应力为

$$\sigma=\frac{F_{\mathrm{N}}}{A} \tag{5-5}$$

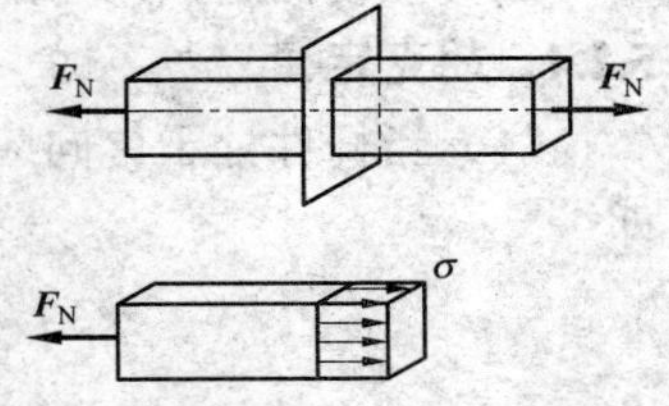

图 5-8　截面上应力的分布

式中：F_{N} 为横截面上的轴力；A 为横截面面积。正应力与轴力具有相同的正负号，即拉应力为正，压应力为负。

2. 杆件斜截面上的应力

斜截面上应力如图 5-9 所示。

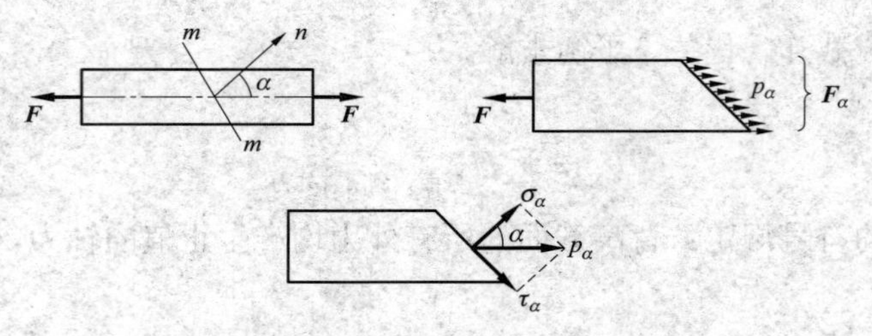

图 5-9　斜截面上的应力

$$\sigma_\alpha = \sigma\cos^2\alpha \tag{5-6a}$$

$$\tau_\alpha = \frac{1}{2}\sigma\sin 2\alpha \tag{5-6b}$$

式中，$\sigma=\dfrac{F}{A}$为杆件横截面上的正应力。

【例 5-2】（2011，2014）圆截面杆 ABC 轴向受力如图 5-10 所示，已知 BC 杆的直径 d =100mm，AB 杆的直径为 $2d$，杆的最大的拉应力是（　　）。

A. 30MPa　　B. 40MPa

C. 80MPa　　D. 120MPa

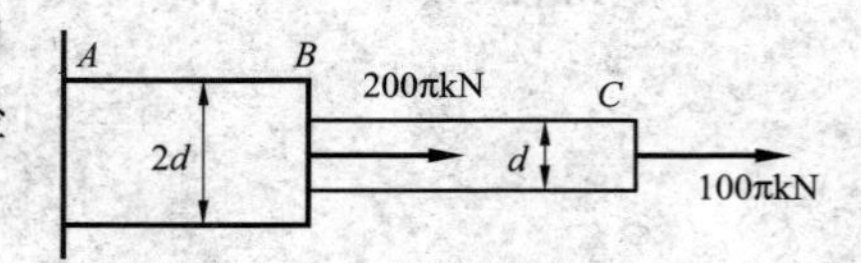

图 5-10　例 5-2 图

【解】本题主要考查轴向拉压杆的应力计算。简便法求轴力：$F_{\text{NAB}} = 100\pi\text{kN} + 200\pi\text{kN} = 300\pi\text{kN}$，$F_{\text{NBC}} = 100\pi\text{kN} = 100\pi\text{kN}$，$\sigma_{\text{AB}} = \dfrac{F_{\text{NAB}}}{\dfrac{\pi(2d)^2}{4}} = \dfrac{300\pi\times10^3}{\dfrac{\pi\times200^2}{4}}\text{MPa} = 30\text{MPa}$，$\sigma_{\text{BC}} = \dfrac{F_{\text{NBC}}}{\dfrac{\pi d^2}{4}} = \dfrac{100\pi\times10^3}{\dfrac{\pi\times100^2}{4}}\text{MPa} = 40\text{MPa}$，$\sigma_{\max} = 40\text{MPa}$。

【答案】B

5.2.3　强度条件

$$\sigma_{\max} \leqslant [\sigma] \tag{5-7}$$

式中，对于屈服破坏

$$[\sigma] = \frac{\sigma_{\text{s}}}{n_{\text{s}}} \tag{5-8}$$

对于脆性断裂

$$[\sigma] = \frac{\sigma_{\text{b}}}{n_{\text{b}}} \tag{5-9}$$

三类强度问题：① 强度校核；② 设计截面；③ 确定许可载荷。

5.2.4　胡克定律

（1）当杆件处于单向应力状态，且应力不超过材料的比例极限时，应力与应变成正比。即

$$\varepsilon = \frac{\sigma}{E} \tag{5-10}$$

这是描述弹性范围内杆件承受轴向载荷时应力与应变的胡克定律。其中，E 为杆材料的弹性模量，它与正应力具有相同的单位。

（2）当杆件处于线弹性变形阶段，杆件的绝对变形和轴力成正比，如图 5-11 所示，即

$$\Delta l = \frac{F_{\mathrm{N}} l}{EA} \tag{5-11}$$

这是胡克定律的另一表达形式，描述弹性范围内杆件承受轴向载荷时力与变形的正比关系。其中，F_{N} 为作用在杆件的轴力，直接带其正负号，拉伸为正，压缩为负；EA 为称为杆件的拉伸（或压缩）刚度。

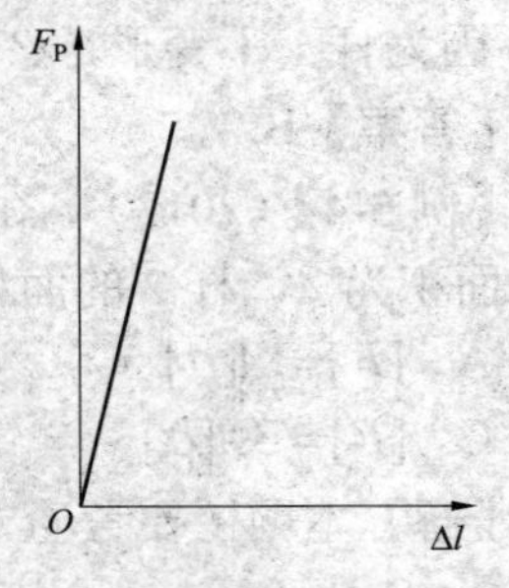

图 5-11　力与变形的关系

5.2.5　拉、压杆的变形计算

1. 绝对变形

设一长度为 l 的等截面直杆，承受轴向载荷 $\boldsymbol{F}$ 后，其长度变为 l_1，则杆的绝对伸长量Δl（图 5-12）为

$$\Delta l = l_1 - l \tag{5-12}$$

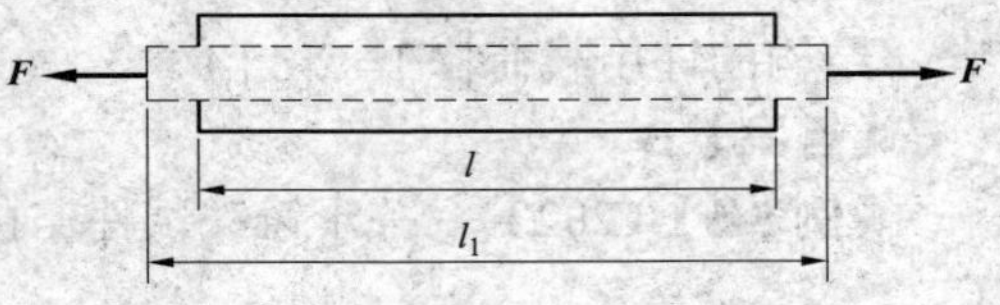

图 5-12　轴向载荷作用下杆件的变形

2. 变形计算

（1）当一根等截面杆，轴力没有变化时，直接用式（5-11）计算。

（2）若一根杆轴力和截面均有变化时，用以下公式计算

$$\Delta l = \sum_{i=1}^{n} \frac{F_{\mathrm{N}i} l_i}{EA_i} \tag{5-13}$$

式中，n 为分段个数，在轴力和截面变化的截面处都要分段。

【例 5-3】（2014）　图 5-13（a）所示结构的两杆面积和材料相同，在铅直向下的力 F 作用下，下面正确的结论是（　　）。

A. C 点位移向下偏左，1 杆轴力不为零

B. C 点位移向下偏左，1 杆轴力为零

C. C 点位移铅直向下，1 杆轴力为零

D. C 点位移向下偏右，1 杆轴力不为零

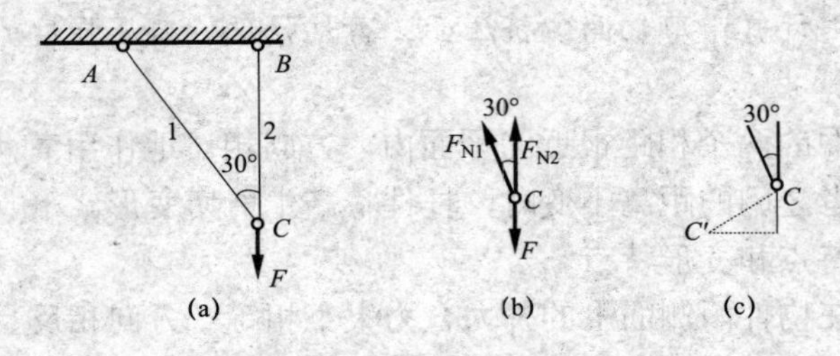

图 5-13　例 5-3 图

【解】本题主要考查杆的变形和位移的计算。提示：节点 C 受力如图 5-13（b）所示，

$$\sum F_x = 0，\quad F_{\mathrm{N1}} = 0$$

$$\sum F_y = 0，\quad F_{\mathrm{N2}} = F$$

因为杆 1 不变形，C 点变形后的位置为 C' 点，如图 5-13（c）所示。

【答案】B

【例 5-4】（2013） 图 5-14（a）所示结构的两杆许用应力均为$[\sigma]$，杆 1 的面积为 A，杆 2 的面积为 $2A$，则该结构的许用载荷是（　　）。

A. $[F]=A[\sigma]$　　B. $[F]=2A[\sigma]$

C. $[F]=3A[\sigma]$　　D. $[F]=4A[\sigma]$

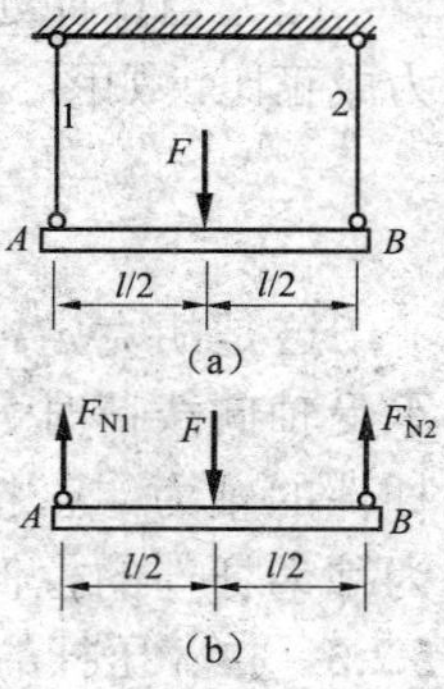

【解】本题主要考查杆的强度条件的应用。提示：杆 AB 受力如图 5-14（b）所示。

$$F_{N1}=F_{N2}=\frac{F}{2}$$

$F_{N1}\leqslant[\sigma]_1 A_1$，$F\leqslant 2[\sigma]_1 A_1=2[\sigma]A$

$F_{N2}\leqslant[\sigma]_2 A_2$，$F\leqslant 2[\sigma]_2 A_2=4[\sigma]A$

结构的许用载荷$[F]=2[\sigma]A$。

图 5-14　例 5-4 图

【答案】B

【例 5-5】（2022） 关于铸铁试件在拉伸和压缩实验中的破坏现象，下面说法中正确的是（　　）。

A. 拉伸和压缩断口均垂直于轴线

B. 拉伸断口垂直于轴线，压缩断口与轴线大约成 45°角

C. 拉伸和压缩断口均与轴线大约成 45°角

D. 拉伸断口与轴线大约成 45°角，压缩断口垂直于轴线

【解】本题主要考查铸铁拉压实验中的破坏现象，铸铁拉伸时没有屈服现象，变形也不明显，拉断后断口基本沿横截面，较粗糙，铸铁试件压缩时，与压缩断口与轴线大约成 45°角。

【答案】B

5.3　剪切和挤压

考试大纲

剪切和挤压的实用计算；剪切面；挤压面；剪切强度；挤压强度。

5.3.1　剪切的实用计算

在平行于杆横截面的两个相距很近的平面内，方向相对地作用着两个横向力。当这两个力相互错动并保持两者之间的距离不变时，杆件将产生剪切变形。

（1）剪切的受力特点和变形特点。

受力特点：作用在构件两侧面上的外力合力大小相等、方向相反且作用线很近。

变形特点：位于两力之间的截面发生相对错动。

（2）剪切面：发生相对错动的截面，例如图 5-15 中的 m—m、n—n 截面。

剪力：剪切面上的受力，是内力。

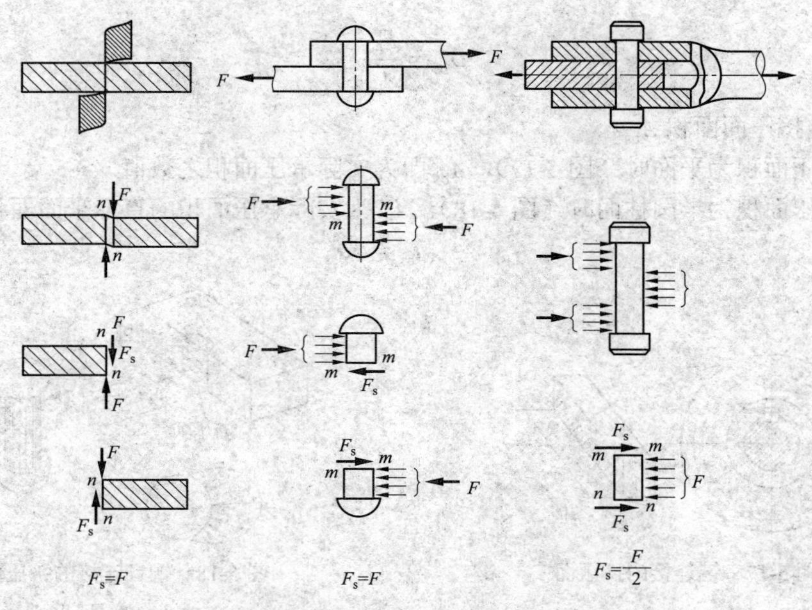

图 5-15　剪切面及剪力

（3）剪切的实用计算：假设切应力在剪切面（$m—m$ 截面）上是均匀分布的，得实用切应力计算公式为

$$\tau=\frac{F_s}{A_s} \tag{5-14}$$

（4）切应力强度条件为

$$\tau=\frac{F_s}{A_s}\leqslant[\tau] \tag{5-15}$$

式中，$[\tau]$ 为许用切应力，常由试验方法确定。塑性材料的 $[\tau]=(0.5\sim0.7)[\sigma]$，脆性材料的 $[\tau]=(0.8\sim1.0)[\sigma]$。

5.3.2　挤压的实用计算挤压强度

联结件和被联结件在接触表面上有相互压紧的现象，称为挤压如图 5-16 所示。

（1）挤压面：相互发生挤压的表面，其面积用 A_{bs} 表示。

（2）挤压力：受挤压处的压力，用 F_{bs} 表示。

（3）挤压应力：挤压面上的应力，用 σ_{bs} 表示。

（4）挤压的实用计算。

即假定挤压应力在有效挤压面上均匀分布，得实用挤压应力计算公式

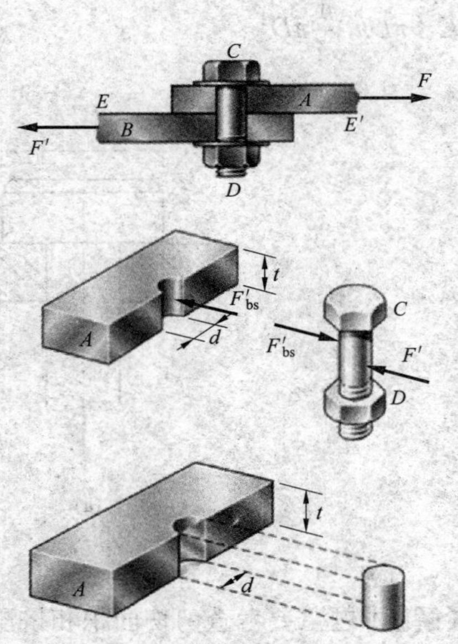

图 5-16　挤压面及挤压力

$$\sigma_{bs}=\frac{F_{bs}}{A_{bs}} \tag{5-16}$$

（5）确定挤压面面积 A_{bs}。

1）当承压面积为平面时（图 5-17），A_{bs} 即为实际承压面积之数值。

2）当承压面积为半圆柱面时（图 5-18），A_{bs} 为实际承压面积的直径平面面积。

$$A_{bs}=d\delta$$

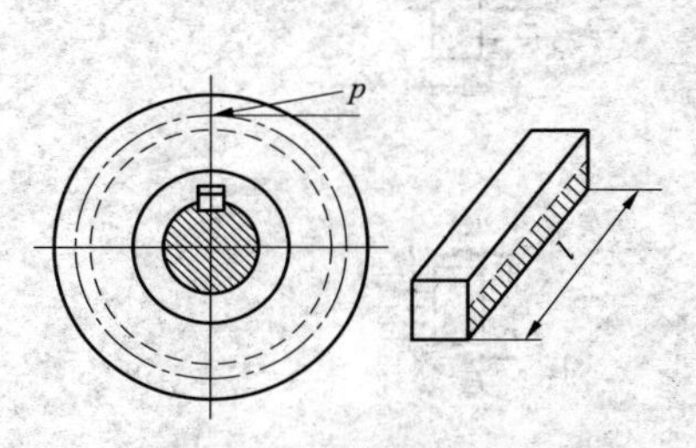

图 5-17　键连接的挤压面

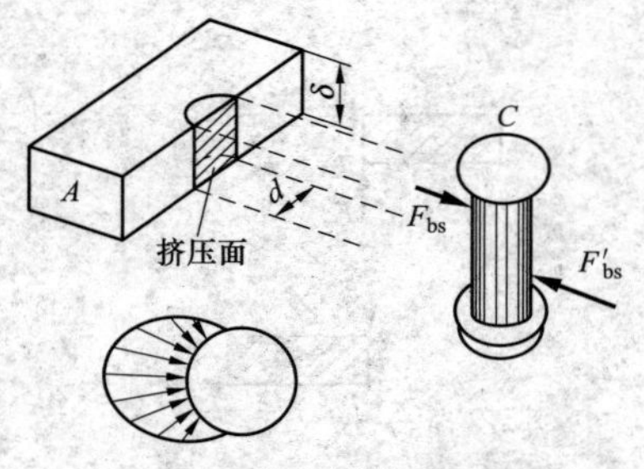

图 5-18　铆钉连接的挤压面

（6）挤压强度条件

$$\sigma_{bs}=\frac{F_{bs}}{A_{bs}}\leqslant[\sigma_{bs}] \tag{5-17}$$

式中，$[\sigma_{bs}]$ 为许用挤压应力。

【例 5-6】（2013）螺钉受力如图 5-19（a）所示，该螺钉的剪切面积和挤压面积分别为（　　）。

A. πdh，$\frac{1}{4}\pi D^2$　　B. πdh，$\frac{1}{4}\pi(D^2-d^2)$

C. πDh，$\frac{1}{4}\pi D^2$　　D. πDh，$\frac{1}{4}\pi(D^2-d^2)$

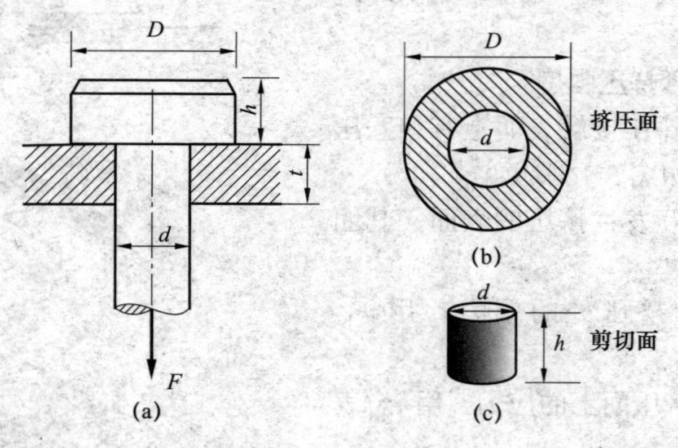

图 5-19　例 5-6 图

【解】本题主要考查剪切面积和挤压面积的计算。提示：剪切面是铆钉帽切出的外圆柱面，$A_S=\pi dh$［图 5-19（c）］。

挤压面是铆钉帽和钢板压紧的部分，即图 5-19（b）（c）所示的挖空铆钉杆截面的圆环面。

$$A_{bs}=\frac{1}{4}\pi(D^2-d^2)$$

【答案】 B

【例 5-7】（2016） 已知铆钉的许可切应力为$[\tau]$，许可挤压应力为$[\sigma_{bs}]$，钢板的厚度为δ，则图 5-20 所示铆钉直径 d 与钢板厚度δ的关系是（　　）。

A. $d=\frac{8\delta[\sigma_{bs}]}{\pi[\tau]}$　　B. $d=\frac{4\delta[\sigma_{bs}]}{\pi[\tau]}$　　C. $d=\frac{\pi[\tau]}{8\delta[\sigma_{bs}]}$　　D. $d=\frac{\pi[\tau]}{4\delta[\sigma_{bs}]}$

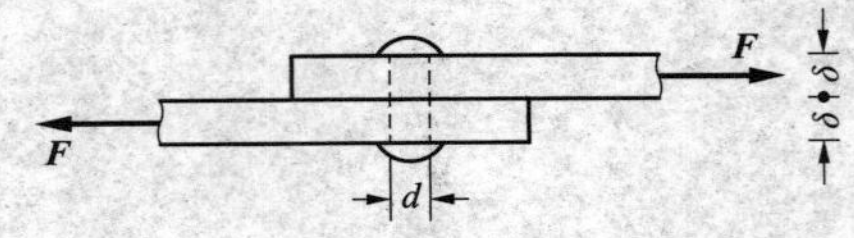

图 5-20　例 5-7 图

【解】 本题主要考查剪切强度和挤压强度的计算。

$$\tau=\frac{F}{\frac{\pi d^2}{4}}\leqslant[\tau],\ F\leqslant[\tau]\frac{\pi d^2}{4},\sigma_{bs}=\frac{F}{d\delta}\leqslant[\sigma_{bs}],\ F\leqslant[\sigma_{bs}]d\delta,[\tau]\frac{\pi d^2}{4}=[\sigma_{bs}]d\delta,\ d=\frac{4[\sigma_{bs}]\delta}{\pi[\tau]}$$

【答案】 B

【例 5-8】（2019） 如图 5-21（a）所示两根木杆用图示结构连接，尺寸如图，在轴向拉力 $\boldsymbol{F}$ 作用下，可能引起连接结构发生剪切破坏的名义切应力是（　　）。

A. $\tau=\frac{\boldsymbol{F}}{ab}$　　B. $\tau=\frac{\boldsymbol{F}}{ah}$

C. $\tau=\frac{\boldsymbol{F}}{bh}$　　D. $\tau=\frac{\boldsymbol{F}}{2ab}$

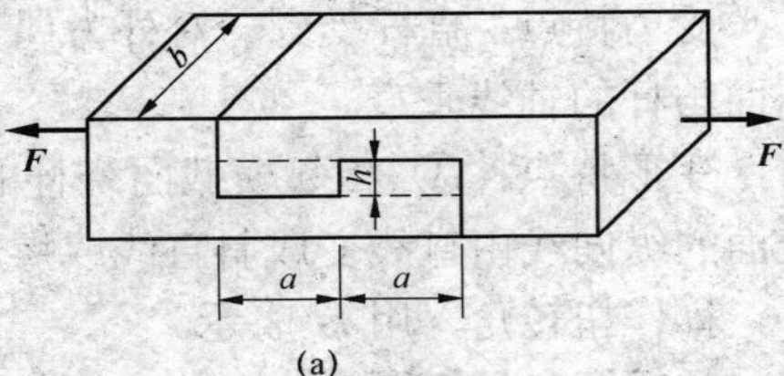

(a)

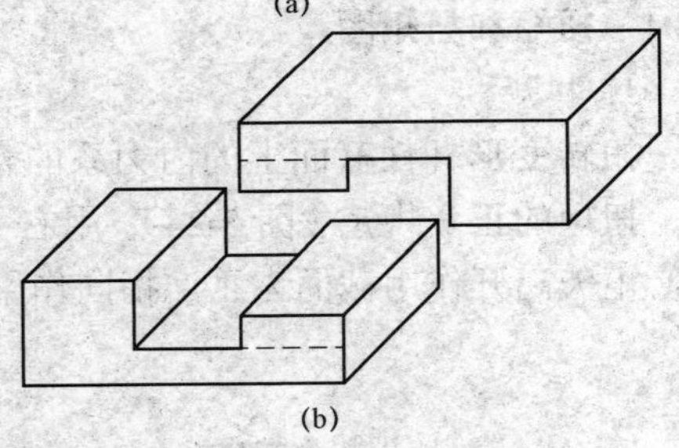

(b)

图 5-21　例 5-8 图

【解】 本题主要考查剪切强度的计算。剪切面是图 5-21（b）所示其中一个虚线面，$\tau=\frac{\boldsymbol{F}}{A}=\frac{\boldsymbol{F}}{ab}$。

【答案】 A

【例 5-9】（2018） 如图 5-22 所示，直径 d=0.5m 的圆截面立柱，固定在直径 D=1m 的圆形混凝土基座上，圆柱的轴向压力 F=1000kN，混凝土的许用切应力$[\tau]$=1.5MPa，假设地基对混凝土板的支反力均匀分布，为使混凝土基座不被立柱压穿，混凝土所需的最小厚度 t 应是（　　）。

A. 159mm

B. 212mm

C. 318mm

D. 424mm

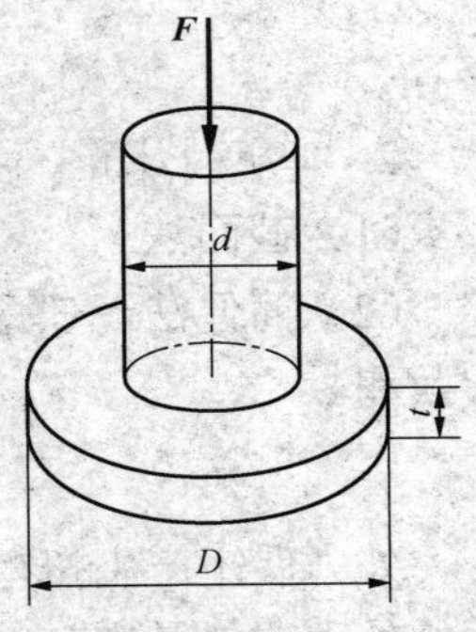

图 5-22　例 5-9 图

【解】 本题主要考查剪切强度的计算。若想基底不被立柱压穿，则

$$\tau=\frac{F-\dfrac{F}{\dfrac{\pi D^2}{4}}\dfrac{\pi d^2}{4}}{\pi dt}=\frac{F-\dfrac{Fd^2}{D^2}}{\pi dt}=\frac{F-\dfrac{F\cdot 0.5^2}{1^2}}{\pi dt}=\frac{\dfrac{3}{4}F}{\pi dt}\leqslant[\tau]$$

$$t\geqslant\frac{\dfrac{3}{4}F}{\pi d[\tau]}=\frac{750\times10^3}{3.14\times500\times1.5}\text{mm}=318\text{mm}$$

【答案】C

5.4 扭转

考试大纲

扭矩和扭矩图；圆轴扭转切应力；切应力互等定理；剪切胡克定律；圆轴扭转的强度条件；扭转角计算及刚度条件。

当作用在杆件上的力组成作用在垂直于杆轴平面内的力偶 M_e 时，杆件将产生扭转变形，即杆件的横截面绕其轴相互转动，如图 5-23 所示。

受力特点：直杆受到一对外力偶 M_e 的作用，并且力偶作用面与杆的轴线垂直。

变形特点：① 相邻横截面绕杆的轴线相对转动；② 杆表面的纵向线由直线变成斜直线或螺旋线；③ 其转过的角位移，称作扭转角，用 φ 表示。

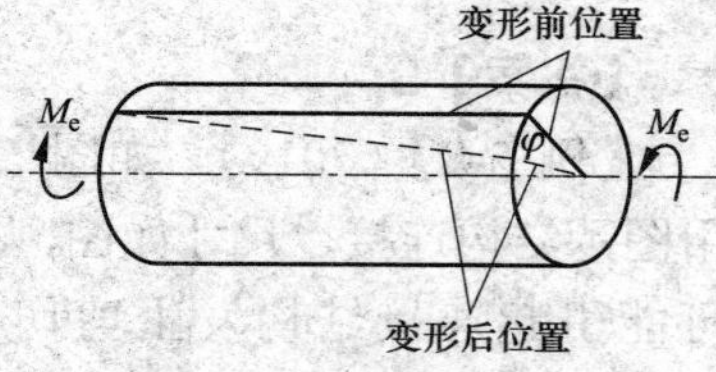

图 5-23 圆轴扭转变形

5.4.1 扭矩和扭矩图

1. 扭矩

扭转变形杆件截面上的内力系的合成，以力偶的形式出现，称为扭矩，常用 T 来表示。

扭矩的正负规定（图 5-24）：用右手四指表示扭矩的螺旋方向，大拇指表示扭矩的矢量方向，矩矢离开作用截面为正，指向作用截面为负。

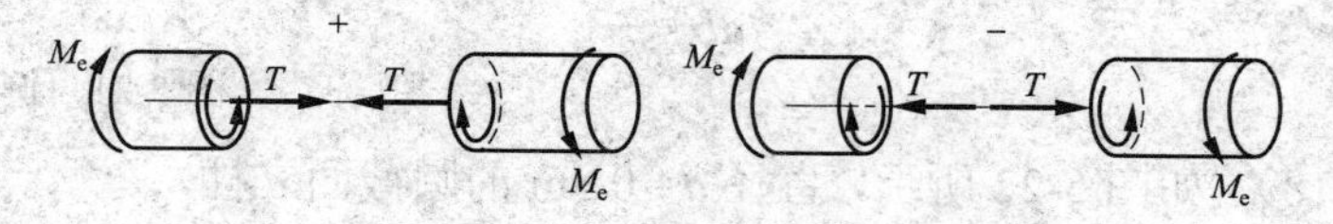

图 5-24 扭矩的正负规定

2. 扭矩的计算

（1）截面法。

（2）简便法。任意截面的扭矩，在数值上等于截面一侧（左侧或右侧）所有外力偶矩的代数和。

$$T=\sum M_{(\text{截面一侧所有外力偶矩})} \tag{5-18}$$

外力偶矩产生扭矩的符号规定：背离截面的所有外力偶矢量均产生正值的扭矩，指向截面的外力偶矢量均产生负值的扭矩。

3. 扭矩图

可用图线来表示各横截面上扭矩沿轴线变化的情况，图中横坐标表示横截面的位置，纵坐标表示相应截面上的扭矩，把正值的扭矩画在 x 轴的上方，这种图线称为扭矩图。下面例题说明扭矩的计算和扭矩图的绘制方法。

【例 5-10】（2022） 等截面圆轴上装有 4 个皮带轮，每个轮传递力偶矩如图 5-25 所示，为提高承载能力，方案最合理的是（　　）。

A. 1 与 3 对调　　B. 2 与 3 对调　　C. 2 与 4 对调　　D. 3 与 4 对调

【解】

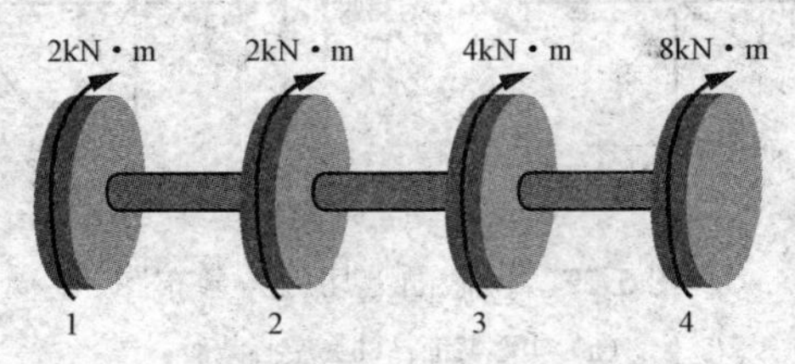

图 5-25　例 5-10 图

选项 A，1 与 3 对调，计算可得轴上的最大扭矩为 8kN • m。

选项 B，2 与 3 对调，计算可得轴上的最大扭矩为 8kN • m。

选项 C，2 与 4 对调，计算可得轴上的最大扭矩为 6kN • m。

选项 D，3 与 4 对调，计算可得轴上的最大扭矩为 4kN • m。

综上所述，选项 D 的最大扭矩是最小的，此方案最合理。

【答案】 D

【例 5-11】（2021） 如图 5-26（a）所示圆轴在扭转力矩作用下发生扭转变形，该轴 A、B、C 三个截面相对于 D 截面的扭转角间满足（　　）。

A. $\varphi_{DA}=\varphi_{DB}=\varphi_{DC}$

B. $\varphi_{DA}=0,\varphi_{DB}=\varphi_{DC}$

C. $\varphi_{DA}=\varphi_{DB}=2\varphi_{DC}$

D. $\varphi_{DA}=2\varphi_{DC}$，$\varphi_{DB}=0$

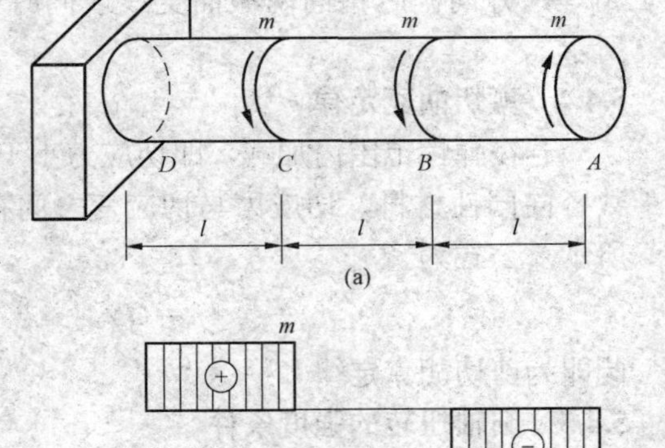

图 5-26　例 5-11 图

【解】 本题主要考查扭转变形的计算。计算扭转角时，当其他条件不变的情况下，要按扭矩的分段情况来分段计算扭转角。根据该轴的外力可得其扭矩图如图 5-26（b）所示。

$$\varphi_{DA}=\varphi_{DC}+\varphi_{CB}+\varphi_{BA}=\frac{ml}{GI_p}+0-\frac{ml}{GI_p}=0$$

$$\varphi_{DB}=\varphi_{DC}+\varphi_{CB}=\frac{ml}{GI_p}+0=\frac{ml}{GI_p}$$

$$\varphi_{DC}=\frac{ml}{GI_p}$$

【答案】 B

5.4.2 圆轴扭转切应力

圆轴扭转时，横截面上出现的应力是切应力，截面上任意点的切应力与该点到圆心的距离 ρ 成正比，如图 5-27 所示。

$$\tau(\rho)=\frac{T\rho}{I_p} \tag{5-19}$$

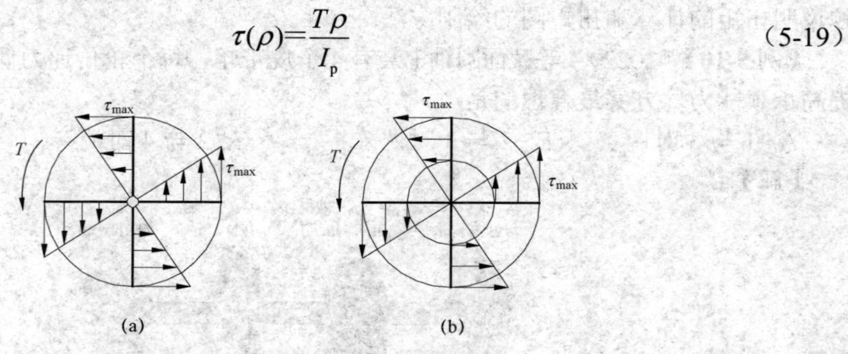

图 5-27 横截面上切应力分布图

（a）实心截面；（b）空心截面

式中：T 由平衡条件确定；I_p 为截面对形心的极惯性矩。

从图 5-27 中不难看出，最大切应力发生在横截面边缘上各点，其值由下式确定

$$\tau_{max}=\frac{T\rho_{max}}{I_p}=\frac{T}{W_t} \tag{5-20}$$

式中，W_t 称为圆截面的扭转截面系数。

$$W_t=\frac{I_p}{\rho_{max}} \tag{5-21}$$

5.4.3 切应力互等定理

在相互垂直的两个平面上，剪应力是同时存在的，它们大小相等，方向同时指向两截面交线或同时背离这一交线，如图 5-28 所示。

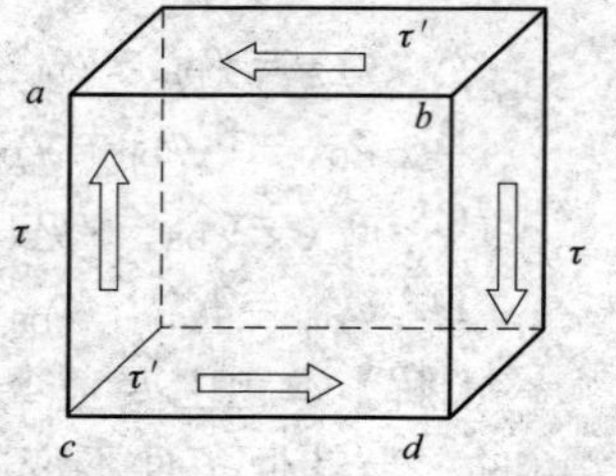

图 5-28 切应力互等定律

5.4.4 剪切胡克定律

若在弹性范围内加载，即切应力小于某一极限值时，对于大多数各向同性材料，切应力与切应变之间存在线性关系，如图 5-29 所示，公式为

$$\tau=G\gamma \tag{5-22}$$

此即为剪切胡克定律。

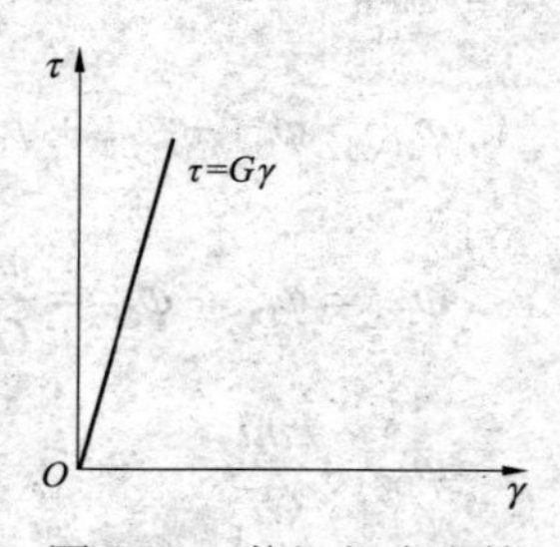

图 5-29 剪切胡克定律

5.4.5 圆轴扭转的强度条件

为了保证受扭圆轴能安全正常地工作，其最大工作切应力 τ_{max} 不应超过材料的许用切应力$[\tau]$，即

$$\tau_{max}\leqslant[\tau] \tag{5-23}$$

式中，许用切应力$[\tau]$是由扭转试验得到的极限切应力 τ_u 除以安全因数 n 而得到的。

应用强度条件，可以解决强度校核、截面设计和确定许可载荷三类强度计算问题。

5.4.6 扭转角计算及刚度条件

1. 扭转角计算

若 T 在长度 l 范围内为常量，且为等直圆轴，则

$$\varphi=\frac{Tl}{GI_p} \tag{5-24}$$

式中，扭转角φ单位为 rad。

上式表明，GI_p 越大，则φ 越小，即φ与 GI_p 成反比，所以 GI_p 称为圆轴的扭转刚度。它与杆的截面形状、尺寸及材料等有关。

有时，轴上的扭矩分段为常量或者阶梯轴，I_p 是分段为常量。此时，应分段计算相对扭转角，再代数相加，即

$$\varphi=\sum_{i=0}^{n}\frac{T_i l_i}{GI_{p_i}} \tag{5-25}$$

2. 刚度条件

轴的扭转刚度条件为

$$\theta_{max}=\frac{T_{max}}{GI_p}\leqslant[\theta]\ (\text{rad/m}) \tag{5-26}$$

工程上习惯采用度/米（°/m）为单位长度扭转角的单位。刚度条件可表示成

$$\theta_{max}=\frac{T_{max}}{GI_p}\times\frac{180}{\pi}\leqslant[\theta]\ (°/\text{m}) \tag{5-27}$$

式中：θ_{max} 为轴的最大单位长度扭转角（°/m）；T_{max} 为轴的最大扭矩（绝对值）；GI_p 为轴的扭转刚度；$[\theta]$为单位长度许用扭转角。各种轴类零件的$[\theta]$值可从有关规范和手册中查到。

与强度条件类似，利用刚度条件式(5-26)、式(5-27) 可对轴进行刚度校核、设计横截面尺寸及确定许用载荷等方面的刚度计算。

【例 5-12】（2019） 扭转切应力公式$\tau=\rho\frac{T}{I_p}$适用的杆件是（　　）。

A. 矩形截面杆　　B. 任意实心截面杆

C. 弹塑性变形的圆截面杆　　D. 线弹性变形的圆截面杆

【解】本题主要考查扭转切应力公式的适用范围。$\tau=\rho\frac{T}{I_p}$ 的适用条件是线弹性变形的圆截面杆。

★注意：材料力学中涉及的公式都是弹性变形阶段推导出来的，故适用条件都是弹性变形。

【答案】D

【例 5-13】（2010，2013） 圆轴直径为 d，剪切弹性模量为 G，在外力作用下发生扭转变形，现测得单位长度扭转角为θ，圆轴的最大切应力为（　　）。

A. $\tau_{max}=\frac{16\theta G}{\pi d^3}$　　B. $\tau_{max}=\theta G\frac{\pi d^3}{16}$

C. $\tau_{\max}=\theta Gd$　　　　D. $\tau_{\max}=\dfrac{\theta Gd}{2}$

【解】本题主要考查扭转应力与变形间的关系。$\tau_{\max}=\dfrac{T}{W_{\mathrm{t}}}=\dfrac{T}{I_{\mathrm{p}}}\cdot\dfrac{d}{2}=\dfrac{T}{GI_{\mathrm{p}}}\cdot\dfrac{Gd}{2}=\dfrac{\theta Gd}{2}$。

【答案】D

【例 5-14】(2019) 已知实心圆轴按强度条件可承担的最大扭矩为 T，如改变该轴的直径，使其横截面积增加 1 倍，则可承担的最大扭矩为（　　）。

A. $\sqrt{2}T$　　B. $2T$　　C. $2\sqrt{2}T$　　D. $4T$

【解】本题主要考查最大切应力公式的应用。由题意横截面积增加一倍 $A_2=2A_1$，则直径比 $\dfrac{d_2}{d_1}=\sqrt{2}$，$\tau_{\max}=\dfrac{T}{W_t}=\dfrac{T}{\dfrac{\pi d^3}{16}}\leqslant[\tau]$，$\dfrac{T_1}{\dfrac{\pi d_1^3}{16}}=\dfrac{T_2}{\dfrac{\pi d_2^3}{16}}$，$\dfrac{T_2}{T_1}=\dfrac{d_2^3}{d_1^3}=(\sqrt{2})^3=2\sqrt{2}$。

【答案】C

5.5 截面几何性质

考试大纲

静矩和形心；惯性矩和惯性积；平行轴公式；形心主轴及形心主惯性矩概念。

5.5.1 静矩和形心

考察任意平面几何图形如图 5-30 所示，在其上取面积微元 dA，该微元在 Oyz 坐标系中的坐标为 y、z。定义下列积分

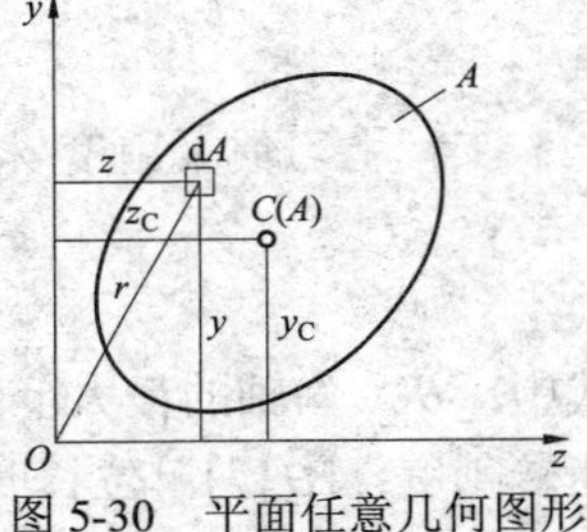

图 5-30　平面任意几何图形

$$\left.\begin{aligned}S_y&=\int_A z\mathrm{d}A\\S_z&=\int_A y\mathrm{d}A\end{aligned}\right\}\tag{5-28}$$

分别称为图形对于 y 轴和 z 轴的截面一次矩或静矩。静矩的单位为 m^3 或 mm^3。图形几何形状的中心称为**形心**。

设 z_{C}、y_{C} 为形心坐标，则静矩可写为

$$\left.\begin{aligned}S_z&=Ay_{\mathrm{C}}\\S_y&=Az_{\mathrm{C}}\end{aligned}\right\}\tag{5-29}$$

或

$$\left.\begin{aligned}y_{\mathrm{C}}&=\frac{S_z}{A}=\frac{\int_A y\mathrm{d}A}{A}\\z_{\mathrm{C}}&=\frac{S_y}{A}=\frac{\int_A z\mathrm{d}A}{A}\end{aligned}\right\}\tag{5-30}$$

这就是图形形心坐标与静矩之间的关系。

由式(5-29)可知，若某坐标轴通过形心轴，则图形对该轴的静矩等于零，即若 $y_C=0$，则 $S_z=0$，或若 $z_C=0$，则 $S_y=0$；反之，若图形对某一坐标轴的静矩等于零，则该坐标轴必然通过图形的形心。静矩与所选坐标轴有关，其值可能为正、负或零。

如果一个截面图形是由几个简单平面图形组合而成，则称为组合截面图形。设第 i 个组成部分的面积为 A_i，其形心坐标为（y_{Ci}，z_{Ci}），则其静矩和形心坐标分别为

$$S_z=\sum_{i=1}^{n}A_i y_{Ci} \qquad S_y=\sum_{i=1}^{n}A_i z_{Ci} \tag{5-31}$$

再利用式（5-30），即可得组合图形的形心坐标

$$y_C=\frac{S_z}{A}=\frac{\sum_{i=1}^{n}A_i y_{Ci}}{\sum_{i=1}^{n}A_i} \qquad z_C=\frac{S_y}{A}=\frac{\sum_{i=1}^{n}A_i z_{Ci}}{\sum_{i=1}^{n}A_i} \tag{5-32}$$

5.5.2 惯性矩和惯性积

图 5-35 中的任意图形，以及给定的 yOz 坐标，定义下列积分

$$\left.\begin{aligned}I_y&=\int_A z^2\mathrm{d}A\\ I_z&=\int_A y^2\mathrm{d}A\end{aligned}\right\} \tag{5-33}$$

分别为图形对于 y 轴和 z 轴的截面二次轴矩或惯性矩。

定义积分

$$I_P=\int_A r^2\mathrm{d}A \tag{5-34}$$

为图形对于点 O 的截面二次极矩或极惯性矩。

定义积分

$$I_{yz}=\int_A yz\mathrm{d}A \tag{5-35}$$

为图形对于通过点 O 的一对坐标轴 y、z 的惯性积。

定义

$$\left.\begin{aligned}i_y&=\sqrt{\frac{I_y}{A}}\\ i_z&=\sqrt{\frac{I_z}{A}}\end{aligned}\right\} \tag{5-36}$$

分别为图形对于 y 轴和 z 轴的惯性半径。

根据上述定义可知：

（1）惯性矩和极惯性矩恒为正；而惯性积则由于坐标轴位置的不同，可能为正也可能为负。三者的单位均为 m^4 或 mm^4。

（2）因为 $r^2=x^2+y^2$，所以由上述定义不难得到惯性矩与极惯性矩之间的下列关系

$$I_p=I_y+I_z \tag{5-37}$$

（3）根据极惯性矩的定义式（5-34），以及图 5-31 中所示的微面积取法，不难得到圆截

面对其中心的极惯性矩

$$I_{\mathrm{p}}=\frac{\pi d^4}{32} \tag{5-38}$$

式中，d 为圆截面的直径。

类似地，还可以得圆环截面对于圆环中心的极惯性矩为

$$I_{\mathrm{p}}=\frac{\pi D^4}{32}(1-\alpha^4),\quad \alpha=\frac{d}{D} \tag{5-39}$$

式中：D 为圆环外直径；d 为内直径。

（4）根据惯性矩的定义式（5-33），注意微面积的取法（图 5-32），不难求得矩形对于通过其形心、平行于矩形周边轴的惯性矩

$$\left.\begin{aligned}I_y&=\frac{hb^3}{12}\\ I_z&=\frac{bh^3}{12}\end{aligned}\right\} \tag{5-40}$$

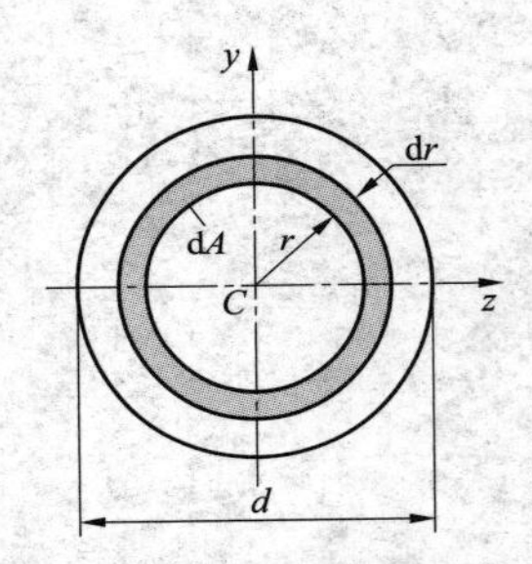

图 5-31　圆形的极惯性矩图

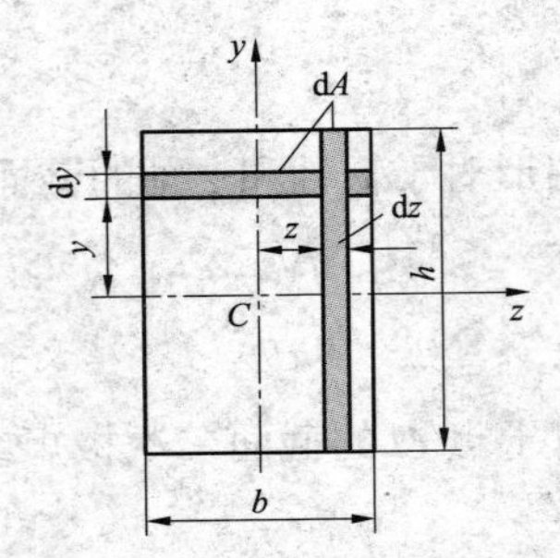

图 5-32　矩形微面积的取法

5.5.3　平行轴公式

同一平面图形对于相互平行的两对直角坐标轴的惯性矩或惯性积并不相同，如果其中一对轴是图形的形心（y_{C}，z_{C}）轴时，如图 5-33 所示，可得到如下平行移轴公式

$$\left.\begin{aligned}I_y&=I_{y_{\mathrm{C}}}+b^2A\\ I_z&=I_{z_{\mathrm{C}}}+a^2A\\ I_{yz}&=I_{y_{\mathrm{C}}z_{\mathrm{C}}}+abA\end{aligned}\right\} \tag{5-41}$$

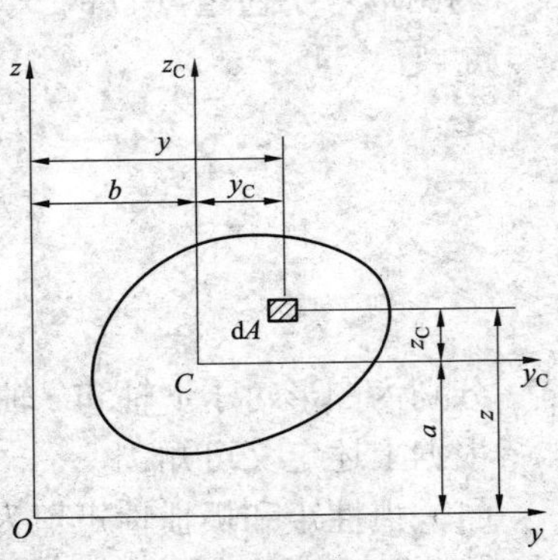

图 5-33　移轴定理

5.5.4　形心主轴及形心主惯性矩概念

过一点存在这样一对坐标轴，图形对于其惯性积等于零，这一对坐标轴便称为过这一点的主轴，图形对于主轴的惯性矩称为主惯性矩，简称主矩。显然，主惯性矩具有极大值或极小值的特征。

主惯性矩的计算式

$$I_{y0}=I_{\max}=\frac{I_y+I_z}{2}+\frac{1}{2}\sqrt{(I_y-I_z)^2+4I_{yz}^2}$$
$$I_{z0}=I_{\min}=\frac{I_y+I_z}{2}-\frac{1}{2}\sqrt{(I_y-I_z)^2+4I_{yz}^2} \quad (5\text{-}42)$$

需要指出的是，对于任意一点（图形内或图形外）都有主轴，而通过形心的主轴称为形心主轴，图形对形心主轴的惯性矩称为形心主惯性矩，简称为形心主矩。

【例 5-15】（2022） 如图 5-34 所示槽形截面，z 轴通过截面形心 C，z 轴将截面划分为 2 部分，分别用 1 和 2 表示，静矩分别为 S_{z1} 和 S_{z2}，正确的是（ ）。

A. $S_{z1}>S_{z2}$　　B. $S_{z1}=-S_{z2}$

C. $S_{z1}<S_{z2}$　　D. $S_{z1}=S_{z2}$

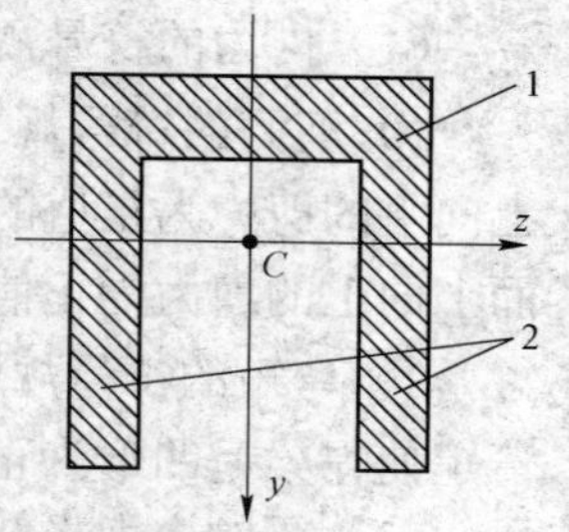

图 5-34　例 5-15 图

【解】根据平面图形的静矩定义，图 5-34 所示截面的静矩等于 z 轴以上部分和以下部分静矩之和，即 $S_z=S_{z1}+S_{z2}$。由于 z 轴是形心轴，故 $S_z=0$，因此可得 $S_{z1}+S_{z2}=0$，所以 $S_{z1}=-S_{z2}$。

【答案】B

【例 5-16】（2018） 如图 5-35 所示截面对 z 轴的惯性矩 I_z 为（ ）。

A. $I_z=\frac{\pi d^4}{64}-\frac{bh^3}{3}$　　B. $I_z=\frac{\pi d^4}{64}-\frac{bh^3}{12}$

C. $I_z=\frac{\pi d^4}{32}-\frac{bh^3}{6}$　　D. $I_z=\frac{\pi d^4}{64}-\frac{13bh^3}{12}$

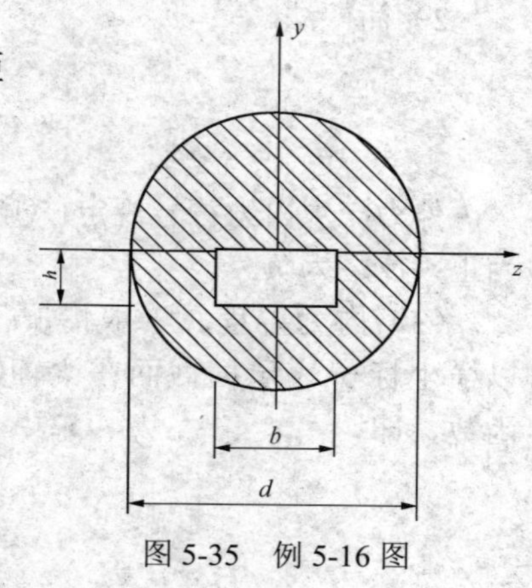

图 5-35　例 5-16 图

【解】本题主要考查基本图形截面惯性矩的计算。

$$I_{z(\text{圆对直径轴})}=\frac{\pi d^4}{64}$$
$$I_{z(\text{矩形对底边轴})}=\frac{bh^3}{3}$$

【答案】A

5.6 弯曲

考试大纲

梁的内力方程；剪力图和弯矩图；分布载荷、剪力、弯矩之间的微分关系；正应力强度条件；切应力强度条件；梁的合理截面；弯曲中心概念；求梁变形的积分法、叠加法。

5.6.1 平面弯曲变形

当外加力偶 M［图 5-36（a）］或外力作用于杆件的纵向平面内［图 5-36（b）］时，杆件将发生弯曲变形，其轴线将变成曲线。

以弯曲为主要变形的杆件称为梁。

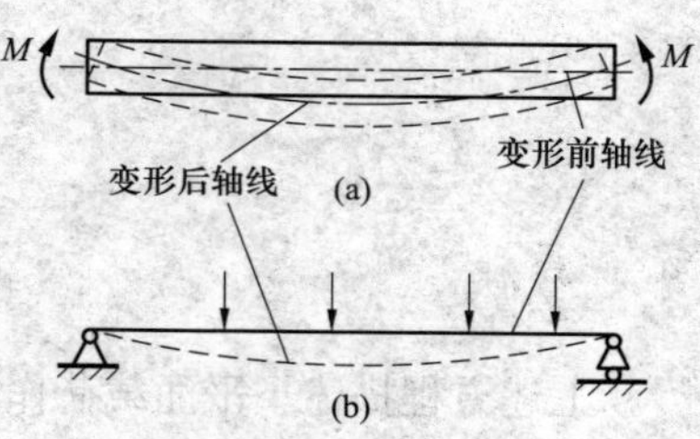

图 5-36　杆件弯曲变形

（1）受力特点。

1）作用于梁上的力垂直于梁的轴线。

2）力或力偶的作用平面在梁的纵向对称平面内。

（2）变形特点。梁的轴线在其纵向对称平面内变成一条平面曲线。

5.6.2 梁的内力方程；剪力图和弯矩图

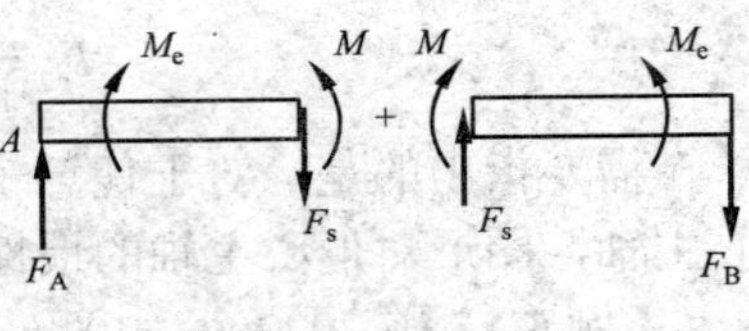

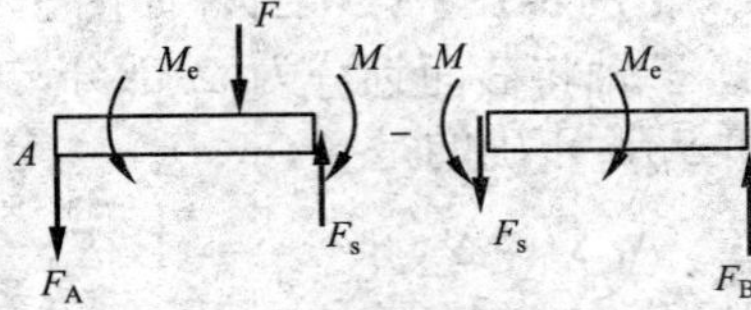

图 5-37 弯曲内力的符号规定

（1）内力的符号规定。

1）剪力的符号规定：选取截面左侧为研究对象，截面上向下的剪力为正值的剪力；选取截面右侧为研究对象，截面上向上的剪力为正值的剪力，如图 5-37 所示，反之为负。

2）弯矩的符号规定：与梁的变形联系起来。截面上的弯矩使得梁呈凹形为正；反之为负。

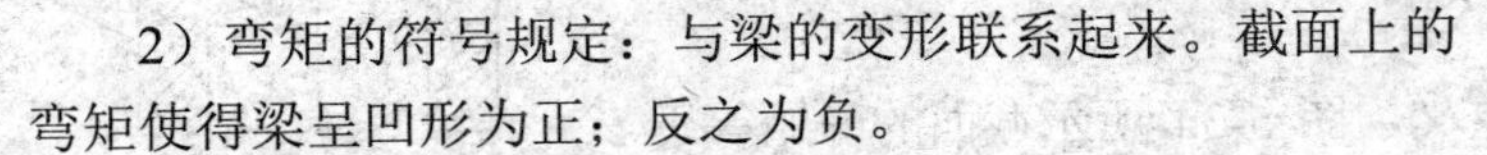

（2）梁的内力求解。

1）截面法。

2）简便法。

$$F_s = \sum F_{i（一侧）} \tag{5-43}$$

$$M = \sum M_C(F_i)_{（一侧）} \tag{5-44}$$

外力产生内力符号规定：① 剪力：左上右下为正；反之为负；② 弯矩：使得梁呈凹形为正；反之为负。

（3）内力方程。一般情况下，梁横截面上的剪力和弯矩随截面位置不同而变化，若以横坐标 x 表示横截面在梁轴线上的位置，则个横截面上的剪力和弯矩皆可表示为 x 的函数，即

$$F_s = F_s(x)$$

$$M = M(x)$$

上面的函数表达式即为剪力方程和弯矩方程。

（4）剪力图和弯矩图。图线表示梁的各横截面上弯矩和剪力沿轴线变化的情况。绘图时，以平行于梁轴的横坐标表示横截面的位置，以纵坐标表示相应的剪力和弯矩。这样的图线分别称为剪力图和弯矩图。

5.6.3 分布载荷、剪力、弯矩之间的微分关系

1. 分布载荷、剪力、弯矩之间的微分关系

$$\frac{dF_s}{dx} = q(x) \tag{5-45}$$

$$\frac{dM}{dx} = F_s \tag{5-46}$$

$$\frac{d^2M}{dx^2} = q(x) \tag{5-47}$$

上述方程描述了平面载荷作用下弯矩、剪力与载荷集度之间微分关系，称为平衡微分方程。

2. 利用微分关系得到的推论

由上述内力的微分关系得到的结论，可总结如下：

梁的剪力图和弯矩图（设 M 图画在梁的受压一侧，即正值弯矩画在梁轴线的上侧）有如下特征：

（1）梁上某段无载荷作用[$q(x)=0$]时，则该段梁的剪力图为一段水平直线；弯矩图为一段直线：当 $F_s>0$ 时，M 图向右上方倾斜；当 $F_s<0$ 时，M一图向右下方倾斜；当 $F_s=0$ 时，M 图是一段水平直线。

（2）梁上某段有均布载荷作用时，则该段梁的剪力图为一段斜直线，且倾斜方向与均布载荷 q 的方向一致；弯矩图为一段二次抛物线，且抛物线的开口方向与均布载荷 q 的方向相同。

（3）梁上集中力作用处，剪力图有突变，突变值等于集中力的大小，突变方向与集中力的方向一致（从左往右画 F_s 图）；两侧截面上的弯矩值相等，但弯矩图的切线斜率有突变，因而弯矩图在该处有折角。

（4）梁上集中力偶作用处，两侧截面上的剪力相同，剪力图无影响；弯矩图有突变，突变值等于集中力偶的大小，关于突变方向：若集中力偶为顺时针方向，则弯矩图往正向突变；反之，则相反。

（5）梁端部的剪力值等于端部的集中力（左端向上或右端向下时为正）；梁端部的弯矩值等于端部的集中力偶（左端顺时针或右端逆时针时为正）。

（6）在梁的某一截面上，若 $F_{s(x)}=\dfrac{\mathrm{d}M_{(x)}}{\mathrm{d}x}=0$，则在这一截面上弯矩有一极值（极大或极小值）。最大弯矩值 $M_{(x)\max}$ 不仅可能发生于剪力等于零的截面上，也有可能发生于集中力或集中力偶作用的截面上。

【例 5-17】（2021）如图 5-38 所示，对称结构梁在反对称荷载作用下，梁中间 C 截面的弯曲内力是（　　）。

A. 剪力、弯矩均不为零

B. 剪力为零，弯矩不为零

C. 剪力不为零，弯矩为零

D. 剪力、弯矩均为零

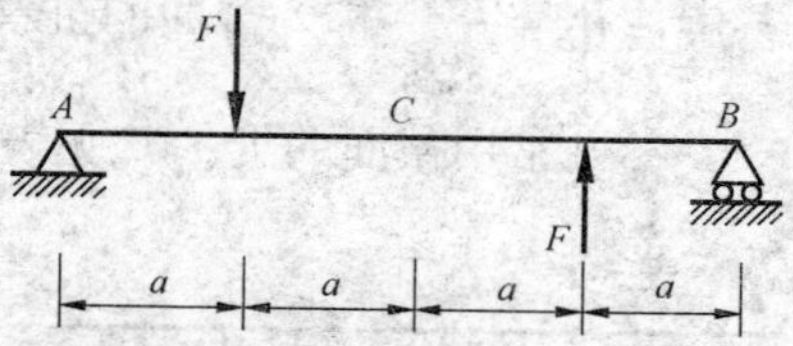

图 5-38　例 5-17 图

【解】本题主要考查梁结构对称，荷载反对称，内力图的对称关系。对称结构梁在反对称荷载作用下，其弯矩图是反对称的，其剪力图是对称的。在对称轴 C 截面上，弯矩为零，剪力不为零。

【答案】C

【例 5-18】（2020）若梁 ABC 的弯矩图如图 5-39 所示，则该梁上的载荷为（　　）。

A. AB 段有分布载荷，B 截面无集中力偶

B. AB 段有分布载荷，B 截面有集中力偶

C. AB 段无分布载荷，B 截面无集中力偶

D. AB 段无分布载荷，B 截面有集中力偶

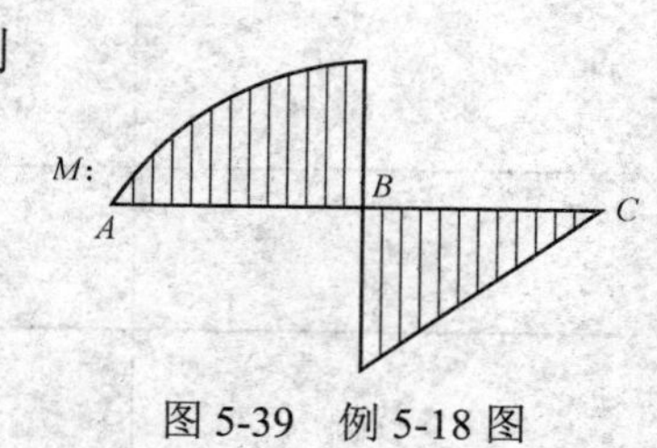

图 5-39　例 5-18 图

【解】本题主要考查弯矩图的变化与荷载的关系。

根据弯矩图的性质，AB 段为抛物线，故 AB 段有均布荷载，B 点处发生突变，故 B 点处

作用有集中力偶。

【答案】B

5.6.4 正应力强度条件

（1）纯弯曲梁横截面上弯曲正应力计算公式

$$\sigma=\frac{My}{I_z} \tag{5-48}$$

式中：M 为所求横截面上的弯矩；I_z 为横截面对中性轴的惯性矩；y 为所求点到中性轴的距离。

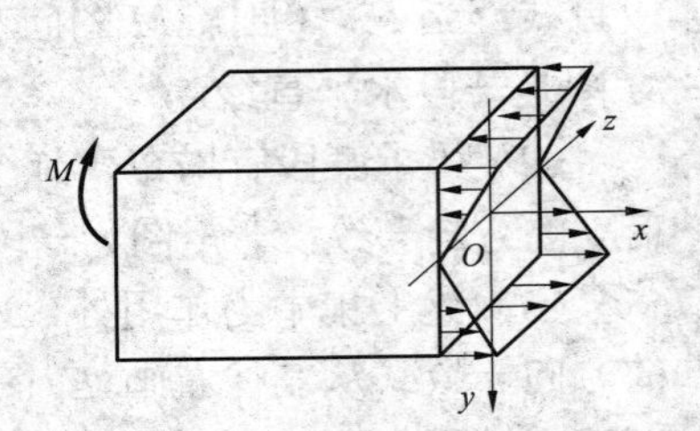

图 5-40　梁横截面上的正应力分布

中性轴：横截面上过形心与截面垂直对称轴垂直的轴，也是中性层与横截面的交线，见图 5-40 中的 z 轴。

正应力公式的应用范围：

1）各种截面形状的直梁，但是要求横截面要有一个垂直对称轴。

2）纯弯曲、横力弯曲（$l>5h$）。

3）线弹性材料。

（2）$\sigma_{\max}$ 的计算。由图 5-40 可以看出，横截面上最大的拉应力和压应力上横截面的上下边缘处，计算公式为

$$\sigma_{\max}=\frac{My_{\max}}{I_z}=\frac{M}{\left(\dfrac{I_z}{y_{\max}}\right)}=\frac{M}{W_z} \tag{5-49}$$

其中，$W_z=\dfrac{I_z}{y_{\max}}$ 称为截面的抗弯截面模量，单位为 mm^4 或 m^4。

（3）常用截面的 I_z、W_z 见表 5-1。

表 5-1　常用截面的 I_z、W_z

项目	图形		
	矩形	圆形	圆环
I_z	$\dfrac{bh^3}{12}$	$\dfrac{\pi d^4}{64}$	$\dfrac{\pi D^4(1-\alpha^4)}{64}$
W_z	$\dfrac{bh^2}{6}$	$\dfrac{\pi d^3}{32}$	$\dfrac{\pi D^3(1-\alpha^4)}{32}$

注：$a=\dfrac{d}{D}$。

（4）梁的正应力强度条件。

$$\sigma_{\max} \leqslant [\sigma] \tag{5-50}$$

1）对于拉压强度相同的材料（低碳钢）

$$|\sigma|_{\max} \leqslant [\sigma]$$

2）对于拉压强度不同的材料（铸铁）

$$\sigma_{t,\max} = \frac{My_{t,\max}}{I_z} \leqslant [\sigma]^+$$

$$\sigma_{c,\max} = \frac{My_{c,\max}}{I_z} \leqslant [\sigma]^-$$

【例 5-19】（2018） 如图 5-41 所示悬臂梁 AB 由材料相同的两根矩形截面梁叠合在一起，接触面之间可以相对滑动且无摩擦力。设两根梁的自由端共同承担集中力偶 m，弯曲后两根梁的挠曲线相同，则上面梁承担的力偶矩是（　　）。

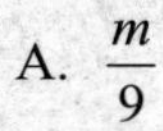

A. $\dfrac{m}{9}$　　　　B. $\dfrac{m}{5}$

C. $\dfrac{m}{3}$　　　　D. $\dfrac{m}{2}$

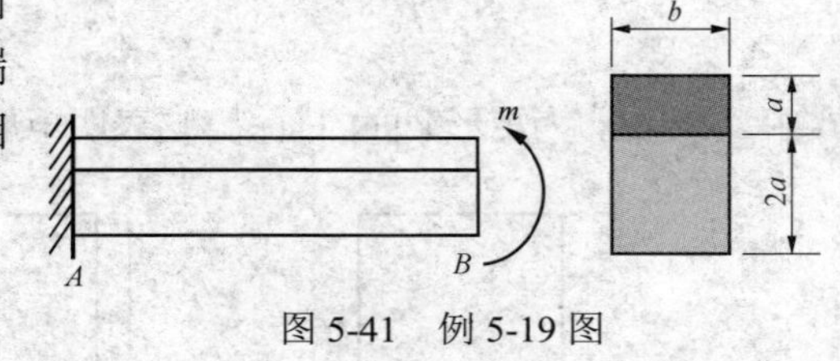

图 5-41　例 5-19 图

【解】本题主要考查叠梁的弯矩分配。上下梁同位置任一截面所受的弯矩设为 M_1、M_2，则 $M = M_1 + M_2 = m$，$\dfrac{1}{\rho_1} = \dfrac{M_1}{EI_{z1}} = \dfrac{M_1}{E\dfrac{ba^3}{12}} = \dfrac{1}{\rho_2} = \dfrac{M_2}{EI_{z2}} = \dfrac{M_2}{E\dfrac{b(2a)^3}{12}}$。所以 $\dfrac{M_1}{M_2} = \dfrac{1}{8}, M_1 = \dfrac{m}{9}$。

【答案】A

【例 5-20】（2016） 矩形截面简支梁梁中点承受集中力 F=100kN，如图 5-42 所示。若 h=200mm，b=100mm，梁的最大弯曲正应力为（　　）。

A. 75MPa　　　　B. 150MPa　　　　C. 300MPa　　　　D. 50MPa

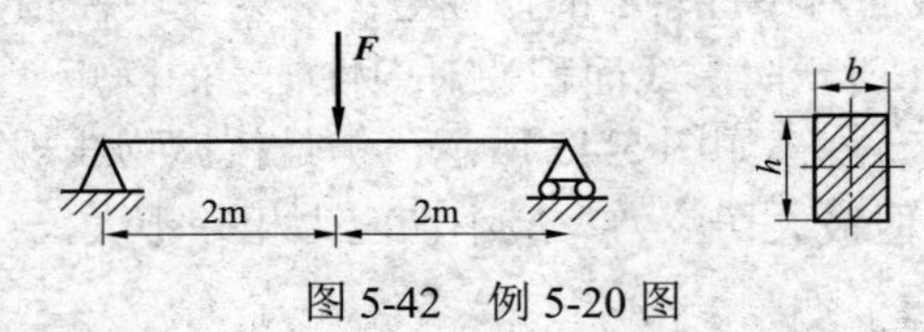

图 5-42　例 5-20 图

【解】本题主要考查举行矩形截面梁最大弯曲正应力的计算。

$$\sigma_{\max} = \frac{M_{\max}}{W_z} = \frac{\dfrac{Fl}{4}}{\dfrac{bh^2}{6}} = \frac{\dfrac{100\times10^3\times4000}{4}}{\dfrac{100\times200^2}{6}}\text{MPa} = 150\text{MPa}$$

【答案】B

5.6.5　切应力强度条件

1. 矩形截面梁

切应力公式

$$\tau=\frac{F_s S_z^*}{I_z b} \tag{5-51}$$

式中：F_s 为横截面上的剪力；I_z 为横截面对中性轴 z 的惯性矩；b 为矩形截面的宽度；S_z^*为横截面上所求切应力τ的点处横线一侧面积 A^*对 z 轴的静矩。

τ沿截面高度成二次抛物线分布，如图 5-43 所示。当 $y=\pm\frac{h}{2}$时，即在横截面的上、下边缘处，切应力$\tau=0$；在中性轴处（$y=0$），切应力最大，其值为

$$\tau_{\max}=\frac{3}{2}\frac{F_s}{bh}=\frac{3}{2}\tau_{平均} \tag{5-52}$$

式中，$A=bh$，为矩形截面的面积。这表明矩形截面上的最大切应力为截面上平均切应力的 1.5 倍。

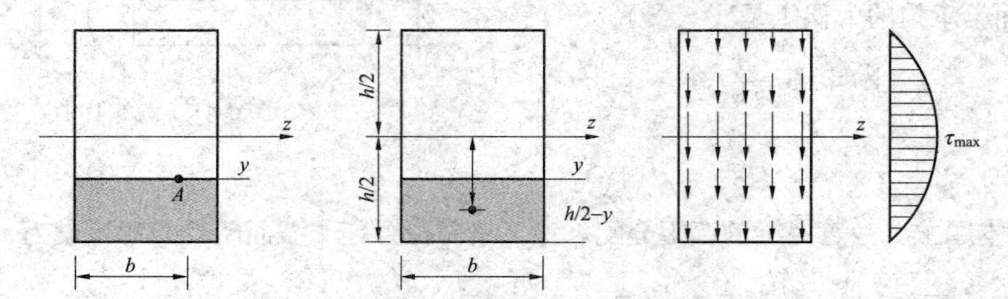

图 5-43　矩形截面梁横截面上切应力分布图

2. 工字形截面梁

工字梁截面上腹板上的切应力如图 5-44 所示。由于腹板是狭长矩形，完全可以采用前述关于矩形截面梁的两条假设。于是可以从式 $\tau=\frac{F_s S_z^*}{I_z d}$ 直接求得。式中：F_s 为截面上的剪力；d 为腹板厚度；I_z 为工字形截面对中性轴 z 的惯性矩；S_z^* 为距中性轴 z 距离为 y 的横线以外部分的横截面面积 A^*（图 5-44 所示阴影线面积）对中性轴 z 的静矩。

切应力沿腹板高度的分布规律如图 5-45 所示，仍是按抛物线规律分布，最大切应力 $\tau_{\max}$ 仍发生在截面的中性轴上，但最大切应力与最小切应力相差不大。

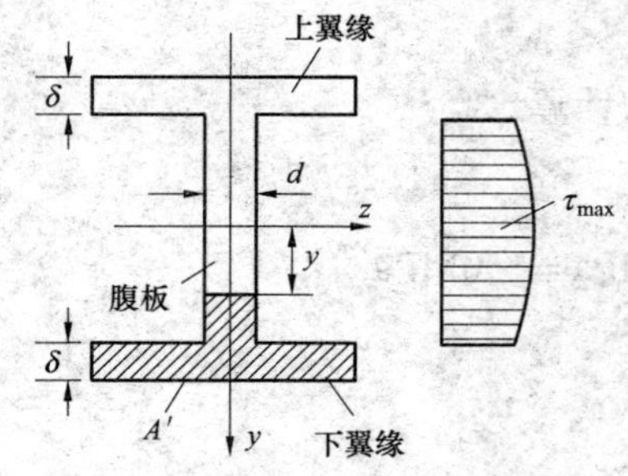

图 5-44　工字梁截面上腹板的切应力

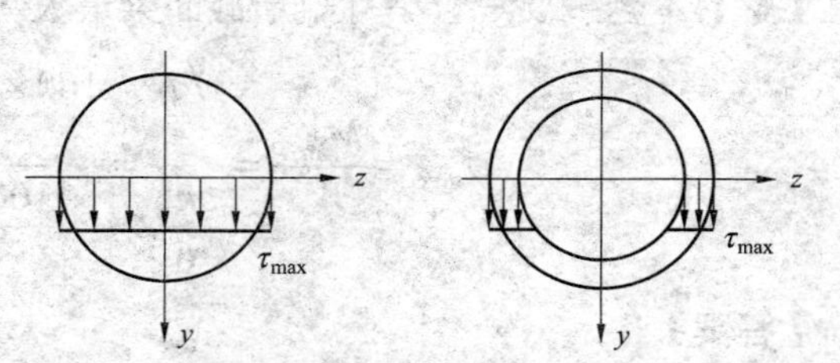

图 5-45　圆形及薄壁环形截面上的最大切应力

3. 圆形及薄壁环形截面

圆形与薄壁环形截面其最大竖向切应力也都发生在截面的中性轴上，并且沿中性轴均匀分布，计算结果分别为

圆形截面：
$$\tau_{\max}=\frac{4}{3}\frac{F_{\mathrm{s}}}{A}=\frac{4}{3}\tau_{\text{平均}} \tag{5-53}$$

薄壁环形截面：
$$\tau_{\max}=2\frac{F_{\mathrm{s}}}{A}=2\tau_{\text{平均}} \tag{5-54}$$

式中：F_{s}为横截面上的剪力；A为圆形截面或薄壁环形截面的面积。

4. 切应力强度条件

等直梁的最大弯曲切应力通常发生在最大剪力作用面的中性轴上各点处，而该处的弯曲正应力均为零。因此，最大弯曲切应力作用点处于纯剪切应力状态，于是可仿效圆轴扭转来建立相应的切应力强度条件

$$\tau_{\max}=\frac{F_{\mathrm{s}\max}S_{z\max}^{*}}{I_{z}b}\leqslant[\tau] \tag{5-55}$$

式中，$[\tau]$为材料在横力弯曲时的许用切应力，其值在有关设计规范中有具体规定。

5.6.6 梁的合理截面

从弯曲强度考虑，比较合理的截面形状，是使用较小的截面面积，却能获得较大弯曲截面系数的截面，即使W_z/A越大越好。由于在一般截面中，W_z与其高度的二次方成正比，所以，应尽可能使横截面面积分布在距中性轴z较远的地方，以满足上述要求。实际上，由于弯曲正应力沿截面高度呈线性分布，当离中性轴最远各点处的正应力达到许用应力时，中性轴附近各点处的正应力仍很小，因此，在离中性轴较远的位置，配置较多的材料，将提高材料的利用率。例如，环形截面比圆形截面合理；矩形截面立放与扁放合理；而工字形截面又比立放的矩形截面更为合理。

从材料性能考虑，对于抗拉与抗压强度相同的塑性材料，宜采用关于中性轴对称的截面，这样，可使最大拉应力和最大压应力同时接近或达到材料的许用应力。例如，矩形、对称的工字形、箱形截面等。而对于抗拉强度低于抗压强度的脆性材料，则最好采用中性轴偏于受拉一侧的截面，例如，T字形，不对称的工字形、箱形截面等。并且，理想的设计是使

$$\frac{\sigma_{\mathrm{t}\max}}{\sigma_{\mathrm{c}\max}}=\frac{[\sigma_{\mathrm{t}}]}{[\sigma_{\mathrm{c}}]} \tag{5-56}$$

5.6.7 弯曲中心概念

对于薄壁截面，由于切应力方向必须平行于截面周边的切线方向，所以，与切应力相对应的分布力系向横截面所在平面内不同点简化，将得到不同的结果。如果向某一点简化结果所得的主矢不为零而主矩为零，则这一点称为弯曲中心或剪切中心。

5.6.8 梁的变形

1. 梁的挠度与转角

图5-46所示弯曲变形可以由两个基本变量来度量。① 挠度。梁变形前轴线上的x点（即该点处横截面的形心）在y轴的方向上发生的线位移w，称为梁在该点的挠度。在图5-46所

示坐标系下，挠度向上为正，向下为负。$w = f(x)$可以表示变形后的梁轴线，称为梁的挠曲线。② 转角。x 点处的横截面在弯曲变形过程中，绕中性轴转过的角度 θ，称为该截面的转角。规定转角逆时针为正，顺时针为负。

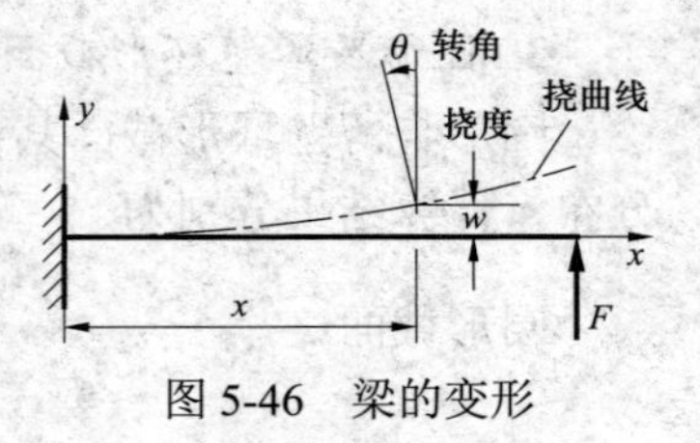

图 5-46　梁的变形

因为挠曲线是一非常平坦的曲线，θ 是一个非常小的角度，故有

$$\theta \approx \tan\theta = \frac{\mathrm{d}w}{\mathrm{d}x} = f'(x) \tag{5-57}$$

截面转角近似地等于挠曲线上与该截面对应的点处切线的斜率。

2. 梁的挠曲线及其近似微分方程

$$w'' = \frac{M_{(x)}}{EI_z} \tag{5-58}$$

式（5-58）称作挠曲线近似微分方程，由此方程即可求出梁的挠度，同时利用式（5-57），又可求得梁横截面的转角。

3. 用积分法求梁的位移

将式（5-58）两端积分，可得梁的转角方程为

$$\theta = \frac{\mathrm{d}w}{\mathrm{d}x} = w' = \int \frac{M_{(x)}}{EI_z}\mathrm{d}x + C \tag{5-59}$$

再次积分，即可得到梁的挠曲线方程

$$w = \int\left[\int \frac{M_{(x)}}{EI_z}\mathrm{d}x\right]\mathrm{d}x + Cx + D \tag{5-60}$$

上式中，C 和 D 为积分常数，它们可由梁的支承约束条件和连续性条件（统称为边界条件）确定。

4. 求梁变形的叠加法

积分法是求梁弯曲变形的基本方法，利用此方法的优点是可以求得转角和挠度的普通方程式。但当只需确定某些特定截面的转角和挠度时，积分法就显得比较烦琐，可以采用叠加法。

求挠度或转角的叠加原理。在材料服从胡克定律和小变形情况下，梁上有几种载荷共同作用时的挠度或转角，等于几种载荷分别单独作用时的挠度或转角之代数和。

为了叠加的方便，现将梁在简单载荷作用下的变形汇总于表 5-2 中，以便直接查用。

表 5-2　　**梁在简单载荷作用下的变形**

序号	梁的简图	挠曲线方程	转角和挠度
1		$w = -\frac{mx^2}{2EI_z}$	$\theta_B = -\frac{ml}{EI_z}$ $w_B = -\frac{ml^2}{2EI_z}$

续表

序号	梁的简图	挠曲线方程	转角和挠度
2	A θ_B B F w_B l	$w=-\frac{Fx^2}{6EI_z}(3l-x)$	$\theta_B=-\frac{Fl^2}{2EI_z}$ $w_B=-\frac{Fl^3}{3EI_z}$
3	q B A θ_B w_B l	$w=-\frac{qx^2}{6EI_z}(x^2-4lx-6l^2)$	$\theta_B=-\frac{ql^3}{6EI_z}$ $w_B=-\frac{ql^4}{8EI_z}$
4	m A θ_A θ_B B l	$w=-\frac{mx^2}{6EI_z l}(l-x)(2l-x)$	$\theta_A=-\frac{ml}{3EI_z}$ $\theta_B=\frac{ml}{6EI_z}$ $x=\left(1-\frac{1}{\sqrt{3}}\right)l$ $w_{max}=-\frac{ml^2}{9\sqrt{3}EI_z}$ $x=\frac{l}{2}$ $w_{\frac{l}{2}}=-\frac{ml^2}{16EI_z}$
5	F A θ_A θ_B B $l/2$ $l/2$	$w=-\frac{Fx}{48EI_z}(3l^2-4x^2)$ $0\leqslant x\leqslant\frac{l}{2}$	$\theta_A=-\theta_B=-\frac{Fl^2}{16EI_z}$ $w_B=-\frac{Fl^3}{48EI_z}$
6	q A B θ_A θ_B $l/2$ $l/2$	$w=-\frac{qx^2}{24EI_z}(l^3-2lx^2+x^3)$	$\theta_A=-\theta_B=-\frac{ql^3}{24EI_z}$ $w_B=-\frac{5ql^4}{384EI_z}$

【例 5-21】（2022） 材料相同的两矩形截面梁如图 5-47 所示，其中（b）梁是用两根高 $0.5h$、宽 b 的矩形截面梁叠合而成，且叠合面间无摩擦，则结论正确的是（　　）。

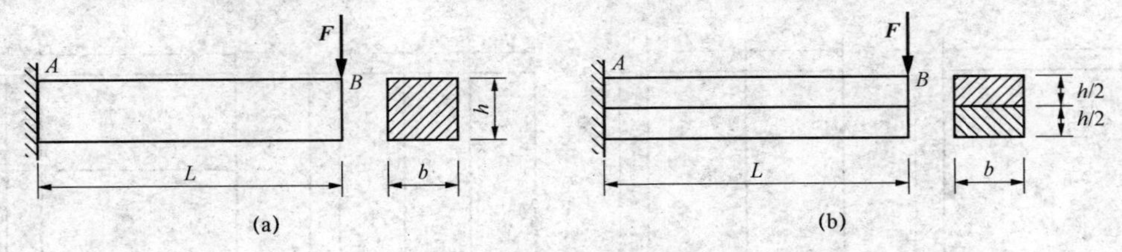

图 5-47　例 5-21 图

A. 两梁的强度和刚度均不相同　　　　B. 两梁的强度和刚度均相同

C. 两梁的强度相同，刚度不同　　　　D. 两梁的强度不同，刚度相同

【解】截面梁的弯曲强度由最大弯曲正应力主导，其计算公式为 $\sigma_{\max}=\dfrac{M}{W_z}$，对于图（a），$M=FL$，$W_z=\dfrac{bh^2}{6}$，$\sigma_{\max}=\dfrac{M}{W_z}=\dfrac{6FL}{bh^2}$；对于图(b)，$M=\dfrac{FL}{2}$，$W_z=\dfrac{b\left(\dfrac{h}{2}\right)^2}{6}$，$\sigma_{\max}=\dfrac{M}{W_z}=\dfrac{12FL}{bh^2}$。因此，两梁的强度不相同。截面梁的刚度由最大挠度主导，对于悬臂梁，最大挠度为 $w_{\max}=\dfrac{FL^3}{3EI_z}$；对于图（a），$I_z=\dfrac{bh^3}{12}$，$w_{\max}=\dfrac{FL^3}{3EI_z}=\dfrac{4FL^3}{Ebh^3}$；对于图（b），$I_z=\dfrac{b\left(\dfrac{h}{2}\right)^3}{12}=\dfrac{bh^3}{96}$，$w_{\max}=\dfrac{1}{2}\times\dfrac{FL^3}{3EI_z}=\dfrac{16FL^3}{Ebh^3}$。因此，两梁的刚度不相同。

【答案】A

【例 5-22】(2019)　如图 5-48 所示悬臂梁，若梁的长度增加 1 倍，梁的最大正应力和最大切应力是原来的（　　）。

A. 均不变

B. 均是原来的 2 倍

C. 正应力是原来的 2 倍，切应力不变

D. 正应力不变，切应力是原来的 2 倍

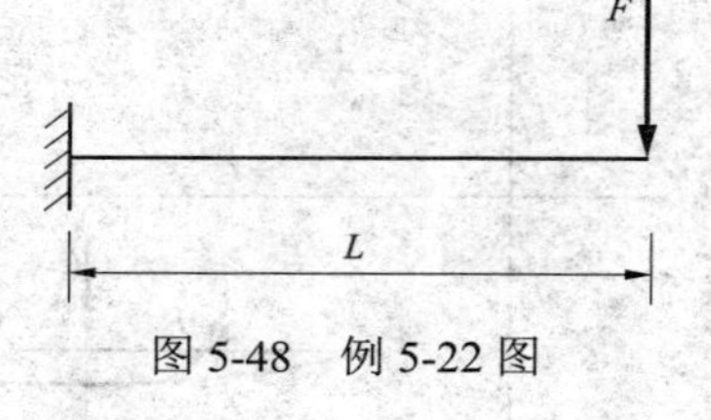

图 5-48　例 5-22 图

【解】本题主要考查梁的跨长对内力的影响，进而影响梁的最大正应力和最大切应力的计算。跨长增加 1 倍，即为原来的 2 倍，这时，最大剪力在最左端，$F_{\mathrm{Smax}2}=F_{\mathrm{Smax}1}$，最大切应力 $\tau_{\max}\propto\dfrac{F_{\mathrm{Smax}}}{A}$，所以切应力不变；而最大弯矩也在最左端，$M_{\max 2}=2M_{\max 1}$，最大正应力 $\sigma_{\max}=\dfrac{M_{\max}}{W_t}$，所以正应力是原来的 2 倍。

【答案】C

【例 5-23】(2020)　承受竖直向下载荷的等截面悬臂梁，结构分别采用整体材料、两块材料并列、三块材料并列和两块材料叠合（未粘接）四种方案，对应横截面如下图所示。在这四种横截面中，发生最大弯曲正应力的截面是（　　）。

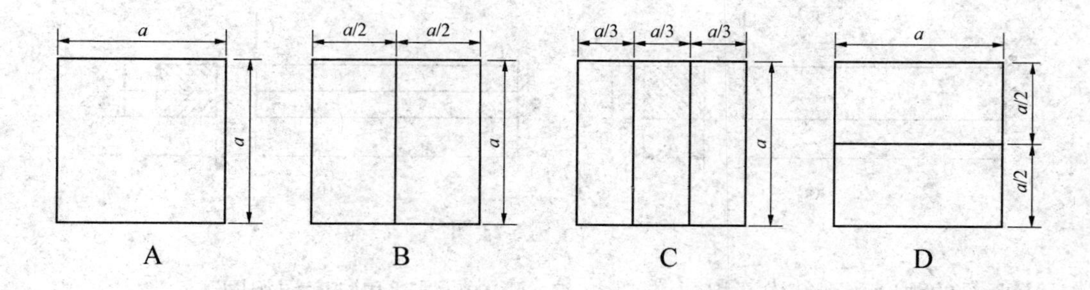

【解】本题主要考查弯曲公式的叠梁正应力的计算。对于 A 图：$\sigma_{\max}=\dfrac{M}{\dfrac{a^3}{6}}$。对于 B 图：$\sigma_{\max}=\dfrac{M/2}{\dfrac{a^3/2}{6}}=\dfrac{M}{\dfrac{a^3}{6}}$。对于 C 图：$\sigma_{\max}=\dfrac{M/3}{\dfrac{a^3/3}{6}}=\dfrac{M}{\dfrac{a^3}{6}}$。对于 D 图：$\sigma_{\max}=\dfrac{M/2}{\dfrac{a\left(\dfrac{a}{2}\right)^2}{6}}=\dfrac{2M}{\dfrac{a^3}{6}}$。

【答案】D

【例 5-24】（2019，2021） 悬臂梁的载荷如图 5-49 所示，若集中力偶 M 在梁上移动，梁的内力变化情况是（　　）。

A. 剪力图、弯矩图均不变

B. 剪力图、弯矩图均改变

C. 剪力图不变、弯矩图改变

D. 剪力图改变、弯矩图不变

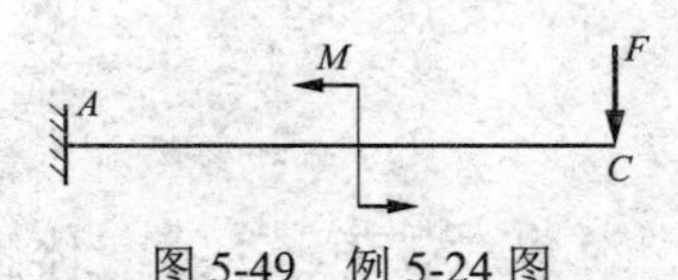

图 5-49　例 5-24 图

【解】本题主要考查力偶对弯曲内力图的影响。根据力偶对弯曲内力图的影响可知，力偶作用点处，剪力图没有变化，弯矩图发生突变，故力偶位置变化，则弯矩图发生改变。

【答案】C

【例 5-25】（2020） 如图 5-50 所示梁 ABC 用积分法求变形时，确定积分常数的条件是（　　）。（式中 w 为梁的挠度，θ为梁横截面的转角，ΔL为杆 DB 的伸长变形）

A. $w_A=0$，$w_B=0$，$w_{C左}=w_{C右}$，$\theta_C=0$

B. $w_A=0$，$w_B=\Delta L$，$w_{C左}=w_{C右}$，$\theta_C=0$

C. $w_A=0$，$w_B=\Delta L$，$w_{C左}=w_{C右}$，$\theta_{C左}=\theta_{C右}$

D. $\theta_A=0$，$w_B=\Delta L$，$w_C=0$，$\theta_{C左}=\theta_{C右}$

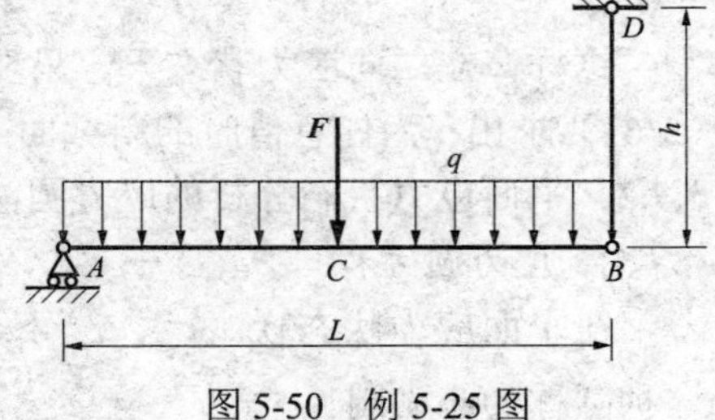

图 5-50　例 5-25 图

【解】本题主要考查积分法边界条件的应用。

提示：边界条件在约束处找，A 点、B 点；光滑连续条件在分段点处找，C 点。

【答案】C

5.7　应力状态

考试大纲

平面应力状态分析的解析法和应力圆法；主应力和最大切应力；广义胡克定律；四个常用的强度理论。

所谓应力状态又称为一点处的应力状态，是指过一点不同方向面上应力的集合。

5.7.1　平面应力状态分析的解析法

当微元只有两对面上承受应力并且所有应力作用线均处于同一平面内时，这种应力状态统称为二向应力状态或平面应力状态。

方向角与应力分量的正负号约定如下：

α 角——由 x 轴转到外法线 n 为逆时针时为正；反之为负。

正应力——拉为正；压为负。

切应力——使微元或其局部产生顺时针方向转动趋势者为正；反之为负。

图 5-51 中所示的 α 及正应力和切应力 τ_{xy} 均为正，τ_{yx} 为负。

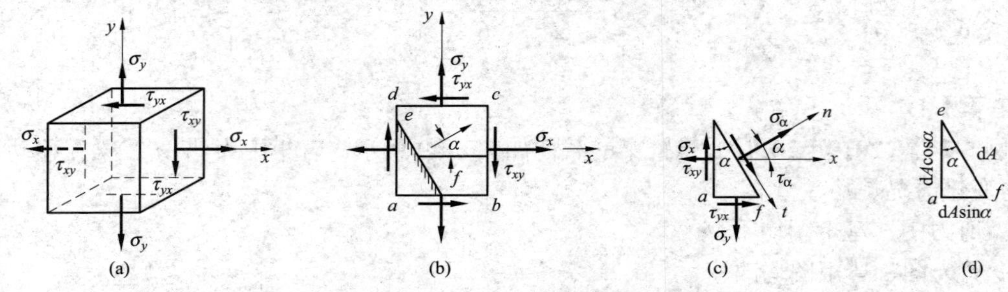

图 5-51　平面应力状态的解析法

以斜截面 ef 把单元体假想截开，考虑任一部分的平衡，例如 aef 部分，根据切应力互等定理 τ_{xy} 与 τ_{yx} 在数值上相等，可得

$$\sigma_\alpha=\frac{1}{2}(\sigma_x+\sigma_y)+\frac{1}{2}(\sigma_x-\sigma_y)\cos 2\alpha-\tau_{xy}\sin 2\alpha$$

$$\tau_\alpha=\frac{1}{2}(\sigma_x-\sigma_y)\sin 2\alpha+\tau_{xy}\cos 2\alpha \tag{5-61}$$

这样，在二向应力状态下，只要知道一对互相垂直面上的应力 σ_x、σ_y 和 τ_{xy}，就可以依式（5-61）求出 α 为任意值时的斜截面上的应力 σ_α 和 τ_α 了。

5.7.2　平面应力状态分析的应力圆法

1. 应力圆方程

在平面应力状态 σ_x、σ_y、τ_{xy} 下，任意斜截面上的应力 σ_α 与 τ_α 的关系式是一个圆方程。这种圆称为应力圆。

$$\left(\sigma_\alpha-\frac{\sigma_x+\sigma_y}{2}\right)^2+\tau_\alpha^2=\left(\frac{\sigma_x-\sigma_y}{2}\right)^2+\tau_{xy}^2 \tag{5-62}$$

应力圆最早由德国工程师莫尔提出的，故又称为莫尔应力圆，也可简称为莫尔圆。

2. 应力圆的画法

如图 5-52 所示，若已知一平面应力状态 σ_x、σ_y、τ_{xy}，取横坐标为 σ 轴、纵坐标为 τ 轴，选定比例尺；由 $(\sigma_x,\ \tau_{xy})$ 确定点 a，由 $(\sigma_y,\ \tau_{xy})$ 确定点 b；连接 ab，交 σ 轴于 C 点，以 C 为圆心，Ca 或 Cb 为半径作圆，即得相应于该单元体的应力圆。

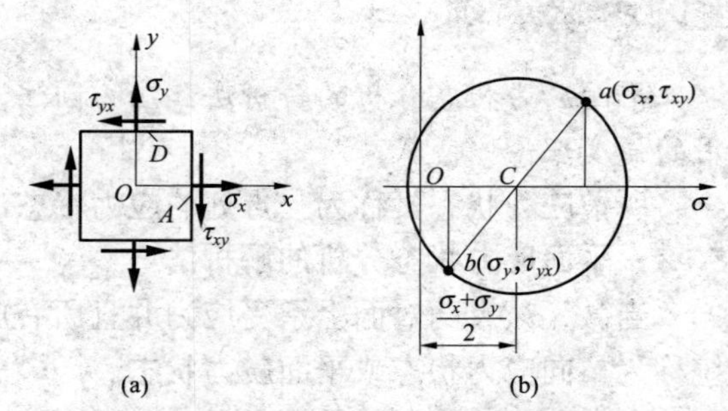

图 5-52　平面应力状态应力圆

5.7.3　主应力和最大切应力

1. 主平面与主应力

应力状态中切应力为零的平面称为“主平面”，主平面上作用的正应力称为“主应力”，主

应力作用方向称为“主方向”。主应力就是应力状态中正应力的极大值和极小值。

2. 平面应力状态的三个主应力

平面应力状态有两个不等于零主应力。这两个不等于零的主应力以及平面应力状态固有的等于零的主应力，分别用σ'、σ''、σ'''表示。

$$\sigma'=\frac{\sigma_x+\sigma_y}{2}+\frac{1}{2}\sqrt{(\sigma_x-\sigma_y)^2+4\tau_{xy}^2} \tag{5-63a}$$

$$\sigma''=\frac{\sigma_x+\sigma_y}{2}-\frac{1}{2}\sqrt{(\sigma_x-\sigma_y)^2+4\tau_{xy}^2} \tag{5-63b}$$

$$\sigma'''=0 \tag{5-63c}$$

以后，将按三个主应力σ'、σ''、σ'''代数值由大到小顺序排列分别σ_1、σ_2、σ_3表示，且$\sigma_1>\sigma_2>\sigma_3$。

3. 面内最大切应力

$$\tau'=\frac{1}{2}\sqrt{(\sigma_x-\sigma_y)^2+4\tau_{xy}^2} \tag{5-64a}$$

$$\tau''=-\frac{1}{2}\sqrt{(\sigma_x-\sigma_y)^2+4\tau_{xy}^2} \tag{5-64b}$$

需要特别指出的是，上述切应力极值仅对垂直于xy坐标面的方向面而言，因而称为面内最大切应力与面内最小切应力。两者不一定是过一点的所有方向面中切应力的最大值和最小值。

5.7.4 广义胡克定律

在小变形条件，考虑到正应力与切应力所引起的正应变和切应变，都是相互独立的，因此，应用叠加原理，可以得到图 5-53 所示一般应力（三向应力）状态下的应力—应变关系。

$$\left.\begin{aligned}
\varepsilon_x&=\frac{1}{E}[\sigma_x-\nu(\sigma_y+\sigma_z)]\\
\varepsilon_y&=\frac{1}{E}[\sigma_y-\nu(\sigma_z+\sigma_x)]\\
\varepsilon_z&=\frac{1}{E}[\sigma_z-\nu(\sigma_x+\sigma_y)]\\
\gamma_{xy}&=\frac{\tau_{xy}}{G}\\
\gamma_{xz}&=\frac{\tau_{xz}}{G}\\
\gamma_{yz}&=\frac{\tau_{yz}}{G}
\end{aligned}\right\} \tag{5-65}$$

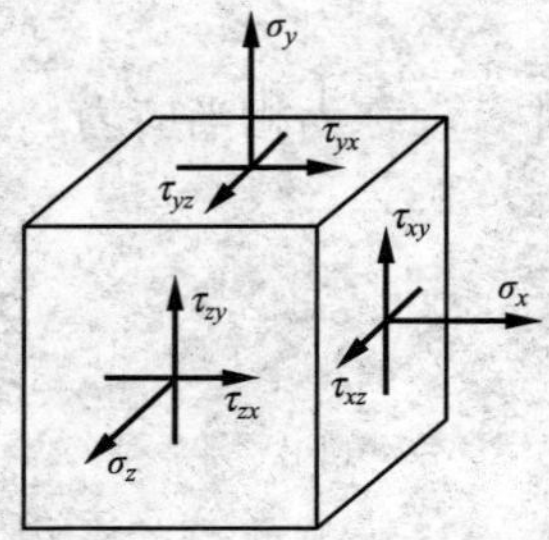

图 5-53　一般应力（三向应力）

上式称为一般应力状态下的广义胡克定律。

对于平面应力状态（$\sigma_z=0$），广义虎克定律式（5-65）简化为

$$
\left.\begin{aligned}
\varepsilon_x &= \frac{1}{E}(\sigma_x - \nu\sigma_y) \\
\varepsilon_y &= \frac{1}{E}(\sigma_y - \nu\sigma_x) \\
\varepsilon_z &= -\frac{\nu}{E}(\sigma_x + \sigma_y) \\
\gamma_{xy} &= \frac{\tau_{xy}}{G}
\end{aligned}\right\} \tag{5-66}
$$

5.7.5 四个常用的强度理论

强度理论是材料在复杂应力状态下关于强度失效原因的理论。

1. 第一强度理论（最大拉应力理论）

$$\sigma_1 \leqslant [\sigma] = \frac{\sigma_b}{n_b} \tag{5-67}$$

式中，σ_1为第一主应力，且必须是拉应力。

2. 第二强度理论（最大拉应变理论）

$$\sigma_1 - \mu(\sigma_2 + \sigma_3) \leqslant \frac{\sigma_b}{n} = [\sigma] \tag{5-68}$$

3. 第三强度理论（最大切应力理论）

$$\sigma_1 - \sigma_3 \leqslant \frac{\sigma_s}{n_s} = [\sigma] \tag{5-69}$$

4. 第四强度理论（形状改变能密度理论）

$$\sqrt{\frac{1}{2}[(\sigma_1 - \sigma_2)^2 + (\sigma_2 - \sigma_3)^2 + (\sigma_3 - \sigma_1)^2]} \leqslant \frac{\sigma_s}{n_s} = [\sigma] \tag{5-70}$$

5. 相当应力

强度理论的强度条件可概括写成统一的形式

$$\sigma_r \leqslant [\sigma] \tag{5-71}$$

式中，σ_r称为相当应力。4个强度理论的相当应力分别为

$$
\begin{aligned}
\sigma_{r1} &= \sigma_1 \\
\sigma_{r2} &= \sigma_1 - \mu(\sigma_2 + \sigma_3) \\
\sigma_{r3} &= \sigma_1 - \sigma_3 \\
\sigma_{r4} &= \sqrt{\frac{1}{2}[(\sigma_1 - \sigma_2)^2 + (\sigma_2 - \sigma_3)^2 + (\sigma_3 - \sigma_1)^2]}
\end{aligned} \tag{5-72}
$$

相当应力是危险点的3个主应力按一定形式的组合，并非是真实的应力。

6. 适用范围

（1）塑性材料用三、四强度理论，第四比第三经济。另外，塑性材料受三向均匀拉应力时，发生脆断，所以采用第一强度理论。

（2）脆性材料受二向或三向拉应力时用第一强度理论。另外，铸铁受三向压缩，有流动

现象，采用第三、第四强度理论。

7. 强度理论用于二向应力状态

常见的平面应力状态如图 5-54 所示，这种应力状态下的第三、第四强度理论的相当应力如下

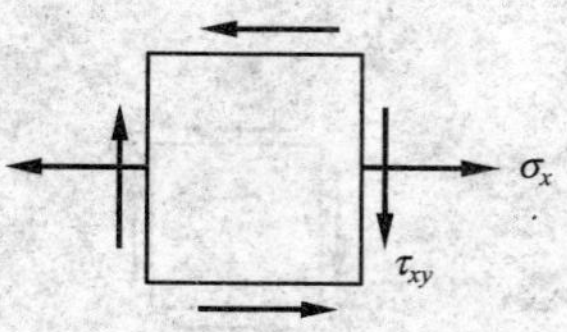

图 5-54　常见的平面应力状态

$$\frac{\sigma_{\max}}{\sigma_{\min}}=\frac{\sigma_x+\sigma_y}{2}\pm\sqrt{\left(\frac{\sigma_x-\sigma_y}{2}\right)^2+\tau_{xy}^2}$$

$$\frac{\sigma_{\max}}{\sigma_{\min}}=\frac{\sigma_x}{2}\pm\frac{1}{2}\sqrt{\sigma_x^2+4\tau_{xy}^2}$$

$$\sigma_1=\frac{\sigma_x}{2}+\frac{1}{2}\sqrt{\sigma_x^2+4\tau_{xy}^2},\quad \sigma_2=0,\quad \sigma_3=\frac{\sigma_x}{2}-\frac{1}{2}\sqrt{\sigma_x{}^2+4\tau_{xy}^2}$$

$$\sigma_{r3}=\sigma_1-\sigma_3=\sqrt{\sigma_x^2+4\tau_{xy}^2} \tag{5-73}$$

$$\sigma_{r4}=\sqrt{\frac{1}{2}[(\sigma_1-\sigma_2)^2+(\sigma_2-\sigma_3)^2+(\sigma_3-\sigma_1)^2]}=\sqrt{\sigma_x^2+3\tau_{xy}^2} \tag{5-74}$$

【例 5-26】（2014）按照第三强度理论，图 5-55 所示两种应力状态的危险程度是（　　）。

A. 无法判断　　B. 两者相同

C.（a）更危险　　D.（b）更危险

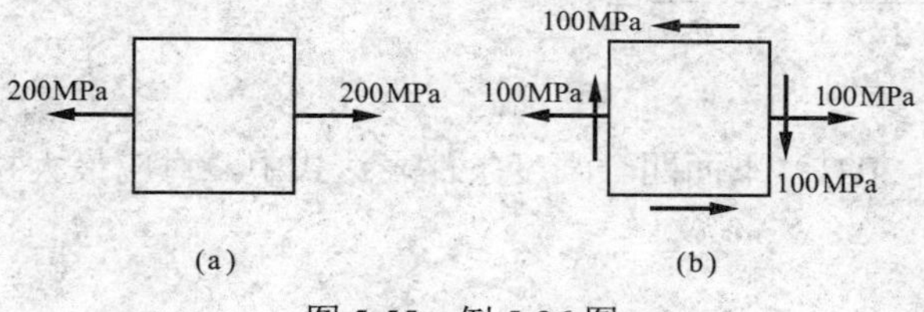

图 5-55　例 5-26 图

【解】本题主要考查主应力的计算及相当应力的计算。提示：

图 5-55（a）：

$$\sigma_1=200，\sigma_2=0，\sigma_3=0，\sigma_{r3}=\sigma_1-\sigma_3=200$$

图 5-55（b）：

$$\sigma_1=\frac{\sigma_x}{2}+\sqrt{\left(\frac{\sigma_x}{2}\right)^2+\tau_{xy}^2}=\frac{100}{2}+\sqrt{\left(\frac{100}{2}\right)^2+100^2}=161.8$$

$$\sigma_2=0$$

$$\sigma_3=\frac{\sigma_x}{2}-\sqrt{\left(\frac{\sigma_x}{2}\right)^2+\tau_{xy}^2}=\frac{100}{2}-\sqrt{\left(\frac{100}{2}\right)^2+100^2}=-61.8$$

$$\sigma_{r3}=\sigma_1-\sigma_3=223.6$$

【答案】D

【例 5-27】下列单元体处于平面应力状态，则图示应力平面内应力圆半径最小的是（　　）。

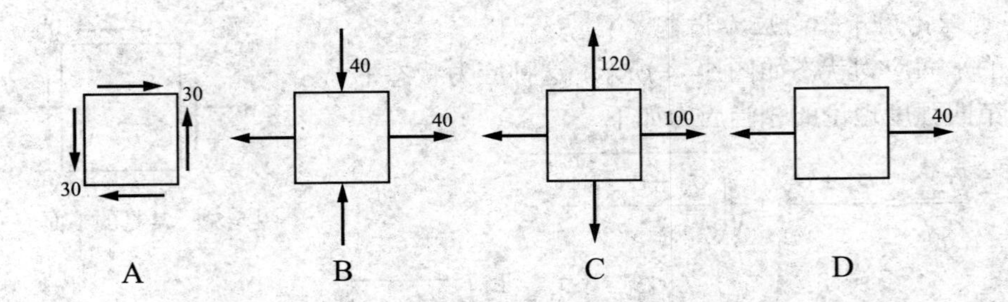

【解】应力平面内应力圆半径 $R=\dfrac{\sigma_{max}-\sigma_{min}}{2}$。

选项 A，$R=\dfrac{\sigma_{max}-\sigma_{min}}{2}=\dfrac{30-(-30)}{2}=30$；

选项 B，$R=\dfrac{\sigma_{max}-\sigma_{min}}{2}=\dfrac{40-(-40)}{2}=40$；

选项 C，$R=\dfrac{\sigma_{max}-\sigma_{min}}{2}=\dfrac{120-100}{2}=10$；

选项 D，$R=\dfrac{\sigma_{max}-\sigma_{min}}{2}=\dfrac{40-0}{2}=20$。

【答案】C

【例 5-28】（2020、2021）下面四个强度条件表达式中，对应最大拉应力强度理论的表达式是（　　）。

A. $\sigma_1\leqslant[\sigma]$

B. $\sigma_1-\mu(\sigma_2+\sigma_3)\leqslant[\sigma]$

C. $\sigma_1-\sigma_3\leqslant[\sigma]$

D. $\sqrt{\dfrac{1}{2}\left[(\sigma_1-\sigma_2)^2+(\sigma_2-\sigma_3)^2+(\sigma_3-\sigma_1)^2\right]}\leqslant[\sigma]$

【解】本题主要考查强度理论的相当应力。最大拉应力理论就是第一强度理论，其相当应力就是 σ_1。

【答案】A

5.8　组合变形

考试大纲

拉/压—弯组合、弯—扭组合情况下杆件的强度校核；斜弯曲。

5.8.1 拉/压—弯组合情况下杆件的强度校核

1. 轴向力与横向力共同作用的情况

图 5-56（a）所示三脚架中的 AB 杆，在支座反力 F_{Ay}、F_{Cy} 和杆端载荷 F 三个横向力的作用下产生平面弯曲，其中 AC 段在轴向力 F_{Ax}、F_{Cx} 作用下还将产生，轴向拉伸，故 AC 杆段为弯曲与拉伸的组合变形。危险点处的应力为

$$\sigma=\frac{F_{\mathrm{N}}}{A}+\frac{M_{\max}}{W} \tag{5-75}$$

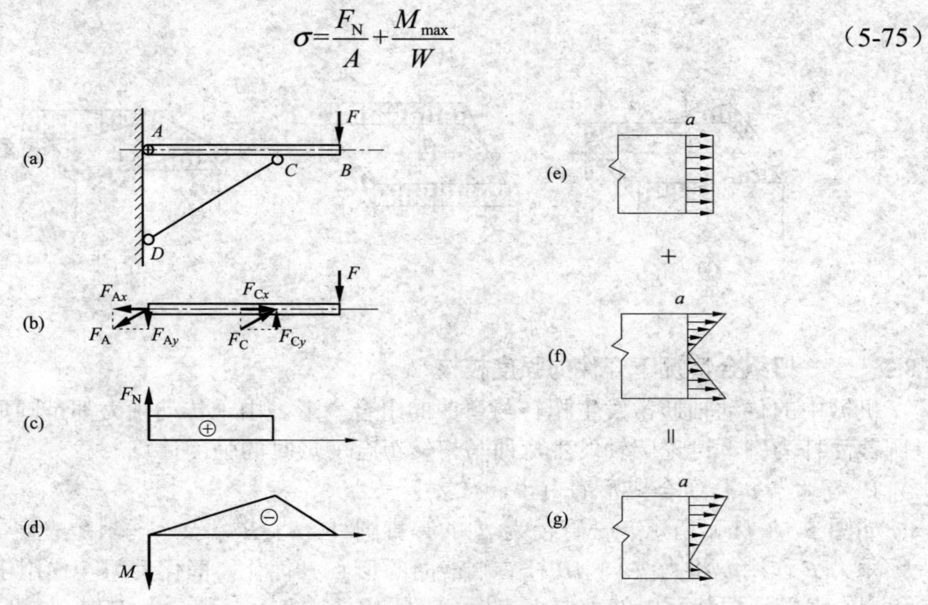

图 5-56　横向力和轴向力共同作用

根据上述分析可知，弯曲与拉伸（压缩）组合变形时，杆的正应力危险点处的切应力也为零，即危险点为单向应力状态，故其强度条件为 $\sigma\leqslant[\sigma]$。

2. 偏心力引起的弯曲与拉伸（压缩）的组合

作用线平行于杆轴线，但不相重合的纵向力称为偏心力。可将力 F 向横截面形心简化。简化后得到 3 个载荷：轴向压力 F、作用于 xOz 平面内的力偶 m_y 和作用于 xOy 平面内的力偶 m_z，如图 5-57（b）所示。在这些载荷的共同作用下杆件的变形是轴向压缩与斜弯曲的组合。横截面上的内力有轴力 F_{N}、弯矩 M_y 和弯矩 M_z。

按叠加原理，横截面上某一点处的正应力为图 5-57（f）。

$$\sigma=-\frac{F_{\mathrm{N}}}{A}\pm\frac{M_z}{I_z}y\pm\frac{M_y}{I_y}z=-\frac{F_{\mathrm{N}}}{A}\pm\frac{Fy_{\mathrm{F}}}{I_z}y\pm\frac{Fz_{\mathrm{F}}}{I_y}z \tag{5-76}$$

如图 5-57（c）所示，最大拉应力发生在点 4 处，最大压应力发生在点 2 处，对应的计算式为

$$\sigma_{\mathrm{t\,max}}=-\frac{F_{\mathrm{N}}}{A}+\frac{M_z}{W_z}+\frac{M_y}{W_y},\quad \sigma_{\mathrm{c\,max}}=-\frac{F_{\mathrm{N}}}{A}-\frac{M_z}{W_z}-\frac{M_y}{W_y} \tag{5-77}$$

危险点处只有正应力，是单向应力状态。因此，偏心力作用下杆件的强度条件为

$$\sigma_{\mathrm{t\,max}}\leqslant[\sigma_{\mathrm{t}}],\quad \sigma_{\mathrm{c\,max}}\leqslant[\sigma_{\mathrm{c}}] \tag{5-78}$$

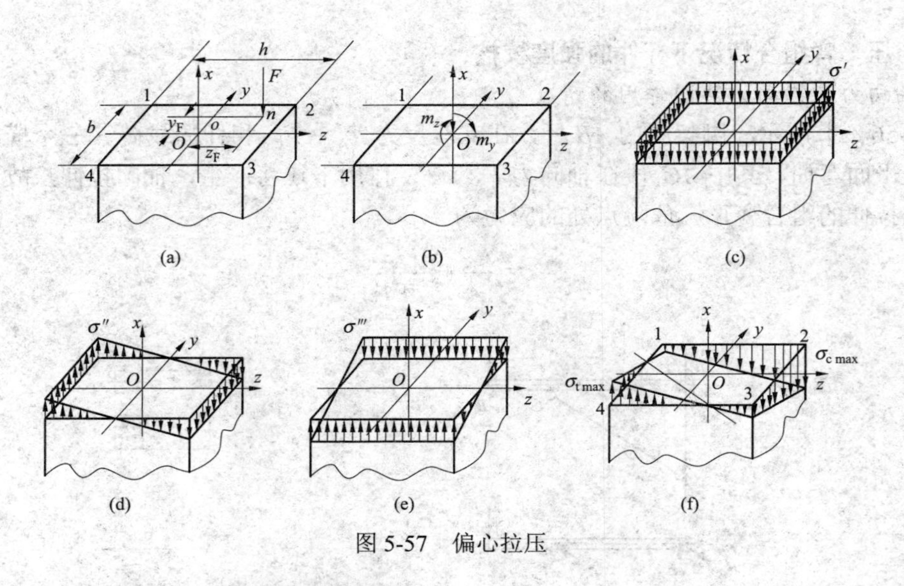

图 5-57　偏心拉压

5.8.2　弯—扭组合情况下杆件的强度校核

机械中的传动轴通常发生扭转与弯曲的组合变形。由于传动轴大都是圆形截面，因此，以圆截面杆为例，讨论圆轴发生弯曲与扭转组合变形时的强度计算。

1. 弯曲与扭转组合变形的内力和应力

如图 5-58（a）所示，一直径为 d 的等直圆杆 AB，B 端具有与 AB 成直角的刚臂，并承受铅垂力 F 作用。将力 F 向 AB 杆右端截面的形心 B 简化，简化后得一作用于 B 端的横向力 F 和一作用于杆端截面内的力偶矩 $M_e=Fa$[图 5-58（b）]。横向力 F 使 AB 杆产生平面弯曲，力偶 M_e 使 AB 杆产生扭转变形，对应的内力图如图 5-58（c）（d）所示。由于固定端截面的弯矩 M 和扭矩 T 都最大，因此 AB 杆的危险截面为固定端截面，其内力分别为

$$M=Fl,\quad T=Fa$$

C_1 和 C_2 就是危险截面上的危险点（对于许用拉、压应力相同的塑性材料制成的杆，这两点的危险程度是相同的）。分析 C_1 点的应力状态，如图 5-58（g）所示，可知 C_1 点处为平面应力状态。

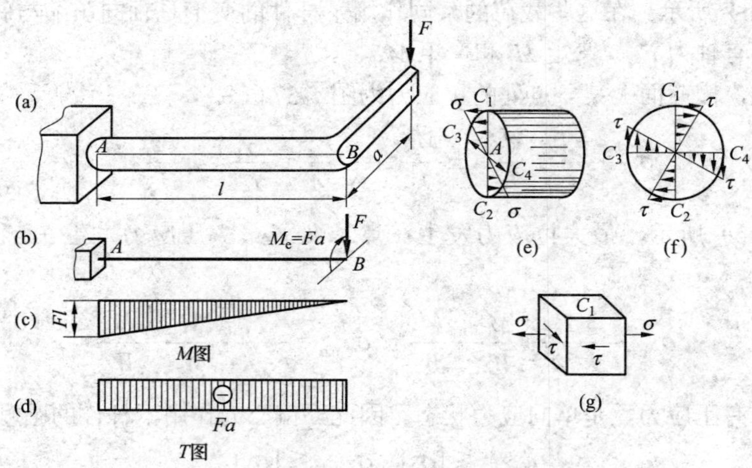

图 5-58　弯曲与扭转的组合变形

2. 弯曲与扭转组合变形的强度条件

由于危险点是平面应力状态，故应当按强度理论的概念建立强度条件。对于用塑性材料制成的杆件，选用第三或第四强度理论。

$$\sigma_{r3}=\sqrt{\sigma_{max}^2+4\tau_{max}^2}\text{，}\sigma_{r4}=\sqrt{\sigma_{max}^2+3\tau_{max}^2}$$

将$\sigma_{max}=\dfrac{M}{W}$，$\tau_{max}=\dfrac{T}{W_p}$代入上式，并注意到圆截面杆 $W_p=2W$，相应的相当应力表达式改为

$$\sigma_{r3}=\frac{\sqrt{M^2+T^2}}{W} \tag{5-79}$$

$$\sigma_{r4}=\frac{\sqrt{M^2+0.75T^2}}{W} \tag{5-80}$$

求得相当应力后，就可根据材料的许用应力$[\sigma]$来建立强度条件，进行强度计算。

$$\sigma_{r3}\leqslant[\sigma]\text{或}\sigma_{r4}\leqslant[\sigma] \tag{5-81}$$

【例 5-29】（2011、2016） 图 5-59 所示变截面短杆，AB 段的压应力σ_{AB}与 BC 段的压应力σ_{BC}的关系是（　　）。

A. $\sigma_{AB}=1.25\sigma_{BC}$　　B. $\sigma_{AB}=0.8\sigma_{BC}$

C. $\sigma_{AB}=2\sigma_{BC}$　　D. $\sigma_{AB}=0.5\sigma_{BC}$

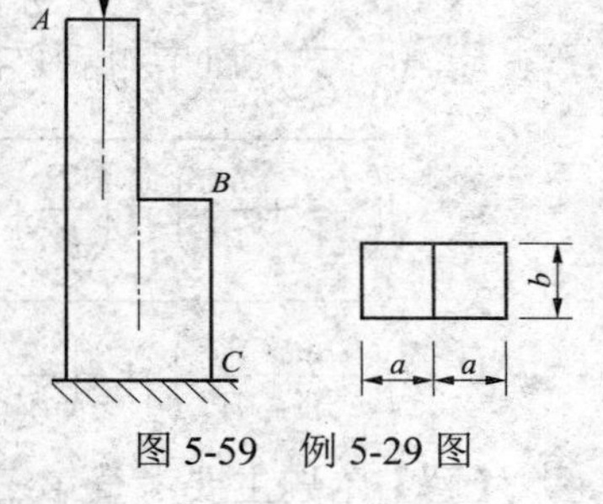

图 5-59　例 5-29 图

【解】本题主要考查偏心压缩时正应力的计算。

AB段（轴向压缩变形）：　$\sigma_{AB}=\dfrac{F}{A}=\dfrac{F}{ab}$

BC段（压弯组合变形）：　$\sigma_{BC}=\dfrac{F}{A}+\dfrac{F\dfrac{a}{2}}{W_z}=\dfrac{F}{2ab}+\dfrac{F\dfrac{a}{2}}{\dfrac{b(2a)^2}{6}}=\dfrac{5F}{4ab}$

【答案】B

【例 5-30】（2011） 图 5-60 所示圆轴，固定端外圆上 $y=0$ 点［图 5-60（a）中 A 点］的单元体的应力状态是（　　）。

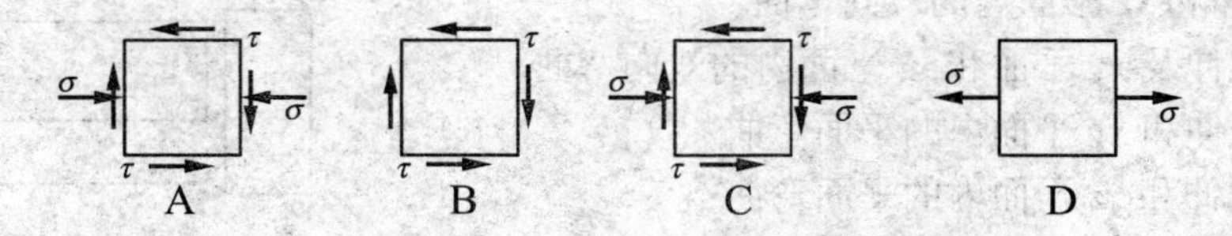

【解】本题主要考查弯扭组合各点的应力状态的分析。圆轴发生弯扭组合变形 A 点在中性轴上，所以没有弯矩引起的正应力，A 点单元体左侧截面受到扭矩引起的向上的切应力，如图 5-60（b）所示。

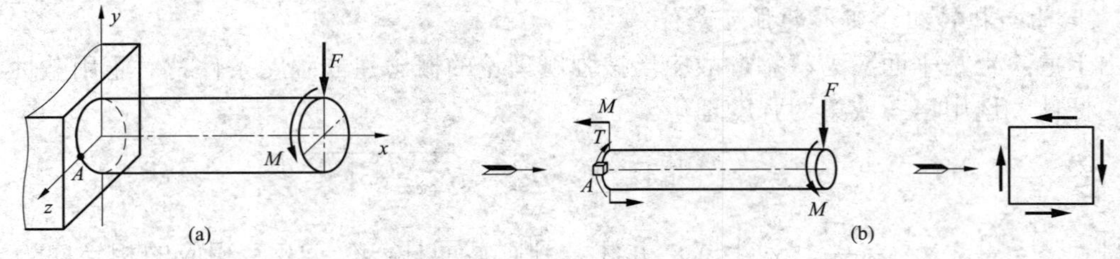

图 5-60　例 5-30 分析图

【答案】B

【例 5-31】（2019）　如图 5-61（a）所示圆截面积为 A，抗弯截面系数为 W，若同时受到扭矩 T、弯矩 M 和轴向力 F_N 的作用，按第三强度理论，下面的强度条件表达式中正确的是（　　）。

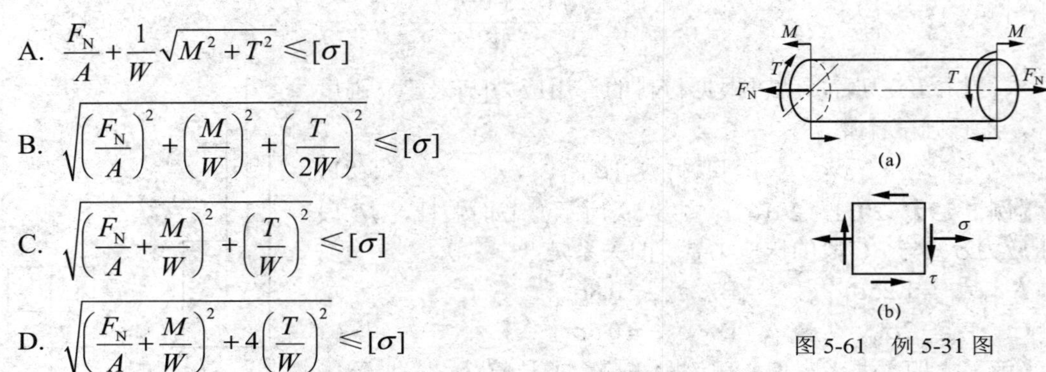

A. $\dfrac{F_N}{A}+\dfrac{1}{W}\sqrt{M^2+T^2}\leqslant[\sigma]$

B. $\sqrt{\left(\dfrac{F_N}{A}\right)^2+\left(\dfrac{M}{W}\right)^2+\left(\dfrac{T}{2W}\right)^2}\leqslant[\sigma]$

C. $\sqrt{\left(\dfrac{F_N}{A}+\dfrac{M}{W}\right)^2+\left(\dfrac{T}{W}\right)^2}\leqslant[\sigma]$

D. $\sqrt{\left(\dfrac{F_N}{A}+\dfrac{M}{W}\right)^2+4\left(\dfrac{T}{W}\right)^2}\leqslant[\sigma]$

图 5-61　例 5-31 图

【解】本题主要考查第三强度理论的应用。危险点在任意截面的最高点，其应力状态如图 5-61（b）所示。$\sigma=\dfrac{F_N}{A}+\dfrac{M}{W}$（由拉伸和弯曲产生），$\tau=\dfrac{T}{W_t}=\dfrac{T}{2W}$（由扭转产生），这种应力状态第三强度理论的公式为 $\sqrt{\sigma^2+4\tau^2}\leqslant[\sigma]$。

所以
$$\sqrt{\left(\frac{F_N}{A}+\frac{M}{W}\right)^2+4\left(\frac{T}{2W}\right)^2}=\sqrt{\left(\frac{F_N}{A}+\frac{M}{W}\right)^2+\left(\frac{T}{W}\right)^2}\leqslant[\sigma]$$

【答案】C

【例 5-32】（2016）　图 5-62 所示槽形截面梁，一端固定，一端自由，作用在自由端角点的力 F 与杆轴线平行。该杆将发生的变形是（　　）。

A. xy 平面和 xz 平面内的双向弯曲

B. 轴向拉伸及 xy 平面和 xz 平面内的双向弯曲

C. 轴向拉伸和 xy 平面内的平面弯曲

D. 轴向拉伸和 xz 平面内的平面弯曲

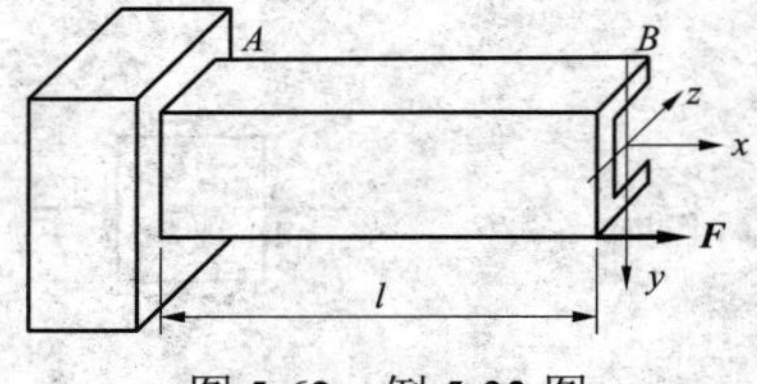

图 5-62　例 5-32 图

【解】本题主要考查偏心拉伸的分析。

槽形截面梁发生偏心拉伸变形，F 力向形心平移得到轴向力和绕 y、z 轴的弯矩，所以发生的是轴向拉伸及 xy 平面和 xz 平面内的双向弯曲。

【答案】B

【例 5-33】(2014) 图 5-63 所示正方形截面杆 AB，力 F 作用在 xOy 平面内，与 x 轴夹角 α。杆距离 B 端为 a 的横截面上最大正应力在 $\alpha=45°$ 时的值是 $\alpha=0$ 时值的（　　）。

A. $\dfrac{7\sqrt{2}}{2}$ 倍　　B. $3\sqrt{2}$ 倍　　C. $\dfrac{5\sqrt{2}}{2}$ 倍　　D. $\sqrt{2}$ 倍

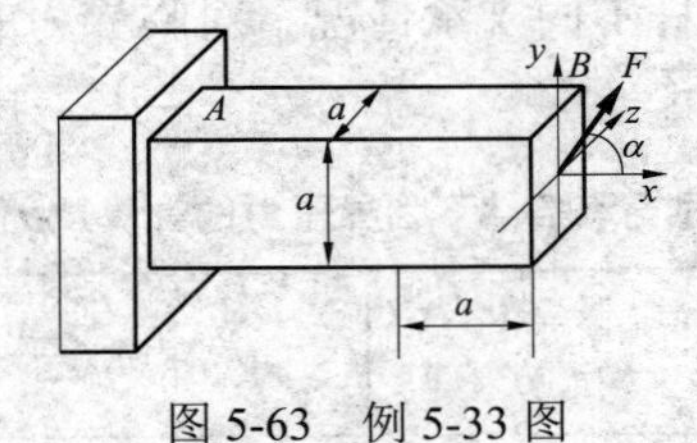

图 5-63　例 5-33 图

【解】本题主要考查轴向拉压时最大正应力和拉弯组合时最大正应力的比较。$\alpha=0$ 时，杆是轴向拉伸变形，$\alpha=45°$ 时，杆是拉弯组合变形，最大拉应力在截面下侧。

$\alpha=0$ 时，$\sigma_{\max(\alpha=0)}=\dfrac{F}{a^2}$；

$\alpha=45°$ 时，$\sigma_{\max(\alpha=45°)}=\dfrac{F\cos\alpha}{a^2}+\dfrac{Fa\sin\alpha}{\dfrac{a^3}{6}}=\dfrac{F\cos\alpha}{a^2}+\dfrac{6F\sin\alpha}{a^2}=\dfrac{7\sqrt{2}F}{2a^2}$。

【答案】A

5.9　压杆稳定

考试大纲

压杆的临界载荷；欧拉公式；柔度；临界应力总图；压杆的稳定校核。

5.9.1　压杆的临界载荷

压杆的稳定性是指受压杆件保持其原有平衡状态的能力。

压杆不能保持原有平衡状态的现象，称为丧失稳定，简称失稳。

压杆处于稳定平衡和不稳定平衡之间的临界状态时，其轴向压力称为临界力或临界荷载，用 F_{cr} 表示。临界力 F_{cr} 是判别压杆是否会失稳的重要指标，如图 5-64 所示。

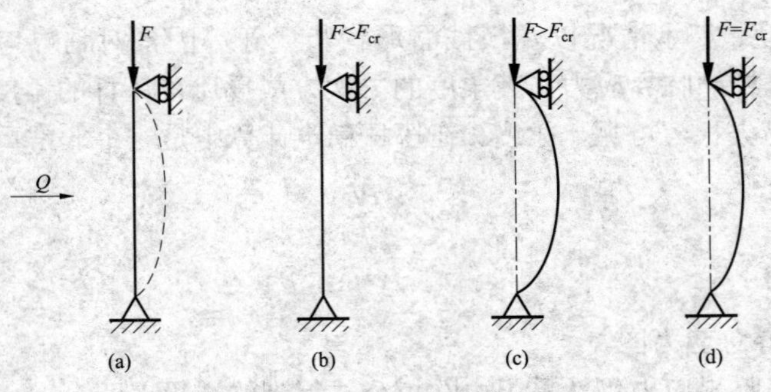

图 5-64　稳定平衡与非稳定平衡

5.9.2 欧拉公式

可把各种支承形式下的欧拉临界力公式统一表示为

$$F_{\mathrm{cr}}=\frac{\pi^2 EI}{(\mu l)^2} \tag{5-82}$$

式中，μ 为长度因数，它代表压杆不同支承情况下对临界力的影响，几种支承情况的 μ 值列于表 5-3 中，μl 称为相当长度。

表 5-3　　不同支承条件下临界压力的计算及 μ 值

支承情况	两端铰支	一端固定另一端铰支	两端固定	一端固定另一端自由	两端固定但可沿横向相对移动
失稳时挠曲线形状		C—挠曲线拐点	C、D—挠曲线拐点		C—挠曲线拐点
临界荷载 P_{cr} 的欧拉公式	$P_{\mathrm{cr}}=\frac{\pi^2 EI}{l^2}$	$P_{\mathrm{cr}}\approx\frac{\pi^2 EI}{(0.7l)^2}$	$P_{\mathrm{cr}}\approx\frac{\pi^2 EI}{(0.5l)^2}$	$P_{\mathrm{cr}}\approx\frac{\pi^2 EI}{(2l)^2}$	$P_{\mathrm{cr}}=\frac{\pi^2 EI}{l^2}$
长度系数 μ	$\mu=1$	$\mu\approx0.7$	$\mu=0.5$	$\mu=2$	$\mu=1$

5.9.3 柔度

1. 临界应力

将压杆的临界力 F_{cr} 除以杆的横截面面积 A，便得到压杆横截面上的应力，称为压杆的临界应力，用 σ_{cr} 表示，即

$$\sigma_{\mathrm{cr}}=\frac{F_{\mathrm{cr}}}{A}=\frac{\pi^2 EI}{(\mu l)^2 A}=\frac{\pi^2 E}{(\mu l/i)^2}=\frac{\pi^2 E}{\lambda^2} \tag{5-83}$$

上式为计算细长压杆临界应力的欧拉公式，式中 i 称为压杆横截面的惯性半径。

2. 柔度计算

反映了压杆长度、支承情况以及横截面形状和尺寸等因素对临界应力的综合影响。由式（5-83）看出，压杆的临界应力与其柔度的二次方成反比，压杆的柔度值越大，其临界应力越小，压杆越容易失稳。可见，柔度 λ 在压杆稳定计算中是一个非常重要的参数。

$$\lambda=\frac{\mu l}{i} \tag{5-84}$$

5.9.4 临界应力总图

如图 5-65 所临界总应力图。

对于细长压杆，临界应力仍然采用由欧拉公式得到的结果，即

$$\sigma_{cr}=\frac{\pi^2 E}{\lambda^2} \quad (\lambda>\lambda_p)$$

$$\lambda_p=\sqrt{\frac{\pi^2 E}{\sigma_p}} \tag{5-85}$$

λ_p是对应于材料比例极限时的柔度值，称为压杆的极限柔度，也就是适用欧拉公式的最小柔度值。

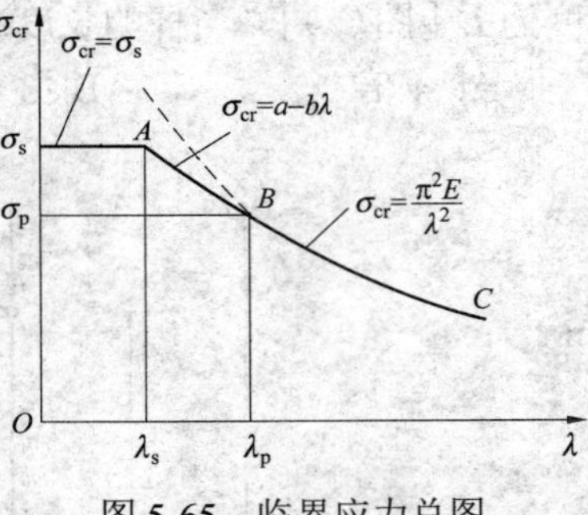

图 5-65　临界应力总图

对于粗短压杆，临界应力为

$$\sigma_{cr}=\sigma_s \ \text{或} \ \sigma_{cr}=\sigma_b \quad (\lambda\leqslant\lambda_s) \tag{5-86}$$

对于中长杆，采用直线经验公式

$$\sigma_{cr}=a-b\lambda \quad (\lambda_s\leqslant\lambda\leqslant\lambda_p) \tag{5-87}$$

5.9.5　压杆的稳定校核

1. 安全因数法

$$n_w\geqslant[n_{st}] \tag{5-88}$$

式中：$n_w=\frac{\sigma_{cr}}{\sigma_w}=\frac{F_{cr}}{F_w}$为工作稳定安全因数；$[n_{st}]$为规定的稳定安全因数。

解题步骤：① 计算受压杆的柔度 λ、λ_p，确定压杆属于哪个柔度范围；② 选择相应公式计算临界应力或临界压力；③ 计算实际稳定安全系数并与规定安全系数比较，检验其安全性。

2. 折减系数法

折减系数表示的压杆稳定条件

$$\frac{F}{A}\leqslant[\sigma]_{st}=\varphi[\sigma] \tag{5-89}$$

式中：$[\sigma]$为材料的强度许用应力；φ为折减系数，小于 1，可查阅相关资料获得。一个随压杆柔度变化的稳定因数。

解题步骤：① 计算压杆的柔度；② 查出对应的折减系数；③ 确定压杆的许用应力$[\sigma_{st}]=\varphi[\sigma]$；④ 计算压杆的工作应力并与许用应力$[\sigma_{st}]$比较，判断其安全性。

【例 5-34】如图 5-66 所示，一端固定一端自由的细长压杆如图（a）所示，为提高其稳定性在自由端增加一个活动铰链如图（b）所示，则图（b）压杆临界力是图（a）压杆临界力的（　　）。

A. 2　　B. $\frac{2}{0.7}$倍　　C. $\left(\frac{2}{0.7}\right)^2$倍　　D. $\left(\frac{0.7}{2}\right)^2$倍

【解】根据欧拉公式，压杆的临界荷载$F_{cr}=\frac{\pi^2 EI}{(\mu l)^2}$。

图（a）是一端固定、一端自由：长度系数为$\mu=2$。

图（b）是一端固定、一端铰支：长度系数为$\mu=0.7$。

当约束变化后，只有长度系数变化，其他均不变，因此有$\frac{F_{crb}}{F_{cra}}=\frac{\mu_a^2}{\mu_b^2}=\left(\frac{2}{0.7}\right)^2$

【答案】C

【例 5-35】（2011、2017）图 5-67 所示一端固定另一端自由的细长（大柔度）压杆，长

度为 L［图(a)］，当杆的长度减小一半时［图(b)］，其临界荷载是原来的（　　）。

A. 4 倍　　B. 3 倍　　C. 3 倍　　D. 1 倍

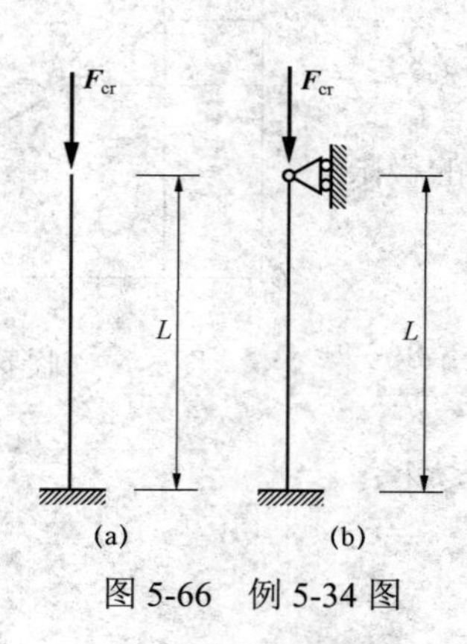

图 5-66　例 5-34 图

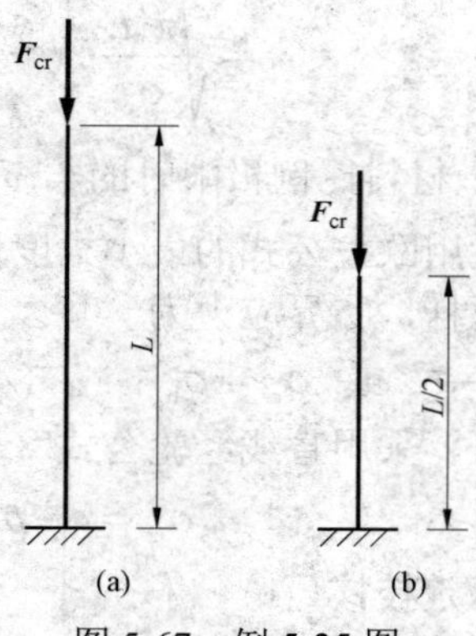

图 5-67　例 5-35 图

【解】本题要考查压杆的临界荷载和杆长的关系。提示：$F_{cr}=\dfrac{\pi^2EI}{(\mu l)^2}$。

【答案】A

【例 5-36】(2010、2018)　图 5-68 所示三根压杆均为细长（大柔度）压杆，且弯曲刚度为 EI，三根压杆的临界荷载 F_{cr} 的关系为（　　）。

A. $F_{cra}>F_{crb}>F_{crc}$　　B. $F_{crb}>F_{cra}>F_{crc}$

C. $F_{crc}>F_{cra}>F_{crb}$　　D. $F_{crb}>F_{crc}>F_{cra}$

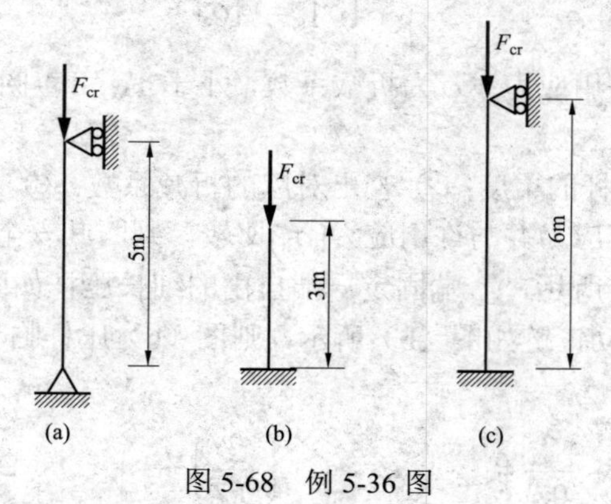

图 5-68　例 5-36 图

【解】本题主要考查临界压力与相当长度 μL 的关系。$F_{cra}=\dfrac{\pi^2EI}{(\mu L)^2}=\dfrac{\pi^2EI}{(1\times5)^2}=0.04\pi^2EI$，

$F_{crb}=\dfrac{\pi^2EI}{(\mu L)^2}=\dfrac{\pi^2EI}{(2\times3)^2}=0.028\pi^2EI$，$F_{crc}=\dfrac{\pi^2EI}{(\mu L)^2}=\dfrac{\pi^2EI}{(0.7\times6)^2}=0.056\pi^2EI$。

【答案】C

【例 5-37】(2016)　图 5-69 所示两端铰支细长（大柔度）压杆，在下端铰链处增加一个扭簧弹性约束。该压杆的长度系数 μ 的取值范围是（　　）。

A. $0.7<\mu<1$　　B. $2>\mu>1$　　C. $0.5<\mu<0.7$　　D. $\mu<0.5$

【解】本题主要考查长度系数与约束强弱的关系。

图 5-70（a）两端铰支，长度系数 $\mu=1$；图 5-70（b）一端固定，一端铰支，长度系数 $\mu=0.7$。

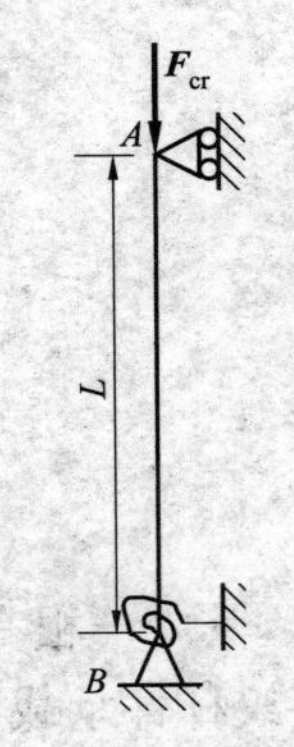

图 5-69 例 5-37 图

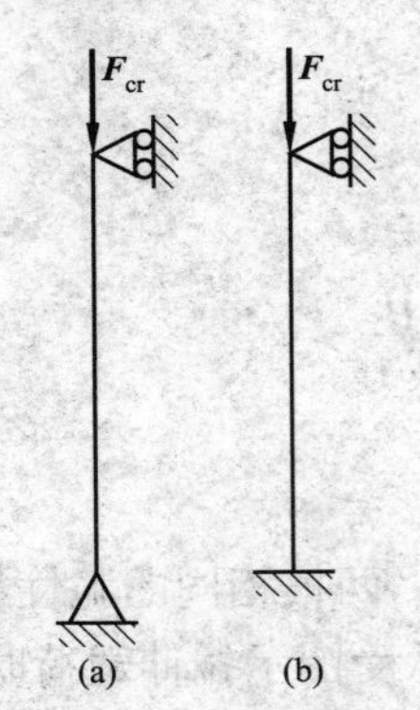

图 5-70 例 5-37 解图

当 B 端增加一个扭簧弹性约束，其约束比铰支强，比固定端弱，所以μ的取值在上两种情况之间。

【答案】A

材料力学复习题

5-1（2013） 图 5-71 所示结构的两杆面积和材料相同，在铅直力 F 作用下，拉伸正应力最先达到许用应力的杆是（　　）。

A. 杆 1　　B. 杆 2　　C. 同时达到　　D. 不能确定

5-2（2017） 已知图 5-72 所示拉杆横截面积 $A=100\text{mm}^2$，弹性模量 $E=200\text{GPa}$，横向变形系数 $\mu=0.3$，轴向拉力 $F=20\text{kN}$，拉杆的横向应变是 ε'（　　）。

A. $\varepsilon'=0.3\times10^{-3}$　　B. $\varepsilon'=-0.3\times10^{-3}$

C. $\varepsilon'=10^{-3}$　　D. $\varepsilon'=-10^{-3}$

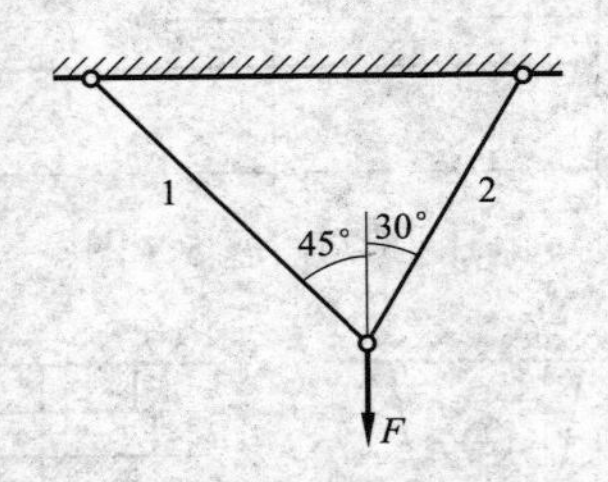

图 5-71 题 5-1 图

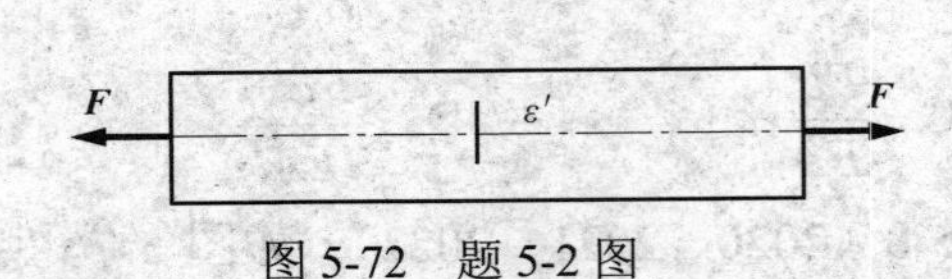

图 5-72 题 5-2 图

5-3（2021） 关于铸铁力学性能有以下两个结论：① 抗剪能力比抗拉能力差；② 压缩强度比拉伸强度高。关于以上结论，下列说法正确的是（　　）。

A. ①正确，②不正确　　B. ②正确，①不正确

C. ①、②都正确　　D. ①、②都不正确

5-4（2014） 桁架由 2 根细长直杆组成，杆的截面尺寸相同，材料分别是结构钢和普通铸铁，在下列桁架中，布局比较合理的是（　　）。

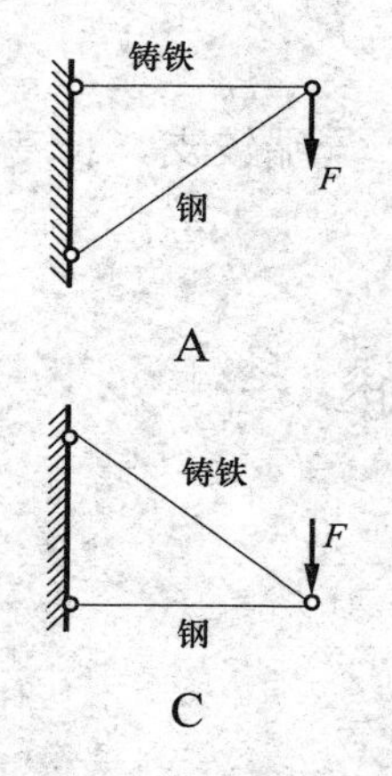

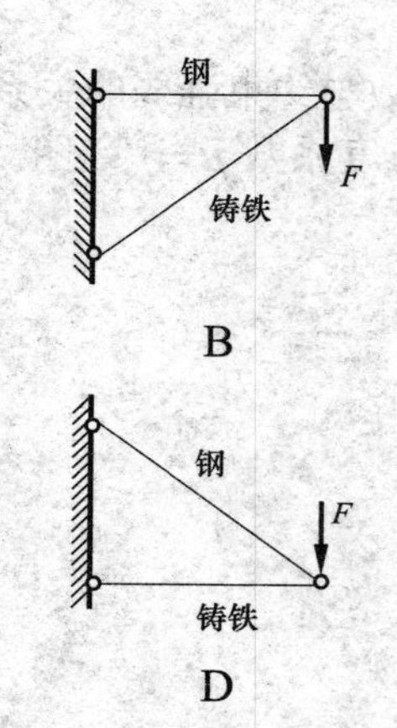

5-5（2017） 两根相同的脆性材料等截面直杆如图 5-73 所示，其中一根有沿横截面的微小裂（图示）。承受图示拉伸载荷时，有微小裂纹的杆件比没有裂纹杆件承载能力明显降低。其主要原因是（　　）。

A. 横截面积小　　B. 偏心拉伸　　C. 应力集中　　D. 稳定性差

5-6（2020） 如图 5-74 所示等截面杆，拉压刚度为 EA，杆的总伸长为（　　）。

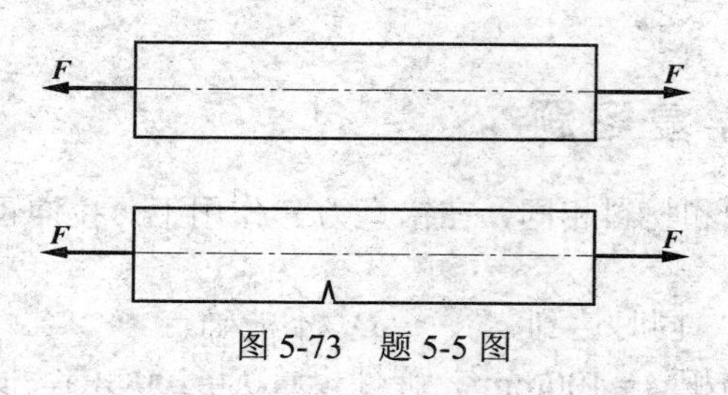

图 5-73　题 5-5 图

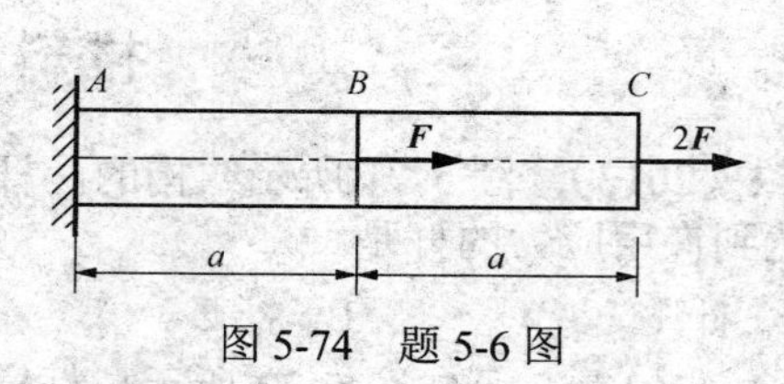

图 5-74　题 5-6 图

A. $\dfrac{2Fa}{EA}$　　B. $\dfrac{3Fa}{EA}$　　C. $\dfrac{4Fa}{EA}$　　D. $\dfrac{5Fa}{EA}$

5-7（2022） 如图 5-75 所示等截面直杆，在杆的 B 截面作用有轴向力 F，已知杆的拉伸刚度为 EA，则直杆轴端 C 的轴向位移为（　　）。

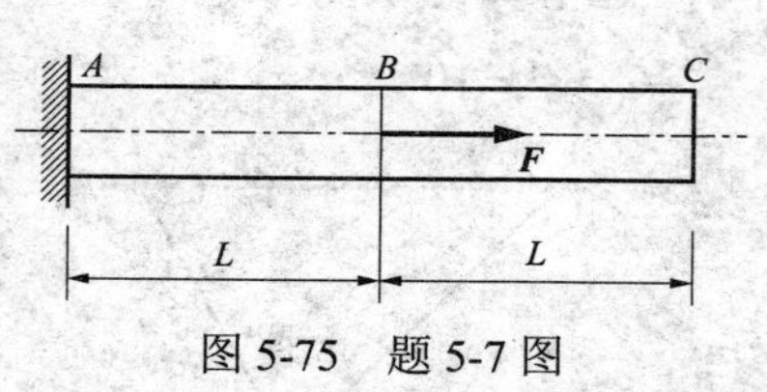

图 5-75　题 5-7 图

A. 0　　B. $\dfrac{2FL}{EA}$

C. $\dfrac{FL}{EA}$　　D. $\dfrac{FL}{2EA}$

5-8（2020、2021、2022） 如图 5-76 所示，钢板用销轴连接在铰支座上，下端受轴向拉力 F，已知钢板和销轴的许用挤压应力均为$[\sigma_{bs}]$，则销轴的合理直径 d 是（　　）。

A. $d \geqslant \dfrac{F}{t[\sigma_{bs}]}$　　B. $d \geqslant \dfrac{F}{2t[\sigma_{bs}]}$

C. $d \geqslant \dfrac{F}{b[\sigma_{bs}]}$　　D. $d \geqslant \dfrac{F}{2b[\sigma_{bs}]}$

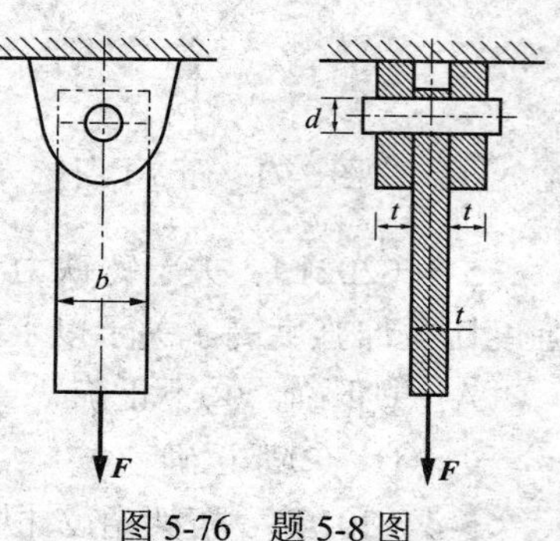

图 5-76　题 5-8 图

5-9（2012） 冲床的冲压力 F=300πkN，钢板的厚度 t=10mm，钢板的剪切强度极限 τ_b=300MPa，如图 5-77 所示。冲床在钢板上可冲圆孔的最大直径 d 是（　　）。

A. $d=200\text{mm}$　　　　B. $d=100\text{mm}$

C. $d=400\text{mm}$　　　　D. $d=1000\text{mm}$

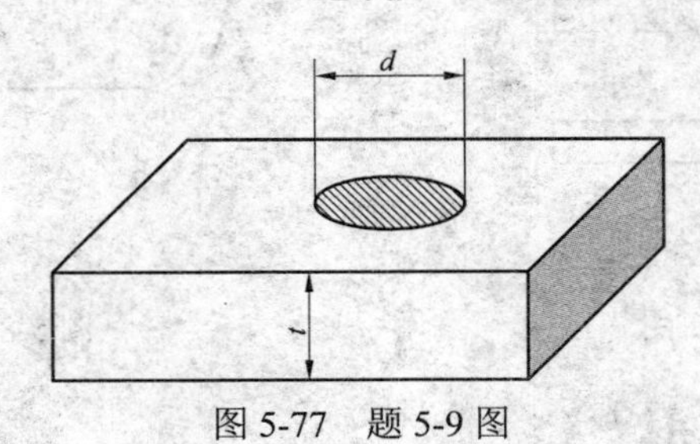

图 5-77　题 5-9 图

5-10（2009、2014） 螺钉受力如图 5-78 所示，一直螺钉和钢板的材料相同，拉伸许用应力[σ]是剪切许可应力[τ]的 2 倍，即[σ]=2[τ]，钢板厚度 t 是螺钉头高度 h 的 1.5 倍，则螺钉直径 d 的合理值为（　　）。

A. $d=2h$　　B. $d=0.5h$　　C. $d^2=2dt$　　D. $d^2=2Dt$

5-11（2014） 如图 5-79 所示，冲床在钢板上冲一圆孔，圆孔直径 d=100mm，钢板的厚度 t=10mm，钢板的剪切强度极限 τ_b=300MPa。需要的冲压力 F 是（　　）。

A. F=300πkN　　　　B. F=3000πkN

C. F=2500πkN　　　　D. F=7500πkN

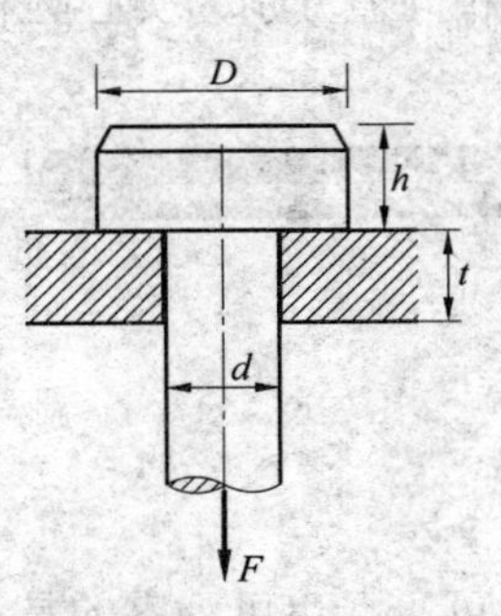

图 5-78　题 5-10 图

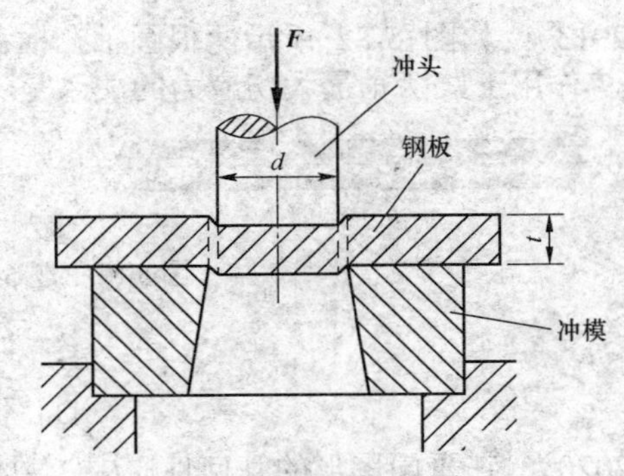

图 5-79　题 5-11 图

5-12（2010、2013） 钢板用两个铆钉固定在支座上，铆钉直径为 d，在图 5-80 所示荷载下，铆钉的最大切应力是（　　）。

A. $\tau_{\max}=\dfrac{4F}{\pi d^2}$　　B. $\tau_{\max}=\dfrac{8F}{\pi d^2}$　　C. $\tau_{\max}=\dfrac{12F}{\pi d^2}$　　D. $\tau_{\max}=\dfrac{2F}{\pi d^2}$

5-13（2009、2018） 如图 5-81 所示，圆轴抗扭截面模量为 W_t，切变模量为 G，扭转变形后，圆轴表面 A 点处截取的单元体相互垂直的相邻边线改变了 γ，则圆轴承受的扭矩 T 为（　　）。

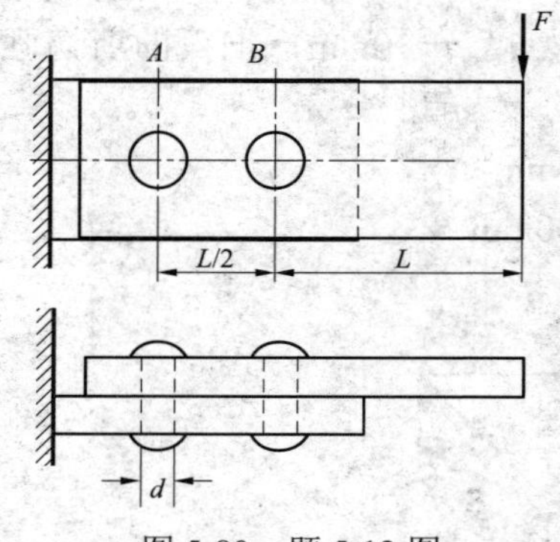

图 5-80　题 5-12 图

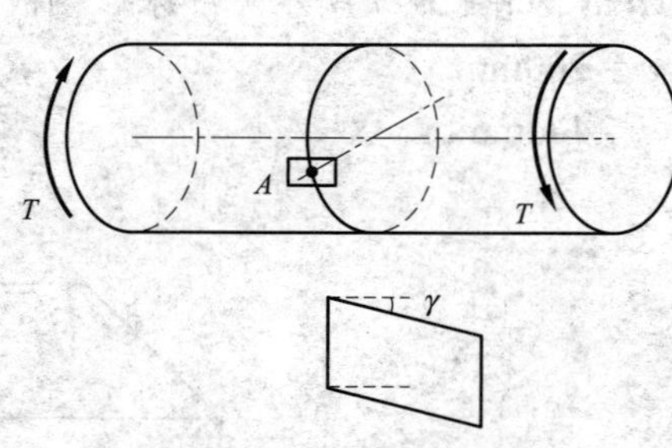

图 5-81　题 5-13 图

A. $T=G\gamma W_{t}$　　B. $T=\frac{G\gamma}{W_{t}}$　　C. $T=\frac{\gamma}{G}W_{t}$　　D. $T=\frac{W_{t}}{G\gamma}$

5-14（2022）　受扭圆轴横截面上扭矩为 T，在下面圆轴横截面切应力分布中正确的是（　　）。

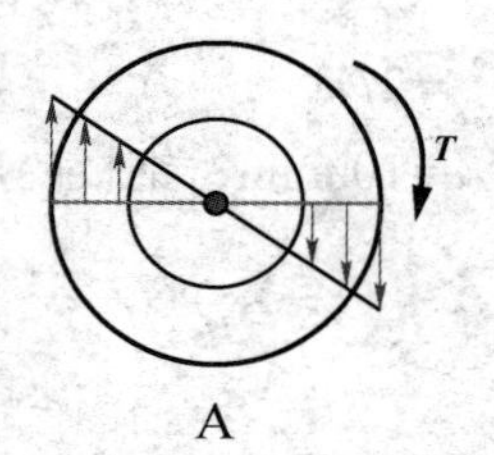

A

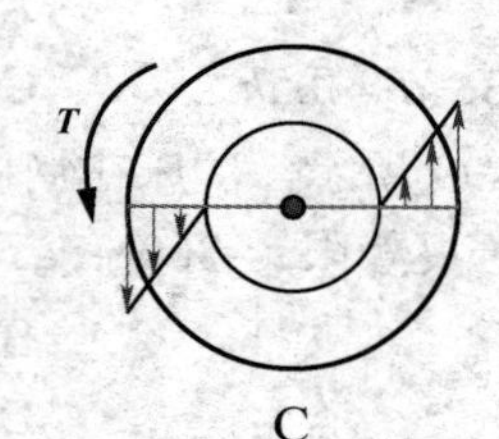

B

C

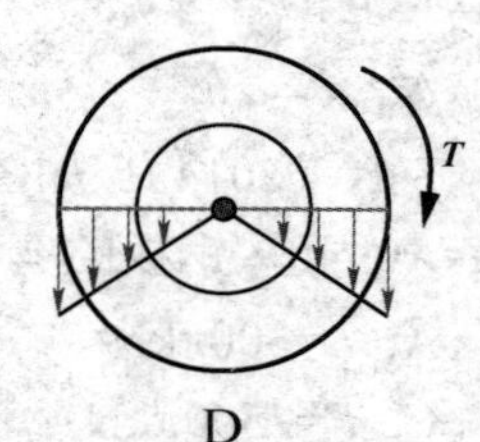

D

5-15（2013）　如图 5-82 所示两根圆轴，横截面面积相同但分别为实心圆和空心圆，在相同的扭矩 T 作用下，两轴最大切应力的关系是（　　）。

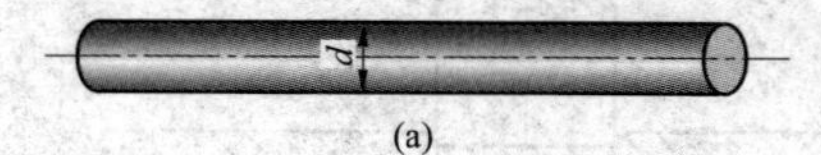

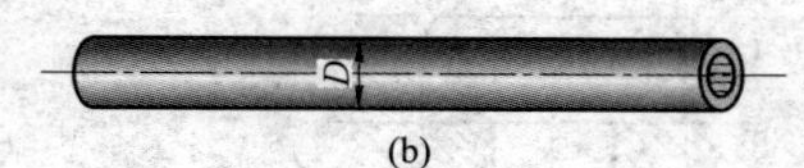

图 5-82　题 5-15 图

A. $\tau_{a}<\tau_{b}$　　B. $\tau_{a}=\tau_{b}$

C. $\tau_{a}>\tau_{b}$　　D. 不能确定

5-16（2020）　在平面图形的几何性质中，数值可正、可负、也可为零的是（　　）。

A. 静矩和惯性矩　　B. 静矩和惯性积

C. 极惯性矩和惯性积　　D. 惯性矩和惯性积

5-17（2022）如图 5-83 所示悬臂梁 AB 由两根相同材料和尺寸的矩形截面杆胶合而成，则胶合面的切应力为（　　）。

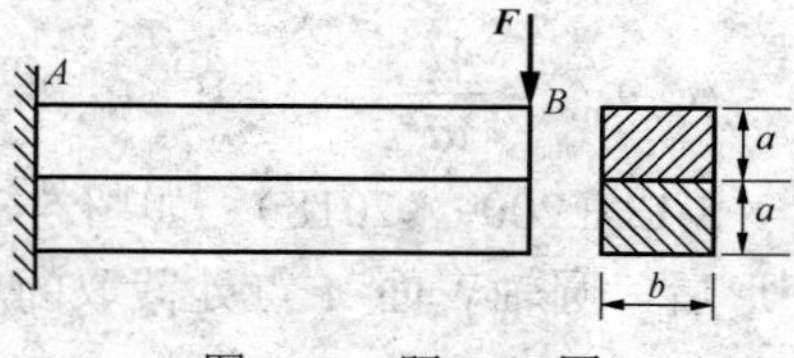

图 5-83　题 5-17 图

A. $\frac{F}{2ab}$　　B. $\frac{F}{3ab}$

C. $\frac{3F}{4ab}$　　D. $\frac{3F}{2ab}$

5-18（2016）　简支梁 AC 的剪力图和弯矩图如图 5-84 所示，该梁正确的受力图是（　　）。

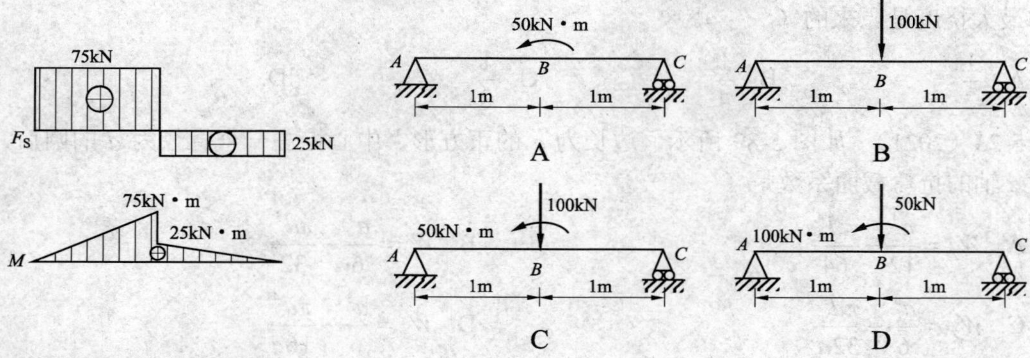

图 5-84　题 5-18 图

5-19（2022）　如图 5-85 所示，圆截面简支梁直径为 d，梁中点承受集中力 F，则梁的最大弯曲正应力是（　　）。

A. $\sigma_{\max}=\dfrac{8FL}{\pi d^3}$　　B. $\sigma_{\max}=\dfrac{16FL}{\pi d^3}$　　C. $\sigma_{\max}=\dfrac{32FL}{\pi d^3}$　　D. $\sigma_{\max}=\dfrac{64FL}{\pi d^3}$

5-20（2022）　梁的弯矩图如图 5-86 所示，则梁的最大剪力是（　　）。

A. 0.5F　　B. F　　C. 1.5F　　D. 2F

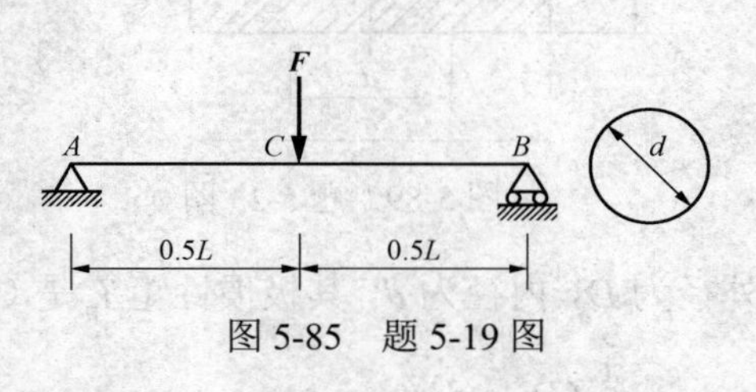

图 5-85　题 5-19 图

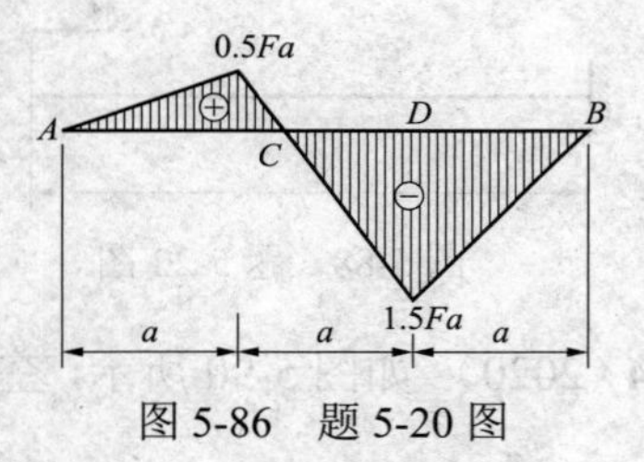

图 5-86　题 5-20 图

5-21（2021）　如图 5-87 所示梁的正确挠曲线大致形状是（　　）。

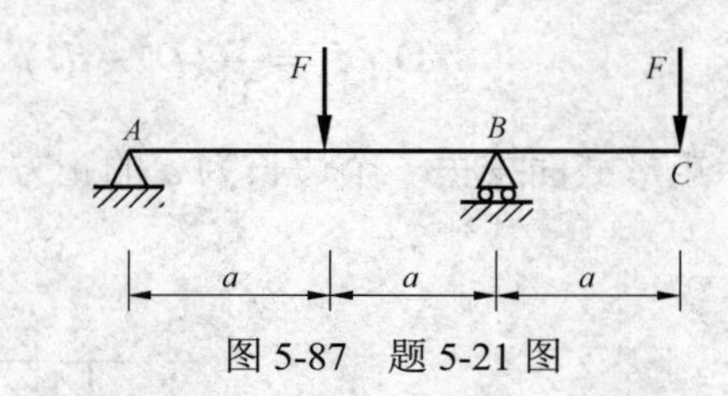

图 5-87　题 5-21 图

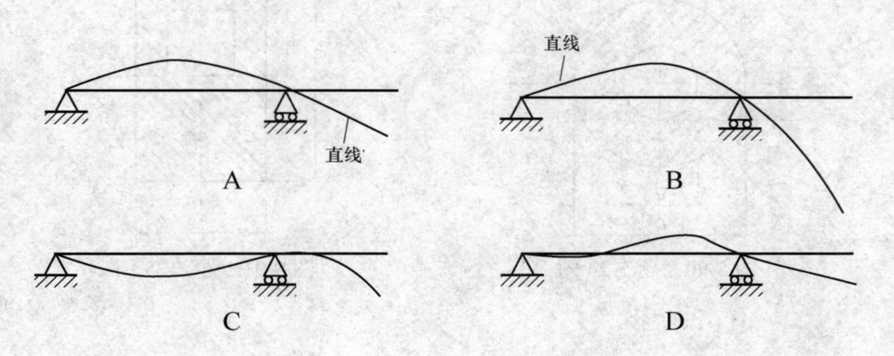

5-22（2010，2017） 图 5-88 所示悬臂梁自由端承受集中力偶 M，若梁的长度减少一半，梁的最大挠度是原来的（　　）。

A. $\dfrac{1}{2}$　　B. $\dfrac{1}{4}$　　C. $\dfrac{1}{8}$　　D. $\dfrac{1}{16}$

5-23（2021） 如图 5-89 所示，边长为 a 的正方形，中心挖去一个直径为 d 的圆后，截面对 z 轴的抗弯截面系数是（　　）。

A. $W_Z=\dfrac{a^4}{12}-\dfrac{\pi d^4}{64}$　　B. $W_z=\dfrac{a^3}{6}-\dfrac{\pi d^3}{32}$

C. $W_Z=\dfrac{a^3}{6}-\dfrac{\pi d^4}{32a}$　　D. $W_z=\dfrac{a^3}{6}-\dfrac{\pi d^4}{16a}$

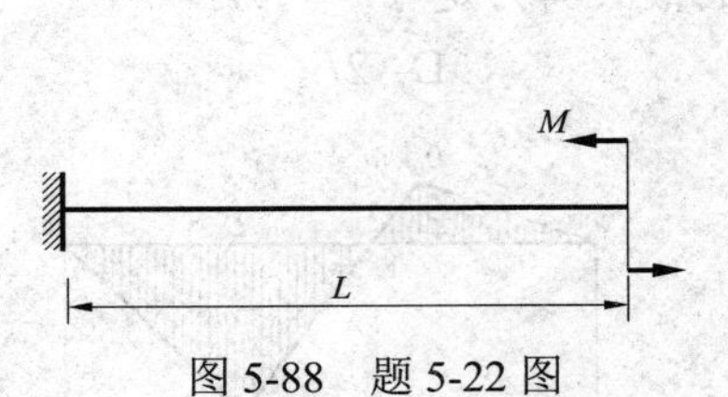

图 5-88　题 5-22 图

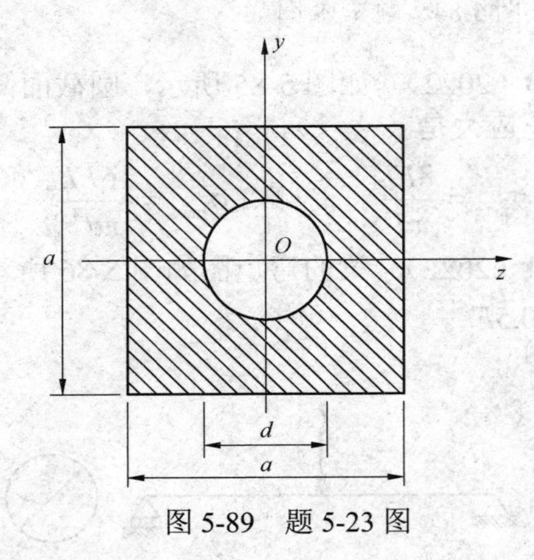

图 5-89　题 5-23 图

5-24（2020） 如图 5-90 所示，空心圆轴的外径为 D，内径为 d，其极惯性矩 I_p 是（　　）。

A. $I_p=\dfrac{\pi}{16}(D^3-d^3)$　　B. $I_p=\dfrac{\pi}{32}(D^3-d^3)$

C. $I_p=\dfrac{\pi}{16}(D^4-d^4)$　　D. $I_p=\dfrac{\pi}{32}(D^4-d^4)$

5-25（2009） 图 5-91 所示矩形截面挖去一个边长为 a 的正方形，该截面对 z 轴的惯性矩 I_z 为（　　）。

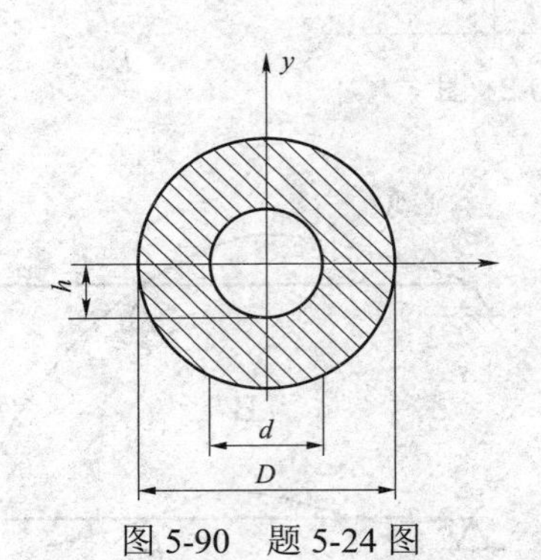

图 5-90　题 5-24 图

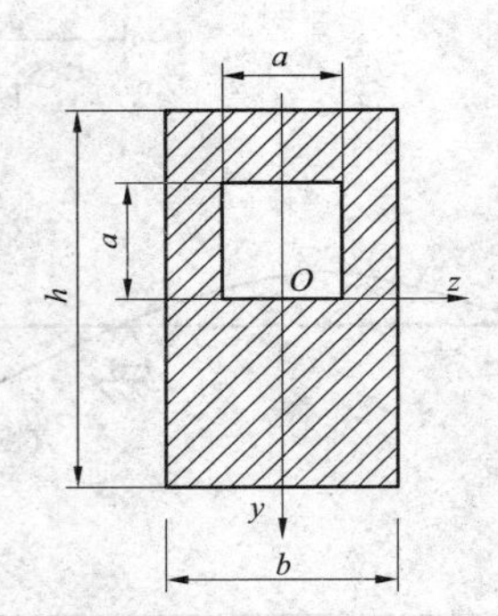

图 5-91　题 5-25 图

A. $I_z=\dfrac{bh^3}{12}-\dfrac{a^4}{12}$　　B. $I_z=\dfrac{bh^3}{12}-\dfrac{13a^4}{12}$

C. $I_z=\dfrac{bh^3}{12}-\dfrac{a^4}{3}$　　D. $I_z=\dfrac{bh^3}{12}-\dfrac{7a^4}{12}$

5-26（2021） 如图 5-92 所示，等截面轴向拉伸杆件上 1、2、3 三点的单元体如图所示，以上三点应力状态的关系是（　　）。

A. 仅 1、2 点相同　　B. 仅 2、3 点相同

C. 各点均相同　　D. 各点均不相同

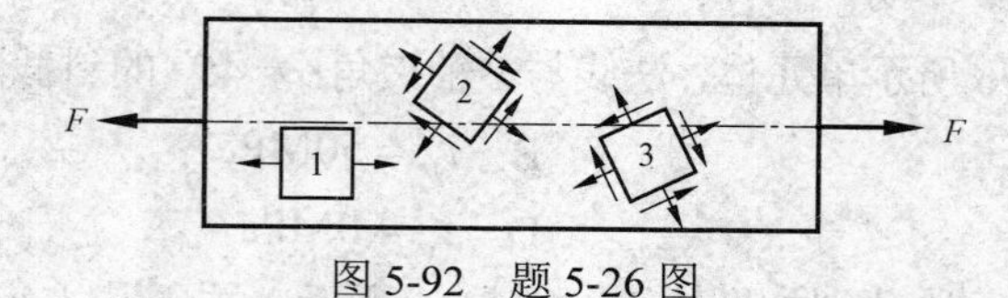

图 5-92　题 5-26 图

5-27（2018） 如图 5-93 所示圆轴，固定端最上缘 A 点的单元体的应力状态是（　　）。

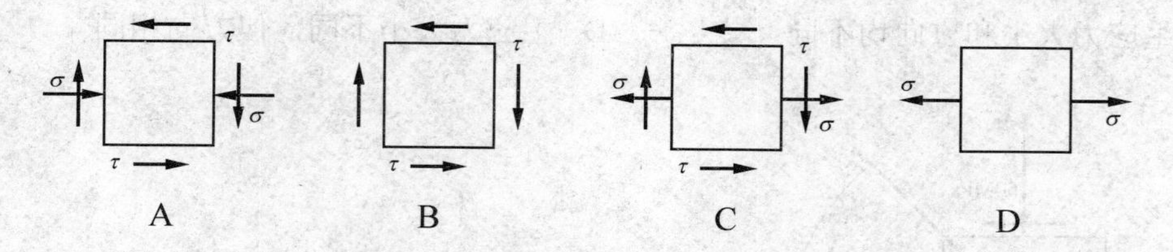

5-28（2006、2011、2016） 在图 5-94 所示 xy 坐标系下，单元体的最大主应力σ_1大致指向（　　）。

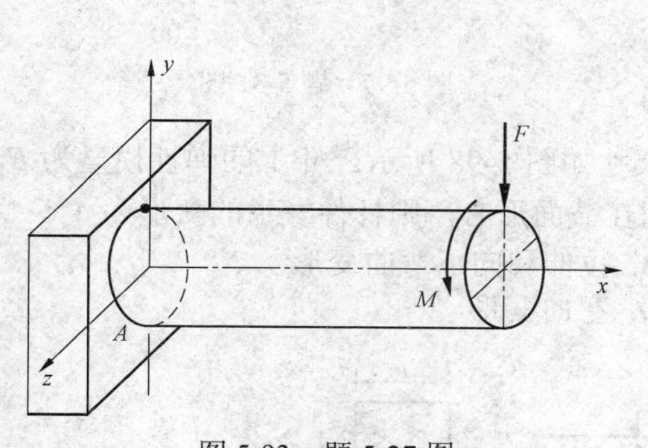

图 5-93　题 5-27 图

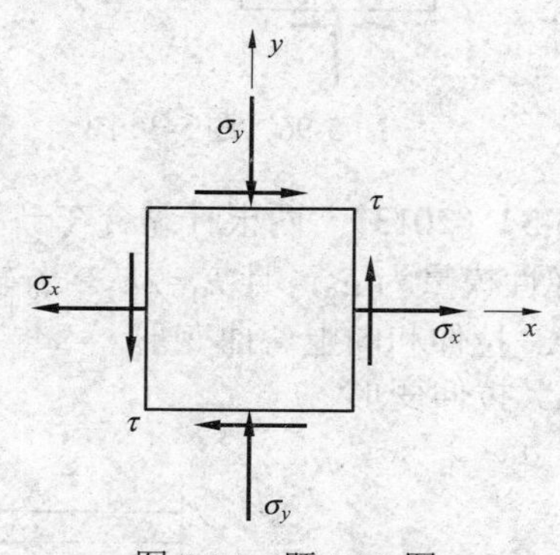

图 5-94　题 5-28 图

A. 第一象限，接近 x 轴　　B. 第一象限，接近 y 轴

C. 第二象限，接近 x 轴　　D. 第二象限，接近 y 轴

5-29（2013） 按照第三强度理论，图 5-95 所示两种应力状态的危险程度是（　　）。

A.（a）更危险　　B.（b）更危险　　C. 两者相同　　D. 无法判断

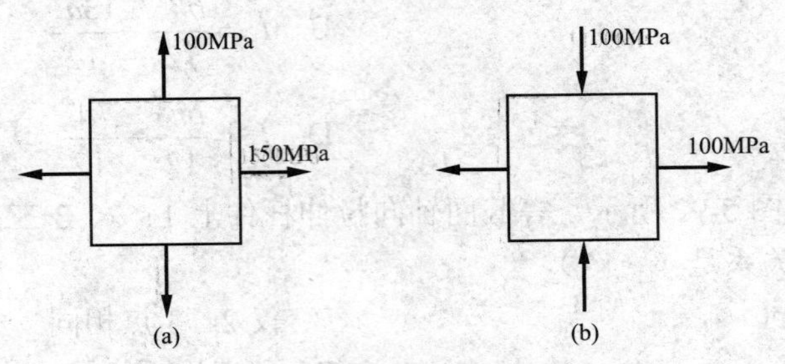

图 5-95　题 5-29 图

5-30（2012）　图 5-96 所示单元体，法线与 x 轴夹角 $\alpha=45°$ 的斜截面上切应力 τ_α 为（　　）。

A. $\tau_\alpha=10\sqrt{2}$MPa　　　　B. $\tau_\alpha=50$MPa

C. $\tau_\alpha=60$MPa　　　　D. $\tau_\alpha=0$MPa

5-31（2019）　两单元体分别如图 5-97（a）（b）所示。关于其主应力和主方向，下面论述中正确的是（　　）。

A. 主应力大小和方向均相同　　　　B. 主应力大小相同，但方向不同

C. 主应力大小和方向均不同　　　　D. 主应力大小不同，但方向相同

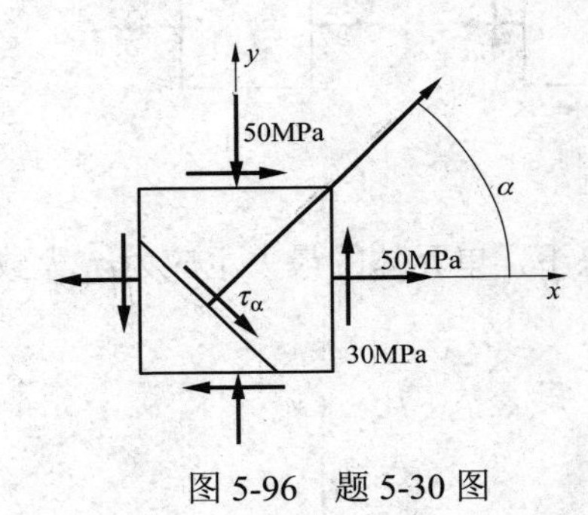

图 5-96　题 5-30 图

图 5-97　题 5-31 图

5-32（2013）　两根杆黏合在一起，截面尺寸如图 5-98 所示。杆 1 的弹性模量为 E_1，杆 2 的弹性模量为 E_2，且 $E_1=2E_2$。若轴向力作用在截面形心，则杆件发生的变形为（　　）。

A. 拉伸和向上弯曲变形　　　　B. 拉伸和向下弯曲变形

C. 拉伸变形　　　　D. 弯曲变形

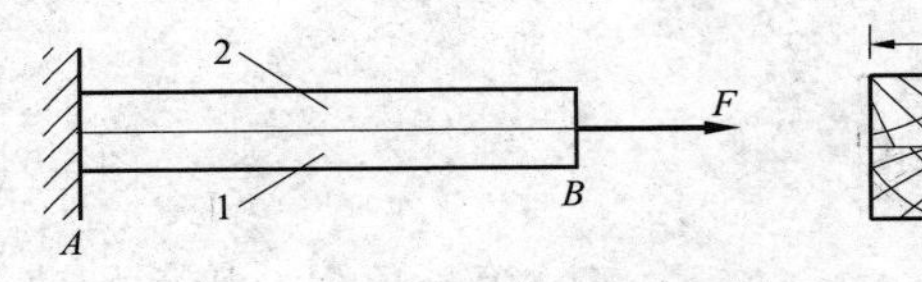

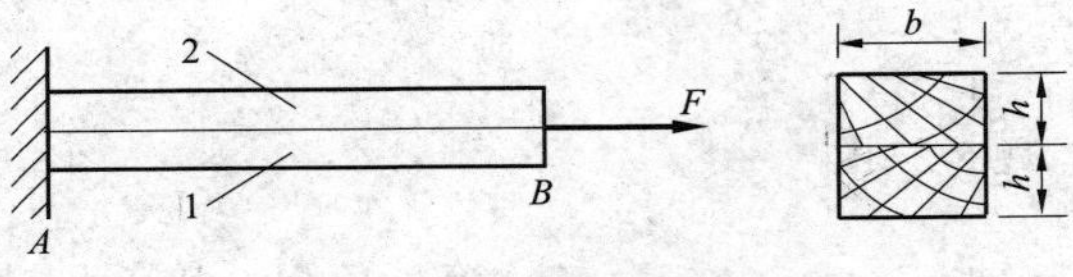

图 5-98　题 5-32 图

5-33（2014）　图 5-99 所示矩形截面受压杆，杆的中间段右侧有一槽，如图（a）所示。若在杆的左侧即槽的对称位置也挖出同样的槽如图（b）所示，则图（b）杆的最大压应力是图（a）杆最大压应力的（　　）。

A. 3/4　　　　B. 4/3　　　　C. 3/2　　　　D. 2/3

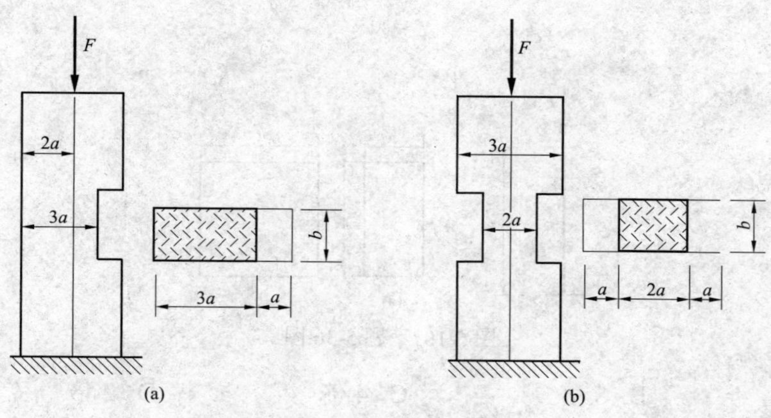

图 5-99　题 5-33 图

5-34（2021）　如图 5-100 所示，正方形截面杆，上端一个角点作用偏心轴向压力 F，该杆的最大压应力是（　　）。

A. 100MPa

B. 150MPa

C. 175MPa

D. 25MPa

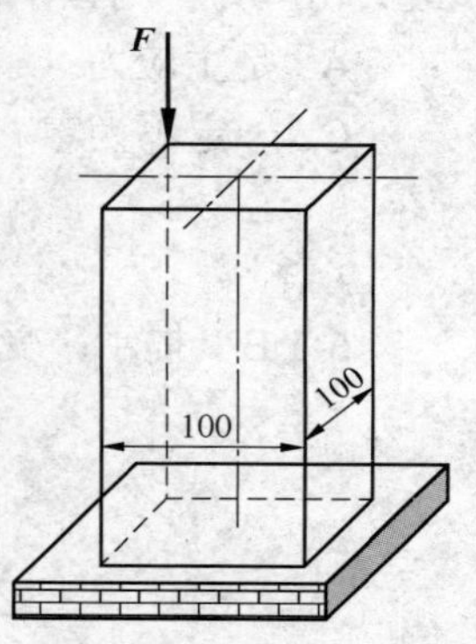

图 5-100　题 5-34 图

5-35（2021）　如图 5-101 所示四根细长（大柔度）压杆，弯曲刚度均为 EI。其中具有最大临界载荷 F_{cr} 的压杆是（　　）。

A. 图（a）　　B. 图（b）

C. 图（c）　　D. 图（d）

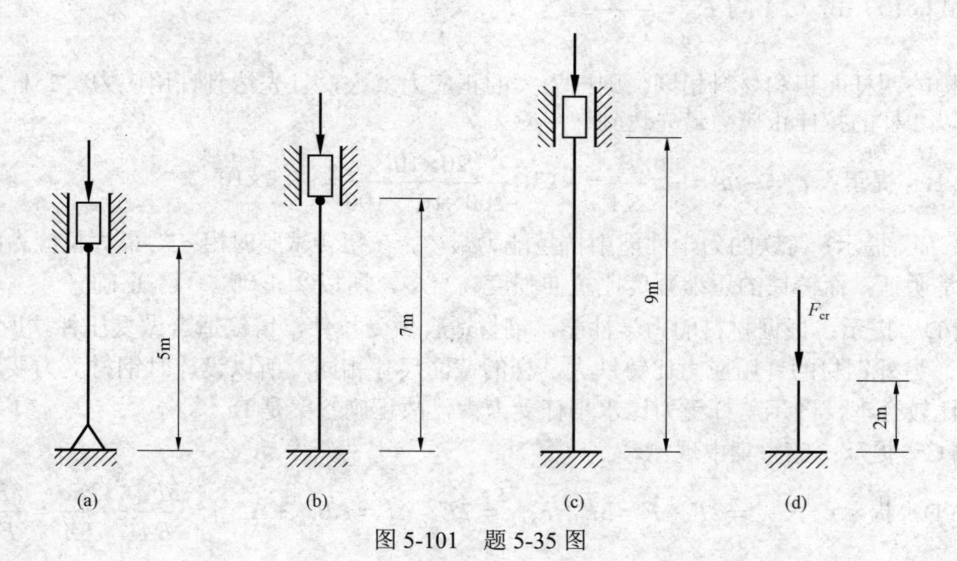

图 5-101　题 5-35 图

5-36（2020）　图 5-102 所示矩形截面细长压杆，$h=2b$［图（a）］，如果将宽度 b 改为 h 后［图（b），仍为细长压杆］，临界力 F_{cr} 是原来的（　　）。

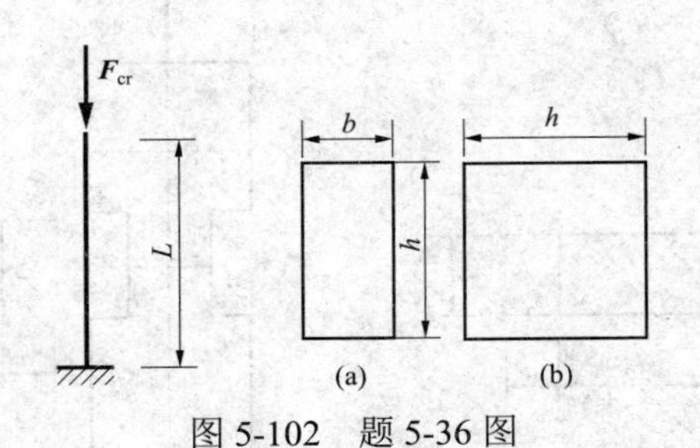

图 5-102　题 5-36 图

A. 16 倍　　　B. 8 倍　　　C. 4 倍　　　D. 2 倍

5-37（2020）分析受力物体内一点处的应力状态，如可以找到一个平面，在该平面上有最大切应力，则该平面上的正应力（　　）。

A. 是主应力　　　B. 一定为零

C. 一定不为零　　　D. 不属于前三种情况

材料力学复习题答案及提示

5-1 B　提示：受力分析如图 5-103 所示。

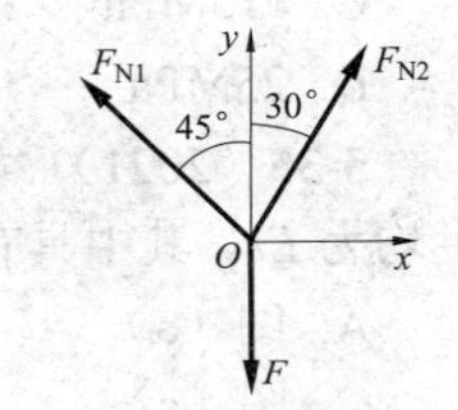

图 5-103　题 5-1 解图

$$\sum F_x = 0，\sqrt{2}F_{N1} = F_{N2} \quad (1)$$

$$\sum F_y = 0，F = F_{N1}\frac{\sqrt{2}}{2} + \frac{\sqrt{3}}{2}F_{N2} \quad (2)$$

由式（1）、式（2）得 $F_{N1} = \dfrac{\sqrt{2}}{1+\sqrt{3}}F$，$F_{N2} = \dfrac{2}{1+\sqrt{3}}F$。

结构的两杆面积和材料相同，则内力大的正应力就大，且先达到许用应力，2 杆的内力大，所以 2 杆的拉伸正应力最先达到许用应力。

5-2 B　提示：$\varepsilon' = -\mu\varepsilon = -\mu\dfrac{F}{EA} = -0.3\times\dfrac{20\times10^3}{200\times10^3\times100} = -0.3\times10^{-3}$。

5-3 B　提示：铸铁的力学性能中抗拉能力最差，在扭转试验时沿 45° 最大拉应力的截面破坏就是明证；而铸铁的压缩强度比拉伸强度高得多，所以②正确，①不正确。

5-4 D　提示：根据材料的力学性能，钢材适合做受拉件，铸铁适合做受压件，所以 B、D 满足，另外钢材的许用应力比铸铁大，杆的截面尺寸相同，所以设计时钢材受力要比铸铁受力大比较合理，图示斜杆受力比水平杆受力大，故正确答案是 D。

5-5 C　提示：应力集中现象。

5-6 D　提示：$F_{NAB} = 2F + F = 3F$，$F_{NBC} = 2F$，$\Delta L = \Delta L_{AB} + \Delta L_{BC} = \dfrac{3Fa}{EA} + \dfrac{2Fa}{EA} = \dfrac{5Fa}{EA}$。

5-7 C　提示：$F_{NAB} = F, F_{NBC} = 0, \Delta L_C = \Delta L_{AB} + \Delta L_{BC} = \dfrac{FL}{EA}$。

5-8 A　提示：$\sigma_{bs} = \dfrac{F}{dt} \leqslant [\sigma_{bs}]$，$d \geqslant \dfrac{F}{t[\sigma_{bs}]}$。

$$\varphi_{DA}=\varphi_{DC}+\varphi_{CB}+\varphi_{BA}=\frac{ml}{GI_P}+0-\frac{ml}{GI_P}=0$$

$$\varphi_{DB}=\varphi_{DC}+\varphi_{CB}=\frac{ml}{GI_P}+0=\frac{ml}{GI_P}$$

$$\varphi_{DC}=\frac{ml}{GI_P}$$

5-9 B　提示：若想冲出圆孔，则 $\tau=\frac{F}{\pi dt}\geqslant[\tau]$，$d\leqslant\frac{F}{\pi[\tau]t}=\frac{300\pi\times1000}{300\pi\times10}\text{mm}=100\text{mm}$。

5-10 A　提示：$\sigma=\frac{F}{\frac{\pi d^2}{4}}\leqslant[\sigma]=2[\tau]$，$F\leqslant2[\tau]\frac{\pi d^2}{4}$，$\tau=\frac{F}{\pi dh}\leqslant[\tau]$，$F\leqslant[\tau]\pi dh$，$2[\tau]\frac{\pi d^2}{4}=[\tau]\pi dh$，$d=2h$。

5-11 B　提示：若想冲出圆孔，则 $\tau=\frac{F_s}{A_s}=\frac{F}{\pi dt}\geqslant[\tau]$，

$F\geqslant[\tau]\pi dt\geqslant300\times1000\pi\times10\text{N}=3000\pi\times10^3\text{N}=3000\pi\text{kN}$。

5-12 C　提示：如图 5-104 所示，$\sum M_A=0$，$\sum M_B=0$，

$F_B=3F$，$F_A=2F$，$\tau_{max}=\frac{3F}{\frac{\pi d^2}{4}}=\frac{12F}{\pi d^2}$。

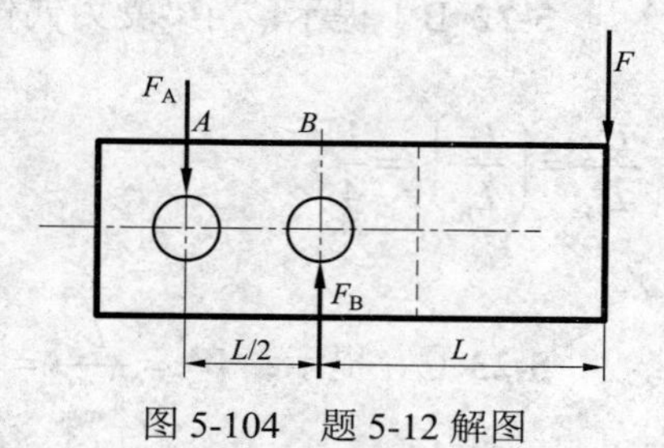

图 5-104　题 5-12 解图

5-13 A　提示：$\tau_{max}=G\gamma=\frac{T}{W_t}$，$T=G\gamma W_t$。

5-14 A　提示：由扭转的切应力分布可知。

5-15 C　提示：因为 $\tau_{max}=\frac{T}{W_t}$，$\tau_{max}\propto\frac{1}{W_t}$，$A_a=\frac{\pi}{4}d^2=A_b=\frac{\pi}{4}D^2(1-\alpha^2)$，所以 $D>d$。

$$\frac{W_b}{W_a}=\frac{\frac{\pi}{16}D^3(1-\alpha^4)}{\frac{\pi}{16}d^3}=\frac{\frac{\pi}{4}D^2(1-\alpha^2)\frac{D}{4}(1+\alpha^2)}{\frac{\pi}{4}d^2\frac{d}{4}}=\frac{\frac{D}{4}(1+\alpha^2)}{\frac{d}{4}}>1\text{，所以}\frac{\tau_b}{\tau_a}<1\text{。}$$

5-16 B　提示：由定义可知。

5-17 C　提示：矩形截面梁横截面上中性轴位置的切应力为最大，此处即为该截面上的胶合面。则胶合面的切应力 $\tau_{max}=\frac{3}{2}\cdot\frac{F_s}{A}=\frac{3}{2}\cdot\frac{F}{2ab}=\frac{3F}{4ab}$。

5-18 C　提示：B 截面弯矩图发生突变，说明 B 截面作用有集中力偶，突变值等于集中力偶的大小。$m=75\text{kN}\cdot\text{m}-25\text{kN}\cdot\text{m}=50\text{kN}\cdot\text{m}$；同时，$B$ 截面剪力图发生突变，说明 B 截面作用有集中力，突变值等于集中力的大小。$F=75\text{kN}-(-25)\text{kN}=100\text{kN}$，由于从左到右分析，在 B 截面剪力向下突变，所以集中力朝下。

5-19 A　提示：对图示简支梁进行受力分析，可知最大弯矩位于梁的中间截面，最大弯矩

$M_{\max}=\dfrac{FL}{4}$，该截面上最大弯曲正应力为全梁最大正应力，圆形截面抗弯截面模量$W_z=\dfrac{\pi d^3}{32}$

则梁的最大弯曲正应力$\sigma_{\max}=\dfrac{M_{\max}}{W_z}=\dfrac{\dfrac{FL}{4}}{\dfrac{\pi d^3}{32}}=\dfrac{8FL}{\pi d^3}$。

5-20 D　提示：从梁的弯矩图图形为直线，没有弯矩突变的情况可知，梁上没有分布载荷作用，只有集中力作用。又由于$F_s=\dfrac{dM}{dx}$，根据弯矩图可知，最大直线斜率在CD段，斜率为$\dfrac{-1.5Fa-0.5Fa}{a}=-2F$，由此可知最大剪力发生在$CD$段，$F_{s\max}=2F$。

5-21 B　提示：根据截面法或简便法可知左边段的弯矩为 0（无弯矩，挠曲线为直线或斜直线），又考虑C截面及整体的光滑连续性，故答案选 B。

5-22 B　提示：当梁受力偶作用时$|w_{\max}|\propto\dfrac{ML^2}{EI}$，其他条件相同时$|w_{\max}|\propto L^2$，$\dfrac{|w_{2\max}|}{|w_{1\max}|}=\dfrac{L_2^2}{L_1^2}=\left(\dfrac{L_2}{L_1}\right)^2=\dfrac{1}{4}$。

5-23 C　提示：$W_z=\dfrac{I_z}{y_{\max}}=\dfrac{\dfrac{a^4}{12}-\dfrac{\pi d^4}{64}}{\dfrac{a}{2}}=\dfrac{a^3}{6}-\dfrac{\pi d^4}{32a}$。

5-24 D　提示：记公式$I_p=\dfrac{\pi d^4}{32}$。

5-25 C　提示：$I_z=\dfrac{bh^3}{12}-\left[\dfrac{a^4}{12}+a^2\times\left(\dfrac{a}{2}\right)^2\right]=\dfrac{bh^3}{12}-\dfrac{a^4}{3}$。

5-26 C　提示：等截面轴向拉伸杆件中只能产生单向拉伸的应力状态，在各个方向的截面上应力可以不同，但是主应力状态都归结为单向应力状态。

5-27 C　提示：圆轴发生弯扭组合变形，A点在最上缘，所以有弯矩引起的拉应力，扭矩引起的切应力。

5-28 A　如图 5-105 所示，与x轴成小于 45°的夹角，由x轴逆时针旋转α得到。

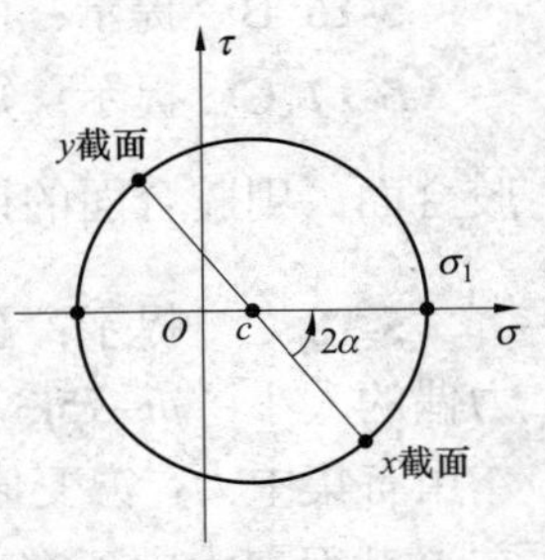

图 5-105　题 5-28 解图

5-29 B　提示：题干图(a)，$\sigma_1=150,\ \sigma_2=100,\ \sigma_3=0,\ \sigma_{r3}=\sigma_1-\sigma_3=150$。题干图（b），$\sigma_1=100,\ \sigma_2=0,\ \sigma_3=-100,\ \sigma_{r3}=\sigma_1-\sigma_3=200$。

5-30 B　提示：$\tau_\alpha=\dfrac{1}{2}(\sigma_x-\sigma_y)\sin 2\alpha+\tau_{xy}\cos 2\alpha=\dfrac{50-(-50)}{2}\sin 90^\circ+30\cos 90^\circ=50\text{MPa}$。

5-31 B　提示：根据应力圆法可知主应力大小相同，但方向面不同。

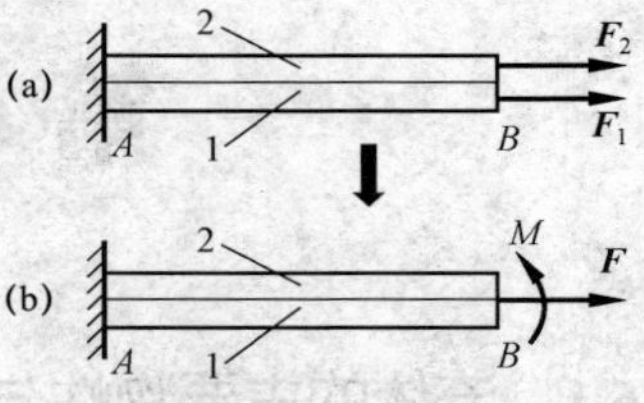

5-32 A　提示：受力由两根杆承担，如图 5-106（a）所示，设杆 1 受力为 F_1，杆 2 受力为 F_2，则

$$F_1 + F_2 = F \tag{1}$$

$$\Delta l_1 = \Delta l_2，\ \Delta l_1 = \frac{F_1 l}{E_1 A}，\ \Delta l_2 = \frac{F_2 l}{E_2 A}，\ E_1 = 2E_2$$

图 5-106　题 5-32 解图

所以

$$F_1 = 2F_2 \tag{2}$$

联立式（1）、式（2），可得 $F_1=\frac{2F}{3}$，$F_2=\frac{F}{3}$。

这结果相当于偏心受拉，如图 5-106（b）所示。

5-33 A　提示：图 5-99（b）杆开槽处的压应力最大，此段是轴向压缩变形，图 5-99（a）杆开槽处是压弯组合变形，最大压应力在截面左侧。

$$\frac{\sigma_{\text{bmax}}}{\sigma_{\text{amax}}} = \frac{\frac{F}{2ba}}{\frac{F}{3ba} + \frac{F \times 0.5a}{\frac{b(3a)^2}{6}}} = \frac{\frac{F}{2ba}}{\frac{2F}{3ba}} = \frac{3}{4}$$

5-34 C　提示：把作用在角点的偏心压力 F，经过两次平移，平移到杆的轴线方向，形成一个轴向压缩和两个平面弯曲的组合变形，其最压应力的绝对值为

$$\sigma_{\text{t,max}} = \frac{F_{\text{N}}}{A} + \frac{M_y}{W_y} + \frac{M_z}{W_z} = \frac{F}{100^2} + \frac{F \cdot 50}{\frac{100^3}{6}} + \frac{F \cdot 50}{\frac{100^3}{6}}$$

$$= 7 \times \frac{F}{100^2}\text{MPa} = 7 \times \frac{250\,000}{100^2}\text{MPa} = 175\text{MPa}$$

5-35 D　提示：由临界荷载的公式 $F_{\text{cr}} = \frac{\pi^2 EI}{(\mu l)^2}$ 可知，当抗弯刚度 EI 相同时，μl 越小，临界荷载越大。图 5-101（a）是两端绞支，μl=1×5=5；图 5-101（b）是一端绞支、一端固定，μl=0.7×7=4.9；图 5-101（c）是两端固定，μl=0.5×9=4.5；图 5-101（d）是一端固定、一端自由，μl=2×2=4，所以图 5-101（d）的 μl 最小，临界荷载最大。

5-36 B　提示：$\frac{(F_{\text{cr}})_b}{(F_{\text{cr}})_a} = \frac{\frac{\pi^2 EI_{\text{min b}}}{(\mu l)^2}}{\frac{\pi^2 EI_{\text{min a}}}{(\mu l)^2}} = \frac{I_{\text{min b}}}{I_{\text{min a}}} = \frac{\frac{h^4}{12}}{\frac{h\left(\frac{h}{2}\right)^3}{12}} = 8$。

5-37 D　提示：画一下应力圆。

第6章 流 体 力 学

6.1 流体的主要物性与流体静力学

考试大纲

流体的压缩性与膨胀性；流体的黏性与牛顿内摩擦定律；流体静压强及其特性；重力作用下静水压强的分布规律；作用于平面的液体总压力的计算。

6.1.1 压缩性和膨胀性

流体相对密度、密度、比热容随温度与压强变化，其原因是流体内部分子间存在着间隙。压强增大，分子间距减小，体积压缩；温度升高，分子间距增大，体积膨胀。流体都具有这种可压缩、能膨胀的性质。

在温度不变的条件下，流体在压力作用下体积缩小的性质称为压缩性。

在压力不变的条件下，流体温度升高，其体积增大的性质称为膨胀性。

液体的压缩性和膨胀性分别用压缩系数 β_{p} 和体积膨胀系数 β_{t} 来表示。

$$\beta_{\mathrm{p}}=-\frac{1}{V}\cdot\frac{\mathrm{d}V}{\mathrm{d}p} \tag{6-1}$$

式中：$\mathrm{d}V/V$ 表示体积相对变化率；$\mathrm{d}p$ 为压强变化值。因 $\mathrm{d}p$ 与 $\mathrm{d}V$ 恒异号，为保证压缩系数是正值，故在式中加“–”号。压缩系数越大，则流体的压缩性越大。

$$\beta_{\mathrm{t}}=\frac{1}{V}\cdot\frac{\mathrm{d}V}{\mathrm{d}T} \tag{6-2}$$

式中，$\mathrm{d}T$ 为温度变化值。β_{t} 越大，则液体的热胀性也越大。

对于气体，在温度不太低、压强不过高时，气体密度、压强和温度三者之间的关系可以用理想气体状态方程式来表示

$$\frac{p}{\rho}=RT \tag{6-3}$$

式中：p 为气体的绝对压强（Pa）；R 为气体常数［J/（kg·K）］，$R=8314/n$，其中 n 为气体相对分子质量；T 为气体的热力学温度（K）；ρ 为气体的密度（$\mathrm{kg/m^3}$）。

由式（6-3）可以看出，压强不变，温度增加，密度减小；温度不变，压强增加，密度增加。

6.1.2 流体的黏性与牛顿内摩擦定律

黏性是流体抵抗变形的能力，它是流体的固有属性。流体内部质点间或流层间因相对运动而产生的切向内摩擦力以抵抗其相对运动的性质叫作流体的黏滞性。

内摩擦力的大小可以用牛顿内摩擦定律来计算

$$T=\mu A\frac{\mathrm{d}u}{\mathrm{d}y} \tag{6-4}$$

式中：μ 为动力黏度（Pa•s）；$\dfrac{du}{dy}$ 为速度梯度，其实质是流体微团剪切变形角的变化速率（1/s）；A 为受力作用面面积（m^2）。

无论液体还是气体，同一种类的流体，动力黏度 μ 都受压强和温度的影响，但压强对其影响极小，可以忽略。气体的黏性主要是由分子热运动产生的运动的动量交换引起的，因此当温度升高时，分子热运动加剧，黏性增大。液体的黏性主要由分子之间的引力产生，当温度升高时，分子动量增加，引力减小，黏性下降。气体和液体黏度随温度的变化规律是考试的重点，一定要记住。

流体的黏性也可用运动黏度表示，即

$$\nu=\frac{\mu}{\rho}\ (\mathrm{m^2/s}) \tag{6-5}$$

动力黏度 μ 表示流体黏性大小，μ 大，流体的黏性大；运动黏度 ν 表示流体流动性好坏，ν 大，流体流动性好。

【例 6-1】（2011） 空气的黏度与水的黏度分别随温度的降低而（　　）。

A. 降低、升高　　B. 降低、降低　　C. 升高、降低　　D. 升高、升高

【解】气体的黏度随着温度的升高而增加，液体的黏度随温度的升高而减小。

【答案】A

6.1.3　流体静压强及其特性

1. 流体静压强

平衡流体中的压强称为流体静压强。在静止流体中，围绕 a 点取一微小面积ΔA，如图 6-1 所示，作用在该面积上的压力为Δp，则当ΔA趋近于零时，平均压强 $\dfrac{\Delta p}{\Delta A}$ 的极限值即为 a 点的流体静压强，以 p 表示。

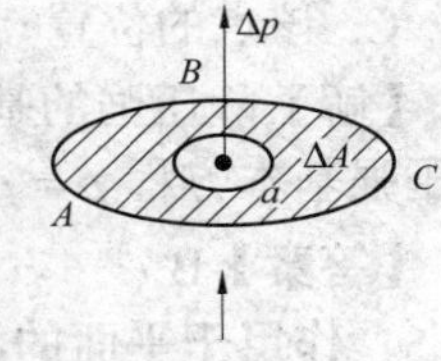

图 6-1　流体静压强

$$p=\lim_{\Delta A\to 0}\frac{\Delta p}{\Delta A}=\frac{dp}{dA} \tag{6-6}$$

2. 流体静压强特性

流体静压强特性是本节的重点，必须掌握。体现在两个方面：一是方向；二是大小。① 静压强方向永远沿着作用面内法线方向；② 任一点的压强无论来自何方，压强数值大小不变。即流体静压强是空间坐标的连续函数 $p=p(x、y、z)$，只与空间位置有关，与作用面无关。

6.1.4　重力作用下静水压强的分布规律

如图 6-2 所示，液体中任意两点 1、2，相对基准面 0—0 的位置高度为 z_1、z_2；液面下深度为 h_1、h_2；两点压强为 p_1、p_2，在质量力只有重力的情况下，流体静压强符合以下分布规律

$$p=p_0+\rho gh \tag{6-7}$$

式中：ρ 为容器内液体密度；h 为液面下深度；p_0 为液面压强。从式（6-7）可以看出，液体内部压强沿着深度方向线性增加。

$$p_1=p_2+\rho g(z_2-z_1) \tag{6-8}$$

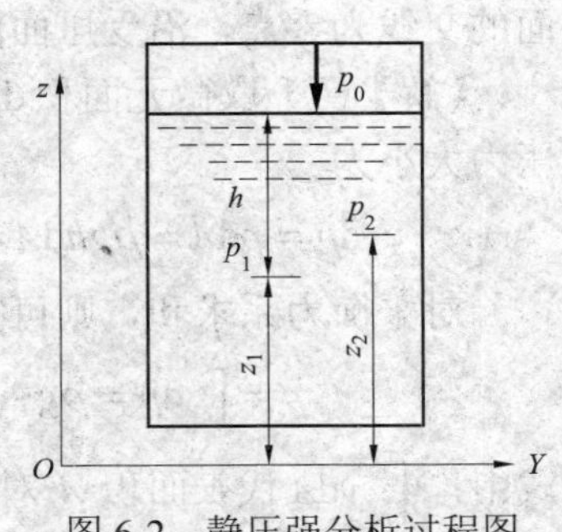

图 6-2　静压强分析过程图

式中：z_1、z_2 为容器内液体内部任意两点的位置高度；p_1、p_2

为对应的两点压强。

$$z_1+\frac{p_1}{\rho g}=z_2+\frac{p_2}{\rho g}=C \tag{6-9}$$

式中：C 为常数。

下面我们分析一下式（6-9）中各项的几何意义和物理意义。

1）几何意义。从几何角度看，z 表示某点位置到基准面的高度，称为位置水头；$\frac{p}{\rho g}$ 表示某点压强作用下液柱高度，称为压强水头；$z+\frac{p}{\rho g}$ 称为测压管水头。

方程意义：平衡流体中，各点的测压管水头是一常数。

2）物理意义。从物理角度看，z 表示单位重力流体的位置势能；$\frac{p}{\rho g}$ 表示单位重力流体的压强势能；$z+\frac{p}{\rho g}$ 表示总势能。

方程意义：平衡流体中，各点的总势能是一常数。

【例 6-2】（2009） 静止的流体中，任一点压强的大小与下列哪一项无关？（ ）

A. 当地重力加速度　　B. 受压面的方向

C. 该点的位置　　D. 流体的种类

【解】 静压强的基本特性之二，即为流体压强的大小与受压面无关，与该点的位置有关。而压强基本方程 $p=\rho gh$，显然与流体的种类和重力加速度有关。

【答案】 B

6.1.5 作用于平面的液体总压力

液体作用于平面的总压力主要有两种求解方法：解析法和图解法。

1. 解析法

力的大小

$$p=p_{\mathrm{C}}A \tag{6-10}$$

式（6-10）表示，作用在任意形状平面上的总压力大小等于该平面的面积与其形心处压力的乘积。

【求证】 如图 6-3 所示，受压平面 ab 或平面的延伸面与自由液面（相对压强为 0 的液面）或自由液面延伸面的交线为零点，沿受压面向下为 y 坐标。

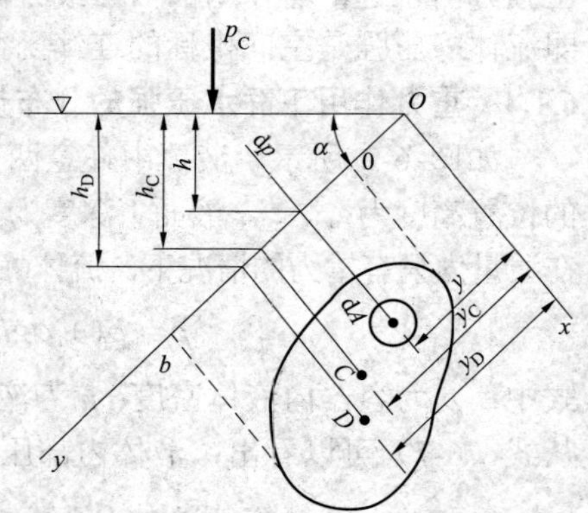

图 6-3 平面液体压力分析图

【解】（1）取微元面积 $\mathrm{d}A$，则微元面积上的流体静压力大小为

$$\mathrm{d}p=p\mathrm{d}A=\rho gh\mathrm{d}A=\rho g\sin\alpha y\mathrm{d}A \tag{6-11}$$

对平衡力系求和，则可得平面 A 上的总压力为

$$p=\int_A \mathrm{d}p=\rho g\sin\alpha\int_A y\mathrm{d}A \tag{6-12}$$

式中，$\int_A y\mathrm{d}A$ 代表面积 A 对 Ox 轴的面积矩，它等于面积 A 与其形心坐标 y_{C} 的乘积。以 p_{C} 代表形心 C 处的静

水压力，则

$$p=\rho g\sin\alpha y_{\mathrm{C}}A=p_{\mathrm{C}}A \tag{6-13}$$

（2）总压力 p 的作用方向：根据静压力的特性，必然是垂直地指向这个作用面。

（3）力的作用点

$$y_{\mathrm{D}}=\frac{I_{\mathrm{C}}}{y_{\mathrm{C}}A}+y_{\mathrm{C}} \tag{6-14}$$

式中：y_{D} 为压力作用点沿 y 轴方向至自由液面交线的距离（m）；I_{C} 为受压面对通过形心且平行于液面交线轴的惯性矩（m^4）；y_{C} 为受压面形心沿 y 轴方向至自由液面交线的距离（m）。

2. 图解法

首先要画压强分布图。压强分布图就是对压强在流场中沿深度表示出来。压强的大小用线段的长度表示，压强的方向用箭头表示出来，垂直指向受力作用面，如图 6-4 所示。

（1）压力的大小

$$p=\Omega b \tag{6-15}$$

式中：Ω 为静压强分布图面积；b 为受力作用面的宽度。

对于图 6-4 中的受力作用面，压强分布图面积为

$$\Omega=\frac{1}{2}\gamma hH \tag{6-16}$$

（2）压力的作用点：压强分布图的形心即为压力的作用点。如图 6-4 所示，压力的作用点 y_{D} 正是压强分布图的形心 $\frac{2}{3}h$ 处。

图 6-4　压强分布图

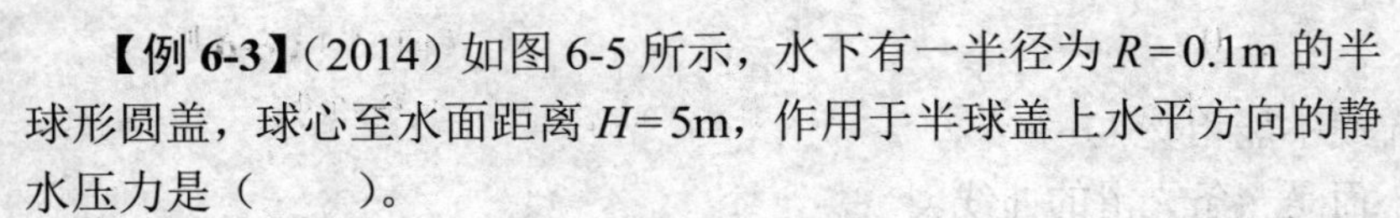

【例 6-3】（2014）如图 6-5 所示，水下有一半径为 $R=0.1\mathrm{m}$ 的半球形圆盖，球心至水面距离 $H=5\mathrm{m}$，作用于半球盖上水平方向的静水压力是（　　）。

A. 0.98kN　　B. 1.96kN

C. 0.77kN　　D. 1.54kN

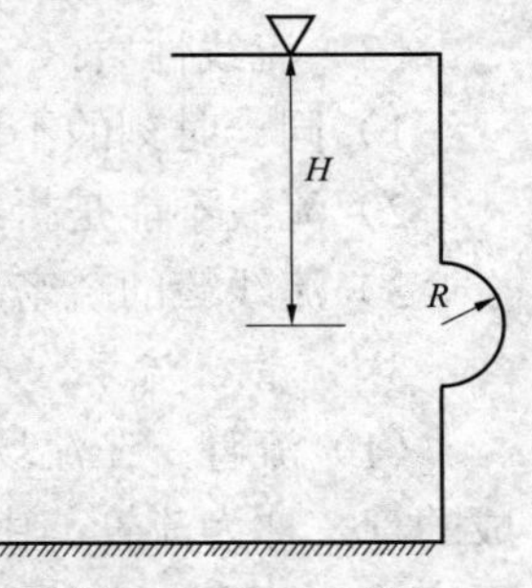

图 6-5　例 6-3 图

【解】半球面的竖直投影面为半径为 R 的圆，面积为 A_x，所以水平分力 p_x 按照平面受力公式知 $p_x=p_{\mathrm{C}}A_x=\rho gh_{\mathrm{C}}A_x$，形心在液面下的深度 $h_{\mathrm{C}}=H+\frac{R}{2}=5\mathrm{m}+0.05\mathrm{m}=5.05\mathrm{m}$，$A_x=\pi R^2=0.0314\mathrm{m}^2$，所以水平分力 $p_x=p_{\mathrm{C}}A_x=\rho gh_{\mathrm{C}}A_x=9.8\times10^3\mathrm{kN/m^3}\times5.05\mathrm{m}\times0.0314\mathrm{m}^2=1.54\mathrm{kN}$。

【答案】D

6.2　流体动力学基础

考试大纲

以流场为对象描述流动的概念；流体运动的总流分析；恒定总流连续性方程、能量方程

和动量方程的运用。

6.2.1 以流场为对象描述流动的概念

描述流体运动的方法主要有拉格朗日法和欧拉法。拉格朗日法是沿用固体力学的方法，把流场中流体看作是无数连续的质点所组成的质点系，如果能对每一质点的运动进行描述，那么整个流动就被完全确定了。欧拉法不研究各个质点的运动过程，而着眼于流场（充满运动流体的空间）中的空间点，即通过观察质点流经每个空间点上的运动要素随时间变化的规律，把足够多的空间点综合起来而得出整个流体运动的规律。欧拉法（流场法）主要是以流场为对象。下面介绍欧拉法描述的一些流动概念。

1. 欧拉法表示的加速度

$$\left.\begin{aligned}a_x=\frac{\mathrm{d}u_x}{\mathrm{d}t}=\frac{\partial u_x}{\partial t}+u_x\frac{\partial u_x}{\partial x}+u_y\frac{\partial u_x}{\partial y}+u_z\frac{\partial u_x}{\partial z}\\a_y=\frac{\mathrm{d}u_y}{\mathrm{d}t}=\frac{\partial u_y}{\partial t}+u_x\frac{\partial u_y}{\partial x}+u_y\frac{\partial u_y}{\partial y}+u_z\frac{\partial u_y}{\partial z}\\a_z=\frac{\mathrm{d}u_z}{\mathrm{d}t}=\frac{\partial u_z}{\partial t}+u_x\frac{\partial u_z}{\partial x}+u_y\frac{\partial u_z}{\partial y}+u_z\frac{\partial u_z}{\partial z}\end{aligned}\right\}\tag{6-17}$$

加速度由当地加速度和迁移加速度组成。当地加速度$\dfrac{\partial \boldsymbol{u}}{\partial t}$，表示通过固定空间点的流体质点速度随时间的变化；迁移加速度$(\boldsymbol{u}\cdot\nabla)\boldsymbol{u}$，表示流体质点所在空间位置的变化所引起的速度变化率。

2. 迹线、流线

（1）迹线：流体质点在连续时间内运动的轨迹，叫作迹线。

（2）流线：某一瞬时在流场中绘出的曲线，在这条曲线上所有质点的速度矢量都和该曲线相切，则此曲线称为流线。

（3）流线性质：

1）同一时刻的不同流线不能相交。

2）流线不能是折线，而是一条光滑的曲线。

3）流线簇的疏密反映了速度的大小（流线密集的地方流速大，稀疏的地方流速小）。

3. 流管、流束、过流断面、元流和总流

（1）流管：在流场中取任意封闭曲线 C，经过曲线 C 的每一点做流线，由这些流线所围成的管，称为流管。由于流线不能相交，所以各个时刻流体质点只能在流管内部或沿流管表面流动，而不能穿越流管，故流管仿佛就是一根真实的管子。

（2）流束：流管内所有流线的总和，称为流束。

（3）过流断面：与流束中所有流线正交的横断面，称为过流断面。

说明：当组成流束的所有流线互相平行时，过流断面是平面；否则，过流断面是曲面。

（4）元流：无穷小的流束。

（5）总流：流场中所有元流的集合。

4. 流量、断面平均速度

（1）流量：单位时间内通过某一特定空间曲面的流体量称为流量。

（2）表示方法：

1）以单位时间通过的流体体积表示，称为体积流量（流量），记为Q (m^3/s或L/s)。

2）以单位时间通过的流体质量表示，称为质量流量，记作Q_m (kg/s)。

（3）断面平均速度：流体经过流断面的体积流量Q除以过流断面面积A，即

$$v=\frac{Q}{A}=\frac{\int_A u\mathrm{d}A}{A} \tag{6-18}$$

5. 流体运动的类型

（1）恒定流与非恒定流（定常流与非定常流）：

若流场中各空间点上的一切运动要素都不随时间变化，这种流动称为恒定流，即

$$\frac{\partial u}{\partial t}=\frac{\partial p}{\partial t}=\frac{\partial \rho}{\partial t}=0 \tag{6-19}$$

否则，称为非恒定流。

说明：在实际工程问题中，不少非定常流动问题的运动要素随时间变化非常缓慢，可近似地作为定常流动来处理。

（2）均匀流与非均匀流：

流线互相平行的流动称为均匀流，否则为非均匀流。

即某一时刻，各点速度都不随位置而变化的流体流动为均匀流，即迁移加速度为零。

（3）渐变流与急变流：

流线之间夹角小于8°～10°（较小）的流动，称为渐变流。

流线之间夹角大于10°或流线弯曲的流动，称为急变流。

（4）一维流动、二维流动与三维流动：

运动要素是一个坐标的函数，称为一维流动。

运动要素是两个坐标的函数，称为二维流动。

运动要素是三个坐标的函数，称为三维流动。

（5）有压流、无压流、射流：

边界全部为固体的流体流动为有压流。

边界部分为大气，部分为固体，具有自由表面的流动为无压流。

流体经由孔口、管嘴射到某一空间，在充满流体的空间继续流动的流体运动为射流。

【例6-4】（2008） 非恒定均匀流是（　　）。

A. 当地加速度为零，迁移加速度不为零

B. 当地加速度不为零，迁移加速度为零

C. 当地加速度与迁移加速度均不为零

D. 当地加速度与迁移加速度均不为零，但合加速度为零

【解】流场中流体加速度由当地加速度和迁移加速度两项组成。当地加速度为零，恒定流；迁移加速度为零，均匀流。所以，非恒定均匀流必然是当地加速度不为零，迁移加速度为零。

【答案】B

6.2.2 流体运动的总流分析

关于流体总流运动，主要是针对流体质量守恒定律、能量守恒定律和动量定理三个角度得到了流体力学中非常重要的三大方程，即连续性方程、伯努利方程和动量方程，下面将重点介绍这方面的内容。

1. 恒定总流连续性方程

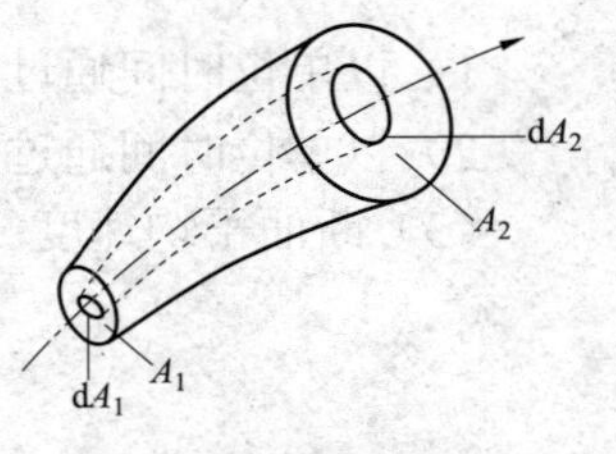

图 6-6　总流质量平衡

取恒定总流任意两过流断面，如图 6-6 所示，其断面面积为 A_1、A_2，断面平均流速为 v_1、v_2，断面流体密度为 ρ_1、ρ_2，根据质量守恒定律，即流入控制体流量等于流出控制体的流量。

则

$$\rho_1 v_1 A_1 = \rho_2 v_2 A_2 \tag{6-20}$$

这就是恒定总流连续性方程。

若流体为不可压缩，ρ = 常数，则上式简化为

$$v_1 A_1 = v_2 A_2 \tag{6-21}$$

2. 恒定总流能量方程

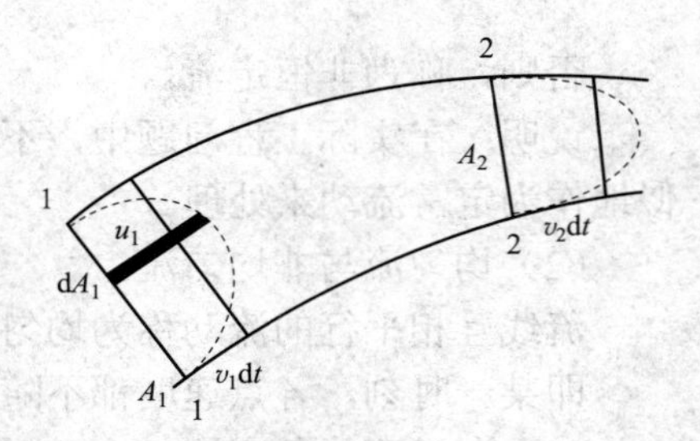

图 6-7　总流的能量方程

在图 6-7 中，选取两个渐变流断面 1—1 和 2—2，两断面中心位置高度为 z_1、z_2，中心点压强为 p_1、p_2，断面平均流速为 v_1、v_2，则满足如下关系

$$z_1 + \frac{p_1}{\rho g} + \frac{\alpha_1 v_1^2}{2g} = z_2 + \frac{p_2}{\rho g} + \frac{\alpha_2 v_2^2}{2g} + h_{l1-2} \tag{6-22}$$

该式为恒定总流的能量方程，其中，$\alpha v^2 / 2g$ 是单位重量流体的动能（α 为动能修正系数，默认为 1），称为速度水头；h_{l1-2} 是两断面间单位重量流体损失的机械能，称为水头损失。总流伯努利方程的应用条件如下：

（1）方程的推导是在恒定流前提下进行的，但多数流动，流速随时间变化缓慢，方程仍然适用。

（2）方程的推导又是以不可压缩流体为基础的。

（3）方程的推导是将断面选在渐变流段。在渐变流断面上，流体动压强近似地按静压强分布，各点的 $z + \dfrac{p}{\rho g}$ 为常数。

（4）方程的推导是在两断面间没有能量输入或输出的情况下提出的。如果有能量的输出（如中间有水轮机或汽轮机）或输入（如中间有水泵或风机），则要改写方程

$$z_1 + \frac{p_1}{\rho g} + \frac{\alpha_1 v_1^2}{2g} \pm H = z_2 + \frac{p_2}{\rho g} + \frac{\alpha_2 v_2^2}{2g} + h_{l1-2} \tag{6-23}$$

如果 H 表示水泵、风机的扬程则取 $+H$；如果 H 表示水轮机、汽轮机的扬程则取 $-H$。

（5）无流量的输入、输出。

3. 恒定总流动量方程

连续性方程和能量方程主要是解决流动的流速和压强，而动量方程主要是解决流体与固体之间作用力的问题。如图 6-7 所示，根据动量定理可知恒定总流动量方程如下

$$\boldsymbol{F} = \rho_2 Q_2 \beta_2 \boldsymbol{v}_2 - \rho_1 Q_1 \beta_1 \boldsymbol{v}_1 \tag{6-24}$$

如果流体为不可压缩流体，则

$$\boldsymbol{F}=\rho Q(\beta_2\boldsymbol{v}_2-\beta_1\boldsymbol{v}_1) \tag{6-25}$$

β 称为动量修正系数，通常近似取 1，表示合外力等于流出控制体的动量减去流入控制体的动量。

如果把力和速度沿 X、Y、Z 三方向分解得，则动量方程的标量表达式如下

$$\begin{cases}\sum F_X=\rho Q(v_{2X}-v_{1X})\\ \sum F_Y=\rho Q(v_{2Y}-v_{1Y})\\ \sum F_Z=\rho Q(v_{2Z}-v_{1Z})\end{cases} \tag{6-26}$$

6.2.3　恒定总流连续性方程、能量方程、动量方程的运用

连续性方程、能量方程、动量方程三大方程的运用从以下几道例题讲解：

【例 6-5】（2012）　汇流水管如图 6-8 所示，已知三部分水管的横截面积分别为 $A_1=0.01\text{m}^2$，$A_2=0.005\text{m}^2$，$A_3=0.01\text{m}^2$，入流速度 $v_1=4\text{m/s}$，$v_2=6\text{m/s}$，出流的流速 v_3 为（　　）。

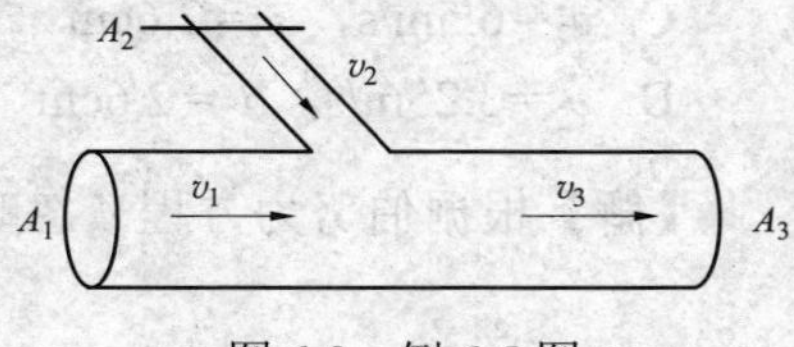

图 6-8　例 6-5 图

A. 8m/s　　B. 6m/s　　C. 7m/s　　D. 5m/s

【解】连续性方程主要是用于求流速。按照质量守恒定律流入控制体质量等于流出控制体的质量，即 $Q_{入}=Q_{出}$。

从本题来看，流入的质量为 $Q_{入}=v_1A_1+v_2A_2=(4\times0.01+6\times0.005)\text{m}^3/\text{s}=0.07\text{m}^3/\text{s}$。

流出的质量为 $Q_{出}=v_3A_3$，所以 $v_3=\dfrac{Q_{出}}{A_3}=\dfrac{0.07}{0.01}\text{m/s}=7\text{m/s}$。

【答案】C

【例 6-6】（2020）　设 A、B 两处液体的密度分别 ρ_{A} 与 ρ_{B}，由 U 型管连接，如图 6-9 所示，已知水银密度为 ρ_{m}，1、2 面的高度差为 Δh，它们与 A、B 中心点的高度差分别是 h_1 与 h_2，则 AB 两中心点的压强差 $p_{\text{A}}-p_{\text{B}}$ 为（　　）。

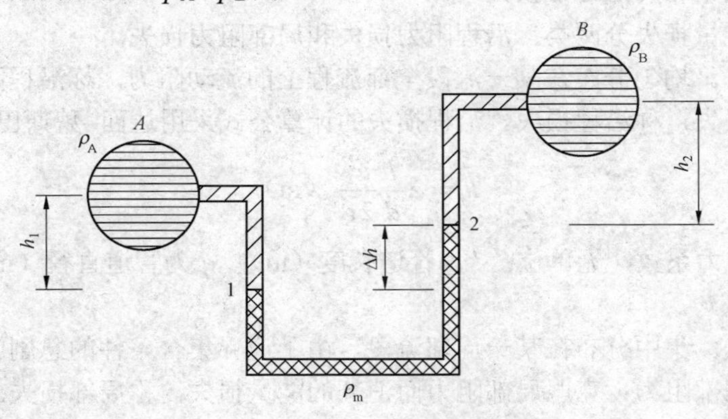

图 6-9　例 6-6 图

A. $(-h_1\rho_{\text{A}}+h_2\rho_{\text{B}}+\Delta h\rho_{\text{m}})g$　　B. $(h_1\rho_{\text{A}}-h_2\rho_{\text{B}}-\Delta h\rho_{\text{m}})g$

C. $[-h_1\rho_{\text{A}}+h_2\rho_{\text{B}}+\Delta h(\rho_{\text{m}}-\rho_{\text{A}})]g$　　D. $[h_1\rho_{\text{A}}-h_2\rho_{\text{B}}-\Delta h(\rho_{\text{m}}-\rho_{\text{A}})]g$

【解】 由题意可知，$p_1=p_A+\rho_A gh_1$，$p_2=p_B+\rho_B gh_2$，$p_1-p_2=\rho_A g\Delta h$，$p_A-p_B=p_1-\rho_A gh_1-(p_2-\rho_B gh_2)=p_1-p_2-\rho_A gh_1+\rho_B gh_2=\rho_A g\Delta h-\rho_A gh_1+\rho_B gh_2$

由这三个关系式可知 A 选项正确。

【答案】A

【例 6-7】(2020) 水从铅直圆管向下流出，如图 6-10 所示，已知 $d_1=10cm$，管口处的水流速度 $v_1=1.8m/s$，则管口下方 $h=2m$ 处的水流速度 v_2 和直径 d_2 分别为（　　）。

A. $v_2=6.5m/s$，$d_2=5.2cm$

B. $v_2=3.25m/s$，$d_2=5.2cm$

C. $v_2=6.5m/s$，$d_2=2.6cm$

D. $v_2=3.25m/s$，$d_2=2.6cm$

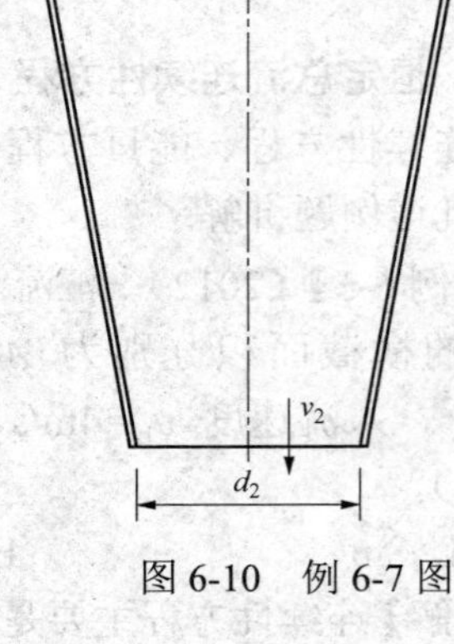

图 6-10　例 6-7 图

【解】根据伯努力方程（忽略水头损失）$\dfrac{v_1^2}{2g}+2=\dfrac{v_2^2}{2g}$，即 $\dfrac{1.8^2}{2g}+2=\dfrac{v_2^2}{2g}$，得 $v_2=6.5m/s$。根据连续性方程 $A_1\times v_1=A_2\times v_2$，即 $\dfrac{\pi\times10^2}{4}\times1.8=\dfrac{\pi\times d_2^2}{4}\times6.5$，得 $d_2=5.2cm$。

【答案】A

6.3　流动阻力和能量损失

考试大纲

沿程阻力损失和局部阻力损失；实际流体的两种流态——层流和紊流；圆管中层流运动；紊流运动的特征；减小阻力的措施。

6.3.1　沿程阻力损失和局部阻力损失

流动阻力和能量损失分两类：沿程阻力损失和局部阻力损失。

（1）沿程损失。均匀分布在某一流段全部流程上的流动阻力，称沿程阻力；克服沿程阻力而消耗的能量损失，称沿程损失。沿程损失的计算公式采用达西–魏斯巴赫公式

$$h_f=\lambda\frac{l}{d}\frac{v^2}{2g}\ \text{（m）}\tag{6-27}$$

式中：λ 为沿程阻力系数，无单位；l 为管道长度（m）；d 为管道直径（m）；$v^2/2g$ 为速度水头（m）。

（2）局部损失。集中分布在某一局部流段，由于边界集合条件的急剧改变而引起对流体运动的阻力，称局部阻力；克服局部阻力而消耗的能量损失，称局部损失。局部损失的表达式为

$$h_j=\zeta\frac{v^2}{2g}\ \text{（m）}\tag{6-28}$$

式中，ζ 为局部阻力系数，无单位。

（3）总能量损失。

$$h_w = \sum h_f + \sum h_j \tag{6-29}$$

6.3.2 实际流体的两种流态——层流和紊流

对于流动阻力和能量损失的计算，都与实际流体的流动形态有关，所以先分析流态问题。根据雷诺试验，把流动形态分为两类:层流和紊流。层流是指流体质点沿着自身流层流动，层与层之间质点互不掺混；紊流是指液体质点的运动轨迹极不规则，各部分流体互相剧烈掺混。

判别流态的标准，用临界雷诺数来判断。

雷诺数：

$$Re=\frac{vd}{\nu} \tag{6-30}$$

雷诺数表示惯性力与黏性力的比值。当 $Re<2000$ 时为层流，$Re>2000$ 时为紊流。

对于非圆管中的流动，雷诺数中的特征长度 d 可用水力半径来代替

$$R=\frac{A}{\chi} \tag{6-31}$$

式中：A 为过流断面面积；χ 为湿周。对于有压圆管流动

$$R=\frac{\frac{\pi}{4}d^2}{\pi d}=\frac{d}{4} \tag{6-32}$$

故若用 R 代替 d 计算雷诺数，则其临界雷诺数为 575。当 $Re<500$ 时为层流，$Re>500$ 时为紊流。

【例 6-8】（2010） 一管径 $d=50\text{mm}$ 的水管，在水温 $t=10℃$时，管内要保持层流的最大流速是（　　）。（10℃时水的运动黏度 $\nu=1.31\times10^{-6}\text{m}^2/\text{s}$）

A. 0.21m/s　　B. 0.115m/s　　C. 0.105m/s　　D. 0.052 5m/s

【解】判定流态用雷诺数。当 $Re<2000$ 时，为层流，所以保持层流的上限值即临界雷诺数 $Re=2000=\frac{vd}{\nu}$，则最大流速 $v=0.052\,5\text{m/s}$。

【答案】D

6.3.3 圆管中的层流运动

为了得到圆管层流的沿程阻力系数，必须建立流速与沿程损失之间的关系，由此根据达西公式推出沿程阻力系数的表达式。以下几个结论需要大家掌握:

（1）圆管层流运动断面上流速分布是以管中心线为轴的旋转抛物面

$$u=\frac{\rho gJ}{4\mu}(r_0^2-r^2) \tag{6-33}$$

式中，J 为水力坡度。

（2）过流断面上最大流速在管轴心处，即

$$u_{\max}=u\big|_{r=0}=\frac{\rho gJ}{4\mu}r_0^2 \tag{6-34}$$

（3） 圆管层流运动的断面平均流速为最大流速的一半。

$$v=\frac{\int_A u\mathrm{d}A}{A}=\frac{\int_0^{r_0}\frac{\rho gJ}{4\mu}(r_0^2-r^2)2\pi r\mathrm{d}r}{\pi r_0^2}=\frac{\rho gJ}{8\mu}r_0^2 \tag{6-35}$$

比较式（6-34）、式（6-35），可知

$$v=\frac{1}{2}u_{\max} \tag{6-36}$$

（4）沿程阻力系数与雷诺数的关系如下

$$\lambda=\frac{64}{Re} \tag{6-37}$$

（5）圆管层流运动的沿程水头损失与断面平均流速的一次方成正比。

【例 6-9】（2005） 圆管层流运动过流断面上流速分布为（　　）。（式中 r_0 为圆管半径）

A. $u=u_{\max}\left[1-\left(\frac{r}{r_0}\right)^2\right]$　　B. $u=u_{\max}\left[1-\left(\frac{r}{r_0}\right)\right]^n$

C. $u=v_*\left[5.75\lg\frac{yv_*}{\nu}+5.5\right]$　　D. $u=v_*\left[5.75\lg\frac{y}{k}+8.48\right]$

【解】由式（6-33）和式（6-34）联立可得

$$u=u_{\max}\left[1-\left(\frac{r}{r_0}\right)^2\right]$$

【答案】A

6.3.4 紊流运动的特征

（1）紊流运动的基本特征就是脉动现象，即速度、压强等空间点上的物理量随时间的变化做无规则的随机变动。由于脉动的随机性，通常采用时均法作为处理紊流流动的基本手段。在一周期 T 内，对速度求时间平均值，即

$$\bar{u}=\frac{1}{T}\int_0^T u\mathrm{d}t \tag{6-38}$$

则某点的瞬时流速 u 应等于相应的时间平均流速 $\bar{u}$ 和脉动流速 u' 之和，即

$$u=\bar{u}+u' \tag{6-39}$$

如果时均速度是恒定值，则紊流运动可认为是恒定流，则以前的恒定流基本方程均适用于紊流。

（2）紊流切应力。由于紊流特征脉动性，紊流中的切应力 τ 除了由黏性引起的切应力 τ_1 外，还存在由脉动引起的动量交换产生的惯性切应力 τ_2，即

$$\tau=\tau_1+\tau_2 \tag{6-40}$$

式中：$\tau_1=\mu\frac{\mathrm{d}u}{\mathrm{d}y}$，$\tau_2=-\rho\overline{u_x'u_y'}$；采用普朗特混合长度理论半经验公式 $\tau_2=\rho l^2\left(\frac{\mathrm{d}u}{\mathrm{d}y}\right)^2$，其中 l 称为混合长度，但没有直接的物理意义。

【例 6-10】（2009） 紊流附加切应力 τ_2 等于（　　）。

A. $\rho\overline{u_x'u_y'}$　　B. $-\rho\overline{u_x'u_y'}$　　C. $\overline{u_x'u_y'}$　　D. $-\overline{u_x'u_y'}$

【解】由紊流切应力公式知，由于动量交换而附加的惯性切应力 $\tau_2 = -\rho\overline{u_x'u_y'}$ 。

【答案】B

6.3.5　沿程阻力系数和局部阻力系数

沿程阻力系数和局部阻力系数是计算沿程损失和局部损失的关键。

1. 流动分区

尼古拉兹在人工均匀沙粒粗糙圆管中进行了系统沿程阻力系数和断面流速分布的测定工作，探索沿程阻力系数的变化规律，绘制了沿程阻力系数与影响因素雷诺数、相对粗糙度的曲线图（图 6-11）。按照沿程阻力系数 λ 的变化规律，把整个流动分为 5 个区。

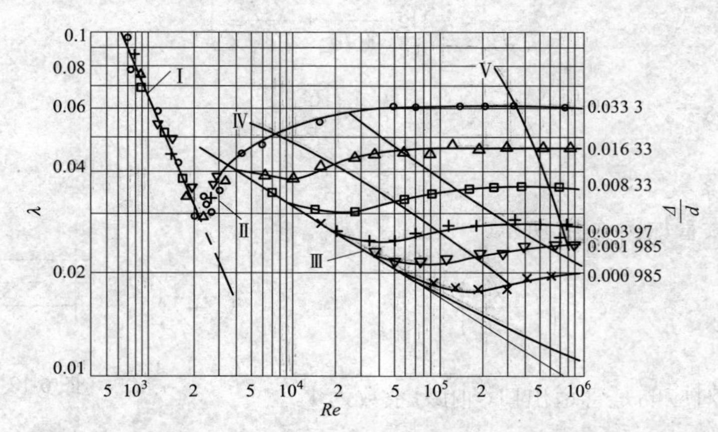

图 6-11　沿程阻力系数与影响因素雷诺数、相对粗糙度的曲线图

（1）层流区（Ⅰ线）：$Re<2300$，沿程阻力系数 λ 只与雷诺数 Re 有关，与相对粗糙度 $\dfrac{\Delta}{d}$ 无关，并随着 Re 的增加而减小。

（2）临界过渡区（Ⅱ线）：$2300<Re<4000$，沿程阻力系数 λ 只与雷诺数 Re 有关，与相对粗糙度 $\dfrac{\Delta}{d}$ 无关，并随着 Re 的增加而增加。

（3）紊流光滑区（Ⅲ线）：$Re>4000$，沿程阻力系数 λ 只与雷诺数 Re 有关，并且沿程损失与断面平均流速的 1.75 次方成正比。

（4）紊流过渡区（Ⅳ区）：沿程阻力系数 λ 既与雷诺数 Re 有关，也与相对粗糙度 $\dfrac{\Delta}{d}$ 有关。

（5）紊流粗糙区（Ⅴ区）：沿程阻力系数 λ 只与相对粗糙度 $\dfrac{\Delta}{d}$ 有关，与雷诺数 Re 无关。

沿程损失与断面平均流速的二次方成正比。

2. 紊流沿程阻力系数的确定

（1）沿程阻力系数（紊流光滑区）试验结论为

$$\frac{1}{\sqrt{\lambda}} = 2\lg(Re\sqrt{\lambda}) - 0.8 \tag{6-41}$$

布拉修斯经验公式：$$\lambda=\frac{0.3164}{Re^{1/4}},Re<10^5 \tag{6-42}$$

（2）沿程阻力系数（紊流粗糙区）试验结论为

$$\frac{1}{\sqrt{\lambda}}=2\lg\frac{r_0}{\Delta}+1.74 \tag{6-43}$$

希弗林松经验公式：$$\lambda=0.11\left(\frac{\Delta}{d}\right)^{0.25} \tag{6-44}$$

（3）沿程阻力系数（紊流过渡区）

柯列勃洛克公式：$$\frac{1}{\sqrt{\lambda}}=-2\lg\left(\frac{\Delta}{3.7d}+\frac{2.51}{Re\sqrt{\lambda}}\right) \tag{6-45}$$

阿里特苏里公式：$$\lambda=0.11\left(\frac{\Delta}{d}+\frac{68}{Re}\right)^{0.25} \tag{6-46}$$

3. 局部阻力系数

（1）突然扩大管如图 6-12 所示。

$$\zeta_1=\left(1-\frac{A_1}{A_2}\right)^2 \tag{6-47}$$

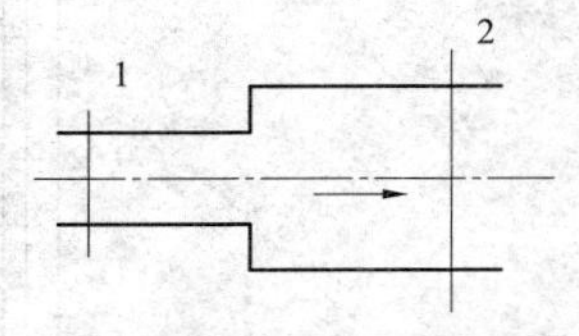

图 6-12　突然扩大管

当$\frac{A_1}{A_2}\approx 0$，对应的是管道出口，阻力系数为 1。

（2）突然缩小管如图 6-13 所示。

$$\zeta_1=0.5\left(1-\frac{A_2}{A_1}\right) \tag{6-48}$$

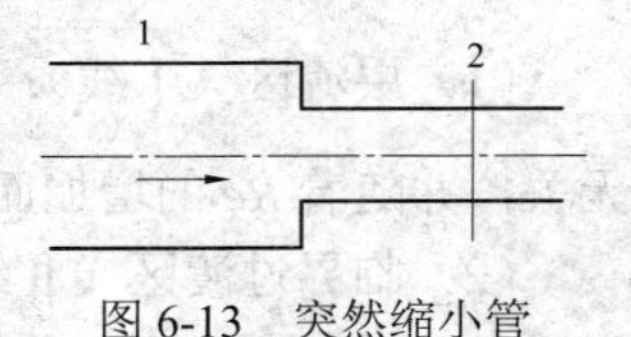

图 6-13　突然缩小管

当$\frac{A_2}{A_1}\approx 0$，对应的是管道进口，阻力系数为 0.5。

其他的局部阻力系数的计算可参照有关水力计算手册。

【例 6-11】（2012）　尼古拉斯试验的曲线图中，在（　　），不同相对粗糙度的试验点分别落在一些与横轴平行的直线上，阻力系数λ与雷诺数无关。

A. 层流区　　B. 临界过渡区　　C. 紊流光滑区　　D. 紊流粗糙区

【解】按照沿程阻力系数 λ 的变化规律，尼古拉兹试验曲线分为五个区，只有在紊流粗糙区，阻力系数 λ 与相对粗糙度有关，而与雷诺数无关，并且沿程损失与流速的平方成正比，因此紊流粗糙区也叫阻力平方区。

【答案】D

6.3.6　减小阻力的措施

减小阻力的措施主要有两条途径：一是改进流体外部的边界，改善边壁对流动的影响，如减小管壁的表面粗糙度、用柔性边壁代替刚性边壁、采用导流管件防止漩涡区产生等；二是在流体内部投加极少量的添加剂，使其影响流体运动的内部结构来实现减阻。

6.4 孔口管嘴管道流动

考试大纲

孔口自由出流、孔口淹没出流；管嘴出流；有压管道恒定流；管道的串联和并联。

6.4.1 孔口自由出流、孔口淹没出流

在容器侧壁或底壁上开一孔口，容器中的液体自孔口出流到大气中，称为孔口自由出流。

如图 6-14 所示，当容器壁较薄或孔口具有锐缘时，出流流股与孔口壁接触仅是一条周线，孔口壁厚对水流现象没有影响，称为薄壁孔口。由于质点的惯性，容器中流体流出孔口后，流股收缩，在距孔口 $\frac{1}{2}d$ 处，断面收缩到最小，该断面称为收缩断面。收缩断面面积 A_C 小于孔口面积 A，其比值 $\varepsilon=\frac{A_C}{A}$，称为收缩系数。当孔口断面尺寸远小于作用水头（如 $d/H\leqslant 0.1$）时，$C—C$ 断面上各点的水头可以认为相等，此时孔口称为小孔口。

液体通过孔口出流到另一个充满液体的空间，称为淹没出流，如图 6-15 所示。

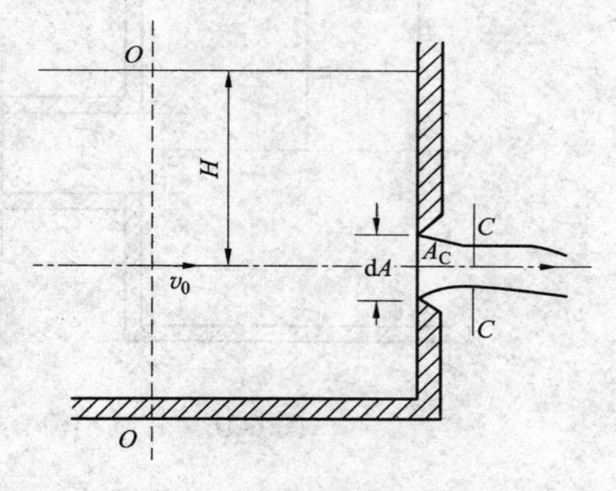

图 6-14 孔口自由出流

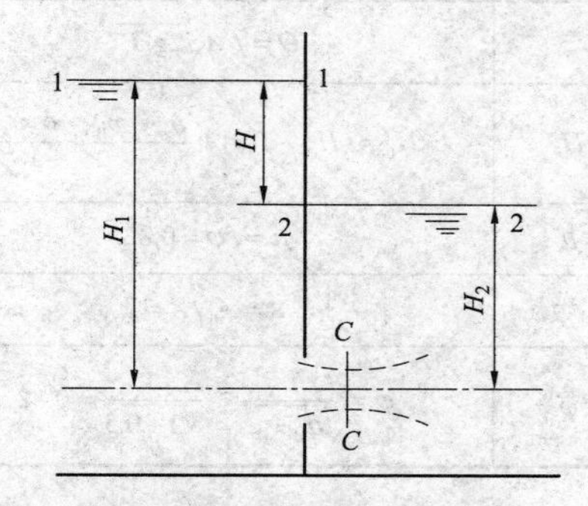

图 6-15 孔口淹没出流

关于自由出流和淹没出流的流量计算见表 6-1。

表 6-1 孔口自由出流和孔口淹没出流的流量计算表

项目	孔口自由出流	孔口淹没出流
流量 Q	$Q=\mu A\sqrt{2gH_0}$	$Q=\mu A\sqrt{2gH_0}$
作用水头 H_0	$H_0=(H_0-H_C)+\frac{p_0-p_C}{\gamma}+\frac{\alpha_0 v_0^2}{2g}$ 自由液面时，$p_0=p_C=0$，$v_0=0$	$H_0=(H_1-H_2)+\frac{p_1-p_2}{\gamma}+\frac{\alpha_1 v_1^2-\alpha_2 v_2^2}{2g}$ 自由液面时，$p_1=p_2=0$，$v_1=v_2=0$
流量系数 μ	$\mu=\varepsilon\varphi=0.60\sim0.62$	$\mu=\varepsilon\varphi=0.60\sim0.62$
断面收缩系数 ε	$\varepsilon=A_C/A=0.64$	$\varepsilon=A_C/A=0.64$
流速系数 φ	$\varphi=\frac{1}{\sqrt{\alpha_C+\zeta_1}}\approx\frac{1}{\sqrt{1+\zeta_1}}=0.97\sim0.98$	$\varphi=\frac{1}{\sqrt{\zeta_2+\zeta_1}}\approx\frac{1}{\sqrt{1+\zeta_1}}=0.97\sim0.98$

注意：从表 6-1 看出，自由出流和淹没出流的流速系数、流量系数、收缩系数均相同，只有作用水头不一样。自由出流时，上游流速水头均转化为作用水头，而淹没出流时，仅上下游速度头之差转化为作用水头。当作用水头一致时，自由出流和淹没出流流量相同。

【例 6-12】（2011） 两孔口形状、尺寸相同，一个是自由出流，出流流量为 Q_1；另一个是淹没出流，出流流量为 Q_2。若自由出流和淹没出流的作用水头相等，则 Q_1 和 Q_2 的关系是（　　）。

A. $Q_1>Q_2$　　B. $Q_1=Q_2$　　C. $Q_1<Q_2$　　D. 不确定

【解】自由出流和淹没出流的流速系数、流量系数、收缩系数均相同，当作用水头一致时，自由出流和淹没出流流量相同。

【答案】B

6.4.2 管嘴出流

如图 6-16 所示，当孔口壁厚 $\delta=(3\sim4)d$ 时，或在孔口处外接一长度 $l=(3\sim4)d$ 的短管时，此时的出流称为圆柱形外管嘴出流，外接短管称为管嘴。当流体进入管嘴后形成收缩，在收缩断面 $C—C$ 处流体与管壁分离，形成漩涡区，产生负压，然后又逐渐扩大，在管嘴出口断面上，流体完全充满整个断面。管嘴出流的计算式见表 6-2。

表 6-2　　管嘴出流计算式

流量 Q	$Q=\mu A\sqrt{2gH_0}$
作用水头 H_0	$H_0=(H_A-H_B)+\dfrac{p_A-p_B}{\gamma}+\dfrac{\alpha_A v_A^2}{2g}$
流量系数μ	$\mu=\varepsilon\varphi=0.82$
断面收缩系数ε	$\varepsilon=A_B/A=1$
流速系数φ	$\varphi=\dfrac{1}{\sqrt{\alpha_B+\zeta}}\approx\dfrac{1}{\sqrt{1+0.5}}=0.82$

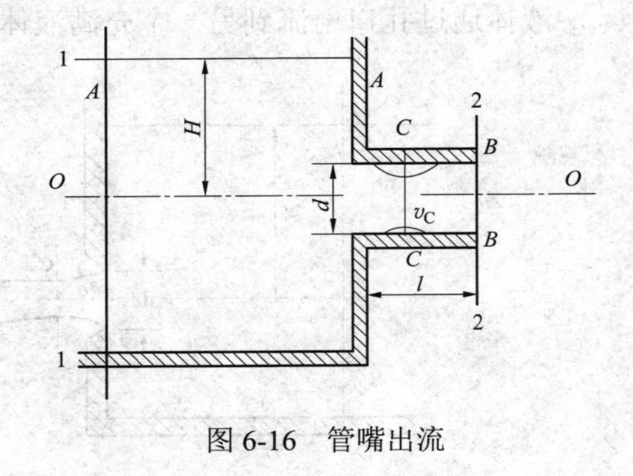

图 6-16　管嘴出流

在相同直径 d、相同作用水头 H 条件下，管嘴出流流量比孔口出流量要大得多。主要是因为管嘴在收缩断面 $C—C$ 处存在真空的作用，真空度为作用水头的 0.75 倍，作用水头 H_0 越大，收缩断面的真空度就越大。但是不能无限增加作用水头，否则会导致液体汽化。管嘴正常工作必须满足 $H_0\leqslant 9\text{m}$ 及 $l=(3\sim4)d$。

【例 6-13】（2019） 正常工作条件下的薄壁小孔口 d_1 与圆柱形外管嘴 d_2 相等，作用水头 H 相等，则孔口与管嘴的流量的关系是（　　）。

A. $Q_1>Q_2$　　B. $Q_1<Q_2$

C. $Q_1=Q_2$　　D. 条件不足无法确定

【解】薄壁小孔口流量计算公式 $Q_{孔口}=\mu_{孔口}A_{孔口}\sqrt{2gH_{0孔口}}$；圆柱形外管嘴流量计算公式 $Q_{管嘴}=\mu_{管嘴}A_{管嘴}\sqrt{2gH_{0管嘴}}$；正常工作条件下的薄壁小孔口与圆柱形外管嘴，直径 d 相等，作用水头 H 相等：$\mu_{孔口}=0.60\sim0.62$，$\mu_{管嘴}=0.82$，故 $Q_{孔口}<Q_{管嘴}$。

【答案】B

6.4.3 有压管道恒定流

管道中的有压流动，称为有压管流。其基本特点是整个过水断面被水充满，过水断面中无自由表面，管壁处压强一般不等于大气压强。

恒定有压管流的计算，主要是连续性方程和伯努利能量方程的应用问题。按照能量损失中沿程损失所占总损失比例的多少，分为长管和短管。长管是指管中能量损失以沿程损失为主，局部损失和流速水头所占比重很小，可以忽略不计的管道；短管是指局部损失和流速水头不可忽略的管道。

简单短管的计算也包括自由出流和淹没出流两种，计算式与孔口自由出流和淹没出流相同，只是流量系数发生变化。

（1）自由出流

$$\mu = \frac{1}{\sqrt{\lambda \frac{l}{d} + \sum \zeta + 1}} \tag{6-49}$$

（2）淹没出流

$$\mu = \frac{1}{\sqrt{\lambda \frac{l}{d} + \sum \zeta}} \tag{6-50}$$

式中，$\sum \zeta$ 为流动该短管系统所有局部损失系数的和。对于淹没出流，$\sum \zeta$ 包含一个淹没出口的损失系数“1”，所以两者计算出的流速系数在数值上是一致的。

简单管路中，作用水头用来克服总阻力损失，损失 H 与流量 Q 之间的关系为

$$H = SQ^2 \tag{6-51}$$

式中，S 为管路综合阻抗（s^2/m^5）。

$$S = \frac{8\left(\lambda \frac{l}{d} + \sum \zeta\right)}{\pi^2 d^4 g} \tag{6-52}$$

如果是简单长管，则忽略局部损失，$S = \frac{8\lambda l}{\pi^2 d^5 g}$。

6.4.4 管道的串联和并联

由不同管段顺次连接而成的管道系统，称为串联管路。

（1）串联管路计算原则。无中途分流或合流，则流量相等，阻力相加，即

$$Q_1 = Q_2 = \cdots = Q_n \tag{6-53}$$

$$S_{总} = S_1 + S_2 + \cdots + S_n \tag{6-54}$$

在两节点之间并设两条以上管道的管路系统，称为并联管路。

（2）并联管路计算原则。总水头损失与各支管损失相等，总流量等于各支管流量之和，总的阻抗平方根倒数等于各支管阻抗平方根倒数之和。即

$$h_{f_1} = h_{f_2} = \cdots = h_{f_n} = h_{f_{ab}} \tag{6-55}$$

$$Q = Q_1 + Q_2 + \cdots + Q_n \tag{6-56}$$

$$\frac{1}{\sqrt{S_{总}}} = \frac{1}{\sqrt{S_1}} + \frac{1}{\sqrt{S_2}} + \cdots + \frac{1}{\sqrt{S_n}} \tag{6-57}$$

进一步由损失相等，可得到并联管路流量分配规律即流量之比等于各管路阻抗平方根的倒数之比，即

$$Q_1:Q_2:Q_3=\frac{1}{\sqrt{S_1}}:\frac{1}{\sqrt{S_2}}:\frac{1}{\sqrt{S_3}} \tag{6-58}$$

【例 6-14】（2021） A、B 为并联管 1、2、3 的两端连接点，A、B 两节点之间的水头损失为（　　）。

A. $h_{\text{fab}}=h_{\text{f1}}+h_{\text{f2}}+h_{\text{f3}}$　　　　B. $h_{\text{fab}}=h_{\text{f1}}+h_{\text{f2}}$

C. $h_{\text{fab}}=h_{\text{f2}}+h_{\text{f3}}$　　　　D. $h_{\text{fab}}=h_{\text{f1}}=h_{\text{f2}}=h_{\text{f3}}$

【解】并联管路总水头损失与各支管损失相等，则选项 D 正确。

【答案】D

6.5　明渠恒定流

考试大纲

明渠均匀水流特性；产生均匀流的条件；明渠恒定非均匀流的流动状态；明渠恒定均匀流的水力计算。

6.5.1　明渠均匀水流特性

1. 渠道的分类

明渠流随着边界条件的不同，一定的流量在渠中形成各式各样的水面和流动现象。可按渠道的不同特征，分为以下几类：

（1）按渠道横断面形状和尺寸是否沿程变化，分为棱柱体和非棱柱体渠道。渠道断面的形状及尺寸沿程不变的长直渠道称为棱柱形渠道如图 6-17（a）所示。棱柱形渠道的过水面积仅随水深变化，即 $A=f(h)$，否则称为非棱柱形渠道如图 6-17（b）所示。

（2）按渠道横断面形状的不同，分为规则断面渠道和不规则断面渠道。横断面的各水力要素在水深 h 的全部变化范围内，均为水深的连续函数的渠道，称为规则断面渠道；否则，称为不规则断面渠道。

（3）按渠道底坡的不同，分顺坡、平坡和逆坡渠道。渠底高程沿水流方面的变化，可用渠底坡度 i 表示，如图 6-18 所示。

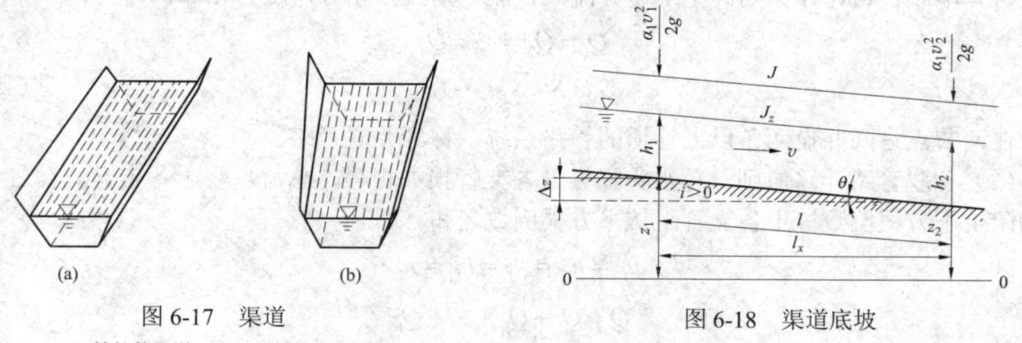

图 6-17　渠道

（a）棱柱体渠道；（b）非棱柱体渠道

图 6-18　渠道底坡

$$i=\frac{\Delta z}{l}=\sin\theta \tag{6-59}$$

通常 θ 角很小，渠底线长度 l 可认为与其水平投影 l_x 相等，则

$$i=\tan\theta \tag{6-60}$$

同样，因渠道底坡 i 很小，可用铅垂断面代替实际过流断面，用铅垂水深 h 代替过流断面水深。$i>0$，顺坡渠道；$i=0$，平坡渠道，$i<0$，逆坡渠道，如图 6-19 所示。

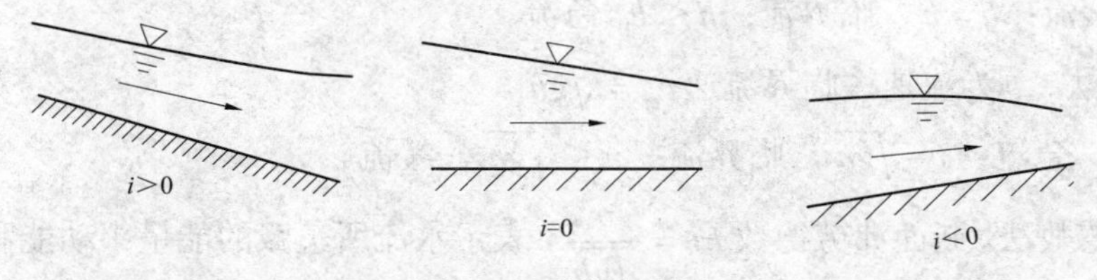

图 6-19 逆坡渠道

2. 明渠均匀流的水流特性

（1）水深、断面平均流速、断面流速分布等沿程不变的流动。

（2）明渠均匀流的水力坡度 J、水面坡度 J_z 和渠道底坡 i 彼此相等。

6.5.2 产生均匀流的条件

形成均匀流必须具备的条件：① 明渠流为恒定流，沿程流量保持不变；② 渠道是长直的棱柱体顺坡渠道；③ 渠道壁面的粗糙系数沿程不变；④ 没有局部阻力（损失）。

【例 6-15】（2012） 下面对明渠均匀流的描述，正确的是（　　）。

A. 明渠均匀流必须是非恒定流　　B. 明渠均匀流的粗糙系数可以沿程变化

C. 明渠均匀流可以有支流汇入或流出　　D. 明渠均匀流必须是顺坡

【解】按照形成均匀流的条件可知。

【答案】D

6.5.3 明渠恒定非均匀流的流动状态

在明渠中，由于水工建筑物的修建、渠底坡度的改变，或是渠道断面的扩大、缩小等，都会导致均匀流条件的破坏，而发生非均匀流动。明渠非均匀流要比均匀流复杂，在不同条件下的明渠流有两种不同的形态：

1. 急流

障碍物的影响只能对附近水流引起局部扰动，不能向上游传播的明渠水流，称为急流。如在底坡陡峭，水流湍急的溪涧中，涧底若有大块孤石阻水，则水流或是跳跃而过，或因跳跃过高而激起浪花，孤石的存在对上游的水流没有影响，如图 6-20（a）所示。

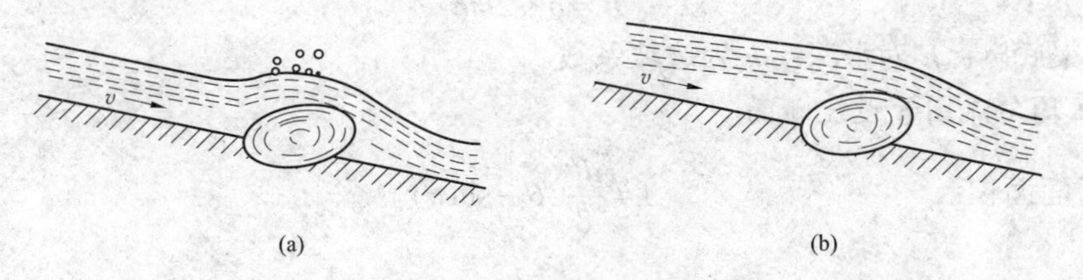

图 6-20 明渠流

2. 缓流

障碍物的影响能够向上游传播的明渠水流，称为缓流。如在平原地区的河段中，若有大

块孤石阻水，由于底坡平坦、水流徐缓，孤石对水流的影响向上游传播，使较长一段距离的上游水流受到影响，如图 6-20（b）所示。

明渠水流流动状态的判别方法常见以下几种：

（1）临界水深判别法。h 为断面平均水深，h_k 为临界水深。

$h > h_k$，缓流；$h = h_k$，临界流；$h < h_k$，急流。

（2）流速法。v 为流速，临界流速 $v_{cr} = \sqrt{gh}$ 。

$v > \sqrt{gh}$ ，急流；$v=\sqrt{gh}$ ，临界流；$v < \sqrt{gh}$ ，缓流。

（3）弗劳德数法。断面弗劳德数 $Fr = \dfrac{v}{\sqrt{gh}}$ ，表示水流所蕴藏的能量中动能和势能的比值。

$Fr > 1$，急流，动能是水流中主要能量；$Fr=1$，临界流；$Fr < 1$，缓流，势能是水流中主要能量。

6.5.4 明渠恒定均匀流的水力计算

明渠均匀流的基本公式为谢才公式，$v = C\sqrt{RJ}$ ，由于明渠均匀流中水力坡度与渠底坡度相等，所以有

$$v = C\sqrt{Ri} \tag{6-61}$$

则流量

$$Q = Av = AC\sqrt{Ri} \tag{6-62}$$

式中，C 按曼宁公式计算，即 $C = \dfrac{1}{n}R^{\frac{1}{6}}$，$n$ 为渠道的粗糙系数。

式（6-61）和式（6-62）为均匀流的计算公式，反映了流量 Q、过流断面面积 A、水力半径 R、渠底坡度 i 和粗糙系数 n 直接的关系。明渠均匀流计算问题通常均是求流量（Q）、底坡（i）、粗糙系数 n 等几种类型。

下面将介绍工程中常遇的梯形断面和圆形断面各水力要素间的关系。

1. 梯形断面

过水断面面积：$$A = (b + mh)h$$

湿周：$$\chi = b + 2h\sqrt{1 + m^2}$$

水力半径：$$R = \frac{A}{\chi}$$

水面宽度：$$B = b + 2mh$$

式中：b 为渠底宽；h 为水深；m 为边坡系数。

2. 无压均匀流圆管过流断面

过水断面面积：$$A = \frac{d^2}{8}(\theta - \sin\theta)$$

湿周：$$\chi = \frac{d}{2}\theta$$

水力半径：$$R = \frac{d}{4}\left(1 - \frac{\sin\theta}{\theta}\right)$$

水面宽度：
$$B = d\sin\frac{\theta}{2}$$

充满度：
$$\alpha = \frac{h}{d} = \sin^2\frac{\theta}{4}$$

式中：d 为管径；θ 为充满角。

【例 6-16】（2008）梯形断面水渠按均匀流设计，已知过水断面 $A=5.04\text{m}^2$，湿周 $\chi=6.73\text{m}$，粗糙系数 $n=0.025$，按曼宁公式计算谢才系数 C 为（　　）。

A. $30.80\,\text{m}^{\frac{1}{2}}/\text{s}$　　B. $30.13\,\text{m}^{\frac{1}{2}}/\text{s}$　　C. $30.80\,\text{m}^{\frac{1}{2}}/\text{s}$　　D. $38.13\,\text{m}^{\frac{1}{2}}/\text{s}$

【解】 谢才系数 C 按曼宁公式计算，即 $C=\frac{1}{n}R^{\frac{1}{6}}$。水力半径 $R=\frac{A}{\chi}=\frac{5.04}{6.73}=0.749$，

$C=\frac{1}{n}R^{\frac{1}{6}}=\frac{1}{0.025}\times(0.749)^{\frac{1}{6}}\text{m}^{\frac{1}{2}}/\text{s}=38.12\text{m}^{\frac{1}{2}}/\text{s}$。

【答案】 D

6.6　渗流、井和集水廊道

考试大纲

土壤的渗流特性；达西定律；井和集水廊道。

6.6.1　土壤的渗流特性

流体在土壤、岩层等多孔介质中的流动，称为渗流。当流体是水，空隙介质是土壤或岩石时的渗流，又称为地下渗流。水在土壤中的存在状态有气态水、附着水、薄膜水、毛细水和重力水等。

影响渗流运动规律的土壤性质，称为土壤的渗透特性。土壤的特性主要取决于土壤的颗粒组成。对于均质各向同性土壤，渗透性质既与渗流空间的位置无关，也与渗流方向无关，主要讨论重力水在均质各向同性土壤中的恒定流动规律。

1. 孔隙率 n

一定体积的孔隙介质中，空隙体积 V' 与总体积 V 的比值，或者在一个横断面上的孔隙面积 A' 与总断面积 A 的比值，即

$$n=\frac{V'}{V}=\frac{A'}{A} \tag{6-63}$$

2. 渗流模型

渗流模型是设想流体作为连续介质连续充满渗流区的全部空间，包括土壤颗粒骨架所占据的空间；渗流的运动要素可作为渗流全部空间的连续函数来研究。

渗流模型中的渗流流速 u 为渗流模型中微小过流断面面积 ΔA 除通过该断面面积的真实渗流流量 ΔQ，即

$$u=\frac{\Delta Q}{\Delta A}=\frac{n\Delta Q}{\Delta A'}=u'n \tag{6-64}$$

式中，u' 为间隙中的实际流速。

6.6.2　达西定律

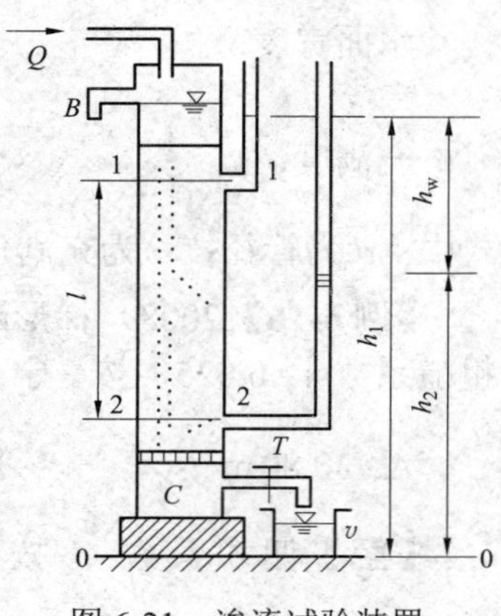

图 6-21　渗流试验装置

达西定律表示了渗流能量损失与渗流流速之间的基本关系式，达西试验装置如图 6-21 所示。

（1）渗流流量 Q 为

$$Q = kAJ \tag{6-65}$$

式中：A 为过流断面面积；k 为渗流系数，与土壤性质和流体性质等有关，具有流速的量纲；$J=\dfrac{h_{\mathrm{W}}}{l}$ 为单位长度范围内的能量损失，即水力坡度。

（2）渗流的断面平均流速 v 为

$$v=\frac{Q}{A}=kJ \tag{6-66}$$

实践表明，达西渗流定律适用于雷诺数 Re＜1～10 的渗流。

【例 6-17】（2020）　并联长管 1、2 两管的直径相同，沿程阻力系数相同，长度 $L_2=3L_1$，通过的流量为（　　）。

A. $Q_1=Q_2$　　B. $Q_1=1.5Q_2$　　C. $Q_1=1.73Q_2$　　D. $Q_1=3Q_2$

【解】$S_1=\dfrac{8\lambda\dfrac{L_1}{D}}{g\pi^2D^4}$，$S_2=\dfrac{8\lambda\dfrac{3L_1}{D}}{g\pi^2D^4}$，$S_1Q_1^2=S_2Q_2^2$，即 $\dfrac{Q_1}{Q_2}=\sqrt{\dfrac{s_2}{s_1}}=\sqrt{\dfrac{3L_1}{L_1}}=1.732$。

【答案】C

6.6.3　井和集水廊道

1. 井的渗流

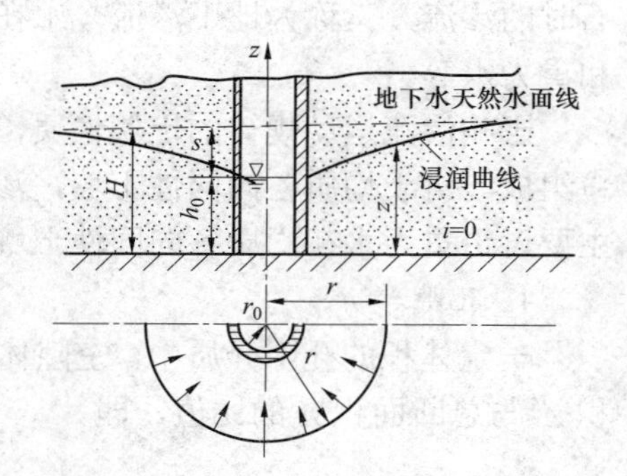

图 6-22　潜水完全井示意图

在具有自由水面的无压含水层中修建的井，称为潜水井，可以用来汲取无压地下水。若井底深达不透水层，如图 6-22 所示，称为完全井，否则称为不完全井。未抽水前，井中水面与含水层水面平齐，若从井中开始抽水，则井中及其周围的水面降低，围绕井筒四周形成一个漏斗形的浸润表面。

设潜水完全井的含水层厚度为 H，井的半径为 r_0。坐标系如图 6-22 所示。过流断面是一圆柱面，其面积为 $A=2\pi rz$。

断面各点的水力坡度为：
$$J=\frac{\mathrm{d}z}{\mathrm{d}r} \tag{6-67}$$

断面平均流速为：
$$v=kJ=k\frac{\mathrm{d}z}{\mathrm{d}r} \tag{6-68}$$

流量为：
$$Q=Av=2\pi rzk\frac{\mathrm{d}z}{\mathrm{d}r} \tag{6-69}$$

分离变量并积分为 $Q\int_{r_0}^{R}\dfrac{\mathrm{d}r}{r}=2\pi k\int_{h}^{H}z\mathrm{d}z$，得潜水完全井流量公式为

$$Q=\pi k\frac{H^2-h^2}{\ln\frac{R}{r_0}} \tag{6-70}$$

式中，R 为井的影响半径，R 值需用试验方法求得。当无试验资料时，可用经验公式估算，即

$$R=3000s\sqrt{k} \tag{6-71}$$

式中：$s=H-h$ 为抽水后井中水面降落深度，以 m 计；k 为土壤的渗透系数，以 m/s 计。

2. 集水廊道

图 6-23 是集水廊道示意图。地下水面在集水廊道未排水或抽水前的水面，称为地下水静水面，排入后到达恒定状态的水面，称为动水面，动水面的水面线叫作浸润曲线。假定集水廊道底位于水平不透水层上。

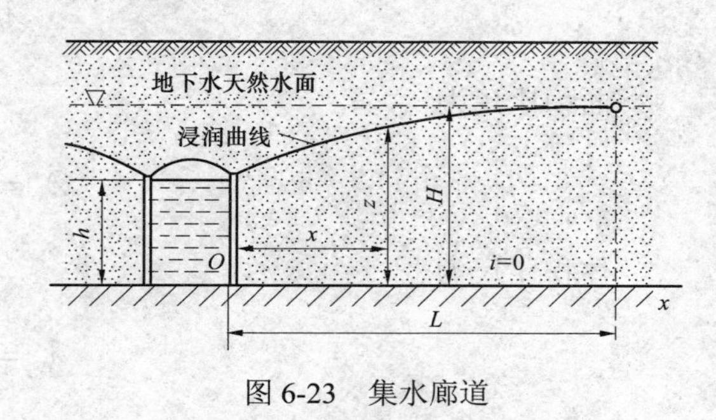

图 6-23　集水廊道

集水廊道垂直于底面方向单位宽度的流量 $q=vz=kJz$，水力坡度 $J=\frac{\mathrm{d}z}{\mathrm{d}x}$，则上式可以写成 $q=kz\frac{\mathrm{d}z}{\mathrm{d}x}$。

将上式分离变量并积分为 $q\int_0^l \mathrm{d}x=k\int_h^H z\mathrm{d}z$，得集水廊道单侧单宽渗流量为

$$q=\frac{k(H^2-h^2)}{2l} \tag{6-72}$$

式中：l 称为集水廊道的影响范围，在此范围之外，静水位不受廊道的影响；H 为含水层在集水廊道未工作前的厚度，即含水层厚度；h 为廊道中水深。

【例 6-18】（2012）　有一完全井，半径 $r_0=0.3$m，含水层厚度为 $H=15$m，土壤渗流系数 $k=0.000\,5$m/s，抽水稳定后，井水深 $h=10$m，影响半径 $R=375$m，则由达西定律得出的井的抽水量 Q 为（　　）。（其中计算系数为 1.366）

A. 0.027 6m³/s　　B. 0.013 8m³/s　　C. 0.041 4m³/s　　D. 0.020 7m³/s

【解】 完全井抽水量公式 $Q=1.366k\frac{H^2-h^2}{\ln\frac{R}{r_0}}=\left(1.366\times0.000\,5\times\frac{15^2-10^2}{\ln\frac{375}{0.3}}\right)\mathrm{m^3/s}=0.027\,6\mathrm{m^3/s}$。

【答案】 A

6.7　相似原理和量纲分析

考试大纲

力学相似原理；相似准数；量纲分析法。

6.7.1　力学相似原理

模型试验方法是研究流体运动的重要手段之一。为了能用模型试验的结果去预测原型流将要发生的情况，必须使模型流动与原型流动满足力学相似条件。力学相似包括几何相似、

运动相似、动力相似和边界条件、初始条件相似四个方面。原型中的物理量标以下标 p，模型中的物理量标以下标 m。

1. 几何相似

几何相似是指两个流动的几何形状相似，即对应边成比例，对应角相等。几何相似是相似的前提，是先决条件。

两个流动的长度比尺表示为

$$\lambda_l=\frac{l_p}{l_m} \tag{6-73}$$

面积比尺为

$$\lambda_A=\frac{A_p}{A_m}=\lambda_l^2 \tag{6-74}$$

体积比尺为

$$\lambda_V=\frac{V_p}{V_m}=\lambda_l^3 \tag{6-75}$$

2. 运动相似

运动相似是指两个流场对应点上同名的运动学的量成比例，方向相同，主要是指两个流动的流速场和加速度场相似。

流速比尺为

$$\lambda_u=\lambda_v=\frac{u_p}{u_m} \tag{6-76}$$

加速度比尺为

$$\lambda_a=\frac{a_p}{a_m}=\frac{\lambda_u^2}{\lambda_l^2} \tag{6-77}$$

3. 动力相似

动力相似指两个流动相应点处质点受同名力作用，力的方向相同、大小成比例。

这里所提的同名力，指的是同一物理性质的力。例如，重力 G、黏性力 F_s、压力 F_p、惯性力 F、弹性力 F_E、表面张力 F_T。根据动力相似的要求，力的比尺 λ_F 表示为

$$\lambda_F=\frac{F_p}{F_m}=\frac{G_p}{G_m}=\frac{F_{sp}}{F_{sm}}=\frac{F_{pp}}{F_{Pm}}=\frac{F_{Ep}}{F_{Em}}=\frac{F_{Tp}}{F_{Tm}} \tag{6-78}$$

动力相似是决定两流动相似的主导因素，运动相似是几何相似和动力相似的表现。因此，在几何相似前提下，要保证流动相似主要看动力相似。

4. 边界条件和初始条件相似

边界条件相似指两个流动相应边界性质相同，如原形中的固体壁面，模型中相应部分也是固体壁面。对于运动要素随时间而变的非恒定流动，还要满足初始条件相似。

综上所述，凡力学相似的运动，必是几何相似、运动相似、动力相似、边界条件和初始条件相似的运动。

【例 6-19】（2009） 模型与原形采用相同介质，为满足黏性阻力相似，若几何比尺为 10，设计模型应使流速比尺为（　　）。

A. 10　　B. 1　　C. 0.1　　D. 5

【解】满足黏性力相似，则由动力相似要求则雷诺数相同。即 $Re=\frac{vd}{\nu}$，可知流速比尺与几何比尺成反比，因此流速比尺为 0.1。

【答案】C

6.7.2 相似准数

要使两个流动动力相似，前面定义的各项比尺须符合一定的约束关系，这种约束关系称为相似准则。

1. 黏性力相似准则

当作用力主要为黏性力时，由力的比尺公式知

$$\lambda_{\mathrm{F}}=\frac{F_{\mathrm{sp}}}{F_{\mathrm{sm}}}=\frac{\mu_{\mathrm{p}}l_{\mathrm{p}}v_{\mathrm{p}}}{\mu_{\mathrm{m}}l_{\mathrm{m}}v_{\mathrm{m}}}=\frac{\rho_{\mathrm{p}}l_{\mathrm{p}}^2v_{\mathrm{p}}^2}{\rho_{\mathrm{m}}l_{\mathrm{m}}^2v_{\mathrm{m}}^2}$$

经化简得

$$\left(\frac{\rho vl}{\mu}\right)_{\mathrm{p}}=\left(\frac{\rho vl}{\mu}\right)_{\mathrm{m}}$$

即

$$Re_{\mathrm{p}}=Re_{\mathrm{m}} \tag{6-79}$$

该式表明两个流动的雷诺数相等，这就是雷诺准则。

2. 弗劳德准则——重力相似

当作用力主要为重力时，若保证原形、模型任意对应点的重力相似，则由动力相似要求和力的比尺公式有

$$\lambda_{\mathrm{F}}=\frac{G_{\mathrm{p}}}{G_{\mathrm{m}}}=\frac{\rho_{\mathrm{p}}l_{\mathrm{p}}^3g_{\mathrm{p}}}{\rho_{\mathrm{m}}l_{\mathrm{m}}^3g_{\mathrm{m}}}=\frac{\rho_{\mathrm{p}}l_{\mathrm{p}}^2v_{\mathrm{p}}^2}{\rho_{\mathrm{m}}l_{\mathrm{m}}^2v_{\mathrm{m}}^2}$$

将式化简得

$$\left(\frac{v}{\sqrt{gl}}\right)_{\mathrm{p}}=\left(\frac{v}{\sqrt{gl}}\right)_{\mathrm{m}}$$

即

$$(Fr)_{\mathrm{p}}=(Fr)_{\mathrm{m}} \tag{6-80}$$

上式表明，两个流动的弗劳德数相等，这就是弗劳德准则。

3. 欧拉准则——压力相似

当作用力主要为压力时，则由动力相似要求，有

$$\lambda_{\mathrm{F}}=\frac{F_{\mathrm{Pp}}}{F_{\mathrm{Pm}}}=\frac{p_{\mathrm{p}}l_{\mathrm{p}}^2}{p_{\mathrm{m}}l_{\mathrm{m}}^2}=\frac{\rho_{\mathrm{p}}l_{\mathrm{p}}^2v_{\mathrm{p}}^2}{\rho_{\mathrm{m}}l_{\mathrm{m}}^2v_{\mathrm{m}}^2}$$

化简得

$$\left(\frac{p}{\rho v^2}\right)_{\mathrm{p}}=\left(\frac{p}{\rho v^2}\right)_{\mathrm{m}}$$

即

$$(Eu)_{\mathrm{p}}=(Eu)_{\mathrm{m}} \tag{6-81}$$

该式表明原形和模型的欧拉数相等，这就是欧拉准则。

【例 6-20】（2009） 研究船体在水中航行的受力试验，其模型设计应采用（　　）。

A. 雷诺准则　　B. 弗劳德准则　　C. 韦伯准则　　D. 马赫准则

【解】在具体流动中，占主导地位的力往往只有一种，模型试验只要主导力满足相似条件

即可。对于明渠流、桥墩绕流、孔口自由出流等，主要受重力影响，所以动力相似要依赖于弗劳德准则。

【答案】B

6.7.3 量纲分析法

1. 量纲和单位

量纲（或称因次）表征各种物理量性质和类别的标志。同一物理量可以用不同的单位来度量，但只有唯一的量纲，如长度可以用米、厘米、英尺、英寸等不同单位度量，但作为物理量的种类，它属于长度量纲 L。量纲有基本量纲和导出量纲两种。互不依赖、互相独立的量纲，称为基本量纲，如长度量纲 L、时间量纲 T、质量量纲 M。其他物理量的量纲都可由基本量纲推导出来，称为导出量纲。如速度量纲 $\dim v = LT^{-1}$、力量纲 $\dim F = MLT^{-2}$。

导出量纲可以表示如下

$$\dim \chi = L^a \cdot T^b \cdot M^c$$

按照 a、b、c 取值不同，可以分为以下三类：

（1）几何量：$b=0$，$c=0$。

（2）运动量：$a\neq0$，$b\neq0$，$c=0$。

（3）动力量：$a\neq0$，$b\neq0$，$c\neq0$。

量纲 1 的量（无量纲数）

$$\dim \chi = L^0 \cdot T^0 \cdot M^0$$

单位为衡量物理量大小而规定的此类物理量的标准量。如 m、s、kg、m/s、m/s^2 等。

2. 量纲和谐原理

一个正确的物理方程，各项的量纲是一致的，这就是量纲和谐原理。

例如，单位体积流体伯努利方程 $\frac{1}{2}\rho v^2 + \rho gz + p =$ 常数，其中每一项的量纲均 $ML^{-1}T^{-2}$ 。

$$\dim(\rho gz) = (ML^{-3})(LT^{-2})L = ML^{-1}T^{-2}$$

$$\dim\left(\frac{1}{2}\rho v^2\right) = (ML^{-3})(LT^{-1})^2 = ML^{-1}T^{-2}$$

$$\dim(p) = ML^{-1}T^{-2}$$

$$\dim(常数) = ML^{-1}T^{-2}$$

量纲和谐原理的应用：① 确定方程中系数的量纲；② 分析经验公式结构的合理性；③ 确定方程式中物理量的指数，找到物理量间的函数关系。

3. 量纲分析法

应用量纲和谐原理来探求物理量之间的函数关系的方法，称为量纲分析法。

量纲分析法有两种：一种适用于影响因素间的关系为单项指数形式的场合，称为瑞利法；另一种为布金汉 π 定理。

π 定理指出：某物理现象的主要因素为 $x_1, x_2, \cdots, x_n$， $f(x_1, x_2, \cdots, x_n) = 0$ 。其中，有 m 个独立的物理量，则非独立量有 $n-m$ 个，因此每个非独立量与独立量组成一个量纲为 1 的量，这些无量纲的数称为 π 项，则有 $n-m$ 个，其数学表达式为

$$f(\pi_1, \pi_2, \cdots, \pi_{n-m}) = 0$$

式中，$\pi_1, \pi_2, \cdots, \pi_{n-m}$ 等为 π 数，即无量纲数。

注意：独立的物理量即不能够组成一个量纲 1 的量，并非基本量纲。

【例 6-21】（2012） 量纲和谐原理是指（　　）。

A. 量纲相同的量才可以乘除　　B. 基本量纲不能与导出量纲相运算

C. 物理方程式中各项的量纲必须相同　　D. 量纲不同的量才可以加减

【解】量纲和谐原理指一个正确的物理方程，各项的量纲是一致的。

【答案】C

流体力学复习题

6-1（2016） 标准大气压时的自由液面下 1m 处的绝对压强为（　　）。

A. 0.1MPa　　B. 0.12MPa　　C. 0.15MPa　　D. 2.0MPa

6-2（2013） 一水平放置的恒定变直径圆管流，不计水头损失，取两个截面标志为 1 与 2，当 $d_1 > d_2$ 时，则两截面形心压强关系是（　　）。

A. $p_1 > p_2$　　B. $p_1 < p_2$　　C. $p_1 = p_2$　　D. 不能确定

6-3（2018） 压力表测出的压强是（　　）。

A. 绝对压强　　B. 真空压强　　C. 相对压强　　D. 实际压强

6-4（2018） 几何相似、运动相似和动力相似的关系是（　　）。

A. 运动相似和动力相似是几何相似的前提

B. 运动相似是几何相似和动力相似的表象

C. 只有运动相似，才有几何相似

D. 只有动力相似，才有几何相似

6-5（2017） 密闭水箱如图 6-24 所示，已知水深 $h=1$m，自由面上的压强 $p_0=90$kN/m^2，当地大气压 1Pa$=101$kN/m^2，则水箱底部 A 点的真空度为（　　）。

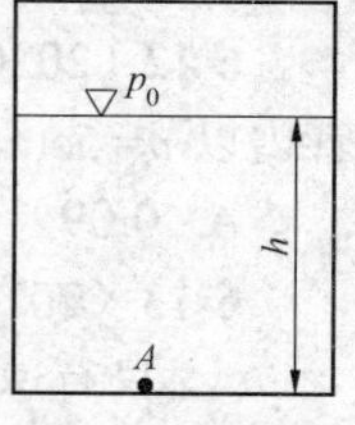

图 6-24　题 6-5 图

A. -1.2kN/m^2　　B. 9.8kN/m^2

C. 1.2kN/m^2　　D. -9.8kN/m^2

6-6（2017） 关于流线，错误的说法是（　　）。

A. 流线不能相交

B. 流线可以是一条直线，也可以使光滑的曲线，但不可能是折线

C. 在恒定流中，流线与迹线晕合

D. 流线表示不同时刻的流动趋势

6-7（2017） 合力 F、密度 ρ、长度 l、流速 v 组合的无量纲数是（　　）。

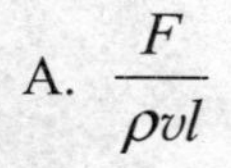

A. $\dfrac{F}{\rho v l}$　　B. $\dfrac{F}{\rho v^2 l}$　　C. $\dfrac{F}{\rho v^2 l^2}$　　D. $\dfrac{F}{\rho v l^2}$

6-8（2022）动量方程中，F 表示作用在控制体内流体上的力是（　　）。

A. 总质量力　　B. 总表面力　　C. 合外力　　D. 总压力

6-9（2016） 如图 6-25 所示，由大体积水箱供水，而且水位恒定，水箱顶部压力表读数 19 600Pa，水深 $H=2\text{m}$，水平管道长 $l=100\text{m}$，直径 $d=200\text{mm}$，沿程损失系数 0.02，忽略局部损失，则管道通过的流量（　　）。

A. 83.8L/s　　B. 196.5L/s

C. 59.3L/s　　D. 47.4L/s

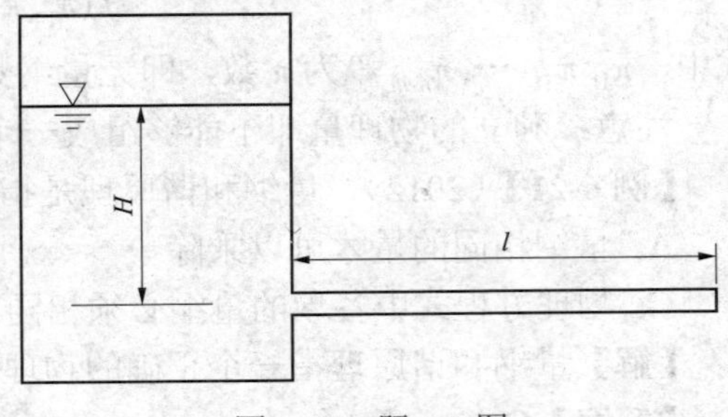

图 6-25　题 6-9 图

6-10（2011） 对某一流段，设其上、下游两端面 1—1、2—2 的断面面积分别为 A_1、A_2，断面流速分别为 v_1、v_2，两断面上任一点相对于选定基准面的高程分别为 Z_1、Z_2，相应断面同一选定点的压强分别为 p_1、p_2，两断面间的水头损失为 $h_{l1\text{-}2}$。下列方程表述一定错误的是（　　）。

A. 连续性方程：$v_1A_1=v_2A_2$

B. 连续性方程：$\rho_1v_1A_1=\rho_2v_2A_2$

C. 恒定总流能量方程：$Z_1+\dfrac{p_1}{\rho_1 g}+\dfrac{v_1^2}{2g}=Z_2+\dfrac{p_2}{\rho_2 g}+\dfrac{v_2^2}{2g}$

D. 恒定总流能量方程：$Z_1+\dfrac{p_1}{\rho_1 g}+\dfrac{v_1^2}{2g}=Z_2+\dfrac{p_2}{\rho_2 g}+\dfrac{v_2^2}{2g}+h_{l1-2}$

6-11（2010） 管道长度不变，管中流动为层流，允许的水头损失不变，当直径变为原来 2 倍时，若不计局部损失，流量将变为原来的（　　）。

A. 2　　B. 4　　C. 8　　D. 16

6-12（2020） 一直径为 50mm 的圆管，运动黏度 $\nu=0.18\text{cm}^2/\text{s}$、密度 $\rho=0.85\text{g/cm}^3$ 的油在管内以 $v=5\text{cm/s}$ 的速度做层流运动，则沿程损失系数是（　　）。

A. 0.09　　B. 0.461　　C. 0.1　　D. 0.13

6-13（2017） 在长管水力计算中（　　）。

A. 只有速度水头可忽略不计

B. 只有局部水头损失可忽略不计

C. 速度水头和局部水头损失均可忽略不计

D. 量断面的测压管水头差并不等于两断面间的沿程水头损失

6-14（2016） 直径为 20mm 的管流，平均流速为 9m/s，已知水的运动黏度 $\nu=0.011\,4\text{cm}^2/\text{s}$，则管中的水流的流态和水流流态转变的流速分别是（　　）。

A. 层流，19cm/s　　B. 层流，13cm/s　　C. 紊流，19cm/s　　D. 紊流，13cm/s

6-15（2013） 烟气在加热炉回热装置中流动，拟用空气介质进行实验，已知空气黏度 $\nu_{空气}=15\times10^{-6}\text{m}^2/\text{s}$，烟气运动黏度 $\nu_{烟气}=60\times10^{-6}\text{m}^2/\text{s}$，烟气流速 $v_{烟气}=3\text{m/s}$，若实际与模型长度的比值 $\lambda_l=5$，则模型空气的流速应为（　　）。

A. 3.75m/s　　B. 0.15m/s　　C. 2.4m/s　　D. 60m/s

6-16（2017） 矩形排水沟，底宽 5m，水深 3m，水力半径为（　　）。

A. 5m　　B. 3m　　C. 1.36m　　D. 0.94m

6-17（2020） 明渠均匀流只能发生在（　　）。

A. 平坡棱柱形渠道　　B. 顺坡棱柱形渠道　　C. 逆坡棱柱形渠道　　D. 不能确定

6-18（2016） 边界层分离现象的后果（　　）。

A. 减小了液流与边壁的摩擦力　　B. 增大了液流与边壁的摩擦力

C. 增加了潜体运动的压差阻力　　D. 减小了潜体运动的压差阻力

6-19（2010） 圆柱形管嘴的长度为 l，直径为 d，管嘴作用水头为 H_0，则其正常工作条件为（　　）。

A. $l=(3\sim4)d$，$H_0>9\text{m}$　　B. $l=(3\sim4)d$，$H_0<6\text{m}$

C. $l>(7\sim8)d$，$H_0>9\text{m}$　　D. $l>(7\sim8)d$，$H_0<6\text{m}$

6-20（2011） 两孔口形状、尺寸相同，一个是自由出流，出流流量为 Q_1；另一个是淹没出流，出流流量为 Q_2。若自由出流和淹没出流的作用水头相等，则 Q_1 和 Q_2 的关系是（　　）。

A. $Q_1>Q_2$　　B. $Q_1=Q_2$　　C. $Q_1<Q_2$　　D. 不确定

6-21（2011） 水力最优断面是指当渠道的过流断面面积 A、粗糙系数 n 和渠道底坡 i 一定时，其（　　）。

A. 水力半径最小的断面形状　　B. 过流能力最大的断面形状

C. 湿周最大的断面形状　　D. 造价最低的断面形状

6-22（2009） 有一个普通完全井，其直径为 1m，含水层厚度为 $H=11\text{m}$，土壤渗透系数 $k=2\text{m/h}$。抽水稳定后的井水水深 $h_0=8\text{m}$，估算井的出水量为（　　）。

A. $0.084\text{m}^3/\text{s}$　　B. $0.017\text{m}^3/\text{s}$　　C. $0.17\text{m}^3/\text{s}$　　D. $0.84\text{m}^3/\text{s}$

6-23（2013） 渗流流速与水力坡度的关系是（　　）。

A. v 正比于 J　　B. v 反比于 J

C. v 正比于 J 的二次方　　D. v 反比于 J 的二次方

6-24（2012） 正常工作条件下，若薄壁小孔口直径为 d_1，圆柱形管嘴的直径为 d_2，作用水头 H 相等，要使得孔口与管嘴的流量相等，则直径 d_1 与 d_2 的关系是（　　）。

A. $d_1>d_2$　　B. $d_2>d_1$

C. $d_1=d_2$　　D. 条件不足，无法确定

6-25（2019） 连续介质假设意味着（　　）。

A. 流体分子相互连接　　B. 流体的物理量是连续函数

C. 流体分子间有间隙　　D. 流体不可压缩

6-26（2022）在圆管中，黏性流体的流动是层流还是紊流状态，其判定依据是（　　）。

A. 流体黏性大小　　B. 流速大小

C. 流量大小　　D. 流动雷诺数的大小

6-27（2013） 沿程水头损失 h_f（　　）。

A. 与沿程长度成正比，与壁面切应力和水力半径成反比

B. 与沿程长度和壁面切应力成正比，与水力半径成反比

C. 与水力半径成正比，与沿程长度和壁面切应力成反比

D. 与壁面切应力成正比，与流程长度和水力半径成反比

流体力学复习题答案及提示

6-1 A

6-2 A 提示：根据伯努利能量方程可知，截面面积大，速度小，压强大，所以选 A。

6-3 C

6-4 B

6-5 C　提示：A 点的相对压强为-1.2kN/m^2，真空度应为相对压强的绝对值。

6-6 D

6-7 C

6-8 C

6-9 A　提示：用实际流体伯努利能量方程直接求解。

6-10 C　提示：题中提到两断面水头损失，所以能量方程必须有该项。

6-11 D　提示：层流，沿程损失 $h_f = \dfrac{64}{Re} \cdot \dfrac{l}{d} \cdot \dfrac{v^2}{2g} = \dfrac{64}{\left(\dfrac{\rho v d}{\mu}\right)} \cdot \dfrac{l}{d} \cdot \dfrac{v^2}{2g} = \dfrac{64 l \mu}{\rho d^4} \cdot \dfrac{4Q}{2g\pi}$ 不变，直径变为 2 倍，则流量变为原来的 16 倍。

6-12 B　提示：$Re = \dfrac{dv}{\nu} = \dfrac{0.05 \times 0.05}{0.18 \times 10^{-4}} = 138.89$，$\lambda = \dfrac{64}{Re} = \dfrac{64}{138.89} = 0.46$。

6-13 C

6-14 D　提示：层流和紊流流态的临界雷诺数为 2300，从而可求流态转变流速值。

6-15 A　提示：由量纲分析与相似原理可知，模型雷诺数应与实际雷诺数相等，即 $\dfrac{v_{烟气} d_{烟}}{\nu_{烟气}} = \dfrac{v_{空气} d_{空气}}{\nu_{空气}}$，由此可知模型空气流速为 3.75m/s。

6-16 C　提示：水力半径是面积除以湿周，此处排水沟湿周为 $\chi = 5\text{m} + 3\text{m} + 3\text{m} = 11\text{m}$，面积 A 是 15m。

6-17 B　提示：明渠均匀流发生条件之一为发生在顺坡渠道中。

6-18 C　提示：边界层分离只发生在减速增加区，从而增加了前后的压差阻力。

6-19 B　提示：管嘴正常工作必须满足 $H_0 \leqslant 9\text{m}$ 及 $l=(3 \sim 4)d$。

6-20 B

6-21 B

6-22 B　提示：$Q = \pi k \dfrac{H^2 - h^2}{\ln \dfrac{R}{r_0}}$，其中 $R = 3000 S \sqrt{k}$，$S = H - h$。

6-23 A　提示：根据达西定律，可知渗流的断面平均流速 $v = \dfrac{Q}{A} = kJ$。

6-24 A　提示：如果等直径的孔口和管嘴在相同作用水头时，管嘴流量大，所以要使流量相等，则管嘴直径小于孔口直径。

6-25 B

6-26 D

6-27 B　提示：根据均匀流基本方程 $\tau = \rho g R J$，$J = h_f / l$，可以看出沿程水头损失与沿程长度和壁面切应力成正比，与水力半径成反比。

第二部分　现代技术基础

第7章　电气与信息

7.1　电磁学概念

考试大纲

电荷与电场；库仑定律；高斯定理；电流与磁场；安培环路定律；电磁感应定律；洛伦兹力。

7.1.1　电荷与电场

1. 电荷

自然界只存在两种电荷：正电荷和负电荷，且同种电荷相排斥、异种电荷相吸引。

（1）电荷守恒定律。电荷守恒定律是：电荷既不能被创造，也不能被消灭，它们只能从一个物体转移到另一个物体，或者从物体的一部分转移到另一部分，即在任何物理过程中，电荷的代数和是守恒的。它是物理学的基本定律之一。

（2）电荷量子化。在自然界中所观察到的电荷均为基本电荷 e 的整数倍。这也是自然界中的一条基本规律，表明电荷是量子化的。

2. 电场

（1）电荷间作用。凡是有电荷的地方，四周就存在电场，电场是对于处在其中的任何其他电荷都有力的作用，即电场力。因此电荷与电荷之间是通过电场发生相互作用的。

（2）静电场的主要表现。

1）电场力：放到电场中的电荷要受到电场力。

2）电场力做功：电荷在电场中移动时，电场力要做功。

7.1.2　库仑定律

如果有两个带电体，它们的几何尺寸比相互间的距离小得多，则它们在真空中的相互作用力 F 与它们所带电荷的电量 q_1 及 q_2 均成正比，而与其间距离 r 的二次方成反比，作用力的方向在两个电荷的连线上，称为库仑定律，即

$$F = k\frac{q_1 q_2}{r^2} \tag{7-1}$$

式中：k 为比例常数；在实用单位制中，电量 q 的单位为库仑（C）；r 的单位为米（m）；力的单位为牛顿（N）。这时，k 的数值和单位为

$$k = 9 \times 10^9 \frac{\mathrm{N \cdot m^2}}{\mathrm{C^2}} \tag{7-2}$$

【例 7-1】（2005） 两个点电荷在真空中相距 7cm 时的作用力与它们在煤油中相距 5cm 时的作用力相等。煤油的相对介电系数是（　　）。

A. 0.51　　B. 1.40　　C. 1.96　　D. 2.00

【解】根据库仑定律 $F = \frac{1}{4\pi\varepsilon_0}\frac{q_1 q_2}{r^2}$，$\varepsilon = \varepsilon_r \varepsilon_0$

两种情况下作用力相等，可以列出

$$\varepsilon_{油} r_{油}{}^2 = \varepsilon_0 r_{空}{}^2$$

$$\varepsilon_{油} = \varepsilon_0 \frac{r_{空}{}^2}{r_{油}{}^2} = \varepsilon_0 \frac{7^2}{5^2} = 1.96\varepsilon_0,\ \varepsilon_{r油} = 1.96$$

【答案】C

7.1.3 高斯定理

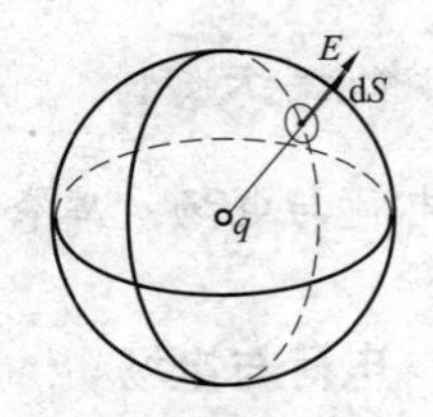

图 7-1　通过包围点电荷 q 的球面的电场强度通量的计算

通过电场中某一个面的电力线数叫作通过这个面的电场强度通量，用符号 Φ_e 表示。高斯定理说明在真空中，通过任意封闭曲面的电场强度通量，等于该面积所包围的所有电荷的代数和除 ε_0，如图 7-1 所示。其数学表达式为

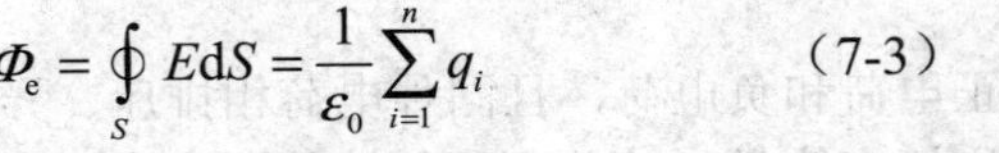

$$\Phi_e = \oint_S E\mathrm{d}S = \frac{1}{\varepsilon_0}\sum_{i=1}^{n} q_i \tag{7-3}$$

式中，$\varepsilon_0 = 8.854\,2 \times 10^{-12}\,\mathrm{F/m}$。

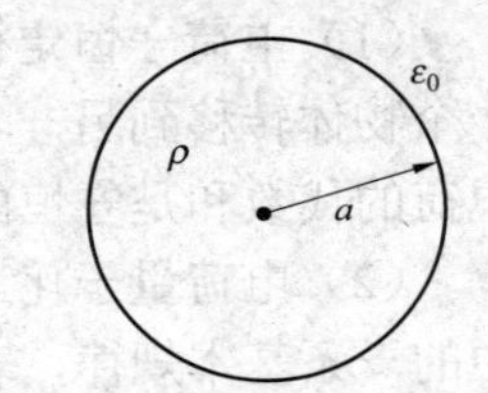

图 7-2　例 7-2 图

【例 7-2】 如图 7-2 所示，真空中有一个半径为 a 的带电球，其电荷均匀分布密度为ρ。求带电球内、外的电场强度。

【解】根据高斯定理

$$\oiint_S \boldsymbol{E} \cdot \mathrm{d}\boldsymbol{S} = \frac{q}{\varepsilon_0}$$

作一半径为 r 的同心球面，球面上各点的电场强度大小相等、方向为径向向外（当 q 为正电荷时）。

球内电场：当 $r < a$ 时，有

$$q = \frac{4\pi r^3}{3}\rho$$

$$E \cdot 4\pi r^2 = \frac{q}{\varepsilon_0},\ E = \frac{q}{4\pi r^2 \varepsilon_0} = \frac{\frac{4\pi r^3}{3}\rho}{4\pi r^2 \varepsilon_0} = \frac{r\rho}{3\varepsilon_0}$$

球外电场：当 $r > a$ 时，有

$$q = \frac{4\pi a^3}{3}\rho$$

$$E \cdot 4\pi r^2 = \frac{q}{\varepsilon_0},\ E = \frac{q}{4\pi r^2 \varepsilon_0} = \frac{\frac{4\pi a^3}{3}\rho}{4\pi r^2 \varepsilon_0} = \frac{a^3\rho}{3r^2\varepsilon_0}$$

7.1.4 电流与磁场

电流或运动电荷在空间产生磁场。不随时间变化的磁场称为恒定磁场。它是恒定电流周围空间中存在的一种特殊形态的物质。磁场的基本特征是对置于其中的电流有力的作用。永久磁铁的磁场也是恒定磁场。

1. *磁通密度与毕奥－萨伐尔定律*

磁通密度是表示磁场的基本物理量之一，又称为磁感应强度，符号为 $\boldsymbol{B}$ 。

电流元受到的安培力
$$\mathrm{d}\boldsymbol{f} = I'\mathrm{d}\boldsymbol{l}' \times \boldsymbol{B} \tag{7-4}$$

毕奥–萨伐尔定律
$$\boldsymbol{B} = \frac{\mu_0}{4\pi}\oint_l \frac{I\mathrm{d}\boldsymbol{l} \times \boldsymbol{r}}{r^2} \tag{7-5}$$

2. *磁通连续性定理*

磁场可以用磁力线描述。若认为磁场是由电流产生的，按照毕奥–萨伐尔定律，磁力线都是闭合曲线。

磁场中的高斯定理
$$\oiint_S \boldsymbol{B} \cdot \mathrm{d}\boldsymbol{S} = 0 \tag{7-6}$$

式中，S 为任一闭合面，即穿出任一闭合面的磁通代数和为零。应用高斯散度定理

$$\oiint_S \boldsymbol{B} \cdot \mathrm{d}\boldsymbol{S} = \iiint_V \nabla \cdot \boldsymbol{B}\mathrm{d}V$$

$$\iiint_V \nabla \cdot \boldsymbol{B}\mathrm{d}V = 0 \tag{7-7}$$

由于 V 是任意的，故
$$\nabla \cdot \boldsymbol{B} = 0 \tag{7-8}$$

式中，$\nabla \cdot$ 为散度算符。这是磁场的基本性质之一，称为无散性。磁场是无源场。

3. *磁场中的媒质*

磁场对其中的磁媒质产生磁化作用，即在磁场的作用下磁媒质中出现分子电流。总的磁场由自由电流与分子电流共同产生。永磁铁本身有自发的磁化，因而不需要外界自由电流也能产生磁场。磁媒质的磁化程度用磁化强度 $\boldsymbol{M}$ 来表征，它是单位体积内的磁偶极矩。

磁偶极矩：环形电流所围面积与该电流的乘积为磁偶极矩，其方向与电流环绕方向符合右螺旋关系，即 $\boldsymbol{P}_\mathrm{m} = IS\boldsymbol{n}$ 。

磁场强度
$$\boldsymbol{H} = \frac{\boldsymbol{B}}{\mu_0} - \boldsymbol{M} \tag{7-9}$$

$$\boldsymbol{B} = \mu_0(\boldsymbol{H} + \boldsymbol{M}) \tag{7-10}$$

磁媒质的分类：顺磁质 $\mu_\mathrm{r} > 1$，抗磁质 $\mu_\mathrm{r} < 1$，铁磁质 $\mu_\mathrm{r} \gg 1$。

7.1.5 安培环路定律

通过磁场强度 H 可以确定磁场与电流之间的关系，即

$$\oint \boldsymbol{H} \cdot \mathrm{d}\boldsymbol{l} = \sum I \tag{7-11}$$

式（7-11）为安培环路定律的数学表达式。式中，$\oint \boldsymbol{H} \cdot \mathrm{d}\boldsymbol{l}$ 是磁场强度矢量沿任意闭合回线的线积分，$\sum I$ 是穿过闭合回线所围面积的电流的代数和。

电流的正负是这样规定的：任意选定一个闭合回线的围绕方向，凡是电流方向与闭合回线围绕方向之间符合右螺旋定则的电流作为正，反之为负。

7.1.6 电磁感应定律

当磁场和导体（导线和线圈）发生相对运动时，在导体中就会产生感应电动势。感应电动势 e 的大小和磁通的变化率 $\frac{\mathrm{d}\Phi}{\mathrm{d}t}$ 以及线圈的匝数 N 成正比；感应电动势 e 的方向总是企图使它所产生的感应电流反抗原有磁通的变化，即

$$e=-N\frac{\mathrm{d}\Phi}{\mathrm{d}t} \tag{7-12}$$

式（7-12）为电磁感应定律的数学表达式。式中：$\mathrm{d}\Phi$ 的单位是韦伯（Wb）；$\mathrm{d}t$ 的单位是秒（s）；N 的单位是匝；e 的单位是伏（V）。

1. 自感电动势

如果通过线圈的是变化的电流，则在线圈中产生的感应电动势叫作自感电动势。具有 N 匝线圈中产生的自感电动势为

$$e_{\mathrm{L}}=-N\frac{\mathrm{d}\Phi_{\mathrm{L}}}{\mathrm{d}t}=-\frac{\mathrm{d}\psi_{\mathrm{L}}}{\mathrm{d}t} \tag{7-13}$$

式中，$\psi_{\mathrm{L}}=N\Phi_{\mathrm{L}}$ 叫作自感磁链，Wb。

2. 互感电动势

如果穿过 N_2 匝线圈的磁链是由另一线圈中的电流产生的，则产生的电动势叫作互感电动势。互感电动势的大小为

$$e_{\mathrm{M}}=-N_2\frac{\mathrm{d}\Phi_{12}}{\mathrm{d}t}=-\frac{\mathrm{d}\psi_{\mathrm{M}}}{\mathrm{d}t} \tag{7-14}$$

式中，$\mathrm{d}\psi_{\mathrm{M}}=N_2\mathrm{d}\Phi_{12}$ 叫作互感磁链，Wb。

7.1.7 洛伦兹力

1. 洛伦兹力的定义

运动电荷在磁场中受到的磁场力叫作洛伦兹力，它是安培力的微观表现。

2. 洛伦兹力的大小和方向

（1）洛伦兹力方向的判定（图 7-3）。带电粒子在磁场中运动所受洛伦兹力受力方向可用左手定则判断。在用左手定则时，四指必须指电流方向（不是速度方向），即正电荷定向移动的方向；对负电荷，四指应指负电荷定向移动方向的反方向。

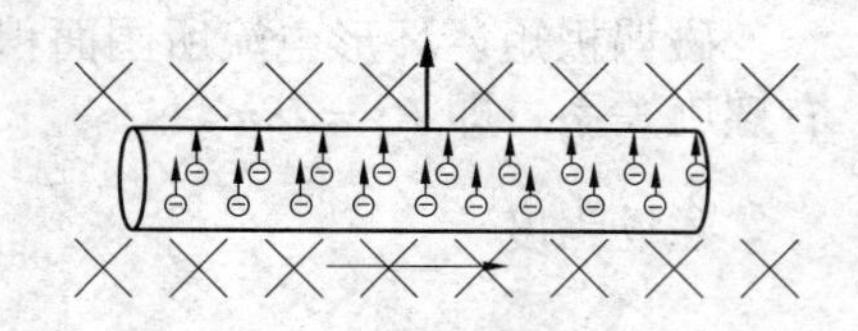

图 7-3 洛伦兹力方向的判定

（2）洛伦兹力大小的计算公式推导。由通电导线在磁场中受安培力的实验公式：$F_{安}=BIL$。

设导线长度为 L，通电电流 I，导线单位体积内的分子数为 n，横切面积为 S，电荷定向移动速度为 v，每个电荷带电量为 q。

电流微观表达式为 $I=nqvS$；安培力公式变为 $F_{安}=BnqvSL$。

长为 L 导线内的电荷总数 $N_{总}=LSn$。

每个电荷受力即洛伦兹力 $f_{洛}=\frac{F_{安}}{N_{总}}=\frac{BnqvSL}{LSn}=Bqv$，即洛伦兹力大小的计算公式为 $f=Bqv$。当 v 与 B 成 θ 角时，$F=qvB\sin\theta$。

（3）洛伦兹力的特点。由左手定则知洛伦兹力总是与粒子运动速度方向垂直，所以洛伦兹力总不做功。只改变粒子运动的速度方向，不改变粒子运动速度的大小。

带电粒子在磁场中做匀速圆周运动的向心力来源于洛伦兹力，即 $F_{心}=F_{洛}$，$mv^2r=Bqv$，圆周运动半径 $r=\frac{mv}{Bq}$，圆周运动周期 $T=\frac{2\pi r}{v}=\frac{2\pi m}{Bq}$。

7.2 电路知识

考试大纲

电路组成；电路的基本物理过程；理想电路元件及其约束关系；电路模型；欧姆定律；基尔霍夫定律；支路电流法；等效电源定理；迭加原理；正弦交流电的时间函数描述；阻抗；正弦交流电的相量描述；复数阻抗；交流电路稳态分析的相量法；交流电路功率；功率因数；三相配电电路及用电安全；电路暂态；R—C、R—L 电路暂态特性；电路频率特性；R—C、R—L 电路频率特性。

7.2.1 电路组成

电路是电流的通路，由电路元件和设备组成，实现能量的传输和转换或者信号的传递和处理功能。

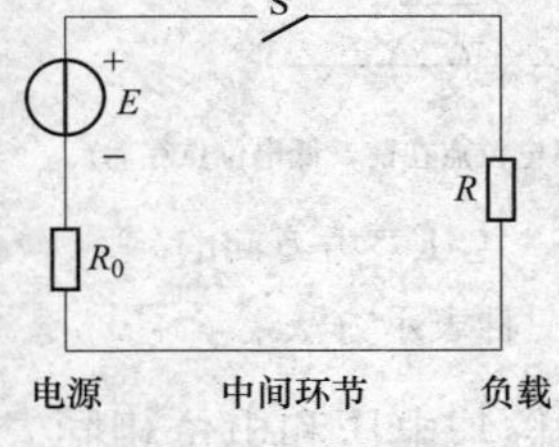

图 7-4 电路的组成

从能量转换的角度，可将电路的组成分为三部分，即电源、负载和中间环节，如图 7-4 所示。

电源是将机械能、化学能等其他形式的能转化为电能的设备或元件，即发出电能的设备或元件。

负载即用电设备，是将电能转化成其他形式的能的设备或元件，即消耗或吸收电能的设备或元件。

中间环节是指连接导线以及控制、保护和测量的电气设备和元件。

7.2.2 电路的基本物理过程

电路中的基本物理过程包括电流、电位、电压及电动势等物理量，这些物理量都是考试的重点内容。下面进行逐一介绍。

1. 电流

电流是电荷（带电粒子）有规则的定向运动而形成的，因此电流的方向是客观存在的，一般习惯上规定正电荷运动的方向或负电荷运动的相反方向为电流的实际方向。在分析较为复杂的电路时，往往很难判断某支路中电流的实际方向，而且对交流电路而言，电流的方向随时间而变，更无法在电路图中标出它的实际方向。但是在应用数学方程式对电路进行分析时，又需要根据电流的方向确定每一运算项的符号，因此，在对电路分析之初，需先任意规定一个电流的正方向，即参考方向（不一定与实际方向一致），以此作为分析和计算的依据，若计算的数值为正值，则表明电路中该处的电流的实际方向与规定的正方向一致，否则，若计算的数值为负值，则表明电路中该处的电流的实际方向与规定的正方向相反。建立正方向的概念非常重要，它使电路分析上升到理论的高度，从而使分析的范围更广，层次更加深入。

电路中物理量的写法，通常大写字母表示恒定的量，而小写字母表示变化的量。我国的法定计量单位是以国际单位制（SI）为基础的，在国际单位制中，电流的单位是安培（A），表示符号为 I 或 i；计量微小的电流时，以毫安（mA）或微安（μA）为单位。

2. 电位

关于电位计算的问题，也是考试中经常出现的问题。

电位即电势高低，单位与电压相同，是伏（V），表示符号为 Φ 或 V。

计算电路中某点的电位，首先应选定一个参考点，参考点的电位为零，则该点的电位即为该点到参考点的电压。由此可见，电位计算实为电压计算。应注意的是电位的计算结果与参考点的选择有关。在电工技术中，常将电气设备的机壳与大地相连，即接地，接地点用符号“⏚”表示，故常选大地为参考点；在电子电路中，一般选多条导线的公共连接点为参考点，用符号“⊥”表示。

3. 电压

电压即两点之间的电位差，符号为 U（或 u），单位为伏（V），计量微小的电压时，以毫伏（mV）或微伏（μV）为单位，计量高电压时，则以千伏（kV）为单位。

一般电压的方向规定为由高电位（“+”极）端指向低电位（“−”极）端，即电位降低的方向。同电流相同，有时电压的实际方向也难以确定，为了便于电路分析和计算，也要首先假定电压的参考方向，即规定电压的正方向，再根据计算结果的正负，来确定电压的实际方向。

电压的参考方向表示可以有几种方法，如图 7-5 所示。电压的计算结果与参考点的选择无关。

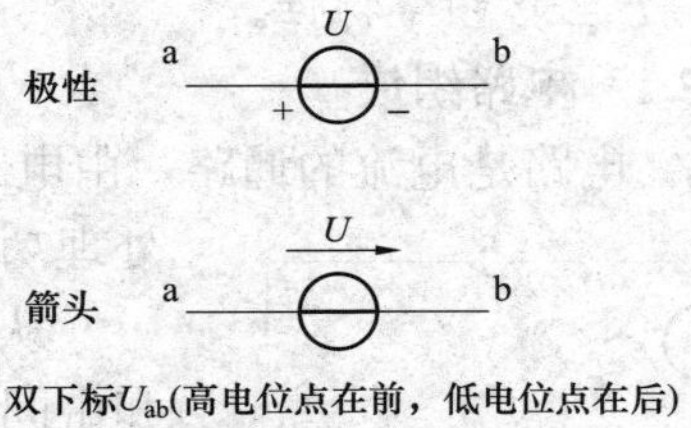

图 7-5 电压参考方向的三种表示方法

4. 电动势

电动势是指电源内部借助外力推动电荷运动的能力，符号为 E，单位与电压和电位相同。因为电动势的实际方向与电压相反，且数值与电压相同，因此为避免混淆，一般在电路分析中，多借助电压进行分析，而不去过多地考虑电动势的问题。

7.2.3 理想电路元件及其约束关系

理想电路元件是指电工中实际器件的数学模型。每一个电路元件的电压 u 或电流 i，或者电压与电流之间的关系有着确定的规定。这种规定性充分地表达了这电路元件的特性。这种规定性也叫作元件约束。

表 7-1 中列出了一些常见的电路元件和它们的元件约束。表中，除了独立电压源和独立电流源之外，如果元件参数是常数，对应的元件叫作定常元件。定常电容器和定常电感器的元件约束分别是

$$i = C\frac{\mathrm{d}u}{\mathrm{d}t} \tag{7-15}$$

$$u = L\frac{\mathrm{d}i}{\mathrm{d}t} \tag{7-16}$$

式中，C 和 L 是常数。

表 7-1　　常见电路元件和元件约束

元件名称	符号	元件约束	元件参数
独立电压源	i + − u	$u=f(t)$	
独立电流源	i u	$i=f(t)$	
电阻器	R i + u −	$u=Ri$	R（电阻）
电感器	L i + u −	$u=\frac{\mathrm{d}(Li)}{\mathrm{d}t}$ 或$\psi=Li$，$u=\frac{\mathrm{d}\psi}{\mathrm{d}t}$	L（电感）
电容器	C i + u −	$i=\frac{\mathrm{d}(Cu)}{\mathrm{d}t}$ 或$q=Cu$，$i=\frac{\mathrm{d}q}{\mathrm{d}t}$	C（电容）

注：$f(t)$ 是给定的时间 t 的函数。

由集总参数元件组成的电路称为集总参数电路或集总电路。在这种电路里，电流、电压除了在元件上应满足元件约束之外，还要满足基尔霍夫定律。

7.2.4　电路模型

电路可分为电源、负载和中间环节三部分。在实际工程中，电路可能处于有载工作、空载和短路三种状态。

1. 有载工作状态

图 7-6 的电路中，如果将开关 S 闭合，电源接通负载，这就是电路的有载工作状态。

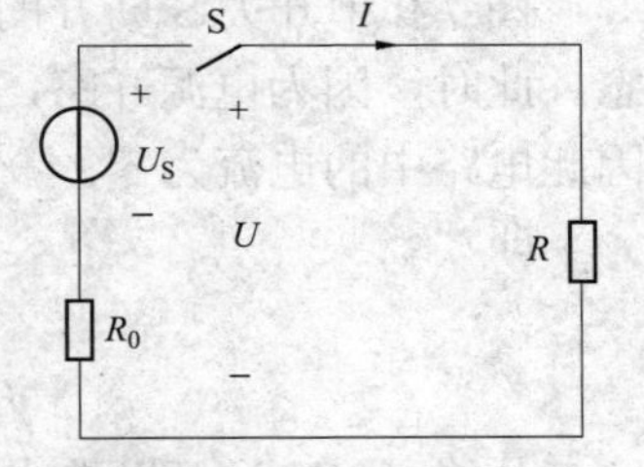

图 7-6　有载工作状态

（1）电压电流的关系。根据欧姆定律可以列出电路中的电流即流过负载电阻的负载电流

$$I=\frac{U_S}{R+R_0} \tag{7-17}$$

$$U=U_S-IR_0 \tag{7-18}$$

$$U=IR \tag{7-19}$$

式（7-18）表明电源的端电压等于电源上的端电压值与其内阻上的电压降之差，当电流增大时，电源的端电压随之下降。如果将电源的端电压 U 与输出的负载电流 I 之间的关系用曲线表示，即为电源的外特性曲线，如图 7-7 所示，其斜率与电源的内阻有关，电源内阻越小，曲线越平直，表明当负载变动时，电源的端电压变化不大，即电源带负载的能力强。

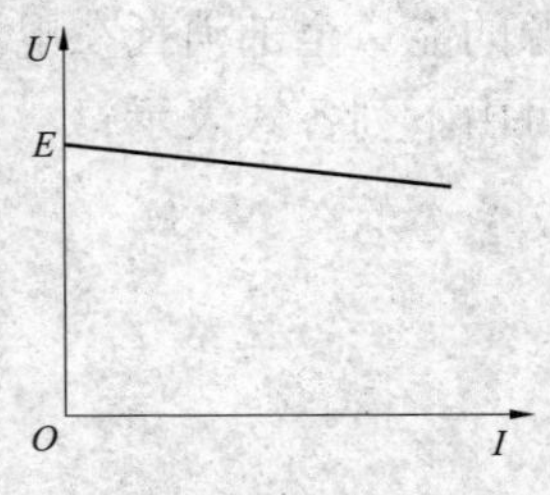

图 7-7　电源的外特性曲线

（2）功率与功率平衡。式（7-18）等式两边的各项都乘以电流 I，

则得到功率平衡式

$$UI = U_{\mathrm{S}}I - R_0I^2 \tag{7-20}$$

即

$$P = P_{\mathrm{E}} - \Delta P \tag{7-21}$$

式中：电源产生的电功率是 $P_{\mathrm{E}} = U_{\mathrm{S}}I$ ；电源内阻上消耗的电功率是 $\Delta P = R_0I^2$ ；电源输出的电功率即负载取用的电功率是 $P = UI$ 。式（7-21）说明，在一个电路中，电源产生的电功率和负载取用的电功率及电源内阻上消耗的电功率永远是平衡的，符合能量守恒定律。

（3）电源与负载的判定。根据上面对功率平衡概念的论述，作为理想的电路元件，电源一定是输出电功率的元件，负载一定是取用电功率的，因此可以根据电压、电流的实际方向，来确定电路中某一元件是电源还是负载，如图 7-8 所示。

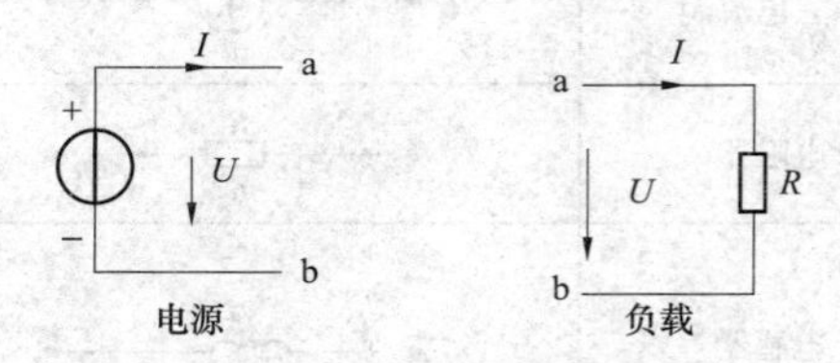

图 7-8　电源与负载上电压电流的实际方向比较

电源：U 和 I 的实际方向相反，发出功率。

负载：U 和 I 的实际方向相同，取用功率。

（4）额定值。各种电气设备的电压、电流以及电功率等都有额定值。例如，一支白炽灯泡上标着 220V、40W，即额定电压是 220V，额定功率是 40W。额定值是制造厂家为了使产品能在给定的工作条件下正常运行而规定的正常容许值。通常用 I_{N}、U_{N} 和 P_{N} 表示，标注在设备的铭牌上。在实际工程中，应尽量接近额定工作状态。

2. 空载状态

图 7-9 中开关 S 断开的状态称为空载状态，也叫作开路状态。此时，因为电源开路，外电阻对电源来说相当于无穷大，因此电路中的电流为零。

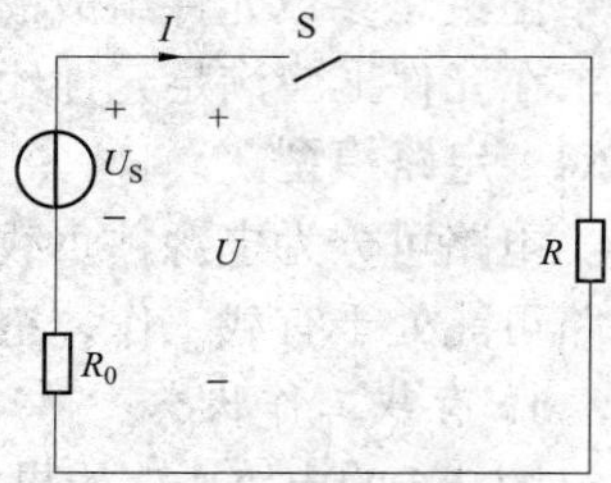

即

$$\begin{aligned} I &= 0 \\ U &= U_{\mathrm{S}} \\ P = P_{\mathrm{E}} &= \Delta P = 0 \end{aligned} \tag{7-22}$$

图 7-9　空载状态

从式（7-22）可以看出，当电源空载时，因为电路中没有电流，因此亦无能量的传输和转换。这是电源开路的特征。

3. 短路状态

在图 7-10 中，由于某种原因使电源的两端连在一起，从而发生了电源短路，此时，外电阻被短路，电流将不流过负载，而是通过短路处形成回路。由于外电路的电阻为零，回路中只有很小的电源内阻，所以此时电流将很大，一般称为短路电流 I_{S}，电源的端电压为零，电源的能量全部消耗在电源内阻 R_0 上。电源短路时的电路特征可由下列各式表示

$$\left.\begin{aligned} &U = 0 \\ &I = I_{\mathrm{S}} = \frac{U_{\mathrm{S}}}{R_0} \\ &P_{\mathrm{E}} = \Delta P = I^2R_0 \\ &P = 0 \end{aligned}\right\} \tag{7-23}$$

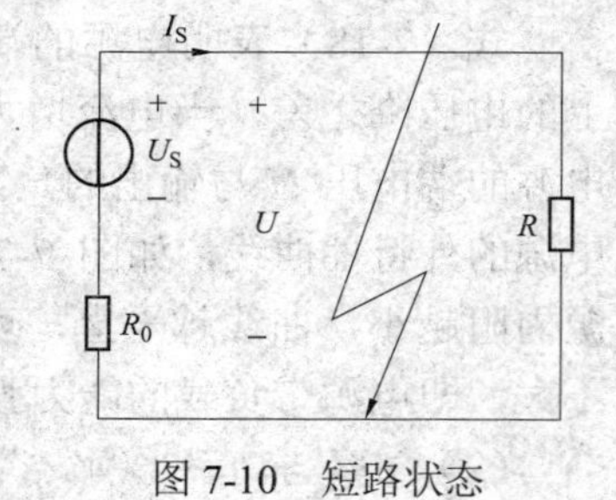

图 7-10　短路状态

电源短路会产生很大的电流，从而产生巨大的热量，造成火灾、人员伤亡和设备损坏等重大事故，因此应采取安全防范措施。通常在电路中接入熔断器或低压断路器，以便在发生短路时，迅速地将故障电路自动切除。

7.2.5 欧姆定律

如图 7-11 所示，在不含电源的电阻支路中，流过电阻的电流与电阻两端的电压成正比，这是欧姆定律最简单的形式。但应注意，用欧姆定律列方程时，一定要在图中标明电压电流的正方向，当电压与电流的方向是关联参考方向（即方向相同）时，欧姆定律为正，如图 7-11（a）所示；反之为负，如图 7-11（b）（c）所示。

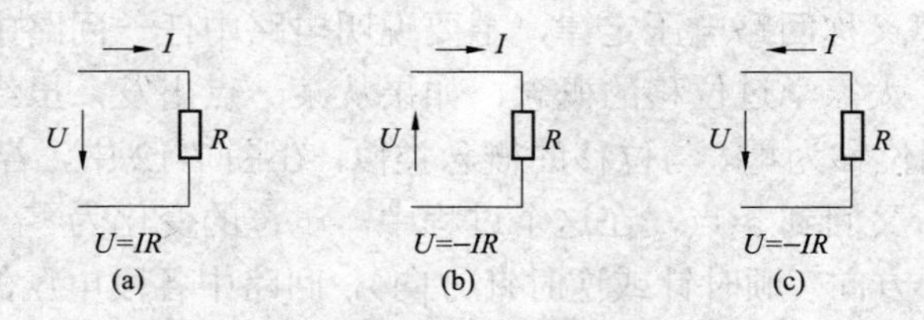

图 7-11　无源支路的欧姆定律

（a）符号为正；（b）、（c）符号为负

7.2.6 基尔霍夫定律

基尔霍夫定律是分析与计算电路的基本定律，在电路分析中具有非常重要的地位。

1. 名词解释

（1）支路和支路电流。电路中的每一个分支即为支路，一条支路中只流过同一个电流，称为支路电流。

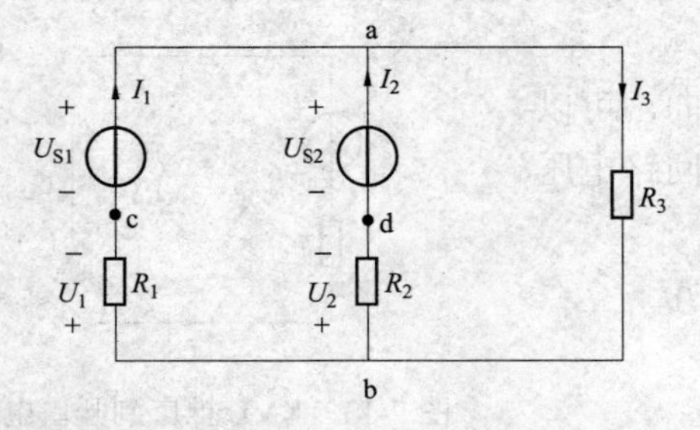

图 7-12　基尔霍夫定律的节点、回路和网孔

（2）节点。电路中汇聚三条或三条以上支路的点称为节点。

（3）回路。回路是指电路中的任意闭合路径，电路中的单孔回路称为网孔。

根据以上定义，在图 7-12 中，共有 3 条支路，I_1、I_2、I_3为支路电流；节点数为两个，是 a 点和 b 点；并有 3 个回路，分别是 adbca、abca 和 abda，其中 adbca 和 abda 是网孔。

基尔霍夫定律又分为第一定律和第二定律，下面分别加以介绍。

2. 基尔霍夫第一定律——基尔霍夫电流定律（Kirchhoff's Current Law，KCL）

基尔霍夫电流定律又称节点电流定律，主要说明电路中任一节点上的电流关系的基本规律。由于电流具有连续性，流入任意节点的电流之和必定等于流出该节点的电流之和。

对于图 7-12 所示电路的节点 a，可以列出电流方程式

$$I_1 + I_2 = I_3$$

或

$$I_1 + I_2 - I_3 = 0$$

即

$$\sum I = 0 \tag{7-24}$$

式（7-24）说明，在任一瞬间、任一节点上的电流的代数和恒等于零。因为电流就像生

活中源源不断的水流一样，不会停留在任一点上，也就是说电路中的任何一点上都不会堆积电荷。这一规律不仅适用于直流电流，同样也适用于交流电流，即在任一瞬间汇交于某一节点的交流电流的代数和恒等于零，用公式表示为

$$\sum i = 0 \tag{7-25}$$

为了便于记忆，一般规定流入节点的电流为正，流出节点的电流为负。

基尔霍夫电流定律是分析电路的利器，它不仅适用于电路中的任一节点，还可以推广应用于广义节点，即电路中的任意假设闭合面。

3. 基尔霍夫第二定律——基尔霍夫电压定律（Kirchhoff's Voltage Law，KVL）

基尔霍夫电压定律又称回路电压定律，主要说明电路中任一回路中各段电压之间关系的基本规律。在物理中，大家学过位移的概念，如果从某一点出发，虽经过很长的路途，但最终还是回到出发点，则位移为零。与位移的概念类似，在图 7-12 中，若从 a 点出发，沿 adbca 的回路方向环行一周，又回到 a 点，在这个过程中，电位的变化为零。这就是说，在任一瞬间，沿任一回路的循行方向（顺时针或逆时针方向），回路中各段电压的代数和恒等于零。即

$$\sum U = 0 \tag{7-26}$$

通常将与回路循行方向一致的电压前面取正号，与回路循行方向相反的电压前面取负号。这一结论适用于任何电路的任一回路，包括直流电路，也包括交流电路。对于交流电路的任一回路，在同一瞬间，电路中某一回路的各段瞬间电压的代数和为

$$\sum u = 0 \tag{7-27}$$

基尔霍夫电压定律不仅适用于电路中的任一闭合的回路，而且还可以推广到开口电路，只要在任一开口电路中，找到一个闭合的电压回路，即可应用基尔霍夫电压定律列出回路电压方程。

图 7-13 是一开口电路，但是按照所选的回路方向，可以找到一个闭合的电压回路，因此可以根据 KVL 列出回路电压方程式

$$U_{ab} + IR - U_S = 0$$

或

$$U_{ab} = U_S - IR$$

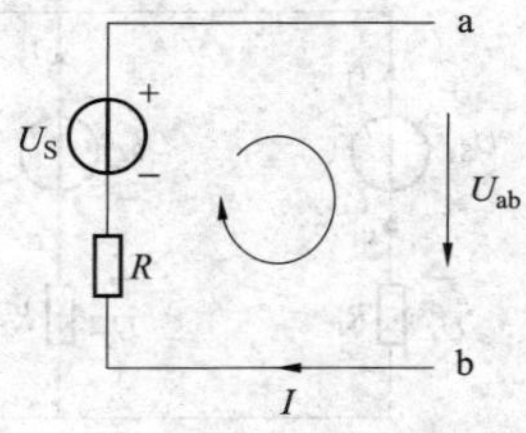

图 7-13　KVL 推广到开口电路

大家可以发现，此式与用欧姆定律所列的式子一致。

【例 7-3】（2011）　如图 7-14 所示，图示两电路相互等效，由图（b）可知，流经 10Ω电阻的电流 $I_R = 1\text{A}$，由此可求得流经图（a）电路中 10Ω电阻的电流 I 等于（　　）。

A. 1A　　B. −1A　　C. −3A　　D. 3A

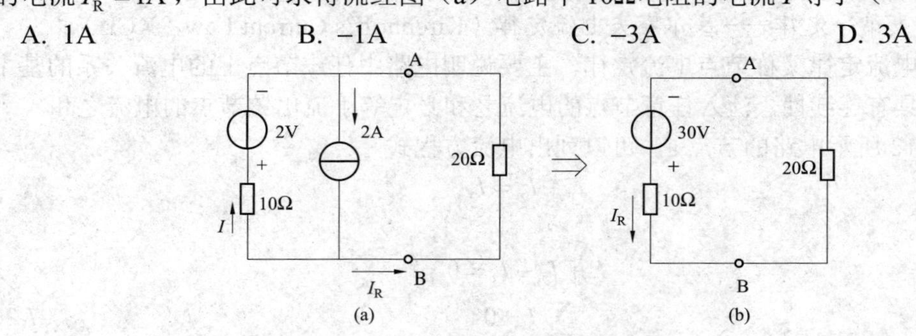

图 7-14　例 7-3 图

【解】本题主要考查 KCL 定律的用法。因为两电路等效，所以流过电阻 20Ω的电流相同，都是 I_R，由图 7-14（b）可求出 $I_R=\frac{30}{10+20}\text{A}=1\text{A}$。在图（a）中，可列出节点电流方程为 $I_R+I=2$，则 $I=2\text{A}-I_R=2\text{A}-1\text{A}=1\text{A}$。

【答案】A

【例 7-4】（2014） 在图 7-15 所示电路中，I_1=−4A，I_2 =−3A，则 I_3=（　　）。

A. −1A　　B. 7A

C. −7A　　D. 1A

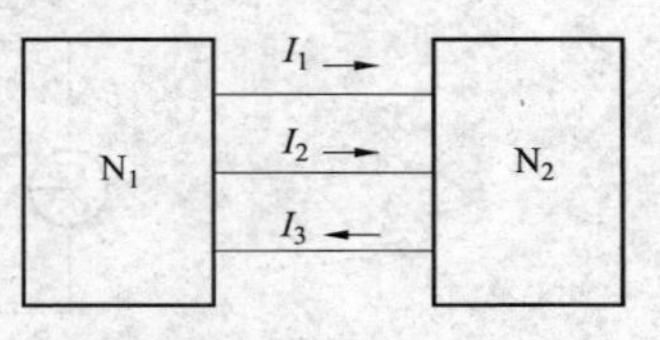

图 7-15　例 7-4 图

【解】根据基尔霍夫电流定律可知，“电流流入等于流出”，即 $I_1+I_2=I_3$，则 $I_3=I_1+I_2=-4\text{A}+(-3)\text{A}=-7\text{A}$。

【答案】C

7.2.7　支路电流法

支路电流法是求解复杂电路的最根本的方法，它的求解对象是支路电流。大家知道，可以通过列方程组求解一组未知数，根据线性代数的知识，有 n 个线性无关的方程组，就可以对应有 n 个唯一解。联系到在电路中，若有 n 条支路，必定有 n 个支路电流，要想求这 n 个未知数，就应有 n 个线性无关的线性方程，这就是支路电流法的基本思路，列写线性方程组的有力武器就是基尔霍夫第一定律和第二定律。仅需记住，有几个回路电流就需要列出几个独立方程。

7.2.8　等效电源定理

理想电源元件是从实际电源元件中抽象出来的。当实际电源本身的功率损耗可以忽略不计，而只起产生电能的作用时，这种电源便可以用一个理想电源元件来表示。理想电源元件分理想电压源和理想电流源两种。

1. 理想电源模型

（1）理想电压源。理想电压源简称恒压源。如图 7-16 所示，其特点是：输出电压 U 是定值，与输出电流和外电路的情况无关，而输出电流 I 不是定值，由外电路的情况决定。例如，空载时，输出电流 $I=0$，短路时，$I\to\infty$，输出端接有电阻 R 时，$I=U/R$，电压 U 是定值，始终保持不变，而电流 I 由电阻 R 的大小决定。因此，凡是与理想电压源并联的元件（包括下面即将叙述的理想电流源在内），其两端的电压都等于理想电压源的电压。

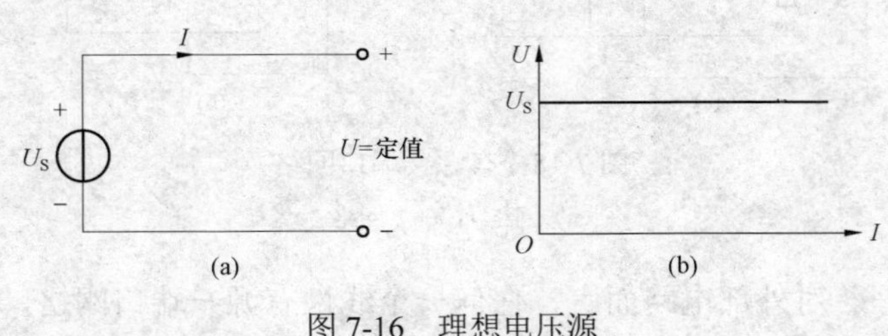

图 7-16　理想电压源

（a）图形符号；（b）伏安特性

（2）理想电流源。理想电流源简称恒流源。图形符号如图 7-17（a）所示，图 7-17（b）是它的伏安特性。理想电流源的特点是：输出电流 I 是定值，与输出电压和外电路的情况无关，

而输出电压 U 不是定值，与外电路的情况有关。例如短路时，输出电压 $U=0$，空载时，$U\to\infty$，输出端接有电阻 R 时，$U=IR$，电流 I 是定值，始终保持不变，而电压 U 由电阻 R 的大小决定。因此，凡是与理想电流源串联的元件（包括理想电压源在内），其电流都等于理想电流源的电流。

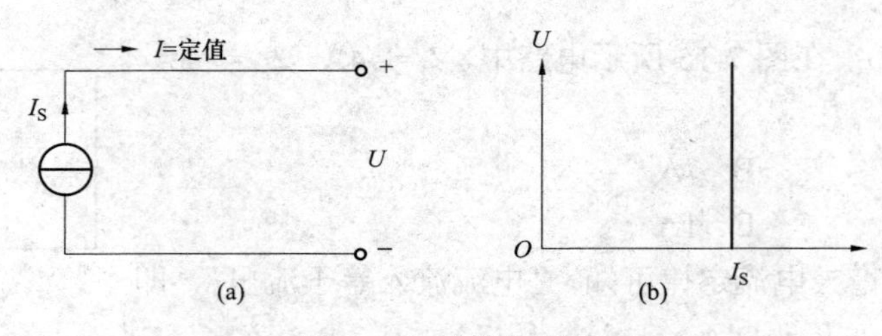

图 7-17　理想电流源

（a）图形符号；（b）伏安特性

实际电源元件，例如蓄电池，它既可以用作电源，将化学能转换成电能供给负载，而充电时，它又是负载，输入电能并转换成化学能。

2. 等效电源定理

凡是只有一个输入或输出端口的电路都称为一端口网络。内部不含电源的称为无源一端口网络，含有电源的称为有源一端口网络。例如，图 7-18（a）所示电路，若将 R_2 所在支路提出来，剩下点画线方框内的部分就是一个有源一端口网络。对 R_2 而言，有源一端口网络相当于它的电源。任何实际的电源，例如电池，如图 7-18（b）所示，也是一个有源一端口网络。

这些有源一端口网络不仅产生电能，本身还消耗电能。在对外部电路等效的条件下，即保持它们的输出电压和电流不变的条件下，它们对外电路的作用可以用一个标准电源模型来表示，由于电源模型有电压源和电流源两种，因此等效电源定理又分为戴维南定理和诺顿定理。

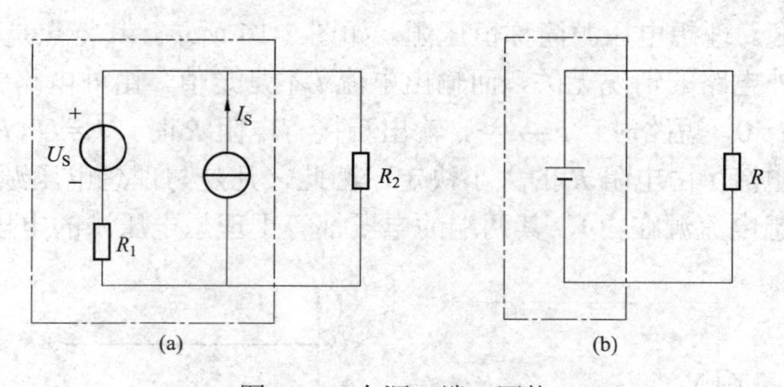

图 7-18　有源一端口网络

（a）网络 1；（b）网络 2

（1）戴维南定理。对外部电路而言，任何一个线性有源一端口网络，都可以用电压源模型（即一个理想电压源与电阻串联）来代替。电压源中理想电压源的电压等于原有源一端口网络的开路电压；电压源的内阻 R_0 等于原有源一端口网络内部除源（即将所有理想电压源短路，所有理想电流源开路）后，在端口处得到的等效电阻。这就是戴维南定理，如图 7-19 所示。

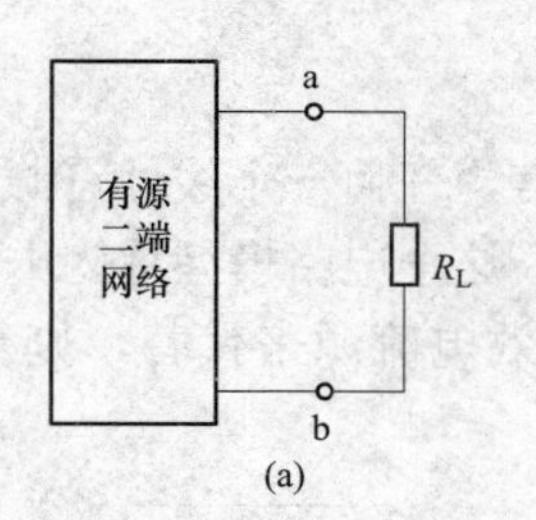

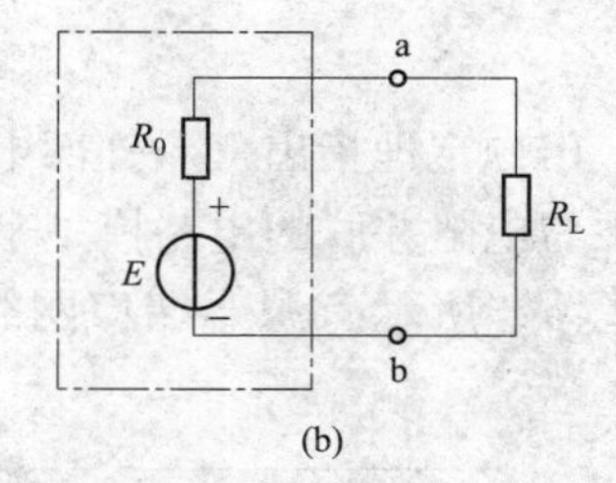

图 7-19　戴维南定理

图 7-20 所示电路中，输出端开路时，两者的开路电压 U_{OC} 应该相等，由图 7-20（b）可知，$E=U_{OC}$，即等效电压源中的理想电压源的电动势 E 等于原有源一端口网络的开路电压 U_{OC}。对于图 7-20（a）来讲，可得

$$U_{OC}=R_1I_S+U_S$$

电压源的内阻 R_0 等于原有源一端口网络内部除源（即将所有理想电压源短路，所有理想电流源开路）后，在端口处得到的等效电阻 R_1。

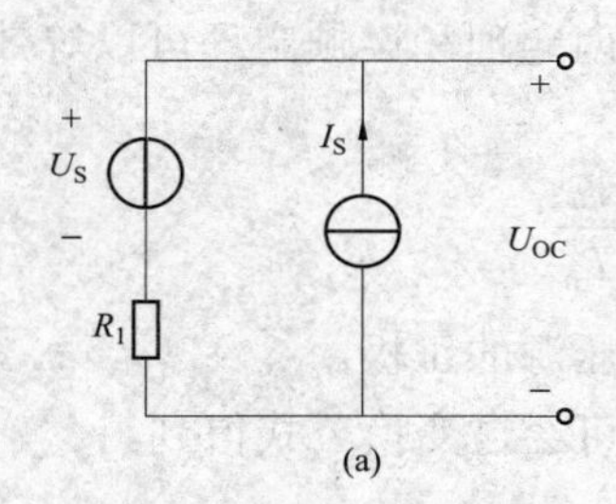

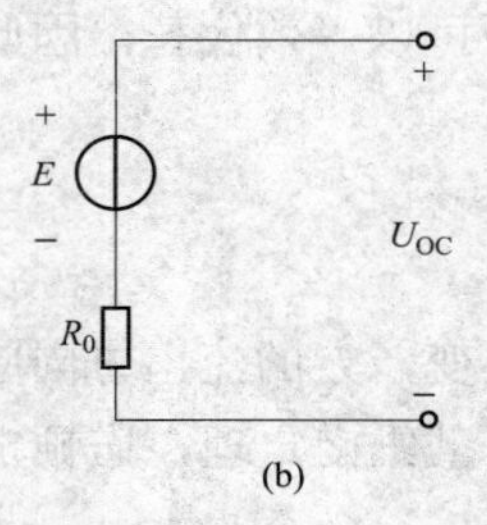

图 7-20　戴维南定理说明电路

（a）有源二端网络；（b）电压源

【例 7-5】（2011）　图 7-21 所示两电路相互等效，由图（b）可知，流经 10Ω 电阻的电流 $I_R=1A$，由此可求得流经图（a）电路中 10Ω 电阻的电流 I 等于（　　）。

A. 1A　　　　B. −1A　　　　C. −3A　　　　D. 3A

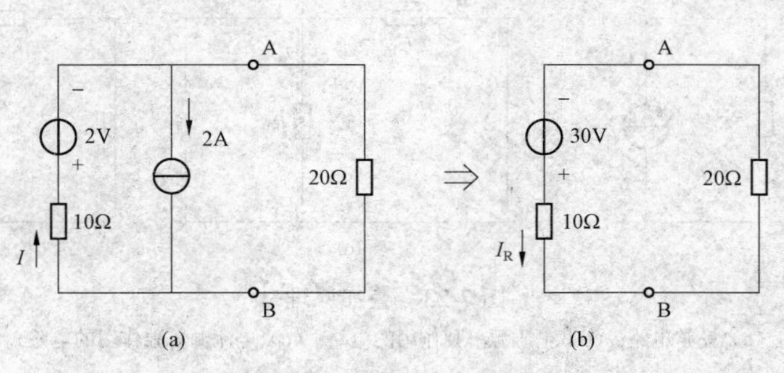

图 7-21　例 7-5 图

【解】根据线性电路的戴维南定理，图 7-21（a）和（b）电路等效是指对外电路电压和电流相同，即电路中 20Ω 电阻中的电流均为 1A，方向向上；根据基尔霍夫电流定律，流过图（a）电路 10Ω 电阻中的电流是 $I=2-I_R=1A$，方向向上，且 I 的参考方向与实际方向相同，所以 $I=1A$。

【答案】A

（2）诺顿定理。诺顿定理指出：对外部电路而言，任何一个线性有源一端口网络，都可以用一个理想电流源与电阻并联的电路模型来代替。这个电路模型称为电流源模型，简称电流源。若将图 7-22（a）所示有源一端口网络用等效电流源来代替，则代替前后的电路如图 7-22（b）所示。

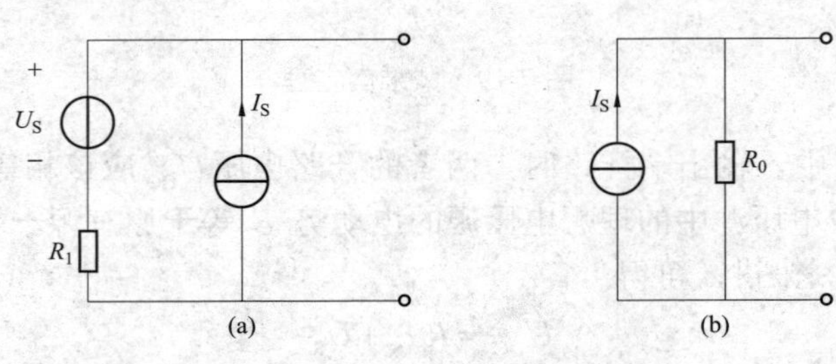

图 7-22　诺顿定理

（a）有源二端网络；（b）电流源

电压源和电流源可以等效代替，因此戴维南定理和诺顿定理可以等效变换。等效变换的公式为

$$I_S=\frac{E}{R_0} \tag{7-28}$$

变换时内电阻不变，I_S 的流出方向应为电压源的正极。

因此只要掌握了戴维南定理，诺顿定理即可经过变换公式得到。

7.2.9　叠加原理

叠加原理是分析与计算线性问题的普遍原理，是复杂电路最基本的分析方法之一。

在图 7-23（a）所示的电路图中有两个电源，各支路中的电流或电压都是由这两个电源共同作用产生的。在含有多个电源的线性电路中，任一支路的电流和电压等于电路中各个电源分别作用时，在该电路中产生的电流和电压的代数和，这就是叠加原理。

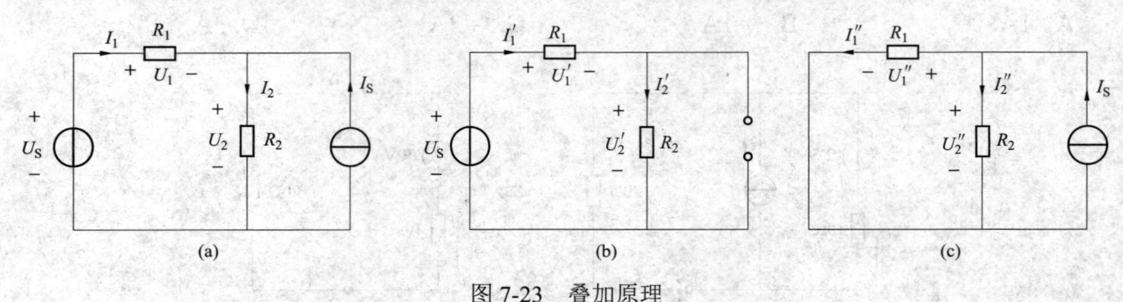

图 7-23　叠加原理

（a）完整电路；（b）电压源单独作用的电路；（c）电流源单独作用的电路

应用叠加原理的一般解题步骤：

（1）在多个电源共同作用的原电路中，标出各支路电流的正方向。

（2）根据原电路画出电源单独作用时的电路图，在考虑某一或某些电源单独作用时，其余的电源做零值处理，即理想电压源短路，理想电流源开路，所有的电阻都保留在原来的位置上。

（3）应用欧姆定律求出各电源单独作用时电路中各支路电流。

（4）应用叠加原理求出原复杂电路中各支路电流。

从数学的观点上看，叠加原理就是线性方程的可加性，应用叠加原理计算复杂电路，实际上就是把一个多电源的复杂电路化为几个单电源或少电源的简单电路来进行计算，因此为使复杂问题简单化，却付出了增大计算量的代价。在应用时应注意以下几个问题：

1）叠加原理只适用于线性电路，即电路中的电压和电流时成正比的，不能用于非线性电路。

2）叠加原理只适于计算电压和电流，不能用于计算功率，因为功率与电流或电压的关系是二次函数，不是线性关系。例如图 7-23 中的电阻 R_1 消耗的功率为

$$P_1 = R_1 I_1^2 = R_1\left(I'_1 - I''_1\right)^2 \neq R_1 I'^2_1 - R_1 I''^2_1$$

【例 7-6】（2014） 已知电路如图 7-24 所示，其中，响应电流 I 在电压源单独作用时的分量为（　　）。

A. 0.375A　　B. 0.25A

C. 0.125A　　D. 0.184 5A

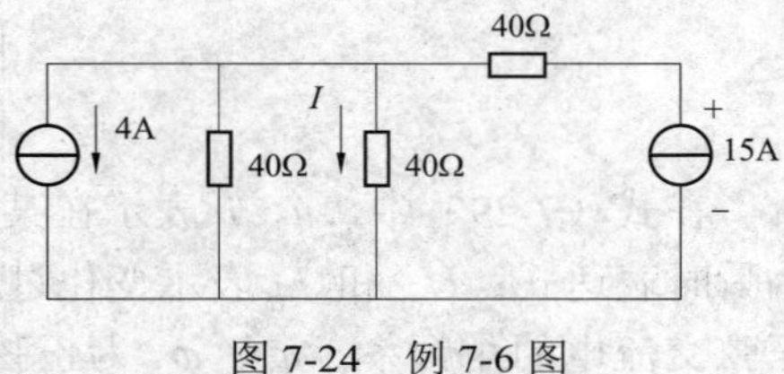

图 7-24　例 7-6 图

【解】图中共两个电源：一个电流源和一个电压源。电压源单独作用时，将电流源“断开”，此时原电路变为一简单串并联电路，电流 $I = 15\times\frac{20}{20+40}/40\text{A} = 0.125\text{A}$。

【答案】C

【例 7-7】（2010） 已知电路如图 7-25 所示，若使用叠加原理求解图中电流源的端电压 U，正确的方法是（　　）。

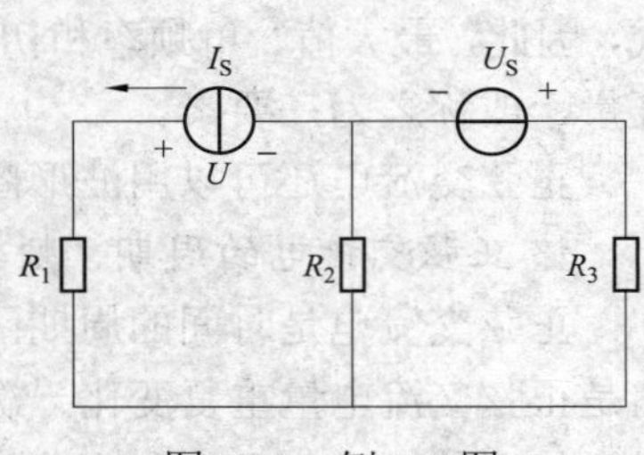

图 7-25　例 7-7 图

A. $U' = (R_2 // R_3 + R_1)I_S$，$U'' = 0$，$U = U'$

B. $U' = (R_1 + R_2)I_S$，$U'' = 0$，$U = U'$

C. $U' = (R_2 // R_3 + R_1)I_S$，$U'' = -\frac{R_2}{R_2 + R_3}U_S$，$U = U' - U''$

D. $U' = (R_2 // R_3 + R_1)I_S$，$U'' = \frac{R_2}{R_2 + R_3}U_S$，$U = U' + U''$

【解】本题可根据叠加原理，令两个电源分别作用。

首先，电流源单独作用，电压源不起作用时，电压源短路，电路如图 7-26（a）所示。此时，$U' = [R_1 + R_2 // R_3]I_S$。

其次，令电压源单独作用，电流源不起作用时，电流源开路，电路如图 7-26（b）所示，则 $U'' = -R_2 \cdot I' = -R_2\frac{U_S}{R_2 + R_3} = -\frac{R_2}{R_2 + R_3}U_S$。

根据叠加原理有 $U = U' - U''$。

【答案】C

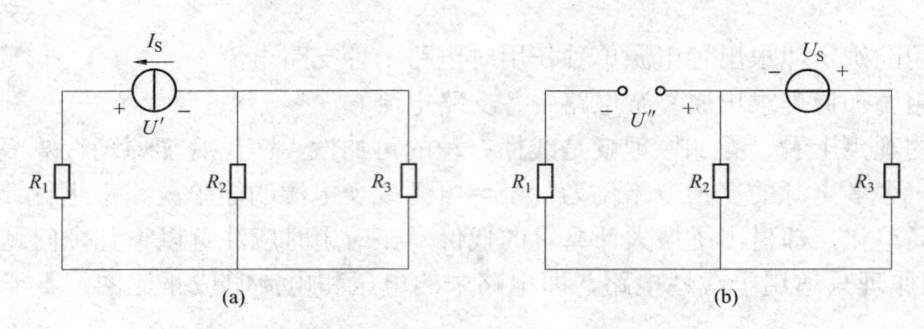

图 7-26　例 7-7 解图

（a）电流源单独作用，电压源不起作用；（b）电压源单独作用，电流源不起作用

7.2.10　正弦交流电的时间函数描述

在正弦交流电路中，电压 u 或电流 i 都可以用时间 t 的正弦函数来表示

$$\begin{cases} u = U_m \sin(\omega t + \varphi_u) \\ i = I_m \sin(\omega t + \varphi_i) \end{cases} \tag{7-29}$$

在式（7-29）中，u、i 表示在某一瞬时正弦交流电量的值，称为瞬时值，式（7-29）称为瞬时表达式；U_m 和 I_m 表示变化过程中出现的最大瞬时值，称为最大值，或称幅值；ω 为正弦交流电的角频率；φ_u、φ_i 为正弦交流电的初相位。知道了最大值、角频率和初相位，则可写出正弦交流电的瞬时表达式，因此，最大值、角频率和初相位称为正弦交流电的三个特征量，或称之为三要素。

正弦交流电还可以用波形图表示，如图 7-27 所示。

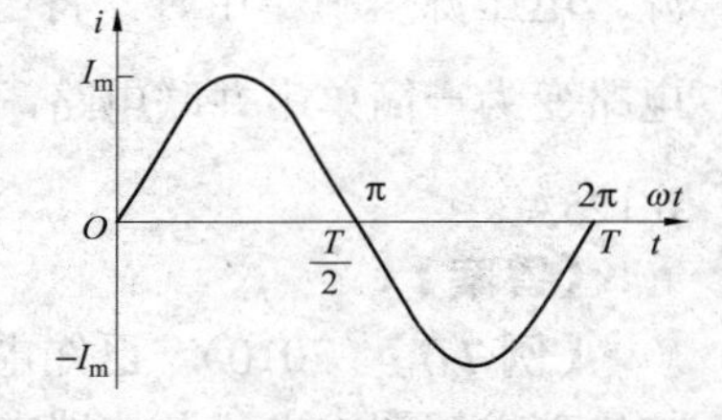

图 7-27　正弦交流电的波形图

1. 正弦交流电的周期、频率和角频率

正弦交流电是时间的周期函数。T 为正弦交流电的周期，它是正弦交流电量重复变化一次所需的时间，单位是秒（s），或者是毫秒（ms）和微秒（μs）。1ms＝10^{-3}s，1μs＝10^{-6}s。

正弦交流电在每秒钟内变化的周期数称为频率，用 f 表示，单位是赫[兹]（Hz），1Hz 表示每秒变化一个周期，周期和频率的关系是

$$f = \frac{1}{T} \tag{7-30}$$

交流电变化快慢除用周期和频率表示外，还可以用角频率表示，就是每秒钟内正弦交流电变化的电角度，用 ω 表示，单位是弧度每秒（rad/s）。ω与 T 和 f 的关系为

$$\omega = \frac{2\pi}{T} = 2\pi f \tag{7-31}$$

2. 正弦交流电的相位与相位差

在正弦交流电的表示式 $i = I_m \sin(\omega t + \varphi_i)$ 中，$(\omega t + \varphi_i)$ 就称为正弦交流电的相位，它是正弦交流电随时间变化的电角度。相位的单位是弧度（rad），也可以用度表示。每一个时间点都对应一个相位值。t=0 时（即开始计时瞬间）的相位称为初相位 φ。计时起点不同，同一正弦量的初相位不同。

任何两个同频率正弦量之间的相位之差简称为相位差，用字母 φ 表示。相位差是表达两个同频率正弦量相互之间的相位关系的重要物理量，任何两个同频率正弦量的相位差是不变

的，即为初相位之差。例如当$0<\varphi=\varphi_u-\varphi_i<180°$，波形如图 7-28（a）所示，$u$ 总要比 i 先经过相应的最大值和零值，即在相位上 u 是超前 i 一个 φ 角的，或者称 i 是滞后于 u 一个 φ 角的。当$-180°<\varphi<0°$时，波形如图 7-28（b）所示，u 与 i 的相位关系正好倒过来。当$\varphi=0°$时，波形如图 7-28（c）所示，这时就称 u 与 i 相位相同，即同相。当$\varphi=180°$时，波形如图 7-28（d）所示，这时就称 u 与 i 相位相反，即反相。

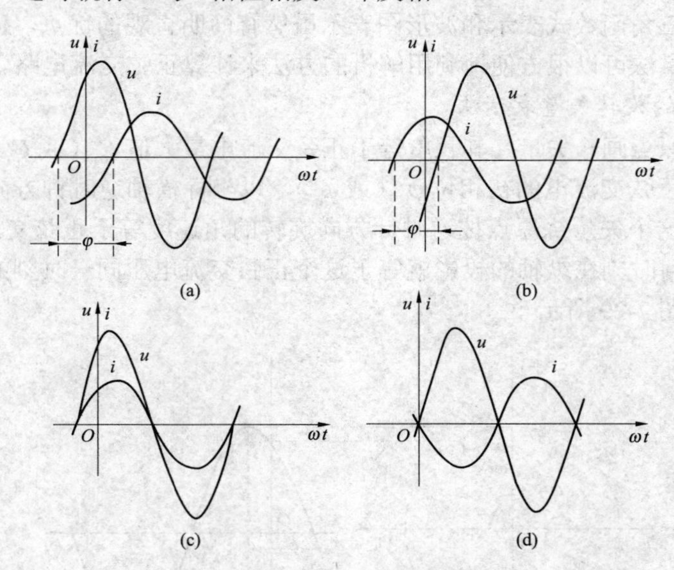

图 7-28　同频率正弦量的相位关系

（a）$0°<\varphi<180°$；（b）$-180°<\varphi<0°$；（c）$\varphi=0°$；（d）$\varphi=180°$

3. 正弦交流电的瞬时值、最大值和有效值

交流电的瞬时值用小写字母表示，如 i、u 和 e 等，它是随时间在变化的。最大值又称为幅值，用带有下标 m 的大写字母来表示，如 I_m、U_m 和 E_m 等。

正弦量的幅值和瞬时值，虽然能表明一个正弦量在某一特定时刻的量值，但是不能用它来衡量整个正弦量的实际作用效果。"有效值"可衡量整个正弦量的实际作用效果。有效值是用电流的热效应来规定的，即：如果一个交流电流 i 通过某一电阻 R 在一个周期内产生的热量，与一个恒定的直流电流 I 通过同一电阻在相同的时间内产生的热量相等，就用这个直流电的量值 I 作为交流电的量值，称为交流电的有效值。有效值与最大值的关系为

$$I=\frac{I_m}{\sqrt{2}}=0.707I_m \tag{7-32}$$

同理

$$U=\frac{1}{\sqrt{2}}U_m=0.707U_m \tag{7-33}$$

式（7-32）和式（7-33）说明正弦交流电的有效值等于它的最大值的 0.707 倍。通常所说的交流电压 220V 或 380V，交流电流 5A、10A 等，都是指有效值。

【例 7-8】（2018）　已知正弦交流电流 $i(t)$的周期 $T=1$ms，有效值 $I=0.5$A，$t=0$s 时，$i=0.5\sqrt{2}$ A，则它的时间函数描述形式是（　　）。

A. $i(t)=0.5\sqrt{2}\sin 1000t$ A　　B. $i(t)=0.5\sin 2000\pi t$ A

C. $i(t)=0.5\sqrt{2}\sin(2000\pi t+90°)$ A　　D. $i(t)=0.5\sqrt{2}\sin(1000\pi t+90°)$ A

【解】周期 $T=1\text{ms}$，则$\omega=\dfrac{2\pi}{T}=2000\pi\text{rad/s}$。有效值 $I=0.5\text{A}$，则 $I_m=0.5\sqrt{2}\text{ A}$；再根据 $t=0\text{s}$ 时，$i=0.5\sqrt{2}\text{ A}$，则$\varphi=90°$，故答案应选 C。

【答案】C

7.2.11 正弦交流电的相量描述

正弦交流电的三角函数式表示和波形图表示虽然有简明直观的优点，但若进行数学运算却十分不便。用相量法可以很方便地利用解析的方法来计算正弦交流电路。

1. 正弦交流电的旋转矢量表示法

从直角坐标的原点画一矢量，其长度等于正弦交流电最大值 I_m（或 U_m），它与横轴的正方向所夹的角等于正弦交流电的初相位 φ_i（或 φ_u），以坐标横轴逆时针方向旋转为正，顺时针方向旋转为负，这个矢量绕原点按逆时针方向旋转的角速度等于正弦交流电的角频率ω。显然，这个矢量任何时刻在纵轴的投影就等于这个正弦交流电压同一时刻的瞬时值，正弦量的旋转矢量表示如图 7-29 所示。

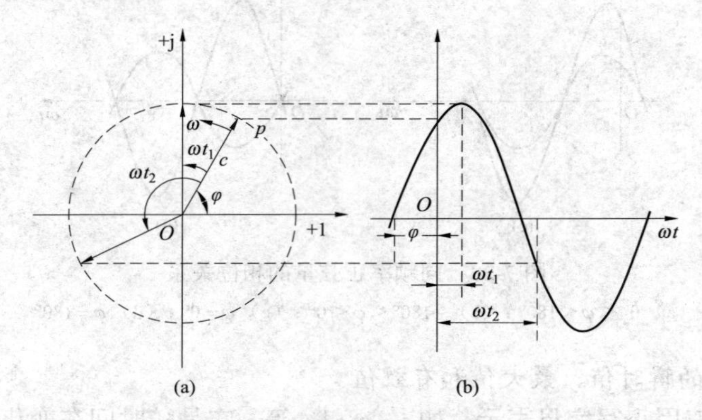

图 7-29 正弦量的旋转矢量表示

（a）旋转矢量；（b）波形

这样，若求几个正弦量的和与差，则只要按初相位画出它们的矢量（坐标轴可以不画），求它们的矢量和或差即可，这种表示几个同频率正弦量的矢量的整体称为矢量图，矢量图也可以用有效值来画，这样只不过使所有矢量的长度都缩小了$1/\sqrt{2}$，并不影响它们的相对关系。

2. 正弦交流电的相量表示法

设一个复数的实部为 a，虚部为 b，则该复数可以写成

$$A=a+\text{j}b \tag{7-34}$$

式中，算符 $\text{j}=\sqrt{-1}$ 就是数学中的虚数单位 i，为区别于电流 i 而改用 j。式（7-34）称为复数的代数形式。

复数可以用复数平面内一个几何有向线段 A（即矢量）来表示，如图 7-30 所示。显然，矢量 $\boldsymbol{A}$ 的模（即矢量 $\boldsymbol{A}$ 的长度）为

$$|A|=\sqrt{a^2+b^2} \tag{7-35}$$

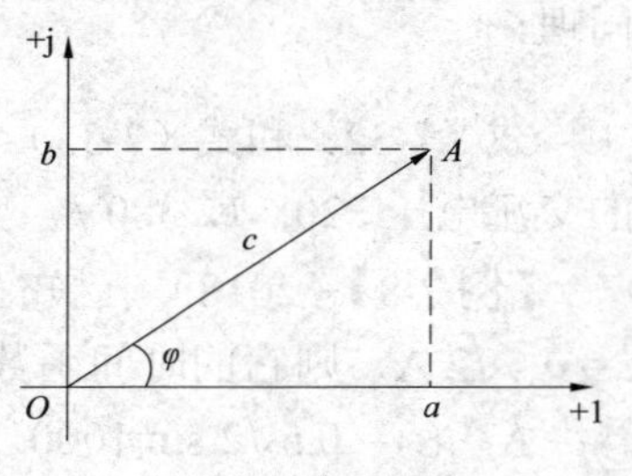

图 7-30 复数图示

式中：a 为 A 在实轴上的投影；b 为 A 在虚轴上的投影，显

然有

$$\begin{cases} a = A\cos\varphi \\ b = A\sin\varphi \end{cases} \tag{7-36}$$

由此式（7-34）可写成

$$A = |A|\cos\varphi + \mathrm{j}|A|\sin\varphi = |A|(\cos\varphi + \mathrm{j}\sin\varphi) \tag{7-37}$$

这是复数的三角形表示式。φ 为复数 A 的幅角，根据欧拉公式有

$$\cos\varphi + \mathrm{j}\sin\varphi = \mathrm{e}^{\mathrm{j}\varphi}$$

故式（7-37）可写成

$$A = |A|\mathrm{e}^{\mathrm{j}\varphi} \tag{7-38}$$

这是复数的指数型表示式。在电工技术中习惯上将 $\underline{/\varphi}$ 代替 $\mathrm{e}^{\mathrm{j}\varphi}$，这样式（7-38）可写成

$$A = |A|\underline{/\varphi} \tag{7-39}$$

式（7-39）是采用复数的模和幅角这两个要素来表示一个复数。

要表示一个正弦量，通常需要表述其三要素，即幅值（或有效值）、初相位和角频率。但是，在同一个正弦交流电路中，电源频率确定后，电路中各处的电流电压都是同一频率，因此频率可视为已知。这样，只要能表示出幅值（或有效值）和相位，一个正弦量的特征就可表示出来。因为复数不但可以表示正弦量的这两个要素，而且还能将矢量和正弦量的代数式联系起来，因此可以用复数表示正弦交流电。复数的模即为正弦量的幅值（或有效值），复数的幅角是正弦交流电的初相位。例如，将正弦电流

$$i = I_{\mathrm{m}}\sin(\omega t + \varphi)$$

写成复数形式为

$$\dot{I}_{\mathrm{m}} = I_{\mathrm{m}}\mathrm{e}^{\mathrm{j}\varphi} = I_{\mathrm{m}}\underline{/\varphi}$$

或

$$\dot{I} = I\mathrm{e}^{\mathrm{j}\varphi} = I\underline{/\varphi}$$

表示正弦交流电量的复数称为相量；在复平面内的矢量表示称为相量图，只有同频的周期正弦量才能画在同一复平面内。几个同频率正弦量相加减，可以表示成相量后用相量（复数）的加减规则进行加减，也可以表示成相量图，按矢量的加减规则进行加减。

7.2.12 阻抗和复数阻抗

$$Z = \frac{\dot{U}}{\dot{I}} = \frac{U\underline{/\varphi_{\mathrm{u}}}}{I\underline{/\varphi_{\mathrm{i}}}} = |Z|\underline{/\varphi} = \frac{U}{I}\underline{/\varphi_{\mathrm{u}} - \varphi_{\mathrm{i}}} \tag{7-40}$$

$$\varphi = \varphi_{\mathrm{u}} - \varphi_{\mathrm{i}} = \arctan\frac{X_{\mathrm{L}} - X_{\mathrm{C}}}{R}$$

$$|Z| = \sqrt{R^2 + (X_{\mathrm{L}} - X_{\mathrm{C}})^2}$$

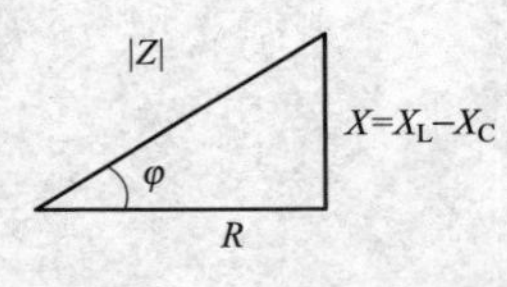

图 7-31 阻抗三角形

Z 称为复数阻抗，Z 的模 $|Z|$ 为电路总电压和总电流有效值之比，称为阻抗，而 Z 的幅角 φ 为总电压和总电流的相位差，又称阻抗角，如图 7-31 所示为一阻抗三角形。由图可见，由式 $Z = |Z|\underline{/\varphi} = R + \mathrm{j}(X_{\mathrm{L}} - X_{\mathrm{C}})$ 可知，当 ω 一定时，电路的性质由电路的参数 Z 决定，当 $X_{\mathrm{L}} > X_{\mathrm{C}}$，此时 $\varphi > 0$，电压超前电流 φ，即电感作用大于电容作用，整个电路为电感性负载，称为电感性电路；当 $X_{\mathrm{L}} < X_{\mathrm{C}}$，即 $\varphi < 0$ 电流

超前于电压φ，即电容作用大于电感作用，整个电路为电容性负载，称为电容性电路；若$X_L=X_C$，$\varphi=0$，电压与电流相位相同，表现为纯电阻性负载，称为纯电阻性电路。

7.2.13 交流电路稳态分析的相量法

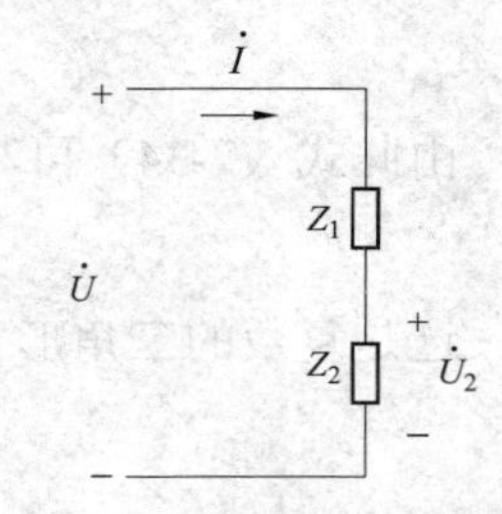

图 7-32 简单的串联电路

交流电路的分析方法其实与直流电路的分析思路相同，因此在直流电路中用于分析电路的方法在交流电路的分析中同样适用，但应注意，在交流电路中的各物理量与直流不同，它们既有大小的变化，又有相位的变化，因此直流中的实数运算，在交流电路中就是复数的运算。

1. 简单的阻抗串并联电路

如图 7-32 所示是一个简单的阻抗串联电路，为便于计算，将电路中的电压、电流用相量表示，根据分压公式，Z_2上的电压$\dot{U}_2$为

$$\dot{U}_2=\frac{Z_2}{Z_1+Z_2}\dot{U}=U_2\angle\varphi$$

最后可根据电压的相量形式写出其瞬时值表达式。

$$u_2=U_{2\mathrm{m}}\sin(\omega t+\varphi)$$

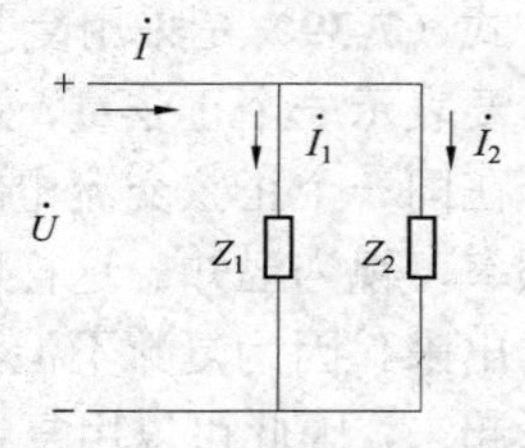

图 7-33 简单的阻抗并联电路

如图 7-33 所示是一个简单的阻抗并联电路，为便于计算，将电路中的电压、电流用相量表示，根据 KCL 电流的关系为

$$\dot{I}=\dot{I}_1+\dot{I}_2=\frac{\dot{U}}{Z_1}+\frac{\dot{U}}{Z_2}=\dot{U}\left(\frac{1}{Z_1}+\frac{1}{Z_2}\right)$$

2. 一般正弦交流电路的解题步骤

（1）据原电路图画出相量模型图（电路结构不变）。

$$R\rightarrow R\text{、}L\rightarrow \mathrm{j}X_L\text{、}C\rightarrow -\mathrm{j}X_C$$

$$u\rightarrow\dot{U}\text{、}i\rightarrow\dot{I}\text{、}e\rightarrow\dot{E}$$

（2）根据相量模型列出相量方程式或画相量图。

（3）用相量法或相量图求解。

（4）将结果变换成要求的形式。

【例 7-9】（2014） 已知电流$i(t)=0.1\sin(\omega t+10°)\mathrm{A}$，电压$u(t)=10\sin(\omega t-10°)\mathrm{V}$，则如下表述中正确的是（ ）。

A. 电流$i(t)$与$u(t)$呈反相关系　　B. $\dot{I}=0.1\angle 10°\ \mathrm{A}$, $\dot{U}=10\angle -10°\ \mathrm{V}$

C. $\dot{I}=70.7\angle 10°\ \mathrm{mA}$, $\dot{U}=-7.07\angle 10°\ \mathrm{V}$　　D. $\dot{I}=70.7\angle 10°\ \mathrm{mA}$, $\dot{U}=70.7\angle -10°\ \mathrm{V}$

【解】根据题意，将题中$i(t)$和$u(t)$的表述形式化为向量角的形式，即有$\dot{I}=\frac{0.1}{\sqrt{2}}\angle 10°\mathrm{V}=70.7\angle 10°\ \mathrm{mA}$, $\dot{U}=\frac{10}{\sqrt{2}}\angle -10°\ \mathrm{V}=7.07\angle -10°\ \mathrm{V}$。

【答案】D

7.2.14 交流电路功率

关于功率需记住，电阻是消耗能量的，而电感和电容只是储能，不消耗能量的。

1. 瞬时功率

在任一瞬间，电路中都有瞬时功率为

$$p = ui = p_R + p_L + p_C$$

2. 有功功率

瞬时功率在一个周期内的平均值即为平均功率，又名有功功率，单位是瓦[特]（W）。

$$\begin{aligned} P &= \frac{1}{T}\int_0^T p\mathrm{d}t \\ &= \frac{1}{T}\int_0^T (p_R + p_L + p_C)\mathrm{d}t \\ &= P_R = U_R I = I^2 R \end{aligned} \tag{7-41}$$

3. 无功功率

在 R、L、C 串联的电路中，储能元件 L、C 不消耗能量，但它们与电源之间存在能量吞吐，吞吐的规模用无功功率来表示，其大小为

$$Q = Q_L + Q_C = U_L I + (-U_C I) = (U_L - U_C)\ I = IU\sin\varphi \tag{7-42}$$

无功功率的单位是乏（var）。

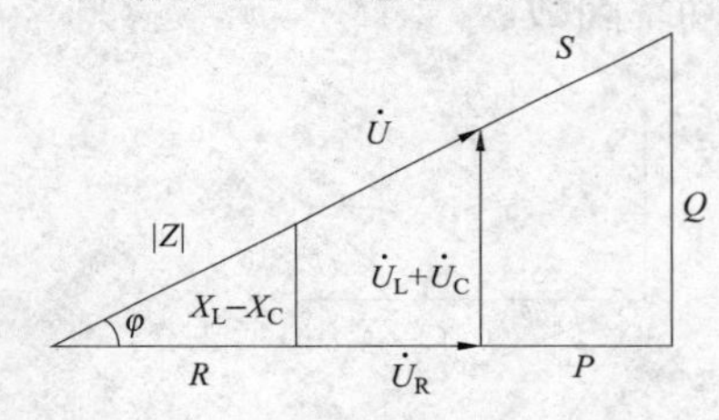

图 7-34　阻抗三角形、电压三角形和功率三角形的相似关系

4. 视在功率

视在功率是电路中总电压与总电流有效值的乘积，它可以用来衡量发电机或变压器可能提供的最大功率，是电源输出的重要指标。视在功率用 S 来表示，单位是伏安（VA）或千伏安（kVA）。

$$S = UI \tag{7-43}$$

有功功率、无功功率和视在功率之间的关系构成了一个功率三角形，如图 7-34 所示，阻抗三角形、电压三角形和功率三角形都是直角三角形，且都有一个角是 φ，因此三个三角形相似这一点对于正弦交流电路的分析极为有用。

【例 7-10】（2014） 一交流电路由 R、L、C 串联而成，其中，$R = 10\Omega$，$X_L = 8\Omega$，$X_C = 6\Omega$，通过该电路的电流为 10A，则该电路的有功功率、无功功率和视在功率分别为（　　）。

A. 1kW，1.6kvar，2.6kVA　　B. 1kW，200var，1.2kVA

C. 100W，200var，223.6VA　　D. 1kW，200var，1.02kVA

【解】有功功率：　$U_{有} = I^2 R = (10^2\times 10)\text{W} = 1\text{kW}$；$X = X_L - X_C = 8\Omega - 6\Omega = 2\Omega$

总电阻：　$Z = \sqrt{R^2 + X^2} = 10.198\Omega$

视在功率：　$U_{视} = I^2 Z = 1.02\text{kVA}$

无功功率：　$U_{无} = \sqrt{U_{视}^2 - U_{有}^2} = 200\text{var}$

【答案】D

7.2.15　功率因数

在交流电路中，有功功率与视在功率的比值用 λ 表示，称为电路的功率因数，即

$$\lambda = \frac{P}{S} = \cos\varphi \tag{7-44}$$

电压与电流的相位差φ称为功率因数角，它是由电路的参数决定的。在纯电容和纯电感电路中，$P=0$，$Q=S$，$\lambda=0$，功率因数最低；在纯电阻电路中，$Q=0$，$P=S$，$\lambda=1$，功率因数最高。

功率因数是一项重要的电能经济指标。当电网的电压一定，功率因数太低，将导致：① 降低了供电设备的利用率；② 增加了供电设备和输电线路的功率损耗；③ 输电线上的线路压降大，造成负载端的电压低，影响线路上用电设备的正常工作。

提高电感性电路的功率因数会带来显著的经济效益。目前，供电部门对工业企业单位的功率因数要求是在 0.85 以上，如果用户的负载功率因数低，则需采取措施提高功率因数。提高功率因数的原则是必须保证原负载的工作状态不变，即加至负载上的电压和负载的有功功率不变。

通常提高电感性电路的功率因数除尽量提高负载本身的功率因数外，还可以采取与电感性负载并联适当电容的办法。这时电路的工作情况可以通过图 7-35 所示电路图和相量图来说明。并联电容前，电路的总电流就是负载的电流$\dot{I}_L$，电路的功率因数就是负载的功率因数$\cos\varphi_L$。并联电容后，电路总电流为$\dot{I}$，电路的功率因数变为$\cos\varphi$，即$\cos\varphi > \cos\varphi_L$。只要$C$值选得恰当，便可将电路的功率因数提高到希望的数值。并联电容后，负载的工作未受影响，它本身的功率因数并没有提高，提高的是整个电路的功率因数。

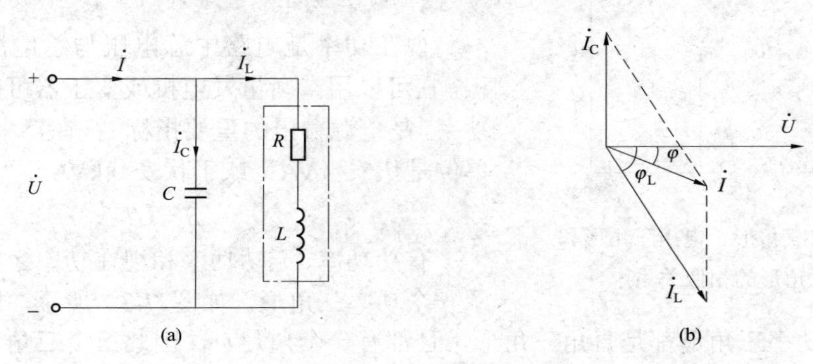

图 7-35　功率因数的提高

（a）电路图；（b）相量图

所需补偿的电容经分析应为

$$C=\frac{P}{\omega U^2}(\tan\varphi_L-\tan\varphi) \tag{7-45}$$

式（7-45）可以作为公式直接使用。

7.2.16　三相配电电路及用电安全

1. 三相电源

对称三相电源是由三个等幅值、同频率、初相位依次相差 120° 的正弦电压源按照不同的连接方式而组成的电源，它们的电压为

$$\begin{aligned}u_A&=U_m\sin\omega t\\u_B&=U_m\sin(\omega t-120°)\\u_C&=U_m\sin(\omega t-240°)=U_m\sin(\omega t+120°)\end{aligned} \tag{7-46}$$

对应的相量形式为

$$\dot{U}_{A} = U\angle 0^{\circ}$$
$$\dot{U}_{B} = U\angle -120^{\circ} = \alpha^{2}\dot{U}_{A}$$
$$\dot{U}_{C} = U\angle 120^{\circ} = \alpha\dot{U}_{A}$$

式中，$\alpha = 1\angle 120^{\circ}$，它是工程上为了方便而引入的单位相量算子。

对称三相电源的波形图和相量图分别如图 7-36（a）（b）所示。

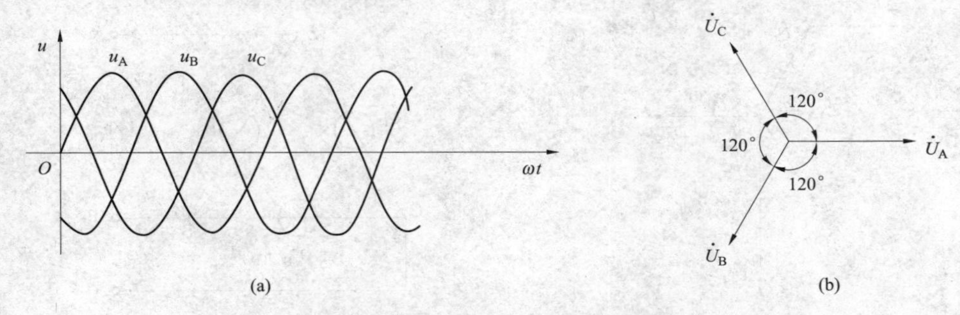

图 7-36　对称三相电源的波形图和相量图

（a）对称三相电源的波形图；（b）对称三相电源的相量图

对称三相电源中，各相电源电压达到正幅值的顺序称为相序。$A \to B \to C$ 的次序为顺序或正序。无特殊说明时，三相电源的相序均是正序。

显然，对称三相电源的电压瞬时值之和及其相量之和均为零，即

$$u_{A} + u_{B} + u_{C} = 0$$
$$\dot{U}_{A} + \dot{U}_{B} + \dot{U}_{C} = 0$$

将对称三相电源按照不同的连接方式连接连起来，就可以为负载供电。三相电源的连接方式有两种——星形联结和三角形联结。如果把三相电源的尾端 X、Y、Z 连接在一起，则这种连接称为三相电源的星形联结，如图 7-37 所示。三相电源的尾端连接在一起的点（N 点）称为中性点（或中点），从中性点 N 引出的导线称为中性线（或零线），从首端 A、B、C 引出的三根导线称为相线（或端线），俗称火线。相线与相线之间的电压（u_{AB}、u_{BC}、u_{CA}）称为线电压，其有效值一般用 U_{l} 表示。相线与中性线之间的电压（u_{A}、u_{B}、u_{C}）称为相电压，其有效值一般用 U_{p} 表示。

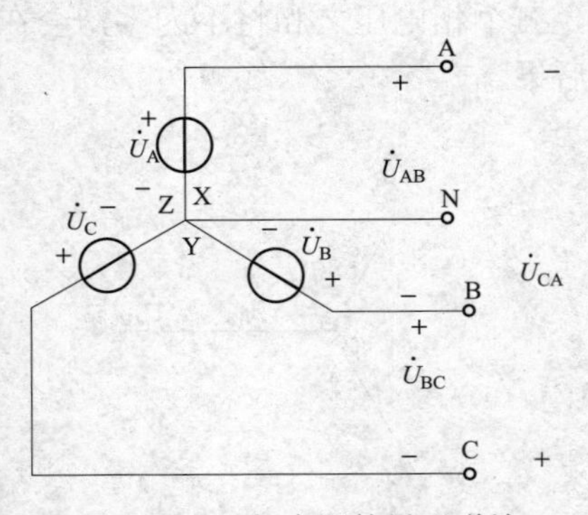

图 7-37　三相电源的星形联结

由图 7-37 可以看出，对称三相电源做星形联结时，线电压与相电压之间有下列关系

$$\left.\begin{aligned}
\dot{U}_{AB} &= \dot{U}_{A} - \dot{U}_{B} = U\angle 0^{\circ} - U\angle -120^{\circ} = \sqrt{3}U_{A}\angle -30^{\circ} \\
\dot{U}_{BC} &= \dot{U}_{B} - \dot{U}_{C} = U\angle -120^{\circ} - U\angle 120^{\circ} = \sqrt{3}U_{B}\angle 30^{\circ} \\
\dot{U}_{CA} &= \dot{U}_{C} - \dot{U}_{A} = U\angle 120^{\circ} - U\angle 0^{\circ} = \sqrt{3}U_{C}\angle 30^{\circ}
\end{aligned}\right\} \quad (7\text{-}47)$$

由上式可以看出线电压与相电压的大小与相位关系。当三相相电压对称时，三相线电压也对称。线电压有效值是相电压有效值的$\sqrt{3}$倍，线电压在相位上超前对应的相电压30°。可以画出对称三相电源做星形联结时线电压与相电压的相量图，如图7-38所示。

如果把对称三相电源的首、尾端依次相连形成闭合的三角形，即X接B，Y接C，Z接A，再从A、B、C引出相线，则这种连接方式称为对称三相电源的三角形联结，如图7-39所示。

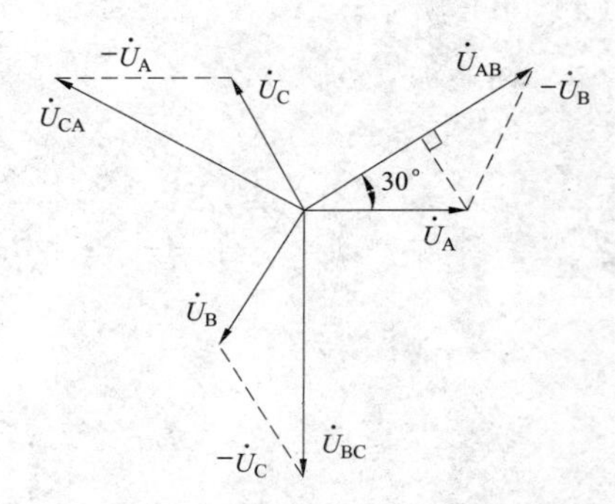

图7-38　对称三相电源做星形联结时线电压与相电压的相量图

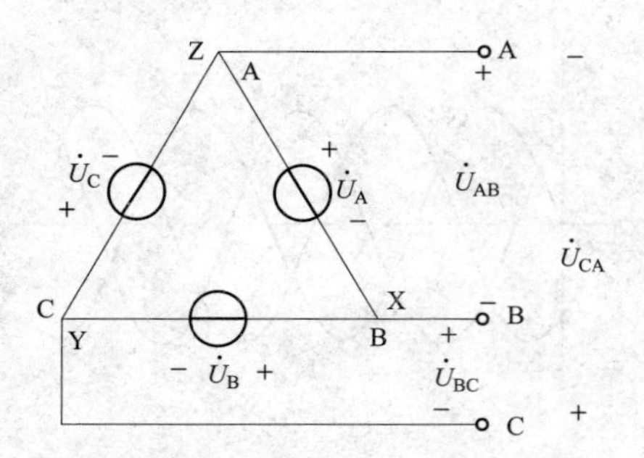

图7-39　对称三相电源的三角形联结

从图7-39可以看出，当对称三相电源做三角形联结时，线电压就是相电压，即

$$\begin{cases}\dot{U}_{AB}=\dot{U}_{A}\\ \dot{U}_{BC}=\dot{U}_{B}\\ \dot{U}_{CA}=\dot{U}_{C}\end{cases} \tag{7-48}$$

其电压相量图如图7-40所示。值得注意的是，三角形联结的对称三相电源只能提供一种电压，而星形联结的对称三相电源却能同时提供两种不同的电压，即线电压与相电压。另外，当对称三相电源做三角形联结时，如果任何一相电源接反，三个相电压之和将不为零，会在三角形联结的闭合回路中产生很大的环形电流，造成严重后果。

2. 负载星形联结的三相电路

三相电源有两种连接方式——星形联结和三角形联结，负载也有两种连接方式——星形联结和三角形联结，三个阻抗连接成星形（或三角形）构成星形（或三角形）负载，如图7-41所示。当三个阻抗相等时，称为对称三相负载。三相负载的相电压和相电流是指各阻抗的电压和电流。三相负载的三个端子A′、B′、C′向外引出的导线中的电流称为负载的线电流，每相负载中的电流称为相电流，任两个端子之间的电压称为负载的线电压。

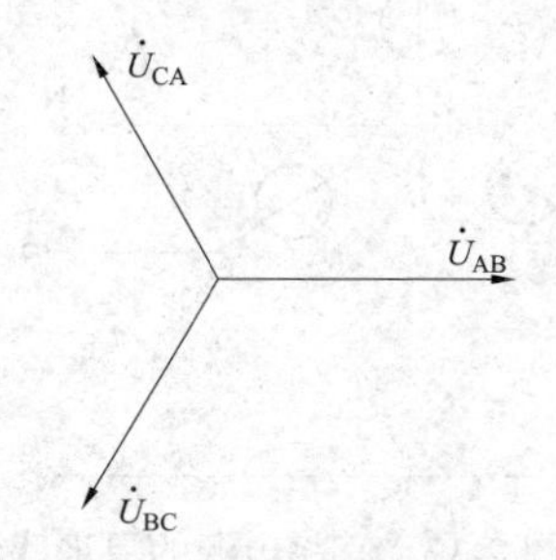

图7-40　对称三相电源做三角形联结时的电压相量图

在三相电路中，将三个单相负载的末端连接在一起，并将其始端分别接到三相电源的三根相线上，就构成负载的星形联结。若三相电源和三相负载都连接成星形，就形成三相电路的Y-Y联结方式。在Y-Y联结中，若把三相电源中点和负载中点用一根中性线连接起来，这种方式称为三相四线制供电方式，否则为三相三线制供电

方式。

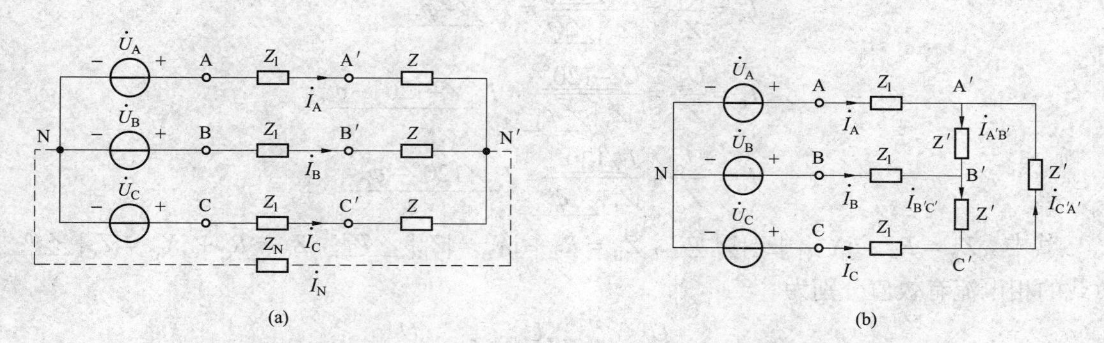

图 7-41　三相电路

（a）负载星形联结的三相电路；（b）负载三角形联结的三相电路

三相电路也是正弦交流电路，因此正弦交流电路的分析方法同样适用于三相电路。当电源为对称三相电源，负载为对称三相负载时，就形成对称三相电路。在Y—Y联结的三相四线制电路中，由节点电压法可求出中性点电压

$$\dot{U}_{N'N}=\frac{\dfrac{\dot{U}_A}{Z_A}+\dfrac{\dot{U}_B}{Z_B}+\dfrac{\dot{U}_C}{Z_C}}{\dfrac{1}{Z_A}+\dfrac{1}{Z_B}+\dfrac{1}{Z_C}+\dfrac{1}{Z_N}}$$

式中，Z_N 为中性线阻抗，相线阻抗忽略不计。

在电源对称，负载不对称的Y—Y不对称三相电路（图 7-42）中，由于负载不对称，计算时应该一相一相进行计算。

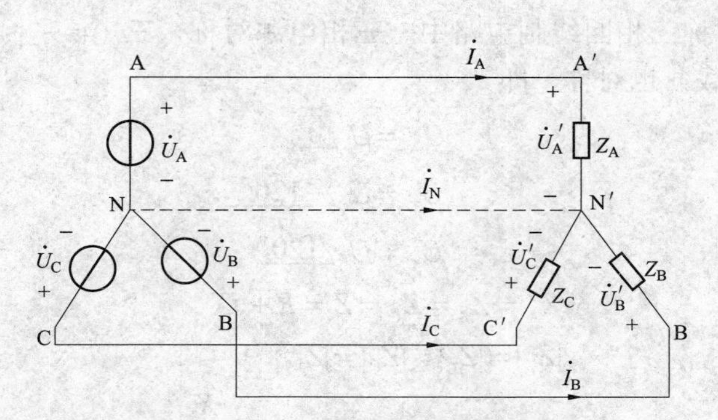

图 7-42　负载不对称的Y—Y不对称三相电路

设电源电压 $\dot{U}_A$ 为参考相量，则

$$\dot{U}_A=U\angle 0^\circ$$

$$\dot{U}_B=U\angle -120^\circ$$

$$\dot{U}_C=U\angle 120^\circ$$

若忽略相线阻抗与中性线阻抗，则电源的相电压即为负载的相电压。由于电源的相电压对称，因此负载的相电压也对称，故负载的相电流可求得为

$$\dot{I}_A=\frac{\dot{U}_A}{Z_A}=\frac{U\angle 0^\circ}{|Z_A|\angle\varphi_A}=I_A\angle -\varphi_A$$

$$\dot{I}_B=\frac{\dot{U}_B}{Z_B}=\frac{U\angle -120^\circ}{|Z_B|\angle\varphi_B}=I_B\angle -120^\circ-\varphi_B$$

$$\dot{I}_C=\frac{\dot{U}_C}{Z_C}=\frac{U\angle 120^\circ}{|Z_C|\angle\varphi_C}=I_C\angle 120^\circ-\varphi_C$$

其中，$Z_A=R_A+jX_A=|Z_A|\angle\varphi_A$，$Z_B=R_B+jX_B=|Z_B|\angle\varphi_B$，$Z_C=R_C+jX_C=|Z_C|\angle\varphi_C$。负载的相电流有效值分别为

$$I_A=\frac{U}{|Z_A|},\ I_B=\frac{U}{|Z_B|},\ I_C=\frac{U}{|Z_C|}$$

各相负载的电压与电流的相位差分别为

$$\varphi_A=\arctan\frac{X_A}{R_A},\ \varphi_B=\arctan\frac{X_B}{R_B},\ \varphi_C=\arctan\frac{X_C}{R_C}$$

中性线电流

$$\dot{I}_N=\dot{I}_A+\dot{I}_B+\dot{I}_C$$

电压与电流的相量图如图 7-43 所示。在作相量图时，先画出以 $\dot{U}_A$ 为参考相量的电源相电压 $\dot{U}_A$、$\dot{U}_B$、$\dot{U}_C$ 的相量，而后逐相画出各相电流 $\dot{I}_A$、$\dot{I}_B$、$\dot{I}_C$ 的相量，最后画出中性线电流 $\dot{I}_N$ 的相量。

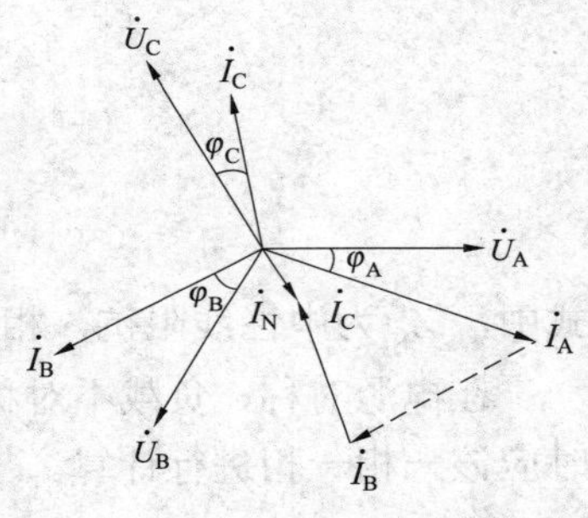

图 7-43　电压与电流的相量图

在Y—Y不对称三相四线制电路中，计算时必须逐相加以计算。然而，在Y—Y对称三相四线制电路（图 7-44）中，计算可大大简化。在Y—Y对称三相四线制电路中，三相电源对称，三相负载（设为感性负载）也对称，即

$$\dot{U}_A=U\angle 0^\circ$$

$$\dot{U}_B=U\angle -120^\circ$$

$$\dot{U}_C=U\angle 120^\circ$$

$$Z_A=Z_B=Z_C=Z=R+jX$$

$$\left.\begin{aligned}&|Z_A|=|Z_B|=|Z_C|=|Z|\\&\varphi_A=\varphi_B=\varphi_C=\varphi=\arctan\frac{X}{R}\end{aligned}\right\}$$

由于电源电压对称，负载对称，所以负载的相电流也是对称的，即

$$I_A=I_B=I_C=I_p=\frac{U}{|Z|}$$

$$\varphi_A=\varphi_B=\varphi_C=\varphi=\arctan\frac{X}{R}$$

因此，这时中性线电流等于零，即

$$\dot{I}_N=\dot{I}_A+\dot{I}_B+\dot{I}_C=0$$

电压与电流的相量图如图 7-45 所示。

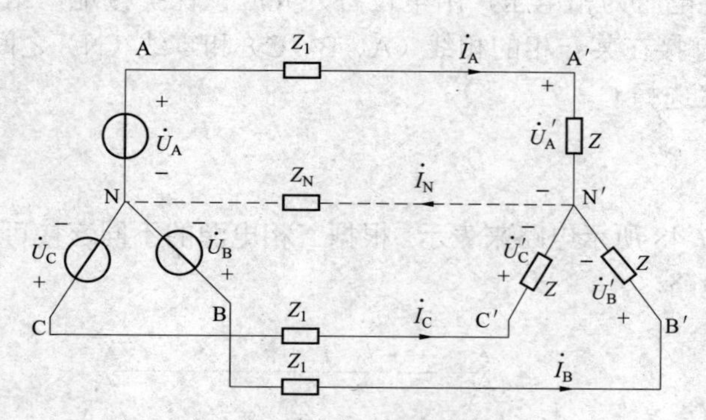

图 7-44　Y—Y对称三相四线制电路

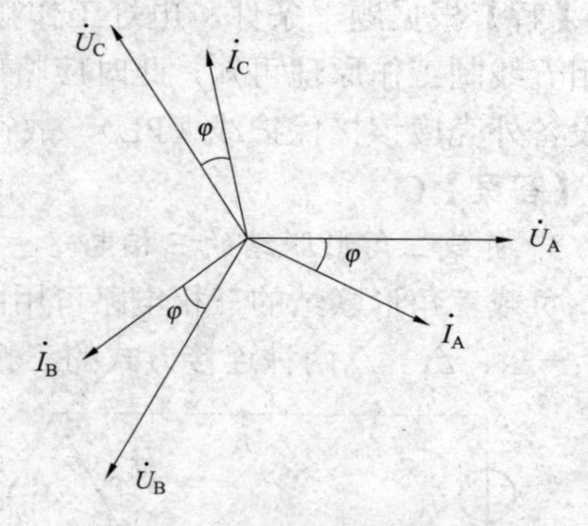

图 7-45　电压与电流的相量图

由于中性线电流为零，因此在Y—Y对称三相电路中，去掉中性线的电路即变为三相三线制电路，如图 7-46 所示。三相三线制电路在生产上应用极为广泛，因为生产上的三相负载一般都是对称的。

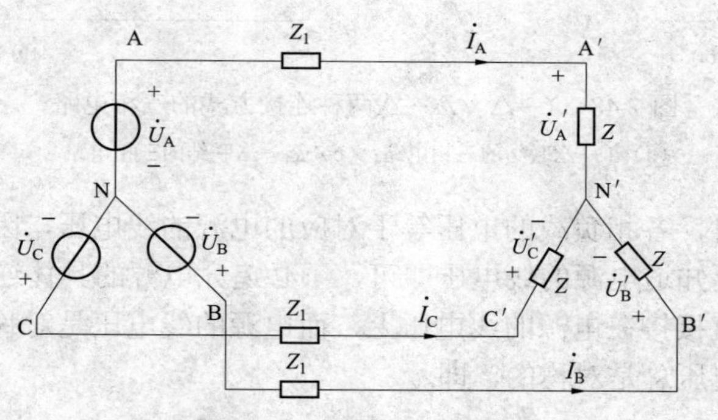

图 7-46　三相三线制电路

在Y—Y对称三相电路中，由于负载的相电压、相电流均对称，因此可把三相电路的计算化为单相来计算。只要求出其中一相负载的相电压与相电流，其他两相的电压与电流可根据对称性依次写出。这样就大大减轻了三相电路计算的工作量。

在三相电路的分析中须注意一下问题：

（1）负载不对称而又没有中性线时，负载的相电压就不对称。当负载的相电压不对称时，势必引起有的相的电压过高，高于负载的额定电压；有的相的电压过低，低于负载的额定电压。这都是不允许的。三相负载的相电压必须对称。

（2）中性线的作用就在于使星形联结的不对称相电压必须对称。为了保证相电压必须对称，就不应让中性线断开。因此，中性线不应接入熔断器或刀开关。

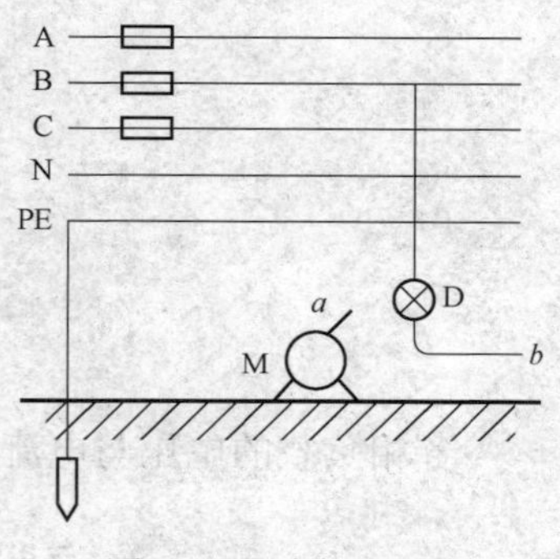

图 7－47　例 7-11 图

【例 7－11】（2020）　三相供电线路如图 7－47 所示，设电灯 D 的额定电压为三相电源的相电压，与用电设备 M 的外壳连线 *a* 及电灯 D 的接线端 *b* 应分别接到（　　）。

A. PE 线和 PE 线上　　B. N 线和 N 线上　　C. PE 线和 N 线上　　D. N 线和 PE 线上

【解】根据题干条件，电灯工作额定电压为相电压，用电设备外壳应该保护接地，结合三相五线制工作原理可知，此时应将电灯接在某一相的相线（A、B、C）和零线（N）之间，而设备外壳应该接保护线（PE），故答案选择 C。

【答案】C

3. 负载三角形联结的三相电路

负载三角形联结的三相电路可用图 7-48 所示电路来表示。根据三相电源的不同连接可形成Y—△、△—△两种连接方式的三相电路。

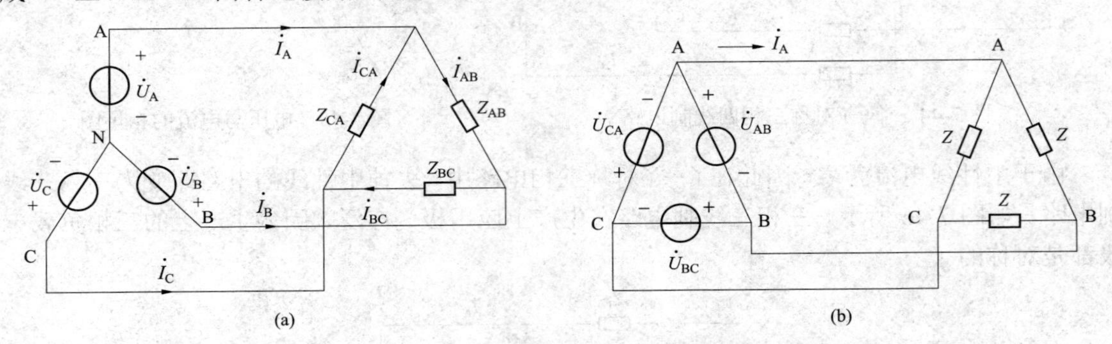

图 7-48　Y—△、△—△两种连接方式的三相电路

（a）Y—△联结的三相电路；（b）△—△联结的三相电路

负载三角形联结时，各相负载的电压等于对应的电源的线电压，因此，在计算各相负载的电压、电流时，只要知道电源的线电压即可，不必追究电源的具体连接方式。

由于各相负载都直接接在电源的线电压上，而电源的线电压是对称的，因此，不论负载对称与否，负载的相电压总是对称的，即

$$U_{AB} = U_{BC} = U_{CA} = U_l = U_p$$

当负载不对称时，假设负载为感性负载，令

$$\begin{cases} Z_{AB} = R_{AB} + jX_{AB} \\ Z_{BC} = R_{BC} + jX_{BC} \\ Z_{CA} = R_{CA} + jX_{CA} \end{cases}$$

各相负载中电流的有效值为

$$\begin{cases} I_{AB} = \dfrac{U_{AB}}{|Z_{AB}|} = \dfrac{U_l}{|Z_{AB}|} \\ I_{BC} = \dfrac{U_{BC}}{|Z_{BC}|} = \dfrac{U_l}{|Z_{BC}|} \\ I_{CA} = \dfrac{U_{CA}}{|Z_{CA}|} = \dfrac{U_l}{|Z_{CA}|} \end{cases}$$

各相负载的电压与电流之间的相位差分别为

$$\varphi_{AB} = \arctan\frac{X_{AB}}{R_{AB}},\quad \varphi_{BC} = \arctan\frac{X_{BC}}{R_{BC}},\quad \varphi_{CA} = \arctan\frac{X_{CA}}{R_{CA}}$$

由于负载不对称，因此负载的相电流也不对称，由图 7-46 电路可知，线电流和相电流是不一样的，由基尔霍夫电流定律可求出如图 7-46 所示参考方向下线电流和相电流的关系

$$\left.\begin{aligned}\dot{I}_{A}&=\dot{I}_{AB}-\dot{I}_{CA}\\ \dot{I}_{B}&=\dot{I}_{BC}-\dot{I}_{AB}\\ \dot{I}_{C}&=\dot{I}_{CA}-\dot{I}_{BC}\end{aligned}\right\}$$

因此，当负载不对称时，负载的相电流不对称，电路的线电流也不对称。

如果负载对称，即 $Z_{AB}=Z_{BC}=Z_{CA}=Z=R+\mathrm{j}X$，有 $|Z_{AB}|=|Z_{BC}|=|Z_{CA}|=|Z|$，$\varphi_{AB}=\varphi_{BC}=\varphi_{CA}=\varphi$。

则负载的相电流的有效值为

$$I_{AB}=I_{BC}=I_{CA}=I_{p}=\frac{U_{1}}{|Z|}$$

各相负载的电压与电流的相位差为

$$\varphi_{AB}=\varphi_{BC}=\varphi_{CA}=\varphi=\arctan\frac{X}{R}$$

因此，当负载对称时，负载的相电流是对称的，即

$$\dot{I}_{AB}=\frac{\dot{U}_{AB}}{Z_{AB}}=\frac{\dot{U}_{AB}}{Z}$$

$$\dot{I}_{BC}=\frac{\dot{U}_{BC}}{Z}=\dot{I}_{AB}\angle{-120^{\circ}}$$

$$\dot{I}_{CA}=\frac{\dot{U}_{CA}}{Z}=\dot{I}_{AB}\angle{120^{\circ}}$$

电路的线电流为

$$\left.\begin{aligned}\dot{I}_{A}&=\dot{I}_{AB}-\dot{I}_{CA}=\dot{I}_{AB}-\dot{I}_{AB}\angle{120^{\circ}}=\sqrt{3}\dot{I}_{AB}\angle{-30^{\circ}}\\ \dot{I}_{B}&=\dot{I}_{BC}-\dot{I}_{AB}=\dot{I}_{BC}-\dot{I}_{BC}\angle{120^{\circ}}=\sqrt{3}\dot{I}_{BC}\angle{-30^{\circ}}\\ \dot{I}_{C}&=\dot{I}_{CA}-\dot{I}_{BC}=\dot{I}_{CA}-\dot{I}_{CA}\angle{120^{\circ}}=\sqrt{3}\dot{I}_{CA}\angle{-30^{\circ}}\end{aligned}\right\}\quad(7\text{-}49)$$

这就是对称负载三角形联结的一般关系式。可见，相电流对称时，线电流也对称。在幅值上，线电流是相电流的 $\sqrt{3}$ 倍，$I_{1}=\sqrt{3}I_{p}$；在相位上，线电流滞后于相应的相电流 30°。由线电流与相电流的关系可画出对称负载三角形联结的三相电路的线电流与相电流的相量图，如图 7-49 所示。

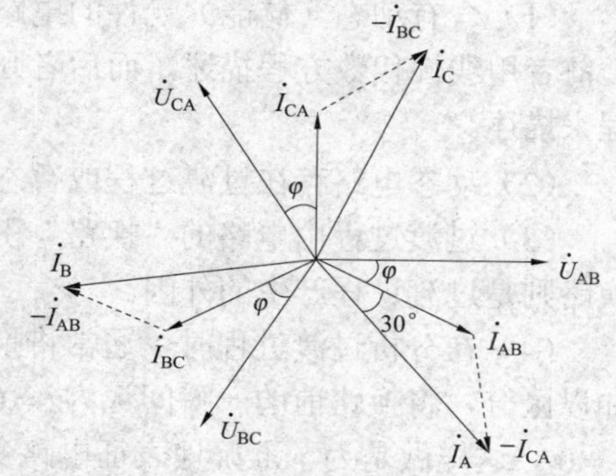

图 7-49 对称负载三角形联结的三相电路的线电流与相电流的相量图

对称负载三角形联结的三相电路的计算可归结为一相的计算。只要分析计算三相负载中的任一相负载电流及对应的线电流，其他两相负载的电流及对应的线电流就可按对称顺序依次写出。

4. 三相电路的功率

在三相电路中，不论负载是星形联结还是三角形联结，不论负载是对称负载还是不对称负载，总

的有功功率必定等于各相有功功率之和，总的无功功率必定等于各相无功功率之和。当负载不对称时，三相负载总的有功功率为

$$P = P_A + P_B + P_C = U_A I_A \cos\varphi_A + U_B I_B \cos\varphi_B + U_C I_C \cos\varphi_C \tag{7-50}$$

式中：P_A、P_B、P_C 分别为 A 相、B 相、C 相负载所吸收的有功功率；U_A、U_B、U_C 分别为 A 相、B 相、C 相负载的相电压；I_A、I_B、I_C 分别为 A 相、B 相、C 相负载的相电流；φ_A、φ_B、φ_C 分别为 A 相、B 相、C 相负载的相电压与相电流之间的相位差。

当负载不对称时，三相负载总的无功功率为

$$Q = U_A I_A \sin\varphi_A + U_B I_B \sin\varphi_B + U_C I_C \sin\varphi_C \tag{7-51}$$

总的视在功率为

$$S = \sqrt{P^2 + Q^2} \tag{7-52}$$

在对称三相电路中，有 $P_A = P_B = P_C, Q_A = Q_B = Q_C$，因此，三相负载总的有功功率为

$$P = P_A + P_B + P_C = 3P_A = 3U_p I_p \cos\varphi$$

式中：U_p、I_p 分别为负载的相电压与相电流；φ 是负载的相电压与相电流之间的相位差。

当对称负载是星形联结时，有

$$U_l = \sqrt{3}U_p,\ I_l = I_p$$

当对称负载是三角形联结时，有

$$U_l = U_p,\ I_l = \sqrt{3}I_p$$

不论对称负载是星形联结还是三角形联结，三相负载总的有功功率为

$$P = \sqrt{3}U_l I_l \cos\varphi \tag{7-53}$$

同理，可得出三相负载总的无功功率与视在功率为

$$\begin{aligned} Q &= 3U_p I_p \sin\varphi = \sqrt{3}U_l I_l \sin\varphi \\ S &= 3U_p I_p = \sqrt{3}U_l I_l \end{aligned} \tag{7-54}$$

7.2.17 电路暂态

1. *动态电路的有关概念*

（1）含有动态（储能）元件的电路称为动态电路。电阻性电路与动态电路的重要区别在于前者用线性代数方程描述，而后者则需用以电压、电流为变量的微分方程或微分一积分方程来描述。

（2）动态电路存在过渡过程或暂态过程。电阻性电路不存在过渡过程。

（3）过渡过程由电路的“换路”引起。电路中含有动态元件是过渡过程发生的内因，而换路则是过渡过程产生的外因。

（4）在分析过渡过程时，通常将换路时刻作为计时的起点，且还需对换路前后的一瞬间加以区分，将换路前的一瞬间记为$t=0_-$，将换路后的一瞬间记为$t=0_+$，而将换路时刻记为$t=0$。这样做是为了准确地表征电路变量在换路时发生突变（跳变）的情况。

换路定律：在$t=0$换路瞬间，电感元件中的电流和电容元件上的电压都应保持原值而不能有所跃变，即

$$u_C(0_+) = u_C(0_-) \qquad i_L(0_+) = i_L(0_-)$$

换路定律的实质是能量不能跃变，能量的积累或衰减都要有一个过程。因为磁场能量 $W_L = \frac{Li_L^2}{2}$，电场能量 $W_C = \frac{Lu_C^2}{2}$，所以 i_L 和 u_C 不能跃变。

利用换路定律可确定初始值 $i_L(0_-)$ 和 $u_C(0_-)$。

（5）分析动态电路有多种方法，列写电路的微分方程并根据初始条件求解微分方程从而得到电路解的方法称为经典分析法。

2. 动态电路的初始条件

（1）电路的初始条件是指 n 阶电路的某个待求电量在 t=0_+时的值及其 n–1 阶导数在 t=0_+时的值，亦称初始值。

（2）电容电压和电感电流的初始值 $u_C(0_+)$ 和 $i_L(0_+)$ 称为独立的初始条件，又称为电路的初始状态，其他电量的初始条件称为非独立的初始条件。

（3）电路中非独立的初始条件是由电路的初始状态 $u_C(0_+)$ 和 $i_L(0_+)$ 决定的。

7.2.18 RC、RL 电路暂态特性

在含有电容（C）或电感（L）元件的电路中，当电路的状态发生变化时，例如开关闭合或断开；电源电压改变，即电路进行换路时电路从原来稳定状态转入新的稳定状态要经历一个过渡过程，因此过程持续的时间很短暂，常称为暂态过程。

电路产生暂态过程的原因是电路中储能元件（电容、电感）在换路瞬间，能量不能突变。

激励：在暂态电路中，使电路工作的电源的电压、电流。

响应：由激励在电路各元件上产生的电压、电流。

含有 RC、RL 元件电路的响应有三种形式，即零输入响应、零状态响应、全响应。

1. 零输入响应

零输入响应：无输入信号，由初始时刻的储能所产生，即电路换路后 t=（0_+）时，输入激励为零，仅由电容、电感两元件的初始储能引起的响应。

2. 零状态响应

零状态响应：初始时刻无储能，由初始时刻施加于网络的输入信号所产生。

电路中电容电感的初始储能为零，电路换路后，仅由输入激励引起的响应，即 t=（0_+）时，$u_C(0_+) = 0$，$i_L(0_+) = 0$，求电源电压接通时电路中的电压、电流随时间的变化规律。

3. 全响应

为电路中的输入激励和初始储能共同引起的响应。即零输入、零状态条件同时存在时，求电路中电压、电流随时间变化的规律。

4. 三要素法

对于只含一个储能元件的线性电路，其暂态过程，可用式（7-55）的三要素公式表示

$$f(t) = f(\infty) + \left[f(0_+) - f(\infty)\right]e^{-\frac{t}{\tau}} \tag{7-55}$$

分析电路时，只要求出 f（0_+）、f（∞）和 τ 三要素，就能立即写出相应的解析表示。

（1）求初始值 f（0_+）。

1）分析换路前电路，求出换路前一瞬间的电容电压 $u_C(0_-)$ 或电感电流 $i_L(0_-)$。

电容电压和电感电流一般不能跃变，有换路定律

$$u_C(0_+)=u_C(0_-),\ \ i_L(0_+)=i_L(0_-)$$

由此即求出 $u_C(0_+)$ 或 $i_L(0_+)$。

2）若求电路中其余电压或电流的初始值，则应画出换路初瞬时的等效电路，应用直流电路分析法求出解答。在此等效电路中，电容相当于电压为 $u_C(0_+)$ 的理想电压源；电感相当于电流为 $i_L(0_+)$ 的理想电流源。若 $u_C(0_+)=0$，则相当于短路；若 $i_L(0_+)=0$，则相当于开路。

（2）求稳态值 $f(\infty)$。画出等效的稳态电路，电容相当开路，电感相当短路。应用直流电路分析方法求出解答。

（3）求时间常数 τ。

对于 RC 串联或并联电路：$\tau=RC$。

对于 RL 串联或并联电路：$\tau=L/R$。

R 应为戴维南等效电路中的等效电阻。

【例 7-12】（2017）已知电路如图 7–50 所示，设开关在 $t=0$ 时刻断开，那么（　　）。

A. 电流 i_C 从 0A 逐渐增长，再逐渐衰减到 0A

B. 电容电压从 3V 逐渐衰减到 2V

C. 电容电压从 2V 逐渐衰减到 3V

D. 时间常数 $\tau=4C$

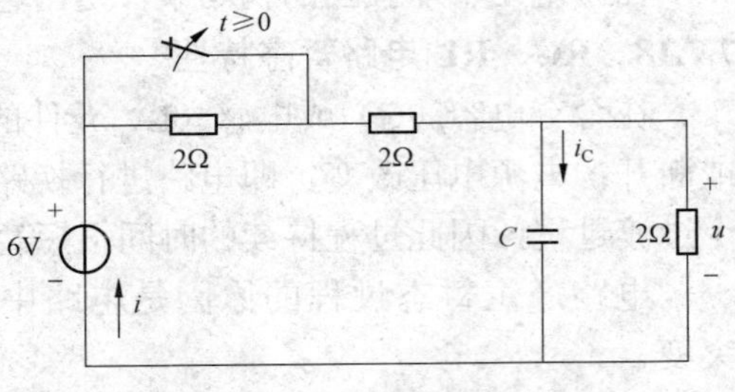

图 7-50　例 7-12 图

【解】

$$u_C(0_-)=\frac{2}{2+2}\times 6\text{V}=3\text{V}$$

根据换路定律，$u_C(0_+)=u_C(0_-)=3\text{V}$

$$i_C(0_+)=i(0_+)-i_R(0_+)=\frac{6-u_C(0_+)}{2+2}-\frac{u_C(0_+)}{2}=\frac{3}{4}\text{A}-\frac{3}{2}\text{A}=-0.75\text{A}$$

$$u(\infty)=\frac{2}{2+2+2}\times 6\text{V}=2\text{V}$$

$$i_C(\infty)=0,\ \ \tau=RC=[(2+2)//2]C=1.33C$$

故答案选 B。

【答案】 B

7.2.19　电路频率特性

在 RLC 串并联电路中，感抗和容抗要随电压频率的变化而变化，所以电路阻抗的模、阻抗角、电流、电压等各量都将随频率变化，这种变化关系叫作频率特性。分析网络在不同频率下的响应与激励之间的关系，即网络的频率特性。它是由网络函数表征的。

将网络函数写成极坐标形式得

$$H(\text{j}\omega)=|H(\text{j}\omega)|\angle\theta(\omega) \tag{7-56}$$

式中：$|H(\text{j}\omega)|$ 为网络函数的模，称为网络函数的幅频特性，反映响应与激励有效值之比与频率的关系；$\theta(\omega)$ 为网络函数的辐角，称为网络函数的相频特性，反映响应越前于激励的相位

差与频率的关系。

以 $H(\mathrm{j}\omega)=\dfrac{1}{1+\mathrm{j}\omega CR}$ 为例，令 $\omega_0=1/RC$（称为 RC 电路的固有频率），则有

$$|H(\mathrm{j}\omega)|=\frac{1}{\sqrt{1+(\omega/\omega_0)^2}},\quad \theta(\omega)=-\arctan(\omega/\omega_0)$$

7.2.20 RLC 电路频率特性

1. 串联电路的谐振

（1）串联谐振的定义。图 7-51 所示的 RLC 串联电路出现端口电压与电流同相位，即等效阻抗为一纯电阻时，称电路发生串联谐振。

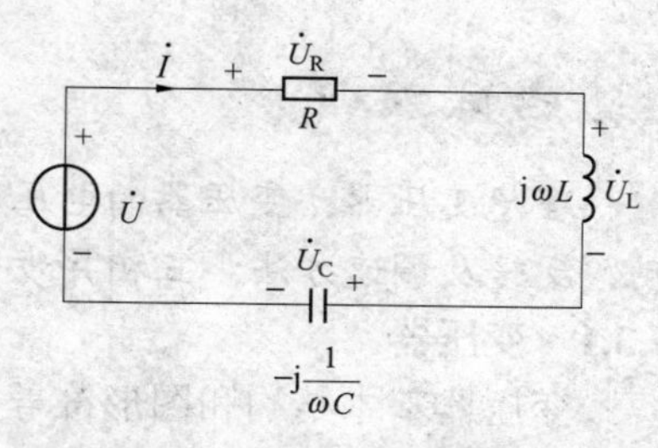

图 7-51 RLC 串联谐振电路

（2）串联谐振的条件。串联谐振时，电路的电抗为零，即

$$X=\omega L-\frac{1}{\omega C}=0$$

得谐振的条件为

$$\omega_0=\frac{1}{\sqrt{LC}}\quad 或\quad f_0=\frac{1}{2\pi\sqrt{LC}} \tag{7-57}$$

式中，ω_0、f_0 分别称为谐振角频率和谐振频率。

（3）串联谐振时的电流和电压相量。串联谐振时电路中的电流最大。由于谐振时电感电压相量与电容电压相量的有效值相等，相位相反，即 $\dot{U}_{L0}+\dot{U}_{C0}=0$，电源电压全部加于电阻 R 上，因此又将串联谐振称为电压谐振。

串联谐振时可出现过电压现象，即电感或电容元件上电压的有效值大于电源电压的有效值。

（4）串联谐振电路的品质因数。对串联谐振电路，其品质因数为

$$Q=\frac{\omega_0 L}{R}=\frac{1}{\omega_0 RC}=\frac{1}{R}\sqrt{\frac{L}{C}}=\frac{U_{L0}}{U}=\frac{U_{C0}}{U} \tag{7-58}$$

Q 值的大小体现了电路过电压的强弱。

2. 并联谐振电路

图 7-52 所示的并联谐振电路与串联谐振电路互为对偶电路，可由串联谐振电路得到关于并联谐振电路的许多结论。

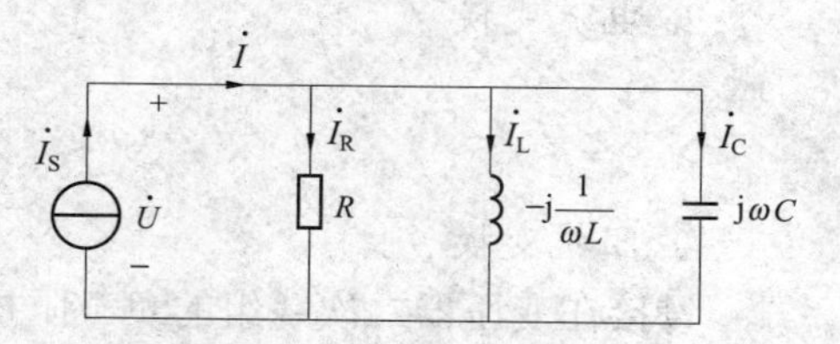

图 7-52 R、L、C 并联谐振电路

（1）并联谐振的定义。当 R、L、C 并联电路的端口电压与电流同相时称为发生并联谐振，此时电路的等效导纳为一纯电导。

（2）并联谐振的条件。当 L、C 并联时，电路发生并联谐振，谐振角频率及谐振频率为

$$\omega_0=\frac{1}{\sqrt{LC}},\quad f_0=\frac{1}{2\pi\sqrt{LC}} \tag{7-59}$$

（3）并联谐振时的电流和电压相量。并联谐振时，因 $\dot{I}_{L0}+\dot{I}_{C0}=0$，$L$ 和 C 的并联部分等

效于开路，端口电流全部通过电阻，因此又将并联谐振称为电流谐振。并联谐振时可能出现过电流现象。

（4）并联谐振电路的品质因数。

$$Q=\frac{B_{C0}}{G}=\frac{B_{L0}}{G}=\frac{\omega_0 C}{G}=\frac{1}{\omega_0 LG}=R\sqrt{\frac{C}{L}} \tag{7-60}$$

7.3 电动机与变压器

考试大纲

理想变压器；变压器的电压变换、电流变换和阻抗变换原理；三相异步电动机接线、起动、反转及调速方法；三相异步电动机运行特性；简单继电—接触控制电路。

7.3.1 变压器

变压器基本结构和图形符号如图 7-53 所示。一次绕组匝数为 N_1，电压 u_1，电流 i_1，主磁电动势 e_1，漏磁电动势 $e_{\sigma1}$；二次绕组匝数为 N_2，电压 u_2，电流 i_2，主磁电动势 e_2，漏磁电动势 $e_{\sigma2}$。

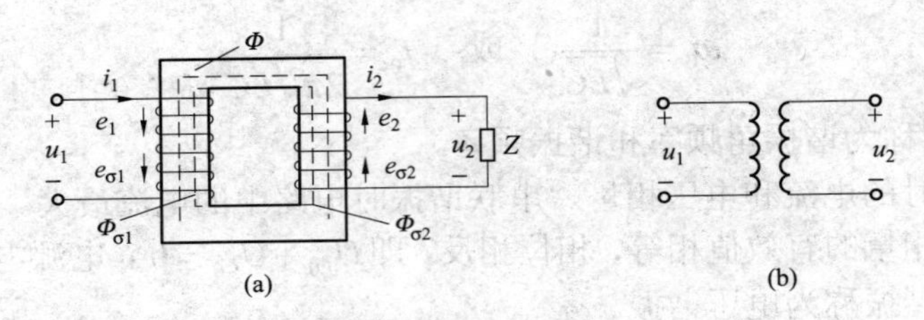

图 7-53 变压器

（a）变压器结构；（b）变压器图形符号

1. 电压变换

$$\frac{U_1}{U_2}\approx\frac{E_1}{E_2}=\frac{N_1}{N_2}=k$$

式中，k 为变压器的电压比或变比。

2. 电流变换

$$\frac{I_1}{I_2}\approx\frac{N_2}{N_1}=\frac{1}{k}$$

3. 阻抗变换

设接在变压器二次绕组的负载阻抗 Z 的模为$|Z|$，则

$$|Z|=\frac{U_2}{I_2}$$

Z 反映到一次绕组的阻抗模$|Z'|$为

$$|Z'|=\frac{U_1}{I_1}=\frac{kU_2}{\frac{I_2}{k}}=k^2\frac{U_2}{I_2}=k^2|Z|$$

7.3.2　三相异步电动机的工作原理

1. 三相异步电动机的结构

三相异步电动机由两个基本部分组成：定子（固定部分）和转子（旋转部分）。图 7-54 所示的是三相异步电动机的结构。

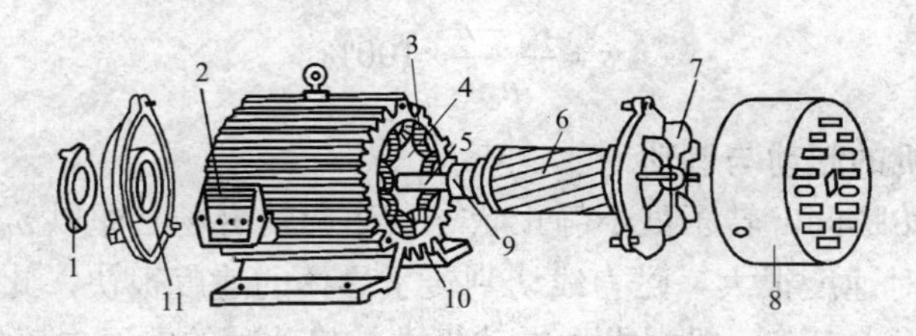

图 7-54　三相异步电动机的结构

1—轴承盖；2—接线盒；3—定子铁心；4—定子绕组；5—转轴；6—转子；7—风扇；8—罩壳；9—轴承；10—机座；11—端盖

定子由机座和装在机座内的圆筒形铁心及其中的三相定子绕组组成。转子是在旋转磁场作用下产生转矩，从而带动机械负载转动。转子根据构造上的不同分为笼式和绕线式两种形式。笼型转子与绕线转子只是转子的构造不同，工作原理是一样的。笼型异步电动机由于构造简单、价格低廉、工作可靠、使用方便，成为生产上应用最广泛的一种电动机。

2. 三相异步电动机的工作原理

（1）旋转磁场。三相异步电动机的工作原理基于对旋转磁场的利用，当定子绕组中通入三相电流时，它们共同产生的合成磁场是随电流的交变而在空间不断地旋转着，这就是旋转磁场。

三相异步电动机的转向与旋转磁场的转向相同，任意调换通入绕组的三相电流相序，旋转磁场和电动机的转向都会随之改变。

三相异步电动机的转速与旋转磁场的转速有关，而旋转磁场的转速决定于磁场的极数。旋转磁场的磁极对数越多，其转速越慢。

设电流的频率为 f，即电流每秒钟交变 f 次或每分钟交变 $60f$ 次，当旋转磁场具有 p 对极对数时，旋转磁场的转速为

$$n_0 = \frac{60f}{p} \tag{7-61}$$

对某一异步电动机来讲，f 和 p 通常是一定的，所以磁场转速 n_0 是个常数。旋转磁场的转速也称为电动机的同步转速。

在我国，工频 $f = 50\text{Hz}$，由式（7-61）可得出对应于不同极对数 p 的旋转磁场转速（r/min），见表 7-2。

表 7-2　　工频 $f = 50\text{Hz}$ 时对应于不同极对数的旋转磁场转速

p	1	2	3	4	5	6
n_0/（r/min）	3000	1500	1000	750	600	500

（2）电动机的转动。三相异步电动机的工作原理是由定子绕组产生旋转磁场，在转子导体中产生感应电动势和电流，转子电流与旋转磁场相互作用产生电磁力，从而形成电磁转矩，转子就转动起来。

三相异步电动机转子的转速 n 与同步转速 n_0 的差距可用转差率 s 来描述，即

$$s = \frac{n_0 - n}{n_0} \times 100\% \tag{7-62}$$

7.3.3 三相异步电动机的起动与制动

电动机在起动初始瞬间，转子处于静止状态，而旋转磁场立即以 n_0 速度旋转，即 $n=0$，$s = 1$，它们之间的相对速度很大，磁力线切割转子导体的速度很快，此时转子绕组中产生的感应电动势和电流都很大，在一般中小型电动机中，起动时的定子电流约为额定电流的 5～7 倍。异步电动机起动的主要缺点是起动电流较大。为了减小起动电流，必须采用适当的起动方法。笼型异步电动机的起动有直接起动和减压起动两种。

1. 直接起动

直接起动就是利用刀开关或接触器将电动机直接接到具有额定电压的电源上，这种方法虽然简单，但由于起动电流较大，将使线路电压下降，影响负载正常工作。

二三十千瓦以下的异步电动机一般都是采用直接起动的，有的地区规定：用电单位如有独立的变压器，则在电动机起动频繁时，电动机容量小于变压器容量的 20%时允许直接起动；如果电动机不经常起动，它的容量小于变压器容量的 30%时允许直接起动。如果没有独立的变压器（与照明共用），电动机直接起动时所产生的电压降不应超过 5%。

2. 减压起动

如果电动机直接起动时所引起的线路电压降较大，必须采用减压起动，则在起动时降低加在电动机定子绕组上的电压，以减小起动电流。笼型异步电动机的减压起动常用下面几种方法：

（1）星形—三角形（Y—△）换接起动。正常运行时电动机定子绕组连接成三角形的，那么在起动时可把它连接成星形，等到转速接近额定值时再接成三角形，这样，起动时把定子每相绕组上的电压降到正常工作电压的 $1/\sqrt{3}$，同时起动转矩也减小了 $1/\sqrt{3}$。

星形—三角形换接起动方法只适用于正常运行时电动机定子绕组连接成三角形的情形。目前 4～100kW 的异步电动机都已设计成 380V 三角形联结，因此，星形—三角形起动器得到了广泛的应用。

（2）自耦减压起动。自耦减压起动是利用一台三相自耦变压器实现的。起动时，三相自耦变压器将电动机的端电压降低，当转速接近额定值时，切除自耦变压器。自耦减压起动适用于容量较大的或正常运行时连成星形不能采用星形—三角形起动器的笼型异步电动机。采用自耦减压起动时，使起动电流减小的同时也使起动转矩减小了。

（3）制动。在断开电源后，电动机的转动部分有惯性，它将继续转动一定时间后才能停止，为了提高生产率和保证工作安全可靠，往往要求电动机停得既快又准确。这就需要对电动机制动，也就是在断开电源后给它加一个与转向相反的转矩，使电动机很快停转。异步电动机的制动通常有下列几种方法：

1）能耗制动。这种制动方法就是在切断三相电源的同时，接通直流电源，使直流电源

通入定子绕组。直流电流的磁场是固定不动的，而转子由于惯性继续原方向的转动。利用左、右手定则可知，处于惯性转动的转子中将产生感应电流，该电流与定子中通入的直流产生的固定磁场相互作用产生转矩，该转矩的方向与转子的惯性转动方向相反，于是起到制动的作用。制动转矩的大小与直流电流的大小有关，直流电流的大小一般为电动机额定电流的 0.5～1 倍。

2）反接制动。在电动机停车时，将电源的三根导线中的任意两根对调一下，使旋转磁场的转向相反，而转子仍按原方向转动，由此产生的转矩其方向与电动机的转向相反，因而起制动作用，使电动机转速很快降低。当转速接近零时，利用某种控制电器将电源自动切断，否则电动机将会反转。

由于在反接制动时，旋转磁场与转子的相对速度（n_0+n）很大，因而电流较大，为了限制电流，对功率较大的电动机进行制动时，必须在定子电路（笼式）或转子电路（绕线式）中串入限流电阻。

这种制动方法比较简单，效果较好，但能量消耗较大。

3）发电反馈制动。当转子的转速 n 超过旋转磁场的转速 n_0 时，这时的转矩也是制动的，当起重机快速下放重物时就会发生这种情况。这时重物拖动转子，使其转速 $n>n_0$，重物受到制动而等速下降，实际上这时电动机已转入发电机运行，将重物的位能转换为电能而反馈到电网中，所以称为发电反馈制动。

另外，当将多速电动机从高速调到低速的过程中，也自然发生这种制动，因为刚将极对数 p 加倍时，磁场转速立即减半，但由于惯性，转子转速只能逐渐下降，因此就出现 $n>n_0$ 的情况。

7.3.4 三相异步电动机的机械特性

机械特性是异步电动机的主要特性，它是指电动机的转速 n_2 与电磁转矩 T 之间的关系，即 $n_2=f(T)$。三相异步电动机的机械特性曲线如图 7-55 所示的。

1. 机械特性分析

机械特性的曲线被 T_m 分成两个性质不同的区域，即 AB 段和 BC 段。当电动机起动时，只要起动转矩 T_s 大于负载转矩 T_L，电动机便转动起来。电磁转矩 T 的变化沿曲线 BC 段运行。随着转速的上升，BC 段中的 T 一直增大，所以转子一直被加速使电动机很快越过 CB 段而进入 AB 段，在 AB 段随着转速上升，电磁转速下降。当转速上升某一定值时，电磁转矩 T 与负载转矩 T_L 相等，此时，转速不再上升，电动机就稳定运行在 AB 段，所以 BC 段称为不稳定区，AB 段称为稳定区。

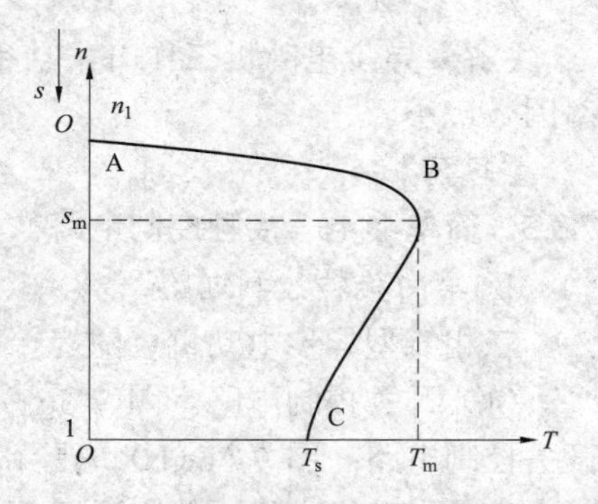

图 7-55　三相异步电动机的机械特性曲线

电动机一般都工作在稳定区域 AB 段上，在该区域当负载转矩变化时，异步电动机的转速变化不大，电动机转速随转矩的增加而略有下降，这种机械特性称为硬特性。三相异步电动机的这种硬特性很适用于一般金属切削机床。

2. 额定转矩 T_N

电动机在额定负载下稳定运行时的输出转矩称为额定转矩 T_N，对应的转速称为额定转速 n_N，转差率为额定转差率 s_N。电动机的额定转速可以根据铭牌上的额定转速和额定功率（输

出机械功率）公式求出，即

$$T_N = 9550\frac{P_N}{n_N} \tag{7-63}$$

式中：P_N 的单位为 kW；n_N 的单位为 r/min。

3. 最大转矩 T_m

电动机转矩的最大值，称为最大转矩 T_m（或称为临界转矩，对应于特性曲线上的 B 点）。最大转矩 T_m 与电源电压 U_1^2 成正比，与转子电阻 R_2 的大小无关。显然，当电源电压有波动时，电动机最大转矩也随之变化。

为了保证电动机在电源电压的波动时能正常工作，规定电动机的最大转矩 T_m 要比额定转矩 T_N 大得多，通常用过载系数来衡量电动机的过载能力。一般 $\lambda = 1.8 \sim 2.5$。

$$\lambda = \frac{T_m}{T_N} = 2 \sim 2.2$$

4. 起动转矩 T_{st}

起动转矩是指电动机刚刚接入电源还未转动时的转矩。T_{st} 与电源电压的二次方成正比，与转子电阻 R_2 亦成正比，当增加转子电阻（对绕线转子异步电动机而言），起动转矩会增大，当降低电源电压时，起动转矩将减小。起动转矩和额定转矩的比值反映了异步电动机的起动能力。笼型异步电动机取值较小，绕线转子异步电动机取值较大。

【例 7-13】（2019） 设三相异步电动机的空载功率因数为λ_1，20%额定负载时功率因数为λ_2，满载时功率因数为λ_3，那么，如下关系式成立的是（ ）。

A. $\lambda_1 > \lambda_2 > \lambda_3$ B. $\lambda_1 < \lambda_2 < \lambda_3$ C. $\lambda_1 < \lambda_3 < \lambda_2$ D. $\lambda_1 > \lambda_3 > \lambda_2$

【解】异步电动机工作时，功率因数与所带负载有关，满载时功率因数最大，空载时功率因数最小。

【答案】B

7.3.5 简单继电—接触控制电路

1. 单向旋转控制电路

三相笼型异步电动机单向旋转可用开关或接触器控制，相应为开关与接触器控制电路。

（1）开关控制电路。图 7-56 为电动机单向旋转开关控制电路，其中，图 7-56（a）为刀开关控制电路；图 7-56（b）为断路器控制电路，QF 为三相断路器。它们适用于不频繁起动的小容量电动机，但不能实现远距离控制和自动控制。

（2）接触器控制电路。图 7-57 为电动机单向旋转接触器控制电路。图中 Q 为电源开关，FU_1、FU_2 为主电路与控制电路的熔断器，KM 为接触器，KR 为热继电器，SB_1、SB_2 分别为停止按钮与起动按钮，M 为三相笼型异步电动机。

电动机起动控制：合上电源开关 Q，按下起动按钮 SB_2，其常开触点闭合，接触器 KM 线圈通电吸合，其主触点闭合，电动机接通三相电源起动。同时，与起动按钮 SB_2 并联的接触器常开辅助触点闭合，使 KM 线圈经 SB_2 触点与 KM 自身常开触点通电，当松开 SB_2 时，KM 线圈仍通过自身常开辅助触点继续保持通电，从而使电动机获得连续运转。这种依靠接触器自身辅助触点保持线圈通电的电路，称为自保电路，这对常开辅助触点称为自保触点。

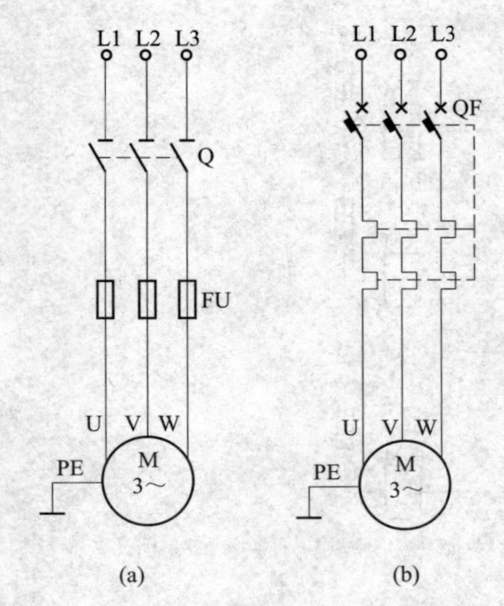

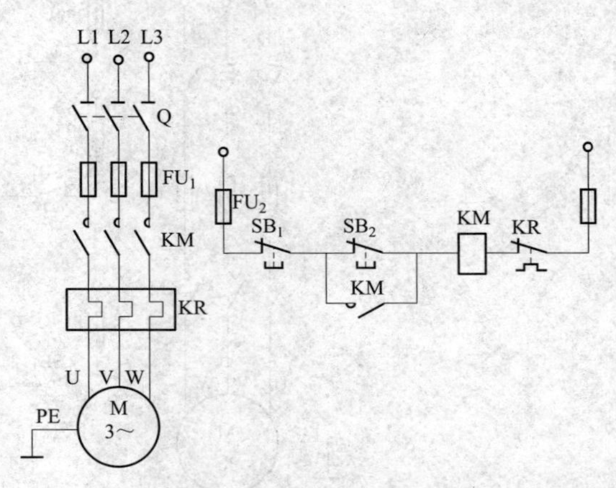

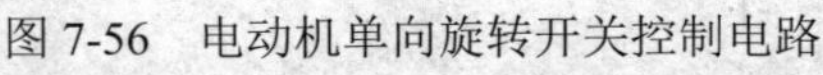

图 7-56　电动机单向旋转开关控制电路

（a）刀控制开关；（b）断路器控制

图 7-57　电动机单向旋转接触器控制电路

电动机需停转时，可按下停止按钮 SB_1，接触器 KM 线圈断电释放，KM 常开主触点与辅助触点均断开，切断电动机主电路及控制电路，电动机停止旋转。

（3）电路保护环节。

1）短路保护：由熔断器 FU_1、FU_2 分别实现主电路与控制电路的短路保护。

2）过载保护：由热继电器 KR 实现电动机的长期过载保护，当电动机出现长期过载时，串接在电动机定子电路中的发热元件使双金属片受热弯曲，使串接在控制电路中的常闭触点断开，切断 KM 线圈电路，使电动机断开电源，实现保护目的。

3）欠电压和失电压保护：当电源电压严重下降或电压消失时，接触器电磁吸力急剧下降或消失，衔铁释放，各触头复原，断开电动机电源，电动机停止旋转。一旦电源电压恢复时，电动机也不会自行起动，从而避免事故发生。因此，具有自保持电路的接触器控制具有欠电压与失电压保护作用。

2. 点动控制电路

生产机械不仅需要连续运转，同时还需要作点动控制。图 7-58 为电动机点动控制电路。其中，图 7-58（a）为点动控制电路的基本型，按下按钮 SB，KM 线圈通电吸合，主触点闭合，电动机起动旋转。松开 SB 时，KM 线圈断电释放，主触点断开，电动机停止旋转。图 7-58（b）为既可实现电动机连续运转又可实现点动控制的电路，并由手动开关 SA 选择。当 SA 闭合时为连续控制，SA 断开时则为点动控制。图 7-58（c）为采用两个按钮分别实现连续与点动的控制电路，其中 SB_2 为连续运转起动按钮，SB_3 为点动起动按钮，利用 SB_3 的常闭触点来断开自保电路，实现点动控制。SB_1 为连续运转的停止按钮。

3. 可逆旋转控制电路

生产机械的运动部件往往要求实现正、反两个方向的运动，这就要求拖动电动机能进行正、反转运转。从电动机原理可知，改变电动机三相电源相序即可改变电动机旋转方向。因此常用的电动机可逆旋转控制电路有以下几种：

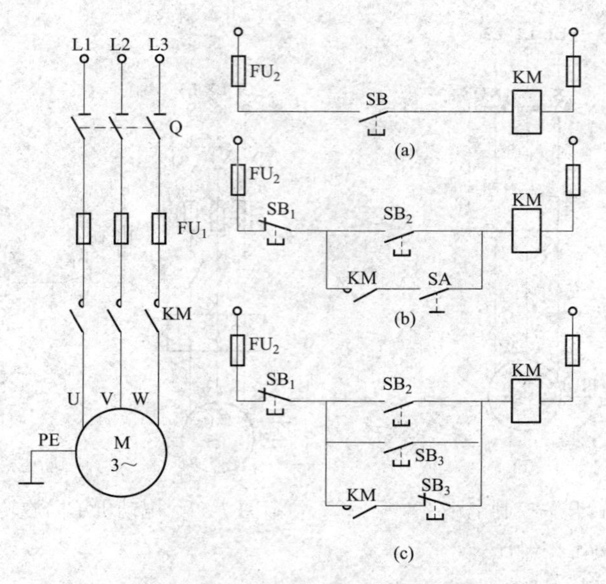

图 7-58 电动机点动控制电路

（1）倒顺转换开关可逆旋转控制电路。图 7-59 为倒顺转换开关控制电动机正反转的控制电路。其中，图 7-59（a）为直接操作倒顺开关实现电动机正反转的电路，由于倒顺开关无反弧装置，所以仅适用于电动机容量为 5.5kW 以下的控制。对于容量大于 5.5kW 的电动机，则用图 7-59（b）所示电路控制，在此倒顺开关仅用来预选电动机的旋转方向，而由接触器 KM 来接通与断开电源，控制电动机的起动与停止。由于采用接触器控制，并且接入热继电器 KR，所以电路具有长期过载保护和欠电压与零电压保护。

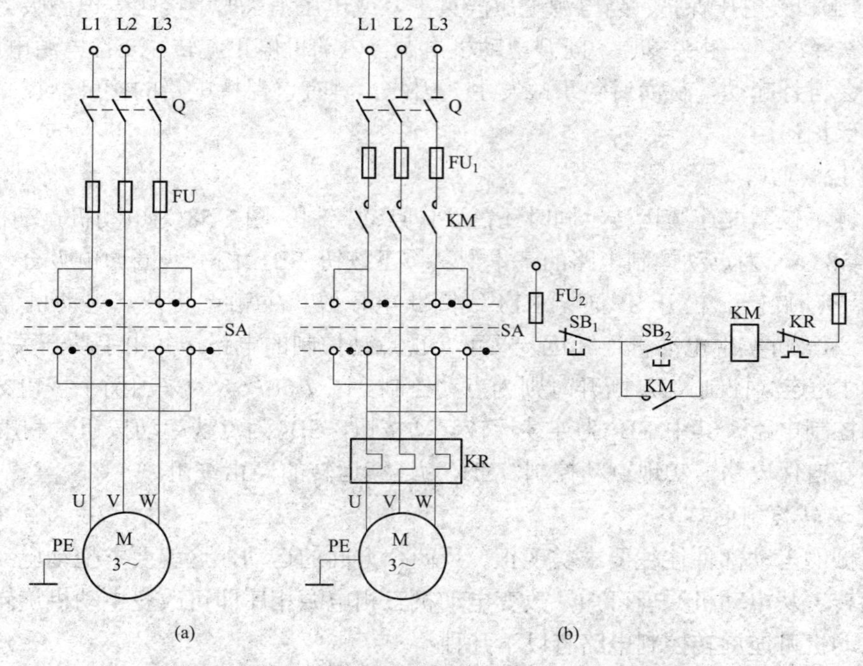

图 7-59 倒顺转换开关控制电动机正反转控制电路

（2）按钮控制的可逆旋转控制电路。图 7-60 为按钮控制电动机正反转控制电路。其中，图 7-60（a）若发生已按下正向起动按钮 SB_2 后又按下反向起动按钮 SB_3 的误操作时，将发生电源两组短路的故障，致使熔丝烧断，无法正常工作。为此，将 KM_1、KM_2 正反转接触器的常闭触点串接在对方线圈电路中，形成相互制约的控制，如图 7-60（b）所示，这种相互制约的关系称为互锁控制。这种由接触器（或继电器）常闭触点构成的互锁称为电气互锁。但是这一电路在进行电动机由正转变为反转或由反转变正转的操作控制中必须先按下停止按钮 SB_1，而后再进行反向或正向起动的控制，这就构成正—停—反的操作顺序。

当要求电动机直接由正转变反转或反转直接变正转时，可采用图 7-60（c）电路控制。它是在图 7-60（b）基础上增设了起动按钮的常闭触点做互锁，构成具有电气、按钮互锁的控制电路。该电路既可实现正—停—反操作，又可实现正—反—停的操作。

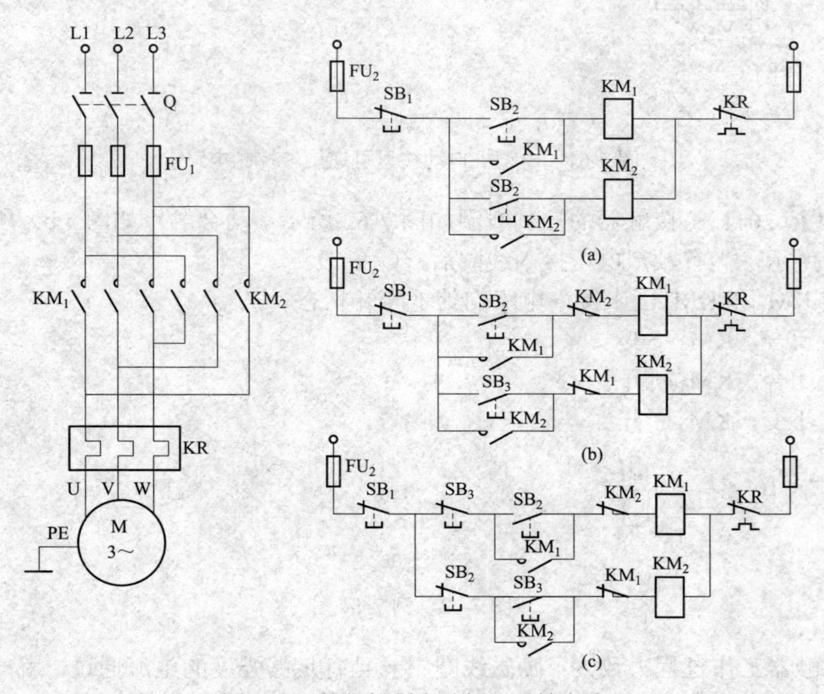

图 7-60　按钮控制电动机正反转电路

（3）具有自动往返的可逆旋转电路。生产机械的运动部件往往有行程限制，为此常用行程开关作控制元件来控制电动机的正反转。图 7-61 为电动机自动往返可逆旋转控制电路。图中 ST_1 为反向转正向行程开关，ST_2 为正向转反向行程开关，ST_3、ST_4 分别为正向、反向极限保护用限位开关。当按下正向（或反向）起动按钮 SB_2（或 SB_3）时，电动机正向（或反向）起动旋转，拖动运动部件前进（或后退），当运动部件上的撞块压下换向行程开关时，将使电动机改变转向，使运动部件反向。当反向撞块压下反向行程开关时，又使电动机再反向，如此循环往复，实现电动机可逆旋转控制，拖动运动部件实现自动往返运动。当按下停止按钮 SB_1 时，电动机便停止旋转。

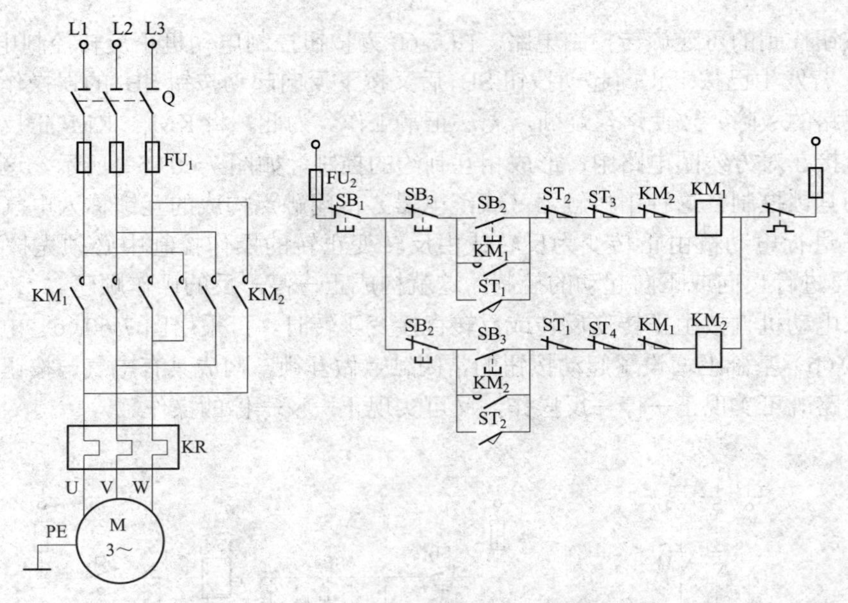

图 7-61　电动机自动往返可逆旋转控制电路

【例 7-14】（2011）　接触器的控制线圈如图 7-62 所示，动合触点如图（b）所示，动断触点如图（c）所示，当有额定电压接入线圈后，(　　)。

A. 触点 KM_1 和 KM_2 因未接入电路均处于断开状态

B. KM_1 闭合，KM_2 不变

C. KM_1 闭合，KM_2 断开

D. KM_1 不变，KM_2 断开

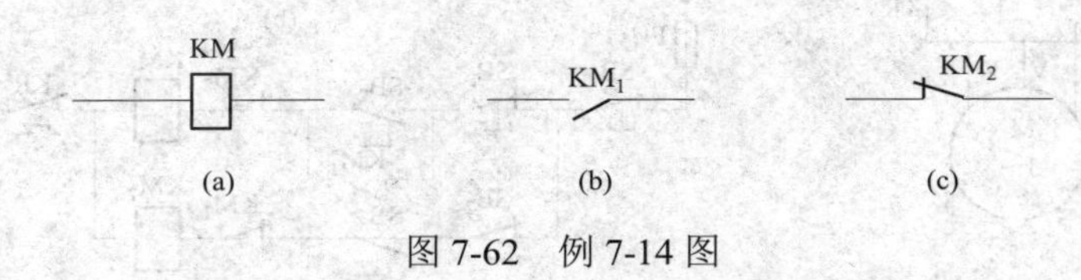

图 7-62　例 7-14 图

【解】接触器工作过程大致为：励磁线圈中一旦有足够强度的电流通过，就产生励磁，在电磁力的作用下，使器件中的所有常开触点闭合，常闭触点断开。

【答案】C

7.4　信号与信息

考试大纲

信号；信息；信号的分类；模拟信号与信息；模拟信号描述方法；模拟信号的频谱；模拟信号增强；模拟信号滤波；模拟信号变换；数字信号与信息；数字信号的逻辑编码与逻辑演算；数字信号的数值编码与数值运算。

7.4.1　信息

通信的目的是传送包含消息内容的信息。常用电或电磁形式来表达的信息，称为信号。

通信就是传送和处理各种信号的物理实现。经过抽象和概括，一般可以用图 7-63 所示的模型来描述。

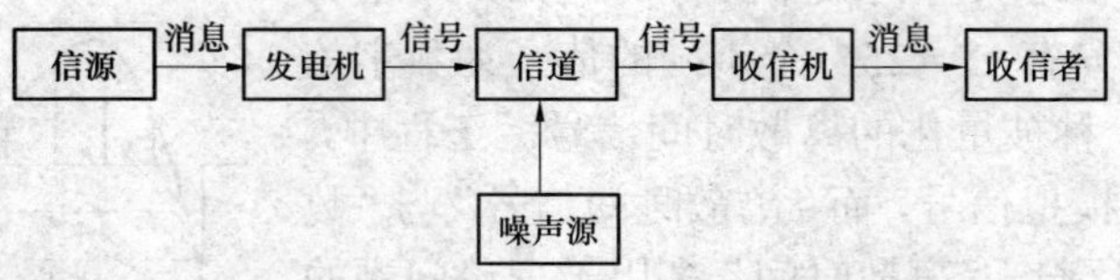

图 7-63　通信系统模型

信源的作用是产生（形成）消息。消息有多种形式，如符号、文字、语音、音乐、数据、图片、活动图像等。消息带有送给收信者的信息，因此，消息是载荷信息的有次序的符号序列（包括状态、字母、数字等）或连续的时间函数。前者称为离散消息，如书信、电报、数据等，后者称为连续消息，如语音、图片、活动图像等。这里“离散”或“连续”是指时间上的离散或连续。

通信系统中传输的具体对象是消息，但是通信的最终目的是传递信息。

信息是一种被加工过的数据；信息对于决策是有价值的。这是由于信息所引起的决策行为的确定而获得的价值，或者能够影响将来行动的变化、模型构造和背景知识积累等诸方面的信息价值。

7.4.2　数据

数据就是表明信息内容的形式。除数字、字母、符号、代码外，话音，图像、报文等一切可视与可听信息表示方式都可用数据来表示。一般所指的数据是借助于人工或自动的方法把某种事物、含义和信令等按一定规则和一定结构形式表示出来，以便进行传输、存储、编译与有关处理。

数据包括模拟与数字形式两种。数字数据（如数字计算机的输出，数字仪表的测量结果等）是只取有限个离散值的数字序列。对于通信系统，数据被看作具有赋予某种特定含义的电量单元或取值的信号序列，并能由数据通信系统进行传输，由数字计算机或处理器进行处理的信息表达方式。

7.4.3　信号

信号可分为两大类，当信号对所有时间而不是按离散时间定义时，称其为连续时间信号，用数学函数表示为 $x(t)$，t 为独立变量，如图 7-64（a）所示。当时间只能取离散值时，称这种信号为离散时间信号，或称为序列，如图 7-64（b）所示。

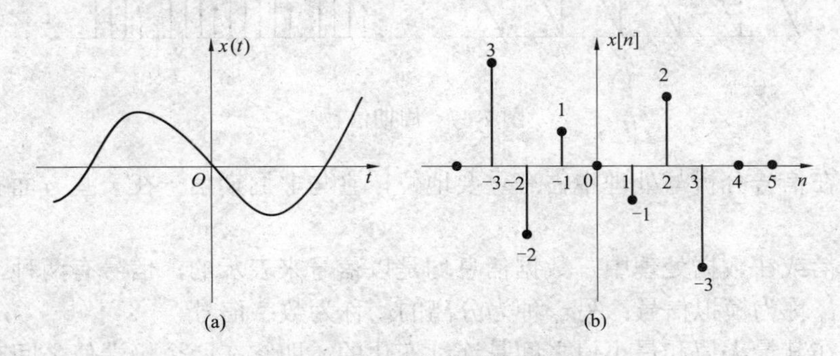

图 7-64　两种类型的信号

（a）连续时间信号；（b）离散时间信号

当离散时间信号的值在信号的变化范围内被量化为有限个离散值时，这类信号又称为数字信号。例如，一个 8 位模数转换器的输出只有 $2^8=256$ 个不同的值，为数字信号。图 7-65 给出了一种被量化的离散时间信号。工程中，连续时间信号也称为模拟信号，而“离散时间信号”与“数字信号”也无须严格区分。“离散时间”多用于理论问题的讨论，而“数字”常与软件和硬件设备有关。“模拟”一词的使用也往往与“数字”相对应。

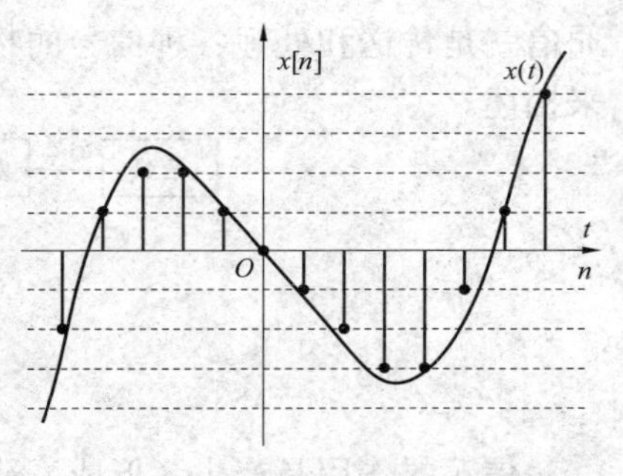

图 7-65　被量化的离散时间信号

根据信号的持续期是有限的还是无限的，信号也分类为时限信号（或有始有终信号）和非时限信号（或无始无终信号）。如果信号 $x(t)$或 $x[n]$在某时刻之前一直为零，称其为右边信号或有始信号，起始时刻大于或等于零时，又称为因果信号；如果信号在某时刻之后一直为零，称其为左边信号或有终信号，终止时刻小于或等于零时，又称为反因果信号，如图 7-66 所示。

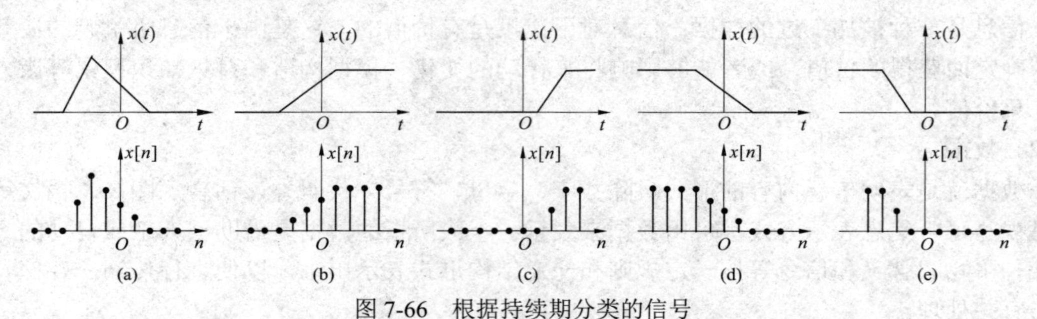

图 7-66　根据持续期分类的信号

（a）时限信号；（b）右边信号；（c）因果信号；（d）左边信号；（e）反因果信号

具有无限持续期的信号，如果它为某一区间信号的不断重复，如图 7-67 所示，则它是周期的，其最小的重复区间称为信号的（基波）周期，常用 T 或 N 表示，即

$$x(t)=x(t\pm kT) \text{ 或 } x(n)=x(n\pm kN) \text{（}k \text{ 为整数）}$$

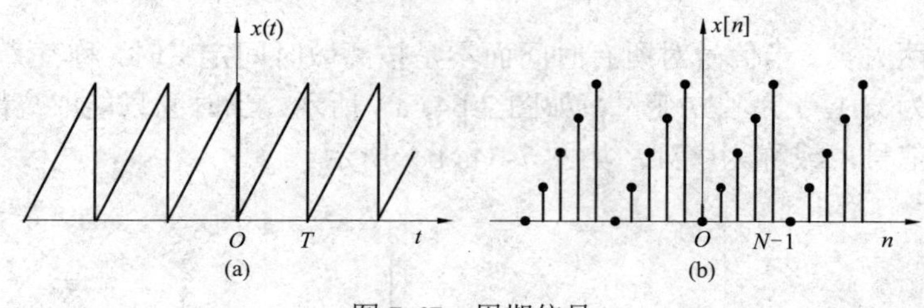

图 7-67　周期信号

周期信号在信号分析与处理中占有重要地位，它与非周期信号在一些方面有很大的不同之处。

在数据通信或在数据处理中，数据信息均是以信号来表示的，信号有两种，即如上所述一种是连续的，称为模拟信号；另一种为分离的，称为数字信号。

模拟信号在其最大值和最小值之间是连续变化的，即它在两个极端值之间有无数个值，如图 7-68（a）所示。人们说话的声音、变化着的温度、变化着的压力等均是模拟信号的例子。

数字信号不像模拟信号可视为连续值的集合，而是有限、间断值的集合。每一个信号都具有特定意义，如一个信号值表示的是一个数字或字符。图 7-68(b) 示出了一个二进制数字信号，二进制数字信号只有两个可能的值，这两个值对应于二进制数字的 0 和 1。

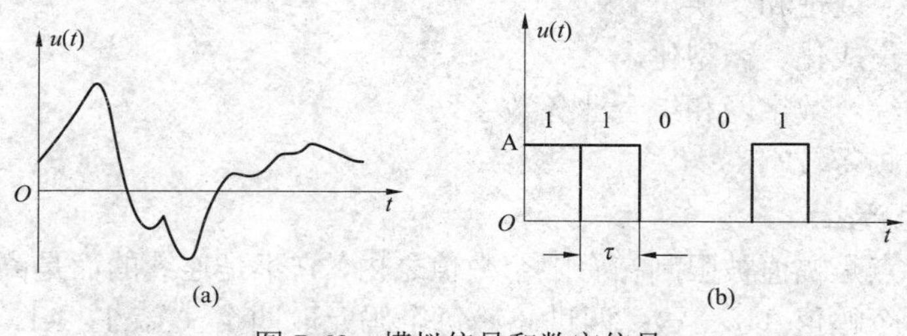

图 7-68　模拟信号和数字信号

（a）模拟信号；（b）数字信号

7.4.4　模拟信号与信息

信号是消息的载荷者。在电信系统里，它可以由电压、电流或电波等物理量来体现。通信系统中传输的信号，当它为时间的连续函数时，称为连续信号，亦称为模拟信号。而当载荷信息的物理量（如电信号的幅度、频率、相位等）的改变，在时间上是离散的，则称为离散信号。如果不仅在时间上离散，而且取值也离散，则称之为数字信号。

1. 模拟信号

模拟信号是指用连续变化的物理量表示的信息，其信号的幅度，或频率，或相位随时间作连续变化，如目前广播的声音信号，或图像信号等。主要是与离散的数字信号相对的连续的信号。模拟信号分布于自然界的各个角落，如每天温度的变化，而数字信号是人为的抽象出来的在时间上不连续的信号。电学上的模拟信号主要是指幅度和相位都连续的电信号，此信号可以被模拟电路进行各种运算，如放大、相加、相乘等。

2. 模拟信号的处理

模拟数据一般采用模拟信号（Analog Signal），模拟信号一般通过 PCM 脉码调制（Pulse Code Modulation）方法量化为数字信号，即让模拟信号的不同幅度分别对应不同的二进制值。例如，采用 8 位编码可将模拟信号量化为 $2^8 = 256$ 个量级，实用中常采取 24 位或 30 位编码。

模拟信号的数字处理中，要用模数转换器（ADC）将模拟信号转换为数字信号，在数字处理后，再用数模转换器（DAC）将数字信号转换为模拟形式。如图 7-69 所示。

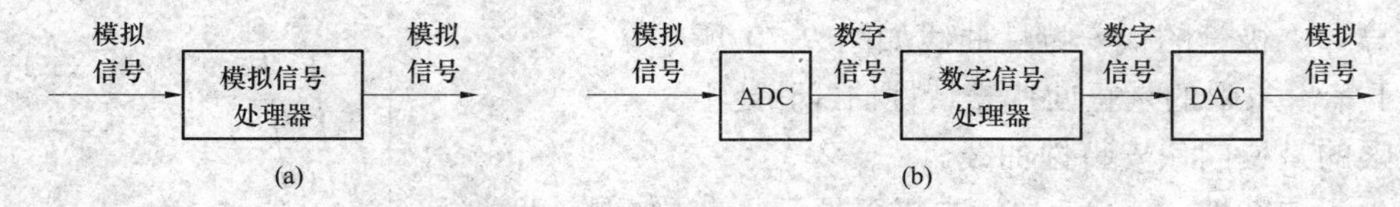

图 7-69　模拟信号处理的两种方式

7.4.5　数字信号与信息

1. 数字信号的概述

数字信号指幅度的取值是离散的，幅值表示被限制在有限个数值之内。二进制码就是一种数字信号。

2. 数字信号的特点

（1）抗干扰能力强、无噪声积累。

（2）便于加密处理。

（3）便于存储、处理和交换。

（4）设备便于集成化、微型化。

（5）便于构成综合数字网和综合业务数字网。

（6）占用信道频带较宽。

3. 数字信号的产生

数字信号其特点是幅值被限制在有限个数值之内，它不是连续的而是离散的。二进制码，每一个码元只取两个幅值（0，A）；四进码，每个码元取四个（3，1，–1，–3）中的一个。这种幅度是离散的信号，称为数字信号。

4. 信号的数字化过程

信号的数字化需要三个步骤：抽样、量化和编码。抽样是指用每隔一定时间的信号样值序列来代替原来在时间上连续的信号，也就是在时间上将模拟信号离散化。量化是用有限个幅度值近似原来连续变化的幅度值，把模拟信号的连续幅度变为有限数量的有一定间隔的离散值。编码则是按照一定的规律，把量化后的值用二进制数字表示，然后转换成二值或多值的数字信号流。这样得到的数字信号可以通过电缆、微波干线、卫星通道等数字线路传输。在接收端则与上述模拟信号数字化过程相反，再经过后置滤波又恢复成原来的模拟信号。上述数字化的过程又称为脉冲编码调制。

7.5 模拟电子技术

考试大纲

晶体二极管；极型晶体三极管；共射极放大电路；输入阻抗与输出阻抗；射极跟随器与阻抗变换；运算放大器；反相运算放大电路；同相运算放大电路；基于运算放大器的比较器电路；二极管单相半波整流电路；二极管单相桥式整流电路。

7.5.1 晶体二极管

1. 半导体二极管的结构类型

在 PN 结上加上引线和封装，就成为一个二极管。

2. 半导体二极管的伏安特性曲线

半导体二极管的伏安特性曲线如图 7-70 所示。处于第一象限的是正向伏安特性曲线，处于第三象限的是反向伏安特性曲线。

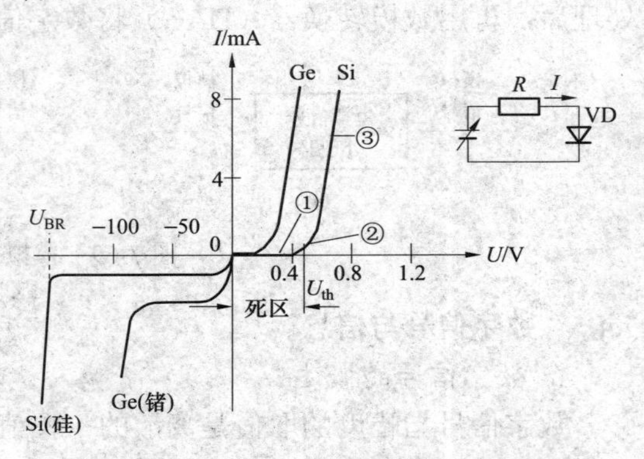

图 7-70　二极管的伏安特性曲线

（1）正向特性。当 $U>0$，二极管处于正向特性区域。正向区又分为三段（见图 7-70 中的①～③）：

第一段①，当 $0<U<U_{th}$ 时，正向电流为零，U_{th} 称为死区电压或开起电压。

第二段②，当 $U>U_{th}$，且 U 较小时，开始出现正向电流，并按指数规律增长。

第三段③，当 $U>U_{th}$，且 U 较大时，正向电流增长很快，且正向电压随正向电流增长而增长很小，正向曲线很陡。

硅二极管的死区电压 $U_{th}\approx0.4V$，锗二极管的死区电压 $U_{th}\approx0.1V$。

正向特性曲线第③段对应的正向电压可以认为基本不变，对于硅二极管的正向电压 $U_D\approx0.7\sim0.8V$，锗二极管的正向电压 $U_D\approx0.3\sim0.4V$。

（2）反向特性。当 $U<0$ 时，二极管处于反向特性区域。反向区分为两个区域：

当 $U_{BR}<U<0$ 时，反向电流很小，且基本不随反向电压的变化而变化，此时的反向电流也称反向饱和电流 I_S。

当 $U\geqslant U_{BR}$ 时，反向电流急剧增加，U_{BR} 称为反向击穿电压。

在反向区，硅二极管和锗二极管的特性有所不同。硅二极管的反向击穿特性比较硬、比较陡，反向饱和电流也很小；锗二极管的反向击穿特性比较软，过渡比较圆滑，反向饱和电流较大。

3. 半导体二极管的参数

（1）最大整流电流 I_F。二极管长期连续工作时，允许通过二极管的最大整流电流的平均值。

（2）反向击穿电压 U_{BR} 和最大反向工作电压 U_{RM}。二极管反向电流急剧增加时对应的反向电压值称为反向击穿电压 U_{BR}。为安全计，在实际工作时，最大反向工作电压 U_{RM} 一般只按反向击穿电压 U_{BR} 的一半计算。

（3）反向电流 I_R。在室温下，在规定的反向电压下，一般是最大反向工作电压下的反向电流值。小功率硅二极管的反向电流一般在纳安（nA）级；锗二极管在微安（μA）级。

（4）正向压降 U_F。在规定的正向电流下，二极管的正向电压降。小电流硅二极管的正向压降在中等电流水平下，为 0.6～0.8 V；锗二极管为 0.2～0.3 V。大功率的硅二极管的正向压降往往达到 1V。

（5）动态电阻 r_d。反映了二极管正向特性曲线斜率的倒数。显然，r_d 与正向电流的大小有关，也就是求正向曲线上某一点 Q 的动态电阻。所以动态电阻是一个交流参数。

7.5.2 双极型半导体三极管

半导体三极管有两大类型，一是双极型半导体三极管，二是场效应半导体三极管。

1. 双极型半导体三极管的结构

双极型半导体三极管的结构示意图如图 7-71 所示。它是由两个 PN 结按一定方式连接而成，它有两种类型：NPN 型和 PNP 型。

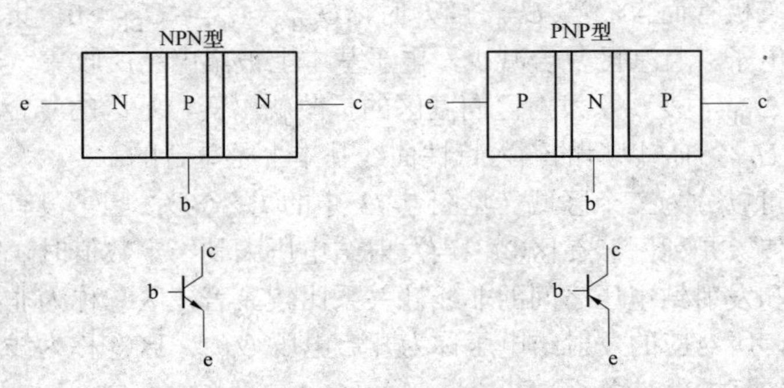

图 7-71　两种极性的双极型三极管及其符号

双极型半导体三极管中间部分称为基区，与之相连接的电极称为基极，用 B 或 b 表示（Base）；一侧称为发射区，与之相连接的电极称为发射极，用 E 或 e 表示（Emitter）；另一侧称为集电区，与之相连电极称为集电极，用 C 或 c 表示（Collector）。E-B 间的 PN 结称为发射结（Je）；C-B 间的 PN 结称为集电结（Jc）。

2. 双极型半导体三极管的电流分配关系

双极型半导体三极管在工作时一定要加上适当的直流偏置电压。若在放大工作状态：发射结加正向电压，集电结加反向电压。现以 NPN 型三极管的放大状态为例，来说明三极管内部的电流关系。

在工艺上要求发射区掺杂浓度高，基区掺杂浓度低且要制作得很薄，集电区掺杂浓度低。当发射结加正偏时，从发射区将有大量的电子向基区扩散，形成电子的扩散电流，而从基区向发射区扩散的空穴电流却很小。

因基区掺杂浓度低，所以发射区扩散过来的载流子电子被复合得很少，只形成很小的基极电流。且基区很薄，所以发射区扩散过来的载流子绝大多数很快就运动到集电区的边沿。由于集电结反偏，所以发射区扩散过来的载流子——电子就被反偏的集电结所收集（集电结电场 N 区为正，P 区为负），形成集电极电流。

集电极电流由扩散到集电区的电子流和集电结的少数载流子形成的反向饱和电流 I_{CBO} 组成，发射极电流与基极电流的关系为

$$\bar{\beta}=\frac{I_{\mathrm{C}}}{I_{\mathrm{B}}} \tag{7-64}$$

式中，$\bar{\beta}$ 称为共发射极直流电流放大系数，且 $\bar{\beta} \gg 1$。

对于 NPN 型三极管，集电极电流和基极电流是流入三极管，发射极电流是流出三极管，流进的电流等于流出的电流。

3. 双极型半导体三极管的特性曲线和参数

（1）双极型半导体三极管的特性曲线。

输入特性曲线——$I_{\mathrm{B}}=f(U_{\mathrm{BE}})\big|_{U_{\mathrm{BE}}=\text{常数}}$；

输出特性曲线——$I_{\mathrm{C}}=f(U_{\mathrm{CE}})\big|_{I_{\mathrm{B}}=\text{常数}}$。

其中，I_{B} 是输入电流，U_{BE} 是输入电压，加在 B、E 两电极之间；I_{C} 是输出电流，U_{CE} 是输出电压，从 C、E 两电极取出。共发射极的供电电路和电压、电流关系如图 7-72 所示。

1）输入特性曲线。共发射极的输入特性曲线如图 7-73 所示，基本上与二极管的正向特性曲线相同。对硅三极管而言，当 $U_{\mathrm{CE}} \geqslant 1\mathrm{V}$ 时，$U_{\mathrm{CB}}=U_{\mathrm{CE}}-U_{\mathrm{BE}}>0$，集电结已进入反偏状态，开始明显收集电子，且基区复合减少，电子基本上被集电结所收集。若 U_{CE} 增加，集电结反偏增加，只要 U_{BE} 不变，从发射区向基区的扩散就不变，基区的复合基本固定，I_{B} 也就基本不变。就是说 $U_{\mathrm{CE}}>1\mathrm{V}$ 以后的输入特性曲线基本上是重合的。

输入特性曲线可以分为三个区域（见图 7-73 中的①～③），区①没有电流，或电流十分小，小于规定的数值，是死区。在区②，当发射结电压大到一定数值时，基极电流开始明显增加，但基极电流和发射结电压之间的非线性关系比较显著，区②称为非线性区。当基极电流开始明显增加时，所对应的发射结电压称为开启电压 U_{thon}。区③称为线性区，基极电流与发射结电压之间有较好的线性关系。

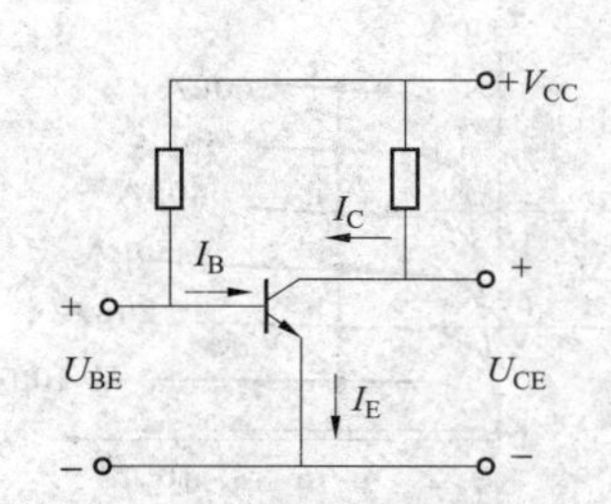

图 7-72 共发射极的电压电流关系

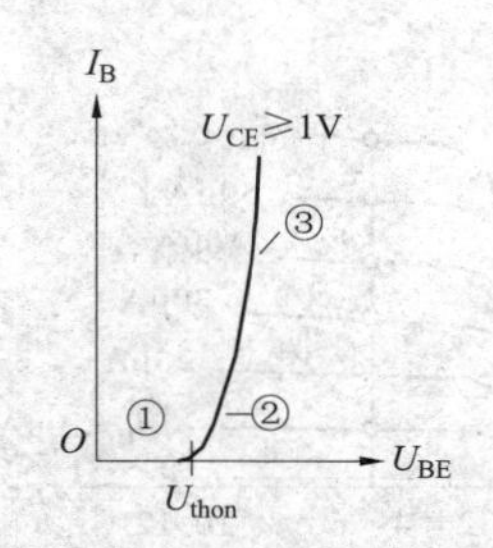

图 7-73 共发射极输入特性曲线

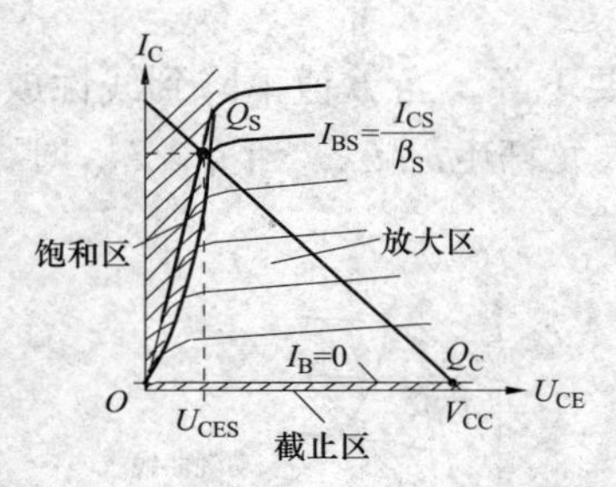

图 7-74 共发射极的输出特性曲线

2）输出特性曲线。共发射极的输出特性曲线如图 7-74 所示，它是以 I_B 为参变量的一族特性曲线。对于其中任何一条，当 U_{CE}=0V 时，I_C=0。当 U_{CE} 微增大时，集电结处于正向电压之下，集电结收集电子的能力很弱，I_C 主要由 U_{CE} 决定。U_{CE} 稍有增加，I_C 即随之增加，I_C 处于上升段。当 U_{CE} 增加到使集电结反偏电压较大时，运动到集电结的电子基本上都可以被集电结收集。此后 U_{CE} 再增加，电流也没有明显的增加，特性曲线进入与 U_{CE} 轴基本平行的区域，I_C 不再有明显地增加，具有恒流特性。

输出特性曲线可以分为三个区域：

饱和区——I_C 受 U_{CE} 显著控制的区域，该区域内 U_{CE} 的数值较小，一般 $U_{CE}<0.7V$（硅管）。此时发射结正偏，集电结正偏或反偏电压很小。

截止区——I_C 接近零的区域，相当 I_B=0 的曲线的下方。此时，发射结反偏，集电结反偏。

放大区——I_C 平行于 U_{CE} 轴的区域，曲线基本平行等距。此时，发射结正偏，集电结反偏，U_{BE} 电压大约在 0.7V 左右（硅管）。

（2）半导体三极管的参数。

1）直流参数。

a）直流电流放大系数 $\overline{\beta}$。$\overline{\beta}$ 在放大区基本不变。在共发射极输出特性曲线上，通过垂直于 X 轴的直线（U_{CE} = 常数）来求取 I_C / I_B，如图 7-75 所示。

b）极间反向电流。当温度上升时，I_{CBO} 会很快增加。I_{CBO} 作为集电极电流的一部分，I_{CBO} 增加，输出特性曲线会明显上移，这说明三极管的温度稳定性较差。

2）交流参数。

a）交流电流放大系数 β。

$$\beta=\frac{\Delta I_C}{\Delta I_B}\Big|_{U_{CE}=\text{常数}} \tag{7-65}$$

在放大区，β 值基本不变，可在共射极输出特性曲线上，通过垂直于 X 轴的直线求取 $\Delta I_C/\Delta I_B$，即可计算出 β，如图 7-76 所示，一般 $\beta\approx\overline{\beta}$。

b）频率参数。三极管的 β 值不仅与工作电流有关，而且与工作频率有关。由于结电容的影响，当信号频率增加时，三极管的 β 将会下降。当 β 下降到 1 时所对应的频率称为特征频率，用 f_T 表示；当 β 下降到低频时数值 β_0 的 $1/\sqrt{2}$（即 0.707 倍）时，对应的频率称为共射截止频率 f_β。

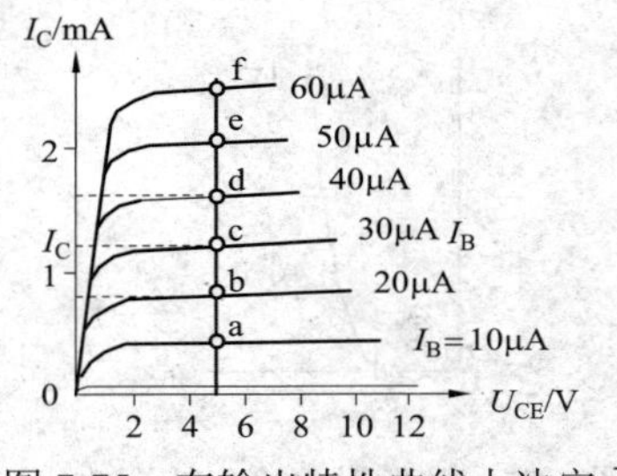

图 7-75　在输出特性曲线上决定 $\overline{\beta}$

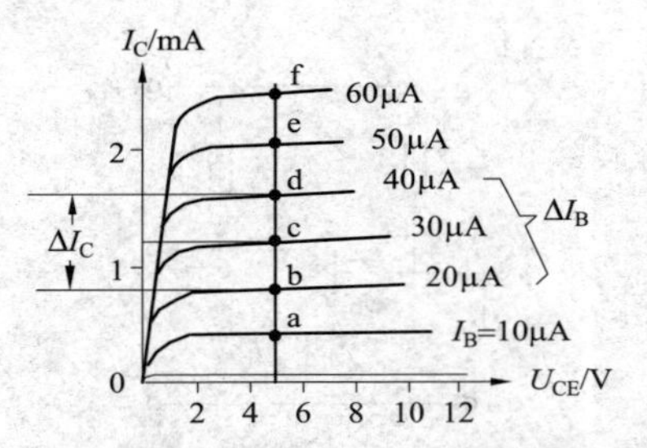

图 7-76　在输出特性曲线上求取 β

3）极限参数。

a）集电极最大允许电流 I_{CM}。当集电极电流增加时，β 就要下降，当 β 值下降到线性放大区 β 值的 70%～30%时，所对应的集电极电流称为集电极最大允许电流 I_{CM}。当 $I_C > I_{CM}$ 时，并不表示三极管一定会过电流而损坏。

b）集电极最大允许功率损耗 P_{CM}。集电极电流通过集电结时所产生的功耗，$P_{CM}= I_C U_{CE}$。三极管的功耗可以在输出特性曲线上用功耗曲线表示，如图 7-77 所示。

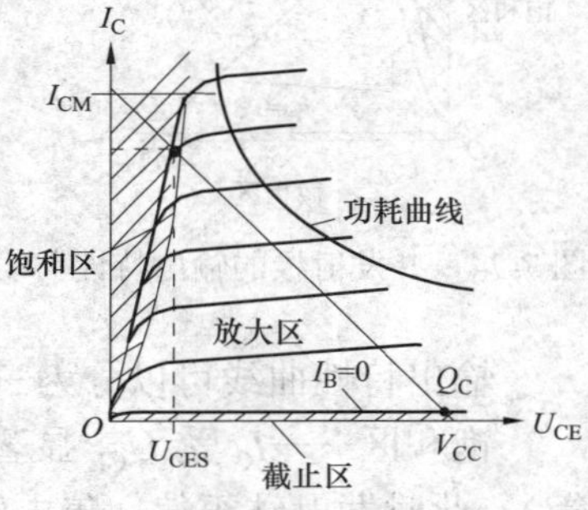

c）反向击穿电压。反向击穿电压表示三极管两个电极间承受反向电压的能力，第三个电极可以是开路、短路等不同的状态。

$U_{(BR)CBO}$——发射极开路时的集电结击穿电压。下标 BR 代表击穿之意，是 Breakdown 的字头，C、B 代表集电极和基极，O 代表第三个电极 E 开路。

图 7-77　三极管的功耗曲线

$U_{(BR)CEO}$——基极开路时集电极和发射极间的击穿电压。

7.5.3　共射极放大电路

1. 基本放大电路的组成

（1）共射组态基本放大电路的组成。共射组态基本放大电路如图 7-78 所示。在该电路中，输入信号加在基极和发射极之间，耦合电容器 C_1 和 C_e 视为对交流信号短路。输出信号从集电极对地取出，经耦合电容器 C_2 隔除直流量，仅将交流信号加到负载电阻 R_L 之上。

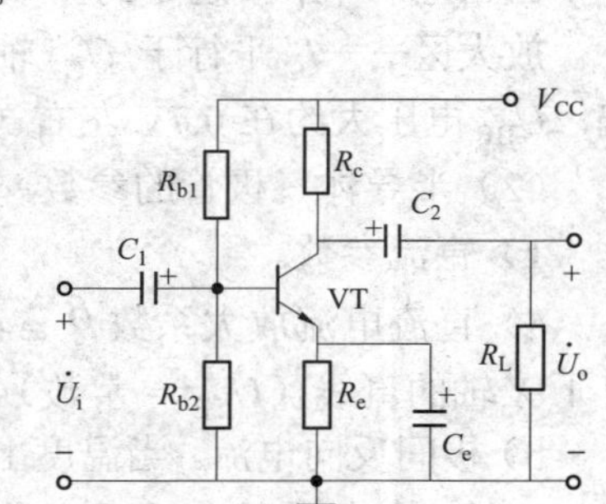

图 7-78　共射组态交流基本放大电路

（2）放大原理。放大电路中三极管集电极的直流信号不随输入信号而改变，而交流信号随输入信号发生变化。在放大过程中，集电极交流信号是叠加在直流信号上的，经过耦合电容，从输出端提取的只是交流信号。因此，在分析放大电路时，可以采用将交、直流信号分开的办法，可以分成直流通路和交流通路来分析。

2. 基本放大电路的静态分析

（1）静态工作状态的计算分析法。静态分析是在输入信号等于零时进行的，因此只分析放大电路的直流通路。图 7-79（a）是图 7-78 基本放大电路的直流通路，图 7-81（b）是从基极断开，对基极偏置回路用戴维南定理进行变换，使基极偏置电路只具有一个网眼，以方便求解基极电流，图 7-79（c）是变换后基极回路的等效电路。

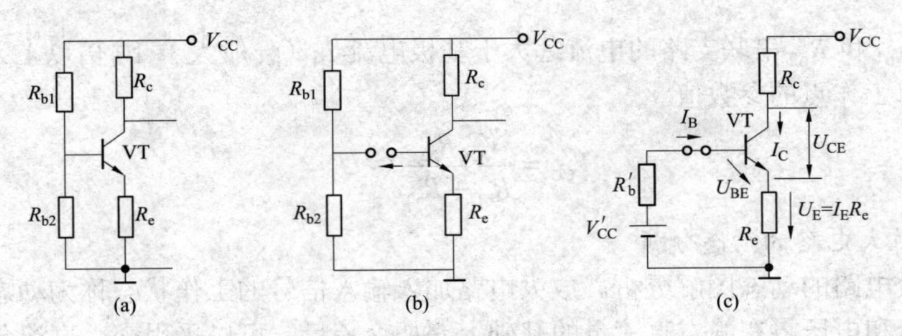

图 7-79 直流通路的变换

（a）直流通路；（b）用戴维南定理变换；（c）变换后的直流通路

静态参数的计算方法为

$$
\begin{aligned}
I_B &= \frac{V_{CC}' - U_{BE} - U_E}{R_b'} = \frac{V_{CC}' - U_{BE} - I_E R_e}{R_b'} \\
&= \frac{V_{CC}' - U_{BE} - I_B(1+\beta)R_e}{R_b'} = \frac{V_{CC}' - U_{BE}}{R_b' + (1+\beta)R_e}
\end{aligned} \tag{7-66}
$$

式（7-66）中 V_{CC}' 和 R_b' 是根据戴维南定理变换得到的开路电压和等效内阻

$$V_{CC}' = \frac{V_{CC}R_{b2}}{R_{b1} + R_{b2}} \tag{7-67}$$

$$R_b' = \frac{R_{b1}R_{b2}}{R_{b1} + R_{b2}} \tag{7-68}$$

在输出回路有

$$U_{CE} = V_{CC} - I_C R_c - I_E R_e \approx V_{CC} - I_C(R_c + R_e) \tag{7-69}$$

要想通过式（7-66）计算 I_B，就必须知道变量 U_{BE} 的数值，由于三极管工作时，U_{BE} 的数值变化不大，对于硅管为 0.6～0.8V，对于锗管约为 0.3V 左右。所以，可以把 U_{BE} 视为常数。

已知 I_B，就可以通过 $I_C=\beta I_B$ 计算出 I_C，于是可通过式（7-69）计算出管压降 U_{CE}。同时也可以在输出特性曲线上求得三极管的 I_C 和 U_{CE}。

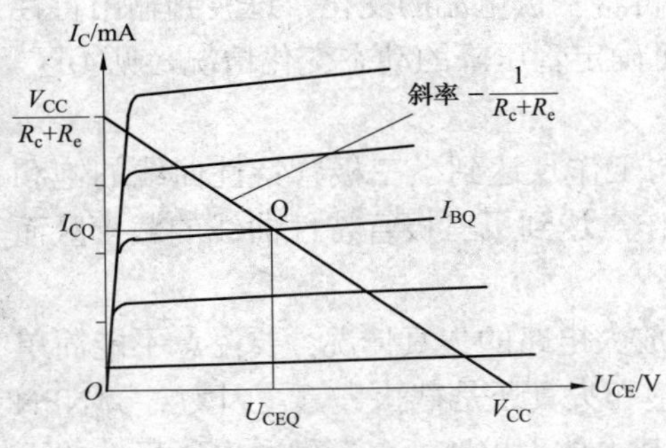

图 7-80 放大电路静态工作状态的图解分析

（2）静态工作状态的图解分析法。在输出特性曲线上图解的过程如图 7-80 所示。式（7-69）是一个直线方程，由两个点即可确定，在此用的是两个特殊点，分别在两个坐标轴上，即（0，V_{CC}/R_c+R_e）和（V_{CC}，0）。在输出特性曲线上决定的直线，称为直流负载线。直流负载线与 I_C 的交点，称为静态工作点，用 Q 表示。或与以 I_{BQ} 为参变量的那条曲线相交的点，即为 Q 点。Q 点对应的坐标，专门用加有下标 Q 的坐标符号来表示，即 I_{BQ}、I_{CQ} 和 U_{CEQ}。

当流过 R_{b1} 和 R_{b2} 串联支路的电流远大于基极电流 I_B（一般大于 10 倍以上）时，可以用下列方法计算工作点的参数值

$$V'_{CC}=\frac{V_{CC}R_{b2}}{R_{b1}+R_{b2}}\approx U_B$$

3. 基本放大电路的动态分析

（1）放大电路的动态图解分析。放大电路加入输入信号的工作状态称为动态。动态时，电路中的电流和电压将在静态直流量的基础上叠加交流量。可以采用交、直流分开的分析方法，即人为地把直流和交流分量分开后单独分析，然后再把它们叠加起来。分析交流分量时，利用放大电路的交流通路。

1）交流负载线。具体作图如图 7-81 所示。通过静态工作点 Q 作一条直线，斜率为$1/R'_L$，$R'_L=R_C//R_L$，这条直线即为交流负载线。由于交流负载电阻小于直流负载电阻，所以在输出特性曲线上，交流负载线比直流负载线陡。可以作一条斜率为$1/R'_L$辅助线，然后通过 Q 点作交流负载线与辅助线平行。

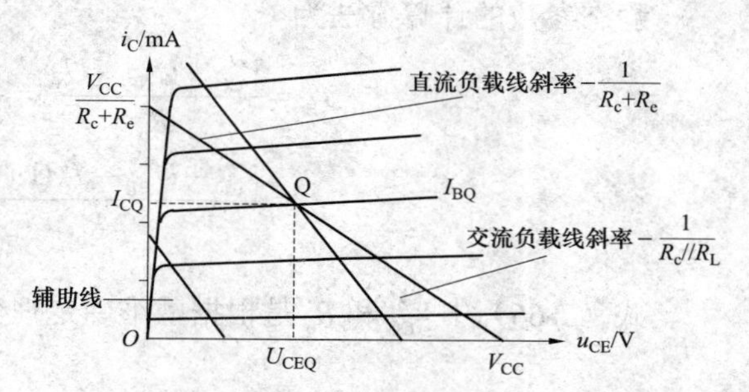

图 7-81　放大电路的负载线

2）交流工作状态的图解分析。静态时，无信号变化，集电极电位是直流量，不能通过耦合电容。所以，耦合电容器 C_2 上承受集电极静态时的电压值。当输入信号增加时，基极电流增加，集电极电流增加，R_c 上的电压降增加，所以集电极电位比静态时下降，C_2 向集电极放电，集电极电流增加；当输入信号减小时，基极电流减小，集电极电流减小，集电极电位比静态时增加，向 C_2 充电，流过 R_c 的电流被分流一部分，集电极电流减小。所以，交流负载线比直流负载线更加陡一些。显然交流负载线是在输入信号作用下工作点的运动轨迹。当输入信号越来越小，工作点运动的范围就越来越小，交流负载线向静态工作点收缩。当输入信号等于零时，变为静态，交流负载线收缩到 Q 点。所以，交流负载线和直流负载线相交于静态工作点 Q。

对于图 7-78 的电路，在输出特性曲线上作交流负载线，如图 7-82 所示。再根据式（7-66）计算出基极电流，在输入特性曲线上画出工作点。将输入信号在输入特性曲线上画出，见图 7-82 中的①区，以确定基极电流的变化，见②区。再将基极电流的变化，过渡到输出特性曲线上，即可确定集电极电流的变化，见③区，由此可确定管压降的动态变化情况，见④区。

3）非线性失真和最大不失真输出幅度。

a）波形的非线性失真。饱和失真由于放大电路的工作点达到了三极管特性曲线的饱和区而引起的非线性失真；截止失真由于放大电路的工作点达到了三极管特性曲线的截止区而引起的非线性失真。

图 7-83 和图 7-84 给出了 NPN 三极管构成的基本放大电路的失真情况。要注意不能简单地通过波形是顶部有失真，还是底部有失真来判断是饱和失真还是截止失真。因为对于 NPN 三极管构成的基本放大电路，还是 PNP 三极管构成的基本放大电路，由于供电电压极性的不同，同一种失真可能出现在顶部，或出现在底部。

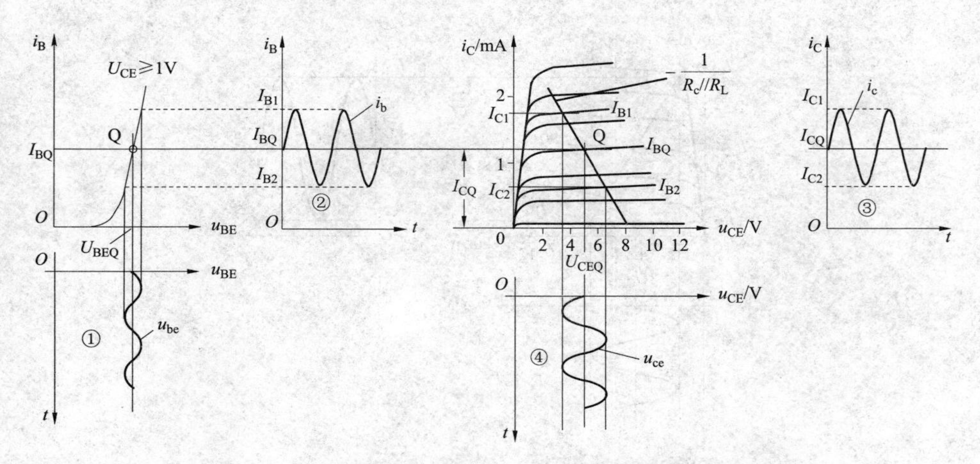

图 7-82　放大电路的动态图解分析

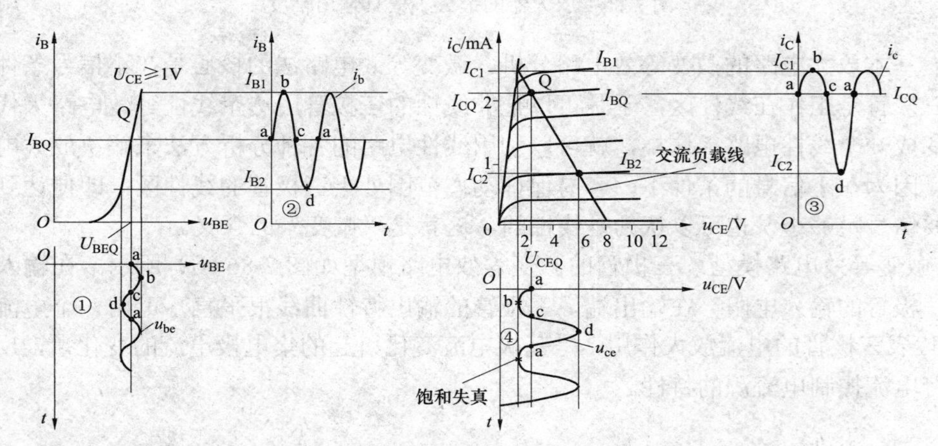

图 7-83　放大器的饱和失真

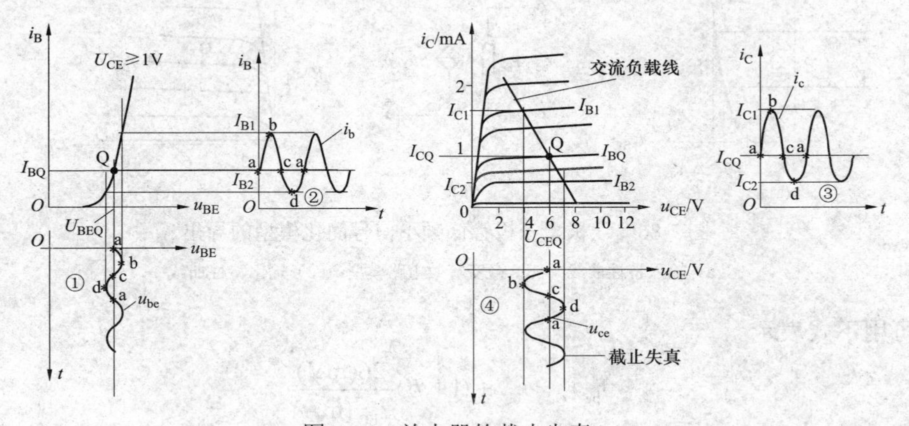

图 7-84　放大器的截止失真

b）放大电路的最大不失真输出幅度。最大不失真动态范围即最大不失真输出幅度，一般在大信号运用时才加以考虑。放大电路要想获得大的不失真输出幅度，需要满足两个条件，即工作点 Q 要设置在输出特性曲线放大区的中间部位，并且要有合适的交流负载线。图 7-85 给出了最大不失真动态范围的图解示意图。

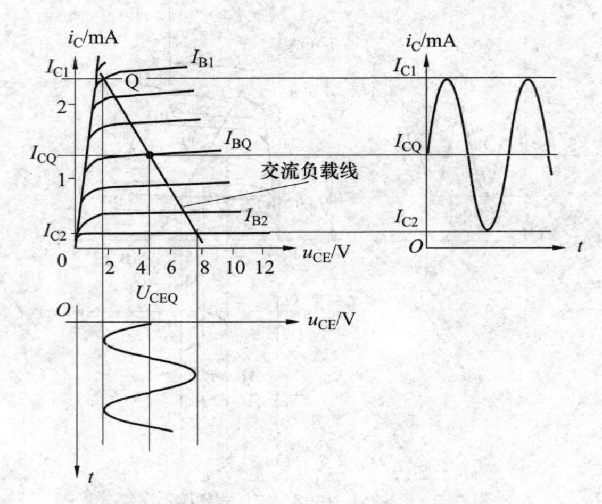

图 7-85　放大器的最大不失真输出幅度

（2）基本放大电路的微变等效电路分析。微变等效电路法的核心是在小信号条件下，可以认为三极管是工作在线性区，于是可以把非线性的三极管用一个线性等效电路来代替，放大电路变成一个线性电路。这样，就可以利用线性电路的各种分析方法来解决放大电路的计算问题。因为在小信号的条件下，容易保证动态范围处于三极管的线性区；即便达到非线性区，只要信号足够小，也可以认为是线性的，这就是“微变”的含义。

1）微变等效电路模型。三极管的微变等效电路模型如图 7-86（b）所示。在输入端，r_{be} 相当于三极管的输入电阻；在输出端，三极管的输出特性曲线很平直，可用一个电流源来等效。βi_b 代表三极管的电流放大作用，是基极电流变化引起的集电极电流的变化量，反映了三极管具有电流控制电流源的特性。

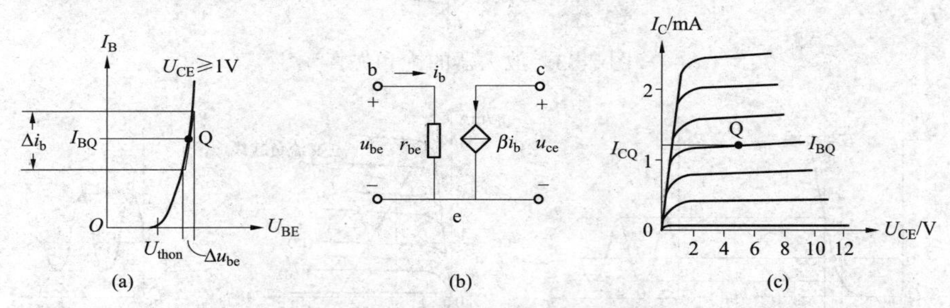

图 7-86　双极型三极管低频小信号简化模型的导出

（a）输入特性曲线；（b）微变等效电路模型；（c）输出特性曲线

r_{be} 可用下式表示

$$r_{be}\mid_{Q}=r_{bb'}+(1+\beta)\frac{26(\mathrm{mV})}{I_{EQ}(\mathrm{mA})} \tag{7-70}$$

对于小功率三极管 $r_{bb'}\approx 200\sim 300\Omega$。

2）放大电路的三项动态技术指标。

a）电压放大倍数 A_u。放大电路中的各个物理量如图 7-87 所示，图中 $\dot{U}_s$ 是信号源电压，R_s 是信号源内阻，$\dot{U}_i$ 是放大电路输入端口处的信号电压，$\dot{I}_i$ 是放大电路输入端的电流，$\dot{U}_o$ 是输出电压，R_L 是负载电阻，$\dot{I}_o$ 是输出电流。因为有 R_s 的存在，所以 $\dot{U}_i$ 要小于 $\dot{U}_s$，$\dot{U}_o$ 即负载电阻上的电压值，$\dot{I}_o$即流过负载的电流。

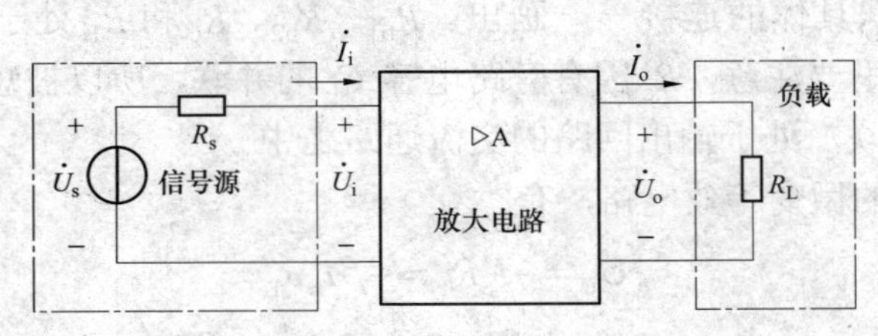

图 7-87　放大倍数的定义

于是电压放大倍数定义为

$$\dot{A}_u=\frac{\dot{U}_o}{\dot{U}_i}\tag{7-71}$$

b）输入电阻 R_i。输入电阻是表明放大电路从信号源吸取电流大小的参数，R_i 大，放大电路从信号源吸取的电流则小，反之则大。R_i 的定义式为

$$R_i=\frac{\dot{U}_i}{\dot{I}_i}\tag{7-72}$$

r_{be} 一般在 1kΩ 左右，远小于偏置电阻 R_{b1} 和 R_{b2}，并联后，放大电路的输入电阻近似等于 r_{be}。因此提高输入电阻的关键在 r_{be}。

c）输出电阻 R_o。输出电阻是负载开路、输入信号源的源电压$\dot{U}_s$为零时，输出端口呈现的放大电路的等效交流电阻。它表明放大电路带负载的能力，输出电阻 R_o 大，表明放大电路带负载的能力差，反之则强。

由于在简化三极管模型中忽略了三极管的输出电阻，由于三极管的输出电阻比较大，而 R_c 一般在千欧量级。所以，共射基本放大电路的输出电阻十分近似地等于集电极负载电阻 R_c。

$$R_o\approx R_c\tag{7-73}$$

注意：放大倍数、输入电阻、输出电阻通常都是在正弦信号下的交流参数，用复数量表示，只有在放大电路处于放大状态且输出不失真的条件下才有意义。

3）放大电路微变等效电路分析法。下面以分压偏置共射组态交流基本放大电路为例说明用微变等效电路分析放大电路的基本方法，图 7-88（a）是共射基本放大电路。假设分压偏置共射组态交流基本放大电路中 C_1、C_2、C_e 的容量都足够大，对中频信号可视为短路。

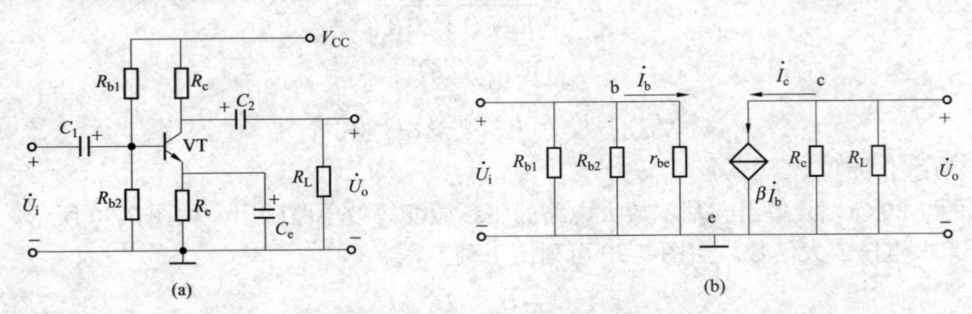

图 7-88　共射组态交流基本放大电路及其微变等效电路

（a）共射基本放大电路；（b）h 参数微变等效电路

先将三极管的简化模型画出，将放大电路的耦合电容和直流电源短路，再将处于交流通路中的有关元件，根据具体的连接一一画出。R_{b1}、R_{b2}、R_c 和 R_L 处于交流通路中，结果如图 7-89（b）所示。这里要注意，R_e 因有旁路电容 C_e 的并联，所以被短路，R_c 通过直流电源接地，所以和 R_L 相并联，处于输出回路的交流通路之中。

根据图 7-88（b）的微变等效电路，有

$$\dot{U}_o = -\dot{I}_c R_L' = -\beta \dot{I}_b R_L' \tag{7-74}$$

$$A_u = \frac{\dot{U}_o}{\dot{U}_i} = \frac{-\beta \dot{I}_b (R_c // R_L)}{\dot{I}_b r_{be}} = -\frac{\beta R_L'}{r_{be}} \tag{7-75}$$

$$R_i = R_{b1} // R_{b2} // r_{be} \approx r_{be} \tag{7-76}$$

$$R_o \approx R_c \tag{7-77}$$

7.5.4 射极输出器

共集组态基本放大电路是一种十分有用的电路，电路如图 7-89 所示，输入回路和输出回路以集电极为公共端。因直流电源对交流信号相当于短路，所以集电极交流接地。由于输出端位于发射极，也称为射极输出器。

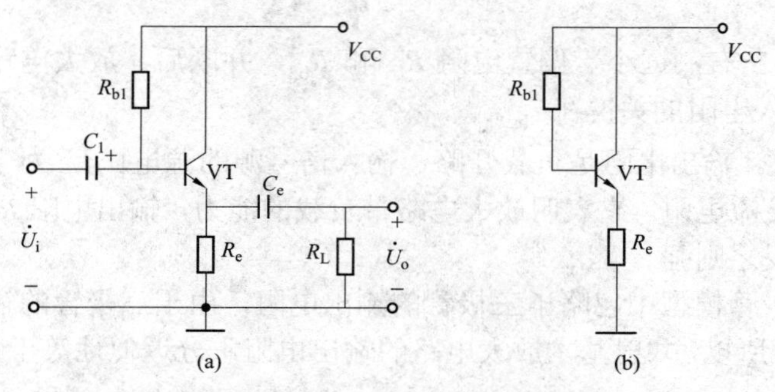

图 7-89　共集组态放大电路及其直流通路

（a）共集组态放大电路；（b）直流通路

1. 静态分析

电路静态分析的基本原则和共射组态一样，关键是能够把直流通路画出来。共集组态基本放大电路的直流通路十分简单，如图 7-89（b）所示，于是有

$$I_{BQ} = \frac{V_{CC} - U_{BE}}{R_b + (1+\beta) R_e} \tag{7-78}$$

$$I_{EQ} \approx I_{CQ} = \beta I_{BQ} \tag{7-79}$$

$$U_{CEQ} = V_{CC} - I_{EQ} R_e = V_{CC} - I_{CQ} R_e \tag{7-80}$$

2. 动态分析

将图 7-89（a）共集组态基本放大电路的中频微变等效电路画出，如图 7-90 所示。

（1）求电压放大倍数。由图 7-90 可列出下列方程

$$\dot{I}_b = \frac{\dot{U}_i - \dot{U}_o}{r_{be}} = \frac{\dot{U}_i}{r_{be}} - \frac{\dot{U}_o}{r_{be}}$$

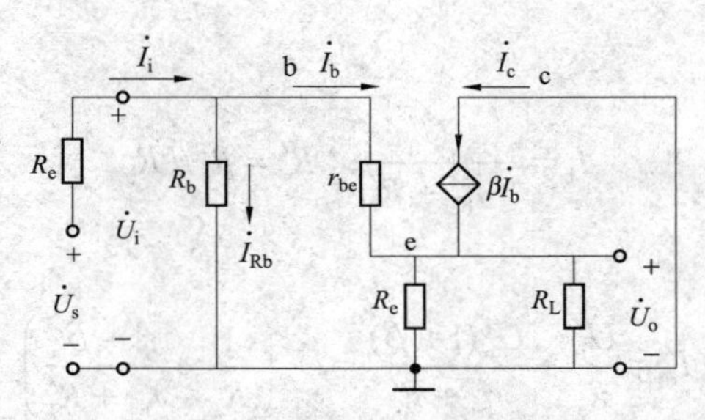

图 7-90 共集组态微变等效电路

$$\dot{U}_o = (\dot{I}_b + \dot{I}_c)(R_e // R_L) = (1+\beta)\dot{I}_b(R_e // R_L)$$

$$\dot{I}_b = \frac{\dot{U}_o}{(1+\beta)(R_e//R_L)} = \frac{\dot{U}_o}{(1+\beta)R_L'}$$

$$\dot{I}_b = \frac{\dot{U}_i}{r_{be}} - \frac{\dot{U}_o}{r_{be}} = \frac{\dot{U}_o}{(1+\beta)(R_e//R_L)} = \frac{\dot{U}_o}{(1+\beta)R_L'}$$

$$\frac{\dot{U}_i}{r_{be}} = \frac{\dot{U}_o}{(1+\beta)R_L'} + \frac{\dot{U}_o}{r_{be}} = \left[\frac{1}{(1+\beta)R_L'} + \frac{1}{r_{be}}\right]\dot{U}_o$$

于是电压增益

$$A_u = \frac{\dot{U}_o}{\dot{U}_i} = \frac{(1+\beta)R_L'}{r_{be} + (1+\beta)R_L'} \approx 1 \tag{7-81}$$

式中，$R_L' = R_e // R_L$。

（2）输入电阻。R_i 是从放大电路输入端看进去的输入电阻，R_i' 是从基极看进去的输入电阻，所以

$$R_i = R_b // R_i'$$

输入电流 $\dot{I}_i = \dot{I}_b + \dot{I}_{Rb}$

输入电阻 $R_i = \dfrac{\dot{U}_i}{\dot{I}_i} = \dfrac{\dot{U}_i}{\dot{I}_{Rb} + \dot{I}_b} = R_b // R_i'$

而 $R_i' = r_{be} + (1+\beta)R_L'$

$$R_L' = R_L // R_e$$

所以，输入电阻

$$R_i = R_b // R_i' = R_b // [r_{be} + (1+\beta)R_L'] \tag{7-82}$$

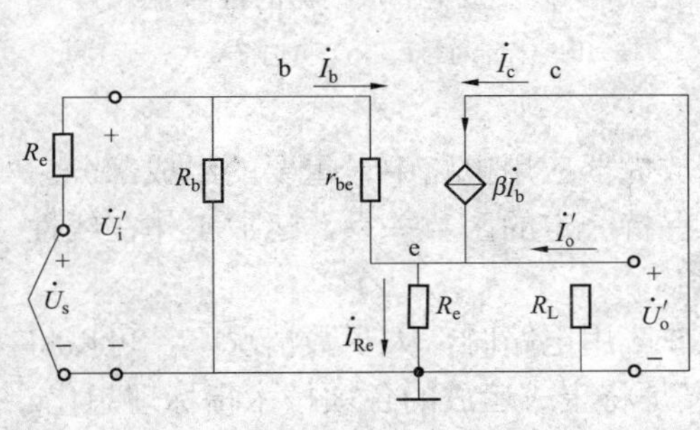

图 7-91 求 R_o 的微变等效电路

共集组态基本放大电路的输入电阻比共射组态基本放大电路要大。

（3）输出电阻。可从图 7-91 求出。将输入信号源 $\dot{U}_s$ 短路，负载开路，由所加的等效输出信号 $\dot{U}_o'$ 可以求出输出电流

$$\dot{I}_o' = \dot{I}_{Re} - \dot{I}_b - \beta\dot{I}_b = \frac{\dot{U}_o'}{R_e} - (1+\beta)\dot{I}_b$$

基极电流

$$\dot{I}_{\mathrm{b}}=-\frac{\dot{U}_{\mathrm{o}}'}{r_{\mathrm{be}}+R_{\mathrm{s}}'},\quad R_{\mathrm{s}}'=R_{\mathrm{s}}\,//\,R_{\mathrm{b}}$$

于是

$$\dot{I}_{\mathrm{o}}'=\frac{\dot{U}_{\mathrm{o}}'}{R_{\mathrm{e}}}+\frac{\dot{U}_{\mathrm{o}}'(1+\beta)}{r_{\mathrm{be}}+R_{\mathrm{s}}'}=\dot{U}_{\mathrm{o}}'\left(\frac{1}{R_{\mathrm{e}}}+\frac{1+\beta}{r_{\mathrm{be}}+R_{\mathrm{s}}'}\right)$$

所以，输出电阻相当两个电阻的并联，一个是 R_{e}，另一个是基极回路的等效电阻归算到发射极回路的电阻

$$R_{\mathrm{o}}=\frac{\dot{U}_{\mathrm{o}}'}{\dot{I}_{\mathrm{o}}'}=R_{\mathrm{e}}\,//\,\frac{r_{\mathrm{be}}+R_{\mathrm{s}}'}{1+\beta}\tag{7-83}$$

由以上分析可见，共集电极基本放大电路的电压放大倍数小于 1，但接近于 1，且输出电压的相位与输入电压的相位相同，输出电压的波形和输入电压的波形一样，故又名射极跟随器。共集电极基本放大电路的输入电阻高、输出电阻低，具有阻抗变换的特点，有较强的带负载能力，可用于多级放大电路的第一级和末级。

7.5.5 运算放大电路

由单管组成的基本放大电路，放大倍数只能达到几十倍至一二百倍，远远不能满足实际需要。如果要求放大倍数更高，就要由多个单元电路级联成多级放大电路来完成。多级放大电路的级与级之间、信号源与放大电路之间、放大电路与负载之间的连接方式均称为耦合方式。常见的耦合方式有直接耦合、阻容耦合和变压器耦合三种方式。集成电路中采用直接耦合方式。

放大电路对耦合电路有两点要求，一是要保证放大电路通频带内的信号有效地传输，二是要保证级间耦合后不影响各放大级的静态工作点。

1. 运算放大器的符号

运算放大器的符号中有三个引线端：两个输入端和一个输出端。其中一个输入端称为同相输入端，在该端输入信号与输出端输出信号的极性相同，用符号“+”或“IN+”表示；另一个输入端称为反相输入端，在该端输入信号与输出端输出信号变化的极性相异，用符号“−”或“IN−”表示。输出端一般画在输入端的另一侧，在符号边框内标有“+”号。图 7-92 给出国家标准的运算放大器符号。

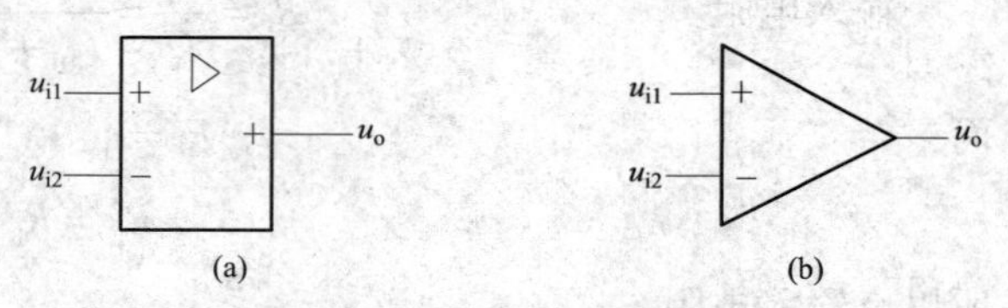

图 7-92　集成运算放大器的符号

（a）国家标准符号；（b）可选符号

2. 运算放大器的特点

运算放大器（以下简称运放）的线性应用是运算放大器应用电路中最重要的组成部分。所谓线性应用是指运算放大器输出信号与输入信号间保持一定的函数关系，运放工作在线性区，相当于一个线性放大器。

（1）理想运放和理想运放条件。在分析和综合运放应用电路时，大多数情况下，可以将集成运放看成一个理想运算放大器。理想运放顾名思义是将集成运放的各项技术指标理想化。由于实际运放的技术指标比较接近理想运放，因此由理想化带来的误差非常小，在一般的工

程计算中可以忽略。

理想运放各项技术指标为：① 开环差模电压放大倍数 $A_{ud}=\infty$；② 输入电阻 $R_{id}=\infty$，输出电阻 $R_{od}=0$；③ 输入偏置电流 $I_{B1}=I_{B2}=0$；④ 失调电压 U_{IO}、失调电流 I_{IO}、失调电压温漂 $\Delta U_{IO}/\Delta T$、失调电流温漂 $\Delta I_{IO}/\Delta T$ 均为零；⑤ 共模抑制比 $K_{CMR}=\infty$；⑥ –3dB 带宽 $f_H=\infty$；⑦ 无内部干扰和噪声。

（2）虚短和虚断。理想运放工作在线性区时可以得出如下两条重要的结论：

1）虚短。因为理想运放的电压放大倍数很大，而运放工作在线性区，是一个线性放大电路，输出电压不超出线性范围（即有限值），所以运算放大器同相输入端与反相输入端的电位十分接近相等。在运放供电电压为±15V 时，输出的最大值一般在 10～13V。所以运放两输入端的电压差在 1mV 以下，近似两输入端短路。这一特性称为虚短，显然这不是真正的短路，只是分析电路时在允许误差范围之内的合理近似。

要使运放工作在线性区，则必须给运放加上深度负反馈才能实现，由于理想运放开环差模电压放大倍数 $A_{ud}=\infty$，因此很容易满足深度负反馈的条件。

2）虚断。由于运放的输入电阻一般都在几百千欧以上，流入运放同相输入端和反相输入端中的电流十分微小，比外电路中的电流小几个数量级，流入运放的电流往往可以忽略，这相当运放的输入端开路，这一特性称为虚断。显然，运放的输入端不能真正开路。

在给运放加上深度负反馈后，净输入量很小，所以易于实现“虚短”和“虚断”。

运用“虚短”“虚断”这两个概念，在分析运放线性应用电路时，可以简化应用电路的分析过程。如果运放不在线性区工作，则没有“虚短”“虚断”的特性。

7.5.6 比例运算电路

比例运算电路说明输出信号与输入信号之间满足比例运算的关系，比例运算电路是各种运算电路的基础。

1. 反相比例运算

理想运算放大器组成的反相比例运算电路如图 7-93 所示，图中运算放大器中的“∞”表示为理想运算放大器。

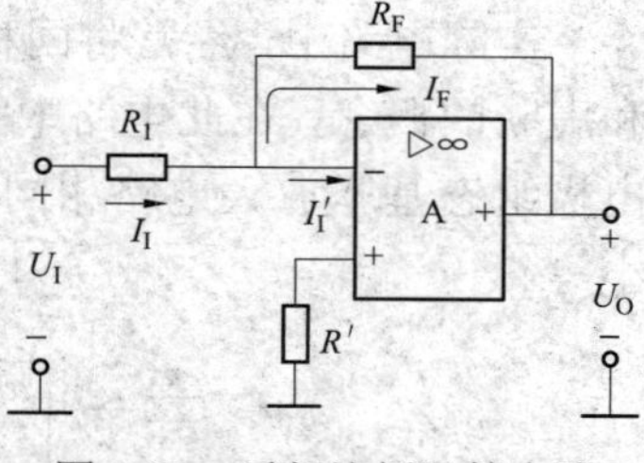

图 7-93 反相比例运算电路

根据虚断，$I_1' \approx 0$，故 $U_+ \approx 0$，且 $I_1 \approx I_F$；根据虚短，$U_- \approx U_+ \approx 0$，所以有

$$I_1 = \frac{U_I - U_-}{R_1} \approx \frac{U_I}{R_1}$$

$$U_O = -I_F R_F \approx -\frac{U_I}{R_1} R_F$$

所以，电压增益

$$A_u = \frac{U_O}{U_I} = -\frac{I_F R_F}{I_1 R_1} \approx -\frac{R_F}{R_1} \tag{7-84}$$

电压增益表达式有一个负号，这个负号是根据电路中电压正方向的规定得出的。也可以这样看这个负号，因为输入电压是通过电阻 R_1 加在运放的反相输入端，输出电压与输入电压反相。

反相比例运算电路的输入电阻为

$$R_i = R_1 \tag{7-85}$$

根据上述关系式，该电路可用于反相比例运算。平衡电阻 R' 是为了保证运算放大器的两个差动输入端处于平衡的工作状态，避免输入偏流产生附加的差动输入电压。因此，应该使反相输入端和同相输入端对地的电阻相等，应保证 $R' = R_1 // R_F$。

$U_+ \approx U_- \approx 0$ 称为虚地现象。虚地是反相输入端的电位近似等于地电位，且对于理想运放也没有电流流入运放的反相输入端。此现象是反相运算电路的一个重要特点。由于虚地现象的存在，加在运放两输入端的共模电压为零。虚地并不是真正的地（地一般是零电位），若用导线真的去短路，电路将不能工作。

2. 同相比例运算

理想运算放大器组成的同相比例运算电路如图 7-94 所示。根据虚断，因输入回路没有电流，所以 $U_I = U_+$。根据虚短，$U_I = U_+ \approx U_-$，故

$$U_+ = U_I = \frac{R_1}{R_1 + R_F} U_O$$

所以，电压增益为

$$A_u = \frac{U_O}{U_I} = 1 + \frac{R_F}{R_1} \tag{7-86}$$

根据上述关系式，该电路可用于同相比例运算。同相比例运算电路在运放的两输入端上加了共模电压，不存在虚地现象；此外，输入电阻中包含了运放的输入电阻，在一般情况下可以看成无穷大。

实际电路中，经常将同相比例运算电路接成如图 7-95 所示的电压跟随器形式。根据虚短和虚断的概念，在此电路中输出电压等于输入电压，电压增益等于 1。该电路还具有和共集电极组态基本放大电路相同的重要性质，如输出、输入同相，输入电阻很大，输出电阻很小等。

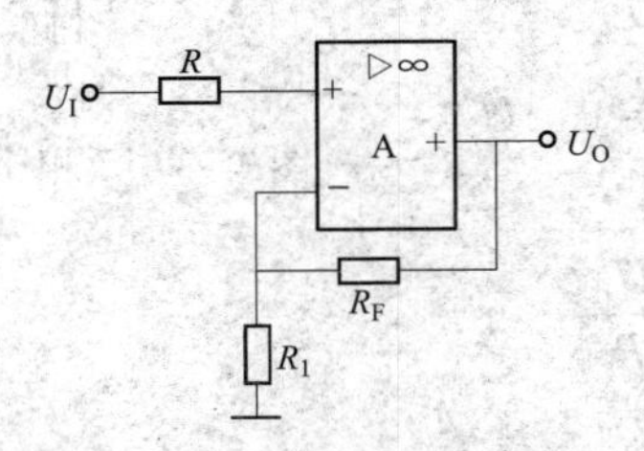

图 7-94　同相比例运算电路

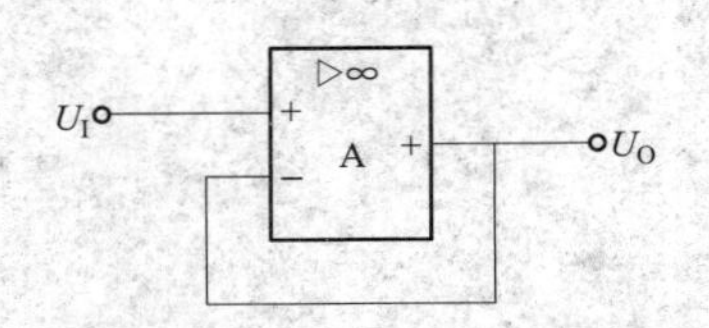

图 7-95　同相跟随器

同相比例运算电路的输入电阻非常大，一般情况下可视为无穷大。无虚地存在，有共模电压输入。

3. 差动比例运算

理想运算放大器组成的差动比例运算放大电路如图 7-96 所示。为保证输入端处于平衡状态，两个输入端对地的电阻相等，同时为降低共模电压放大倍数，通常使 $R_1 = R_1'$，$R_F' = R_F$。

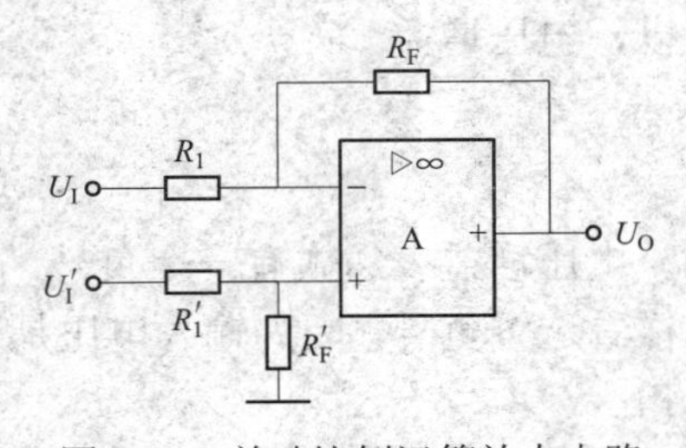

图 7-96　差动比例运算放大电路

利用叠加定理可以求得反相输入端和同相输入端的电位为

$$U_{-}=U_{\mathrm{I}}\frac{R_{\mathrm{F}}}{R_1+R_{\mathrm{F}}}+U_{\mathrm{O}}\frac{R_1}{R_1+R_{\mathrm{F}}},\ U_{+}=U_{\mathrm{I}}'\frac{R_{\mathrm{F}}'}{R_1'+R_{\mathrm{F}}'}$$

根据虚短，可知 $U_{-}=U_{+}$，当满足 $R_1=R_1', R_{\mathrm{F}}=R_{\mathrm{F}}'$ 时，可得

$$U_{\mathrm{O}}=-\frac{R_{\mathrm{F}}}{R_1}(U_{\mathrm{I}}-U_{\mathrm{I}}')$$

$$A_{\mathrm{u}}=\frac{U_{\mathrm{O}}}{U_{\mathrm{I}}-U_{\mathrm{I}}'}=-\frac{R_{\mathrm{F}}}{R_1} \tag{7-87}$$

电路的输出电压与两个输入电压的差值成正比，电压增益的数值与反相比例运算电路相同。差动比例运算放大电路的同相输入端和反相输入端有共模电压存在，没有虚地现象。由此可以看出，有虚地存在，在反相输入端和同相输入端无共模电压；无虚地存在时，在反相输入端和同相输入端有共模电压存在。

7.5.7 求和运算电路

输出量是多个输入量按照一定比例相加的结果，称为求和运算，或者称为比例求和。

1. 反相输入求和电路

在反相比例运算电路的基础上，增加一个输入支路，就构成了反相输入求和电路，如图 7-97 所示。此时两个输入信号电压产生的电流都流向 R_{F}，所以输出是两输入信号的比例和。

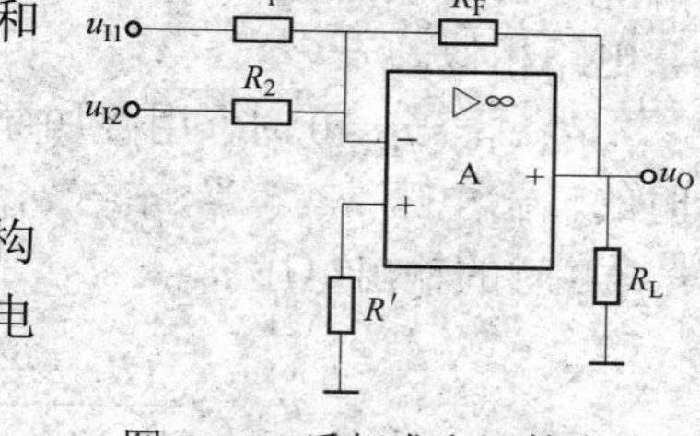

图 7-97 反相求和运算电路

可得

$$\begin{aligned}u_{\mathrm{O}}&=-(i_{\mathrm{I1}}+i_{\mathrm{I2}})R_{\mathrm{F}}\\&=-\left(\frac{u_{\mathrm{I1}}}{R_1}+\frac{u_{\mathrm{I2}}}{R_2}\right)R_{\mathrm{F}}\end{aligned}$$

$$u_{\mathrm{O}}=-\left(\frac{R_{\mathrm{F}}}{R_1}u_{\mathrm{I1}}+\frac{R_{\mathrm{F}}}{R_2}u_{\mathrm{I2}}\right) \tag{7-88}$$

2. 同相输入求和电路

在同相比例运算电路的基础上，增加一个输入支路，就构成了同相输入求和电路，如图 7-98 所示。

因运放具有虚断的特性，所以

$$u_{-}=\frac{R}{R_{\mathrm{F}}+R}u_{\mathrm{O}}$$

对运放同相输入端的电位可用叠加原理求得

$$u_{+}=\frac{(R_2/\!/R')u_{\mathrm{I1}}}{R_1+(R_2/\!/R')}+\frac{(R_1/\!/R')u_{\mathrm{I2}}}{R_2+(R_1/\!/R')}$$

而

$$u_{-}=u_{+}$$

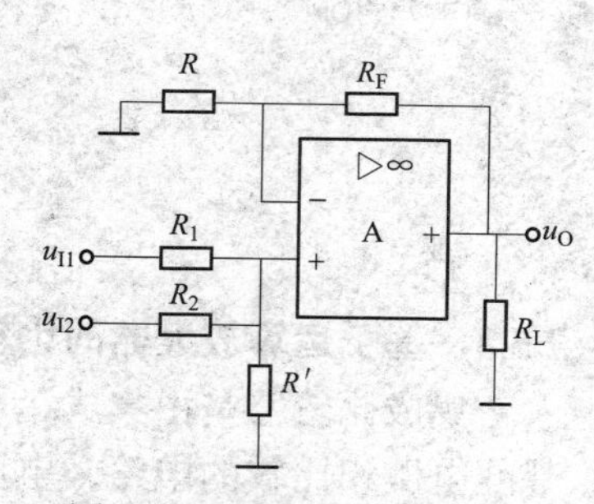

图 7-98 同相输入求和电路

由此可得出

$$u_O=\left[\frac{(R_2//R')u_{I1}}{R_1+(R_2//R')}+\frac{(R_1//R')u_{I2}}{R_2+(R_1//R')}\right]\frac{R_F+R}{R}$$

$$=\left[\frac{R_1}{R_1}\times\frac{(R_2//R')u_{I1}}{R_1+(R_2//R')}+\frac{R_2}{R_2}\times\frac{(R_1//R')u_{I2}}{R_2+(R_1//R')}\right]\frac{R_F+R}{R}$$

$$=\left(\frac{R_p}{R_1}u_{I1}+\frac{R_p}{R_2}u_{I2}\right)\left(\frac{R+R_F}{R}\times\frac{R_F}{R_F}\right)$$

$$u_O=\frac{R_p}{R_n}R_F\left(\frac{u_{I1}}{R_1}+\frac{u_{I2}}{R_2}\right) \tag{7-89}$$

式中，$R_p=R_1//R_2//R'$，$R_n=R_F//R$。

3. 双端输入求和电路

双端输入也称为差分输入，双端输入求和运算电路如图 7-99 所示。其输出电压表达式的推导方法与同相输入运算电路相似。

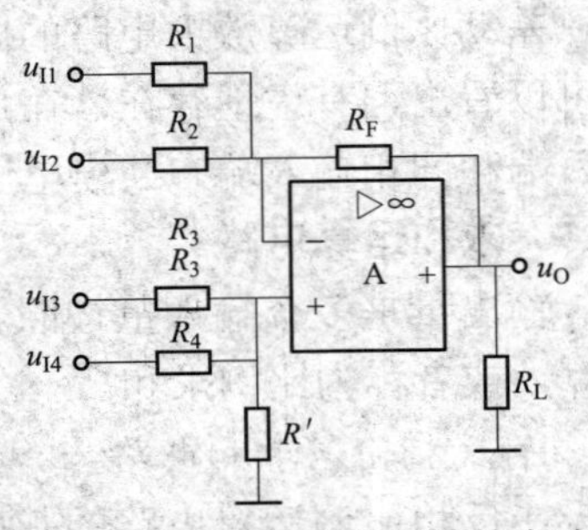

图 7-99　双端输入求和运算电路

当 $u_{I1}=u_{I2}=0$ 时，用叠加原理分别求出 $u_{I3}=0$ 和 $u_{I4}=0$ 时的输出电压 u_{Op}。当 $u_{I3}=u_{I4}=0$ 时，分别求出 $u_{I1}=0$ 和 $u_{I2}=0$ 时的输出电压 u_{On}。

$$u_{Op}=\frac{(R_4//R')u_{I3}}{R_3+(R_4//R')}\left(1+\frac{R_F}{R_1//R_2}\right)+\frac{(R_3//R')u_{I4}}{R_4+(R_3//R')}\left(1+\frac{R_F}{R_1//R_2}\right)$$

$$u_{Op}=\frac{R_3}{R_4}\frac{(R_4//R')u_{I3}}{R_3+(R_4//R')}\left(1+\frac{R_F}{R_1//R_2}\right)+\frac{R_4}{R_4}\frac{(R_3//R')u_{I4}}{R_4+(R_3//R')}\left(1+\frac{R_F}{R_1//R_2}\right)$$

$$=\frac{R_p}{R_3}u_{I3}\left(1+\frac{R_F}{R_1//R_2}\right)+\frac{R_p}{R_4}u_{I4}\left(1+\frac{R_F}{R_1//R_2}\right)=\left[\frac{(R_1//R_2)+R_F}{R_1//R_2}\frac{R_F}{R_F}\right]\left(\frac{R_p}{R_3}u_{I3}+\frac{R_p}{R_4}u_{I4}\right)$$

$$=\frac{R_pR_F}{R_n}\left(\frac{u_{I3}}{R_3}+\frac{u_{I4}}{R_4}\right) \tag{7-90}$$

式中，$R_p=R_3//R_4//R'$，$R_n=R_1//R_2//R_F$。

再求 u_{On}

$$u_{On}=-\frac{R_F}{R_1}u_{I1}-\frac{R_F}{R_2}u_{I2} \tag{7-91}$$

$$=\frac{R_pR_F}{R_n}\left(\frac{u_{I3}}{R_3}+\frac{u_{I4}}{R_4}\right)-R_F\left(\frac{u_{I1}}{R_1}+\frac{u_{I2}}{R_2}\right)$$

7.5.8　基于运算放大器的比较器电路

集成比较器是由集成运放组成的一种模拟电压比较电路，是将一个模拟电压信号与一个基准电压相比较的电路。电压比较器的基本特点是：工作在开环或正反馈状态；因开环增益很大，比较器的输出只有高电平和低电平两个稳定状态；因是大幅度工作，输出和输入不成线性关系。

1. 普通电压比较器

普通电压比较器的电路如图 7-100（a）所示，运放处于开环工作状态，U_{REF} 称为基准电压。此时运放具有的特点是：当 $u_s \geqslant U_{REF}$ 时，$u_o = -U_{om}$；当 $u_s \leqslant U_{REF}$ 时，$u_o = +U_{om}$。

分析比较器时，应遵循上述两条原则来处理输出与输入的关系。U_{om} 为运放输出的最大饱和电压。

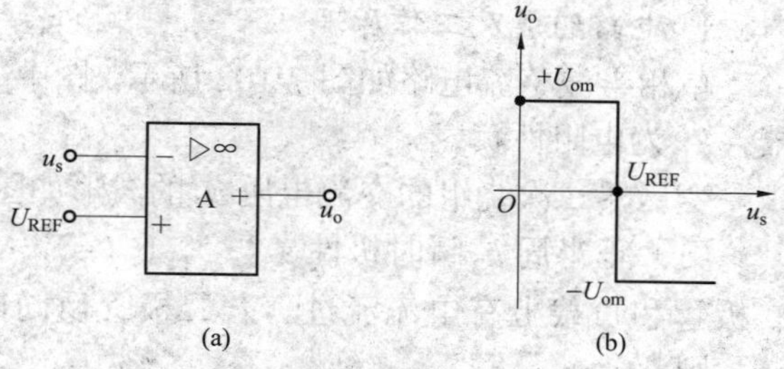

图 7-100　任意电压比较器

（a）电路图；（b）电压传输特性

普通电压比较器的传输特性如图 7-100（b）所示。若 $U_{REF}=0$，则相应的比较器称为过零比较器。

2. 滞回电压比较器

从输出引一个电阻分压支路到同相输入端，组成如图 7-101（a）所示电路，其传输特性如图 7-101（b）所示。

滞回比较器的工作原理如下：

当 u_i 从零逐渐增大，且 $u_i \leqslant U_{th1}$ 时，$u_o = U_{om}^{+}$，U_{th1} 称为上限触发电平，或称为上限阈值。U_{th1} 可用叠加原理求出

$$U_{th1} = \frac{R_1 U_{REF}}{R_1 + R_2} + \frac{R_2}{R_1 + R_2} U_{om}^{+}$$

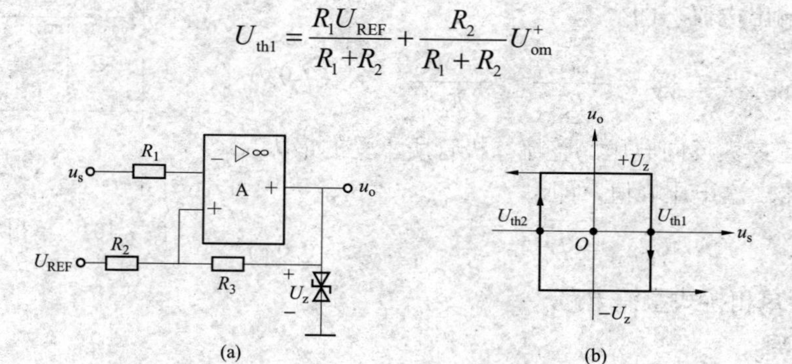

图 7-101　滞回电压比较器

（a）电路图；（b）传输特性

当输入电压 $u_i \geqslant U_{th1}$ 时，$u_o = U_{om}^{-}$。此时触发电平变为 U_{th2}，称为下限触发电平，或下限阈值。

$$U_{th2} = \frac{R_1 U_{REF}}{R_1 + R_2} + \frac{R_2}{R_1 + R_2} U_{om}^{-}$$

当 u_i 逐渐减小，且 $u_i = U_{th2}$ 以前，u_o 始终等于 U_{om}^{-}。当输入电压变化到 $u_i \leqslant U_{th2}$ 以后，$u_o = U_{om}^{+}$。因此出现了如图 7-101（b）所示的滞回特性曲线。

7.5.9　二极管单相半波整流电路

利用二极管的单向导电性组成整流电路，可将交流电压变为单向脉动电压。为便于分析，把整流二极管当作理想元件，即认为它的正向导通电阻为零，而反向电阻为无穷大。

1. 电路组成及工作原理

单相半波整流电路如图 7-102 所示，图中 T 为电源变压器，R_L 为电阻性负载。

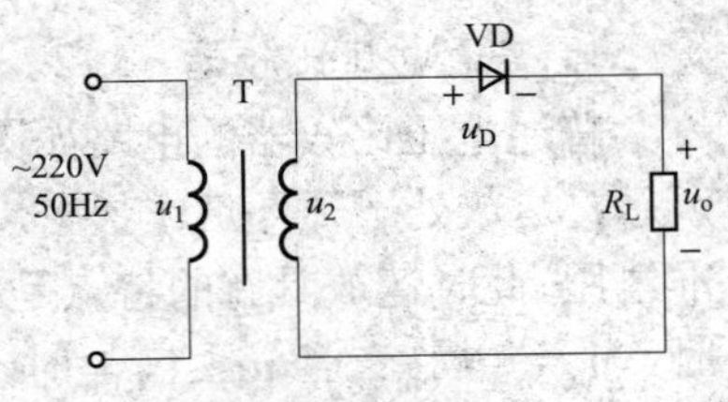

图 7-102　半波整流电路

变压器二次绕组的交流电压 u_2 的波形如图 7-103 所示。

（1）正半周 u_2 瞬时极性 a（+），b（−），VD 正偏导通，二极管和负载上有电流流过。若二极管反向电压降忽略不计，则 $u_o=u_2$。

（2）负半周 u_2 瞬时极性 a（−），b（+），VD 反偏截止，负载电流 $I_R\approx0$，$u_D=u_2$。

其工作波形 u_o 如图 7-103 所示。

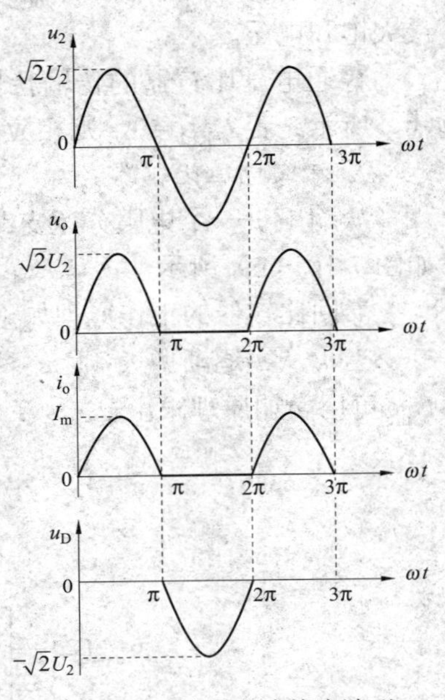

图 7-103　单相半波整流波形

2. 性能参数

（1）输出电压平均值。

$$U_{O(AV)}=\frac{1}{2\pi}\int_0^{\pi}\sqrt{2}U_2\sin\omega t\mathrm{d}(\omega t)=\frac{\sqrt{2}U_2}{\pi}\approx0.45U_2 \tag{7-92}$$

（2）整流二极管正向平均电流。整流二极管的平均电流即是电路整流输出电流，即

$$I_{D(AV)}=I_{O(AV)}=\frac{U_{O(AV)}}{R_L}\approx\frac{0.45U_2}{R_L} \tag{7-93}$$

（3）二极管最大反向电压。整流二极管所承受的最大反向电压为变压器二次电压峰值，即

$$U_{Rmax}=\sqrt{2}U_2 \tag{7-94}$$

7.5.10　二极管单相桥式整流电路

1. 工作原理

单桥式整流电路如图 7-104（a）所示。利用二极管的单相导电性，在交流输入电压 u_2 的正半周内，二极管 VD_1、VD_3 导通，VD_2、VD_4 截止，在负载 R_L 上得到上正下负的输出电压；在负半周内，正好相反，VD_1、VD_3 截止，VD_2、VD_4 导通，流过负载 R_L 的电流方向与正半周一致。因此，利用变压器的一个二次绕组和四个二极管，使得在交流电源的正、负半周内，整流电路的负载上都有方向不变的脉动直流电压和电流，其工作波形如图 7-104（b）所示。

2. 性能参数

（1）输出电压平均值。

$$U_{O(AV)}=\frac{1}{\pi}\int_0^{\pi}\sqrt{2}U_2\sin\omega t\mathrm{d}(\omega t)=\frac{2\sqrt{2}}{\pi}U_2=0.9U_2 \tag{7-95}$$

（2）整流二极管正向平均电流。在桥式整流电路中，整流二极管 VD_1、VD_3 和 VD_2、VD_4 是两两轮流导通的，因此流过每个整流二极管的平均电流是电路输出电流平均值的一半，即

$$I_{D(AV)}=\frac{I_O}{2}=\frac{0.45U_2}{R_L} \tag{7-96}$$

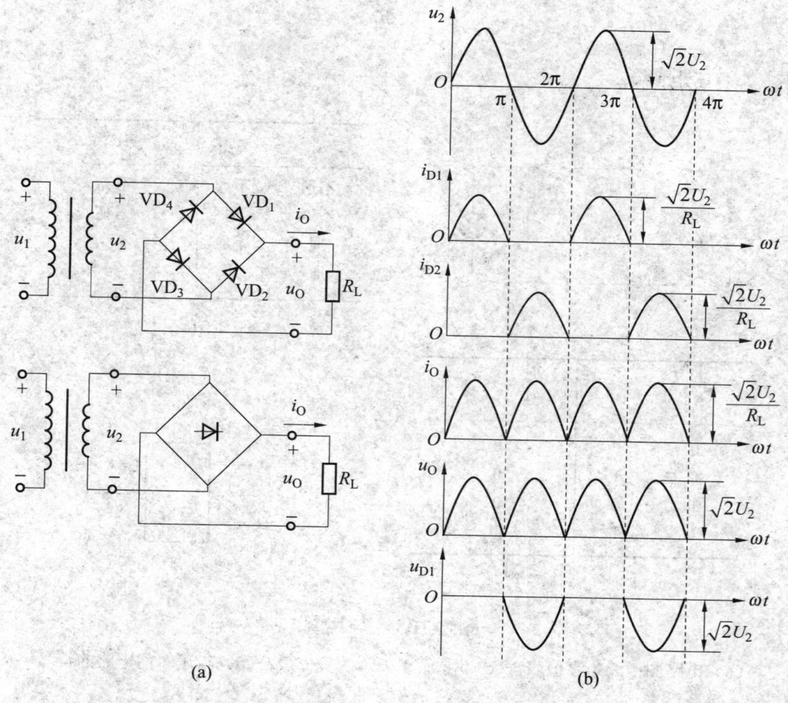

图 7-104　单相全波桥式整流电路

（3）二极管最大反向电压。桥式整流电路因其变压器只有一个二次绕组，在 U_2 正半周时，VD_1、VD_3 导通，VD_2、VD_4 截止，此时 VD_2、VD_4 所承受的最大反向电压为 U_2 的最大值，即

$$U_{Rmax}=\sqrt{2}U_2 \tag{7-97}$$

同理，在 U_2 负半周时，VD_1、VD_3 也承受同样大小的反向电压。

7.6　数字电子技术

考试大纲

与、或、非门的逻辑功能；简单组合逻辑电路；D 触发器；JK 触发器数字寄存器；脉冲计数器。

7.6.1　数字电路概述

数字电路是用来产生、传输、处理不连续变化的离散信号的电路，主要用来研究电路的输出与输入之间的逻辑关系。其特点是：电路的半导体器件多数工作在开关状态，即工作在饱和区或截止区，放大区仅是过渡状态。

通常在数字电路中，高电平为逻辑“1”，低电平为逻辑“0”。逻辑“0”和逻辑“1”表示彼此相关又互相对立的两种状态，没有大小之分，例如，“是”与“非”、“真”与“假”、“开”与“关”、“低”与“高”等，因而常称其为数字逻辑。

7.6.2　与、或、非运算及其逻辑门功能

数字电路中的三个最基本逻辑运算是与、或、非运算。所有的数字电路都是这三种运算

的组合。

1. 与运算

与运算如图 7-105 所示。

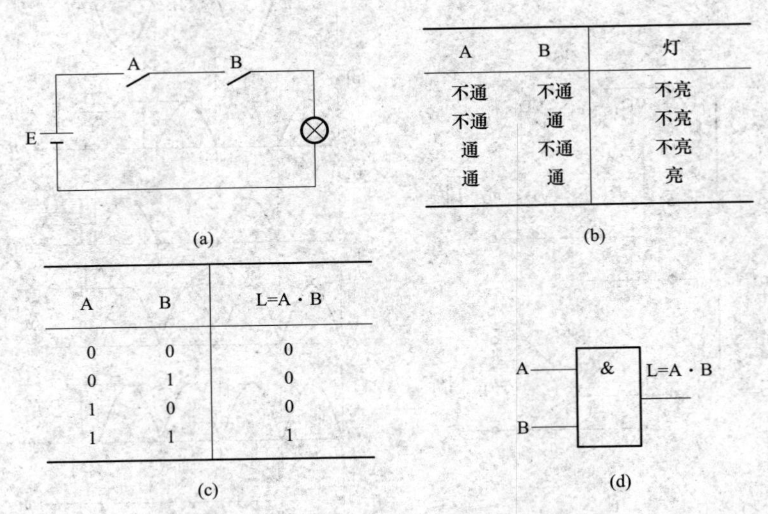

A	B	灯
不通	不通	不亮
不通	通	不亮
通	不通	不亮
通	通	亮

(b)

A	B	L=A · B
0	0	0
0	1	0
1	0	0
1	1	1

(c)

图 7-105　与运算

（a）电路图；（b）真值表；（c）用 0、1 表示的真值表；（d）与逻辑门电路的符号

与运算的特点：输入全为 1 时输出为 1，否则输出为 0。或者只要有一个输入为 0，则输出为 0。

$$A \cdot 1 = A\text{（输入与 1 相与保持不变）}$$

$$A \cdot 0 = 0\text{（输入与 0 相与输出清零）}$$

2. 或运算

或运算如图 7-106 所示。

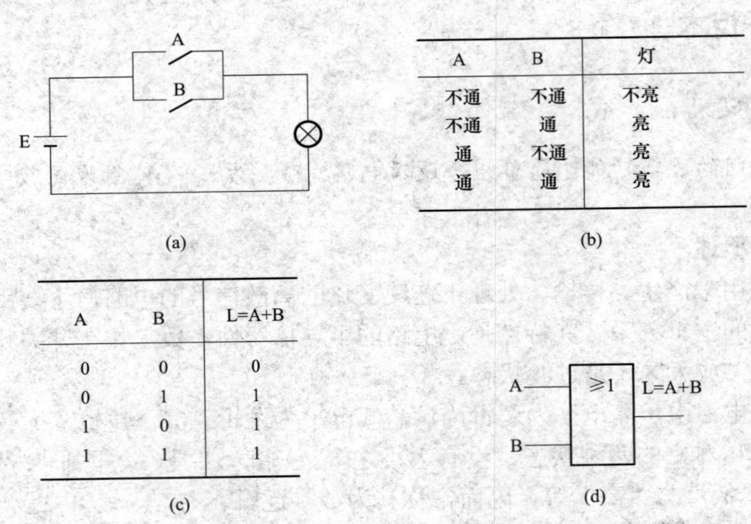

A	B	灯
不通	不通	不亮
不通	通	亮
通	不通	亮
通	通	亮

(b)

A	B	L=A+B
0	0	0
0	1	1
1	0	1
1	1	1

(c)

图 7-106　或运算

（a）电路图；（b）真值表；（c）用 0、1 表示的真值表；（d）或逻辑门电路的符号

或运算的特点：输入全为 0 时输出为 0，否则输出为 1。或者只要有一个输入为 1，则输出为 1。

$$A+1 = 1\text{（输入与 1 相或输出为 1）}$$

$$A+0 = A\text{（输入与 0 相或保持不变）}$$

3. 非运算

非运算如图 7-107 所示。

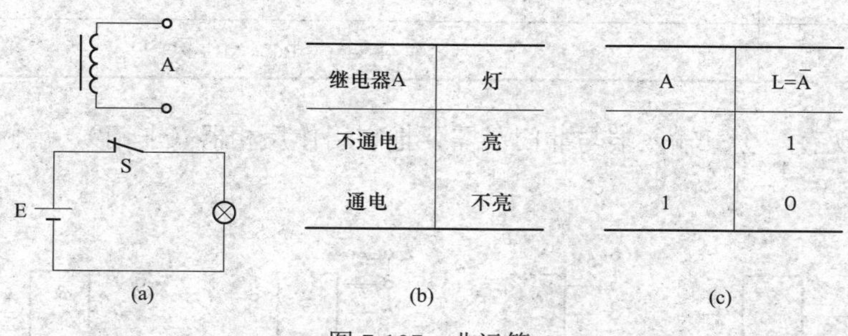

继电器A	灯
不通电	亮
通电	不亮

A	$L=\overline{A}$
0	1
1	0

图 7-107　非运算

（a）电路图；（b）真值表；（c）用 0、1 表示的真值表

非运算的特点：输出与输入状态相反。

几种常用的逻辑运算见表 7-3。

表 7-3　　几种常用的逻辑运算

逻辑变量		与运算	或运算	非运算	与非运算	或非运算	异或运算
A	B	$L=A\cdot B$（&）	$L=A+B$（≥1）	$L=\overline{A}$（1）	$L=\overline{A\cdot B}$（&）	$L=\overline{A+B}$（≥1）	$L=A\oplus B$（=1）
0	0	0	0	1	1	1	0
0	1	0	1	1	1	0	1
1	0	0	1	0	1	0	1
1	1	1	1	0	0	0	0

4. 布尔代数的基本定律

布尔代数的基本定律和恒等式见表 7-4。

表 7-4　　布尔代数的基本定律和恒等式

基本定律	自等律	$A+0=A \quad A\cdot 1=A$
	0–1 律	$A+1=1 \quad A\cdot 0=0$
	互补律	$A+\overline{A}=1 \quad A\cdot\overline{A}=0$
	重叠律	$A+A=A \quad A\cdot A=A$
	还原律	$\overline{\overline{A}}=A$

续表

交换律	A+B=B+A　A•B=B•A
结合律	（A+B）+C=A+（B+C）　（AB）C=A（BC）
分配律	A（B+C）=AB+AC　A+BC=（A+B）（A+C）
吸收律	A+AB=A　A（A+B）=A　$A+\overline{A}B=A+B$　$A(\overline{A}+B)=AB$
反演律	$\overline{ABC\cdots}=\overline{A}+\overline{B}+\overline{C}+\cdots$　$\overline{A+B+C+\cdots}=\overline{A}\,\overline{B}\,\overline{C}\cdots$
其他常用恒等式	$AB+\overline{A}C+BC=AB+\overline{A}C$

【例 7-15】现有一个三输入端与非门，需要把它用作反相器（非门），请问下面所示电路中接法正确的是（　　）。

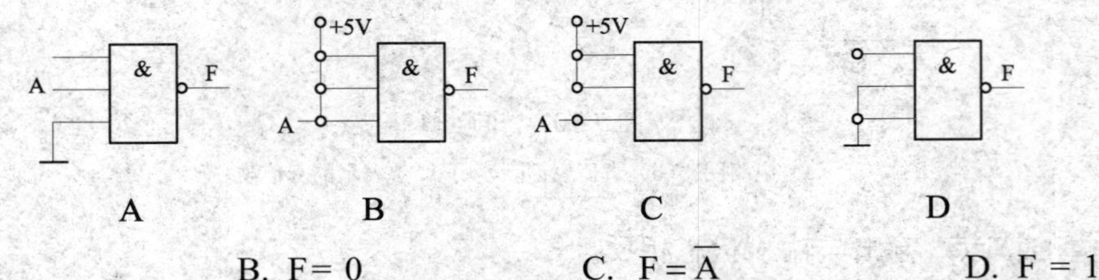

A. F=1　　B. F= 0　　C. $F=\overline{A}$　　D. F = 1

【解】只有 C 的输出是与输入存在非门关系，其余输出都是固定的逻辑值，与输入 A 没有非门关系。

【答案】C

【例 7-16】逻辑图和输入 A、B 的波形如图 7-108 所示，分析当输出 F 为“1”的时刻应是（　　）。

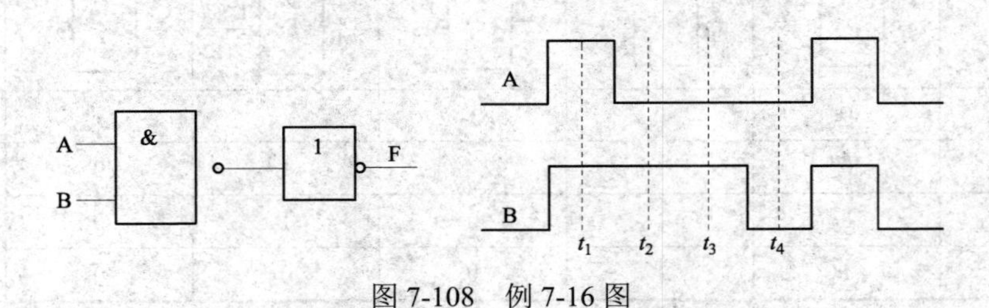

图 7-108　例 7-16 图

A. t_1　　B. t_2　　C. t_3　　D. t_4

【解】由图可以看出 F = A•B。只有在 t_1 时刻，A 和 B 都为高电平，F=1，其他时刻，A 和 B 不都是高电平，输出 F = 0。

【答案】A

【例 7-17】电路如图 7-109 所示，当 A、B、C 端都输入高电平时，晶体三极管饱和导通，当 A、B、C 中有一个输入低电平时，晶体三极管截止，该电路对应的逻辑门是（　　）。

【解】A、B、C 只要有一个低电平就使晶体三极管导通，输出 Y 为低电平，即 0。

【答案】C

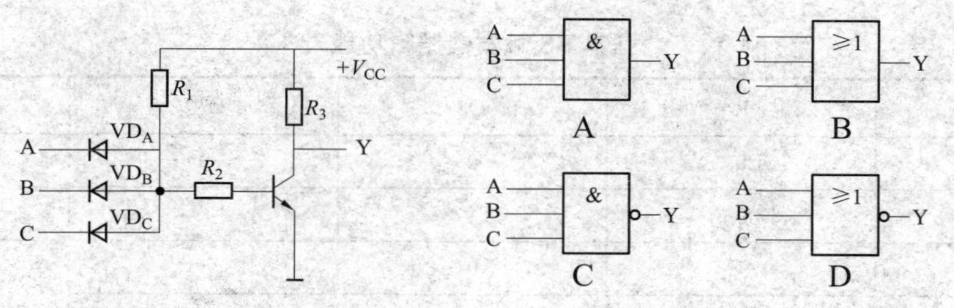

图 7-109　例 7-17 图

【例 7-18】（2017）　对于逻辑函数表达式 $AC+DC+\overline{AD}C$ 的化简结果是（　　）。

A. C　　B. A+D+C　　C. AC+DC　　D. $\overline{A}+\overline{C}$

【解】用逻辑函数的化简方法。$AC+DC+\overline{AD}C=(A+D)C+(\overline{A}+\overline{D})C=(A+\overline{A}+D+\overline{D})C=C$。

【答案】A

7.6.3　简单组合逻辑电路

1. 组合逻辑电路输入输出的特点

组合逻辑电路在结构上，具有以下特征：

（1）组合逻辑电路是由各类逻辑门组成，电路中不含存储元件。

（2）组合逻辑电路的输入和输出之间没有反馈通路。

2. 组合逻辑电路的分析

分析组合逻辑电路的目的是确定已知电路的逻辑功能。其分析步骤大致如下：

（1）从输入端入手，根据电路的逻辑功能逐级写出各输出端的逻辑函数表达式。

（2）化简和变换各逻辑表达式。

（3）列出真值表。

（4）根据真值表和逻辑表达式对逻辑电路进行分析，最后确定其功能。

7.6.4　触发器

1. 触发器基本特点

触发器是有记忆功能的逻辑部件，其输出状态不仅与现时的输入有关，还与原来的输出有关。触发器的输出有两种可能的状态：0、1。

按功能分类有 RS 触发器、D 触发器、JK 触发器、T 型等。

2. 基本 RS 触发器

（1）组成。由与非门组成的基本 RS 触发器及符号如图 7-110 所示。S 称为置位端，R 称为复位端，Q 和 $\overline{Q}$ 均为输出端，且互为反变量。

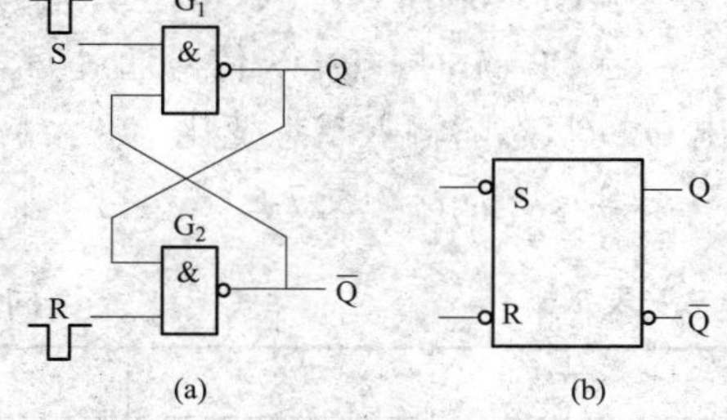

图 7-110　基本 RS 触发器

（a）逻辑图；（b）逻辑符号

（2）原理。

当 SR=01 时，$Q^{n+1}=1$，电路输出处于 1 状态。

当 SR=10 时，$Q^{n+1}=0$，电路输出处于 0 状态。

当 SR=11 时，电路保持原来状态不变。

当 SR=00 时，电路的状态是无法确定的。应禁止该情况出现，即要求有 S+R=1 的约束。

（3）逻辑功能表（表 7-5）。

表 7-5　　　　　　　　　　　　**基本 RS 触发器逻辑功能表**

S	R	Q^n	Q^{n+1}	功能
1	0	0	0	置 0
1	0	1	0	
0	1	0	1	置 1
0	1	1	1	
1	1	0	0	不变
1	1	1	1	
0	0	0	×	不定
0	0	1	×	

3. 同步 RS 触发器

（1）组成。同步 RS 触发器及符号如图 7-111 所示，CP 为同步脉冲。

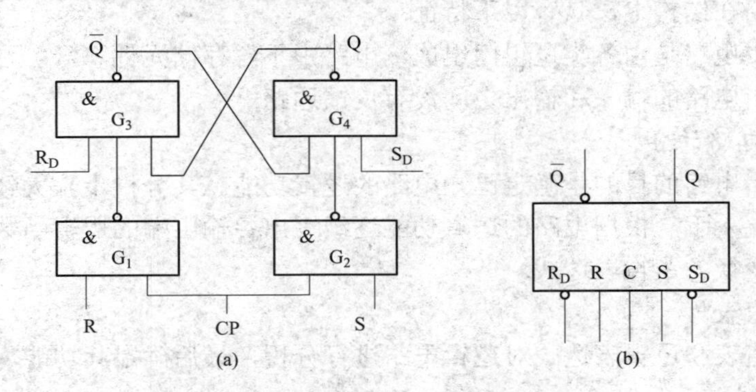

图 7-111　同步 RS 触发器及符号

（a）电路结构；（b）逻辑符号

（2）工作原理。

当 CP=0 时，G_3、G_4 截止，输入信号 R、S 不会影响输出 Q，触发器保持原态。

当 CP=1 时，R、S 信号通过 G_3、G_4 反向加到 G_1、G_2，组成的基本 RS 触发器上，使输出 Q 的状态随输入状态变化。

（3）功能表（表 7-6）。

表 7-6　　　　　　　　　　　　**同步 RS 触发器逻辑功能表**

CP	S	R	Q^n	Q^{n+1}	功能
1	0	0	0	0	状态不变
1	0	0	1	1	
1	0	1	0	0	与 S 状态相同
1	0	1	1	0	
1	1	0	0	1	与 S 状态相同
1	1	0	1	1	

续表

CP	S	R	Q^n	Q^{n+1}	功能
1	1	1	0	×	状态不定
1	1	1	1	×	
0	×	×	0	0	保持状态
0	×	×	1	1	

4. 同步 D 触发器

（1）组成。在同步触发器的输入端接一个非门，信号只从 S 端输入，就构成了同步 D 触发器，如图 7-112 所示。

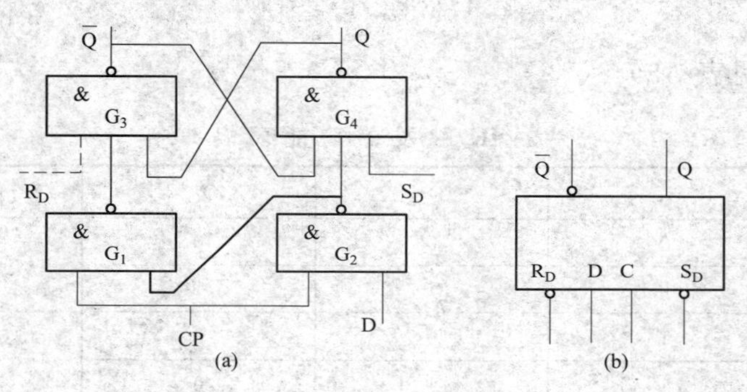

图 7-112　同步 D 触发器

（a）电路结构；（b）逻辑符号

（2）工作原理。

当 CP = 0 时，控制门被封锁，触发器的状态保持不变。

当 CP = 1 时，控制门被打开，若 D = 1，则 SR = 10，$Q^{n+1} = 1$；若 D = 0，则 SR=01，$Q^{n+1} = 0$。

（3）功能表（见表 7-7）。

表 7-7　　　　同步 D 触发器功能表

CP	D	Q^n	Q^{n+1}	功能
0	0	0	0	状态不变
0	1	1	1	
1	0	×	0	同 D 端
1	1	×	1	

5. JK 触发器

（1）组成。在两个 RS 触发器的基础上加上两条反馈线，可得到图 7-113 所示的 JK 触发器。

（2）工作原理。当 CP = 1 时，当 JK = 10 时，$Q^{n+1} = 1$；JK = 01 时，$Q^{n+1} = 0$；JK = 11 时，$Q^{n+1} = \overline{Q^n}$。JK 触发器与 RS 触发器的不同之处是，它没有约束条件。在 JK = 11 时，每来一次 CP 脉冲，触发器翻转一次，该状态称为计数状态，翻转次数可以计算出时钟脉冲个数。

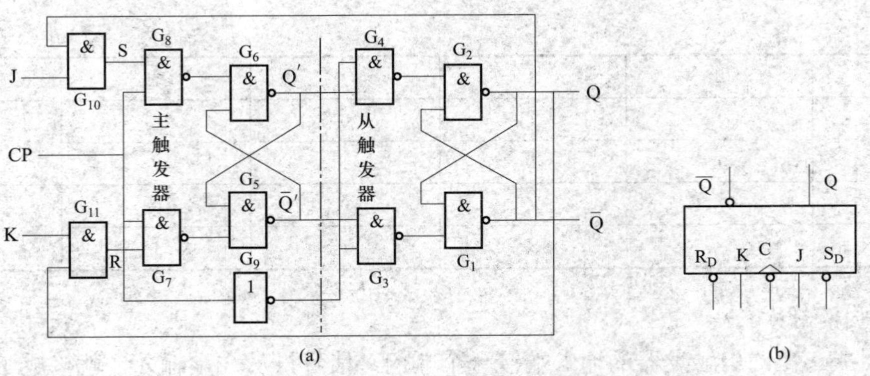

图 7-113　主从 JK 触发器电路

（a）电路结构；（b）逻辑符号

（3）功能表（见表 7-8）。

表 7-8　JK 触发器功能表

J	K	Q^n	Q^{n+1}	功　能
0	0	0	0	状态不变
0	0	1	1	
0	1	0	0	输出状态与 J 端状态相同
0	1	1	0	
1	0	0	1	
1	0	1	1	
1	1	0	1	每输入一个脉冲，输出状态改变一次
1	1	1	0	

6. 触发器的触发方式（图 7-114）

（1）电平触发方式。

正电平触发：CP = 1 期间触发器翻转。

负电平触发：CP = 1 期间触发器翻转。

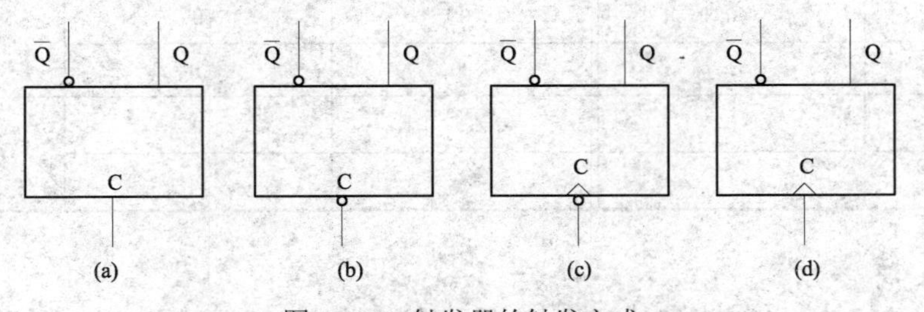

图 7-114　触发器的触发方式

（a）正电平触发；（b）负电平触发；（c）负沿触发；（d）正沿触发

（2）边沿触发方式。

上升沿触发（正边沿触发）：CP 由 0 变为 1 时，即 CP 的上升沿使触发器翻转。

下降沿触发（负边缘触发）：CP 由 1 变为 0 时，即 CP 的下降沿使触发器翻转。

7.6.5 数字寄存器

数字寄存器主要部件是触发器。一个触发器可存 1 位二进制代码，存储 *n* 位二进制代码的寄存器则需要 n 个触发器。常用有左、右移位寄存器。

图 7-115 是一个 4 位寄存器，在 CP 上沿作用下，使 1D～4D 端数据并行存入寄存器，即寄存于输出端 1Q～4Q 端。R_D 是清零端。图 7-116 是一个 4 位右移寄存器。在脉冲 CP 的作用下，每来一次脉冲，寄存器数据右移一位，图 7-117 是其时序图。

按寄存器输入/输出方式分类有并行输入/并行输出寄存器，串行输入/并行输出寄存器，并行输入/串行输出寄存器和串行输入/串行输出寄存器。

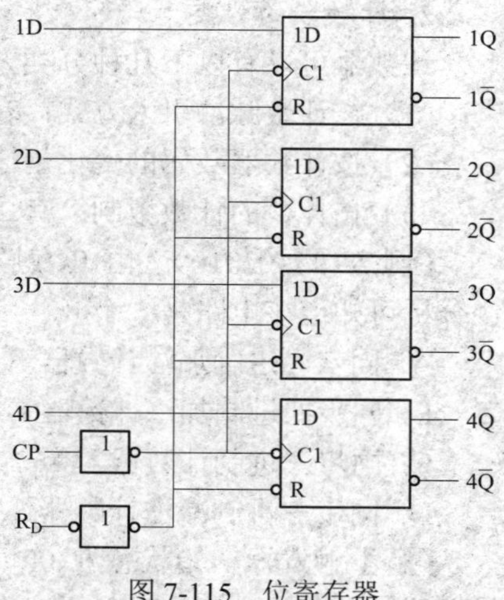

图 7-115　位寄存器

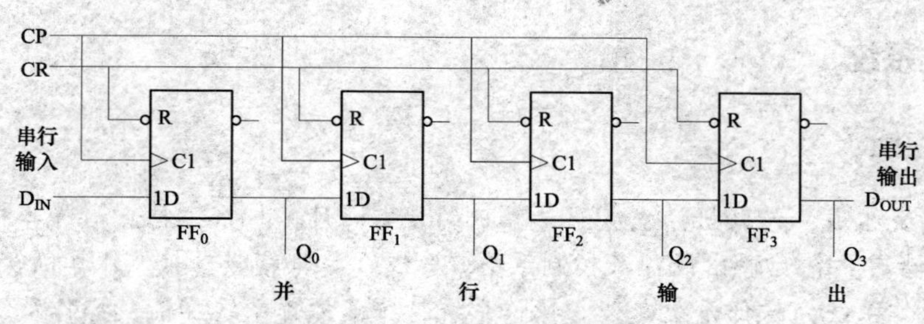

图 7-116　4 位右移寄存器电路图

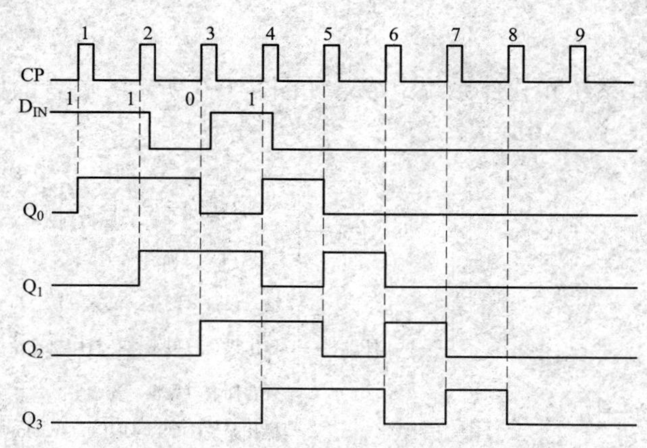

图 7-117　4 位右移寄存器时序图

7.6.6 脉冲计数器

1. 计数器的作用

所谓计数器就是用来计算时钟脉冲个数的电路。计数器具有计数、分频和定时等功能。

2. 计数器的分类

计数器可以有以下几种分类方法：

（1）按计数脉冲引入方式：有同步计数器和异步计数器。

（2）按计数器数码的变化规律：有加法器、减法器和可逆计数器。

（3）按计数的计数数制：有二进制计数器、十进制计数器和任意进制计数器。

【例 7-19】（2010） 由 JK 触发器的应用电路如图 7-118 所示，设触发器的初值都为 0，经分析可知道该电路是一个（　　）。

A. 同步二进制加法计数器

B. 同步四进制加法计数器

C. 同步三进制计数器

D. 同步三进制减法计数器

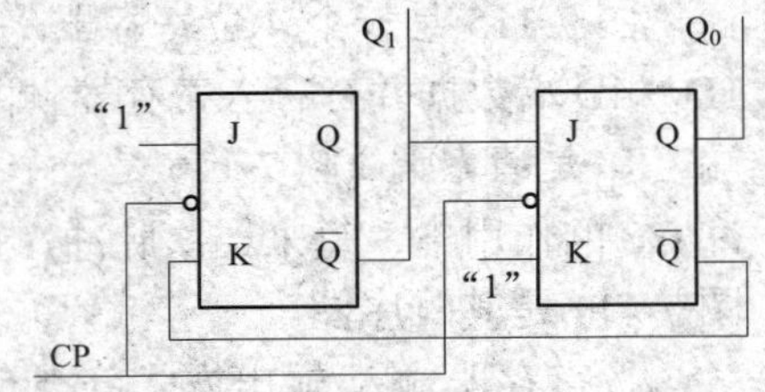

图 7-118　例 7-19 图

【解】 触发器初始状态为 00，即 $Q_1Q_0=10$，根据 JK 触发器的输入输出真值表关系，在同步脉冲的作用下，Q_1Q_0 按：10→01→00 变化，是三进制减法计数器。

【答案】 D

7.7 计算机系统

考试大纲

计算机系统组成；计算机的发展；计算机的分类；计算机系统特点；计算机硬件系统组成；CPU；存储器；输入/输出设备及控制系统；总线；数模/模数转换；计算机软件系统组成；系统软件；操作系统；操作系统定义；操作系统特征；操作系统功能；操作系统分类；支撑软件；应用软件；计算机程序设计语言。

7.7.1 计算机系统概述

1. 计算机系统组成

计算机系统由硬件系统和软件系统组成，如图 7-119 所示。前者的核心是 CPU；后者的核心是操作系统。

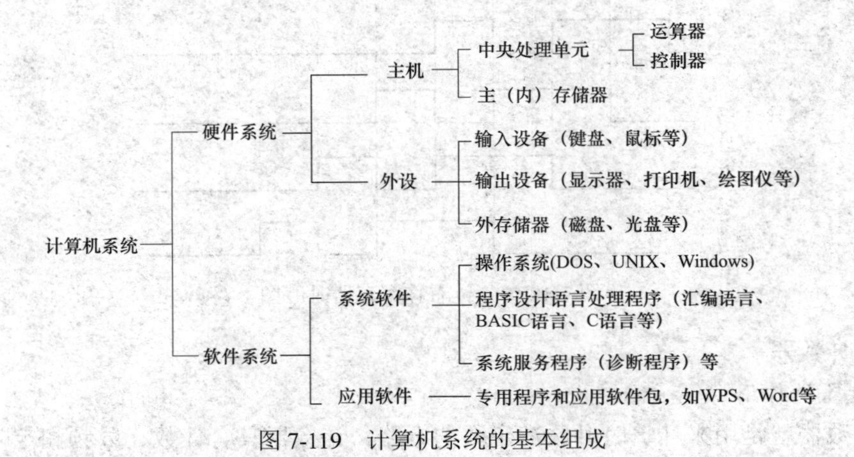

图 7-119　计算机系统的基本组成

2. 计算机的特点

计算机的特点是运算速度快、精度高，存储能力强，具有逻辑判断能力和可按程序自动工作。其主要应用有科学计算、数据处理、辅助技术、过程控制（或实时控制）、人工智能和网络。

7.7.2 计算机硬件的组成及功能

计算机的硬件一般由存储器、运算器、控制器、输入设备和输出设备五大部分组成。

1. 控制器

控制器主要由指令寄存器、译码器、程序计数器、操作控制器等组成，其功能是从存储器取出指令、分析解释指令，按照指令要求依次向其他各部件发出控制信号，并保证各部件协调一致地工作。

2. 运算器

运算器是对信息进行加工和处理的主要部件，其功能是完成算术与逻辑运算。通常运算器、控制器和一些寄存器集成在一个芯片中，称为中央处理器，俗称 CPU（Central Processing Unit）。

3. 存储器

存储器是用来存储程序和数据的。存储器分为内存储器和外存储器。内存储器又称为主存储器，其特点是容量相对外存储器容量小，存取速度快，CPU 可直接对它进行访问。内存储器可分为两类：一种是随机存取存储器 RAM（Random Access Memory）；另一种是只读存储器 ROM（Read Only Memory）。RAM 的特点是：CPU 可以向 RAM 中写入或读出信息；断电后，RAM 中的信息将全部丢失。ROM 的特点是：信息只能从中读出不能写入；断电后，ROM 中的信息不会丢失。ROM 一般用于存放系统专用的程序和数据。外存储器用来扩充存储器容量和存放暂时不用的程序和数据。其特点是：容量大，存取信息的速度要比内存慢，CPU 不可对它直接访问。常用的外存储器有磁带、磁盘和光盘。

4. 输入设备

输入设备的功能是把程序和数据信息转换成计算机中的电信号，存入计算机中。常用的输入设备有键盘、鼠标和光笔等。

5. 输出设备

输出设备的功能是将计算机内部需要输出的信息以文字、数据、图形、声音等人们能够识别的方式输出。常用的输出设备有显示器和打印机等。

6. 总线

总线是一种内部结构，它是 CPU、内存、输入、输出设备传递信息的公用通道。在计算机系统中，各个部件之间传送信息的公共通路叫作总线。按照功能划分，大体上可以分为地址总线（AB）、数据总线（DB）和控制总线（CB）。由于地址只能从 CPU 传向存储器或 I/O 端口，所以地址总线总是单向的，数据总线一般是双向的。

7. 数/模和模/数转换

能把数字信号转换成模拟信号的电路称为数/模转换器（简称 D/A 转换器），而能将模拟信号转换成数字信号的电路，称为模/数转换器（简称 A/D 转换器）；A/D 转换器和 D/A 转换器已经成为计算机系统中不可缺少的接口电路。

7.7.3 计算机软件的组成及功能

计算机软件系统是指计算机运行时所需的各种程序、数据以及有关的文档。软件分为系统软件和应用软件两大类。系统软件一般是用来管理、维护计算机及协调计算机内部更有效地工作的软件，主要包括操作系统、语言处理程序和一些服务性程序。应用软件一般是为某个具体应用开发的软件，如文字处理软件、杀毒软件、财会软件、人事管理软件等。

1. 系统软件

系统软件一般是由计算机开发商提供的，为了管理和充分利用计算机资源，帮助用户使用、维护和操作计算机，发挥和扩展计算机功能，提高计算机使用效率的一种公共通用软件。

系统软件大致包括以下几种类型：

（1）操作系统。操作系统（Operating System，OS）是一管理计算机硬件与软件资源的程序，同时也是计算机系统的内核与基石。操作系统是一个庞大的管理控制程序，主要功能是对五个方面的管理：进程与处理机管理、作业管理、存储管理、设备管理、文件管理。操作系统具有并发性、共享性、虚拟性和不确定性四个基本特征。

（2）计算机程序设计语言。它是专门用来为人与计算机之间进行信息交流而设计的一套语法、语义的代码系统。人们以一种计算机能够识别的语言形式告诉计算机，一般把接近机器代码的语言称为低级语言，如机器语言和汇编语言；而把比较接近人类的自然语言，能被计算机翻译接受的且与计算机硬件无关的语言称为高级语言，如 FORTRAN 语言。

（3）系统服务软件。系统服务软件是开发和研制各种软件的工具。常见的工具软件有诊断程序、调试程序、编辑程序等。这些工具软件为用户编制计算机程序及使用计算机提供了方便。

2. 应用软件

应用软件是指为了解决各种计算机应用中的实际问题而编制的程序。它包括商品化的通用软件和专用软件，也包括用户自己编制的各种应用程序，如文字处理软件、表格处理软件、图形处理软件等。

【例 7-20】计算机硬件由哪几部分组成？（　　）

A. 主机和计算机软件　　　　B. CPU、存储器和输入输出设备

C. 操作系统和应用程序　　　D. CPU 和显示器

【解】根据计算机的硬件组成，可以知道它是由中央处理单元，即 CPU（包含运算器、控制器及一些寄存器）、存储器（指内存）、输入设备（如键盘）输出设备（如显示器）组成。

【答案】B

【例 7-21】（2008）　在微机组成的系统中用于传输信息的总线指的是（　　）。

A. 数据总线，连接硬盘的总线，连接软盘的总线

B. 地址线，与网络连接的总线，与打印机连接的总线

C. 数据总线，地址总线，控制总线

D. 控制总线，光盘连接的总线，U 盘连接的总线

【解】总线是计算机各部件之间传输信息的公共通道，分内部总线和外部（系统）总线，前者在 CPU 内部，连接运算器，控制器和寄存器；后者是 CPU 与存储器，I/O 的连接。总线有数据总线、地址总线和控制总线。

【答案】C

7.8 信息表示

考试大纲

信息在计算机内的表示；二进制编码；数据单位；计算机内数值数据的表示；计算机内非数值数据的表示；信息及其主要特征。

7.8.1 信息在计算机内的表示

1. 数值信息

计算机中的数值信息都是用二进制表示的。这些数值信息可以分为整数和实数两大类。这里的实数是既有整数又有小数的数。

（1）不带符号的整数（正整数）。最大的 8 位二进制数是 11111111，相当于十进制的 255。因此，如果用二进制的 8 位数来表示，无符号的整数的取值范围是 $0\sim(255)_{10}$，用二进制表示，则为$(00000000)_2\sim(11111111)_2$。

（2）带符号的整数（整数）。最高位为符号位，“0”表示“+”，“1”表示“–”。计算机常用原码、反码、补码表示机器数。

1）原码。最高位为符号位，其他位按照一般的方法来表示数的绝对值。用这样的表示方法得到的就是数的原码。

例如，当机器字长为 8 位二进制数时：

$[9]_{原}=00001001$；$[-9]_{原}=10001001$

2）反码。对于一个带符号的数来说，正数的反码与其原码相同，负数的反码为其原码除符号位以外的各位按位取反。例如，当机器字长为 8 位二进制数时：

$[X]_{反} = 01011011 = [+91]_{原}$； $[-91]_{原} = 11011011$ $[Y]_{反} = 10100100$

原码与反码表示的整数范围相同，即为$-(2^{n-1}-1)\sim+(2^{n-1}-1)$，其中 n 为机器字长。8 位二进制原码表示的整数范围是$-127\sim+127$。

（3）补码。正数的补码与其原码相同，负数的补码为其反码在最低位加 1（对负数的原码最右边位扫描遇第一个“1”以后逐位取反）。例如，当机器字长为 8 位二进制数时：

$[+91]_{补} = [+91]_{原} = [+91]_{反} = 01011011$；$[-91]_{原} = 11011011$；$[-91]_{反} = 10100100$

$[-91]_{补} = 10100101$；$[0]_{补} = 00000000$；$[+127]_{补} = 01111111$；$[-128]_{补} = 10000000$

补码表示的整数范围是$-2^{n-1}\sim+(2^{n-1}-1)$，其中 n 为机器字长。8 位二进制补码表示的整数范围是$-128\sim+127$。

2. 西文信息

西文是由拉丁字母、数字、标点符号和一些特殊符号组成的，统称为字符（character），所有字符的集合叫字符集。字符集中每一个字符都由一个二进制代码来表示。一个字符集的所有代码构成的表就称为该字符集的代码表，简称为码表。常用的西文码表是 ASCII 表，全称是美国标准信息交换码（American Standard Code for Information Interchange）。

3. 中文信息

中文的基本组成单位是汉字。中国汉字总数在 7 万字左右，不可能给每个汉字都一一进行编码，只能从常用汉字入手。汉字在计算机内的表示方法有国标码（GB 2312），区位码，机内码和汉字扩充编码。

4. 图形信息

图画在计算机中有两种表示方法：图像（image）表示法和图形表示法（graphics）。

5. BCD 码

用 4 位二进制数来表示 1 位十进制数中的 0～9 这 10 个数码，Binary-Coded Decimal，简称 BCD，称 BCD 码或二一十进制代码，也有称 8421 码。是一种二进制的数字编码形式，用二进制编码的十进制代码。

BCD 码有压缩 BCD 码和非压缩型 BCD 码两种形式。

（1）压缩型 BCD 码。每一位 BCD 码用 4 位二进制数表示，一个字节（8 位二进制数）表示两位十进制数。例如，01101001B 表示 69。

（2）非压缩型 BCD 码。每一位 BCD 码用一个字节表示一位十进制数，高 4 位总是 0000，低 4 位的 0000～1001 表示 0～9。例如，一个字节（8 位二进制数）表示 2 位十进制数。例如：00001001B 表示 9。

7.8.2 数制转换

计算机中使用二进制表示数据，为方便人机交互，有时也使用八进制和十六进制（以下讨论的数为整数）。

1. 二进制数的特点

（1）二进制数用两个数表示：0，1。

（2）逢二进一。

（3）相同的数字所在的位置不同，表示的数值不同。

（4）数的后缀为 B（Binary）。

二进制数的基数是 2，各位的权值整数部分从右至左是 2^0，2^1，2^2，2^3，…，分别表示 1，2，4，8，…。一个二进制的数字符号可以用 a_0，a_1，a_2，…表示，例如数字符号 11001B 用字母表示为 $a_0=1$，$a_1=0$，$a_2=0$，$a_3=1$，$a_4=1$。利用权值和数字符号可以将二进制数用通用公式表示为

$$a_n\times 2^n + a_{n-1}\times 2^{n-1} + a_{n-2}\times 2^{n-2} + \cdots + a_1\times 2^1 + a_0\times 2^0$$

例如，二进制数 11001B 用公式表示的十进制数为

$$1\times 2^4+1\times 2^3+0\times 2^2+0\times 2^1+1\times 2^0=16+8+0+0+1=25$$

2. 十六进制数的特点

（1）十六进制数用十六个数表示：0，1，2，…，9，A，B，C，D，E，F；A～F 分别与十进制 10～15 相等。

（2）逢十六进一。

（3）相同的数字所在的位置不同，表示的数值不同。

（4）数的后缀为 H（Hexadecimal）。

十六进制数的基数是 16，各位的权值整数部分从右至左是 16^0，16^1，16^2，16^3，…，分别表示 1，16，256，4096，…。一个十六进制的数字符号可以用 a_0，a_1，a_2，…表示，例如数字符号 23A0CH 用字母表示为 $a_0=C$，$a_1=0$，$a_2=A$，$a_3=3$，$a_4=2$。利用权值和数字符号可以将十六进制数用通用公式表示为

$$a_n\times 16^n + a_{n-1}\times 16^{n-1} + a_{n-2}\times 16^{n-2} + \cdots + a_1\times 16^1 + a_0\times 16^0$$

例如，十六进制数23A0CH用公式表示的十进制数为

$$2\times16^4+3\times16^3+A\times16^2+0\times16^1+C\times16^0=131\ 072+12\ 288+2560+0+12=145\ 932$$

3. 十进制整数转换为二、八、十六进制数

方法：除以R取余。将十进制数逐次除以二或八或十六进制基数R，直到商等于0为止，将所得的余数组合在一起，就是二进制数或八进制数或十六进制数（最后一次得到的余数为最高位，第一个得到的余数为最低位）。

例如：19=10011B；　30=36Q；　59=3BH

4. 二、八、十六进制整数转换为十进制数

方法：使用公式法。将各进制数按其通用公式展开，各项乘积相加后得到十进制数。

例如：$1110B=1\times2^3+1\times2^2+1\times2^1+0\times2^0=14$

$2A4H=2\times16^2+10\times16^1+4\times16^0=512+160+4=676$

5. 二进制整数转换为八、十六进制数

方法：使用分组法。从二进制数最低位开始，每3位（转八进制）或4位（转十六进制）分为一组转化成对应的二进制数，将各组的转换结果位组合在一起，就是其对应的八进制数或十六进制数。例如：10101001B=251Q；110100111011=D3BH。

6. 八、十六进制整数转化为二进制数

同样使用分组法。八、十六进制整数的每1位数分为一组，转化为相应的3位或4位二进制数，将各组的转换结果位组合在一起，就是其对应的二进制数。例如：347Q=011100111B；8A02H=1000101000000010B。

【例7-22】（2007）　在不同进制的中，下列最小的数是（　　）。

A. $(125)_{10}$　　B. $(0111011)_2$　　C. $(347)_8$　　D. $(FF)_{16}$

【解】比较不同数制的数据大小时，可以先将所比较数据转换成统一数制（例如十进制），然后比较。本题中$(0111011)_2=59$；$(347)_8=3\times8^2+4\times8^1+7=231$；$(FF)_{16}=15\times16+15=255$。因此，最小的数是$(0111011)_2$。

【答案】B

【例7-23】（2006）　与二进制数11110100等值的八进制数是（　　）。

A. 364　　B. 750　　C. 3310　　D. 154

【解】二进制转化为八进制的方法是将二进制数以小数点为起点，左右两边（整数和小数部分）每3位二进制数为一组转化合成就可以。

【答案】A

7.9 常用操作系统

考试大纲

Windows发展；进程和处理器管理；存储管理；文件管理；输入/输出管理；设备管理；网络服务。

7.9.1 Windows操作系统的发展

常用的操作系统有DOS操作系统，属于单用户单任务操作系统；Windows操作系统，属于单用户多任务操作系统；UNIX操作系统具有多用户、多任务的特点。Windows操作系统

是一款由美国微软公司开发的窗口化操作系统，是世界上用户最多、并且兼容性最强的操作系统。它采用了 GUI 图形化操作模式，比起从前的指令操作系统如 DOS 更为人性化。Windows 操作系统是目前世界上使用最广泛的操作系统。最新的版本是 Windows 8。

7.9.2 操作系统的管理功能

1. 进程

进程是具有一定独立功能的程序在一个数据集合上的一次动态执行过程。进程与处理器、存储器和外设等资源的分配和回收相对应，进程是计算机系统资源的使用主体。在操作系统中引入进程的并发执行，是指多个进程在同一计算机操作系统中的并发执行。引入进程并发执行可提高对硬件资源的利用率，但又带来额外的空间和时间开销，增加了操作系统的复杂性。作为描述程序执行过程的概念，进程具有动态性、独立性、并发性和结构化等特征。动态性是指进程具有动态的地址空间，地址空间的大小和内容都是动态变化的。地址空间的内容包括代码（指令执行和处理器状态的改变）、数据（变量的生成和赋值）和系统控制信息（进程控制块的生成和删除）。独立性是指各进程的地址空间相互独立，除非采用进程间通信手段，否则不能相互影响。并发性也称为异步性，是指从宏观上看，各进程是同时独立运行的。结构化是指进程地址空间的结构划分，如代码段、数据段和核心段划分。

进程与程序密切相关但概念不同，主要区别在于：

（1）进程是动态的，程序是静态的。程序是有序代码的集合；进程是程序的执行。进程通常不可以在计算机之间迁移；而程序通常对应着文件、静态和可以复制。

（2）进程是暂时的，程序是永久的。进程是一个状态变化的过程；程序可长久保存。

（3）进程与程序的组成不同：进程的组成包括程序、数据和进程控制块（即进程状态信息）。

2. 处理器管理

处理器管理或称处理器调度，是操作系统资源管理功能的另一个重要内容。在一个允许多道程序同时执行的系统里，操作系统会根据一定的策略将处理器交替地分配给系统内等待运行的程序。一道等待运行的程序只有在获得了处理器后才能运行。一道程序在运行中若遇到某个事件，例如，启动外部设备而暂时不能继续运行下去，或一个外部事件的发生等，操作系统就要来处理相应的事件，然后将处理器重新分配。

3. 存储器管理

操作系统的存储管理就负责把内存单元分配给需要内存的程序以便让它执行，在程序执行结束后将它占用的内存单元收回以便再使用。对于提供虚拟存储的计算机系统，操作系统还要与硬件配合做好页面调度工作，根据执行程序的要求分配页面，在执行中将页面调入和调出内存以及回收页面等。

4. 文件管理

主要是向用户提供一个文件系统。一般说，一个文件系统向用户提供创建文件，撤销文件，读写文件，打开和关闭文件等功能。有了文件系统后，用户可按文件名存取数据而无须知道这些数据存放在哪里。这种做法不仅便于用户使用而且还有利于用户共享公共数据。此外，由于文件建立时允许创建者规定使用权限，这就可以保证数据的安全性。

5. 设备管理

操作系统的设备管理功能主要是分配和回收外部设备以及控制外部设备按用户程序的要

求进行操作等。对于非存储型外部设备，如打印机、显示器等，它们可以直接作为一个设备分配给一个用户程序，在使用完毕后回收以便给另一个需求的用户使用。对于存储型的外部设备，如磁盘、磁带等，则是提供存储空间给用户，用来存放文件和数据。存储性外部设备的管理与信息管理是密切结合的。

6. 程序控制

一个用户程序的执行自始至终是在操作系统控制下进行的。一个用户将他要解决的问题用某一种程序设计语言编写了一个程序后就将该程序连同对它执行的要求输入到计算机内，操作系统就根据要求控制这个用户程序的执行直到结束。操作系统控制用户的执行主要有以下一些内容：调入相应的编译程序，将用某种程序设计语言编写的源程序编译成计算机可执行的目标程序，分配内存储等资源将程序调入内存并启动，按用户指定的要求处理执行中出现的各种事件以及与操作员联系请示有关意外事件的处理等。

7. 人机交互

操作系统的人机交互功能是决定计算机系统“友善性”的一个重要因素。人机交互功能主要靠可输入输出的外部设备和相应的软件来完成，这些软件就是操作系统提供人机交互功能的部分。人机交互部分的主要作用是控制有关设备的运行和理解并执行通过人机交互设备传来的有关的各种命令和要求。

【例 7-24】（2008） Windows 操作系统是（　　）。

A. 单用户单任务系统

B. 单用户多任务系统

C. 多用户多任务系统

D. 多用户单任务系统

【解】单用户单任务系统，如 DOS；单用户多任务系统，如 Windows；多用户多任务系统，如 UNIX。

【答案】B

【例 7-25】（2012） 操作系统中采用虚拟存储技术，实际上是为实现（　　）。

A. 在一个较小内存储空间上，运行一个较小的程序

B. 在一个较小内存储空间上，运行一个较大的程序

C. 在一个较大内存储空间上，运行一个较小的程序

D. 在一个较大内存储空间上，运行一个较大的程序

【解】操作系统中采用虚拟存储技术，其目的就是要在一个较小内存储空间上，运行一个较大的程序，实现对存储器的管理。

【答案】B

【例 7-26】操作系统的基本功能是（　　）。

A. 控制和管理系统内的各种资源，有效地组织多道程序的运行

B. 提供用户界面，方便用户使用

C. 提供方便的可视化编辑程序

D. 提供功能强大的网络管理工具

【答案】A

7.10 计算机网络

考试大纲

计算机与计算机网络；网络概念；网络功能；网络组成；网络分类；局域网；广域网；因特网；网络管理；网络安全；Windows 系统中的网络应用；信息安全；信息保密；工程管理基础。

7.10.1 计算机网络的定义

计算机网络是指将地理位置不同的具有独立功能的多台计算机及其外部设备，通过通信线路连接起来，在网络操作系统、网络管理软件及网络通信协议的管理和协调下，实现资源共享和信息传递的计算机系统。

一个计算机系统联入网络以后，具有以下几个优点：

（1）共享资源。包括硬件、软件、数据等。

（2）提高可靠性。当一个资源出现故障时，可以使用另一个资源。

（3）分担负荷。当作业任务繁重时，可以让其他计算机系统分担一部分任务。

（4）实现实时管理。

7.10.2 计算机网络的特点

（1）开放式的网络体系结构，使不同软硬件环境、不同网络协议的网可以互联，真正达到资源共享、数据通信和分布处理的目标。

（2）向高性能发展。追求高速、高可靠和高安全性，采用多媒体技术，提供文本、声音、图像等综合性服务。

（3）计算机网络的智能化，多方面提高网络的性能和综合的多功能服务，并更加合理地进行网络各种业务的管理，真正以分布和开放的形式向用户提供服务。

7.10.3 计算机网络的基本组成

（1）主机。主机是主要用于科学计算与数据处理的计算机系统。

（2）结点。结点是一个在通信线路和主机之间设置的通信线路控制处理机，主要是分担数据通信、数据处理的控制处理功能。

（3）通信线路。通信线路主要包括连接各个结点的高速通信线路、电缆、双绞线或通信卫星等。

（4）调制解调器。调制解调器主要用来将发送的数字信号（直流）变为交流信号，接收时，将交流信号变成数字信号。

7.10.4 计算机网络的主要功能

一般来说，计算机网络可以提供的主要功能是资源共享，信息传输与集中处理，均衡负荷与分布处理，综合信息服务。

7.10.5 网络的拓扑结构

网络的拓扑结构是指网络连线及工作站点的分布形式。常见的网络拓扑结构有星形结构、环形结构、总线结构、树形结构和网状结构五种，如图 7-120 所示。

（1）星形结构。每个工作站都通过连接线（电缆）与主控机相连，相邻工作站之间的通信都通过主控机进行，它是一种集中控制方式。

（2）环形结构。在这种结构中，各工作站的地位相同，互相顺序连接成一个闭合的环形，数据可以单向或双向进行传送。

（3）总线结构。在这种结构中，各个工作站均与一根总线相连。

（4）树形结构。这种结构是一种分层次的宝塔形结构，控制线路简单，管理也易于实现，它是一种集中分层的管理形式，但各工作站之间很少有信息流通，共享资源的能力较差。

（5）网状结构。在这种结构中，各工作站互联成一个网状结构，没有主控机来主管，也不分层次，通信功能分散在组成网络的各个工作站中，是一种分布式的控制结构。它具有较高的可靠性，资源共享方便，但线路复杂，网络的管理也较困难。

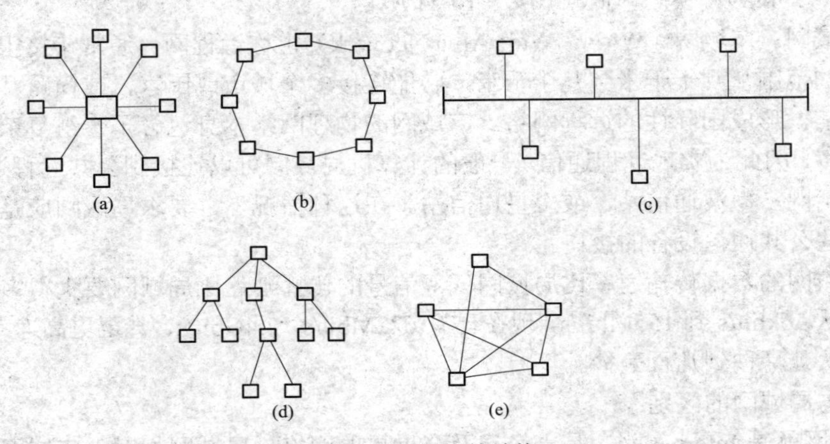

图 7-120　网络的结构

（a）星形结构；（b）环形结构；（c）总线结构；（d）树形结构；（e）网状结构

7.10.6　网络的传输介质

传输介质是网络中发送方与接受方之间的物理通路，它对网络数据通信的质量有很大的影响。常用的网络传输介质有以下四种：

（1）双绞线。分可屏蔽和非屏蔽两种。普通电话线是一种非屏蔽双绞线，它具有一定的传输频率和抗干扰能力，线路简单，价格低廉，传输率低于 100Mbit/s，通信距离为几百米。

（2）同轴电缆。同轴电缆由于其导线外面包有屏蔽层，抗干扰能力强，连接较简单，信息传输率可达几百 Mbit/s，因此，被中、高档局域网广泛采用。

（3）光缆（光导纤维）。光缆不受外界电磁场的影响，几乎具有无限制的带宽，尺寸小，重量轻。传输率可以在距离 2～5km 之间达到几 Mbit/s 到几百 Mbit/s，是一种十分理想的传输介质。

（4）无线通信。它主要用于广域网的通信，包括微波通信和卫星通信。微波通信中使用的微波是指频率高于 300MHz 的电磁波，由于它只能直线传播，因此在长距离传送时，需要在中途设立一些中继站，构成微波中继系统。

7.10.7　计算机网络的分类

计算机网络可按网络拓扑结构、网络涉辖范围和互联距离、网络数据传输和网络系统的拥有者、不同的服务对象等不同标准进行种类划分。一般按网络范围划分为局域网（Local Area Network，LAN）和广域网（Wide Area Network，WAN）。

（1）局域网。局域网（Local Area Network）是在一个局部的地理范围内（如一个学校、工厂和机关内），将各种计算机外部设备和数据库等互相连接起来组成的计算机通信网。它可以通过数据通信网或专用数据电路，与远方的局域网、数据库或处理中心相连接，构成一个大范围的信息处理系统，简称 LAN，是指在某一区域内由多台计算机互联成的计算机组。“某一区域”指的是同一办公室、同一建筑物、同一公司和同一学校等，一般是方圆几千米以内。局域网可以实现文件管理、应用软件共享、打印机共享、扫描仪共享、工作组内的日程安排、电子邮件和传真通信服务等功能。局域网是封闭型的，可以由办公室内的两台计算机组成，也可以由一个公司内的上千台计算机组成。其传输特征是：高速传输率（0.1～100Mbit/s）；短距离（0.1～25km）；误码率低（10-8～10-11）。

（2）广域网。广域网（WAN，Wide Area Network）也称远程网。通常跨接很大的物理范围，所覆盖的范围从几十千米到几千千米，它能连接多个城市或国家，或横跨几个洲并能提供远距离通信，形成国际性的远程网络。广域网的物理网络本身包含了一组复杂的通信网和用户接口设备，因此为实现远程通信，一般的计算机局域网可以连接到公共远程通信设备上，例如电报电话网，微波通信站，或卫星通信站。在这种情况下，要求局域网应是开放式的，并具有与这些公共通信设备的接口。

通常广域网的数据传输速率比局域网低，信号的传播延迟比局域网要大得多。广域网的典型速率是从 56kbit/s 到 155Mbit/s，现在已有 622Mbit/s、2.4Gbit/s，甚至更高速率的广域网；传播延迟可从几毫秒到几百毫秒。

广域网与局域网的区别：

1）广域网就是 Internet 网，是一个遍及全世界的网络。局域网相对于广域网而言，主要是指在小范围内的计算机互联网络。

2）广域网上的每一台计算机（或其他网络设备）都有一个或多个广域网 IP 地址，广域网 IP 地址不能重复；局域网上的每一台计算机（或其他网络设备）都有一个或多个局域网 IP 地址，局域网 IP 地址是局域网内部分配的，不同局域网的 IP 地址可以重复，不会相互影响。

3）广域网与局域网计算机交换数据要通过路由器或网关的 NAT（网络地址转换）进行。一般说来，局域网内计算机发起的对外连接请求，路由器或网关都不会加以阻拦，但来自广域网对局域网内计算机的连接请求，路由器或网关在绝大多数情况下都会进行拦截。

（3）因特网。因特网（Internet）是国际计算机互联网的英文称谓。其准确的描述是：因特网是一个网络的网络（a network of network）。它以 TCP/IP 网络协议将各种不同类型、不同规模、位于不同地理位置的物理网络连接成一个整体。它把分布在世界各地、各部门的电子计算机存储在信息总库里的信息资源通过电信网络连接起来，从而进行通信和信息交换，实现资源共享。

（4）IP 地址。所谓 IP 地址就是给每个连接在 Internet 上的主机分配的一个 32bit 地址。按照 TCP/IP 协议规定，IP 地址用二进制来表示，每个 IP 地址长 32 位，即 4 个字节。例如一个采用二进制形式的 IP 地址是“00001010000000000000000000000001”，这么长的地址，人们处理起来也太费劲了。为了方便人们的使用，32 位 IP 地址经常被分为 4 段，每段 8 位，用十进制数字表示，每段数字范围为 0～255，段与段之间用句点隔开。例如 159.226.1.1。IP 地址的这种表示法叫作“点分十进制表示法”，这显然比 1 和 0 容易记忆得多。

（5）IP 地址分类。每个 IP 地址包括两个标识码（ID），即网络 ID 和主机 ID。同一个物理网络上的所有主机都使用同一个网络 ID，网络上的一个主机（包括网络上工作站、服务器和路由器等）有一个主机 ID 与其对应。Internet 委员会定义了五种 IP 地址类型以适合不同容量的网络，即 A 类～E 类，如图 7-121 所示。其中 A、B、C 三类（见表 7-9）由 InternetNIC 在全球范围内统一分配，D、E 类为特殊地址。

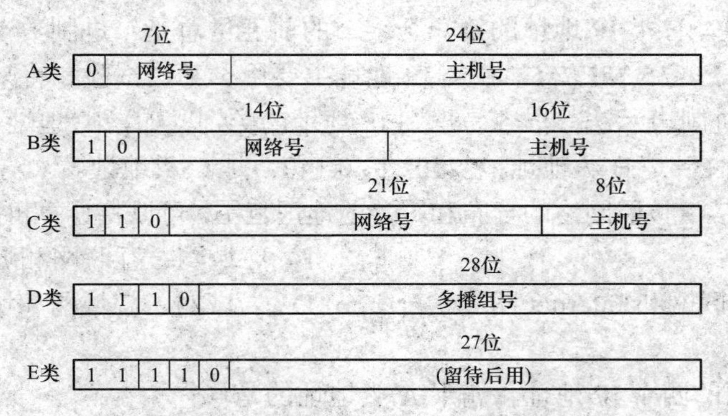

图 7-121　五类（A 类～E 类）互联网 IP 地址

表 7-9　　A、B、C 三类 IP 地址范围

网络类别	最大网络数	第一个可用的网络号	最后一个可用的网络号	每个网络中的最大主机数
A	126	1	126	16 777 214
B	16 382	128.0	191.255	65 534
C	2 097 150	192.0.0	223.255.255	254

1）A 类 IP 地址。一个 A 类 IP 地址是指，在 IP 地址的四段号码中，第一段号码为网络号码，剩下的三段号码为本地计算机的号码。如果用二进制表示 IP 地址的话，A 类 IP 地址就由 1 字节的网络地址和 3 字节主机地址组成，网络地址的最高位必须是“0”。A 类 IP 地址中网络的标识长度为 7 位（其中全 0 和全 1 保留做其他用途），主机标识的长度为 24 位，A 类 IP 地址的地址范围为 1.0.0.1～126.255.255.254（二进制表示为 00000001 00000000 00000000 00000001～01111110 11111111 11111111 11111110）。这类地址适用于具有大量主机的大型网络。

2）B 类 IP 地址。一个 B 类 IP 地址是指，在 IP 地址的四段号码中，前两段号码为网络号码。如果用二进制表示 IP 地址的话，B 类 IP 地址就由 2 字节的网络地址和 2 字节主机地址组成，网络地址的最高位必须是“10”。B 类 IP 地址中网络的标识长度为 14 位，主机标识的长度为 16 位，B 类网络地址适用于中等规模的网络，每个网络所能容纳的计算机数为 6 万多台。B 类 IP 地址的地址范围为 128.1.0.1～191.254.255.254（二进制表示为 10000000 00000001 00000000 00000001～10111111 11111110 11111111 11111110）。这类地址适用于中等规模主机数的网络。

3）C 类 IP 地址。一个 C 类 IP 地址是指，在 IP 地址的四段号码中，前三段号码为网络号码，剩下的一段号码为本地计算机的号码。如果用二进制表示 IP 地址的话，C 类 IP 地址就由 3 字节的网络地址和 1 字节主机地址组成，网络地址的最高位必须是“110”。C 类 IP 地址中网络的标识长度为 21 位，主机标识的长度为 8 位，C 类网络地址数量较多，适用于小规模的局域网络，每个网络最多只能包含 254 台计算机。C 类 IP 地址范围为 192.0.1.1～223.255.254.254（二进制表示为 11000000 00000000 00000001 00000001～11011111 11111111

11111110 11111110）。这类地址适用于小型局域网。

4）D 类 IP 地址。D 类 IP 地址的第一个字节的前四位总是二进制数 1110，它的 IP 地址范围为 224.0.0.0～239.255.255.255。D 类 IP 地址是多播地址，主要是留给 Internet 体系结构委员会 IAB（Internet Architecture Board）使用。

5）E 类 IP 地址。E 类 IP 地址的第一个字节的前五位总是二进制数 11110，它的 IP 地址范围为 240.0.0.0～255.255.255.255。E 类 IP 地址主要用于某些试验和将来使用。

在使用点分十进制表示法，很容易识别 IP 地址的类别，如，IP 地址“98.7.18.219”是 A 类地址；“168.242.0.1”是 B 类地址；“210.113.0.140”是 C 类地址。

【例 7-27】（2007） 按照网络的分布和覆盖的地理范围，可以将计算机网络划分为（　　）。

A. Internet 网　　B. 广域网、互联网和城域网

C. 局域网、互联网和 Internet 网　　D. 局域网、广域网和城域网

【答案】D

【例 7-28】下面的四个 IP 地址，属于 A 类地址的是（　　）。

A. 10.10.15.168　　B. 168.10.1.1　　C. 224.1.0.2　　D. 202.118.130.80

【解】A 类地址范围为 1.0.0.0～126.255.255.255，其他不符合。

【答案】A

电气与信息复习题

7-1（2014） 真空中有三个带电质点，其电荷分别为 q_1、q_2 和 q_3，其中电荷为 q_1 和 q_3 的质点位置固定，电荷为 q_2 的质点可以自由移动，当三个质点的空间分布如图 7-122 所示时，电荷为 q_2 的质点静止不动，此时如下关系成立的是（　　）。

A. $q_1=q_2=2q_3$　　B. $q_1=q_3=|q_2|$　　C. $q_1=q_2=-q_3$　　D. $q_2=q_3=-q_1$

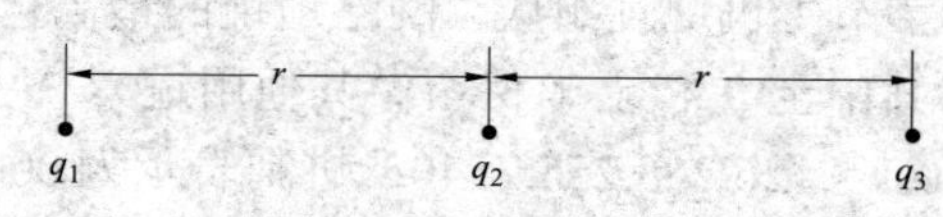

图 7-122　题 7-1 图

7-2（2017） 已知电路如图 7-123 所示，其中，电流 I 等于（　　）。

A. 0.1A　　B. 0.2A

C. −0.1A　　D. −0.2A

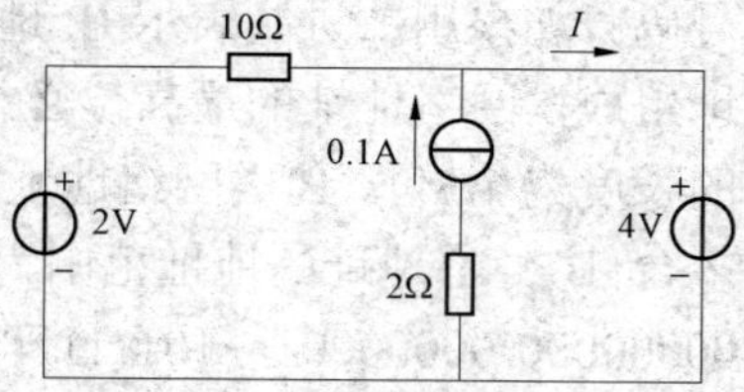

图 7-123　题 7-2 图

7-3（2017） 已知电路如图 7-124 所示，其中，响应电流 I 在电流源单独作用时的分量（　　）。

A. 因电阻 R 未知而无法求出　　B. 3A

C. 2A　　D. −2A

7-4（2017） 用电压表测量图 7-125 所示电路 $u(t)$ 和 $i(t)$ 的结果是 10V 和 0.2A，设电流 $i(t)$的初相位为 10°，电压与电流呈反相关系，则如下关系成立的是（　　）。

A. $\dot{U}=10\angle{-10^\circ}$ V　　B. $\dot{U}=-10\angle{-10^\circ}$ V

C. $\dot{U}=10\sqrt{2}\angle{-170^\circ}$ V　　D. $\dot{U}=10\angle{-170^\circ}$ V

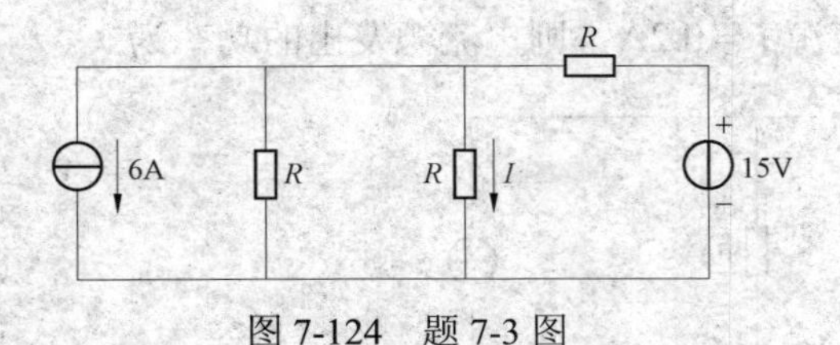

图 7-124 题 7-3 图

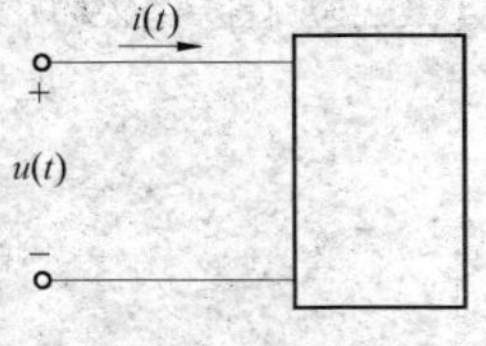

图 7-125 题 7-4 图

7-5（2017） 如图 7-126 所示，测得某交流电路的端电压 u 及电流 i 分别为 110V，1A，两者的相位差为 30°，则该电路的有功功率、无功功率和视在功率分别为（　　）。

A. 95.3W，55var，110V·A　　B. 55W，95.3var，110V·A

C. 110W，110var，110V·A　　D. 95.3W，55var，150.3V·A

7-6（2017） 已知电路如图 7-127 所示，设开关在 t=0 时刻断开，那么（　　）。

A. 电流 i_c 从 0 逐渐增长，再逐渐衰减为 0　　B. 电压 u 从 3V 逐渐衰减到 2V

C. 电压 u 从 2V 逐渐增长到 3V　　D. 时间常数 $\tau=4C$

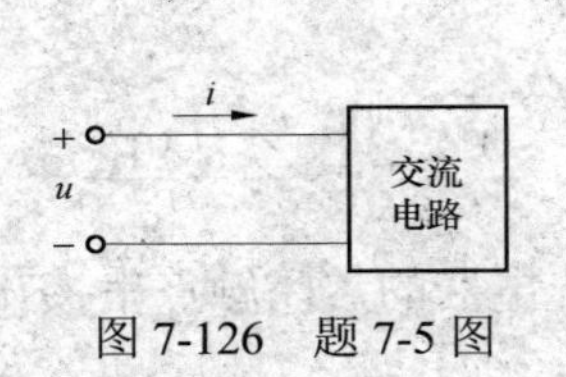

图 7-126 题 7-5 图

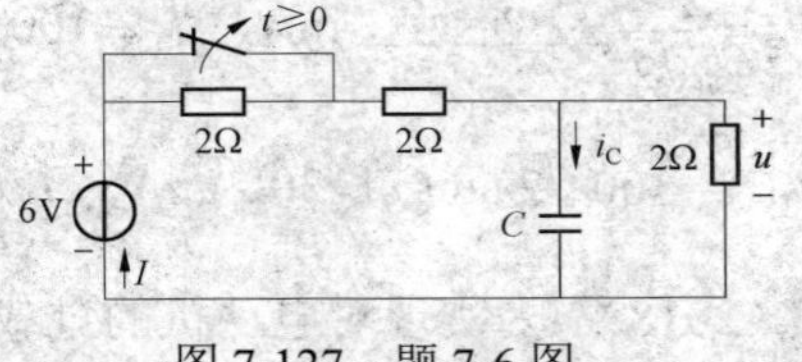

图 7-127 题 7-6 图

7-7（2020） 将一个直流电流源通过一个电阻 R 接在电感线圈两侧，如图 7-128 所示，如果 U=10V 时，I=1A，那么，将直流电源设备换成交流电源设备后，与该电路的等效模型为（　　）。

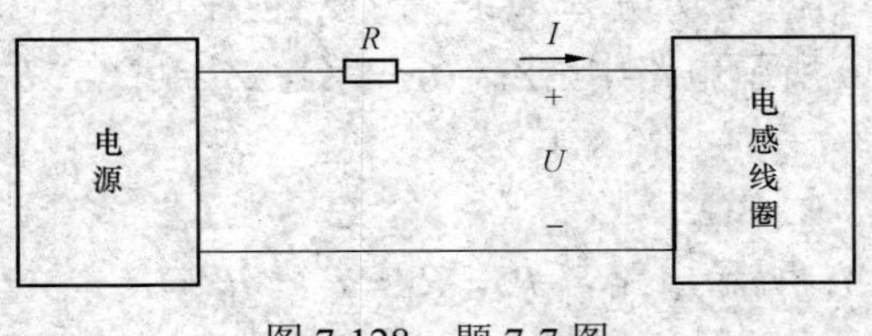

图 7-128 题 7-7 图

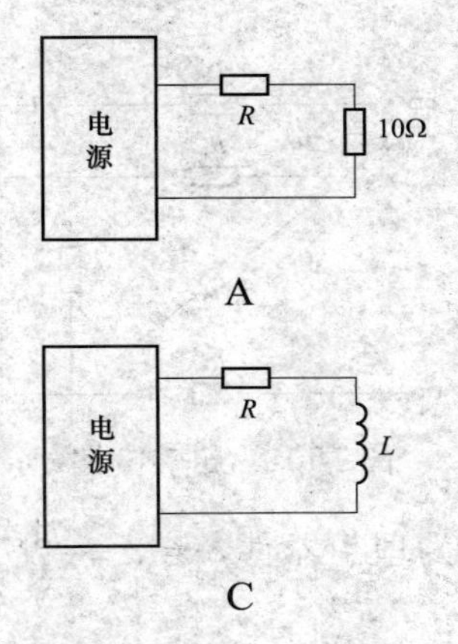

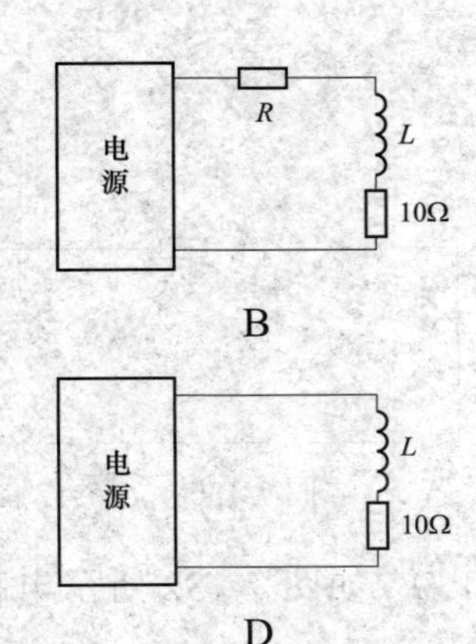

7-8（2022）图 7-129 所示电路中，电流源 $I_s=0.2A$，则电流源发出的功率为（　　）。

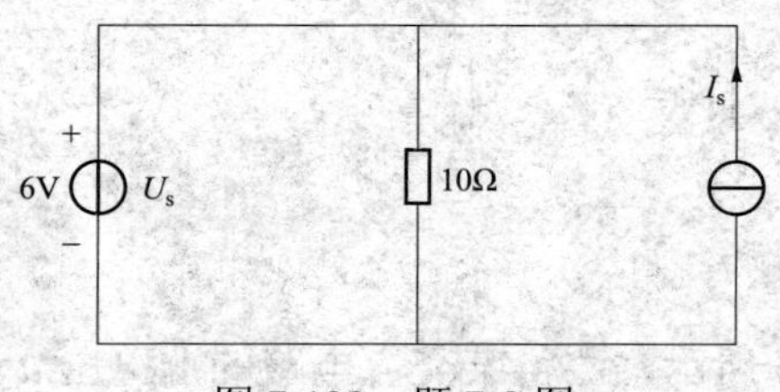

图 7-129　题 7-8 图

A. 0.4W　　B. 4W　　C. 1.2W　　D. −1.2W

7-9（2022）某正弦交流电路中，三条支路的电流分别为 $\dot{I}_1=100\angle -30°$ mA，$i_2(t)=100\sin(\omega t-30°)$mA，$i_3(t)=-100\sin(\omega t+30°)$mA，则（　　）。

A. i_1 与 i_2 完全相同

B. i_3 与 i_1 反相

C. $\dot{I}_2=\dfrac{100}{\sqrt{2}}\angle \omega t-30°$ mA，$\dot{I}_3=100\angle 180°$ mA

D. $i_1(t)=100\sqrt{2}\sin(\omega t-30°)$mA，$\dot{I}_2=\dfrac{100}{\sqrt{2}}\angle -30°$ mA，$\dot{I}_3=\dfrac{100}{\sqrt{2}}\angle -150°$ mA

7-10（2018）　为实现对电动机的过载保护，除了将热继电器的常闭触点串接在电动机的控制电路中外，还应将其热元件（　　）。

A. 也串接在控制电路中　　B. 再并接在控制电路中

C. 串接在主电路中　　D. 并接在主电路中

7-11（2018）　功率表测量的功率是（　　）。

A. 瞬时功率　　B. 无功功率　　C. 视在功率　　D. 有功功率

7-12（2020）　图 7-130 所示电路中，$Z_1=(6+j8)\Omega$，$Z_2=-jX_C$，$\dot{U}_s=15\angle 0°$V，为使 I 取得最大值，X_C 的取值为（　　）。

A. 6Ω　　B. 8Ω　　C. −8Ω　　D. 0Ω

7-13（2018）　图 7-131 所示电路，$R_1=R_2=R_3=R_4=R_5=3\Omega$，其 ab 端的等效电阻是（　　）。

A. 3Ω　　B. 4Ω　　C. 9Ω　　D. 6Ω

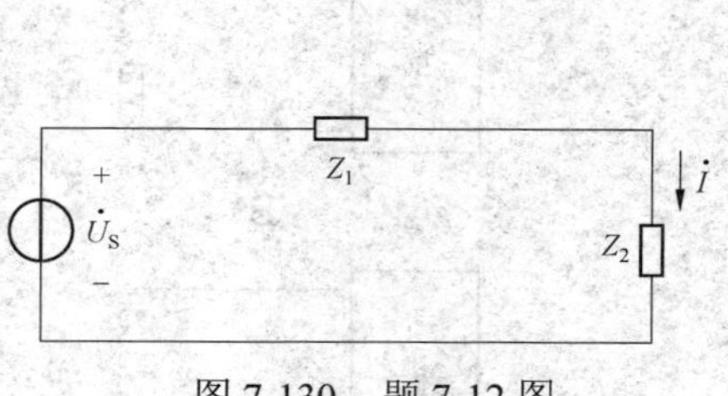

图 7-130　题 7-12 图

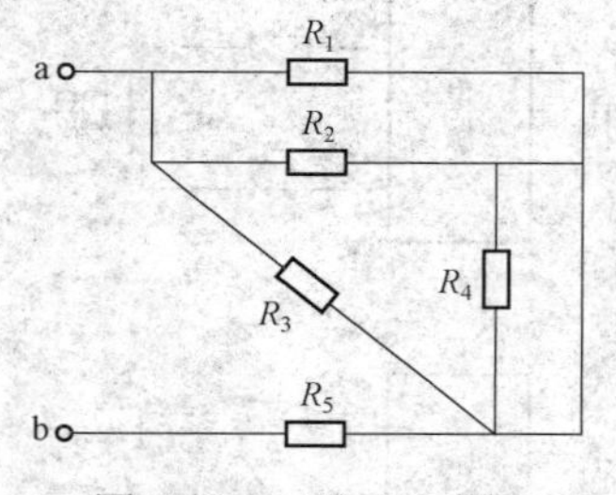

图 7-131　题 7-13 图

7-14（2013）　如图 7-132 所示电路中，设变压器为理想器件，若 $u=\sqrt{2}U\sin\omega t$（V），则（　　）。

A. $U_1=\frac{1}{2}U, U_2=\frac{1}{4}U$　　　　B. $I_1=0.01U, I_2=0$

C. $I_1=0.002U, I_2=0.004U$　　　　D. $I_1=0, I_2=0$

7-15（2021）　设图 7－133 所示变压器为理想器件，且 u 为正弦电压，$R_{L1}=R_{L2}$，u_1 和 u_2 的有效值为 U_1 和 U_2，开关 S 闭合后，电路中的（　　）。

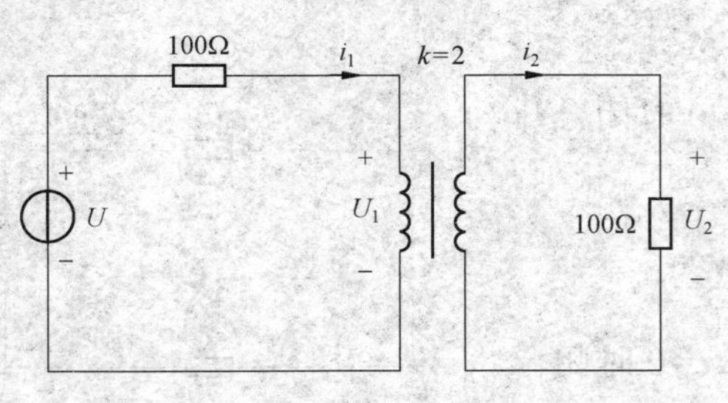

图 7-132　题 7-14 图

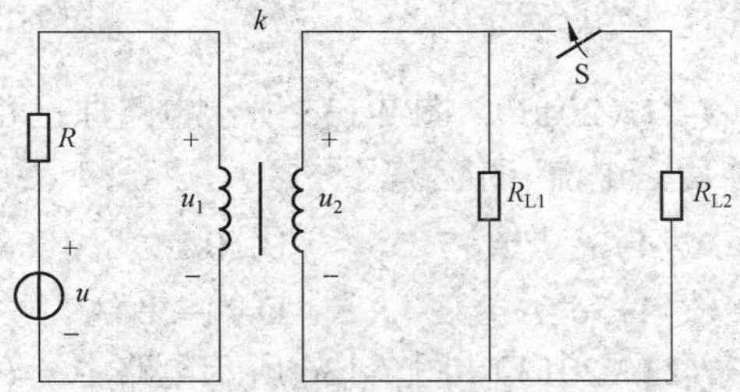

图 7-133　题 7-15 图

A. U_1 不变，U_2 也不变　　　　B. U_1 变小，U_2 也变小

C. U_1 变小，U_2 不变　　　　D. U_1 不变，U_2 变小

7-16（2010）　若希望实现三相异步电动机的向上向下平滑调速，则应采用（　　）。

A. 串转子电阻调速方案　　　　B. 串定子电阻调速方案

C. 调频调速方案　　　　D. 变磁极对数调速方案

7-17（2014）　设某△异步电动机全压起动时的起动电流 I =30A，起动转矩 T=45N•m，若对此台电动机采用Y—△降压起动方案，则起动电流和起动转矩分别为（　　）。

A. 17.32A，25.98N•m　　　　B. 10A，15N•m

C. 10A，25.98N•m　　　　D. 17.32A，15N•m

7-18（2017）　为实现对电动机的过载保护，除了将热继电器的热元件串接再电动机的供电电路中外，还应将其（　　）。

A. 常开触点串接在控制电路中　　　　B. 常闭触点串接在控制电路中

C. 常开触点串接在主电路中　　　　D. 常闭触点串接在主电路中

7-19（2010）　在电动机的继电接触控制电路中，具有短路保护、过负载保护、欠电压保护和行程保护，其中，需要同时接在主电路和控制电路中的保护电器是（　　）。

A. 热继电器和行程开关　　　　B. 熔断器和行程开关

C. 接触器和行程开关　　　　D. 接触器和热继电器

7-20（2011）　（2021）改变三相异步电动机旋转方向的方法是（　　）。

A. 改变三相电源的大小

B. 改变三相异步电动机定子绕组上电流的相序

C. 对三相异步电动机的定子绕组接法进行Y—△转换

D. 改变三相异步电动机转子绕组上电流的方向

7-21（2014）已知电路如图 7-134 所示，设开关在 t = 0 时刻断开，那么，如下表述中正确的是（　　）。

A. 电路的左右两侧均进入暂态过程　　　　B. 电流 i_1 立即等于 i_s，电流 i_2 立即等于 0

C. 电流 i_2 由 $\frac{1}{2}i_s$ 逐步衰减到 0　　　　D. 在 $t = 0$ 时刻，电流 i_2 发生了突变

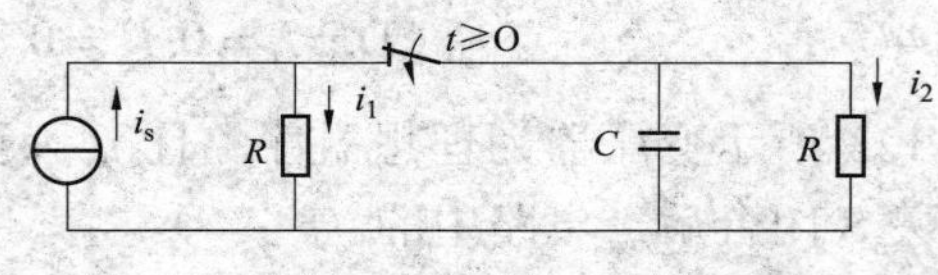

图 7-134　题 7-21 图

7-22（2013）　图 7-135 所示电路原已稳定，t=0 时闭合开关 S 后，电流 $i(t)$应为（　　）。

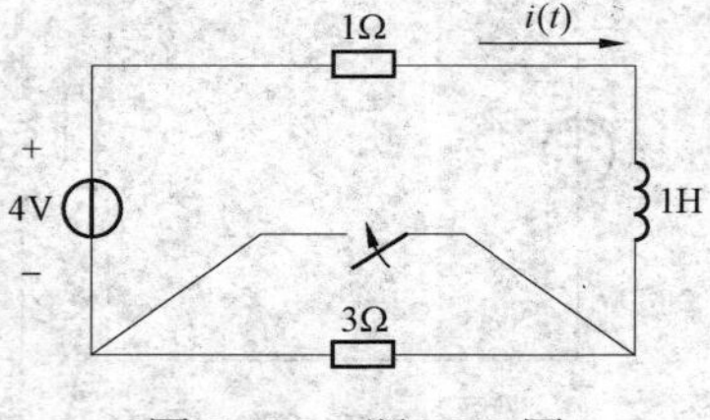

图 7-135　题 7-22 图

A. $4-3e^{-10t}$A　　B. 0A

C. $4+3e^{-t}$A　　D. $4-3e^{-t}$A

7-23（2013）　图 7-136 所示电路中 $u_C(0^-)$，在 t=0 时闭合开关 S 后，t=0^+时刻的 $i_C(0^+)$应为（　　）。

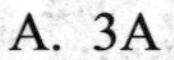

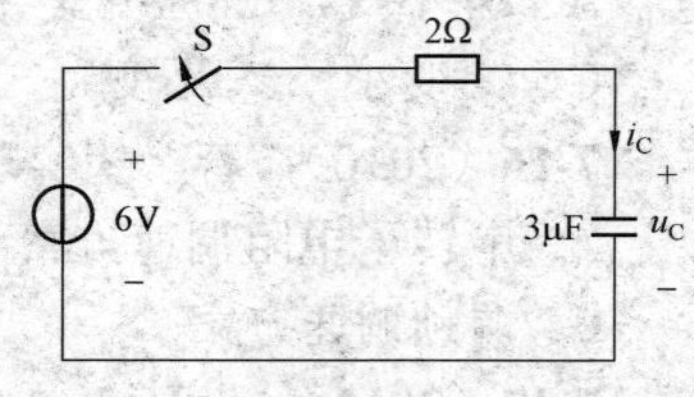

图 7-136　题 7-23 图

A. 3A　　B. 6A

C. 2A　　D. 18A

7-24（2021）　运动的电荷在穿越磁场时会受到力的作用，这种力称为（　　）。

A. 库仑力　　B. 洛伦兹力

C. 电场力　　D. 安培力

7-25（2013）　在无限大真空中，有一半径为 a 的导体球，离球心 d（$d>a$）处有一点电荷 q，该导体球的电位 φ 应为（　　）。

A. $\frac{q}{4\pi\varepsilon_0 d}$　　B. $\frac{q}{4\pi\varepsilon_0 a}$　　C. $\frac{q}{4\pi\varepsilon_0 d^2}$　　D. $\frac{q}{4\pi\varepsilon_0 a^2}$

7-26（2020）　在图 7-137 所示变压器左侧线圈中通以直流电流 I，并在铁心中产生磁通 ϕ，此时，右侧线圈端口上的电压 U_2 为（　　）。

A. 0　　B. $\frac{N_2}{N_1}\frac{d\phi}{dt}$

C. $N_1\frac{d\phi}{dt}$　　D. $\frac{N_1}{N_2}\frac{d\phi}{dt}$

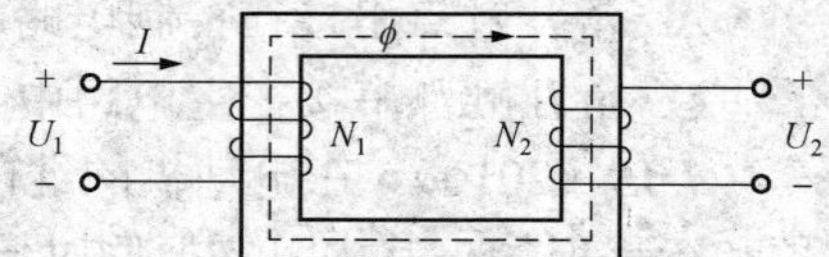

图 7-137　题 7-26 图

7-27（2020）　下述四个信号中，不能用来表示信息代码“10101”的是（　　）。

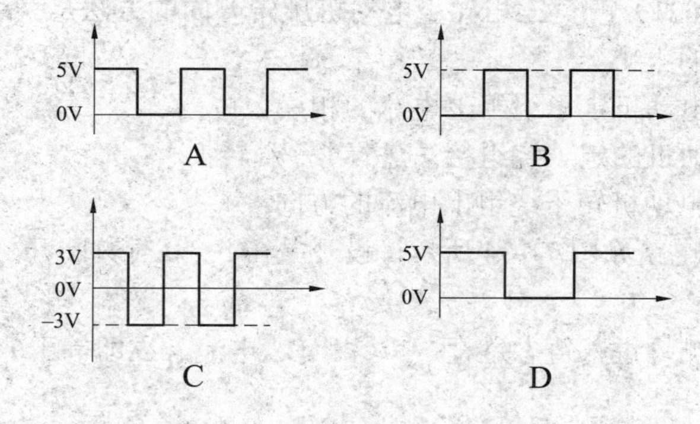

7-28（2021）模拟信号 $u_1(t)$ 和 $u_2(t)$ 的幅值频谱分别如图 7-138（a）和（b）所示，则（　　）。

A. $u_1(t)$ 和 $u_2(t)$ 都是非周期性时间信号

B. $u_1(t)$ 和 $u_2(t)$ 都是周期性时间信号

C. $u_1(t)$ 是周期性时间信号，$u_2(t)$ 是非周期性时间信号

D. $u_1(t)$ 是非周期性时间信号，$u_2(t)$ 是周期性时间信号

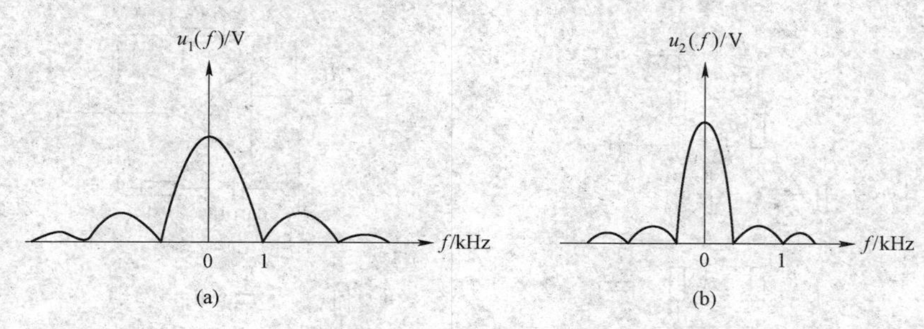

图 7-138　题 7-28 图

7-29（2021）　就数字信号而言，下述说法中正确的是（　　）。

A. 数字信号是一种离散时间信号　　B. 数字信号只能用来表示数字

C. 数字信号是一种代码信号　　D. 数字信号直接表示对象的原始信息

7-30（2021）　二极管应用电路如图 7-139（a）所示，电路的激励 u_i 如图 7-139（b）所示，设二极管为理想器件，则电路的输出电压 u_o 的平均值 U_o 为（　　）。

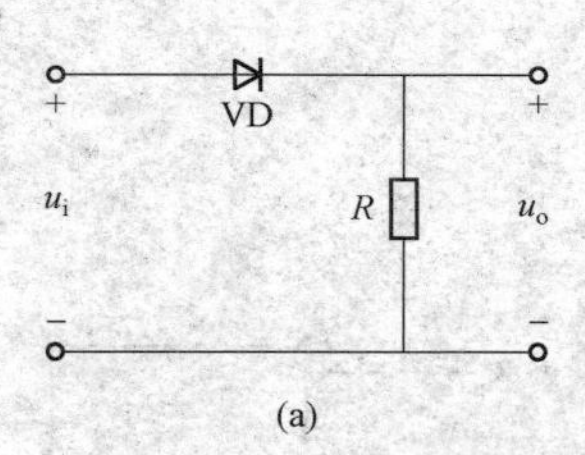

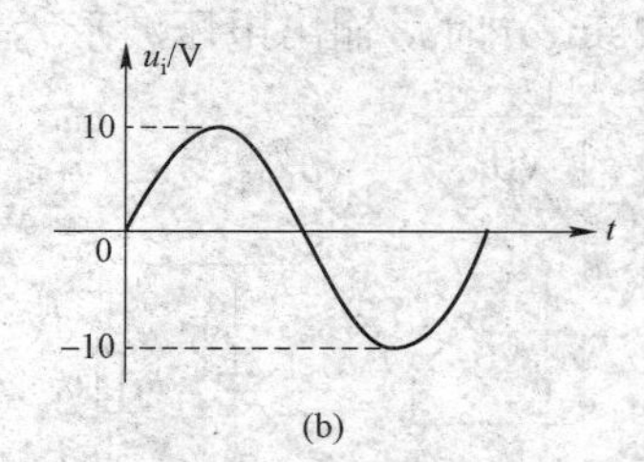

图 7-139　题 7-30 图

A. 0V　　B. 7.07V　　C. 3.18V　　D. 4.5V

7-31（2014）　运算放大器应用电路如图 7-140 所示，运算放大器输出电压的极限值为±11V，如果将 2V 电压接入电路的 A 端，电路的 B 端接地后，测得输出电压为−8V，那么，如果将 2V 电压接入电路的 B 端，电路的 A 端接地，则该电路的输出电压 u_o 等于（　　）。

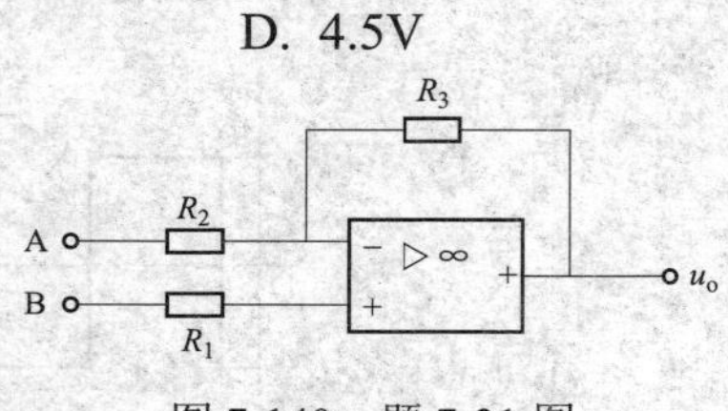

图 7-140　题 7-31 图

A. 8V　　B. −8V　　C. 10V　　D. −10V

7-32（2013）　某放大器要求其输出电流几乎不随负载电阻的变化而变化，且信号源的内阻很大，应选用的反馈类型为（　　）。

A. 电压串联　　B. 电压并联　　C. 电流串联　　D. 电流并联

7-33（2020）　晶体三极管放大电路如图 7-141 所示，在并入电容 C_E 前后，不变的量是（　　）。

A. 输入电阻和输出电阻　　B. 静态工作点和电压放大倍数

C. 静态工作点和输出电阻　　　　　　　　D. 输入电阻和电压放大倍数

7-34（2013）　电路如图 7-142 所示，设运放为理想器件，电阻 $R_1=10\text{k}\Omega$，为使该电路产生正弦波，则要求 R_F 为（　　）。

A. $R_F=10\text{k}\Omega+4.7\text{k}\Omega$（可调）　　　　B. $R_F=100\text{k}\Omega+4.7\text{k}\Omega$（可调）

C. $R_F=18\text{k}\Omega+4.7\text{k}\Omega$（可调）　　　　D. $R_F=4.7\text{k}\Omega+4.7\text{k}\Omega$（可调）

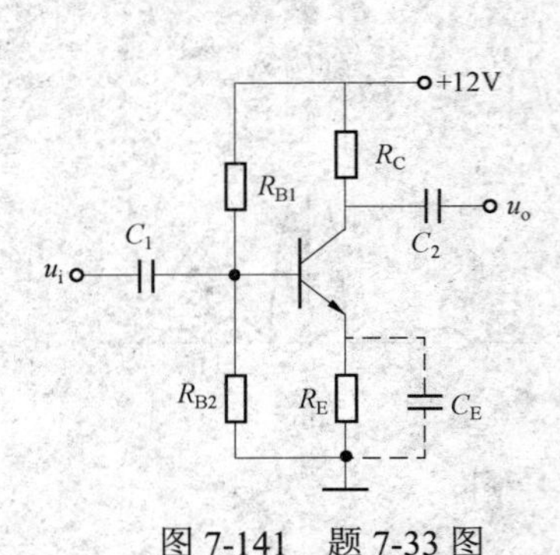

图 7-141　题 7-33 图

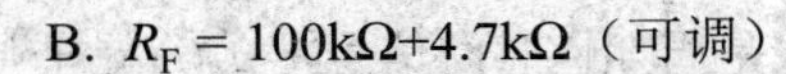

图 7-142　题 7-34 图

7-35（2013）　在图 7-143 所示桥式整流电容滤波电路中，若二极管具有理想特性，那么，当 $u_2=10\sqrt{2}\sin 314t\text{V}$，$R_L=10\text{k}\Omega$，$C=50\mu\text{F}$ 时，U_o 应为（　　）。

A. 9V　　　　B. 10V　　　　C. 12V　　　　D. 14.14V

7-36（2021）　图 7-144 所示电路中，运算放大器输出电压的极限值为 $\pm U_{oM}$，当输入电压 $u_{i1}=1\text{V}$，$u_{i2}=2\sin\omega t$ 时，输出电压波形为（　　）。

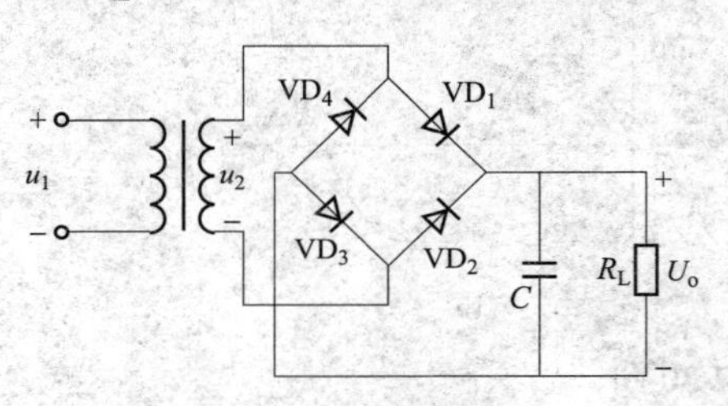

图 7-143　题 7-35 图

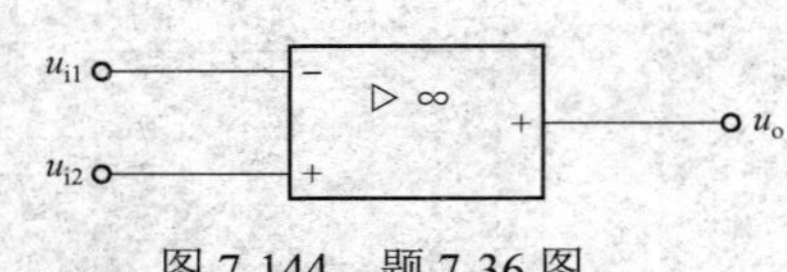

图 7-144　题 7-36 图

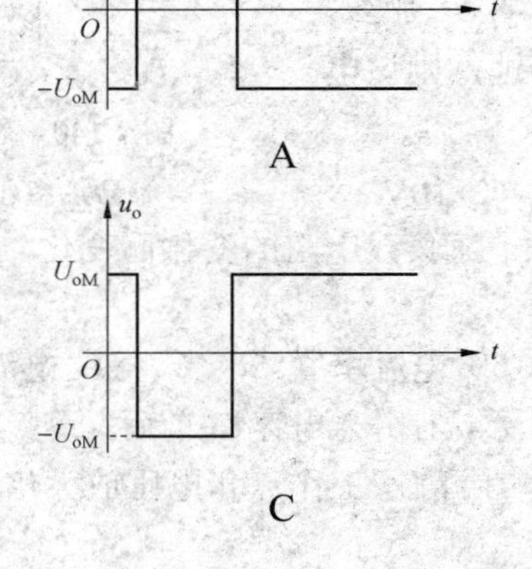

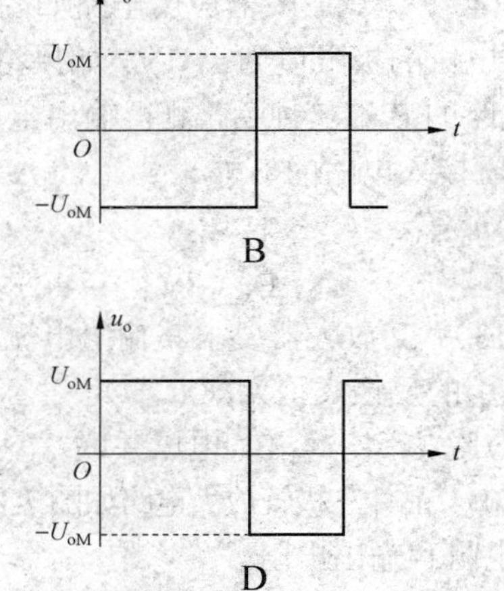

7-37（2020） 模拟信号 $u_1(t)$和 $u_2(t)$的幅值频谱分别如图 7-145 所示，则（　　）。

A. $u_1(t)$是连续时间信号，$u_2(t)$是离散时间信号

B. $u_1(t)$是非周期性时间信号，$u_2(t)$是周期性时间信号

C. $u_1(t)$和 $u_2(t)$都是非周期性时间信号

D. $u_1(t)$和 $u_2(t)$都是周期性时间信号

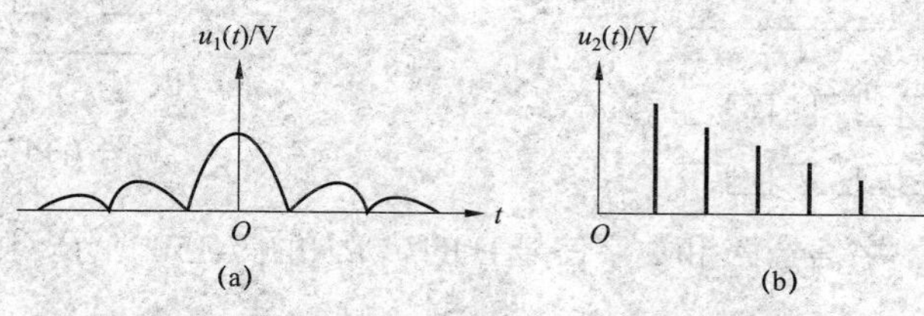

图 7-145　题 7-37 图

7-38 电路如图 7-146 所示，已知 $R_1=R_2=R_3=10\text{k}\Omega$，$R_f=20\text{k}\Omega$，$U_i=10\text{V}$，则输出电压 $U_o=$（　　）。

A. 10V

B. 5V

C. –5V

D. –15V

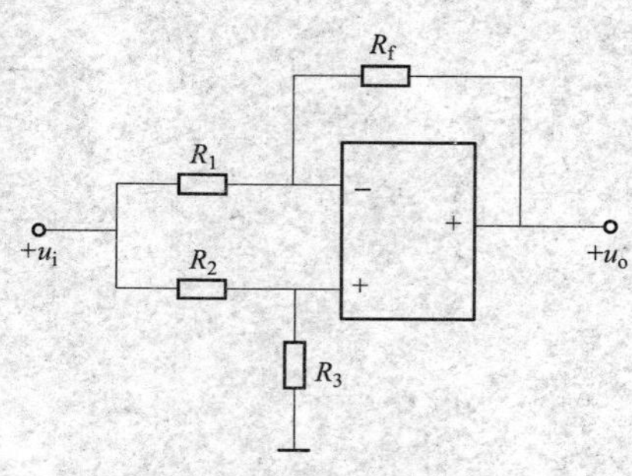

图 7-146　题 7-38 图

7-39（2017） 二极管应用电路如图 7-147（a）所示，电路的激励 u_i 如图 7-147（b）所示，设二极管为理想器件，则电路输出电压 u_o 的波形为（　　）。

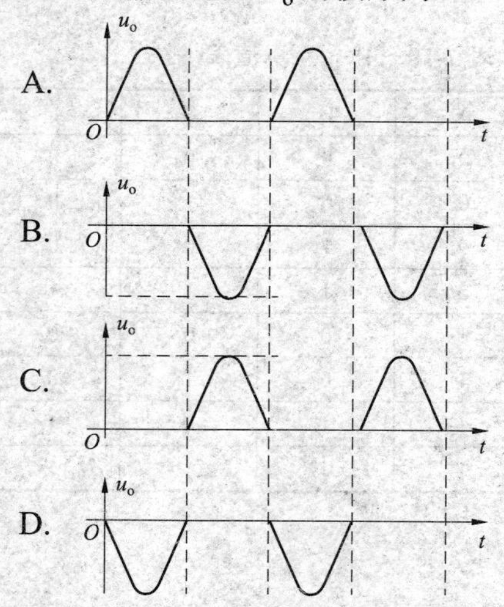

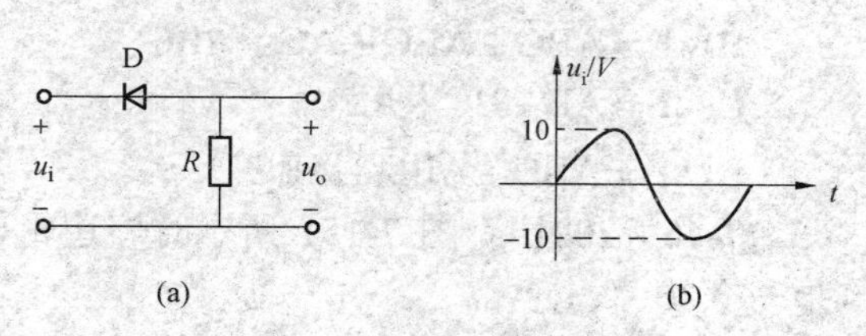

图 7-147　题 7-39 图

7-40（2022） 如图 7-148 所示，F_1、F_2 输出（　　）。

A. 0　0　　B. 1　$\overline{B}$

C. A　B　　D. 1　0

A
"0"
&
F_1
B
"0"
≥1
F_2

图 7-148　题 7-40 图

7-41（2019） 对逻辑表达式 $ABC+A\overline{B}+AB\overline{C}$ 的化简结果是（　　）。

A. A　　B. $A\overline{B}$　　C. AB　　D. $AB\overline{C}$

7-42（2018） 对逻辑表达式 $\overline{AD+\overline{AD}}$ 的化简结果是（　　）。

A. 0　　　　B. 1　　　　C. $\overline{A}D+A\overline{D}$　　　　D. $\overline{AD}+AD$

7-43（2019）已知数字信号 A 和数字信号 B 的波形如图 7-149 所示，则数字信号 $F=\overline{A+B}$ 的波形为（　　）。

A.

B.

C.

D.

图 7-149　题 7-43 图

7-44（2018） 已知数字信号 A 和数字信号 B 的波形如图 7-150 所示，则数字信号 $F=\overline{A+B}$ 的波形为（　　）。

图 7-150　题 7-44 图

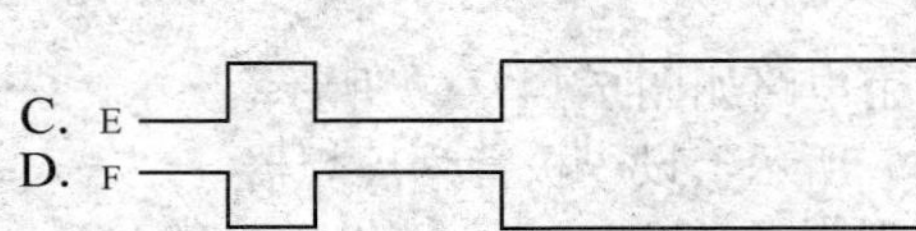

7-45（2020） 逻辑函数 F=f（A，B，C）的真值表见表 7-10，由此可知（　　）。

A. $F=BC+AB+\overline{A}\overline{B}C+B\overline{C}$

B. $F=\overline{A}\overline{B}\overline{C}+AB\overline{C}+AC+ABC$

C. $F=AB+BC+AC$

D. $F=\overline{A}BC+AB\overline{C}+ABC$

表 7-10　　真值表

A	B	C	F
0	0	0	0
0	0	1	0
0	1	0	0
0	1	1	1
1	0	0	0
1	0	1	0
1	1	0	1
1	1	1	1

7-46（2021） 图 7-151 所示时序逻辑电路是一个（　　）。

A. 三位二进制同步计数器

B. 三位循环移位寄存器

C. 三位左移寄存器

D. 三位右移寄存器

图 7-151　题 7-46 图

7-47（2020） 图 7-152（a）所示电路中，复位信号及时钟脉冲信号如图 7-152（b）所示，经分析可知，在 t_1 时刻，输出 Q_{JK} 和 Q_D 分别等于（　　）。

A. 0　0　　　B. 0　1　　　C. 1　0　　　D. 1　1

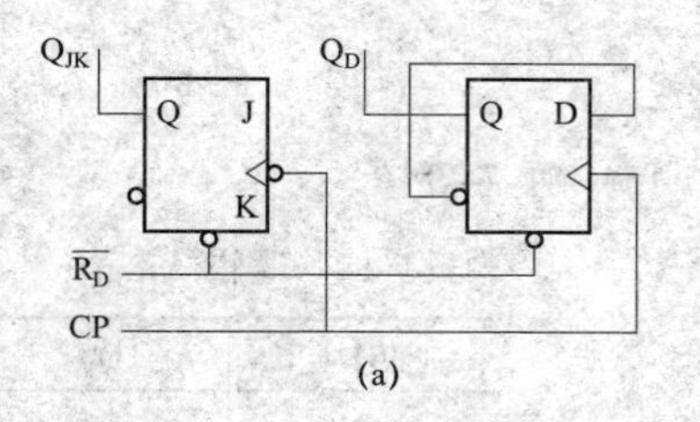

(a)

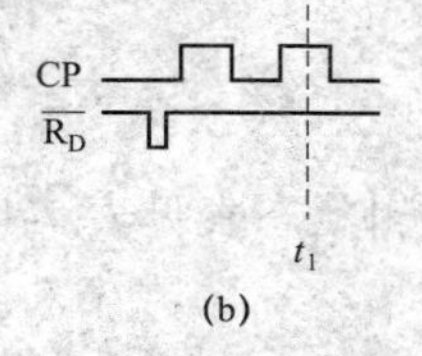

(b)

图 7-152　题 7-47 图

附：D 触发器和 JK 触发器的逻辑状态见表 7-11 和表 7-12。

表 7-11　D 触发器逻辑状态表

D	Q^{n+1}
0	0
1	1

表 7-12　JK 触发器逻辑状态表

J	K	Q^{n+1}
0	0	Q^n
0	1	0
1	0	1
1	1	$\overline{Q^n}$

7-48（2018） 图 7-153（a）所示电路中，复位信号 $\overline{R_D}$、信号 A 及时钟脉冲信号 CP 如图 7-153（b）所示，经分析可知，在第一个和第二个时钟脉冲的上升沿时刻，输出 Q 先后等于（　　）。

A. 0　0　　　B. 0　1　　　C. 1　0　　　D. 1　1

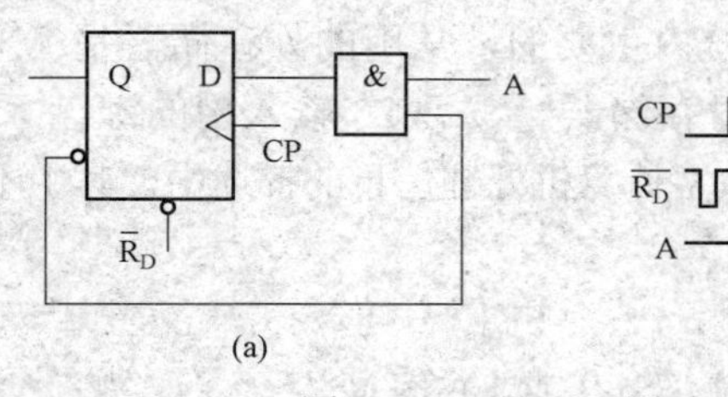

(a)

CP
$\overline{R_D}$
A

(b)

图 7-153　题 7-48 图

附：触发器的逻辑状态表见表 7-13。

表 7-13　逻辑状态表

D	Q^{n+1}
0	0
1	1

7-49（2017） 如图 7-154（a）所示电路，复位信号 $\overline{R_D}$、信号 A 及时钟脉冲 CP 如图 7-154（b）所示，经分析可知，在第一个和第二个时钟脉冲的下沿时刻，输出 Q 先后等于（　　）。

A. 0　0　　　B. 0　1　　　C. 1　0　　　D. 1　1

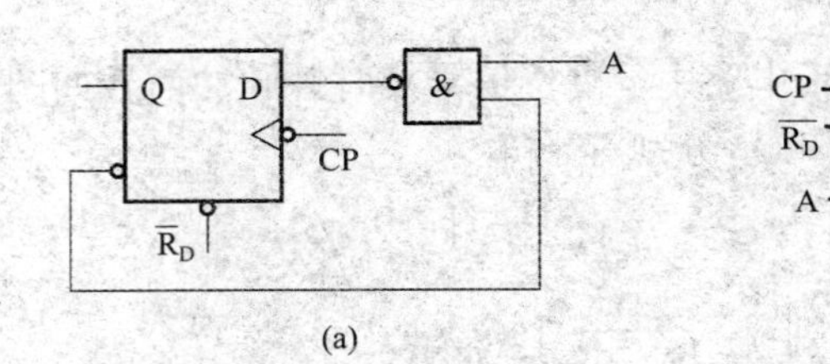

图 7-154　题 7-49 图

附：触发器的逻辑状态表见表 7-14。

表 7-14　逻辑状态表

D	Q^{n+1}
0	0
1	1

7-50（2022）　图 7-155（a）所示，复位信号 $\overline{R_D}$，置位信号 $\overline{S_D}$ 及时钟脉冲信号“CP”如图 7-155（b）所示，经分析 t_1、t_2 时刻输出 Q 先后等于（　　）。

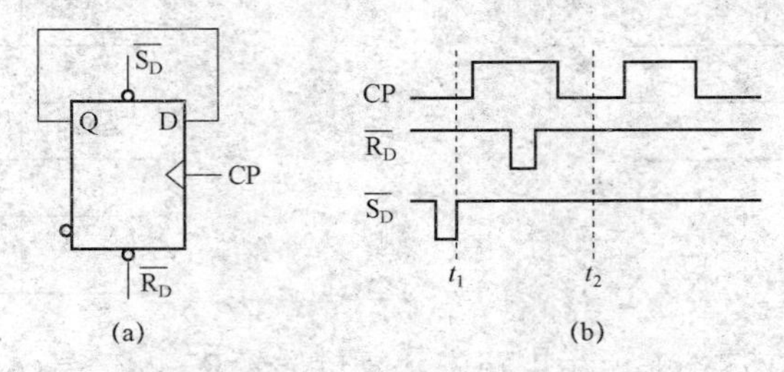

图 7-155　题 7-50 图

A. 0　0　　B. 0　1　　C. 1　0　　D. 1　1

7-51　计算机的新体系结构思想，是在一个芯片上集成（　　）。

A. 多个控制器　　B. 多个微处理器　　C. 高速缓冲存储器　　D. 多个存储器

7-52（2021）　目前，微机系统内主要的，常用的外存储器是（　　）。

A. 硬盘存储器　　B. 软盘存储器　　C. 输入用的键盘　　D. 输出用的显示器

7-53（2020）　下面四条有关数字计算机处理信息的描述中，其中不正确的一条是（　　）。

A. 计算机处理的是数字信息

B. 计算机处理的是模拟信息

C. 计算机处理的是不连续的离散（0 或 1）信息

D. 计算机处理的是断续的数字信息

7-54（2021）　根据软件的功能和特点，计算机软件一般可分为两大类，它们应该是（　　）。

A. 系统软件和非系统软件　　B. 应用软件和非应用软件

C. 系统软件和应用软件　　D. 系统软件和管理软件

7-55（2020）　计算机的软件系统是由（　　）。

A. 高级语言程序、低级语言程序构成　　B. 系统软件、支撑软件、应用软件构成

C. 操作系统、专用软件构成　　D. 应用软件和数据库管理系统构成

7-56（2020）　程序计数器（PC）的功能是（　　）。

A. 对指令进行译码
B. 统计每秒钟执行指令的数目
C. 存放下一条指令的地址
D. 存放正在执行的指令地址

7-57（2019） 在计算机内，为有条不紊地进行信息传输操作，要用总线将硬件系统中的各个部件（　　）。

A. 连接起来
B. 串接起来
C. 集合起来
D. 耦合起来

7-58（2021） 按照目前的计算机的分类方法，现在使用的PC机是属于（　　）。

A. 专用、中小型计算机
B. 大型计算机
C. 微型、通用计算机
D. 单片机计算机

7-59（2020） 在微机系统内，为存储器中的每一个（　　）。

A. 字节分配一个地址
B. 字分配一个地址
C. 双字分配一个地址
D. 四字分配一个地址

7-60（2021） 支撑软件是指支援其他软件的软件，它包括（　　）。

A. 服务程序和诊断程序
B. 接口软件、工具软件、数据库
C. 服务程序和编辑程序
D. 诊断程序和编辑程序

7-61（2021） 操作系统的存储管理功能不包括（　　）。

A. 分段存储管理
B. 分页存储管理
C. 虚拟存储管理
D. 分时存储管理

7-62 存储器的主要功能（　　）。

A. 存放程序和数据
B. 给计算机供电
C. 存放电压、电流等模拟信号
D. 存放指令和电压

7-63 操作系统中的文件管理是对计算机系统中的（　　）。

A. 永久程序文件的管理
B. 记录数据文件的管理
C. 用户临时文件的管理
D. 系统软件资源的管理

7-64（2020） 允许多个用户以交互方式使用计算机的操作系统是（　　）。

A. 批处理单道系统
B. 分时系统
C. 实时操作系统
D. 批处理多道系统

7-65（2021） 下面所列的四条中，不属于信息主要特征的一条是（　　）。

A. 信息的战略地位性、信息的不可表示性
B. 信息的可识别性、信息的可变性
C. 信息的可流动性、信息的可处理性
D. 信息的可再生性、信息的有效性和无效性

7-66 广域网与局域网有着完全不同的运行环境，在广域网中（　　）。

A. 由用户自己掌握所有设备和网络的宽带，可以任意使用、维护、升级
B. 跨越短距离，多个局域网和/或主机连接在一起的网络
C. 用户无法拥有广域连接所需要的技术设备和通信设施，只能由第三方提供
D. 100Mbit/s 的速度是很平常的

7-67 表示计算机信息数量比较大的单位要用 PB、EB、ZB，YB 等表示，数量级最小单位是（　　）。

A. YB
B. ZB
C. PB
D. EB

7-68（2021） 从多媒体的角度上来看，图像分辨率（　　）。

A. 是指显示器屏幕上的最大显示区域　　B. 是计算机多媒体系统的参数

C. 是指显示卡支持的最大分辨率　　D. 是图像水平和垂直方向像素点的乘积

7-69（2021） 以下关于计算机病毒的四条描述中，不正确的一条是（　　）。

A. 计算机病毒是人为编制的程序

B. 计算机病毒只有通过磁盘传输

C. 计算机病毒通过修改程序嵌入自身代码进行传播

D. 计算机病毒只要满足某种条件就能起破坏作用

7-70（2018） 批处理操作系统的功能是将用户的一批作业有序地排列起来（　　）。

A. 在用户指令的指挥下、顺序地执行作业流

B. 计算机系统会自动地、顺序地执行作业流

C. 由专门的计算机程序员控制作业流的执行

D. 由微软提供的应用软件来控制作业流的执行

7-71（2019） 下面四条描述操作系统与其他软件明显不同的特征中，正确的一条是（　　）。

A. 并发性、共享性、随机性　　B. 共享性、随机性、动态性

C. 静态性、共享性、同步性　　D. 动态性、并发性、异步性

7-72 下面列出有关操作系统的4条描述中错误的是（　　）。

A. 具有文件处理的功能　　B. 使计算机系统用起来更方便

C. 具有对计算机资源管理的功能　　D. 具有处理硬件故障的功能

7-73（2021） 网络协议主要组成的三要素是（　　）。

A. 资源共享、数据通信和增强系统处理功能

B. 硬件共享、软件共享和提高可靠性

C. 语法、语义和同步（定时）

D. 电路交换、报文交换和分组交换

7-74 在计算机内，汉字也是用二进制数字编码表示，一个汉字的国标码是用（　　）。

A. 1个8位二进制数码表示的　　B. 2个8位二进制数码表示的

C. 3个8位二进制数码表示的　　D. 4个8位二进制数码表示的

7-75（2020） 计算机与信息化社会的关系是（　　）。

A. 没有信息化社会就不会有计算机

B. 没有计算机在数值上的快速计算，就没有信息化社会

C. 没有计算机及其与通信、网络等的综合利用，就没有信息化社会

D. 没有网络电话就没有信息化社会

7-76（2019） 为有效地防范网络中的冒充、非法访问等威胁，应采用的网络安全技术是（　　）。

A. 数据加密技术　　B. 防火墙技术

C. 身份验证与鉴别技术　　D. 访问控制与目录管理技术

7-77（2020） 域名服务器的作用是（　　）。

A. 为连入 Internet 网的主机分配域名

B. 为连入 Internet 网的主机分配 IP 地址

C. 为连入 Internet 网的一个主机域名寻找所对应的 IP 地址

D. 将主机的 IP 地址转换为域名

7-78（2021） 按照数据交换方法的不同，可将网络分为（　　）。

A. 广播式网络、点到点式网络

B. 双绞线网、同轴电缆网、光纤网、无线网

C. 基带网和宽带网

D. 电路交换、报文交换、分组交换

7-79 计算机网络环境下的硬件资源共享可以（　　）。

A. 使信息的传送操作更具有方向性

B. 通过网络访问公用网络软件

C. 使用户节省投资，便于集中管理和均衡负担负荷，提高资源的利用率

D. 独立地、平等地访问计算机的操作系统

7-80 在下面存储介质中，存放的程序不会再次感染上病毒的是（　　）。

A. 软盘中的程序　　B. 硬盘中的程序

C. U 盘中的程序　　D. 只读光盘中的程序

电气与信息复习题答案及提示

7-1 B　提示：根据库仑定律，当 $q_1=q_3=|q_2|$ 时，q_1 和 q_3 对 q_2 的作用力保持平衡，三带电质点可处于图示位置状态。其他不符。

7-2 C　提示：根据 KVL 计算出 10Ω电阻上的电流是−0.2A，根据 KCL 计算出 $I=-0.1\text{A}$。

7-3 D　提示：电流源单独作用时，电压源视为短路，三条支路电阻相等，并联分流，且 I 与电流源电流方向相反，因此 $I=-2\text{A}$。

7-4 D　提示：由题可知 $\dot{I}=0.2\angle 10^\circ$，$U$ 与 I 反向，则 $\dot{U}=10\angle -170^\circ$ 。

7-5 A　提示：$\varphi=30^\circ, P=UI\cos\varphi=95.3\text{W}, Q=UI\sin\varphi=55\,\text{var}, S=UI=110\text{VA}$ 。

7-6 B　提示：开关断开前 u=3V，开关断开后三个 2Ω电阻串联分压，u 逐渐变为 2V。

7-7 B　提示：直流电源作用下，电感线圈部分的电阻阻值 $R=\dfrac{U}{I}=\dfrac{10}{1}\Omega=10\Omega$，此时电感线圈部分等效为电阻 R 的模型。当改为交流电源时，电感线圈部分等效为 $R+\text{j}\omega L$，其中，$R=10\Omega$。

7-8 C　提示：由题图可知，电流源两端电压为 6V，且电流源的电压和电流为非关联参考方向，所以其吸收的功率为 $P_{\text{吸收}}=-U_\text{S}I_\text{S}=-6\times 0.2\text{W}=-1.2\text{W}$，即电流源发出功率 1.2W。

7-9 D　提示：由 $\dot{I}_1=100\angle -30^\circ$ mA，可得 $i_1(t)=100\sqrt{2}\sin(\omega t-30^\circ)\text{mA}$；由 $i_2(t)=100\sin(\omega t-30^\circ)\text{mA}$，可得 $\dot{I}_2=\dfrac{100}{\sqrt{2}}\angle -30^\circ$ mA；由 $i_3(t)=-100\sin(\omega t+30^\circ)$ mA，可得 $i_3(t)=100\sin(\omega t+30^\circ-180^\circ)$ mA，则 $\dot{I}_3=\dfrac{100}{\sqrt{2}}\angle -150^\circ$ mA。同时，可以判断，i_1 与 i_2 的最大值或有效值

并不相同，i_3 与 i_1 相位差为 120°，并非反相。

7-10 C

7-11 D

7-12 B　提示：电路中总的阻抗 $Z=Z_1+Z_2=6+j(8-X_c)$，根据谐振的概念，当 I 取最大值时，阻抗 Z 的虚部为 0，计算得 $X_c=8\Omega$。

7-13 B　提示：$R_{ab}=R_1//R_2//R_3+R_5=4\Omega$。

7-14 C　提示：根据变压器变阻抗的特性，从一次侧看过去的阻抗 $R'_L=k^2R_L=4\times100\Omega=400\Omega$，所以，$I_1=\dfrac{U}{100+400}=0.002U$，$I_2=kI_1=0.04U$。

7-15 B　提示：设 Z 为变压器二次绕组的负载阻抗，其反映到一次绕组的阻抗模（该阻抗与 R 串联）为 $|Z'|=\dfrac{U_1}{I_1}=\dfrac{kU_2}{\dfrac{I_2}{k}}=k^2\dfrac{U_2}{I_2}=k^2|Z|$，其中，$k$ 为变压器变比。当开关闭合时，二次侧负载并联，负载电阻变小，反映到一次侧阻抗变小，则电阻 R 上的电压增大，U_1 下降，变比 k 不变，则 U_2 下降。

7-16 C　提示：平滑调速采用调频调速方案。

7-17 B　提示：Y—△降压起动就是电动机在起动时接成星形，一段时间后（几秒至几十秒）转成三角形运行。又由于电动机接成星形时每相绕组的电压降低为额定电压的 $1/\sqrt{3}$ 倍（由原来 380V 变成 220V），星形起动电流降为直接起动的三分之一，起动转矩是原来的 1/3，由此可知答案。

7-18 B　提示：三相异步电动机的过载保护通常借助热继电器 KR 来完成。热继电器的热元件串接在电动机的主电路中，常闭触点则串联在控制电路上。

7-19 D　提示：继电器与接触器的主触头接在主电路中，辅助触头接在控制电路。

7-20 B　提示：三相异步电动机的旋转方向与旋转磁场的旋转方向相同，任意调换通入绕组的三相电流相序，旋转磁场和电动机的旋转方向都会随之改变。

7-21 C　提示：开关断开后，只有电路右边进入暂态过程，电流 i_1 立即等于 i_s，但电流 i_2（也就是换路后电容的电流）不能突变，需完成一个由 $\dfrac{1}{2}i_s$ 逐步衰减到 0 的过渡过程。

7-22 D　提示：三要素法，$i(0^+)=i(0^-)=1A$，$i(\infty)=4A$，$\tau=1s$。

7-23 A　提示：换路瞬间 u_C 不能突变，由于 $u_C(0^+)=u_C(0^-)=0$，$t=0^+$瞬间电容相当于短路。

7-24 B　提示：运动电荷在磁场中受到的力，称为洛伦兹力。

7-25 A　提示：无限大真空中有一点电荷在距其 r 远处所产生的电位为 $\dfrac{q}{4\pi\varepsilon_0 r}$，而导体球是个等电位体。

7-26 A　提示：一次侧线圈直流激励下，磁通恒定，二次侧线圈感应电压为 0。

7-27 D　提示：定义 5V 是 1，0V 是 0，那么 D 选项表示的是 11001，反过来 D 选项是 00110，都不吻合题意。

7-28 A　提示：由幅值频谱可判定 $u_1(t)$ 和 $u_2(t)$ 均为非周期信号。

7-29 C　提示：数字信号基本概念，选项 A、B、D 说法错误或片面。

7-30 C　提示：此为半波整流电路，输入电压 $u_i = 10\sin\omega t\text{V}$，输出电压平均值 $U_o = 0.45U = 0.45\times\dfrac{10}{\sqrt{2}}\text{V} = 3.18\text{V}$。

7-31 C　提示：B 端接地，A 端输入 2V 电压，电路为反相比例运算，$u_o = -\dfrac{R_2}{R_1}u_i = -\dfrac{R_2}{R_1}\times 2 = -8\text{V},\ \dfrac{R_2}{R_1} = 4$；而 A 端接地，B 端输入 2V 电压，电路为同相比例运算，此时 $u_o = \left(1+\dfrac{R_2}{R_1}\right)u_i = 5\times 2\text{V} = 10\text{V}$。

7-32 D　提示：为稳定输出电流，应引入电流负反馈，信号源内阻大，并联反馈效果好，所以，应选用电流并联负反馈。

7-33 C　提示：电容并入之前，输入电阻 $r_i = R_{B1}//R_2//[r_{be} + (1+\beta)R_E]$，电压放大倍数 $A_u = -\beta\dfrac{R'_L}{r_{be} + (1+\beta)R_E}$，其中 $R'_L = R_C//R_L$；并入电容后，对于交流信号，三极管射极电阻 R_E 相当于被短路，此时输入电阻：$r_i = R_{B1}//R_2//r_{be}$，电压放大倍数 $A_u = -\beta\dfrac{R'_L}{r_{be}}$；所以并入电容后，输入电阻和放大倍数有变化，而静态工作点和输出电阻基本不变。

7-34 C　提示：振荡电路在起振时应有比振荡稳定时更大一些的电压增益，即$|AF|>1$，$|F|=1/3$，所以 $A_{uf}>3$，$|AF|>1$ 称为起振条件。稳幅时$|AF| = 1$，则 $A_{uf} = 3$。

7-35 C　提示：桥式整流电容滤波电路，$U_o=1.2U_2$，本题中 $U_2=10\text{V}$。

7-36 A　提示：运算放大器为理想运放，反相输入端为 1V，同相输入电压信号 $u_{i2} = 2\sin\omega t\text{V}$，在 u_{i2} 正弦量正半周期幅值小于 1V 时 u_o 为 $-U_{oM}$，只有幅值大于 1V 期间 u_o 为 $+U_{oM}$，而在 u_{i2} 正弦量负半周期内 u_o 均为 $-U_{oM}$，所以选择答案 A。

7-37 B　提示：周期信号的频谱是离散谱，非周期信号的频谱是连续谱。

7-38 C　提示：根据运放的输入电流为零，$u_+ = u_- = 5\text{V}$，则

$$i_1 = i_f = \frac{10\text{V} - 5\text{V}}{10\text{k}\Omega} = 0.5\text{mA},\ u_o = 5\text{V} - 20\text{k}\Omega\times 0.5\text{mA} = -5\text{V}$$

7-39 B　提示：根据二极管应用电路中半波整流原理，只有当 u_i 取负时二极管导通，R 上有电压，由 KVL 可得 $u_0=u_i$。

7-40 B　提示：根据题意，$\text{F}_1 = \text{A}\cdot 0 = 1$，$\text{F}_2 = \overline{\text{B}+0} = \overline{\text{B}}$。

7-41 A　提示：$\text{F} = \text{ABC} + \text{A}\overline{\text{B}} + \text{AB}\overline{\text{C}} = \text{AB}(\text{C}+\overline{\text{C}}) + \text{A}\overline{\text{B}} = \text{AB} + \text{A}\overline{\text{B}} = \text{A}(\text{B}+\overline{\text{B}}) = \text{A}$。

7-42 A　提示：$\text{AD} + \overline{\text{AD}} = 1$。

7-43 A　提示：根据 $\text{F} = \overline{\text{A}+\text{B}}$ 可知，当且仅当 A=0，B=0 时，F=1。或者按照 $\text{F} = \overline{\text{A}+\text{B}} = \overline{\text{A}}\cdot\overline{\text{B}}$，观察 B=0 时，F 为 A 的反相。

7-44 A　提示：根据图形，4 个答案的逻辑表达式分别是：$\text{F} = \overline{\text{A}+\text{B}}$；$\text{F} = \overline{\text{A}} + \overline{\text{B}}$；$\text{F} = \text{A}\overline{\text{B}} + \overline{\text{A}}\text{B}$；$\text{F} = \text{AB} + \overline{\text{A}}\,\overline{\text{B}}$。

7-45 D　提示：根据真值表写出 $\text{F} = \overline{\text{A}}\text{BC} + \text{AB}\overline{\text{C}} + \text{ABC}$。

7-46 C　提示：根据 D 触发器的输出方程，$\text{Q}_0^{n+1} = \text{D}$，$\text{Q}_1^{n+1} = \text{Q}_0^n$，$\text{Q}_2^{n+1} = \text{Q}_1^n$。

7-47 C　提示：由（a）图可知，JK 和 D 触发器分别是 CP 的下降和上升沿触发，且都接到 $\bar{R}_D$。由（b）图可知，CP 第一个上升沿到来之前，$\overline{R_D}$ 信号有效，使所有的输出初始状态为 0。对于 JK 触发器，J=K=1，为计数状态，即 $Q_{JK}^{n+1}=\overline{Q_{JK}^{n}}$。而 t_1 之前，有 1 个 CP 的下升沿，使 JK 的输出变换 1 次，最初状态为 0，所以变换 1 次后是 1。对于 D 触发器，其特征方程为 $Q_D^{n+1}=D$，且根据（a）图 $Q_D^{n+1}=D=\overline{Q_D^{n}}$，而 t_1 之前，有 2 个 CP 的上升沿，D 触发器有效工作两次，最后状态为 0，故答案应选 C。

7-48 C　提示：当复位后，D 触发器的输出为 Q = 0，由图可知，触发器为上升沿触发，第一个脉冲上沿时刻，A = 1，触发器的输入为 $D=A\bullet\overline{Q}=A\bullet1=1$，根据 D 触发器的逻辑状态表可知，D 触发器输出 Q = 1；当第二个脉冲上沿时刻，A = 0，触发器的输入为 $D=A\bullet\overline{Q}=A\bullet0=0$，D 触发器输出为 0。

7-49 B　提示：复位信号后，D 触发器输出 Q=0，$\overline{Q}=1$。当第一个脉冲的下降沿到来时，A=1，经与非门，触发器输入端 D 为 0，输出 Q=0，$\overline{Q}=1$。当第二个脉冲下降沿到来时，A=0，$\overline{Q}=1$，经与非门，触发器输入端 D 为 1，输出 Q=1。

7-50 C　提示：如图触发器 CP 是上升沿触发。根据 D 触发器的原理，t_1 时刻 $\overline{S_D}$ 使 D 触发器置位，Q=1；之后，CP 上升沿触发，使 $Q^{n+1}=D=Q^{n}=1$；Q 仍保持 1，然后 $\overline{R_D}$ 使触发器清零，即 Q=0。在 t_2 到来之前没有 CP 上升沿触发，Q 保持 0 状态。

7-51 B　提示：这里主要指硬件结构。计算机新系体结构与传统的结构不同，传统硬件结构由单个微处理器（控制器、运算器等集成于一个芯片内）、存储器和 I/O 构成。新体系结构在一个芯片内集成了多个微处理器，功能更强大，处理速度更快。

7-52 A　提示：选项 C 和 D 分别是输入和输出设备，选项 A 和 B 属于外存储器，软盘存储器目前大都已经被淘汰了。

7-53 B　提示：计算机处理的信号是数字信号，数字信号是离散信号。

7-54 C　提示：根据计算机软件的定义。

7-55 B　提示：计算机软件由系统软件、支撑软件和应用软件（用户软件）组成。

7-56 C　提示：程序计数器是用于存放下一条指令所在单元的地址的地方。当执行一条指令时，首先需要根据 PC 中存放的指令地址，将指令由内存取到指令寄存器中，此过程称为“取指令”。

7-57 A　提示：计算机的硬件是由地址总线、数据总线和控制总线连接起来的，以便信息准确、按序、高效传送数据。一般来说，地址总线给出信息传送的位置，数据总线给出传送的信息，控制总线控制信息的传送时间、方向等。

7-58 C

7-59 A　提示：计算机的存储系统是一字节为单位存储数据，一个字节对应一个基本单元，对应一个地址。

7-60 B　提示：支撑软件是在系统软件和应用软件之间，提供应用软件设计、开发、测试、评估、运行检测等辅助功能的软件。

7-61 D　提示：有分时操作系统，操作系统没有分时存储管理功能。

7-62 A　提示：计算机存储器的功能是存放信息，信息包括程序和数据。

7-63 D　提示：选项 A、B、C 都不全面。

7-64 B　提示：分时操作系统（time-sharing system），“分时”的含义：分时是指多个用户分享使用同一台计算机。多个程序分时共享硬件和软件资源。分时操作系统是一个多用户交互式操作系统。允许多个用户以交互方式使用计算机操作系统。

7-65 A

7-66 C

7-67 C　提示：计算机的存储单位是 bit、Byte、KB、MB、GB、TB、PB、EB、ZB、YB、BB，它们的换算关系是 1B=8bit，1KB=1024B，1MB=1024KB，1GB=1024MB，1TB=1024GB，1PB=1024TB，1EB=1024P，1ZB=1024EB，1YB=1024ZB，1BB=1024YB。

7-68 D　提示：图像分辨率的定义。

7-69 B　提示：计算机病毒传输不仅只有通过磁盘，还有其他途径，比如网络。

7-70 B　提示：批处理操作系统的功能就是当用户提交给操作系统一批作业后就不必再干预，计算机系统会控制这些作业自动运行。

7-71 A　提示：操作系统具有并发性、共享性和随机性特征。

7-72 D　提示：操作系统不具备处理硬件功能，包括硬件故障。

7-73 C　提示：网络协议的三要素：① 语法是用户数据与控制信息的结构与格式，以及数据出现的顺序；② 语义是解释控制信息每个部分的意义；③ 时序是对事件发生顺序的详细说明。

7-74 B　提示：计算机存储信息的最小单位是 bit，即存放一位二进制信息（0 或 1），八个二进制位为一字节，字节是最常用的单位。英文一个字母占一个字节（不分大小写，包括标点），中文一个汉字占两个字节（包括标点）。

7-75 C　提示：信息化社会必须具备计算机、通信技术和网络技术等，综合利用促进其发展的。

7-76 B　提示：防火墙作为一种边界安全的手段，在网络安全保护中起着重要作用。其主要功能是控制对网络的非法访问。

7-77 C　提示：域名服务器的作用是将域名翻译成 IP 地址，域名服务器发生故障的时候可以用 IP 地址访问 Internet。

7-78 D 提示：计算机网络三种交换方式。

7-79 C　提示：硬件资源共享解决或处理不了选项 A、B、D 所述问题。

7-80 D　提示：选项 A、B、C 这些存储介质是可以写入信息的，存放程序时写入可能会写入病毒，只读光盘一次写入后，成为只读存储器，不会再写入信息，包括病毒。

第三部分　工程管理基础

第8章　法律法规

8.1　中华人民共和国建筑法

考试大纲

建筑许可；建筑工程发包与承包；建筑工程监理；建筑安全生产管理；建筑工程质量管理；法律责任。

8.1.1　建筑法概述

1. 建筑法的概念

广义的建筑法是国家为加强对建筑活动的监督管理，维护建筑市场秩序，保证建筑工程的质量和安全，促进建筑业健康发展，调整国家、建筑勘察设计、施工、监理等建筑主体之间在建筑领域法律关系的法律法规的总称。狭义的建筑法就是指《中华人民共和国建筑法》(以下简称《建筑法》)。

2. 建筑法的适用范围和调整对象

（1）在我国境内从事建筑活动，实施对建筑活动的监督管理，应当遵守建筑法。

（2）建筑活动是指各类房屋建筑及其附属设施的建造和与其配套的线路、管道、设备的安装活动。

8.1.2　建筑许可

1. 建筑许可的概念

建筑许可是指建设行政主管部门根据建设单位和从事建筑活动的单位、个人的申请，依法准许建设单位开工或确认单位、个人具备从事建筑活动资格的行政行为。需要指出的是，申请是许可的必要条件，没有申请，就没有许可。

《建筑法》第7条规定，建筑工程开工前，建设单位应当按照国家有关规定向工程所在地县级以上建设行政主管部门申请领取施工许可证；但是，国务院建设行政主管部门确定的限额以下的小型工程除外。

【例8-1】(2019)　某投资亿元的建设工程，建设工期3年，建设单位申请领取施工许可证，经审查该申请不符合法定条件的是（　　）。

A. 已经取得该建设工程规划许可证

B. 已依法确定施工单位

C. 到位资金达到投资额的30%

D. 该建设工程设计已经发包由某设计单位完成

【解】《建筑法》第 8 条规定的是资金应当已落实。

【答案】C

2. 建筑施工许可证

建设工程施工许可证又称建设工程开工证，是建筑施工单位符合各种施工条件、允许开工的批准文件，是建设单位进行工程施工的法律凭证，也是房屋权属登记的主要依据之一。当各种施工条件完备时，建设单位应当按照计划批准的开工项目向工程所在地县级以上建设行政主管部门办理施工许可证手续，领取施工许可证。未取得施工许可证的不得擅自开工。

《建筑法》第八条规定，申请领取施工许可证，应当具备下列条件：① 已经办理该建筑工程用地批准手续；② 依法应当办理建设工程规划许可证的，已经取得建设工程规划许可证；③ 需要拆迁的，其拆迁进度符合施工要求；④ 已经确定建筑施工企业；⑤ 有满足施工需要的资金安排、施工图纸及技术资料；⑥ 保证工程质量和安全的具体措施；⑦ 建设资金已经落实。

3. 建筑从业资格

（1）单位资格。建筑活动主体按照其拥有的注册资本、专业技术人员、技术装备和已完成的建筑工程业绩等资质条件，划分为不同的资质等级，经资质审查合格，取得相应等级的资质证书后，方可在其资质等级许可的范围内从事建筑活动。

《建筑业企业资质标准》将建筑业企业资质分为施工总承包、专业承包和施工劳务三个序列。《工程勘察资质标准》将工程勘察资质分为综合资质、专业资质和劳务资质三个类别。《工程设计资质标准》将工程设计资质分为综合、行业、专业和专项四个序列。《工程监理企业资质标准》将工程监理企业资质分为综合资质、专业资质和事务所三个序列。

（2）从业人员资格。从事建筑活动的专业技术人员，应当依法取得相应的执业资格证书，并在执业资格证书许可的范围内从事建筑活动。如注册建筑师、注册结构师和注册监理师等专业技术人员必须具有法定的执业资格，即经过国家统一考试合格并被依法批准注册。

8.1.3 建筑工程发包与承包

1. 工程合同

建筑工程合同是指一方依约定完成建设工程，另一方按约定验收工程并支付酬金的合同。前者称承包人，后者称为发包人。《建筑法》第 15 条、《民法典》第 789 条均规定，建筑工程的发包单位与承包单位应当依法订立书面合同，明确双方的权利和义务。

2. 发包与承包

建筑工程的发包是指建筑工程的建设单位（或总承包单位）将建筑工程任务的全部或一部分通过招标或其他方式，交付给具有从事建筑活动的法定从业资质的单位完成，并按约定支付报酬的行为。建筑工程的承包，即建筑工程发包的对称，是指具有从事建筑活动的法定从业资质的单位，通过投标或其他方式，承揽建筑工程任务，并按约定取得报酬的行为。

3. 工程发包方式

（1）招标发包。建筑工程依法实行招标发包，发包单位应当依照法定程序和方式，发布招标公告，开标应当在招标文件规定的时间、地点公开进行。开标后应当按照招标文件规定的评标标准和程序择优选定中标者。

（2）直接发包。对不适于招标发包的建筑工程可以直接发包。发包单位应当将建筑工程发包给具有相应资质条件的承包单位。

4. 工程承包

（1）施工总承包。建筑工程的总承包采用较多的有建筑工程全部工作任务的总承包和施工总承包。建筑工程全部工作任务的总承包，又称为交钥匙承包，是指发包方将建筑工程的勘察、设计、土建施工、设备的采购及安装调试等工程建设的全部任务一并发包给一个具备相应总承包资质条件的承包单位，由该总承包单位对工程建设的全过程向建设单位负责，直至工程竣工，向建设单位交付经验收合格、符合发包方要求的建筑工程的承发包方式。

禁止将建筑工程肢解发包，建筑工程的发包单位不得将应当由一个承包单位完成的建筑工程肢解成若干部分发包给几个承包单位。按照合同约定，建筑材料、建筑构配件和设备由工程承包单位采购的，发包单位不得指定承包单位购入用于工程的建筑材料、建筑构配件和设备或者指定生产厂、供应商。

（2）共同承包。大型建筑工程或者结构复杂的建筑工程，可以由两个以上的承包单位联合共同承包。共同承包的各方对承包合同的履行承担连带责任。两个以上不同资质等级的单位实行联合共同承包的，应当按照资质等级低的单位的业务许可范围承揽工程。

（3）工程转包和分包。禁止承包单位将其承包的全部建筑工程转包给他人，禁止承包单位将其承包的全部建筑工程肢解以后以分包的名义分别转包给他人。

建筑工程总承包单位可以将承包工程中的部分工程发包给具有相应资质条件的分包单位；但是，除总承包合同中约定的分包外，必须经建设单位认可。施工总承包的，建筑工程主体结构的施工必须由总承包单位自行完成，但钢结构除外。

建筑工程总承包单位按照总承包合同的约定对建设单位负责；分包单位按照分包合同的约定对总承包单位负责。总承包单位和分包单位就分包工程对建设单位承担连带责任。

禁止总承包单位将工程分包给不具备相应资质条件的单位。禁止分包单位将其承包的工程再分包。

【例 8-2】（2022）《建筑法》中，建设单位做法正确的是（　　）。

A. 将设计和施工分别外包给相应部门

B. 将桩基工程和施工工程分别外包给相应部门

C. 将建筑的基础、主体、装饰外包给相应部门

D. 将建筑除主体外的部分外包给相应部门

【解】根据《建筑法》第 24 条规定，建筑工程的发包单位可以将建筑工程的勘察、设计、施工、设备采购一并发包给一个工程总承包单位，也可以将建筑工程勘察、设计、施工、设备采购的一项或者多项发包给一个工程总承包单位；但是，不得将应当由一个承包单位完成的建筑工程肢解成若干部分发包给几个承包单位。

【答案】A

8.1.4 建筑工程监理

1. 建设监理的概念和特征

工程建设监理是指针对工程项目建设，社会化、专业化的工程建设监理单位接受建设单位的委托和授权，根据国家批准的工程项目建设文件、有关工程建设的法律、法规和工

程建设监理合同以及其他工程建设合同所进行的旨在实现项目投资目的的微观监督管理活动。

2. 监理依据

① 全国人大及其常委会制定的法律和国务院制定的行政法规中对工程建设的有关规定；② 与建筑工程有关的国家标准、行业标准、设计图纸、工程说明书等文件；③ 建设单位与承包单位之间签订的建筑工程承包合同，内容一般包括投标书、合同条件、设计图样、工程说明书、技术规范及标准、工程量清单及单价表等。

3. 监理人员权利

工程监理人员对其所发现的工程问题，有权要求责任者予以改正或者提请建设单位要求责任者改正，具体内容如下：

（1）工程监理人员认为工程施工不符合工程设计要求、施工技术标准和合同约定的，有权要求建筑施工企业改正。

（2）工程监理人员发现工程设计不符合建筑工程质量标准或者合同约定的质量要求的，应当报告建设单位要求设计单位改正。

4. 监理单位与建设单位、承包商的关系

（1）建设单位与监理单位是委托与被委托的关系，工程监理单位应当根据建设单位的委托，客观、公正地执行监理任务。不按照委托监理合同的约定履行监理义务，对应当监督检查的项目不检查或者不按照规定检查，给建设单位造成损失的，应当承担相应的赔偿责任。

（2）监理单位与承包商之间是监理与被监理的关系，二者必须是独立的，工程监理单位与被监理工程的承包单位以及建筑材料、建筑构配件和设备供应单位不得有隶属关系或者其他利害关系。

（3）实施建筑工程监理前，建设单位应当将委托的工程监理单位、监理的内容及监理权限，书面通知被监理的建筑施工企业。

8.1.5 建筑安全生产管理

1. 建设单位的安全责任

（1）不得对勘察、设计、施工、工程监理等单位提出不符合建设工程安全生产法律、法规和强制性标准规定的要求，不得压缩合同约定的期限。

（2）在编制工程预算时，应当确定建设工程安全作业环境及安全施工措施所需费用。《安全生产法》第 18 条规定："生产经营单位应当具备的安全生产条件所必需的资金投入，由生产经营单位的决策机构、主要负责人或者个人经营的投资人予以保证，并对由于安全生产所必需的资金投入不足导致的后果承担责任。"

（3）不得明示或暗示施工单位购买、租赁、使用不符合安全施工要求的设备、器械等。

（4）在申领施工许可证时，应当提供建设工程有关安全施工措施的资料。

（5）应当将拆除工程发包给具有相应资质等级的施工单位。

2. 勘察、设计、工程监理及其他有关单位的安全责任

（1）勘察单位应当按照法律、法规和工程建设强制性标准进行勘察，提供的文件应当真实、准确。

（2）设计单位应当按照法律、法规和工程建设强制性标准进行设计，对涉及施工安全的

重点环节要提出指导意见；设计单位对设计文件选用的建筑材料、建筑构配件和设备，不得指定生产厂、供应商。

（3）工程监理单位应当审查施工组织设计中的安全技术措施或者专项施工方案是否符合建设工程强制性标准。

3. 施工单位的安全责任

（1）应当根据建筑工程的特点制定相应的安全技术措施；对专业性较强的工程项目，应当编制专项安全施工组织设计，并采取安全技术措施。

（2）应当在施工现场采取维护安全、防范危险、预防火灾等措施；有条件的，应当对施工现场实行封闭管理。

（3）应当遵守有关环境保护和安全生产的法律、法规的规定，采取控制和处理施工现场的各种粉尘、废气、废水、固体废物以及噪声、振动对环境污染和危害的措施。

（4）必须依法加强对建筑安全生产的管理，执行安全生产责任制度，采取有效措施，防止伤亡和其他安全生产事故的发生。

（5）应当建立健全安全生产教育培训制度，加强对职工安全生产的教育培训；未经安全生产教育培训的人员，不得上岗作业。

（6）在施工过程中，应当遵守有关安全生产的法律、法规和建筑行业安全规章、规程，不得违章指挥或者违章作业。

（7）必须为从事危险作业的职工办理意外伤害保险，支付保险费。

（8）房屋拆除应当由具备保证安全条件的建筑施工单位承担，由建筑施工单位负责人对安全负责。

（9）施工中发生事故时，应当采取紧急措施减少人员伤亡和事故损失，并按照国家有关规定及时向有关部门报告。

（10）必须按照工程设计图纸和施工技术标准施工，不得偷工减料。工程设计的修改由原设计单位负责，建筑施工企业不得擅自修改工程设计。

4. 建设行政主管部门的安全责任

建设行政主管部门负责建筑安全生产的管理，并依法接受劳动行政主管部门对建筑安全生产的指导和监督。国家对从事建筑活动的单位推行质量体系认证制度。

8.1.6 建设工程质量管理

1. 建筑工程合同当事人的质量责任

（1）发包单位的质量责任。应当将工程发包给具有相应资质的单位；必须依法实行招投标制度；发包单位应当将施工图纸设计文件报主管部门或有关部门审查，未经批准不得使用；对于国家重点建设工程、大型公共事业工程和成片开发的住宅小区等，应当委托具有相应资质等级的工程监理单位；不得明示或暗示设计单位、施工单位违反强制性标准、降低工程质量；涉及建筑主体和承重结构变动的装修工程，建设单位应当在施工前委托原设计单位或者具有相应资质等级的设计单位提出设计方案；没有设计方案的，不得施工；建设单位收到建设工程竣工报告后，应当组织设计、施工、工程监理等有关单位进行竣工验收；建设单位应当严格按照国家有关档案管理的规定，及时收集、整理、移交建设项目档案。

（2）勘察、设计、施工单位的质量责任。工程勘察、设计、施工单位应当依法取得相应等级的资质证书，并在其资质等级许可的范围内承揽工程；勘察、设计单位必须按照工程建设强制性标准进行勘察、设计，并对其勘察、设计的质量负责；勘察单位提供的地质、测量、水文等勘察成果必须真实、准确；设计单位应当根据勘察成果文件进行建设工程设计；设计单位在设计文件中选用的建筑材料、建筑构配件和设备，应当注明规格、型号、性能等技术指标，其质量要求必须符合国家规定的标准；设计单位应当参与建设工程质量事故分析，并对因设计造成的质量事故，提出相应的技术处理方案；施工单位应当建立质量责任制，确定工程项目的项目经理、技术负责人和施工管理负责人；实行总承包的，工程质量由工程总承包单位负责，总承包单位将建筑工程分包给其他单位的，应当对分包工程的质量与分包单位承担连带责任；交付竣工验收的建筑工程，必须符合规定的建筑工程质量标准，有完整的工程技术经济资料和经签署的工程保修书，并具备国家规定的其他竣工条件。

2. 建筑工程质量保修制度

（1）保修范围应当包括地基基础工程、主体结构工程、屋面防水工程和其他工程，以及电气管线、上下水管线的安装工程，供热、供冷系统工程等项目。

（2）保修的期限应当按照保证建筑物合理寿命年限内正常使用，维护使用者合法权益的原则确定。

【例 8-3】（2014） 根据《建筑法》规定，对从事建筑业的单位实行资质管理制度，将从事建筑活动的工程监理单位划分为不同的资质等级，监理单位资质等级的划分条件可以不考虑（　　）。

A. 注册资本　　B. 法定代表人

C. 已完成的建筑工程业绩　　D. 专业技术人员

【解】参见《建筑法》第 12 条。

【答案】B

8.2 中华人民共和国安全生产法

考试大纲

安全生产；生产经营单位的安全生产保障；从业人员的权利和义务；安全生产的监督管理；生产安全事故的应急救援与调查处理。

8.2.1 安全生产法概述

1. 安全生产

《中华人民共和国安全生产法》（以下简称《安全生产法》）为加强对安全生产的监督管理，规范生产经营单位的安全生产行为，提供了明确的法律依据。安全生产就是指在生产经营活动中，为避免造成人员伤害和财产损失而采取相应的事故预防和控制措施，以保证从业人员的人身安全，保证生产经营活动得以顺利进行的相关活动。

2.《安全生产法》的适用范围

《安全生产法》适用于一切从事生产经营活动的企业、事业单位和个体经济组织的安全生产及其管理。对于消防安全和道路交通安全、铁路交通安全、水上交通安全、民用航空安全、特种设备安全等领域已有专门的法律、行政法规进行了规范，这些领域的安全生产使用具体规范。但是在这些法律、行政法规没有做出规范的，仍然适用《安全生产法》。

3. 生产经营单位安全生产基本义务

生产经营单位必须有安全生产的法律、法规，加强安全生产管理，建立健全的安全生产责任制度，完善安全生产条件。

4. 从业人员安全生产基本职责

生产经营单位的主要负责人是本单位安全生产第一责任人，对本单位的安全生产工作全面负责，其他负责人对职责范围内的安全生产工作负责。

5. 政府安全生产管理

国务院和县级以上地方各级人民政府制定安全生产规划应当与国土空间规划等相关规划相衔接。县级以上各级人民政府应当组织负有安全生产监督管理职责的部门依法编制安全生产权力和责任清单，公开并接受社会监督。国务院应急管理部门对全国安全生产工作实施综合监督管理；县级以上地方各级人民政府应急管理部门对本行政区域内安全生产工作实施综合监督管理。应急管理部门和对有关行业领域的安全生产工作实施监督管理的部门，统称负有安全生产监督管理职责的部门。

6. 安全生产标准

国务院有关部门应当按照保障安全生产的要求，依法及时制定有关的国家标准或者行业标准，生产经营单位必须执行。国务院有关部门按照职责分工负责安全生产强制性国家标准的项目提出、组织起草、征求意见、技术审查。国务院应急管理部门统筹提出安全生产强制性国家标准的立项计划。国务院标准化行政主管部门负责安全生产强制性国家标准的立项、编号、对外通报和授权批准发布工作。国务院标准化行政主管部门、有关部门依据法定职责对安全生产强制性国家标准的实施进行监督检查。

8.2.2 生产经营单位的安全生产保障

1. 生产经营单位的生产条件要求

（1）有完备的安全生产责任制和落实机制。

（2）应当具备的安全生产条件所必需的资金投入，并对由于安全生产所必需的资金投入不足导致的后果承担责任。

（3）有关生产经营单位应当按照规定提取和使用安全生产费用，专门用于改善安全生产条件。

（4）矿山、金属冶炼、建筑施工、道路运输单位和危险物品的生产、经营、储存单位，应当设置安全生产管理机构或者配备专职安全生产管理人员。其他生产经营单位从业人员超过一百人的，应当设置安全生产管理机构或者配备专职安全生产管理人员；从业人员在一百人以下的，应当配备专职或者兼职的安全生产管理人员。

2. 生产经营单位的主要负责人的职责

（1）建立、健全本单位安全生产责任制，加强安全生产标准化建设。

（2）组织制定本单位安全生产规章制度和操作规程。

（3）组织制定并实施本单位全员安全生产教育和培训计划。

（4）保证本单位安全生产投入的有效实施。

（5）组织建立并落实安全风险等级管控和隐患排查治理双重预防机制，督促、检查本单位的安全生产工作，及时消除生产安全事故隐患。

（6）组织制定并实施本单位的生产安全事故应急救援预案。

（7）及时、如实报告生产安全事故。

3. 生产经营单位的安全生产管理机构以及安全生产管理人员及主要职责

危险物品的生产、经营、储存单位以及矿山、金属冶炼、建筑施工、道路运输单位的主要负责人和安全生产管理人员，应当由主管的负有安全生产监督管理职责的部门对其安全生产知识和管理能力考核合格。危险物品的生产、储存单位以及矿山、金属冶炼单位应当有注册安全工程师从事安全生产管理工作。他们履行下列职责：

（1）组织或者参与拟订本单位安全生产规章制度、操作规程和生产安全事故应急救援预案。

（2）组织或者参与本单位安全生产教育和培训，如实记录安全生产教育和培训情况。

（3）督促落实本单位重大危险源的安全管理措施。

（4）组织或者参与本单位应急救援演练。

（5）检查本单位的安全生产状况，及时排查生产安全事故隐患，提出改进安全生产管理的建议。

（6）制止和纠正违章指挥、强令冒险作业、违反操作规程的行为。

（7）督促落实本单位安全生产整改措施。

生产经营单位做出涉及安全生产的经营决策，应当听取安全生产管理机构以及安全生产管理人员的意见。危险物品的生产、储存单位以及矿山、金属冶炼单位的安全生产管理人员的任免，应当告知主管的负有安全生产监督管理职责的部门。

4. 安全生产培训

（1）生产经营单位应当对从业人员进行安全生产教育和培训，未经安全生产教育和培训合格的从业人员，不得上岗作业。

（2）生产经营单位使用被派遣劳动者的，应当将被派遣劳动者纳入本单位从业人员统一管理，对被派遣劳动者进行岗位安全操作规程和安全操作技能的教育和培训。

（3）生产经营单位接收中等职业学校、高等学校学生实习的，应当对实习学生进行相应的安全生产教育和培训，提供必要的劳动防护用品。

（4）生产经营单位应当建立安全生产教育和培训档案，如实记录安全生产教育和培训的时间、内容、参加人员以及考核结果等情况。

（5）生产经营单位采用新工艺、新技术、新材料或者使用新设备，必须了解、掌握其安全技术特性，并对从业人员进行专门的安全生产教育和培训。

（6）生产经营单位的特种作业人员必须按照国家有关规定经专门的安全作业培训，取得相应资格，方可上岗作业。

5. 安全生产“三同时”制度

“三同时”制度是我国安全生产领域长期坚持的一项基本制度。主要内容是生产经营单位新建、改建、扩建工程项目（以下统称“建设项目”）的安全设施，必须与主体工程同时设计、同时施工、同时投入生产和使用。安全设施投资应当纳入建设项目概算。

6. 安全生产中的设计、施工、评价与验收

（1）条矿山、金属冶炼建设项目和用于生产、储存、装卸危险物品的建设项目，应当按照国家有关规定由具有相应资质的安全评价机构进行安全评价。

（2）建设项目安全设施的设计人、设计单位应当对安全设施设计负责。矿山建设项目和用于生产、储存危险物品的建设项目的安全设施设计应当按照国家有关规定报经有关部门审查，审查部门及其负责审查的人员对审查结果负责。

（3）矿山、金属冶炼建设项目和用于生产、储存、装卸危险物品的建设项目的施工单位必须按照批准的安全设施设计施工，并对安全设施的工程质量负责。矿山、金属冶炼建设项目和用于生产、储存危险物品的建设项目竣工投入生产或者使用前，应当由建设单位负责组织对安全设施进行验收；验收合格后，方可投入生产和使用。

7. 安全生产设备与设施

（1）生产经营单位应当在有较大危险因素的生产经营场所和有关设施、设备上，设置明显的安全警示标志。

（2）安全设备的设计、制造、安装、使用、检测、维修、改造和报废，应当符合国家标准或者行业标准。生产经营单位必须对安全设备进行经常性维护、保养，并定期检测，保证正常运转。

（3）生产经营单位使用的危险物品的容器、运输工具，以及涉及人身安全、危险性较大的海洋石油开采特种设备和矿山井下特种设备，必须由专业生产单位生产，并经具有专业资质的检测、检验机构检测、检验合格，取得安全使用证或者安全标志，方可投入使用。检测、检验机构对检测、检验结果负责。

（4）国家对严重危及生产安全的工艺、设备实行淘汰制度。生产经营单位不得使用应当淘汰的危及生产安全的工艺、设备。

8. 劳动卫生保障

（1）生产经营单位对重大危险源应当登记建档，进行定期检测、评估、监控，并制定应急预案，告知从业人员和相关人员在紧急情况下应当采取的应急措施。生产经营单位应当按照国家有关规定将本单位重大危险源及有关安全措施、应急措施报有关地方人民政府负责安全生产监督管理的部门和有关部门备案。

（2）生产、经营、储存、使用危险物品的车间、商店、仓库不得与员工宿舍在同一座建筑物内，并应当与员工宿舍保持安全距离。

（3）生产经营场所和员工宿舍应当设有符合紧急疏散要求、标志明显、保持畅通的出口。禁止锁闭、封堵生产经营场所或者员工宿舍的出口。

（4）生产经营单位应当教育和督促从业人员严格执行本单位的安全生产规章制度和安全操作规程；并向从业人员如实告知作业场所和工作岗位存在的危险因素、防范措施以及事故应急措施。

（5）生产经营单位必须为从业人员提供符合国家标准或者行业标准的劳动防护用品，并监督、教育从业人员按照使用规则佩戴、使用。

（6）生产经营单位应当安排用于配备劳动防护用品、进行安全生产培训的经费。

（7）生产经营单位必须依法参加工伤保险，为从业人员缴纳保险费。国家鼓励生产经营单位投保安全生产责任保险。

9. 安全生产协作

（1）两个以上生产经营单位在同一作业区域内进行生产经营活动，可能危及对方生产安全的，应当签订安全生产管理协议，明确各自的安全生产管理职责和应当采取的安全措施，并指定专职安全生产管理人员进行安全检查与协调。

（2）生产经营单位不得将生产经营项目、场所、设备发包或者出租给不具备安全生产条件或者相应资质的单位或者个人。

（3）生产经营项目、场所发包或者出租给其他单位的，生产经营单位应当与承包单位、承租单位签订专门的安全生产管理协议，或者在承包合同、租赁合同中约定各自的安全生产管理职责；生产经营单位对承包单位、承租单位的安全生产工作统一协调、管理，定期进行安全检查，发现安全问题的，应当及时督促整改。

（4）生产经营单位发生生产安全事故时，单位的主要负责人应当立即组织抢救，并不得在事故调查处理期间擅离职守。

【例 8-4】（2022） 某施工单位承接了某工程项目的施工任务，下列施工单位的现场安全管理的行为中，错误的是（　　）。

A. 向从业人员告知作业场所和工作岗位存在的危险因素、防范措施以及事故应急措施

B. 安排质量检验员兼任安全管理员

C. 安排用于配备安全防护用品、进行安全生产培训的经费

D. 依法参加工伤社会保险，为从业人员缴纳保险费

【解】选项 A，根据《安全生产法》第 44 条规定，生产经营单位应当教育和督促从业人员严格执行本单位的安全生产规章制度和安全操作规程；并向从业人员如实告知作业场所和工作岗位存在的危险因素、防范措施以及事故应急措施。选项 B，第 24 条规定，矿山、金属冶炼、建筑施工、运输单位和危险物品的生产、经营、储存、装卸单位，应当设置安全生产管理机构或者配备专职安全生产管理人员。选项 C，第 47 条规定，生产经营单位应当安排用于配备劳动防护用品、进行安全生产培训的经费。选项 D，第 51 条规定，生产经营单位必须依法参加工伤保险，为从业人员缴纳保险费。

【答案】B

8.2.3　从业人员的权利和义务

1. 从业人员的安全生产权利

（1）公平签订劳动合同的权利，生产经营单位与从业人员订立的劳动合同，应当载明有关保障从业人员劳动安全、防止职业危害的事项，以及依法为从业人员办理工伤保险的事项。生产经营单位不得以任何形式与从业人员订立协议，免除或者减轻其对从业人员因生产安全事故伤亡依法应承担的责任。

（2）知情权，即有权了解其作业场所和工作岗位存在的危险因素、防范措施和事故应急措施。

（3）建议权，即有权对本单位的安全生产工作提出建议。

（4）批评权和检举、控告权，即有权对本单位安全生产管理工作中存在的问题提出批评、检举、控告。

（5）拒绝权，即有权拒绝违章作业指挥和强令冒险作业。

（6）紧急避险权，即发现直接危及人身安全的紧急情况时，有权停止作业或者在采取可能的应急措施后撤离作业场所。

（7）请求赔偿权，即依法向本单位提出要求赔偿的权利。

（8）受教育权，即获得安全生产教育和培训的权利。

（9）受关爱权，生产经营单位应当关注从业人员的身体、心理状况和行为习惯，加强对从业人员的心理疏导、精神慰藉，严格落实岗位安全生产责任，防范从业人员行为异常导致事故发生。

2. 从业人员的安全生产义务

（1）自律遵规的义务，从业人员在作业过程中，应当遵守本单位的安全生产规章制度和操作规程，服从管理，正确佩戴和使用劳动防护用品。

（2）接受安全生产教育和培训，自觉学习安全生产知识的义务，掌握本职工作所需的安全生产知识，提高安全生产技能，增强事故预防和应急处理能力。

（3）危险报告义务，即发现事故隐患或者其他不安全因素时，应当立即向现场安全生产管理人员或者本单位负责人报告。

8.2.4 安全生产的监督管理

1. 四种监督方式

《安全生产法》以法定的方式，明确规定了我国安全生产的四种监督方式。

（1）工会民主监督。工会有权对建设项目的安全设施与主体工程同时设计、同时施工、同时投入生产和使用的情况进行监督，提出意见。

（2）社会舆论监督。新闻、出版、广播、电影、电视等单位有对违反安全生产法律、法规的行为进行舆论监督的权利。

（3）公众举报监督。任何单位或者个人对事故隐患或者安全生产违法行为，均有权向安全生产监督管理职责部门报告或者举报。

（4）社区报告监督。居民委员会、村民委员会发现其所在区域内的生产经营单位存在事故隐患或者安全生产违法行为时，有权向当地人民政府或者有关部门报告。

2. 安全生产监管部门的三大职权

（1）现场调查取证权。安全生产监督检查人员可以进入生产经营单位进行现场调查，单位不得拒绝，有权向被检查单位调阅资料，向有关人员（负责人、管理人员、技术人员）了解情况。

（2）现场处理权。对安全生产违法作业当场纠正权；对现场检查出的隐患，责令限期改正、停产停业或停止使用的职权；责令紧急避险权和依法行政处罚权。

（3）查封、扣押行政强制措施权。其对象是安全设施、设备、器材、仪表等；依据是不符合国家或行业安全标准；条件是必须按程序办事、有足够证据、经部门负责人批准、通知被查单位负责人到场、登记记录等，并必须在15日内做出决定。

3. 安全生产监管部门的五项义务

（1）审查、验收禁止收取费用。

（2）禁止要求被审查、验收的单位购买指定产品。

（3）必须遵循忠于职守、坚持原则、秉公执法的执法原则。

（4）监督检查时须出示有效的监督执法证件。

（5）对检查单位的技术秘密、业务秘密尽到保密之义务。

8.2.5 生产安全事故的应急救援与调查处理

1. 安全事故应急准备

（1）政府应急准备。县级以上地方各级人民政府应当组织有关部门制定本行政区域内特大生产安全事故应急救援预案，建立应急救援体系。

（2）生产经营单位应急准备。生产经营单位应当建立应急救援组织；生产经营规模较小，可以不建立，但应当指定兼职的应急救援人员；生产经营单位应当配备必要的应急救援器材、设备，并进行经常性维护、保养，保证正常运转。

2. 生产安全事故报告及应急抢救

（1）生产经营单位报告及抢救职责。事故现场有关人员应当在事故发生后立即报告本单位负责人；单位负责人接到事故报告后，迅速采取有效应急抢救措施，按照国家有关规定立即如实报告当地负有安全生产监督管理职责的部门，不得故意破坏事故现场、毁灭有关证据。

（2）安全生产监督管理部门报告及抢救职责。接到事故报告后，应当立即按照国家有关规定上报事故情况；地方政府和负有安全生产监督管理职责的部门的负责人接到重大生产安全事故报告后，应当立即赶到事故现场，组织事故抢救。

（3）相关单位、人员的配合义务。任何单位和个人都应当支持、配合事故抢救，并提供一切便利条件。

3. 生产安全事故的调查及公布

事故调查的内容包括查明事故原因、性质和责任，评估应急处置工作，提出整改措施，并对事故责任者提出处理建议；责任事故的责任范围包括事故单位的责任、行政部门的责任以及相关人员责任。

应急管理部门应当定期统计分析本行政区域内发生生产安全事故的情况，并定期向社会公布。负责事故调查处理的国务院有关部门和地方人民政府应当在批复事故调查报告一年内，组织对事故整改和防范措施落实情况进行评估，并及时向社会公开评估结果；对不履行职责导致没有落实事故的整改措施的有关单位和人员，应当按照有关规定追究责任。

8.3 中华人民共和国招标投标法

考试大纲

招标投标的概念；招标；投标；开标；评标和中标；法律责任。

8.3.1 招投标概述

（1）招投标的概念。招投标时在市场条件下进行大宗货物买卖、工程建设项目的发包与承包以及服务项目的采购与提供时，所采用的一种交易方式。招标与投标是相互对应的一对概念，招标是指招标人对货物、工程和服务事先公布采购的条件和要求，以一定的方式邀请不特定对象或者一定数量的自然人、法人或其他组织投标，按照公开规定的程序和条件，确定中标人的行为。投标是指投标人响应招标人的要求参加投标竞争的行为。

（2）招投标的基本特征。

1）招投标具有公开性。

2）招投标具有严密的组织性和程序的规范性。

3）投标的一次性，即在招投标活动中，投标人进行一次性报价，以合理的价格定标，标书在投标后一般不得随意撤回或修改。

4）招投标的公平性。

8.3.2 招标

1. 招标事项范围

下列工程建设项目包括项目的勘察、设计、施工、监理以及与工程建设有关的重要设备、材料等的采购，必须进行招标：① 大型基础设施、公用事业等关系社会公共利益、公众安全的项目；② 全部或者部分使用国有资金投资或者国家融资的项目；③ 使用国际组织或者外国政府贷款、援助资金的项目。

任何单位和个人不得将依法必须进行招标的项目化整为零或者以其他任何方式规避招标。

2. 招标代理

（1）招标代理选择。招标人有权自行选择招标代理机构，委托其办理招标事宜；任何单位和个人不得以任何方式为招标人指定招标代理机构；招标人具有编制招标文件和组织评标能力的，可以自行办理招标事宜。

（2）招标代理机构的条件。招标代理机构是依法设立、从事招标代理业务并提供相关服务的社会中介组织。招标代理机构应当具备下列条件：有从事招标代理业务的营业场所和相应资金；有能够编制招标文件和组织评标的相应专业力量。

3. 招标方式

（1）公开招标。公开招标是指招标人以招标公告的方式邀请不特定的法人或者其他组织投标。采用公开招标方式的，应当发布招标公告，依法必须进行招标的项目的招标公告，应当通过国家指定的报刊、信息网络或者其他媒介发布。

（2）邀请招标。邀请招标是指招标人以投标邀请书的方式邀请特定的法人或者其他组织投标。采用邀请招标方式的，应当向 3 个以上具备承担招标项目的能力、资信良好的特定的法人或者其他组织发出投标邀请书。

4. 招标文件

（1）概念。招标文件是招标人向投标人提供的为进行投标工作所必需的文件。招标文件的作用在于阐明需要采购货物或工程的性质，通报招标程序将依据的规则和程序，告知订立合同的条件，既是投标人编制投标文件的依据，又是采购人与中标人订立合同的基础。

（2）招标文件内容。招标文件应该包括招标项目的技术要求、对投标人资格审查的标准、投标报价要求和评标标准等内容。国家对招标项目的技术、标准有规定的，招标人应当按照其规定在招标文件中提出相应要求；招标项目需要划分标段、确定工期的，招标人应当合理划分标段、确定工期并在招标文件中载明。

（3）招标文件的澄清或者修改。招标人对已发出的招标文件进行必要的澄清或者修改的，应当在招标文件要求提交投标文件截止时间至少 15 日前，以书面形式通知所有招标文件收受人。该澄清或者修改的内容为招标文件的组成部分。

（4）投标截止日期。招标人应当确定投标人编制投标文件所需要的合理时间；但是，依法必须进行招标的项目，自招标文件开始发出之日起至投标人提交投标文件截止之日止最短不得少于 20 日。

【例 8-5】（2016） 某工程项目实行公开招标，招标人根据招标项目的特点和需要编制招标文件，其招标文件的内容不包括（　　）。

A. 招标项目的技术要求　　　　　　B. 对投标人资格审查的标准

C. 拟签订合同的时间　　　　　　　D. 投标报价要求和评标标准

【解】根据《招标投标法》第 18 条的规定，技术要求、审查标准、评标标准均属于核心内容，订立合同时间是根据发布中标通知书的时间确定。

【答案】C

8.3.3　投标

1. 投标人

投标人是响应招标、参加投标竞争的法人或者其他组织。依法招标的科研项目允许个人参加投标的，投标的个人适用《招标投标法》有关投标人的规定。投标人应当具备承担招标项目的能力；国家有关规定对投标人资格条件或者招标文件对投标人资格条件有规定的，投标人应当具备规定的资格条件。

2. 投标文件

（1）概念。投标文件指具备承担招标项目能力的投标人，按照招标文件的要求编制的、对招标文件提出的实质性要求和条件做出响应的文件。

（2）使用要求。投标人应当在招标文件要求提交投标文件的截止时间前，将投标文件送达投标地点。招标人收到投标文件后，应当签收保存，不得开启。在招标文件要求提交投标文件的截止时间后送达的投标文件，招标人应当拒收。投标人根据招标文件载明的项目实际情况，拟将中标项目的部分非主体、非关键性工作进行分包的应当在投标文件中载明。

3. 联合共同体投标

（1）概念。两个以上法人或者其他组织可以组成一个联合体，以一个投标人的身份共同投标。

（2）特征。各组成单位通过签订共同投标协议来约束彼此的行为，就中标项目承担连带责任；联合体是为了进行投标及中标后履行合同而组织起来的一个临时性非法人组织；该联合体以一个投标人的身份共同投标；联合体各方均应当具备承担招标项目的相应能力，由同一专业的单位组成联合体，按照资质等级较低的单位确定资质等级。

4. 投标人的禁止行为

（1）投标人不能相互串通投标或与招标人串通投标。

（2）投标人不得以行贿的手段中标。

（3）投标人不得以低于成本的标价竞标和骗取中标。

8.3.4　开标

1. 开标的时间、地点

《招标投标法》第 34 条，“开标应当在招标文件确定的提交投标文件截止时间的同一时间公开进行；开标地点应当为招标文件中预先确定的地点。”

2. 开标程序

开标由招标人主持，邀请所有投标人参加。开标除了招标人、投标人参加，还有评标委员会成员和其他有关单位的代表参加。

【例 8-6】（2022） 某必须进行招标的建设工程项目，若招标人于 2018 年 3 月 6 日发售招标文件，则招标文件要求投标人提交投标文件的截止日期最早的是（　　）。

A. 3 月 13 日　　B. 3 月 21 日　　C. 3 月 26 日　　D. 3 月 31 日

【解】根据《招标投标法》第 24 条规定，招标人应当确定投标人编制投标文件所需要的合理时间；但是，依法必须进行招标的项目，自招标文件开始发出之日起至投标人提交投标文件截止之日止，最短不得少于 20 日。

【答案】C

8.3.5 评标与中标

1. 评标

（1）概念。评标是对投标单位报送的投标资料进行审查、评比和分析，以便最终确定中标人的过程。

（2）评标委员会。依法必须进行招标的项目，其评标委员会由招标人的代表和有关技术、经济等方面的专家组成，成员人数为 5 人以上单数，其中技术、经济等方面的专家不得少于成员总数的 2/3。

（3）保密性和独立性。招标人应当采取必要的措施，保证评标在严格保密的情况下进行。任何单位和个人不得非法干预、影响评标的过程和结果。

2. 中标

（1）中标条件。《招标投标法》第 41 条，“中标人的投标应当符合下列条件之一：（一）能够最大限度地满足招标文件中规定的各项综合评价标准；（二）能够满足招标文件的实质性要求，并且经评审的投标价格最低；但是投标价格低于成本的除外。”

（2）中标通知书。中标人确定后，招标人应当向中标人发出中标通知书，并同时将中标结果通知所有未中标的投标人；中标通知书对招标人和中标人具有法律效力。招标人和中标人应当自中标通知书发出之日起 30 日内，按照招标文件和中标人的投标文件订立书面合同；中标人应当按照合同约定履行义务完成中标项目，中标人不得向他人转让中标项目，也不得将中标项目肢解后分别向他人转让。

8.3.6 法律责任

1. 民事法律责任

违反招标投标法的民事责任，分为中标无效；转让、分包无效；履约保证金不予退还；承担赔偿责任等。

中标无效或者转包、分包无效；如果给他人造成损失的，依法承担赔偿责任。中标人不履行合同的，履约保证金不予退还，给招标人造成损失超过履约保证金数额的，赔偿超过部分；没有提交履约保证金的，承担赔偿损失责任。因不可抗力不能履行合同的，不适用该条规定。

2. 行政法律责任

违反招标投标法的行政责任，分为责令改正、警告、罚款、暂停项目执行或者暂停资金拨付、对主管人员和其他直接责任人员给予行政处分或者纪律处分；没收违法所得，吊销营业执照等。

招投标法规定了双罚制，即当违法人是一个单位时，招标投标法规定不仅对该单位可以进行罚款，同时还要追究直接负责的主管人员及直接责任人员的经济责任，即对个人进行罚款。

招标投标法规定的罚款，一般以比例数额表示，其罚款幅度为招标或者中标项目金额的0.5%～1%；个人罚款数额为单位罚款数额的 5%～10%。另外，在下列三种情况下，罚款以绝对数额表示，一是招标代理机构违反招标投标法，可处 5 万～25 万元以下的罚款；二是招标人对投标人实行歧视待遇或者强制投标人联合投标的，可处 1 万～5 万元的罚款；三是评标委员会成员收受投标人的好处或者有其他违法行为的，可处 3000 元～5 万元的罚款。

3. 刑事责任

根据招标投标法的规定，违反招标投标法的刑事责任主要涉及招标投标活动中严重的违法行为。

8.4 《中华人民共和国民法典》之合同编

考试大纲

一般规定；合同的订立；合同的效力；合同的履行；合同的保全；合同的变更和转让；合同的权利义务终止；违约责任。

8.4.1 合同法概述

1. 合同法的概念和适用范围

（1）概念。合同法是调整平等民事主体利用合同进行财产流转或交易而产生的社会关系的法律规范的总和。狭义的合同法，指《中华人民共和国民法典》（简称《民法典》）之合同编（以下简称“合同编”）。

（2）适用范围。合同法的适用范围应该为各类由平等主体的自然人、法人和其他组织之间设立、变更和终止民事权利义务关系的协议，简单地说，合同法应适用于各类民事合同。但是，根据“合同编”第 464 条规定：“婚姻、收养、监护等有关身份关系的协议，适用其他法律的规定，没有规定的，可以根据其性质参照适用本编规定。”

2. 合同法的基本原则

合同法的基本原则，是指合同立法的指导思想以及调整合同主体间合同关系所必须遵循的基本方针、准则，其贯通于合同法律规范之中。合同法的基本原则也是制定、解释、执行和研究合同法的基本依据和出发点。

（1）平等原则、公平原则。平等原则是指民法赋予民事主体平等的民事权利能力，并要求所有民事主体共同受法律的约束。公平原则要求民事主体本着公正的观念从事活动，正当行使权利和履行义务，在民事活动中兼顾他人利益和社会公共利益。

（2）自愿原则（意思自治原则）。《民法典》第 5 条规定：“民事主体从事民事活动，应当遵循自愿原则，按照自己的意思设立、变更、终止民事法律行为。”

（3）诚实信用原则。诚实信用原则是指当事人在从事民事活动时，应当遵循诚信原则，秉持诚实、恪守承诺的方式履行其义务，不得滥用权利及规避法律或合同规定的义务。

（4）合法及公序良俗原则。《民法典》第 8 条规定，“民事主体从事民事活动，不得违反法律，不得违背公序良俗。”

（5）情势变更原则。情势变更原则是指在合同成立后至其被履行完毕前这段时间内，因不可归责于双方当事人的原因而发生情势变更，致使继续维持该合同之原有效力对受情势变更影响的一方当事人显失公平，则允许该当事人单方变更或解除合同。

3. 合同的概念

合同是指平等主体（自然人、法人、其他组织）设立、变更、终止民事权利义务关系的协议。“合同编”规定的典型合同共 19 种，包括买卖合同；供用电、水、气、热力合同；赠与合同；借款合同；保证合同；租赁合同；融资租赁合同；保理合同；承揽合同；建设工程合同；运输合同；技术合同；保管合同；仓储合同；委托合同；物业服务合同；行纪合同；中介合同；合伙合同。另外，还规定了无因管理和不当得利两种准合同。

8.4.2 合同的订立

1. 合同当事人的主体资格

应具有“相应的”民事权利能力和行为能力。当事人可以依法委托代理人订立合同。签订合同应当遵循自愿、平等、诚实信用、不违反法律等原则。

2. 合同的形式和内容

（1）书面形式（合同书、信件、电子邮件、传真、电报等）、口头及其他形式。法律、法规规定或当事人约定书面形式的，应当采用书面形式。如未采用，但一方已履行主要义务，对方接受，该合同成立。

（2）订立的合同应当包括当事人的名称或姓名和住所、标的、数量、质量、价款或报酬、履行期限（起止日期）、地点、履行方式、违约责任、解决争议的方法等主要内容。

3. 格式条款合同

格式条款是当事人为了重复使用而预先拟定，并在订立合同时未与对方协商的条款。采用格式条款订立合同的，提供格式条款的一方应当遵循公平原则确定当事人之间的权利和义务，并采取合理的方式提示对方注意免除或者减轻其责任等与对方有重大利害关系的条款，按照对方的要求，对该条款予以说明。提供格式条款的一方未履行提示或者说明义务，致使对方没有注意或者理解与其有重大利害关系的条款的，对方可以主张该条款不成为合同的内容。

4. 要约与承诺

要约与承诺是订立合同的必经程序，一方要约另一方承诺，经签字、盖章，合同成立。是法律行为，双方一旦做出相应的意思表示，就要受到法律的约束，否则，必须承担法律责任。

（1）要约：是指一方向另一方提出订立合同的要求，并列明合同条款，限一定期限承诺的意思表示。内容具体确定；表明经受要约人承诺，要约人即受约束。

要约可以撤回，撤回要约的通知应当在要约到达受要约人之前或者与要约同时到达受要约人。要约可以撤销，撤销要约的通知应当在受要约人发出承诺通知之前到达受要约人，但是，要约人确定了承诺期限或者以其他形式明示要约不可撤销或者受要约人有理由认为要约是不可撤销的，并已经为履行合同做了准备工作的不能撤销。

（2）承诺：是指在有效期内，“完全”同意要约条款的意思表示。

承诺生效：须由受要约人在要约有效期内做出向要约人做出，承诺内容与要约内容完全一致。

受要约人对要约人内容的实质性变更和承诺的非实质性变更：a）实质性：合同的标的、数量、价款或报酬、履行期限、履行地点和方式、违约责任和解决争议方法等。b）非实质：实质性以外的，如增加建设性、说明性条款。

（3）要约邀请：是指希望他人向自己发出要约的意思表示。如寄送价目表、拍卖公告、招标公告、商业广告等。《售楼书》：购房人大多认为是开发商的承诺，从法律意义上是要约邀请，当然，相关的司法解释对此予以了调整。为避免纠纷，写进合同为宜。

5. 缔约过失

在订立合同中，一方因未履行依诚实信用而应承担的义务，导致另一方当事人、受到损失，应承担的民事责任的3种情形：

（1）恶意磋商。

（2）隐瞒事实、提供虚假情况。

（3）其他违反诚信的情形。

【例8-7】（2022） 某供货单位要求施工单位以数据电文形式做出购买水泥的承诺，施工单位根据要求按时发出承诺后，双方当事人签订了确认书，则该合同成立的时间是（ ）。

A. 双方签订确认书的时间

B. 施工单位的承诺邮件进入供货单位系统的时间

C. 施工单位发电子邮件的时间

D. 供货单位查收电子邮件的时间

【解】根据《民法典》第491条规定，当事人采用信件、数据电文等形式订立合同要求签订确认书的，签订确认书时合同成立。

【答案】A

8.4.3 合同的效力

1. 合同生效的概念和内容

（1）概念。所谓合同生效，是指已经成立的合同在当事人之间产生了一定的法律拘束力，也就是通常所说的法律效力。

（2）内容：合同对当事人的约束力体现为权利和义务两方面。

1） 从权利方面来说，合同当事人依据法律和合同的规定所享有的权利依法受到法律保护；

2）从义务方面来说，合同对当事人的约束力表现在两个方面：一方面，当事人根据合同所承担的义务具有法律的强制性。根据《民法典》第509条的规定："当事人应当按照约定全面履行自己的义务"。另一方面，如果当事人违反合同义务则应当承担违约责任。

2. 合同的生效要件

合同生效要件是判断合同是否具有法律效力的标准。《民法典》第143条规定，具备下列条件的民事法律行为有效：（一）行为人具有相应的民事行为能力；（二）意思表示真实；（三）不违反法律、行政法规的强制性规定，不违背公序良俗。

另外，法律、法规对合同的形式做了特殊规定的，当事人必须遵守。如《民法典》规定建筑工程合同必须采用书面形式，房屋买卖合同必须办理登记等。

3. 无效合同

（1）概念。无效合同是指合同虽然已经成立，但因其在内容上和形式违反法律、行政法规的强制性规定和社会公共利益，因此应确认为无效。

（2）无效合同的范围。无民事行为能力人订立的合同无效；行为人与相对人以虚假的意思表示订立的合同无效；违反法律、行政法规的强制性规定的合同无效，但该强制性规定不导致该合同无效的除外；违背公序良俗的合同无效；行为人与相对人恶意串通，损害他人合法权益的合同无效。

4. 效力待定的合同

（1）概念。效力待定的合同是指合同虽然已经成立，但因其不完全符合有关生效要件的规定，因此其效力能否发生，尚未确定，一般须经有权人表示承认才能生效。

（2）范围。限制民事行为能力人订立的纯获利益的合同或者与其年龄、智力、精神健康状况相适应的合同有效；订立的其他合同经法定代理人同意或者追认后有效。相对人可以催告法定代理人自收到通知之日起30日内予以追认。法定代理人未做表示的，视为拒绝追认。合同被追认前，善意相对人有撤销的权利。撤销应当以通知的方式作出。

5. 可撤销的合同

（1）概念。可撤销的合同是指当事人在订立合同时，因意思表示不真实，法律允许撤销权人通过行使撤销权而使已经生效的合同归于无效。

（2）范围。基于重大误解订立的合同；一方以欺诈手段，使对方在违背真实意思的情况下订立的合同；第三人实施欺诈行为，使一方在违背真实意思的情况下订立的合同，对方知道或者应当知道该欺诈行为的；一方或者第三人以胁迫手段，使对方在违背真实意思的情况下订立的合同；一方利用对方处于危困状态、缺乏判断能力等情形，致使合同成立时显失公平的，受损害方有权请求人民法院或者仲裁机构予以撤销。

（3）撤销权的行使。撤销权人通过人民法院或仲裁机构行使撤销权。有下列情形之一的，撤销权消灭：当事人自知道或者应当知道撤销事由之日起1年内、重大误解的当事人自知道或者应当知道撤销事由之日起90日内没有行使撤销权；当事人受胁迫，自胁迫行为终止之日起1年内没有行使撤销权；当事人知道撤销事由后明确表示或者以自己的行为表明放弃撤销权；当事人自合同订立之日起5年内没有行使的，撤销权消灭。

6. 合同被确认无效或被撤销的后果

无效的或者被撤销的合同自始没有法律约束力。合同部分无效，不影响其他部分效力的，其他部分仍然有效。合同无效、被撤销或者确定不发生效力后，行为人因该行为取得的财产，应当予以返还；不能返还或者没有必要返还的，应当折价补偿。有过错的一方应当赔偿对方由此所受到的损失；各方都有过错的，应当各自承担相应的责任。

8.4.4 合同的履行

合同的履行是指合同债务人全面地、正确地履行合同所约定或者法律规定的义务，使合同债权人的权利得到完全的实现。

1. 合同的履行原则

（1）实际履行原则，指当事人应严格按照合同规定的标的履行。这一原则要求合同当事人须严格按照约定的标的履行，不能以其他标的代替；一方不履行合同时，他方可以要求继续实际履行。

（2）协作履行原则，指合同的当事人在合同的履行中应相互协作，讲求诚实信用。

（3）经济合理原则，要求当事人履行债务时，要讲求经济效益，要从整体和国家的利益出发。

（4）适当履行原则，是指当事人应按照法律的规定或合同的约定全面、正确地履行债务，故又称全面履行或正确履行原则。

（5）情势变更原则，是指合同成立后至履行前、发生当事人在订约当时所预料不及的客观情况，致使按原合同履行显失公平时，当事人得不依原合同履行而变更或解除合同。

2. 合同的履行规则

（1）履行主体：在一般情况下，都是由债务人向债权人履行义务，但是，在某些情况下，第三人也可以成为履行主体。

（2）履行标的：履行标的是指债务人向债权人履行义务应交付的对象，又称给付标的。

合同当事人须严格按照合同约定的标的履行义务，是实际履行原则的要求。只有在法律规定或者合同约定允许以其他标的代替履行时，债务人才可经债权人同意后以其他标的履行。

如果合同中对标的物的质量规定不明确，按照国家质量标准履行；没有国家质量标准的，按部门标准或者专业标准履行；没有部门标准或者专业标准的，按经过批准的企业标准履行；没有经过批准的企业标准的，按标的物产地同行业其他企业经过批准的同类品质量标准履行。在标的物需要包装的场合，货物的包装须符合合同的约定。当事人没有具体规定包装要求的，应按照货物性能的要求予以包装。

以完成一定工作或劳务履行义务的，债务人应当严格按合同和法律规定的质量、数量完成工作或提供劳务，否则，应承担相应的民事责任。

以货币履行义务的，除法律另有规定的以外，必须用人民币计算和支付。在支付标的价金或酬金时，当事人应按照合同约定的标准和计算方法确定的价款来履行。合同中约定价款不明确的，按照国家规定的价格履行；国家没有规定价格的，参照市场价格或者同类物品的价格或者同类劳务的报酬标准履行。如果当事人订立的合同是执行国家定价的，则在合同规定的交付期限内国家价格调整时，按交付时的价格计价。逾期交货的，遇价格上涨时，按原价格执行；价格下降时，按新价格执行。逾期提货或逾期付款的，遇价格上涨时，按新价格执行；价格下降时，按原价格执行。

（3）履行期限：可以是具体的某一期日，也可以是某一期间。合同当事人必须严格按合同中约定的履行期限履行合同。如果合同中约定的期限不明确，当事人又协商不成的，则合同债务人可以随时向债权人履行义务，债权人也可以随时要求债务人履行义务，但应当给对方必要的准备时间。

（4）履行地点：履行地点是指债务人履行义务和债权人接受履行的地方。当事人应当在法定或约定的履行地点履行。如果履行地点不明确时，按照法律规定："给付货币的，在接受给付一方的所在地履行，其他标的在履行义务一方的所在地履行。"但标的为工程项目和建筑物的，应在标的的所在地履行。凡符合上述规定的履行地点的履行，为适当履行。否则，债务人的履行为不适当的、应改在履行地点履行并承担相应的费用。

（5）履行方法：履行方法是指债务人履行义务的方式。履行方法是由法律规定或合同约定的，债的性质和内容不同，其履行方法也不同。

（6）电子合同履行：通过互联网等信息网络订立的电子合同的标的为交付商品并采用快递物流方式交付的，收货人的签收时间为交付时间。电子合同的标的为提供服务的，生成的电子凭证或者实物凭证中载明的时间为提供服务时间；前述凭证没有载明时间或者载明时间与实际提供服务时间不一致的，以实际提供服务的时间为准。电子合同的标的物为采用在线传输方式交付的，合同标的物进入对方当事人指定的特定系统且能够检索识别的时间为交付时间。当事人可以对履行方式和时间另行约定。

（7）可选择履行：标的有多项而债务人只需履行其中一项的，债务人享有选择权；享有选择权的当事人在约定期限内或者履行期限届满未做选择，经催告后在合理期限内仍未选择的，选择权转移至对方。当事人行使选择权应当及时通知对方，通知到达对方时，标的确定。标的确定后不得变更，但是经对方同意的除外。

（8）按份债权、按份债务：债权人为 2 人以上，标的可分，按照份额各自享有债权的，为按份债权；债务人为 2 人以上，标的可分，按照份额各自负担债务的，为按份债务。按份债权人或者按份债务人的份额难以确定的，视为份额相同。

（9）连带债权、连带债务：债权人为 2 人以上，部分或者全部债权人均可以请求债务人履行债务的，为连带债权；债务人为 2 人以上，债权人可以请求部分或者全部债务人履行全部债务的，为连带债务。连带债权或者连带债务，由法律规定或者当事人约定。连带债务人之间的份额难以确定的，视为份额相同。实际承担债务超过自己份额的连带债务人，有权就超出部分在其他连带债务人未履行的份额范围内向其追偿，并相应地享有债权人的权利，但是不得损害债权人的利益。其他连带债务人对债权人的抗辩，可以向该债务人主张。被追偿的连带债务人不能履行其应分担份额的，其他连带债务人应当在相应范围内按比例分担。部分连带债务人履行、抵销债务或者提存标的物的，其他债务人对债权人的债务在相应范围内消灭；该债务人可以向其他债务人追偿。部分连带债务人的债务被债权人免除的，在该连带债务人应当承担的份额范围内，其他债务人对债权人的债务消灭。部分连带债务人的债务与债权人的债权同归于一人的，在扣除该债务人应当承担的份额后，债权人对其他债务人的债权继续存在。债权人对部分连带债务人的给付受领迟延的，对其他连带债务人发生效力。连带债权人之间的份额难以确定的，视为份额相同。实际受领债权的连带债权人，应当按比例向其他连带债权人返还。

（10）第三人履行：

1）向第三人履行，当事人约定由债务人向第三人履行债务，债务人未向第三人履行债务或者履行债务不符合约定的，应当向债权人承担违约责任。法律规定或者当事人约定第三人可以直接请求债务人向其履行债务，第三人未在合理期限内明确拒绝，债务人未向第三人履行债务或者履行债务不符合约定的，第三人可以请求债务人承担违约责任；债务人对债权人的抗辩，可以向第三人主张。

2）由第三人履行，当事人约定由第三人向债权人履行债务，第三人不履行债务或者履行债务不符合约定的，债务人应当向债权人承担违约责任。债务人不履行债务，第三人对履行该债务具有合法利益的，第三人有权向债权人代为履行；但是，根据债务性质、按照当事人约定或者依照法律规定只能由债务人履行的除外。债权人接受第三人履行后，其对债务人的债权转让给第三人，但是债务人和第三人另有约定的除外。

（11）履行顺序。债务人在履行主债务外还应当支付利息和实现债权的有关费用，其给付不足以清偿全部债务的，除当事人另有约定外，应当按照下列顺序履行：实现债权的有关费用、利息、主债务。

3. 合同履行抗辩权

合同履行的抗辩权，是在符合法定条件时，当事人一方对抗对方当事人的履行请求权，暂时拒绝履行其债务的权利。包括同时履行抗辩权、先履行抗辩权和不安履行抗辩权。

（1）同时履行抗辩权。同时履行抗辩权是指双务合同的当事人在无先后履行顺序时，一方在对方未为对待给付以前，可拒绝履行自己的债务之权。其构成要件：须由同一双务合同互负债务；须双方互负的债务均已届清偿期；须对方未履行债务或未提出履行债务；须对方的对待给付是可能履行的。

（2）先履行抗辩权。先履行抗辩权是指当事人互负债务，有先后履行顺序的，先履行一方未履行之前，后履行一方有权拒绝其履行请求。先履行一方履行债务不符合债的本旨的，后履行一方有权拒绝其相应的履行请求。该权利的成立并行使，产生后履行一方可一时中止履行自己债务的效力。其构成要件：须双方当事人互负债务；两个债务须有先后履行顺序；先履行一方未履行或其履行不符合债的本旨。

（3）不安抗辩权。不安抗辩权是指先给付义务人在有证据证明后，给付义务人的经营状况严重恶化，或者转移财产、抽逃资金以逃避债务，或者谎称有履行能力的欺诈行为，以及其他丧失或者可能丧失履行债务能力的情况时，可中止自己的履行；后给付义务人接收到中止履行的通知后，在合理的期限内未恢复履行能力或者未提供适当担保的，先给付义务人可以解除合同。其构成要件：双方当事人因同一双务合同而互负债务；后给付义务人的履行能力明显降低，有不能为对待给付的现实危险。因此，当事人没有确切证据中止履行的，应承担违约责任。

8.4.5 合同的保全

1. 合同保全的概念

合同保全制度，是指法律为防止因债务人财产的不当减少致使债权人债权的实现受到危害，而设置的保全债务人责任财产的法律制度。具体包括债权人代位权制度和债权人撤销权制度。

2. 代位权制度

（1）概念。债权人的代位权是指当债务人有权利行使而不行使，以致影响债权人权利的实现时，法律允许债权人代债务人之位，以自己的名义向第三人行使债务人的权利。

（2）条件。债务人怠于行使其债权或者与该债权有关的从权利，影响债权人的到期债权实现。在债权人的债权到期前，债务人的债权或者与该债权有关的从权利存在诉讼时效期间即将届满或者未及时申报破产债权等情形，影响债权人的债权实现。但是该权利专属于债务人自身的除外。

（3）费用。代位权的行使范围以债权人的到期债权为限。债权人行使代位权的必要费用，由债务人负担。

（4）抗辩。相对人对债务人的抗辩，可以向债权人主张。

（5）效力。人民法院认定代位权成立的，由债务人的相对人向债权人履行义务，债权人接受履行后，债权人与债务人、债务人与相对人之间相应的权利义务终止。

3. 债权人撤销权制度

（1）概念。债权人的撤销权是指当债务人在不履行其债务的情况下，实施减少其财产而损害债权人债权实现的行为时，法律赋予债权人有诉请法院撤销债务人所为的行为的权利。

（2）条件。债务人以放弃其债权、放弃债权担保、无偿转让财产等方式无偿处分财产权益，或者恶意延长其到期债权的履行期限，影响债权人的债权实现。债务人以明显不合理的低价转让财产、以明显不合理的高价受让他人财产或者为他人的债务提供担保，影响债权人的债权实现，债务人的相对人知道或者应当知道该情形。

（3）限制。撤销权的行使范围以债权人的债权为限。撤销权自债权人知道或者应当知道撤销事由之日起 1 年内行使。自债务人的行为发生之日起 5 年内没有行使撤销权的，该撤销权消灭。

（4）费用。债权人行使撤销权的必要费用，由债务人负担。

8.4.6 合同的变更和转让

1. 合同的变更

（1）概念。合同的变更是指合同内容的变更，即合同成立后尚未履行或者尚未完全履行之前，基于当事人的意思或者法律的直接规定，不改变合同当事人、仅就合同关系的内容所做的变更。

（2）变更条件。合同变更应该在合同成立后尚未履行或者尚未完全履行之前，并且是当事人的意思或者法律的直接规定。

（3）变更的标准。当事人对合同变更的内容约定不明确的，推定为未变更。

2. 合同的转让

（1）概念。合同的转让是指合同成立后，尚未履行或者尚未完全履行之前，合同当事人对合同债权债务所做的转让，包括债权转让、债务转让和债权债务概括转让。

（2）债权转让。债权人转让权利的，应当通知债务人。未经通知，该转让对债务人不发生效力。债权人转让权利的通知不得撤销，但经受让人同意的除外。债权人转让权利的，受让人取得与债权有关的从权利，但该从权利专属于债权人自身的除外。债务人接到债权转让通知后，债务人对让与人的抗辩，可以向受让人主张。债务人接到债权转让通知时，债务人对让与人享有债权，并且债务人的债权先于转让的债权到期或者同时到期的，债务人可以向受让人主张抵销。

（3）债务转让。债务人将合同的义务全部或者部分转移给第三人的，应当经债权人同意。不经债权人同意，转让合同无效。债务人转移义务的，新债务人可以主张原债务人对债权人的抗辩。债务人转移义务的，新债务人应当承担与主债务有关的从债务，但该从债务专属于原债务人自身的除外。

（4）债权债务概括转让。当事人一方经对方同意，可以将自己在合同中的权利和义务一并转让给第三人。当事人订立合后合并的，由合并后的法人或者其他组织行使合同权利，履行合同义务。当事人订立合同后分立的，除债权人和债务人另有约定的以外，由分立的法人或者其他组织对合同的权利和义务享有连带债权，承担连带债务。

（5）债务抵销。有下列情形之一的，债务人可以向受让人主张抵销：债务人接到债权转让通知时，债务人对让与人享有债权，且债务人的债权先于转让的债权到期或者同时到期；债务人的债权与转让的债权是基于同一合同产生。债务人转移债务的，新债务人可以主张原债务人对债权人的抗辩；原债务人对债权人享有债权的，新债务人不得向债权人主张抵销。

8.4.7 合同权利义务的终止

1. 合同权利义务终止的概念、情形及效力

（1）概念。合同的权利义务终止，也叫合同的终止，是指当事人双方终止合同关系，权利义务关系消灭。

（2）合同权利义务终止的情形。《民法典》第 570 条规定："有下列情形之一的，合同的权利义务终止：（一）债务已经按照约定履行。债务履行，合同确定的权利义务关系结束，合同目的实现，合同自然也就消灭了；（二）合同解除；（三）债务相互抵销；（四）债务人依法将标的物提存；（五）债权人免除债务；（六）债权债务同归于一人；（七）法律规定或者当事人约定终止的其他情形。"

（3）合同权利义务终止的影响。合同的附随关系，如担保关系等随之消灭；基于诚实信用原则而产生的当事人的法定义务通知、协助、保密，尤其是保密义务并不因合同终止而消灭；合同的权利义务终止，不影响合同中结算和清理条款的效力。

2. 合同的解除

合同解除的情形如下：

（1）协议解除，是指当事人双方通过协商同意将合同解除的行为。它不以解除权的存在为必要，解除行为也不是解除权的行使。

（2）法定解除，指合同成立后，在没有履行或没有完全履行之前，当事人一方行使法定解除权而使合同权利义务终止的行为。法定解除，是法律赋予当事人一种选择权，即当守约的一方当事人认为解除合同对他有利时，即可通过行使解除权而终止合同关系。合同法第 94 条规定："有下列情形之一的，当事人可以解除合同：（一）因不可抗力致使不能实现合同目的；（二）在履行期限届满之前，当事人一方明确表示或者以自己的行为表明不履行主要债务；（三）当事人一方迟延履行主要债务，经催告后在合理期限内仍未履行（这里'主要债务'应考虑时间对合同的重要性，如季节性商品）；（四）当事人一方延迟履行债务或者有其他违约行为，致使不能实现合同目的（其他违约行为如经修理、更换后货物仍不能符合要求）；（五）法律规定的其他情形。"可见，只有在发生不可抗力或者一方当事人严重违约、根本违约，导致不能实现合同目的的情形下，另一方当事人才享有合同解除权。如果只是一般违约，另一方当事人并不享有合同解除权，而只能要求承担违约责任。

3. 合同解除的效力

合同解除的法律后果：未履行的，终止履行；已履行的，恢复原状，要求赔偿，或采取其他补救措施。

8.4.8 违约责任

1. 概念

违约责任是指合同当事人不履行合同义务或者履行合同义务不符合约定时，依法产生的法律责任。

2. 违约责任的承担方式

（1）继续履行。当事人一方未支付价款、报酬、租金、利息，或者不履行其他金钱债务的，对方可以请求其支付。当事人一方不履行非金钱债务或者履行非金钱债务不符合约定的，对方可以请求履行，但是有下列情形之一的除外：法律上或者事实上不能履行，债务的标的不适于强制履行或者履行费用过高，债权人在合理期限内未请求履行。

（2）采取补救措施。履行不符合约定的，应当按照当事人的约定承担违约责任。对违约责任没有约定或者约定不明确，受损害方根据标的的性质以及损失的大小，可以合理选择请求对方承担修理、重作、更换、退货、减少价款或者报酬等违约责任。

（3）赔偿损失。当事人一方不履行合同义务或者履行合同义务不符合约定的，在履行义务或者采取补救措施后，对方还有其他损失的，应当赔偿损失。损失赔偿额应当相当于因违约所造成的损失，包括合同履行后可以获得的利益；但是，不得超过违约一方订立合同时预见到或者应当预见到的因违约可能造成的损失。

（4）违约金责任。当事人可以约定一方违约时应当根据违约情况向对方支付一定数额的违约金，也可以约定因违约产生的损失赔偿额的计算方法。约定的违约金低于造成的损失的，人民法院或者仲裁机构可以根据当事人的请求予以增加；约定的违约金过分高于造成的损失的，人民法院或者仲裁机构可以根据当事人的请求予以适当减少。当事人就迟延履行约定违约金的，违约方支付违约金后，还应当履行债务。

（5）定金罚则。当事人可以约定一方向对方给付定金作为债权的担保。定金合同自实际交付定金时成立。定金的数额由当事人约定；但是，不得超过主合同标的额的20%，超过部分不产生定金的效力。实际交付的定金数额多于或者少于约定数额的，视为变更约定的定金数额。债务人履行债务的，定金应当抵作价款或者收回。给付定金的一方不履行债务或者履行债务不符合约定，致使不能实现合同目的的，无权请求返还定金；收受定金的一方不履行债务或者履行债务不符合约定，致使不能实现合同目的的，应当双倍返还定金。当事人既约定违约金，又约定定金的，一方违约时，对方可以选择适用违约金或者定金条款。定金不足以弥补一方违约造成的损失的，对方可以请求赔偿超过定金数额的损失。

3. 免责事由

免责事由又称免责条件，是指法律明文规定的当事人对其不履行合同不承担违约责任的条件。

我国法律规定的免责条件主要有：

（1）不可抗力：《民法典》第590条规定，因不可抗力不能履行合同的，根据不可抗力的影响，部分或者全部免除责任，但法律另有规定的除外。当事人迟延履行后发生不可抗力的，不能免除责任。

（2）货物本身的自然性质、货物的合理损耗。

（3）受害人的过错：指受害人对于违约行为或者违约损害后果的发生或扩大存在过错。受害人的过错可以成为违约方全部或者部分免除责任的依据。

（4）免责条款：就是当事人以协议排除或限制其未来可能发生违约责任的合同条款。合同中的免除造成对方人身伤害、因故意或者重大过失造成对方财产损失的违约责任的免除条款无效，当事人对此类损害仍应当承担违约责任。

8.5 中华人民共和国行政许可法

考试大纲

行政许可；行政许可的设定；行政许可的实施机关；行政许可的实施程序；行政许可的费用。

8.5.1 行政许可法概述

1. 行政许可的概念

行政许可即通常所指的行政审批，它的立法定位是事前控制手段，是行政机关根据公民、法人或其他组织的申请，经依法审查，是否准予其从事特定活动的一种具体行政行为。

2. 行政许可的原则

（1）合法性原则。无论是许可的设定和实施都要遵循法定的权限、范围、条件和程序。

（2）公开、公平、公正、非歧视原则。有关行政许可的规定应当公布；未经公布的，不得作为实施行政许可的依据。行政许可的实施和结果，除涉及国家秘密、商业秘密或者个人隐私的外，应当公开。但在公开时应当保护申请人的权利。未经申请人同意，行动机关及其工作人员、参与评审的人员等不得披露申请人提交的商业秘密、未披露的信息或保密商务信息，如行政机关依法公开申请人相关信息，应允许申请人在合理的期限内提出异议。符合法定条件、标准的，申请人有依法取得行政许可的平等权利，行政机关不得歧视任何人。

（3）便民原则。实施行政许可，应当遵循便民的原则，提高办事效率，提供优质服务。《行政许可法》从行政许可实施的各环节都规定了一系列便民措施。

（4）权利保障原则。《行政许可法》第7条规定：公民、法人或者其他组织对行政机关实施行政许可，享有陈述权、申辩权；有权依法申请行政复议或者提起行政诉讼；其合法权益因行政机关违法实施行政许可受到损害的，有权依法要求赔偿。

（5）信赖保护原则。许可机关应保护依法获得许可的被许可人在观念层面对许可行为的信任与信赖；在物质利益层面，许可机关应对合法的撤回与变更行政许可对被许可人造成的损失予以补偿。

8.5.2 行政许可的设定

1. 设定许可的原则

（1）遵循经济和社会发展规律。

（2）有利于发挥相对人的积极性、主动性。

（3）维护公共利益和社会秩序。

（4）促进经济、社会和生态环境协调发展。

2. 行政许可的设定事项范围

（1）安全事项。直接涉及国家安全、公共安全、经济宏观调控、生态环境保护以及直接关系人身健康、生命财产安全等特定活动，需要按照法定条件予以批准的事项。

（2）特许事项。有限自然资源开发利用、公共资源配置以及直接关系公共利益的特定行业的市场准入等，需要赋予特定权利的事项。

（3）认可事项。提供公众服务并且直接关系公共利益的职业、行业，需要确定具备特殊信誉、特殊条件或者特殊技能等资格、资质的事项。

（4）核准事项。直接关系公共安全、人身健康、生命财产安全的重要设备、设施、产品、物品，需要按照技术标准、技术规范，通过检验、检测、检疫等方式进行审定的事项。

（5）登记事项。企业或者其他组织的设立等，需要确定主体资格的事项。

（6）其他法律、法规设定的事项。

3. 行政许可的排除设定事项情形

行政许可设定事项可以通过下列方式能够予以规范的，可以不设行政许可：

（1）公民、法人或者其他组织能够自主决定的。

（2）市场竞争机制能够有效调节的。

（3）行业组织或者中介机构能够自律管理的。

（4）行政机关采用事后监督等其他行政管理方式能够解决的。

4. 行政许可的设定权限划分

（1）法律可以设定行政许可。

（2）法律没有设定的，行政法规可以设定。

（3）必要时，国务院决定可以设定，但应当及时提请全国人大制定法律或自行制定行政法规。

（4）没有法律、行政法规的，地方性法规可以设定行政许可。

（5）没有法律、行政法规、地方性法规，省级人民政府规章可以设定临时性许可，实施满一年的，应当提请本级人大及常委会制定地方性法规。

（6）地方性法规和省级人民政府规章不得设定应当由国家统一确定的公民、法人或者其他组织的资格、资质的行政许可；不得设定企业或者其他组织的设立登记及其前置性行政许可。其设定的行政许可，不得限制其他地区的个人或者企业到本地区从事生产经营和提供服务，不得限制其他地区的商品进入本地区市场。

5. 行政许可的具体规定权限划分

（1）省级政府规章、地方性法规、行政法规等可以在上位法设定的行政许可范围内做出具体规定。

（2）法规、省级政府规章在做出具体规定时，不得增设行政许可，不得违反上位法。

（3）部门规章和较大市的政府规章不得规定行政许可。

6. 行政许可设定听证与实施评价

（1）拟设定行政许可的，起草单位应当采取听证会、论证会等形式听取意见。

（2）行政许可的设定机关应当定期对其设定的行政许可进行评价，以及时予以修改或者废止。

8.5.3 行政许可的实施机关

1. 行政许可实施的三类主体

（1）具有行政许可权的行政机关在其法定职权范围内实施行政许可。

（2）具有管理公共事务职能授权主体在法定授权范围内，以自己的名义实施行政许可。

（3）行政机关在其法定职权范围内，可以依法委托其他行政机关实施行政许可，受委托行政机关不得再委托其他组织或者个人实施行政许可，委托行政机关对该行为的后果承担法律责任。

2. 统一许可和集中许可

（1）经国务院批准，省级人民政府可以决定一个行政机关行使有关行政机关的行政许可权。

（2）行政许可需要行政机关内设多个机构办理的，该行政机关应当确定一个机构统一办理行政许可。

（3）行政许可依法由地方人民政府两个以上部门分别实施的，本级人民政府可以确定一个部门受理行政许可申请并转告有关部门分别提出意见后统一办理，或者组织有关部门联合办理、集中办理。

3. 实施机关的禁止性规定

行政机关实施行政许可，不得向申请人提出购买指定商品、接受有偿服务等不正当要求。工作人员办理行政许可，不得索取或者收受申请人的财物，不得谋取其他利益。

8.5.4 行政许可的实施程序

1. 申请

（1）申请方式。公民、法人或者其他组织需要取得行政许可的，可以直接向实施机关申请，也可以委托代理人提出行政许可申请。行政许可申请可以通过信函、电报、电传、传真、电子数据交换和电子邮件等方式提出。

（2）申请要求。申请人申请行政许可，应当如实向行政机关提交有关材料和反映真实情况，并对其申请材料实质内容的真实性负责。

（3）申请人权利保护。行政机关不得要求申请人提交与其申请的行政许可事项无关的技术资料和其他材料。行政机关及其工作人员不得以技术转让作为取得行政许可的条件，不得在实施行政许可的过程中，直接或间接要求转让技术。

2. 受理

行政机关对申请人提出的行政许可申请，应当根据下列情况分别做出处理：

（1）申请事项依法不需要取得行政许可的，应当即时告知申请人不受理。

（2）申请事项依法不属于本行政机关职权范围的，应当即时做出不予受理的决定，并告知申请人向有关行政机关申请。

（3）申请材料存在可以当场更正的错误的，应当允许申请人当场更正。

（4）申请材料不齐全或者不符合法定形式的，应当当场或者在 5 日内一次告知申请人需要补正的全部内容，逾期不告知的，自收到申请材料之日起即为受理。

（5）申请事项属于本行政机关职权范围，申请材料齐全、符合法定形式，或者申请人按照本行政机关的要求提交全部补正申请材料的，应当受理行政许可申请。

行政机关受理或者不予受理行政许可申请，应当出具加盖本行政机关专用印章和注明日期的书面凭证。

3. 审查规则

（1）需要对申请材料的实质内容进行核实的，行政机关应当指派两名以上工作人员进行核查。

（2）依法应当先经下级行政机关审查后报上级行政机关决定的行政许可，下级行政机关应当在法定期限内将初步审查意见和全部申请材料直接报送上级行政机关。

（3）政机关对行政许可申请进行审查时，应当听取申请人、利害关系人的意见。

4. 行政许可决定

（1）行政机关能够当场做出决定的，应当场做出书面决定。不能当场决定的，应当在法定期限内按照规定程序做出。

（2）申请人的申请符合法定条件、标准的，行政机关应当依法做出准予行政许可的书面决定。

（3）不予行政许可的书面决定的，应当说明理由，并告知申请人享有依法申请行政复议或者提起行政诉讼的权利。

【例 8-8】（2019） 根据《行政许可法》的规定，行政机关对申请人提出的行政许可申请，应当根据不同情况分别做出处理，下列行政机关的处理，符合规定的是（　　）。

A. 申请事项依法不需要取得行政许可的，应当即时告知申请人向有关行政机关申请

B. 申请事项依法不属于本行政机关职权范围内的，应当即时告知申请人不需要申请

C. 申请材料存在可以当场更正错误的，应当告知申请人 3 日内补正

D. 申请材料不齐全的，应当当场或者 5 日内一次告知申请人需要补正的全部材料

【解】根据《行政许可法》第 32 条规定，选项 A、B 两种情况处理方式颠倒，申请人存在可以当场更正错误的，应当允许更正。

【答案】D

8.5.5 行政许可的费用

1. 禁止收费

（1）行政机关实施行政许可和对行政许可事项进行监督检查，不得收取任何费用。

（2）行政机关提供行政许可申请书格式文本，不得收费。

2. 收费准则

行政机关实施行政许可应当遵循收费公开原则，应当按照公布的法定项目和标准收费。

8.6 中华人民共和国节约能源法

考试大纲

能源；节能管理；合理使用与节约能源；节能技术进步；激励措施；法律责任。

8.6.1 节约能源法概述

1. 基本概念

（1）能源。能源是指煤炭、石油、天然气、生物质能和电力、热力以及其他直接或者通过加工、转换而取得有用能的各种资源。

（2）节约能源。加强用能管理，采取技术上可行、经济上合理以及环境和社会可以承受的措施，从能源生产到消费的各个环节，降低消耗、减少损失和污染物排放、制止浪费，有效、合理地利用能源。

2. 节能政策

节约资源是我国的基本国策，国家实施节约与开发并举、把节约放在首位的能源发展战略。

8.6.2 节能管理

1. 节能标准

（1）国家标准与行业标准：国务院标准化主管部门等制定国家标准、行业标准，包括强制性用能产品、设备能源效率标准和生产过程中耗能高的产品的单位产品能耗限额标准。

（2）地方标准：省级人民政府制定严于强制性国家标准、行业标准的地方节能标准，应当报经国务院批准。

（3）企业标准：国家鼓励企业制定严于国家标准、行业标准的企业节能标准。

2. 节能评估和审查

国家实行固定资产投资项目节能评估和审查制度。不符合强制性节能标准的项目，建设单位不得开工建设；已经建成的，不得投入生产、使用。政府投资项目不符合强制性节能标准的，依法负责项目审批的机关不得批准建设。

3. 节能淘汰与禁止

（1）国家对落后的耗能过高的用能产品、设备和生产工艺实行淘汰制度。

（2）禁止生产、进口、销售国家明令淘汰或者不符合强制性能源效率标准的用能产品、设备。

（3）国家对家用电器等使用面广、耗能量大的用能产品，实行能源效率标识管理。

（4）禁止伪造、冒用能源效率标识或者利用能源效率标识进行虚假宣传。

4. 节能认证

用能产品的生产者、销售者，可以根据自愿原则，按照国家有关节能产品认证的规定，向认证的机构提出节能产品认证申请；经认证合格后，取得节能产品认证证书，可以在用能产品或者其包装物上使用节能产品认证标志。

8.6.3　合理使用与节约能源

1. 用能单位基本职责

用能单位应当建立节能目标责任制，定期开展节能教育和岗位节能培训，加强能源计量管理，按照规定配备和使用经依法检定合格的能源计量器具。能源生产经营单位不得向本单位职工无偿提供能源，不得对能源消费实行包费制。

2. 建筑节能

（1）建筑节能责任。

1）国务院建设主管部门负责全国建筑节能的监督管理工作。县级以上地方各级人民政府建设主管部门负责本行政区域内建筑节能的监督管理工作，会同同级管理节能工作的部门编制本行政区域内的建筑节能规划。建筑节能规划应当包括既有建筑节能改造计划。

2）建筑工程的建设、设计、施工和监理单位应当遵守建筑节能标准。不符合建筑节能标准的建筑工程，建设主管部门不得批准开工建设；已经开工建设的，应当责令停止施工、限期改正；已经建成的，不得销售或者使用。建设主管部门应当加强对在建建筑工程执行建筑节能标准情况的监督检查。

3）房地产开发企业在销售房屋时，应当向购买人明示所售房屋的节能措施、保温工程保修期等信息，在房屋买卖合同、质量保证书和使用说明书中载明，并对其真实性、准确性负责。

（2）建筑节能规则。

1）使用空调采暖、制冷的公共建筑应当实行室内温度控制制度。具体办法由国务院建设主管部门制定。

2）国家采取措施，对实行集中供热的建筑分步骤实行供热分户计量、按照用热量收费的制度。新建建筑或者对既有建筑进行节能改造，应当按照规定安装用热计量装置、室内温度调控装置和供热系统调控装置。

3）县级以上地方各级人民政府有关部门应当加强城市节约用电管理，严格控制公用设施和大型建筑物装饰性景观照明的能耗。

4）国家鼓励在新建建筑和既有建筑节能改造中使用新型墙体材料等节能建筑材料和节能设备，安装和使用太阳能等可再生能源利用系统。

8.6.4 节能技术进步

1. 节能大纲、经费、目录

（1）国务院管理节能工作的部门会同国务院科技主管部门发布节能技术政策大纲，指导节能技术研究、开发和推广应用。

（2）各级政府应当把节能技术研究开发作为政府科技投入的重点领域，支持节能技术应用研究，促进节能技术创新与成果转化。

（3）国务院管理节能工作的部门会同国务院有关部门制定并公布节能技术、节能产品的推广目录，引导用能单位和个人使用先进的节能技术、节能产品。

2. 农村节能

（1）各级政府应当加强农业和农村节能工作，增加对节能技术、节能产品推广应用的资金投入。

（2）主管部门应当支持、推广应用节能技术和节能产品，鼓励更新和淘汰高耗能的农业机械和渔业船舶。

（3）国家鼓励、支持在农村大力发展沼气，按照因地制宜、多能互补、综合利用、讲求效益的原则，推广生物质能、太阳能和风能等可再生能源利用技术。

8.6.5 激励措施

1. 财税激励

（1）各级财政安排节能专项资金，支持节能技术研究开发、推广等工作。

（2）国家对列入推广目录需要支持的节能技术、节能产品实行税收优惠等扶持政策。

（3）国家通过财政补贴支持节能照明器具等节能产品的推广和使用。

（4）国家实行有利于节约能源资源的税收政策，健全能源矿产资源有偿使用制度。

（5）国家运用税收等政策，鼓励先进节能技术、设备的进口，控制在生产过程中耗能高、污染重的产品的出口。

2. 信贷激励

国家引导金融机构增加对节能项目的信贷支持，为符合条件的节能技术研发、生产及改造等项目提供优惠贷款。

3. 价格激励

（1）国家实行有利于节能的价格政策，引导单位和个人节能。

（2）国家实行峰谷分时电价、季节性电价、可中断负荷电价制度，鼓励用户合理调整用电负荷；对钢铁、有色金属、建材、化工和其他主要耗能行业的企业，分淘汰、限制、允许和鼓励四类实行差别电价政策。

4. 表彰激励

各级政府对在节能管理、节能科学技术研究和推广应用中有显著成绩以及检举严重浪费能源行为的单位和个人，给予表彰和奖励。

8.6.6 法律责任

1. 行政责任

（1）行政处分，负责审批或者核准固定资产投资项目的机关违反本法规定，对不符合强制性节能标准的项目予以批准或者核准建设的，对直接负责的主管人员和其他直接责任人员依法给予处分。

（2）行政处罚，主要是用能主体在节能方面违反法律规定而受到的处罚，主要有罚款、吊销营业执照、责令停业整顿或者关闭等形式。

2. 民事责任

主要表现为用能主体在节能方面没有按照法律规定的行为从事节能工作，而给第三人造成损失的，通常表现为赔偿责任。

3. 刑事责任

国家工作人员在节能管理工作中滥用职权、玩忽职守、徇私舞弊，构成犯罪的，依法追究刑事责任，还包括违反《节约能源法》规定，构成犯罪的行为应承担的责任。

【例 8-9】（2022） 根据《节约能源法》的规定，下列行为中不违反禁止性规定的是（　　）。

A. 使用国家明令淘汰的用能设备

B. 冒用能源效率标识

C. 企业制定严于国家标准的企业节能标准

D. 销售应当标注而未标注能源效率标识的产品

【解】选项 A，根据《节约能源法》第 17 条规定，禁止生产、进口、销售国家明令淘汰或者不符合强制性能源效率标准的用能产品、设备；禁止使用国家明令淘汰的用能设备、生产工艺。选项 B、D，第 19 条规定，生产者和进口商应当对其标注的能源效率标识及相关信息的准确性负责。禁止销售应当标注而未标注能源效率标识的产品。禁止伪造、冒用能源效率标识或者利用能源效率标识进行虚假宣传。选项 C，第 13 条规定，国家鼓励企业制定亚于国家标准、行业标准的企业节能标准。

【答案】C

8.7 中华人民共和国环境保护法

考试大纲

环境；环境监督管理；保护和改善环境；防治环境污染和其他公害；信息公开与公众参与；法律责任。

8.7.1 环境保护法概述

1. 基本概念

（1）环境。环境是指影响人类生存和发展的各种天然的和经过人工改造的自然因素的总体，包括大气、水、海洋、土地、矿藏、森林、草原、野生生物、自然遗迹、人文遗迹、自然保护区、风景名胜区、城市和乡村等。

（2）环境保护法。广义的环境保护法是以保护和改善环境、警惕和预防人为环境侵害为目的，调整与环境相关的人类行为的法律规范的总称。狭义的环境保护法仅指《中华人民共和国环境保护法》（以下简称《环境保护法》）。

2. 环境保护法的基本原则

（1）协调发展原则。国家制定的环境保护规划必须纳入国民经济和社会发展计划，国家采取有利于环境保护的经济、技术政策和措施，使环境保护工作同经济建设和社会发展相协调。

（2）预防为主、防治结合的原则。

（3）开发者养护、污染者治理，即损害担责原则。在对自然资源和能源的开发和利用过程中，对于因开发资源而造成资源的减少和环境的损害以及因利用资源和能源而排放污染物造成环境污染危害等的养护和治理责任，应当由开发者和污染者分别承担。

（4）公民参与原则。公民有权通过一定的程序或途径参与一切与环境利益相关的决策活动。《环境保护法》第 6 条规定“一切单位和个人都有保护环境的义务”。第五章又专章规定了信息公开和公众参与。

8.7.2 环境监督管理

1. 环境和污染物排放标准制度

（1）国务院环境保护行政主管部门制定国家环境质量标准，并根据此标准和国家经济、技术条件制定国家污染物排放标准。

（2）省级人民政府对国家环境质量标准中和污染物排放标准中未作规定的项目，可以制定地方环境质量标准和污染物排放标准，并报国务院环境保护行政主管部门备案。

（3）省级人民政府对国家污染物排放标准中已作规定的项目，可以制定严于国家污染物排放标准的地方污染物排放标准。

（4）凡是向已有地方污染物排放标准的区域排放污染物的，应当执行地方污染物排放标准。

2. 环境检测和评价制度

（1）国务院环境保护行政主管部门建立监测制度，制定监测规范，加强对环境监测的管理。

（2）省级人民政府应当组织有关部门或者委托专业机构，对环境状况进行调查、评价，建立环境资源承载能力监测预警机制。

（3）编制有关开发利用规划，建设对环境有影响的项目，应当依法进行环境影响评价。未依法进行评价的开发利用规划，不得组织实施；未进行评价的建设项目，不得开工建设。

3. 监管协调机制

（1）国家建立跨行政区域的重点区域、流域环境污染和生态破坏联合防治协调机制，实行统一规划、统一标准、统一监测、统一的防治措施。

（2）跨行政区域的环境污染和生态破坏的防治，由上级人民政府协调解决，或者由有关地方人民政府协商解决。

4. 环境保护鼓励机制

（1）国家采取财政、税收、价格、政府采购等方面的政策和措施，鼓励和支持环境保护技术装备、资源综合利用和环境服务等环境保护产业的发展。

（2）企业事业单位和其他生产经营者，在污染物排放符合法定要求的基础上，进一步减少污染物排放的，人民政府应当依法采取财政、税收、价格、政府采购等方面的政策和措施予以鼓励和支持。

（3）企业事业单位和其他生产经营者，为改善环境，依照有关规定转产、搬迁、关闭的，人民政府应当予以支持。

5. 环境检查制度

（1）县级以上人民政府环境保护主管部门及其委托的环境监察机构和其他负有环境保护监督管理职责的部门，有权对排放污染物的企业事业单位和其他生产经营者进行现场检查。被检查者应当如实反映情况，提供必要的资料。实施现场检查的部门、机构及其工作人员应当为被检查者保守商业秘密。

（2）企业事业单位和其他生产经营者违反法律法规规定排放污染物，造成或者可能造成严重污染的，县级以上人民政府环境保护主管部门和其他负有环境保护监督管理职责的部门，可以查封、扣押造成污染物排放的设施、设备。

6. 目标责任制和考核评价

国家实行环境保护目标责任制和考核评价制度。县级以上人民政府应当将环境保护目标完成情况纳入对本级人民政府负有环境保护监督管理职责的部门及其负责人和下级人民政府及其负责人的考核内容，作为对其考核评价的重要依据。考核结果应当向社会公开。

8.7.3 保护和改善环境

1. 生态保护红线

国家在重点生态功能区、生态环境敏感区和脆弱区等区域划定生态保护红线，实行严格保护。各级人民政府对具有代表性的各种类型的自然生态系统区域，珍稀、濒危的野生动植物自然分布区域，重要的水源涵养区域，具有重大科学文化价值的地质构造、著名溶洞和化石分布区、冰川、火山、温泉等自然遗迹，以及人文遗迹、古树名木，应当采取措施予以保护，严禁破坏。

2. 生态保护补偿制度

国家建立、健全生态保护补偿制度。加大对生态保护地区的财政转移支付力度。有关地方人民政府应当落实生态保护补偿资金，确保其用于生态保护补偿。指导受益地区和生态保护地区人民政府通过协商或者按照市场规则进行生态保护补偿。

3. 环境监测

（1）国家加强对大气、水、土壤等的保护，建立和完善相应的调查、监测、评估和修复制度。

（2）国家机关和使用财政资金的其他组织应当优先采购和使用节能、节水、节材等有利于保护环境的产品、设备和设施。

（3）地方各级人民政府应当采取措施，组织对生活废弃物的分类处置、回收利用。

（4）国家建立、健全环境与健康监测、调查和风险评估制度；鼓励和组织开展环境质量对公众健康影响的研究，采取措施预防和控制与环境污染有关的疾病。

8.7.4 防止环境污染和其他公害

1. 环境保护责任制

排放污染物的企业事业单位，应当建立环境保护责任制度，明确单位负责人和相关人员的责任。重点排污单位应当按照国家有关规定和监测规范安装使用监测设备，保证监测设备正常运行，保存原始监测记录。严禁通过暗管、渗井、渗坑、灌注或者篡改、伪造监测数据，或者不正常运行防治污染设施等逃避监管的方式违法排放污染物。

2. 排污收费

排放污染物的企业事业单位和其他生产经营者，应当按照国家有关规定缴纳排污费。排污费应当全部专项用于环境污染防治，任何单位和个人不得截留、挤占或者挪作他用。依照法律规定征收环境保护税的，不再征收排污费。

3. 排污总量控制

（1）国家实行重点污染物排放总量控制制度。重点污染物排放总量控制指标由国务院下达，省、自治区、直辖市人民政府分解落实。企业事业单位在执行国家和地方污染物排放标准的同时，应当遵守分解落实到本单位的重点污染物排放总量控制指标。

（2）对超过国家重点污染物排放总量控制指标或者未完成国家确定的环境质量目标的地区，省级以上人民政府环境保护主管部门应当暂停审批其新增重点污染物排放总量的建设项目环境影响评价文件。

4. 排污许可

国家依照法律规定实行排污许可管理制度。实行排污许可管理的企业事业单位和其他生产经营者应当按照排污许可证的要求排放污染物；未取得排污许可证的，不得排放污染物。

5. 环境事件应急及处置

（1）各级人民政府及其有关部门和企业事业单位，应当依照《中华人民共和国突发事件应对法》的规定，做好突发环境事件的风险控制、应急准备、应急处置和事后恢复等工作。

（2）县级以上人民政府应当建立环境污染公共监测预警机制，组织制定预警方案；环境受到污染，可能影响公众健康和环境安全时，依法及时公布预警信息，启动应急措施。

（3）企业事业单位应当按照国家有关规定制定突发环境事件应急预案，报环境保护主管部门和有关部门备案。在发生或者可能发生突发环境事件时，企业事业单位应当立即采取措施处理，及时通报可能受到危害的单位和居民，并向环境保护主管部门和有关部门报告。

（4）突发环境事件应急处置工作结束后，有关人民政府应当立即组织评估事件造成的环境影响和损失，并及时将评估结果向社会公布。

6. 污染物处置

（1）生产、储存、运输、销售、使用、处置化学物品和含有放射性物质的物品，应当遵守国家有关规定，防止污染环境。

（2）各级人民政府及其农业等有关部门和机构应当指导农业生产经营者科学种植和养殖，科学合理施用农药、化肥等农业投入品，科学处置农用薄膜、农作物秸秆等农业废弃物，防止农业面源污染。禁止将不符合农用标准和环境保护标准的固体废物、废水施入农田。施用农药、化肥等农业投入品及进行灌溉，应当采取措施，防止重金属和其他有毒有害物质污染环境。从事畜禽养殖和屠宰的单位和个人应当采取措施，对畜禽粪便、尸体和污水等废弃物进行科学处置，防止污染环境。

（3）各级人民政府应当统筹城乡建设污水处理设施及配套管网，固体废物的收集、运输和处置等环境卫生设施，危险废物集中处置设施、场所以及其他环境保护公共设施，并保障其正常运行。

8.7.5 信息公开和公众参与

1. 政府信息公开义务

（1）各级人民政府环境保护主管部门和其他负有环境保护监督管理职责的部门，应当依法公开环境信息、完善公众参与程序，为公民、法人和其他组织参与和监督环境保护提供便利。

（2）国务院环境保护主管部门统一发布国家环境质量、重点污染源监测信息及其他重大环境信息。省级以上人民政府环境保护主管部门定期发布环境状况公报。

（3）县级以上人民政府环境保护主管部门和其他负有环境保护监督管理职责的部门，应当依法公开环境质量、环境监测、突发环境事件以及环境行政许可、行政处罚、排污费的征收和使用情况等信息。

（4）县级以上地方人民政府环境保护主管部门和其他负有环境保护监督管理职责的部门，应当将企业事业单位和其他生产经营者的环境违法信息记入社会诚信档案，及时向社会公布违法者名单。

2. 排污单位信息公开义务

（1）重点排污单位应当如实向社会公开其主要污染物的名称、排放方式、排放浓度和总量、超标排放情况，以及防治污染设施的建设和运行情况，接受社会监督。

（2）对依法应当编制环境影响报告书的建设项目，建设单位应当在编制时向可能受影响的公众说明情况，充分征求意见。

（3）负责审批建设项目环境影响评价文件的部门在收到建设项目环境影响报告书后，除涉及国家秘密和商业秘密的事项外，应当全文公开；发现建设项目未充分征求公众意见的，应当责成建设单位征求公众意见。

3. 公众参与权利

（1）公民、法人和其他组织发现任何单位和个人有污染环境和破坏生态行为的，有权向环境保护主管部门或者其他负有环境保护监督管理职责的部门举报。

（2）公民、法人和其他组织发现地方各级人民政府、县级以上人民政府环境保护主管部门和其他负有环境保护监督管理职责的部门不依法履行职责的，有权向其上级机关或者监察机关举报。

（3）依法在设区的市级以上人民政府民政部门登记且专门从事环境保护公益活动连续五年以上且无违法记录的社会组织可以对污染环境、破坏生态，损害社会公共利益的行为，向人民法院提起诉讼。

8.7.6 法律责任

1. 罚款

企业事业单位和其他生产经营者违法排放污染物，受到罚款处罚，被责令改正，拒不改正的，依法做出处罚决定的行政机关可以自责令改正之日的次日起，按照原处罚数额按日连续处罚。罚款处罚，依照有关法律法规按照防治污染设施的运行成本、违法行为造成的直接损失或者违法所得等因素确定的规定执行。

2. 责令改正

（1）企业事业单位和其他生产经营者超过污染物排放标准或者超过重点污染物排放总量控制指标排放污染物的，可以责令其采取限制生产、停产整治等措施；情节严重的，报经有批准权的人民政府批准，责令停业、关闭。

（2）建设单位未依法提交建设项目环境影响评价文件或者环境影响评价文件未经批准，擅自开工建设的，由负有环境保护监督管理职责的部门责令停止建设，并可以责令恢复原状。

（3）重点排污单位不公开或者不如实公开环境信息的，由县级以上地方人民政府环境保护主管部门责令公开，处以罚款，并予以公告。

3. 侵权赔偿责任

（1）因污染环境和破坏生态造成损害的，应当依照《民法典》的有关规定承担侵权责任。

（2）环境影响评价机构、环境监测机构以及从事环境监测设备和防治污染设施维护、运营的机构，在有关环境服务活动中弄虚作假，对造成的环境污染和生态破坏负有责任的，除依照有关法律法规规定予以处罚外，还应当与造成环境污染和生态破坏的其他责任者承担连带责任。

4. 环境损害赔偿诉讼

提起环境损害赔偿诉讼的时效期间为 3 年，从当事人知道或者应当知道其受到损害时起计算，但自当事人受到损害之日起最长不超过 20 年。

【例 8-10】（2011） 根据《环境保护法》的规定，下列关于企业事业单位排放污染物的规定中，正确的是（　　）。

A. 排放污染物的企业事业单位，必须申报登记

B. 排放污染物超过标准的企业事业单位，或者缴纳超标准排污费，或者负责治理

C. 征收的超标准排污费必须用于该单位污染的治理，不得挪作他用

D. 对造成环境严重污染的企业事业单位，限期关闭

【解】本题主要考察的是排污问题。在我国排污都必须实行申报，超过标准需要交纳费用，且必须负责治理。国家对于征收的排污费，实行专款专用，但并不限于被征收单位所造成的污染。

【答案】A

8.8 建设工程勘察设计管理条例

考试大纲

基本概念；资质资格管理；建设工程勘察设计发包与承包；建设工程勘察设计文件的编制与实施；监督管理。

8.8.1 建设工程勘察设计管理条例概述

1. 基本概念

（1）工程勘察。建设工程勘察是指根据建设工程的要求，查明、分析、评价建设场地的地质地理环境特征和岩土工程条件，编制建设工程勘察文件的活动。

（2）工程设计。建设工程设计是指根据建设工程的要求，对建设工程所需的技术、经济、资源、环境等条件进行综合分析、论证，编制建设工程设计文件的活动。

2. 工程勘察、设计的基本原则

（1）效益相统一原则。建设工程勘察、设计应当与社会、经济发展水平相适应，做到经

济效益、社会效益和环境效益相统一。

（2）先勘察、后设计、再施工的原则。

（3）合法性原则。工程勘察、设计单位必须依法进行建设工程勘察、设计，严格执行工程建设强制性标准，并对建设工程勘察、设计的质量负责。

8.8.2 资质资格管理

1. 勘察、设计单位资质管理

国家对从事建设工程勘察、设计活动的单位，实行资质管理制度。建设工程勘察、设计单位应当在其资质等级许可的范围内承揽建设工程勘察、设计业务；禁止勘察、设计单位以其他单位的名义承揽勘察、设计业务；禁止建设工程勘察、设计单位允许其他单位或者个人以本单位的名义承揽勘察、设计业务。勘察设计单位资质具体化分参见本章8.1.2有关内容。

2. 专业技术人员资格管理

未经注册的建设工程勘察、设计人员，不得以注册执业人员的名义从事建设工程勘察、设计活动；注册执业人员和其他专业技术人员只能受聘于一个建设工程勘察、设计单位；未受聘于建设工程勘察、设计单位的，不得从事建设工程的勘察、设计活动。

8.8.3 建设工程勘察设计发包与承包

1. 发包方式

（1）招标发包。建设工程勘察、设计应当依照《招标投标法》的规定，实行招标发包。建设工程勘察、设计方案评标，应当进行业绩、信誉、方案以及勘察设计人员的能力等综合评定；招标人认为评标委员会推荐的候选方案不能最大限度满足招标文件规定的要求的，应当依法重新招标。

（2）直接发包。采用特定的专利或者专有技术的、建筑艺术造型有特殊要求的或国务院规定的其他建设工程的勘察和设计工作，经过主管部门批准，可以直接发包。

2. 分包与转包

（1）发包方可以将整个建设工程的勘察、设计发包给一个勘察、设计单位，也可以分别发包给几个勘察、设计单位。

（2）除建设工程主体部分外，经发包方书面同意，承包方可以将其他部分的勘察、设计再分包给其他具有相应资质等级的建设工程勘察、设计单位。

（3）建设工程勘察、设计单位不得将所承揽的建设工程勘察、设计转包。

3. 发包方与承包方的共同义务

（1）应当执行国家规定的建设工程勘察、设计程序。

（2）应当签订建设工程勘察、设计合同。

（3）当执行国家有关建设工程勘察费、设计费的管理规定。

【例8-11】（2011） 根据《建设工程勘察设计管理条例》的规定，建设工程勘察、设计方案的评标一般不考虑（　　）。

A. 投标人的资质　　B. 勘察、设计方案的优劣

C. 设计人员的能力　　D. 投标人的业绩

【解】本题主要考察的是在勘察设计行业评标要求。

建设工程勘察、设计方案评标，应当进行业绩、信誉、方案等综合评定。

【答案】A

8.8.4 建设工程勘察设计文件的编制与实施

1. 文件的编制的依据

（1）项目批准文件。

（2）城乡规划。

（3）工程建设强制性标准。

（4）国家规定的建设工程勘察、设计深度要求。

（5）铁路、交通、水利等专业建设工程，还应当以专业规划的要求为依据。

2. 文件的编制的要求

（1）勘察文件应当真实、准确，满足建设工程规划、选址、设计、岩土治理和施工的需要。

（2）设计文件应当满足编制初步设计文件和控制概算的需要。编制初步设计文件，应当满足编制施工招标文件、主要设备材料订货和编制施工图设计文件的需要。编制施工图设计文件应当满足设备材料采购、非标准设备制作和施工的需要，并注明工程合理使用年限。

3. 材料、技术、设备等的选用

（1）设计文件中选用的材料、构配件、设备，应当注明其规格等技术指标，质量必须符合国家规定的标准，除有特殊要求，不得指定生产厂、供应商。

（2）文件中规定采用的新技术、新材料，可能影响建设工程质量和安全，又没有国家技术标准的，应当由国家认可的检测机构进行试验、论证，出具检测报告，相应建设工程技术专家委员会审定后，方可使用。

4. 文件的修改

（1）建设单位确需修改工程勘察、设计文件的，应当由原建设工程勘察、设计单位修改，或经其书面同意可以委托其他具有相应资质的单位修改。

（2）施工单位、监理单位发现工程勘察、设计文件不符合工程建设强制性标准、合同约定的质量要求的，应当报告建设单位，建设单位有权要求勘察、设计单进行补充、修改。需要做重大修改的，建设单位应当报经原审批机关批准后，方可修改。

5. 勘察、设计单位的文件说明及协助义务

（1）建设工程勘察、设计单位应当在施工前，向施工单位和监理单位说明建设工程勘察、设计意图，解释建设工程勘察、设计文件。

（2）建设工程勘察、设计单位应当及时解决施工中出现的勘察、设计问题。

8.8.5 监督管理

1. 监督管理体制

工程勘察、设计活动实行建设部门统一监督管理与交通、水利等部门专业监督管理相结合的体制。即各级建设主管部门对各辖区的工程勘察、设计活动实施统一监督管理。铁路、交通、水利等有关部门按职责分工，负责对辖区内的有关专业建设工程勘察、设计活动的监督管理。

2. 跨区、跨部门从业

勘察、设计单位在建设工程勘察、设计资质证书规定的业务范围内跨部门、跨地区承揽

勘察、设计业务的，有关地方人民政府及其所属部门不得设置障碍，不得违反国家规定收取任何费用。

3. 公共工程强制审查

县级以上建设主管部门或者交通、水利等有关部门应当对施工图设计文件中涉及公共利益、公众安全、工程建设强制性标准的内容进行审查。施工图设计文件未经审查批准的，不得使用。

8.9 建设工程质量管理条例

考试大纲

建设单位的质量责任和义务；勘察设计单位的质量责任和义务；施工单位的质量责任和义务；工程监理单位的质量和义务；建设工程质量保修。

8.9.1 建设工程质量管理条例概述

1. 基本概念

《建设工程质量管理条例》（以下简称《质量条例》）由国务院于 2000 年发布施行，2017 年、2019 年分别进行修订。这是《建筑法》颁布实施后制定的第一部配套的行政法规，也是新中国成立后第一部建设工程质量条例。《质量条例》的颁布和实施，对于加强建设工程质量管理，深化建设管理体制的改革，保证建设工程质量，具有十分重要的意义。

2. 适用范围

（1）工程范围。《质量条例》所称的建设工程，是指土木工程、建筑工程、线路管道和设备安装工程及装修工程。

（2）主体范围。包括建设单位、勘察单位、设计单位、施工单位、工程监理单位等，这些单位要依法对建设工程质量负责。同时，建设主管部门和有关部门也依据条例负有相应的监管职责。

8.9.2 建设单位的质量责任和义务

1. 发包责任

（1）应当将工程发包给具有相应资质等级的单位，不得将建设工程肢解发包。

（2）应当依法对工程建设项目的勘察、设计、施工、监理以及与工程建设有关的重要设备、材料等的采购进行招标。

（3）必须向有关的勘察、设计、施工、工程监理等单位提供与建设工程有关的原始资料。

（4）建设工程发包单位不得迫使承包方以低于成本的价格竞标，不得任意压缩合理工期。

（5）建设单位不得明示或者暗示设计单位或者施工单位违反工程建设强制性标准，降低建设工程质量。

2. 依法接受审查的责任

施工图审查是施工图设计文件审查的简称，是指建设主管部门认定的施工图审查机构依法对施工图涉及公共利益、公众安全和工程建设强制性标准的内容进行的审查。

3. 依法委托监理的责任

（1）依法必须实行监理的工程。国家重点建设工程、大中型公用事业工程、成片开发建设的住宅小区工程、利用外国政府或者国际组织贷款和援助资金的工程以及国家规定必须实行监理的其他工程都必须实行监理。

（2）监理单位的选择。实行监理的工程应当委托具有相应资质等级的监理单位进行监理，也可委托具有工程监理相应资质并与被监理工程的施工承包单位没有隶属关系或者其他利害关系的该工程的设计单位进行监理。

4. 接受质量监督的责任

建设单位在开工前，应当按照国家有关规定办理工程质量监督手续，工程质量监督手续可以与施工许可证或者开工报告合并办理。

5. 使用合格建筑材料的责任

（1）由建设单位采购建筑材料、建筑构配件和设备的，建设单位应当保证建筑材料、建筑构配件和设备符合设计文件和合同要求。

（2）不得明示或者暗示施工单位使用不合格的建筑材料、建筑构配件和设备。

6. 依法变动工程结构的责任

（1）涉及建筑主体和承重结构变动的装修工程，建设单位应当在施工前委托原设计单位或者具有相应资质等级的设计单位提出设计方案；没有设计方案的，不得施工。

（2）房屋建筑使用者在装修过程中，不得擅自变动房屋建筑主体和承重结构。

7. 依法进行竣工验收的责任

建设单位收到建设工程竣工报告后，应当组织设计、施工、监理等有关单位进行竣工验收，经验收合格的，方可交付使用。

建设工程竣工验收应当具备下列条件：

（1）完成建设工程设计和合同约定的各项内容。

（2）有完整的技术档案和施工管理资料。

（3）有工程使用的主要建筑材料、建筑构配件和设备的进场试验报告。

（4）有勘察、设计、施工、工程监理等单位分别签署的质量合格文件。

（5）有施工单位签署的工程保修书。

8. 依法建档归档的责任

建设单位应当严格按照规定，及时收集、整理建设项目各环节的文件资料，建立、健全建设项目档案，并在建设工程竣工验收后，及时向建设主管部门或者其他有关部门移交建设项目档案。

【例 8-12】（2014） 某建设工程项目完成施工后，施工单位提出工程竣工验收申请，根据《建设工程质量管理条例》规定，该建设工程竣工验收应当具备的条件不包括（　　）。

A. 有施工单位提交的工程质量保证金

B. 有工程使用的主要建筑材料、建筑构配件和设备的进场实验报告

C. 有勘察、设计、施工、监理等单位分别签署的质量合格文件

D. 有完整的技术档案和施工管理资料

【解】参见《建设工程质量管理条例》第 16 条。

【答案】A

8.9.3 勘察、设计单位的质量责任和义务

（1）依法承揽工程的责任。

（2）执行强制性标准的责任。

（3）科学设计的责任，设计单位应当根据勘察成果文件进行建设工程设计，设计文件应当符合国家规定的设计深度要求，注明工程合理使用年限。

（4）选择材料设备的责任。

（5）文件说明及协助责任。

（6）参与质量事故分析的责任，设计单位应当参与建设工程质量事故分析，并对因设计造成的质量事故，提出相应的技术处理方案。

以上六种责任在 8.1.6 已进行了相应的解释。

8.9.4 施工单位的质量责任和义务

1. 依法承揽工程的责任

（1）不得超越本单位资质等级许可的业务范围或者以其他施工单位的名义承揽工程。

（2）不得允许其他单位或者个人以本单位的名义承揽工程。

（3）不得转包或者违法分包工程。

2. 建立质量保证体系的责任

（1）施工单位应当建立质量责任制，确定工程项目的项目经理、技术负责人和施工管理负责人。

（2）建设工程实行总承包的，总承包单位应当对全部建设工程质量负责。

3. 分包单位保证工程质量的责任

分包单位应当按照分包合同的约定对其分包工程的质量向总承包单位负责，总承包单位与分包单位对分包工程的质量承担连带责任。

4. 按图施工的责任

施工单位在施工过程中发现设计文件和图纸有差错的，应当及时提出意见和建议。工程设计图纸和施工技术标准都属于合同文件的一部分，如果施工单位没有按照工程设计图纸施工，首先要对建设单位承担违约责任。因此，施工单位在施工的过程中发现施工图中确实存在问题的，应当及时提出。

5. 对建筑材料、构配件和设备进行检验的责任

施工单位必须按照工程设计要求、施工技术标准和合同约定，对建筑材料、建筑构配件、设备和商品混凝土进行检验，检验应当有书面记录和专人签字；未经检验或者检验不合格的，不得使用。

6. 对施工质量进行检验的责任

施工单位必须建立、健全施工质量的检验制度，严格工序管理，做好隐蔽工程的质量检查和记录。隐蔽工程在隐蔽前，施工单位应当通知建设单位和建设工程质量监督机构。

7. 见证取样的责任

施工人员对涉及结构安全的试块、试件以及有关材料，应当在建设单位或者工程监理单位监督下现场取样，并送达具有相应资质等级的质量检测单位进行检测。

8. 保修的责任

（1）在建设工程竣工验收合格前，施工单位应对质量问题履行返修义务；建设工程竣工

验收合格后，施工单位应对保修期内出现的质量问题履行保修义务。

（2）因承包方原因致使建设工程质量不符合约定的，发包人有权要求承包人在合理期限内无偿修理或者返工、改建。经过修理或者返工、改建后，造成逾期交付的，承包方应当承担违约责任。

8.9.5 工程监理单位的质量责任和义务

1. 依法承揽业务的责任

（1）工程监理单位应当依法取得相应等级的资质证书，并在其资质等级许可的范围内承担工程监理业务。

（2）禁止工程监理单位超越本单位资质等级许可的范围或者以其他工程监理单位的名义承担工程监理业务。

（3）禁止工程监理单位允许其他单位或者个人以本单位的名义承担工程监理业务。

（4）工程监理单位不得转让工程监理业务。

2. 独立监理的责任

工程监理单位与被监理工程的施工承包单位以及建筑材料、建筑构配件和设备供应单位不得有隶属关系或者其他利害关系的，不得承担该项建设工程的监理业务。

3. 依法监理的责任

（1）工程监理单位应当依照法律、法规以及有关技术标准、设计文件和建设工程承包合同，代表建设单位对施工质量实施监理，并对施工质量承担监理责任。

（2）监理工程师应当按照工程监理规范的要求，采取旁站、巡视和平行检验等形式，对建设工程实施监理。

4. 确认质量的责任

未经监理工程师签字，建筑材料、建筑构配件和设备不得在工程上使用或者安装，施工单位不得进行下一道工序的施工。未经总监理工程师签字，建设单位不拨付工程款，不进行竣工验收。

【例 8-13】（2022） 在建设工程施工过程中，属于专业监理工程师签字的是（　　）。

A. 样板工程专项施工方案

B. 建筑材料、建筑构配件和设备进场验收

C. 拨付工程款

D. 竣工验收

【解】根据《建设工程质量管理条例》第 37 条规定，工程监理单位应当选派具备相应资格的总监理工程师和监理工程师进驻施工现场。未经监理工程师签字，建筑材料、建筑构配件和设备不得在工程上使用或者安装，施工单位不得进行下一道工序的施工。未经总监理工程师签字，建设单位不拨付工程款，不进行竣工验收。

【答案】B

8.9.6 建设工程质量保修

1. 质量保修书

建设工程承包单位在向建设单位提交工程竣工验收报告时，应当向建设单位出具质量保修书，明确建设工程的保修范围、保修期限和保修责任等。

2. 保修范围及期限

建设工程的保修期，自竣工验收合格之日起计算，建设工程在保修范围和保修期限内发生质量问题的，施工单位应当履行保修义务，并对造成的损失承担赔偿责任。

（1）基础设施工程、房屋建筑的地基基础工程和主体结构工程，为设计文件规定的该工程的合理使用年限。

（2）屋面防水工程、有防水要求的卫生间、房间和外墙面的防渗漏，为5年。

（3）供热与供冷系统，为2个采暖期、供冷期。

（4）电气管线、给排水管道、设备安装和装修工程，为2年。

（5）其他项目的保修期限由发包方与承包方约定。

3. 保修期外的工程质量

建设工程在超过合理使用年限后需要继续使用的，产权所有人应当委托具有相应资质等级的勘察、设计单位鉴定，并根据鉴定结果采取加固、维修等措施，重新界定使用期。

8.10 建设工程安全生产管理条例

考试大纲

建设单位的安全责任；勘察、设计、工程监理及其他有关单位的安全责任；施工单位的安全责任；监督管理；生产安全事故的应急救援和调查处理。

8.10.1 建设工程安全生产管理条例概述

1. 基本概念

《建设工程安全生产管理条例》（以下简称《安全条例》）是依据《建筑法》和《安全生产法》而制定的，是《建筑法》第五章“建筑安全生产管理”有关规定的具体化和《安全生产法》安全生产管理一般规定的专业化。其适用范围为是从事建设工程的新建、扩建、改建和拆除等有关活动及实施对建设工程安全生产的监督管理。

2. 基本原则

（1）安全第一、预防为主原则。

（2）遵守安全生产法律、法规原则。

（3）依法承担建设工程安全生产责任原则。

（4）推进建设工程安全生产的科学管理原则。

8.10.2 建设单位的安全责任

1. 向施工单位提供建设工程安全生产作业环境的责任

建设单位应当向施工单位提供施工现场及毗邻区域内供水、排水、供电、供气、供热、通信、广播电视等地下管线资料，气象和水文观测资料，相邻建筑物和构筑物、地下工程的有关资料，并保证资料的真实、准确、完整。

2. 不得违反强制性标准的责任

建设单位不得对勘察、设计、施工、工程监理等单位提出不符合建设工程安全生产法律、法规和强制性标准规定的要求，不得压缩合同约定的工期。

3. 承担安全生产费用的责任

建设单位在编制工程概算时，应当确定建设工程安全作业环境及安全施工措施所需费用。

4. 不影响施工单位选用安全设备的责任

建设单位不得明示或者暗示施工单位购买、租赁、使用不符合安全施工要求的安全防护用具、机械设备、施工机具及配件、消防设施和器材。

5. 依法报送安全资料的责任

（1）在申请领取施工许可证时，应当提供建设工程有关安全施工措施的资料。

（2）应当自开工报告批准之日起15日内，将保证安全施工的措施报送建设行政主管部门或者其他有关部门备案。

6. 将拆除工程依法发包并依法报送备案的责任

应当将拆除工程发包给具有相应资质等级的施工单位。在拆除工程施工15日前，将下列资料报送建设主管部门或者有关部门备案：

（1）施工单位资质等级证明。

（2）拟拆除建筑物、构筑物及可能危及毗邻建筑的说明。

（3）拆除施工组织方案。

（4）堆放、清除废弃物的措施。

8.10.3 勘察、设计、工程监理及其他有关单位的安全责任

1. 勘察单位的安全责任

（1）按照法律、法规和工程建设强制性标准进行勘察、设计的责任。

（2）如实提供勘察文件的责任。

2. 设计单位的安全责任

（1）按照法律、法规和工程建设强制性标准进行设计的责任。

（2）对涉及施工安全的重点部位和环节在设计文件中注明，并对防范生产安全事故提出指导意见。

（3）对新技术、新材料等，应当在设计中提出保障施工作业人员安全和预防生产安全事故的措施建议。

3. 监理单位的安全责任

（1）审查施工组织设计中的安全技术措施或者专项施工方案是否符合工程建设强制性标准。

（2）依法及时报告的责任，即在实施监理过程中，发现存在安全事故隐患的，应当要求施工单位整改；情况严重的，应当要求施工单位暂时停止施工，并及时报告建设单位。施工单位拒不整改或者不停止施工的，工程监理单位应当及时向有关主管部门报告。

4. 其他单位的安全责任

（1）机械设备和配件供应单位的安全责任。

1）应当按照安全施工的要求配备齐全有效的保险、限位等安全设施和装置。

2）机械设备和施工机具及配件应当具有生产（制造）许可证、产品合格证。

3）应当对机械设备、机具及配件的安全性能进行检测，出具检测合格证明。

（2）自升式架设设施拆装单位安全责任。

1）须由具有相应资质的单位承担。

2）应当编制拆装方案、制定安全施工措施，并由专业技术人员现场监督。

3）安装完毕后，安装单位应当自检，出具自检合格证明，并向施工单位进行安全使用说明，办理验收手续并签字。

（3）自升式架设设施检测单位的安全责任。检验检测机构对检测合格的施工起重机械和整体提升脚手架、模板等自升式架设设施，应当出具安全合格证明文件，对检测结果负责。

8.10.4 施工单位的安全责任

1. 依法承揽的责任

施工单位从事工程建设活动，应当具备国家规定的注册资本、专业技术人员、技术装备和安全生产等条件，依法取得相应等级的资质证书，并在其资质等级许可的范围内承揽工程。

2. 建立并实施安全生产责任制的责任

（1）施工单位主要负责人依法对本单位的安全生产工作全面负责。

（2）施工单位的项目负责人应当由取得相应执业资格的人员担任，对建设工程项目的安全施工负责，对所承担的建设工程进行定期和专项安全检查，并做好安全检查记录。

3. 保证安全生产经费专用的责任

对列入建设工程概算的安全作业环境及安全施工措施所需费用，应当用于施工安全防护用具及设施的采购和更新、安全施工措施的落实、安全生产条件的改善，不得挪作他用。

4. 配备安全生产机构及人员的责任

施工单位应当设立安全生产管理机构，配备专职安全生产管理人员。

5. 总承包与分包单位的责任

（1）总承包单位对施工现场的安全生产负总责，并自行完成建设工程主体结构的施工。

（2）总承包单位和分包单位对分包工程的安全生产承担连带责任。

（3）分包单位应当服从总承包单位的安全生产管理，不服从管理导致生产安全事故的，分包单位承担主要责任。

6. 特种作业人员的责任

（1）特种作业人员包括垂直运输机械作业人员、安装拆卸工、爆破作业人员、起重信号工、登高架设作业人员等。

（2）必须按照国家有关规定经过专门的安全作业培训，并取得特种作业操作资格证书后，方可上岗作业。

7. 编制安全技术措施和施工现场临时用电方案的责任

编制安全技术措施和施工现场临时用电方案时，对达到一定规模的危险性较大的分项工程编制专项施工方案，并附安全验算结果，如基坑支护与降水工程、土方开挖工程、模板工程、起重吊装工程、脚手架工程、拆除、爆破工程等。对这些工程中涉及深基坑、地下暗挖工程、高大模板工程的专项施工方案，施工单位还应当组织专家进行论证、审查。

8. 说明安全施工技术要求的责任

建设工程施工前，施工单位负责项目管理的技术人员应当对有关安全施工的技术要求向施工作业班组、作业人员做出详细说明，并由双方签字确认。

9. 安全警示的责任

应当在施工现场入口处、施工起重机械等危险部位，设置明显的安全警示标志，并须符合国家标准。

10. 劳动安全保障责任

（1）应当将施工现场的办公、生活区与作业区分开设置，并保持安全距离。

（2）职工的膳食、饮水、休息场所等应当符合卫生标准。

（3）施工单位不得在尚未竣工的建筑物内设置员工集体宿舍。

（4）现场使用的装配式活动房屋应当具有产品合格证。

11. 保护毗邻建筑设施及周边环境的责任

（1）采取专项防护措施保护可能因施工造成损害的毗邻建筑物、构筑物和地下管线等。

（2）应当遵守有关环境保护法律、法规的规定，在施工现场采取措施，防止或者减少施工对人和环境的危害和污染。

（3）在城市市区内的建设工程，应当对施工现场实行封闭围挡。

12. 建立消防安全责任制的责任

（1）确定消防安全责任人。

（2）制定用火、用电、使用易燃易爆材料等各项消防安全管理制度和操作规程。

（3）设置消防通道、消防水源，配备消防设施和灭火器材，并在施工现场入口处设置明显标志。

13. 劳动卫生保障责任

（1）应当向作业人员提供安全防护用具和安全防护服装，并书面告知危险岗位的操作规程和违章操作的危害。

（2）作业人员有权对施工现场存在的安全问题提出批评、检举和控告，有权拒绝违章指挥和强令冒险作业。

（3）在遇到紧急情况时，作业人员有权立即停止作业或者在采取必要的应急措施后撤离危险区域。

（4）安全防护用具、机械设备、施工机具及配件在进入施工现场前进行查验。

（5）由专人管理施工现场的安全防护用具、机械设备、施工机具及配件，定期进行检查、维修和保养，建立相应的资料档案，并按照国家有关规定及时报废。

（6）为施工现场从事危险作业的人员办理意外伤害保险。

14. 使用合格的自升式架设设施的责任

（1）应当组织有关单位进行对自升式架设设施检测、验收。

（2）使用承租的机械设备和施工机具及配件的，由施工总承包单位、分包单位、出租单位和安装单位共同进行验收。

（3）应当自验收合格之日起30日内，向建设主管部门或者其他有关部门登记。

15. 对安全生产从业人员培训的责任

（1）施工单位的主要负责人、项目负责人、专职安全生产管理人员应当经建设行政主管部门或者其他有关部门考核合格后方可任职。

（2）施工单位应当对管理人员和作业人员每年至少进行一次安全生产教育培训。

（3）作业人员进入新的岗位或者新的施工现场前，应当接受安全生产教育培训。

（4）施工单位在采用新技术、新工艺、新设备、新材料时，应当对作业人员进行相应的安全生产教育培训。

【例 8-14】根据《建设工程安全生产管理条例》规定，施工单位实施爆破、起重吊装等工程时，应当安排现场的监督人员是（　　）。

A. 项目管理技术人员　　　　B. 应急救援人员

C. 专职安全生产管理人员　　　　D. 专职质量管理人员

【解】《建设工程安全生产管理条例》第 23 条规定，施工单位应当设立安全生产管理机构，配备专职安全生产管理人员。专职安全生产管理人员负责对安全生产进行现场监督检查。

【答案】C

8.10.5　监督管理

（1）监督管理体制。建设工程安全生产工作实行负责安全生产监督管理的部门综合监督管理、建设主管部门具体进行监督管理与交通、水利等部门专业监督管理相结合的体制。

（2）建设行政主管部门的安全职责。建设行政主管部门在审核发放施工许可证时，应当对建设工程是否有安全施工措施进行审查，对没有安全施工措施的，不得颁发施工许可证。对是否有安全施工措施进行审查时，不得收取费用。

（3）县级以上负有建设工程安全生产监督管理职责的部门在各自的职责范围内履行安全监督检查职责时的权力。

8.10.6　生产安全事故的应急救援和调查处理

1. 施工单位的应急准备

（1）应当制定本单位生产安全事故应急救援预案，建立应急救援组织或者配备应急救援人员，配备必要的应急救援器材、设备，并定期组织演练。

（2）应当对施工现场易发生重大事故的部位、环节进行监控，制定施工现场生产安全事故应急救援预案。

2. 生产安全事故的报告

（1）事故发生后，及时、如实地向负责安全生产监督管理的部门、建设行政主管部门或者其他有关部门报告。

（2）特种设备发生事故的，还应当同时向特种设备安全监督管理部门报告。

（3）接到报告的部门应当按照国家有关规定，如实上报。

（4）实行施工总承包的建设工程，由总承包单位负责上报事故。

3. 生产安全事故的处理

（1）发生生产安全事故后，施工单位应当采取措施防止事故扩大，保护事故现场。

（2）需要移动现场物品时，应当做出标记和书面记录，妥善保管有关证物。

（3）依法对建设工程生产安全事故的调查、对事故责任单位和责任人的处罚与处理。

法律法规复习题

8-1（2021）　依据《建筑法》，依法取得相应的执业资格证书的专业技术人员，其从事建筑活动的合法范围是（　　）。

A. 执业资格证书许可的范围内　　　　B. 企业营业执照许可的范围内

C. 建设工程合同的范围内　　　　D. 企业资质证书许可的范围内

8-2（2018） 某工程项目进行公开招标，甲乙两个施工单位组成联合体投标该项目，下列做法中，不合法的是（　　）。

A. 双方商定以一个投标人的身份共同投标

B. 要求双方至少一方应当具备承担招标项目地相应能力

C. 按照资质等级较低的单位确定资质等级

D. 联合体各方协商签订共同投标协议

8-3（2018） 某建设工程总承包合同约定，材料价格按照市场价履约。但具体价款没有明确约定，结算时应当依据的价格是（　　）。

A. 订立合同时履行地的市场价格　　B. 结算时买方所在地的市场价格

C. 订立合同时签约地的市场价格　　D. 结算工程所在地的市场价格

8-4（2019） 订立合同需要经过要约和承诺两个阶段，下列关于要约的说法错误的是（　　）。

A. 要约是希望和他人订立合同的意思表示

B. 要约内容应当具体

C. 要约是吸引他人向自己提出订立合同的意思表示

D. 经受要约人承诺，要约人即受该意思表示约束

8-5（2013） 某建设项目甲建设单位与已施工单位签订施工总承包合同后，乙施工单位经甲建设单位认可将打桩工程分包给丙专业承包单位，丙专业承包单位又将劳务作业分包给丁劳务分包单位，由于丙专业分包单位从业人员责任心不强，导致该打桩工程部分出现质量缺陷，对于该质量缺陷的责任承担，以下说法正确的是（　　）。

A. 乙单位和丙单位承担连带责任　　B. 丙单位和丁单位承担连带责任

C. 丙单位向甲单位承担全部责任　　D. 乙、丙、丁三个单位共同承担责任

8-6（2019） 根据《招标投标法》规定，下列工程建设项目，项目的勘察、设计、施工、监理以及与工程建设有关的重要设备、材料等的采购，按照国家有关规定可以不进行招标的是（　　）。

A. 大型基础设施、公用事业等关系社会公共利益、公众安全的项目

B. 全部或者部分使用国有资金投资或者国家融资的项目

C. 使用国际组织或者外国政府贷款援助资金的项目

D. 利用扶贫资金实行以工代赈、需要使用农民工的项目

8-7（2017） 根据《建筑法》规定，施工企业可以将部分工程分包给其他具有相应资质的分包单位施工，下列情形中不违反有关承包的禁止性规定的是（　　）。

A. 建筑施工企业超越本企业资质等级许可的业务范围或者以任何形式用其他建筑施工企业的名义承揽工程

B. 承包单位将其承包的全部建筑工程转包给他人

C. 承包单位将其承包的全部建筑工程肢解以后以分包的名义转包给他人

D. 两个不同资质等级的承包单位联合共同承包

8-8（2021） 根据《安全生产法》规定，下列有关重大危险源管理的说法正确的是（　　）。

A. 生产经营单位对重大危险源应当登记建档，并制定应急预案

B. 生产经营单位对重大危险源应当经常性检测、评估、处置

C. 安全生产监督管理的部门应当针对该企业的具体情况制定应急预案

D. 生产经营单位应当提醒从业人员和相关人员注意安全

8-9（2017） 某工程实行公告招标。招标文件规定，投标人提交投标文件截止时间为 3 月 22 日下午 5 时整。投标人 D 由于交通拥堵于 3 月 22 日下午 5 时 10 分送达投标文件。其后果是（　　）。

A. 投标保证金被没收　　B. 招标人拒收该投标文件

C. 投标人提交的投标文件有效　　D. 由评标委员会确定其废标

8-10（2021） 某水泥有限责任公司向若干建筑施工单位发出要约，以 400 元/t 的价格销售水泥，一周内承诺有效。其后，收到了若干建筑施工单位的回复。下列回复中，属于承诺有效的是（　　）。

A. 甲施工单位同意 400 元/t 购买 200t

B. 乙施工单位回复不购买该公司的水泥

C. 丙施工单位要求按 380 元/t 购买 200t

D. 丁施工单位一周后同意 400 元/t 购买 100t

8-11（2021） 根据《节约能源法》规定，节约能源所采取的措施正确的是（　　）。

A. 采取技术上可行、经济上合理以及环境和社会可以承受的措施

B. 采取技术上先进、经济上保证以及环境和安全可以承受的措施

C. 采取技术上可行、经济上合理以及人身和健康可以承受的措施

D. 采取技术上先进、经济上合理以及功能和环境可以保证的措施

8-12（2017） 根据《建设工程安全生产管理条例》规定，建设单位确定建设工程安全作业环境及安全施工措施所需费用的时间是（　　）。

A. 编制工程概算时　　B. 编制设计预算时

C. 编制施工预算时　　D. 编制投资估算时

8-13（2019） 根据《安全生产法》规定，组织制定并实施本单位的生产安全事故应急救援预案的责任人是（　　）。

A. 项目负责人　　B. 安全生产管理人员

C. 单位主要负责人　　D. 主管安全的负责人

8-14（2019） 依据《建设工程质量管理条例》，下列有关建设单位的质量责任和义务的说法，正确的是（　　）。

A. 建设工程发包单位不得暗示承包方以低价竞标

B. 建设单位在办理工程质量监督手续前，应当领取施工许可证

C. 建设单位可以明示或者暗示设计单位违反工程建设强制性标准

D. 建设单位提供的与建设工程有关的原始资料必须真实、准确、齐全

8-15 （2020） 甲乙双方于 4 月 1 日约定采用数据电文的方式订立合同，但双方没有指定特定系统，乙方于 4 月 8 日下午收到甲方以电子邮件方式发出的邀约，于 4 月 9 日上午又收到了甲方发出的同样内容的传真，甲方于 4 月 9 日下午给乙方打电话通知对方邀约已经发出，请对方尽快作出承诺，则该要约生效的时间是（　　）。

A. 4 月 8 日下午　　B. 4 月 9 日上午

C. 4 月 9 日下午　　D. 4 月 1 日

法律法规复习题答案及提示

8-1 A　提示：根据《建筑法》第 14 条规定，从事建筑活动的专业技术人员，应当依法取得相应的执业资格证书，并在执业资格证书许可的范围内从事建筑活动。

8-2 B　提示：根据《招标投标法》第 31 条规定，两个以上法人或者其他组织可以组成一个联合体，以一个投标人的身份共同投标。联合体各方均应当具备承担招标项目的相应能力；按照资质等级较低的单位确定资质等级。联合体各方应当签订共同投标协议，明确约定各方拟承担的工作和责任，并将共同投标协议连同投标文件一并提交招标人。

8-3 A　根据《民法典》第 511 条规定，合同价款或者报酬不明确的，按照订立合同时履行地的市场价格履行。

8-4 C　提示：本题考查考生对法律条文的掌握。《民法典》第 472 条规定，要约是希望和他人订立合同的意思表示，该意思表示应当符合下列规定：（1）内容具体确定；（2）表明经受要约人承诺，要约人即受该意思表示约束。

8-5 A　提示：建筑工程总承包单位可以将承包工程中的部分工程发包给具有相应资质条件的分包单位，但是必须经建设单位认可，总承包单位和分包单位就分包工程对建设单位承担连带责任。

8-6 D　提示：《招标投标法》规定的招标项目范围主要考虑两个方面的因素：一是资金来源，主要是政府性资金、使用外国政府或国际组织贷款援助资金等；二是看项目性质，主要是关系社会公共利益、公众安全的项目。以工代赈项目具有迷惑性，实际上该类项目是一项农村扶贫政策。国家安排以工代赈投入建设农村小型基础设施工程，贫困农民参加以工代赈工程建设，获得劳务报酬，直接增加收入。

8-7 D　提示：《建筑法》第 26 条规定，承包建筑工程的单位应当持有依法取得的资质证书，并在其资质等级许可的业务范围内承揽工程。禁止建筑施工企业超越本企业资质等级许可的业务范围或者以任何形式用其他建筑施工企业的名义承揽工程。禁止建筑施工企业以任何形式允许其他单位或者个人使用本企业的资质证书、营业执照，以本企业的名义承揽工程。所以选项 A、B 错。第 28 条规定，禁止承包单位将其承包的全部建筑工程转包给他人，禁止承包单位将其承包的全部建筑工程肢解以后以分包的名义分别转包给他人。所以选项 C 错。第 27 条规定，大型建筑工程或者结构复杂的建筑工程，可以由两个以上的承包单位联合共同承包。

8-8 A　提示：根据《安全生产法》第 37 条规定，生产经营单位对重大危险源应当登记建档，进行定期检测、评估、监控，并制定应急预案，告知从业人员和相关人员在紧急情况下应当采取的应急措施。

8-9 B　提示：关于投标保证金，《招标投标法》没有具体规定。在《招标投标法实施条例》中有投标保证金的规定。关于投标保证金不予退还的情形，该条例只规定了两种情形。第 35 条第 2 款规定，投标截止后投标人撤销投标文件的，招标人可以不退还投标保证金。第 74 条规定，中标人无正当理由不与招标人订立合同，在签订合同时向招标人提出附加条件，或者不按照招标文件要求提交履约保证金的，取消其中标资格，投标保证金不予退还。因此，A 错。《招标投标法》第 28 条第 2 款规定，在招标文件要求提交投标文件的截止时间后送达的投标文件，招标人应当拒收。

8-10 A　提示：根据《民法典》第 479 条规定，承诺是受要约人同意要约的意思表示，因此 B 选项错误。《民法典》第 488 条规定，承诺的内容应当与要约的内容一致。受要约人对要约的内容作出实质性变更的为新要约。因此 C 选项错误。《民法典》第 486 条规定，受要约人超过承诺期限发出承诺为新要约。因此 D 选项错误。

8-11 A　提示：根据《节约能源法》第 3 条规定，本法所称节约能源，是指加强用能管理，采取技术上可行、经济上合理以及环境和社会可以承受的措施，从能源生产到消费的各个环节，降低消耗、减少损失和污染物排放、制止浪费，有效、合理地利用能源。

8-12 A　提示：《建设工程安全生产管理条例》第 8 条规定，建设单位在编制工程概算时，应当确定建设工程安全作业环境及安全施工措施所需费用。

8-13 C　提示：《安全生产法》第 18 条规定了生产经营单位的主要负责人对本单位安全生产工作负有的七项主要责任，其中之一便是组织制定并实施本单位的生产安全事故应急救援预案。

8-14 D　提示：本题 A 选项中发包单位不一定是建设单位；C 选项明显错误；按照 2019 年《建设工程质量管理条例》修改内容，质量监督手续可以与施工许可证合并办理，所以 B 选项错误。

8-15 A　提示：根据《民法典》第 474 条规定，要约生效的时间适用 137 条的规定。而 137 条规定，以非对话方式作出的采用数据电文形式的意思表示，相对人指定特定系统接收数据电文的，该数据电文进入该特定系统时生效；未指定特定系统的，相对人知道或者应当知道该数据电文进入其系统时生效。

第9章　工　程　经　济

9.1　资金的时间价值

考试大纲

资金时间价值的概念；利息及计算；实际利率和名义利率；现金流量及现金流量图；资金等值计算的常用公式及应用；复利系数表的应用。

9.1.1　资金时间价值的概念

货币的作用体现在流通中，货币作为社会生产资金参与再生产的过程即会得到增值、带来利润。货币的这种现象，一般称为资金的时间价值。

资金的时间价值是项目经济评价依据的最主要的基本理论。不同时间发生的等额资金在价值上的差别称为资金的时间价值。一笔资金投入生产或流通领域，即使不考虑通货膨胀因素，也会比将来的同样数额的资金更有价值。

9.1.2　资金时间价值的计算

资金的时间价值是社会劳动创造能力的一种表现形式。衡量资金时间价值的尺度有两种：其一为绝对尺度，即利息；其二为相对尺度，即利率。

1. 利息

利息是占有资金所付出的代价或放弃资金所得到的补偿。利率是指单位时间的利息与本金的比值。因为计息周期不同，表明利率时应注明时间单位，有年、月、日利率等。

2. 利息的计算

利息的计算分为单利法和复利法两种。

（1）单利法。单利法是每期均按原始本金计算，即不管计息周期为多少，每经一期按原始本金计息一次，利息不再生利息。单利法的计算公式为

$$F_n = P(1 + ni) \tag{9-1}$$

式中：i 为每一利息期的利率，通常是年利率；n 为计息周期数，通常是年数；P 为资金的现值；F_n 为资金的未来值，或本利和、终值。

（2）复利法。复利法按本金与累计利息额的和计息，除本金计息外，利息也生息，即“利滚利”。每一周期的利息都要并入本金，再生利息。复利法本金利息之和的计算公式为

$$F_n = P(1 + i)^n \tag{9-2}$$

复利计息更符合资金在社会再生产过程中运动的实际，因此，工程经济分析中一般采用复利法。

3. 名义利率与实际（或称有效）利率

在工程项目经济分析中，通常是以年利率表示利率的高低，这个年利率称为名义利率，如不做特别说明，通常计算中给的利率是名义利率。但在实际经济活动中，计息周期中有年、

季、月、周、日等多种形式，计算利息时实际采用的利率为实际（或称有效）利率。这就出现不同利率换算的问题。名义利率与实际利率（或称有效）利率的换算公式为

$$i=\left(1+\frac{r}{m}\right)^{m}-1 \qquad (9\text{-}3)$$

式中：r 为名义利率，通常是名义年利率；m 为名义利率的一个时间单位中的计息次数，通常是一年中的计息次数。 当计息周期为一年时，名义利率＝有效利率。

【例 9-1】（2019） 某项目向银行借款，按半年复利计息，年实际利率为 8.6%，则年名义利率为（　　）。

A. 8%　　　　B. 8.16%　　　　C. 8.24%　　　　D. 8.42%

【解】实际利率 $i=\left(1+\frac{r}{m}\right)^{m}-1$。本题已知 $i=8.6\%$，$m=2$，所以得 $r=8.42\%$。

【答案】D

9.1.3　资金的等值原理

1. 资金等值

“等值”是指在时间因素的作用下，在不同的时间点绝对值不等的资金而具有相同的价值。例如，现在的 100 元与一年后的 110 元，虽然绝对数量不等，但如果在年利率为 10%的情况下，则这两个时间点上的两笔绝对值不等的资金是“等值”的。

在方案比较中，由于资金的时间价值作用，使得各方案在不同时间点上发生的现金流量无法直接比较，必须把不同时间点上的现金按照某一利率折算至某一相同的时间点上，使之等值后方可比较。这种计算过程称为资金的等值计算。资金的等值计算通常用到现金流量图。

2. 现金流量与现金流量图

在方案经济分析中，为了计算方案的经济效益，往往把该方案的收入与耗费表示为现金的流入与流出。方案带来的货币支出称为现金流出，方案带来的现金收入称为现金流入。研究周期内资金的实际支出与收入称为现金流量。

现金流量图是以图的形式表示在一定时间内发生的现金流量。

在现金流量图中，横轴表示时间轴，时间轴上的点称为时点，通常表示该年的年末，也是下一年的年初。与横轴相连的垂直线代表系统的现金流量，箭头向下表示现金流出，箭头向上表示现金流入。箭线的长度代表现金流量的大小，一般要注明一年现金流量的金额，如图 9-1 所示。

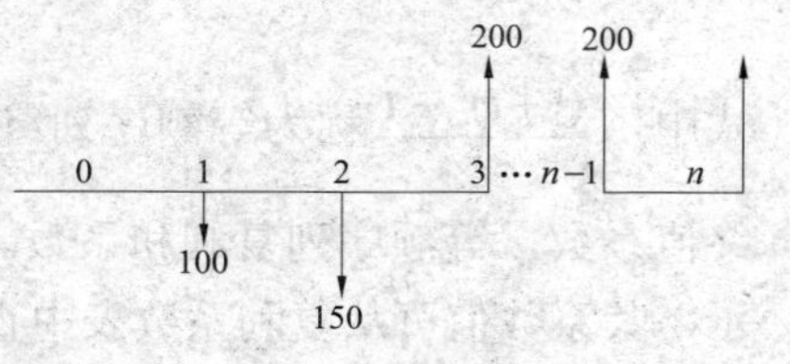

图 9-1　现金流量的表示法

9.1.4　资金等值计算的常用公式及应用及复利系数表的应用

1. 资金等值计算的概念

将一个时间点发生的资金金额按一定的利率换算成另一时间点等值金额，这一过程叫作资金等值计算。

2. 资金等值计算的普通复利公式和复利系数表应用

以下各图及对应的公式需注意现金流量的时点。现值发生在第一年年初，终值发生在第 n 期期末，年值发生在第一年至第 n 年每年年末。

（1）一次支付终值公式。已知本金（现值）P，当利率为 i 时，在复利计息的条件下，求第 n 期期末的本利和，即已知 P, i, n，求终值 F。一次支付终值公式为

$$F = P(1+i)^n = P(F/P,i,n) \tag{9-4}$$

式中，$(1+i)^n$ 称为一次支付终值系数，也称一次偿付复利和系数，可以用符号 $(F/P,i,n)$ 表示，其中，斜线下 P 以及 i 和 n 为已知条件，而斜线上的 F 是所求的未知量。系数 $(F/P,i,n)$ 可查复利系数表得到。

一次支付终值公式是普通复利计算的基本公式，其他计算公式都可以从此派生出来。当现值 P 为现金流出，终值 F 为现金流入，其现金流量图如图 9-2 所示。

（2）一次支付现值公式。已知第 n 期期末数额为 F 的现金流量，在利率为 i 的复利计息条件下，求现在的本金 P 是多少，即已知 F, i, n，求现值 P。一次支付现值公式为

$$P = F(1+i)^{-n} = F(P/F,i,n) \tag{9-5}$$

式中，$(1+i)^{-n}$ 称为一次支付现值系数，或称贴现系数，可用符号 $(P/F,i,n)$ 表示，其系数值可查复利系数表求得。式（9-4）与式（9-5）互为倒数。

当现值 P 为现金流出，终值 F 为现金流入，其现金流量图如图 9-3 所示。

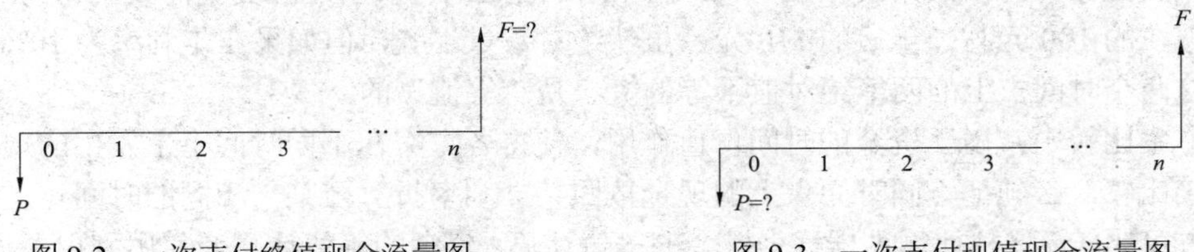

图 9-2　一次支付终值现金流量图　　图 9-3　一次支付现值现金流量图

（3）等额序列终值公式（等额年金终值公式）。已知连续 n 期期末等额序列的现金流量 A，按利率 i（复利计息），求其第 n 期期末的终值 F。即已知 A, i, n，求 F。

$$F = A\left[\frac{(1+i)^n - 1}{i}\right] = A(F/A,i,n) \tag{9-6}$$

式中，$\frac{(1+i)^n - 1}{i}$ 称为等额序列终值系数，也称等额年金终值系数，等额序列复利和系数。可用符号 $(F/A,i,n)$ 表示，其系数值可从复利系数表中查得。

当等额序列现金流量 A 为现金流出，终值 F 为现金流入，其现金流量图如图 9-4 所示。

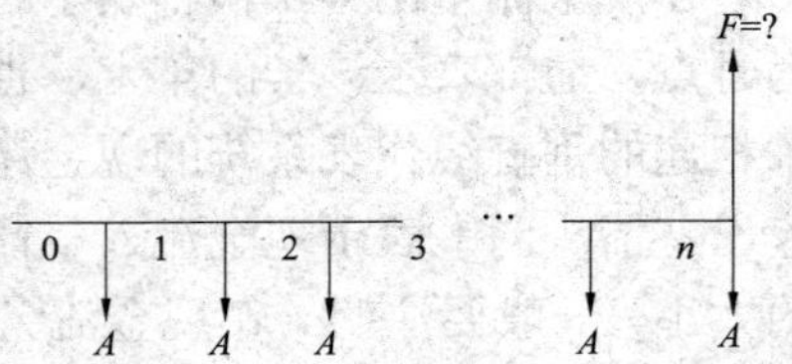

图 9-4　等额序列终值现金流量图

（4）等额序列偿债基金公式。等额序列偿债基金公式是等额序列终值公式的逆运算，即已知未来 n 期末一笔未来值 F，在利率为 i 复利计息条件下，求 n 期每期末等额序列现金流量 A。

等额序列偿债基金公式可由式（9-6）直接导出，等额序列偿债基金公式为

$$A = F\left[\frac{i}{(1+i)^n - 1}\right] = F(A/F,i,n) \tag{9-7}$$

式中，$\frac{i}{(1+i)^n-1}$称为等额序列偿债基金系数，也称基金存储系数。可用符号$(A/F,i,n)$表示，其系数值可从复利系数表中查得。式（9-7）与式（9-6）互为倒数。

当等额序列现金流量A为现金流出，终值F为现金流入，其现金流量图如图9-5所示。

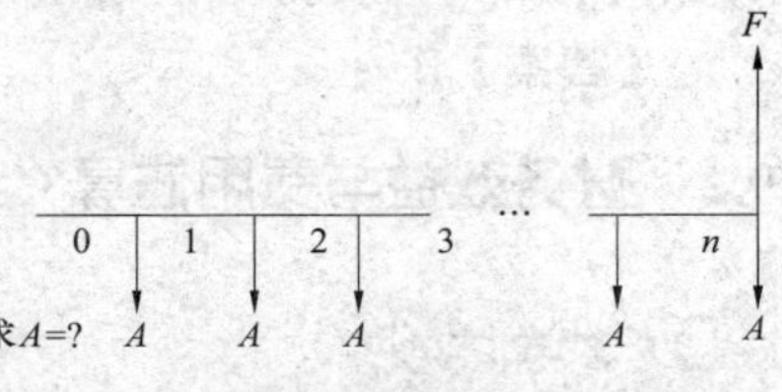

图9-5　等额序列偿债基金现金流量图

（5）等额序列现值公式。已知在利率为i复利计息的条件下，求n期内每期期末发生的等额序列现值。即已知A, i, n，求P。

要求等额支付现值公式，可用式（9-6）代入式（9-5）得到。

因为$P=\frac{F}{(1+i)^n}$，$F=A\left[\frac{(1+i)^n-1}{i}\right]$，所以$P=A\left[\frac{(1+i)^n-1}{i}\right]/(1+i)^n$，即

$$P=A\left[\frac{(1+i)^n-1}{i(1+i)^n}\right]=A(P/A,i,n) \tag{9-8}$$

式中，$\frac{(1+i)^n-1}{i(1+i)^n}$称为等额序列现值系数，也称等额分付现值系数，可用符号$(P/A,i,n)$表示，其系数值可从复利系数表中查得。

当等额序列现金流量A为现金流入，现值P为现金流出，其现金流量图如图9-6所示。

（6）等额序列资本回收公式。已知现值P，利率i及期数n，求与P等值的n期内每期期末等额序列现金流量A。即已知P，i，n，求A。可由式（9-8）直接得

$$A=P\left[\frac{i(1+i)^n}{(1+i)^n-1}\right]=P(A/P,i,n) \tag{9-9}$$

式中，$\frac{i(1+i)^n}{(1+i)^n-1}$称为等额支付资本回收系数，也称资金回收系数，可用符号$(A/P,i,n)$表示，其系数值可在复利系数表中查得。

式（9-9）与式（9-8）互为倒数。

当等额序列现金流量A为现金流入，现值P为现金流出，其现金流量图如图9-7所示。

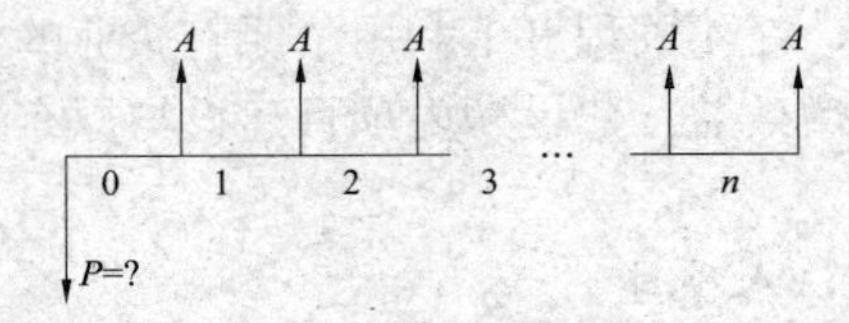

图9-6　等额序列现值现金流量图

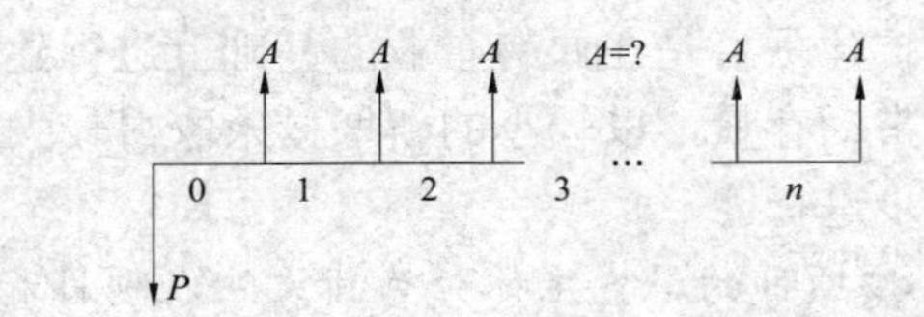

图9-7　等额序列资本回收现金流量

【例9-2】（2018）　某企业准备5年后进行设备更新，到时所需资金估计为600万元，若存款利率为5%，从现在开始每年年末均等额存款，则每年应存款（　　）。［已知：(A/F，5%，5)=0.180 97］

A. 78.65万元　　B. 108.58万元　　C. 120万元　　D. 165.77万元

【解】5年后设备更新所需资金600万元相当于终值F，每年年末均等的存款相当于年值

A，$(A/F,5\%,5)=0.180\,97$，则 $A=F\times(A/F,5\%,5)=600$ 万元 $\times 0.180\,97=108.582$ 万元。

【答案】B

9.2 财务效益与费用估算

考试大纲

项目的分类；项目计算期；财务效益与费用；营业收入；补贴收入；建设投资；建设期利息；流动资金；总成本费用；经营成本；项目评价涉及的税费；总投资形成的资产。

9.2.1 项目的分类

建设项目可从不同的角度进行分类。按项目的目标，分为经营性项目和非经营性项目；按项目的产出属性（产品或服务），分为公共项目和非公共项目；按项目的投资管理形式，分为政府投资项目和企业投资项目；按项目与企业原有资产的关系，分为新建项目和改建项目；按项目的融资主体，分为新设法人项目和既有法人项目。

1. 按项目的目标，分为经营性项目和非经营性项目

经营性项目是通过投资以实现所有者权益的市场价值最大化为目标，以投资牟利为趋向的项目。绝大多数生产或流通领域的投资项目都属于这类项目。

非经营性项目是不以追求营利为目标，包括本身就没有经营活动，没有收益的项目，如城市道路、路灯、公共绿化等项目，另外，有的项目的产出直接为公众提供基本生活服务，本身有生产经营活动，有营业收入，但产品价格不由市场机制形成。

2. 按项目的产出属性（产品或服务），分为公共项目和非公共项目

公共项目是指为满足社会公共需要，生产或提供公共物品（包括服务）的项目，如上述非经营性项目；非公共项目是指除公共项目以外的其他项目。

3. 按项目的投资管理形式，分为政府投资项目和企业投资项目

政府投资项目是指使用政府性资金的建设项目以及有关的投资活动。政府性资金包括：政府预算投资资金（含国债资金）；利用国际金融组织和外国政府贷款的主权外债资金；纳入预算管理的专项建设资金；法律规定的其他政府性资金。不使用政府性资金的投资项目统称企业投资项目。

4. 按项目与企业原有资产的关系，分为新建项目和改建项目

改扩建项目是在原有企业的基础上进行建设的，在不同程度上利用了原有企业的资源，以增量带动存量，以较小的新增投入取得较大的新增效益。建设期内项目建设与原有企业的生产同步进行。

5. 按项目的融资主体分为新设法人项目和既有法人项目

新设法人项目由新组建的项目法人为项目进行融资，其特点是项目投资由新设法人筹集的资本金和债务资金构成；由新设项目法人承担融资责任和风险；从项目投产后的财务效益情况考查偿债能力。

既有法人项目要依托现有法人为项目进行融资，其特点是拟建项目不组建新的项目法人，由既有法人统一组织融资活动并承担融资责任和风险；拟建项目一般是在既有法人资产和信用的基础上进行的，并形成增量资产；从既有法人的财务整体状况考查融资后的偿债能力。

9.2.2 项目计算期

项目计算期是指经济评价中为进行动态分析所设定的期限，包括建设期和运营期。建设期是指项目资金正式投入开始到项目建成投产为止所需要的时间；运营期分为投产期和达产期两个阶段。投产期是指项目投入生产，但生产能力尚未完全达到设计能力的过渡阶段。达产期是指生产运营达到设计预期水平后的时间。

9.2.3 财务效益与费用

项目的财务效益是指项目投产以后，由于销售产品或提供劳务等所获得的营业收入。对于使用增值税的经营性项目，除营业收入外，其可得到的增值税返还也应作为补贴收入计入财务效益；对于非经营性项目，财务效益应包括可能获得的各种补贴收入。

项目财务费用指项目建设中及投产以后，为生产、销售产品或提供劳务等支付的费用，主要包括投资、成本费用和税金等。

财务效益和费用估算遵循“有无对比”的原则，正确识别和估算“有项目”和“无项目”状态的财务效益与费用。所谓“有项目”是指实施项目后的将来状况，“无项目”是指不实施项目时的将来状况。

9.2.4 投资的构成

项目评估中，总投资是指项目建设和投入运营所需要的全部投资，为建设投资、建设期利息和全部流动资金之和。

需要注意的是，项目评估中总投资又称全投资，它不同于目前国家考核建设规模的建设工程项目总投资，即建设投资和30%的流动资金（又称铺底流动资金）。

9.2.5 建设投资

建设投资是项目费用的重要组成，是项目财务分析的基础数据。建设投资可按概算法或形成资产法分类。

1. 按概算法分类

建设投资由工程费用（建设工程费、设备购置费、安装工程费）、工程建设其他费和预备费（基本预备费和涨价预备费）组成。工程建设其他费用内容较多，且随行业和项目的不同而有所区别。

2. 按形成资产法分类

建设投资由形成固定资产的费用、形成无形资产的费用、形成其他资产的费用和预备费用部分组成。

固定资产费用是指项目投产时直接形成固定资产的建设投资，包括工程费用和工程建设其他费用中按规定将形成固定资产的费用，后者被称为固定资产其他费用，主要包括建设单位管理费、可行性研究费、研究试验费、勘察设计费、环境影响评价费等。

无形资产费用是指直接形成无形资产的建设投资，主要是专利权、非专利技术、商标权、土地使用权和商誉等。

其他资产费用是指建设投资中除形成固定资产和无形资产以外的部分，如生产准备及开办费等。

9.2.6 建设期利息

建设期利息包括债务资金在建设期内发生并计入固定资产的利息和其他融资费用。其他融资费用是指项目债务资金发生的手续费、承诺费、管理费、信贷保险费等融资费用。

在项目评价中，对于分期建成投产的项目，应注意按各期投产时间分别停止借款费用的资本化，即投产后继续发生的借款费用不作为建设期利息计入固定资产原值，而是作为运营期利息计入总成本费用。

9.2.7 流动资金

流动资金是指运营期内长期占用并周转使用的营运资金，不包括运营中需要的临时性营运资金。流动资金等于流动资产与流动负债的差额。

9.2.8 总投资形成的资产

（1）建设项目经济评价中，按有关规定，将建设投资中各分项分别形成固定资产原值、无形资产原值和其他资产原值。形成的固定资产原值可用于计算折旧费，形成的无形资产和其他资产原值可用于摊销费。建设期利息应计入固定资产原值。

（2）固定资产、无形资产和其他资产的划分规定。

按照现行财务会计制度的规定，固定资产是指同时具有下列特征的有形资产：① 为生产商品、提供劳务、出租或经营管理而持有的；② 使用寿命超过一个会计年限。

无形资产，是指企业拥有或者控制没有实物形态的可辨认非货币性资产。

其他资产，原称递延资产，是指除流动资金、长期投资、固定资产、无形资产以外的其他资产，如长期待摊费用。按有关规定，除购置和建造固定资产以外，所有筹建期间发生的费用，先在长期待摊费用中归集，待企业开始生产经营起计入当期的损益。

项目评价中总投资形成的资产可做如下划分：

1）固定资产是指同时具有下列特征的有形资产原值的费用，包括：① 工程费用，即建筑工程费、设备购置费和安装工程费。② 工程建设其他费用。③ 预备费，含基本预备费和涨价预备费。④ 建设期利息。

2）形成无形资产，构成无形资产原值的费用主要包括技术转让费或技术使用费（含专利权和非专利技术）、商标权和商誉等。

3）形成其他资产，构成其他资产原值的费用包括生产准备费、开办费、出国人员费、来华人员费、图纸资料翻译复制费、样品样机购置费等。

4）总投资中流动资金与流动负债共同构成流动资产。流动资产的构成要素一般包括存货、库存现金、应收账款和预付账款；流动负债构成要素一般只考虑应付账款和预收账款。

9.2.9 总成本费用

总成本费用是指在运营期内为生产产品或提供服务所发生的全部费用，等于经营成本与折旧费、摊销费和财务费用之和。

总成本费用可按下列两种方法估算，项目评价中通常采用生产要素法估算总成本费用。

（1）生产成本加期间费用估算法。

$$总成本费用=生产成本+期间费用 \tag{9-10}$$

式中，生产成本=直接材料费+直接燃料费和动力费+直接工资+其他直接支出+制造费用，期间费用=管理费用+营业费用+财务费用。

1）制造费用指企业为生产产品和提供劳务而发生的各项间接费用，但不包括企业行政管理部门为组织和管理生产经营活动而发生的管理费用。

2）管理费用是指企业为管理和组织生产经营活动所发生的各项费用。

3）营业费用是指企业在销售商品过程中发生的各项费用以及专设销售机构的各项经费。

（2）生产要素估算法。

$$总成本费用=外购原材料、燃料和动力费+工资及福利费+折旧费+摊销费+修理费+财务费用+其他费用 \tag{9-11}$$

式（9-11）也可以表示为

$$总成本费用=经营成本+折旧费+摊销费+财务费用 \tag{9-12}$$

9.2.10 经营成本

经营成本是项目经济评价中所使用的特定概念，作为项目运营期的主要现金流出，是项目现金流量表中运营期现金流出的主体部分。经营成本与融资方案无关，因此，在完成建设投资和营业收入后就可以估算经营成本。经营成本构成采用下式表达

$$经营成本=外购原材料、燃料动力费+工资及福利+修理费+其他费用 \tag{9-13}$$

式中，其他费用是指从制造费用、管理费用和营业费用中扣除了折旧费、摊销费、修理费、工资及福利费以后的其余部分。

9.2.11 项目评价设计的税费

项目评价涉及的税费主要包括关税、增值税、营业税、消费税、所得税、资源税、城市维护建设税和教育附加费等，有些行业还包括土地增值税。

（1）关税：以进出口的应税货物为纳税对象的税种。

（2）增值税：财务分析应按税法规定计算增值税。

（3）营业税：交通运输、建筑、邮电通信、服务等行业应按税法规定计算营业税。

（4）营业税金附加：包括城市维护建设税和教育费附加。

（5）消费税：我国对部分货物征收消费税。

（6）土地增值税：是按转让房地产取得的增值额征收的税种。房地产开发项目应按规定计算土地增值税。

（7）资源税：是国家对开采特定矿产品或者生产盐的单位和个人征收的税种。

（8）企业所得税：是针对企业应纳税所得额征收的税种。

9.2.12 营业收入

营业收入是指销售产品或者提供服务所获得的收入，是现金流量表中现金流入的主体，也是利润表的主要科目。一般销售产品所得称为销售收入，提供服务的所得称为营业收入。这里所介绍的营业收入是两者的统称。

销售收入是项目建成投产后补偿成本、上缴税金、偿还债务、保证企业再生产正常进行的前提。它是进行利润总额、销售税金及附加和增值税估算的基础数据。

销售收入的计算公式为

$$销售收入=销售数量\times销售单价 \tag{9-14}$$

9.2.13 补贴收入

补贴收入是指按有关规定企业可得到的补贴，包括先征后返的增值税、按销量或工作量等依据国家规定的补助定额计算并按期给予的定额补贴，以及属于财政扶持而给予的其他形式的补贴等。

补贴收入同营业收入一样，应列入利润与利润分配表、财务计划现金流量表和项目投资现金流量表与项目资本金现金流量表。

9.3 资金来源与融资方案

考试大纲

资金筹措的主要方式；资金成本；债务偿还的主要方式。

9.3.1 资金筹措的主要方式

1. 项目资本金的筹措方式

按项目融资主体的不同，项目资本金（即项目权益资金）有以下筹措方式：

（1）既有法人融资项目的新增资本金可通过原有股东增资扩股、吸收新股东投资、发行股票、政府投资等渠道和方式筹措。

（2）新设法人融资项目的资本金可通过股东直接投资、发行股票、政府投资等渠道和方式筹措。

2. 项目债务资金筹措方式

项目债务资金筹措方式有：商业银行贷款、政策性银行贷款、外国政府贷款、国际金融组织贷款、出口信贷、银团贷款、企业债券、融资租赁等。

3. 既有法人内部融资的渠道和方式

既有法人内部融资的渠道和方式包括货币资金、资产变现、资产经营权变现、直接使用非现金资产。

9.3.2 资金成本

资金成本是指项目为筹集和使用资金而支付的费用，包括资金占用费和资金筹集费。资金成本通常用资金成本率表示。资金成本率是指使用资金所负担的费用与筹集资金净额之比，其公式为

$$\text{资金成本率}=\frac{\text{资金占用费}}{\text{筹集资金总额}-\text{资金筹集费}}\times 100\% \tag{9-15}$$

由于资金筹集费一般与筹集资金总额成正比，所以，一般用筹集费用率表示资金筹集费，因此资金成本率也可以表示为

$$\text{资金成本率}=\frac{\text{资金占用费}}{\text{筹集资金总额（}1-\text{资金筹集费率）}}\times 100\% \tag{9-16}$$

9.3.3 债务偿还的主要方式

债务偿还方式的选择是投资项目财务决策的重要组成部分，还款方式直接影响财务报表的编制和投资者的利益。项目评价中，债务偿还主要选择等额还本付息方式或者等额还本利息照付方式。

1. 等额还本付息的计算公式

$$A=P\frac{i(1+i)^n}{(1+i)^n-1} \tag{9-17}$$

式中：A 为每年还本付息额（等额年金）；P 为还款起始年年初的借款本息和（包括未支付的建设期利息）；i 为年利率；n 为预定的还款期。

式（9-17）与式（9-9）相同。每年还本付息额中

$$每年支付利息=年初借款余额\times年利率$$

$$每年偿还本金=A-每年支付利息$$

2. 等额还本利息照付的计算公式

$$A_t=\frac{P_{\mathrm{I}}}{n}+P_{\mathrm{I}}i\left(1-\frac{t-1}{n}\right) \tag{9-18}$$

式中：$\frac{P_{\mathrm{I}}}{n}$为每年偿还的本金；$P_{\mathrm{I}}i\left(1-\frac{t-1}{n}\right)$为第$t$年支付的利息，即每年支付利息=年初借款余额×年利率；A_t为第t年的还本付息额；P_{I}为还款起始年年初的借款本息和（包括未支付的建设期利息）；i为年利率；n为预定的还款期。

其中，每年偿还本金=$\frac{P_{\mathrm{I}}}{n}$。

每年支付利息 = 年初本金累计×年利率

两种偿还方式的特点：① 等额还本付息方式在限定的还款期内每年还本付息的总额相同，随着本金的偿还，每年支付的利息逐年减少，每年偿还的本金逐年增多；② 等额还本利息照付方式每年偿还的本相同，支付的利息逐年减少。

9.4 财务分析

考试大纲

财务评价的内容；盈利能力分析（财务净现值、财务内部收益率、项目投资回收期、总投资收益率、项目资本金净利润率）；偿债能力分析（利息备付率、偿债备付率、资产负债率）；财务生存能力分析；财务分析报表（项目投资现金流量表、项目资本金现金流量表、利润与利润分配表、财务计划现金流量表）；基准收益率。

9.4.1 财务评价的内容

建设项目经济评价是项目前期工作的重要内容。建设项目经济评价包括财务评价（也称财务分析）和国民经济评价（也称经济分析）。

财务评价是在国家现行财税制度和价格体系的前提下，从项目的角度出发，计算项目范围内的财务效益和费用，分析项目的盈利能力和清偿能力，评价项目在财务上的可行性。

国民经济评价是在合理配置社会资源的前提下，从国家经济整体利益的角度出发，计算项目对国民经济的贡献，分析项目的经济效益、效果和对社会的影响，评价项目在宏观经济上的合理性。

财务分析可分为融资前分析和融资后分析。

1. 融资前分析

融资前分析以动态分析（折现现金流量分析）为主，静态分析（非折现现金流量分析）为辅。

融资前动态分析以营业收入、建设投资、经营成本和流动资金的估算为基础，编制项目投资现金流量表，计算项目投资内部收益率和净现值等指标。融资前分析排除了融资方案变化的影响，从项目投资总获利能力的角度，考察项目方案设计的合理性。

融资前静态分析可计算项目投资回收期指标。

2. 融资后分析

融资后分析以融资前分析和初步的融资方案为基础，考察项目在拟定融资条件下的盈利能力、偿债能力和财务生存能力，判断项目方案在融资条件下的可行性。融资后的盈利能力分析包括动态分析和静态分析两种。

（1）动态分析包括以下两个层次：① 项目资本金现金流量分析是在拟定的融资方案下，从项目资本金出资者整体的角度，确定其现金流入和现金流出，编制项目资本金现金流量表，计算项目资本金财务内部收益率指标，考察项目资本金可获得的收益水平。② 投资各方现金流量分析是从投资各方实际收入和支出的角度，确定其现金流入和现金流出，分别编制投资各方现金流量表，计算投资各方的财务内部收益率指标，考察投资各方可能获得的收益水平。

（2）静态分析是指不采取折现方式处理数据，依据利润与利润分配表计算项目资本金净利润率（ROE）和总投资收益率（ROI）指标。

9.4.2 盈利能力分析

盈利能力分析的主要指标包括项目投资财务内部收益率和财务净现值、项目资本金财务内部收益率、投资回收期、总投资收益率、项目资本金净利润等，可根据项目的特点及财务分析的目的、要求等选用。

1. 财务净现值（FNPV）

财务净现值（FNPV）是指按设定的折现率（一般采用基准收益率），将项目计算期内各年的净现金流量折算到计算期初的现值之和。它是考察项目盈利能力的一个十分重要的动态分析指标。其计算公式为

$$\mathrm{FNPV}=\sum_{t=0}^{n}(\mathrm{CI}-\mathrm{CO})_t(1+i_c)^{-t} \tag{9-19}$$

式中：FNPV 为财务净现值；$(\mathrm{CI}-\mathrm{CO})_t$为第 t 年的净现金流量；n为项目计算期；i_c为折现率，工程经济中将未来的现金流量求其现值所用的利率称为折现率。

对独立项目方案而言，若FNPV≥0，即按设定的折现率计算的财务净现值大于或等于零时，项目方案在财务上可考虑接受。

【例 9-3】某建设项目各年净现金流量见表 9-1，以该项目的行业基准收益率 $i_c=12\%$为折现率，则该项目财务净现值为（　　）万元。

表 9-1　　某建设项目各年净现金流量

年末	第 0 年	第 1 年	第 2 年	第 3 年	第 4 年
净现金流量/万元	−100	40	40	40	50

【解】净现值是指按设定的折现率，将项目计算期内各年的净现金流量折算到计算期初的现值之和，其公式为

$$\mathrm{FNPV}=\sum_{t=0}^{n}(\mathrm{CI}-\mathrm{CO})_t(1+i_c)^{-t}$$

表中已经给出各年的净现金流量（注意：若题目给出的是各年的现金流量，则必须算出

净现金流量再代入公式，以免出错），代入公式得

FNPV＝−100 万元＋40×0.892 9 万元+40×0.797 2 万元+40×0.711 8 万元+50×0.635 5 万元

=27.85 万元

【答案】27.85 万元

2. 财务内部收益率（FIRR）

（1）财务内部收益率的概念。财务内部收益率是经济评价中重要的动态评价指标之一。财务内部收益率是使项目从开始建设到计算期末各年的净现金流量现值之和（净现值）等于零的折现率。

（2）财务内部收益率的计算方法。按照财务内部收益率的定义，其表达式为

$$\sum_{t=0}^{n}(\mathrm{CI}-\mathrm{CO})_t(1+\mathrm{FIRR})^{-t}=0 \tag{9-20}$$

式中，FIRR 为财务内部收益率。其他符号意义同式（9-19）。

通过内插法计算内部收益率的表达式为

$$\mathrm{FIRR}=i_1+\frac{|\mathrm{FNPV}(i_1)|}{|\mathrm{FNPV}(i_1)|+|\mathrm{FNPV}(i_2)|}\times(i_2-i_1) \tag{9-21}$$

式中：i_1为净现值大于零且接近于零时的试算的折现率；i_2为净现值小于零且接近于零时的试算的折现率；$\mathrm{FNPV}(i_1)$、$\mathrm{FNPV}(i_2)$为折现率等于i_1、i_2的净现值。

内插法计算内部收益率的示意图如图 9-8 所示。

（3）财务内部收益率与财务净现值的关系。按照财务内部收益率的定义，在一般情况下，它和财务净现值的关系如图 9-9 所示。

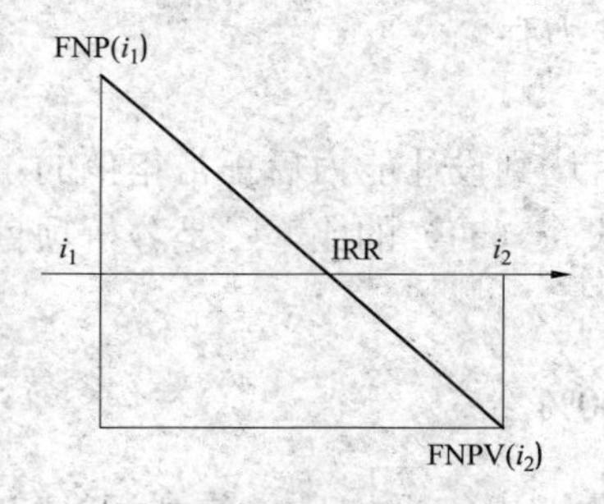

图 9-8　内插法计算内部收益率的示意图

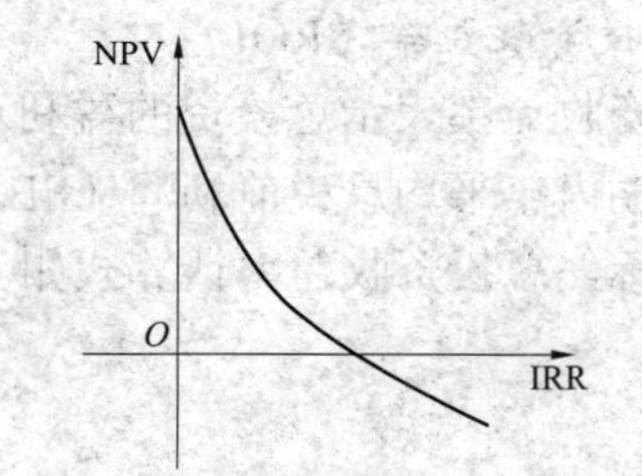

图 9-9　财务内部收益率与财务净现值

【例 9-4】（2018）以下关于项目内部收益率指标的说法正确的是（　　）。

A. 内部收益率属于静态评价指标

B. 项目内部收益率就是项目的基准收益率

C. 常规项目可能存在多个内部收益率

D. 计算内部收益率不必事先知道准确的基准收益率 i_c

【解】A 错误。内部收益率是经济评价中重要的动态评价指标之一。

B 错误。基准收益率是企业或行业或投资者以动态的观点所确定的、可接受的投资项目最低标准的受益水平。内部收益率是体现所投资项目的收益水平。两者的计算方法是一样的，但是计算的依据不一样，一个是行业可接受的最低水平，一个是针对投资项目的分析所能达到的水平。一般来说，要求项目的内部收益率高于基准收益率，项目才是可行的，或者说才

算是能够达到投资的最低收益要求。

C 错误。内部收益率就是将一个项目/投资的未来现金流量折现后等于零的折现率，在常规项目中，是唯一的。若项目/投资的未来现金流有不止一个方案的时候，才可能存在多个内部收益率。

D 正确。财务内部收益率（FIRR）指标考虑了资金的时间价值以及项目在整个计算期内的经济状况，不仅能反映投资过程的收益程度，而且 FIRR 的大小不受外部参数影响，完全取决于项目投资过程净现金流量系列的情况。避免了像财务净现值之类的指标那样需事先确定基准收益率这个难题，而只需要知道基准收益率的大致范围即可。

【答案】D

3. 项目投资回收期(P_t)

项目投资回收期是指以项目的净收益回收项目投资所需的时间，一般以年为单位。项目投资回收期一般从项目建设开始年算起，若从项目投产开始年计算，应予以特别注明。

项目投资回收期可借助项目投资现金流量表计算。项目投资现金流量表中累计净现金流量由负值变为零的时点，即为项目的投资回收期。投资回收期可按下式计算

$$P_t = T - 1 + \frac{\text{第}T-1\text{年累计现金流量的绝对值}}{\text{第}T\text{年的净现金流量}} \tag{9-22}$$

式中：P_t 为投资回收期（静态）；T 为各年累计净现金流量首次为正值或零的年数。

运用投资回收期判断投资项目是否可行的准则是：只有当项目的投资回收期既未超过项目的计算期（即前者小于后者），又未超过行业的基准投资回收期时，投资项目才是可以接受的。

投资回收期短，表明项目投资回收快，抗风险能力强。

4. 总投资收益率（ROI）

总投资收益率表示总投资的盈利水平，是指项目达到设计能力后正常年份的年息税前利润或运营期内年平均息税前利润（EBIT）与项目总投资（TI）的比率，是分析项目盈利能力的静态指标，总投资收益率计算式如下

$$\text{ROI} = \frac{\text{EBIT}}{\text{TI}} \times 100\% \tag{9-23}$$

式中：EBIT 为项目正常年份的年息税前利润或运营期内年平均息税前利润；TI 为项目总投资。

总投资收益率高于同行业的收益率参考值，表明用总投资收益率表示的盈利能力满足要求。

5. 项目资本金净利润（ROE）

项目资本金净利润表示项目资本金的盈利水平，是指项目达到设计能力后正常年份的年净利润或运营期内年平均净利润（NP）与项目资本金（EC）的比率；项目资本金净利润应按下式计算

$$\text{ROE} = \frac{\text{NP}}{\text{EC}} \times 100\% \tag{9-24}$$

式中：NP 为项目正常年份的年净利润或运营期内年平均净利润；EC 为项目资本金。

项目资本金净利润高于同行业的净利润率参考值，表明用项目资本金净利润表示的盈利能力满足要求。

9.4.3 偿债能力分析

偿债能力分析是通过计算利息备付率（ICR）、偿债备付率（DSCR）和资产负债率（LOAR）等指标，分析判断财务主体的偿债能力。

1. 利息备付率（ICR）

利息备付率是指在借款偿还期内的息税前利润（EBIT）与应付利息（PI）的比值，它是从付息资金来源的充裕性角度反映项目偿还负债务利息的保障程度，计算式如下

$$ICR = \frac{EBIT}{PI} \tag{9-25}$$

式中：EBIT 为息税前利润；PI 为计入总成本费用的应付利息。

利息备付率应分年计算。利息备付率高，表明利息偿付的保障程度高。利息备付率应当大于 1，并结合债权人的要求确定。

2. 偿债备付率（DSCR）

偿债备付率指在借款偿还期内，用于计算还本付息的资金$(EBITAD - T_{AX})$与应还本付息金额（PD）的比值，它表示可用于还本付息的资金偿还借款本息的保障程度，计算式如下

$$DSCR = \frac{EBITAD - T_{AX}}{PD} \tag{9-26}$$

式中：EBITAD 为息税前利润加折旧和摊销；T_{AX} 为企业所得税；PD 为应还本付息金额，包括还本金额和计入总成本费用的全部利息。

偿债备付率应分年计算，偿债备付率高，表明可用于还本付息的资金保障程度高。偿债备付率应大于 1，并结合债权人的要求确定。

3. 资产负债率（LOAR）

资产负债率是指各期末负债总额（TL）同期末资产总额（TA）的比率，计算式如下

$$LOAR = \frac{TL}{TA} \times 100\% \tag{9-27}$$

式中：TL 为期末负债总额；TA 为期末资产总额。

适度的资产负债率，表明企业经营安全、稳健，具有较强的筹资能力，也表明企业和债权人的风险较小。

9.4.4 财务生存能力分析

财务生存能力分析是在财务分析辅助表和利润与利润分配表的基础上编制财务计划现金流量表，通过考察项目计算期内的投资、融资和经营活动所产生的各项现金流入和流出，计算净现金流量和累计盈余资金，分析项目是否有足够的净现金流量维持正常运营，以实现财务可持续性。

拥有足够的净现金流量是财务可持续的基本条件，特别是在运营初期。

各年累计盈余资金不出现负值是财务生存的必要条件。在整个运营期间，允许个别年份的净现金流量出现负值，但不能允许任一年份的累积盈余资金出现负值。

9.4.5 财务分析报表

财务分析报表包括以下各类现金流量表、利润与利润分配表、财务计划现金流量表、资

产负债表和借款还本付息估算表。

1. 现金流量表

现金流量表反映计算期内的现金流入和流出，具体可分为下列三种类型：

（1）项目投资现金流量表：用于计算项目投资内部收益率及净现值等财务分析指标，见表 9-2。

表 9-2　　项目投资现金流量表

序号	项　目	合计	计 算 期					
			1	2	3	4	…	*n*
1	现金流入							
1.1	营业收入							
1.2	补贴收入							
1.3	回收固定资产余值							
1.4	回收流动资金							
2	现金流出							
2.1	建设投资							
2.2	流动资金							
2.3	经营成本							
2.4	营业税金及附加							
2.5	维持营运投资							
3	所得税前净现金流量（1−2）							
4	累计所得税前净现金流量							
5	调整所得税							
6	所得税后净现金流量（3−5）							
7	累计所得税后净现金流量							

（2）项目资本金现金流量表：用于计算项目资本金财务内部收益率。项目资本金现金流量分析是从项目权益投资者整体的角度，考察项目给项目权益投资者带来的收益水平。它是在拟定的融资方案下进行的息税后分析。依据的报表是项目资本金现金流量表，见表 9-3。

表 9-3　　项目资本现金流量表

序号	项　目	合计	计 算 期					
			1	2	3	4	…	*n*
1	现金流入							
1.1	营业收入							
1.2	补贴收入							
1.3	回收固定资产原值							

续表

序号	项　目	合计	计 算 期					
			1	2	3	4	…	n
1.4	回收流动资金							
2	现金流出							
2.1	项目资本金							
2.2	借款本金偿还							
2.3	借款利息支付							
2.4	经营成本							
2.5	营业税金及附加							
2.6	所得税							
2.7	维持营运投资							
3	净现金流量（1–2）							

2. 利润与利润分配表

利润与利润分配表反映项目计算期内各年营业收入、总成本费用、利润总额等情况，以及所得税后利润的分配，用于计算总投资利润率、项目资本金利润率等指标，见表 9-4。

表 9-4　　利润与利润分配表

序号	项　目	合计	计 算 期					
			1	2	3	4	…	n
1	营业收入							
2	营业税金及附加							
3	总成本费用							
4	补贴收入							
5	利润总额（1–2–3+4）							
6	弥补以前年度亏损							
7	应纳税所得额							
8	所得税							
9	净利润（5–8）							
10	期初未分配利润							
11	可供分配的利润（9+10）							
12	提取法定盈余公积金							
13	可供投资者分配的利润（11–12）							
14	应付优先股股权							
15	提取任意盈余公积金							
16	应付普通股股利（13–14–15）							

续表

序号	项　目	合计	计　算　期					
			1	2	3	4	…	*n*
17	各投资方利润分配							
18	未分配利润（13–14–15–16–17）							
19	息税前利润（利润总额+利息支出）							
20	息税折旧摊前利润 （息税前利润+折旧+摊销）							

3. 财务计划现金流量表

财务计划现金流量表反映项目计算期各年的投资、融资及经营活动的现金流入与流出，用于计算累计盈余资金，分析项目的财务生存能力，见表 9-5。

表 9-5　　财务计划现金流量表

序号	项　目	合计	计　算　期					
			1	2	3	4	…	*n*
1	经营活动净现金流量（1.1–1.2）							
1.1	现金流入							
1.1.1	营业收入							
1.1.2	增值税销项税额							
1.1.3	补贴收入							
1.1.4	其他流入							
1.2	现金流出							
1.2.1	经营成本							
1.2.2	增值税进项税额							
1.2.3	营业税金及附加							
1.2.4	增值税							
1.2.5	所得税							
1.2.6	其他流出							
2	投资活动净现金流量（2.1–2.2）							
2.1	现金流入							
2.2	现金流出							
2.2.1	建设投资							
2.2.2	维持运营投资							
2.2.3	流动资金							
2.2.4	其他流出							
3	筹资活动净现金流量（3.1–3.2）							
3.1	现金流入							

续表

序号	项　目	合计	计　算　期					
			1	2	3	4	…	n
3.1.1	项目资本金投入							
3.1.2	建设投资借款							
3.1.3	流动资金借款							
3.1.4	债券							
3.1.5	短期借款							
3.1.6	其他流入							
3.2	现金流出							
3.2.1	各种利息支出							
3.2.2	偿还债务本金							
3.2.3	应付利润（股利分配）							
3.2.4	其他流出							
4	净现金流量（1+2+3）							
5	累计盈余资金							

9.4.6 基准收益率

财务基准收益率是建设项目财务评价的重要参数，是建设项目财务评价中对可货币化的项目费用与效益采用折现方法计算财务净现值的基准折现率，是衡量项目财务内部收益率的基准值，是项目财务可行性和方案比选的主要判据。财务基准收益率反映投资者对相应项目占用资金的时间价值的判断，应是投资者在相应项目上最低可接受的财务收益率。

国家行政主管部门统一测定并发布的行业财务基准折现率，在政府投资项目以及按政府要求进行经济评价的建设项目中必须采用。在企业投资等其他各类建设项目的经济评价中可参考选用。

建设项目经济评价参数具有时效性，一般情况下，有效期为1年。

9.5 经济费用效益分析

考试大纲

经济费用和效益；社会折现率；影子价格；影子汇率；影子工资；经济净现值；经济内部收益率；经济效益费用比。

项目的国民经济评价，采用经济费用效益分析方法或者费用效果分析方法。

经济费用效益分析是强调站在整个社会的角度，从资源合理配置的角度，分析项目投资的经济效益和对社会福利所做出的贡献，评价项目的经济和理性。经济效益和经济费用可直接识别，也可通过调整财务效益和财务费用得到。经济效益和经济费用应采用影子价格计算。

应做经济费用效益分析的项目类型是：具有垄断特征项目；产出具有公共产品特征的项

目；外部效果显著的项目；资源开发项目；涉及国家经济安全的项目；受过度行政干预项目。

9.5.1 经济费用和效益

项目经济效益和费用的识别应遵循有无对比的原则。

项目经济效益和费用的识别应对项目所涉及的所有成员及群体的费用和效益做全面分析，包括：分析在项目实体本身的直接费用和效益，以及项目所引起的其他组织机构或个人发生的各种外部费用和效益；项目的近期影响以及项目可能带来的中期和远期的影响；与项目主要目标直接联系的直接费用和效益，以及各种间接费用和效益，具有物质载体的有形费用和效益以及各种无形费用和效益。

9.5.2 社会折现率

社会折现率是指建设项目国民经济中衡量经济内部收益率的基准值，也是计算项目经济净现值的折现率，社会折现率代表着社会投资所要求的最低收益率水平。项目投资产生的社会收益率如果达不到这一最低水平，项目不应当被接受。结合我国当前的实际情况，测定社会折现率为 8%；对于受益期长的建设项目，如果远期效益较大，效益实现的风险较小，社会折现率可适当降低，但不低于 6%。

9.5.3 影子价格

经济费用效益分析中投入物或产出物使用的计算价格称为“影子价格”。影子价格是社会对货物真实价值的度量，是反映项目投入物和产出物真实经济价值的计算价格，只有在完全的市场条件下才会出现。因此，一定意义上可以将影子价格理解为是资源和产品在完全自由竞争市场中的供求均衡价格。

若某货物或服务处于完善的竞争性市场环境中，市场价格能够反映支付意愿或机会成本，则可采用市场价格作为计算项目投入物或产出物影子价格的依据。然而，这种完全的市场条件是不存在的，因此，现成的影子价格也是不存在的，只有通过对现行价格的调整，才能求得它的近似值。同种产品或资源在不同经济条件下有不同的影子价格。

土地影子价格系指建设项目使用土地资源而使社会付出的代价。在建设项目国民经济评价中以土地影子价格计算土地费用。

可外贸货物投入或产出的影子价格计算公式

$$\text{出口产出的影子价格（出厂价）}=\text{离岸价（FOB）}\times\text{影子汇率}-\text{出口费用} \tag{9-28}$$

$$\text{进口投入的影子价格（到厂价）}=\text{到岸价（CIF）}\times\text{影子汇率}+\text{进口费用} \tag{9-29}$$

式中：离岸价（FOB）为出口货物运抵我国出口口岸交货的价格；到岸价（CIF）为进口货物运抵我国进口口岸交货的价格。进口或出口费用是指货物进出口环节在国内所发生的相关费用。

【例 9-5】（2018） 影子价格是商品或生产要素的任何边际变化对国家的基本社会经济目标所做贡献的价值，因而影子价格是（ ）。

A. 目标价格

B. 反映市场供求状况和资源稀缺程度的价格

C. 计划价格

D. 理论价格

【解】依定义：影子价格是依据一定原则确定的，能够反映投入物和产出物真实经济价值、反映市场供求状况、反映资源稀缺程度、使资源得到合理配置的价格。影子价格反映了社会经济处于某种最优状态下的资源稀缺程度和对最终产品的需求情况，有利于资源的最优配置。

【解】B

9.5.4 影子汇率

影子汇率是指用于对外贸货物和服务进行经济费用效益分析的外币的经济价格，反映外汇的经济价值，应按式（9-30）计算

$$影子汇率=外汇牌价\times影子汇率换算系数 \tag{9-30}$$

影子汇率是指单位外汇的经济价值，不同于外汇的财务价格和市场价格。在项目国民经济评价中，使用影子汇率，是为了正确计算外汇的真实经济价值，影子汇率代表着外汇的影子价格。目前我国影子汇率换算系数取值为1.08。

9.5.5 影子工资

影子工资是指建设项目使用劳动力资源而使社会付出的代价。建设项目国民经济评价中以影子工资计算劳动力费用。

（1）影子工资表达式为

$$影子工资=劳动力机会成本+新增资源消耗 \tag{9-31}$$

式中：劳动力机会成本是指劳动力在本项目被使用，而不能在其他项目中使用而被迫放弃的劳动收益；新增资源消耗指劳动力在本项目新就业或由其他就业岗位转移来本项目而发生的社会资源消耗，这些资源的消耗并没有提高劳动力的生活水平。

（2）影子工资可通过影子工资换算系数得到。影子工资换算系数是指影子工资与项目财务分析中劳动力工资之间的比值，计算式为

$$影子工资=财务工资\times影子工资换算系数 \tag{9-32}$$

（3）技术劳动力的工资酬报一般可由市场供求决定，即影子工资一般可以财务实际支付工资计算。对非技术劳动力，根据我国非技术劳动力就业状况，其影子工资换算系数一般取为0.25～0.8。

9.5.6 经济净现值

经济净现值（ENPV）指项目按照社会折现率将计算期内各年的经济净效益流量折现到建设初期的现值之和，计算式如下

$$\mathrm{ENPV}=\sum_{t=0}^{n}(B-C)_t(1+i_{\mathrm{s}})^t \tag{9-33}$$

式中：B为经济效益流量；C为经济费用流量；$(B-C)_t$为第t期的经济净效益流量；i_{s}为社会折现率；n为项目计算期。

在经济费用效益分析中，如果经济净现值等于或大于零，表明项目可以达到符合社会折现率的效率水平，认为该项目从经济资源配置的角度可以被接受。

9.5.7 经济内部收益率（EIRR）

经济内部收益率是指项目在计算期内经济净效益流量的现值累计等于零时的折现率，计算式如下

$$\sum_{t=0}^{n}(B-C)_t(1+\mathrm{EIRR})^t=0 \tag{9-34}$$

式中：B为经济效益流量；C为经济费用流量；$(B-C)_t$为第t期的经济净效益流量；EIRR为经济内部收益率；n为项目计算期。

如果经济内部收益率等于或大于社会折现率，表明项目资源配置的经济效益达到了可以

被接受的水平。

9.5.8 经济效益费用比（R_{BC}）

经济效益费用比是指项目在计算期内效益流量的现值和费用流量的现值之比，计算式如下

$$R_{BC}=\frac{\sum_{t=0}^{n}B_t(1+i_s)^{-t}}{\sum_{t=0}^{n}C_t(1+i_s)^{-t}} \tag{9-35}$$

式中：B_t为第 t 期的经济效益；C_t为第 t 期的经济费用。

如果经济效益费用比大于 1，表明项目资源配置的经济效益达到了可以被接受水平。

9.6 不确定性分析

考试大纲

盈亏平衡分析（盈亏平衡点、盈亏平衡分析图）；敏感性分析（敏感度系数、临界点、敏感性分析图）。

项目经济评价所采用的数据大部分来自预测和估算，具有一定程度的不确定性，为分析不确定性因素变化对评价指标的影响，估计项目可能承担的风险，应进行不确定分析与经济风险分析，提出项目风险的预警、预报和相应的对策，为投资决策服务。

9.6.1 盈亏平衡分析

1. 盈亏平衡分析的概念

盈亏平衡分析只用于项目经济评价的财务分析。

盈亏平衡分析是指通过计算项目达产年的盈亏平衡点（BEP），分析项目成本与收入的平衡关系，判断项目对产出品数量变化抗风险能力如图 9-10 所示。盈亏平衡分析是根据建设项目正常生产年份的产品产量（销售量）、固定成本、可变成本、税金等，研究建设项目产量、成本、利润之间变化与平衡关系的方法。当项目的收益与成本相等时，即盈利与亏损的转折点，称为盈亏平衡的可能性越大，亏损的可能性越小，因而项目有较大抗风险能力。

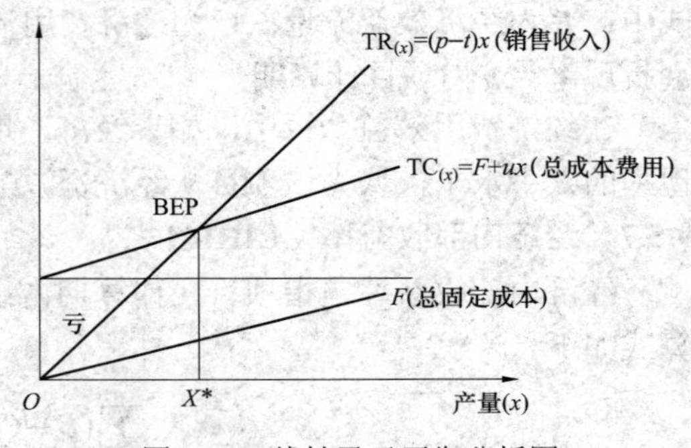

图 9-10 线性盈亏平衡分析图

盈亏平衡点一般采用公式计算，也可利用盈亏平衡图求取。盈亏平衡点可采用生产能力利用率或产量表示。

根据生产成本、营业收入与产量（销售量）之间是否是线性关系，盈亏平衡分析可分为线性盈亏平衡分析和非线性盈亏平衡分析。

【例 9-6】（2019） 某拟建生产企业设计年产 6 万 t 化工原料，年固定成本为 1000 万元，单位可变成本、销售税金和单位产品增值税之和为 800 元，单位均采用产品售价为 1000 元/t。销售收入和成本费用均采用含税价格表示。以生产能力利用率表示的盈亏平衡点为（　　）。

A. 9.25%　　　　B. 21%　　　　C. 66.7%　　　　D. 83.3%

【解】 BEP（生产能力利用率）=［年总固定成本/（年销售收入–年总可变成本–年销售税金及附加）］×100%，由题目已知条件可得 $\frac{1000}{6\times1000-6\times800}\times100\%=83.3\%$。

【答案】 D

2. 线性盈亏平衡分析的计算

线性盈亏平衡分析，是将方案的总成本费用、销售收入设为产量的线性函数图（图 9-10）。

（1）营业收入是产量的线性函数。

$$TR_{(x)}=(p-t)x \tag{9-36}$$

式中：TR 为营业收入；p 为单位产品售价；t 为单位产品营业税金及附加；x 为产量。

（2）总成本费用是产量的线性函数。

$$TC_{(x)}=F+ux \tag{9-37}$$

式中：TC 为总成本费用；u 为单位产品变动成本；F 为总固定成本。

（3）产量等于销量。令 $TR_{(x)}=TC_{(x)}$，得

$$(p-t)x=F+ux,\quad X^*=\frac{F}{p-t-u} \tag{9-38}$$

即

$$BEP_{产量}=\frac{年固定成本}{单位产品价格-单位产品可变成本-单位产品营业税金及附加} \tag{9-39}$$

营业收入线与总成本费用线的交点称为盈亏平衡点，也就是项目盈利与亏损的临界点，对应的产量为 X^*。式中 X^* 就是盈亏平衡点所对应的产量，可记为 $BEP_{产量}$。

当采用含增值税的价格时，式中分母还应该扣除增值税。

式（9-37）等式两边同除以年设计生产能力，可得

$$\frac{BEP_{生产能力利用率}}{年设计生产能力}=\frac{年固定成本}{年营业收入-年可变成本-年营业税金及附加} \tag{9-40}$$

3. 固定成本和可变成本

项目投产后，在生产和销售产品的总成本费用中，按照其是否随产量变动而变动可分为固定成本、可变成本。

固定成本是指在一定技术水平与生产规模限度内不随产量变动而变动的成本。例如，固定资产折旧费、管理人员工资及其他资产摊销费、修理费和其他费用等。变动成本是指在一定技术水平和生产规模限度内随产量变动而变动的成本，如原材料费、燃料费、生产工人的计价工资等。

9.6.2 敏感性分析

敏感性分析用于财务评价和国民经济评价。

敏感性分析是通过分析建设项目的不确定因素（如建设期、建设投资、产出物售价、产品量、主要投入物价格或可变成本、生产负荷、折现率、汇率、物价上涨指数等）发生变化时，项目经济效益评价指标（内部收益率、净现值等指标）的预期值发生变化的影响，并计算敏感度系数和临界点。指出项目的敏感因素。

敏感性分析可选定其中一个或几个主要指标进行分析，最基本的分析指标是内部收益率。

敏感性分析根据每次变动的因素不同分为单因素敏感性分析和多因素敏感性分析。通常只进行单因素敏感性分析。在单因素敏感性分析中，设定每次只有一个因素变化，而其他因素保持不变，这样，每次就可以分析出这个因素的变化对指标的影响大小。如果一个因素在较大的范围内变化时，引起指标的变化幅度并不大，则称其为非敏感性因素；如果某因素在很小范围变化就引起指标很大的变化，则称敏感性因素。

1. 敏感性分析的基本步骤

（1）确定分析指标。建设工程经济评价有一整套指标体系，敏感性分析可选定其中一个或几个主要指标进行分析，最基本的分析指标是内部收益率，也可选净现值或投资回收期作为分析指标，必要时，可同时对两个或两个以上指标进行敏感性分析。

（2）选择需要分析的不确定因素。项目敏感性分析中的不确定因素通常从以下几个方面选定：① 项目投资；② 项目寿命期；③ 产品价格；④ 产销量；⑤ 主要原材料价格；⑥ 折现率等。

（3）计算不确定性因素变动对指标的影响程度。单因素敏感性分析时，在固定其他因素的条件下，变动其中某一个不确定因素，计算分析指标相应的变动结果，这样逐一得到每个因素对指标的影响程度。

（4）确定敏感性因素，对方案的风险情况做出判断。在单因素敏感性分析时，要确定敏感性因素。在（3）步计算中，可以规定每个因素变化同一个百分比（递增或递减），并观察因素变化导致分析指标的变化。使指标变化最多的就称为最敏感性因素，次之的称为次敏感性因素，变化最小的称为不敏感因素。

2. 敏感度系数（S_{AF}）

敏感度系数是指项目评价指标变化率与不确定因素变化率之比，可按下式计算

$$S_{AF}=(\Delta A/A)/(\Delta F/F) \tag{9-41}$$

式中：$\Delta F/F$ 为不确定因素 F 的变化率；$\Delta A/A$ 为不确定因素 F 发生 ΔF 变化时，评价指标 A 的相应变化率。当 $S_{AF}>0$ 时，表示评价指标与不确定性因素同方向变化；当 $S_{AF}<0$ 时，表示评价指标与不确定因素反方向变化；$|S_{AF}|$ 较大者敏感性系数高。

3. 临界点（转化值）

临界点（转化值）是指不确定因素的变化使项目由可行变为不可行的临界数值，一般采用不确定性因素相对基本方案的变化率或其对应的具体数值表示。临界点可通过敏感性分析图得到近似值，也可采用试算法求解。

临界点的高低与计算临界点的指标的初始值有关。如选取基准收益率为计算临界点的指标，对于同一个项目，随着设定基准收益的提高，临界点就会变低；而在一定的基准收益率下，临界点越低，说明该因素对项目评价指标影响越大，项目对该因素就越敏感。

9.7 方案经济比选

考试大纲

方案比选的类型；方案经济比选的方法（效益比选法、费用比选法、最低价格法）；计算

期不同的互斥方案的比选。

9.7.1 方案比选的类型

按多方案间的经济关系类型，方案之间存在互斥关系、独立关系和相关关系。

互斥型多方案是指在方案选择中，选择其中任何一个方案，其余方案必须被放弃的一组方案，即备选方案间互相排斥，不能同时存在的一组方案。

独立型多方案是指备选方案中，任何一方案是否采用都不影响其他方案取舍的一组方案，即方案间现金流独立，互不干扰。

相关方案是指各投资方案间现金流量存在影响的一组方案。建设项目经济评价中是对互斥型方案或者转化为互斥型方案的方案进行比选，根据大纲要求以下我们主要介绍互斥型方案的比选方法。

9.7.2 方案经济比选方法（互斥型方案比选方法）

按照互斥型方案是否具有相同的寿命期及其他一些可比性特点，互斥型方案比选方法分类如图 9-11 所示。

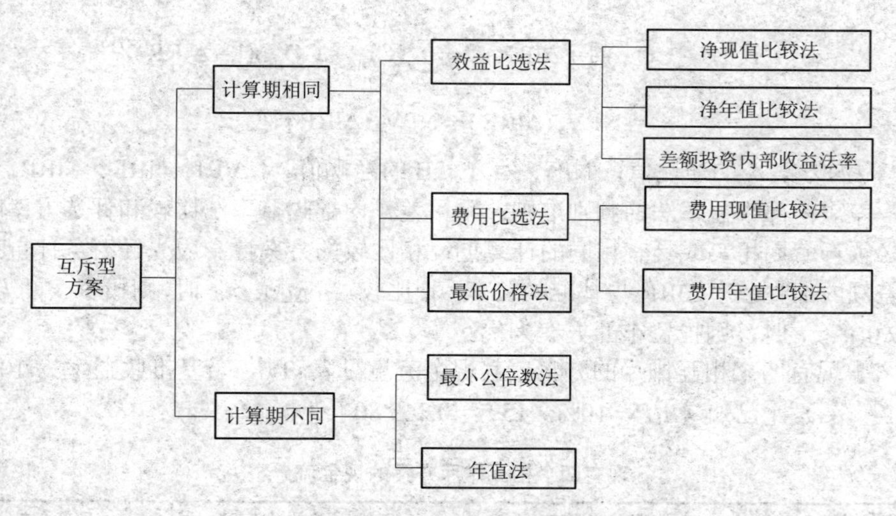

图 9-11 互斥型方案比选方法分类图

9.7.3 计算期相同的互斥方案比选

一般来说，我们所遇到的互斥型方案通常具有相同的寿命期，这是两个互斥方案必须具备的几个基本可比性条件。但是，也会经常遇到寿命不等的方案需要比较的情况，理论上来说是不可比的，因为无法确定短寿命的方案比长寿命的方案寿命缩短的那段时间里的现金流量。但在实际工作中又会经常遇到此类情况，同时又必须做出选择。这时就需要对方案的寿命按一定的方法进行调整，使他们具有可比性。

方案经济比选可采用效益比选法、费用比选法和最低价格法。

1. 效益比选方法

效益比选方法包括净现值比较法、净年值比较法、差额投资内部收益率比较法。

净现值比较法：比较备选方案的财务净现值或经济净现值，以净现值大的方案为优。比较净现值时应采用相同的折现率。

净年值比较法：比较备选方案的净年值，以净年值大的方案为优。比较净年值时应采用相同的折现率。

差额投资内部收益率法 (ΔIRR)：差额投资内部收益率法分为差额投资财务内部收益率 (ΔFIRR) 和差额投资经济内部收益率 (ΔEIRR)，两种差额投资内部收益率比较方法原理及公式相同，只是后者要用经济净现金流量代入式中计算比选。

差额投资内部收益率（也称增量内部收益率）是两方案各年现金流量差额现值之和（增量净现值）等于零时的折现率。计算表达式为

$$\Delta NPV(\Delta IRR)=\sum_{t=0}^{n}(\Delta CI_t-\Delta CO_t)(1+\Delta IRR)^{-t}=0 \qquad (9\text{-}42)$$

式中：ΔNPV 为增量净现值；ΔIRR 为差额投资内部收益率；ΔCI_t 为方案 A（投资大的方案）与方案 B 的（投资小的方案）第 t 年的增量现金流入，即 $\Delta CI_t = CT_{tA} - CI_{tB}$；$\Delta CO_t$ 为方案 A 与方案 B 第 t 年的增量现金流出，即 $\Delta CO_t = CI_{tA} - \Delta CO_{tB}$。

将式（9-40）变换，可得

$$\sum_{t=0}^{n}(CI_{tA}-CO_{tA})(1+\Delta IRR)^{-t}=\sum_{t=0}^{n}(CI_{tB}-CO_{tB})(1+\Delta IRR)^{-t} \qquad (9\text{-}43)$$

即

$$NPV_A(\Delta IRR)=NPV_B(\Delta IRR) \qquad (9\text{-}44)$$

式中：NPV_A 为方案 A 的净现值；NPV_B 为方案 B 的净现值。（$\Delta IRR \neq IRR_A - IRR_B$）

因此，差额内部收益率法的判别准则：采用差额内部收益率法比较和评选方案时，相比较的方案必须寿命期相等或具有相同的计算期；相比较的方案自身应先经财务评价可行；计算求得的差额内部收益率 ΔIRR 与基准收益率 i_0 相比较，当 ΔIRR＞i_0 时，则投资大的方案为优；反之，当 ΔIRR＜i_0 时，则投资小的方案为优。

【例 9-7】现有四个相互排斥的方案，其现金流量见表 9-6，若基准收益率为 10%，则最优方案为（　　）。[已知（*A*/*P*，10%，15）= 0.263 80]

表 9-6　　现有四个相互排斥方案的现金流量

投资方案	初期投资额/万元	每年年末净收益/万元	寿命期/年
A_1	100	40	5
A_2	200	80	5
A_3	300	140	5
A_4	400	170	5

【解】本题是计算期相同的互斥方案选优，用 NPV、NAV、IIRR 均可。投资方案 A_1 的净年值 =−100 万元 ×0.263 80+40 万元 =13.62 万元；投资方案 A_2 的净年值 =−200 万元 +0.263 80×80 万元 =27.24 万元；投资方案 A_3 的净年值 =−300 万元 ×0.263 80+140 万元=60.86 万元；投资方案 A_4 的净年值 =−400 万元+0.263 80×170 万元 =64.48 万元；投资方案 A_4 的净年值最大且非负，即为最优方案。

【答案】A_4

2. 费用比选方法包括费用现值比较法、费用年值比较法

（1）费用现值比较法。计算备选方案的费用现值并进行对比，以费用现值较低的方案为

优。费用现值是指按给定的折现率，将方案计算期内各个不同时点的现金流出折算到计算初期的累计值。

费用现值的计算公式为

$$PC=\sum_{t=0}^{n}CO_t(P/F,i_0,t) \tag{9-45}$$

【例 9-8】（2018） 甲、乙为两个互斥的投资方案。甲方案现时点投资 25 万元，此后从第一年年末开始，年运行成本为 4 万元，寿命期为 20 年，净残值为 8 万元；乙方案现时点的投资额为 12 万元，此后从第一年年末开始，年运行成本为 6 万元，寿命期也为 20 年，净残值 6 万元。若基准收益率为 20%，则甲，乙方案费用现值分别为（　　）。［已知（P/A, 20%, 20）= 4.869 6，（P/F, 20%, 20）= 0.026 08］

A. 50.80 万元，−41.06 万元　　B. 54.32 万元，41.06 万元

C. 44.27 万元，41.06 万元　　D. 50.80 万元，44.27 万元

【解】费用现值的计算公式

$P_a=A_{甲}$（运行成本）×（P/A, 20%, 20）$-F_{甲}$（净残值）×（P/F, 20%, 20）+ $P_{甲}$（现时点投资额）$=4\times4.869\,6-8\times0.026\,08+25=44.27$

$P_b=A_{乙}$（运行成本）×（P/A, 20%, 20）$-F_{乙}$（净残值）×（P/F, 20%, 20）+ $P_{甲}$（现时点投资额）$=6\times4.869\,6-6\times0.026\,08+12=41.06$

【答案】C

（2）费用年值比较法。计算备选方案的费用年值并进行对比，以费用年值较低的方案为优。费用年值是指按给定的折现率，通过等值换算，将方案计算期内各个不同时点的现金流出分摊到计算期内各年的等额年值。

费用年值的计算公式为

$$AC=\left[\sum_{t=0}^{n}CO_t(P/F,i_0,t)\right](A/P,i_0,n)=PC(A/P,i_0,n) \tag{9-46}$$

式中：PC 为费用现值；AC 为费用年值；CO_t 为第 t 年的费用（包括投资和经营成本等）。

费用现值和费用年值指标只能用于多个方案的比选，费用现值和费用年值最小的方案为优。

（3）最低价格（服务收费标准）比较法。在相同产品方案比选中，以净现值为零推算备选方案的产品最低价格 (P_{min})，应以最低产品价格较低的方案为优。

9.7.4 计算期不同的互斥方案的比选

备选方案的计算期不同时，宜采用净年值法和费用年值法。如果采用差额投资内部收益率法，可将各方案计算期的最小公倍数作为比较方案的计算期，或者以各方案中最短的计算期作为比较方案的计算期。在某种情况下还可采用研究期法。

当各方案的寿命不等时，应采用合理的评价指标或方法，使之具有时间上的可比性。以下介绍几种处理方法：

1. 最小公倍数法（方案重复法）

最小公倍数法是以不同方案使用寿命的最小公倍数作为共同的计算期，并假定每一方案在这一期间内反复实施，以满足不变的需求，据此算出计算期内各方案的净现值（或费用现

值)，净现值较大（或费用现值最小）的为最佳方案。

2. 年值法

在对寿命不同的互斥方案进行比选时，年值法是最为简便的方法，当参加比选的方案数目众多时，尤其是这样。用年值法进行寿命不同的互斥方案比选，实际上隐含着这样一种假定：各备选方案在其寿命结束时均可按原方案重复实施无限次。因为一个方案无论重复实施多少次，其年值是不变的，在这一假定前提下，年值法以“年”为时间单位比较各方案的经济效果，从而使寿命不同的互斥方案间具有可比性。当被比较方案投资在先，且以后各年现金流相同时，采用年值法最为简便。年值法使用的指标有净年值与费用年值。

9.8 改扩建项目经济评价特点

考试大纲

改扩建项目经济评价特点。

改扩建项目是指既有企业利用原有资产与资源，投资形成新的生产（服务）设施，扩大或完善原有生产（服务）系统的活动，包括改建、扩建、迁建和停产复建等，目的在于增加产品供给，开发新型产品，调整产品结构，提高技术水平，降低资源消耗，节省运行费用，提高产品质量，改善劳动条件，治理生产环境等。

9.8.1 改扩建项目的特点

（1）项目是既有企业的有机组成部分，同时，项目的活动与企业的活动在一定程度上是有区别的。

（2）项目的融资主体是既有企业，项目的还款主体是既有企业。

（3）项目一般利用既有企业的部分或全部资产与资源，且不发生资产与资源的产权转移。

（4）建设期内既有企业（运营）与项目建设一般同时进行。

9.8.2 改扩建项目经济评价中效益费用识别与估算原则

改扩建项目经济评价要正确识别与估算“无项目”“有项目”“现状”“新增”“增量”等五种状态下的资产、资源、效益与费用。“无项目”与“有项目”的口径与范围应当保持一致。避免费用与效益误算、漏算或重复计算。对于难于计量的费用和效益，可做定性描述。

9.8.3 改扩建项目财务分析的两层次

改扩建项目财务分析采用一般建设项目财务分析的基本原理和分析指标。由于项目与既有企业既有联系又有区别，一般可进行下列两个层次的分析。

（1）项目层次：盈利能力分析，遵循“有无对比”的原则，利用“无项目”与“有项目”的效益与费用计算增量效益与增量费用，用于分析项目的增量盈利能力；清偿能力分析，分析“有项目”的偿债能力；财务生存能力分析，分析“有项目”的财务生存能力。

（2）企业层次：分析既有企业以往的财务状况与今后可能的财务状况。

9.8.4 改扩建项目的经济费用效益分析

改扩建项目的经济费用效益分析采用一般建设项目的经济费用效益分析原理，其分析指标为增量经济净现值和经济内部收益率。关键是正确识别“无项目”与“有项目”的经济效益和经济费用。

9.9 价值工程

考试大纲

价值工程原理；实施步骤。

9.9.1 价值工程的概念、内容与实施步骤

价值工程也称价值分析，是着重功能分析，力求以最低的寿命周期成本，可靠地实现对象的必要功能的有组织的创造性活动。目的是“用最低的寿命周期成本可靠地实现必要功能”，重点是“功能分析”，性质是“有组织的创造性活动”。这里的“功能”是指功用、效用、能力等。所谓“寿命周期成本”是指产品设计、制造、使用全过程的耗费。

价值工程中的“价值”是指对象（产品、工作服务）的功能与获得该功能所花费的全部费用之比。表达式为

$$V=\frac{F}{C} \tag{9-47}$$

式中：V 为价值（价值系数）；F 为功能评价值；C 为总成本（寿命周期成本）。

价值工程的工作程序和步骤是：选择价值工程对象→收集信息→进行功能分析→进行功能评价→确定价值工程改进对象→提出改进方案→分析与评价方案→实施方案→评价活动成果。

提高价值的五种基本途径是：

（1）通过改进设计，保证功能不变，而使实现功能的成本有所下降，即 $\frac{F(\rightarrow)}{C(\downarrow)}=V(\uparrow)$。

（2）通过改进设计，保持成本不变，而使功能有所提高，如提高产品的性能、可靠性、寿命、维修性等，以及在产品中增加某些用户希望的功能，即 $\frac{F(\uparrow)}{C(\rightarrow)}=V(\uparrow)$。

（3）通过改进设计，虽然成本有所上升，但换来功能大幅度的提高，即 $\frac{F(\uparrow\uparrow)}{C(\rightarrow)}=V(\uparrow)$。

（4）对于某些消费品，在不严重影响使用要求的情况下，适当降低产品功能的某些非主要方面的指标，以换取成本较大幅度的降低，即 $\frac{F(\downarrow)}{C(\downarrow\downarrow)}=V(\uparrow)$。

（5）通过改进设计，既提高功能，又降低成本从而使价值大幅度提高，即 $\frac{F(\uparrow)}{C(\downarrow)}=V(\uparrow\uparrow)$。

9.9.2 功能分析

功能分析是价值工程的核心，依靠功能分析来达到降低成本、提高价值的目的。功能分析包括功能分类、功能定义、功能整理三部分内容。

1. 功能分类

所谓功能是指某个产品（作业）或零件（工序）在整体中所负担的职责或所起的作用。任何产品都具有相应的功能，不同的产品有不同的功能。

（1）按重要程度分为基本功能和辅助功能。基本功能是要达到这种产品的目的所不可缺少的功能，如果其作用发生变化，则相应的工艺和零件也一定会随之变化。产品的性质也发

生了变化。辅助功能是相对基本功能而言的。

（2）按满足要求的性质分为使用功能和外观功能。使用功能是指提供的实用价值或实际用途，是每个产品都具有的，最容易为用户了解，并通过产品的基本功能和辅助功能表现出来。

外观功能也称为美学功能，主要提供欣赏价值。

2. 功能定义

所谓功能定义就是把价值工程对象各个组成部分所具有的功能一个一个地加以区分和限定，然后把它们的效用一一弄清楚。

3. 功能整理

功能整理是按一定逻辑关系，将价值工程对象各个组成部分的功能相互连接起来，形成一个有机整体，即功能系统图，以便从局部功能与整体功能的相互关系中分析研究问题。

9.9.3 功能评价

功能分析就是对功能进行评价，评价实现功能的现行手段的成本和价值。功能评价方法有功能成本法和功能指数法。

（1）功能成本法，又称绝对值法。通过计算功能评价值（目标成本）F 与当前现实成本 C，求研究对象的价值系数，其表达式为

$$\text{价值系数}V=\frac{\text{功能评价值（目标成本）}F}{\text{现实成本}C} \tag{9-48}$$

功能成本法的特点是以功能的目标成本（最低成本，也称必要成本）来计量功能，其步骤如下：① 确定一个产品（或部件）的全部零件的现实成本。② 将零件成本核算成功能实现成本。在实际产品中，常常有下列情况，即实现一个功能要由几个零件来完成，或者一个零件有几个功能。因此，零件的成本不等于功能的成本，要把零件成本换算成功能成本。换算的方法是，一个零件有一个功能，则零件的成本就是功能的成本。一个零件有两个或两个以上功能，就把零件成本按功能的重要程度分摊给各个功能。③ 确定功能的目标成本（最低成本，也称必要成本）。④ 求该功能的价值系数。

【例 9-9】（2018） 某产品的实际成本为 10 000 元，它由多个零部件组成，其中一个零部件的实际成本为 880 元，功能评价系数为 0.140，则该零部件的价值指数为（　　）。

A. 0.628　　B. 0.880　　C. 1.400　　D. 1.591

【解】

$$\text{价值指数}=\frac{\text{功能评价系数}\times\text{全部成本}}{\text{评价对象目前成本}}=10\,000\times0.140/880=1.591$$

【答案】 D

（2）功能指数法，又称相对法。是将用来表示对象功能重要程度的功能重要度系数与该对象成本系数相比，得出该对象的价值系数，从而确定改进对象，并确定该对象的成本改进期望值。功能重要度系数是评价对象在整体功能中所占比率的系数，又称功能评价指数、功能指数等。成本系数是指评价对象目前在全部成本中所占比例的系数，即

$$\text{价值系数}V=\frac{\text{功能重要性系数（}F_i\text{）}}{\text{成本系数（}C_i\text{）}} \tag{9-49}$$

9.9.4 价值评价和改进方案创新和评价

1. 价值评价

根据功能系数和成本系数的关系，我们可以从以下几个方面进行价值评价：

（1）当价值系数$V \approx 1$时，$F \approx C$。这意味着功能系数与成本系数相当，功能的重要程度与其成本比例相匹配，现实成本接近或等于目标成本，达到理想状态，这样的功能无须再进行改进。

（2）当价值系数$V > 1$时，$F > C$。这可能是由于使用了先进技术或价格低廉的原材料，用较低的费用实现了较重要的功能，这样的功能无须再进行改进。另外，也有可能是存在过剩功能超过了用户的要求，或者由于目标成本定得太高，现实成本比目标成本还要低，这样的功能应当通过价值工程活动进行改进，使功能水平降至合适的程度。

（3）价值系数$V < 1$时，$F < C$。这说明功能系数的大小与成本系数的大小不相当，也就是现实成本太高，降低了成本潜力。这样的功能是价值工程的重点改进对象。要注意的是，价值系数相同的对象由于各自的成本与功能绝对值不同，因而产品实际影响程度不同。在价值系数相近的条件下，应选择功能和成本数值都较大的部分为价值工程对象。

2. 改进方案创新和评价

在功能评价中，确定了价值工程的改进对象后，应该进行改进方案创新，方案创新的主要方法有头脑风暴法、哥顿法和德尔菲法。

创新的方案需经过技术评价、经济评价、社会评价和综合评价。通过综合评价的优选方案，经审批后即可实施。实施后的成果经评定写出总结报告。至此完成了价值工程的全部活动内容。

对于大型产品，应用价值工程的重点是产品的研究设计阶段。

工程经济复习题

9-1（2022） 某项目的银行贷款2000万元，期限为3年，按年复利计息，到期需还本付息2700万元，已知（*F*/*P*, 9%, 3）=1.295，（*F*/*P*, 10%, 3）=1.331，（*F*/*P*, 11%, 3）=1.368，则银行贷款利率应（　　）。

A. 小于9%　　B. 在9%和10%之间

C. 在10%和11%之间　　D. 大于11%

9-2（2020） 以下关于项目总投资中的流动资金的说法中正确的是（　　）。

A. 指工程建设其他费用和预备费之和

B. 指投产后形成的流动资产和流动负债之和

C. 始终投产后形成的流动资产和流动负债的差额

D. 指投产后形成的流动资产占用的资金

9-3（2020） 某人预计五年后需要一笔50万元的现金，现市场上正发售期限为5年的电力债券，年利率为5.06%，按年复利计息，5年末一次还本付息，若想5年后拿到50万元的本利和，他现在应该购买电力债券（　　）。

A. 30.52万元　　B. 38.18万元　　C. 39.06万元　　D. 44.19万元

9-4（2020） 下列筹资方式中，属于项目债务资金的筹集方式的是（　　）。

A. 优先股　　B. 政府投资　　C. 融资租赁　　D. 可转换债券

9-5（2022） 某建设项目的建设期为两年，第一年贷款额为1000万元，第二年货款额为2000万元，贷款的实际利率为4%，则建设期利息应为（　　）。

A. 100.8万元　　B. 120万元　　C. 161.6万元　　D. 240万元

9-6（2022） 相对于债务融资方式，普通股融资方式的特点（　　）。

A. 融资风险较高

B. 资金成本较低

C. 增发普通股会增加新股东，使原有股东的控制降低

D. 普通股的股息和红利有抵税的作用

9-7 某建设项目各年净现金流量见表9-7，以该项目的行业基准收益率 i_c=12%为折现率，则该项目财务净现值为（　　）万元。

表9-7　　某建设项目各年净现金流量

年末	第0年	第1年	第2年	第3年	第4年
净现金流量/万元	−100	40	40	40	50

A. 28　　B. 27　　C. 27.90　　D. 27.85

9-8（2019） 对于国家鼓励发展的缴纳增值税的经营性项目，可以获得增值税的优惠。财务评价中，先征后返的增值税应记作项目的（　　）。

A. 补贴收入　　B. 营业收入　　C. 经营成本　　D. 营业外收入

9-9（2020） 某项目方案各年的净现金流量见表9-8，其静态投资回收为（　　）。

表9-8　　某项目方案各年的净现金流量

年末	第0年	第1年	第2年	第3年	第4年	第5年
净现金流量/万元	−100	−50	40	60	60	60

A. 2.17年　　B. 3.17年　　C. 3.83年　　D. 4年

9-10（2022） 某建设项目各年的偿债备付率小于1，其含义是（　　）。

A. 该项目利息备付率的保障程度高

B. 该资金来源不足以偿付到期债务，需要通过短期借款偿付已到期债务

C. 可用于还本付息的资金保障程度较高

D. 表示付息能力保障程度不足

9-11（2022） 一外贸商品，到岸价格100美元，影子汇率6元人民币/美元，进口费用100元，求影子价格为（　　）元。

A. 500　　B. 600　　C. 700　　D. 1200

9-12（2022） 一公司年初投资1000万元，此后从第一年年末开始每年都有相同的收益。方案的运营期10年，寿命期结束时净残值为50万元，基准收益率为12%，问每年的净收益至少为（　　）可以实现。[已知：（P/A, 12%, 10）=5.650，（P/F, 12%, 10）=0.322]

A. 168.14 万元　　B. 174.14 万元　　C. 176.99 万元　　D. 185.84 万元

9-13（2021） 在价值工程的一般工作程序中，分析阶段要做的工作包括（　　）。

A. 指定工作计划　　B. 功能评价　　C. 方案创新　　D. 方案评价

9-14 敏感性分析中，某项目在基准收益率为 10%的情况下，销售价格的临界点为 −11.3%，当基准收益率提高到 12%时，其临界点更接近于（　　）。

A. −13%　　B. −14%　　C. −15%　　D. −10%

9-15（2020） 某项目有甲、乙两个建设方案，投资分别为 500 万元和 1000 万元，项目期均为 10 年，甲项目年收益为 140 万元，乙项目年收益为 250 万元。假设基准收益率为 8%，已知（P/A，8%，10）=6.7101，则下列关于该项目方案选择的说法正确的是（　　）。

A. 甲方案的净现值大于乙方案，故应选择甲方案

B. 乙方案的净现值大于甲方案，故应选择乙方案

C. 甲方案的内部收益率大于乙方案，故应选择甲方案

D. 乙方案的内部收益率大于甲方案，故应选择乙方案

9-16（2019） 某建设项目预计第三年息税前利润为 200 万元，折旧与摊销为 30 万元，所得税为 20 万元，项目生产期第三年应还本付息金额为 100 万元。则该年的偿债备付率为（　　）。

A. 1.5　　B. 1.9　　C. 2.1　　D. 2.5

9-17（2022） 某企业拟对四个分工厂进行技术改造，每个分工厂都提出了三个备选的技术方案，各分厂之间是独立的，而各分厂内部的技术方案是互斥的，则该企业面临的技改方案比选类型是（　　）。

A. 互斥型　　B. 独立性　　C. 层混型　　D. 矩阵型

9-18（2017） 某项目在进行敏感性分析时，得到以下结论：产品价格下降 10%，可使 NPV = 0；经营成本上升 15%，可使 NPV = 0；寿命缩短 20%，可使 NPV = 0；投资增加 25%，可使 NPV = 0，则下列因素中，最敏感的是（　　）。

A. 产品价格　　B. 经营成本　　C. 寿命期　　D. 投资

9-19（2020） 用强制确定法（FD 法）选择价值工程的对象时，得出某部件的价值系数为 1.02，则下列说法正确的是（　　）。

A. 该部件的功能重要性与成本比重相当，因此应将该部件作为价值工程对象

B. 该部件的功能重要性与成本比重相当，因此不应将该部件作为价值工程对象

C. 该部件的功能重要性较小，而所占成本较高，因此应将该部件作为价值工程对象

D. 该部件的功能重要性过高或成本过低，因此应将该部件作为价值工程对象

9-20（2022） 在价值工程的一般工作程序中，创新阶段要做的工作包括（　　）。

A. 制订工作计划　　B. 功能评价　　C. 功能系统分析　　D. 方案评价

工程经济复习题答案及提示

9-1 C　提示：方法一，根据 $F=P$（$F/P, i, n$），可得（$F/P, i$, 3）=F/P=2700/2000=1.35。

已知（F/P, 10%, 3）=1.331，（F/P, 11%, 3）=1.368，所以银行贷款利率 i 应在 10%和 11%之间。方法二，根据 $F=P(1+i)^n$，则有 $2700=2000\times(1+i)^3$，解得 i=10.52%。

9-2 C　提示：流动资金是指企业流动资金情况。流动资金是流动资产的表现形式，即企业可以在一年内或者超过一年的一个生产周期内变现或者耗用的资产合计。广义的流动资金指企业全部的流动资产，包括现金、存货（材料、在制品及成品）、应收账款、有价证券、

预付款等项目。狭义的流动资金=流动资产－流动负债。

9-3 C　提示：$P=F(P/F, i, n)=50\times(P/F, 5.06\%, 5)=50\times\frac{1}{(1+5.06\%)^5}$万元=39.06万元

9-4 C　提示：项目债务资金筹措方式有商业银行贷款、政策性银行贷款、外国政府贷款、国际金融组织贷款、出口信贷、银团贷款、企业债券、融资租赁等。

9-5 A　提示：建设期利息是指项目借款在建设期内发生并计入固定资产的利息。为了简化计算，在编制投资估算时通常假定借款均在每年的年中支用，借款第一年按半年计息，其余各年份按全年计息。计算公式为：各年应计利息=（年初借款本息累计+本年借款额/2）×年利率。本题中，第1年借款利息 Q_1=（$P_1-1+A_t/2$）×i=（1000/2）×4%万元=20万元；第2年借款利息 Q_2=（$P_2-1+A_2/2$）×i=（1000+20+2000/2）×4%万元=80.8万元。所以，建设期累加利息和为20万元+80.8万元=100.8万元。

9-6 C　提示：普通股融资的优点有：① 以普通股票筹资是一种有弹性的融资方式，股利的支付与否及支付多少，可根据公司财务情况而定。当公司经营不佳或现金短缺时，董事会有权决定不发股息和红利，因而公司的融资风险较低。② 发行普通股筹措的资本无到期日，其投资属永久性质，公司不需为偿还资金而担心。③ 发行普通股筹措的资本是公司最基本的资金来源，它可降低公司负债比率，提高公司的财务信用，增加公司今后的融资能力。

普通股融资的缺点有：① 资金成本较高。首先，从投资者角度来看，购买股票承担的风险比购买债券高，投资者只有在股票的投资报酬高于债券的利息收入时，才愿意购买。其次，对于股份有限公司而言，普通股的股息和红利需从税后利润中支付，不像债券利息那样作为费用从税前支付，因而不具有抵税的作用。此外，普通股的发行费用一般也高于其他证券。② 增发普通股会增加新股东，使原有股东的控制权降低。

9-7 D　提示：净现值是指按设定的折现率，将项目计算期内各年的净现金流量折算到计算期初的现值之和，其公式为$\mathrm{FNPV}=\sum_{t=0}^{n}(\mathrm{CI}-\mathrm{CO})_t(1+i_c)^{-t}$，表中已经给出各年的净现金流量（注意：若题目给出的是各年的现金流量，则必须算出净现金流量再代入公式，以免出错），代入公式可得。

9-8 A

9-9 C　提示：项目静态投资回收期$=T-1+\frac{\text{第}T-1\text{年累计现金流量的绝对值}}{\text{第}T\text{年的净现金流量}}$，$T$为各年累计净现金流量首次为正值或零的年数。

$$P_t=4\text{年}-1\text{年}+\frac{50}{60}\text{年}=3.83\text{ 年}$$

9-10 B　提示：偿债备付率是指在借款偿还期内，用于计算还本付息的资金与应还本付息金额之比。该指标从还本付息资金来源的充裕性角度，反映偿付债务本息的保障程度和支付能力。偿债备付率应分年计算。偿债备付率越高，可用于还本付息的资金保障程度越高，偿债备付率应大于1，一般不宜低于1.3，并结合债权人的要求确定。本题中，偿债备付率小于1，表明可用于还本付息的资金保障程度低。该资金来源不足以偿付到期债务，需要通过短期借款偿付已到期债务。

9-11 C　提示：对于可外贸货物影子价格的计算公式为

出口产出的影子价格（出厂价）=离岸价（FOB）×影子汇率−出口费用

进口投入的影子价格（到厂价）=到岸价（CIF）×影子汇率+进口费用

故本题中，进口投入的影子价格（到厂价）=100×6 元+100 元=700 元。

9-12 B　提示：根据 NPV=−1000+50（P/F, 12%, 10）+A（P/A, 12%, 10）=0，即−1000+50×0.322+5.650A=0，解得 A=174.14 万元。

9-13 B　提示：价值工程的工作程序一般可以归结为准备、分析、创新、实施与评价四个阶段：

准备阶段：主要任务是对象的选择，组成价值工程工作小组。

分析阶段：主要任务是收集整理信息资料，进行功能系统分析和功能评价。

创新阶段：主要任务是进行方案的创新、评价和编写。

方案与评价阶段：主要任务是对方案进行审批、实施与检查以及成果的鉴定。

9-14 D　提示：对于同一个项目，随着设定基准收益率的提高，临界点就会变低。

9-15 B　提示：净现值（NPV）是指按行业的基准收益率或设定的折现率，将项目计算期内各年的净现金流星折现到建设期初的现值之和。

净现值的计算公式为

$$\mathrm{NPV}=\sum_{t=0}^{n}(\mathrm{CI}-\mathrm{CO})_t(1+i_{\mathrm{c}})^{-t}$$

式中：NPV 为净现值；CI 为现金流入量；CO 为现金流出量；$(\mathrm{CI}-\mathrm{CO})_t$ 为第 t 年的净现金流量；n 为项目计算期，i_{c} 为基准收益率（折现率）。

甲方案的净现值为：NPV＝140（P/A，8%，10）万元−500 万元＝439.414 万元

乙方案的净现值为：NPV＝250（P/A，8%，10）万元−1000 万元＝677.525 万元

因此，乙方案的净现值大于甲方案，故应选择乙方案。

9-16 C　偿债备付率＝可用于还本付息的资金/还本付息的金额，可用于还本付息的现金资金＝息税前利润+折旧和摊销−企业所得税，由已知条件可得 $\dfrac{200+30-20}{100}=2.1$。

9-17 C　提示：在一组方案中，方案之间有些具有互斥关系，有些具有独立关系，则称这一组方案具有层混关系，层混型方案的特点是项目群内项目具有至少两个层次，在结构上可组织成两种形式：① 在一组独立方案中，每个独立方案下又有若干互斥方案；② 在一组互斥方案中，每个互斥方案下又有若干独立方案。本题干所描述的关系为第一种，故为层混型。

9-18 A　提示：价格变动幅度最小就使 NPV 变为 0，所以价格最敏感。

9-19 B　提示：价值系数 V=1.02≈1，F≈C。这意味着功能系数与成本系数相当，功能的重要程度与其成本比例相匹配，现实成本接近或等于目标成本，达到理想状态，这样的功能无须再进行改进。

9-20 D　提示：价值工程的实施步骤：① 准备阶段，包括对象选择、组成价值工程领导小组、制订工作计划。② 功能分析阶段，包括收集整理信息资料、功能系统分析、功能评价。③ 创新阶段，包括方案创新、方案评价、提案编写。④ 实施阶段，包括审批、实施与检查、成果鉴定。

附　　录

附录 A　全国勘察设计注册工程师资格考试公共基础考试大纲

Ⅰ　工程科学基础

1　数学

1.1　空间解析几何

向量的线性运算；向量的数量积、向量积及混合积；两向量垂直、平行的条件；直线方程；平面方程；平面与平面、直线与直线、平面与直线之间的位置关系；点到平面、直线的距离；球面、母线平行于坐标轴的柱面、旋转轴为坐标轴的旋转曲面方程；常用的二次曲面方程；空间曲线在坐标面上的投影曲线方程。

1.2　微分学

函数的有界性、单调性、周期性和奇偶性；数列极限与函数极限的定义及其性质；无穷小和无穷大的概念及其关系；无穷小的性质及无穷小的比较；极限的四则运算；函数连续的概念；函数间断点及其类型；导数与微分的概念；导数的几何意义和物理意义；平面曲线的切线和法线；导数和微分的四则运算；高阶导数；微分中值定理；洛必达法则；函数的切线及法平面和法平面及切法线；函数单调性的判别；函数的极值；函数曲线的凹凸性、拐点；多元函数；偏导数与全微分的概念；二阶偏导数；多元函数的极值和条件极值；多元函数的最大、最小值及其简单应用。

1.3　积分学

原函数与不定积分的概念；不定积分的基本性质；基本积分公式；定积分的基本概念和性质（包括定积分中值定理）；积分上限的函数及其导数；牛顿–莱布尼茨公式；不定积分和定积分的换元积分法与分部积分法；有理函数、三角函数的有理式和简单无理函数的积分；广义积分；二重积分与三重积分的概念、性质、计算和应用；两类曲线积分的概念、性质和计算；计算平面图形的面积、平面曲线的弧长和旋转体的体积。

1.4　无穷级数

数项级数的敛散性概念；收敛级数的和；级数的基本性质与级数收敛的必要条件；几何级数与 p 级数及其收敛性；正项级数敛散性的判别法；交错级数敛散性的判别；任意项级数的绝对收敛与条件收敛；幂级数及其收敛半径、收敛区间和收敛域；幂级数的和函数；函数的泰勒级数展开；函数的傅里叶系数与傅里叶级数。

1.5　常微分方程

常微分方程的基本概念；变量可分离的微分方程；齐次微分方程；一阶线性微分方程；全微分方程；可降阶的高阶微分方程；线性微分方程解的性质及解的结构定理；二阶常系数齐次线性微分方程。

1.6　线性代数

行列式的性质及计算；行列式按行展开定理的应用；矩阵的运算；逆矩阵的概念、性质及求法；矩阵的初等变换和初等矩阵；矩阵的秩；等价矩阵的概念和性质；向量的线性表示；向量组的线性相关和线性无关；线性方程组有解的判定；线性方程组求解；矩阵的特征值和特征向量的概念与性质；相似矩阵的概念和性质；矩阵的相似对角化；二次型及其矩阵表示；合同矩阵的概念和性质；二次型的秩；惯性定理；二次型及其矩阵的正定性。

1.7　概率与数理统计

随机事件与样本空间；事件的关系与运算；概率的基本性质；古典型概率；条件概率；概率的基本公式；事件的独立性；独立重复试验；随机变量；随机变量的分布函数；离散型随机变量的概率分布；连续型随机变量的概率密度；常见随机变量的分布；随机变量的数学期望、方差、标准差及其性质；随机变量函数的数学期望；矩、协方差、相关系数及其性质；总体；个体；简单随机样本；统计量；样本均值；样本方差和样本矩；χ^2 分布；t 分布；F 分布；点估计的概念；估计量与估计值；矩估计法；最大似然估计法；估计量的评选标准；区间估计的概念；单个正态总体的均值和方差的区间估计；两个正态总体的均值差和方差比的区间估计；显著性检验；单个正态总体的均值和方差的假设检验。

2　物理学

2.1　热学

气体状态参量；平衡态；理想气体状态方程；理想气体的压强和温度的统计解释；自由度；能量按自由度均分原理；理想气体内能；平均碰撞频率和平均自由程；麦克斯韦速率分布律；方均根速率；平均速率；最概然速率；功；热量；内能；热力学第一定律及其对理想气体等值过程的应用；绝热过程；气体的摩尔热容；循环过程；卡诺循环；热机效率；净功；制冷系数；热力学第二定律及其统计意义；可逆过程和不可逆过程。

2.2　波动学

机械波的产生和传播；一维简谐波表达式；描述波的特征量；阵面，波前，波线；波的能量、能流、能流密度；波的衍射；波的干涉；驻波：自由端反射与固定端反射；声波；声强级；多普勒效应。

2.3　光学

相干光的获得；杨氏双缝干涉；光程和光程差；薄膜干涉；光疏介质；光密介质；迈克尔逊干涉仪；惠更斯—菲涅尔原理；单缝衍射；光学仪器分辨本领；射光栅与光谱分析；X射线衍射；布拉格公式；自然光和偏振光；布儒斯特定律；马吕斯定律；双折射现象。

3　化学

3.1　物质结构与物质状态

原子结构的近代概念；原子轨道和电子云；原子核外电子分布；原子和离子的电子结构；原子结构和元素周期律；元素周期表；周期族：元素性质及氧化物及其酸碱性。

3.2　分子结构

离子键的特征；共价键的特征和类型；杂化轨道与分子空间构型；分子结构式；键的极

性和分子的极性；分子间力与氢键；晶体与非晶体；晶体类型与物质性质。

3.3 溶液

溶液的浓度；非电解质稀溶液通性；渗透压；弱电解质溶液的解离平衡：分压定律；解离常数；同离子效应；缓冲溶液；水的离子积及溶液的 pH 值；盐类的水解及溶液的酸碱性；溶度积常数；溶度积规则。

3.4 化学反应方程式、化学反应速率与化学平衡

反应热与热化学方程式；化学反应速率；温度和反应物浓度对反应速率的影响；活化能的物理意义；催化剂；化学反应方向的判断；化学平衡的特征；化学平衡移动原理。

3.5 氧化还原反应与电化学

氧化还原的概念；氧化剂与还原剂；氧化还原电对；氧化还原反应方程式的配平；原电池的组成和符号；电极反应与电池反应；标准电极电势；电极电势的影响因素及应用；金属腐蚀与防护。

3.6 有机化学

有机物特点、分类及命名；官能团及分子构造式；同分异构；有机物的重要反应：加成、取代、消除、氧化、催化加氢、聚合反应、加聚与缩聚；基本有机物的结构、基本性质及用途：烷烃、烯烃、炔烃芳烃、卤代烃、醇、苯酚、醛和酮、羧酸、酯；合成材料：高分子化合物、塑料、合成橡胶、合成纤维、工程塑料。

4 理论力学

4.1 静力学

平衡；刚体；力；约束及约束力；受力图；力矩；力偶及力偶矩；力系的等效和简化；力的平移定理；平面力系的简化；主矢；主矩；平面力系的平衡条件和平衡方程式；物体系统（含平面静定桁架）的平衡；摩擦力；摩擦定律；摩擦角；摩擦自锁。

4.2 运动学

点的运动方程；轨迹；速度；加速度；切向加速度和法向加速度；平动和绕定轴转动；角速度；角加速度；刚体内任一点的速度和加速度。

4.3 动力学

牛顿定律；质点的直线振动；自由振动微分方程；固有频率；周期；振幅；衰减振动；阻尼对自由振动振幅的影响——振幅衰减曲线；受迫振动；受迫振动频率；幅频特性；共振；动力学普遍定理；动量；质心；动量定理及质心运动定理；动量及质心运动守恒；动量矩；动量矩定理；动量矩守恒；刚体定轴转动微分方；转动惯量；回转半径；平行轴定理；功；动能；势能；动能定理及机械能守恒；达朗贝原理；惯性力；刚体做平动和绕定轴转动（转轴垂直于刚体的对称面）时惯性力系的简化；动静法。

5 材料力学

5.1 材料在拉伸、压缩时的力学性能

低碳钢、铸铁拉伸、压缩实验的应力—应变曲线；力学性能指标。

5.2 拉伸和压缩

轴力和轴力图；杆件横截面和斜截面上的应力；强度条件；胡克定律；变形计算。

5.3 剪切和挤压

剪切和挤压的实用计算；剪切面；挤压面；剪切强度；挤压强度。

5.4　扭转

扭矩和扭矩图；圆轴扭转切应力；切应力互等定理；剪切胡克定律；圆轴扭转的强度条件；扭转角计算及刚度条件。

5.5　截面几何性质

静矩和形心；惯性矩和惯性积；平行轴公式；形心主轴及形心主惯性矩概念。

5.6　弯曲

梁的内力方程；剪力图和弯矩图；分布载荷、剪力、弯矩之间的微分关系；正应力强度条件；切应力强度条件；梁的合理截面；弯曲中心概念；求梁变形的积分法、叠加法。

5.7　应力状态

平面应力状态分析的解析法和应力圆法；主应力和最大切应力；广义胡克定律；四个常用的强度理论。

5.8　组合变形

拉/压—弯组合、弯—扭组合情况下杆件的强度校核；斜弯曲。

5.9　压杆稳定

压杆的临界载荷；欧拉公式；柔度；临界应力总图；压杆的稳定校核。

6　流体力学

6.1　流体的主要物性与流体静力学

流体的压缩性与膨胀性；流体的黏性与牛顿内摩擦定律；流体静压强及其特性；重力作用下静水压强的分布规律；作用于平面的液体总压力的计算。

6.2　流体动力学基础

以流场为对象描述流动的概念；流体运动的总流分析；恒定总流连续性方程、能量方程和动量方程的运用。

6.3　流动阻力和能量损失

沿程阻力损失和局部阻力损失；实际流体的两种流态——层流和紊流；圆管中层流运动；紊流运动的特征；减小阻力的措施。

6.4　孔口管嘴管道流动

孔口自由出流、孔口淹没出流；管嘴出流；有压管道恒定流；管道的串联和并联。

6.5　明渠恒定流

明渠均匀水流特性；产生均匀流的条件；明渠恒定非均匀流的流动状态；明渠恒定均匀流的水平力计算。

6.6　渗流、井和集水廊道

土壤的渗流特性；达西定律；井和集水廊道。

6.7　相似原理和量纲分析

力学相似原理；相似准数；量纲分析法。

Ⅱ　现代技术基础

7　电气与信息

7.1　电磁学概念

电荷与电场；库仑定律：高斯定理；电流与磁场；安培环路定律；电磁感应定律；洛伦兹力。

7.2　电路知识

电路组成；电路的基本物理过程；理想电路元件及其约束关系；电路模型；欧姆定律；基尔霍夫定律；支路电流法；等效电源定理；迭加原理；正弦交流电的时间函数描述；阻抗；正弦交流电的相量描述；复数阻抗；交流电路稳态分析的相量法；交流电路功率；功率因数；三相配电电路及用电安全；电路暂态；RC、RL 电路暂态特性；电路频率特性；RC、RL 电路频率特性。

7.3　电动机与变压器

理想变压器；变压器的电压变换、电流变换和阻抗变换原理；三相异步电动机接线、起动、反转及调速方法；三相异步电动机运行特性；简单继电—接触控制电路。

7.4　信号与信息

信号；信息；信号的分类；模拟信号与信息；模拟信号描述方法；模拟信号的频谱；模拟信号增强；模拟信号滤波；模拟信号变换；数字信号与信息；数字信号的逻辑编码与逻辑演算；数字信号的数值编码与数值运算。

7.5　模拟电子技术

晶体二极管；极型晶体三极管；共射极放大电路；输入阻抗与输出阻抗；射极跟随器与阻抗变换；运算放大器；反相运算放大电路；同相运算放大电路；基于运算放大器的比较器电路；二极管单相半波整流电路；二极管单相桥式整流电路。

7.6　数字电子技术

与、或、非门的逻辑功能；简单组合逻辑电路；D 触发器；JK 触发器数字寄存器；脉冲计数器。

7.7　计算机系统

计算机系统组成；计算机的发展；计算机的分类；计算机系统特点；计算机硬件系统组成；CPU；存储器；输入/输出设备及控制系统；总线；数模/模数转换；计算机软件系统组成；系统软件；操作系统；操作系统定义；操作系统特征；操作系统功能；操作系统分类；支撑软件；应用软件；计算机程序设计语言。

7.8　信息表示

信息在计算机内的表示；二进制编码；数据单位；计算机内数值数据的表示；计算机内非数值数据的表示；信息及其主要特征。

7.9　常用操作系统

Windows 发展；进程和处理器管理；存储管理；文件管理；输入/输出管理；设备管理；网络服务。

7.10　计算机网络

计算机与计算机网络；网络概念；网络功能；网络组成；网络分类；局域网；广域网；因特网；网络管理；网络安全；Windows 系统中的网络应用；信息安全；信息保密。工程管理基础。

Ⅲ　工程管理基础

8　法律法规

8.1　中华人民共和国建筑法

总则；建筑许可；建筑工程发包与承包；建筑工程监理；建筑安全生产管理；建筑工程

质量管理；法律责任。

8.2　中华人民共和国安全生产法

总则；生产经营单位的安全生产保障；从业人员的权利和义务；安全生产的监督管理；生产安全事故的应急救援与调查处理。

8.3　中华人民共和国招标投标法

总则；招标；投标；开标；评标和中标；法律责任。

8.4 《中华人民共和国民法典》之合同编

一般规定；合同的订立；合同的效力；合同的履行；合同的变更和转让；合同的权利义务终止；违约责任；其他规定。

8.5　中华人民共和国行政许可法

总则；行政许可的设定；行政许可的实施机关；行政许可的实施程序；行政许可的费用。

8.6　中华人民共和国节约能源法

总则；节能管理；合理使用与节约能源；节能技术进步；激励措施；法律责任。

8.7　中华人民共和国环境保护法

总则；环境监督管理；保护和改善环境；防治环境污染和其他公害；法律责任。

8.8　建设工程勘察设计管理条例

总则；资质资格管理；建设工程勘察设计发包与承包；建设工程勘察设计文件的编制与实施；监督管理。

8.9　建设工程质量管理条例

总则；建设单位的质量责任和义务；勘察设计单位的质量责任和义务；施工单位的质量责任和义务；工程监理单位的质量责任和义务；工程质量保修。

8.10　建设工程安全生产管理条例

总则；建设单位的安全责任；勘察、设计、工程监理及其他有关单位的安全责任；施工单位的安全责任；监督管理；生产安全事故的应急救援和调查处理。

9　工程经济

9.1　资金的时间价值

资金时间价值的概念；利息及计算；实际利率和名义利率；现金流量及现金流量图；资金等值计算的常用公式及应用；复利系数表的应用。

9.2　财务效益与费用估算

项目的分类；项目计算期；财务效益与费用；营业收入；补贴收入；建设投资；建设期利息；流动资金；总成本费用；经营成本；项目评价涉及的税费；总投资形成的资产。

9.3　资金来源与融资方案

资金筹措的主要方式；资金成本；债务偿还的主要方式。

9.4　财务分析

财务评价的内容；盈利能力分析（财务净现值、财务内部收益率、项目投资回收期、总投资收益率、项目资本金净利润率）；偿债能力分析（利息备付率、偿债备付率、资产负债率）；财务生存能力分析；财务分析报表（项目投资现金流量表、项目资本金现金流量表、利润与利润分配表、财务计划现金流量表）；基准收益率。

9.5　经济费用效益分析

经济费用和效益；社会折现率；影子价格；影子汇率；影子工资；经济净现值；经济内部收益率；经济效益费用比。

9.6　不确定性分析

盈亏平衡分析（盈亏平衡点、盈亏平衡分析图）；敏感性分析（敏感度系数、临界点、敏感性分析图）。

9.7　方案经济比选

方案比选的类型；方案经济比选的方法（效益比选法、费用比选法、最低价格法）；计算期不同互斥方案的比选。

9.8　改扩建项目经济评价特点

改扩建项目经济评价特点。

9.9　价值工程

价值工程原理；实施步骤。

附录B　勘察设计注册工程师资格考试公共基础试题配置说明

一、勘察设计注册工程师资格考试

二、公共基础试题配置说明

Ⅰ. 工程科学基础（共78题）

数学基础	24题	理论力学基础	12题
物理学基础	12题	材料力学基础	12题
化学基础	10题	流体力学基础	8题

Ⅱ. 现代技术基础（共28题）

电气技术基础	12题	计算机基础	10题
信号与信息基础	6题		

Ⅲ. 工程管理基础（共14题）

工程经济基础	8题	法律法规	6题

注：试卷题目数量合计120题，每题1分，满分为120分。考试时间为4小时。

参 考 文 献

[1] 陈志新．2022 注册电气工程师执业资格考试公共基础考前冲刺习题集［M］．北京：中国电力出版社，2022．

[2] 同济大学数学系．高等数学：上、下册［M］．7 版．北京：高等教育出版社，2014．

[3] 同济大学数学系．线性代数［M］．6 版．北京：高等教育出版社，2015．

[4] 谢树艺．工程数学——矢量分析与场论［M］．5 版．北京：高等教育出版社，2019．

[5] 程守洙，江之永．普通物理学［M］．7 版．北京：高等教育出版社，2016．

[6] 东南大学等七所工科院校，马文蔚．物理学：上、下册［M］．7 版．北京：高等教育出版社，2020．

[7] 浙江大学普通化学教研室．普通化学［M］．6 版．北京：高等教育出版社，2011．

[8] 同济大学普通化学及无机化学教研室．普通化学［M］．北京：高等教育出版社，2004．

[9] 大连理工大学普通化学教研组．大学普通化学［M］．6 版．辽宁：大连理工大学出版社，2007．

[10] 大连理工大学普通化学教研组．大学普通化学学习指导［M］．4 版．辽宁：大连理工大学出版社，2010．

[11] 哈尔滨工业大学理论力学教研室．理论力学［M］．8 版．北京：高等教育出版社，2016．

[12] 孙训方，方孝淑，关来秦．材料力学［M］．6 版．北京：高等教育出版社，2019．

[13] 李玉柱，苑明顺．流体力学［M］．3 版．北京：高等教育出版社，2020．

[14] 蔡增基，龙天渝．流体力学泵与风机［M］．5 版．北京：中国建筑工业出版社，2020．

[15] 闻德荪．工程流体力学（水力学）：上、下册［M］．4 版．北京：高等教育出版社，2020．

[16] 秦曾煌．电工学：上、下册［M］．7 版．北京：高等教育出版社，2009．

[17] 刘鸿文．材料力学（Ⅰ）［M］．6 版．北京：高等教育出版社，2017．

[18] 刘淑红，田玉梅．工程力学［M］．北京：人民交通出版社，2007．